세계 약용식물 백과사전

3

Encyclopedia of Medicinal Plants 3

세계 약용식물 백과사전 3

초판인쇄 2019년 6월 25일
초판발행 2019년 6월 25일

지 음 자오중전(趙中振) · 샤오페이건(蕭培根)
옮 김 성락선 · 신용욱
감 수 성락선
기 획 이강임
편 집 박지은
디 자 인 홍은표
마 케 팅 문선영

펴 낸 곳 한국학술정보(주)
주 소 경기도 파주시 회동길 230(문발동)
전 화 031) 908-3181(대표)
팩 스 031) 908-3189
홈페이지 http://ebook.kstudy.com
E-mail 출판사업부 publish@kstudy.com
등 록 제일산-115호(2000.6.19)

I S B N 978-89-268-8867-4 94480
978-89-268-7625-1 (전4권)

세계 약용식물 백과사전 3

자오중전(趙中振) · 샤오페이건(蕭培根) 지음
성락선 · 신용욱 옮김
성락선 감수

《세계 약용식물 백과사전》 역자 서(序)

중국에는 《중약대사전(中藥大辭典)》, 《신편중약지(新編中藥誌)》, 《중화본초(中華本草)》 및 《중약지(中藥誌)》 등 각 성(城), 각 소수민족마다 사용하고 있는 약용식물의 쓰임새에 대한 정보를 대규모로 집대성하는 작업이 1900년대 중반에 걸쳐 국가적 차원에서 이루어졌다. 그러나 우리나라에는 중국, 일본은 물론 인도, 유럽, 영국, 베트남 등의 약용식물을 대상으로 생약에 대하여 국가 기준에 따라 일목요연하게 정리된 자료집이 없었던 게 사실이다. 그러던 차에 오래전부터 왕래하고 있던 홍콩침회대학의 자오중전(趙中振) 교수가 중국 내 각 소수민족이 사용하고 있는 중약을 중국의 기준에 맞추어 집대성한 《당대약용식물전(當代藥用植物典)》(한국어판: 세계 약용식물 백과사전)을 번역하여 출간하게 된 것은 뜻깊은 일이라 생각된다.
중문판(2007)과 영문판(2009)의 출간에 이어, 한국어판은 《중국약전(中國藥典)》(2015년 판)에 맞추어 저자에 의해 새롭게 개정 · 보완된 것을 번역 · 편집한 것이다. 뿐만 아니라 원서의 개요와 해설에 사용되었던 식물 학명에 대해서는 저자가 전달하고자 하는 내용에 충실하기 위하여 《한국식물도감》(이영로, 교학사, 2006)을 참고하여 그 학명에 맞는 우리나라 식물명을 기재하였으며, 함유성분, 약리작용 그리고 용도 부분에 사용된 약리학적, 한의학적 용어 풀이에 대해서는 동의대학교 한의과대학 김인락 교수, 경희대학교 한의과대학 최호영 교수, 원광대학교 약학대학 김윤경 교수, 광주한방병원 성강경 원장 등의 감수를 받아 사용하였음을 밝힌다.
또한 한국어판을 출간하면서 《대한민국약전》(제11개정판), 《대한민국약전외한약(생약)규격집》(제4개정판)을 각 약용식물의 개요에 추가하여 우리나라 기준에 맞추어 편집함으로써 독자들이 이해하는 데 도움을 주고자 하였다.
이 책이 앞으로 우리나라와 중국, 일본을 비롯한 세계 각국의 약용식물을 국가 기준에 맞게 체계화하는 주춧돌이 되기를 바란다. 더 나아가 본초학, 생약학, 약용식물학에의 응용은 물론 천연물의약품, 건강기능성 식품, 한방화장품 등을 연구하고 개발하는 데 널리 활용되기를 기대한다. 끝으로 이 책이 출간되기까지 자료 정리를 위해 수고해 준 천연자원연구센터의 김영욱 박사와 이경은 님에게 고마움을 표하며 한국학술정보(주)의 채종준 대표이사님을 비롯한 관계자들에게도 감사의 마음을 전한다.

2019년 6월
전북 완산골에서 성락선

역자 약력

성락선(成樂宣)

전북대학교 농학 박사
충남대학교 약학 박사

경운대학교 한방자원학부 겸임교수 역임
식품의약품안전처 생약연구과장 역임
전라남도 천연자원연구센터 센터장 역임

現 중국 하얼빈상업대학 약학원 객좌교수
한국생약학회 부회장

저서
《한약재 감별도감》(한국학술정보, 2018) 등 다수

신용욱(申容旭)

계명대학교 중국학과 졸업
경희대학교 한약학과 졸업
경희대학교 대학원 약학과 약학석사
경희대학교 대학원 한약학과 약학박사

現 경남과학기술대학교 교수
現 경남과기대창업대학원 6차산업학과 주임교수
現 경남과학기술대학교 창업보육센터 부소장
미국 LIAI(La Jolla Institute For Allergy and Immunology) 방문학자
동의보감촌RIS사업단 단장 역임

저서
≪향약집성방의 향약본초≫(2007학술원추천도서) 등 다수

머리말

21세기에 들어서서 대자연으로의 회귀 열풍이 전 세계를 뒤덮는 가운데 중국 전통약물에 대한 사람들의 이목이 집중되고 있다. 노령화와 건강 생활에 대한 추구로 인해 천연식물약과 중국 전통약물의 병에 대한 방지, 치료, 예방, 보건 등 특성과 장점이 사람들에게 받아들여지게 되었는데 이는 국제간 연구, 개발 및 판매, 사용 상황에서 알 수 있다. 중국 전통약물은 중화민족의 문화보물로 수천 년의 임상응용 가운데서 많은 귀중한 경험을 누적하여 서양의약과 함께 인류 의료보건 영역에서 중요한 역할을 하고 있으며 인류의 공동자산이기도 하다. 이 보물에 대해 보다 심도 있게 인식하고 개발하며 국제적으로 동서양 천연식물약에 대한 이해와 인식을 강화하는 것은 대다수 사람들의 바람이자 시장의 수요이며 학술 발전의 필연적 방향이기도 하다.

동서양 문화의 합류점으로서 정보시스템이 발달한 것은 홍콩의 강점이다.

2003년 하반기, 홍콩중약연구원은 《당대약용식물전(當代藥用植物典)》(한국어판: 세계 약용식물 백과사전)을 편찬하여 중의약 정보 교류를 강화하려고 기획하였으며 2004년 작업을 시작하였다. 이 프로젝트는 연구원에서 총괄하고 자오중전(趙中振) 교수와 샤오페이건(蕭培根) 원사가 공동으로 편집하였으며 다른 여러 중의약 전문가, 학자들이 공동으로 완성하였다.

본서의 주요 특징은 다음과 같다.

1. 동서양 집대성
   본서는 3편 총 4권으로 각각 동양편(제1, 2권), 서양편(제3권), 영남(嶺南)편(제4권)으로 나뉜다. 내용적으로는 서로 다른 전통 의학체계의 전통약 및 신흥 약용식물제품, 천연보건약품, 천연화장품, 천연색소 등이 포함되었다.

2. 동시대성
   저자는 국내외 약용식물에 대해 심층적인 조사와 연구를 진행하며 많은 전통약물학 문헌자료를 체계적으로 정리, 귀납, 분석하였으며 각 약용식물의 화학, 약리학, 임상의학 등 국내외 연구에서의 최신 정보도 수록하기 위해 노력하였다. 또한 데이터베이스로서 부단히 업데이트될 것이다.

3. 풍부한 그림과 글
   본서에 수록된 사진은 대부분 편저자가 오랜 시간 동안 약재 생산지와 자생지에 들어가 얻어낸 귀중한 1차 자료들로 약용식물의 감별 특징을 과학적으로 기록하고 그 자연적인 생장 모습을 생동감 있게 보여 주고 있다. 책 속에 수록된 식물 표본은 현재 홍콩침회대학 중약표본센터에 완벽하게 보관되어 있다.

4. 온고지신
   본서는 단순하게 문헌으로만 이루어진 것이 아니라 전문적 내용 뒤에는 편마다 해설을 첨부하여 식물약품 개발과 지속적인 이용에 대한 저자의 견해를 논술하였다. 또한 일부 중약의 안전성 문제에 대해서도 제시하였다.

5. 중국어 · 영어 · 한국어판 출간
   본서는 국제적인 교류를 위해 중문판과 영문판, 한국어판으로 출판된다. 특히 한국어판에는 《대한민국약전》(제11개정판)과 《대한민국약전외한약(생약)규격집》(제4개정판)의 내용을 첨가하여 기술하였다. 약재명은 중약명 사용을 원칙으로 하였다.
   전체적으로 본서는 내용이 풍부하고 실용성이 강하여 의약 교육, 과학연구, 생산, 검사, 관리, 임상, 무역 등 여러 영역에서 종사하는 이들이 참고서로 사용할 수 있다.

본서는 편폭이 크고 수록된 약용식물 및 관련 문헌자료가 광범위하며 또한 관련 학과 영역에서의 연구 및 발전이 급속도로 진행되고 있어 미흡한 점이나 착오 또는 누락이 있을 수도 있으므로 독자 여러분의 진심 어린 질책을 기다린다.

저자 약력

자오중전(趙中振)

1982년 북경중의약대학 학사
1985년 중국중의과학원 석사
1992년 도쿄약과대학 박사

홍콩침회대학(香港浸會大學) 중의약학원 부원장, 석좌교수
홍콩 공인 중의사(中醫師)
홍콩 중약표준과학위원회 위원
국제고문위원회 위원
홍콩중의중약발전위원회 위원
중국약전위원회 위원
오랜 기간 중의약 교육, 연구 및 국제교류에 힘을 쏟고 있다.

저서
《당대약용식물전(當代藥用植物典)》(중 · 영문판)
《상용중약재감별도전(常用中藥材鑑別圖典)》(중 · 일 · 영문판)
《중약현미감별도감(中藥顯微鑑別圖鑑)》(중 · 영문판)
《홍콩 혼용하기 쉬운 중약》(중 · 영문판)
《백방도해(百方圖解)》, 《백약도해(百藥圖解)》 시리즈

샤오페이건(蕭培根)

1953년 하문대학(厦門大學) 이학(理學) 학사
1994년 중국공학원 원사
2002년 홍콩침회대학 명예 이학 박사

중국의학과학원약용식물연구소 연구원 · 명예 소장
국가중의약관리국중약자원이용과보호중점실험실 주임
〈중국중약잡지〉 편집장
〈Journal of Ethnopharmacology〉, 〈Phytomedicine, Phytotherapy Research〉 등의 편집위원
북경중의약대학 중약학원 교수, 명예 소장
홍콩침회대학 중의약학원 객원교수
오랜 기간 약용식물 및 중약 연구에 종사하며 약용 계통학 창설

저서
《중국본초도록(中國本草圖錄)》
《신편중약지(新編中藥志)》 등 대형 전문도서 다수

편집 및 총괄위원회

총괄위원회
쉬훙시(徐宏喜), 주즈셴(朱志賢), 정취안룽(鄭全龍), 샤오페이건(蕭培根), 자오중전(趙中振), 훙쉐룽(洪雪榕), 라오룽장(老榮璋)

편집
자오중전(趙中振), 샤오페이건(蕭培根)

부편집
옌중카이(嚴仲鎧), 장즈훙(姜志宏), 훙쉐룽(洪雪榕), 우자린(鄔家林), 천후뱌오(陳虎彪), 펑융(彭勇), 쉬민(徐敏), 위즈링(禹志領)

프로젝트 고문
셰밍춘(謝明村), 셰즈웨이(謝志偉)

상무편집위원회
훙쉐룽(洪雪榕), 우멍화(吳孟華), 예차오보(葉俏波), 궈핑(郭平), 후야니(胡雅妮), 량즈타오(梁之桃), 어우징퉁(區靖彤)

편집위원회
자오카이춘(趙凱存), 쉬후이링(許慧玲), 저우화(周華), 량스셴(梁士賢), 양즈쥔(楊智鈞), 리민(李敏), 볜자오샹(卞兆祥), 이타오(易濤), 둥샤오핑(董小萍), 장메이(張梅), 러웨이(樂巍), 황원화(黃文華), 류핀후이(劉蘋迴)

프로젝트 총괄
훙쉐룽(洪雪榕)

집행편집
오멍화(吳孟華), 라오룽장(老榮璋)

검토위원
셰밍춘(謝明村)

보조편집
리후이쥔(李會軍), 바이리핑(白麗萍), 천쥔(陳君), 멍장(孟江), 청쉬안쉬안(程軒軒), 이링(易玲), 송위에(宋越), 마천(馬辰), 위안페이첸(袁佩茜), 니에훙(聶紅), 샤리(夏黎), 란용하오(藍永豪), 황징원(黃靜雯), 주즈이(周芝苡), 황용스(黃咏詩)

식물 촬영
천후뱌오(陳虎彪), 우자린(鄔家林), 우광디(吳光弟), 자오중전(趙中振), 옌중카이(嚴仲鎧), 쉬커쉐(徐克學), 어우징퉁(區靖彤), 리닝한(李甯漢), 즈톈펑(指田豊), 양춘(楊春), 린위린(林余霖), 장하오(張浩), 후야니(胡雅妮), 리샤오진(李曉瑾), 정한천(鄭漢臣), 위잉야싱(御影雅幸), Mi-Jeong Ahn, 페이웨이중(裴衛忠), 허딩샹(賀定翔), 장지(張繼)

약재 촬영
천후뱌오(陳虎彪), 진량준(陳亮俊), 어우징퉁(區靖彤), 탕더룽(唐得榮)

그 외
쩡위린(曾育麟), 위안창치(袁昌齊), 훙쉰(洪恂), 리닝한(李甯漢), 저우룽한(周榮漢), Martha Dahlen, 천루링(陳露玲), 리중원(李鐘文), 정후이젠(鄭會健), 코우건라이(寇根來)

일러두기

1. 본서에는 상용 약용식물 500종을 실었으며 관련된 원식물은 800여 종에 달한다. 중문판, 영문판 및 한국어판으로 출간되었다. 전체 서적은 제1, 2권 동양편(동양 전통의학 상용 약을 주로 하였다. 예를 들어 중국, 일본, 한반도, 인도 등), 제3권 서양편(유럽, 아메리카 상용식물 약을 주로 하였다. 예를 들어 유럽, 러시아, 미국 등), 제4권 영남편(영남 지역에서 나거나 상용하는 초약을 주로 하고 이 지역을 거쳐 무역에서 유통되는 약용식물도 포함됨)으로 나뉜다.

2. 본서는 학명의 A, B, C 순으로 목록화하였으며 그에 따른 우리나라 식물명과 한약재명, 개요, 원식물 사진, 약재 사진, 함유성분과 구조식, 약리작용, 용도, 해설, 참고문헌 등으로 나누어 순서대로 서술하였다.

3. 명칭
   (1) 학명에 따른 약용 자원식물의 우리나라 식물명을 순서로 하여 오른쪽 상단에 작은 글자로 각국 약전 수록 상황을 표기하였다. 이를테면 CP(《중국약전(中國藥典)》), KP[《대한민국약전》(제11개정판)], KHP[《대한민국약전외한약(생약)규격집》(제4개정판)], JP(《일본약국방(日本藥局方)》), VP(《베트남약전(越南藥典)》), IP(《인도약전(印度藥典)》), USP(《미국약전(美國藥典)》), EP(《유럽약전(歐洲藥典)》), BP(《영국약전(英國藥典)》)이다.
   (2) 우리나라 약재명 외에 중문명 한자, 한어병음명, 라틴어학명, 약재 라틴어명 등을 수록하였다.
   (3) 약용식물의 라틴어학명과 중문명은 《중국약전》(2015년 판)의 원식물 이름을 기준으로 하였고 《중국약전》에 수록되지 않은 경우에는 《신편중약지(新編中藥誌)》, 《중화본초(中華本草)》 등 관련 전문도서를 따랐다. 민족약은 《중국민족약지(中國民族藥誌)》에 수록된 명칭을 기준으로 하였다. 국외 약용식물의 라틴어학명은 그 나라 약전을 기준으로 하고 중문명은 《구미식물약(歐美植物藥)》 및 기타 관련 문헌을 참고로 하였다.
   (4) 약재의 중문명과 라틴어명은 《중국약전》을 기준으로 하고 《중국약전》에 수록되지 않은 경우 《중화본초》를 참고로 하였다.

4. 개요
   (1) 약용식물종의 식물분류학에서의 위치를 표기하였다. 과명(괄호 안에 과의 라틴어명을 표기), 식물명(괄호 안에 라틴어학명을 표기) 및 약용 부위를 적었으며 여러 부위가 약용으로 사용되는 경우 나누어서 서술하였다. 참고로 식물과명은 우리나라의 식물분류체계를 따랐음을 밝힌다.
   (2) 약용식물의 속명을 기술하고 괄호 안에 라틴어 속명을 적었으며 그 속과 종에 해당하는 식물의 세계에서의 분포지역 및 산지를 소개하였다. 일반적으로 주(洲)와 국가까지 적고 특수품종은 도지산지(道地産地)를 수록하였다.
   (3) 약용식물의 가장 빠른 문헌 출처와 역사 연혁을 간단하게 소개하고 주요 생산국가에서의 법정(法定) 지위 및 약재의 주요산지를 기술하였다.
   (4) 한국어판의 경우 《대한민국약전》(11개정판), 《대한민국약전외한약(생약)규격집》(제4개정판)에 등재된 기원식물명, 학명, 사용 부위 등을 기재하여 문헌비교에 도움이 되도록 하였다.
   (5) 함유성분 연구 성과 중 활성성분과 지표성분을 주요하게 소개하고 주요 약전에서 약재의 품질을 관리하는 방법을 기술하였다.
   (6) 약리작용을 간략히 서술하였다.
   (7) 주요 효능을 소개하였다.

5. 원식물과 약재 사진
   (1) 본서에서 사용한 컬러 사진에는 원식물 사진, 약재 사진 및 일부 재배단지의 사진이 포함되었다.
   (2) 원식물 사진에는 그 약용식물종 사진이나 근연종 사진 등이 포함되며 약재 사진은 원약재 사진과 음편(飮片) 사진 등이 포함되었다.

6. 함유성분
   (1) 주요 국내외 저널, 전문도서에서 이미 발표된 주요성분, 유효성분(또는 국가에서 규정한 약용 · 식용으로 겸용할 수 있는 영양성분), 특유성분을 수록하였다. 원식물의 품질을 관리할 수 있는 지표성분에 대해서는 중점적으로 기술하였다. 영문판에 수록된 내용을 바탕으로 하였다.
   (2) 화학구조식은 통일적으로 ISIS Draw 프로그램을 사용하였으며 그 아랫부분의 적당한 곳에 영문 명칭을 적었다.
   (3) 동일한 식물의 서로 다른 부위가 단일한 상품으로 약재에 사용될 때 함유성분 연구 내용이 적은 것은 간단하게 기술

하고 각 부위 내용이 많은 것은 단락을 나누어 기술하였다.

7. 약리작용

(1) 이미 발표된 약용식물종 및 그 유효성분 또는 추출물의 실험 약리작용을 소개하였으며 약리작용에 따라 간단하게 기술하거나 항목별로 조목조목 기술하였다. 우선 주요 약리작용을 서술하고 기타 작용은 내용의 많고 적음에 따라 차례로 기술하였다.

(2) 실험연구소에서 사용하는 약물(약용 부위, 추출용액 등 포함), 약물 투여 경로, 실험동물, 사용기구 등을 기술하고 [ ] 부호로 문헌번호를 표기하였다.

(3) 처음으로 쓰이는 약리 전문용어는 괄호 안에 영문 약어를 표기하고 두 번째부터는 중문 명칭 또는 영문 약어만 표기하였다.

8. 용도

(1) 본서에는 약용식물, 약용 함유성분 기원식물, 건강식품 기원식물, 화장품 기원식물 등이 수록되었다. 그러므로 본 항목을 '용도'라 하고 각각 효능, 주치, 현대임상 세 부분으로 나누어 적었다. 서로 다른 기원종의 용도를 객관적으로 서술하기 위해 노력하였다. 약용 함유성분 기원식물에 대해서는 그 용도만 설명하고 따로 항목을 나누어 설명하지는 않았다.

(2) 효능과 주치에 있어서는 중의이론에 근거하여 약용식물종 및 각 약용 부위에 대해 정확하게 기술하였다. 《중국약전》, 《중화본초》 및 기타 관련 전문도서를 주로 참고하였다.

(3) 현대임상 부분에서는 임상 실험을 기준으로 하여 약용식물의 임상 적응증에 대해서 기술하였다.

9. 해설

(1) 약용식물을 주로 하여 역사적, 미래지향적 통찰력으로 해당 식물의 특징과 부족한 점을 개괄적으로 기술하고 개발 응용 전망, 발전 방향 및 중점을 제시하였다.

(2) 중국위생부에서 규정한 식용 · 약용 공용품목 또는 홍콩에서 흔히 볼 수 있는 독극물 목록에 있는 약용식물종에 대해서는 따로 설명하였다.

(3) 또한 해당 약용식물 재배단지의 분포상황에 대해서도 기술하였다.

(4) 이미 뚜렷한 부작용으로 인해 보도된 적이 있는 약용식물에 대해서는 개괄적으로 그 안전성 문제와 응용 주의사항을 논술하였다.

10. 참고문헌

(1) 1990년대 이전의 멸실된 문헌에 대해서는 재인용하는 방식을 취하였다.

(2) 원 출처에서 전문용어나 인명에 뚜렷한 오기가 있는 부분은 수정하였다.

(3) 참고문헌은 국제표준 형식을 취하였다.

11. 계량단위는 국제표준 계량단위와 부호를 사용하였다. 숫자는 모두 아라비아숫자를 사용하였고 주요성분 함량은 유효한 두 자릿수를 취하였다.

12. 본서 색인에는 우리나라 식물명 및 약재명, 학명 색인, 영문명 색인이 있다.

차 례

세계 약용식물 백과사전 3

서양톱풀 蓍 EP, BP, BHP, GCEM

Achillea millefolium L.

Yarrow

개 요

국화과(Asteraceae)

서양톱풀(蓍, *Achillea millefolium* L.)의 지상부와 두상화서를 말린 것: 양시초(洋蓍草)

중약명: 양시초(洋蓍草)

톱풀속(*Achillea*) 식물은 전 세계에 약 200종이 있으며 북부 온대 지역에 분포한다. 중국에서는 약 10종이 발견되고 이 속에서 약 3종은 약으로 사용된다. 이 종은 유럽과 서아시아를 기원으로 현재 북아메리카와 아시아 전역에서 재배하고 있다.

야로우는 기원전 9세기와 11세기의 호메로스 시대에 처음 사용된 기록이 있으며, 2차 세계대전에 영국에서 널리 사용하였다.[1] 이 종은 약재인 야로우(Millefolii Herba et Flos)의 공식적인 기원식물로 유럽약전(5개정판)과 영국약전(2002)에 규정하고 있다. 이 약재는 주로 영국을 포함한 유럽의 나라들, 특히 동부와 남동부 유럽에서 생산된다.

서양톱풀에는 정유, 테르페노이드, 플라보노이드 및 쿠마린 성분을 함유되어 있으며, 정유와 카마줄렌이 지표성분이다. 유럽약전과 영국약전에서는 의약 물질의 품질관리를 위해 정유 함량이 2㎖/kg 이상이어야 하고, 프로아줄렌의 함량을 카마줄렌으로 환산했을 때 0.02% 이상이어야 한다고 규정하고 있다.

약리학적 연구 따르면 서양톱풀이 지혈, 항염증, 항산화 및 항종양 효과가 있음을 확인했다.

민간요법에 의하면 야로우는 지혈, 항발열, 발한, 수렴 및 배뇨촉진 효과가 있으며, 한의학에서 구풍(驅風), 혈액순환촉진, 통증완화, 청열해독(清熱解毒) 효과가 있다고 전해진다.

서양톱풀 蓍 *Achillea millefolium* L.

양시초 蓍 Millefolii Herba et Flos

톱풀 蓍 *A. alpina* L.

함유성분

지상부와 두상화에는 정유성분(주로 세스퀴테르펜류) chamazulene, ββ-pinene, (E)-nerolidol, caryophyllene oxide, spathulenol[2], αα-bisabolol, αα-copaene[3]이 함유되어 있으며, 테르페노이드 성분으로 achillicin[4], achillin, 8αα-angeloxy achillin, leucodin,

HO CH$_3$ OAc H H O O

achillicin

chamazulene

8αangeloxy-leucodin, desacetylmatricarin[5], desacetoxymatricarin, matricin, tigloyl-artabsin, angeloylartabsin, santamarin[6], millefin[7], artecanin, estafiatin, balchanolide[8], isoapressin, 10-isovaleroyldesacetylisoapressin, 10-an geloyldesacetylisoapressin, 8-tigloyldesacetylezomontanin, αperoxyachifolid, βperoxyisoachifolid[9], isoachifolidiene[10], achimillic acids A, B, C[11], 플라보노이드 성분으로 apigenin, luteolin, schaftoside, isoschaftoside[12], cosmosiin[13], artemetin, casticin[14], 쿠마린 성분으로 umbelliferone, scopoletin, aesculetin[15], 트리테르페노이드 성분으로 taraxasterol[16], 알칼로이드 성분으로 achilleine(betonicine)[17]이 함유되어 있다.

약리작용

1. 지혈 작용
   아킬레인은 출혈을 멈추게 하고 정유성분은 상처가 곪는 것을 예방하여 상처치료와 통증감소를 촉진한다[18]. 식물성 세스퀴테르펜 락톤은 지혈효과를 가진다[8].
2. 항염증 작용
   식물성 세스퀴테르펜 락톤은 마우스에서 크로톤오일에 의해 유도된 이개종창을 억제하며, 산타마린은 NF-kB 전사인자의 활성을 억제한다[6].
3. 항균 작용
   정유성분은 폐렴구균, 가스괴저균, 칸디다균류, 치구균 및 아시노박터균을 저해하는 항균활성을 가진다[19].
4. 항산화 작용
   *in vitro*에서 정유성분은 2,2-디페닐-피크릴하이드라질(DPPH) 라디칼 소거능이 있으며, 랫드의 간 현탁액에 대한 비효소적 지질 과산화 억제 활성을 가진다[19]. 카마쥴렌은 항산화성분 중 하나이다[20]. 간섬유증을 가진 랫드에 대한 톱풀 지상부의 에탄올-경질수의 추출물을 경구 투여하면 간의 SOD 활성을 강화시켰고 혈장 MDA의 함량을 감소시켰다. 추출물은 산소 라디칼로 야기된 손상을 줄여줌으로써 간세포를 보호한다[21].
5. 생식기계통에 대한 효과
   서양톱풀을 경구 투여하면 임신한 랫드의 태아 무게를 감소시키고 태반 무게를 증가시킨다[22]. 성숙한 수컷 랫드에서 잎의 물 추출물을 장기적으로 경구 투여하면 비정상적인 정자의 비율이 증가한다[23]. 화기의 에탄올 추출물(복강투여) 또는 수성알코올성 추출물(경구 투여)은 수컷 마우스에서 미숙한 생식세포의 박탈, 생식세포 괴사, 세정관 액포화의 변화를 야기한다[24].
6. 면역제어
   *In vitro*에서 정유성분과 아줄렌은 과산화수소와 TNF-α를 생산하기 위해서 마우스 복막 내 대식세포를 자극한다[25].
7. 기타
   항불안 작용[26], 저혈당 작용[27], 항종양 효과[11]를 가진다.

용도

1. 외상성출혈, 코피, 체내출혈
2. 간 기능장애
3. 고지혈증, 고혈압
4. 거식증, 소화불량, 변비
5. 무월경

해설

서양톱풀은 또한 의학적으로 사용하며 중국에서는 재배종들을 찾아볼 수 있다.
야로우는 주로 지혈에 사용하며, 신선한 약초를 환부에 붙여 지혈을 하거나, 잎의 건조한 분말은 코피를 멈추게 하는 데 사용하며, 야로우 리큐어로 월경과다를 치료하는 데 사용한다. 영국에서는 민간요법으로 화상이나 뱀, 벌레에 물린 곳에 사용하며 아메리카 원주민들은 간과 신장 질환에 사용한다.

참고문헌

1. J Sumner. The Natural History of Medicinal Plants. Oregon: Timber Press. 2000: 206
2. A Judzentiene, D Mockute. Composition of inflorescence and leaf essential oils of Achillea millefolium L. with white, pink and deep pink flowers growing wild in Vilnius (eastern Lithu ania). Journal of Essential Oil Research. 2005, 17(6): 664–667
3. S Saeidnia, N Yassa, R Rezaeipoor. Comparative investigation of the essential oils of Achillea talagonica Boiss. and A. millefolium, chemical composition and immunological studies. Journal of Essential Oil Research. 2004, 16(3): 262–265
4. BN Cuong, E Gacs–Baitz, L Radics, J Tamas, K Ujszaszy, G Verzar–Petri. Achillicin, the first proazulene from Achillea millefolium. Phytochemistry. 1979, 18(2): 331–332
5. S Glasl, P Mucaji, I Werner, J Jurenitsch. TLC and HPLC characteristics of desacetylmatricarin, leucodin, achillin and their 8α –angeloxyderivatives. Pharmazie. 2003, 58(7): 487–490
6. G Lyss, S Glasl, J Jurenitsch, HL Pahl, I Merfort. A sesquiterpene and sesquiterpene lactones from the Achillea millefolium group possess antiinflammatory properties but do not inhibit the transcription factor NF–kB. Pharmaceutical and Pharmacological Letters. 2000, 10(1): 13–15
7. SZ Kasymov, GP Sidyakin. Lactones of Achillea millefolium. Khimiya Prirodnykh Soedinenii. 1972, 2: 246–247
8. DA Konovalov, VA Chelombyt'ko. Sesquiterpene lactones from Achillea millefolium. Khimiya Prirodnykh Soedinenii. 1991, 5: 724–725
9. G Ruecker, D Manns, J Breuer. Peroxides as constituents of plants. XIV. Further guaianolide peroxides from yarrow, Achillea millefolium L. Archiv der Pharmazie. 1993, 326(11): 901–905
10. G Ruecker, A Kiefer, J Breuer. Peroxides as plant constituents. II. Isoachifolidiene, a precursor of guaianolide peroxides from Achillea millefolium. Planta Medica. 1992, 58(3): 293–295
11. T Tozyo, Y Yoshimura, K Sakurai, N Uchida, Y Takeda, H Nakai, H Ishii. Novel anti–tumor sesquiterpenoids in Achillea millefolium. Chemical & Pharmaceutical Bulletin. 1994, 42(5): 1096–1100
12. D Guedon, P Abbe, JL Lamaison. Leaf and flower head flavonoids of Achillea millefolium L. subspecies. Biochemical Systematics and Ecology. 1993, 21(5): 607–611
13. NA Kaloshina, ID Neshta. Flavonoids of Achillea millefolium. Khimiya Prirodnykh Soedinenii. 1973, 2: 273
14. AJ Falk, SJ Smolenski, L Bauer, CL Bell. Isolation and identification of three new flavones from Achillea millefolium. Journal of Pharmaceutical Sciences. 1975, 64(11): 1838–1842
15. KM Ahmed, SS El–Din, S Abdel Wahab, EAM El–Khrisy. Study of the coumarin and volatile oil composition from aerial parts of Achillea millefolium L. Pakistan Journal of Scientific and Industrial Research. 2001, 44 (4): 218–222
16. RF Chandler, SN Hooper, DL Hooper, WD Jamieson, CG Flinn, LM Safe. Herbal remedies of the maritime Indians: sterols and triterpenes of Achillea millefolium L. (yarrow). Journal of Pharmaceutical Sciences. 1982, 71(6): 690–693
17. M Pailer, WG Kump. The isolation of achielleine from Achillea millefolium and its identification as betonicine. Monatshefte fuer Chemie. 1959, 90: 396–401
18. M Popovic, V Jakovljevic, M Bursac, R Mitic, A Raskovic, B Kaurinovic. Biochemical investigation of yarrow extracts (Achillea millefolium L.). Oxidation Communications. 2002, 25(3): 469–475
19. F Candan, M Unlu, B Tepe, D Daferera, M Polissiou, A Sokmen, HA Akpulat. Anti–oxidant and anti–microbial activity of the essential oil and methanol extracts of Achillea millefolium subsp. millefolium Afan. (Asteraceae). Journal of Ethnopharmacology. 2003, 87(2–3): 215–220
20. VY Yatsyuk. Anti–oxidants of medicinal plants of the Asteraceae. Farmatsevtichnii Zhurnal. 1989, 5: 75–76
21. ZF Hong, YH Chen, TJ Li. Experimental study on the effect of Achillea millefolium extract on the lipid peroxidation in rats with hepatic fibrosis. Journal of Fujian College of Traditional Chinese Medicine. 2005, 15(6): 23–25

22. CL Boswell–ruys, HE Ritchie, PD Brown–woodman. Preliminary screening study of reproductive outcomes after exposure to yarrow in the pregnant rat. Birth Defects Research, Part B: Developmental and Reproductive Toxicology. 2003, 68(5): 416–420

23. PR Dalsenter, AM Cavalcanti, AJM Andrade, SL Araujo, MCA Marques. Reproductive evaluation of aqueous crude extract of Achillea millefolium L. (Asteraceae) in Wistar rats. Reproductive Toxicology. 2004, 18(6): 819–823

24. T Montanari, JE de Carvalho, H Dolder. Antispermatogenic effect of Achillea millefolium L. in mice. Contraception. 1998, 58(5): 309–313

25. FCM Lopes, FP Benzatti, CM Jordao Junior, RRD Moreira, IZ Carlos. Effect of the essential oil of Achillea millefolium L. in the production of hydrogen peroxide and tumor necrosis factor–α in murine macrophages. Revista Brasileira de Ciencias Farmaceuticas. 2005, 41(3): 401–405

26. M Molina–Hernandez, NP Tellez–Alcantara, MA Diaz, J Perez Garcia, JI Olivera Lopez, MT Jaramillo. Anticonflict actions of aqueous extracts of flowers of Achillea millefolium L. vary according to the estrous cycle phases in Wistar rats. Phytotherapy Research. 2004, 18(11): 915–920

27. DS Molokovskii, VV Davydov, MD Khegai. Antidiabetic activities of adaptogenic formulations and extractions from medicinal plants. Rastitel'nye Resursy. 2002, 38(4): 15–28

서양칠엽수 歐洲七葉樹 BP, BHP, GCEM

Hippocastanaceae

Aesculus hippocastanum L.

Horse-chestnut seed

개 요

칠엽수과(Hippocastanaceae)

마로니에(歐洲七葉樹, *Aesculus hippocastanum* L.)의 씨를 말린 것: 구주칠엽수자(歐洲七葉籽)

중약명: 구주칠엽수자(歐洲七葉籽)

칠엽수속(*Aesculus*) 식물은 전 세계에 약 30종이 있으며 아시아, 유럽, 아메리카에 널리 분포한다. 이 가운데 약 10종이 중국에서 발견되며 아열대 기후의 남서부 지역에 주로 분포한다. 또한, 중국 북부의 황하강 유역, 동부에 강소성과 저장성, 서부에 광동성의 북부 지역에 분포한다. 이 속에서 약 4종과 1변종이 약으로 사용된다. 이 종은 알바니아와 그리스의 토착종이며 지금은 유럽과 아메리카에 분포하고[1], 재배종은 중국에서 찾을 수 있다.

씨와 나무껍질은 16세기 이래로 생약으로 사용해 왔으며[2], 18세기에는 열을 내리는 데 사용했고 19세기 후반에는 치질을 치료하는 데 사용했다.[3] 이 종은 약재인 구주칠엽수자(Hippocastani Semen)의 공식적인 기원식물 내원종으로 영국생약전(1996)에 규정하고 있으며, 아에스신 추출물의 공식적인 기원식물로 영국약전(2002)에 규정하고 있다. 이 약재는 주로 온대 지역, 특히 동유럽권 나라에서 생산된다.

씨에는 트리테르페노이드 사포닌, 쿠마린 및 플라보노이드 성분이 함유되어 있으며, 다양한 트리테르페노이드 사포닌의 혼합물인 아에스신이 지표성분이다. 영국생약전에서는 의약 물질의 품질관리를 위해 수용성 추출물의 함량이 20% 이상이어야 한다고 규정하고 있다.

약리학적 연구에 따르면 서양칠엽수가 혈관을 강화하고, 혈관삼투성을 감소시키며, 정맥부전을 개선할 뿐만 아니라 항염증, 해충퇴치효과 및 항종양 효과가 있음을 확인했다.

민간요법에 의하면 서양칠엽수 씨는 하지 정맥류를 개선하고, 부종을 감소시키며, 혈관을 보호한다고 한다.

서양칠엽수 歐洲七葉樹 *Aesculus hippocastanum* L.

칠엽수 七葉樹 *A. chinensis* Bge.

서양칠엽수 歐洲七葉樹 BP, BHP, GCEM

구주칠엽수자 歐洲七葉籽 Hippocastani Semen

1cm

구주칠엽수피 歐洲七葉皮 Hippocastani Cortex

1cm

함유성분

씨에는 트리테르페노이드 사포닌류와 트리테르펜 사포게닌류의 escins Ia, Ib, IIa, IIb, IIIa, IIIb, IV, V, VI, isoescins Ia, Ib, V[4-5], protoaescigenin, barringtogenols C, D, theasapogenols A, E, camelliagenins B, C, D, barrigenols A1, R1, dihydropriverogenin A[6-7], hippocastanoside[8], escigenin[9], barringtogenol-C-21-angelate, hippocaesculin[10]이 함유되어 있고, 쿠마린 성분으로 umbelliferone, esculetin, cichoriin, scopolin, isoscopolin, scopoletin[9], isoscopoletin, fraxin, fraxetin, esculin[11], 플라보노이드 성분으로 kaempferol, kaempferol-3-O-αL-rhamnopyranoside, astragalin, quercetin, avicularin, polystachoside, quercitrin, isoquercitrin[9, 12], 탄닌류 성분으로 pavetannin A[13]가 함유되어 있다. 또한 렉틴[14]과 마로니에 항균성 단백질 1(Ah-AMP 1)[15]이 함유되어 있다.

씨껍질에는 탄닌류 성분으로 프로안토시아니딘 A_6, A_7, aesculitannins A, B, C, D, E, F, G[16]가 함유되어 있다.

나무껍질과 목부에는 쿠마린 성분으로 esculin, fraxin[17], fraxetin, esculetin, scopolin, scopoletin[18], 그리고 프로안토시아니딘 A_2[19]가 함유되어 있다.

escigenin

esculin

잎, 싹 및 꽃에는 플라보오이드 성분으로 quercetin[20], isoquercitrin, rutin, kaempferol 3-glucoside[21], kaempferol, rhamnocitrin[22], 폴리페놀류 성분으로 castaprenols 10, 11, 12, 13[23]이 함유되어 있다.

약리작용

1. 혈관에 영향

   아에스신은 히알루로니다아제 저해효과를 보이며 정맥부전증의 치료와 예방에 효과적이다[24]. 아에스신은 랫드의 아나필락시스 유사 난알부민으로 유도된 부종과 점상출혈반응에서 혈관허약을 감소시키고 부종을 저해한다[25]. 토끼에 서양칠엽수 열매의 플라보노이드를 정맥 투여하면 히스타민과 브라디키닌에 의해 유도된 피부혈관삼투성의 증가를 중화하고, 혈압의 일시적이고 경미한 증가 야기, 동맥과 정맥의 혈류 지속, 아드레날린과 노르아드레날린의 혈관수축 가속, 미소순환 향상에 영향을 준다[26].

2. 항염증, 항부종 작용

   에스신 Ia, Ib, IIa, IIb를 경구 투여하면 마우스에서 아세트산과 랫드에서 히스타민에 의해 유도된 혈관 내 삼투성의 증가를 억제한다. 또한, 에스신 Ia, Ib, IIa, IIb는 랫드에서 세로토닌에 의해 유도된 혈관 내 삼투성의 증가를 억제한다. 에스신 Ia, Ib, IIa, IIb는 랫드에서 카라기닌에 의해 유도된 족저부종을 저해한다[27]. 에스신은 국소빈혈/재관류손상 후 염증성 매개자의 발현과 분출의 저해를 통해서 뇌손상 예방효과를 가진다. 에스신은 유의적으로 경색부위를 감소, 신경결손을 개선, 뇌에서의 IL-8 사이토카인의 함량을 감소시키고 TNF-α와 NF-kB의 발현을 하향 조절한다[28].

3. 항종양 작용

   랫드에서 에스신(β-escin)을 경구 투여하면 비정상적인 맥관군집(ACF)의 형성을 저해한다. *in vitro*에서 β-에스신은 G_1-S 상에서 인간의 결장 암종인 HT-29 세포의 성장 억제를 유도하며 이것은 사이클린 의존 키나아제 저해제인 $p21^{waf1/cip1}$의 유도와 관련이 있고, 망막모세포종 단백질의 인산화 유도와 관련이 있다. 또한 β-에스신은 야생형 또는 돌연변이형 p53 두 가지 모두에서 결장암세포의 생장을 저해한다[29]. 히포캐스쿨린(hippocaesculin)은 *in vitro*에서 KB 세포을 저해하는 세포독성을 가진다[10].

4. 혈당강하 작용

   에스신 Ia, Ib, IIa, IIb 중에서도 특히 IIa, IIb는 랫드의 경구 포도당 부하 시험에서 에탄올 흡수와 저혈당활성에 대한 저해효과를 나타낸다[30].

5. 위장장애 예방

   랫드에서 에스신 Ia, Ib, IIa, IIb의 경구 투여하면 에탄올로 유도한 위점막병변을 억제하며, 이 효과는 체내에 프로스타글란딘, 일산화질소, 캡사이신 민감성 구심성 신경과 교감신경계와 관련이 있다[31].

6. 기타

   서양칠엽수 추출물은 항산화 효과를 가진다[32].

용도

1. 정맥염, 정맥류
2. 치핵
3. 혈전성 부종
4. 산후 부종

해설

서양칠엽수의 나무껍질, 가지껍질과 잎을 약으로 사용한다.

씨는 주로 하지정맥류, 부종과 같은 심혈관계 질환을 치료하는 데 사용한다. 서양칠엽수는 널리 재배되고 있으며 조경수와 관상수로 재배하고 있다.

현재는 서양칠엽수 씨가 함유된 제품을 독일에서 생산하고 있다. 중국에서 *Aesculus chinensis* Bge.와 *A. wilsonii* Rehd는 소간(疏肝), 이기(理氣), 관중(寬中), 지통(止痛)의 효능을 갖는 사라자(娑罗子)로 사용한다. 사라자(娑罗子)는 서양칠엽수의 씨가 함유된 제품의 보조 약재이다.

참고문헌

1. XR Yu, YH Xue. Advancement in studies on Aesculus hippocastanum L. Foreign Medical Sciences. 2001, 23(4): 207–210
2. E Bombardelli, P Morazzoni, A Griffini. Aesculus hippocastanum L. Fitoterapia. 1996, 67(6): 483–511
3. X Liu. Chemical constituents, pharmacological effects and clinical applications of Aesculus hippocastanum L. Foreign Medical Science (Plant Medicine Section). 1999, 14(2): 47–52
4. M Yoshikawa, T Murakami, H Matsuda, J Yamahara, N Murakami, I Kitagawa. Bioactive saponins and glycosides. III. Horse chestnut. (1): The structures, inhibitory effects on ethanol absorption, and hypoglycemic activity of escins Ia, Ib, IIa, IIb, and IIIa from the seeds of Aesculus hippocastanum L. Chemical & Pharmaceutical Bulletin. 1996, 44(8): 1454–1464
5. M Yoshikawa, T Murakami, J Yamahara, H Matsuda. Bioactive saponins and glycosides. XII. Horse chestnut. (2): Structures of escins IIIb, IV,V, and VI and isoescins Ia, Ib, and V, acylated polyhydroxyoleanene triterpene oligoglycosides, from the seeds of horse chestnut tree (Aesculus hippocastanum L., Hippocastanaceae). Chemical & Pharmaceutical Bulletin. 1998, 46(11): 1764–1769
6. G Wulff, R Tschesche. Triterpenes. XXVI. Structure of Aesculus hippocastanum saponins (aescin) and aglycones of related glycosides. Tetrahedron.1969, 25(2): 415–436
7. JI Isaev. Obtaining and studying essins from chestnut Aesculus hippocastanum L. Azerbaycan Eczaciliq Jurnali. 2004, 4(1): 32–33
8. A Vadkerti, B Proksa, Z Voticky. Structure of hippocastanoside, a new saponin from the seed pericarp of horse–chestnut (Aesculus hippocastanum L.). I. Structure of the aglycone. Chemical Papers. 1989, 43(6): 783–791
9. AG Derkach, SN Komissarenko, NF Komissarenko, GV Chermeneva, VN Spiridonov. Flavonoids, Coumarins and triterpenes of Aesculus hippocastanum L. seeds. Rastitel'nye Resursy. 1999, 35(3): 81–85
10. T Konoshima, KH Lee. Anti–tumor agents. 82. Cytotoxic sapogenols from Aesculus hippocastanum. Journal of Natural Products. 1986, 49(4): 650–656
11. NF Komissarenko, AI Derkach, AN Komissarenko, GV Cheremnyova, VN Spiridonov. Coumarins of Aesculus hippocastanum L. Rastitel'nye Resursy.1994, 30(3): 53–59
12. G Hubner, V Wray, A Nahrstedt. Flavonol oligosaccharides from the seeds of Aesculus hippocastanum. Planta Medica. 1999, 65(7): 636–642
13. K Matsumoto, S Saito. A–type proanthocyanidin from Aesculus hippocastanum. Natural Medicines. 1998, 52(2): 200
14. VO Antonyuk. Isolation of lectin from horse chestnut (Aesculus hippocastanum L.) seeds and study of its interaction with carbohydrates and glycoproteins. Ukrainskii Biokhimicheskii Zhurnal. 1992, 64(5): 47–52
15. F Fant, WF Vranken, FAM Borremans. The three–dimensional solution structure of Aesculus hippocastanum anti–microbial protein 1 determined by 1H nuclear magnetic resonance. Proteins: Structure, Function, and Genetics. 1999, 37(3): 388–403
16. S Morimoto, G Nonaka, I Nishioka. Tannins and related compounds. LIX. Aesculitannins, novel proanthocyanidins with doubly–bonded structures from Aesculus hippocastanum L. Chemical & Pharmaceutical Bulletin. 1987, 35(12): 4717–4729
17. G Stanic, B Jurisic, D Brkic. HPLC analysis of esculin and fraxin in horse–chestnut bark (Aesculus hippocastanum L.). Croatica Chemica Acta. 1999,72(4): 827–834
18. L Reppel. The coumarins of horse chestnut (Aesculus hippocastanum). Planta Medica. 1956, 4: 199–203
19. P Ambrogini, R Cuppini, C Bruno, E Bombardelli. Effects of proanthocyanidin on normal and reinnervated rat muscle. Journal of Biological Research. 1995, 71(7–8): 227–235
20. U Fiedler. Assay of the ingredients of Aesculus hippocastanum. Arzneimittel–Forschung. 1954, 4: 213–216
21. L Horhammer, HJ Gehrmann, L Endres. Flavone glycosides of Aesculus hippocastanum. I. Flavone glycosides of the flowers and leaves. Archiv der Pharmazie. 1959, 292: 113–125
22. E Wollenweber, K Egger. Methyl ethers of myricetin, quercetin, and kaempferol in the oil of Aesculus hippocastanum buds. Tetrahedron Letters. 1970, 19: 1601–1604

23. AR Wellburn, J Stevenson, FW Hemming, RA Morton. The characterization and properties of castaprenol−11, −12 and −13 from the leaves of Aesculus hippocastanum (horse chestnut). Biochemical Journal. 1966, 102(1): 313-324

24. RM Facino, M Carini, R Stefani, G Aldini, L Saibene. Anti−elastase and anti−hyaluronidase activities of saponins and sapogenins from Hedera helix, Aesculus hippocastanum, and Ruscus aculeatus: factors contributing to their efficacy in the treatment of venous insufficiency. Archiv der Pharmazie. 1995, 328(10): 720-724

25. D Lorenz, ML Marek. The therapeutically active ingredient of horse chestnut (Aesculus hippocastanum). I. Identification of the active compound. Arzneimittel-Forschung. 1960, 10: 263-272

26. A Makishige, K Nakamura. Effects of injection of a flavonoid (Venoplant) extracted from Aesculus hippocastanum on hemodynamics in the rabbit.Koshu Eiseiin Kenkyu Hokoku. 1968, 17(3): 227-236

27. H Matsuda, YH Li, T Murakami, K Ninomiya, J Yamahara, M Yoshikawa. Effects of escins Ia, Ib, IIa, and IIb from horse chestnut, the seeds of Aesculus hippocastanum L., on acute inflammation in animals. Biological & Pharmaceutical Bulletin. 1997, 20(10): 1092-1095

28. XM Hu, FD Zeng. Inhibitory effect of β-aescin on inflammatory process following focal cerebral ischemia-reperfusion in rats. Chinese Journal of Pharmacology and Toxicology. 2005, 19(1): 1-6

29. JMR Patlolla, J Raju, MV Swamy, CV Rao. β-Escin inhibits colonic aberrant crypt foci formation in rats and regulates the cell cycle growth by inducing $p21^{waf1/cip1}$ in colon cancer cells. Molecular Cancer Therapeutics. 2006, 5(6): 1459-1466

30. M Yoshikawa, E Harada, T Murakami, H Matsuda, N Wariishi, J Yamahara, N Murakami, I Kitagawa. Escins-Ia, Ib, IIa, IIb, and IIIa, bioactive triterpene oligoglycosides from the seeds of Aesculus hippocastanum L.: their inhibitory effects on ethanol absorption and hypoglycemic activity on glucose tolerance test. Chemical & Pharmaceutical Bulletin. 1994, 42(6): 1357-1359

31. H Matsuda, YH Li, M Yoshikawa. Gastroprotections of escins Ia, Ib, IIa, and IIb on ethanol-induced gastric mucosal lesions in rats. European Journal of Pharmacology. 1999, 373(1): 63-70

32. JA Wilkinson, AMG Brown. Horse chestnut—Aesculus hippocastanum: potential applications in cosmetic skin-care products. International Journal of Cosmetic Science. 1999, 21(6): 437-447

아그리모니 歐洲龍芽草 EP, BP, BHP, GCEM

Agrimonia eupatoria L.

Common Agrimony

개 요

장미과(Rosaceae)

아그리모니(歐洲龍芽草, *Agrimonia eupatoria* L.)의 지상부의 꽃을 말린 것: 구주용아초(歐洲龍芽草)

중약명: 구주용아초(歐洲龍芽草)

짚신나물속(*Agrimonia*) 식물은 전 세계에 10종 이상이 있으며 북부 온난기후와 열대 산악지대 및 라틴아메리카에 분포한다. 중국에서는 4종, 1아종, 1변종이 발견되며, 모두 약으로 사용된다. 이 종은 유럽, 북아프리카, 서아시아에 분포하며, 큰꽃짚신나물[*A. eupatoria* L. subsp. *asiatica* (Juzep.) Skalicky]은 중국의 신강 지역에서 찾아볼 수 있다.

이 종은 약재인 아그리모니(Agrimoniae Eupatoriae Herba)의 공식적인 기원식물로서 유럽약전(5개정판)과 영국약전(2002)에 등재되어 있다. 이 약재는 주로 유럽 특히, 불가리아와 헝가리에서 생산된다.

구주용아초에는 플라보노이드와 탄닌 성분이 함유되어 있으며, 탄닌은 주요 활성성분이다. 유럽약전과 영국약전에서는 의약 물질의 품질관리를 위해 액체크로마토그래피법으로 시험할 때 피로갈롤로 환산하여 탄닌의 함량이 2% 이상이어야 한다고 규정하고 있다.

약리학적 연구에 따르면 구주용아초는 혈당강하, 항균, 항바이러스, 저혈압, 면역조절, 항산화 및 항염증효과가 있음을 확인하였다.

민간요법에 의하면 아그리모니는 수렴제로 사용하며, 유럽연합집행위원회에 의해 식품의 천연첨가제로 등재되어 있다. 또한, 소량을 식품에 첨가할 수 있다[1].

아그리모니 歐洲龍芽草 *Agrimonia eupatoria* L.

구주용아초 歐洲龍芽草 Agrimoniae Eupatoriae Herba

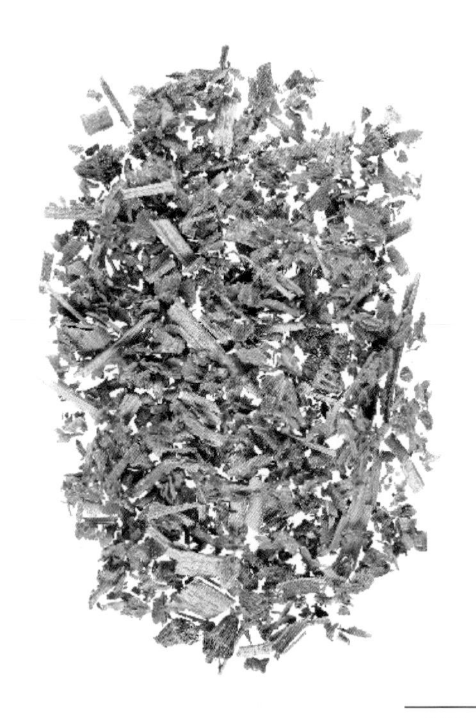

함유성분

전초 또는 지상부에는 플라보노이드 성분으로 hyperoside, quercitrin[2], luteolin, apigenin, quercetin, cynaroside, cosmoside[3], kaempferide 3-rhamnoside, kaempferide, kaempferol, afzelin, astragalin, nicotiflorin[4], luteolin 7-O-sophoroside, luteolin 7-O-(6" acetylglucoside), tilianin[5], isoquercitrin, tiliroside, apigenin 6-C-glucoside[6]가 함유되어 있고, 페놀산으로 p-hydroxybenzoic acid, protocatechuic acid, vanillic acid[5]가 함유되어 있다. 또한 8.9-10%의 tannins[3, 5]이 함유되어 있다.
씨에는 quercitrin, quercetin-3'O-βD-glucopyranoside[7] 성분이 함유되어 있다.

약리작용

1. 항고혈당 작용
   스트렙토조토신에 의해 유도된 당뇨병을 가진 마우스에서 짚신나물 잎 열수 추출물을 경구 투여하면 고지혈증을 감소시킨다. *in vitro*에서 열수추출물은 BRIN-BD11 췌장 B 세포로부터 인슐린 분비를 촉진시키고 인슐린 유사 활성을 나타낸다 [8-9].
2. 항박테리아, 항바이러스 작용
   *in vitro*에서 짚신나물은 황색포도상구균과 α-용혈성 연쇄상구균을 유의적으로 억제한다[1]. 짚신나물 씨의 헥산, 디클로로메탄 및 메탄올 추출물은 항균 활성을 가진다[10]. 짚신나물 열수 추출물은 B형간염 바이러스에서 B형간염표면항원(HBsAg)의 분비를 저해하여 항바이러스 활성을 나타낸다[11].
3. 기타
   수컷 랫드에서 짚신나물 전제를 경구 투여하면 유의적인 요산분해활성을 나타낸다. 마취한 고양이에게 짚신나물 추출물을 정맥내 투여하면 혈압을 낮추는 효과를 보였다. 마우스에서 수성에탄올 추출물을 복강 내 투여하면 면역조절 효과를 나타낸다[1]. 열수 추출물은 항산화 작용을 나타낸다[12]. 짚신나물의 수성 에탄올 추출물의 에틸아세테이트 분획으로부터 항염증 효과를 가지는 폴리페놀 성분이 분리되었다[6].

용도

1. 설사
2. 담즙울혈
3. 인후염, 신장염, 방광염
4. 당뇨병
5. 상처, 건선, 피부염, 습진

해설

아종인 *A. pilosa* Ledeb.는 중국에서 널리 사용하고 있으며, 한의학에서는 출혈과 이질을 멈추게 하고 기생충을 죽이는 효과가 있다고 전해진다. 구주용아초의 겨울눈도 민간요법에 사용하며, 유효성분인 아그리모폴은 구충 효과가 있다. *A. pilosa*와 *A. eupatoria*는 유사한 화학 성분을 가지며 항종양, 항바이러스 및 간질환 예방 효과가 있다[1, 13-15]. *A. eupatoria*의 활성에 대한 연구가 많지 않아 그 생리활성에 대한 연구, 특히 항종양과 간질환 예방에 대한 연구가 필요하다.

참고문헌

1. J Barnes, LA Anderson, JD Phillipson. Herbal Medicines (2nd edition). London: Pharmaceutical Press. 2002
2. J Sendra, J Zieba. Isolation and identification of flavonoid compounds from herb of agrimony (Agrimonia eupatoria). Dissertationes Pharmaceuticae et Pharmacologicae. 1972, 24(1): 79-83
3. GA Drozd, SF Yavlyanskaya, TM Inozemtseva. Phytochemical study of Agrimonia eupatoria. Khimiya Prirodnykh Soedinenii. 1983, 1: 106
4. AR Bilia, E Palme, A Marsili, L Pistelli, I Morelli. A flavonol glycoside from Agrimonia eupatoria. Phytochemistry. 1993, 32(4): 1078-

1079

5. MH Shabana, Z Weglarz, A Geszprych, RM Mansour, MA El-Ansari. Phenolic constituents of agrimony (Agrimonia eupatoria L.) herb. Herba Polonica. 2003, 49(1/2): 24-28
6. H Correia, A Gonzalez-Paramas, MT Amaral, C Santos-Buelga, MT Batista. Polyphenolic profile characterization of Agrimonia eupatoria L. by HPLC with different detection devices. Biomedical Chromatography. 2006, 20(1): 88-94
7. CTM Tomlinson, L Nahar, A Copland, Y Kumarasamy, NF Mir-Babayev, M Middleton, RG Reid, SD Sarker. Flavonol glycosides from the seeds of Agrimonia eupatoria. Biochemical Systematics and Ecology. 2003, 31(4): 439-441
8. SK Swanston, C Day, CJ Bailey, PR Flatt. Traditional plant treatments for diabetes. Studies in normal and streptozotocin diabetic mice. Diabetologia. 1990, 33(8): 462-464
9. AM Gray, PR Flatt. Actions of the traditional anti-diabetic plant, Agrimony eupatoria (agrimony): effects on hyperglycemia, cellular glucose metabolism and insulin secretion. British Journal of Nutrition. 1998, 80(1): 109-114
10. A Copland, L Nahar, CT Tomlinson, V Hamilton, M Middleton, Y Kumarasamy, SD Sarker. Anti-bacterial and free radical scavenging activity of the seeds of Agrimonia eupatoria. Fitoterapia. 2003, 74(1-2): 133-135
11. DH Kwon, HY Kwon, HJ Kim, EJ Chang, MB Kim, SK Yoon, EY Song, DY Yoon, YH Lee, IS Choi, YK Choi. Inhibition of hepatitis B virus by an aqueous extract of Agrimonia eupatoria L. Phytotherapy Research. 2005, 19(4): 355-358
12. D Ivanova, D Gerova, T Chervenkov, T Yankova. Polyphenols and anti-oxidant capacity of Bulgarian medicinal plants. Journal of Ethnopharmacology. 2005, 96(1-2): 145-150
13. X Xu, X Qi, W Wang, G Chen. Separation and determination of flavonoids in Agrimonia pilosa Ledeb. by capillary electrophoresis with electrochemical detection. Journal of Separation Science. 2005, 28(7): 647-652
14. Y Li, LS Ooi, H Wang, PP But, VE Ooi. Anti-viral activities of medicinal herbs traditionally used in southern mainland China. Phytotherapy Research. 2004, 18(9): 718-722
15. EJ Park, H Oh, TH Kang, DH Sohn, YC Kim. An isocoumarin with hepatoprotective activity in HepG2 and primary hepatocytes from Agrimonia pilosa. Archives of Pharmacal Research. 2004, 27(9): 944-946

가죽나무 臭椿 CP, KHP

Simaroubaceae

Ailanthus altissima (Mill.) Swingle
Tree of Heaven

개 요

소태나무과(Simaroubaceae)
가죽나무(臭椿, *Ailanthus altissima* (Mill.) Swingle)의 뿌리껍질 또는 줄기껍질을 말린 것: 춘피(椿皮)
중약명: 춘피(椿皮)
가죽나무속(*Ailanthus*) 식물은 전 세계에 약 10종이 있으며 주로 아시아에서 오세아니아의 북부에 걸쳐 분포한다. 중국에서 약 5종과 2변종이 발견되며 중국의 남서부, 서부, 남동부, 중부, 북부에 걸쳐 분포한다. 이 속에서 1종, 1변종이 약으로 사용되며 세계적으로 널리 재배하고 있다.
가죽나무속 식물의 잎은 고대 인도 의서인 차라카(Charaka)에 약용으로 처음 기록되었으며, 중국에서는 춘피는 중국 고대 본초 도감인 약성론(藥性論)에 "춘백피(椿白皮)"라는 이름으로 처음 기록되었다. 이 종은 춘피(Ailanthi Cortex)의 공식적인 기원식물 내원종으로 중국약전(2015)에 규정하고 있다. ≪대한민국약전외한약(생약)규격집≫(제4개정판)에는 "저백피"를 "가죽나무 *Ailanthus altissima* Swingle(소태나무과 Simarubaceae)의 주피를 제거한 수피 또는 근피"로 등재하고 있다. 이 약재는 주로 중국의 절강성, 하북성, 강소성, 텐진 및 베이징에서 생산되며, 절강성과 하북성에서 많은 양이 생산된다. 또한 광동성, 산서성, 복건성 및 협서성에서도 생산된다.
가죽나무의 주요 활성성분은 쿠아씨노이드와 알칼로이드, 쿠마린 및 플라보노이드 성분이다. 중국약전에서는 의약 물질의 품질관리를 위해 형태학적, 해부학적인 분석과 박층크로마토그래피법으로 규정하고 있다.
약리학적 연구에 따르면 줄기와 뿌리의 껍질은 항종양, 항결핵, 항박테리아, 항바이러스 및 항말라리아 효과가 있음을 확인하였다.
민간요법에 의하면 가죽나무는 생리통, 설사, 이질을 치료하는 데 사용하며, 한의학에서는 청열(清熱), 조습(燥濕), 삽장(澁腸), 지혈(止血), 살충의 효과에 사용한다.

가죽나무 臭椿 *Ailanthus altissima* (Mill.) Swingle

함유성분

뿌리껍질과 줄기껍질에는 쿠아씨노이드 성분으로 ailanthone, ailanthinone, chaparrin, glaucarubol, glaucarubin, glaucarubinone[1], shinjudilactone[2], quassine, neoquassine[3], shinjulactones A, B, C, D, E, F, G, H, I, J, K, L, M, N[4-10], ailantinols A, B[11], C, D[12], E, F, G[13], quassinoid I[14], shinjuglycosides E, F[15], 1α11αepoxy-2β11β12β20-tetrahydroxypicrasa-3,13-(21)-dien-16-one, 1α11αepoxy-2β11β12α20-tetrahydroxypicrasa-3,13-(21)-dien-16-one[16]이 함유되어 있고, 알칼로이드 성분으로 canthin-6-one, 1-methoxycanthin-6-one[17], 1-hydroxycanthin-6-one[18], canthin-6-one-3N-oxide[19], 5-hydroxymethylcanthin-6-one[20], 1-(1,2-dihydroxyethyl)-4-methoxy-βcarboline[18], βcarboline-1-propionic acid, 1-carbamoyl-βcarboline, 1-carbomethoxy-βcarboline[20], 쿠마린 성분으로 scopoletin, isofraxidin, altissimacoumarins A, B[21]가 함유되어 있다.

목부에는 알칼로이드 성분으로 canthin-6-one, 1-methoxycanthin-6-one, canthin-6-one-3N-oxide[22]가 함유되어 있다.

씨에는 쿠아씨노이드 성분으로 shinjuglycosides A, B, C, D[23], 스테롤 성분으로 ailanthusterols A, B[24]가 함유되어 있다.

잎에는 알칼로이드 성분으로 canthin-6-one, 1-methoxycanthin-6-one, 4-methoxy-1-vinyl-βcarboline[25], 1-methoxycarbonyl-βcarboline[26]이 함유되어 있으며, 플라보노이드 성분으로 apigenin, kaempferol, quercetin[27], isoquercetin[28], rutin[29], luteolin 7-O-β(6'('galloyl glucopyranoside)[30]가 함유되어 있다.

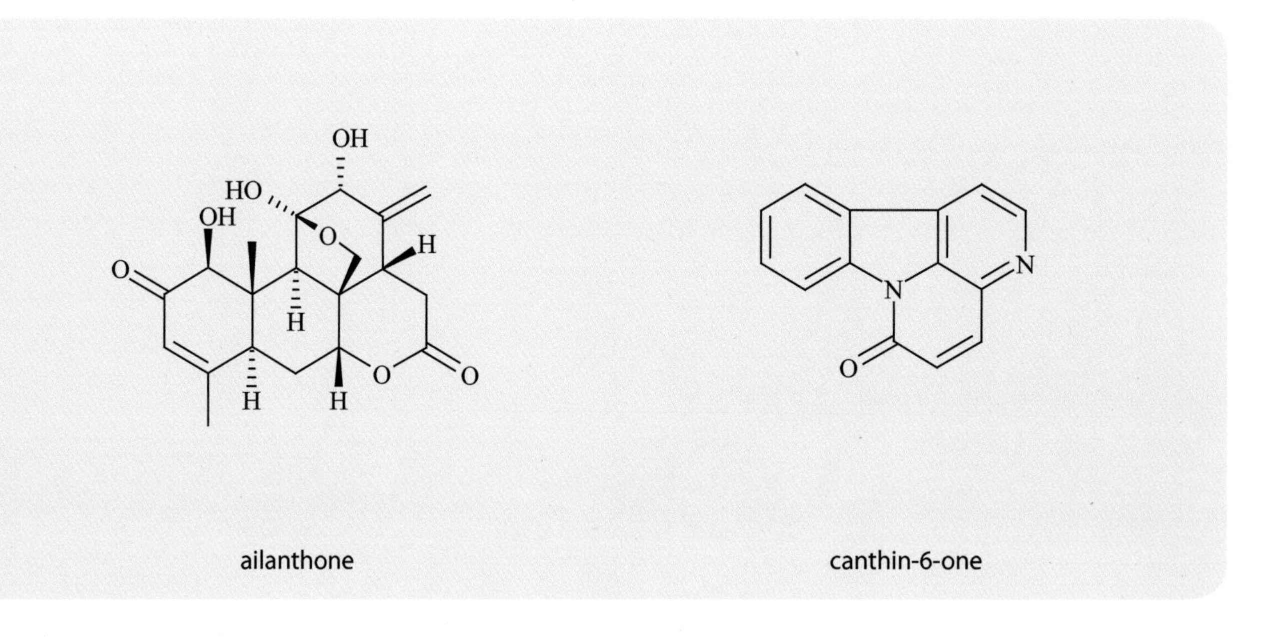

ailanthone canthin-6-one

약리작용

1. 항종양
   가죽나무 열수 추출물은 *in vitro*에서 p21 의존 신호경로를 통해 주르카트 T-급성림프구성 백혈병의 세포사멸을 유도하며, 주르카트 세포의 세포 주기의 방해와 관련이 있어 보인다[31]. 뿌리의 클로로포름 추출물은 자궁경부암, 골육종, 신경교종, 단구성 백혈병 세포들에 세포독성 효과를 나타낸다[32]. 1-메톡시-칸틴-6-온은 항종양성 화합물 중 하나이다[32-33]. 나무껍질의 열수 추출물을 복강 내 투여하면 마우스에 전이된 S180과 H22 종양에 대한 억제효과를 가진다[34]. 아일란톤을 함유하는 쿠아시노이드는 엡스타인바 바이러스 초기 항원의 활성을 억제한다[13,35].

2. 항박테리아
   나무껍질의 에탄올 추출물, 화서의 열수 추출물, 잎의 열수와 에탄올 추출물은 *in vitro*에서 황색포도상구균, 녹농균, 대장균을 억제한다[36-38].

3. 항바이러스
   가죽나무의 메탄올 추출물은 사람면역결핍바이러스의 바이러스와 세포간 결합을 저해한다[39]. *in vitro*에서 베타카로틴 알칼로이드는 단순포진바이러스를 억제한다[40].

4. 항말라리아 작용

아일란톤을 함유하는 쿠아씨노이드는 *in vitro*에서 퀴놀린 유도체 중 하나인 클로로퀸에 저항성 및 감수성을 가진 모든 말라리아(*Plasmodium falciparum*) 균주에 대해서 항말라리아 효과를 보였다[41]. 마우스에서 쿠아씨노이드를 경구 투여하면 말라리아 균주(*Plasmodium berghei*)를 억제했다[1].

5. 항염증

난알부민에 의해 폐렴을 유발한 마우스에 잎과 가지의 에탄올 추출물을 경구 투여하면 공기 중으로 유입한 호산구 침윤을 감소시킬 뿐만 아니라 에오탁신, IL–4, IL–13 mRNA 발현 수준을 감소시킨다[42].

6. 기타

가죽나무는 항결핵 활성[43], 장혈류 증가[44], 고리형 아데노신1인산(cAMP)의 분해효소인 PDE의 활성을 억제한다[45].

용도

1. 기생체 감염, 옴, 백선
2. 혈변, 기능성 자궁출혈, 치질출혈, 대하
3. 설사, 이질
4. 임질
5. 말라리아

해설

가죽나무의 뿌리와 줄기의 껍질, 열매 및 잎을 약으로 사용한다. 중국 생약명은 각각 풍양초(楓楊草, Ailanthi Fructus)와 저엽(樗葉, Ailanthi Folium)으로 불리며, 춘피와 유사한 효능을 가진다.

최근에 쿠아씨노이드와 알칼로이드 성분은 자궁암과 결장암에 효과적인 항암약으로 사용한다. 뿌리의 물 추출물은 타감작용을 하여 잡초의 성장을 억제한다. 아일란톤과 같은 쿠아씨노이드 성분이 주요 활성성분이다[46].

참고문헌

1. DH Bray, P Boardman, MJ O'Neill, KL Chan, JD Phillipson, DC Warhurst, M Suffness. Plants as a source of antimalarial drugs. 5. Activities of Ailanthus altissima stem constituents and of some related quassinoids. Phytotherapy Research. 1987, 1(1): 22-24

2. M Ishibashi, T Murae, H Hirota, H Naora, T Tsuyuki, T Takahashi, A Itai, Y Iitaka. Shinjudilactone, a new bitter principle from Ailanthus altissima Swingle. Chemistry Letters. 1981, 11: 1597-1598

3. B Chiarlo, MC Pinca. Constituents of the bark of Ailanthus glandulosa. I. Identification of quassine and neoquassine. Bollettino Chimico Farmaceutico. 1965, 104(8): 485-489

4. H Naora, M Ishibashi, T Furuno, T Tsuyuki, T Murae, H Hirota, T Takahashi, A Itai, Y Iitaka. Structure determination of bitter principles in Ailanthus altissima. Structure of shinjulactone A and revised structure of ailanthone. Bulletin of the Chemical Society of Japan. 1983, 56(12): 3694-3698

5. T Furuno, M Ishibashi, H Naora, T Murae, H Hirota, T Tsuyuki, T Takahashi, A Itai, Y Iitaka. Structure determination of bitter principles of Ailanthus altissima. Structures of shinjulactones B, D, and E. Bulletin of the Chemical Society of Japan. 1984, 57(9): 2484-2489

6. M Ishibashi, T Tsuyuki, T Murae, H Hirota, T Takahashi, A Itai, Y Iitaka. Constituents of the root bark of Ailanthus altissima Swingle. Isolation and x-ray crystal structures of shinjudilactone and shinjulactone C and conversion of ailanthone into shinjudilactone. Bulletin of the Chemical Society of Japan. 1983, 56(12): 3683-3693

7. M Ishibashi, S Yoshimura, T Tsuyuki, T Takahashi, A Itai, Y Iitaka. Structure determination of bitter principles of Ailanthus altissima. Structures of shinjulactones F, I, J, and K. Bulletin of the Chemical Society of Japan. 1984, 57(10): 2885-2892

8. M Ishibashi, S Yoshimura, T Tsuyuki, T Takahashi, K Matsushita. Shinjulactones G and H, new bitter principles of Ailanthus altissima Swingle. Bulletin of the Chemical Society of Japan. 1984, 57(7): 2013-2014

9. M Ishibashi, T Tsuyuki, T Takahashi. Structure determination of a new bitter principle, shinjulactone L, from Ailanthus altissima. Bulletin of the Chemical Society of Japan. 1985, 58(9): 2723-2724

10. Y Niimi, T Tsuyuki, T Takahashi, K Matsushita. Structure determination of shinjulactones M and N, new bitter principles from Ailanthus altissima Swingle. Bulletin of the Chemical Society of Japan. 1986, 59(5): 1638-1640

11. K Kubota, N Fukamiya, T Hamada, M Okano, K Tagahara, KH Lee. Two new quassinoids, ailantinols A and B, and related compounds from Ailanthus altissima. Journal of Natural Products. 1996, 59(7): 683-686

12. K Kubota, N Fukamiya, M Okano, K Tagahara, KH Lee. Two new quassinoids, ailantinols C and D, from Ailanthus altissima. Bulletin of the Chemical Society of Japan. 1996, 69(12): 3613-3617

13. S Tamura, N Fukamiya, M Okano, J Koyama, K Koike, H Tokuda, W Aoi, J Takayasu, M Kuchide, H Nishino. Three new quassinoids, ailantinol E, F, and G, from Ailanthus altissima. Chemical & Pharmaceutical Bulletin. 2003, 51(4): 385-389

14. CG Casinovi, P Ceccherelli, G Fardella, G Grandolini. Isolation and structure of a quassinoid from Ailanthus glandulosa. Phytochemistry. 1983, 22(12): 2871-2873

15. Y Niimi, T Tsuyuki, T Takahashi, K Matsushita. Bitter principles of Ailanthus altissima Swingle. Structure determination of shinjuglycosides E and F. Chemical & Pharmaceutical Bulletin. 1987, 35(10): 4302-4306

16. JS Lü, B Xiong, M Guo, QY Deng, H Zhu. The structural identification of new bitter quassinoids from Ailanthus altissima. Acta Scientiarum Naturalium Universitatis Sunyatseni. 2002, 41(3): 37-40

17. K Szendrei, T Korbely, H Krenzien, J Reisch, I Novak. β-Carboline alkaloids and coumarins from the root bark of the tree-of-heaven [Ailanthus altissima (Mill.) Swingle, Simaroubaceae]. Herba Hungarica. 1977, 16(3): 15-21

18. E Varga, K Szendrei, J Reisch, G Maroti. Indole alkaloids of Ailanthus altissima. II. Fitoterapia. 1981, 52(4): 183-186

19. T Ohmoto, K Koike, Y Sakamoto. Studies on the constituents of Ailanthus altissima Swingle. II. Alkaloidal constituents. Chemical & Pharmaceutical Bulletin. 1981, 29(2): 390-395

20. T Ohmoto, K Koike. Studies on the constituents of Ailanthus altissima Swingle. III. The alkaloidal constituents. Chemical & Pharmaceutical Bulletin. 1984, 32(1): 170-173

21. SW Hwang, JR Lee, J Lee, HS Kwon, MS Yang, KH Park. New coumarins from the Ailanthus altissima. Heterocycles. 2005, 65(8): 1963-1966

22. T Ohmoto, R Tanaka, T Nikaido. Studies on the constituents of Ailanthus altissima Swingle. On the alkaloidal constituents. Chemical & Pharmaceutical Bulletin. 1976, 24(7): 1532-1536

23. S Yoshimura, M Ishibashi, T Tsuyuki, T Takahashi, K Matsushita. Constituents of seeds of Ailanthus altissima Swingle. Isolation and structures of shinjuglycosides A, B, C, and D. Bulletin of the Chemical Society of Japan. 1984, 57(9): 2496-2501

24. SH Ansari, M Ali. Two new phytosterols from Ailanthus altissima (Mill.) swingle. Acta Horticulturae. 2003, 597: 91-94

25. C Souleles, R Waigh. Indole alkaloids of Ailanthus altissima. Journal of Natural Products. 1984, 47(4): 741

26. C Souleles, E Kokkalou. A new β-carboline alkaloid from Ailanthus altissima. Planta Medica. 1989, 55(3): 286-287

27. C Souleles, S Philianos. Constituents of Ailanthus glandulosa leaves. Plantes Medicinales et Phytotherapie. 1983, 17(3): 157-160

28. T Nakaoki, N Morita. Medicinal resources. XII. Components of the leaves of Cornus controversa, Ailanthus altissima, and Ricinus commununis. Yakugaku Zasshi. 1958, 78: 558-559

29. AMA El-Baky, FM Darwish, ZZ Ibraheim, YG Gouda. Phenolic compounds from Ailanthus altissima Swingle. Bulletin of Pharmaceutical Science. 2000, 23(2): 111-116

30. HH Barakat. Chemical investigation of the constitutive phenolics of Ailanthus altissima; the structure of a new flavone glycoside gallate. Natural Product Sciences. 1998, 4(3): 153-157

31. SG Hwang, HC Lee, CK Kim, DG Kim, GO Lee, YG Yun, BH Jeon. Effect of Ailanthus altissima water extract on cell cycle control genes in 주르카트 T lymphocytes. Yakhak Hoechi. 2002, 46(1): 18–23

32. V De Feo, L De Martino, A Santoro, A Leone, C Pizza, S Franceschelli, M Pascale. Anti-proliferative effects of tree-of-heaven (Ailanthus

altissima Swingle). Phytotherapy Research. 2005, 19(3): 226-230

33. M Ammirante, R Di Giacomo, L De Martino, A Rosati, M Festa, A Gentilella, MC Pascale, MA Belisario, A Leone, MC Turco, V De Feo. 1-Methoxy-canthin-6-one induces c-jun NH2-terminal kinase-dependent apoptosis and synergizes with tumor necrosis factor-related apoptosisinducing ligand activity in human neoplastic cells of hematopoietic or endodermal origin. Cancer Research. 2006, 66(8): 4385-4393
34. XP Li. The inhibitory effect of the extracts of Ailanthus altissima (Mill.) Swingle on transplanted tumors in mice. Journal of Gansu Sciences. 2003,15(4): 124-125
35. K Kubota, N Fukamiya, H Tokuda, H Nishino, K Tagahara, KH Lee, M Okano. Quassinoids as inhibitors of Epstein-Barr virus early antigen activation. Cancer Letters. 1997, 113(1-2): 165-168
36. YF Zhu, QM Zhou, GB Feng, JB Song, XY Yu. Anti-microbial test in vitro of Cortex Toonae and Cortex Ailanthi. The Chinese Journal of Modern Applied Pharmacy. 1999, 16(6): 19-21
37. YP Chen. Experimental studies on anti-bacterial effect of the fruit of Ailanthus altissima in vitro. Lishizhen Medicine and Materia Medica Research. 1999, 10(7): 499
38. YF Zhu, QM Zhou, KC Tao. Comparative identification of the leaves of Ailanthus altissima and Toona sinensis and anti-bacterial experiment in vitro. Journal of Chinese Medicinal Materials. 2000, 23(8): 484-485
39. YS Chang, YH Moon, ER Woo. Virus-cell fusion inhibitory compounds from Ailanthus altissima Swingle. Saengyak Hakhoechi. 2003, 34(1): 28-32
40. T Ohmoto, K Koike. Antiherpes activity of Simaroubaceae alkaloids in vitro. Shoyakugaku Zasshi. 1988, 42(2): 160-162
41. AL Okunade, RE Bikoff, SJ Casper, A Oksman, DE Goldberg, WH Lewis. Antiplasmodial activity of extracts and quassinoids isolated from seedlings of Ailanthus altissima (Simaroubaceae). Phytotherapy Research. 2003, 17(6): 675-677
42. MH Jin, J Yook, E Lee, CX Lin, ZJ Quan, KH Son, KH Bae, HP Kim, SS Kang, HW Chang. Anti-inflammatory activity of Ailanthus altissima in ovalbumin-induced lung inflammation. Biological & Pharmaceutical Bulletin. 2006, 29(5): 884-888
43. S Rahman, N Fukamiya, M Okano, K Tagahara, KH Lee. Anti-tuberculosis activity of quassinoids. Chemical & Pharmaceutical Bulletin. 1997, 45(9): 1527-1529
44. T Ohmoto, YI Sung, K Koike, T Nikaido. Effect of alkaloids of Simaroubaceous plants on the local blood flow rate. Shoyakugaku Zasshi. 1985, 39(1):28-34
45. T Ohmoto, T Nikaido, K Koike, K Kohda, U Sankawa. Inhibition of cyclic AMP phosphodiesterase in medicinal plants. Part XV. Inhibition of adenosine 3',5'-cyclic monophosphate phosphodiesterase by alkaloids. II. Chemical & Pharmaceutical Bulletin. 1988, 36(11): 4588-4592
46. V De Feo, L De Martino, E Quaranta, C Pizza. Isolation of phytotoxic compounds from tree-of-heaven (Ailanthus altissima Swingle). Journal of Agricultural and Food Chemistry. 2003, 51(5): 1177-1180

양파 洋葱 GCEM

Allium cepa L.

Onion

개 요

백합과(Liliaceae)

양파(洋葱, *Allium cepa* L.)의 뿌리껍질 또는 줄기껍질을 말린 것: 양총(洋葱)

중약명: 양총(洋葱)

부추속(*Allium* genus) 식물은 전 세계에 약 500종이 있으며 북반구에 주로 분포한다. 이 가운데 110종이 중국에서 발견되며 이 속에서 약 13종이 약으로 사용된다. 서아시아와 유럽을 기원으로 전 세계적으로 널리 재배하고 있다.

양파는 고대 비문에 의하면, 5000년이 넘게 이집트인들이 사용했으며, 양파의 강하고 자극적인 냄새 때문에 보통 중세시대의 유럽에서는 흑사병과 같은 전염병 감염을 막는 데 사용했다. 유럽의 민간요법으로 충혈 또는 울혈의 치료에 우유에 마늘을 섞거나 양파를 섞어서 사용했다[1]. 더욱이 양파주스는 꿀이나 생강주스 또는 버터를 섞어서 사용했으며, 주로 원주민 생약학자들이 사용했다. 19세기와 20세기 초에 아메리카 생약학자들은 기침이나 기관지염 치료에 양파시럽을 사용했으며, 양파 에탄올 추출물을 신장결석과 부종을 치료하는 데 사용했다. 중국에서는 '양총(洋葱)'이라 하여 영남잡집(岭南雜集)이라는 중국약전에 등재하였으며, 주로 미국에서 생산된다[2].

양파의 주요 성분은 황, 플라보노이드, 안토시아닌 및 알리인이다.

약리학적 연구에 따르면 양파가 항균, 항고지혈, 항고혈당, 항혈전, 항종양 및 항산화 효과가 있음을 확인하였다.

민간요법에 의하면 양파는 식욕을 촉진하고 소화를 도우며 죽상경화증을 예방하는 효과가 있으며, 한의학에서는 건위이기(健胃理氣), 해독살충(解毒殺蟲)이 있다고 한다.

양파 洋葱 *Allium cepa* L.

양파 洋葱 Allii Cepae Bulbus

함유성분

비늘줄기에는 황화합물로 alliin[3], cycloalliin, isoalliin[4], allicin, dipropenyl disulfide, methylpropenyl disulfide, dipropyl trisulfide, dimethyl thiophene, propanethiol[5], L–γglutamyl–S–(1E)–1–propenyl–L–cysteine, S–propenyl–L–cysteine sulfoxide[4], 3–mercapto–2–methylpentan–1–ol[6] 성분이 함유되어 있고, 안토시아닌 성분으로 peonidin–3,5–diglucoside, cyaniding–3,5–diglucoside, cyaniding–3–glucoside[7], Se–"lliins" selenomethionine, selenocysteine, se–methylselenocysteine[8], 플라보노이드 성분으로 spiraeoside, quercetin–3,4'diglucoside[9], quercetin, isorhamnetin–4'glucoside, isorhamnetin–3,4'diglucoside, quercetin–3,7,4' triglucopyranoside[10], kaempferol–4'glucoside[11], kaempferol–3–sophoroside–7–glucuronide, quercetin–3–sophoroside–7–glucuronide[12]이 함유되어 있다.
또한 비늘줄기에는 allicepin[13]과 protocatechuic acid[14] 성분이 함유되어 있다.

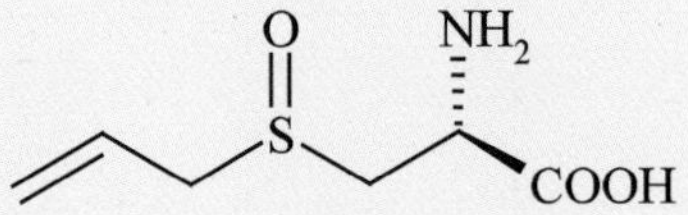

O S NH_2 COOH

alliin

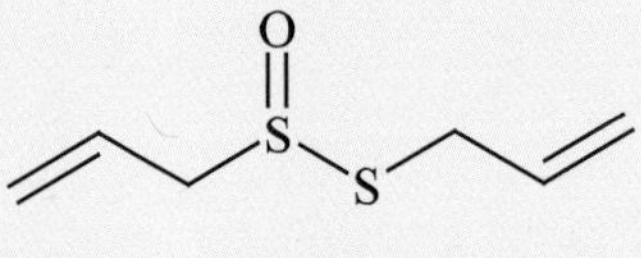

O S S

allicin

OH O HO O OH HO O OH O HO OH HO OH

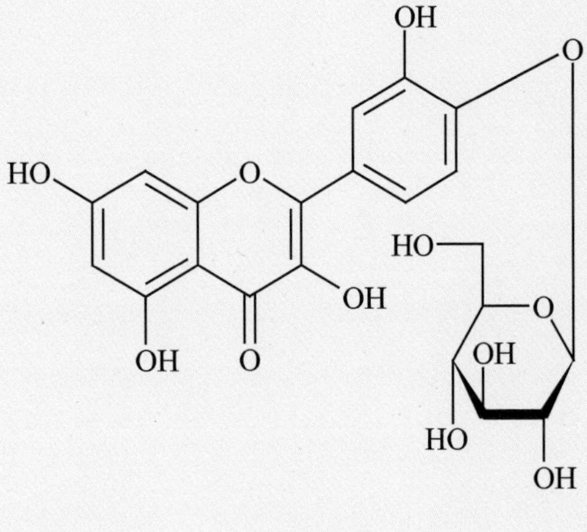

spiraeoside

약리작용

1. 항박테리아
양파의 열수 추출물과 메탄올 분획 추출물은 광범위한 항박테리아 활성을 나타내며, 독성이 없고 안전하다[15]. 양파 추출물은 포도상구균의 돌연변이와 일반적인 충치 원인균(*S. sobrinus*), 치주염 원인균들(*Porphylromonas gingivalis*, *Prevotella intermedia*)을 저해하는 효과를 가진다[16]. 양파에서 추출한 펩타이드들은 회색곰팡이균, 푸자리움 곰팡이균을 포함하는 몇몇 곰팡이 균종의 균사체 생장에 억제하는 효과를 나타낸다[13].

2. 혈중지질개선 작용
고지혈증을 가진 랫드에서 양파주스를 경구 투여하면 간세포손상 지표인 sGOT와 sGPT의 수준을 감소시켰다. 총콜레스테롤, 중성지방, 총지질의 혈청 수준 또한 감소시켰다[17]. 양파의 유기황화합물과 플라보노이드는 지질의 생합성과 흡수를 저해하였고 지질의 분해를 조절하였다[18].

3. 혈당강하 작용
알록산에 의해 당뇨를 유발한 랫드에 양파 유래 황화합물을 경구 투여하면 인슐린 분비를 자극하고[19], 간 헥소키나제와 포도당 인산가수분해효소의 활성을 정상화시키며 혈당 수준을 감소시킨다[20].

4. 항혈전증 작용
양파의 갈색 껍질의 메탄올 추출물이 세포막의 유동성을 조절하여 콜라겐, ADP, 트롬빈, 에피네프린에 의해 유도되는 체내 혈소판 응집을 억제하는 효과를 나타낸다[21]. *in vitro*에서 알리인과 다른 황 화합물들은 콜라겐, ADP 또는 아라키돈산으로 유도된 혈소판 응집을 저해한다[22]. 양파주스는 *in vitro*에서 전단력 유도 혈소판응집(SIPA)을 억제한다. 마우스의 경구 투여를 통해 레이저로 유도된 혈전증을 억제한다[23].

5. 항종양 작용
*in vitro*에서 양파의 아세톤 추출물은 사람의 간암 유래세포인 HepG2와 대장암유래세포인 Caco−2의 증식을 억제한다[24]. 양파오일은 인간 백혈병세포주인 HL60의 분화를 유도하고 증식을 억제한다[25]. 양파의 유기황화합물은 발암물질을 활성화시키거나 해독하는 몇몇 대사효소의 활성을 조절하고 몇몇 표적 조직에 있는 DNA 부가물의 형성을 억제한다. 따라서 유기황화합물은 실험동물의 전위, 식도, 대장에서의 발암형성을 억제한다[26].

6. 항산화 작용
양파분말 또는 에탄올 추출물은 적혈구세포 또는 간에 있는 카탈라아제, 글루타티온 과산화효소, 과산화물 불균화효소의 활성을 증가시키고, 간에서 크산틴 산화효소의 활성을 억제하여 지질과산화를 저해시킨다[18]. 에틸아세테이트 추출물은 유의적으로 DPPH와 과산화수소 유리기를 소거한다[27]. 양파의 항산화 활성은 페놀성 화합물과 관련이 있다[14]. 적색양파는 노란양파보다 강한 항산화 활성을 가진다. 양파껍질 추출물은 높은 항산활 활성을 가진다[28].

7. 기타
양파는 LPS에 의해 활성화된 대식세포에서 일산화질소의 생성을 억제하고, 항염증 활성을 조절한다[29]. 또한, 대사조절효과 뿐만 아니라 평활근 이완, 이뇨, 저혈압 및 생리학적 균형을 맞춰주는 역할을 한다.

용도

1. 소화불량, 거식증
2. 동맥경화증
3. 감기, 열, 기침, 기관지염
4. 벌레 물린 곳, 찔린 상처, 화상, 종기, 궤양, 무사마귀
5. 트리코모나스질염
6. 고지혈증

해설

중국의 자연환경이 양파의 생장에 적합하다. 식품으로서의 가치와 더불어 양파는 수많은 약리학적 효과를 가지고 있다. 따라서 새로운 고지혈증 치료제로 개발하기 위한 하나의 약재로서 사용이 가능하다.
현재는 주로 건조 분말 형태로 만들어지며 양파의 추출, 탈취 및 저장 기술뿐만 아니라 건강식품 개발에 대한 연구가 필요하다.

참고문헌

1. Facts and Comparisons (Firm). The Review of Natural Products (3rd edition). Missouri: Facts and Comparisons. 2000: 536-538
2. Y Zhang. Onion, a vegetable as well as a medicine. Health Preserving. 2006, 27(7): 635
3. M Liakopoulou-Kyriakides, Z Sinakos, DA Kyriakidis. Identification of alliin, a constituent of Allium cepa with an inhibitory effect on platelet aggregation. Phytochemistry. 1985, 24(3): 600-601
4. Y Ueda, T Tsubuku, R Miyajima. Composition of sulfur-containing components in onion and their flavor characters. Bioscience, Biotechnology, and Biochemistry. 1994, 58(1): 108-110
5. EP Jarvenpaa, ZY Zhang, R Huopalahti, JW King. Determination of fresh onion (Allium cepa) volatiles by solid phase microextraction combined with gas chromatography-mass spectrometry. Zeitschrift fuer Lebensmittel-Untersuchung und-Forschung A. 1998, 207(1): 39-43
6. P Rose, S Widder, J Looft, W Pickenhagen, CN Ong, M Whiteman. Inhibition of peroxynitrite-mediated cellular toxicity, tyrosine nitration, and alpha1-antiproteinase inactivation by 3-mercapto-2-methylpentan-1-ol, a novel compound isolated from Allium cepa. Biochemical and Biophysical Research Communications. 2003, 302(2): 397-402
7. T Fossen, OM Andersen, DO Oevstedal, AT Pedersen, A Raknes. Characteristic anthocyanin pattern from onions and other Allium spp. Journal of Food Science. 1996, 61(4): 703-706
8. J Auger, W Yang, I Arnault, F Pannier, M Potin-Gautier. High-performance liquid chromatographic-inductively coupled plasma mass spectrometric evidence for Se-"alliins" in garlic and onion grown in Se-rich soil. Journal of Chromatography A. 2004, 1032(1-2): 103-107
9. M Takenaka, K Nanayama, I Ohnuki, M Udagawa, E Sanada, S Isobe. Cooking loss of major onion anti-oxidants and the comparison of onion soups prepared in different ways. Food Science and Technology Research. 2004, 10(4): 405-409
10. P Bonaccorsi, C Caristi, C Gargiulli, U Leuzzi. Flavonol glucoside profile of southern Italian red onion (Allium cepa L.). Journal of Agricultural and Food Chemistry. 2005, 53(7): 2733-2740
11. T Scheer, M Wichtl. Kaempferol-4'-O-β-D-glucopyranoside in Filipendula ulmaria and Allium cepa. Planta Medica. 1987, 53(6): 573-574
12. S Urushibara, Y Kitayama, T Watanabe, T Okuno, A Watarai, T Matsumoto. New flavonol glycosides, major determinants inducing the green fluorescence in the guard cells of Allium cepa. Tetrahedron Letters. 1992, 33(9): 1213-1216
13. HX Wang, TB Ng. Isolation of allicepin, a novel anti-fungal peptide from onion (Allium cepa) bulbs. Journal of Peptide Science. 2004, 10(3): 173-177
14. TN Ly, C Hazama, M Shimoyamada, H Ando, K Kato, R Yamauchi. Anti-oxidant compounds from the outer scales of onion. Journal of Agricultural and Food Chemistry. 2005, 53(21): 8183-8189
15. AD Omoloso, JK Vagi. Broad spectrum anti-bacterial activity of Allium cepa, Allium roseum, Trigonella foenum-graecum and Curcuma domestica. Natural Product Sciences. 2001, 7(1): 13-16
16. JH Kim. Anti-bacterial action of onion (Allium cepa L.) extracts against oral pathogenic bacteria. The Journal of Nihon University School of Dentistry. 1997, 39(3): 136-141
17. MH Chung, BJ Lee, GW Kim. Studies on antihyperlipemic and anti-oxidant activity of Allium cepa L. Saengyak Hakhoechi. 1997, 28(4): 198-208
18. SJ An, MK Kim. Effect of dry powders, ethanol extracts and juices of radish and onion on lipid metabolism and anti-oxidant capacity in rats. Hanguk Yongyang Hakhoechi. 2001, 34(5): 513-524
19. K Kumari, KT Augusti. Antidiabetic and anti-oxidant effects of S-methyl cysteine sulfoxide isolated from onions (Allium cepa Linn) as compared to standard drugs in alloxan diabetic rats. Indian Journal of Experimental Biology. 2002, 40(9): 1005-1009
20. K Kumari, BC Mathew, KT Augusti. Antidiabetic and hypolipidemic effects of S-methyl cysteine sulfoxide isolated from Allium cepa Linn. Indian Journal of Biochemistry & Biophysics. 1995, 32(1): 49-54

21. M Furusawa, H Tsuchiya, M Nagayama, T Tanaka, K Nakaya, M Iinuma. Anti-platelet and membrane-rigidifying flavonoids in brownish scale of onion. Journal of Health Science. 2003, 49(6): 475-480

22. Y Morimitsu, S Kawakishi. Inhibitors of platelet aggregation from onion. Phytochemistry. 1990, 29(11): 3435-3439

23. K Yamada, A Naemura, N Sawashita, Y Noguchi, J Yamamoto. An onion variety has natural anti-thrombotic effect as assessed by thrombosis/thrombolysis models in rodents. Thrombosis Research. 2004, 114(3): 213-220

24. J Yang, KJ Meyers, J van der Heide, RH Liu. Varietal differences in phenolic content and anti-oxidant and anti-proliferative activities of onions.Journal of Agricultural and Food Chemistry. 2004, 52(22): 6787-6793

25. T Seki, K Tsuji, Y Hayato, T Moritomo, T Ariga. Garlic and onion oils inhibit proliferation and induce differentiation of HL-60 cells. Cancer Letters. 2000, 160(1): 29-35

26. F Bianchini, H Vainio. Allium vegetables and organosulfur compounds: do they help prevent cancer? Environmental Health Perspectives. 2001, 109(9): 893-902

27. MY Shon, SD Choi, GG Kahng, SH Nam, NJ Sung. Antimutagenic, anti-oxidant and free radical scavenging activity of ethyl acetate extracts from white, yellow and red onions. Food and Chemical Toxicology. 2004, 42(4): 659-666

28. AM Nuutila, R Puupponen-Pimia, M Aarni, KM Oksman-Caldentey. Comparison of anti-oxidant activities of onion and garlic extracts by inhibition of lipid peroxidation and radical scavenging activity. Food Chemistry. 2003, 81(4): 485-493

29. TH Tsai, PJ Tsai, SC Ho. Anti-oxidant and anti-inflammatory activities of several commonly used spices. Journal of Food Science. 2005, 70(1): C93-C97

마늘 蒜 KHP, EP, BP, BHP, USP, GCEM

Liliaceae

Allium sativum L.

Garlic

개 요

백합과(Liliaceae)

마늘(蒜, *Allium sativum* L.)의 신선한 것 또는 말린 것: 산(蒜)

중약명: 산(蒜)

부추속(*Allium* genus) 식물은 전 세계에 약 500종이 있으며 북반구에 주로 분포한다. 이 가운데 110종이 중국에서 발견되며 이 속에서 약 13종이 약으로 사용된다. 서아시아와 유럽을 기원으로 전 세계적으로 널리 재배하고 있다.

기원전 2400년경 이집트 쿠푸왕의 대 피라미드에 새겨진 비문에 따르면, 마늘은 한때 고대 이집트에서 하나의 화폐개념으로 사용했으며, 의학적 활용도가 넓어서 사람에게는 나병을 치료하는데, 말에게는 응고장애를 치료하는 민간요법으로 사용하였다. 중세시대에는 난청을 치료하거나 이통(귀앓이), 고창(뱃속에 가스가 차는 현상) 및 괴혈병을 치료하는 데 아메리카 원주민들이 사용했다[1]. 마늘은 한나라 왕조 때 중국으로 유입되어《명의별록(名醫別錄)》에 처음 약초로 기록하였다. 이 종은 마늘의 공식적인 기원식물 내원종으로 유럽약전(5개정판), 영국약전(2002) 및 미국약전(28개정판)에 규정하고 있다.《대한민국약전외한약(생약)규격집》(제4개정판)에는 "마늘"을 "마늘 *Allium sativum* Linne(백합과 Liliaceae)의 비늘줄기"로 등재하고 있다. 상업적인 원료는 주로 지중해의 나라들과 중국, 미국 및 아르헨티나에서 생산된다.

마늘의 인경에는 알리인, 알리신 및 아조엔과 같은 주요활성성분들을 포함하는 황화합물이 함유되어 있다. 영국약전과 유럽약전에서는 의약 물질의 품질관리를 위해 액체크로마토그래피법으로 시험할 때 마늘분말에 알리신의 함량이 0.45% 이상이어야 하며, 미국약전에서는 마늘에 알리인과 γ-glutamyl-S-allyl-L-cysteine의 함량이 각각 0.5, 0.2% 이상이어야 한다고 규정하고 있다.

약리학적 연구에 따르면 마늘이 항균, 항기생충, 항종양, 항고지혈, 항혈전, 간보호 및 면역조절 효과가 있음을 확인하였다.

민간요법에 의하면 마늘이 항고지혈증 및 항균효과가 있으며, 한의학에서는 살충(殺蟲), 소종(消腫), 해독(解毒)작용이 있다고 한다.

마늘 蒜 *Allium sativum* L.

마늘 蒜 KHP, EP, BP, BHP, USP, GCEM

마늘 蒜 *Allium sativum* L.

함유성분

비늘줄기에는 주로 alliin의 존재 하에 allicin으로 전환되는 약 1.0%의 alliin을 포함한 황화합물을 함유하고 있다. 또한 isoalliin, methiin, cycloalliin, γL−glutamyl−S−methyl−L−cysteine, L−glutamyl−S−(2−propenyl)−Lcysteine, γL−glutamyl−S−(trans−1−propenyl)−L−cysteine[2], methyl allyl trisulfide, diallyl disulfide[3], 2−vinyl−[4H]−1,3−dithiin, 3−vinyl−[4H]−1,2−dithiin, allyl methyl disulfide[4], Z−, E−ajoenes[5], scordinin A1[6], acrolein allyl disulfide[7], S−methylcysteine, S−ethyl−L−cysteine sulfoxide[8], S−allylcysteine, S−allyl mercaptocysteine, N−αfructosyl arginine[9], S−methylmercaptocysteine[10], 3−allyldisulfanyl−propenal, 3−vinyl−3, 4−dihydro−[1,2] dithiin−1−oxide, (E/Z) 1−propenyl allyl thiosulfinate[11] 성분이 함유되어 있다. 1−methyl−1,2,3,4−tetrahydro−βcarboline−3−carboxylic acid, 1−methyl−1,2,3,4−tetrahydro−βcarboline− 1,3−dicarboxylic acid[12] 성분도 함유되어 있다.

마늘 껍질에는 N−trans−coumaroyloctopamine, N−trans−feruloyloctopamine, guaiacylglycerol−βferulic acid ether, trans−coumaric acid, trans−ferulic acid[13]가 함유되어 있다.

잎과 싹에는 isoquercitrin, reynoutrin, astragalin, isorhamnetin−3−O−βD−glucopyranoside[14] 성분이 함유되어 있다.

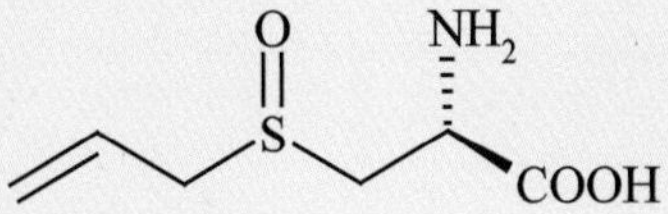

alliin

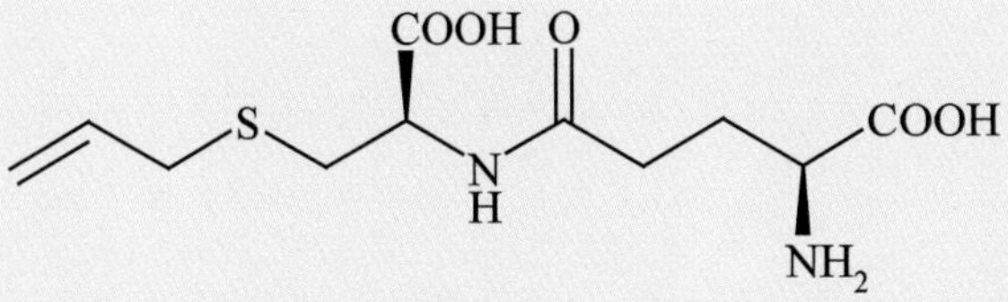

γ-L-glutamyl-S-(2-propenyl)-L-cysteine

약리작용

1. 항박테리아 및 구충 작용

마늘 추출물과 알리신은 *in vitro*에서 살모넬라균, 세균성 이질균, 가스괴저균, 대장균, 녹농균, 황색포도상구균, 헬리코박터균을 억제한다[15-16]. 또한 알리신은 원충인 이질아메바와 람블편모충과 같은 인체 장내 기생충에 대항하여 항박테리아 활성을 가지며, 또한 항바이러스 활성도 있다[17].

2. 심혈관에 영향
마취시킨 토끼와 개에게 마늘 추출물을 정맥 투여하면 일시적인 혈압감소를 나타냈다. 알리신을 랫드의 설하선 정맥에 투여했을 경우 급성뇌허혈재관류손상을 보호하는 효과를 나타냈는데 이것은 지질과산화와 항염증활성을 감소시킴으로써 항산화효소 활성을 강화하는 능력에 기인하는 것 같다[18]. 마늘 추출물은 배양된 안지오텐션 II로 유도한 토끼의 혈관근육이완세포의 증식을 억제한다[19]. 마늘의 다당류는 지질과산화 억제를 통해 아드리아마이신으로 유도한 신생 랫드의 심근세포 손상에 대한 보호효과를 가진다[20].

3. 항종양 작용
디알릴황화물, 디알릴이황화물, 디알릴삼황화물, 아조엔과 같은 마늘의 구성요소들은 피부암, 폐암, 간암, 위암, 대장암, 방광암, 유방암, 전립선암, 비인두암, 신경아세포종, 백혈병과 같은 암세포주의 세포자살을 유도한다. 이 기작은 암세포주기 상이나 종양유전자 및 종양억제유전자의 발현, 효소의 활성, 세포내 이온 농도에 대한 마늘의 영향과 관련이 있다[21].

4. 항고지혈증, 항죽상동맥경화 작용
콜레스테롤 식이 투여 랫드에 마늘 추출물을 경구 투여하면 혈장 지질의 상승을 억제한다[22]. 디알릴이황화물 같은 황화합물이 활성인자이고, 콜레스테롤 합성 억제는 스테롤 4*α* 메틸 산화효소에 의해 이루어진다[23]. *in vitro*에서 마늘의 열수 추출물(1.0-1.4% 알라인으로 표준화함)은 헤파란설페이트프로테오글리칸(HS-PG)에 결합하는 Ca^{2+}이온을 억제하고 초기 '나노플라그'의 구성과 궁극적으로는 동맥경화반 단계 형성의 원인이 되는 삼중 프로테오글리칸 수용체/저농도 지단백(LDL) 콜레스테롤/칼슘 복합체의 형성을 억제한다[24].

5. 항혈전 작용
랫드에서 마늘 열수 추출물을 경구와 복강 내 투여하면 트롬복산 B_2 (TXB_2)의 혈장 내 수준을 감소시킨다. 아조엔은 주요 항혈전 물질로 혈소판 막을 변형시킨다[25-26].

6. 위장관에 영향
아세트산, 알코올/염산, 인도메타신 또는 유문결찰법에 의해 위궤양이 유발된 랫드에 알리신을 경구 투여하면 궤양 지수를 감소시킨다. 또한 정상적인 마우스의 소장에서 탄산가스의 배출을 강화하고 변비를 가진 마우스의 장운동을 촉진시킨다[27].

7. 간보호 작용
S-allylmercaptocystein(ASSC)와 S-methylmercapto-cysteine(MSSC)는 랫드의 간세포에서 사염화탄소와 갈락토사민(GalN)으로 인해 유발된 세포독성에 대한 보호효과를 나타냈다. 알리인과 MSSC는 GalN로 유발된 간 병변을 가진 랫드에서 보호효과를 나타내는 경향을 보였다. 마늘 정유는 사염화탄소로 유도한 유리기 형성과 지질과산화를 억제하는 항산화 활성을 통해 간 보호 역할을 한다는 것을 나타낸다[10].

8. 항알러지 효과
랫드에 Z-아조엔의 경구 투여하면 48시간 수동피부과민증(PCA) 반응을 억제하고 랫드의 복막 내 비만세포로부터 방출된 히스타민의 분비를 감소시킨다[28].

9. 면역조절
용혈성 플라크 분석과 림프구 형질전환 실험을 통해 마늘 오일이 정상적인 마우스에서 면역글로불린M(IgM)의 분비와 T-림프구의 변형을 유의적으로 억제하는 것을 확인했다[29]. 마늘의 열수 추출물을 경구 투여하면 면역억제 마우스의 림프구 변형과 E-로제트 형성을 강화할 뿐만 아니라, 혈청 내 용혈소 형성을 조절하고, 탄소 입자의 제거 지수를 증가시키며, 시클로포스파미드로 유발된 흉선과 비장의 위축을 막아준다[30].

10. 기타
마늘은 항돌연변이 효과를 가진다[31].

용도

1. 동맥경화증, 고혈압, 고콜레스테롤혈증
2. 백일해, 기관지염, 감기, 열
3. 소화불량, 장 내 가스, 위통, 이질
4. 종기, 피부못(corns), 무사마귀, 뱀이나 벌레 물린 곳
5. 기생체 감염

해설

뿌리줄기와 마늘유도 약용한다. 마늘은 전 세계적으로 심혈관계 질환의 예방에 효과가 있음이 잘 알려져 있으며, 현재 많은 연구가 이루어지고 있다. 그러나 화학성분에 대한 연구가 적고 주요 활성성분은 수확시기와 가공방법에 따라 영향을 많이 받는다. 후속 연구에서 주요 활성성분과 관련 메커니즘을 밝힐 필요가 있다.

참고문헌

1. Facts and Comparisons (Firm). The Review of Natural Products (3rd edition). Missouri: Facts and Comparisons. 2000: 304-307
2. M Ichikawa, N Ide, J Yoshida, H Yamaguchi, K Ono. Determination of seven organosulfur compounds in garlic by high-performance liquid chromatography. Journal of Agricultural and Food Chemistry. 2006, 54(5): 1535-1540
3. AE Edris, HM Fadel, AS Shalaby. Effe ct of organic agricultural practices on the volatile flavor components of some essential oil plants growing in Egypt: I. garlic essential oil. Bulletin of the National Research Centre. 2003, 28(3): 369-376
4. J Velisek, R Kubec, J Davidek. Chemical composition and classification of culinary pharmaceutical garlic-based products. Zeitschrift fuer Lebensmittel-Untersuchung und -Forschung A. 1997, 204(2): 161-164
5. MS Lu, JM Min, K Wang. Studies on organosulfur compounds in Allium sativum. Chinese Traditional and Herbal Drugs. 2001, 32(10): 867-871
6. K Kominato. Biological active component in garlic (Allium scorodoprasm or Allium sativum). II. Chemical structure of scordinin A1. Chemical & Pharmaceutical Bulletin. 1969, 17(11): 2198-2200
7. MS Lu, JM Min. A new disulfide from garlic. Journal of Chinese Pharmaceutical Sciences. 2002, 11(2): 52-53
8. L Hoerhammer, H Wagner, M Seitz, ZJ Vejdelek. Evaluation of garlic preparations. I. Chromatographic studies of the actual components of Allium sativum. Pharmazie. 1968, 23(8): 462-467
9. H Amagase. Clarifying the real bioactive constituents of garlic. Journal of Nutrition. 2006, 136(3): 716S-725S
10. H Hikino, M Tohkin, Y Kiso, T Namiki, S Nishimura, K Takeyama. Oriental medicines. Part 108. Liver protective drugs. Part 29. Antihepatotoxic actions of Allium sativum bulbs. Planta Medica. 1986, 3: 163-168
11. MS Lu, JM Min, K Wang. Studies on organosulfur compounds in Allium sativum II. Chinese Traditional and Herbal Drugs. 2002, 33(12): 1059-1061
12. M Ichikawa, K Ryu, J Yoshida, N Ide, S Yoshida, T Sasaoka, SI Sumi. Anti-oxidant effects of tetrahydro-β-carboline derivatives identified in aged garlic extract. ACS Symposium Series. 2004, 871: 380-404
13. M Ichikawa, K Ryu, J Yoshida, N Ide, Y Kodera, T Sasaoka, RT Rosen. Identification of six phenylpropanoids from garlic skin as major antioxidants. Journal of Agricultural and Food Chemistry. 2003, 51(25): 7313-7317
14. MY Kim, YC Kim, SK Chung. Identification and in vitro biological activities of flavonols in garlic leaf and shoot: inhibition of soybean lipoxygenase and hyaluronidase activities and scavenging of free radicals. Journal of the Science of Food and Agriculture. 2005, 85(4): 633-640
15. LL Nolan, CD Mcclure, RG Labbe. Effect of Allium spp. and herb extracts on food-borne pathogens, prokaryotic, and higher and lower eukaryotic cell lines. Acta Horticulturae. 1996, 426: 277-285
16. P Canizares, I Gracia, LA Gomez, A Garcia, C Martin de Argila, D Boixeda, L de Rafael. Thermal degradation of allicin in garlic extracts and its implication on the inhibition of the in vitro growth of Helicobacter pylori. Biotechnology Progress. 2004, 20(1): 32-37
17. S Ankri, D Mirelman. Anti-microbial properties of allicin from garlic. Microbes and Infection. 1999, 1(2): 125-129
18. YH Zheng, CH Chen. Protective effects of allicin on acute cerebral ischemia-reperfusion injury in rats. Chinese Pharmacological Bulletin. 2004, 20(7): 821-823
19. DX Zhang, YS Ren, B Liu, RQ Zhang, HX Cheng, HC Wang, T Qin. Inhibitory effects of garlic extract on proliferation of cultured vascular smooth muscle cells induced by angiotension II. China Journal of Modern Medicine. 2005, 15(14): 2136-2138, 2142

20. W Yu, JL Wu, H Wang, WL Zha. Protective effect of garlic polysaccharide on cardiac myocyte injury by adriamycin. Chinese Pharmacological Bulletin. 2005, 21(9): 1104-1107

21. L Yi, Q Su. Study progress of apoptosis of tumor cells induced by the active ingredients of garlic. Journal of Nanhua University (Medical Edition). 2004, 32(4): 524-526, 556

22. S Gorinstein, M Leontowicz, H Leontowicz, Z Jastrzebski, J Drzewiecki, J Namiesnik, Z Zachwieja, H Barton, Z Tashma, E Katrich, S Trakhtenberg. Dose-dependent influence of commercial garlic (Allium sativum) on rats fed cholesterol-containing diet. Journal of Agricultural and Food Chemistry. 2006, 54(11): 4022-4027

23. DK Singh, TD Porter. Inhibition of sterol 4α-methyl oxidase is the principal mechanism by which garlic decreases cholesterol synthesis. Journal of Nutrition. 2006, 136(3): 759S-764S

24. G Siegel, M Malmsten, J Pietzsch, A Schmidt, E Buddecke, F Michel, M Ploch, W Schneider. The effect of garlic on arteriosclerotic nanoplaque formation and size. Phytomedicine. 2004, 11(1): 24-35

25. T Bordia, N Mohammed, M Thomson, M Ali. An evaluation of garlic and onion as anti-thrombotic agents. Prostaglandins, Leukotrienes, and Essential Fatty Acids. 1996, 54(3): 183-186

26. E Block, S Ahmad, JL Catalfamo, MK Jain, R Apitz-Castro. The chemistry of alkyl thiosulfinate esters. 9. Anti-thrombotic organosulfur compounds from garlic: structural, mechanistic, and synthetic studies. Journal of the American Chemical Society. 1986, 108(22): 7045-7055

27. HF Liao, XZ Liao, JY Zhou. Effects of alliin on gastric ulcers and bowel movement. Chinese Journal of Clinical Pharmacology and Therapeutics. 2005, 10(12): 1368-1371

28. T Usui, S Suzuki. Isolation and identification of anti-allergic substances from garlic (Allium sativum L.). Natural Medicines. 1996, 50(2): 135-137

29. WF Xin, ZY Guan, M Wang, CG Mo. The effect of garlic oil, onion oil and green Chinese onion oil on immune system of mice. Chinese Journal of Food Hygiene. 1996, 8(4): 8-9, 16

30. Y Wei, YH Tang, L Ji. Effects of garlic on immune system of mice. Journal of Chinese Medicinal Materials. 1992, 15(12): 42-43

31. SH Kim, JO Kim, SH Lee, KY Park, HJ Park, HY Chung. Antimutagenic compounds identified from the chloroform fraction of garlic (Allium sativum). Han'guk Yongyang Siklyong Hakhoechi. 1991, 20(3): 253-259

Liliaceae

큐라소노회 庫拉索蘆薈 CP, KHP, EP, BP, BHP, USP, GCE

Aloe vera L.

Aloe

개 요

백합과(Liliaceae)

큐라소노회(庫拉索蘆薈, *Aloe vera* L.)의 잎의 즙액을 응축해서 말린 것: 큐라소노회(庫拉索蘆薈)

중약명: 큐라소노회(庫拉索蘆薈)

알로에속(*Aloe*) 식물은 전 세계에 약 200종이 있으며, 아프리카에 주로 분포하고, 특히 서아프리카의 건조 지역과 서아시아에 분포한다. 이 종의 변종은 중국에서도 발견되며, 약으로 사용된다. 주로 중국의 서부에서 시설재배가 이루어지며 하이난섬에서 대량 재배가 이루어지고 있다. 북아프리카를 기원으로 한 알로에 베라는 전 세계에 걸쳐 널리 재배하고 있다.

알로에는 B.C 4000년경에 이집트 사원의 벽면조형물에 처음 등장했는데, B.C 15세기경에 이집트 의학서 중 하나인 "The Egyptian Book of Remedies"에 약초로 기록되어 있다. A.D 6세기경에 아라비아 상인들에 의해 아시아에 소개되었으며, A.D. 16세기경에는 스페인을 시작으로 지중해지역에서 다른 나라까지 널리 확산되었다. 1930년대 이후에는 방사선피부염을 치료하는 데 사용하기 시작했다[1]. 중국에서는 알로에를 약성론(藥性論)에 '노회'라는 이름으로 약초로서 처음 기록하였으며, 이는 약초도감 중 가장 오래된 기록으로 남아 있다. 약재로서 알로에는 고대부터 알로에속 가운데 몇몇 종들로부터 유래하였으며, 이 종들은 알로에의 공식적인 기원식물 중 하나로 유럽약전(제5판), 영국약전(2002), 미국약전(28개정판), 및 중국약전(2015)에 규정하고 있다. ≪대한민국약전외한약(생약)규격집≫(제4개정판)에는 "노회"를 "*Aloe barbadensis* Linné, *Aloe ferox* Miller, *Aloe africana* Miller 또는 *Aloe spicata* Baker의 잡종(백합과 Lilliaceae)의 잎에서 얻은 액즙(液汁)을 건조한 것"으로 등재하고 있다. 이 약재는 주로 네덜란드 안틸리스 제도에서 생산된다.

주요 유효성분은 알로에 베라겔 내에 알로에와 글루칸을 구성하는 안트라퀴논계 성분이다. 이 성분은 완하제 및 항종양 활성을 가진다. 또한, 상처치료 및 조직재생, 면역증강 효과를 가지며, 화장품으로도 사용한다.

유럽약전과 영국약전에서는 의약 물질의 품질관리를 위해 자외선분광광도법으로 시험할 때 바바로인으로 환산하여 하이드록시안트라센 유도체의 함량이 28%이어야 하며, 미국약전에서는 액체크로마토그래피로 시험할 때 수용성 추출물의 함량이 50%이고, 중국약전에서는 액체크로마토그래피로 시험할 때 바바로인의 함량이 18%이어야 한다고 규정하고 있다.

약리학적 연구에 따르면 큐라소알로에가 상처치료, 항궤영, 항균, 항염증 및 항종양 효과가 있음을 확인했다.

민간요법에 의하면 알로에는 진정효과와 상처치료 효과를 가지며, 한의학에서는 청열(清熱)하여 통변(通便)하게 할 뿐만 아니라 살충(殺蟲)작용이 있다.

큐라소노회 庫拉索蘆薈 *Aloe vera* L.

함유성분

잎에는 안트라퀴논류 성분으로 barbaloin(barbaloin A, aloin A), isobarbaloin(aloin B), aloe−emodin, physcion, chrysophanol, emodin, 6,8−dihydroxy−4−methyl−7H−benz[de]anthracen−7−one, 8−O−methyl−7−hydroxyaloin B, elgonicadimers A, B[2−4]가 함유되어 있고, 플라보노이드 성분으로 aloesin(aloeresin), aloeresin G, p−coumaroylaloesin, feruloylaloesin, isoaloeresins D, E, isorabaichromone, neoaloesin A[2, 5−6], 글루칸 성분으로 veracylglucans A, B, C[7], 이소쿠마린 성분으로 3,4−dihydro−6,8−dihydroxyl−[(3s)−2'acetyl−3' hydroxyl−5'methoxy−benzyl]−isocoumarin[8], feralolide[2]가 함유되어 있다. 또한 hopan−3−ol[2], diethylhexylphthalate[9], 과산화물 불균화효소[10] 그리고 mannose−6−phosphate[11]성분이 함유되어 있다.

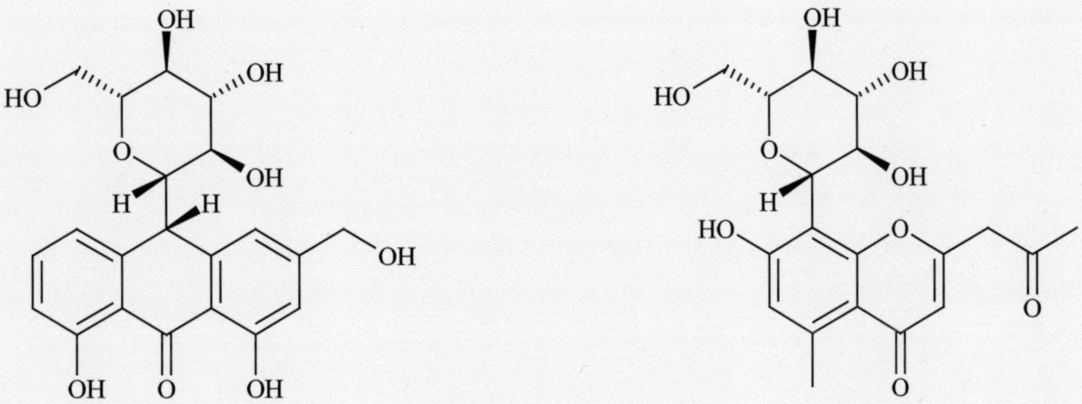

barbaloin

aloesin

약리작용

1. 설사 작용
   알로에 추출물을 경구 투여하면 변비를 가진 마우스에서 장운동을 촉진시킨다. 배변을 강화시키고 첫 장운동의 시간을 줄이며 6시간 이내에 배변량을 증가시킨다[12].

2. 상처치료, 항궤양 작용
   랫드에 알로에 베라의 도포처리는 화상의 염증과정을 억제하고 TNF−α와 IL−6의 수준을 감소시키며, 백혈구 부착을 감소시킨다[13]. 알로에 베라겔의 당단백 분획물은 세포증식과 세포전이를 촉진시켜 탈모를 유발한 마우스의 상처 치료를 강화한다[14]. 상처치료 효과는 육아조직의 콜라겐 함량과 글리코스아미노글리칸의 생산을 증가시키는 능력과 관련이 있다[15−16]. 병아리 배아 융모막 분석을 통해 알로에 베라로부터 분리한 베타시토스테롤이 혈관생성 효과를 가진다. 회전봉테스트에서 베타시토스테롤을 복강내 투여하면 허혈/재관류가 손상된 게르빌루스 쥐의 운동 복구를 향상시켰다. 이는 베타시토스테롤이 손상된 혈관에 대해 치료적 혈관재생효과를 가지고 있음을 가리킨다[17]. 아세트산으로 인한 위궤양이 유발된 랫드에 알로에베라를 투여하면 백혈구의 부착과 TNF−α의 수준을 감소시키고 IL−10의 수준을 증가시키며 위궤양 치료를 촉진했다[18].

3. 항당뇨 작용
   스트렙토조토신으로 당뇨병이 유발된 랫드에서 알로에베라겔 추출물을 경구 투여하면 공복혈당수준을 감소시키고 혈장 내 인슐린 수준을 높였다. 또한 추출물을 경구 투여하면 간의 아미노전이효소, 혈장과 조직(간과 신장)의 콜레스테롤, 중성지방, 유리지방산, 및 인지질의 수준을 감소시켰다. 뿐만 아니라 추출물은 당뇨를 가진 랫드에서 HDL 콜레스테롤의 혈장 내 수준을 감소시키고, LDL과 VLDL 콜레스테롤의 혈장 내 수준을 증가시킴으로서 정상수준 가까이까지 회복시켰다[19].

4. 항균 작용
   *in vitro*에서, 알로에 즙은 황색포도상구균, 연쇄구균, 대장균, 8련구균(*Sarcina* sp.), 고초균, 거대균을 억제한다[20]. 또한 누룩곰팡이, 접합균류 사상균을 억제한다[21].

5. 항염증 작용
   알로에 베라겔의 열수 및 클로로포름 추출물은 카라기닌 유발 마우스 발 부종을 억제하고 복막강으로 이동하는 호중구의 수를 감소시킨다. 즉, 열수 추출물은 아라키돈산으로부터 프로스타글란딘 E_2 생성을 억제한다[22].

6. 항종양 작용
   알로에 베라에서 추출한 다이에틸헥실프탈레이트(DEHP)는 인간 백혈병 세포주인 K562, HL60, U937의 증식을 억제한다[9]. 알로에 에모딘은 신경외배엽종양, 신경교종 U-373MG 세포, 메르켈세포암종을 억제하며[23-25], 또한 인간 방광암 T24 세포자멸을 유도한다[26].

7. 항산화, 항노화 작용
   *in vitro*에서, 알로에 잎 추출물은 DPPH 라디칼 소거능을 가지며[27], 알로에 잎 주스는 노화된 마우스의 전혈 내 GSH와 혈청 내 SOD 수준을 증가시키고, 혈청 내 MDA의 함량을 감소시킨다[28].

8. 기타
   알로에 베라는 항방사선[29], 면역증강효과[30], 신부전 예방 효과[31]를 가진다.

용도

1. 변비
2. 위, 십지지장 궤양
3. 데인 상처, 화상, 찰과상, 건선, 여드름, 백선, 옴, 치핵, 궤양
4. 두통
5. 기생체 감염

해설

큐라소노회와 같은 속의 다른 종도 알로에의 공식적인 기원식물로 수많은 나라의 약전에 등재되어 있다. Aloe ferox(희망봉노회)와 큐라소노회는 유사한 성분과 약리적 효과가 있으나, 큐라소노회가 더 광범위하게 유통되고 흔히 큐라소노회는 "구노회(old aloe)"로, 희망봉노회는 "신노회(new aloe)"로 알려져 있다
알로에속의 식물들은 수많은 약리학적 활성을 가지고 있어 "기적의 식물"로도 불린다.
이밖에도 모발보호 및 성장 자극제, 자외선차단 및 스킨케어제로도 사용하며, 건강기능식품과 음료로도 사용한다.

참고문헌

1. Facts and Comparisons (Firm). The Review of Natural Products (3rd edition). St. Louis: Facts and Comparisons. 2000: 25-27
2. ZY Xiao, DH Chen, JY Si, GZ Tu, LB Ma. The chemical constituents of Aloe vera L. Acta Pharmaceutica Sinica. 2000, 35(2): 120-123
3. H Kuzuya, I Tamai, H Beppu, K Shimpo, T Chihara. Determination of aloenin, barbaloin and isobarbaloin in Aloe species by micellar electrokinetic chromatography. Journal of Chromatography B. 2001, 752(1): 91-97
4. HM Wang, W Chen, W Shi, Y Liu, MJ Lü, JQ Pan. Studies on phenolic compounds in Aloe vera. Chinese Traditional and Herbal Drugs. 2003, 34(6): 499-501
5. A Yagi, A Kabash, N Okamura, H Haraguchi, SM Moustafa, TI Khalifa. Anti-oxidant, free radical scavenging and anti-inflammatory effects of aloesin derivatives in Aloe vera. Planta Medica. 2002, 68(11): 957-960
6. MK Park, JH Park, YG Shin, WY Kim, JH Lee, KH Kim. Neoaloesin A. A new C-glucofuranosyl chromone from Aloe barbadensis. Planta Medica.1996, 62(4): 363-365
7. MF Esua, JW Rauwald. Novel bioactive maloyl glucans from Aloe vera gel: isolation, structure elucidation and in vitro bioassays. Carbohydrate Research. 2006, 341(3): 355-364
8. YF Yang, HM Wang, L Guo, Y Chen. Determination of three compounds in Aloe vera by capillary electrophoresis. Biomedical Chromatography. 2004, 18(2): 112-116

9. KH Lee, HS Hong, CH Lee, CH Kim. Induction of apoptosis in human leukemic cell lines K562, HL60 and U937 by diethylhexylphthalate isolated from Aloe vera Linne. The Journal of Pharmacy and Pharmacology. 2000, 52(8): 1037-1041
10. F Sabeh, T Wright, SJ Norton. Isozymes of superoxide dismutase from Aloe vera. Enzyme & Protein. 1996, 49(4): 212-221
11. RH Davis, JJ Donato, GM Hartman, RC Haas. Anti-inflammatory and wound healing activity of a growth substance in Aloe vera. Journal of the American Podiatric Medical Association. 1994, 84(2): 77-81
12. ZJ Zhang, XW Yan. Experimental study on the purgative action of Aloe preparation. Zhejiang Practical Medicine. 2002, 7(5): 275-276
13. D Duansak, J Somboonwong, S Patumraj. Effects of Aloe vera on leukocyte adhesion and TNF-α and IL-6 levels in burn wounded rats. Clinical Hemorheology and Microcirculation. 2003, 29(3-4): 239-246
14. SW Choi, BW Son, YS Son, YI Park, SK Lee, MH Chung. The wound-healing effect of a glycoprotein fraction isolated from Aloe vera. British Journal of Dermatology. 2001, 145(4): 535-545
15. P Chithra, GB Sajithlal, G Chandrakasan. Influence of Aloe vera on collagen characteristics in healing dermal wounds in rats. Molecular and Cellular Biochemistry. 1998, 181(1-2): 71-76
16. P Chithra, GB Sajithlal, G Chandrakasan. Influence of Aloe vera on the glycosaminoglycans in the matrix of healing dermal wounds in rats. Journal of Ethnopharmacology. 1998, 59(3): 179-186
17. S Choi, KW Kim, JS Choi, ST Han, YI Park, SK Lee, JS Kim, MH Chung. Angiogenic activity of β-sitosterol in the ischemia/reperfusion-damaged brain of Mongolian gerbil. Planta Medica. 2002, 68(4): 330-335
18. K Eamlamnam, S Patumraj, N Visedopas, D Thong-Ngam. Effects of Aloe vera and sucralfate on gastric microcirculatory changes, cytokine levels and gastric ulcer healing in rats. World Journal of Gastroenterology. 2006, 12(13): 2034-2039
19. S Rajasekaran K Ravi, K Sivagnanam, S Subramanian. Beneficial effects of Aloe vera leaf gel extract on lipid profile status in rats with streptozotocin diabetes. Clinical and Experimental Pharmacology & Physiology. 2006, 33(3): 232-237
20. C Hua. Study on anti-bacterial effects of Aloe barbadensis Mill. Journal of Nanjing Normal University (Natural Science). 2004, 27(1): 90-93, 97
21. YM Wang, CF He, YM Dong. Study on bacteriostasis of Aloe vera L. Journal of Beijing Technology and Business University (Natural Science Edition). 2005, 23(5): 17-20
22. B Vazquez, G Avila, D Segura, B Escalante. Antiinflammatory activity of extracts from Aloe vera gel. Journal of Ethnopharmacology. 1996, 55(1): 69-75
23. T Pecere, MV Gazzola, C Mucignat, C Parolin, FD Vecchia, A Cavaggioni, G Basso, A Diaspro, B Salvato, M Carli, G Palu. Aloe-emodin is a new type of anticancer agent with selective activity against neuroectodermal tumors. Cancer Research. 2000, 60(11): 2800-2804
24. M Acevedo-Duncan, C Russell, S Patel, R Patel. Aloe-emodin modulates PKC isozymes, inhibits proliferation, and induces apoptosis in U-373MG glioma cells. International Immunopharmacology. 2004, 4(14): 1775-1784
25. L Wasserman, S Avigad, E Beery, J Nordenberg, E Fenig. The effect of aloe emodin on the proliferation of a new merkel carcinoma cell line. The American Journal of Dermatopathology. 2002, 24(1): 17-22
26. JG Lin, GW Chen, TM Li, ST Chouh, TW Tan, JG Chung. Aloe-emodin induces apoptosis in T24 human bladder cancer cells through the p53 dependent apoptotic pathway. The Journal of Urology. 2006, 175(1): 343-347
27. Y Hu, J Xu, QH Hu. Evaluation of anti-oxidant potential of Aloe vera (Aloe barbadensis Miller) extracts. Journal of Agricultural and Food chemistry.2003, 51(26): 7788-7791
28. YM Su, YC Zhang, YQ Zhang. Research on the postponing senility functions of herbal medicine Aloe. Heilongjiang Medical Journal. 2002, 15(4): 275-277
29. HN Saada, ZS Ussama, AM Mahdy. Effectiveness of Aloe vera on the anti-oxidant status of different tissues in irradiated rats. Die Pharmazie. 2003, 58(12): 929-931
30. L Zhang, IR Tizard. Activation of a mouse macrophage cell line by acemannan: the major carbohydrate fraction from Aloe vera gel. Immunopharmacology. 1996, 35(2): 119-128
31. L Wang, XB Cen, SH Cai, LF Zhu, T Hasegawa. Protective effects on kidney of Aloe barbadensis polysaccharide in endotoxinic rats. West China Journal of Pharmaceutical Sciences. 2000, 15(4): 271-275

시라 蒔蘿^CP

AlAnethum graveolens L.

Dill

개 요

미나리과(Apiaceae)
시라(蒔蘿, *Anethum graveolens* L.)의 씨를 말린 것: 시라자(蒔蘿子)
시라(蒔蘿, *A. graveolens* L.)의 지상부: 시라묘(蒔蘿苗)
시라(蒔蘿, *A. graveolens* L.)의 잘 익은 씨를 말려서 증류하여 얻은 휘발성 기름: 시라정유(蒔蘿精油)
딜속(*Anethum*)은 전 세계에 오직 1종이 있으며 약으로 사용한다. 서유럽을 기원으로 하는 이 종은 중국을 포함하여 전 세계적으로 널리 재배하고 있다.
딜의 의학적 이용은 고대 인도의 의학서적인 차라카(Charaka)에 기록되어 있으며, 약 3000년 동안 이집트에서 약용으로 사용하였다. 중국에서는 시라자(蒔蘿子)라고 하여 고대 의학서적인 개보본초(開寶本草)에 약으로 처음 기록되어 있다. 이 종은 약재인 딜 오일에 대한 공식적인 기원식물 내원종으로 영국약전(2002)에 등재되어 있다. ≪대한민국약전외한약(생약)규격집≫(제4개정판)에는 "시라자"를 "시라(蒔蘿) *Anethum graveolens* Linné(산형과 Umbelliferae)의 열매"로 등재하고 있다. 딜의 열매는 주로 딜 오일 생산의 주원료로서 인도에서 생산된다. 또한 중국의 북부지방에서도 생산된다.
딜의 주요 성분은 정유, 쿠마린 및 플라보노이드이며, 정유 내 카르본 성분은 주요 방취제 성분 중 하나이다[1]. 영국약전에서는 의약물질의 품질관리를 위해 적정법으로 시험할 때 딜 오일 내 카르본 함량이 43−63%이어야 한다고 규정하고 있다.
약리학적 연구에 따르면 딜이 항균, 항궤양, 경련억제, 항종양, 이담 및 항고지혈증 효과가 있음을 확인하였다.
민간요법에 의하면 딜 오일은 구풍(驅風), 이담 및 항균효과가 있으며, 한의학적으로는 온비개위(溫脾開胃), 산한난간(散寒暖肝), 이기지통(理氣止痛)의 효능이 있다.

시라 蒔蘿 *Anethum graveolens* L.

시라자 蒔蘿子 Anethi Fructus

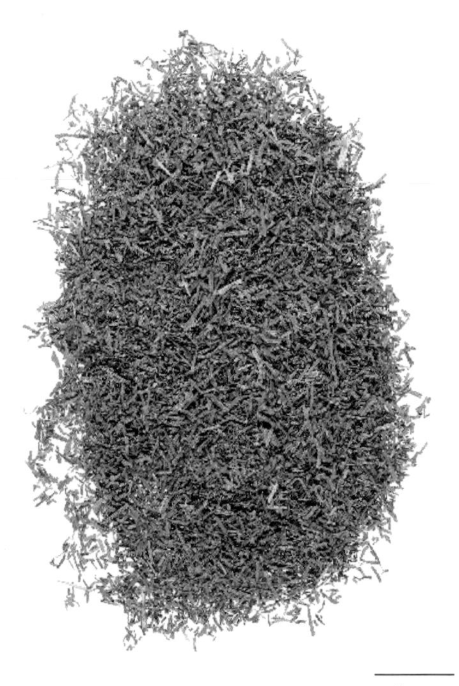

함유성분

열매에는 정유 성분으로 carvone, limonene, dill apiole, linalool, trans-dihydrocarvone, cis-dihydrocarvone, βcaryophyllene[2]이 함유되어 있고, 플라보노이드 성분으로 dillanoside[3], vicenin[4], kaempferol 3-glucuronide[5], 쿠마린 성분으로 imperatorin, bergapten, umbelliprenin, scopoletin, umbelliferone, esculetin, 4-methylesculetin[6], 모노테르페노이드 성분으로 trans-anethole, p-anisaldehyde, myristicin이 함유되어 있다.
지상부에는 정유 성분으로 carvone, limonene, 3,9-epoxy-1-p-menthene, methyl-2-methylbutanoate, α-phellandrene, myristicin, p-cymene, dill ether[1, 7-8]가 함유되어 있고, 쿠마린 성분으로 oxypeucedanin, 5-(4"hydroxy-3"methyl-2"butenyloxy)-6,7-furo쿠마린[9], 플라보노이드 성분으로 quercetin 3-glucuronide(querciturone), isorhamnetin 3-glucuronide[5], 모노테르페노이드 성분으로 9-hydroxypiperitone βD-glucopyranoside, 8-hydroxygeraniol βD-glucopyranoside, p-menth-2-ene-1,6-diol βDglucopyranoside[10], 페놀화합물로 클로로겐산[10], 폴리아세틸렌 성분으로 falcarindiol[9]이 함유되어 있다.
뿌리에는 정유 성분과 프탈라이드 성분으로 butylphthalide, Z-ligustilide, neocnidilide, senkyunolide[11-12]가 함유되어 있다.

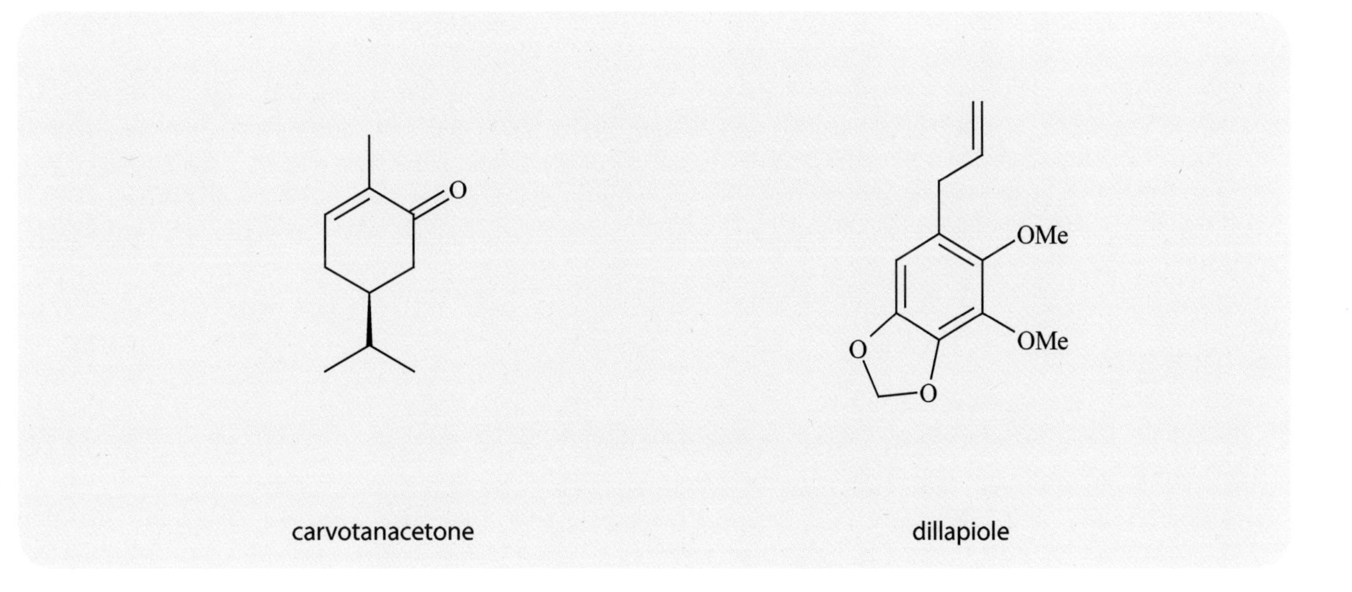

약리작용

1. 항균 작용
   *in vitro*에서, 딜 오일은 흰가루곰팡이, 푸른곰팡이, 흑국균, 아플라톡신을 생성하는 누룩곰팡이종, 식중독원인균 중 하나인 바실루스 세레우스균, 녹농균, 효모균, 칸디다성 질염을 억제한다[2, 13-14]. 또한 부흐너 락트산간균을 억제한다[15]. 지상부에서 추출한 옥시퓨세다닌과 같은 쿠마린 성분은 항박테리아 효과가 있다[9].

2. 항궤양 작용
   딜 열매의 열수 및 에탄올 추출물을 마우스에 경구 투여하면 염산 또는 100% 에탄올로 유발한 위점막 병변의 발생을 감소시킨다. 또한 추출물을 경구 또는 복강내 투여하면 유문을 봉합한 마우스의 위산분비를 억제한다[16].

3. 진경 작용
   딜 열매는 위장관의 평활근에 진경작용을 한다[17]. 또한 딜 오일 역시 진경작용을 한다[18].

4. 항산화 작용
   딜 열매의 열수 및 에탄올 추출물은 리놀레산과 리포좀 모델에서 주목할 만한 항산화 활성을 보였다. 또한 추출물은 훌륭한 유리기 소거활성을 보였다[19].

5. 종양 작용
   *in vitro*에서 딜 뿌리의 메탄올 추출물은 사람의 위선암 MK-1 세포의 증식을 억제한다[20]. 카르본과 같은 모노테르펜류는 몇몇 마우스 표적 조직에 있는 글루타티온 S-전이효소의 활성을 증가시킨다[21].

6. 기타
   딜은 담즙분비촉진[22], 항고지혈증, 항고콜레스테롤혈증[23] 효과를 가진다.

용도

1. 간질환, 담낭질환
2. 식욕감퇴, 메스꺼움, 구토
3. 감기, 두통
4. 인후염, 기관지염, 천식
5. 탈장

해설

딜은 회향(*Foeniculum vulgare* Mill.)의 열매보다 작지만 모양이 비슷해서 "수입 회향(imported fennel)"이라고 불리는데 몇몇 지역에서는 회향(茴香)으로 사용했다. 그러나 딜의 열매와 회향은 화학성분과 약리학적 작용이 달라 구별할 필요가 있다.
3000년 전에 고대 이집트의 의약도감의 기록에 의하면 딜을 이미 약용식물로 사용하였다는 기록이 있다. 전통적으로 조미료, 향수, 의료용 및 퇴마 의식에 사용했다고 전해진다. 딜이라는 말은 딜이 진통, 진정효과가 있다고 하여 '진정 및 완화시킴'을 의미하는 고대 노르웨이어인 "dilla"에서 유래하였다. 딜은 유럽과 아메리카 원주민들이 불면증, 두통, 딸꾹질, 구취를 치료하기 위한 민간요법으로 사용했다. 또한, 수유 중에 모유분비를 촉진하는 데도 사용했다. 생선요리를 위한 허브로서 호평을 받고 있는 딜은 생선 요리를 조금 더 신선하고 맛있게 만들어주며 소화를 촉진시켜준다. 《일화자본초(日华子本草)》에는 딜이 생선의 독소를 없애준다고 기록하고 있다. 그 열매와 잎은 절여서 보관한다.

참고문헌

1. I Blank, W Grosch. Evaluation of potent odorants in dill seed and dill herb (Anethum graveolens L.) by aroma extract dilution analysis. Journal of Food Science. 1991, 56(1): 63-67
2. G Singh, S Maurya, MP de Lampasona, C Catalan. Chemical constituents, anti-microbial investigations, and anti-oxidative potentials of Anethum graveolens L. Essential oil and acetone extract: Part 52. Journal of Food Science. 2005, 70(4): M208-M215
3. M Kozawa, K Baba, T Arima, K Hata. New xanthone glycoside, dillanoside, from dill, the fruit of Anethum graveolens L. Chemical & Pharmaceutical Bulletin. 1976, 24(2): 220-223
4. LI Dranik. Vicenin from Anethum graveolens fruits. Khimiya Prirodnykh Soedinenii. 1970, 6(2): 268
5. H Teuber, K Herrmann. Flavonol glycosides of dill (Anethum graveolens L.) leaves and fruits. II. Phenolics of spices. Zeitschrift fuer Lebensmittel-Untersuchung und-Forschung. 1978, 167(2): 101-104
6. K Glowniak, A Doraczynska. Study of the benzene extract obtained from dill fruits (Anethum graveolens L.). Annales Universitatis Mariae Curie-Sklodowska, Sectio D: Medicina. 1984, 37: 251-257
7. JA Pino, E Roncal, A Rosado, I Goire. Herb oil of dill (Anethum graveolens L.) grown in Cuba. Journal of Essential Oil Research. 1995, 7(2): 219-220
8. RR Vera, J Chane-Ming. Chemical composition of essential oil of dill (Anethum graveolens L.) growing in Reunion Island. Journal of Essential Oil Research. 1998, 10(5): 539-542
9. M Stavri, S Gibbons. The antimycobacterial constituents of dill (Anethum graveolens). Phytotherapy Research. 2005, 19(11): 938-941
10. B Bonnlaender, P Winterhalter. 9-Hydroxypiperitone β-D-glucopyranoside and other polar constituents from dill (Anethum graveolens L.) herb. Journal of Agricultural and Food Chemistry. 2000, 48(10): 4821-4825
11. D Goeckeritz, A Poggendorf, W Schmidt, D Schubert, R Pohloudek-Fabini. Essential oil from the roots of Anethum graveolens. Pharmazie. 1979, 34(7): 426-429
12. MJM Gijbels, FC Fischer, JJC Scheffer, AB Svendsen. Phthalides in roots of Anethum graveolens and Todaroa montana. Scientia

Pharmaceutica. 1983, 51(4): 414-417

13. P Dubey, S Dube, SC Tripathi. Fungitoxic properties of essential oil of Anethum graveolens L. Proceedings of the National Academy of Sciences, India,Section B: Biological Sciences. 1990, 60(2): 179-184
14. L Jirovetz, G Buchbauer, AS Stoyanova, EV Georgiev, ST Damianova. Composition, quality control, and anti-microbial activity of the essential oil of long-time stored dill (Anethum graveolens L.) seeds from Bulgaria. Journal of Agricultural and Food Chemistry. 2003, 51(13): 3854-3857
15. LR Shcherbanovsky, IG Kapelev. Volatile oil of Anethum graveolens L. as an inhibitor of yeast and lactic acid bacteria. Prikladnaia Biokhimiia I Mikrobiologiia. 1975, 11(3): 476-477
16. H Hosseinzadeh, GR Karimi, M Ameri. Effects of Anethum graveolens L. seed extracts on experimental gastric irritation models in mice. BMC Pharmacology. 2002, 2: 21
17. B LaGow. PDR for Herbal Medicines (3rd edition). Montvale: Thomson PDR. 2004: 258-259
18. T Shipochliev. Pharmacological study of several essential oils. I. Effect on the smooth muscle. Veterinarno-Meditsinski Nauki. 1968, 5(6): 63-69
19. KM Al-Ismail, T Aburjai. Anti-oxidant activity of water and alcohol extracts of chamomile flowers, anise seeds and dill seeds. Journal of the Science of Food and Agriculture. 2004, 84(2): 173-178
20. Y Nakano, H Matsunaga, T Saita, M Mori, M Katano, H Okabe. Anti-proliferative constituents in Umbelliferae plants. II. Screening for polyacetylenes in some Umbelliferae plants, and isolation of panaxynol and falcarindiol from the root of Heracleum moellendorffii. Biological & Pharmaceutical Bulletin. 1998, 21(3): 257-261
21. GQ Zheng, PM Kenney, LK Lam. Anethofuran, carvone, and limonene: potential cancer chemopreventive agents from dill weed oil and caraway oil. Planta Medica. 1992, 58(4): 338-341
22. V Gruncharov, T Tashev. The choleretic effect of Bulgarian dill oil in white rats. Eksperimentalna Meditsina i Morfologiia. 1973, 12(3): 155-161
23. R Yazdanparast, M Alavi. Antihyperlipidemic and antihypercholesterolemic effects of Anethum graveolens leaves after the removal of furocoumarins. Cytobios. 2001, 105(410): 185-191

원당귀 圓當歸 EP, BP, BHP, GCEM

Apiaceae

Angelica archangelica L.

Angelica

개 요

미나리과(Apiaceae)

원당귀 (圓當歸, *Angelica archangelica* L.)의 뿌리와 뿌리줄기를 말린 것: 원당귀근(圓當歸根)

중약명: 원당귀(圓當歸)

왜당귀속(*Angelica*) 식물은 세계에 약 80종이 있으며 북부 온대 지역과 뉴질랜드에 주로 분포한다. 중국에선 약 26종, 5변종, 1품종이 발견된다. 이 속에서 약 16종이 약으로 사용된다. 원당귀는 주로 유럽과 아시아의 온대 지역에 분포한다[1].

원당귀는 수세기 동안 유럽 의약에서 감기, 기침 및 기관지염에 대한 거담제로 사용해왔을 뿐만 아니라 소화제로도 사용해왔다. 15세기까지 활발하게 사용했으며, 1629년에 요한 파킨슨(John Parkinson)의 대표적인 저서인 파라디수스 테레스트리스(Paradisus terrestris)에서 원당귀는 동시대에 가장 중요한 약용식물 중 하나로 기록되어 있다. 이 종은 약재인 원당귀근(Angelicae Archangelicae Radix et Rhizoma)에 대한 공식적인 기원식물 내원종으로 유럽약전(5개정판)과 영국약전(2002)에 등재되어 있다. 이 약재는 주로 영국을 포함한 북유럽에서 생산된다.

원당귀에는 주로 정유와 쿠마린 성분이 함유되어 있으며, 정유와 쿠마린이 주요 활성성분이다. 유럽약전과 영국약전에서는 의약 물질의 품질관리를 위해 수증기증류법으로 시험할 때 정유 함량이 2㎖/kg 이상이어야 한다고 규정하고 있다.

약리학적 연구에 따르면 원당귀가 이담, 칼슘채널차단, 항위궤양, 간보호, 항종양 및 항균효과가 있음을 확인하였다.

민간요법에 의하면 원당귀근은 방향제 및 이담제 효과를 가진다고 한다.

원당귀 圓當歸 *Angelica archangelica* L.

원당귀근 圓當歸根
Angelicae Archangelicae Radix et Rhizoma

함유성분

뿌리에는 정유 성분으로 δ3-carene, α-pinene, α, β-phellandrenes, p-cymene, sabinene, limonene[2-3]이 함유되어 있고, 쿠마린 성분으로 bergapten, imperatorin, isoimperatorin, oxypeucedanin hydrate, phellopterin, psoralen, osthol, ostruthol, xanthotoxin, isopimpinellin, byakangelicin angelate, archangelicin[4], 플라보노이드 성분으로 archangelenone[5]이 함유되어 있다.
또한 열매와 씨에는 정유 성분으로 β-phellandrene[6-7]이 함유되어 있고, 쿠마린 성분으로 psoralen, bergapten, xanthotoxin[8]이 함유되어 있다.

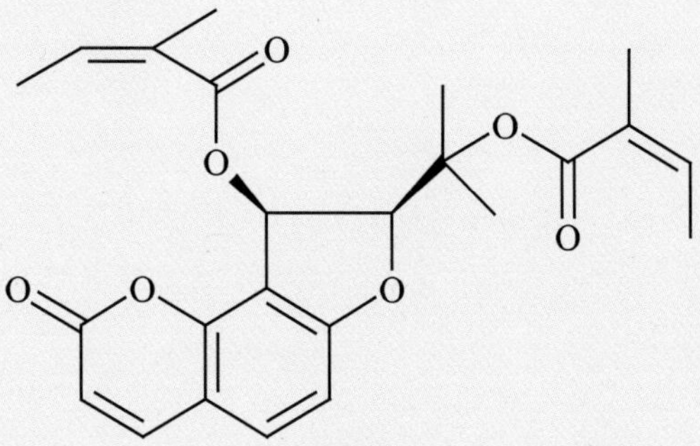

archangelicin

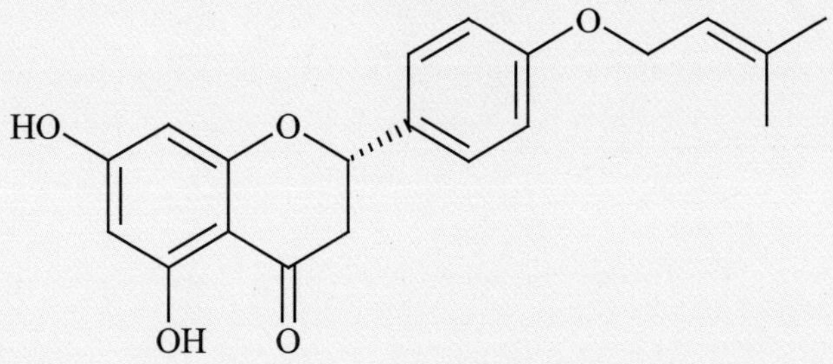

archangelenone

약리작용

1. 진경 작용
   메탄올 추출물은 원형의 평활근 근육의 자발적인 수축을 억제하고 아세틸콜린과 염화바륨에 의해 유도된 세로평활근육의 수축을 억제한다[9].

2. 칼슘 채널 차단 작용
   쿠마린 성분 중 아르크안겔리신은 뿌리추출물로 GH_4C_1 마우스 뇌하수체 세포에 처리했을 때 칼슘 채널을 차단하는 효과를 나타냈다[9].

3. 간 손상 보호 작용
   뿌리 추출물은 마우스에서 에탄올로 유도된 만성 간손상을 보호하는 효과를 보였으며, 뿌리의 수용성 추출물을 마우스에 경구 투여하여 GOT와 GPT 상의 혈청 내 에탄올 수준을 감소시켰고, 마우스 간 균질액의 MDA의 형성과 과산화 자유기를 억제했다[10].

4. 항궤양 작용
   랫드에서 원당귀 추출물은 인도메타신으로 유발한 위궤양으로부터 보호하고 위산분비를 감소시킨다. 뮤신과 프로스타글란딘 E_2 (PGE_2)의 분비를 증가시키고, 류코트리엔의 분비를 감소시킨다[11].

5. 항종양 작용
   *in vitro*에서 원당귀 잎 추출물은 마우스 유방암 세포인 Crl의 증식을 억제했다. 추출물의 경구 투여를 통해 Crl 암세포를 접종한 마우스에서 종양의 성장이 억제하는 것을 확인했다[12]. *in vitro*에서 원당귀 열매틴크와 임페라토린, 잔토톡신과 같은 쿠마린 계열의 성분이 사람의 췌장암 세포인 PANC-1의 증식을 억제했다[13]. 원당귀 열매로부터 추출한 정유성분은 PANC-1과 Crl에 세포독성을 보였다. 그러나 세포독성효과는 주요 정유성분인 β-펠란드렌의 독자적인 작용이다[14]. 원당귀의 수용성 및 에탄올 추출물은 마우스 골수세포의 미소핵 검사를 통해 항돌연변이 활성을 나타냈다[15].

6. 항균 작용
   원당귀의 정유성분은 항박테리아 효과를 가진다[16]. 원당귀 열매로부터 추출한 쿠마린 분획이 *in vitro*에서 *Trichophyton*, *Microsporum* 속의 피부사상균의 생장을 억제했다[17].

7. 기타
   원당귀 열매의 석유에테르 추출물을 마우스 복강 내 투여하면 항통각효과와 약간의 우울증치료를 나타냈다[18].

용도

1. 식욕저하, 고창, 복통
2. 기관지염
3. 월경불순
4. 간 및 담낭 장애

해설

원당귀는 주로 유럽에서 사용하며 뿌리와 덩이줄기를 약용으로 열매와 지상부를 이뇨제, 발한제로 사용한다.
원당귀에 함유된 푸로쿠마린은 감광성을 일으킨다. 따라서 환자는 원당귀 및 그 치료를 받는 기간 동안 집중적인 일광욕 또는 자외선 노출을 피해야 한다.

참고문헌

1. GB Norman. Herbal Drugs and Phytopharmaceuticals: A Handbook for Practice on A Scientific Basis. Stuttgart: Medpharm Scientific Publishers. 2001: 70-72
2. O Nivinskiene, R Butkiene, D Mockute. The chemical composition of the essential oil of Angelica archangelica L. roots growing wild in Lithuania. Journal of Essential Oil Research. 2005, 17(4): 373-377
3. Y Holm, P Vuorela, R Hiltunen. Enantiomeric composition of monoterpene hydrocarbons in n-hexane extracts of Angelica archangelica L. roots and seeds. Flavour and Fragrance Journal. 1997, 12(6): 397-400
4. P Harmala, H Vuorela, R Hiltunen, S Nyiredy, O Sticher, K Tornquist, S Kaltia. Strategy for the isolation and identification of coumarins with calcium antagonistic properties from the roots of Angelica archangelica. Phytochemical Analysis. 1992, 3(1): 42-48
5. SC Basa, D Basu, A Chatterjee. Occurrence of flavonoid in Angelica: archangelenone, a new flavanone from the root of Angelica archangelica. Chemistry & Industry. 1971, 13: 355-356
6. D Lopes, H Strobl, P Kolodziejczyk. 14-methylpentadecano-15-lactone (muscolide): A new macrocyclic lactone from the oil of Angelica archangelica L. Chemistry & Biodiversity. 2004, 1(12): 1880-1887
7. C Bernard. Essential oils of three Angelica L. species growing in France. Part II: fruit oils. Journal of Essential Oil Research. 2001, 13(4): 260-263

8. AM Zobel, SA Brown. Furanocoumarin concentrations in fruits and seeds of Angelica archangelica. Environmental and Experimental Botany. 1991, 31(4): 447–452

9. J Barnes, LA Anderson, JD Phillipson. Herbal Medicines (2nd edition). London: Pharmaceutical Press. 2002: 47-50

10. ML Yeh, CF Liu, CL Huang, TC Huang. Hepatoprotective effect of Angelica archangelica in chronically ethanol-treated mice. Pharmacology. 2003, 68(2): 70-73

11. MT Khayyal, MA El-Ghazaly, SA Kenawy, M Seif-El-Nasr, LG Mahran, YAH Kafafi, SN Okpanyi. Antiulcerogenic effect of some gastrointestinally acting plant extracts and their combination. Arzneimittel-Forschung. 2001, 51(7): 545-553

12. S Sigurdsson, HM Ogmundsdottir, J Hallgrimsson, S Gudbjarnason. Anti-tumor activity of Angelica archangelica leaf extract. In Vivo. 2005, 19(1): 191-194

13. S Sigurdsson, HM Oegmundsdottir, S Gudbjarnason. Anti-proliferative effect of Angelica archangelica fruits. Zeitschrift fuer Naturforschung, C. 2004, 59(7/8): 523-527

14. S Sigurdsson, HM Oegmundsdottir, S Gudbjarnason. The cytotoxic effect of two chemotypes of essential oils from the fruits of Angelica archangelica L. Anticancer Research. 2005, 25(3B): 1877-1880

15. RA Salikhova, GG Poroshenko. Antimutagenic properties of Angelica archangelica L. Rossiiskaia Akademiia Meditsinskikh Nauk. 1995, 1: 58-61

16. SC Chao, DG Young, CJ Oberg. Screening for inhibitory activity of essential oils on selected bacteria, fungi and viruses. Journal of Essential Oil Research. 2000, 12(5): 639-649

17. B Kedzia, T Wolski, S Kawka, E Holderna–Kedzia. Activity of furanocoumarin from Archangelica officinalis Hoffm. and Heracleum sosnowskyi Manden. fruits on dermatophytes. Herba Polonica. 1996, 42(1): 47–54

18. E Jagiello-Wojtowicz, A Chodkowska, A Madej, P Glowniak, J Burczyk. Comparison of CNS activity of imperatorine with fraction of furanocoumarins from Angelica archangelica fruit in mice. Herba Polonica. 2004, 50(3/4): 106-111

Ericaceae

우바우르시 熊果 JP, EP, BP, BHP, USP, GCEM

Arctostaphylos uva-ursi (L.) Spreng.

Bearberry

개 요

진달래과(Ericaceae)

우바우르시(熊果 *Arctostaphylos uva–ursi* (L.) Spreng.)의 잎을 말린 것: 우바우르시엽(熊果葉)

중약명: 우바우르시엽(熊果葉)

악토스타필로스속(*Arctostaphylos*) 식물은 전 세계에 약 60종이 있으며 북반구에 위치하고 있는데, 북아메리카와 중앙아메리카의 서부에 주로 분포하고 있으며, 캘리포니아에 많은 종이 분포한다. 또한 이 가운데 약 4종이 약으로 사용된다. 북반구를 기원으로 베어베리는 북아메리카, 유럽 및 아시아의 고산지대에 분포한다.

라틴어로 'Uva ursi'는 '곰의 포도'를 의미하는데, 13세기경에 영국 웨일스의 약초학자들이 처음으로 수렴 효과를 보고하였다. 우바우르시의 잎은 수세기동안 요도의 소독제와 이뇨제로 사용해 왔고 또는 제약에서 부형제로도 사용했다[1]. 이 종은 약재인 우바우르시엽(Uvae Ursi Folium)에 대한 공식적인 기원식물 내원종으로 유럽약전(5개정판)과 영국약전(2002) 및 일본약국방(15개정판)에 등재되어 있다. 이 약재는 주로 스페인, 이탈리아 및 러시아의 발칸반도에서 생산된다.

우바우르시에는 주로 페놀 배당체, 플라보노이드, 트리테르펜, 탄닌 및 이리도이드 성분을 함유하고 있다. 유럽약전, 영국약전 및 일본약국방(15개정판)에서는 의약 물질의 품질관리를 위해 액체크로마토그래피법으로 시험할 때 무수 알부틴의 함량이 7% 이상이어야 한다고 규정하고 있다.

약리학적 연구에 따르면 우바우르시엽이 항균, 항염증 및 항산화 효과가 있음을 확인하였다.

민간요법에 의하면 우바우르시엽이 항균 및 항염증 효과가 있다고 한다.

우바우르시 熊果 *Arctostaphylos uva-ursi* (L.) Spreng.

우바우르시엽 熊果葉 Uvae Ursi Folium

함유성분

잎에는 페놀 배당체로서 arbutin, methylarbutin[3]이 함유되어 있고, 플라보노이드 성분으로 myricetin, quercetin, hyperoside, quercitrin, avicularin[2], quercetin-3-arabinoside, myricetin-3-galactoside[4], 카테킨류 성분으로 catechin, epicatechin[2], 트리테르펜류 성분으로 uvaol, ursolic acid, amyrin, lupeol[5], 이리도이드 성분으로 monotropein[6], 갈로탄틴 성분으로 1,2,3,6-tetra-O-galloyl-βD-glucose, 1,2,3,4,6-penta-Ogalloyl-βD-glucose[7], 엘라기탄닌 성분으로 corilagin[8]이 함유되어 있다.
뿌리에는 트리테르페노이드 성분으로 ursolic acid, uvaol, amyrin, oleanolic acid, lupeol, betulinic acid[9], 이리도이드 성분으로 unedoside[10]가 함유되어 있다.

arbutin

약리작용

1. 항균 작용
   마우스와 사람에게 경구 투여를 하면 알부틴이 하이드로퀴논으로 가수분해 되어 소변을 통해 배출된다. 하이드로퀴논은 황색포도상구균을 억제하고 우바우르시엽의 비뇨기계에 대한 살균 효과는 소변 내 하이드로퀴논과 관련이 있을 수 있다[11-12]. *in vitro*에서 우바우르시엽의 수용성 추출물과 알부틴은 *Streptococcus*, *Klebsiella*, *Enterobacter* 균을 억제한다[13-14]. 코릴라진은 β-락탐 항생제의 항균효과와 시너지 작용을 나타내며, 메티실린 내성 황색포도상 구균의 최소치사농도(MIC)를 현저하게 감소시켰다[8].
2. 항염증 작용
   우바우르시엽의 메탄올 추출물 또는 알부틴을 마우스에 경구 투여하면 염화피크릴에 의해 유발된 접촉피부염을 억제했다[15-16]. 알부틴을 경구 투여하면 인도메타신을 피하 투여하면 카라기닌 유발 부종과 보조제 유발 관절염에 대한 시너지 영향을 통한 억제 효능을 나타냈다[17].
3. 항산화 작용
   우바우르시엽의 에탄올-에틸 아세테이트 추출물은 DPPH 유리기 소거능을 가지며, 아조비스이소부티로니트릴(AIBN)로 시작된 해바라기유의 산화를 억제한다[18]. 우바우르시엽의 에탄올 추출물의 항산화 작용은 감초(Glycyrrhiza lepidota), 에키네시아, 세네가 보다 높았다[19].
4. 티로시나아제 억제
   알부틴은 티로시나아제의 가역적 억제를 만들어 내는데 L-티로신의 산화를 위한 효소의 지체 시간을 연장하고, 멜라닌의 합성을 억제할 뿐만 아니라 미백효과를 만들어 낸다[20].
5. 기타
   우바우르시엽의 추출물은 스트렙토조토신 유발 당뇨병을 가진 마우스의 체중 손실을 감소시킨다[21].

용도

1. 비뇨감염
2. 담도감염

해설

우바우르시엽은 주로 중약인 월귤엽(越橘葉)으로 사용하며, 웅과엽(熊果葉)으로도 잘 알려져 있다. 월귤엽은 독을 풀어주고 냉을 없애주며, 요도염, 방광염, 임질, 통풍에 효과적이다. 월귤엽과 우바우르시엽은 매우 비슷한 화학조성 및 약리학적 효과를 가지며 따라서 월귤엽이 우바우르시엽의 보조제로서 사용이 가능한지에 대한 연구 가치를 가진다.
알부틴은 미백 첨가제로서 활용범위가 넓다.

참고문헌

1. Facts and Comparisons (Firm). The Review of Natural Products (3rd edition). Missouri: Facts and Comparisons. 2000: 733-734
2. AH Komissarenko, TV Tochkova. Biologically active substances from leaves of Arctostaphylos uva-ursi (L.) Spreng. and their quantitation. Rastitel'nye Resursy. 1995, 31(1): 37-44
3. A Stambergova, M Supcikova, I Leifertova. Evaluation of phenolic substances in Arctostaphylos uva-ursi. IV. Determination of arbutin, methylarbutin and hydroquinone in the leaves by HPLC. Cesko-Slovenska Farmacie. 1985, 34(5): 179-182
4. H Geiger, U Schuecker, H Waldrum, G Vander Velde, TJ Mabry. Quercetine-3β-D-(6-O-galloylgalactoside), a constituent of Arctostaphylos uvaursi (Ericaceae). Zeitschrift fuer Naturforschung, C. 1975, 30c(3-4): 296
5. K Morimoto, W Kamisako, K Isoi. Triterpenoid constituents of the leaves of Arctostaphylos uva-ursi. Mukogawa Joshi Daigaku Kiyo, Yakugakubu-hen. 1983, 31: 41-44
6. L Jahodar, I Leifertova, M Lisa. Investigation of iridoid substances in Arctostaphylos uva-ursi. Pharmazie. 1978, 33(8): 536-537

7. K Matsuo, M Kobayashi, Y Takuno, H Kuwajima, H Ito, T Yoshida. Anti-tyrosinase activity constituents of Arctostaphylos uva-ursi. Yakugaku Zasshi. 1997, 117(12): 1028-1032

8. M Shimizu, S Shiota, T Mizushima, H Ito, T Hatano, T Yoshida, T Tsuchiya. Marked potentiation of activity of β-lactams against methicillinresistant Staphylococcus aureus by corilagin. Anti-microbial Agents and Chemotherapy. 2001, 45(11): 3198-3201

9. L Jahodar, V Grygarova, M Budesinsky. Triterpenoids of Arctostaphylos uva-ursi roots. Pharmazie. 1988, 43(6): 442-443

10. L Jahodar, I Kolb, I Leifertova. Unedoside in Arctostaphylos uva-ursi roots. Pharmazie. 1981, 36(4): 294-296

11. D Frohne. Urinary disinfectant activity of bearberry leaf extracts. Planta Medica. 1969, 18(1): 1-25

12. AG Winter, M Hornbostel. Anti-bacterial effect of split products of arbutin in the urinary tract. Naturwissenschaften. 1957, 44: 379-380

13. M Holopainen, L Jabodar, T Seppanen-Laakso, I Laakso, V Kauppinen. Anti-microbial activity of some Finnish ericaceous plants. Acta Pharmaceutica Fennica. 1988, 97(4): 197-202

14. L Jahodar, P Jilek, M Patkova, V Dvorakova. Anti-microbial action of arbutin and the extract from leaves of Arctostaphylos uva-ursi in vitro. Cesko-Slovenska Farmacie. 1985, 34(5): 174-178

15. M Kubo, M Ito, H Nakata, H Matsuda. Pharmacological studies on leaf of Arctostaphylos uva-ursi (L.) Spreng. I. Combined effect of 50% methanolic extract from Arctostaphylos uva-ursi (L.) Spreng. (bearberry leaf) and prednisolone on immuno-inflammation. Yakugaku Zasshi. 1990, 110(1): 59-67

16. H Matsuda, H Nakata, T Tanaka, M Kubo. Pharmacological study on Arctostaphylos uva-ursi (L.) Spreng. II. Combined effects of arbutin and prednisolone or dexamethazone on immuno-inflammation. Yakugaku Zasshi. 1990, 110(1): 68-76

17. H Matsuda, T Tanaka, M Kubo. Pharmacological studies on leaf of Arctostaphylos uva-ursi (L.) Spreng. III. Combined effect of arbutin and indomethacin on immuno-inflammation. Yakugaku Zasshi. 1991, 111(4-5): 253-258

18. TA Filippenko, NI Belaya, AN Nikolaevskii. Activity of the phenolic compounds of plant extracts in reactions with diphenylpicrylhydrazyl. Pharmaceutical Chemistry Journal. 2004, 38(8): 443-446

19. R Amarowicz, RB Pegg, P Rahimi-Moghaddam, B Barl, JA Weil. Free-radical scavenging capacity and anti-oxidant activity of selected plant species from the Canadian prairies. Food Chemistry. 2003, 84(4): 551-562

20. KK Song, L Qiu, H Huang, QX Chen. The inhibitory effect of tyrosinase by arbutin as cosmetic additive. Journal of Xiamen University (Natural Science). 2003, 42(6): 791-794

21. SK Swanston-Flatt, C Day, CJ Bailey, PR Flatt. Evaluation of traditional plant treatments for diabetes: studies in streptozotocin diabetic mice. Acta Diabetologica Latina. 1989, 26(1): 51-55

겨자무 辣根 GCEM

Armoracia rusticana (Lam.) Gaertn., B. Mey. et Scherb.

Horseradish

개 요

십자화과(Criciferae)
겨자무(辣根, *Armoracia rusticana* (Lam.) Gaertn., B. Mey. et Scherb.)의 뿌리를 말린 것: 날근(辣根)
중약명: 날근(辣根)
겨자무속(*Armoracia*) 식물은 전 세계에 약 3종이 있으며, 유럽과 아시아에 분포한다. 이 가운데 1종은 중국에서 재배하고 약으로 사용하고 있다. 겨자무는 러시아의 볼가-돈 운하를 따라 유럽에 걸쳐 분포한다. 미국의 중서부와 중국의 흑룡강성, 길림성 및 요녕성에서 널리 재배하고 있다.
겨자무는 2000년 가까이 재배한 역사를 가진다. 오랫동안 민간요법으로 사용하였으며, 좌골신경통, 산통을 치료하거나 구충 및 배뇨조절 등에 활용하였고 또한 향신료로도 사용하였다. 전통적으로는 기관지 및 요도감염과 관절염 치료에 사용했다. 17세기경에는 영국의 약초학자들이 좌골신경통, 통풍 및 관절통을 치료하기 위해 사용하였다[1]. 이 약재는 주로 유럽과 아시아에서 생산된다.
겨자무에는 주로 이소설포시아닉 에스테르, 글루코시놀레이트 및 플라보노이드 성분을 함유한다.
약리학적인 연구에 따르면 겨자무가 항균, 항염증, 항종양 및 구충 효과가 있음을 확인하였다.
민간요법에 의하면 겨자무 뿌리는 항균, 진통 효과가 있으며, 한의학에서는 소화를 촉진하고 위장의 활성을 촉진하며 이담(利膽)과 이뇨 작용이 있다.

겨자무 辣根 *Armoracia rusticana* (Lam.) Gaertn., B. Mey. et Scherb.

날근 辣根 Armoraciae Radix

함유성분

뿌리에는 이소황시안 에스테르 성분으로 allyl isothiocyanate, 3–butenyl isothiocyanate, 2–pentyl isothiocyanate, 3–phenylethyl isothiocyanate, butyl isothiocyanate, isopropyl isothiocyanate[2], 2–phenylethyl isothiocyanate, 3–methylbutyl isothiocyanate, 4–methylpentyl isothiocyanate, benzyl isothiocyanate[3]가 함유되어 있고, 글루코시놀레이트 성분으로 gluconasturtiin, sinigrin, glucobrassicin, neoglucobrassicin[4], 그리고 plastoquinone–9, 6–O–acyl–βD–glucosyl–βsitosterol, 1,2–dilinolenoyl–3–galactosylglycerol[5], horseradish peroxidase[6] 성분이 함유되어 있다.
지상부에는 플라보노이드 성분으로 trifolin, kaempferol–3–O–βD–xylofuranoside, kaempferol–3–O–βD–galactopyranoside[7]가 함유되어 있다.
잎에는 플라보노이드 성분으로 kaempferol, quercetin[8], rustoside[9], quercetin–(2–O–βD–xylopyranosyl)–3–O–βDgalactopyranoside[10]가 함유되어 있다.

$S{=}C{=}N{-}CH_2{-}CH{=}CH_2$

allyl isothiocyanate

sinigrin

약리작용

1. 항균 작용
   전초의 오일 추출물은 그람양성 및 그람음성 세균에 대한 현저한 억제효과를 나타낸다. 이소티오시안산 알릴 성분은 효모에 대한 억제효과를 가진다[11].

2. 항염증 작용
   플라스토퀴논-9와 베타시토스테롤은 COX-1 효소를 선택적으로 억제하며, 항염증 효과를 나타낸다[5].

3. 항종양 작용
   1,2-딜리놀레노일-3-갈락토실글리세롤은 *in vitro*에서 HCT-116 대장암 세포와 NCI-H460 폐암 세포의 증식을 억제하였다[5]. 뿌리로부터 추출한 과산화효소는 *in vitro*에서 확실한 항돌연변이 효과를 가진다. 또한, 잠두콩의 분열조직세포와 마우스의 골수세포의 염색체 변이를 감마선에 의해 유도하였는데, 그 발생 빈도를 감소시켰다[12-13]. 시니그린을 함께 먹인 수컷 랫드는 디에틸니트로사민(DEN)에 의해 유발된 간암을 억제하고, 4-니트로퀴놀린 1-옥사이드(4NQO)에 의해 유발된 혀암을 억제한다. 이소티오시안산 알릴을 마우스 복강 내 투여하면 유사분열을 감소시키고 세포사멸을 유도함으로써 마우스에 이식한 사람 전립선암 세포주인 PC-3 세포의 성장을 현저하게 억제했다[14-16].

4. 살충 작용
   겨자무 추출물은 버섯파리(*Lycoriella ingenua*)의 애벌레에 대한 살충효과를 가진다. 아니스 및 마늘유와 비교했을 때 가장 강한 효과를 가졌으며, 이소티오시안산 알릴이 주요 활성성분이다[17].

5. 기타
   뿌리의 열수 추출물은 토끼의 장 내 평활근의 활동을 감소시켰으며, 혈압감소는 우레탄으로 마취한 고양이의 정맥 내 투여를 통해 관찰되었다[18]. 이소티오시안산 알릴은 마우스의 지질과산화를 억제했다[19].

용도

1. 기침, 기관지염
2. 요로감염증
3. 소화불량
4. 통풍, 류머티즘, 관절염, 근육통증
5. 담낭염

해설

겨자무는 한때 이뇨제, 진통제로 사용했으나, 이에 대한 약리학적 연구가 발표된 것은 없다.
일반적으로 식품에서 십자화과의 3가지 다른 식물들을 이용하여 겨자소스로 사용한다. 이 중 한 가지는 고추냉이(*Wasabia japonica* Matsum)이며, 그 다음이 겨자무(시장에서 이용하는 대부분의 반죽나 분말이 겨자무로 만들어지며 생산비용을 줄이기 위해 녹색 색소를 첨가한다.), 세 번째가 흑겨자(*Brassica nigra*(L.) Koch) 또는 백개자(*Sinapis alba* L.)이다. 또한, 세절한 고추냉이는 축산 분뇨의 악취를 제거하기 위해 사용하기도 한다[20].

참고문헌

1. Facts and Comparisons (Firm). The Review of Natural Products (3rd edition). Missouri: Facts and Comparisons. 2000: 378-379

2. ZT Jiang, R Li, JC Yu. Pungent components from thioglucosides in Armoracia rusticana grown in China, obtained by enzymatic hydrolysis. Food Technology and Biotechnology. 2006, 44(1): 41-45

3. M D'Auria, G Mauriello, R Racioppi. SPME-GC-MS analysis of horseradish (Armoracia rusticana). Italian Journal of Food Science. 2004, 16(4): 487-490

4. X Li, MM Kushad. Correlation of glucosinolate content to myrosinase activity in horseradish (Armoracia rusticana). Journal of Agricultural and Food Chemistry. 2004, 52(23): 6950-6955

5. MJ Weil, YJ Zhang, MG Nair. Tumor cell proliferation and cyclooxygenase inhibitory constituents in horseradish (Armoracia rusticana) and wasabi (Wasabia japonica). Journal of Agricultural and Food Chemistry. 2005, 53(5): 1440-1444

6. WJ Hong, ZH Zhang, GY Lu. Structure and mechanism of horseradish peroxidase. Chemistry of Life. 2005, 25(1): 33-36

7. JM Hur, JH Lee, JW Choi, GW Hwang, SK Chung, MS Kim, JC Park. Effect of methanol extract and kaempferol glycosides from Armoracia rusticana on the formation of lipid peroxide in bromobenzene-treated rats in vitro. Saengyak Hakhoechi. 1998, 29(3): 231-236

8. NS Fursa, VI Litvinenko, PE Krivenchuk. Flavonoids from Armoracia rusticana and Barbarea arcuata. Khimiya Prirodnykh Soedinenii. 1969, 5(4): 320

9. NS Fursa, VI Litvinenko. Rustoside from Armoracia rusticana. Khimiya Prirodnykh Soedinenii. 1970, 6(5): 636-637

10. LM Larsen, J Kvist Nielsen, H Sorensen. Identification of 3-O-[2-O-(β-D-xylopyranosyl)-β-D-galactopyranosyl] flavonoids in horseradish leaves acting as feeding stimulants for a flea beetle. Phytochemistry. 1982, 21(5): 1029-1033

11. BG Shofran, ST Purrington, F Breidt, HP Fleming. Anti-microbial properties of sinigrin and its hydrolysis products. Journal of Food Science. 1998, 63(4): 621-624

12. RA Agabeili, TE Kasimova. Antimutagenic activity of Armoracia rusticana, Zea mays and Ficus carica plant extracts and their mixture. T S Itologii a I Genetika. 2005, 39(3): 75-79

13. RA Agabeili, TE Kasimova, UK Alekperov. Antimutagenic activity of plant extracts from Armoracia rusticana, Ficus carica and Zea mays and peroxidase in eukaryotic cells. T S Itologii a i Genetika. 2004, 38(2): 40-45

14. T Tanaka, Y Mori, Y Morishita, A Hara, T Ohno, T Kojima, H Mori. Inhibitory effect of sinigrin and indole-3-carbinol on diethylnitrosamineinduced hepatocarcinogenesis in male ACI/N rats. Carcinogenesis. 1990, 11(8): 1403-1406

15. T Tanaka, T Kojima, Y Morishita, H Mori. Inhibitory effects of the natural products indole-3-carbinol and sinigrin during initiation and promotion phases of 4-nitroquinoline 1-oxide-induced rat tongue carcinogenesis. Japanese Journal of Cancer Research. 1992, 83(8): 835-842

16. SK Srivastava, D Xiao, KL Lew, P Hershberger, DM Kokkinakis, CS Johnson, DL Trump, SV Singh. Allyl isothiocyanate, a constituent of cruciferous vegetables, inhibits growth of PC-3 human prostate cancer xenografts in vivo. Carcinogenesis. 2003, 24(10): 1665-1670

17. IK Park, KS Choi, DH Kim, IH Choi, LS Kim, WC Bak, JW Choi, SC Shin. Fumigant activity of plant essential oils and components from horseradish (Armoracia rusticana), anise (Pimpinella anisum) and garlic (Allium sativum) oils against Lycoriella ingenua (Diptera: Sciaridae). Pest Management Science. 2006, 62(8): 723-728

18. P Peichev, N Kantarav, R Rusev. Chemical and pharmacological studies on principles of horseradish. Eksperimentalna Meditsina i Morfologiia. 1966, 5(1): 47-51

19. C Manesh, G Kuttan. Anti-tumour and anti-oxidant activity of naturally occurring isothiocyanates. Journal of Experimental & Clinical Cancer Research. 2003, 22(2): 193-199

20. EM Govere, M Tonegawa, MA Bruns, EF Wheeler, PH Heinemann, KB Kephart, J Dec. Deodorization of swine manure using minced horseradish roots and peroxides. Journal of Agricultural and Food Chemistry. 2005, 53(12): 4880-4889

아르니카 山金車 EP, BP, BHP, GCEM

Arnica montana L.

Arnica

개 요

국화과(Asteraceae)

아르니카(山金車, *Arnica montana* L.)의 두상화서를 말린 것: 산금차화(山金車花)

중약명: 산금차화(山金車花)

아르니카속(*Arnica*) 식물은 전 세계에 약 29종이 있으며, 남아메리카, 멕시코, 유럽 및 아시아에 널리 분포한다. 아르니카는 러시아를 포함한 중서부 유럽의 산지와 북유럽의 평지와 남유럽의 스칸디나비아 반도에 분포한다.

아르니카는 유럽에서 민간요법으로 널리 사용하였으며, 유럽인들은 다양한 트라우마의 치료를 위해 사용했다. 19세기 말부터 20세기 초까지 대체의학 치료사들은 타박상이나 멍든 근육, 유방통, 만성염증 및 만성종기에 아르니카를 사용하였으며, 몇몇 내과 의사들은 아르니카의 내복은 우울, 호흡곤란, 장티푸스, 폐렴, 빈혈, 심장쇠약을 치료할 수 있다고 믿었다. 이 종은 아르니카 꽃(Arnicae Flos)에 대한 공식적인 기원식물 내원종으로 유럽약전(5개정판)과 영국약전(2002)에 등재되어 있다. 이 약재는 주로 스페인에서 생산된다.

아르니카에는 주로 세스퀴테르펜 락톤과 플라보노이드 성분을 함유하고 있다. 유럽약전과 영국약전에는 의약 물질의 품질관리를 위해 헬레날린티글레이트로 환산했을 때 세스퀴테르펜 락톤의 함량이 0.40% 이상이어야 한다고 규정하고 있다.

약리학적인 연구에 따르면 꽃에 항염증, 항균, 저혈압, 혈소판응집억제, 간보호효과가 있음을 확인하였다.

민간요법에 의하면 아르니카 꽃은 상처를 치유한다.

아르나카 山金車 *Arnica montana* L.

산금차화 山金車花 Arnicae Flos

함유성분

두상화에는 주로 세스퀴테르펜 락톤 성분으로 helenalin, 11α13−dihydrohelenalin, chamissonolid[1], helenalin tiglate, arnifolin[2], dihydrohelenalin methacrylate, dihydrohelenalin acetate, helenalin isobutyrate, parthenolide[3], 2βethoxy−2,3−dihydrohelenalin ester, 11α 13−dihydro−2−O−tigloylflorilenalin, 2βethoxy−6−O−acetyl−2,3−dihydrohelenalin[4], 플라보노이드 성분으로 isoquercitrin, astragalin[5]이 함유되어 있고, 유기산류 성분으로 salicylic acid, p−hydroxybenzoic acid, vanillic acid, gentisic acid, protocatechuic acid, p−coumaric acid, 페룰산, 카페인산[6], 클로로겐산[7], 쿠마린 성분으로 umbelliferone, scopoletin[8]이 함유되어 있으며, 또한 arnicin[9], thymol[10], cynarin[11]이 함유되어 있다.

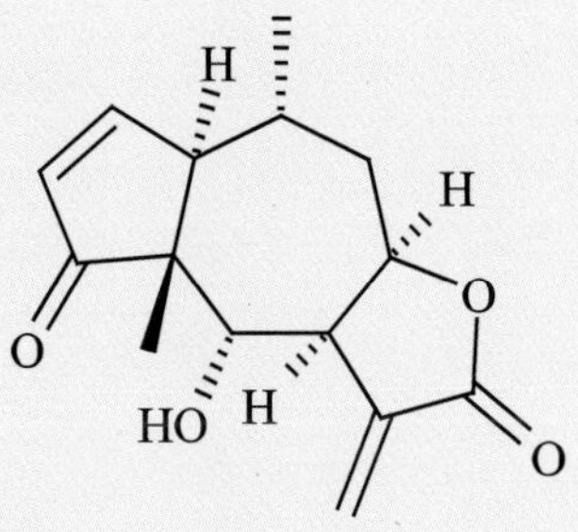

helenalin

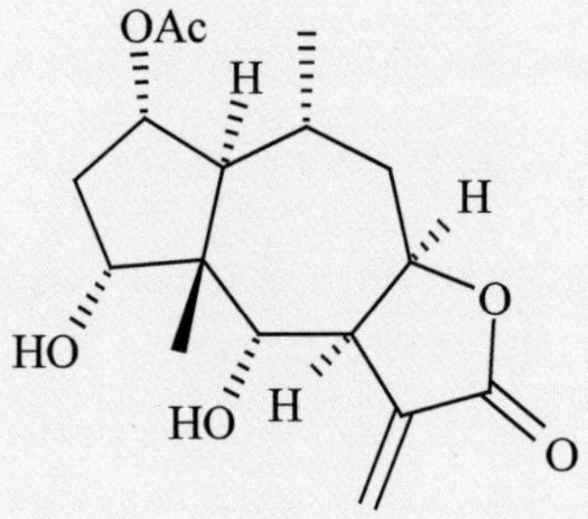

chamissonolide

약리작용

1. 항염증 작용
화서로부터 추출한 세스퀴테르펜 락톤(SLs)은 NF-χB 전사 인자와 활성화된 T 세포 인자(NF-AT)의 활성을 억제했다. 크로톤유에 의해 유발된 마우스의 귓바퀴 부종의 억제에도 효과적이었다. 헬레날린, 11α,13-디하이드로헬레날린 및 카미소놀리드는 주요 항염증 구성성분이다[1, 12].

2. 항균 작용
전초 추출물은 칸디다균, 황색포도상구균, 연쇄상구균, 장구균, 구강박테리아균, 잇몸병 유발균, 충치원인균, 치주염원인균과 같은 경구 병원균에 대한 약간의 억제효과를 가진다[13].

3. 심혈관계 효과
전초 플라보노이드는 혈압의 저하, 서맥, 및 순환정체를 유발시키며, 활력이 약한 개구리의 심장을 자극한다. 전초 추출물을 비경구 투여하면 맥박수와 혈압의 증가에 따른 심장의 순간적인 지연 및 혈압 저하를 야기하며 또한 호흡수를 자극한다[14]. 헬레날린, 11α, 및 13-디하이드로헬레날린은 콜라겐으로 유발된 혈소판 응집, 트롬복산 형성, 및 세로토닌 분비를 억제했다[15].

4. 간 보호 작용
사염화탄소에 의해 독성간염이 유발된 랫드에서, 전초의 달인 액과 에탄올-물 추출물을 경구 투여하면 지질과산화를 억제하고, 글루타티온계를 보호해주며, 간의 가수분해 효소의 활성을 정상화시킨다[16-17].

용도

1. 혈종, 탈구, 타박상
2. 류머티즘
3. 후두인두염
4. 절종, 곤충자상
5. 정맥염

해설

'*Arnica chamissonis* Less. ssp. *foliosa* (Nutt.) Maguire의 두상 꽃차례는 약재인 아르니카꽃의 재료로 사용된다.
멕시코의 민간요법에서는 국화과의 *Heterotheca inuloides* Cass.를 현지에서는 아르니카라고 부르며, 그 꽃은 수술 후 혈전정맥염, 타박상 및 근육통을 치료하는 데 사용된다. 꽃에는 주로 세스퀴테르페노이드와 플라보노이드 성분이 함유되어 있어서 강한 항균 활성을 가진다[18].
국화과의 *Inula montana* L.는 프랑스의 민간요법에서 아르니카의 대체물로 사용되는데, 그 효과는 아직 연구 중이다[19].

참고문헌

1. G Lyss, TJ Schmidt, I Merfort, HL Pahl. Helenalin, an anti-inflammatory sesquiterpene lactone from Arnica, selectively inhibits transcription factor NF-κB. Biological Chemistry. 1997, 378(9): 951-961
2. BM Hausen, HD Herrmann, G Willuhn. The sensitizing capacity of Compositae plants. I. Occupational contact dermatitis from Arnica longifolia Eaton. Contact Dermatitis. 1978, 4(1): 3-10
3. S Wagner, F Kratz, I Merfort. In vitro behaviour of sesquiterpene lactones and sesquiterpene lactone-containing plant preparations in human blood, plasma and human serum albumin solutions. Planta Medica. 2004, 70(3): 227-233
4. O Kos, MT Lindenmeyer, A Tubaro, S Sosa, I Merfort. New sesquiterpene lactones from Arnica tincture prepared from fresh flowerheads of Arnica montana. Planta Medica. 2005, 71(11): 1044-1052
5. H Friedrich. Isoquercitrin and astragalin in the blossoms of Arnica montana. Naturwissenschaften. 1962, 49: 541-542
6. D Kalemba, J Gora, A Kurowska, R Zadernowski. Comparison of chemical constituents of Arnica species inflorescences. Herba Polonica. 1986, 32(1): 9-18

7. E Dombrowicz, M Greiner. Chromatographic comparison of the extracts from flowers of Arnica montana and Inula britannica. Farmacja Polska. 1968, 24(7): 471-474

8. SM Marchishin, NF Komissarenko. Components of Arnica montana and Arnica foliosa. Khimiya Prirodnykh Soedinenii. 1981, 5: 662

9. H Kreitmair. Pharmacological trials with some domestic plants. E. Merck's Jahresberichte. 1936, 50: 102-110

10. G Willuhn. Substances in Arnica species. VII. Composition of ethereal oils from subterranean organs and flowers of various Arnica species. Planta Medica. 1972, 22(1): 1-33

11. P Sancin, A Lombard, V Rossetti, M Buffa, E Borgarello. Evaluation of tinctures of Arnica montana roots. Acta Pharmaceutica Jugoslavica. 1981, 31(3): 177-183

12. CA Klaas, G Wagner, S Laufer, S Sosa, LR Della, U Bomme, HL Pahl, I Merfort. Studies on the anti-inflammatory activity of phytopharmaceuticals prepared from Arnica flowers. Planta Medica. 2002, 68(5): 385-391

13. H Koo, BP Gomes, PL Rosalen, GM Ambrosano, YK Park, JA Cury. In vitro anti-microbial activity of propolis and Arnica montana against oral pathogens. Archives of Oral Biology. 2000, 45(2): 141-148

14. O Gessner. Pharmacology of Arnica montana. Medizinische Monatsschrift. 1949, 3: 825-828

15. H Schroder, W Losche, H Strobach, W Leven, G Willuhn, U Till, K Schror. Helenalin and 11 alpha,13-dihydrohelenalin, two constituents from Arnica montana L., inhibit human platelet function via thiol-dependent pathways. Thrombosis Research. 1990, 57(6): 839-845

16. IM Iamemii, NP Grygor'iea, IF Meshchyshen. Effect of Arnica montana on the state of lipid peroxidation and protective glutathione system of rat liver in experimental toxic hepatitis. Ukrainskii Biokhimicheskii Zhurnal. 1998, 70(2): 78-82

17. IM Iaremii, IF Meshchyshen, NP Hrihor'ieva, LS Kostiuk. Effect of Arnica montana tincture on some hydrolytic enzyme activities of rat liver in experimental toxic hepatitis. Krainskii Biokhimicheskii Zhurnal. 1998, 70(6): 88-91

18. I Kubo, H Muroi, A Kubo, SK Chaudhuri, Y Sanchez, T Ogura. Anti-microbial agents from Heterotheca inuloides. Planta Medica. 1994, 60(3): 218-221

19. J Reynaud, M Lussignol. Free flavonoid aglycons from Inula montana. Pharmaceutical Biology. 1999, 37(2): 163-164

쓴쑥 中亞苦蒿 EP, BP, BHP, GCEM

Artemisia absinthium L.

Wormwood

개 요

국화과(Asteraceae)

쓴쑥(中亞苦蒿, *Artemisia absinthium* L.)의 잎과 화서 윗부분의 꽃을 말린 것: 중아고호(中亞苦蒿)

중약명: 중아고호(中亞苦蒿)

쑥속(*Artemisia*) 식물은 전 세계에 약 300종이 있으며, 주로 아시아, 유럽 및 북아메리카의 아열대와 온대지방에 주로 분포한다. 중국에는 약 186종과 44개의 변종이 발견되는데, 전역에 걸쳐서 분포한다. 이 속에서 약 23종이 약으로 사용된다. 쓴쑥은 중국의 중서부지역과 북부 온대 지역에 분포할 뿐만 아니라 유럽과 북아프리카 및 캐나다 그리고 북아메리카의 동부 지역, 중국 신강의 천산(天山) 북부 지역에도 분포한다.

쓴쑥과 그 추출물은 전통적으로 구충제와 발한제로, 또한 쓴쑥의 잎과 화서는 방향제, 진정제 및 향신료로도 사용했다. 주로 쓴쑥 추출물을 포함하는 압생트는 20세기 초까지 인기 있는 주류로 남아 있다[1]. 이 종은 약재인 쓴쑥(Absinthii Herba)에 대한 공식적인 기원식물 내원종으로 유럽약전(5개정판)과 영국약전(2002)에 등재되어 있다. 이 약재는 주로 동유럽에서 생산된다.

쓴쑥에는 주로 세스퀴테르펜 락톤, 정유 및 플라보노이드 성분을 함유하고 있다. 유럽약전과 영국약전에서 의약 물질의 품질관리를 위해 정유 함량이 2㎖/kg 이상이어야 한다고 규정하고 있다.

약리학적인 연구에 따르면 쓴쑥은 항기생충, 간보호, 이담, 항균, 항염증 및 항산화 효과가 있음을 확인하였다.

민간요법에 의하면 쓴쑥은 건위와 이담 효과가 있으며, 한의학에서는 청열제습(清熱除濕), 살충, 건위한다고 한다.

쓴쑥 中亞苦蒿 *Artemisia absinthium* L.

함유성분

지상부에는 세스퀴테르펜 락톤 성분으로 absinthin, anabsinthin[2], artabsin, isoabsinthin[3], anabsin[4], artabin, absindiol[5], αsantonin, ketopelenolide-A[6], absintholide, artanolide, deacetylglobicin[7]이 함유되어 있고 정유 성분으로 1,8-cineole, thujone, sabinene, myrcene, verbenol, carvone, curcumene, chamazulene[8], terpineol, thujol, guaiazulene[9], 플라보노이드 성분으로 artemisetin, chrysosplenetin, isorhamnetin, kaempferol[10], narcissin[11], 5,6,3',5'tetramethoxy-7,4'hydroxyflavone[12]이 함유되어 있다.
뿌리에는 리그난 성분으로 sesamin, yangambin이 함유되어 있고, 쿠마린 성분으로 6-methoxy-7,8-methylenedioxy coumarin[13], 정유 성분으로 α-fenchene, β-myrcene, β-pinene[14]이 함유되어 있다.
잎에는 세스퀴테르펜 락톤 성분으로 absinthin, artabsin, matricin[15], artemoline[16], artenolide[17] 함유되어 있고, 플라보노이드 성분으로 quercetin 3-glucoside, rutin[18]이 함유되어 있다.
또한 parishin B와 C[19]같은 세스퀴테르펜 락톤 성분이 함유되어 있다.

artabsin

artemisetin

약리작용

1. 항기생충
전초 정유를 경구 투여하면 마우스를 숙주로 하는 막양조충속(膜樣絛蟲屬)과 요충과 같은 인체 장 내 기생충을 억제한다[20-21]. *in vitro*에서, 전초 추출물은 뇌 먹는 아메바인 네글레리아 파울러리[22]와 말라리아 기생충[23]의 생장을 억제했다.

2. 간장보호와 담즙분비 촉진 작용
전초의 메탄올 추출물을 경구 투여할 경우 사염화탄소와 파라세타몰로 유도된 혈청 내 GOT, GPT의 증가를 억제하였다. 간장보호 효과는 간장의 약물대사효소의 억제에 기인한다[24]. 쑥의 이담(利膽) 효과는 페놀산 성분과 관련이 있다[25].

3. 항균 작용
정유성분은 *in vitro*에서 칸디다균의 생장을 현저히 억제했다[26].

4. 항염증 작용
5,6,3',5'-테트라메톡시 7,4'-하이드록시플라본은 마우스 대식세포주인 RAW264.7 세포에서 COX-2/PGE_2, iNOS/NO 및 NF-χB와 같은 전염증성 매개체의 발현을 억제했다[12].

5. 항산화 작용
*in vitro*에서, 정유성분은 항산화 및 DPPH 라디칼 소거능을 나타내며[27], 항산화 활성은 공급하는 추출물의 유형과 밀접한 관련이 있는데, 에틸아세테이트〉메탄올〉부탄올〉클로로포름〉석유에테르〉남아있는 물 추출물 순으로 관련이 있다[28].

6. 항종양 작용
종양을 가진 마우스에서, 아르테미세틴 성분은 흑색종에 대한 항종양 활성을 나타낼 뿐만 아니라, 림프종의 생장을 약간 지연시킨다[29].

7. 기타
쓴쑥 분말을 마우스에 경구 투여했을 경우 옴을 치유하며, 스테로이드 성분은 해열 효과를 나타낸다[30].

용도

1. 식욕감퇴, 소화불량, 장이완증, 위염, 위확대증
2. 불규칙적 월경
3. 관절통
4. 기생체감염
5. 상처가 잘 낫지 않음, 궤양, 습진, 벌레물림

해설

쑥속(*Artemisia*)에 속하는 대부분의 식물들은 의학적 가치가 있다. 중국약전(2015)에는 중국약재인 청호 [개똥쑥(*Artemisia annua* L.)의 지상부를 말린 것], 빈호[비쑥(*Artemisia scoparia* Waldst. et Kit.)과 사철쑥(*Artemisia capillaris* Thunb.)의 지상부를 말린 것], 애엽[황해쑥(*Artemisia argyi* Levl. et Vant.)의 잎을 말린 것]이 기록되어 있다. 일본약국방(15개정판)에는 일본전통의학인 화한약에 인진호[사철쑥(*Artemisia capillaris* Thunb.)의 두상 꽃차례를 말린 것]로 기록하였다. 영국생약전(1996)에서는 머그워트[*Artemisia vulgaris* L.의 말린 잎과 꽃차례]로 기록하였다. 쑥속의 추출물로 얻어진 압생트는 아니스 또는 감초 맛이 강한 알코올음료이다.
투존을 함유하고 있을 때에는 많은 양을 긴 시간 동안 섭취했을 경우 신경계를 자극하고 뇌손상의 원인이 될 수 있다. 압생트는 유럽에서 금지하고 있으며, 최근에는 주요 독성물질을 함유하고 있는 투존을 관리품목으로 지정하다가 유럽연합집행위원회에서 1980년대에 사용 금지를 철회했다.

참고문헌

1. Facts and Comparisons (Firm). The Review of Natural Products (3rd edition). Missouri: Facts and Comparisons. 2000: 768-769
2. T Yashiro, N Sugimoto, K Sato, T Yamazaki, K Tanamoto. Analysis of absinthin in absinth extract bittering agent. Nippon Shokuhin Kagaku Gakkaishi. 2004, 11(2): 86-90

3. J Beauhaire, JL Fourrey, JY Lellemand, M Vuilhorgne. Dimeric sesquiterpene lactone. Structure of isoabsinthin. Acid isomerization of absinthin derivatives. Tetrahedron Letters. 1981, 22(24): 2269-2272

4. SZ Kasymov, ND Abdullaev, GP Sidyakin, MR Yagudaev. Anabsin—a new diguaianolide from Artemisia absinthium. Khimiya Prirodnykh Soedinenii.1979, 4: 495-501

5. AG Safarova, SV Serkerov. Sesquiterpene lactones of Artemisia absinthium. Chemistry of Natural Compounds. 1998, 33(6): 653-654

6. N Perez-Souto, RJ Lynch, G Measures, JT Hann. Use of high-performance liquid chromatographic peak deconvolution and peak labeling to identify antiparasitic components in plant extracts. Journal of Chromatography. 1992, 593(1-2): 209-215

7. SZ Kasymov, ND Abdullaev, MI Yusupov, GP Sidyakin, MR Yagudaev. New guaianolides from Artemisia absinthium. Khimiya Prirodnykh Soedinenii. 1984, 6: 794-795

8. A Orav, A Raal, E Arak, M Muurisepp, T Kailas. Composition of the essential oil of Artemisia absinthium L. of different geographical origin. Proceedings of the Estonian Academy of Sciences, Chemistry. 2006, 55(3): 155-165

9. OV Grechana, OV Mazulin, SV Sur, OG Vinogradova, OV Prokopenko. Phytochemical study of essential oil from Artemisia absinthium. Farmatsevtichnii Zhurnal. 2006, 2: 82-86

10. LM Belenovskaya, AA Korobkov. Flavonoids of some species of Artemisia (Asteraceae) genus during introduction to the Leningrad region.Rastitel'nye Resursy. 2005, 41(3): 100-105

11. EN Sal'nikova, GI Kalinkina, SE Dmitruk. Chemical investigation of flavonoids of bitter wormwood (Artemisia absinthium), Sieverse's wormwood (A.sieversiana) and Yakut wormwood (A. jacutica). Khimiya Rastitel'nogo Syr'ya. 2001, 3: 71-78

12. HG Lee, H Kim, WK Oh, KA Yu, YK Choe, JS Ahn, DS Kim, SH Kim, CA Dinarello, K Kim, DY Yoon. Tetramethoxy hydroxyflavone p7F downregulates inflammatory mediators via the inhibition of nuclear factor B. Annals of the New York Academy of Sciences. 2004, 1030: 555-568

13. A Yamari, D Boriky, ML Bouamrani, M Blaghen, M Talbi. A new thiophen acetylene from Artemisia absinthium. Journal of the Chinese Chemical Society. 2004, 51(3): 637-638

14. AI Kennedy, SG Deans, KP Svoboda, AI Gray, PG Waterman. Volatile oils from normal and transformed root of Artemisia absinthium. Phytochemistry. 1993, 32(6): 1449-1451

15. G Schneider, B Mielke. Analysis of the bitter principles absinthin, artabsin and matricin from Artemisia absinthium L. Part II: Isolation and determination. Deutsche Apotheker Zeitung. 1979, 119(25): 977-982

16. SZ Kasymov, ND Abdullaev, SK Zakirov, GP Sidyakin, MR Yagudaev. Artemoline, a new guaianolide from Artemisia absinthium. Khimiya Prirodnykh Soedinenii. 1979, 5: 658-661

17. A Ovezdurdyev, ND Abdullaev, MI Yusupov, SZ Kasymov. Artenolide, a new disesquiterpenoid from Artemisia absinthium. Khimiya Prirodnykh Soedinenii. 1987, 5: 667-671

18. B Hoffmann, K Herrmann. Flavonol glycosides of wormwood (Artemisia vulgaris L.), tarragon (Artemisia dracunculus L.) and absinthe (Artemisia absinthium L.). 8. Phenolics of spices. Zeitschrift fuer Lebensmittel-Untersuchung und -Forschung. 1982, 174(3): 211-215

19. A Ovezdurdyev, SK Zakirov, MI Yusupov, SZ Kasymov, A Abdusamatov, VM Malikov. Sesquiterpene lactones of two Artemisia species. Khimiya Prirodnykh Soedinenii. 1987, 4: 607-608

20. AN Aleskerova. Biologically active substances of bitter wormwood (Artemisia absinthium L.). Khabarlar - Azarbaycan Milli Elmlar Akademiyasi, Biologiya Elmlari. 2005, 3-4: 34-46

21. RE Chabanov, AN Aleskerova, SN Dzhanakhmedova, LA Safieva. Experimental estimation of antiparasitic activities of essential oils from some Artemisia (Asteraceae) species of Azerbaijan flora. Rastitel'nye Resursy. 2004, 40(4): 94-98

22. J Mendiola, M Bosa, N Perez, H Hernandez, D Torres. Extracts of Artemisia abrotanum and Artemisia absinthium inhibit growth of Naegleria fowleri in vitro. Transactions of the Royal Society of Tropical Medicine and Hygiene. 1991, 85(1): 78-79

23. G Ruecker, D Manns, S Wilbert. Peroxides as constituents of plants. Part 10. Homoditerpene peroxides from Artemisia absinthium. Phytochemistry. 1991, 31(1): 340-342

24. AH Gilani, KH Janbaz. Preventive and curative effects of Artemisia absinthium on acetaminophen- and CCl_4-induced hepatotoxicity.

General Pharmacology. 1995, 26(2): 309-315

25. L Swiatek, B Grabias, D Kalemba. Phenolic acids in certain medicinal plants of the genus Artemisia. Pharmaceutical and Pharmacological Letters. 1998, 8(4): 158-160
26. F Juteau, I Jerkovic, V Masotti, M Milos, J Mastelic, JM Bessiere, J Viano. Composition and anti-microbial activity of the essential oil of Artemisia absinthium from Croatia and France. Planta Medica. 2003, 69(2): 158-161
27. S Kordali, A Cakir, A Mavi, H Kilic, A Yildirim. Screening of chemical composition and anti-fungal and anti-oxidant activities of the essential oils from three Turkish Artemisia species. Journal of Agricultural and Food Chemistry. 2005, 53(5): 1408-1416
28. JM Canadanovic-Brunet, SM Djilas, GS Cetkovic, VT Tumbas. Free-radical scavenging activity of wormwood (Artemisia absinthium L) extracts. Journal of the Science of Food and Agriculture. 2005, 85(2): 265-272
29. II Chemesova, LM Belenovskaya, AN Stukov. Anti-tumor activity of flavonoids from some species of Artemisia L. Rastitel'nye Resursy. 1987, 23(1): 100-103
30. M Ikram, N Shafi, I Mir, MN Do, P Nguyen, PW Le Quesne. 24ξ-Ethylcholesta-7,22-dien-3β-ol: a possibly anti-pyretic constituent of Artemisia absinthium. Planta Medica. 1987, 53(4): 389

벨라돈나 顚茄 CP, KP, JP, EP, BP, BHP, USP, GCEM

Solanaceae

Atropa belladonna L.

Belladonna

개 요

가지과(Solanaceae)

벨라돈나(顚茄, *Atropa belladonna* L.)의 잎을 말린 것: 벨라돈나엽

벨라돈나의 잎, 꽃차례와 꽃대를 말린 것: 전가초(顚茄草)

아트로파속(*Atropa*) 식물은 전 세계에 약 4종이 있으며, 유럽에서 중앙아시아까지 분포하고 있다. 이 가운데 2종이 중국에서 재배하고 있고, 약으로 사용하고 있다. 벨라돈나는 유럽의 중앙과 서부 및 남부 지역이 기원이며 중국 전역에 걸쳐 재배하고 있다.

벨라돈나를 달인 액을 고대의 스페인 여성들이 사용했는데, 동공을 확대시키거나 눈을 매력적으로 만들기 위해 사용했다. 벨라돈나(belladonna)에서 'bella'는 이탈리아어로 '아름다움'을 그리고 'donna'는 '여성'을 의미하여 "아름다운 여인"이라는 뜻을 갖고 있다. 현대 안과에서는 인위적으로 동공을 확대시키기 위한 동공확대용 약으로 사용한다. 1960년대에 영국의 약리학자들은 신경차단제로 벨라돈나를 사용하기도 했으며, 표재성 종양을 수술할 때 마취제로도 사용했다. 더 나아가 약리학자들은 암의 급성 증상을 완화시키기 위해 벨라돈나를 경구 투여하기도 했다. 나중에 벨라돈나 내에 함유되어 있는 아트로핀은 부분마취에 약간의 효과가 있는 것이 입증되었다[1]. 이 종은 약재인 벨라돈나엽(Belladonnae Folium) 또는 전가초(顚茄草, Belladonnae Herba)에 대한 공식적인 기원식물 내원종으로 유럽약전(5개정판)과 영국약전(2002), 미국약전(28개정판) 및 중국약전(2015)에 등재되어 있다. ≪대한민국약전≫(제11개정판)에는 "벨라돈나근"을 "벨라돈나 *Atropa belladonna* Linné(가지과 Solanaceae)의 뿌리"로 등재하고 있다. 벨라돈나 재배종은 주로 북유럽과 미국에서 생산되며, 벨라돈나 야생종은 주로 유럽의 남동부 지역에서 생산하고 있다.

벨라돈나의 주요 활성성분은 트로판 알칼로이드, 플라보노이드, 지방산 및 스테로이드 배당체이다. 유럽약전, 영국약전 및 중국약전에서는 의약 물질의 품질관리를 위해 산을 이용한 역가를 시험할 때 히오시아민으로 환산한 총 알칼로이드 함량이 0.3% 이상이어야 하고, 미국약전에서는 가스크로마토그래피법으로 시험할 때 아트로핀과 스코폴라민으로 환산한 총 알칼로이드의 함량이 0.35% 이상이어야 한다고 규정하고 있다.

약리학적 연구에 따르면 벨라돈나가 항경련, 산동, 항콜린성 및 생분비 억제효과가 있음을 확인했다.

민간요법에 의하면 벨라돈나엽은 항경련효과가 있으며, 한의학에서는 경련을 억제하고 고통을 완화하며 분비를 억제한다.

벨라돈나 顚茄 *Atropa belladonna* L.

벨라돈나 顚茄 CP, KP, JP, EP, BP, BHP, USP, GCEM

벨라돈나 顚茄 *A. belladonna* L.

전가초 顚茄草 Belladonnae Herba

함유성분

뿌리와 잎에는 주로 트로판 알칼로이드 성분으로 hyoscyamine, scopolamine[2-3], apoatropine, aposcopolamine[4-5], atropine[6]이 함유되어 있다. 잎에는 플라보노이드 성분으로 rutin, kaempferol-3-O-rhamnosylgalactoside[7], 7-methylquercetin, 3-methylquercetin[8]이 함유되어 있다.
열매에는 트로판 알칼로이드 성분으로 hyoscyamine[9]이 함유되어 있다.
씨에는 피롤리지딘 알칼로이드 성분으로 cuscohygrine[10], 스피로스탄형 스테로이드배당체 성분으로 atroposides A, B, C, D, E, F, G, H[11]이 함유되어 있다.
지상부에는 노르트로판 폴리하이드록실레이트 알칼로이드 성분으로 calystegines A_3, B_1, B_2, B_3, N1[12]이 함유되어 있다.

hyoscyamine

scopolamine

약리작용

1. 진경 작용
   다량의 트로판 알칼로이드를 함유하고 있는 잎과 뿌리는 마우스 장내 평활근에 강한 진경 효과를 가지며, 약간의 독성도 있다. 벨라돈나의 의학적 가치는 사리풀, 미치광이풀, 독말풀보다 우수한 것으로 보인다[13]. 천식 환자에게 아트로핀을 흡입시키면 아이소카프닌 과호흡(IHV)에 의해 유발된 기관지 경련을 완화시켰다[14].

2. 산동 작용
   잎, 뿌리에 함유되어 있는 트로판 알칼로이드는 동공확장 효과를 가진다. 황산 아트로핀은 카르바콜에 반응하는 동공 괄약근의 수축을 경쟁적으로 방해한다[15]. 형태 박탈 근시(FDM)를 가진 토끼에 아트로핀의 유리체 내 주사로 공막의 정상적인 생장을 촉진했다[16].

3. 항콜린 작용
   아트로핀은 부교감신경 섬유로 둘러싸인 기관과 조직에서 아세틸콜린의 작용을 차단한다. 아트로핀을 근육 내 투여하면 소만(유기인산염 항콜린성 에스테라제)을 투여한 랫드의 치사율을 감소시키고, 뇌병변의 발생을 억제한다[17].

4. 선분비 억제
   아트로핀은 *in vitro*에서 호흡기관의 아세틸콜린으로 유도된 점액 분비를 억제한다[18]. 벨라돈나는 위샘 분비 억제로 인한 스트레스로 유발된 위 손상에 대한 보호효과를 나타냈다[19].

5. 혈관확장 작용
   *in vitro*에서, 아트로핀은 랫드의 장관막동맥에서 노르에피네프린에 의해 유발된 수축을 방해하는 수용체와 연결된 칼슘이온(Ca^{2+})의 유입과 방출을 억제한다. 따라서 주요한 혈관확장 효과를 나타낸다[20]. 스코폴라민 토끼에서 추출한 대동맥환에서 노르에피네프린-, 히스타민-, 및 5-세로토닌으로 인해 유도된 혈관수축을 억제한다[21]. 또한, 혈류속도를 증가시키고, 혈액유동학과 미소순환을 향상시킴으로서 혈전증을 예방할 수 있도록 도와준다[22].

6. 혈관보호 작용
   아트로핀을 복강 내 투여하면 랫드의 대뇌허혈 재관류 손상으로 인해 지연된 해마신경손상을 현저히 약화시킨다. 그러나 국소 피질 혈류에는 효과가 없다[23]. 허혈/재관류가 진행되고 있는 소 대동맥 내피세포(BAEC)에서 스코폴라민은 글루타티온의 소모를 줄이고, 말론알데히드(MDA)의 생산을 감소시키며, 일산화질소와 유산탈수소효소(LDH)의 방출을 감소시킨다. 혈관내피세포를 보호하는 기작은 지질과산화를 억제하는 효과와 관련이 있을 수 있다[24].

7. 통각상실
   스코폴라민을 복강 내 투여하면 모르핀 의존성 마우스의 통증역치를 현저히 증가시킨다[25]. 스코폴라민은 또한 아편유사작용제로 유도된 통증역치의 감소를 억제한다[26].

8. 기타
   진정제의 보조제로서 스코폴라민은 진정제의 부작용을 감소시키며, 모르핀 저항성과 의존성이 발생하는 것을 지연시켜준다. 랫드에서 스코폴라민의 전처리로 모르핀으로부터 유발된 장소선호도와 금단증상을 억제한다[27]. 아트로핀은 인도메타신으로 유도된 위점막과 혈관 손상에 대한 보호효과를 가진다.

용도

1. 위장급통증, 간콩팥급통증, 쓸개급통증, 위궤양, 십이지장궤양, 메스꺼움, 구토
2. 자율신경장애, 운동과다증
3. 다한증, 도한, 타액과다분비
4. 부정맥, 심장병
5. 통풍, 궤양

해설

벨라돈나의 뿌리도 약용하는데, 이 종은 벨라돈나근(Belladonna Radix)의 공식적인 기원식물로서 일본약국방(15개정판)에 규정되어 있다. 아트로핀, 스코폴라민 및 히오시아민을 포함한 트로판 알칼로이드는 호흡 부전 환자를 구제하고 유기인계 살충제의 독성을 해결하기 위한 일반적인 임상 약물이다.

과거 중국은 벨라돈나를 수입에 의존해야 했다. 지금은 중국의 대별산(大別山) 산지에 재배지가 성공적으로 조성되어 있다.

참고문헌

1. Newsroom of Capital Medicine. Discovery stories of naturally occurring drugs. Capital Medicine. 2003, 10(7): 48-49
2. D Baricevic, A Umek, S Kreft, B Maticic, A Zupancic. Effect of water stress and nitrogen fertilization on the content of hyoscyamine and scopolamine in the roots of deadly nightshade (Atropa belladonna). Environmental and Experimental Botany. 1999, 42(1): 17-24
3. M Ylinen, T Naaranlahti, S Lapinjoki, A Huhtikangas, ML Salonen, LK Simola, M Lounasmaa. Tropane alkaloids from Atropa belladonna; Part I. Capillary gas chromatographic analysis. Planta Medica. 1986, 52(2): 85-87
4. A Kuhn, G Schafer. Analysis of the alkaloidal mixture in Atropa belladonna. Deutsche Apotheker Zeitung. 1938, 53: 405-407, 424-427
5. A Martinsen, T Naaranlahti, ML Turkia, T Lehtola, J Oksanen, M Ylinen. Comparison of radioimmunoassay and capillary gas chromatography in the analysis of l-hyoscyamine from plant material. Phytochemical Analysis. 1991, 2(4): 163-166
6. K Dimitrov, D Metcheva, L Boyadzhiev. Integrated processes of extraction and liquid membrane isolation of atropine from Atropa belladonna roots. Separation and Purification Technology. 2005, 46(1-2): 41-45
7. E Steinegge, D Sonanin, K Tsingarida. Solanceae flavones. III. Flavonoids of belladonna leaf. Pharmaceutica Acta Helvetiae. 1963, 38: 119-124
8. G Clair, D Drapier-Laprade, RR Paris. On the polyphenols (phenolic acids and flavonoids) of varieties of Atropa belladonna L. Comptes Rendus des Seances de l'Academie des Sciences, Serie D: Sciences Naturelles. 1976, 282(1): 53-56
9. M Anetai, T Yamagishi. Quantitative determination of hyoscyamine in Solanaceae plants by high performance liquid chromatography. Hokkaidoritsu Eisei Kenkyushoho. 1985, 35: 52-55
10. PR van Haga. Alkaloids in germinating seeds of Atropa belladonna. Nature. 1954, 173: 692
11. SA Shvets, NV Latsterdis, PK Kintia. A chemical study on the steroidal glycosides from Atropa belladonna L. seeds. Advances in Experimental Medicine and Biology. 1996, 404: 475-483
12. K Bekkouche, Y Daali, S Cherkaoui, JL Veuthey, P Christen. Calystegine distribution in some solanaceous species. Phytochemistry. 2001, 58(3): 455-462
13. J Haginiwa, M Harada. Pharmacological studies on crude drugs. I. Comparison of four hyoscyamine-containing plants (Scopolia japanica, Atropa belladonna, Datura tatula, and Hyoscyamus niger). Yakugaku Zasshi. 1959, 79: 1094-1096
14. JX Mi, B Sun. Effect of atropine on bronchoconstriction induced by isocapnic hyperventilation in asthma. Journal of the Fourth Military Medical University. 1993, 14(1): 50-52
15. AJ Kaumann, R Hennekes. The affinity of atropine for muscarine receptors in human sphincter pupillae. Naunyn-Schmiedeberg's Archives of Pharmacology. 1979, 306(3): 209-211
16. QY Gao, RY Gao, PJ Wang, YK Guo, PY Lu, YC Meng, T Zhu, L Li. Effects of atropine on experimentally form deprived myopia in rabbits. Journal of the Fourth Military Medical University. 2000, 21(2): 210-213
17. JH McDonough, NK Jaax, RA Crowley, MZ Mays, HE Modrow. Atropine and/or diazepam therapy protects against soman-induced neural and cardiac pathology. Fundamental and Applied Toxicology. 1989, 13(2): 256-276
18. J Mullol, JN Baraniuk, C Logun, M Merida, J Hausfeld, JH Shelhamer, MA Kaliner. M1 and M3 muscarinic antagonists inhibit human nasal glandular secretion in vitro. Journal of Applied Physiology. 1992, 73(5): 2069-2073
19. D Bousta, R Soulimani, I Jarmouni, P Belon, J Falla, N Froment, C Younos. Neurotropic, immunological and gastric effects of low doses of Atropa belladonna L., Gelsemium sempervirens L. and Poumon histamine in stressed mice. Journal of Ethnopharmacology. 2001, 74(3): 205-215
20. JP Zheng, YX Cao, CB Xu, L Edvinsson. Vasodilation effect of atropine on rat mesenteric artery. Acta Pharmaceutica Sinica. 2005, 40(5): 402-405
21. SQ Liu, WJ Zang, ZL Li, Q Sun, XJ Yu, XL Liu. Study on the vasodilator mechanisms of scopolamine. Journal of Mathematic

Medicine. 2004, 17(6): 528-531

22. ZM Xie, DY Sun, J Chen, HL Lu, HJ Su. Scopolamine corrects platelet electrophoresis velocity slowed down due to adrenaline. Chinese Journal of Zoonoses. 2001, 17(4): 85-86

23. J Zheng, WW Dong. Atropine ameliorates neuronal damage induced by cerebral ischemia and reperfusion in rats: an approach to the mechanism. Chinese Journal of Pathophysiology. 1997, 13(6): 690-693

24. LH Wei, HS Zhu. The protective effect of scopolamine on arterial endothelial cells during hypoxia/reperfusion. Chinese Journal of Thoracic and Cardiovascular Surgery. 1995, 11(5): 306-308

25. LG Wang, CY Ma, SZ Wang, BY Peng, Z Yuan, YH Ma. Comparison of the effects of belladonna alkaloids on pain threshold of morphinedependentmice. Chinese Journal of Clinical Rehabilitation. 2004, 8(20): 4046-4047

26. ES Sperber, MT Romero, RJ Bodnar. Selective potentiations in opioid analgesia following scopolamine pretreatment. Psychopharmacology. 1986,89(2): 175-176

27. XH Xiang, Y Zhao, HL Wang, HS Wang, DY Cao. Effects of scopolamine on food intake, water intake and urine volume in morphine dependent rats. Journal of the Fourth Military Medical University. 2004, 25(7): 615

보리지 琉璃苣EP, GCEM

Borago officinalis L.

Borage

개 요

지치과(Boraginaceae)

보리지(琉璃苣, *Borago officinalis* L.)의 전초를 말린 것: 보리지

보리지 씨 기름: 보리지유

보리지속(*Borago*) 식물은 전 세계에 5종이 있으며, 북서아프리카, 코르시카, 사르디니아 섬 및 투스칸 섬에 분포한다[1]. 보리지는 중국을 통해 약용으로 알려졌으며, 지중해를 기원으로 하여 미국, 유럽 및 아시아에서 재배하고 있다.

16세기에 영국의 식물학자에 존 제라드(John Gerard)는 의약연구를 통해서 보리지 잎과 화서로 만든 알코올추출물인 틴크가 흥분, 항우울 및 진정 효과가 있는 것으로 기록하였다. 이 종은 약재인 정제한 보리지유(Boraginis Oleum)에 대한 공식적인 기원식물 내원종으로 유럽약전(5개정판)에 등재되어 있다. 이 약재는 주로 유럽과 미국에서 생산하고 있다.

보리지에는 주로 피로리지딘 알칼로이드, 지방산 및 페놀산 성분이 함유되어 있으며, 감마 리놀레산이 주요 유효성분이다. 유럽약전에서는 정제한 보리지유의 품질관리를 위한 지표로써 산가, 과산화물가 및 지방산의 성분으로 규정하고 있다.

민간요법에 의하면 보리지는 기관지염 치료, 신장과 방광의 불안장애에 대한 항염증 치료제 및 수렴제로 사용했다.

보리지 琉璃苣 *Borago officinalis* L.

보리지 琉璃苣 Boraginis Herba

1cm

함유성분

씨에는 피롤리지딘 알칼로이드 성분으로 lycopsamine, intemedine, acetyllycopsamine, acetylintermedine, supinine[2], amabiline, thesinine[3], thesinine-4'O-βD-glucoside[4]가 함유되어 있고, 지방산 성분으로 myristic acid, 팔미트산, 스테아르산, 올레산, 리올레산, α-리놀렌산, γ-리놀렌산, stearidonic acid[5], 페놀산 성분으로 페룰산[6], 로즈마린산, 시링산, sinapic acid[7]이 함유되어 있다.

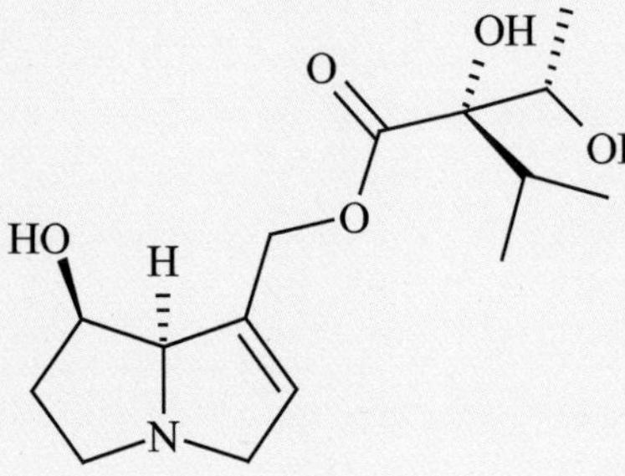

lycopsamine

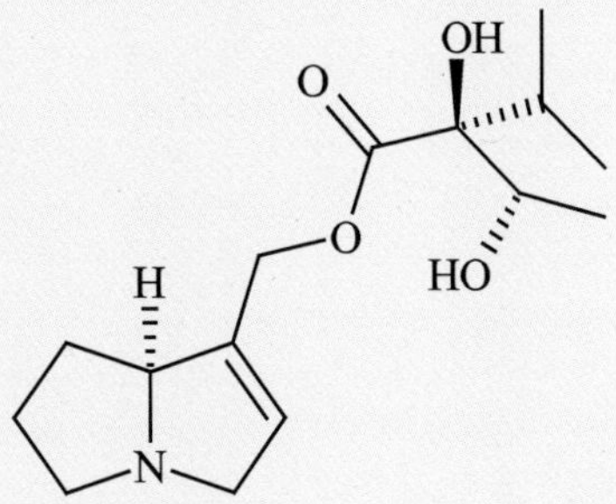

amabiline

약리작용

1. 항산화 작용
   탈지한 씨의 에탄올 추출물과 전초의 에탈올 추출물은 활성산소 유리기 소거능과 항산화 활성을 가진다. 또한 에탄올 추출물은 산화로 유발된 DNA 손상을 억제한다[8-9]. 잎의 80% 메탄올 추출물과 천연 추출물은 DPPH 유리기 소거능을 가진다. 주요 활성성분은 로즈마린산이다[10-11].

2. 혈압강하 작용
   보리지유의 장기간 섭취는 정상 및 고혈압 마우스의 혈압을 현저하게 낮춘다. 정상적인 랫드에서 신장의 미세소체 시토크롬 P_{450} 효소의 산소 활성을 증가시킨다. 이러한 활성은 주로 보리지유에 함유된 리놀렌산과 관련이 있다[12-15].

3. 면역조절 작용
   감마리놀렌산이 풍부한 보리지유는 실험적 뇌척수자가면역(EAE)을 일으킨 SJL 마우스에 경구 투여하면 급성 및 만성 질병에 효과적이다. 긴사슬지방산 막, 프로스타글란딘 E_2(PGE_2), 유전자 전사량 및 성장인자인 TGF-β_1분비량이 증가하는 것과 관련이 있다[16]. 보리지유를 마우스에 경구 투여하면 헬퍼 T 세포(Th1)와 같은 반응을 증가시키고 Th2와 같은 반응을 감소시킨다. 뿐만 아니라 억제세포 또는 Th3와 같은 활성을 강화시킨다. 이 효과는 긴사슬 다불포화 지방산이 감마리놀렌산으로 신속하게 대사되는 것과 관련이 있다[17].

4. 항종양 작용
   전초를 달여서 추출한 액은 *in vitro*에서 간암세포주인 HA22T/VGH와 PLC/PRF/5 세포를 억제했다[18]. 감마리놀렌산을 규칙적으로 섭취한 랫드에서 전립선암의 성장이 억제됐다[19].

5. 기타
   랫드에게 고지방 식단에 보리지유를 첨가하여 섭취시켰을 때 중성지방, 총 콜레스테롤 및 저밀도 지단백 콜레스테롤의 혈청 내 수준을 감소시켰다[20]. 기니피그에게 보리지유를 경구 투여하면 상피세포의 과잉증식을 뒤바꿔 놓았다[21].

보리지 琉璃苣 EP, GCEM

용도

1. 신경피부염, 습진
2. 열, 기침, 인후염, 기관지염
3. 비뇨감염
4. 류머티즘
5. 고혈압

해설

풍부한 감마 리놀렌산이 함유되어 있는 보리지유는 식품 첨가제로 널리 사용하고 있으나, 보리지유는 피롤리지딘 알칼로이드 성분을 함유하고 있어 간독성과 발암을 일으킨다. 야생이나 재배종으로부터 추출한 종자유는 8.7%에서 29%에 이르기까지 감마 리놀산의 함량 차이가 크다[22]. 이는 가지과의 합환채(*Mandragora autumnalis* Bertol.)를 독성을 가진 보리지로 잘못 인식한 것이다[23].
현재는 보리지의 전통적인 약리작용을 뒷받침하는 약리학적 활성에 대한 보고는 아직 없다.
발아시의 보리지 씨는 지질 구성의 변화를 가지는데 싹이 틀 때 영양적 가치가 높다[24].

참고문헌

1. F Selvi, A Coppi, M Bigazzi. Karyotype variation, evolution and phylogeny in Borago (Boraginaceae), with emphasis on subgenus Buglossites in the Corso-Sardinian system. Annals of Botany. 2006, 98: 857-868
2. J Luethy, J Brauchli, U Zweifel, P Schmid, C Schlatter. Pyrrolizidine alkaloids in Boraginaceae medicinal plants: Borago officinalis L. and Pulmonaria officinalis L. Pharmaceutica Acta Helvetiae. 1984, 59(9-10): 242-246
3. CD Dodson, FR Stermitz. Pyrrolizidine alkaloids from borage (Borago officinalis) seeds and flowers. Journal of Natural Products. 1986, 49(4): 727-728
4. M Herrmann, H Joppe, G Schmaus. Thesinine-4'-O-β-D-glucoside the first glycosylated plant pyrrolizidine alkaloid from Borago officinalis. Phytochemistry. 2002, 60(4): 399-402
5. PG Peiretti, GB Palmegiano, G Salamano. Quality and fatty acid content of borage (Borago officinalis L.) during the growth cycle. Italian Journal of Food Science. 2004, 16(2): 177-184
6. R Zadernowski, M Naczk, H Nowak-Polakowska. Phenolic acids of borage (Borago officinalis L.) and evening primrose (Oenothera biennis L.). Journal of the American Oil Chemists' Society. 2002, 79(4): 335-338
7. M Wettasinghe, F Shahidi, R Amarowicz, MM Abou-Zaid. Phenolic acids in defatted seeds of borage (Borago officinalis L.). Food Chemistry. 2001, 75(1): 49-56
8. M Wettasinghe, F Shahidi. Anti-oxidant and free radical-scavenging properties of ethanolic extracts of defatted borage (Borago officinalis L.) seeds. Food Chemistry. 1999, 67(4): 399-414
9. Abudureyimu, Abuduaini, Hamulati, Reziwanguli. Studies on the scavenging of hydroxyl radicals and protection of DNA damage by 5 different Uighur medicinal herbs. Chinese Traditional and Herbal Drugs. 2001, 32(3): 236-238
10. D Bandoniene, M Murkovic. The detection of radical scavenging compounds in crude extract of borage (Borago officinalis L.) by using an on-line HPLC-DPPH method. Journal of Biochemical and Biophysical Methods. 2002, 53(1-3): 45-49
11. D Bandoniene, M Murkovic, PR Venskutonis. Determination of rosmarinic acid in sage and borage leaves by high-performance liquid chromatography with different detection methods. Journal of Chromatographic Science. 2005, 43(7): 372-376
12. MM Engler, MB Engler, SK Erickson, SM Paul. Dietary γ-linolenic acid lowers blood pressure and alters aortic reactivity and cholesterol metabolism in hypertension. Journal of Hypertension. 1992, 10(10): 1197-1204
13. MM Engler. Comparative study of diets enriched with evening primrose, black currant, borage or fungal oils on blood pressure and pressor responses in spontaneously hypertensive rats. Prostaglandins, Leukotrienes, and Essential Fatty Acids. 1993, 49(4): 809-814

14. MM Engler, MB Engler. Dietary borage oil alters plasma, hepatic and vascular tissue fatty acid composition in spontaneously hypertensive rats. Prostaglandins, Leukotrienes, and Essential Fatty Acids. 1998, 59(1): 11-15

15. Z Yu, VY Ng, P Su, MM Engler, MB Engler, Y Huang, E Lin, DL Kroetz. Induction of renal cytochrome P_{450} arachidonic acid epoxygenase activity by dietary γ-linolenic acid. The Journal of Pharmacology and Experimental Therapeutics. 2006, 317(2): 732-738

16. LS Harbige, L Layward, MM Morris-Downes, DC Dumonde, S Amor. The protective effects of ω-6 fatty acids in experimental autoimmune encephalomyelitis (EAE) in relation to transforming growth factor-β1 (TGF-β1) up-regulation and increased prostaglandin E_2 (PGE_2) production. Clinical and Experimental Immunology. 2000, 122(3): 445-452

17. LS Harbige, BA Fisher. Dietary fatty acid modulation of mucosally-induced tolerogenic immune responses. The Proceedings of the Nutrition Society. 2001, 60(4): 449-456

18. LT Lin, LT Liu, LC Chiang, CC Lin. In vitro anti-hepatoma activity of fifteen natural medicines from Canada. Phytotherapy Research. 2002, 16: 440-444

19. H Pham, K Vang, VA Ziboh. Dietary γ-linolenate attenuates tumor growth in a rodent model of prostatic adenocarcinoma via suppression of elevated generation of PGE_2 and 5s-HETE. Prostaglandins, Leukotrienes, and Essential Fatty Acids. 2006, 74(4): 271-282

20. XC Cai, Y Guo, Y Yan, CG Fang. Effects of borage seed oil on lipid metabolism and lipid peroxidation in rats. Chinese Pharmacological Bulletin. 1996, 12(6): 551-553

21. J Kim, H Kim, H Jeong do, SH Kim, SK Park, Y Cho. Comparative effect of gromwell (Lithospermum erythrorhizon) extract and borage oil on reversing epidermal hyperproliferation in guinea pigs. Bioscience, Biotechnology, and Biochemistry. 2006, 70(9): 2086-2095

22. A de Haro, V Dominguez, M del Rio. Variability in the content of γ-linolenic acid and other fatty acids of the seed oil of germplasm of wild and cultivated borage (Borago officinalis L.). Journal of Herbs, Spices & Medicinal Plants. 2002, 9(2-4): 297-304

23. GA Piccillo, L Miele, E Mondati, PA Moro, A Musco, A Forgione, G Gasbarrini, A Grieco. Anti-cholinergic syndrome due to 'devil's herb': when risks come from the ancient time. International Journal of Clinical Practice. 2006, 60(4): 492-494

24. SPJN Senanayake, F Shahidi. Lipid components of borage (Borago officinalis L.) seeds and their changes during germination. Journal of the American Oil Chemists' Society. 2000, 77(1): 55-61

유향 卡氏乳香樹CP, KHP

Boswellia carterii Birdw.

Frankincense

개 요

지치과(Boraginaceae)

유향(卡氏乳香樹, *Boswellia carterii* Birdw.)의 나무껍질로부터 얻은 수지: 유향(乳香)

중약명: 유향(乳香)

유향나무속(*Boswellia*) 식물은 전 세계에 약 24종이 있으며, 아프리카 열대지방의 건조지대뿐만 아니라 아라비아와 인도의 아대륙에 걸쳐 분포한다[1]. 또한, 유향나무는 홍해 해안에서 리비아, 수단 및 터키에 이르기까지 분포한다.

유향은 성경과 고대 인도의 의약서적인 차라카에 약용으로 기록되어 있으며, 중국에서는 유향(乳香)이라고 하여 ≪명의별록(名醫別錄)≫에 그 효능이 기록되어 있다. 이 약재는 소말리아와 에디오피아 및 아라비아반도의 남부 지역에서 주로 생산된다.

올레오검레진에는 주로 트리테르페노이드가 함유되어 있으며, 보스웰린산(boswellic acid)이 지표성분이다. 또한, 정유성분을 함유하고 있다. ≪대한민국약전외한약(생약)규격집≫(제4개정판)에는 "유향"을 "유향나무 *Boswellia carterii* Birdwood 또는 기타 동속 근연식물(감람과 Burseraceae)의 줄기에 상처를 내어 얻은 수지"로 등재하고 있다.

약리학적 연구에 따르면 올레오검레진이 혈소판응집을 감소시키고, 진통, 항궤양, 항종양, 항염증, 항균 및 면역조절 작용이 있다.

한의학적으로는 유향(乳香)이 서근(舒筋), 소종생기(消腫生肌), 조양(助陽), 활혈지통(活血止痛)의 효능이 있다.

유향나무 卡氏乳香樹 *Boswellia carterii* Birdw.

유향 乳香 Olibanum

함유성분

고무수지에는 주로 트리테르페노이드 성분으로 αboswellic acid, 3-O-acetyl-αboswellic acid, βboswellic acid, 3-O-acetyl-βboswellic acid[2], acetyl-11-keto-βboswellic acid[3], αamyrin, βamyrin, 3-epi-αamyrin, 3-epi-βamyrin, αamyrenone, βamyrenone, lupeol, 3-epi-lupeol, lupenone, lupeolic acid, 3-O-acetyl-lupeolic acid[2], lup-20(29)-ene-3α acetoxy-24-oic acid[3], epilupeol acetate[4], 3-oxo-tirucallic acid, 3-hydroxy-tirucallic acid[5], tirucallol[4], 4(23)-dihydroroburic acid[6]가 함유되어 있고, 디테르펜 성분으로 verticilla-4(20),7,11-triene[7], 정유 성분으로 α-thujene, α-phellandrene, β-ionone, piperitone, carvone[8-9], 5-hydroxy-p-menth-6-en-2-one, 10-hydroxy-4-cadinen-3-one[10]이 함유되어 있다.

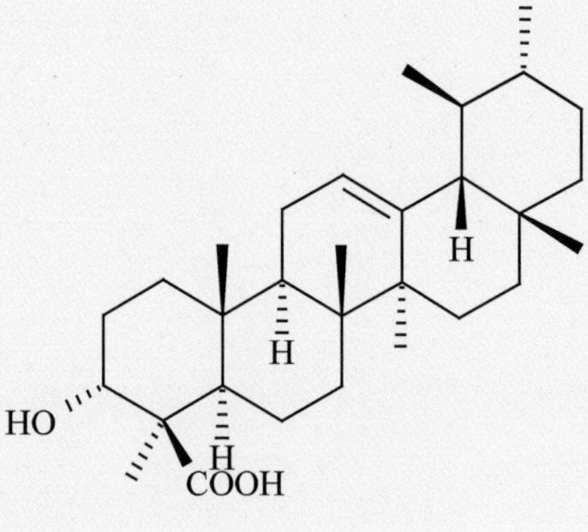

β-boswellic acid

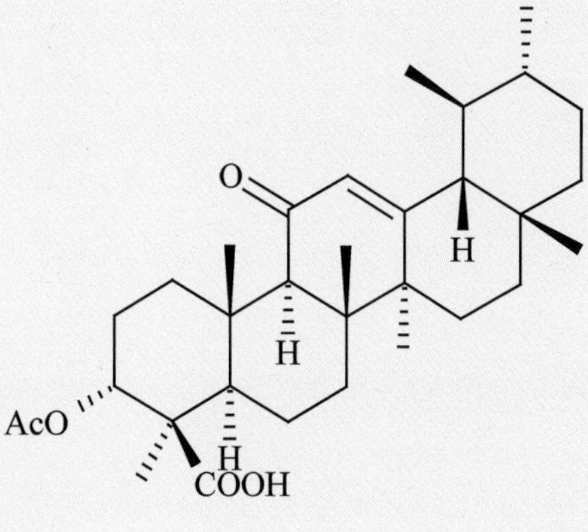

acetyl-11-keto-β-boswellic acid

약리작용

1. 혈소판에의 영향
   원료의 물 추출물의 경구 투여와 식초로 가공한 고무수지는 혈소판 점착을 감소시킨다[11].
2. 진통 작용
   가루로 된 고무수지의 경구 투여, 정유, 고무수지의 초임계 추출은 초산을 유도하는 발작 반응을 억제한다. 고무수지의 에탄올 추출물은 정유의 진통제 효과를 증가시킨다[12-13].
3. 소염 작용
   가루로 된 고무수지의 경구 투여, 물과 초임계 추출물은 디메칠벤젠을 유도하는 귀부종을 억제하였다[13]. 애주번트 관절염을 가지고 있는 마우스에게 고무수지 추출물을 경구 투여하면 TNF-α, IL-1β와 같은 전염증성 사이토카인을 억제함으로써 항관절염, 소염 효과를 나타낸다[14]. 고무수지의 에탄올 추출물은 류코트리엔, 5-LO 생합성의 중요한 효소를 억제한다. 아세틸-11-케토-β-보스웰산은 유효 성분 중 하나이다[15-16].
4. 항궤양 작용
   정유를 부분적으로 제거하고 고무수지의 물 추출물을 경구 투여하면 구조의 성숙과 새로 재생시키는 점막의 기능을 증가시킨다. 위궤양의 치료를 촉진시킨다[17].
5. 항종양 작용
   bcl-2 유전자 발현을 하향조절하는 정유의 부분적 제거를 한 고무수지의 물 추출물은 카스파제-3의 활성과 백스 발현을 증가시킨다[18-20]. 분화와 급성비림프 백혈병 세포와 백혈병 HL-60 세포의 사멸을 유도한다[21-22]. 급성 전 골수성 백혈병 세포와 사람의 급성 백혈병 주르카트 T세포에 세포사멸을 유도한다. 아세틸-11-케토-β-보스웰산은 세포외 신호조절인산화효소(Erk)의 신호전달 억제를 통한 수막종 세포에 대해 세포독성 효과를 보인다[23].
6. 면역조절 작용
   고무수지의 추출물은 TH1 사이토카인의 생산을 억제하지만 마우스의 비장세포에서 TH2 사이토카인의 생산을 촉진한다[24]. 트리테르페노이드와 정유는 림프구 증식 실험에서 림프구 변화를 촉진하는 고무수지로부터 분리된다[5, 9].
7. 간손상 예방
   고무수지의 에탄올 추출물을 경구 투여하면 염증반응과 간에서 콜라겐의 증착을 감소시킴으로써 보호하는 효과를 가진다[25]. 아세틸-11-케토-β-보스웰산은 마우스 간 글루타티온 S-전이효소에 대한 유도 효과를 가진다. 독성 제노바이오틱에 의해 야기된 질병을 예방했다[26].
8. 항바이러스 작용
   고무수지의 추출물은 HIV을 억제한다[27]. 트리테르페노이드산은 HSV-1을 억제한다[28]. 올리바눔의 메탄올 또는 물 추출물은 HCV를 억제한다[29].
9. 기타
   고무수지는 약물 대사 시토크롬 P_{450}[30]과 NO생산을 억제한다[31]. 항균작용을 나타낸다[32].

용도

1. 통증
2. 류마티스동맥염
3. 타박상과 낙상
4. 무월경, 생리통
5. 상처, 옹, 잘 치유되지 않는 궤양

해설

유향나무(*B. bhaw-dajiana* Birdw.)와 들유향나무(*B. neglecta* M. Moore)의 나무껍질로부터 추출한 올레오 검 레진은 약용 유향으로 사용한다. 유향이라는 말은 공기 중에 오랫동안 남아 있는 향이라고 하여 옛 프랑스어인 자유로운 향(free incense)이라는 의미의 "franc encens"에서 유래했다. 고무수지라는 말은 나무에 우유처럼 생긴 레진이 떨어진다고 하여 아랍어로 우유를 의미하는 "al-lubàn"에서 유래했다.

유향은 서양에서 종교적인 의식에 주로 사용했으며, 사람들은 대개 해충을 없앨 목적으로 옷에 유향을 피운 연기를 활용했다. 유향은 중국의학과 인도의 아유르베다 의학에서 약용으로 폭넓게 사용했다. 한의학에서 주로 혈액순환과 통증완화에 사용했으며, 아유르베다 의학에서는 주로 관절염을 치료하는 데 사용했다.
최근에는 연구를 통해 유향이 항암효과, 특히, 다양한 백혈병 세포의 세포사멸 및 분화유도를 억제하는 것으로 알려져 있다. 그러나 그 항암효과에 대한 상대적인 평가는 아직 미흡하다.

참고문헌

1. O Woldeselassie, R Toon, W Marius, B Frans. Distribution of the frankincense tree Boswellia papyrifera in Eritrea: the role of environment and land use. Journal of Biogeography. 2006, 33(3): 524-535
2. C Mathe, G Culioli, P Archier, C Vieillescazes. High-performance liquid chromatographic analysis of triterpenoids in commercial frankincense. Chromatographia. 2004, 60(9-10): 493-499
3. JY Zhou, R Cui. Chemical components of Boswellia carterii. Acta Pharmaceutica Sinica. 2002, 37(8): 633-635
4. CF Xaasan, L Minale, M Bashir, M Hussein, E Finamore. Triterpenes of Boswellia carterii. Rendiconto dell'Accademia delle Scienze Fisiche e Matematiche, Naples. 1984, 51(1): 93-96
5. FA Badria, BR Mikhaeil, GT Maatooq, MMA Amer. Immunomodulatory triterpenoids from the oleogum resin of Boswellia carterii Birdwood. Zeitschrift fuer Naturforschung, C: Journal of Biosciences. 2003, 58(7-8): 505-516
6. E Fattorusso, C Santacroce, CF Xaasan. 4(23)-Dihydroroburic acid from the resin (incense) of Boswellia carterii. Phytochemistry. 1983, 22(12): 2868-2869
7. S Basar, A Koch, WA Konig. A verticillane-type diterpene from Boswellia carterii essential oil. Flavor and Fragrance Journal. 2001, 16(5): 315-318
8. Y Wang, GD Pan, Y Chen, CY Fan, HH Wei, XB Jia. Studies on extraction and identification of olibanum. Chinese Pharmaceutical Journal. 2005,40(14): 1054-1056
9. BR Mikhaeil, GT Maatooq, FA Badria, MMA Amer. Chemistry and immunomodulatory activity of frankincense oil. Zeitschrift fuer Naturforschung, C: Journal of Biosciences. 2003, 58(3-4): 230-238
10. M Pailer, O Scheidl, H Gutwillinger, E Klein, H Obermann. Constituents of pyrolysate from incense "Aden", the gum resin of Boswellia carteri Birdw. Part 2. Monatshefte fuer Chemie. 1981, 112(5): 595-603
11. HZ Guan, ZC Peng, SW Zhang. Comparison of the effects of un-processed and vinegar-processed ruxiang on rabbit's platelet adherence. Chinese Journal of Hospital Pharmacy. 2000, 20(9): 524-525
12. HS Zheng, NP Feng, J Chen, SG Fu. The extraction process of frankincense and myrrh and the analgesic effects of their extracts. Chinese Traditional Patent Medicine. 2004, 26(11): 956-958
13. FM Zheng, LW Guo, HM Pan, SL Jing. Influences of four preparation techniques on analgesic and anti-inflammatory effects of olibanum. Journal of Nanjing TCM University. 2003, 19(4): 213-214
14. AY Fan, L Lao, RX Zhang, AN Zhou, LB Wang, KB Moudgil, DYW Lee, ZZ Ma, WY Zhang, BM Berman. Effects of an acetone extract of Boswellia carterii Birdw. (Burseraceae) gum resin on adjuvant-induced arthritis in Lewis rats. Journal of Ethnopharmacology. 2005, 101(1-3): 104-109
15. H Safayhi, SE Boden, S Schweizer, HPT Ammon. Concentration-dependent potentiating and inhibitory effects of Boswellia extracts on 5-lipoxygenase product formation in stimulated PMNL. Planta Medica. 2000, 66(2): 110-113
16. S Schweizer, AF von Brocke, SE Boden, E Bayer, HP Ammon, H Safayhi. Workup-dependent formation of 5-lipoxygenase inhibitory boswellic acid analogues. Journal of Natural Products. 2000, 63(8): 1058-1061
17. WX Mei, CC Zeng. Effect of Boswellia carterii Birdw extractive on quality of ulcer healing in rats with gastric ulcer induced by acetic acid. Chinese Journal of Integrated Traditional and Western Medicine on Digestion. 2004, 12(1): 34-36
18. RK Park, KR Oh, KG Lee, YJ Mun, JH Kim, WH Woo. The water extract of Boswellia carterii induces apoptosis in human leukemia HL-60 cells. Yakhak Hoechi. 2001, 45(2): 161-168

19. ZH Qi, GP Zhang, X Liu, XL Zhao. Boswellia carterii Birdw extractive induces apoptosis of acute non-lymphocytic cells with regulation of expressions of Bcl-2 gene protein. Journal of Hunan College of Traditional Chinese Medicine. 2001, 21(3): 24-26
20. ZH Qi, GP Zhang, GS Tan, WH Zhu, P Zeng. Effects of frankincense extracts on the induction of differentiation in acute non-lymphocytic leukemia cells. Journal of Hunan College of Traditional Chinese Medicine. 1998, 18(2): 18-19
21. ZH Qi, GP Zhang, XL Zhao, X Liu, WH Li. Inducing effect of Boswellia carterii Birdw on apoptosis of leukemic cells and its action on cell cycle. Journal of Clinical Hematology. 2000, 13(3): 125-127
22. X Liu, ZH Qi. Experimental study on Jurkat cell apoptosis induced by Boswellia carterii Birdw extractive. Bulletin of Hunan Medical University. 2000, 25(3): 241-244
23. YS Park, JH Lee, J Bondar, JA Harwalkar, H Safayhi, M Golubic. Cytotoxic action of acetyl-11-keto-β-boswellic acid (AKBA) on meningioma cells.Planta Medica. 2002, 68(5): 397-401
24. MR Chevrier, AE Ryan, DYW Lee, ZZ Ma, WY Zhang, CS Via. Boswellia carterii extract inhibits TH1 cytokines and promotes TH2 cytokines in vitro. Clinical and Diagnostic Laboratory Immunology. 2005, 12(5): 575-580
25. FA Badria, WE Houssen, EM El-Nashar, SA Said. Biochemical and histopathological evaluation of glycyrrhizin and Boswellia carterii extract on rat liver injury. Biosciences, Biotechnology Research Asia. 2003, 1(2): 93-96
26. K Wada, J Hino, N Ueda, K Sasaki, H Kaminaga, M Haga. Inductive effects of constituents of Boswellia carterii Birdw. on the mouse liver glutathione S-transferase. International Congress Series. 1998, 1157: 219-224
27. CM Ma, T Nakabayashi, H Miyashiro, M Hattori, S El-Meckkawy, T Namba, K Shimotohno. Screening of traditional medicines for their inhibitory effects on human immunodeficiency virus protease. Wakan Iyakugaku Zasshi. 1994, 11(4), 416-417
28. FA Badria, M Abu-Karam, BR Mikhaeil, GT Maatooq, MM Amer. Anti-herpes activity of isolated compounds from frankincense. Biosciences, Biotechnology Research Asia. 2003, 1(1): 1-10
29. G Hussein, H Miyashiro, N Nakamura, M Hattori, N Kakiuchi, K Shimotohno. Inhibitory effects of Sudanese medicinal plant extracts on hepatitis C virus (HCV) protease. Phytotherapy Research. 2000, 14(7): 510-516
30. A Frank, M Unger. Analysis of frankincense from various Boswellia species with inhibitory activity on human drug metabolizing cytochrome P450 enzymes using liquid chromatography mass spectrometry after automated on-line extraction. Journal of Chromatography, A. 2006, 1112(1-2): 255-262
31. T Morikawa, H Matsuda, H Oominami, T Kageura, I Toguchida, M Yoshikawa. Triterpenoid constituents with nitric oxide production inhibitory activity from several fragrance herbal medicines (myrrh, olibanum, and saussurea root). Tennen Yuki Kagobutsu Toronkai Koen Yoshishu. 2001, 43: 485-490
32. BQ Rao, FR Li, HB Zhang. A preliminary study of the resistant effects of frankincense on several pathogenic microbes. Journal of Xinyang Normal University. 2005, 18(1): 54-56

금잔화 金盞花 EP, BP, BHP

Asteraceae

Calendula officinalis L.

Marigold

개 요

국화과(Asteraceae)

금잔화(金盞花, *Calendula officinalis* L.)의 두상꽃차례를 말린 것: 금잔화(金盞花)

중약명: 금잔화(金盞花)

금잔화속(*Calendula*) 식물은 전 세계에 약 20여 종이 있으며 주로 서남아시아와 서유럽 그리고 서아시아에 분포한다. 그 가운데 2종을 중국에서 재배하고 있으며 2종 모두 약으로 사용한다. 금잔화는 이집트와 남유럽을 기원으로 하여, 현재 세계 도처의 온대 지역에서 재배하고 있으며, 또한 관상용 식물로도 재배하고 있고, 유럽, 서남아시아 그리고 미국에도 분포한다[1].

금잔화는 유럽과 미국에서 오랫동안 사용하였으며, 유럽과 서남아시아에서는 민간요법으로도 사용하였고, 중세시대 유럽에서는 정맥류, 욕창, 피부 질환을 치료하는 데도 이용하였다. 최근에는 피부 노화 방지의 기능을 가지는 몇몇 특허제품에서 콜라겐 합성 촉진제로서 사용하고 있다. 마리골드 에센셜 오일은 CFR(Code of Federal Regulations, 미국연방규정집)과 CTFA(Cosmetics, Toiletry and Fragrance Association, 미국화장품공업협회)에 첨가물로 등록되어 있다. 이 종은 약재인 금잔화(Calendulae Flos)에 대한 공식적인 기원식물 내원종으로 유럽약전(5개정판)과 영국약전(2002)에 등재되어 있다. 이 이 약재는 이집트뿐만 아니라 서유럽의 헝가리와 폴란드에서 주로 생산하고 있다.

금잔화의 주요 활성성분은 트리테르페노이드, 트리테르페노이드 사포닌, 플라보노이드 및 카로티노이드 성분이다. 유럽약전과 영국약전에서는 의약 물질의 품질관리를 위해 UV흡광도법으로 시험할 때 하이페로사이드로 환산한 플라보노이드의 함량이 0.4% 이상이어야 한다고 규정하고 있다.

약리학적 연구에 따르면 꽃이 항염증과 항바이러스 효과가 있음을 확인했다.

민간요법에 의하면 카란듈라 꽃은 항염증과 외상치료 효과가 있으며, 한의학에서는 청열지혈, 발한, 완하, 통경효과가 있다고 한다.

금잔화 金盞花 *Calendula officinalis* L.

금잔화 金盞花 EP, BP, BHP

금잔화 金盞花 Calendulae Flos

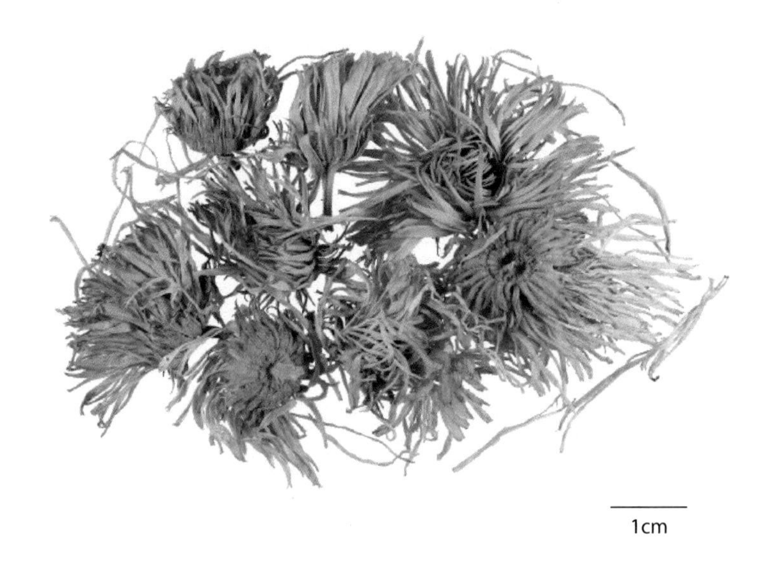

1cm

calendasaponin A

함유성분

두상화에는 트리테르페노이드 성분이 주로 함유되어 있고, 트리테르페노이드 사포닌 성분으로 calendasaponins A, B, C, D, marigold glycosides A, B, C, D, D_2, F, arvensoside A, moronic acid, cochalic acid, machaerinic acid[2], cycloartenol, 24-methylenecycloartanol, tirucalla-7,24-dienol[3], faradiol[4], faradiol-3-O-palmitate, faradiol-3-O-myristate, faradiol-3-O-laurate[5], arnidiol[4], arnidiol- 3-O-palmitate, arnidiol-3-O-myristate, arnidiol-3-O-laurate, calenduladiol-3-O-palmitate, calenduladiol-3-O-myristate[5], calenduladiol[4], manilladiol, coflodiol[6], heliantriols B_2, C, F, longispinogenin[7], calendulosterolide[8], 이오논 배당체 성분으로 officinosides A, B, 세스퀴테르펜 배당체 성분으로 officinosides C, D[2], 플라보노이드 성분으로 rutin, quercetin 3-O-neohesperidoside, quercetin-3-O-2G-rhamnosylrutinoside, isorhamnetin-3-glucoside, isorhamnetin-3-rutinoside, isorhamnetin 3-O-neohesperidoside, typhaneoside[2], 카로티노이드 성분으로 flavoxanthin, auroxanthin[9], xanthophylls, flavochrome, lycopene, mutatochrome, aurochrome, chrysanthemaxanthin, β, γ, ζ-carotenes[10]이 함유되어 있으며, 쿠마린 성분으로 scopoletin, umbelliferone, esculetin[11]이 함유되어 있다.

약리작용

1. 항염증 작용

   꽃으로부터 추출한 트리테르페노이드 성분은 항염증 활성을 나타내는 주요한 활성 성분으로, 파라디올은 크로톤 오일로 유도한 마우스의 귀 부종을 현저하게 억제시키고, 그 항염증 활성은 인도메타신(관절염 · 신경통치료제)의 활성과 비교할 만하다[12-13].

2. 항균 작용

   *in vitro*에서 꽃의 80% 에탄올 추출물은 황색포도상구균과 분변성 연쇄상구균를 억제한다[14]. 또한, *in vitro*에서 꽃으로부터 추출한 플라보노이드 성분은 황색포도상구균, 폐렴간균, 대장균, *Sarcina lutea*에 대한 항균 효과를 나타낸다[15]. 꽃의 유기화학 추출물은 투여량 및 투여 시간 의존적으로 HIV-1의 역전사효소 활성을 억제한다[16].

3. 위장보호활성

   꽃으로부터 추출한 트리테르페노이드를 랫드에 경구 투여하면 에탄올 및 인도메타신에 유도된 위염점막병변을 억제한다[2].

4. 위 배출의 억제

   꽃으로부터 추출한 트리테르페노이드를 마우스에 경구 투여하면 나트륨 카르복시메틸셀룰로오스(CMC-Na)로 유도된 위 배출을 억제한다[2].

5. 혈당 강하 작용

   꽃의 메탄올 추출물을 마우스에 경구 투여하면 포도당 과부하 마우스의 혈청 내 포도당 수준의 증가를 억제한다[2].

6. 항산화 작용

   꽃의 하이드로알코올 추출물은 활성산소종 소거능을 보였다. 또한 n-부탄올 추출물은 과산화물과 하이드록실 유리기 제거 활성을 나타냈고, 간의 마이크로솜에 Fe^{2+} 유도된 액체의 과산화반응을 억제했다[17-18].

7. 항 유전독성

   꽃의 수용성 및 하이드로알코올 추출물은 배양한 마우스의 간세포에서 디에틸니트로소아민으로 유도된 비정기적인 DNA 합성(UDS)을 억제했다[19].

8. 기타

   꽃은 또한 항돌연변이성[20]과 면역자극활성[21]을 나타낸다.

용도

1. 위염, 위궤양, 국한성 회장(回腸)염, 대장염
2. 월경불순
3. 증기에 의한 화상, 여드름, 피부염, 자창, 찰과상

금잔화 金盞花 EP, BP, BHP

해설

금잔화는 효과가 뚜렷하여 의약으로서 오래전부터 사용되었다. 임상과 화장품에 적용될 뿐만 아니라 생화는 섬유산업과 식품 산업에 사용할 수 있고, 식용 색소와 노란색 염료를 추출하기 위해 사용되는 카로티노이드가 풍부하다. 잎에는 활성요소가 많이 함유되어 있어 변비와 어린이의 연주창을 치료하고 무사마귀를 제거하기 위해 외용적으로 사용할 수 있다[1].

참고문헌

1. JH Jin, WM Zhang, XM Sun, SL Wu, MJ Tong. Cultivation of Calendula officinalis and its economic uses. Chinese Wild Plant Resources. 2003, 22(4): 40-41
2. M Yoshikawa, T Murakami, A Kishi, T Kageura, H Matsuda. Medicinal flowers. III. Marigold. (1): hypoglycemic, gastric emptying inhibitory, and gastroprotective principles and new oleanane-type triterpene oligoglycosides, calendasaponins A, B, C, and D, from Egyptian Calendula officinalis. Chemical & Pharmaceutical Bulletin. 2001, 49(7): 863-870
3. T Akihisa, K Yasukawa, H Oinuma, Y Kasahara, S Yamanouchi, M Takido, K Kumaki, T Tamura. Triterpene alcohols from the flowers of compositae and their anti-inflammatory effects. Phytochemistry. 1996, 43(6): 1255-1260
4. Z Kasprzyk, J Pyrek. Triterpenic alcohols of Calendula officinalis flowers. Phytochemistry. 1968, 7(9): 1631-1639
5. H Neukirch, M D'Ambrosio, J Dalla Via, A Guerriero. Simultaneous quantitative determination of eight triterpenoid monoesters from flowers of 10 varieties of Calendula officinalis L. and characterization of a new triterpenoid monoester. Phytochemical Analysis. 2004, 15(1): 30-35
6. JS Pyrek. Terpenes of Compositae plants. Part VIII. Amyrin derivatives in Calendula officinalis L. flowers. The structure of coflodiol (ursadiol) and isolation of manilladiol. Roczniki Chemii. 1977, 51(12): 2493-2497
7. B Wilkomirski. Pentacyclic triterpene triols from Calendula officinalis flowers. Phytochemistry. 1985, 24(12): 3066-3067
8. H Mukhtar, SH Ansari, M Ali, T Naved. A new δ-lactone containing triterpene from the flowers of Calendula officinalis. Pharmaceutical Biology. 2004: 42(4-5): 305-307
9. E Bako, J Deli, G Toth. HPLC study on the carotenoid composition of Calendula products. Journal of Biochemical and Biophysical Methods. 2002, 53(1-3): 241-250
10. TW Goodwin. Carotenogenesis. XIII. Carotenoids of the flower petals of Calendula officinalis. Biochemical Journal. 1954, 58: 90-94
11. AI Derkach, NF Komissarenko, VT Chernobai. coumarins from inflorescences of Calendula officinalis and Helichrysum arenarium. Khimiya Prirodnykh Soedinenii. 1986, 6: 777
12. RD Loggia, A Tubaro, S Sosa, H Becker, S Saar, O Isaac. The role of triterpenoids in the topical antiinflammatory activity of Calendula officinalis flowers. Planta Medica. 1994, 60(6): 516-520
13. K Zitterl-Eglseer, S Sosa, J Jurenitsch, M Schubert-Zsilavecz, R Della Loggia, A Tubaro, M Bertoldi, C Franz. Anti-edematous activities of the main triterpendiol esters of marigold (Calendula officinalis L.). Journal of Ethnopharmacology. 1997, 57(2): 139-144
14. G Dumenil, R Chemli, G Balansard, H Guiraud, M Lallemand. Evaluation of anti-bacterial properties of marigold flowers (Calendula officinalis L.) and mother homeopathic tinctures of C. officinalis L. and C. arvensis L. Annales Pharmaceutiques Francaises. 1980, 38(6): 493-499
15. D Tarle, I Dvorzak. Anti-microbial substances in Flos Calendulae. Farmacevtski Vestnik. 1989, 40(2): 117-120
16. Z Kalvatchev, R Walder, D Garzaro. Anti-HIV activity of extracts from Calendula officinalis flowers. Biomedicine & Pharmacotherapy. 1997, 51(4): 176-180
17. A Herold, L Cremer, A Calugaru, V Tamas, F Ionescu, S Manea, G Szegli. Anti-oxidant properties of some hydroalcoholic plant extracts with antiinflammatory activity. Roumanian Archives of Microbiology and Immunology. 2003, 62(3-4): 217-227
18. CA Cordova, IR Siqueira, CA Netto, RA Yunes, AM Volpato, V Cechinel Filho, R Curi-Pedrosa, TB Creczynski-Pasa. Protective properties of butanolic extract of the Calendula officinalis L. (marigold) against lipid peroxidation of rat liver microsomes and action as

free radical scavenger. Redox Report. 2002, 7(2): 95-102

19. JI Perez-Carreon, G Cruz-Jimenez, JA Licea-Vega, E Arce Popoca, S Fattel Fazenda, S Villa-Trevino. Genotoxic and anti-genotoxic properties of Calendula officinalis extracts in rat liver cell cultures treated with diethylnitrosamine. Toxicology in Vitro. 2002, 16(3): 253-258

20. R Elias, M De Meo, E Vidal-Ollivier, M Laget, G Balansard, G Dumenil. Antimutagenic activity of some saponins isolated from Calendula officinalis L., C. arvensis L. and Hedera helix L. Mutagenesis. 1990, 5(4): 327-331

21. J Varlien, A Liptak, H Wagner. Structural analysis of a rhamnoarabinogalactan and arabinogalactans with immuno-stimulating activity from Calendula officinalis. Phytochemistry. 1989, 28(9): 2379-2383

금잔화의 재배 모습

해더 帚石楠GCEM

Calluna vulgaris (L.) Hull

Heather

개 요

진달래과(Ericaceae)

해더(帚石楠, *Calluna vulgaris* (L.) Hul)l의 지상부의 신선한 것 또는 말린 것: 추석남(帚石楠)

중약명: 추석남(帚石楠)

칼루나속(*Calluna*) 식물은 전 세계에 오직 1종이 있으며 극지대의 관목 지역과 유럽의 지중해 서부 및 북서부 아프리카에 분포한다[1]. 유럽의 전통 약용식물로서 해더는 수렴제 기능을 가지는데, 1860년도에 뉴질랜드를 시작으로 20세기 초에 들꿩류의 서식지를 조성하기 위해 영국, 프랑스 및 아일랜드에서 뉴질랜드까지 도입되었고 전 세계로 퍼져나갔다. 현재 미확인된 보급으로 인해 뉴질랜드에서는 유해식물로 지정되었다. 이 약재는 주로 유럽과 러시아에서 생산된다.

해더에는 플라보노이드와 트리테르페노이드 성분이 함유되어 있으며, 알부틴과 우르솔산이 지표 성분이다.

약리학적 연구에 따르면 해더에 항균과 항염증 작용이 있다.

민간요법에 의하면 해더는 수렴 효과가 있으며, 방광염을 치료하는 데 사용했다.

해더 帚石楠 *Calluna vulgaris* (L.) Hull

함유성분

꽃에는 플라보노이드 성분으로 kaempferol, quercetin[2], herbacetin-8-O-gentiobioside, herbacetin-8-O-βD-monoglucoside, taxifolin 3-O-βD-glucoside, quercetin-3-O-βD-galactopyranoside[3], dihydroherbacetin-8-O-βD-glucoside[4], apigenin-7-(2-acetyl-6-methyl) glucuronide[5], quercetin-3-[2,3,4-triacetyl-αL-arabinosyl(1→6)-βD-glucoside][6], kaempferol 3-[2''',3''' 4'''-triacetylarabinosyl(1→6)glucoside], quercetin-3-[2''',3''',5'''-triacetylarabinosyl(1→6)glucoside][7], 5,7-dihydroxychromone, 5,7-dihydroxychromone-7-O-βD-glucoside[8], 3-desoxycallunin, 2''-acetylcallunin[9], 트리테르페노이드 성분으로 ursolic acid[10], 페놀산 성분으로 카페인산, sinapic acid, 페룰산, p-coumaric acid, 클로로겐산, protocatechuic acid, vanillic acid, p-hydroxybenzoic acid, 시링산, gentisic acid[2]가 함유되어 있다.
지상부에는 플라보노이드 성분으로 avicularin[11], hyperoside[12], 3,5,7,8,4'-pentahydroxyflavone-4'-O-βD-glucoside, quercetin-3-O-βD-galactopyranoside, isorhamnetin-3-O-βD-galactoside, callunin[13]이 함유되어 있다.
싹에는 클로로겐산, quercetin-3-O-glucoside, quercetin-3-O-arabinoside, (+)-catechin, procyanidin D_1, callunin[14]이 함유되어 있다.
뿌리에는 (+)-카테킨, procyanidin D_1[14]이 함유되어 있다.
또한 이 식물 전체에는 arbutin, quinol, orcinol[15]이 함유되어 있다.

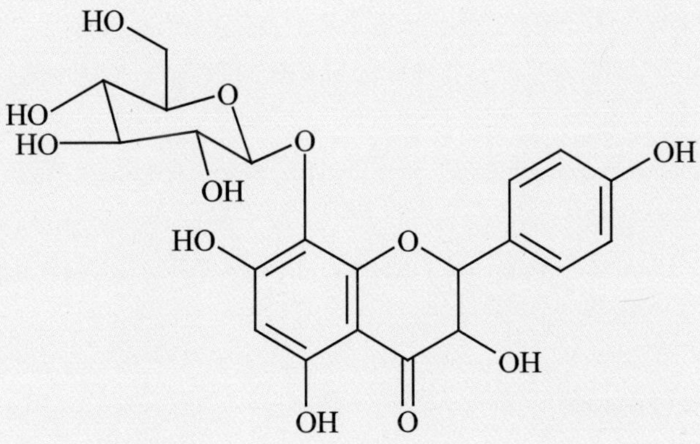

callunin

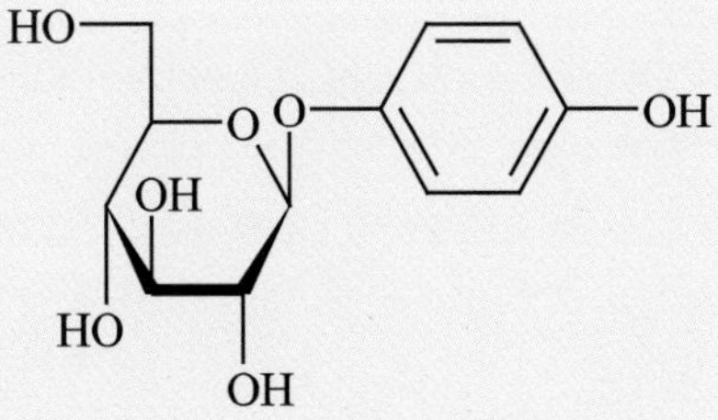

arbutin

약리작용

1. 항균 작용
해더의 꽃에는 *in vitro*에서 황색포도상구균에 대한 중요한 항균 활성을 나타낸다[16]. 전초의 물 추출물은 황색포도상구균, 표피포도구균, 칸디다성 질염, *Cryptococcus neoformans*의 생장을 억제한다[17]. 씨의 메탄올 추출물은 황색포도상구균, *Staphylococccus homins*에 대한 항균 활성을 나타낸다[18].

2. 항염증 작용
*in vitro*에서 전초의 물 추출물은 프로스타글란딘 생합성, 혈소판 활성인자에 의해 유도된 세포외 배출 및 사이클로옥시게나제의 활성을 억제한다[19]. 해더로부터 분리된 우르솔산은 아라키도네이트 물질대사, 지방산화효소 활성 및 마우스 복막 대식세포와 인간의 혈소판 및 백혈병 HL-60 세포에서의 DNA 합성을 억제한다[20-21]. 전초의 물 추출물은 백혈병 HL-60세포의 DNA 합성과 증식을 억제한다[22].

3. 기타
해더는 동맥 혈압과 혈액 응고 촉진을 감소시킨다[11]. 알부틴은 이뇨활성을 보인다[23].

해더 帚石楠 GCEM

용도

1. 설사, 위장 경련
2. 기침, 감기 발열
3. 통풍, 류머티즘
4. 전립선비대
5. 불면증

해설

해더는 민간요법으로 널리 사용되었는데, 현재까지 약리학적 활성에 대한 평가 보고는 부족하다. 따라서 추후 연구가 필요하다.
해더는 자연계에 풍부하고 높은 번식력을 자랑하며 플라보노이드가 풍부하다. 앞으로의 연구를 통하여 플라보노이드의 생리활성에 대한 평가가 필요하다. 이 식물에 대한 광범위하고 포괄적인 연구가 필요하다.

참고문헌

1. J Fagundez, J Izco. Seed morphology of Calluna Salisb. (Ericaceae). Acta Botanica Malacitana. 2004, 29: 215-220
2. JLG Mantilla, E Vieitez. Phenolic compounds in extracts from Calluna vulgaris (L.) Hull. Anales de Edafologiay Agrobiologia. 1975, 34(9-10): 765-774
3. W Olechnowicz-Stepien, H Rzadkowska-Bodalska, E Lamer-Zarawska. Flavonoids of Calluna vulgaris flowers (Ericaceae). Polish Journal of Chemistry. 1978, 52(11): 2167-2172
4. E Lamer-Zarawska, W Olechnowicz-Stepien, Z Krolicki. Isolation of dihydroherbacetin glycoside from Calluna vulgaris L. flowers. Bulletin of the Polish Academy of Sciences: Biological Sciences. 1986, 34(4-6): 71-74
5. DP Allais, A Simon, B Bennini, AJ Chulia, M Kaouadji, C Delage. Phytochemistry of the Ericaceae. Part 1. Flavone and flavonol glycosides from Calluna vulgaris. Phytochemistry. 1991, 30(9): 3099-3101
6. A Simon, AJ Chulia, M Kaouadji, DP Allais, C Delage. Phytochemistry of the Ericaceae. Part 3. Further flavonoid glycosides from Calluna vulgaris. Phytochemistry. 1993, 32(4): 1045-1049
7. A Simon, AJ Chulia, M Kaouadji, DP Allais, C Delage. Phytochemistry of the Ericaceae. Part 5. Two flavonol 3-[triacetylarabinosyl)1 → 6) glucosides] from Calluna vulgaris. Phytochemistry. 1993, 33(5):1237-1240
8. A Simon, AJ Chulia, M Kaouadji, C Delage. Quercetin 3-[triacetylarabinosyl(1 → 6)galactoside] and chromones from Calluna vulgaris. Phytochemistry. 1994, 36(4): 1043-1045
9. DP Allais, AJ Chulia, M Kaouadji, A Simon, C Delage. 3-Desoxycallunin and 2''-acetylcallunin, two minor 2,3-dihydroflavonoid glucosides from Calluna vulgaris. Phytochemistry. 1995, 39(2): 427-430
10. W Olechnowicz-Stepien, H Rzadkowska-Dodalska, J Grimshaw. Investigation on lipid fraction compounds of heather flowers (Calluna vulgaris L.). Polish Journal of Chemistry. 1982, 56(1): 153-157
11. RN Zozulya, VG Regir, YI Popko. Chemical and pharmacological characteristics of the Scotch heather (Calluna vulgaris). Rastitel'nye Resursy. 1974, 10(2): 247-248
12. VL Shelyuto, LP Smirnova, VI Glyzin, LI Anufrieva. Flavonoids of Calluna vulgaris. Khimiya Prirodnykh Soedinenii. 1975, 5: 652
13. T Ersoz, I Calis, O Soner, M Tanker, P Ruedi. Flavonoid glycosides and a phenolic acid ester from Calluna vulgaris. Hacettepe Universitesi Eczacilik Fakultesi Dergisi. 1997, 17(2): 73-80
14. MAF Jalal, DJ Read, E Haslam. Phenolic composition and its seasonal variation in Calluna vulgaris. Phytochemistry. 1982, 21(6): 1397-1401
15. AH Murray, GR Iason, C Stewart. Effect of simple phenolic compounds of heather (Calluna vulgaris) on rumen microbial activity in vitro. Journal of Chemical Ecology. 1996, 22(8): 1493-1504

16. KL Allen, PC Molan, GM Reid. A survey of the anti-bacterial activity of some New Zealand honeys. The Journal of Pharmacy and Pharmacology. 1991, 43(12): 817-822

17. L Braghiroli, G Mazzanti, M Manganaro, MT Mascellino, T Vespertilli. Anti-microbial activity of Calluna vulgaris. Phytotherapy Research. 1996, 10(Suppl. 1): S86-S88

18. Y Kumarasamy, PJ Cox, M Jaspars, L Nahar, SD Sarker. Screening seeds of Scottish plants for anti-bacterial activity. Journal of Ethnopharmacology. 2002, 83: 73-77

19. G Mahy, RA Ennos, AL Jacquemart. Evaluation of anti-inflammatory activity of some Swedish medicinal plants. Inhibition of prostaglandin biosynthesis and PAF-induced exocytosis. Heredity. 1999, 82(Pt 6): 654-660

20. A Najid, A Simon, J Cook, H Chable-Rabinovitch, C Delage, AJ Chulia, M Rigaud. Characterization of ursolic acid as a lipoxygenase and cyclooxygenase inhibitor using macrophages, platelets and differentiated HL60 leukemic cells. FEBS Letters. 1992, 299(3): 213-217

21. A Simon, A Najid, AJ Chulia, C Delage, M Rigaud. Inhibition of lipoxygenase activity and HL60 leukemic cell proliferation by ursolic acid isolated from heather flowers (Calluna vulgaris). Biochimica et Biophysica Acta, Lipids and Lipid Metabolism. 1992, 1125(1): 68-72

22. A Najid, A Simon, C Delage, AJ Chulia, M Rigaud. A Calluna vulgaris extract 5-lipoxygenase inhibitor shows potent anti-proliferative effects on human leukemia HL-60 cells. Eicosanoids.1992, 5(1): 45-51

23. A Temple, MF Gal, C Reboul. Phenolic glucosides of certain Ericaceae. Arbutin and hydroquinone excretion [in the rat]. Travaux de la Societe de Pharmacie de Montpellier. 1971, 31(1): 5-12

냉이 薺 BHP, GCEM

Capsella bursa-pastoris (L.) Medic.

Shepherd's Purse

개 요

십자화과(Brassicaceae)

냉이(薺, *Capsella bursa−pastoris* (L.) Medic.)의 열매꼬투리가 남아있는 꽃이 질 무렵의 지상부를 말린 것: 제채(荠菜)

중약명: 제채(荠菜)

냉이속(*Caspella*) 식물은 전 세계에 약 5종이 있으며 지중해 지역과 유럽 및 서아시아에 분포한다. 중국에서 발견된 오직 1종만이 약으로 사용된다. 냉이는 유럽을 기원으로 하여 전 세계에 걸쳐 온대 지역에 널리 분포한다.

터키의 남동부 아나톨리아 코냐 일대의 차탈휘크(Catal Huyuk) 유적(BC 5950년의 중앙아시아의 석기시대의 거대한 유적지)의 고고학적인 발견에 따르면, 냉이는 약 8000년 동안 고대시대 이래로 식품으로 이용했다. 전통약용식물로서 냉이는 항출혈성제제와 급성방광염과 설사를 치료할 목적으로 사용했다. 19세기에는 미국의 내과의사들이 혈뇨증과 월경과다증을 치료하는 데, 또한 외부의 멍이나 염좌 및 관절염을 치료하는 데 사용할 것을 권고했다. 1차 세계대전 동안에는 지혈제로서 널리 사용했으며, 19세기 말에서 20세기 동안 본초학자들은 냉이를 비뇨생식로의 감염, 산후출혈 및 결장과 폐로부터 내출혈을 치료하는 데 사용하였다. 중국에서는《명의별록(名醫別錄)》에 "제(荠)"로 처음 기술되었다. 이 종은 약재인 제채(Bursae Pastoris Herba)에 대한 공식적인 기원식물 내원종으로서 영국생약전(1996)에 등재되어 있다. 이 약재는 주로 러시아, 헝가리, 불가리아 및 동남부유럽에서 생산된다.

냉이에는 주로 플라보노이드, 글루코시놀레이트 및 정유 성분을 함유하고 있다. 영국생약전에서는 의약 물질의 품질관리를 위해 수용성 추출물의 함량이 12% 이상이어야 한다고 규정하고 있다.

약리학적 연구에 따르면 냉이는 평근육 수축, 항고혈압, 항종양, 항염증 및 항균작용이 있다.

냉이 薺 *Calluna vulgaris* (L.) Hull

제채 荠菜 Bursae Pastoris Herba

함유성분

지상부에는 플라보노이드 성분으로 swertisin[1], luteolin, chrysoeriol[2], hesperidin, rutin[3], luteolin−7−rutinoside, quercetin−3−rutinoside, luteolin−7−galactoside[4], dihydrofisetin, kaempferol−4'methyl ether, diosmin, robinetin[5], 글루코시놀레이트 성분으로 sinigrin, 10−methylsulfinyldecyl glucosinolate[4], 페놀산 성분으로 vanillic acid[1], fumaric acid[6], 정유 성분으로 isoeugenol, terpineol, carvone, phellandrene[7]이 함유되어 있다.
뿌리에는 펩타이드 성분으로 쉐페린 I, II[8]와 정유[7]성분이 함유되어 있다.

약리작용

1. 평활근 수축
   에탄올 추출물은 옥시토신과 비슷한 활성을 가지는데, 적출한 랫드의 자궁에서 수축 활동을 나타낸다. 폴리펩타이드는 주요 활성성분이다. 에탄올 추출물은 기니피그 소장의 수축을 유도하고, 그 효과는 아트로핀으로부터 길항작용이다[10]. 물 추출물은 적출된 상태에서 토끼 자궁의 수축을 유도했다[11].
2. 혈압강하 작용
   개, 고양이, 토끼에 에탄올 추출물을 정맥 내 투여하면 혈압의 일시적인 감소를 보였다[10]. 혈압의 감소는 심장 근육에서 무스카린성 수용기에 알칼로이드[12]와 플라보노이드 성분의 억제 작용과 관련이 있을 것으로 보인다[13].
3. 항종양 작용
   약재 추출물을 마우스의 복강 내 투여하면 마우스의 피하조직에 접종한 에를리히 종양세포의 생장을 억제했고, 마우스 처리군의 종양 덩어리는 숙주의 섬유 조직 세포의 다병소성 괴사 및 조직 침투를 보였다. 푸마르산은 항종양 활성의 구성요소이다[14].
4. 항염증 작용
   전초의 탈인 액을 마우스 복강 내 투여하면 디메틸벤젠으로 유도한 귀 부종 및 아세트산으로 유도한 마우스의 복막 모세혈관 투과성이 증가하는 것을 억제했고, 랫드에 카라기닌과 자이모산 A로 유도한 발바닥 부종을 감소시켰다. 그러나 니스타틴에 의해 유발한 염증에 대한 주요한 효과는 없었다. 이러한 항염증 활성은 넓은 범위의 염증 매개체의 억제와 관련이 있다[15].
5. 항균 작용
   뿌리로부터 추출한 쉐페린 I과 II는 그람 음성균과 곰팡이에 대한 억제효과를 나타냈다[8].
6. 기타
   전초 추출물은 또한 스트레스로 유도된 궤양을 억제하고 궤양의 치유를 촉진한다.

용도

1. 월경 과다증, (월경시 이외의)자궁 출혈, 월경 전 증후군
2. 코피, 토혈, 객혈, 혈뇨증
3. 신장성 부종, 유양뇨(乳樣尿, 소변백탁)
4. 결석증
5. 종양

해설

냉이 꽃의 기능은 제채(荠菜)와 비슷한 중국 의약 제채화(荠菜花, Bursae Pastoris Flos)로 사용됐다. 추가적으로 냉이의 씨는 가스를 없애고, 시력을 증진시키며, 잠행성 발병과 백탁과 함께 맹목과 안통이 나타날 때는 중국 의약 제채자(荠菜子, Bursae Pastoris Semen)를 사용했다.
냉이는 향미용 채소로 잘 알려진 것 중 하나이다. 먹을 수도 있고 약효가 있는 식물로서 냉이는 건강관리 제품으로 처리되었다. "3월 셋째주에 수확된 냉이는 만병통치약을 능가한다."고 구전되었다. 냉이는 높은 영양분과 의약적 가치를 가지고 있어서 또한 인위적인 재배와 상업적인 판매과정을 거쳐서 생으로도 먹고 의약용으로도 사용되고 있다.
냉이를 개발하는 과정과 그 생산 기술의 촉진을 위하여 야생자원의 발전에 관심이 필요하다.

참고문헌

1. S Al-Khalil, M Abu Zarga, N Zeitoun, D Al-Eisawi, J Zahra, S Sabri, Atta-Ur-Rahman. Chemical constituents of Capsella bursa-pastoris. Alexandria Journal of Pharmaceutical Sciences. 2000, 14(2): 91-94
2. MH Kweon, JH Kwak, KS Ra, HC Sung, HC Yang. Structural characterization of a flavonoid compound scavenging superoxide anion radical isolated from Capsella bursa-pastoris. Journal of Biochemistry and Molecular Biology. 1996, 29(5): 423-428
3. S Jurisson. Flavonoid substances of Capsella bursa-pastoris. Farmatsiya. 1973, 22(5): 34-35
4. N Nazmi Sabri, T Sarg, AA Seif-El Din. Phytochemical investigation of Capsella bursa-pastoris (L.) Medik. growing in Egypt. Egyptian Journal of Pharmaceutical Sciences. 1977, 16(4): 521-522
5. R Wohlfart, R Gademann, CP Kirchner. Physiological-chemical observations of changes in the flavonoid pattern of Capsella bursa-pastoris. Deutsche Apotheker Zeitung. 1972, 112(30): 1158-1160
6. K Kuroda. Pharmacological and anticarcinogenic effects of Capsella bursa-pastoris extract. Chiba Igaku Zasshi. 1989, 65(2): 67-74
7. M Miyazawa, A Uetake, H Kameoka. The constituents of the essential oils from Capsella bursa-pastoris Medik. Yakugaku Zasshi. 1979, 99(10): 1041-1043
8. CJ Park, CB Park, SS Hong, HS Lee, SY Lee, SC Kim. Characterization and cDNA cloning of two glycine- and histidine-rich antimicrobial peptides from the roots of shepherd's purse, Capsella bursa-pastoris. Plant Molecular Biology. 2000, 44(2): 187-197
9. K Kuroda, K Takagi. Physiologically active substance in Capsella bursa-pastoris. Nature. 1968, 220(5168): 707-708
10. K Kuroda, T Kaku. Pharmacological and chemical studies on the alcohol extract of Capsella bursa-pastoris. Life Sciences. 1969, 8(3): 151-155
11. V Lodi. Pharmacological investigations on Capsella bursa-pastoris. III. Fitoterapia. 1941, 17: 21-28
12. K Nagai. Capsella bursa-pastoris. II. The blood pressure depressing components and their pharmacological action and the steam distilled components in C. bursa-pastoris. Yakugaku Kenkyu. 1961, 33: 48-54
13. YH Liu, YQ Yao, HL Li, HJ Zhou. A preliminary study of the influence of shepherd's purse liquid on the blood pressure of domestic rabbits. Chinese Journal of the Practical Chinese Modern Medicine. 2004, 17(10): 1551
14. K Kuroda, M Akao, M Kanisawa, K Miyaki. Inhibitory effect of Capsella bursa-pastoris extract on growth of Ehrlich solid tumor in mice. Cancer Research. 1976, 36(6): 1900-1903
15. XR Yue, M Tian, CH Xu, Y Ruan. Studies on the anti-inflammatory effect of Capsella bursa–pastoris. Lishizhen Medicine and Materia Medica Research. 2006, 17(5): F0003-F0004

파파야 番木瓜 GCEM

Caricaceae

Carica papaya L.

Papaya

개 요

파파야과(Caricaceae)

파파야(番木瓜, *Carica papaya* L)의 열매의 신선한 것 또는 말린 것: 번목과(番木瓜)

중약명: 번목과(番木瓜)

무화과속(*Carica*) 식물은 전 세계에 약 45종이 있으며 아메리카의 열대 지역을 기원으로 하여 미국의 중부와 서부, 오세아니아, 하와이, 필리핀, 말레이 반도, 인도차이나 반도, 인도 및 아프리카에 널리 분포한다. 그 가운데 1종(카리카 파파야)이 중국에 도입되었다. 파파야는 열대 아메리카를 기원으로 전 세계의 열대 및 아열대 지역에서 널리 재배되고 있다. 또한 중국에서는 홍콩, 운남성, 호남성에 분포한다.

서양에서는 파파야가 전통적인 약용식물은 아니며, 최근 30년 동안 장용정(腸溶錠) 형태의 소화효소보충제로 사용하였다. 파파야는 몇백 년 전에 중국에 도입되었고, 《본초품회정요(本草品汇精要)》에서 처음으로 약으로 기재되었다. 이 약재는 주로 브라질, 멕시코, 동남아시아 및 중국 남부 지역에서 생산된다.

파파야에는 단백질분해효소, 정유, 배당체 및 알칼로이드 성분이 함유되어 있으며, 파파인과 카르파인은 활성성분이다.

약리학적 연구에 따르면 열매에 불임치료, 항균작용, 항산화, 항종양, 면역조절, 항기생충, 혈압강하작용이 있다.

한의학적으로는 열매에 소식하유(消食下乳), 제습통락(除濕通絡), 해독구충(解毒驅蟲)의 효능이 있다.

파파야 열매는 중국의 일부 소수 민족에서 널리 사용된다. 예를 들면, 태(傣)족은 심한 변비, 소변불리, 각기병, 두통, 어지러움, 요통 및 관절통을 치료하기 위해 사용한다. 아창족(阿昌族), 덕앙족(德昂族), 경파족(景頗族) 및 율속족(傈僳族)은 유즙부족 및 류마티스성 관절염 치료에 사용한다. 랍호족(拉祜族)은 복통, 두통, 위장 약화, 소화 불량, 유즙부족, 이질, 장염, 변비 및 간염을 치료하는 데 사용한다. 장족(壯族)은 산후유즙부족을 치료하기 위해 사용한다[1].

파파야 番木瓜 *Carica papaya* L.

함유성분

지상부에는 플라보노이드 성분으로 swertisin[1], luteolin, chrysoeriol[2], hesperidin, rutin[3], luteolin-7-rutinoside, quercetin-3-rutinoside, luteolin-7-galactoside[4], dihydrofisetin, kaempferol-4'methyl ether, diosmin, robinetin[5], 글루코시놀레이트 성분으로 sinigrin, 10-methylsulfinyldecyl glucosinolate[4], 페놀산 성분으로 vanillic acid[1], fumaric acid[6], 정유 성분으로 isoeugenol, terpineol, carvone, phellandrene[7]이 함유되어 있다.
뿌리에는 펩타이드 성분으로 쉐페린 I, II[8]와 정유[7]성분이 함유되어 있다.

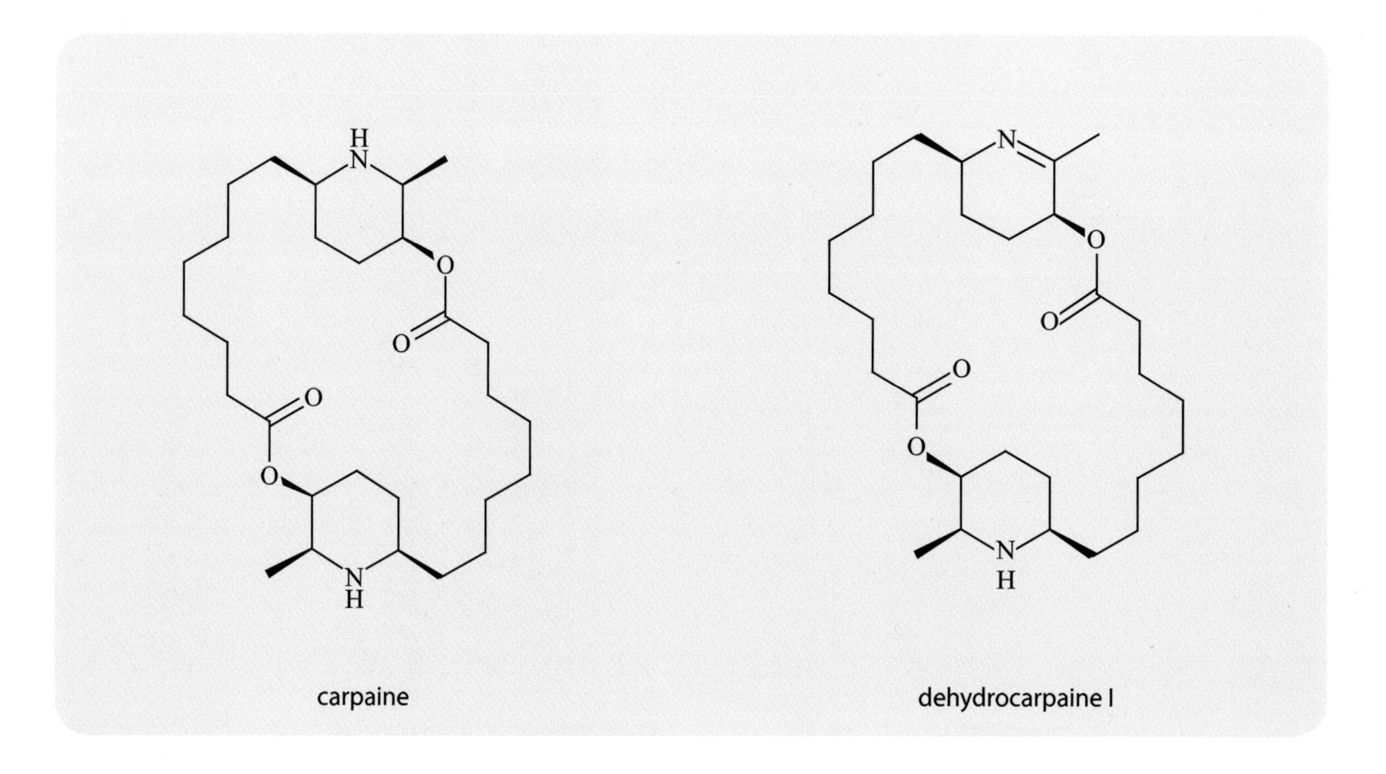

약리작용

1. 불임

(1) 남성 생식기계에 대한 영향

씨의 미정제 클로로포름 추출물을 수컷 랫드에 경구 투여하면 꼬리 부고환의 정자 운동성을 현저히 떨어트렸다. 성숙한 수컷 토끼 또는 랫드에 씨의 미정제 클로로포름이나 벤젠 분획물을 경구 투여하면 정자 농도를 감소시키고, 정자 운동성과 생존율에 상당한 영향을 미쳤다[20-24]. *in vitro*에서 씨로부터 추출한 ECP I과 II는 살정 효과를 나타냈다. ECP I과 MCP I를 랫드에 경구 투여하면 정자의 운동성을 억제했다[25-26]. 씨의 물 추출물을 수컷 마우스 또는 랫드에 경구 투여하면 가역적인 불임 효과를 나타냈으며, 태아의 발생에 영향을 미쳤다. 또한, 가역적으로 꼬리 부고환 세관의 수축반응을 감소시켰다. 이것은 발정을 촉진하지 않고, 몸무게, 간 기능, 콜레스테롤 및 단백질의 물질 대사에도 영향을 미치지 않았다[27-30]. 불임 효과는 뇌하수체-생식샘 축 상에 영향을 미치는 것과 관련된다[31]. 나무껍질의 물 추출물을 수컷 랫드에 경구 투여하면, 안전한 피임효과를 보였다[32]. 랫드에 씨의 메탄올 추출물을 경구 투여하면, 정자의 농도를 낮추고, 일반적인 독성 없이 정자의 운동성을 억제했다[33].

(2) 여성 생식기계에 대한 영향

파파야 라텍스는 적출한 랫드의 자궁의 수축을 유도했다. 이 활성은 아마도 알파작용수용체 상에서 효소와 알칼로이드 및 다른 물질의 효과와 관련되어 있는 것으로 보인다[34]. 씨의 80% 메탄올 추출물은 임신하거나 임신하지 않은 랫드에서 적출한 자궁의 불가역적인 자궁 진통억제를 일으키며, 이는 아마도 자궁 내에 벤질 이소티오시안산벤질에 의한 손상으로 기인한 것으로 보인다[35].

2. 항균 작용

카르파인은 바실루스 세레우스에 대해 주요한 항균활성을 가지고 있으며, *Bacillus mycoides*에 대해서는 적절한 항균 효과를 나타냈다[36]. 파파야 라텍스는 칸디다성 질염의 생장을 억제하고[8], 곰팡이균의 세포벽을 분해한다[37]. 열매껍질, 씨, 과육에는 *in vitro*에서 고초균, 엔테로박터 클로아카, 대장균, 장티푸스균, 황색포도상구균, *Proteus vulgaris*, 녹농균, 폐렴간균과 같은 일부 장 병원성 세균에 대해 항균 활성을 가진다[38]. 익거나 덜 익은 열매의 외과피, 내과피 및 씨 추출물은 만성적인 피부 궤양의 치료율을 증가시키고, 황색포도상구균, 바실루스 세레우스, 대장균, 녹농균, *Shigella flesneri*를 억제한다[39-40].

3. 항산화 작용

발효한 파파야 조제물은 Fe-NTA^{+}과산화수소(H_2O_2)로부터 초나선 플라스미드 DNA를 보호하고 단일 및 이중나선 구조가 깨지는 것을 막아주며 T-임파구를 보호하였다. 또한, 수산기를 소거하고, 지질과산화를 억제하며, SOD의 활성을 증가시켰다[41-42]. 열매의 물 추출물은 마우스의 간 균질액에서 과산화수소로 인해 유발한 적혈구 용혈을 현저하게 억제시켰고 자발성 또는 Fe^{2+}-비타민 C로 유발된 지질과산화를 억제했다. 또한 물 추출물은 랫드 혈장에서 수산기를 소거하고 SOD의 활성을 강화하였다[43]. 파파야 열매의 즙액은 알파토코페놀에 상응하는 항산화 활성을 가진다[44].

4. 항종양 작용

*in vitro*에서 카르파인은 마우스 림프성 백혈병 L1210, 림프성 백혈병 P388 및 에를리히 복수 종양 세포에 대한 항종양 활성을 나타낸다[17].

5. 면역조절 작용

*in vitro*에서 발효한 파파야 조제물은 RAW264.7 대식세포를 활성화하고, 일산화질소의 합성과 종양괴사인자-α의 분비를 강화시켰다[45]. 씨 추출물은 면역증강과 항염증효과를 가진다[46].

6. 구충 작용

파파야 라텍스는 감염된 마우스의 장 내 기생충에 대한 구충효과를 나타낸다[47]. 열매 추출물인 시스테인프로테아제는 *in vitro*에서 설치류의 장 내 기생충의 큐티클 층에 뚜렷한 손상을 야기했다[48].

7. 기타

덜 익은 열매의 에탄올 추출물을 마우스의 복강투여를 통해 알파 아드레날린 수용체의 활성 및 혈압을 떨어뜨리는 작용을 나타낸다[49]. 씨 추출물과 벤질 이소치오시아네이트는 적출한 토끼의 공장(空腸)에서 수축성을 감소시켰다[50]. 파파야 라텍스는 기니피그의 회장(回腸)띠(ileal strip) 수축을 유도한다[51]. 덜 익은 열매의 유액은 랫드의 외인성 궤양으로부터 보호하는 효과를 나타냈다[52].

용도

1. 소화불량, 위궤양, 십이지장 궤양
2. 기생충
3. 췌장 분비 부족
4. 유즙부족
5. 류마티즘

해설

파파야는 자연계에 널리 분포하고 있으며, 재배가 쉽다. 열매가 익었을 때는 보통 과일로 이용하며, 덜 익은 열매는 채소로도 사용한다. 저장용 열매는 설탕에 절여 주스나 잼으로도 이용한다. 현재의 약리학적 연구를 통해서 씨 추출물이 뛰어난 불임 효과가 있음을 보여주었다. 따라서 씨로부터 추출한 천연성분의 피임약으로써 개발 가치가 높다.

참고문헌

1. QH Wei, ZM Tang. Study on pharmacognosy of Carica papaya L. Journal of Yunnan College of Traditional Chinese Medicine. 2000, 23(3): 7-9

2. BS Baines, K Brocklehurst. Isolation and characterization of the four major cysteine-proteinase components of the latex of Carica papaya. Reactivity characteristics towards 2,2'-dipyridyl disulfide of the thiol groups of papain, chymopapains A and B, and papaya peptidase A. Journal of Protein Chemistry. 1982, 1(2): 119-139

3. J Hartmann-Schreier, P Schreier. Purification and partial characterization of β-glucosidase from papaya fruit. Phytochemistry. 1986, 25(10): 2271-2274

4. T Dubois, A Jacquet, AG Schnek, Y Looze. The thiol proteinases from the latex of Carica papaya L. I. Fractionation, purification and preliminary characterization. Biological Chemistry Hoppe–Seyler. 1988, 369(8): 733–740

5. ME Lopez, MA Vattuone, AR Sampietro. Partial purification and properties of invertase from Carica papaya fruits. Phytochemistry. 1988, 27(10): 3077–3081

6. R Giordani, M Siepaio, J Moulin–Traffort, P Regli. Anti–fungal action of Carica papaya latex: isolation of fungal cell wall hydrolyzing enzymes. Mycoses. 1991, 34(11–12): 469–477

7. M Azarkan, A Amrani, M Nijs, A Vandermeers, S Zerhouni, N Smolders, Y Looze. Carica papaya latex is a rich source of a class II chitinase. Phytochemistry. 1997, 46(8): 1319–1325

8. M Azarkan, R Wintjens, Y Looze, D Baeyens–Volant. Detection of three wound–induced proteins in papaya latex. Phytochemistry. 2004, 65(5): 525–534

9. CP Soh, ZM Ali, H Lazan. Characterisation of an α–galactosidase with potential relevance to ripening related texture changes. Phytochemistry. 2006, 67(3): 242–254

10. RA Flath, RR Forrey. Volatile components of papaya (Carica papaya L., Solo variety). Journal of Agricultural and Food Chemistry. 1977, 25(1): 103–109

11. JA Pino, K Almora, R Marbot. Volatile components of papaya (Carica papaya L., Maradol variety) fruit. Flavor and Fragrance Journal. 2003, 18(6): 492–496

12. N Robledo, R Arzuffi. Identification of volatile compounds from papaya and cuaguayote by solid phase microextraction and GC–MS. Revista Latinoamericana de Quimica. 2004, 32(1): 30–36

13. W Schwab, P Schreier. Aryl β–D–glucosides from Carica papaya fruit. Phytochemistry. 1988, 27(6): 1813–1816

14. F Echeverri, F Torres, W Quinones, G Cardona, R Archbold, J Roldan, I Brito, JG Luis, EH Lahlou. Danielone, a phytoalexin from papaya fruit. Phytochemistry. 1997, 44(2): 255–256

15. J Lal, S Chandra, M Sabir. Phytochemical investigation of Carica papaya seeds. Indian Drugs. 1982, 19(10): 406–407

16. K Ohtani, A Misaki. Purification and characterization of β–D–galactosidase and α–D–mannosidase from papaya (Carica papaya) seeds. Agricultural and Biological Chemistry. 1983, 47(11): 2441–2451

17. L Oliveros–Belardo, VA Masilungan, V Cardeno, L Luna, F De Vera, E De la Cruz, E Valmonte. Possible anti–tumor constituent of Carica papaya. Asian Journal of Pharmacy. 1972, 2(2): 26–29

18. CS Tang. New macrocyclic Δ^1–piperideine alkaloids from papaya leaves: dehydrocarpaine I and II. Phytochemistry.1979, 18(4): 651–652

19. LI Topuriya. Carica papaya alkaloids. II. Khimiya Prirodnykh Soedinenii. 1983, 2: 243

20. NK Lohiya, RB Goyal. Anti–fertility investigations on the crude chloroform extract of Carica papaya Linn. seeds in male albino rats. Indian Journal of Eexperimental Biology. 1992, 30(11): 1051–1055

21. NK Lohiya, N Pathak, PK Mishra, B Manivannan. Reversible contraception with chloroform extract of Carica papaya Linn. seeds in male rabbits. Reproductive Toxicology. 1999, 13(1): 59–66

22. NK Lohiya, PK Mishra, N Pathak, B Manivannan, SC Jain. Reversible azoospermia by oral administration of the benzene chromatographic fraction of the chloroform extract of the seeds of Carica papaya in rabbits. Advances in Contraception. 1999, 15(2): 141–161

23. N Pathak, PK Mishra, B Manivannan, NK Lohiya. Sterility due to inhibition of sperm motility by oral administration of benzene chromatographic fraction of the chloroform extract of the seeds of Carica papaya in rats. Phytomedicine. 2000, 7(4): 325–333

24. B Manivannan, PK Mishra, N Pathak, S Sriram, SS Bhande, S Panneerdoss, NK Lohiya. Ultrastructural changes in the testis and epididymis of rats following treatment with the benzene chromatographic fraction of the chloroform extract of the seeds of Carica papaya. Phytotherapy Research.2004, 18(4): 285–289

25. NK Lohiya, LK Kothari, B Manivannan, PK Mishra, N Pathak. Human sperm immobilization effect of Carica papaya seed extracts: an in vitro study. Asian Journal of Andrology. 2000, 2(2): 103–109

26. NK Lohiya, PK Mishra, N Pathak, B Manivannan, SS Bhande, S Panneerdoss, S Sriram. Efficacy trial on the purified compounds of the seeds of Carica papaya for male contraception in albino rat. Reproductive Toxicology. 2005, 20(1): 135–148

27. NJ Chinoy, JM D'Souza, P Padman. Effects of crude aqueous extract of Carica papaya seeds in male albino mice. Reproductive Toxicology. 1994, 8(1): 75–79

28. NK Lohiya, RB Goyal, D Jayaprakash, AS Ansari, S Sharma. Anti–fertility effects of aqueous extract of Carica papaya seeds in male rats. Planta Medica. 1994, 60(5): 400–404

29. O Oderinde, C Noronha, A Oremosu, T Kusemiju, OA Okanlawon. Abortifacient properties of aqueous extract of Carica papaya (Linn) seeds on female Sprague–Dawley rats. The Nigerian Postgraduate Medical Journal. 2002, 9(2): 95–98

30. RJ Verma, NJ Chinoy. Effect of papaya seed extract on contractile response of cauda epididymal tubules. Asian Journal of Andrology. 2002, 4(1): 77–78

31. P Udoh, I Essien, F Udoh. Effects of Carica papaya (paw paw) seeds extract on the morphology of pituitary–gonadal axis of male Wistar rats. Phytotherapy Research. 2005, 19(12): 1065–1068

32. O Kusemiju, C Noronha, A Okanlawon. The effect of crude extract of the bark of Carica papaya on the seminiferous tubules of male Sprague–Dawley rats. The Nigerian Postgraduate Medical Journal. 2002, 9(4): 205–209

33. NK Lohiya, B Manivannan, S Garg. Toxicological investigations on the methanol sub–fraction of the seeds of Carica papaya as a male contraceptive in albino rats. Reproductive Toxicology. 2006, 22(3): 461–468

34. T Cherian. Effect of papaya latex extract on gravid and non–gravid rat uterine preparations in vitro. Journal of Ethnopharmacology. 2000, 70(3): 205–212

35. A Adebiyi, AP Ganesan, RNV Prasad. Tocolytic and toxic activity of papaya seed extract on isolated rat uterus. Life Sciences. 2003, 74(5): 581–592

36. FM Hashem, MY Haggag, AMS Galal. A phytochemical study of Carica papaya L. growing in Egypt. Egyptian Journal of Pharmaceutical Sciences. 1981, 22(1–4): 23–37

37. R Giordani, ML Cardenas, J Moulin–Traffort, P Regli. Fungicidal activity of latex sap from Carica papaya and anti–fungal effect of D(+)–glucosamine on Candida albicans growth. Mycoses. 1996, 39(3–4): 103–110

38. JA Osato, LA Santiago, GM Remo, MS Cuadra, A Mori. Anti–microbial and anti–oxidant activities of unripe papaya. Life Sciences. 1993, 53(17): 1383–1389

39. AC Emeruwa. Anti–bacterial substance from Carica papaya fruit extract. Journal of Natural Products. 1982, 45(2): 123–127

40. G Dawkins, H Hewitt, Y Wint, PC Obiefuna, B Wint. Anti–bacterial effects of Carica papaya fruit on common wound organisms. The West Indian Medical Journal. 2003, 52(4): 290–292

41. G Rimbach, Q Guo, T Akiyama, S Matsugo, H Moini, F Virgili, L Packer. Ferric nitrilotriacetate induced DNA and protein damage: inhibitory effect of a fermented papaya preparation. Anticancer Research. 2000, 20(5A): 2907–2914

42. K Imao, H Wang, M Komatsu, M Hiramatsu. Free radical scavenging activity of fermented papaya preparation and its effect on lipid peroxide level and superoxide dismutase activity in iron–induced epileptic foci of rats. Biochemistry and Molecular Biology International. 1998, 45(1): 11–23

43. P Luan, Q Liu. Anti–oxidant activity of Carica papaya. The Chinese Journal of Modern Applied Pharmacy. 2006, 23(1): 19–20, 27

44. S Mehdipour, N Yasa, G Dehghan, R Khorasani, A Mohammadirad, R Rahimi, M Abdollahi. Anti–oxidant potentials of Iranian Carica papaya juice in vitro and in vivo are comparable to α–tocopherol. Phytotherapy Research. 2006, 20(7): 591–594

45. G Rimbach, YC Park, Q Guo, H Moini, N Qureshi, C Saliou, K Takayama, F Virgili, L Packer. Nitric oxide synthesis and TNF–α secretion in RAW 264.7 macrophages. Mode of action of a fermented papaya preparation. Life Sciences. 2000, 67(6): 679–694

46. MP Mojica–Henshaw, AD Francisco, F De Guzman, XT Tigno. Possible immunomodulatory actions of Carica papaya seed extract. Clinical Hemorheology and Microcirculation. 2003, 29(3–4): 219–229

47. F Satrija, P Nansen, S Murtini, S He. Anthelmintic activity of papaya latex against patent Heligmosomoides polygyrus infections in mice. Journal of Ethnopharmacology. 1995, 48(3): 161–164

48. G Stepek, DJ Buttle, IR Duce, A Lowe, JM Behnke. Assessment of the anthelmintic effect of natural plant cysteine proteinases against the gastrointestinal nematode, Heligmosomoides polygyrus, in vitro. Parasitology. 2005, 130(Pt 2): 203–211

49. AE Eno, OI Owo, EH Itam, RS Konya. Blood pressure depression by the fruit juice of Carica papaya (L.) in renal and DOCA–induced hypertension in the rat. Phytotherapy Research. 2000, 14(4): 235–239

50. A Adebiyi, PG Adaikan. Modulation of jejunal contractions by extract of Carica papaya L. seeds. Phytotherapy Research. 2005, 19(7): 628–632

51. A Adebiyi, PG Adaikan, RN Prasad. Histaminergic effect of crude papaya latex on isolated guinea pig ileal strips. Phytomedicine. 2004, 11(1): 65–70

52. CF Chen, SM Chen, SY Chow, PW Han. Protective effects of Carica papaya Linn against exogenous gastric ulcer in rats. The American Journal of Chinese Medicine. 1981, 9(3): 205–212

파파야 재배 모습

잇꽃 紅花 CP, KP, USP

Asteraceae

Carthamus tinctorius L.

Safflower

개 요

국화과(Asteraceae)

잇꽃(紅花, *Carthamus tinctorius* L.)의 꽃을 말린 것: 홍화(紅花)

잇꽃의 씨로부터 얻은 기름: 홍화유(紅花油)

잇꽃속(*Carthamus*) 식물은 전 세계에 약 20여 종이 있으며 중앙아시아, 서남아시아 및 지중해연안에 분포한다. 이 가운데 2종이 중국에서 발견되며, 1종이 약으로 사용된다. 잇꽃의 기원은 중앙아시아로, 러시아에서는 야생으로 자생할 뿐만 아니라 일반 농경지에서 재배하고 있다. 중국에서는 사천성과 강소성 지역을 서식지로 하여 서남부와 북서부 지역을 걸쳐 중국 북동부 지역의 하북성, 하남성 지역에서 재배하고 있다. 중국을 통해 일본과 한국에까지도 도입되어 널리 재배되고 있다.

잇꽃은 초기에 직물을 붉은색과 노란색으로 염색하는 목적과 화장품에 사용하였고, 또한 미이라를 만들 때 첨가하는 염료로도 사용하였다. 잇꽃으로 만든 차는 발한을 유도하고 열을 내리는 용도로도 사용했다[1]. 중국에서는 본초도경(本草图经)에 '홍화'로 처음으로 소개되었고, 개보본초(開寶本草)에서는 "홍람화(紅藍花)"로 언급하였는데 이는 가장 고대의 한약 문헌에 기록된 것이다. 이 종은 약재인 홍화유(safflower oil)에 대한 공식적인 기원식물 내원종으로서 미국약전(28개정판)에 규정하고 있으며, 또한 중국에서는 홍화(Carthami Flos)에 대한 공식적인 기원식물 내원종으로서 중국약전(2015)에 등재하고 있다. ≪대한민국약전≫(제11개정판)에는 "홍화"를 "잇꽃 *Carthamus tinctorius* Linné (국화과 Compositae)의 관상화"로, ≪대한민국약전외한약(생약)규격집≫(제4개정판)에는 "홍화자"를 "잇꽃 *Carthamus tinctorius* Linné (국화과 Compositae)의 열매"로 등재하고 있다. 이 약재는 주로 이란, 북서부 인도, 아프리카, 극동 지역 및 북아메리카에서 생산되며, 중국에서는 하남성, 사천성, 신장, 하북성, 강소성, 절강성 지역에서 생산되고 있다.

홍화에는 주로 플라보노이드 성분을 함유하고 있으며, 꽃에 있는 수산화홍화황색소 A, 홍화황색소 B 및 홍화적색소가 주요 생리적 활성을 가진 색소이고, 씨에 들어있는 지방산과 세로토닌 유도체들 또한 생리적 활성을 가진 주요 성분들이다. 미국약전에서는 의약 물질의 품질관리를 위해 가스크로마토그래피 시험할 때 홍화오일의 에스테르화 반응 후 피크면적의 비율이 팔미트산염 2–10%, 스테아르산염 1–10%, 올레산염 7–42%, 리놀레산염이 72–84%이어야 한다고 규정하고 있다. 중국약전에서는 액체크로마토그래피로 시험할 때 하이드록시사플로어 황색소 A의 함량이 1% 이상이어야 하고, 캠페롤의 함량이 0.05% 이상이어야 한다고 규정하고 있다.

약리학적 연구에 따르면 홍화에는 항혈소판응집반응, 항혈전, 항죽상동맥경화, 항허혈저산소증, 신장기능보호, 항산화, 항종양, 항골다공증 및 면역조절 작용이 있다.

민간요법에 의하면 홍화는 자극제, 하제, 항발한, 월경촉진 및 거담제로 사용했으며, 한의학적으로 활혈통경(活血通經), 생신혈(生新血), 산어지통(散瘀止痛)의 효능이 있다.

잇꽃 紅花 *Carthamus tinctorius* L.

홍화 紅花 Carthami Flos

함유성분

꽃에는 플라보노이드 성분으로 홍화황색소 A, hydroxysafflor yellow A(safflomin A), 홍화황색소 B(safflomin B), safflomin C, precarthamin, carthamin(safflower red), tinctormine, cartormin[2-4], kaempferol, 6-hydroxykaempferol, quercetin과 그 배당체, 그리고 rutinosides, apigenin, scutellarein, rutin, myricetin, (2S)-4'5-dihydroxy-6,7-di-O- βD-glucopyranosyl flavanone[5-8], 알칸디올 성분으로 nonacosane-6,8-diol, 6,8-hexatriacontanediol, 7,9-octacosanediol, 7,9-triacontanediol[9-10], 시클로헵테논 성분으로 cartorimine[11], 페닐프로파노이드 배당체 성분으로 syringin[5]이 함유되어 있다.
잎에는 플라보노이드 성분으로 quercetin, quercetin-7-O-βD-glucopyranoside, luteolin, luteolin-7-O-βD-glucopyranoside, acacetin-7-O-glucuronide[12]가 함유되어 있다.
씨에는 지방산 성분으로 리올레산, 올레산, palmic acid, 스테아르산[13], 플라보노이드 성분으로 luteolin, acacetin, acacetin-7-O- α L-rhamnopyranoside, kaempferol-7-O-βD-glucopyranoside, 세로토닌 유도체 성분으로 N-feruloylserotonin, N-(p-coumaroyl) serotonin, 리그난류 성분으로 matairesinol, 8'hydroxyarctigenin[14-15]이 함유되어 있다.

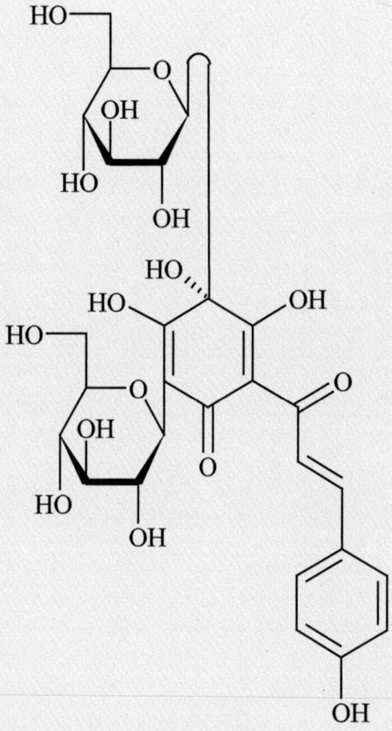

hydroxysafflor yellow A

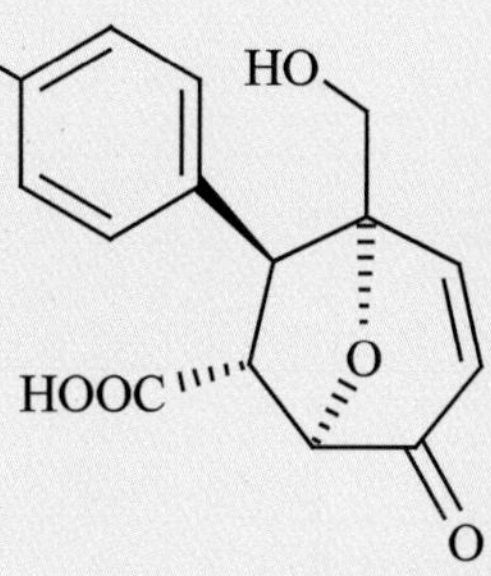

cartorimine

약리작용

1. 혈소판응집과 혈전 형성에 대한 효과
홍화 플라보노이드 추출물을 랫드에 경구 투여하면 ADP로 유발한 혈소판 응집을 현저하게 저해했다. 또한 랫드에 동맥-정맥 우회로 혈전과 정맥혈전을 저해했다[16]. 홍화황색소 A는 아라키돈산(AA)으로 유발된 혈소판 응집을 억제했다. 또한 홍화황색소 A를 랫드의 정맥에 투여하면 동맥-정맥 우회로 혈전의 습중량(wet weight)을 감소시켰다[17]. 6-하이드록시캠페롤과 시린긴은 콜라겐으로 유발된 혈소판 응집을 억제했다[18]. 수산화홍화황색소 A, 캠페롤, 미리세틴과 같은 플라보노이드 성분들은 응집활성인자(PAF)로 인해 유발된 토끼의 다형핵 백혈구의 응집과 점착을 억제했다. 수산화홍화황색소 A는 순수 분리한 토끼 혈소판 내 수용체가 [3H] PAF와 결합하는 것을 억제하고, 또한 PAF로 인해 유발된 혈소판 응집을 억제했다[19-20].

2. 허혈로 유발된 손상으로 부터의 보호

꽃의 에탄올 추출물을 개의 정맥에 투여하면 전거 하강 관상동맥의 결찰로 인해 유발된 허혈성 심전도를 상승시키고, 감소한 심장의 수축성으로 인해 유발된 좌심실 확장기말압(擴張基末壓)의 증가를 방해했다. 또한 심장펌프기능과 심장운동감소를 증진시키고, 관상동맥혈류를 증가시키며, 총말초저항(TPR)을 감소시킬뿐만 아니라 심근 허혈증으로 인해 유발된 심장기능장애를 개선했다[21]. 홍화의 플라보노이드를 랫드에 경구 투여하면 중뇌 동맥 폐색으로 인해 유발된 뇌허혈을 가진 랫드의 행동장애를 개선했고 국소뇌허혈 증상을 가진 랫드의 뇌경색 부위를 감소시켰다[16]. 홍화황색소 A를 랫드의 정맥에 투여하면 초점성 뇌허혈을 가진 랫드의 뇌경색 부위를 감소시켰고 혈장의 트롬복산 B2(TXB2)의 생성을 억제하고 혈액점도를 낮췄다. 또한, 홍화황색소 A는 *in vitro*에서 글루타민산염으로 유발된 외피 신경 손상에 대한 주요한 보호효과를 가진다[22-23].

3. 신장기능의 보호

꽃의 물 추출물을 랫드의 정맥 내에 투여하면 좌 정맥이 절제된 랫드의 신장 기능을 회복시켰고, 초점성 관상 위축을 저해하며 신장 사이의 섬유조직 과형성을 예방한다[24]. 농축한 홍화 과립을 랫드에 경구 투여하면 신장 간질성 섬유증을 가진 랫드에서 TGF-b1과 c-fos의 발현을 하향조절했다[25]. 또한, 농축한 홍화 과립을 랫드에 경구 투여하면, 초점성 분절사구체염(FSGS)을 가진 랫드의 요단백질을 감소시키고 혈장 단백질을 증가시키며, 지질 대사를 향상시킬 뿐만 아니라 신장기능을 보호했다. 또한 신장 기능장애를 가진 랫드에서 goat anti-rat 조직 플라스미노겐 활성인자(t-PA)의 발현을 상향조절하고 goat anti-rat 플라스미노겐 활성인자 억제제 type1(PAH) 및 mRNA의 발현을 억제함으로써 섬유소용해성 시스템 기능장애를 회복했다[26].

4. 항 죽상동맥 경화증 작용

영양보충제로서 홍화유를 고지방 식이요법으로 유발한 아테로마성 동맥 경화증을 가진 토끼에서 혈장 내 TC, TG 및 LDL 수치를 감소시키고, HDL 함량을 증가시키며 혈장과 간의 MDA 수준을 감소시켰다[27]. 지방을 제거한 씨 추출물과 그 항산화 물질인 N-페룰로일세로토닌과 N-(p-쿠마로일)세로토닌은 아포지방단백질 E 결핍 마우스에서 총 혈장 콜레스테롤(TPC) 수준을 감소시켰고, 대동맥동에 아테로마성 동맥 경화 크기를 줄였다. 이 기작은 씨 추출물과 세로토닌 파생물이 지질과산화를 억제하고, 항산화 LDL 자가항체 역가를 감소시키는 것과 관련되는 것으로 보인다[28].

5. 항산화 작용

*in vitro*에서 카르타민은 과산화 라디칼과 베타카로틴과 리놀레산이 한 쌍으로 결합된 산화계에 대한 억제효과를 나타낸다[29]. 꽃, 씨 및 싹 추출물과 잎에 함유되어 있는 퀘르세틴과 루테올린과 같은 플라보노이드 성분과 페놀화합물들은 항산화 활성을 가진다[12, 30].

6. 항종양 작용

홍화 추출물은 잠재적인 항섬유증 효과를 나타내는데, *in vitro*에서 간성상세포의 증식을 억제하고 세포사멸을 유도한다[31]. 수산화홍화황색소 A는 *in vitro*에서 인간 대장암 세포 LS180의 상등액으로부터 자극되는 인간 제대 정맥 EVC304 세포의 증식을 억제하였다[32]. 씨의 메탄올 추출물은 인간 간세포 암종 HepG2, 유방 선암 MCF-7, 경부암 HeLa 세포에 대한 중요한 세포독성 활성을 나타냈다[15]. 씨의 메탄올 추출물의 아세트산에틸 분획물인 아카세틴, N-페룰로일세로토닌, N-(p-쿠마로일)세로토닌은 티로시나아제의 활성을 저해한다. 또한, N-페룰로일세로토닌과 N-(p-쿠마로일)세로토닌은 스트렙토마이세스 비키니엔시스균과 멜라오노마 B16 세포의 멜라닌 합성을 강하게 억제했다[33].

7. 항골다공증 작용

홍화유를 난소를 적출한 마우스에 경구 투여하면 IGF-I, II, IGBP-3 및 BALP의 혈중 농도를 증가시켰고, 골다공증을 회복했다[34].

8. 기타

홍화유와 씨의 메탄올 추출물의 헥산 분획물은 유익한 장내 세균의 생장을 촉진했으며[13], 홍화로부터 분리된 다당류들은 면역조절효과를 나타냈다[35]. 또한, 홍화는 항노화 효과를 나타냈다[36].

용도

1. 월경곤란증, 무월경(증), 산후 배앓이
2. 고혈압, 협심증, 죽상 동맥 경화증
3. 류머티즘, 관절통
4. 타박상, 낙상, 멍, 좌상
5. 상처, 종기

해설

잇꽃은 높은 경제적인 가치와 함께 여러 목적으로 쓰이는 통합된 자원 식물이다. 추가적으로 홍화의 의약적 사용은 물론 화장품과 가공식품, 염색을 위해 자연적인 색소 첨가제로서 사용되었다. 홍화유는 불포화 지방산이 풍부하고, 식용유로서 미국과 유럽에서 널리 사용된다. 유박은 사료로서 사용되었다.

참고문헌

1. Facts and Comparisons (Firm). The Review of Natural Products (3rd edition). St. Louis: Facts and Comparisons. 2000: 632–633
2. JM Yoon, MH Cho, IE Park, YH Kim, TR Hahn, YS Paik. Thermal stability of the pigments hydroxysafflor yellow A, safflor yellow B, and precarthamin from safflower (Carthamus tinctorius). Journal of Food Science. 2003, 68(3): 839–843
3. MR Meselhy, S Kadota, Y Momose, N Hatakeyama, A Kusai, M Hattori, T Namba. Two new quinochalcone yellow pigments from Carthamus tinctorius and Ca^{2+} antagonistic activity of tinctormine. Chemical & Pharmaceutical Bulletin. 1993, 41(10): 1796–802
4. HB Yin, ZS He, Y Ye. Studies on chemical constituents of Carthamus tinctorius. Chinese Traditional and Herbal Drugs. 2001, 32(9): 776–778
5. M Hattori, XL Huang, QM Che, Y Kawata, Y Tezuka, T Kikuchi, T Namba. 6–Hydroxykaempferol and its glycosides from Carthamus tinctorius petals. Phytochemistry. 1992, 31(11): 4001–4004
6. MN Kim, F Le Scao–Bogaert, M Paris. Flavonoids from Carthamus tinctorius flowers. Planta Medica. 1992, 58(3): 285–286
7. M Jin, YQ Wang, JS Li, XK Wang. Separation and identification of flavonoids in Carthamus tinctorius L. Chinese Traditional and Herbal Drugs. 2003, 34(4): 306–307
8. F Li, ZS He, Y Ye. Flavonoids from Carthamus tinctorius. Chinese Journal of Chemistry. 2002, 20(7): 699–702
9. T Akihisa, H Oinuma, T Tamura, Y Kasahara, K Kumaki, K Yasukawa, M Takido. Erythro–hentriacontane–6,8–diol and 11 other alkane–6,8–diols from Carthamus tinctorius. Phytochemistry. 1994, 36(1): 105–108
10. T Akihisa, A Nozaki, Y Inoue, K Yasukawa, Y Kasahara, S Motohashi, K Kumaki, N Tokutake, M Takido, T Tamura. Alkane diols from flowerpetals of Carthamus tinctorius. Phytochemistry. 1997, 45(4): 725–728
11. HB Yin, ZS He, Y Ye. Cartorimine, a new cycloheptenone oxide derivative from Carthamus tinctorius. Journal of Natural Products. 2000, 63(8): 1164–1165
12. JY Lee, EJ Chang, HJ Kim, JH Park, SW Choi. Anti–oxidative flavonoids from leaves of Carthamus tinctorius. Archives of Pharmacal Research. 2002, 25(3): 313–319
13. JH Cho, MK Kim, HS Lee. Fatty acid composition of safflower seed oil and growth–promoting effect of safflower seed extract toward beneficial intestinal bacteria. Food Science and Biotechnology. 2002, 11(5): 480–483
14. KM Ahmed, MS Marzouk, EAM El–Khrisy, SA Wahab, SS El–Din. A new flavone diglycoside from Carthamus tinctorius seeds. Pharmazie. 2000, 55(8): 621–622
15. SJ Bae, SM Shim, YJ Park, JY Lee, EJ Chang, SW Choi. Cytotoxicity of phenolic compounds isolated from seeds of safflower (Carthamus tinctorius L.) on cancer cell lines. Food Science and Biotechnology. 2002, 11(2): 140–146
16. JW Tian, WL Jiang, ZH Wang, CY Wang, FH Fu. Effect of safflower flavones on local cerebral ischemia and thrombosis in rats. Chinese Traditional and Herbal Drugs. 2003, 34(8): 741–743
17. YY Xia, Y Min, YC Sheng. The effects of hydroxysafflor yellow A on the formation of thrombus and platelet aggregation in rats. Chinese Pharmacological Bulletin. 2005, 21(11): 1400–1401
18. T Iizuka, M Nagai, H Moriyama, A Taniguchi, K Hoshi. Antiplatelet aggregatory effects of the constituents isolated from the flower of Carthamus tinctorius. Natural Medicines. 2005, 59(5): 241–244
19. W Wu, JR Li, WM Chen, BX Zang, M Jin. Inhibitory effects of some flavonols from Carthamus tinctorius against polymorphonuclear leucocyte aggregation and adhesion induced by platelet activating factor. Chinese Pharmaceutical Journal. 2002, 37(10): 743–746
20. BX Zang, M Jin, N Si, Y Zhang, W Wu, YZ Piao. Antagonistic effect of hydroxysafflor yellow A on the platelet activating factor receptor. Acta Pharmaceutica Sinica. 2002, 37(9): 696–699
21. L Li, Y Lu, C Ma, ZJ Meng. Effect of ethanol extract of Carthamus tinctorius L. on hemodynamics in myocardial ischemia dogs. Pharmacology and Clinics of Chinese Materia Medica. 2002, 18(6): 24–26
22. HB Zhu, L Zhang, ZH Wang, JW Tian, FH Fu, K Liu, CL Li. Therapeutic effects of hydroxysafflor yellow A on focal cerebral ischemic injury in rats and its primary mechanisms. Journal of Asian Natural Products Research. 2005, 7(4): 607–613
23. HB Zhu, ZH Wang, CJ Ma, JW Tian, FH Fu, CL Li, DA Guo, E Roeder, K Liu. Neuroprotective effects of hydroxysafflor yellow A: In vivo and in vitro studies. Planta Medica. 2003, 69(5): 429–433

24. R Tang, SH Du. Effect of safflower on renal interstitial fibrosis and renal function in rats. Chinese Journal of Clinical Pharmacology and Therapeutics. 2006, 11(3): 282–285

25. YY Zhao, QY Xu, YL Ding, YJ Ding. Effect of safflower (honghua) on the expression of TGF–β1, TGF–β1 mRNA and c–fos in rats with renal tubule interstitial fibrosis. Chinese Pharmacological Bulletin. 2005, 21(8): 1022–1023

26. ZQ Chen, YY Zhao, HF Fan, FF Zhang, JH Zhang. Effect of safflower on fibrinolytic system in experimental focal segmental glomerulosclerosis rats. Chinese Traditional and Herbal Drugs. 2005, 36(12): 1847–1849

27. XY Lin, GF Xu, SE Wang, CF Zhao, HX Yu, XL Zhao. Effects of safflower oil on blood lipids and lipoperoxides in experimental atherosclerosis rabbits. Acta Academiae Medicinae Shandong. 2001, 39(3): 212–214

28. N Koyama, K Kuribayashi, T Seki, K Kobayashi, Y Furuhata, K Suzuki, H Arisaka, T Nakano, Y Amino, K Ishii. Serotonin derivatives, major safflower (Carthamus tinctorius L.) seed anti–oxidants, inhibit low–density lipoprotein (LDL) oxidation and atherosclerosis in apolipoprotein E–deficient mice. Journal of Agricultural and Food Chemistry. 2006, 54(14): 4970–4976

29. HQ Wang, MY Xie, ZH Fu. Studies on the anti–oxidant activity of carthamin from safflower (Carthamus tinctorius L.). Journal of Wuxi University of Light Industry. 2003, 22(5): 98–101

30. HJ Kim, BS Jun, SK Kim, JY Cha, YS Cho. Polyphenolic compound content and anti–oxidative activities by extracts from seed, sprout and flower of safflower (Carthamus tinctorius L.). Han'guk Sikp'um Yongyang Kwahak Hoechi. 2000, 29(6): 1127–1132

31. SY Chor, AY Hui, KF To, KK Chan, YY Go, HLY Chan, WK Leung, JJY Sung. Anti–proliferative and pro–apoptotic effects of herbal medicine on hepatic stellate cell. Journal of Ethnopharmacology. 2005, 100(1–2): 180–186

32. Q Zhang, X Niu, Y Yan, Y Zhao, M Jin, H Xie. Inhibitory effect of hydroxysafflor yellow A on the proliferation of human umbilical vein endothelial cells in vitro. China Journal of Traditional Chinese Medicine and Pharmacy. 2004, 19(6): 379–381

33. JS Roh, JY Han, JH Kim, JK Hwang. Inhibitory effects of active compounds isolated from safflower (Carthamus tinctorius L.) seeds for melanogenesis. Biological & Pharmaceutical Bulletin. 2004, 27(12): 1976–1978

34. MR Alam, SM Kim, JI Lee, SK Chon, SJ Choi, IH Choi, NS Kim. Effects of safflower seed oil in osteoporosis induced–ovariectomized rats. The American Journal of Chinese Medicine. 2006, 34(4): 601–612

35. I Ando, Y Tsukumo, T Wakabayashi, S Akashi, K Miyake, T Kataoka, K Nagai. Safflower polysaccharides activate the transcription factor NF–κB via toll–like receptor 4 and induce cytokine production by macrophages. International Immunopharmacology. 2002, 2(8): 1155–1162

36. MX Zhang, XZ Li, L Zhao, H Zhao, CX Xu. Experimental studies on anti–senility effect of Carthamus tinctorius. Chinese Traditional and Herbal Drugs. 2001, 32(1): 52–53

잇꽃 재배 모습

갈루자 葛縷子 EP, BP, BHP, USP, GCEM

Carum carvi L.

Caraway

개 요

미나리과(Apiaceae)

갈루자(葛縷子, *Carum carvi* L.)의 잘 익은 열매를 말린 것: 갈루자(葛縷子)

중약명: 갈루자(葛縷子)

갈루자속(*Carum*) 식물은 전 세계에 약 30여 종이 있으며, 유럽, 아시아, 북아프리카 및 북아메리카에 분포한다. 그 가운데에서 4종과 2품종이 중국의 동북부와 서북부 지역에 널리 분포하고 있으며, 티베트의 남쪽에서 서남부 지역으로 사천성의 서부 지역과 운남성의 서북부 지역에 걸쳐 널리 뻗어 있다. 또한, 이 속에서 약 3종과 1품종은 약으로 사용한다. 갈루자는 유럽, 아시아, 북아프리카 및 북아메리카뿐만 아니라 중국의 동북부, 북부와 서북부 지역 및 티베트과 사천성의 서부 지역에 분포한다.

갈루자는 13세기경에 유럽에서 약용으로 사용한 이래로 일반적으로 전통적인 아랍 지역에서 약으로 사용하였다. 이 종은 갈루자(Carvi Fructus)에 대한 공식적인 기원식물 내원종으로서 유럽약전(5개정판), 영국약전(2002) 및 미국약전(28개정판)에 등재되어 있다. 또한 캐러웨이유에 대한 공식적인 기원식물 내원종으로서 미국약전에 등재되어 있다. 이 약재는 주로 유럽, 북아프리카 및 터키에서 생산된다.

갈루자에는 주로 정유, 플라보노이드, 모노테르페노이드 알코올 및 그 배당체 성분이 함유되어 있으며, 정유와 카르본이 지표성분이다. 유럽약전과 영국약전에서는 의약 물질의 품질관리를 위해 수증기증류법으로 시험할 때 정유 함량이 30mℓ/kg 이상이어야 한다고 규정하고 있다.

약리학적 연구에 따르면 열매는 항천식, 항알러지, 항종양, 항돌연변이, 항고혈당 및 항고지혈증 효과가 있다.

민간요법에 의하면 캐러웨이 열매는 구풍(驅風), 항경련 및 항균효과를 가지며, 한의학적으로는 식욕촉진, 수렴, 구풍(驅風), 이뇨, 통경, 거담, 최유, 구충에 사용하였다.

갈루자 葛縷子 *Carum carvi* L.

갈루자 葛縷子 Carvi Fructus

함유성분

열매에는 정유 성분으로 carvone, limonene[1], α-pinene, β-pinene, α-phellandrene, β-phellandrene, α-thujene, β-fenchene, camphene, sabinene, myrcene, p-cymene[2], trans-dihydrocarvone, germacrene D[3], anethofuran[4], cis-carveol, carveol, dihydrocarveol, isodihydrocarveol, neodihydrocarveol[5]이 함유되어 있고, 모노테르페노이드와 그 배당체 성분으로 p-menthane-2,8,9-triol[6], p-menth-8-ene-1,2-diol, p-menthane-1,2,8,9-tetrol, 8,9-dihydroxy-8,9-dihydrocarvone, p-menth-ene-2,10-diol 2-O-β D-glucopyranoside, p-menthane-1,2,8,9-tetrol 2-O-βD-glucopyranoside, 7-hydroxycarveol-7-O-βD-glucopyranoside[7], 플라보노이드 성분으로 quercetin 3-glucuronide, isoquercitrin, quercetin-3-O-caffeoylglucoside, kaempferol 3-glucoside[8]가 함유되어 있으며, 또한 junipediol A 2-O-βD-glucopyranoside[9]가 함유되어 있다.

캐러웨이유는 열매를 증류하여 얻은 정유이다. 또한 캐러웨이유는 열매에 있는 휘발성 성분 외에도 저장 과정에서 카본에서 변환되는 카바크롤도 포함하고 있다[10].

꽃에는 플라보노이드 성분으로 kaempferol, isoquercetrin, astragalin, hyperoside[11]가 함유되어 있다.

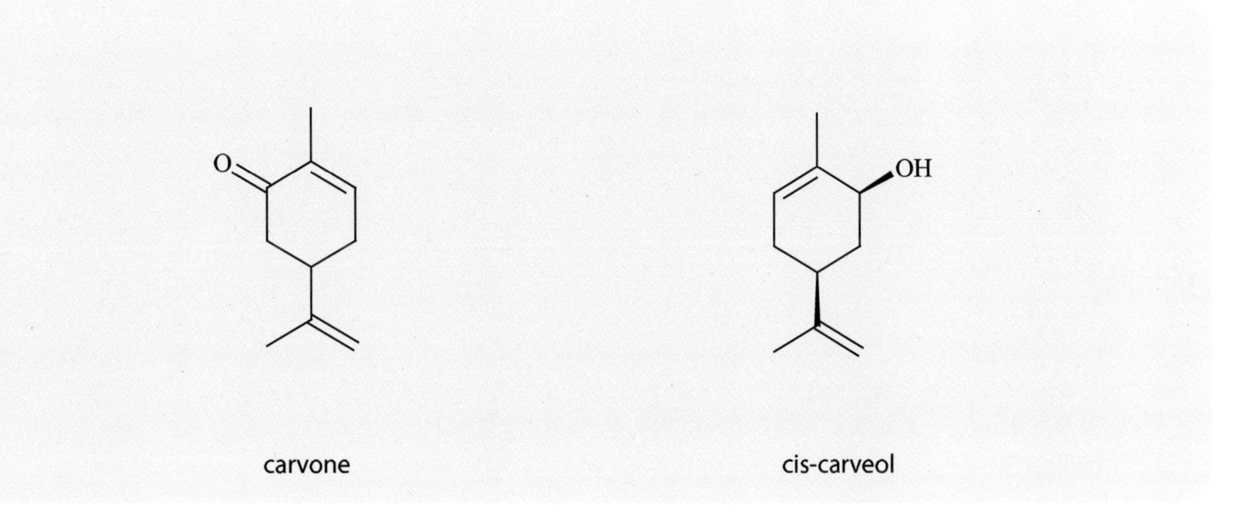

약리작용

1. 항 천식과 항 과민증
   카르베올과 카르본을 기니피그의 정맥 내에 투여하면 약물로 유도된 천식에 대한 보호효과를 나타냈다. 에어로졸 투여로 적출한 기니피그의 기관지를 완화시키는 효과를 나타내며 카르바콜에 의해 유발된 기관지 수축에 길항 작용을 보였다. 카르베올과 카르본은 난백 알부민에 민감한 기니피그의 폐조직에 지연반응물질(SRS-A)의 방출을 억제했고, 적출한 기니피그의 회장(回腸)에서 SRS-A로 유도된 수축에 대해 길항작용을 나타냈다. 또한 적출한 기니피그 기관지의 슐츠-데일(Dale Schultz) 반응을 억제했다[12-13].

2. 위에 대한 효과
   추출물은 위산 분비와 류코트리엔 합성을 감소시키고, 위 점액 분비와 프로스타글란딘 E_2(PGE_2)의 방출을 증가시키며, 항궤양 효과를 나타냈다[14].

3. 항종양과 항 돌연변이 유발력
   랫드에 열매를 장기적으로 경구 투여 했을 경우 장, 결장 및 맹장의 지질과산화(LPO)가 감소했고 SOD와 카탈라아제가 감소하였으며, 1,2-dimethylhydrazine으로 대장암이 유발된 랫드의 글루타티온(GSH)과 글루타티온 환원효소(GR)가 감소하였다. 또한 조직에서 담즙산의 분비를 감소시키고, 알칼리성 인산가수분해효소(alkaline phosphatase)의 활성을 억제했으며, 비정상적인 이상 함몰점(ACF) 형성을 예방함으로써 결장암을 억제했다[15-16]. 캐러웨이유의 국소 처리로 7,12-dimethylbenz[a]anthracene-와 파두유로 유발된 암컷 마우스의 피부종양을 억제했고, 유두종의 발생과 숫자를 줄였으며, 종양 발생을 지연하고 이미 발생한 유두종을 저해했다[17]. 뿐만 아니라 열매와 뿌리의 메탄올 추출물은 *in vitro*에서 사람 경부암 HeLa 세포와 마우스의 흑색종 B16F10 세포의 증식을 억제했다[18]. 씨의 열수 추출물은 알킬화제인 N-methyl-N'-nitro-N-nitrosoguanidine(MNNG)과 methylazoxymethanol (MAM) acetate로부터 유발된 메틸화, 돌연변이 및 종양 형성을 억제했다[19]. Ogt-O6-methylguanine-DNA methyltransferase(MGMT)는 아마도 캐러웨이의 항돌연변이 유발 활성에 포함이 되는 것으로 보인다[20]. 열매의 추출물은 화학물질에 의해 유발된 P450 1A1의 과발현을 억제하고 화학발암물질에 의해 유발된 종양을 예방했다[21].

4. 항박테리아
캐러웨이 오일은 황색포도상구균과 스트렙토코쿠스 파에칼리스와 같은 그람-양성과 그람-음성 박테리아를 억제했다[3, 22].

5. 항 고혈당과 항고지혈증 활성
열매의 물 추출물을 인슐린에 영향을 받지 않는 스트렙토조토신으로 유발된 당뇨병을 가진 랫드에 경구 투여하면 포도당, 트리글리세리드 및 콜레스테롤의 혈장 수치를 감소시켰다[23-24]. 알록산에 의해 유발된 당뇨병을 가진 랫드에 캐러웨이 오일을 경구 투여하면 항고지혈증 효과와 항 고혈당을 나타냈으며, 간과 같은 기관의 지질 침투를 예방했다[25].

6. 기타
열매는 항산화[26]와 이뇨작용을 나타냈다[27].

용도

1. 유즙분비 부족
2. 식욕부진, 소화불량, 상복부 통증, 메스꺼움, 구토
3. 감기, 열, 기침
4. 탈장
5. 요통

해설

특별한 향기를 지닌 캐러웨이 열매는 서양에서 흔한 조미료이다. 이것은 중앙 유럽에서 치즈와 식초에 절인 채소에서 양념으로써 사용했고, 또한 럼주로 만들었다. 캐러웨이 열매는 카르본 추출을 위한 주된 물질 중 하나이다. 유럽인들은 열매로부터 정유를 추출하고 찌꺼기는 사료로 사용한다. 캐러웨이 오일은 가끔 향수, 유화액, 비누의 향수 물질로써 사용됐다.

참고문헌

1. M Tewari, CS Mathela. Compositions of the essential oils from seeds of Carum carvi Linn. and Carum bulbocastanum Koch. Indian Perfumer. 2003, 47(4): 347-349
2. A Salveson, A Baerheim Svendsen. Gas-liquid chromatographic separation and identification of the constituents of caraway seed oil. I. The monoterpene hydrocarbons. Planta Medica. 1976, 30(1): 93-96
3. NS Iacobellis, P Lo Cantore, F Capasso, F Senatore. Anti-bacterial activity of Cuminum cyminum L. and Carum carvi L. essential oils. Journal of Agricultural and Food Chemistry. 2005, 53(1): 57-61
4. GQ Zheng, PM Kenney, LKT Lam. Anethofuran, carvone, and limonene: potential cancer chemopreventive agents from dill weed oil and caraway oil. Planta Medica. 1992, 58(4): 338-341
5. H Rothbaecher, F Suteu. Hydroxyl compounds of caraway oil. Planta Medica. 1975, 28(2): 112-123
6. T Matsumura, T Ishikawa, J Kitajima. New p-menthanetriols and their glucosides from the fruit of caraway. Tetrahedron. 2001, 57(38): 8067-8074
7. T Matsumura, T Ishikawa, J Kitajima. Water-soluble constituents of caraway: carvone derivatives and their glucosides. Chemical & Pharmaceutical Bulletin. 2002, 50(1): 66-72
8. J Kunzemann, K Herrmann. Isolation and identification of flavon(ol)-O-glycosides in caraway (Carum carvi L.), fennel (Foeniculum vulgare Mill.), anise (Pimpinella anisum L.), and coriander (Coriandrum sativum L.), and of flavone-C-glycosides in anise. I. Phenolics of spices. Zeitschrift fuer Lebensmittel-Untersuchung und -Forschung. 1977, 164(3): 194-200
9. T Matsumura, T Ishikawa, J Kitajima. Water-soluble constituents of caraway: aromatic compound, aromatic compound glucoside

and glucides. Phytochemistry. 2002, 61(4): 455–459

10. H Rothbaecher, F Suteu. Origin of carvacrol in caraway oil. Chemiker–Zeitung. 1978, 102(7–8): 260–263
11. AEM Khaleel. Phenolics and lipids of Carum carvi L. and Coriandrum sativum L. flowers. Egyptian Journal of Biomedical Sciences. 2005, 18: 35–47
12. FD Tang, QM Xie, Y Wang, RL Bian. Effects of carvone on bronchodilation and anti–anaphylaxis. Chinese Pharmacological Bulletin. 1999, 15(3): 235–237
13. FD Tang, QM Xie, RL Bian. Observation on the anti–asthmatic and anti–anaphylactic effects of carvone. Journal of Zhejiang University. 1988, 17(3): 115–117
14. MT Khayyal, MA El–Ghazaly, SA Kenawy, M Seif–El–Nasr, LG Mahran, YAH Kafafi, SN Okpanyi. Anti–ulcerogenic effect of some gastrointestinally acting plant extracts and their combination. Arzneimittel–Forschung. 2001, 51(7): 545–553
15. M Kamaleeswari, N Nalini. Dose–response efficacy of caraway (Carum carvi L.) on tissue lipid peroxidation and anti–oxidant profile in rat colon carcinogenesis. The Journal of Pharmacy and Pharmacology. 2006, 58(8): 1121–1130
16. M Kamaleeswari, K Deeptha, M Sengottuvelan, N Nalini. Effect of dietary caraway (Carum carvi L.) on aberrant crypt foci development, fecal steroids, and intestinal alkaline phosphatase activities in 1,2–dimethylhydrazine–induced colon carcinogenesis. Toxicology and Applied Pharmacology. 2006, 214(3): 290–296
17. MH Shwaireb. Caraway oil inhibits skin tumors in female BALB/c mice. Nutrition and Cancer. 1993, 19(3): 321–326
18. Y Nakano, H Matsunaga, T Saita, M Mori, M Katano, H Okabe. Anti–proliferative constituents in Umbelliferae plants II. Screening for polyacetylenes in some Umbelliferae plants, and isolation of panaxynol and falcarindiol from the root of Heracleum moellendorffii. Biological & Pharmaceutical Bulletin. 1998, 21(3): 257–261
19. T Kinouchi, K Kataoka, M Higashimoto, J Purintrapiban, H Arimochi, SM Shaheduzzaman, S Akimoto, H Matsumoto, U Vinitketkumnuen, Y Ohnishi. Inhibitory effect of caraway seeds on mutation by alkylating agents. Kankyo Hen'igen Kenkyu. 1995, 17(1): 99–105
20. M Mazaki, K Kataoka, T Kinouchi, U Vinitketkumnuen, M Yamada, T Nohmi, T Kuwahara, S Akimoto, Y Ohnishi. Inhibitory effects of caraway (Carum carvi L.) and its component on N–methyl–N'–nitro–N–nitrosoguanidine–induced mutagenicity. The Journal of Medical Investigation. 2006, 53(1–2): 123–133
21. B Naderi–Kalali, A Allameh, MJ Rasaee, HJ Bach, A Behechti, K Doods, A Kettrup, KW Schramm. Suppressive effects of caraway (Carum carvi) extracts on 2,3,7,8–tetrachlorodibenzo–p–dioxin–dependent gene expression of cytochrome P450 1A1 in the rat H4IIE cells. Toxicology in Vitro. 2005, 19(3): 373–377
22. A Rasheed, KN Chaudhri. Anti–bacterial activity of essential oils against certain pathogenic microorganisms. Pakistan Journal of Scientific Research. 1974, 26: 25–36
23. A Lemhadri, L Hajji, JB Michel, M Eddouks. Cholesterol and triglycerides lowering activities of caraway fruits in normal and streptozotocin diabetic rats. Journal of Ethnopharmacology. 2006, 106(3): 321–326
24. M Eddouks, A Lemhadri, JB Michel. Caraway and caper: potential anti–hyperglycemic plants in diabetic rats. Journal of Ethnopharmacology. 2004, 94(1): 143–8
25. S Modu, K Gohla, IA Umar. The hypoglycemic and hypocholesterolemic properties of black caraway (Carum carvi L.) oil in alloxan diabetic rats. Biokemistri. 1997, 7(2): 91–97
26. LLL Yu, KQK Zhou, J Parry. Anti–oxidant properties of cold–pressed black caraway, carrot, cranberry, and hemp seed oils. Food Chemistry. 2005, 91(4): 723–729
27. VA Skovronskii. The effect of caraway, anise, and of sweet fennel on urine elimination. Sbornik Nauch. 1953, 6: 275–283

첨엽번사 尖葉番瀉 CP, KP, JP, BP, BHP, USP, GCEM

Cassia acutifolia Delile

Senna

개 요

콩과(Leguminosae)

첨엽번사(尖葉番瀉, *Cassia acutifolia* Delile)의 작은 잎을 말린 것: 센나엽(番瀉葉)

중약명: 센나엽(番瀉葉)

차풀속(*Cassia*) 식물은 전 세계에 약 600여 종이 있으며 몇몇 온대 지역과 함께 열대와 아열대 지역에 분포한다. 10여 종 이상이 중국을 기원으로 하며, 20종 이상이 외래 품종과 함께 중국에 널리 분포하고 있다. 이 속에서 약 20종이 약용으로 사용된다. 센나는 이집트에 분포하고, 중국의 윈난과 하이난 및 대만에서 재배하고 있다.

센나는 9세기와 10세기경에 전통적인 아라비아 약재로 사용하기 시작했으며, 이 종은 약재인 센나엽(Sennae Folium)에 대한 공식적인 기원 식물로서 유럽약전(5개정판), 영국약전(2002), 미국약전(28개정판) 및 중국약전(2015)에 등재되어 있다. ≪대한민국약전≫(제11개정판)에는 "센나엽"을 "협엽번사(狹葉番瀉) *Cassia angustifolia* Vahl 또는 첨엽번사(尖葉番瀉) *Cassia acutifolia* Delile(콩과 Leguminosae)의 작은 잎이다. 이 약은 정량할 때 환산한 건조물에 대하여 총센노시드 [센노시드 A ($C_{42}H_{38}O_{20}$: 862.74) 및 센노시드 B ($C_{42}H_{38}O_{20}$: 862.74)]로서 1.0% 이상 함유"하는 것으로 등재하고 있다. 이 약재는 주로 이집트에서 생산하고 알렉산드라 항구를 통해 수출하며, 또한 인도와 수단에서도 생산된다.

센나에는 주로 안트라퀴논과 그 유도체 성분이 함유되어 있으며, 센노사이드 B는 지표성분이다. 유럽약전, 영국약전 및 중국약전에서는 의약 물질의 품질관리를 위해 UV흡광도법으로 시험할 때 센노사이드 B의 함량이 2.5% 이상이어야 한다고 규정하고 있다.

약리학적 연구에 따르면 센나엽이 위장운동을 촉진하고 항궤양과 항균 효과가 있다.

민간요법에 의하면 센나엽은 하제 효과를 가지며, 한의학적으로는 도체(導滯), 사열(瀉熱), 통변(通便), 지혈(止血)의 효능이 있다.

첨엽번사 尖葉番瀉 *Cassia acutifolia* Delile

센나엽 番瀉葉 Sennae Folium

함유성분

잎과 꼬투리에는 안트라퀴논과 그 유도체 성분으로 sennosides A, B, C, D, crysophanol, emodin, physcion[1], rhein, aloe-emodin[2], aloe-emodin-8-mono-βD-glucoside[3], rhein-8-monoglucoside, rhein-1-monoglucoside[4], sennidins A, B, C[5-6], 6-hydroxymusicin glucoside[7]가 함유되어 있고, 플라보노이드 성분으로 kaempferol, kaempferin, isorhamnetin[7], 또한 휘발성 성분[8]들이 함유되어 있다.

뿌리에는 안트라퀴논과 그 유도체 성분으로 crysophanol, emodin, physcion, rhein, aloe-emodin, physcionin, sennidin C와 chrysophanein[9]이 함유되어 있다.

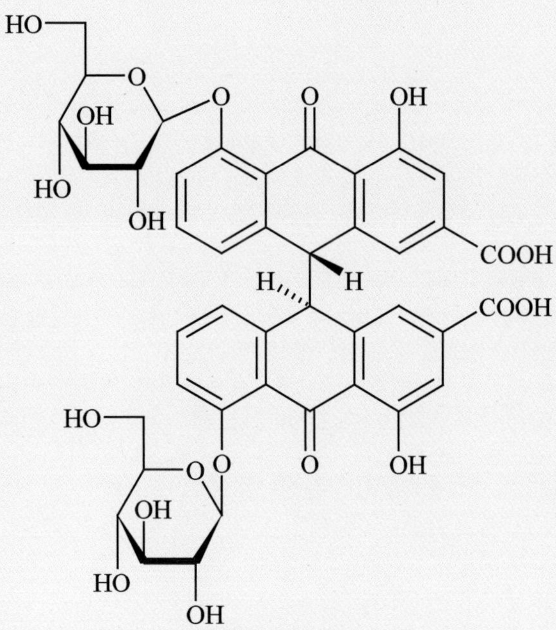

sennoside A

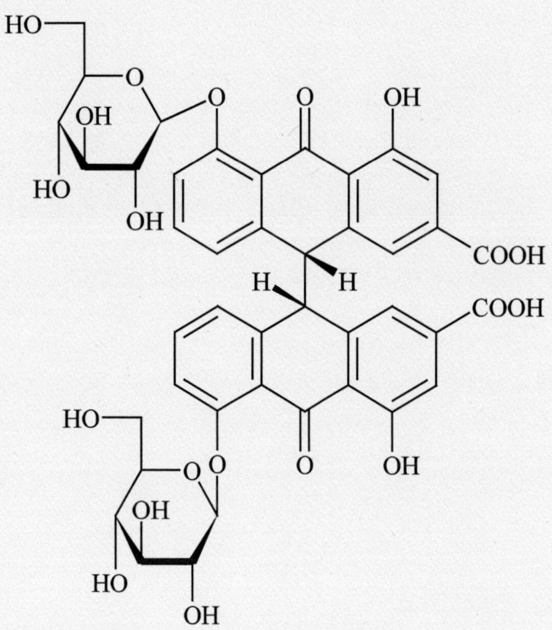

sennoside B

약리작용

1. 사하 작용

   센나 꼬투리 추출물을 랫드의 정맥에 투여하면 대장에서 수분과 전해질의 흡수를 감소시키고, 칼륨 분비를 증가시키며 프로스타글란딘 E_2(PGE_2) 생산을 조절할 뿐만 아니라 완하작용을 나타냈다[10]. Rhein은 소엽과 열매에 함유되어 있는 활성성분 중 하나이다[11]. 센나잎의 물 추출물을 마우스 정맥 내로 투여하면 설사를 유발했다. 그 기작은 대장 내 단백질의 발현을 조절하는 것과 관련되어있는 것으로 보인다[12]. *in vitro*에서 센나엽 추출물은 기니피그의 대장 평활근 세포에 직접적인 수축효과를 나타냈다[13].

2. 심혈관계 효과

   센노사이드를 랫드의 정맥 내로 투여하면 근수축력 증강작용을 나타내고, 혈압을 증가시키며 좌심실운동과 심근산소소비를 증가시켰다[14].

3. 항궤양 작용
   센나엽을 달인 액은 랫드 위장 내 프로스타글린딘의 합성을 자극하고, 염산 또는 피하에 투여된 높은 용량의 인도메타신에 의해 유발된 위점막 손상을 감소시켰으며 위점막 보호효과를 보였다[15].

4. 기타
   센나는 항균작용을 나타냈다[16].

용도

1. 변비
2. 위 궤양 및 출혈
3. 췌장염
4. 신장부전증
5. 간질환, 황달, 비장비대증

해설

첨엽번사는 센나엽의 공식적인 식물학적 기원으로서 유럽약전, 영국약전 및 미국약전과 중국약전에 규정하고 있다. 첨엽번사의 소엽은 흔히 알렉산드리아 센나로 알려져 있으며, 협엽번사는 틴네벨리 센나로 알려져 있다. 이들은 화학 조성과 약리학적 효능이 유사하다. 또한, 첨엽번사와 협엽번사의 꼬투리는 약용으로 사용하였다. 잎과 꼬투리는 화학 조성이 비슷하나 주요 성분의 함량에 차이가 있다. 따라서 꼬투리를 약용으로 사용할 때는 용량에 주의해야 한다.
센나엽 추출물을 장기적으로 복용하면 다양한 부작용을 초래할 수 있다. 센나엽 가루를 랫드에 사료로 장기적으로 섭식하게 할 경우 서파의 빈도(sloe wave frequency)와 대장의 연동운동을 뚜렷하게 감소시켰다. 또한 근육층 신경얼기와 카할기질세포(ICC)의 비대칭 분포를 유발하고, 신경 연결 상의 장애를 유발한다. 이는 대장 점막, 평활근 및 점막 내 신경의 병리학적 변화로 야기되는 "하제성 대장"으로 잘 알려져 있다[17]. *in vitro*에서 센나엽의 물 추출물이 인간의 장내 상피세포의 생장을 억제하고 세포의 자살을 유도하며, 세포의 사멸을 유도할 수 있다고 보고하였다. 물 추출물을 장기적으로 투여하면 세포 증식을 늦추고 세포 이수체 DNA 증가, 세포사멸 유도, 이형배수체 DNA를 증가시킴으로써 악성세포전환에 이르게 한다[18]. 또한, 센나엽은 어린아이들에게 기저귀 발진이나 수포를 유발한다[19]. 센나엽을 다량 복용할 경우에는 급성 간부전[20], 저칼륨혈증, 구토, 복부통증 및 소화관의 출혈을 유발시킬 수 있다[21-22].

참고문헌

1. J Harrison, CV Garro. Study on anthraquinone derivatives from Cassia alata L. (Leguminosae). Revista Peruana de Bioquimica. 1977, 1(1): 31–32
2. AH Saber, SI Balbaa, AT Awad. Anthracene derivatives of the leaves and pods of Cassia acutifolia cultivated in Egypt, their nature and determination. Bulletin of the Faculty of Pharmacy. 1962, 1(1): 7–21
3. AS Romanova, AI Ban'kovskii, ND Semakina, AA Meshcheryakov. Anthracene derivatives of Cassia acutifolia. Lek Rast. 1969, 15: 524–528
4. AS Romanova, AI Ban'kovskii. Isolation of two glucorheins from the leaves of Cassia acutifolia. Khimiia Prirodnykh Soedineni. 1966, 2(2): 143
5. W Metzger, K Reif. Determination of 1,8–dihydroxyanthranoids in senna. Journal of Chromatography, A. 1996, 740(1): 133–138
6. J Lemli. A new anthraquinone glycoside in the leaves and pods of senna. Pharmaceutisch Tijdschrift voor Belgie. 1962, 39: 67–68
7. G Franz. The senna drug and its chemistry. Pharmacology. 1993, 47(S1): 2–6
8. W Schultze, K Jahn, R Richter. Volatile constituents of the dried leaves of Cassia angustifolia and C. acutifolia. Planta Medica. 1996, 62(6): 540–543
9. GK Kalashnikova, AS Romanova, AN Shchavlinskii. Anthracene derivatives from the roots of Cassia acutifolia. Khimiko–Farmatsevticheskii Zhurnal. 1985, 19(5): 569–573

10. E Beubler, G Kollar. Stimulation of PGE_2 synthesis and water and electrolyte secretion by senna anthraquinones is inhibited by indomethacin. Journal of Pharmacy and Pharmacology. 1985, 37(4): 248–251

11. L Lemmens. Laxative effect of anthraquinone derivatives. I. The effect of anthracene derivatives in Sennae Folium and Sennae Fructus on the movement of water and electrolytes in the rat colon. Pharmaceutisch Weekblad. 1976, 111(6): 113–118

12. X Wang, ZY Zhang, YQ Shi, M Lan, Z Ma, JP Jin, DM Fan. Differential expression of colonic tissue proteins in mice induced by the extract of senna. Journal of the Fourth Military Medical University. 2001, 22(1): 16–19

13. M Lan, X Wang, N Liu, DM Fan. Contractile effects of the senna extract on colon smooth muscle cells of guinea pigs. Journal of the Fourth Military Medical University. 2002, 23(1): 289–291

14. XZ Lin, SD Guo, YX Liu, DL Ma. Effects of sennosides on myocardial contractility in rats. Pharmacology and Clinics of Chinese Materia Medica. 1995, 5: 28–30

15. QW Sun. Protective action of senna on HCl– or indomethacin–induced gastric mucosal injury in rats. Journal of Gannan Medical College. 1987, 2: 77

16. MA Chapman, J Abercrombie, DM Livermore, NS Williams. Anti–bacterial activity of bowel–cleansing agents: implications of antibacteroides activity of senna. The British Journal of Surgery. 1995, 82(8): 1053

17. WD Li. Effect of long–term gavage of Folium Sennae on colonic electromyogram and interstitial Cajal cells in rats. Journal of Guangzhou University of Traditional Chinese Medicine. 2005, 22(5): 408–409, 415

18. M Lan, X Wang, HP Wu, DM Fan. Biological effects of senna extract on human intestinal epithelial cells. World Chinese Journal of Digestology. 2001, 9(5): 555–559

19. HA Spiller, ML Winter, JA Weber, EP Krenzelok, DL Anderson, ML Ryan. Skin breakdown and blisters from senna–containing laxatives in young children. The Annals of Pharmacotherapy. 2003, 37(5): 636–639

20. B Vanderperren, M Rizzo, L Angenot, V Haufroid, M Jadoul, P Hantson. Acute liver failure with renal impairment related to the abuse of senna anthraquinone glycosides. The Annals of Pharmacotherapy. 2005, 39(7–8): 1353–1357

21. SL Liu, YC Zhou, JX Li, GY Sun. Studies on the toxicity and safety of the chemical constituents from senna. Lishizhen Medicine and Materia Medica Research. 2002, 13(11): 693–694

22. DK Wang. Common adverse effects of senna. Journal of Practical Medical Techniques. 2005, 12(8): 2299–2300

첨엽번사 재배 모습

일일화 長春花

Catharanthus roseus (L.) G. Don

Madagascar Periwinkle

개 요

협죽도과(Apocynaceae)

일일화(長春花, *Catharanthus roseus* (L.) G. Don)의 지상부 또는 전초: 장춘화(長春花)

중약명: 장춘화(長春花)

일일화속(*Catharanthus*) 식물은 전 세계에 약 6종이 있으며 동남아시아와 아프리카의 동부 지역에 분포한다. 이 중에 1종과 2변종을 중국에서 재배하고 있으며, 이들은 항종양 치료제의 원재료로써 사용된다. 일일화는 아프리카의 동부 지역을 기원으로 현재는 전 세계의 열대와 아열대 지역에서 널리 재배하고 있다.

일일화는 원래 관상용식물로 사용하였고, 또한 남아프리카, 스리랑카 및 인도에서는 전통적인 민간약으로 사용했는데 주로 당뇨병을 치료하는 데 이용하였다. 최근에는 항종양효과를 가지고 있는 것이 밝혀져 전 세계적으로 가장 흔한 항암 식물약품 중 하나로 알려져 있다. 중국에서는 《식물명실도고(植物名實圖考)》에 처음으로 약재로 기재되었다. 이 약재는 주로 아프리카와 중국 남부지방에서 생산된다.

장춘화에는 주로 인돌 알칼로이드 성분이 함유되어 있으며, 빈블라스틴과 빈크리스틴이 주요 항종양 성분이다.

약리학적인 연구에서는 장춘화가 항종양, 항고혈당 및 항고혈압 효과가 있음을 확인했다.

민간요법에 의하면 장춘화가 항종양과 항고혈당 효과가 있으며, 한의학적으로는 장춘화가 강혈압(降血壓), 진정안신(鎭靜安神), 해독항암(解毒抗癌), 청열평간(淸熱平肝)의 효능이 있다.

일일화 長春花 *Catharanthus roseus* (L.) G. Don

함유성분

식물 전체에는 인돌 알칼로이드 성분으로 vinblastine, vincristine, catharanthine, vindoline[1], 3'4'anhydrovinblastine[2], leurosine[3], ajmalicine, serpentine, catharantine, ajmaline[4], vindolicine, pleurosine, roseadine[5], vincathicine[6], vincarodine[7], yohimbine[8], sitsirikine sulfate, cathindrine sulfate, cavincine sulfate, ammorosine, tetrahydroalstonine, lochnerine, perivine, perosine sulfate, perividine, mitraphylline, lochnericine, lochneridine, lochnerinine, akuammicine, lochnerivine, vindolinine sulfate, vindorosine, maandrosine sulfate, virosine, ammocalline, pericalline (tabernoschizine)[9], 16-epi-Z-isositsirikine[10], 16-epi-19-S-vindolinine[11], vincubine[12], deacetylvinblastine, N-demethylvinblastine[13], catharanthamine[14]이 함유되어 있고, 트리테르페노이드 성분으로 ursolic acid, oleanolic acid[15], 페놀산 성분으로 클로로겐산, 플라보노이드 성분으로 mauritianin, quercetin 3-O-αL-rhamnopyranosyl-(1→2)-α L-rhamnopyranosyl- (1→6)-βD-galactopyranoside[16]가 함유되어 있다.

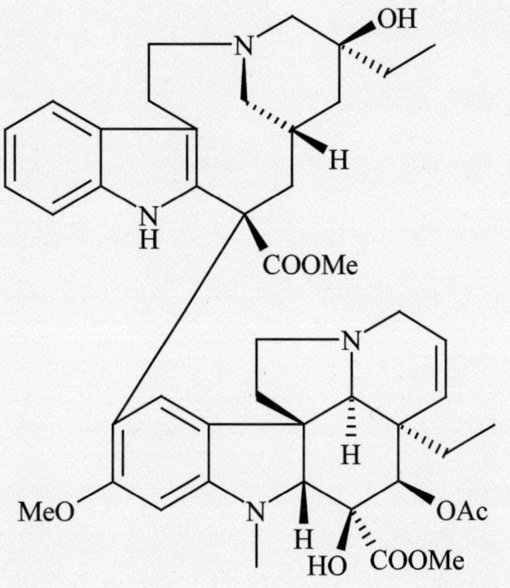

vinblastine

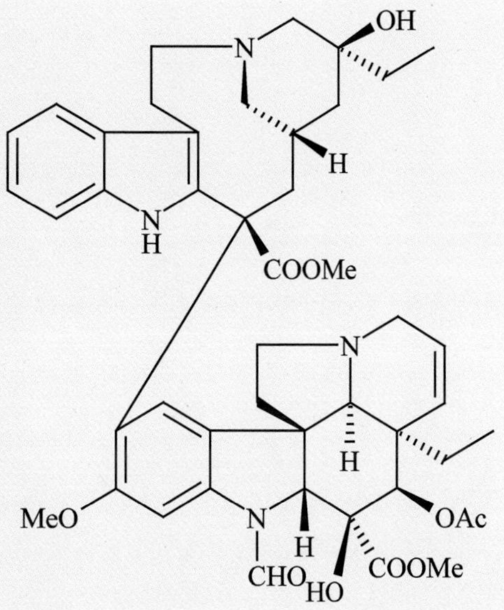

vincristine

약리작용

1. 항종양 작용
전초의 알칼로이드계 성분 중 AC-875 분획물을 마우스와 랫드의 정맥 내로 투여하면 에를리히 복수암, 복수간암 및 요시다 복수육종(肉腫)을 현저하게 억제하여 동물의 생존시간을 늘렸다[17]. 플레우로신은 B16 흑색종 세포의 생장을 억제했다[5]. 약재의 메탄올-물 추출물은 인간 섬유육종 HT-1080 세포의 증식을 억제했다[18]. 플레우로신과 레세아딘은 *in vivo*에서 P338 림프구성 백혈병 세포의 증식을 억제했다[5]. 빈돌린과 카타란틴과 같이 항종양이 아닌 알칼로이드 성분들은 *in vivo*에서 백혈병 P338 세포에 대한 항종양성 알칼로이드 중 하나인 빈블라스틴에 대한 다중약물내성 성질을 효과적으로 바꿔주었다[19]. 빈카 알칼로이드 성분의 항종양 활성은 튜불린과 미세소관의 역학관계상의 간섭과 관련이 있다[20].

2. 혈당강하 작용
스트렙토조토신에 의해 당뇨병이 유발된 랫드에 디클로로메탄-메탄올추출물을 경구 투여하면 혈당치를 낮추었다. 이는 당 대사를 조절하고 6-인산탈수소효소, 숙신산 탈수소효소 및 말산 탈수소효소의 활성을 높이며 지질과산화를 억제했다[21]. 잎 즙액을 토끼의 정맥 내로 투여하면 정상적이거나 알록산에 의해 당뇨병이 유발된 토끼에서도 항고혈당 효과를 나타냈다[22].

3. 혈압강하 작용
전초의 총 알칼로이드계열 성분, 클로로포름 추출물 및 디클로로에탄 추출물은 정상이거나 고혈압이 있는 개의 혈압을 낮췄다[23].

4. 평활근에 대한 효과
전초의 총 알칼로이드계열 성분, 클로로포름 추출물 및 디클로로에탄 추출물은 적출한 동물의 심근에서 억제효과를 보였으며, 적출한 평활근 표본 상에서 항경련과 이완 효과를 나타냈다. 빈블라스틴은 적출한 개구리의 심장과 토끼의 장 표본을 자극했다. 또한 빈블라스틴과 상위 분획물들은 아세틸콜린에 의해 유발한 골격근의 수축에 대한 길항작용을 나타냈다[23].

5. 항균 작용
빈돌린과 같은 알칼로이드 성분들은 *Salmonella*, *Shigella*, *Proteus* 및 *Escherichia*에 대한 항 미생물 활성을 나타냈다[24].

6. 기타
이 약재는 항산화[25], 항혈관형성[26], 항이뇨[27] 및 시토클롬 효소 억제효과[15]를 보였다.

용도

1. 악성림프종, 림프육종, 단구성 백혈증, 림프성 백혈증, 융모상 피종, 폐암, 유방암, 연부조직유종, 신경아세포증
2. 고혈압증
3. 옹(피하조직의 염증부위)의 통증, 증기에 의한 화상

해설

종양의 발생 증가에 따른 항종양 의약품의 요구로 뚜렷하고 유일한 항종양 효과를 가진 일일화는 최근에 중요한 항종양 의약품으로 각광 받고 있다. 전통적인 추출방법은 빈카 알칼로이드 성분들을 분리하는 데 비효율적이며 이에 따라 화학적 합성 및 생합성 기술들이 이 분야에서 널리 사용되고 있다. 앞으로 빈카 자원의 확보를 통해 알칼로이드 성분의 생산을 확대하면서 독성을 낮추고 종양 표적 성능을 강화하는 노력이 필요하며 임상에서 일일화의 항종양효과를 적용할 수 있는 조건을 만들어야 할 것이다.

참고문헌

1. MM Gupta, DV Singh, AK Tripathi, R Pandey, RK Verma, S Singh, AK Shasany, SPS Khanuja. Simultaneous determination of vincristine, vinblastine, catharanthine, and vindoline in leaves of Catharanthus roseus by high–performance liquid chromatography. Journal of Chromatographic Science. 2005, 43(9): 450–453
2. AE Goodbody, CD Watson, CCS Chapple, J Vukovic, M Misawa. Extraction of 3',4'–anhydrovinblastine from Catharanthus roseus. Phytochemistry. 1988, 27(6): 1713–1717
3. LA Sapunova, AV Gaevskii, GA Maslova, EI Grodnitskaya. Method for the determination of vinblastine and leurosine in the above–ground parts of Catharanthus roseus Donn. Khimiko–Farmatsevticheskii Zhurnal. 1982, 16(6): 708–715

4. H Ebrahimzadeh, A Ataei–Azimi, MR Noori–Daloi. The distribution of indole alkaloids in different organs of Catharanthus roseus G. Don. (Vinca rosea L.). Daru, Journal of the School of Pharmacy, Tehran University of Medical Sciences and Health Services. 1996, 6(1–2): 11–24

5. A El–Sayed, GA Handy, GA Cordell. Catharanthus alkaloids. XXXVIII. Confirming structural evidence and antineoplastic activity of the bisindole alkaloids leurosine–N' β–oxide (pleurosine), roseadine and vindolicine from Catharanthus roseus. Journal of Natural Products. 1983, 46(4): 517–527

6. SS Tafur, JL Occolowitz, TK Elzey, JW Paschal, DE Dorman. Alkaloids of Vinca rosea. (Catharanthus roseus). XXXVII. Structure of vincathicine. Journal of Organic Chemistry. 1976, 41(6): 1001–1005

7. GA Cordall, SG Weiss, NR Farnsworth. Structure elucidation and chemistry of Catharanthus alkaloids. XXX. Isolation and structure elucidation of vincarodine. Journal of Organic Chemistry. 1974, 39(4): 431–434

8. M Sarma. Differential clastogenic effects of two indole alkaloids yohimbine and ajmalicine. Cell and Chromosome Research. 1983, 6(3): 59–63

9. M Gorman, N Neuss. The chemistry of some monomeric Catharanthus alkaloids. Lloydia. 1964, 27(4): 393–396

10. S Mukhopadhyay, A El–Sayed, GA Handy, GA Cordell. Catharanthus alkaloids. XXXVII. 16–Epi–Z–isositsirikine, a monomeric indole alkaloid with antineoplastic activity from Catharanthus roseus and Rhazya stricta. Journal of Natural Products. 1983, 46(3): 409–413

11. Atta–ur–Rahman, M Bashir, S Kaleem, T Fatima. 16–Epi–19–S–vindolinine, an indoline alkaloid from Catharanthus roseus. Phytochemistry. 1983, 22(4): 1021–1023

12. A Cuéllar, H O'Farrill Tejera. A contribution to the chemical study of Apocynaceae: Plumiera sericifolia C. Wright. Revista Cubana de Farmacia. 1976, 10(1): 25–30

13. A Nagy–Turak, Z Vegh. Extraction and in situ densitometric determination of alkaloids from Catharanthus roseus by means of overpressured layer chromatography on amino–bonded silica layers. I. Optimization and validation of the separation system. Journal of Chromatography, A. 1994, 668(2): 501–507

14. A El–Sayed, GA Cordell. Catharanthus alkaloids. XXXIV. Catharanthamine, a new anti–tumor bisindole alkaloid from Catharanthus roseus (Apocynaceae). Journal of Natural Products. 1981, 44(3): 289–293

15. T Usia, T Watabe, S Kadota, Y Tezuka. Cytochrome P_{450} 2D6 (CYP2D6) inhibitory constituents of Catharanthus roseus. Biological & Pharmaceutical Bulletin. 2005, 28(6): 1021–1024

16. S Nishibe, T Takenaka, T Fujikawa, K Yasukawa, M Takido, Y Morimitsu, A Hirota, T Kawamura, Y Noro. Bioactive phenolic compounds from Catharanthus roseus and Vinca minor. Natural Medicines. 1996, 50(6): 378–383

17. SY Zhang, DY Mao, B Xu. The anti–tumor action and toxicity of the alkaloidal fraction AC–875 from Vinca roseus. Acta Pharmaceutica Sinica. 1965, 12(12): 772–777

18. JY Ueda, Y Tezuka, AH Banskota, TQ Le, QK Tran, Y Harimaya, I Saiki, S Kadota. Anti–proliferative activity of Vietnamese medicinal plants. Biological & Pharmaceutical Bulletin. 2002, 25(6): 753–760

19. M Inaba, K Nagashima. Non–anti–tumor vinca alkaloids reverse multidrug resistance in P388 leukemia cells in vitro. Japanese Journal of Cancer Research. 1986, 77(2): 197–204

20. SH Chen, J Hong. Novel tubulin–interacting agents: a tale of Taxus brevifolia and Catharanthus roseus–based drug discovery. Drugs of the Future. 2006, 31(2): 123–150

21. SN Singh, P Vats, S Suri, R Shyam, MM Kumria, S Ranganathan, K Sridharan. Effect of an antidiabetic extract of Catharanthus roseus on enzymic activities in streptozotocin induced diabetic rats. Journal of Ethnopharmacology. 2001, 76(3): 269–277

22. S Nammi, MK Boini, SD Lodagala, RBS Behara. The juice of fresh leaves of Catharanthus roseus Linn. reduces blood glucose in normal and alloxan diabetic rabbits. BMC Complementary and Alternative Medicine. 2003, 3: 4

23. AG Chandorkar. Pharmacological studies of Vinca rosea. I. General pharmacological investigations of total alkaloids, chloroform fraction, fraction A, and vincaleukoblastine. Journal of Shivaji University. 1971, 4(8): 121–127

24. MS Nidia, M Rojas Hernandez. Assessment of the anti–microbial activity of indole alkaloids. Revista Cubana de Medicina Tropical.

1979, 31(3): 199–204

25. W Zheng, SY Wang. Anti–oxidant activity and phenolic compounds in selected herbs. Journal of Agricultural and Food Chemistry. 2001, 49(11): 5165–7510
26. SS Wang, ZG Zheng, YQ Weng, YJ Yu, DF Zhang, WH Fan, RH Dai, ZB Hu. Angiogenesis and anti–angiogenesis activity of Chinese medicinal herbal extracts. Life sciences. 2004, 74(20): 2467–2478
27. S Joshi, DN Dhar. Pharmacological activity of alkaloids from Vinca. Himalayan Chemical and Pharmaceutical Bulletin. 1993, 10: 8–12

일일화 재배 모습

북미람승마 北美藍升麻

Berberidaceae

Caulophyllum thalictroides (L.) Michaux

Blue Cohosh

개 요

매자나무과(Berberidaceae)

북미람승마(北美藍升麻, *Caulophyllum thalictroides* (L.) Michaux)의 뿌리와 뿌리줄기를 말린 것: 북미람승마근(北美藍升麻根)

중약명: 북미람승마근(北美藍升麻根)

꿩의다리아재비속(*Caulophylium*) 식물은 전 세계에 3종이 있으며 북아메리카와 아시아에 분포한다. 그 가운데 1종이 중국에서 발견되며 약으로 사용한다. 또한 북아메리카의 동부 지역에도 분포한다.

북미람승마는 고대부터 아메리카 원주민들이 신생아에게 사용하던 전통 생약 중 하나이다. 주로 북아메리카의 동부 지역 내 습지에서 서식하며 야생에서 찾아볼 수 있다.

북미람승마는 주로 알칼로이드와 트리테르페노이드 사포닌을 함유하며, 두 성분은 지표성분으로 사용된다.

약리학적 연구에서 북미람승마는 자궁과 평활근을 자극하며 니코틴 역할 및 항염증효과가 있음을 확인하였다.

민간요법에 의하면 북미람승마는 류마티즘, 치통, 생리통, 소화불량, 위염, 경련, 비뇨기 기능장애, 담석, 열병을 치료하는 데 사용하며, 신생아에게 상비약으로 사용하거나 강장제로 사용했다고 전해진다.

북미람승마 北美藍升麻 *Caulophyllum thalictroides* (L.) Michaux

북미람승마 北美藍升麻

북미람승마 北美藍升麻
Caulophyllum thalictroides (L.) Michaux

북미람승마근 北美藍升麻根
Caulophylli Thalictroidis Radix et Rhizoma

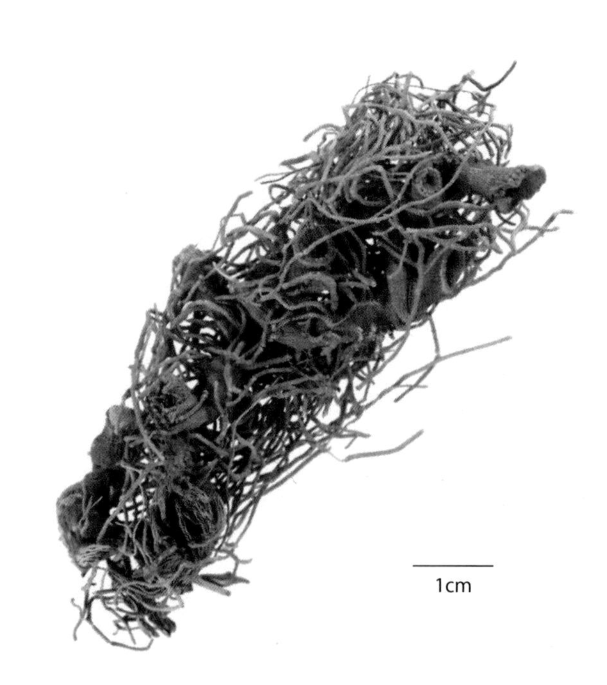

함유성분

뿌리와 뿌리줄기에는 알칼로이드 성분으로 N-methylcytisine, baptifoline, anagyrine, magnoflorine[1], thalictroidine, taspine, 5,6-dehydro-αisolupanine, αisolupanine, lupanine, sparteine[4], 트리테르페노이드 사포닌 성분으로 caulosides A, B, C, D, G, leonticin D[5-6]가 함유되어 있다.

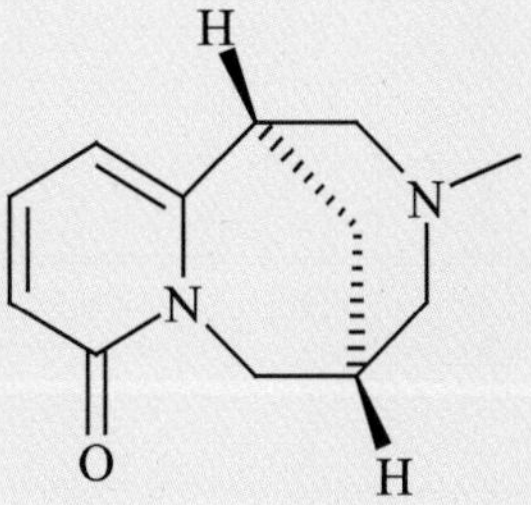

N-methylcytisine

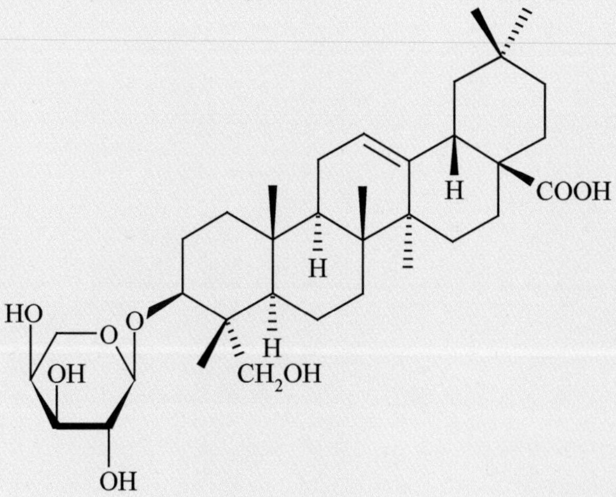

cauloside A

약리작용

1. 재생 효과
   북미람승마 추출물은 적출한 기니피그 자궁을 흥분시키고 자궁의 평활근 긴장을 증가시켰다[7]. 자궁수축 작용을 가진 배당체가 북미람승마에서 분리되었다[8]. *in vitro*에서 북미람승마는 에스트로겐 활성을 보이지 않았다[9].
2. 니코틴 활성
   N-메틸시티신은 니코틴 수용체와 강력한 친화력이 가지며 니코틴활성을 나타낸다[10]. 할로겐화한 N-메틸시티신 파생물들은 사람 니코틴 아세틸콜린 수용체와 랫드의 니코틴 수용체에 길항작용을 나타낸다[11-12].
3. 항종양 작용
   북미람승마의 물 추출물은 *in vitro*에서 사람의 간암세포인 HA22T/VGH를 억제했다[13].
4. 기타
   북미람승마로부터 추출한 사포닌은 담배 모자이크 바이러스를 억제했다[5].

용도

1. 생리불순, 월경통
2. 절박유산(切迫遺産), 자궁수축과 같은 경련, 자궁 무력증
3. 만성류마티스통증

해설

Caulophyllum robustum Maxim.의 뿌리와 지하경은 중국 약재명인 홍모칠(红毛七, Leonticis Radix et Rhizoma)로 사용한다. 북미람승마와 비슷한 화학조성을 가진 홍모칠은 혈액순환을 조절하고, 혈액정체를 풀어주며, 거풍제습(祛風除濕)하고 고통을 완화시킨다. 북미람승마는 월경불순, 월경통, 산후복통, 복통, 그리고 만성류마티스통증을 치료하는 중국 전통 약재로 사용했다.
타스핀은 높은 배아독성을 가지고 있다. N-메틸시티신과 아나기린은 기형 활성을 가지고 있다[1, 4]. 북미람승마의 니코틴 독성에 대한 환자에서 낙태, 심장박동, 땀, 복통, 구토, 근육무력증 그리고 총생을 유발시키는 보고가 있다[14]. 북미람승마를 산모가 복용하였을 경우 급성신생아심근경색, 울혈 등의 충격적인 보고가 있다[15]. 북미람승마는 전통적으로 부인과질병에 다방면으로 사용되었으나, 용법과 같은 과학적인 증거가 아직 없으므로 약물학적인 연구가 필요하다. 따라서 배아독성과 기형 영향에 대한 주의를 기울여야 한다.

참고문헌

1. JM Betz, D Andrzejewski, A Troy, RE Casey, WR Obermeyer, SW Page, TZ Woldemariam. Gas chromatographic determination of toxic quinolizidine alkaloids in blue cohosh Caulophyllum thalictroides (L.) Michx. Phytochemical Analysis. 1998, 9(5): 232–236
2. TZ Woldemariam, JM Betz, PJ Houghton. Analysis of aporphine and quinolizidine alkaloids from Caulophyllum thalictroides by densitometry and HPLC. Journal of Pharmaceutical and Biomedical Analysis. 1997, 15(6): 839–843
3. M Ganzera, HR Dharmaratne, NP Nanayakkara, IA Khan. Determination of saponins and alkaloids in Caulophyllum thalictroides (blue cohosh) by high–performance liquid chromatography and evaporative light scattering detection. Phytochemical Analysis. 2003, 14(1): 1–7
4. EJ Kennelly, TJ Flynn, EP Mazzola, JA Roach, TG McCloud, DE Danford, JM Betz. Detecting potential teratogenic alkaloids from blue cohosh rhizomes using an in vitro rat embryo culture. Journal of Natural Products. 1999, 62(10): 1385–1389
5. ES Dal, AV Krylov, LI Strigina, NS Chetyrina. Inhibiting effect of triterpene glycosides of Caulophyllum thalictroides (L.) Michx subspecies robustum (Maxim) Kitam on tobacco mosaic virus. Rastitel'nye Resursy. 1978, 14(3): 390–392
6. JW Jhoo, S Sang, K He, X Cheng, N Zhu, RE Stark, QY Zheng, RT Rosen, CT Ho. Characterization of the triterpene saponins of the roots and rhizomes of blue cohosh (Caulophyllum thalictroides). Journal of Agricultural and Food Chemistry. 2001, 49(12): 5969–5974

7. JD Pilcher. The action of certain drugs on the excised uterus of the guinea pig. The Journal of Pharmacology and Experimental Therapeutics. 1916, 8: 110–111
8. HC Ferguson, LD Edwards. A pharmacological study of a crystalline glycoside of Caulophyllum thalictroides. Journal of the American Pharmaceutical Association. 1954, 43: 16–21
9. P Amato, S Christophe, PL Mellon. Estrogenic activity of herbs commonly used as remedies for menopausal symptoms. Menopause. 2002, 9(2): 145–150
10. T Schmeller, M Sauerwein, F Sporer, M Wink, WE Muller. Binding of quinolizidine alkaloids to nicotinic and muscarinic acetylcholine receptors. Journal of Natural Products. 1994, 57(9): 1316–1319
11. YE Slater, LM Houlihan, PD Maskell, R Exley, I Bermudez, RJ Lukas, AC Valdivia, BK Cassels. Halogenated cytisine derivatives as agonists at human neuronal nicotinic acetylcholine receptor subtypes. Neuropharmacology. 2003, 44(4): 503–515
12. JA Abin–Carriquiry, MH Voutilainen, J Barik, BK Cassels, P Iturriaga–Vasquez, I Bermudez, C Durand, F Dajas, S Wonnacott. C3–halogenation of cytisine generates potent and efficacious nicotinic receptor agonists. European Journal of Pharmacology. 2006, 536(1–2): 1–11
13. LT Lin, LT Liu, LC Chiang, CC Lin. In vitro anti–hepatoma activity of fifteen natural medicines from Canada. Phytotherapy Research. 2002, 16: 440– 444
14. RB Rao, RS Hoffman. Nicotinic toxicity from tincture of blue cohosh (Caulophyllum thalictroides) used as an abortifacient. Veterinary and Human Toxicology. 2002, 44(4): 221–222
15. TK Jones, BM Lawson. Profound neonatal congestive heart failure caused by maternal consumption of blue cohosh herbal medication. The Journal of Pediatrics. 1998, 132(3 Pt 1): 550–552

수레국화 矢車菊 GCEM

Asteraceae

Centaurea cyanus L.

Cornflower

개 요

국화과(Asteraceae)

수레국화(矢車菊, *Centaurea cyanus* L.)의 두상꽃차례 또는 전초를 말린 것: 시차국(矢車菊)

중약명: 시차국(矢車菊)

수레국화속(*Centaurea*) 식물은 전 세계에 500-600종이 있으며 지중해 지역과 서남아시아에 분포한다. 그 가운데 10종이 중국에서 발견되고, 이 중 일부를 재배하고 있으며, 대부분의 야생종들은 신강 지역에 분포한다. 수레국화는 중동지방을 기원으로 하며 전 세계적으로 재배하고 있다. 중국에 도입되어 대부분의 지역에서 관상식물로 재배하고 있다.

유럽에서는 전통적으로 민간요법에 사용하는 약용식물로 주로 경미한 안구염증 치료제로 이용하였다[1]. 이 약재는 주로 유럽, 특히 독일에서 생산된다[2].

수레국화에는 주로 안토시아니딘, 플라보노이드 및 쿠마린 성분을 함유하고 있다.

약리학적 연구에 따르면 수레국화는 항염증, 항균, 항종양 및 배뇨촉진 효과가 있음을 확인하였다.

민간요법에서 수레국화는 항염증과 항균효과에 사용하였다.

수레국화 矢車菊 *Centaurea cyanus* L.

시차국 矢車菊 Centaureae Cyani Herba

수레국화 矢車菊 GCEM

함유성분

꽃에는 안토시아닌 성분으로 pelargonidin-3-(3"succinylglucoside)-5-glucoside[3], protocyanin[4], succinylcyanin[5], cyanidin, cyanin, centaurocyanin, 플라보노이드 성분으로 apigenin 4'O-(6-O-malonyl-βD-glucoside) 7-O-βD-glucuronide[5], apigenin-4'O-β D-glucoside 7-O-βD-glucosiduronate[6], 페놀산 성분으로 protocatechuic acid, 카페인산, 클로로겐산, p-coumaric acid, vanillic acid[7], neochlorogenic acid[8]가 함유되어 있다.
씨에는 에폭시리그난류 성분으로 berchemol, lariciresinol-4-O-βD-glucoside[9], indole 알칼로이드 성분으로 moschamine, cismoschamine, centcyamine, cis-centcyamine[10]이 함유되어 있다.
지상부에는 쿠마린 성분으로 scopoletin, umbelliferone[11], 플라보노이드 성분으로 isorhamnetin, hispidulin, quercimeritrin, cosmosiin, cinaroside, apiin, graveobioside[12]가 함유되어 있다.

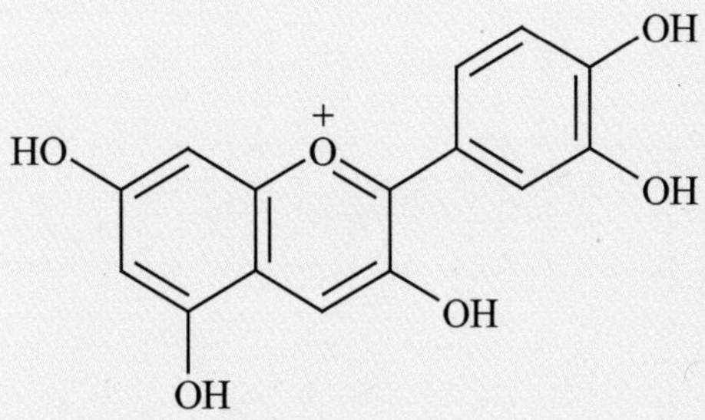

cyanidin

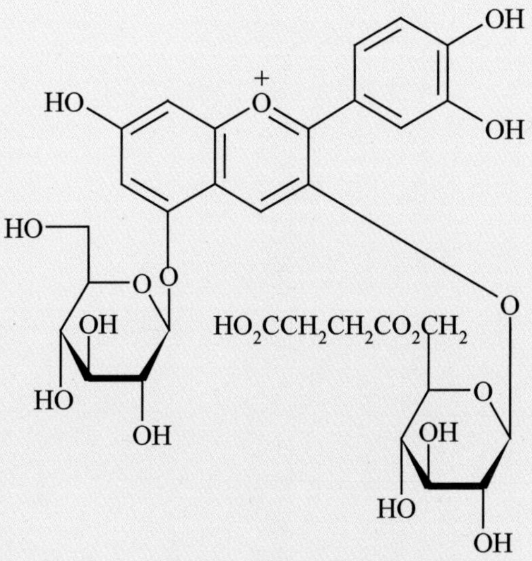

succinylcyanin

약리작용

1. 항염증 작용
수레국화는 경미한 눈 염증을 치료하는데 유럽 생약의학에서 사용했다. 전초 혼합물은 수렴작용과 결막염에 대한 진정 효과를 보였다[13]. 전초의 다당류 추출물은 카라기난과 짐모산에 의해 부종을 유발한 랫드에서 족척부종을 억제했으며 파두유로 유도한 마우스의 귀 부종을 억제했다. 염증 특성은 아마도 일련의 반응계(보체계, complement system) 상에서 약재의 다당류가 가지는 효과와 관련이 있는 것으로 보인다[1].

2. 항박테리아와 항바이러스
지상부는 *in vitro*에서 항바이러스 활성을 나타낸다. 클로로겐산은 *in vitro*에서 호흡기 융합체 세포와 같은 일반적인 호흡기 바이러스에 대한 억제효과를 나타냈다[14].

3. 항종양
시아니딘은 미토겐으로 유도된 대사 활성과 배양한 대장암 세포의 세포생장을 억제했다[15].

4. 기타
두상꽃차례는 이뇨작용을 하며 용혈 작용을 억제했다[1].

용도

1. 발열
2. 변비
3. 생리불순, 냉대하
4. 안염, 결막염
5. 두피습진

해설

수레국화는 중국 전 지역에 분포하며, 관상용으로 주로 재배된다. 수레국화는 현대의 인터넷 중독자에게 눈의 피로를 완화시킬 수 있고, 시력을 향상시켜 주며, 그리고 안구 건조와 가려움을 완화시켜 줄 수 있다. 따라서 이것은 의료목적으로 개발할 가치가 있다.
수레국화는 이뇨제, 거담제 및 간, 담낭 기능을 위한 자극제로 사용되었다. 그러나 몇 개의 현대 약학적 연구보고밖에 없으므로 따라서, 수레국화의 약리학적 활성에 더 많은 연구가 필요하다.

참고문헌

1. N Garbacki, V Gloaguen, J Damas, P Bodart, M Tits, L Angenot. Anti-inflammatory and immunological effects of Centaurea cyanus flower-heads. Journal of Ethnopharmacology. 1999, 68(1-3): 235-241
2. X Wang, ZZ Wang. Cornflower. China Flowers & Horticulture. 2003, 21: 42
3. K Takeda, C Kumegawa, JB Harborne, R Self. Pelargonidin 3-(6"-succinyl glucoside)-5-glucoside from pink Centaurea cyanus flowers. Phytochemistry. 1988, 27(4): 1228-1229
4. T Goto, H Tamura, T Kawai, M Yoshikane, T Kondo. Structure of metalloanthocyanins. Commelinin and protocyanin. Tennen Yuki Kagobutsu Toronkai Koen Yoshishu. 1987, 29: 248-255
5. H Tamura, T Kondo, Y Kato, T Goto. Structures of a succinyl anthocyanin and a malonyl flavone, two constituents of the complex blue pigment of cornflower Centaurea cyanus. Tetrahedron Letters. 1983, 24(51): 5749-5752
6. S Asen, RM Horowitz. Apigenin 4'-O-β-D-glucoside 7-O-β-D-glucuronide. Copigment in the blue pigment of Centaurea cyanus. Phytochemistry. 1974, 13(7): 1219-1223
7. L Swiatek, R Zadernowski. Occurrence of aromatic acids and sugars in flowers of Centaurea cyanus L. Acta Academiae Agriculturae ac Technicae Olstenensis. 1993, 422(25): 231-239
8. DA Murav'eva, VN Bubenchikova. Phenolcarboxylic acids of Centaurea cyanus flowers. Khimiya Prirodnykh Soedinenii. 1986, 1: 107-108
9. M Shoeb, M Jaspars, SM MacManus, RRT Majinda, SD Sarker. Epoxylignans from the seeds of Centaurea cyanus (Asteraceae). Biochemical Systematics and Ecology. 2004, 32(12): 1201-1204
10. SD Sarker, A Laird, L Nahar, Y Kumarasamy, M Jaspars. Indole alkaloids from the seeds of Centaurea cyanus (Asteraceae). Phytochemistry. 2001, 57(8): 1273-1276
11. VN Bubenchikova. coumarins of plants in the genus Centaurea. Khimiya Prirodnykh Soedinenii. 1990, 6: 829-830
12. VI Litvinenko, VN Bubenchikova. Phytochemical study of Centaurea cyanus. Khimiya Prirodnykh Soedinenii. 1988, 6: 792-795
13. H Leclerc. Centaurea cyanus L. and Euphrasia officinalis L. in ophthalmology. Presse Medicale. 1936, 44: 1216
14. KJ Hu, KX Sun. Anti-viral effects of chlorogenic acid in vitro. Journal of Harbin Medical University. 2001, 35(6): 430-432
15. K Briviba, SL Abrahamse, BL Pool-Zobel, G Rechkemmer. Neurotensin- and EGF-induced metabolic activation of colon carcinoma cells is diminished by dietary flavonoid cyanidin but not by its glycosides. Nutrition and Cancer. 2001, 41(1-2): 172-179

애기똥풀 白屈菜 KHP, EP, BP

Chelidonium majus L.

Greater Celandine

개 요

양귀비과(Papaveraceae)

애기똥풀(白屈菜, *Chelidonium majus* L.)의 지상부를 말린 것: 백굴채(白屈菜)

중약명: 백굴채(白屈菜)

애기똥풀속(*Chelidonium*) 식물은 전 세계에 오직 1종이 있고, 약으로 사용된다. 유럽, 한반도, 러시아 및 일본뿐만 아니라 중국의 대부분 지역에 분포한다.

백굴채(白屈菜)는 《구황본초 (救荒本草)》에서 약으로 처음 기술된 이래 대부분의 고대 한의서에 기록되어 있으며, 약용으로 사용되는 종은 고대부터 현재까지 동일하게 전해져 오고 있다. 이 종은 백굴채(白屈菜)의 기원식물로 유럽약전(5개정판)과 영국약전(2002)에 등재되어 있다. 이 약재는 주로 유럽과 아시아의 온대 및 아열대 지역에서 생산된다. ≪대한민국약전외한약(생약)규격집≫(제4개정판)에는 "백굴채"를 "애기똥풀 *Chelidonium majus* Linné var. *asiaticum* Ohwi(양귀비과 Papaveraceae)의 지상부"로 등재하고 있다.

백굴채는 주로 알칼로이드를 함유하고, 총 알칼로이드 함량으로 품질을 관리한다. 유럽약전과 영국약전에서 의약 물질의 품질관리를 위해 자외선가시광선분광광도법으로 측량할 때 켈리도우닌으로 환산된 총 알칼로이드의 함량이 0.60% 이상이어야 한다고 규정하고 있다.

약리학적 연구에 따르면 백굴채는 진통작용, 진해작용, 거담작용, 항천식작용, 소염작용, 항균작용, 항바이러스 및 이담작용을 나타낸다.

민간요법에 의하면 백굴채는 진통작용이 있으며 간과 담낭의 질병을 치료한다. 한의학적으로 백굴채는 통증을 완화시키고 기침을 멈추게 하며 배뇨를 촉진하고 해독하는 효능이 있다.

애기똥풀 白屈菜 *Chelidonium majus* L.

애기똥풀 白屈菜 *C. majus* L.

백굴채 白屈菜 Chelidonii Herba

함유성분

전초에는 알칼로이드 성분으로 chelidonine, 6-methoxydihydrochelerythrine, dl-stylopine, 6-methoxydihydrosanguinarine, dihydrosanguinarine, 8-oxocoptisine, l-canadine, protopine, allocryptopine[1], berberine, coptisine, tetrahydrocoptisine[2], homochelidonine, oxosanguinarine, magnoflorine, sanguinarine, dihydrochelerythrine, chelamine, chelirubine, macarpine, dihydrochelirubine, corysamine, chelerythrine, chelilutine, sanguilutine, N-methylstylopinium hydroxide[3], (−)-turkiyenine[4], (+)-norchelidonine[5], sparteine[6], cheliritrine, cryptopine[7], (−)-stylopine αmethohydroxide, (−)-stylopine βmethohydroxide[8]이 함유되어 있고, 페놀산 성분으로 카페인산, p-coumaric aicd, 페룰산, gentisic acid, p-hydroxybenzoic acid, (−)-2-(E)-caffeoyl-D-glyceric acid, (−)-4-(E)-caffeoyl-L-threonic acid, (−)-2-(E)-caffeoyl-L-threonic acid lactone, (+)-(E)-caffeoyl-L-malic acid[9]가 함유되어 있다.
뿌리에는 알칼로이드 성분으로 chelidimerine[10], corydine, norcorydine[11]이 함유되어 있다.

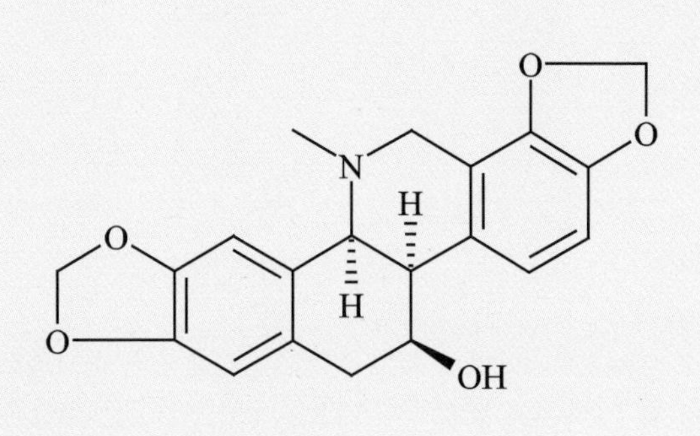

chelidonine

chelerythrine

약리작용

1. 진통 작용
캘리도우닌을 마우스의 위장관 내 투여하면 타르타르산 칼륨 유발 반응의 증상을 줄이고, 열판 검사에서 통증 역치를 높이며, 포름알데히드로 유발된 사지 통증을 완화시켰다. 진통작용은 주로 말초신경에서 나타났다[12].

2. 방광, 거담 및 천식 억제 작용
전초에서 추출한 총 알칼로이드를 복강 내 투여하면 마우스의 기관지에서 페놀 레드의 분비가 증가하고, 암모니아로 유발된 마우스의 기침 모델과 구연산으로 유발된 기니피그의 기침 모델에서 잠재 기간이 연장되고 기침 빈도가 감소했다. 고양이의 위후두 신경 유발 기침에서 역치 전압을 유의하게 높였다. 진해작용은 중추신경계에 의해 매개되었다[13-14]. 전초로부터 추출된 총 알칼로이드를 기니피그의 위 내에 투여하면 히스타민과 오발부민에 의해 유발된 천식의 지연을 연장시키고 경련 발병을 감소시켰다. *in vitro*에서 총 알칼로이드가 기니피그에서 적출한 폐의 폐 혈류를 유의하게 증가시키고, 적출한 기관을 이완시키며, 히스타민에 의해 유발된 기관 평활근 수축을 억제한다는 것을 보였다[15-16].

3. 항종양 작용
켈레리트린을 포함한 알칼로이드는 *in vitro*에서 뮤린 림프종 NK/Ly 세포에 대해 세포독성 효과를 나타내었고 세포 DNA의 깨어짐을 유도했다[17]. 추출물을 경구 투여하면 N-메틸-N'-니트로-N-니트로소구아니딘(MNNG)에 의해 유발된 랫드의 위암을 유의하게 억제하고 유두종 및 편평 세포암의 발생을 감소시켰다[18]. 추출물을 경구에 미세 투여하면 마우스에서의 아조 염색 유도 간세포 형성에서 염색체 이상(CA), 소핵성 적혈구(MN) 및 정자머리이상(SHA)의 발생을 감소시켰다. 또한 발암 물질을 투여한 마우스의 간, 신장 및 비장 조직에서 산성 및 알칼리성 인산 가수 분해 효소, 과산화 효소 및 글루탐산염의 피루베이트 트랜스아미나아제(GPT)의 활성을 유리하게 조절했다[19-20]. 또한, 켈리도닌, 상귀나린 및 베르베린도 *in vitro*에서 HeLa 세포에 대한 세포독성 효과를 나타냈다[21].

4. 항염증 작용
스틸로핀은 RAW 264.7에서 염증 유발 유도성 일산화질소 합성효소(iNOS)와 사이클로옥시게나제-2(COX-2)의 발현을 감소시킴으로써 리포다당류(LPS) 자극으로 인한 일산화질소와 프로스타글란딘 E_2(PGE_2)와 같은 염증 매개체를 억제했다[22].

5. 항균 작용
알칼로이드는 *Streptococcus mutans*, 그람 양성균 및 *Trichophyton* 균주, *Microsporum canis* 및 *Epidermophyton floccosum*을 포함한 진균류와 관련된 치아 우식증에 대해 in vitro에서 억제 작용을 나타냈다[23-25]. 염산상귀나린과 염산켈레리트린은 *in vitro*에서 파지의 용균 활성에 직접적인 불활화 작용을 보였다[26]. 추출물은 *in vitro*에서 단순헤르페스바이러스 1형(HSV-1)을 유의하게 억제했다[27]. 전초의 총 알칼로이드는 *in vitro*에서(마우스에 투여)에서 인플루엔자 바이러스에 대한 항바이러스 활성을 나타냈다. 바이러스 감염된 병아리 배아에서의 항바이러스 활성도 나타냈다[28].

6. 이담 작용
에탄올 용해성, 페놀성 및 알칼로이드성 분획을 함유한 조추출물은 분산된 랫드의 적출된 간에서 담즙산의 독립적인 흐름을 증가시킴으로써 담즙분비촉진작용을 유발했다[29]. 기니피그에 투여한 생약 추출물 또한 담즙 분비를 촉진시켰다[30]. 또한 알칼로이드는 담낭 수축을 향상시켰다[31].

7. 항경련 작용
조 추출물은 랫드의 적출 평활근에서 아세틸콜린에 의한 수축을 길항하였다. 알코올 추출물은 기니피그 적출 회장(回腸)에서 카르바콜에 의한 수축을 억제했다. 주요 항경련제 화합물은 프로토파인, 콥티신과 카페오일 말산였다[32-33].

8. 방사선 방지
단백 다당류인 CM-AIa를 주입하면 방사선 조사된 마우스에서 골수 세포, 비장 세포, 과립대식세포집락형성단위(GM-CFC) 및 혈소판의 수를 증가시켜 내인성 시토카인 생산을 유도했다 인터루킨 1과 TNF-α를 억제하고, 방사선 조사 후 조혈 세포의 재구성에 필요한 시간을 단축시켰다[34].

9. 미토콘드리아에 대한 영향
양성 전하를 띤 알칼로이드인 켈레리트린과 상귀나린은 마우스의 간의 미토콘드리아의 호흡을 유의하게 억제했다. 베르베린, 콥티신, 프로토핀 및 알로크립토파인은 submochondrial 입자에서 NADH 탈수소효소를 강력하게 억제했다[35]. 미토콘드리아 DNA에 의해 중재된 켈레리트린과 상귀나린은 칼슘의 흡수와 응집을 억제하고 산화적 인산화를 억제한다[36]. 켈리도닌은 마우스 간의 미토콘드리아의 모노아민 산화효소의 활성을 억제했다[37].

10. 기타
전초에는 항산화, 항증식성[38-39], 항궤양작용[40], 결핵예방작용[41], 간질 예방작용[42]이 있었다. 또한 아세틸콜린에스테라아제[43]에 의한 아세틸티오콜린의 효소 가수분해를 억제하고, 인간 케라티노사이트[44]의 성장을 억제하며, γ-아미노부티르산 타입 A 수용체

[45]에 영향을 주고, 아미노 전이 효소의 활성을 증가시킨다[46]. 켈레리트린은 PC12 세포에서 아세틸콜린 유도 전류를 빠르게 억제했다[47].

용도

1. 황달, 복수
2. 위염, 장염, 이질
3. 기관지염, 천식, 백일해, 인두염
4. 식도암, 결절성 피부
5. 물집, 발진, 옴, 사마귀, 피부소양증, 뱀 및 벌레물림

해설

애기똥풀의 뿌리도 약으로 사용된다. 산어지혈(散瘀止血), 통증완화, 뱀독 제거에 사용한다. 사용 증상에는 염좌로 인한 어혈, 월경불순 및 뱀에 물린 것이 포함된다.
우크라이나에서는 췌장암 치료제인 우크라인(Ukrain, celandine 보다 큰 티오인산 알칼로이드 유도체)이 발명되었으며 임상 적용 분야에서 수년간 사용되었다. 우크라인은 결장 직장암과 스폰지 모세포종과 같은 다양한 종류의 암 치료에 효과가 있으며 인간의 피부와 폐 섬유 모세포에 방사선 방호 효과가 있다는 것이 입증되었다[48]. 일반적인 항종양 약은 종양 세포를 죽이는 동안 건강한 세포에 손상을 입히지만, 우크라인은 정상 세포를 보호하므로 방사선 화학 요법에서 더 나은 결과를 얻을 수 있다. 또한, 우크라인은 랫드의 간 미토콘드리아에서 모노아민 산화 효소의 활성을 두드러지게 억제하여 잠재적인 항우울 효과에 대한 추가 연구가 필요하다[37].

참고문헌

1. JY Zhou, BZ Chen, XJ Tong, WY Lian, QC Fang. Chemical study on the alkaloids in Chelidonium majus L. Chinese Traditional and Herbal Drugs. 1989, 20(4): 2-4
2. CQ Niu, LY He. Determination of isoquinoline alkaloids in Chelidonium majus L. by ion-pair high-performance liquid chromatography. Journal of Chromatography. 1991, 542(1): 193-199
3. E Taborska, H Bochorakova, H Paulova, J Dostal. Separation of alkaloids in Chelidonium majus by reversed phase HPLC. Planta Medica. 1994, 60(4): 380-381
4. G Kadan, T Gozler, M Shamma. (-)-Turkiyenine, a new alkaloid from Chelidonium majus. Journal of Natural Products. 1990, 53(2): 531-532
5. G Kadan, T Gozler, M Hesse. (+)-Norchelidonine from Chelidonium majus. Planta Medica. 1992, 58(5): 477
6. HR Schuette, H Hindorf. Occurrence and biosynthesis of sparteine in Chelidonium majus. Naturwissenschaften. 1964, 51(19): 463
7. AZ Gulubov, T Sunguryan, IZ Bozhkova, VB Chervenkova. Chelidonium majus alkaloids. I. Biologiya. 1968, 6(2): 63-65
8. J Slavik, L Slavikova. Alkaloids of the Papaveraceae. LXV. Minor alkaloids from Chelidonium majus. Collection of Czechoslovak Chemical Communications. 1977, 42(9): 2686-2693
9. R Hahn, A Nahrstedt. Hydroxycinnamic acid derivatives, caffeoylmalic and new caffeoylaldonic acid esters, from Chelidonium majus. Planta Medica. 1993, 59(1): 71-75
10. M Tin-Wa, HK Kim, HHS Fong, NR Farnsworth. Structure of chelidimerine, a new alkaloid from Chelidonium majus. Lloydia. 1972, 35(1): 87-89
11. A Shafiee, AH Jafarabadi. Corydine and norcorydine from the roots of Chelidonium majus. Planta Medica. 1998, 64(5): 489
12. ZM He, JM Tong, FC Gong. Study on analgesic effect of chelidonine. Chinese Traditional and Herbal Drugs. 2003, 34(9): 837-838
13. JM Tong, YH Shi, YF Yuan. A study on the anti-tussive and anti-asthmatic effects of total alkaloids from Chelidonium majus. Journal of Chengde Medical College. 2003, 20(4): 285-287
14. JM Tong, XM Guo, YH Shi, YB Meng. Study on the anti-tussive and expectorant effects of total alkaloids from Chelidonium majus.

Chinese Journal of Hospital Pharmacy. 2004, 24(1): 18-19

15. JM Tong, YL Liu, GH Chen, XG Liu, SB Chen, YB Meng. An experimental study on the anti-tussive and anti-asthmatic effects of total alkaloids from Chelidonium majus. Journal of Chengde Medical College. 2001, 18(4): 277-279
16. CZ Liu, JM Tong, LM Zhang. Anti-asthmatic action of total alkaloids from Chelidonium majus. Chinese Journal of Hospital Pharmacy. 2006, 26(1): 27-29
17. VO Kaminskyy, MD Lootsik, RS Stoika. Correlation of the cytotoxic activity of four different alkaloids, from Chelidonium majus (greater celandine), with their DNA intercalating properties and ability to induce breaks in the DNA of NK/Ly murine lymphoma cells. Central European Journal of Biology. 2006, 1(1): 2-15
18. DJ Kim, IS Lee. Chemopreventive effects of Chelidonium majus L. (Papaveraceae) herb extract on rat gastric carcinogenesis induced by N-methyl-N'-nitro-N-nitrosoguanidine (MNNG) and hypertonic sodium chloride. Journal of Food Science and Nutrition. 1997, 2(1): 49-54
19. SJ Biswas, AR Khuda-Bukhsh. Evaluation of protective potentials of a potentized homeopathic drug, Chelidonium majus, during azo dye induced hepatocarcinogenesis in mice. Indian Journal of Experimental Biology. 2004, 42(7): 698-714
20. SJ Biswas, AR Khuda-Bukhsh. Effect of a homeopathic drug, in amelioration of p-DAB induced hepatocarcinogenesis in mice. BMC Complementary and Alternative Medicine. 2002, 2: 1-12
21. B Hladon, Z Kowalewski, T Bobkiewicz, K Gronostaj. Cytotoxic activity of some Chelidonium majus alkaloids on human and animal tumor cell cultures in vitro. Annales Pharmaceutici. 1978, 13: 61-68
22. SI Jang, BH Kim, WY Lee, SJ An, HG Choi, BH Jeon, HT Chung, JR Rho, YJ Kim, KY Chai. Stylopine from Chelidonium majus inhibits LPS-induced inflammatory mediators in RAW 264.7 cells. Archives of Pharmacal Research. 2004, 27(9): 923-929
23. RB Cheng, X Chen, SJ Liu, XF Zhang, GH Zhang. Experimental study of the inhibitory effects of Chelidonium majus L. extractive on Streptococcus mutans in vitro. Shanghai Journal of Stomatology. 2006, 15(3): 318-320
24. VG Drobot'ko, EY Rashba, BE Aizenman, SI Zelepukha, SI Novikova, MB Kaganskaya. Anti-bacterial activity of alkaloids obtained from Valeriana officinalis, Chelidonium majus, Nuphar luteum, and Asarum europaeum. Antibiotiki. 1958: 22-30
25. N Hejtmankova, D Walterova, V Preininger, V Simanek. Anti-fungal activity of quaternary benzo[c]phenanthridine alkaloids from Chelidonium majus. Fitoterapia. 1984, 55(5): 291-294
26. T Bodalski, M Kantoch, H Rzadkowska. Antiphage activity of some alkaloids of Chelidonium majus. Dissertationes Pharmaceuticae. 1957, 9: 273-286
27. A Kery, J Horvath, I Nasz, G Verzar-Petri, G Kulcsar, P Dan. Anti-viral alkaloids in Chelidonium majus L. Acta Pharmaceutica Hungarica. 1987, 57(1-2): 19-25
28. LV Lozyuk. Anti-viral properties of some compounds of plant origin. Mikrobiologichnii Zhurnal. 1977, 39(3): 343-348
29. U Vahlensieck, R Hahn, H Winterhoff, HG Gumbinger, A Nahrstedt, FH Kemper. The effect of Chelidonium majus herb extract on choleresis in the isolated perfused rat liver. Planta Medica. 1995, 61(3): 267-271
30. E Rentz. Mechanism of action of some plant drugs active on the liver and on bile secretion (Berberis, Chelidonium, and Chelone). Archiv fuer Experimentelle Pathologie und Pharmakologie. 1948, 205: 332-339
31. A Hriscu, MR Galesanu, L Moisa. Cholecystokinetic action of an alkaloid extract of Chelidonium majus. a Societa t ii de Medici s i Naturalis ti din Ias I. 1980, 84(3): 559-561
32. SC Boegge, S Kesper, EJ Verspohl, A Nahrstedt. Reduction of ACh-induced contraction of rat isolated ileum by coptisine, (+)-caffeoylmalic acid, Chelidonium majus, and Corydalis lutea extracts. Planta Medica. 1996, 62(2): 173-174
33. KO Hiller, M Ghorbani, H Schilcher. Anti-spasmodic and relaxant activity of chelidonine, protopine, coptisine, and Chelidonium majus extracts on isolated guinea pig ileum. Planta Medica. 1998, 64(8): 758-760
34. JY Song, HO Yang, JY Shim, JY Ahn, YS Han, IS Jung, YS Yun. Radiation protective effect of an extract from Chelidonium majus. International Journal of Hematology. 2003, 78(3): 226-232
35. MC Barreto, RE Pinto, JD Arrabaca, ML Pavao. Inhibition of mouse liver respiration by Chelidonium majus isoquinoline alkaloids.

Toxicology Letters. 2003, 146(1): 37-47

36. VO Kaminskyy, NV Kryv'yak, MD Lutsik, RS Stoika. Effects of alkaloids from grater celandine on calcium capacity and oxidative phosphorylation in mitochondria depending on their DNA intercalation potential. Ukrains'kii Biokhimichnii Zhurnal. 2006, 78(2): 73-78

37. OV Yagodina, EB Nikol'skaya, MD Faddeeva. Inhibition of the activity of mitochondrial monoamine oxidase by alkaloids isolated from Chelidonium majus and Macleaya, and by derivative drugs "Ukrain" and "Sanguirythrine". Tsitologiya. 2003, 45(10): 1032-1037

38. C Vavreckova, I Gawlik, K Mueller. Benzophenanthridine alkaloids of Chelidonium majus. Part 1. Inhibition of 5- and 12-lipoxygenase by a nonredox mechanism. Planta Medica. 1996, 62(5): 397-401

39. R Gebhardt. Anti-oxidative, anti-proliferative and biochemical effects in HepG2 cells of a homeopathic remedy and its constituent plant tinctures tested separately or in combination. Arzneimittel Forschung. 2003, 53(12): 823-830

40. MT Khayyal, MA El-Ghazaly, SA Kenawy, M Seif-El-Nasr, LG Mahran, YAH Kafafi, SN Okpanyi. Antiulcerogenic effect of some gastrointestinally acting plant extracts and their combination. Arzneimittel-Forschung. 2001, 51(7): 545-553

41. P De Franciscis, C Aufiero. Action of aqueous extracts of Chelidonium majus on tuberculosis in the guinea pig. Bollettino-Societa Italiana di Biologia Sperimentale. 1949, 25: 36-39

42. E Jagiello-Wojtowicz, Z Kleinrok, A Chodovska, M Feldo. Effects of alkaloids from Chelidonium majus L. on the protective activity of anti-epileptic drugs in mice. Herba Polonica. 1998, 44(4): 383-385

43. LP Kuznetsova, EB Nikol'skaya, EE Sochilina, MD Faddeeva. Inhibition of enzymatic hydrolysis of acetylthiocholine with acetylcholinesterase by principal alkaloids isolated from Chelidonium majus and Macleya and by derivative drugs. Tsitologiya. 2001, 43(11): 1046-1050

44. C Vavreckova, I Gawlik, K Mueller. Benzophenanthridine alkaloids of Chelidonium majus. Part 2. Potent inhibitory action against the growth of human keratinocytes. Planta Medica. 1996, 62(6): 491-494

45. H Haeberlein, KP Tschiersch, G Boonen, KO Hiller. Chelidonium majus. Components with in vitro affinity for the GABAA receptor. Positive cooperation of alkaloids. Planta Medica. 1996, 62(3): 227-231

46. E Jagiello-Wojtowicz, K Jeleniewicz, A Chodkowska. Effects of acute and 10-day treatment with benzophenanthridine-type alkaloids from Chelidonium majus L. on some biochemical parameters in rats. Herba Polonica. 2000, 46(4): 303-307

47. LJ Shi, CA Wang. Rapid inhibitory effect of chelerythrine on acetylcholine-induced current in PC12 cells. Chinese Journal of Pharmacology and Toxicology. 1999, 13(2): 115-118

48. N Cordes, L Plasswilm, M Bamberg, HP Rodemann. Ukrain, an alkaloid thiophosphoric acid derivative of Chelidonium majus L. protects human fibroblasts but not human tumor cells in vitro against ionizing radiation. International Journal of Radiation Biology. 2002, 78(1): 17-27

총상승마 總狀升麻 BHP, GCEM

Cimicifuga racemosa (L.) Nutt.

Black Cohosh

개 요

미나리아재비과(Ranunculaceae)

총상승마(總狀升麻, *Cimicifuga racemosa* (L.) Nutt.)의 뿌리와 뿌리줄기를 말린 것: 총상승마(總狀升麻)

중약명: 총상승마(總狀升麻)

승마속(*Cimicifuga*) 식물은 전 세계에 약 18종이 있으며 북부 온대 지역에 분포한다. 그 가운데 중국에서 8종이 발견되고, 약 6종이 약으로 사용된다. 중국의 대부분 지역에 분포한다. 총상승마는 북아메리카의 동부에 기원을 두고 캐나다 남부 및 미국 동부에 분포하며 남부 플로리다까지 이어지며 유럽에 도입되어 재배되고 있다[1].

총상승마는 월경과 가임기 동안 통증을 완화하고 류머티즘, 말라리아, 신장 질환, 인후통, 전반적인 불편함과 뱀에 물린 것을 치료하기 위해 북아메리카 원주민에서 처음 사용되었다. 폐경기 증상과 생리불순을 치료하기 위해 널리 사용되고 있고 월경 전 증후군, 월경통, 골관절염, 생리통, 류마티스성 관절염 치료에도 사용된다. 이 종은 총상승마(Cimicifugae Racemosae Radix et Rhizoma)의 공식적인 기원식물로 영국생약전(1996)에 등재되어 있다. 약재로서는 주로 캐나다와 미국 북부에서 생산된다.

총상승마의 주요 활성성분은 페놀계 화합물뿐만 아니라 트리테르페노이드 사포닌이다. 유럽생약전은 의약 물질의 품질관리를 위해 수용성 추출물의 함량이 10% 이상이어야 한다고 규정하고 있다.

약리학적 연구에 따르면 총상승마에는 항에스트로겐성, 항골다공증 및 항종양 효과가 있다. 민간요법에서 총상승마는 소염 작용에 사용한다.

총상승마 總狀升麻 *Cimicifuga racemosa* (L.) Nutt.

총상승마 總狀升麻 Cimicifugae Racemosae Radix et Rhizoma

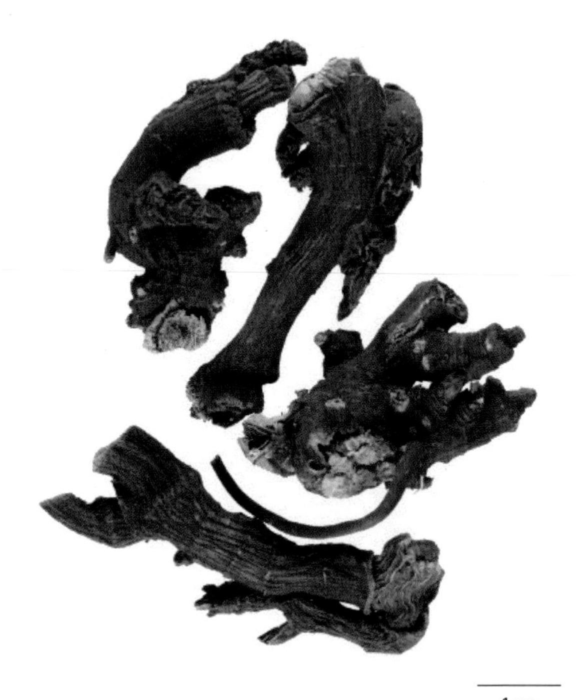

함유성분

뿌리줄기에는 트리테르펜과 트리테르페노이드 사포닌 성분으로 cimiracemosides A, B, C, D, E, F, G, H, I, J, K, L, M, N, O, P[2-3], cimiracemoside[4], cimicifugoside, cimicifugosides H-1, H-2, M[4-5], 2'O-acetyl cimicifugoside H-1, 3'O-acetyl cimicifugoside H-1[6], neocimicigenosides A, B[7], actein, 27-deoxyactein[4], 26-deoxyactein, 23-epi-26-deoxyactein[8], shengmanol-3-O-α L-arabinopyranoside, 23-O-acetylshengmanol-3-O-αL-arabinopyranoside, 23-O-acetylshengmanol-3-O-βD-xylopranoside[9], actaeaepoxide 3-O-βD-xylopyranoside[10], 25-O-methylcimigenol xyloside, 21-hydroxycimigenol-3-O-βD-xylopyranoside, 24-epi-7,8-didehydrocimigenol-3-xyloside, 25-acetylcimigenol xyloside, cimidahurinine, cimidahurine[4], 26-deoxycimicifugoside, 23-OAc-shengmanol-3-O-βD-xyloside, 25-OAc-cimigenol-3-O-αL-arabinoside, 25-OAc-cimigenol-3-O-βD-xyloside[8], cimigenol-3-O-βD-xylopyranoside, foetidinol-3-O-βxyloside[4]가 함유되어 있고, 페놀산 성분으로 cimicifugic acids A, B, D, E, F, G[11], protocatechuic acid, protocatechualdehyde, 카페인산, 페룰산, isoferulic acid, 1-isoferuloyl-βD-glucopyranoside, fukinolic acid, p-coumaric acid[11], caffeoylglycolic acid, petasiphenone, cimiciphenol, cimiciphenone[12], 페닐프로파노이드 성분으로 cimiracemates A, B, C, D[13], 플라보노이드 성분으로 formononetin, kaempferol[14], 알칼로이드 성분으로 cimipronidine[15]이 함유되어 있다.

cimifugin

cimiracemoside I

약리작용

1. 에스트로겐에 대한 영향
총상승마의 이소프로판올 추출물로 만든 레미페민은 폐경기 이후 여성의 안면홍조, 발한, 불면증, 불안증 및 우울증의 증상을 유의하게 개선시켰다[16-17]. 질 세포에 어떠한 변화도 일으키지 않았고 전신적인 에스트로겐 효과를 나타내지는 않는다. 총상승마 추출물은 난소 절제술을 받은 랫드의 자궁에서 프로게스테론과 에스트로겐 수용체에 영향을 미치지 않고 혈청 뇌하수체 황질화 호르몬(LH)의 분비를 억제했다. 에스트로겐에 대한 총상승마의 영향은 아마도 시상하부 뇌하수체 유닛과 관련이 있었지만, 효과적인 성분은 아직 밝혀지지 않았다[18]. 또 다른 실험은 총상승마 추출물이 항에스트로겐 활성을 생성한다는 것을 나타냈다[19].

2. 골다공증 억제 작용
총상승마는 고환 적출 또는 난소 적출 랫드에서 골다공증을 억제했다. 이는 콜라겐-1α_1과 오스테오프로테게린의 유전자 발현을 자극하고 경골과 원위 대퇴골 골간단(骨幹端)의 골 부피를 증가시켰다[18, 20].

3. 항종양 작용
총상승마 추출물은 인간 전립선암 LNCaP 세포와 유방암 MCF-7 세포의 증식을 억제하였으며, 활성성분은 트리테르펜 배당체와 신남산 에스테르였다[21-22]. 시미라세모사이드 G는 인간 구강 편평 상피암 HSC-2 세포에 강한 세포독성 효과를 보였다[23].

4. 기타
네오시미시게노사이드 A와 B는 부신피질 자극 호르몬 분비를 촉진시켰다[7]. 악테인은 인체면역결핍바이러스(HIV)를 억제했다[24]. 승마산 A, B, E는 호중구엘라스타제의 활성을 저해했다[25].

용도

1. 월경전증후군, 생리통
2. 갱년기 신경퇴행성 장애

해설

총상승마는 명확한 기능 기전과 부작용이 적어서 갱년기 증상에 좋은 영향을 미치며 유럽에서 40년 이상 약용되어 왔다. 승마속에 속하는 종들은 화학 성분이 총상승마와 유사하다. 따라서 식물의 이러한 종을 선택하고 연구하여 새로운 의약 자원으로 개발할 수 있을 것으로 기대된다.

참고문헌

1. M Wang, CQ Yuan, X Feng. Medicinal plants growing in Europe and America (I). Chinese Wild Plant Resources. 2003, 22(3): 56-57.
2. Y Shao, A Harris, MF Wang, HJ Zhang, GA Cordell, M Bowman, E Lemmo. Triterpene Glycosides from Cimicifuga racemosa. Journal of Natural Products. 2000, 63(7): 905-910
3. SN Chen, DS Fabricant, ZZ Lu, HHS Fong, NR Farnsworth. Cimiracemosides I-P, new 9,19-cyclolanostane triterpene glycosides from Cimicifuga racemosa. Journal of Natural Products. 2002, 65(10): 1391-1397
4. GF Lai, YF Wang, LM Fan, JX Cao, SD Luo. Triterpenoid glycoside from Cimicifuga racemosa. Journal of Asian Natural Products Research. 2005, 7(5): 695-699
5. K He, BL Zheng, CH Kim, LL Rogers, QY Zheng. Direct analysis and identification of triterpene glycosides by LC/MS in black cohosh, Cimicifuga racemosa, and in several commercially available black cohosh products. Planta Medica. 2000, 66(7): 635-640
6. C Dan, R Wang, SL Peng, BR Bai, LS Ding. Two new acetyl cimicifugosides from the rhizomes of Cimicifuga racemosa. Chinese Chemical Letters. 2006, 17(3): 347-350
7. Y Mimaki, I Nadaoka, M Yasue, Y Ohtake, M Ikeda, K Watanabe, Y Sashida. Neocimicigenosides A and B, cycloartane glycosides from the

rhizomes of Cimicifuga racemosa and their effects on CRF-stimulated ACTH secretion from AtT-20 Cells. Journal of Natural Products. 2006, 69(5): 829-832

8. WK Li, SN Chen, D Fabricant, CK Angerhofer, HHS Fong, NR Farnsworth, JF Fitzloff. High-performance liquid chromatographic analysis of black cohosh (Cimicifuga racemosa) constituents with in-line evaporative light scattering and photodiode array detection. Analytica Chimica Acta. 2002, 471(1): 61-75

9. M Hamburger, C Wegner, B Benthin. Cycloartane glycosides from Cimicifuga racemosa. Pharmaceutical and Pharmacological Letters. 2001, 11(2): 98-100

10. K Wende, C Muegge, K Thurow, T Schoepke, U Lindequist. Actaeaepoxide 3-O-β-D-xylopyranoside, a new cycloartane glycoside from the rhizomes of Actaea racemosa (Cimicifuga racemosa). Journal of Natural Products. 2001, 64(7): 986-989

11. P Nuntanakorn, B Jiang, LS Einbond, H Yang, F Kronenberg, IB Weinstein, EJ Kennelly. Polyphenolic constituents of Actaea racemosa. Journal of Natural Products. 2006, 69(3): 314-318

12. S Stromeier, F Petereit, A Nahrstedt. Phenolic esters from the rhizomes of Cimicifuga racemosa do not cause proliferation effects in MCF-7 cells.Planta Medica. 2005, 71(6): 495-500

13. SN Chen, DS Fabricant, ZZ Lu, HJ Zhang, HHS Fong, NR Farnsworth. Cimiracemates A-D, phenylpropanoid esters from the rhizomes of Cimicifuga racemosa. Phytochemistry. 2002, 61(4): 409-413

14. D Struck, M Tegtmeier, G Harnischfeger. Flavones in extracts of Cimicifuga racemosa. Planta Medica. 1997, 63(3): 289

15. DS Fabricant, D Nikolic, DC Lankin, SN Chen, BU Jaki, A Krunic, RB van Breemen, HHS Fong, NR Farnsworth, GF Pauli. Cimipronidine, a cyclic guanidine alkaloid from Cimicifuga racemosa. Journal of Natural Products. 2005, 68(8): 1266-1270

16. G Vermes, F Banhidy, N Acs. The effects of Remifemin on subjective symptoms of menopause. Advances in Therapy. 2005, 22(2): 148-154

17. E Liske, W Hanggi, HH Henneicke-von Zepelin, N Boblitz, P Wustenberg, VW Rahlfs. Physiological investigation of a unique extract of black cohosh (Cimicifugae Racemosae Rhizoma): a 6-month clinical study demonstrates no systemic estrogenic effect. Journal of Women's Health & Gender-Based Medicine. 2002, 11(2): 163-174

18. D Seidlova-wuttke, O Hesse, H Jarry, V Christoffel, B Spengler, T Becker, W Wuttke. Evidence for selective estrogen receptor modulator activity in a black cohosh (Cimicifuga racemosa) extract: comparison with estradiol-17β. European Journal of Endocrinology. 2003, 149(4): 351-362

19. O Zierau, C Bodinet, S Kolba, M Wulf, G Vollmer. Antiestrogenic activities of Cimicifuga racemosa extracts. Journal of Steroid Biochemistry and Molecular Biology. 2002, 80(1): 125-130

20. D Seidlova-Wuttke, H Jarry, L Pitzel, W Wuttke. Effects of estradiol-17β, testosterone and a black cohosh preparation on bone and prostate in orchidectomized rats. Maturitas. 2005, 51(2): 177-186

21. D Seidlova-Wuttke, P Thelen, W Wuttke. Inhibitory effects of a black cohosh (Cimicifuga racemosa) extract on prostate cancer. Planta Medica. 2006, 72(6): 521-526

22. K Hostanska, T Nisslein, J Freudenstein, J Reichling, R Saller. Evaluation of cell death caused by triterpene glycosides and phenolic substances from Cimicifuga racemosa extract in human MCF-7 breast cancer cells. Biological & Pharmaceutical Bulletin. 2004, 27(12): 1970-1975

23. K Watanabe, Y Mimaki, H Sakagami, Y Sashida. Cycloartane glycosides from the rhizomes of Cimicifuga racemosa and their cytotoxic activities. Chemical & Pharmaceutical Bulletin. 2002, 50(1): 121-125

24. N Sakurai, JH Wu, Y Sashida, Y Mimaki, T Nikaido, K Koike, H Itokawa, KH Lee. Anti-AIDS Agents. Part 57 Actein, an anti-HIV

principle from the rhizome of Cimicifuga racemosa (black cohosh), and the anti-HIV activity of related saponins. Bioorganic & Medicinal Chemistry Letters. 2004, 14(5): 1329-1332

25. B Loser, SO Kruse, MF Melzig, A Nahrstedt. Inhibition of neutrophil elastase activity by cinnamic acid derivatives from Cimicifuga racemosa. Planta Medica. 2000, 66(8): 751-753

레몬 檸檬 EP, BP, USP

Rutaceae

Citrus limon (L.) Burm. f.

Lemon

개 요

운향과(Rutaceae)

레몬(檸檬, *Citrus limon* (L.) Burm. f.)의 잘 익은 또는 거의 익은 외과피의 바깥부분을 말린 것: 영몽피(檸檬皮)

중약명: 영몽피(檸檬皮)

귤나무속(*Citrus*) 식물은 전 세계에 약 20종이 있으며 아시아의 남동부와 남부를 기원으로 열대 및 아열대 지역에서 재배되고 있다. 중국에서 약 15종이 생산되고 있고, 그 가운데 대부분이 재배되고 있다. 이 속에서 약 10종, 3변종과 여러 가지 재배종이 약으로 사용된다. 레몬은 인도 북부가 기원으로 지중해 및 세계의 아열대 지역에서 널리 재배되고 있다. 또한 중국의 양자강 이남에서 재배된다.

인도에서 유래한 레몬은 2세기에 유럽에서 재배되기 시작했다. 16세기에는 레몬주스를 마시는 것이 대부분의 시간을 바다에서 보낸 선원들 사이에서 괴혈병을 예방하는 것으로 나타났으며, 영국에서는 장거리 항해 선박의 경우 선원 1 명당 하루에 적어도 1온스의 레몬 또는 레몬주스를 충분히 섭취해야 한다고 제정했다. 레몬주스는 오랫동안 이뇨제, 발한제, 수렴제, 강장제, 로션 및 가글 용도로 사용되어 왔다[1]. 이 종은 말린 영몽피(檸檬皮, Citri Limonis Pericarpium) 또는 영몽유(檸檬油, Citri Limonis Oleum)의 공식적인 기원식물 내원종으로 유럽약전(5개정판), 영국약전(2002) 및 미국약전(28개정판)에 등재되어 있다. 이 약재는 주로 미국, 멕시코 및 이탈리아에서 생산된다.

레몬은 주로 정유성분, 쿠마린, 플라보노이드 및 배당체 성분을 함유한다. 정유 성분 중 리모넨 함량은 50% 이상으로 매우 높다. 영국약전은 의약 물질의 품질관리를 위해 수증기증류법으로 시험할 때 건조 레몬 껍질에 함유된 정유성분의 함량이 2.5%(v/w) 이상이어야 한다고 규정하고 있고, 미국약전에서는 자외선분광광도법으로 시험할 때 시트르산으로 환산된 총 알데히드 함량으로 레몬 오일의 함량이 2.2–3.8%(캘리포니아 유형) 및 3.0–5.5%(이탈리아 유형)이어야 한다고 규정하고 있다.

약리학적 연구에 따르면 레몬에는 혈압강하작용, 항산화작용, 소염작용, 항균, 항바이러스작용 및 항종양 작용이 있다.

민간요법에서 레몬에는 항염증 및 이뇨작용에 사용한다.

한의학적으로 레몬의 열매껍질은 행기(行氣), 화위(化胃), 지통(止痛)의 효능이 있다.

레몬 檸檬 *Citrus limon* (L.) Burm. f.

레몬 檸檬 EP, BP, USP

영몽피 檸檬皮 Citri Limonis Pericarpium

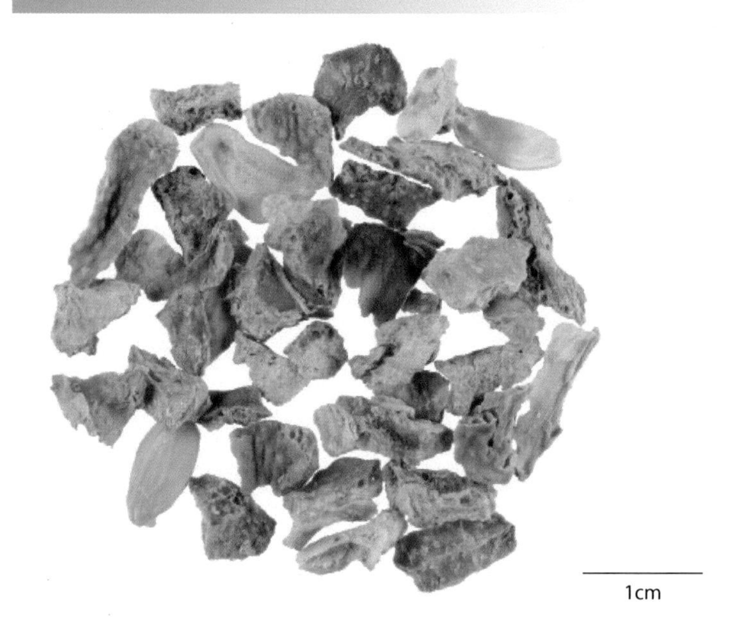

함유성분

열매에는 휘발성 성분으로 리모넨, 2-β-피넨, α-테르피넨, nerol, citral[2]이 함유되어 있고, 쿠마린 성분으로 8-geranyloxypsolaren, 5-geranyloxypsolaren, 5-geranyloxy-7-methoxycoumarin[3], citropten, 5-isopentenyloxy-7-methoxycoumarin, psoralen, bergamottin, oxypeucedanin, byakangelicol, byakangelicin, imperatorin, phellopterin, isoimperatorin[4], 5-(2,3-epoxy-3-methylbutoxy)-7-methoxycoumarin[5], scopoletin, umbelliferone, 플라보노이드 성분으로 apigenin, luteolin, chrysoeriol, quercetin, isorhamnetin[6], quercetin 3-O-rutinoside-7-O-glucoside, chrysoeriol 6,8-di-C-glucoside (stellarin-2)[7], eriocitrin[8], 페닐프로파노이드 배당체 성분으로 coniferin, syringin, citrusins A, B, C, D, methyl-3-(4-βglucopyranosyl-3-methoxyphenyl) propionate, methyl-3-[4-(6-O-αglucopyranosyl-βglucopyranosyl)-3-hydroxyphenyl] propionate[9-10]가 함유되어 있으며, 리모노이드 성분으로 ichangin4-β-glucopyranoside, nomilinic acid 4-β-glucopyranoside[11], in addition, it is also rich in vitamins A, B, B_2, B_3와 C[1]가 함유되어 있다.

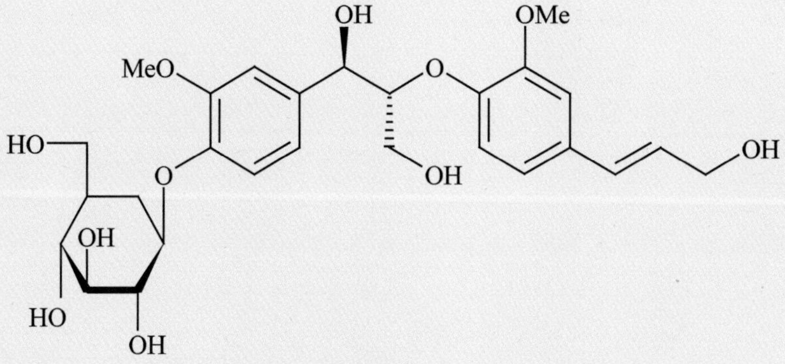

citrusin A

약리작용

1. 심혈관계에 미치는 영향
   열매의 에탄올 추출물의 수용액은 적출된 기니피그 심장에서 관상 동맥 혈류를 일시적으로 증가시켰다. 추출물의 주입은 마우스에서 저산소증에 대한 내성을 증가시켰다. 에탄올 추출물의 수용액은 마취된 마우스와 토끼에서 일시적인 혈압 감소를 일으켰지만 마취된 개에서 혈압을 증가시키고 감소시켰다[12]. 열매껍질 추출물을 정맥 주사하면 뇌졸중이 발생하기 쉬운 고혈압 마우스에서 혈압이 감소되었다[9].
2. 항산화 작용
   열매의 메탄올 추출물은 디하이드로니코틴아마이드 아데닌 이핵산화합물(NADH)와 아데노신 디포스페이트(ADP)로 유발된 마우스의 간 미립체적 지질 과산화를 유의하게 억제했다[13].
3. 항염증 작용
   열매껍질에서 유래한 플라보노이드를 복강 내 투여하면 카라기닌으로 유발된 마우스의 부종이 억제됐다[14].
4. 항바이러스 작용
   열매껍질에서 추출한 플라보노이드는 *in vitro*에서 인플루엔자 바이러스를 억제했다[15]. 레몬 추출물은 *in vitro*에서 뉴캐슬병 바이러스(NDV)와 콕사키 바이러스 B3(CVB3)을 파괴하고 저해했다[16].
5. 항종양 작용
   열매 유래의 쿠마린은 *in vitro*에서 종양 프로모터를 억제했다[3]. 열매의 플라보노이드는 백혈병 HL-60 세포에서 DNA 단편화를 일으켰다[17].
6. 기타
   8-게라닐록시프솔라렌과 5-게라닐옥시-7-메톡시쿠마린은 마우스 대식세포에서 리포다당류(LPS)와 인터페론으로 유발된 일산화질소의 생성을 억제했다[3].

용도

1. 비타민 C 결핍증, 일반적으로 낮은 면역 저항성
2. 발열
3. 류마티스
4. 아편 중독
5. 상복부 팽창과 통증, 식욕 부진

해설

주스와 열매의 신선한 껍질을 짜내어 얻은 휘발성 정유도 약용한다. 또한, 레몬 열매는 중국에서 약재 영몽과(檸檬果, Citri Limonis Fructus)로 사용되어 체액의 생성을 촉진하고, 열사병 증상을 완화하며 위를 조화시키고, 태동을 진정시킨다. 사용가능 증상으로는 위 열과 체액 손상, 열사병, 불안과 갈증, 식욕부진, 상복부와 복부 팽만감, 폐와 기침의 건조 및 임신구토가 포함된다. 레몬잎은 약재 영몽엽(檸檬葉, Citri Limonis Folium)으로 사용된다. 레몬잎은 가래를 줄이고 기침을 멈추며, 기를 조절하고, 위를 조화시키며, 설사를 멈춘다. 사용가능 증상으로는 과도한 가래가 있는 기침, 기의 정체와 복부 팽만, 설사에 적용된다.
뿌리는 중약명 영몽근(檸檬根, Citri Limonis Radix)으로 사용된다. 레몬의 뿌리는 기의 흐름을 촉진하고 혈액 순환을 촉진하며 통증을 완화하고 기침을 멈춘다. 사용가능 증상으로 탈장, 두통과 낙상, 기침이 포함된다.
Citris limonia Osbeck은 약용 레몬으로도 사용되며 기능 측면에서 레몬과 유사하나 재배 범위 및 시장 가용성면에서 레몬보다 못하다.
레몬은 일반적으로 과일, 조미료, 음료 첨가제 및 건강관리 제품으로 사용된다. 화학 성분에 대한 많은 보고가 있었다. 구연산이나 리모넨과 같은 성분을 합성으로 생산이 가능하다.
리모넨은 담낭 괄약근과 괄약근 압력을 완화시키고, 담낭염, 담관염 및 담석 치료에 임상적으로 사용되는 조제약(예: 알약 또는 캡슐 제형)으로 만들 수 있다[18]. 연구에 따르면 레몬의 추출물과 레몬의 정유성분은 모기를 죽이는 효능이 밝혀져서[19], 모기기피제로 개발될 수 있다. 펙틴은 식품 산업현장에서 폐기된 레몬 껍질에서 추출할 수 있다. 펙틴은 일반적인 식품 증점제이므로 버려진 레몬 껍질의 풍부한 자원을 충분히 활용하는 것이 중요하다[20]. 레몬은 피부를 촉진시키는 효과가 있다. 피부의 멜라닌 생성을 막고 멜라닌을 제거할 수 있기 때문에 피부 미백과 주근깨 제거에 종종 사용된다. 레몬은 개발 잠재력이 뛰어나다.

참고문헌

1. Facts and Comparisons (Firm). The Review of Natural Products (3rd edition). St. Louis: Facts and Comparisons. 2000: 437-438
2. XL Zhu, CW Lü. GC-MS analysis on volatile component of citrus fruit peel. Journal of Anhui Agricultural University. 2003, 30(2): 224-226
3. Y Miyake, A Murakami, Y Sugiyama, M Isobe, K Koshimizu, H Ohigashi. Identification of coumarins from lemon fruit [Citrus limon (L.) Burm. f.] as inhibitors of in vitro tumor promotion and superoxide and nitric oxide generation. Journal of Agricultural and Food Chemistry. 1999, 47(8): 3151-3157
4. P Dugo, L Mondello, E Cogliandro, A Cavazza, G Dugo. On the genuineness of citrus essential oils. Part LIII. Determination of the composition of the oxygen heterocyclic fraction of lemon essential oils [Citrus limon (L.) Burm. f.] by normal-phase high performance liquid chromatography. Flavor and Fragrance Journal. 1998, 13(5): 329-334
5. H Ziegler, G Spiteller. coumarins and psoralens from Sicilian lemon oil [Citrus limon (L.) Burm. f.]. Flavor and Fragrance Journal. 1992, 7(3): 129-139
6. RM Horowitz, B Gentili. Flavonoids of citrus. IV. Isolation of some aglycons from the lemon [Citrus limon (L.) Burm. f.]. Journal of Organic Chemistry. 1960, 25: 2183-2187
7. A Gil-Izquierdo, MT Riquelme, I Porras, F Ferreres. Effect of the rootstock and interstock grafted in lemon tree [Citrus limon (L.) Burm. f.] on the flavonoid content of lemon juice. Journal of Agricultural and Food Chemistry. 2004, 52(2): 324-331
8. Y Miyake, K Yamamoto, T Osawa. Isolation of eriocitrin (eriodictyol 7-rutinoside) from lemon fruit [Citrus limon (L.) Burm. f.] and its antioxidative activity. Food Science and Technology International. 1997, 3(1): 84-89
9. Y Matsubara, T Yusa, A Sawabe, Y Lizuka, K Okamoto. Studies on physiologically active substances in citrus fruit peel. Part XX. Structure and physiological activity of phenyl propanoid glycosides in lemon [Citrus limon (L.) Burm. f.] peel. Agricultural and Biological Chemistry. 1991, 55(3): 647-650
10. A Sawabe, Y Matsubara, Y Lizuka, K Okamoto. Physiologically active substances in citrus fruit peels. XIII. Structure and physiological activity of phenyl propanoid glycosides in the lemon (Citrus limon), unshiu (Citrus unshiu), andkinkan (Fortunella japonica). Nippon Nogei Kagaku Kaishi. 1988, 62(7): 1067-1071
11. Y Matsubara, A Sawabe, Y Lizuka. Structures of new limonoid glycosides in lemon [Citrus limon (L.) Burm. f.] peelings. Agricultural and Biological Chemistry. 1990, 54(5): 1143-1148
12. QR Yao, BX Chen. Studies on the effects of the fruits of Citrus lemon Burm. on the cardiovascular system. Journal of Guilin Medical College. 1990, 3(1): 12-15
13. H Tanizawa, Y Ohkawa, Y Takino, T Miyase, A Ueno, T Kageyama, S Hara. Studies on natural anti-oxidants in citrus species. I. Determination of anti-oxidative activities of citrus fruits. Chemical and Pharmaceutical Bulletin. 1992, 40(7): 1940-1942
14. NS Parmar, MN Ghosh. The antiinflammatory and anti-gastric ulcer activities of some bioflavonoids. Bulletin of Jawaharlal Institute of Post-Graduate Medical Education and Research. 1976, 1(1): 6-11
15. A Wacker, HG Eilmes. Anti-viral activity of plant components. Part 1. Flavonoids. Arzneimittel-Forschung. 1978, 28(3): 347-350
16. LX Qiu, L Tang, RX Gao, XM Li. The antivirus effect of extraction of lemon on Newcastle disease virus and Coxsackievirus B3. Journal of Tianjin Medical University. 2006, 12(1): 30-33
17. S Ogata, Y Miyake, K Yamamoto, K Okumura, H Taguchi. Apoptosis induced by the flavonoid from lemon fruit [Citrus limon (L.) Burm. f.] and its metabolites in HL-60 cells. Bioscience, Biotechnology, and Biochemistry. 2000, 64(5): 1075-1078
18. YF Zou, XG Wang, YP Huang. Determination of limonene in limonene capsules by GC. Lishizhen Medicine and Materia Medica Research. 2005, 16(1): 7
19. MA Oshaghi, R Ghalandari, H Vatandoost, M Shayeghi, M Kamalinejad, H Tourabi-Khaledi, M Abolhassani, M Hashemzadeh. Repellent effect of extracts and essential oils of Citrus limon (L.) Burm. f. (Rutaceae) and Melissa officinalis L. (Labiatae) against main malaria vector, Anopheles stephensi (Diptera: Culicidae). Iranian Journal of Public Health. 2003, 32(4): 47-52
20. C Wang, L Li. A study on technology of extracting pectin from lemon peel. China Food Additives. 2006: 47-49
21. EA Shen. Four functions of lemon. Chinese Health Food. 2003, 5: 49

콜치쿰 秋水仙 GCEM

Liliaceae

Colchicum autumnale L.

Autumn Crocus

개 요

백합과(Liliaceae)

콜치쿰(秋水仙, *Colchicum autumnale* L.)의 덩이뿌리의 신선한 것 또는 말린 것: 추수선구경(秋水仙球莖)

콜치쿰의 씨를 말린 것: 추수선자(秋水仙子)

콜치쿰의 신선한 꽃: 추수선화(秋水仙花)

콜치쿰속(*Colchicum*) 식물은 전 세계에 약 65종이 있으며 유럽과 아시아에 분포한다. 이 종은 영국과 유럽 대부분의 지역에 분포하며 중국에서는 운남성에 도입되었다.

콜치쿰 구경은 런던약전(1618)에서 약으로 처음 기술되었으며, 씨는 런던약전(1824)에서 약으로 처음으로 등재되었다. 이 약재는 주로 영국, 폴란드, 체코, 네덜란드, 세르비아 및 몬테네그로 공화국에서 생산된다.

씨, 비늘줄기 및 꽃에는 주로 알칼로이드 성분이 함유되어 있다. 콜히친은 활성성분일 뿐만 아니라 지표물질이다. 의약 재료의 품질관리는 콜히친의 함량에 의해 정해진다[1].

약리학적 연구에 따르면 콜치쿰은 소염작용, 진통작용, 구풍(驅風)작용 및 항종양 작용을 나타낸다.

민간요법에 의하면 콜치쿰은 항염증 작용, 구풍작용 및 진통작용이 있으며 가족성 지중해 열병을 치료한다.

콜치쿰 秋水仙 *Colchicum autumnale* L.

함유성분

씨에는 알칼로이드 성분으로 colchicine, colchicoside[2], colchifoline, 2-demethylcolchifoline, N-deacetyl-Nacetoacetylcolchicine[3], N-deacetyl-N-3-oxobutyrylcolchicine[4]이 함유되어 있다.
덩이뿌리에는 알칼로이드 성분으로 colchicine, 2-demethylcolchicine, 2-demethyldemecolcine, demecolcine, 2-demethylcolchifoline, 2-demethyl-βlumicolchicine, βlumicolchicine[5], colchicoside[6], N-deacetylcolchicine, N-methyldemecolcine[7]이 함유되어 있다.
꽃에는 알칼로이드 성분으로 colchicine, 2-demethylcolchicine, 2-demethyldemecolcine, 2-demethylcolchifoline, β-lumicolchicine, 2-demethyl-βlumicolchicine[8], 3-demethylcolchicine, cornigerine, 3-demethyldemecolcine, acetylated 2-demethylcolchifoline, 2-demethyl-N-deacetyl-N-formylcolchicine, 3-demethyl-N-deacetyl-Nformylcolchicine[9], 플라보노이드 성분으로 luteolin, apigenin, luteolin-7-glucoside, apigenin-7-glucoside, luteolin-7-diglucoside, apigenin-7-diglucoside[10]가 함유되어 있다.

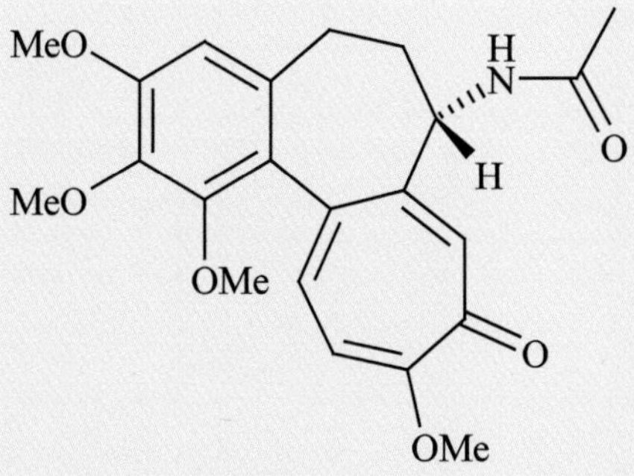

colchicine

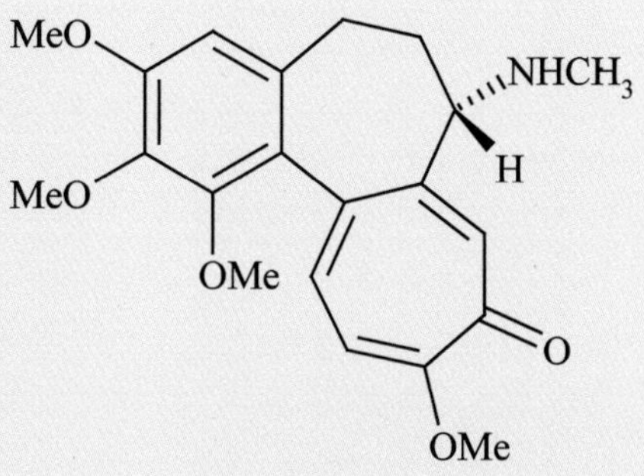

demecolcine

약리작용

1. 소염 및 진통 작용

콜히친은 나트륨 요산염 결정에 의한 랫드 부종을 유의하게 억제했다. 또한 동맥, 위장, 내장, 신장 및 피부에 ^{35}S의 결합을 촉진했다[11]. 실험적 만성 염증을 가진 마우스에서 콜히친은 비장에서 $AgNO_3$로 유도된 아밀로이드 A 단백질 (AA) 침착을 감소시켰다. 가속화된 아밀로이드 침착 모델에서 콜히친은 비장에서 아밀로이드 증감 인자로 유도된 아밀로이드 침착을 감소시켰다[12]. 콜히친은 인간 제대 정맥 내피 세포(HUVEC)의 유전자 발현을 *in vitro*에서 변화시켰다. 콜히친의 항염증 효과는 전사 수준에서의 변화뿐만 아니라 미세 소관과의 직접적인 상호 작용을 통해 매개 될 수 있다[13]. 또한 콜히친은 염증 세포 침윤을 억제했다[14]. 꼬리 회피반응을 이용한 효력시험에서 콜히친이 오피오이드 수용체의 장기적인 차단제이며 콜히친을 뇌실 내 투여하면 진통 효과를 일으킨다는 것을 보였다[15]. 십자형 높은 미로시험은 콜히친이 염증주기의 차단을 일으키는 염증 부위로의 백혈구 이동을 억제하여 통풍이 있는 랫드에서 항염증 및 진통 효과를 나타냄을 보였다[16].

2. 항 섬유화

(1) 폐 섬유증의 억제

콜히친은 배양된 인간 배아 폐 이배체 섬유아세포에서 세포증식을 억제하고 세포사멸을 유도했다[17]. 콜히친을 위장 내 투여하면 마우스에서 급성 올레산으로 유발된 폐 손상에서 폐의 혈관 신생을 억제했다[18].

(2) 간 섬유화의 억제

주혈흡충증 감염이 있는 마우스에서 콜히친을 위장관에 투여하면 간에서 제3형과 제6형 콜라겐의 수준을 유의하게 감소시켰다[19]. 간 섬유증을 가진 랫드에서 콜히친을 위장 내 투여하면 금속단백질분해효소-1(TIMP-1)의 조직 억제제를 낮추고 지질과산화 및 종양괴사인자-α(TNF-α)의 생성을 억제하며 콜라게나제의 활성을 증가시키고 분해를 촉진시켰다. 콜라겐 I형 및 III형의 생성을 억제하여 항 간 섬유화 활성을 증가시킨다[20-22].

(3) 신장 섬유증의 억제

*in vitro*에서 콜히친은 사람 신장 섬유아세포(FB)에서 인터루킨-1β(IL-1β)의 생성과 분비를 촉진하는 반면, 변형 성장 인자(TGF)-β1의 생산과 분비를 유의하게 억제했다. 또한, 사람 신장 섬유아세포(FB)에서 세포외 기질(III형 및 VI형 콜라겐 포함)의 분비를 억제했다[23]. 일측성 요관 폐쇄(UUO) 랫드에서 콜히친을 복강 내 투여하면 신장 세포의 표현형 변화를 억제하고[24], 섬유화 촉진 사이토카인 및 염증 세포 침윤의 감소를 촉진시켰으며 신장 간질 섬유증 지수와 신장 콜라겐 III형 양성 표현 지수, 신장 세뇨관 손상을 감소시켰다[25-26].

3. 항종양 작용

*in vivo*와 *in vitro*에서 콜히친이 림프구 백혈병 P388 세포에 직접적인 세포독성 효과를 나타냄을 증명했다[27]. 콜히친은 이식된 랫드의 전립선 선암종 MLL 세포의 성장을 억제했다[28]. 콜히친은 마이크로튜브 중합의 억제를 통해 신경교종 C6 세포에 의한 기저 및 카르바콜로 자극된 포도당 섭취를 감소시켰다[29]. *in vitro*에서 콜히친은 방사선 감작 효과가 있었다. 저농도에서 콜히친은 인간 간세포암종 세포의 성장을 억제하기 위해 방사선과의 명백한 상승작용을 나타냈다[30]. 콜히친은 또한 인간 결장 선암 세포주에서 항 증식 효과를 보였으나 P-당단백, 글루타티온(GSH) 및 글루타티온 S-전이효소(GST)의 증가로 인해 다제내성을 나타냈다[31].

4. 사이토카인 분비에 미치는 영향

콜치쿰 아글루티닌(CAA)은 CD_4^+ 및 CD_8^+ 마우스 T-림프구 분획의 증식을 유도하고 인터루킨-2, 인터루킨-5 및 인터페론-γ(IFN-γ)의 발현을 자극했다[32]. 콜히친은 배양된 인간 단핵구에서 LPS로 유도된 17kD TNF-α, 26kD TNF-α 및 IL-1α의 분비를 억제하였다. 또한 IL-1β의 분비를 자극했다[33]. 마우스 꼬리 정맥에서 콜히친을 정맥 투여하면 대식세포의 식세포 활성을 증가시키고 대식세포에서 TNF의 분비를 촉진시켰다[34]. *in vitro*에서 콜히친은 TNF-α mRNA 전사 억제를 통해 대식세포에서 LPS로 유도된 TNF-α 유전자 발현을 억제했다[35].

5. 심혈 관계에 미치는 영향

콜히친을 복강 내 투여하면 랫드에서 심장 비대의 발생을 효과적으로 억제하였고, 상관관계가 있는 인자의 발현을 유의하게 감소시켰다[36].

6. 기타

콜세미드를 복강 내 투여하면 수컷 마우스의 생식 세포에서 감수 분열이 지연됐다[37].

용도

1. 통풍
2. 가족성지중해열(家族性地中海熱)
3. 백혈병
4. 전립선암

해설

콜치쿰은 최근 거의 직접 사용하지 않고 주로 콜히친 추출에 사용된다. 콜히친은 유럽약전(5개정판), 영국약전(2002), 미국약전(28개정판) 및 중국약전(2015년판)에 등재되어 있다. 콜히친은 대량으로 사용되기 때문에 대부분 합성되어진다.

콜치쿰은 독성이 매우 강하다. 콜히친은 독성이 있고 치료에 효과적인 성분이나 치료 용량에서 위장관, 설사, 메스꺼움, 구토, 때때로 위장관 출혈과 같은 부작용을 유발할 수도 있다. 장기간 투여하면 간 및 신장 손상, 탈모, 말초 신경염, 근육 병증 및 골수 손상이 유발될 수 있다. 콜히친은 또한 신경 독성 약물로서 주로 미세 소관과 결합하여 자발적 전달을 억제하여 영양실조와 파괴로 인한 뉴런을 죽음으로 이끌게 된다. 랫드에서 콜히친을 측방실에 주입하면 스폰지 세포에서 일시적으로 네스틴이 발현되고 기저 뇌에서 네스틴 뉴런이 일시적으로 감소한다[38-39]. 콜히친은 급성 통풍성 관절염에 선택적 항염증 효과가 있지만 일반적인 통증, 염증 및 만성 통풍에 영향을 크게 미치지 않는다. 독성 때문에 사용하는 동안 주의를 기울여야 한다.

참고문헌

1. G Forni, G Massarani. High-performance liquid chromatographic determination of colchicine and colchicoside in colchicum (Colchicum autumnale L.) seeds on a home-made stationary phase. Journal of Chromatography. 1977, 131: 444-447

2. A Poutaraud, P Girardin. Alkaloids in meadow saffron, Colchicum autumnale L. Journal of Herbs, Spices & Medicinal Plants. 2002, 9(1): 63-79
3. D Glavac, M Ravnik-Glavac. Colchifoline, N-deacetyl-N-acetoacetylcolchicine and their 2-demethylderivatives in seeds and leaves of Colchicum autumnale L. Acta Pharmaceutica Jugoslavica. 1991, 41(3): 243-249
4. F Santavy, P Sedmera, J Vokoun, S Dvorackova, V Simanek. Substances from the plant of the subfamily Wurmbaeoideae and their derivatives. XCIII. N-Deacetyl-N-(3-oxobutyryl) colchicine, an alkaloid from Colchicum autumnale L. seeds. Collection of Czechoslovak Chemical Communications. 1983, 48(10): 2989-2993
5. HP He, L Hu, FC Liu. Chemical constituents of Colchicum autumnale. Chemical Research and Application. 1999, 11(5): 509-510
6. K Yoshida, T Hayashi, K Sano. Colchicoside in Colchicum autumnale bulbs. Agricultural and Biological Chemistry. 1988, 52(2): 593-594
7. Y Mimaki, N Ishibashi, M Komatsu, Y Sashida. Studies on the chemical constituents of Gloriosa rothschildiana and Colchicum autumnale. Shoyakugaku Zasshi. 1991, 45(3): 255-260
8. HP He, FC Liu, L Hu, HY Zhu. Alkaloids from flower of Colchicum autumnale. Acta Botanica Yunnanica. 1999, 21(3): 364-368
9. V Malichova, H Potesilova, V Preininger, F Santavy. Substances from plants of the subfamily Wurmbaeoideae and their derivatives. Part LXXXV. Alkaloids from the leaves and flowers of Colchicum autumnale. Planta Medica. 1979, 36(2): 119-127
10. L Skrzypczakowa. Flavonoids in the family Liliaceae. III. Flavone derivatives in the flowers of Colchicum autumnale. Dissertationes Pharmaceuticae et Pharmacologicae. 1968, 20(5): 551-556
11. CW Denko, MW Whitehouse. Effects of colchicine in rats with urate crystal-induced inflammation. Pharmacology. 1970, 3(4): 229-242
12. SR Brandwein, JD Sipe, M Skinner, AS Cohen. Effect of colchicine on experimental amyloidosis in two CBA/J mouse models. Chronic inflammatory stimulation and administration of amyloid-enhancing factor during acute inflammation. Laboratory Investigation. 1985, 52(3): 319-325
13. E Ben-Chetrit, S Bergmann, R Sood. Mechanism of the anti-inflammatory effect of colchicine in rheumatic diseases: a possible new outlook through microarray analysis. Rheumatology. 2006, 45(3): 274-282
14. RJ Griffiths, SW Li, BE Wood, A Blackham. A comparison of the anti-inflammatory activity of selective 5-lipoxygenase inhibitors with dexamethasone and colchicine in a model of zymosan induced inflammation in the rat knee joint and peritoneal cavity. Agents and Actions. 1991, 32(3-4): 312-320
15. VG Motin. Influence of colchicine on the analgetic effects of morphine and DADL in the rat. Byulleten Eksperimental'noi Biologii i Meditsiny. 1990, 110(8): 168-170
16. E Kurtskhalia, L Gvenetadze, D Apkhazava, V Chikvaidze. Effect of colchicine on animal behavior in the elevated platform-maze. Sakartvelos Mecnierebata Akademiis Macne, Biologiis Seria A. 2004, 30(5): 637-641
17. ZM Gu, ZS Ma. Effect of colchicine on the proliferation of 2BS cells. Chinese Remedies & Clinics. 2003, 3(3): 258-260
18. YQ Li, B Liu, JB Xu. Effect of thalidomide and colchicine on microvessel change in acute lung injury. Academic Journal of Shanghai Second Medical University. 2004, 24 (Suppl.): 25-27
19. GF Shi, XH Weng, ZY Xu, JY Ma. Effects of colchicine on the expression of hepatic type I, III, VI collagen proteins in schistosomiasis mice with liver fibrosis. Chinese Journal of Infectious Diseases. 2000, 18(3): 180-182
20. CQ Yang, GL Hu, WH Zhou, DM Tan, Z Zhang. Effects of colchicines on the expression of matrix metalloproteinase-1 and tissue inhibitor of metalloproteinase-1 in the livers of rats with hepatic fibrosis. Chinese Journal of Infectious Diseases. 2000, 18(3): 176-177
21. J Xie, HN Zhang, NH Huang, CX Li. Effects of colchicines on the hepatic fibrosis induced by porcine serum in rats. Guizhou Medical Journal. 2002, 26(10): 885-887
22. FD Lu, L Wang, YH Li, XB Xu. Effects of colchicines on TNF-α in immuno-hepatic fibrosis rats. Journal of Henan Medical College for Staff and Workers. 2004, 16(2): 110-111
23. WY Huang, H Sun, XQ Pan, L Fei, M Guo, HY Bao, RH Chen, XY Jiang. Effects of colchicines on synthesis and excretion of cytokines and extracellular matrix by human renal fibroblasts. Chinese Journal of Pediatrics. 2004, 42(7): 524-528
24. WY Huang, H Sun, XQ Pan, L Fei, M Guo, AH Zhang, YJ Wu, SM Huang, RH Chen, XY Jiang. Effects of colchicine on cell phenotypic

change in rats with unilateral ureteral obstruction. Chinese Journal of Nephrology Dialysis & Transplantation. 2003, 12(10): 427-431

25. WY Huang, RH Chen, M Guo, XQ Pan, L Fei, YJ Wu, AH Zhang, HY Bao. Study on the effect of microtubule polymerization inhibitor colchicine on renal interstitial fibrosis. Acta Universitatis Medicinalis Nanjin. 2002, 22(4): 337-338
26. WY Huang, H Sun, XQ Pan, L Fei, M Guo, AH Zhang, YJ Wu, SM Huang, RH Chen, XY Jiang. An experimental research on colchicine treatment for renal interstitial fibrosis (RIF) rats induced by unilateral ureteral obstruction (UUO). Journal of Clinical Nephrology. 2004, 4(1): 21-24
27. D Todorov, M Ilarionova, K Maneva, K Silyanovska. Effect of the alkaloids emetine and colchicine on tumor cells in "in vitro-in vivo" experiments. Problemi na Onkologiyata. 1983, 11: 31-35
28. M Fakih, A Yagoda, T Replogle, JE Lehr, KJ Pienta. Inhibition of prostate cancer growth by estramustine and colchicine. Prostate. 1995, 26(6): 310-315
29. FC Li, XG Guo, ZY Tao, JH Lin, ZG Zhong, PG Tan. The effect of colchicines on glucose uptake by glioma C6 cells. Chinese Journal of Experimental Surgery. 2003, 20(2): 141-142
30. CY Liu, HF Liao, SC Shih, SC Lin, WH Chang, CH Chu, TE Wang, YJ Chen. Colchicine sensitizes human hepatocellular carcinoma cells to damages caused by radiation. World Journal of Gastroenterology. 2005, 11(27): 4237-4240
31. MJ Ruiz-Gomez, A Souviron, M Martinez-Morillo, L Gil. P-glycoprotein, glutathione and glutathione S-transferase increase in a colon carcinoma cell line by colchicine. Journal of Physiology and Biochemistry. 2000, 56(4): 307-312
32. V Bemer, EJM Van Damme, WJ Peumans, R Perret, P Truffa-Bachi. Colchicum autumnale agglutinin activates all murine T lymphocytes but does not induce the proliferation of all activated cells. Cellular Immunology. 1996, 172(1): 60-69
33. ZY Li, D Gemsa. Effect of colchicine on cytokine production by human monocytes. Shanghai Journal of Immunology. 1996, 16(3): 129-133
34. HH Sun, L Yun, SJ Wang, J Cheng, L Zang. Experimental study on influence of colchicines on peritoneal macrophage in mice. Journal of Zhenjiang Medical College. 1997, 7(4): 395, 397
35. ZY Li, D Gemsa, XW Feng. Characteristics of effects of colchicine on tumor necrosis factor-α (TNF-α) gene expression. Chinese Journal of Microbiology and Immunology. 1996, 16(2): 108-112
36. JY Kong, B Yu. Effect of colchicine on cardiac hypertrophy and the expressions of correlated factors. Chinese Journal of Endemiology. 2005, 24(6): 597-599
37. QH Shi, ID Adler, XR Zhang, JX Zhang, YF Chen. Studies on meiotic delay and aneuploidies induced by colcemid (COM) in male mouse germ cells. Acta Biologiae Experimentalis Sinica. 1997, 30(3): 293-301
38. LB Zhou, QF Yuan, YW Ruan, ZB Yao. Expression of nestin in rat brain being induced by post-infusion of colchicine into the lateral ventricle. Anatomy Research. 2002, 24(3): 197-199
39. YW Ruan, LB Zhou, ZB Yao. The effect of colchicine on the nestin-IR neurons in the rat basal forebrain. Progress of Anatomical Sciences. 2003, 9(2): 105-108

영란 鈴蘭 GCEM

Convallaria majalis L.

Lily-of-the-Valley

개 요

백합과(Liliaceae)

영란(鈴蘭, *Convallaria majalis* L.)의 꽃이 핀 전초 또는 뿌리와 뿌리줄기를 말린 것: 영란(鈴蘭)

중약명: 영란(鈴蘭)

은방울꽃속(*Convallaria*) 식물은 전 세계에 오직 1종이 있으며, 북부 온대 지역에 분포한다. 영란은 유럽, 북미, 한반도 및 일본뿐만 아니라 북동부, 북부 및 중국 북서부, 절강 및 후난에 분포한다.

영란은 4세기 이래로 약용되었으며, 주로 유럽, 북미 및 북아시아에서 생산된다[1].

영란은 주로 강심배당체를 함유하며, 그 가운데 콘발라톡신은 효과적이고 독성이 있는 성분이다. 스테로이드 사포닌과 플라보노이드도 함유되어 있다.

약리학적 연구 결과 영란은 강심 효과가 있음을 나타낸다.

민간요법에 의하면 영란은 강심작용을 가지며 한의학에서 양기를 돋게 하고, 배뇨와 혈액 순환을 촉진하며, 산풍(散風) 한다.

영란 鈴蘭 *Convallaria majalis* L.

영란 鈴蘭 Convallariae Herba

함유성분

전초 또는 지상부에는 강심배당체 성분으로 콘발로사이드, 네오콘발로사이드, locundeside, convallatoxoloside, neoconvallatoxoloside[2], convallatoxin, locundioside[3], bipindogulomethyloside, glucolocundioside, glucobipindogulmethyloside[4], peripalloside, strophanolloside, strophalloside[5], deglucocheirotoxol, periguloside[6], periplorhamonoside, deglucocheirotoxin, deglucocheirotoxol, convallatoxol, likundjoside[7], convallotin, glucoconvalloside, vallarotoxin, majaloside, cheirotoxin, cheirotoxol, glucoconvallatoxoloside[8], cannogenol-3-O-αL-rhamnoside, cannogenol-3-O-βD-allomethyloside[9], sarhamnoloside, tholloside[10], canesceol[11], neoconvallatoxoloside[12], rhodexin A, rhodexoside[13], convallasaponins A, B, D, E[14-16], convallasaponins A-B[14], 강심 아글리콘 성분으로 periplogenin, strophanthidin, strophanthidol[5], 플라보노이드 성분으로 isorhamnetin과 그 배당체[17], hyperoside[18], bioquercetin, keioside[19]가 함유되어 있다. 또한 choline[20], azetidine-2-carboxylic acid[21]이 함유되어 있다.
뿌리와 뿌리줄기에는 스테로이드 사포닌 성분으로 convallamarogenin[22], convallamaroside[23], canarigenin-3-O-αLrhamnopyranosyl-(1→5)-O-βD-xylofuranoside[24]가 함유되어 있다.

약리작용

1. 심장에 미치는 영향
   전초의 물 추출물은 $CaCl_2$로 유도된 심장 근육수축을 회복시키고 적출된 두꺼비 심장에서 심장 박동을 강화시켰다. 콘발라톡신을 근육 내 투여하면 랫드의 심근에서 미토콘드리아의 산소 섭취를 감소시키고 총 지질, β-지단백질 및 유리 지방산의 수준을 감소시켰다. 그것은 또한 미토콘드리아, 지방분해 활성, 세포 내 Na^+ 및 세포외 K^+에서 P/O비를 증가시켰다[26-27]. 또한 저용량 콘발라톡신을 정맥 내 투여하면 심장 모세혈관의 크기를 증가시켰으며 마우스에서 심근 영양 혈류를 증가시켰다. 반대로, 다량의 콘발라톡신은 심장 모세혈관의 크기를 줄이고 영양 혈류를 감소시켰다[28]. 콘발라톡신은 적출된 토끼 심장에서 방실 결절의 불응 기간을 지연시킴으로써 히스속의 표면 전기 활동에 영향을 주어 빈맥과 심실성 부정맥을 예방했다[29].

2. 항종양 작용
   콘발라마로사이드는 인간 신장 종양 세포 또는 육종(肉腫) 마우스 세포에 의해 유도된 마우스에서 새로운 혈관 수를 현저히 감소시켜 항 혈관 신생 활성을 나타냈다[23].

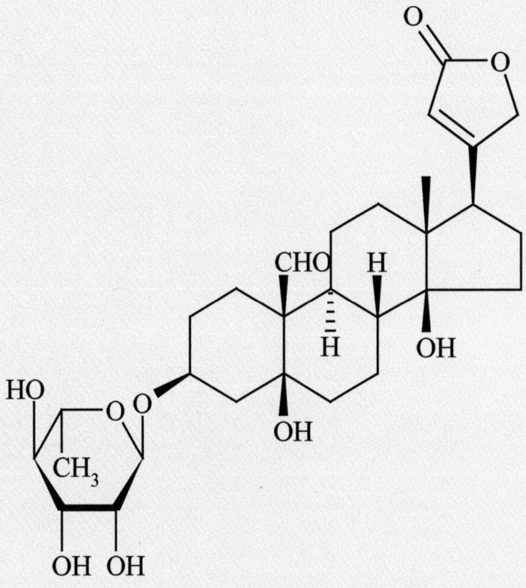

convallatoxin

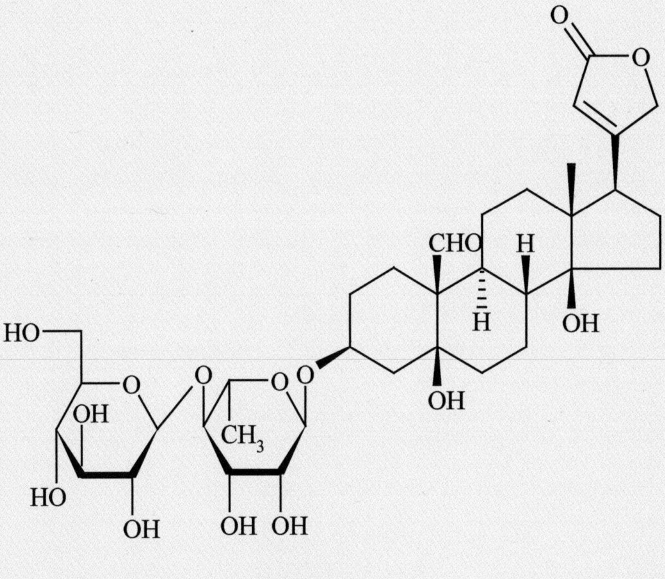

convalloside

3. 이뇨작용

플라보노이드는 약간의 이뇨 효과를 나타내었고 개, 마우스 및 랫드의 요로 전해질 수치에는 아무런 영향을 미치지 못했다[30].

4. 기타

진경작용[30], 항류마티스 작용[31], 이담작용 및 진정작용을 나타냈다.

용도

1. 부정맥, 심부전, 울혈성 심부전, 류마티스성 심장병, 발작성 빈맥
2. 부종

해설

영란은 강심배당체가 풍부하며, 그 가운데 콘발라톡신은 효과적이고 독성이 강한 성분 중 하나이다. 따라서 사용시에는 복용량에 특별한 주의를 기울여야 한다. 영란에 함유된 스테로이드 사포닌은 구조가 유사하므로 이들 사포닌 중 일부가 저독성으로 강심작용이 있는지를 위한 연구가 필요하다.
영란은 조그맣고 우아하며 향기로운 식물이어서 약용으로 사용하는 것 외에도 조경과 관상용에 좋은 식물이다.

참고문헌

1. M Grieve. A Modern Herbal. New York: Dover Publications, Inc. 1971: 1-5
2. NF Komissarenko, EP Stupakova. Neoconvalloside—a cardenolide glycoside from plants of the genus Convallaria. Khimiya Prirodnykh Soedinenii. 1986, 2: 201-204
3. M Hipsz, J Kowalski, H Strzelecka. Cardenolide glycosides of Convallaria majalis. II. Determination of convallatoxin and locundioside. Acta Poloniae Pharmaceutica. 1975, 32(6): 695-701
4. Y Buchvarov. Cardenolides of Convallaria majalis. Isolation of bipindogenin cardiac glycosides. Farmatsiya. 1979, 29(2): 30-32
5. W Kubelka, B Kopp, K Jentzsch. Weakly polar cardenolides from Convallaria majalis. Allomethyloses as sugar components of Convallaria glycosides. 13. Convallaria glycosides. Pharmaceutica Acta Helvetiae. 1975, 50(11): 353-359
6. W Kubelka. Convallaria glycosides: deglucocheirotoxol and periguloside. 11. Cardenolide glycosides of Convallaria majalis. Planta Medica. 1971, 5: 153-159
7. E Kukkonen. Isolation of cardiac glycosides from the lily of the valley, Convallaria majalis. Farmaseuttinen Aikakauslehti. 1969, 78(10): 213-36
8. W Kubelka, M Wichtl. New glycosides from Convallaria majalis. Naturwissenschaften. 1963, 50: 498
9. B Schenk, P Junior, M Wichtl. Cannogenol-3-O-α-L-rhamnoside and cannogenol-3-O-β-D-allomethyloside, two new cardiac glycosides from Convallaria majalis. Planta Medica. 1980, 40(1): 1-11
10. B Kopp, W Kubelka. New cardenolides of Convallaria majalis. 14. Convallaria glycosides: bipindogenin, sarmentologenin and sarmentosigenin glycosides. Planta Medica. 1982, 45(2): 87-94
11. Y Buchvarov. Cardenolides of Convallaria majalis. VIII. Isolation of sarmentologenin cardiac glycosides. Farmatsiya. 1984, 34(3): 6-14
12. Y Bochvarov, NF Komissarenko. Neoconvallatoxoloside-cardenolide glycoside from Convallaria majalis. Khimiya Prirodnykh Soedinenii. 1977, 4: 537-541
13. W Kubelka, S Eichhorn-Kaiser. Convallaria glycosides. 10. Sarmentogenin glycosides in Convallaria majalis. Isolation of rhodexin A and rhodexoside. Pharmaceutica Acta Helvetiae. 1970, 45(8): 513-519
14. M Kimura, M Tohma, I Yoshizawa, H Akiyama. Constituents of Convallaria. X. Structures of convallasaponin-A, -B, and their glycosides. Chemical & Pharmaceutical Bulletin. 1968, 16(1): 25-33
15. M Kimura, M Tohma, I Yoshizawa. Constituents of Convallaria. XI. Structure of convallasaponin-D. Chemical & Pharmaceutical Bulletin. 1968, 16(7): 1228-1234
16. M Kimura, M Tohma, I Yoshizawa, A Fujino. Constituents of Convallaria. XII. Convallasaponin-E (diosgenin triarabinoside). Chemical & Pharmaceutical Bulletin. 1968, 16(11): 2191-2194
17. J Malinowski, H Strzelecka. Flavonoids in Convallaria majalis herb. Acta Poloniae Pharmaceutica. 1976, 33(6): 767-776

18. H Strzelecka, J Malinowski. Flavonoid compounds in Convallaria herb. Acta Poloniae Pharmaceutica. 1972, 29(3): 351-352

19. NF Koimissarenko, EP Stupakova, EV Vinnik, LY Sirenko, VV Zinchenko. Flavonoids of leaves of Convallaria keiskei Miq. and C. majalis L. Rastitel'nye Resursy. 1992, 28(1): 82-91

20. RAF Laufke. Choline in Convallaria majalis. Pharmazeutische Zentralhalle fuer Deutschland. 1957, 96: 452-453

21. HW Liu. Determination of the azetidine-2-carboxylic acid from lily of the valley. Chinese Journal of Chromatography. 1999, 17(4): 410-412

22. J Nartowska, H Strzelecka. Steroid saponins in roots and rhizomes of Convallaria majalis. I. Isolation of saponides. Acta Poloniae Pharmaceutica. 1983, 40(5-6): 649-656

23. J Nartowska, E Sommer, K Pastewka, S Sommer, E Skopinska-Rozewska. Anti-angiogenic activity of convallamaroside, the steroidal saponin isolated from the rhizomes and roots of Convallaria majalis L. Acta Poloniae Pharmaceutica. 2004, 61(4): 279-282

24. VK Saxena, PK Chaturvedi. A novel cardenolide, canarigenin-3-O-α-L-rhamnopyranosyl-(1 → 5)-O-β-D-xylofuranoside, from rhizomes of Convallaria majalis. Journal of Natural Products. 1992, 55(1): 39-42

25. RC Gong, XH Ma. The influence of Convallaria keiskei Miq. extract on toad's myocardial movement. Journal of Tonghua Teachers' College. 2000, 2: 37-39

26. NM Dmitrieva, NA Gorchakova, RD Samilova, KI Rubchinskaya. Action of convallatoxin on some aspects of myocardial exchange in intact rats. Farmakologiya i Toksikologiya. 1971, 6: 50-53

27. IF Polyakova. Effect of strophanthin and convallatoxin on the lipid metabolism of the myocardium. Farmakologiya i Toksikologiya. 1974, 37(6): 685-687

28. L Shi, CQ Wu, DS Wang, SZ Liu, YM Li, XZ Chen. Effects of convallatoxin and ouabain on myocardial microvascular bed. Acta Pharmaceutica Sinica. 1982, 17(4): 241-244

29. DS Tang, XJ Liu, PK Gu, YP Zhang, ZJ Jin. Effect of convallatoxin on the surface electrical activity of His Bundle in isolated rabbit heart. Acta Universitatis Medicinalis Secondae Shanghai. 1985, 5(5): 42-44

30. K Szpunar, A Elbanowska, L Skrzypczakowa, M Ellnain-Wojtaszek. Pharmacological evaluation of flavonoids from lily of the valley Convallariae majalis L. Herba Polonica. 1976, 22(2): 163-166

31. L Klabusay, M Kroutil, J Lenfeld, K Trnavsky, M Vykydal, J Zemanek. Experimental and clinical re-evaluation of the antirheumatic effect of Convallaria majalis and Adonis vernalis. Casopis Lekaru Ceskych. 1955, 94: 738-742

고수 芫荽 EP, BP, BHP, GCEM

Apiaceae

Coriandrum sativum L.

Coriander

개 요

미나리과(Apiaceae)
고수(芫荽, *Coriandrum sativum* L.)의 열매를 말린 것: 호유자(胡荽子)
중약명: 호유자(胡荽子)
고수속(*Coriandrum*) 식물은 전 세계에 2종이 있으며 지중해 지역에 분포한다. 그 가운데 1종이 중국에서 발견되며 약으로 사용된다. 고수는 지중해 연안 지역이 기원이며 전 세계적으로 온대 지역에서 널리 재배되고 있다.
고수는 전통 의약품으로 고대 그리스에서 처음 사용되었으며, 고대 그리스에서 의학의 아버지인 히포크라테스는 예전에 4세기경에 고수를 사용했다. 로마 학자이자 자연 사학자인 플리니우스는 고수가 화상과 옹을 치료할 수 있으며 눈을 정화하기 위해 모유에 첨가될 수 있다고 기록하고 있다. 나중에 고수는 영국에 도입되었으며 후에 중국의 한나라로 도입되어 ≪식료본초(食療本草)≫에 '호유'라는 이름으로 기록되었다. 이후 대부분의 고대 한의서에 기록되어 전해지며, 약용 종은 고대부터 현재까지 동일하다. 이 종은 유럽약전(5개정판) 및 영국약전(2005)에 고수의 공식적인 기원식물로 등재되어 있다. 이 약재는 주로 모로코와 동유럽, 중국의 강소성, 안휘성, 호북성에서 생산된다.
고수는 주로 정유, 지방산 및 플라보노이드 성분을 함유하며 정유성분이 주요 활성 성분으로 유럽약전 및 영국약전은 의약 물질의 품질관리를 위해 수증기증류법으로 시험할 때 정유의 함량이 3.0mL/kg 이상이어야 한다고 규정하고 있다.
약리학적 연구에 따르면 고수에는 항박테리아, 항알루미늄 침착 및 항고지혈증이 있다.
민간요법에 의하면 고수에는 구풍(驅風)작용과 흥분작용이 있다. 줄기와 잎은 야채나 향신료로 사용할 때 위의 소화작용을 돕는다.
한의학에서 호유자는 산풍(散風)과 발진을 제거하고 위장을 강화하며, 거담(祛痰)의 효과가 있다.

고수 芫荽 *Coriandrum sativum* L.

고수 芫荽 EP, BP, BHP, GCEM

호유자 胡荽子 Coriandri Fructus

함유성분

열매에는 정유 성분으로 myrcene, d-linalool, citronellol, geraniol, safrole, αterpinyl acetate, geranyl acetate[1], γ-terpinene, α-pinene, limonene, 2-decenal[2], 트리테르페노이드 성분으로 coriandrinonediol[3], 배당체 성분으로 (3S,6E)-8-hydroxylinalool 3-O-βD-(3-O-potassium sulfo) glucopyranoside, (3S)-8-hydroxy-6,7-dihydrolinalool 3-O-βD-glucopyranoside, (3S,6S)-6,7-dihydroxy-6,7-dihydrolinalool, (3S,6R)-6,7-dihydroxy-6,7-dihydrolinalool, (3S,6S)-6,7-dihydroxy-6,7-dihydrolinalool 3-O-βD-glucopyranoside, (3S,6R)-6,7-dihydroxy-6,7-dihydrolinalool 3-O-βD-glucopyranoside, (3S,6R)-6,7-dihydroxy-6,7-dihydrolinalool 3-O-βD-(3-O-potassium sulfo)glucopyranoside, (1R,4S,6S)-6-hydroxycamphor βD-apiofuranosyl-(1→6)-βD-glucopyranoside, (1')-1'(4-hydroxyphenyl)ethane-1'2'diol-2'O-βD-apiofuranosyl-(1 6)-βD-glucopyranoside, (1')-1'(4-hydroxyphenyl-3,5-dimethoxyphenyl)propan-1'ol 4-O-βD- glucopyranoside[4]가 함유되어 있다.
잎과 지상부에는 정유 성분으로 β-ionone, eugenol, E-2-decenal, E-2-decen-1-ol[5], 쿠마린 성분으로 coriandrin, dihydrocoriandrin[6], coriandrones A, B, C, D, E[7-8], bergapten, imperatorin, umbelliferone, xanthotoxol, scopoletin[9], 플라보노이드 성분으로 rutin, isoquercitin, quercetin-3-glucuronide[10], 페놀산 성분으로 카페인산, 페룰산, 갈산, 클로로겐산[11]이 함유되어 있다.

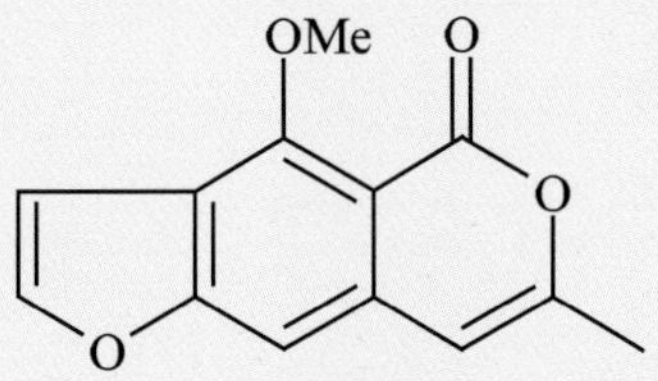

OMe O
O
O

coriandrin

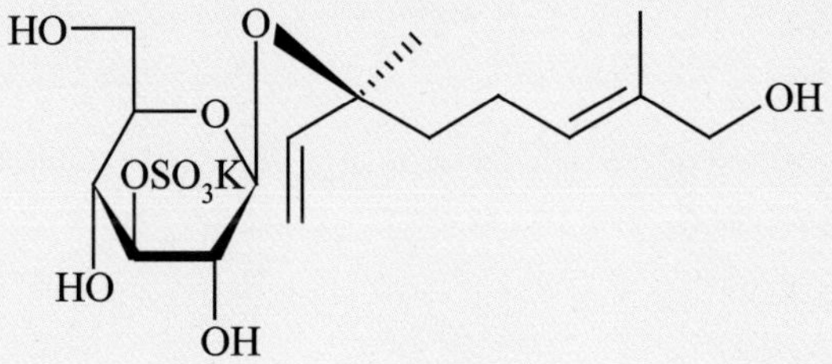

HO OH
O
O
OSO3K
HO
OH

(3S,6E)-8-hydroxylinalool 3-O-β-D-(3-O-potassium sulfo) glucopyranoside

약리작용

1. 항균 작용

   정유성분은 대장균, *Bacillus megaterium*, *Listeria monocytogenes*, *Listeria grayi*, *Listeria innocua*, *Listeria seeligeri*, *Curvularia palliscens*, *Fusarium oxysporum*, *Fusarium moniliforme* 및 *Aspergillus terreus*에 대한 억제효과를 나타냈다[12-14]. 신선한 잎에서 얻은 알카날은 살모넬라 콜레라에스위스에 대한 항균효과를 나타냈고, E-2-dodecenal이 가장 효과적인 화합물이었다[15].

2. 혈관 평활근에 미치는 영향

   랫드의 하지 적출관류실험 및 토끼의 귀 및 대동맥 적출관류실험은 열매의 정유성분이 노르 에피네프린에 의해 유발된 혈관수축에 유의하게 길항하여 적출하지 및 적출 귀의 관류의 양을 증가시킨다는 것을 입증했다. 그러나 아드레날린에 의해 유발된 대동맥의 혈관수축에 미치는 영향은 명확하지 않았으며, 이 효과는 α-아드레날린 수용체 차단제와 관련이 있다고 보여진다[16].

3. 알루미늄 및 납 침착 방지 작용

   ICR 마우스에서 식염수에 염화알루미늄을 투여한 결과, 전초 현탁액을 위장 내 투여하면 뇌와 대퇴골의 알루미늄 축적이 감소됐다. 이러한 결과는 전초가 알루미늄 침전을 억제하고 알루미늄 독성의 치료에 잠재적 가능성이 있음을 시사한다[17]. 전초는 마우스 대퇴골의 납 침착을 감소시켰고, 마우스의 신장에서 납에 의한 손상을 억제했다[18].

4. 항고지혈증 작용

   전초 추출물은 트리톤에 의한 마우스의 고지혈증을 억제하고 콜레스테롤과 중성지방의 합성과 분비를 감소시켰다[19].

5. 항종양 작용

   열매 추출물은 인간 위암 선암 MK-1, 인간 자궁경부암 HeLa 및 마우스 흑색종 B16F10 세포의 증식을 억제했다[20].

6. 기타
   고수풀은 또한 항돌연변이[21] 및 항산화효과[22]를 나타냈다.

용도

1. 소화불량, 식욕부진, 위장염, 메스꺼움, 구토, 구토, 퇴행, 설사, 이질
2. 혈변, 탈항
3. 탈장
4 홍역, 천연두의 부적절한 분출, 두부백선

해설

고수는 전 세계적으로 상용되는 식용식물로서 향기 성분 외에도 단백질, 아미노산, 당류, 전분, 비타민 및 미네랄이 풍부하며 식욕을 개선하는 기능이 있다. 따라서 향신료, 야채, 민속 약초 및 조미료로 보편적으로 이용된다. 고수는 몸에 알루미늄 축적을 억제하므로 고수의 규칙적인 섭취는 알루미늄 관련 직업병을 예방하는 잠재적인 건강관리 기능을 가지고 있다.

참고문헌

1. AK Bhattacharya, PN Kaul, BRR Rao. Chemical profile of the essential oil of coriander (Coriandrum sativum L.) seeds produced in Andhra Pradesh. Journal of Essential Oil-Bearing Plants. 1998, 1(1): 45-49
2. R Oliveira de Figueiredo, J Nakagawa, MOM Marques. Composition of coriander essential oil from Brazil. Acta Horticulturae. 2004, 629: 135-137
3. CG Naik, K Namboori, JR Merchant. Triterpenoids of Coriandrum sativum seeds. Current Science. 1983, 52(12): 598-599
4. T Ishikawa, K Kondo, J Kitajima. Water-soluble constituents of coriander. Chemical & Pharmaceutical Bulletin. 2003, 51(1): 32-39
5. G Eyres, JP Dufour, G Hallifax, S Sotheeswaran, PJ Marriott. Identification of character-impact odorants in coriander and wild coriander leaves using gas chromatography-olfactometry (GCO) and comprehensive two-dimensional gas chromatography-time-of-flight mass spectrometry (GC x GC-TOFMS). Journal of Separation Science. 2005, 28(9-10): 1061-1074
6. O Ceska, SK Chaudhary, P Warrington, MJ Ashwood-Smith, GW Bushnell, GA Poulton. Coriandrin, a novel highly photoactive compound isolated from Coriandrum sativum. Phytochemistry. 1988, 27(7): 2083-2087
7. K Baba, YQ Xiao, M Taniguchi, H Ohishi, M Kozawa. Isocoumarins from Coriandrum sativum. Phytochemistry. 1991, 30(12): 4143-4146
8. M Taniguchi, M Yanai, YQ Xiao, T Kido, K Baba. Three isocoumarins from Coriandrum sativum. Phytochemistry. 1996, 42(3): 843-846
9. MI Nassar, ME Abdel-Fattah, AH Gaara, EAM El-Khrisy. Constituents of Coriandrum sativum and Pituranthos triradiatus. Bulletin of the Faculty of Pharmacy. 1993, 31(3): 399-401
10. J Kunzemann, K Herrmann. Isolation and identification of flavon(ol)-O-glycosides in caraway (Carum carvi L.,), fennel (Foeniculum vulgare Mill.), anise (Pimpinella anisum L.), and coriander (Coriandrum sativum L.), and of flavone-C-glycosides in anise. I. Phenolics of spices. Zeitschrift fuer Lebensmittel-Untersuchung und-Forschung. 1977, 164(3): 194-200
11. M Bajpai, A Mishra, D Prakash. Anti-oxidant and free radical scavenging activities of some leafy vegetables. International Journal of Food Sciences and Nutrition. 2005, 56(7): 473-481
12. CP Lo, NS Iacobellis, MA De, F Capasso, F Senatore. Anti-bacterial activity of Coriandrum sativum L. and Foeniculum vulgare Miller var. vulgare (Miller) essential oils. Journal of Agricultural and Food Chemistry. 2004, 52(26): 7862-7866
13. PJ Delaquis, K Stanich. Antilisterial properties of cilantro essential oil. Journal of Essential Oil Research. 2004, 16(5): 409-414
14. G Singh, S Maurya, MP de Lampasona, CAN Catalan. Studies on essential oil, part 41. Chemical composition, anti-fungal, anti-oxidant and sprout suppressant activities of coriander (Coriandrum sativum) essential oil and its oleoresin. Flavour and Fragrance Journal. 2006,

21(3): 472-479

15. I Kubo, KI Fujita, A Kubo, KI Nihei, T Ogura. Anti-bacterial activity of coriander volatile compounds against Salmonella choleraesuis. Journal of Agricultural and Food Chemistry. 2004, 52(11): 3329-3332
16. BJ Zhou, XW Liu. Experimental study on the effect of volatile oil from Fructus Coriandri on vascular smooth muscle. Primary Journal of Chinese Materia Medica. 1996, 12(3): 39-40
17. M Aga, K Iwaki, S Ushio, N Masaki, S Fukuda, M Kurimoto, M Ikeda. Preventive effect of Coriandrum sativum (Chinese parsley) on aluminum deposition in ICR mice. Natural Medicines. 2002, 56(5): 187-190
18. M Aga, K Iwaki, Y Ueda, S Ushio, N Masaki, S Fukuda, T Kimoto, M Ikeda, M Kurimoto. Preventive effect of Coriandrum sativum (Chinese parsley) on localized lead deposition in ICR mice. Journal of Ethnopharmacology. 2001, 77(2-3): 203-208
19. AAS Lal, T Kumar, PB Murthy, KS Pillai. Hypolipidemic effect of Coriandrum sativum L. in triton-induced hyperlipidemic rats. Journal of Experimental Biology. 2004, 42(9): 909-912
20. Y Nakano, H Matsunaga, T Saita, M Mori, M Katano, H Okabe. Anti-proliferative constituents in Umbelliferae plants II. Screening for polyacetylenes in some Umbelliferae plants, and isolation of panaxynol and falcarindiol from the root of Heracleum moellendorffii. Biological & Pharmaceutical Bulletin. 1998, 21(3): 257-261
21. J Cortes-Eslava, S Gomez-Arroyo, R Villalobos-Pietrini, JJ Espinosa-Aguirre. Antimutagenicity of coriander (Coriandrum sativum) juice on the mutagenesis produced by plant metabolites of aromatic amines. Toxicology Letters. 2004, 153(2): 283-292
22. MF Ramadan, LW Kroh, JT Morsel. Radical scavenging activity of black cumin (Nigella sativa L.), coriander (Coriandrum sativum L.), and niger (Guizotia abyssinica Cass.) crude seed oils and oil fractions. Journal of Agricultural and Food Chemistry. 2003, 51(24): 6961-6969

서양산사 歐山楂 EP, BP, BHP, USP, GCEM

Crataegus monogyna Jacq.

Hawthorn

개 요

장미과(Rosaceae)

서양산사(歐山査, *Crataegus monogyna* Jacq.)의 잘 익은 열매: 구산사(歐山査)

서양산사(歐山査, *C. monogyna* Jacq.)의 꽃: 구산사화(歐山査花)

서양산사(歐山査, *C. monogyna* Jacq.)의 잎: 구산사엽(歐山査葉)

산사나무속(*Crataegus*) 식물은 전 세계에 1,000종 이상이 있으며 북아메리카에 산사나무의 대부분의 종이 있고, 북반구에 널리 분포한다. 중국에는 약 17종과 2변종이 발견되며 약 8종이 약으로 사용된다. 서양산사는 주로 동아시아, 유럽 및 북아메리카의 동부에 분포한다[1].

서양산사는 거의 1000년 동안 유럽에서 식용과 의약용으로 사용되어 왔으며, 서양산사 제 조품은 독일, 오스트리아 및 스위스와 같은 중부 유럽 국가에서 심장질환 치료를 위한 가장 보편적인 식물 의약품 중 하나이다. 산사나무속은 2000년에 미국의 주류 소매점 판매 목록에서 20위를 차지한 미국의 식이보충제로 점차 인기를 얻고 있다[1]. 이 종은 서양산사의 열매(Crataegi Monogynae Fructus), 서양산사의 꽃과 잎(Crataegi Monogynae Flos et Folium)의 공식적인 기원식물 내원종으로 유럽약전(5개정판), 영국약전(2002) 및 미국약전(28개정판)에 등재되어 있다. 약의 원료는 주로 동유럽에서 생산된다.

서양산사의 주요 활성성분은 플라보노이드, 트리테르페노이드, 아민 및 축합형 탄닌 성분이다. 영국약전 및 유럽약전은 시안화 클로라이드로 환산한 서양산사 열매의 프로시아니딘 함량이 1.0% 이상이어야 하며, 서양산사의 꽃과 잎의 의약 물질의 품질관리를 위해 자외선가시광선분광광도법에 따라 시험할 때 총 플라보노이드 함량은 하이페로사이드로서 1.5% 이상이어야 한다고 규정하고 있다. 미국약전은 액체크로마토그래피법에 의해 시험할 때 서양산사 꽃과 잎에 함유된 C-글리코실레이티드 플라본의 함량이 비텍신으로 환산하여 0.60% 이상이어야 하며, 하이페로사이드로서 환산된 O-글리코실레이티드 플라본의 함량이 0.45% 이상이어야 한다고 규정하고 있다.

약리학적 연구에 의하면 산사나무는 관상동맥 혈류를 증가시키고 심근경색, 항산화 및 항염증 효과를 나타낸다.

민간요법에 의하면 산사나무는 심혈관계, 관상 동맥 확장 및 항 고혈압 작용을 한다. 또한 서양산사는 식품 첨가제로도 사용된다[2].

서양산사 歐山査 *Crataegus monogyna* Jacq.

구산사 歐山査 Crataegi Monogynae Fructus

구산사엽 歐山査葉 Crataegi Monogynae Flos et Folium

함유성분

꽃과 잎에는 플라보노이드 성분으로 2"–O–rhamnosylorientin, 2"–O–rhamnosylisoorientin, 2"–O–rhamnosylisovitexin, rutin, spiraeoside, 8–methoxykaempferol, 8–methoxykaempferol–3–O–glucoside[3], vitexin–2"–rhamnoside, vitexin, hyperoside, isoquercitroside, vitexin–4'''–acetyl–2"–rhamnoside[4], 8–methoxykaempferol–3–neohesperidoside, 8–methoxykaempferol–3–glucoside, kaempferol–3–neohesperidoside[5]가 함유되어 있다. 트리테르페노이드 성분으로 butyrospermol, 24–methylene–24–dihydrolanosterol, cycloartenol[6], 우르솔산, 올레아놀산, a–,β–amyrins[7], 아민류 성분으로 phenylethylamine, o–methoxyphenethylamine, 티라민[2]이 함유되어 있다.

2"–O–rhamnosylorientin

약리작용

1. 심혈관계에 미치는 영향

(1) 관상 동맥 혈류의 증가 크라타에몬(총 플라보노이드 추출물)을 정맥 주사하면 관상 동맥 혈류를 30분 동안 유의하게 증가시켰으나 개에서 심장 리듬과 심전도에는 영향을 미치지 않았다. 높은 용량으로 정맥 주사를 하면 심장 박동이 느려지게 된다[8]. 서양산사 분획(올리고머 프로시아니딘)을 경구 투여하면 혈류를 유의하게 증가시킨다. 마취된 고양이에서 올리고머 프로시아니딘을 정맥 투여하면 심근 혈류의 증가와 동맥 혈압의 약간의 감소를 유발한다[9].

(2) 심혈관 작용
서양산사 추출물 LI 132는 기니피그 적출 심장 관류실험에서 심근의 효과적인 불응 기간의 연장을 가져왔다[10].

(3) 기타
모노아세틸-비텍신람노사이드는 토끼에서 적출된 폐동맥륜(肺動脈輪)에서 생성된 장력을 감소시키고, 혈관확장 기능을 감소시키며, 자발적으로 뛰는 랑겐도르프-기니피그의 심장에서 심박수, 수축력, 심근 이완 및 관상동맥 흐름을 향상시키고, 또한 전기적으로 구동된 랑겐도르프-토끼의 적출된 심장에서 발생한 급성 국소 허혈을 유의하게 감소시켰다[11]. 잎과 꽃(총 플라보노이드 2.2% 포함)에서 제조된 서양산사 추출물 LI 132는 성충 랫드의 적출된 심근세포에 양성 변성 효과를 보였다[12]. 잎과 꽃 추출물(19% 프로안토시아니딘 함유)은 유리기 소거 활성과 엘라스타제 활성의 저해로 인해 심장에 보호효과를 나타냈다[13].

2. 항산화 작용
다른 서양산사 추출물은 *in vitro* 및 *in vitro*에서 모두 중요한 항산화 활성을 나타냈다. 가장 효과적인 추출물은 꽃 추출물이었다. 그 주요 구성 성분은 프로시아니딘과 플라보노이드를 포함한 폴리페놀인 것으로 보고됐다[14-18].

3. 항염증 작용
서양산사의 헥산 추출물(80-87%의 시클로아르테놀 함유)을 위장관 투여하면 카라기닌으로 유도된 마우스 족척부종을 유의하게 억제했다. 또한 *in vitro*에서 포스포리파아제 A_2의 활성을 약간 억제했다[19].

용도

1. 관상동맥 심장 질환, 협심증
2. 울혈성 심부전
3. 고혈압

해설

Crataegus laevigata (Poir.) DC. (*C. oxyacantha* L.)는 호손(hawthorn)의 기원식물로서 유럽약전, 영국약전 및 미국약전에 기재되어 있다. 중국약전(2015년판)에 기록된 종은 *C. pinnatifida* Bge와 *C. pinnatifida* Bge. var. *major* N. E. Br.이며 이들의 약용 부위는 주로 열매이다.
약리학적 및 임상적 연구에 의하면 산사나무속 식물은 심혈관 질환에 좋은 치료 효과를 나타낸다. 그러나 약물 대사역학, 기능 기전 및 안전성에 대한 연구는 거의 없다.
현재 시장에서 판매되고 있는 의약품은 주로 서양산사의 추출물이다. 따라서 조금 더 효과적이고 안전한 제제를 한층 더 발전시킬 필요가 있다.

참고문헌

1. M Blumenthal. The ABC Clinical Guide to Herbs. Texas: American Botanical Council. 2003: 235-245
2. J Barnes, LA Anderson, JD Phillipson. Herbal Medicines (2nd edition). London: Pharmaceutical Press. 2002: 284-287
3. N Nikolov, O Seligmann, H Wagner, RM Horowitz, B Gentili. New flavonoid glycosides from Crataegus monogyna and Crataegus pentagyna. Planta Medica. 1982, 44(1): 50-53
4. JL Lamaison, A Carnat. Content of principal flavonoids of the flowers and leaves of Crataegus monogyna Jacq. and Crataegus laevigata (Poiret) DC. (Rosaceae). Pharmaceutica Acta Helvetiae. 1990, 65(11): 315-320
5. JC Dauguet, M Bert, J Dolley, A Bekaert, G Lewin. 8-Methoxykaempferol 3-neohesperidoside and other flavonoids from bee pollen of

Crataegus monogyna. Phytochemistry. 1993, 33(6): 1503-1505

6. MD Garcia, MT Saenz, MC Ahumada, A Cert. Isolation of three triterpenes and several aliphatic alcohols from Crataegus monogyna Jacq. Journal of Chromatography, A. 1997, 767(1-2): 340-342
7. DW Griffiths, GW Robertson, T Shepherd, ANE Birch, S Gordon, JAT Woodford. A comparison of the composition of epicuticular wax from red raspberry (Rubus idaeus L.) and hawthorn (Crataegus monogyna Jacq.) flowers. Phytochemistry. 2000, 55(2): 111-116
8. M Taskov. On the coronary and cardiotonic action of crataemon. Acta Physiologica et Pharmacologica Bulgarica. 1977, 3(4): 53-57
9. C Roddewig, H Hensel. Reaction of local myocardial blood flow in non-anesthetized dogs and anesthetized cats to the oral and parenteral administration of a Crataegus fraction (oligomere procyanidines). Arzneimittelforschung. 1977, 27(7): 1407-1410
10. G Joseph , Y Zhao , W Klaus . Pharmacologic action profile of crataegus extract in comparison to epinephrine, amirinone, milrinone and digoxin in the isolated perfused guinea pig heart. Arzneimittelforschung. 1995, 45(12): 1261-1265
11. M Schussler, J Holzl, AF Rump, U Fricke. Functional and antiischaemic effects of monoacetyl-vitexinrhamnoside in different in vitro models. General Pharmacology. 1995, 26(7): 1565-1570
12. S Popping, H Rose, I Ionescu, Y Fischer, H Kammermeier. Effect of a hawthorn extract on contraction and energy turnover of isolated rat cardiomyocytes. Arzneimittelforschung. 1995, 45(11): 1157-1161
13. SS Chatterjee, E Koch, H Jaggy, T Krzeminski . In vitro and in vivo studies on the cardioprotective action of oligomeric procyanidins in a Crataegus extract of leaves and blooms. Arzneimittelforschung. 1997, 47(7): 821-825
14. T Bahorun, F Trotin, J Pommery, J Vasseur, M Pinkas. Anti-oxidant activities of Crataegus monogyna extracts. Planta Medica. 1994, 60(4): 323-328
15. DA Rakotoarison, B Gressier, F Trotin, C Brunet, T Dine, M Luyckx, J Vasseur, M Cazin, JC Cazin, M Pinkas. Anti-oxidant activities of polyphenolic extracts from flowers, in vitro callus and cell suspension cultures of Crataegus monogyna. Pharmazie. 1997, 52(1): 60-64
16. A Kirakosyan, E Seymour, PB Kaufman, S Warber, S Bolling, SC Chang. Anti-oxidant capacity of polyphenolic extracts from leaves of Crataegus laevigata and Crataegus monogyna (hawthorn) subjected to drought and cold stress. Journal of Agricultural and Food Chemistry. 2003, 51(14): 3973-3976
17. T Bahorun, E Aumjaud, H Ramphul, M Rycha, A Luximon-Ramma, F Trotin, OI Aruoma. Phenolic constituents and anti-oxidant capacities of Crataegus monogyna (hawthorn) callus extracts. Nahrung. 2003, 47(3): 191-198
18. Y Kiselova, D Ivanova, T Chervenkov, D Gerova, B Galunska, T Yankova. Correlation between the in vitro anti-oxidant activity and polyphenol content of aqueous extracts from bulgarian herbs. Phytotherapy Research. 2006, 20(11): 961-965
19. C Ahumada, T Saenz, D Garcia, R De La P, A Fernandez, E Martinez. The effects of a triterpene fraction isolated from Crataegus monogyna Jacq. on different acute inflammation models in rats and mice. Leukocyte migration and phospholipase A_2 inhibition. Journal of Pharmacy and Pharmacology. 1997, 49(3): 329-331

사프란 番紅花 CP, KP, EP, BP, GCEM

Crocus sativus L.

Saffron

개 요

붓꽃과(Iridaceae)

사프란(番紅花, *Crocus sativus* L.)의 암술머리를 말린 것: 서홍화(西紅花)

중약명: 서홍화(西紅花)

크로커스속(*Crocus*) 식물은 전 세계에 약 75종이 있으며 주로 유럽, 지중해 및 중앙아시아에 분포한다. 사프란은 중국에서는 약 2종이 발견되고, 이 속에서 1종이 약으로 사용된다. 유럽 남부에서 이란에 이르는 지역을 기원으로 스페인, 프랑스, 그리스, 이탈리아, 인도에 걸쳐 광범위하게 재배되며, 중국의 절강성, 장시성, 강소성, 북경, 상해에서 소량 재배된다.

사프란은 기원전 5세기에 카시미르의 고대 문학에 기록되었다. 중국에서 "반홍화(番紅花)"는 《본초품휘정요(本草品彙精要)》에서 처음 약으로 소개된 이래 본초강목(本草綱目)에 수재되었고, 이후 대부분의 고대 한의서에 기록되어 있다. 약용으로 사용되는 종은 고대부터 현재까지 동일하며 이 종은 유럽약전(5개정판)과 영국약전(2002)에 "동종요법용"의 기원식물 내원종으로 등재되어 있으며, 중국약전(2015년판)에는 한약재 西紅花(Croci Stigma)의 기원식물로 등재되어 있다. ≪대한민국약전≫(제11개정판)에는 "사프란"을 "사프란 *Crocus sativus* Linné(붓꽃과 Iridaceae)의 암술머리"로 등재하고 있다. 이 약재는 주로 스페인, 이란, 인도에서 생산된다.

사프란은 주로 랫드, 사슬형 디테르페노이드와 배당체, 모노테르페노이드 및 플라보노이드성분을 함유하며, 고미 성분으로 피크로크로신이 있다. 사프라날은 주요 방향족 성분이며 일련의 크로신(크로세틴의 배당체)은 주요 생체 활성성분 및 안료이다. 중국약전은 의약 물질의 품질관리를 위해 액체크로마토그래피법으로 시험할 때 크로신-I과 크로신-II의 총 함량이 10% 이상이어야 한다고 규정하고 있다.

약리학적 연구에 의하면 사프란에는 항혈전, 허혈성 손상억제 작용, 죽상동맥경화억제 작용, 항산화 작용, 항종양 작용, 항우울 작용 및 항염증 작용이 있음이 밝혀졌다.

민간요법에 의하면 사프란은 경련과 천식을 억제한다.

한의학에서 사프란은 혈액순환을 촉진하고, 어혈을 풀어주며, 혈열(血熱)을 식히고 독성을 감소시키며, 기의 정체를 완화하고 마음을 진정시키는 것으로 알려져 있다.

사프란 番紅花 *Crocus sativus* L.

사프란 番紅花 Croci Stigma

1cm

함유성분

암술머리에는 휘발성 성분으로 사프라날(4℃에 저장하며, 사프란에 들어 있는 사프라날의 함량은 1~5년까지 일정함), 4-hydroxy-2,6,6-trimethyl-1-cyclohexene-1-carboxaldehyde (HTCC), isophorone[1-2]이 함유되어 있고, 모노테르페노이드 배당체 성분으로 피크로크로신, 사슬형 디테르페노이드와 그 배당체 성분으로 크로세틴(α-crocetin, trans-crocetin), 디메틸크로세틴, 크로신-I(α-crocin, crocin 1), 크로신-I(crocin 2), crocins 3, 4, 5, 6[3-5], α-, β-carotenes, 제아잔틴, 모노테르페노이드 성분으로 crocusatins B, C, F, G, H, I[6]가 함유되어 있다.

꽃잎에는 모노테르페노이드 성분으로 피크로크로신, crocusatins C, D, E, I, J, K, L, 4-hydroxy-3,5,5-trimethylcyclohex-2-enone, 플라보노이드 성분으로 kaempferol, astragalin, kaempferol 7-O-β-D-glucopyranoside[7], kaempferol 3-O-sophoroside (sophoraflavonoloside)[8], helichrysoside, 알칼로이드 성분으로 harman, tribulusterine[7]이 함유되어 있다.

화분에는 플라보노이드 성분으로 kaempferol-3-O-sophoroside (sophoraflavonoloside), crosatosides A, B[9], kaempferid, isorhamnetin-3-β-D-glucoside, isorhamnetin-3,4'-diglucoside, isorhamnetin-3-O-robinobioside, 모노테르페노이드 성분으로 crocusatins A, B, C, D, E, 2,4,4-trimethyl-3-formyl-6-hydroxy-2,5-cyclohexadien-1-one[10]이 함유되어 있다.

꽃 주둥이에는 안트라퀴논 성분으로 emodin, 2-hydroxyemodin, 1-methyl-3-methoxy-8-hydroxyanthraquinone-2-carboxylic acid, 1-methyl-3-methoxy-6,8-dihydroxyanthraquinone-2-carboxylic acid[11]가 함유되어 있고, 페놀 배당체 성분으로 2,4-dihydroxy-6-methoxyacetophenone-2β-D-glucopyranoside, 2,3,4-trihydroxy-6-methoxyacetopenone-3-β-D-glucopyranoside[12]가 함유되어 있다.

알줄기에는 glycoconjugate[13] 성분이 함유되어 있다.

HOOC COOH

crocetin

CHO

safranal

O O O O

crocusatin F

약리작용

1. 혈액 응고, 혈소판 응집 및 혈전증에 대한 영향
   암술 주두의 배당체인 크로신을 위 내 투여하면 혈액응고 시간을 상당히 연장시킨다. 또한 마우스에 있는 아데노신디포스페이트(ADP)와 아라키돈산(AA)에 의해 유도된 폐 혈전증 때문에 호흡곤란에 효과가 있다. 또한 토끼에서 ADP와 트롬빈으로 유발된 혈소판 응집을 유의하게 억제했다[14].

2. 허혈 유발 손상의 억제 작용
   샤프란 암술 추출물을 복강 내 투여하면 이소프로테레놀(ISO)로 인한 급성 랫드의 심근 손상의 심전도(ECG)에서 J point의 이동을 유의하게 억제하고, 반전 또는 이원성의 출현 빈도를 감소시켰다. T 파의 양상을 관찰하고 심근의 병리학적 변화를 개선시켰다[15]. 크로세틴을 위장 내 투여하면 혈청 크레아틴 포스포키나제(CK), 젖산 탈수소효소(LDH) 방출 및 혈청 및 심근 균질물 MDA의 수준을 유의하게 감소시켰고, 심근 부종을 현저히 억제했으며, 글루타티온과산화효소(GSH-Px), Na^+, K^+-ATPase, Ca^{2+} 및 Mg^{2+}-ATPase의 활성을 증가시켰다[16]. 또한 심근 손상에 대한 보호효과를 가져왔다. 크로신을 정맥 주사하면 노르아드레날린 유발 심장비대를 가진 랫드의 심전도에서 S 지점 이동을 상당히 감소시켰다. 또한 심근 경색의 영역을 줄이고 혈청 LDH와 CK의 수준을 감소시켰다[17]. 암술의 에탄올 추출물을 십이지장 내 투여하면 랫드에 중간 대뇌 폐색의 전기 차단에 의해 유도된 국소 뇌 허혈에 대한 보호효과가 있으며, 경색 크기를 제한하고, 행동 장벽을 감소시키며, 뇌 지수와 MDA 함량을 감소시킨다[18]. 샤프란의 성분 중의 하나인 사프라날을 복강 내 투여하면 랫드 해마에서 뇌 허혈 유발 산화 손상을 감소시켰다[19]. 암술의 물 추출물과 크로신을 복강 내 투여하면 신생 허혈-재관류-유발 산화 손상에서 지질과산화 생성물을 랫드에서 현저하게 감소시켰고, 항산화 능력을 향상시켰다[20]. 에탄올 침전시킨 물 추출물을 귀 정맥 주사하면 만성 고안압증후군 마우스의 망막 전위도(ERG)에서 b파 및 Ops파의 진폭을 감소시키고 허혈성 망막 병증을 개선시켰다[21]. 크로세틴과 크로신-I을 복강 내 투여하면 허혈성 망막 병증이 있는 마우스의 안구 혈류를 회복시켰다. 크로신은 안구 고혈압을 가진 랫드에서 망막의 혈류를 증가시키고 망막 기능 회복을 촉진시켰다[22-23].

3. 항 죽상 동맥경화 작용
   크로신과 크로세틴을 장관 내 투여하면 혈청 총 콜레스테롤(TC), 중성지방(TG), 저밀도 지단백질(LDL) 및 MDA의 수준을 유의하게 감소시켰다. 크로신을 먹인 고콜레스테롤 식이로 죽상 동맥 경화를 유도한 랫드에서 고밀도 지단백질(HDL), 과산화물 불균화효소(SOD) 활성 및 항 죽상 경화 지수(AAI)를 증가시켰다[24-25]. 식이 보충제로 주어지는 크로세틴은 토끼에서 혈청 TC와 저밀도 지단백 콜레스테롤 수치를 감소시켰다. 즉, 혈청 일산화질소, 내피 일산화질소 합성 활성 및 mRNA 발현을 유의하게 증가시켰으며, 대동맥의 이완 기능을 회복시켰다[26].

4. 항산화 작용
   암술의 메탄올 추출물, 크로신과 크로세틴은 2,2-디페닐-피크릴하이드라질(DPPH) 라디칼 소거 활성을 현저히 나타내어 높은 항산화 활성을 보였다[27]. 크로신은 신경세포 분화된 갈색 세포종(PC-12)에서 과산화지질 생성을 유의하게 억제하고 과산화물 불균화효소(SOD) 활성을 회복시켰다. 크로신의 항산화 효과는 같은 농도의 α-토코페롤보다 더 효과적이었다[28].

5. 항종양 작용
   암술 추출물과 크로신은 *in vitro*에서 인간 악성세포에 대한 억제효과를 나타냈다. 인간 횡문근 육종(肉腫)인 A-204 세포, 사람 간세포 간암 HepG2 세포 및 인간 자궁경부 상피세포 암종 HeLa 세포의 세포 콜로니 형성을 유의하게 억제했으나 정상 세포에는 영향을 미치지 않았다. 크로신은 인간 대장암종 HT-29 세포에 강력한 세포독성 효과를 나타냈다[29]. 크로신을 피하 투여하면 대장암이 있는 암컷 마우스의 수명을 크게 연장시켰고, 종양의 직경을 줄였으며, 장기간 치료시 세포독성을 나타내지 않았다[30]. 암술의 에탄올 추출물은 엡스타인바 바이러스 초기 항원(EBV-EA)의 *in vitro*에서 활성을 저해한다. 에탄올 추출물과 크로신을 경구 투여하면 7,12-디메틸 벤조 [a] 안트라센(DMBA)을 개시제로 사용하고 12-0-테트라데카노일포르볼-13-아세테이트(TPA)를 프로모터로 사용하여 마우스 피부 유두종의 발암 물질에 대한 억제효과를 나타냈다[31]. 마우스 골수 소핵시험 결과에 따르면 암술 추출물을 경구 투여하면 시스플라틴(CIS), 시클로포스파미드(CPH), 마이토마이신 C(MMC) 및 우레탄(URE)의 유전독성을 유의하게 억제했다. 화학적 예방효과는 간 효소(SOD, CAT, GST, GPx)의 동시 증가와 함께 지질과산화의 정도가 현저히 감소하기 때문일 수 있다[32-33].

6. 항우울 작용
   암술의 알코올 추출물 캡슐은 임상 시험에서 경중도 우울증을 완화시키기 위해 사용된 결과 효능은 Prozac(플루옥세틴)의 효과와 유사하였으며 큰 부작용은 없었다[34-35].

7. 기타
   암술의 물 추출물은 면역 반응을 증진시키고 소염 효과를 나타냈다[36-37]. 암술 추출물과 크로신은 학습 행동과 기억력을 향상시켰다. 사프라날은 항경련 효과를 나타냈다[39]. 또한 암술유래의 화학물질은 티로시나제 활성에 대한 억제 작용을 나타내어 미백작용을 나타냈다[6-8, 10].

용도

1. 기관지염, 인후통, 두통, 발열
2. 불규칙한 월경, 월경불순, 무월경, 산후영양결핍증
3. 낙상
4. 우울증, 심계항진
5. 홍반, 홍역

해설

사프란의 암술주두만이 전통적으로 약용 및 식용으로 이용된다. 약 1만 킬로그램의 사프란 약재를 생산하기 위해서는 약 16만 개의 꽃이 필요하여 매우 고가이다[8]. 이 식물 자원을 최대한 활용하기 위해 꽃잎, 꽃가루, 곁눈과 덩이줄기의 화학적 조성[7-13] 및 약리학적 작용[40-41]에 대한 연구가 최근 수년간 이루어졌다.
암술에 함유된 수용성 안료인 크로신의 항종양과 같은 다양한 생리 활성이 점점 더 주목 받고 있다. 크로신은 또한 치자나무(*Gardenia jasminoides* Ellis)의 열매에서 추출할 수 있다. 다양한 식물 공급원에서 추출한 수용성 안료는 치자나무 추출물에 의해 가루로 만들어진 것과 사프란이 위용 또는 혼용되지 않도록 LC-ESI-MS 분석을 통해 감별할 수 있다[42].

참고문헌

1. CD Kanakis, DJ Daferera, PA Tarantilis, MG Polissiou. Qualitative determination of volatile compounds and quantitative evaluation of safranal and 4-hydroxy-2,6,6-trimethyl-1-cyclohexene-1-carboxaldehyde (HTCC) in Greek saffron. Journal of Agricultural and Food Chemistry. 2004, 52(14): 4515-4521
2. M Carmona, J Martinez, A Zalacain, ML Rodriguez-Mendez, JA Saja, GL Alonso. Analysis of saffron volatile fraction by TD-GC-MS and e-nose. European Food Research and Technology. 2006, 223(1): 96-101
3. A Bolhasani, SZ Bathaie, I Yavari, AA Moosavi-Movahedi, M Ghaffari. Separation and purification of some components of Iranian saffron. Asian Journal of Chemistry. 2005, 17(2): 725-729
4. PF Shao, N Li, ZD Min. The structural analysis of crocin I. Journal of China Pharmaceutical University. 2000, 31(3): 251-253
5. M Zougagh, BM Simonet, A Rios, M Valcarcel. Use of non-aqueous capillary electrophoresis for the quality control of commercial saffron samples. Journal of Chromatography, A. 2005, 1085(2): 293-298
6. CY Li, TS Wu. Constituents of the stigmas of Crocus sativus and their tyrosinase inhibitory activity. Journal of Natural Products. 2002, 65(10): 1452-1456
7. CY Li, EJ Lee, TS Wu. Antityrosinase principles and constituents of the petals of Crocus sativus. Journal of Natural Products. 2004, 67(3): 437-440
8. I Kubo, I Kinst-Hori. Flavonols from saffron flower: tyrosinase inhibitory activity and inhibition mechanism. Journal of Agricultural and Food Chemistry. 1999, 47(10): 4121-4125
9. CQ Song, RS Xu. Studies on the constituents of Crocus sativus III. The structural elucidation of two new glycosides of pollen. Acta Chimica Sinica. 1991, 49: 917-920
10. CY Li, TS Wu. Constituents of the pollen of Crocus sativus L. and their tyrosinase inhibitory activity. Chemical & Pharmaceutical Bulletin. 2002, 50(10): 1305-1309
11. WY Gao, YM Li, DY Zhu. New anthraquinones from the sprout of Crocus sativus. Acta Botanica Sinica. 1999, 41(5): 531-533
12. WY Gao, YM Li, DY Zhu. Phenolic glucosides and a γ-lactone glucoside from the sprouts of Crocus sativus. Planta Medica.1999, 65(5): 425-427
13. J Escribano, MJM Diaz-Guerra, HH Riese, A Alvarez, R Proenza, JA Fernandez. The cytolytic effect of a glycoconjugate extracted from corms of saffron plant (Crocus sativus) on human cell lines in culture. Planta Medica. 2000, 66(2): 157-162

14. SP Ma, BL Liu, SD Zhou, XW Xu, QQ Yang, JX Zhou. Pharmacological studies of glycosides of saffron crocus (Crocus sativus). II. Effects on blood coagulation, platelet aggregation and thrombosis. Chinese Traditional and Herbal Drugs. 1999, 30(3): 196-198
15. JK Pu, Y Yin, M Wu, ZY Qian. Protective effects of Crocus on myocardial injury induced by isoprenaline in rats. Journal of Nanjing Railway Medical College. 1994, 13(3): 136-139
16. TZ Liu, ZY Qian. Protective effect of crocetin on isoproterenol-induced myocardial injury in rats. Chinese Traditional and Herbal Drugs. 2003, 34(5): 439-442
17. P Du, ZY Qian, XC Shen, SY Rao, N Wen. Effectiveness of crocin against myocardial injury. Chinese Journal of New Drugs. 2005, 14(12): 1423-1427
18. F Yan, L Tang, F Chen. Study on effect of Crocus sativus glycosides on ischemic cerebral infarct in rats. Journal of Sichuan University (Natural Science Edition). 2000, 37(1): 107-109
19. H Hosseinzadeh, HR Sadeghnia. Safranal, a constituent of Crocus sativus (saffron), attenuated cerebral ischemia induced oxidative damage in rat hippocampus. Journal of Pharmacy & Pharmaceutical Sciences. 2005, 8(3): 394-399
20. H Hosseinzadeh, HR Sadeghnia, T Ziaee, A Danaee. Protective effect of aqueous saffron extract (Crocus sativus L.) and crocin, its active constituent, on renal ischemia-reperfusion-induced oxidative damage in rats. Journal of Pharmacy & Pharmaceutical Sciences. 2005, 8(3): 387-393
21. CP Wang, XG Yang, H Yan, WN Wang, Y Liu. Protective effect of extract of Crocus sativus on electroretinogram of rabbits with chronic ocular hypertension. Journal of the Fourth Military Medical University. 2005, 26(12): 1130-1133
22. N Li, G Lin, GCY Chiou, ZD Min. Separation of trans- and cis-crocins in saffron using HPLC and study on their Pharmacological activities. Journal of China Pharmaceutical University. 1999, 30(2): 108-111
23. B Xuan, YH Zhou, N Li, ZD Min, GCY Chiou. Effects of crocin analogs on ocular blood flow and retinal function. Journal of Ocular Pharmacology and Therapeutics. 1999, 15(2): 143-152
24. GL Xu, SQ Yu, ZN Gong, SQ Zhang. Study of the effect of crocin on rat experimental hyperlipemia and the underlying mechanisms. China Journal of Chinese Materia Medica. 2005, 30(5): 369-372
25. YX Deng, ZY Qian, FT Tang. Effects of crocetin on experimental atherosclerosis in rats. Chinese Traditional and Herbal Drugs. 2004, 35(7): 777-781
26. FT Tang, ZY Qian, SG Zheng. Effect of crocetin on relaxation function of thoracis aorta isolated from hyperlipidemic rabbit and its mechanism. Chinese Journal of Arteriosclerosis. 2005, 13(6): 721-724
27. AN Assimopoulou, Z Sinakos, VP Papageorgiou. Radical scavenging activity of Crocus sativus L. extract and its bioactive constituents. Phytotherapy Research. 2005, 19(11): 997-1000
28. O Takashi, O Shigekazu, S Shinji, T Hiroyuki, S Yukihiro, S Hiroshi. Crocin prevents the death of rat pheochromyctoma (PC-12) cells by its antioxidant effects stronger than those of alpha-tocopherol. Neuroscience Letters. 2004, 362(1): 61-64
29. FI Abdullaev, L Riveron-Negrete, H Caballero-Ortega, JM Hernandez, I Perez-Lopez, R Pereda-Miranda, JJ Espinosa-Aguirre. Use of in vitro assays to assess the potential antigenotoxic and cytotoxic effects of saffron (Crocus sativus L.). Toxicology in Vitro. 2003, 17(5/6): 731-736
30. DC Garcia-Olmo, HH Riese, J Escribano, J Ontanon, JA Fernandez, M Atienzar, D Garcia-Olmo. Effects of long-term treatment of colon adenocarcinoma with crocin, a carotenoid from saffron (Crocus sativus L.): an experimental study in the rat. Nutrition and Cancer. 1999, 35(2): 120-126
31. T Konoshima, M Takasaki, H Tokuda, S Morimoto, H Tanaka, E Kawata, LJ Xuan, H Saito, M Sugiura, J Molnar, Y Shoyama. Crocin and crocetin derivatives inhibit skin tumor promotion in mice. Phytotherapy Research. 1998, 12(6): 400-404
32. K Premkumar, SK Abraham, ST Santhiya, PM Gopinath, A Ramesh. Inhibition of genotoxicity by saffron (Crocus sativus L.) in mice. Drug and Chemical Toxicology. 2001, 24(4): 421-428
33. K Premkumar, SK Abraham, ST Santhiya, A Ramesh. Protective effects of saffron (Crocus sativus Linn.) on genotoxins-induced oxidative stress in Swiss albino mice. Phytotherapy Research. 2003, 17(6): 614-617
34. AA Noorbala, S Akhondzadeh, N Tahmacebi-Pour, AH Jamshidi. Hydro-alcoholic extract of Crocus sativus L. versus fluoxetine in the

treatment of mild to moderate depression: a double-blind, randomized pilot trial. Journal of Ethnopharmacology. 2005, 97(2): 281-284

35. S Akhondzadeh, N Tahmacebi-Pour, AA Noorbala, H Amini, H Fallah-Pour, AH Jamshidi, M Khani. Crocus sativus L. in the treatment of mild to moderate depression: a double-blind, randomized and placebo-controlled trial. Phytotherapy Research. 2005, 19(2): 148-151
36. XJ Ling, HS Zhang, Y Huang. Study on the effect of immune enhancement of Stigma Croci in mice. Chinese Journal of Basic Medicine in Traditional Chinese Medicine. 1998, 4(12): 28-29
37. SP Ma, SD Zhou, B Shu, JX Zhou. Pharmacological studies Crocus glycosides I. Effects on anti-inflammatory and immune function. Chinese Traditional and Herbal Drugs. 1998, 29(8): 536-539
38. K Abe, H Saito. Effects of saffron extract and its constituent crocin on learning behavior and long-term potentiation. Phytotherapy Research. 2000, 14(3): 149-152
39. H Hosseinzadeh, F Talebzadeh. Anticonvulsant evaluation of safranal and crocin from Crocus sativus in mice. Fitoterapia. 2005, 76(7-8): 722-724
40. M Fatehi, T Rashidabady, Z Fatehi-Hassanabad. Effects of Crocus sativus petals' extract on rat blood pressure and on responses induced by electrical field stimulation in the rat isolated vas deferens and guinea-pig ileum. Journal of Ethnopharmacology. 2003, 84(2-3): 199-203
41. HM Zhang, RQ Sun, XH Yi, XS Chen. Preliminary study on hemostasis effect of total saponins from the bulb of saffron. Chinese Traditional Patent Medicine. 1990, 12(5): 27-28
42. M Carmona, A Zalacain, AM Sanchez, JL Novella, GL Alonso. Crocetin esters, picrocrocin and its related compounds present in Crocus sativus stigmas and Gardenia jasminoides fruits. Tentative identification of seven new compounds by LC-ESI-MS. Journal of Agricultural and Food Chemistry. 2006, 54(3): 973-979

페포호박 西葫蘆 BHP, GCEM

Cucurbita pepo L.

Pumpkin

개 요

박과(Cucurbitaceae)

페포호박(西葫蘆, *Cucurbita pepo* L.)의 잘 익은 씨를 말린 것: 서호로자(西葫蘆子)

중약명: 서호로자(西葫蘆子)

박속(*Cucurbita*) 식물은 세계적으로 약 30종이 있으며 열대 및 아열대 지역에 분포하고 온대 지역에서 재배된다. 그 가운데 중국에서 3종이 발견되며 1종 1변종이 약으로 사용된다. 페포호박은 미국에서 유래되었으며, 세계의 열대 및 온대 지역에서 널리 재배되고 있다. 열매를 채소로 식용하며 중국의 대부분의 지역에서 재배되고 있다.

고고학적 연구 결과에 따르면 페포호박은 기원전 14000년에 멕시코와 북미에서 재배되었다. 체로키족, 이로쿼이족 및 메노미니족을 포함한 아메리카 인디언들은 페포호박 씨를 이뇨제와 구충제로 사용하여 호박 씨의 현대적인 임상 효과와 일치한다. 이 종은 영국생약전(1996)에 호박 씨의 공식적인 기원식물 내원종으로 등재되어 있다. 의약원료로서 주로 유럽 남동부, 오스트리아, 헝가리, 중국, 멕시코 및 러시아에서 생산된다.

씨에는 주로 아미노산, 플라보노이드 배당체 및 카로티노이드 성분이 함유되어 있다. 영국생약전에는 의약 물질의 품질관리를 위해 불순물 함량이 2.0% 이하이고 총 회분 함량이 7.0% 이하이어야 한다고 규정하고 있다.

약리학적 연구에 따르면 페포호박은 이뇨 작용, 구충 작용 및 항염증 작용을 나타낸다.

민간요법에 의하면 페포호박의 씨에는 이뇨 작용과 구충 작용이 있다.

페포호박 西葫蘆 *Cucurbita pepo* L.

서호로자 西葫蘆子 Cucurbitae Peponis Semen

함유성분

씨에는 쿠쿠르비틴[1]과 다른 정상 아미노산[2] 성분이 함유되어 있고, 지방산 성분으로 팔미트산, 스테아르산, 올레산, 리올레산[3], 페놀염 배당체 성분으로 쿠쿠르비토사이드 F, G, H, I, J, K, L, M[4]이 함유되어 있다.
꽃에는 휘발성 기름 성분으로 리날로올, 유게놀, 신남알데하이드, p-아니스알데하이드, 미르신[5], 플라보놀 배당체 성분으로 rhamnazin-3-rutinoside, isorhamnetin-3-rutinoside[6]가 함유되어 있다.
열매에는 카로티노이드 성분으로 비올라크산틴, 루테인, β-cryptoxanthin, 베타카로틴[7], 플라보노이드 성분으로 이소퀘르시트린, 아스트라갈린, isorhamnetin-3-O-glucoside, narcissin, nicotiflorin, rhamnocitrin-3-O-rutinoside[8]가 함유되어 있다.

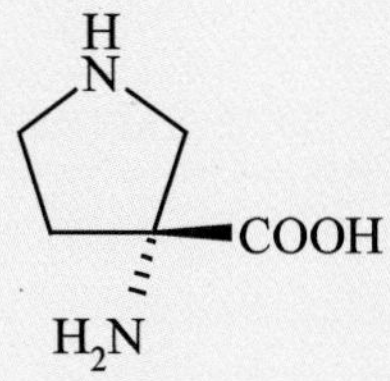

cucurbitin

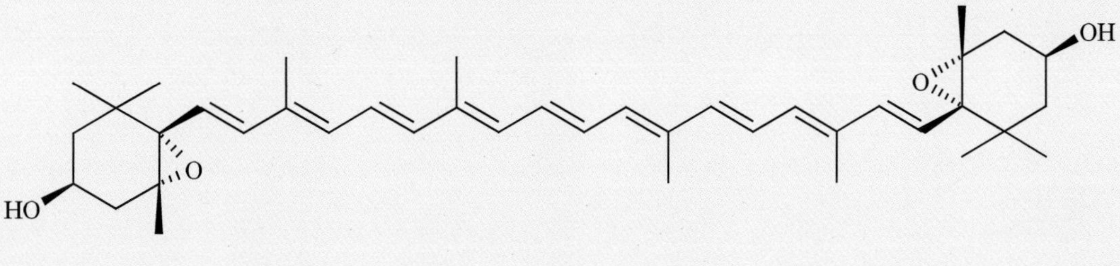

violaxanthin

페포호박 西葫蘆 BHP, GCEM

약리작용

1. 이뇨 작용
씨는 사람의 소변에서 칼슘 이온의 pH와 농도를 감소시키고, 소변의 인, 피로인산염, 글리콜-아미노글리칸, 칼륨이온과 옥살산염의 농도를 증가시키며[9], 칼슘 옥살산염이수화 생성물의 발생을 감소시키고 결석으로 인한 고통의 위험을 감소시켰다[10]. 씨는 전립선에서 디하이드로 테스토스테론 수치를 감소시켰고, 전립선 비대 및 그로 인한 배뇨장애의 치료에 사용된다. 씨와 함께 사용하는 소팔메토는 전립선비대 치료에 상당한 상승작용을 나타냈다.

2. 구충 작용
씨의 알코올 추출물은 *in vitro*에서 왜소조충을 죽이며 마우스와 개에서는 왜소조충이, 사람에게서는 무구조충이 유의하게 억제됐다[11].

3. 항염증 작용
페포호박 씨 오일(PSO)은 과산화 억제, 라디칼 소거 및 관절염 동안 영향을 받는 변경된 매개 변수의 대부분을 조절함으로써 항염증 효과를 나타냈다. 페포호박 씨 오일은 또한 마우스에서 카라기난으로 유도된 족척부종을 억제했다[12].

4. 간 보호 작용
씨의 단백질은 젖산 탈수소 효소(LD)와 알라닌 아미노 전이효소(ALT)의 증가를 유의하게 억제했으며, 수컷 랫드에서 사염화탄소[13]와 파라세타몰[14]에 의해 유도된 급성 간 손상을 완화시켰다.

용도

1. 과민성 방광 증후군, 야뇨증, 신장 결석
2. 전립선 비대
3. 대장 내의 기생충

해설

Cucurbita moschata(Duch. ex Lam.) Duch. Poir.의 씨는 기생충을 구제하고, 모유수유를 촉진하며, 배뇨를 촉진하고, 붓기를 감소시킨다. 남과자(南瓜子)를 한약재로 사용한다. 이 약재는 촌충, 회충, 주혈흡충, 십이지장충과 요충 구제 및 산후 유즙결핍, 산후 부종, 백일해와 치질로 인한 질병의 치료에 쓰인다. 남과자는 중국에서 대량으로 생산되며 기능면에서 호박씨와 유사한다. 또한, 그 임상적 용은 전통 중국의학 이론에 따른다. 남과자와 페포호박 씨가 의약 재료로 바꾸어 쓸 수 있는지에 대한 더 많은 연구가 요구된다.

참고문헌

1. VH Mihranian, CI Abou-Chaar. Extraction, detection, and estimation of cucurbitin in Cucurbita seeds. Lioydia. 1968, 31(1): 23-29
2. A Idouraine, EA Kohlhepp, CW Weber, WA Warid, JJ Martinez-Tellez. Nutrient constituents from eight lines of naked seed squash (Cucurbita pepo L.). Journal of Agricultural and Food Chemistry. 1996, 44(3): 721-724
3. J Peredi, T Balogh. Pumpkin seed oil and its raw materials. Olaj, Szappan, Kozmetika. 2005, 54(3): 131-135
4. W Li, K Koike, M Tatsuzaki, A Koide, T Nikaido. Cucurbitosides F-M, acylated phenolic glycosides from the seeds of Cucurbita pepo. Journal of Natural Products. 2005, 68(12): 1754-1757
5. A Mena Granero, FJ Egea Gonzalez, A Garrido Frenich, JM Guerra Sanz, JL Martinez Vidal. Single step determination of fragrances in Cucurbita flowers by coupling headspace solid-phase microextraction low-pressure gas chromatography-tandem mass spectrometry. Journal of Chromatography, A. 2004, 1045(1-2): 173-179
6. H Itokawa, Y Oshida, A Ikuta, H Inatomi, S Ikegami. Flavonol glycosides from the flowers of Cucurbita pepo. Phytochemistry. 1981, 20(10): 2421-2422
7. E Muntean, C Bele, C Socaciu. HPLC analysis of carotenoids from fruits of Cucurbita pepo L. var. melopepo Alef. Acta Agronomica Hungarica. 2003, 51(4): 455-459

8. M Krauze-Baranowska, W Cisowski. Flavonols from Cucurbita pepo L. herb. Acta Poloniae Pharmaceutica. 1996, 53(1): 53-56

9. V Suphiphat, N Morjaroen, I Pukboonme, P Ngunboonsri, T Lowhnoo, S Dhanamitta. The effect of pumpkin seeds snack on inhibitors and promoters of urolithiasis in Thai adolescents. Journal of the Medical Association of Thailand. 1993, 76(9): 487-493

10. VS Suphakarn, C Yarnnon, P Ngunboonsri. The effect of pumpkin seeds on oxalcrystalluria and urinary compositions of children in hyperendemic area. The American Journal of Clinical Nutrition. 1987, 45(1): 115-121

11. J Bailenger, MF Seguin. Anthelmintic activity of a preparation from squash seeds. Bulletin de la Societe de Pharmacie de Bordeaux. 1966, 105(4): 189-200

12. AT Fahim, AA Abd-El Fattah, AM Agha, MZ Gad. Effect of pumpkin-seed oil on the level of free radical scavengers induced during adjuvantarthritis in rats. Pharmacological Research. 1995, 31(1): 73-79

13. CZ Nkosi, AR Opoku, SE Terblanche. Effect of pumpkin seed (Cucurbita pepo) protein isolate on the activity levels of certain plasma enzymes in CCl_4-induced liver injury in low-protein fed rats. Phytotherapy Research. 2005, 19(4): 341-345

14. CZ Nkosi, AR Opoku, SE Terblanche. In vitro anti-oxidative activity of pumpkin seed (Cucurbita pepo) protein isolate and its in vivo effect on alanine transaminase and aspartate transaminase in acetaminophen-induced liver injury in low protein fed rats. Phytotherapy Research. 2006, 20(9): 780-783

아티초크 菜蓟EP, BHP, GCEM

Cynara scolymus L.

Artichoke

개 요

국화과(Asteraceae)
아티초크(菜蓟, *Cynara* L.)의 꽃, 잎과 뿌리를 말린 것: 채계(菜蓟)
중약명: 채계(菜蓟)
아티초크속(*Cynara*) 식물은 전 세계에 약 10~11종이 있으며 지중해 연안과 유럽의 카나리아 연안에 분포한다. 그 가운데 2종이 도입되어 중국에서 재배된다. 이 속에서 1종이 약으로 사용된다. 아티초크는 지중해 연안을 기원으로 유럽과 중국에서 재배되고 있다.
아티초크 뿌리는 고대 로마와 그리스에서 겨드랑이와 다른 신체 부위의 체취를 제거하기 위한 외용제로 사용되었고, 지중해 지역에서는 채소로 식용했다. 1940년 일본에서 한 연구에 따르면 아티초크는 콜레스테롤을 감소시키고, 콜레스테롤 개선 및 이뇨 작용을 나타낸다. 이 종은 영국생약전(1996)에 아티초크의 공식적인 기원식물로 등재되어 있다. 이 약재는 주로 유럽 남부와 북부 아프리카에서 생산된다.
아티초크는 주로 페닐프로파노이드, 세스퀴테르펜 락톤, 폴리페놀 및 플라보노이드 성분을 함유하고 있으며, 유럽생약전은 의약 물질의 품질관리를 위해 박층크로마토그래피법을 규정하고 있다.
약리학적 연구에 따르면 아티초크는 간 보호 작용, 이담 작용, 항고지혈증 및 항산화 작용을 나타낸다.
민간요법에 의하면 아티초크는 간 보호 작용이 있다.
한의학에서 채계(菜蓟)는 평간(平肝)하고, 이담(利膽)시키며, 습열(濕熱)을 제거한다고 되어 있다.

아티초크 菜蓟 *Cynara scolymus* L.

함유성분

전초에는 페닐프로파노이드 성분으로 시나린[1], 세스퀴테르펜 배당체 성분으로 cynarascolosides A, B, C, cynaropicrin, aguerin B, grosheimin[2], grosulfeimin, 8−deoxy−11,13−dihydroxygrosheimin, 8−deoxy−11−hydroxy−13−chlorogrosheimin[3]이 함유되어 있고, 페놀 화합물 성분으로 클로로겐산, isochlorogenic acid, quinic acid[4], 3,5−di−O−caffeoylquinic acid, 4,5−di−O−caffeoylquinic acid[5], 카페인산, dihydrocaffeic acid, 페룰산, dihydroferulic acid, 이소페룰산[6], 1,5−dicaffeoyl quinic acid[7], 플라보노이드 성분으로 cynaroside, scolymoside, luteolin−7−O−β−glucuronid[8], luteolin[9], luteolin 7−glucoside[4], luteolin−7−rutinoside, apigenin−7−rutinoside, apigenin−7−O−β−D−glucopyranoside[5], apigenin 7−O−glucuronide[7], quercetin[10], rutin[11], narirutin[12], 사포게닌 성분으로 cynarogenin[13]이 함유되어 있으며, 또한 heterosides A, B[14], malic acid, glycolic acid, glyceric acid, lactic acid[14], hydroxycinnamic acid[15], lupeol[1]이 함유되어 있다.
꽃에는 taraxasterol, faradiol[16]이 함유되어 있다.

cynarin

cynaropicrin

약리작용

1. 간 보호 작용
   랫드의 사염화탄소에 의한 간독성 모델에서 실험 전 48시간, 21시간, 1시간에 전초 추출물의 전처리는 글루탐산 옥살아세트산 아미노 전이효소(GOT), 글루탐산-피루브산아미노기전이효소(GPT), 직접적인 빌리루빈과 글루타티온 수준을 감소시켰다[17]. 시나린과 카페인산은 적출된 랫드 간세포에서 사염화탄소 독성에 대한 간 보호 활성을 나타냈다[4].

2. 이담 작용
   잎 추출물을 단일 및 다중 투여하면 마취된 랫드에서 담즙 분비를 증가시키고 담즙산의 농도를 증가시켰다. 잎의 담즙 활동은 디하이드로콜산의 그것과 유사했고 담즙산 수축을 증가시키는 효과는 디하이드로콜산의 효과보다 더 컸다[18]. 잎의 물 추출물은 일차 배양된 랫드의 간세포에서 전자현미경을 이용하여 타우로리토콜레이트에 의한 담즙 정체 담즙 채낭 막 손상을 예방했다[19].

3. 항산화 작용
   잎의 물 추출물은 배양된 마우스 간세포에서 히드로과산화물로 유도된 산화 스트레스에 대한 보호 활성을 나타냈고, 농도 의존적으로 말론디알데히드(MDA) 생산을 억제했다. 또한 총 글루타티온(GSH)의 손실과 t-BHP에 노출되어 생기는 글루타티온 디설파이드(GSSG)의 세포 누출을 감소시켰다[20]. *in vitro*에서 허브 추출물이 구리(II)로 촉매된 인간 저밀도 지단백질(LDL) 산화[15]를 억제함을 보였다.

4. 항고지혈증 활동
   잎의 메탄올 추출물은 올리브 오일을 투여한 랫드에서 혈중 지질 상승을 억제했다. 시나로피크린, 구에린 B와 그로쉐이민은 트리글리세라이드의 증가를 억제하는 활성성분이며, 이 작용은 위 배출에 대한 저해 효과와 관련이 있는 것으로 보인다[11]. 잎의 물 추출물은 1차 배양된 랫드 간세포에서 콜레스테롤의 생합성을 억제하였으며, 활성성분은 시나로사이드와 이의 비당체인 루테올린이다[21].

5. 항경련 작용
   전초 디클로로메탄 성분 및 시나로피크린은 기니피그 회장(回腸)의 아세틸콜린 유도 수축을 길항한다. 시나로피크린은 디클로로메탄보다 더 활동적이었고, 파파베린과 비슷한 효능을 보였다[22]. 아티초크는 또한 랫드의 적출 십이지장의 아세틸콜린 유도 수축에 대한 이완 활성을 나타냈다 [23].

6. 항종양 작용
   꽃에서 추출한 타락사스테롤과 파라디올은 마우스에서 7,12-디메틸벤즈 [α] 안트라센이나 12-O-테트라데카노일포르볼-13-아세테이트에 의한 피부 종양을 억제했다[16].

7. 기타
   아티초크의 내인성형 일산화질소 합성효소(eNOS) mRNA 및 단백질 발현을 상향조정하였다[24]. 이외에도 아티초크는 항균[5], 진통 및 항염작용을 나타냈다[25].

용도

1. 소화 불량, 복부팽만, 메스꺼움
2. 설사, 이질
3. 간 기능 장애, 황달, 늑하부 팽창과 통증
4. 죽상 동맥경화증

해설

아티초크는 식용과 약용 모두에 사용될 수 있다. 100g의 아티초크 싹의 포엽과 화탁에는 2.8g의 단백질, 0.2g의 지방, 2.3g의 당류, 0.06mg의 비타민 B_1, 0.08mg의 비타민 B_2, 11mg의 비타민 C, 53mg의 칼슘, 80mg의 인, 1.5mg의 철분 및 기타 영양소를 함유하고 있다. 미국에서 아티초크는 몸속에 남아 있는 잉여물을 제거하고 콜레스테롤과 혈중 지질을 낮추기 위한 건강관리 제품으로 사용된다. 아티초크는 영양소가 풍부하고 간, 담낭 및 위장관계에 우수한 건강관리 효과가 있다. 따라서 아티초크는 의약품과 식품으로 발전할 수 있는 시장 잠재력이 크다고 할 수 있다[26].

참고문헌

1. VF Noldin, V Cechinel Filho, F Delle Monache, JC Benassi, IL Christmann, RC Pedrosa, RA Yunes. Chemical composition and biological activities of the leaves of Cynara scolymus L. (artichoke) cultivated in Brazil. Quimica Nova. 2003, 26(3): 331-334
2. H Shimoda, K Ninomiya, N Nishida, T Yoshino, T Morikawa, H Matsuda, M Yoshikawa. Anti-hyperlipidemic sesquiterpenes and new sesquiterpene glycosides from the leaves of artichoke (Cynara scolymus L.): structure requirement and mode of action. Bioorganic & Medicinal Chemistry Letters. 2003, 13(2): 223-228
3. P Barbetti, I Chiappini, G Fardella, G Grandolini. Grosulfeimin and new related guaianolides from Cynara scolymus L. Natural Product Letters. 1993, 3(1): 21-30
4. T Adzet, J Camarasa, J Carlos Laguna. Hepatoprotective activity of polyphenolic compounds from Cynara scolymus against carbon tetrachloride toxicity in isolated rat hepatocytes. Journal of Natural Products. 1987, 50(4): 612-617
5. XF Zhu, HX Zhang, R Lo. Phenolic compounds from the leaf extract of artichoke (Cynara scolymus L.) and their anti-microbial activities. Journal of Agricultural and Food Chemistry. 2004, 52(24): 7272-7278
6. SM Wittemer, M Veit. Validated method for the determination of six metabolites derived from artichoke leaf extract in human plasma by highperformance liquid chromatography-coulometric-array detection. Journal of Chromatography. B, Analytical Technologies in the Biomedical and Life Sciences. 2003, 793(2): 367-375
7. K Schutz, D Kammerer, R Carle, A Schieber. Identification and quantification of caffeoylquinic acids and flavonoids from artichoke (Cynara scolymus L.) heads, juice, and pomace by HPLC-DAD-ESI/MS(n). Journal of Agricultural and Food Chemistry. 2004, 52(13): 4090-4096
8. D Wagenbreth, J. Eich. Pharmaceutically relevant phenolic constituents in artichoke leaves are useful for chemical classification of accessions. Acta Horticulturae. 2005, 681: 469-474
9. R Gebhardt. Anticholestatic activity of flavonoids from artichoke (Cynara scolymus L.) and of their metabolites. Medical Science Monitor: International Medical Journal of Experimental and Clinical Research. 2001, 7(Suppl 1): 316-320
10. F Sanchez-Rabaneda, O Jauregui, RM Lamuela-Raventos, J Bastida, F Viladomat, C Codina. Identification of phenolic compounds in artichoke waste by high-performance liquid chromatography-tandem mass spectrometry. Journal of Chromatography. A. 2003, 1008(1): 57-72
11. MC Alamanni, M Cossu, M Mura. Evaluation of the chemical composition and nutritional value of Cynara scolymus var. Spinoso sardo. Rivista di Scienza dell'Alimentazione. 2001, 30(4): 345-351
12. MF Wang, JE Simon, IF Aviles, K He, QY Zheng, Y Tadmor. Analysis of anti-oxidative phenolic compounds in artichoke (Cynara scolymus L.). Journal of Agricultural and Food Chemistry. 2003, 51(3): 601-608
13. AE Atherinos, IEl-S El-Kholy, G Soliman. Chemical investigation of Cynara scolymus. I. Steroids of the receptacles and leaves. Journal of the Chemical Society. 1962: 1700-1704
14. P Bernard, A Lallemand. Chemical and pharmacodynamic study of the artichoke leaf Cynara scolymus. Bulletin de la Societe de Pharmacie de Marseille. 1953: 15-22
15. A Jimenez-Escrig, LO Dragsted, B Daneshvar, R Pulido, F Saura-Calixto. In vitro anti-oxidant activities of edible artichoke (Cynara scolymus L.) and effect on biomarkers of anti-oxidants in rats. Journal of Agricultural and Food Chemistry. 2003, 51(18): 5540-5545
16. K Yasukawa; T Akihisa, H Oinuma, T Kaminaga, H Kanno, Y Kasahara, T Tamura, K Kumaki, S Yamanouchi, M Takido. Inhibitory effect of taraxastane-type triterpenes on tumor promotion by 12-O-tetradecanoylphorbol-13-acetate in two-stage carcinogenesis in mouse skin. Oncology. 1996, 53(4): 341-344
17. T Adzet, J Camarasa, JS Hernandez, JC Laguna. Action of an artichoke extract against carbon tetrachloride-induced hepatotoxicity in rats. Acta Pharmaceutica Jugoslavica. 1987, 37(3): 183-187
18. RT Saenz, GD Garcia, PVR de la. Choleretic activity and biliary elimination of lipids and bile acids induced by an artichoke leaf extract in rats. Phytomedicine: International Journal of Phytotherapy and Phytopharmacology. 2002, 9(8): 687-693
19. R Gebhardt. Prevention of taurolithocholate-induced hepatic bile canalicular distortions by HPLC-characterized extracts of artichoke (Cynara scolymus) leaves. Planta Medica. 2002, 68(9): 776-779

20. R Gebhardt. Anti-oxidative and protective properties of extracts from leaves of the artichoke (Cynara scolymus L.) against hydroperoxide-induced oxidative stress in cultured rat hepatocytes. Toxicology and Applied Pharmacology. 1997, 144(2): 279-286
21. R Gebhardt. Inhibition of cholesterol biosynthesis in primary cultured rat hepatocytes by artichoke (Cynara scolymus L.) extracts. The Journal of Pharmacology and Experimental Therapeutics. 1998, 286(3): 1122-1128
22. F Emendorfer, F Emendorfer, F Bellato, VF Noldin, V Cechinel-Filho, RA Yunes, MF Delle, AM Cardozo. Anti-spasmodic activity of fractions and cynaropicrin from Cynara scolymus on guinea-pig ileum. Biological & Pharmaceutical Bulletin. 2005, 28(5): 902-904
23. F Emendorfer, F Emendorfer, F Bellato, VF Noldin, R Niero, V Cechinel-Filho, AM Cardozo. Evaluation of the relaxant action of some Brazilian medicinal plants in isolated guinea-pig ileum and rat duodenum. Journal of Pharmacy & Pharmaceutical Sciences. 2005, 8(1): 63-68
24. HG Li, N Xia, I Brausch, Y Yao, U Forstermann. Flavonoids from artichoke (Cynara scolymus L.) up-regulate endothelial-type nitric-oxide synthase gene expression in human endothelial cells. The Journal of Pharmacology and Experimental Therapeutics. 2004, 310(3): 926-932
25. BM Ruppelt, EF Pereira, LC Goncalves, NA Pereira. Pharmacological screening of plants recommended by folk medicine as anti-snake venom-I. Analgesic and anti-inflammatory activities. Memorias do Instituto Oswaldo Cruz. 1991, 86 (S2): 203-205
26. X Bai, JL Zhang, HJ He. Nutrition and health function of artichoke. Food and Nutrition in China. 2005, 11: 47-48

디기탈리스 毛地黃 KHP, EP, BP, USP

Scrophulariaceae

Digitalis purpurea L.

Digitalis

개 요

현삼과(Scrophulariaceae)

디기탈리스(毛地黃, *Digitalis purpurea* L.)의 잎을 말린 것: 디기탈리스엽

중약명: 모지황엽(毛地黃葉)

디기탈리스속(*Digitalis*) 식물은 전 세계에 약 25종이 있고 유럽과 중부 및 서부 아시아에 분포한다. 그 가운데 2종은 중국에서 재배되며 모두 약으로 사용된다. 디기탈리스는 유럽에 기원을 두고 있으며 후에 동양과 미국에서 도입되어 재배되고 있다. 중국의 여러 지역에서 재배되고 있다.

1785년 윌리엄 위더링(William Withering)이라는 영국의 의사가 처음으로 디기탈리스가 부종을 치료하는 데 사용될 수 있다고 보고한 이래 1874년 독일의 약리학자인 오스왈드 슈미에데베르그(Oswald Schmiedeberg)는 디기탈리스에서 강심배당체를 분리하여 심장 강화를 위한 효과적인 구성 성분을 개발했으며, 1920년 이후에 만성 심부전 치료를 위한 주요 약재로 개발되었다. 현대 의학에서 임상 적용에 일반적으로 사용되는 강심배당체는 여전히 이 종에서 추출된다[1]. 이 종은 유럽약전(5개정판), 영국약전(2002) 및 미국약전(28개정판)에서 디기탈리스엽의 공식적인 기원식물로 등재되어 있다. ≪대한민국약전외한약(생약)규격집≫(제4개정판)에는 "디기탈리스엽"을 "디기탈리스 *Digitalis purpurea* Linné 또는 털디기탈리스 *Digitalis lanata* Linné(현삼과 Scrophulariaceae)의 잎을 60℃ 이하에서 말리고 잎자루 및 주맥을 없애고 세절한 것"으로 등재하고 있다. 약재의 재료는 주로 유럽, 아시아 및 미국에서 생산된다.

디기탈리스는 주로 강심배당체와 디기톡소오스를 함유한다. 영국약전 및 유럽약전은 디기톡신으로서 환산된 강심배당체의 함량이 자외선분광광도법에 의해 시험할 때 0.30% 이상이어야 한다고 규정하고 있다. 미국약전은 의약 물질의 품질관리를 위해 100mg 디기탈리스엽의 효능이 1USP 디기탈리스 단위 이상이어야 한다고 규정하고 있다.

약리학적 연구에 따르면 디기탈리스는 강심작용, 이뇨 작용, 항암작용, 간보호작용 및 항바이러스 효과를 나타내며, 현대 의학에서 디기탈리스엽은 강심작용과 이뇨 작용을 가진다.

디기탈리스 毛地黃 *Digitalis purpurea* L.

디기탈리스 毛地黃 KHP, EP, BP, USP

디기탈리스엽 毛地黃葉 Digitalis Folium

1cm

함유성분

잎에는 디기톡시게닌 강심배당체 성분으로 디기톡신, 푸르푸레아 배당체 A[2], 기톡시게닌 강심배당체 성분으로 푸르푸레아 배당체 B[2], 기톡신, 스트로스페사이드[3], 기탈록시게닌 강심배당체 성분으로 기탈록신, 글루코기탈록신[2], 베로독신[3], 플라보노이드 성분으로 아피게닌, 디나틴, 크리소에리올, 유파폴린[4], 스테로이드 사포닌 성분으로 데갈락토티고닌, F-기토닌[5-6], 푸르푸레아기토사이드[7], 안트라퀴논 성분으로 디기톨루테인, 3-메틸라리자린, 디기토푸르폰[8], 페닐에타노이드 배당체 성분으로 악테오사이드, 푸르푸레아사이드 A, 플란타이노사이드 D[9], 칼세오라리오사이드 A, B[10], 디기타놀 배당체 성분으로 글루코디기닌, 글루코디기폴레인[11], 그리고 디기톡소오스[12]가 함유되어 있다.

씨에는 디기톡시게닌 강심배당체 성분으로 디기톡신, 푸르푸레아 배당체 A[13], 푸르라노사이드 A[14], 디기프로사이드, 오도로사이드 H[4], 네오기토스틴[15], 기톡시게닌 강심배당체 성분으로 푸르푸레아 배당체 B, 기톡신[13], 기토로사이드, 디기탈린[16], 푸르라노사이드 B, 모노아세틸 기토로사이드[14], 기탈록시게닌 강심배당체 성분으로 기탈록시게닌, 라나독신, 글루코베로독신[4], 디기톡소오스, 디기라니도비오스[13], 아세틸디기톡소오스[14]가 함유되어 있다.

약리작용

1. 심혈관계에 미치는 영향

다양한 강심배당체의 약리학적 작용은 유사하지만, 반응의 지연 및 지속 시간이 상이했다.

(1) 심장 수축성의 증가

디기탈리스는 Na^+, K^+-ATPase 활성을 억제함으로써 심장 수축성을 증가시켜 세포 내 칼슘을 증가시켰다. 디기탈리스는 또한 중추신경계에서 교감신경 원성 반응을 억제하고, 레닌 분비를 감소시키며, 심폐압 압수용체의 민감도를 증가시키고, 따라서 심장 수축성을 향상시킨다[17]. 강심배당체는 심근세포에서 심근 및 심장 유두근 수축력이 유의하게 증가했다. 양성 강직 효과에 의해 심근 배당은 수축력, 민첩성, 연축 긴장 및 수축 속도를 증가시켰고 심부전에서 뇌졸중 발병부위를 증가시켰다.

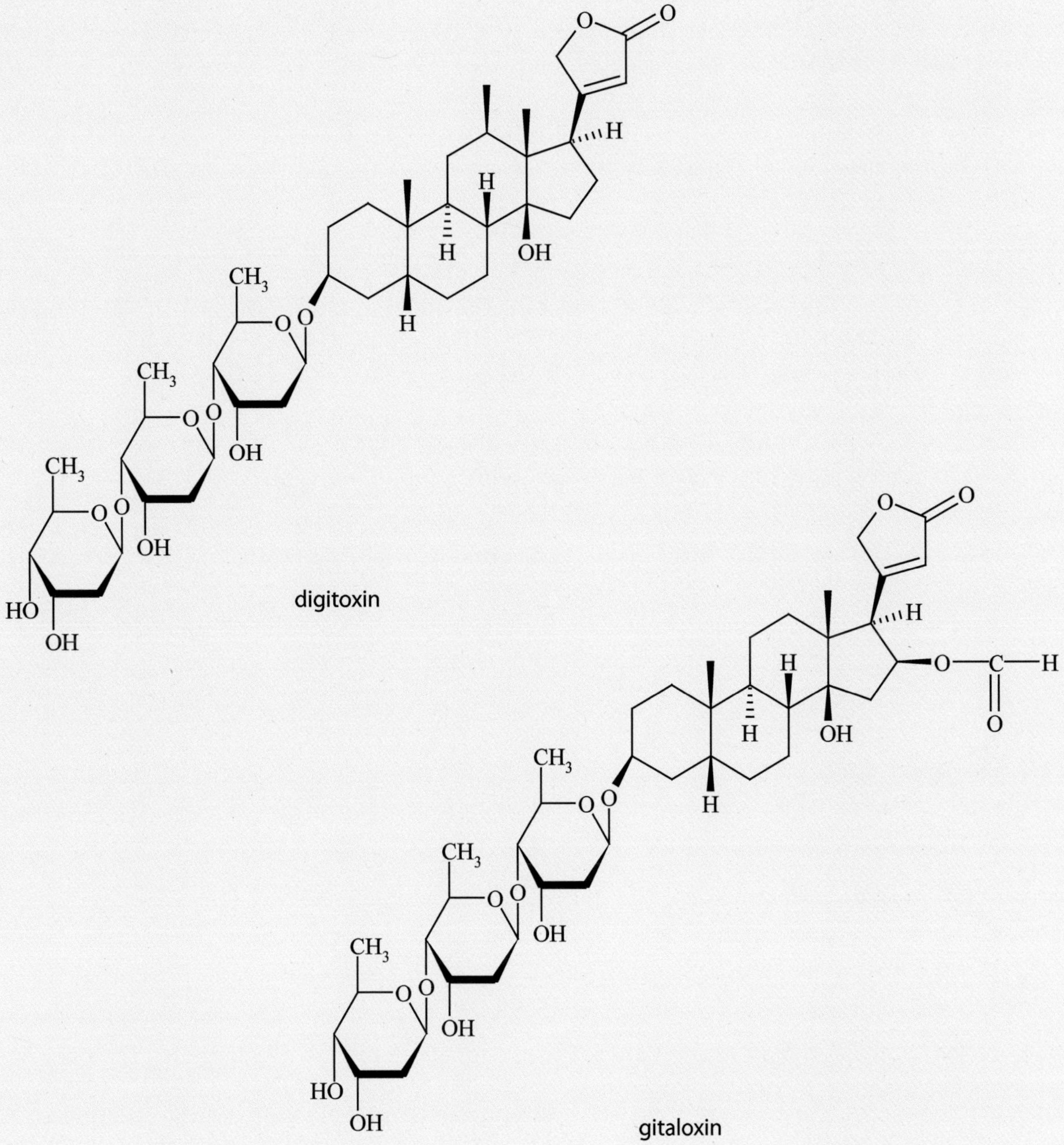

digitoxin

gitaloxin

(2) 심근 산소 소비량 감소
디기탈리스는 심장 기능 장애로 심장의 크기를 줄이고 수축의 효율을 높이며 심근 산소 소비를 줄였다. 심근 산소 소비의 감소된 요구는 더 큰 수축력으로 인한 산소 소비가 증가된 수요보다 더 컸으며, 따라서 디기탈리스는 심장 기능 부전에서 심근 산소 소비를 감소시킬 수 있다[18].

(3) 전신 혈관 저항의 감소
디기탈리스는 혈관 평활근에서 Na^{+}, K^{+}–ATPase 유도관 수축을 억제했다. 한편, 심박출량 증가, 신장 혈류 증가, 교감 신경 기능 감소 및 말초 혈관을 이완시켰다. 디기탈리스의 혈관 확장 효과는 혈관수축 효과보다 커서 전신 혈관 저항이 감소됐다[18].

(4) 심박수변동작용
디기탈리스는 미주 신경을 자극하고, 심박수를 감소시키며, 방실 결절의 불응 기간을 연장시키고, 전달 속도를 감소시키며, 심방 세동 동안에 심방 박동과 심박수를 감소시킨다[18].

(5) 신경 내분비 기능

디기탈리스는 나트륨 펌프의 활동을 억제하고, 압박 수용체 반사를 개선하며, 교감신경 활동을 감소시킨다. 또한 직접적으로 교감신경 활동을 억제하고, 노르에피네프린, 에피네프린 및 바소프레신의 수준을 감소시켰다. 또한 중추신경계의 미주 신경을 자극하여 심근의 내인성 아세틸 콜린의 민감도를 향상시켰다[19].

2. 이뇨 작용

디기탈리스는 신장 세뇨관 세포에서 Na^2+, K^+-ATPase를 억제하여 나트륨 재흡수를 억제하여 이뇨 작용을 일으키는 신뇨 세뇨관에 직접적인 영향을 미쳤다. 또한 나트륨 배출을 촉진시키고 심장 수축력, 심장 산출 및 신 혈량을 증가시키고 알도스테론 분비를 감소시킴으로써 이뇨 작용을 일으켰다[18].

3. 항종양

푸르푸레아사이드 A는 AP-1의 억제를 통해 대식세포 RAW264.7에서 LPS-유도성 iNOS 유전자 발현을 억제했다[10]. 잎의 메탄올 추출물, 기톡시게닌 및 기톡신은 세포사멸 효과를 통해 세포독성을 나타냈다. 세포사멸을 유도하고 신장 선암 세포주 TK-10과 사람 유방 선암종 세포주 MCF-7의 성장을 유의하게 억제했다[20]. 디기톡신은 암세포에 대해 선택적 세포독성을 나타냈다. 또한 인간 전골수성 백혈병 HL-60 세포, 간암 SMMS-7221 세포 및 인간 위암 SCG-7901 세포를 유의하게 억제했다[21].

4. 간 보호 작용

악테오사이드는 랫드의 간세포 H4IIE에서 아플라톡신 B^1(AFB1)에 의해 유도된 세포독성을 크게 저해하고, 글루타티온 S 에폭시드 전이효소(GST)-α 단백질 수준을 증가시키고, 간 보호 작용을 나타냈다[9].

5. 항바이러스 작용

씨의 지질은 *in vivo* 및 *in vitro*에서 인플루엔자 바이러스 감염에 대해 유의한 억제효과를 나타냈다[22].

6. 기타

칼세오라리오사이드 A, B, 포시티아사이드, 플란타이노사이드 D는 단백질 키나아제 Cα(PKCα)의 활성을 저해했다[23].

용도

1. 부정맥, 울혈성 심부전, 심장 부종
2. 두통
3. 종양
4. 마비
5. 농양, 피부 궤양, 잘 낫지 않는 상처 치료

해설

잎 이외에, 디기탈리스의 잘 익은 씨를 말린 것도 약으로 사용된다.

Digitalis lantana Ehrh의 말린 잎도 디기탈리스엽으로 사용된다.

디기탈리스는 심부전 치료에 가장 효과적인 약으로 이용된다. 심부전은 종종 여러 기관의 기능부전을 동반한다. 심부전 환자는 디기탈리스 복용에 매우 민감하며 안전역은 매우 좁아서, 치료적 투여용량과 독성 투여량 상호간의 범위는 서로 가깝다. 치료 용량은 일반적으로 유독 용량의 60%이며 유독한 용량은 최소 치사 용량의 40-50%이므로 중독이 자주 발생한다[24]. 따라서 디기탈리스엽의 안전하고 효과적인 사용을 보장하는 방법에 대한 더 많은 연구가 요구된다.

참고문헌

1. H Nan. The story of Digitalis purpurea L. Medicine & People. 2001, 14(5): 38
2. Y Ikeda, Y Fujii, I Nakaya, M Yamazaki. Quantitative HPLC analysis of cardiac glycosides in Digitalis purpurea leaves. Journal of Natural Products. 1995, 58(6): 897-901
3. CB Lugt. Quantitative determination of digitoxin, gitaloxin, gitoxin, verodoxin, and strospesid in the leaves of Digitalis purpurea by means of fluorescence. Planta Medica. 1973, 23(2): 176-181
4. T Kartnig, G Eiter. Comparative studies on the cardenolide- and flavonoid-patterns in leaves of Digitalis purpurea during different stages of development. Scientia Pharmaceutica. 1982, 50(3): 234-245

5. T Kawasaki, I Nishioka, T Yamauchi, K Miyahara, M Embutsu. Digitalis saponins. III. Enzymic hydrolysis of leaf saponins of Digitalis purpurea. Chemical & Pharmaceutical Bulletin. 1965, 13(4): 435-440
6. T Kawasaki, I Nishioka. Digitalis saponins. II. Leaf saponins of Digitalis purpurea. Chemical & Pharmaceutical Bulletin. 1964, 12(11): 1311-1315
7. R Tschesche, AM Javellana, G Wulff. Steroid saponins with more than one sugar chain. IX. Purpurea gitoside, a bisdesmosidic 22-hydroxyfurostanol glycoside from the leaves of Digitalis purpurea. Chemische Berichte. 1974, 107(9): 2828-2834
8. DS Bhakuni, M Bittner, A Carmona, PG Sammes, M Silva. Anticancer agents from Chilean plants. Digitalis purpurea var. alba. RevistaLati noamericana de Quimica. 1974, 5(4): 230-235
9. JY Lee, E Woo, KW Kang. Screening of new chemopreventive compounds from Digitalis purpurea. Pharmazie. 2006, 61(4): 356-358
10. JW Oh, JY Lee, SH Han, YH Moon, YG Kim, ER Woo, KW Kang. Effects of phenylethanoid glycosides from Digitalis purpurea L. on the expression of inducible nitric oxide synthase. Journal of Pharmacy and Pharmacology. 2005, 57(7): 903-910
11. S Liedtke, M Wichtl. Digitanol glycosides from Digitalis lanata and Digitalis purpurea. Part 2. Glucodiginin and glucodigifolein from Digitalis purpurea. Pharmazie. 1997, 52(1): 79-80
12. G Franz, WZ Hassid. Biosynthesis of digitoxose and glucose in the purpurea glycosides of Digitalis purpurea. Phytochemistry. 1967, 6(6): 841-844
13. K Hoji. Constituents of Digitalis purpurea. XXVI. Purpurea glycoside-A and purpurea glycoside-B from digitalis seeds. Chemical & Pharmaceutical Bulletin. 1961, 9: 576-578
14. K Hoji. Constituents of Digitalis purpurea. XXIV. The structures of purlanosides-A and -B. Chemical & Pharmaceutical Bulletin. 1961, 9: 566-571
15. A Okano. Constituents of Digitalis purpurea. VIII. The isolation of neogitostin, a new cardiotonic glycoside. Pharmaceutical Bulletin. 1958, 6: 173-177
16. K Hoji. Constituents of Digitalis purpurea. XXV. A new cardiotonic glycoside, acetylglucogitoroside and digitalinum verum monoacetate from Digitalis seeds. Chemical & Pharmaceutical Bulletin. 1961, 9: 571-575
17. WL Ma, MZ Zhao. Evaluating the role of Digitalis purpurea in treatment of heart failure. Chinese Community Doctors. 2006, 22(13): 8-9
18. ML Han, XX Wang, JJ Huang. Discuss the clinical application of Digitalis purpurea L. Chinese Journal of Current Traditional and Western Medicine. 2005, 3(7): 642-643
19. Y Zhang. Observation of the pharmacological effect and intoxication of Digitalis purpurea L. Chinese Journal of Clinical Medicine Research. 2006, 9: 33
20. M Lopez-Lazaro, N Palma de la Pena, N Pastor, C Martin-Cordero, E Navarro, F Cortes, MJ Ayuso, MV Toro. Anti-tumor activity of Digitalis purpurea L. subsp. heywoodii. Planta Medica. 2003, 69(8): 701-704
21. XJ Lin, ZQ Huang, CC Li. Anti-tumor effect of digitoxin on human tumor cell lines in vitro. Journal of Fujian Medical College. 1996, 30(1): 17-20
22. EP Kemertelidze, TM Dalakishvili, SA Vichkanova, LD Shipulina. Lipids from Digitalis purpurea L. seeds and their biological activity. Khimiko-Farmatsevticheskii Zhurnal. 1990, 24(9): 57-59
23. BN Zhou, BD Bahler, GA Hofmann, MR Mattern, RK Johnson, DGI Kingston. Phenylthanoid glycosides from Digitalis purpurea and Penstrmon linarioides with PKCα–inhibitory activity. Journal of Natural Products. 1998, 61(11): 1410–1412
24. Y Zhang, P Zhang. Intoxication induced by Digitalis purpurea L. and arrhythmia. Journal of Practical Electrocardiology. 2003, 12(3): 227-228

에키네시아 紫錐菊 USP, GCEM

Echinacea purpurea (L.) Moench
Purple Coneflower

개 요

국화과(Asteraceae)
에키네시아(紫錐菊, *Echinacea purpurea* (L.) Moench,)의 전초를 말린 것: 자추국(紫錐菊)
에키네시아(紫錐菊, *E. purpurea* (L.) Moench,)의 뿌리를 말린 것: 자추국근(紫錐菊根)
에키네시아속(*Echinacea*) 식물은 전 세계에 약 9종이 있으며 미국에 기원을 두고 후에 유럽에 도입되었다[1]. 중국에는 북경, 심양, 산동에서 약 3종이 도입되어 재배되고 있으며 약 3종이 약으로 사용된다[2]. 에키네시아는 북아메리카 중심부가 원산지이며 야생에서 거의 발견되지 않는다. 미국과 유럽의 중앙 및 동부 지역에서 재배되고 있다.
에키네시아는 세계에서 가장 일반적으로 사용되는 약초 중 하나이다. 원래 북미 원주민이 사용하는 민간약초로서 Comanche에 의해 치통을 치료하고 인후염을 치료하며, 수족에 의한 광견병, 뱀에 물린데 및 패혈증 치료에 사용되었다. 1900년 이래, 여러 국가에서 에키네시아 연구가 실시된 뒤 면역력을 높이고 감기 증상을 호소한다는 결론을 얻었다. 1995−1998년에 에키네시아가 미국 보건의료제품 판매 목록의 최상위에 오르게 되었다. 이 종은 에키네시아 뿌리(Echinaceae Purpureae Radix)의 공식적인 기원식물 내원종으로 미국약전(28개정판)에 등재되어 있다. 약의 원료는 주로 미국과 독일에서 생산된다.
에키네시아는 알카미드, 카페인산 유도체, 플라보노이드 및 정유성분을 함유하고 있다. 일반적으로 알카미드 및 카페인산 유도체는 활성성분이다. 미국약전은 의약 물질의 품질관리를 위해 액체크로마토그래피법으로 시험할 때 카프타릭산, 치코르산, 클로로겐산과 에키나코사이드로 환산한 에키네시아 뿌리의 총 페놀 함량이 0.50% 이상이어야 하고, 도데카테트라에노산 이소부틸아마이드로 환산한 알카미드의 총 함량은 0.025% 이상이어야 한다고 규정하고 있다.
약리학적 연구에 따르면 에키네시아에는 면역자극, 항바이러스 및 항염증 효과가 있다.
민간요법에 의하면 에키네시아 전초와 뿌리에는 면역자극 작용이 있다.

에키네시아 紫錐菊 *Echinacea purpurea* (L.) Moench

자추국 紫錐菊 Echinaceae Purpureae Herba

자추국근 紫錐菊根 Echinaceae Purpureae Radix

함유성분

전초에는 알카마이드 성분으로 undeca−2E,4Z−diene−8,10−diynoic acid isobutylamide, undeca−2Z,4E−diene−8,10−diynoic acid isobutylamide, dodeca−2E,4Z−diene−8,10−diynoic acid isobutylamide, undeca−2E,4Z−diene−8,10− diynoic acid 2−methybutylamide,

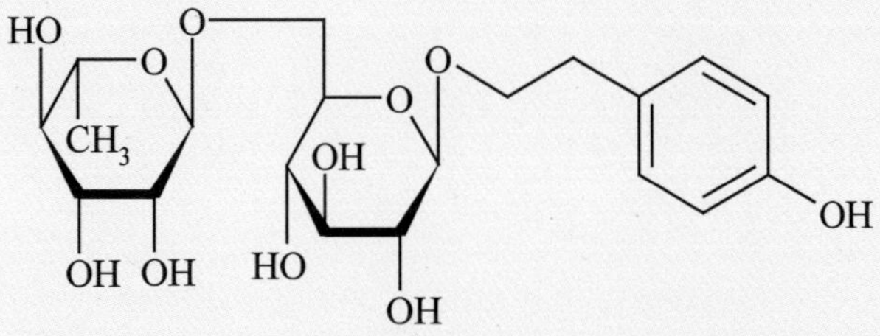

echipuroside A

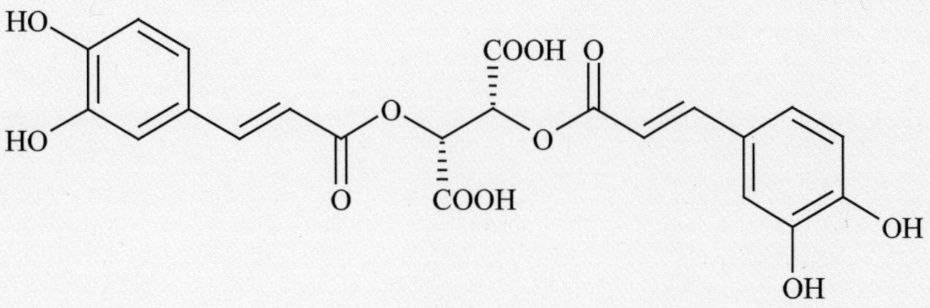

cichoric acid

dodeca-2E,4E,10E-trien-8-ynoic acid isobutylamide, trideca-2E,7Z-diene-10,12-diynoic acid isobutylamide, dodeca-2E,4Z-diene-8,10-diynoic acid 2-methybutylamide, dodeca-2E,4E,8Z,10E-tetraenoic acid isobutylamide, dodeca-2E,4E,8Z,10Z-tetraenoic acid isobutylamide, dodeca-2E,4E,8Z-trienoic acid isobutylamide[3], dodeca-2Z,4E,10Z-trien-8-ynoic acid isobutylamide[4], dodeca-2E,4E,8Z,10Z-tetraenoic acid isobutylamide[5]가 함유되어 있고, 페놀산 성분으로 cichoric acid, caftaric acid, 카페인산, 2-O-feruloyl-tartaric acid[6], p-coumaric acid, 페룰산, 시링산, protocatechuic acid, vanillic acid[7], 클로로겐산, echinacoside, cynarin[8], α-O-β-D-glucopyranosylacetovanillone[9], 휘발성 성분으로 germacrene D[10], 1,2-benzenedicarboxylic acid dibutyl ester, hexanedioic dioctyl ester, 9,12-octadecadienoic acid, 2,4-bis(1,1-dimethylethyl)[11]이 함유되어 있고, 또한 echipuroside A, ampelopsisionoside, roseoside[12], 악테오사이드(verbascoside)[13], 7,8-furocoumarin, 6-methoxy-7-hydroxycoumarin[14], 1β, 6α-dihydroxy-4(14)-eudesmene[5]이 함유되어 있다.

약리작용

1. 면역증진 작용
   알칼리아미드는 정상 마우스의 폐포 대식세포의 식세포 작용 지수와 식세포 활성을 증가시켰다. 이 그룹의 랫드에서 얻은 폐포 대식세포는 리포다당류 (LPS)로 *in vitro*에서 자극한 후에 유의하게 더 많은 TNF-a와 일산화질소를 생성했다[15]. 허브 및 뿌리 분말은 TNF-α, 인터루킨(IL)-1a, IL1b, IL-6 및 IL-10을 비롯한 마우스의 대식세포 사이토카인 분비를 자극하고 일산화질소의 방출은 또한 인간 말초의 생존력 및 *in vitro*에서 혈액 단핵 세포(PBMCs) 증식을 유의하게 향상시켰다[16]. 전초의 다당류는 대식세포의 식세포 활성 및 T- 림프구의 증식을 촉진시켰고, 용혈 항체 플라크 형성 시험에서 항체 플라크 형성을 증가시켰다. 다당류는 P815 암 세포에 대한 대식세포의 식세포 활성을 유의하게 자극하고 대식세포에 의해 생성된 IL-1의 수준을 증가시켰다. 마우스에서 B-림프구의 증식을 자극하여 체액성 면역 반응을 향상시켰다. 아라비노갈락탄은 랫드 복막 대식세포에 의해 약물로 유도된 TNF-α 생산을 촉진시켰고 활성화된 대식세포에 의한 인터페론 β_2의 분비를 자극했다[17]. 에키네시아의 제조품인 에키닐린은 자연적으로 얻은 감기의 치료에 효과적이다. 이러한 효과는 순환하는 총 백혈구, 단핵구, 호중구 및 자연살해세포의 수가 지속적으로 증가하는 것과 관련이 있다[18].
2. 항염증 작용
   추출물을 위장관에 투여하면 마우스에서 카라기난에 의해 유도된 족척부종에 대한 염증 활성을 나타냈다. *in vitro*에서 추출물 투약을 통한 웨스턴블롯분석을 통해 복강 내 대식세포에서 리포다당류(LPS)와 인터페론-γ로 유도된 사이클로옥시게나제-2(COX-2)와 염증 유발 유도성 일산화질소 합성효소(iNOS)의 발현을 조정하는 것을 확인할 수 있었다[19].
3. 항바이러스 작용
   에키네시아 제제인 비라세아는 헤르페스 단클론 바이러스 1형 및 2형(HSV-1 및 HSV-2)의 아실클로빌 감수성 및 아실클로빌 내성 균주에 대하여 항바이러스 활성을 나타냈다[20]. 에키나신은 *in vitro*에서 뇌척수심근염바이러스와 수포성 구내염바이러스(VSV)의 생식을 억제하고 인플루엔자 바이러스와 헤르페스 바이러스를 억제한다[17].
4. 항종양 작용
   에키나신은 섬유아세포 마우스 L-929 세포와 인간 자궁경부암 HeLa 세포의 성장을 억제했다[17].
5. 기타
   전초는 항산화 작용[18]과 항진균작용을 나타냈다[21].

용도

1. 상기도감염, 장티푸스, 디프테리아
2. 여드름, 상처, 상처, 습진, 헤르페스, 벌레 물림
3. 천식
4. 인후염
5. 임질, 매독

해설

Echinacea angustifolia DC.와 *E. pallida* (Nutt.) Nutt.도 의약적으로 사용되지만 사용량은 많지 않다. 에키네시아, *E. angustifolia* 및 *E. pallida*는 기능면에서 유사하다. 그러나 실험을 통해서 주요 성분이 서로 다른 것으로 나타났다. 뿌리를 예로 들면, 에키네시아의 뿌리에

는 치코르산과 베르바코사이드가 많이 함유되어 있다. *E. angustifolia*의 뿌리의 주성분은 시나린, 2E, 4E, 8Z, 10Z-도데카테트라에노산 이소부틸아마이드와 2E, 4E, 8Z, 10E-도데카테트라에노산 이소부틸아마이드인데 비해 E. pallida의 뿌리 부분은 에키나코사이드와 6-O-카페오일에키나코사이드를 함유하고 있다[13].

참고문헌

1. Y Zhang, K Liu, LJ Wu. Advances in studies on Echinacea Moench. Chinese Traditional and Herbal Drugs. 2001, 32(9): 852-855
2. B Li, K Tang, Y Liu, BC Wang. A study on leaves vitro culture technology of medicine Echiancea purpurea. Lishizhen Medicine and Materia Medica Research. 2006, 17(3): 344-345
3. JR Li, YY Zhao, TM Ai. Research progress on chemical constituents and biological activities of three kinds of Echiancea plants. China Journal of Chinese Materia Medica. 2002, 27(5): 334-337
4. Y Chen, T Fu, T Tao, JH Yang, Y Chang, MH Wang, L Kim, LP Qu, J Cassady, R Scalzo, XP Wang. Macrophage activating effects of new alkamides from the roots of Echinacea species. Journal of Natural Products. 2005, 68(5): 773-776
5. JR Li, XF Gao, TM Ai, YY Zhao. Lipid compounds from Echinacea purpurea. China Journal of Chinese Materia Medica. 2002, 27(1): 40-41
6. C Bergeron, S Gafner, LL Batcha, CK Angerhofer. Stabilization of caffeic acid derivatives in Echinacea purpurea L. glycerin extract. Journal of Agricultural and Food Chemistry. 2002, 50(14): 3967-3970
7. XD Yao, HP Wang, YM Nie, DG Nirmalendu. Solid phase extraction and GC/MS determination of free phenolic acids in Echinacea species. Journal of Guangxi University for Nationalities. 2004, 10(1): 100-103
8. SJ Murch, SE Peiris, WL Shi, SMA Zobayed, PK Saxena. Genetic diversity in seed populations of Echinacea purpurea controls the capacity for regeneration, route of morphogenesis and phytochemical composition. Plant Cell Reports. 2006, 25(6): 522-532
9. WW Li, W Barz. Structure and accumulation of phenolics in elicited Echinacea purpurea cell cultures. Planta Medica. 2006, 72(3): 248-254
10. M Hudaib, J Fiori, MG Bellardi, C Rubies-Autonell, V Cavrini. GC-MS analysis of the lipophilic principles of Echinacea purpurea and evaluation of cucumber mosaic cucumovirus infection. Journal of Pharmaceutical and Biomedical Analysis. 2002, 29(6): 1053-1060
11. XD Yao, YM Nie, DG Nirmalendu. GC/MS analysis of volatile components of Echinacea species. Jounral of Guangxi University for Nationalities. 2004, 10(4): 78-83
12. JR Li, B Wang, L Qiao, TM Ai, YY Zhao. Studies on water-soluble constituents of Echinacea prupurea. Acta Pharmaceutica Sinica. 2002, 37(2): 121-123
13. BD Sloley, LJ Urichuk, C Tywin, RT Coutts, PKT Pang, JJ Shan. Comparison of chemical components and anti-oxidant capacity of different Echinacea species. Journal of Pharmacy and Pharmacology. 2001, 53(6): 849-857
14. JR Li, ZX Hou, YQ Wang, HY Gong. Study on the lipid compounds from Echinacea purpurea. Tianjin Pharmacy. 2003, 15(1): 1-2
15. V Goel, C Chang, JV Slama, R Barton, R Bauer, R Gahler, TK Basu. Alkylamides of Echinacea purpurea stimulate alveolar macrophage function in normal rats. International Immunopharmacology. 2002, 2(2-3): 381-387
16. JA Rininger, S Kickner, P Chigurupati, A McLean, Z Franck. Immunopharmacological activity of Echinacea preparations following simulated digestion on murine macrophages and human peripheral blood mononuclear cells. Journal of Leukocyte Biology. 2000, 68(4): 503-510
17. PG Xiao. International popular immunomodulator: Echinacea purpurea and its preparation. Chinese Traditional Patent Medicine. 1996, 27(1): 46-48
18. V Goel, R Lovlin, C Chang, JV Slama, R Barton, R Gahler, R Bauer, L Goonewardene, TK Basu. A proprietary extract from the echinacea plant (Echinacea purpurea) enhances systemic immune response during a common cold. Phytotherapy Research. 2005, 19(8): 689-694
19. GM Raso, M Pacilio, CG Di, E Esposito, L Pinto, R Meli. In-vivo and in-vitro anti-inflammatory effect of Echinacea purpurea and Hypericum perforatum. Journal of Pharmacy and Pharmacology. 2002, 54(10): 1379-1383

20. KD Thompson. Anti-viral activity of Viracea against acyclovir susceptible and acyclovir resistant strains of herpes simplex virus. Anti-viral Research. 1998, 39(1): 55-61
21. SE Binns, B Purgina, C Bergeron, ML Smith, L Ball, BR Baum, JT Arnason. Light-mediated anti-fungal activity of Echinacea extracts. Planta Medica. 2000, 66(3): 241-244

에키네시아 재배 모습

소두구 小豆蔻 KP, JP, BP, BHP, USP, GCEM

Zingiberaceae

Elettaria cardamomum Maton var. *minuscula* Burkill

Cardamom

개 요

생강과(Zingiberaceae)

소두구(小豆蔻, *Elettaria cardamomum* Maton var. *minuscula* Burkill)의 거의 익은 열매를 말린 것: 소두구(小豆蔻)

중약명: 소두구(小豆蔻)

소두구속(*Elettaria*) 식물은 전 세계에 약 3종이 있으며 인도 남부와 스리랑카가 기원으로 동남아시아와 과테말라의 열대 지역에서 재배되고 있다.

소두구는 인도 남부에서 처음으로 생산되었으며 오래 전에 아라비아 반도에 도입되었다. 소두구는 아라비안 커피의 필수 원료이며 기원전 4세기에 소두구는 그리스에서 향신료와 약으로 널리 사용되었다. 값비싼 향신료이며 향신료의 용도 외에도 의약품으로 광범위하게 사용된다. 이 종은 소두구(Cardamomi Fructus)의 공식적인 기원식물로 영국약전(2002), 미국약전(28개정판) 및 일본약국방(15개정판)에 등재되어 있다. ≪대한민국약전≫(제11개정판)에는 "소두구"를 "소두구 *Elettaria cardamomum* Maton(생강과 Zingiberaceae)의 잘 익은 열매"로 등재되어 있다. 이 약재는 주로 스리랑카, 인도 남부 및 과테말라에서 생산된다.

소두구는 주로 정유성분을 함유하고 있다. 영국약전은 의약 물질의 품질관리를 위해 수증기증류법으로 시험할 때 정유성분의 함량이 4.0%(v/w) 이상이어야 한다고 규정하고 있다.

약리학적 연구에 따르면 소두구에는 항균, 항산화, 위장관 보호, 항종양 및 혈소판 응집 억제 효과가 있음이 밝혀졌다.

민간요법에 의하면 소두구 열매에는 구풍(驅風)작용과 건위작용이 있다.

소두구 小豆蔻 *Elettaria cardamomum* Maton var. *minuscula* Burkill

소두구 小豆蔻 KP, JP, BP, BHP, USP, GCEM

소두구 小豆蔻 *E. cardamomum* Maton var. *minuscula* Burkill

소두구 小豆蔻 Cardamomii Fructus

함유성분

씨와 열매껍질에는 정유 성분으로 α-terpinyl acetate, 1,8-cineole, terpineol, limonene, geranyl acetate[1]가 함유되어 있다.
씨에는 또한 정유 성분으로 linalyl acetate, linalool, terpinolene, myrcene[2], farnesol, neryl acetate[3], pinene, nerolidol, sabinene[4], methyleugenol, geraniol, eugenol[5], β-phellandrene, menthone[6], camphene, p-cymene, borneol, nerol[7]이 함유되어 있다.

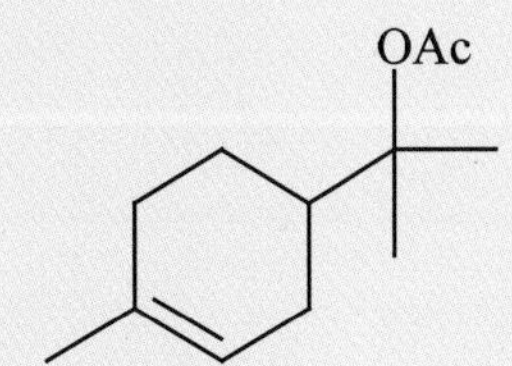

(±)-α-terpinyl acetate

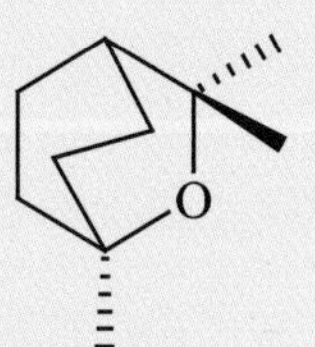

1, 8-cineole

약리작용

1. 항균 작용
   소두구 정유는 상기도에서 화농성연쇄상구균, 모락셀라 카타랄리스 및 헤모필루스 인플루엔자균과 같은 박테리아를 억제했고 그람 양성균 및 진균류인 아스페르질루스 플라부스, 아스페르질루스 파라스틱균을 억제했다. 항미생물 활성은 초산 게라닐과 α-테르피닐 초산에 의한 것으로 나타났다[5, 8-11].
2. 항산화 작용
   소두구 분말과 정유는 강력한 항산화 활성을 나타냈고, 지질에 의한 결석증을 유의하게 억제했다[12]. 소두구의 물 추출물은 혈소판 막에서 철-아스코르빈산 시스템에 의해 유도된 지질과산화를 유의하게 억제했다[13].
3. 위궤양억제 작용
   열매의 메탄올 추출물은 랫드의 에탄올 유발 궤양을 유의하게 감소시켰다. 열매의 석유 에테르 용해 추출물은 아스피린에 의해 유도된 위장 병변을 억제하고, 그 효과는 라니티딘보다 효과적이었다[14].
4. 항종양 작용
   식이 소두구는 아족시메탄에 의한 ACF의 생성을 억제하고, 대장암에서 COX-2와 iNOS 발현을 감소시킴으로써 대장암 발병을 예방했다[15].
5. 혈소판 응집 억제 작용
   소두구 물 추출물은 ADP와 에피네프린으로 유도된 혈소판 응집을 유의하게 억제했다[13].
6. 항경련 작용
   소두구 정유는 적출된 토끼의 장에서 아세틸콜린, 니코틴 및 칼슘클로라이드에 의한 수축을 유의하게 억제했다[16-17].
7. 항염증
   소두구 정유는 수컷 알비노 랫드에서 급성 카라기난 유발 족척부종에 대한 억제 활성을 나타냈다[17].
8. 진통 작용
   소두구 정유는 마우스에서 벤조퀴논을 복강 내 투여하면 유발된 신전반응을 억제했다[17].
9. 피부 투과 촉진작용
   소두구 정유는 인도메타신, 피록시캄 및 다이클로페낙[18]에 대한 피부 투과를 증진시켰다. 소두구 정유의 부성분은 1,8-시네올 및 d-리모넨과 함께 투과성을 증가시키는 상승작용이 있었다[19].
10. 기타
    소두구 오일을 정맥 투여하면 랫드의 동맥 혈압과 심장 박동을 감소시켰다[16].

용도

1. 소화 불량, 구토, 복부팽만, 위통, 설사
2. 입덧
3. 로엠헬드 증후군

해설

약재명에서 두구라는 이름은 여러 식물에서 나온다. 중국약전(2015)에는 생강과의 *Myristica fragrans* Houtt의 잘 익은 열매를 말린 것을 육두구, 생강과의 *Alpinia galanga* Willd의 잘 익은 열매를 말린 것을 홍두구, 생강과의 *Amomum kravanh* Pierre ex Gagnep 또는 *A. compactum Soland* ex Maton의 잘 익은 열매를 말린 것을 백두구 그리고 생강과의 *Alpinia katsumadai* Hayata의 덜 익은 열매를 말린 것을 초두구라고 기술하고 있다. 따라서 혼동을 피하기 위해 약재의 사용에 특별한 주의가 요구된다.

참고문헌

1. A Kumar, S Tandon, J Ahmad, A Yadav, AP Kahol. Essential oil composition of seed and fruit coat of Elettaria cardamomum from South India. Journal of Essential Oil-Bearing Plants. 2005, 8(2): 204-207
2. B Marongiu, A Piras, S Porcedda. Comparative analysis of the oil and supercritical CO_2 extract of Elettaria cardamomum (L.) Maton. Journal of Agricultural and Food Chemistry. 2004, 52(20): 6278-6282
3. AN Menon, MM Sreekumar. A study on cardamom oil distillation. Indian Perfumer. 1994, 38(4): 153-157
4. N Gopalakrishnan, CS Narayanan. Supercritical carbon dioxide extraction of cardamom. Journal of Agricultural and Food Chemistry. 1991, 39(11): 1976-1978
5. I Kubo, M Himejima, H Muroi. Anti-microbial activity of flavor components of cardamom Elettaria cardamomum (Zingiberaceae) seed. Journal of Agricultural and Food Chemistry. 1991, 39(11): 1984-1986
6. MAE Shaban, KM Kandeel, GA Yacout, SE Mehaseb. The Chemical composition of the volatile oil of Elettaria cardamomum seeds. Pharmazie. 1987, 42(3): 207-208
7. M Miyazawa, H Kameoka. Constitution of the essential oil and nonvolatile oil from cardamom seed. Yukagaku. 1975, 24(1): 22-26
8. Y Tanaka, H Kikuzaki, N Nakatani. Anti-bacterial activity of essential oils and oleoresins of spices and herbs against pathogens bacteria in upper airway respiratory tract. Nippon Shokuhin Kagaku Gakkaishi. 2002, 9(2): 67-76
9. A Ramadan, NA Afifi, MM Fathy, EA El-Kashoury, EV El-Naeneey. Some pharmacodynamic effects and anti-microbial activity of essential oils of certain plants used in Egyptian folk medicine. Veterinary Medical Journal Giza. 1994, 42(1B): 263-270
10. IA El-Kady, SS El-Maraghy, MM Eman. Anti-bacterial and antidermatophyte activities of some essential oils from spices. Qatar University Science Journal. 1993, 13(1): 63-69
11. AZM Badei. Antimycotic effect of cardamom essential oil components on toxigenic molds. Egyptian Journal of Food Science. 1992, 20(3): 441-452
12. KK Vijayan, KJ Madhusoodanan, VV Radhakrishnan, PN Ravindran. Properties and end-uses of cardamom. Medicinal and Aromatic Plants-Industrial Profiles. 2002, 30: 269-283
13. WJ Suneetha, TP Krishnakantha. Cardamom extract as inhibitor of human platelet aggregation. Phytotherapy Research. 2005, 19(5): 437-440
14. A Jamal, K Javed, M Aslam, MA Jafri. Gastroprotective effect of cardamom, Elettaria cardamomum Maton. fruits in rats. Journal of Ethnopharmacology. 2006, 103(2): 149-153
15. A Sengupta, S Ghosh, S Bhattacharjee. Dietary cardamom inhibits the formation of azoxymethane-induced aberrant crypt foci in mice and reduces COX-2 and iNOS expression in the colon. Asian Pacific Journal of Cancer Prevention. 2005, 6(2): 118-122
16. KE El Tahir, H Shoeb, H Al-Shora. Exploration of some Pharmacological activities of cardamom seed (Elettaria cardamomum) volatile oil. Saudi Pharmaceutical Journal. 1997, 5(2-3): 96-102
17. H Al-Zuhair, B El-Sayeh, HA Ameen, H Al-Shoora. Pharmacological studies of cardamom oil in animals. Pharmacological Research. 1996, 4(1-2): 79-82
18. YB Huang, PC Wu, HM Ko, YH Tsai. Cardamom oil as a skin permeation enhancer for indomethacin, piroxicam and diclofenac. International Journal of Pharmaceutics. 1995, 126(1-2): 111-117
19. YB Huang, JY Fang, CH Hung, PC Wu, YH Tsai. Cyclic monoterpene extract from cardamom oil as a skin permeation enhancer for indomethacin: in vitro and in vivo studies. Biological & Pharmaceutical Bulletin. 1999, 22(6): 642-646

코카나무 古柯 BP

Erythroxylaceae

Erythroxylum coca Lam.

Coca

개 요

코카나무과(Erythroxylaceae)

코카나무(古柯, *Erythroxylum coca* Lam.)의 잎을 말린 것: 코카엽(古柯葉)

중약명: 코카엽(古柯葉)

코카나무속(*Erythroxylum*) 식물은 전 세계에 약 200종이 있으며 남아메리카, 아프리카, 동남아시아 및 마다가스카르에 분포한다. 그 가운데 2종이 중국에서 발견되며, 그중에 1종이 중국에 도입되고 재배되어 약으로 사용된다. 이 속은 양자강 이남의 대부분의 지방에 분포한다. 코카나무는 에콰도르에서부터 볼리비아로 분포하며, 또한 널리 재배되고 있다[1]. 또한 중국의 해남, 광서성, 대만, 운남성에 도입되어 재배되고 있다[2].

코카엽은 5000년 전부터 남아메리카의 안데스 원주민이 코카나무를 재배해서 배고픔과 피로를 견디기 위해 잎을 씹기 시작한 이래로 사용되어 왔다[3]. 고고학적 연구 결과에 의하면 또한 코카엽을 씹는 것이(오늘날 라임과 같은 기재와 혼합된) 오늘날에도 페루에서 널리 보급되어 왔음을 확인시켜준다[4]. 이 종은 코카인 추출을 위한 공식적인 기원식물 내원종으로 영국약전(2002)에 등재되어 있다. 이 약재는 주로 남미의 안데스 산맥에서 생산된다.

코카는 주로 알칼로이드, 정유, 플라보노이드 성분을 함유하고 있다. 코카에 함유된 코카인은 영국약전, 미국약전(28개정판) 및 중국약전(2015년판)과 같은 다수의 약전에서 국소 마취제로 등재하고 있다.

약리학적 연구에 따르면 잎에 마취제, 진통제 및 배고픔을 견디게 하는 효과가 있으며 중추신경계를 자극한다.

민간요법에 의하면 코카엽에는 마취와 중추자극 작용이 있다.

코카나무 古柯 *Erythroxylum coca* Lam.

코카나무 古柯 BP

코카나무 古柯 *E. coca* Lam.

함유성분

잎에는 알칼로이드 성분으로 cocaine (benzoylmethylecgonine), trans-cinnamoylcocaine (trans-cinnamoyl cocaine), ciscinnamoylcocaine (cis-cinnamoyl cocaine)[5], cuscohygrine, hygrine, tropinone, tropacocaine[6], nicotine, calystegines A3, A5, B1, B2[7], 엑고닌 유도

O OMe N O O

cocaine

O N

hygrine

체[8-10] 성분이 함유되어 있고, 정유 성분으로 methyl salicylate, N-methylpyrrole, N,N-dimethylbenzylamine, cis-3-hexen-1-ol, dihydrobenzaldehyde[11], 플라보노이드 성분으로 kaempferol-4'-O-rhamnosyl glucoside[12]가 함유되어 있다.
씨에는 알칼로이드 성분으로 cocaine, trans-cinnamoylcocaine, cis-cinnamoylcocaine, cuscohygrine, methylecgonidine, tropine[13]이 함유되어 있다.

약리작용

1. 마약성 진통 작용
   전기 충격 실험에서 랫드의 꼬리 위축은 잎과 코카인의 에탄올 추출물을 피하 투여하면 국소 마취 작용을 일으킨다는 것을 보였다. 수용성 코카인을 함유하지 않은 분획물도 국소 마취 작용을 일으켰지만, 최대 반응은 코카인에서 관찰된 것의 약 30%였다[14].

2. 중추신경계 자극과 식욕 감소
   잎과 코카인의 에탄올 추출물의 클로로포름 층을 복강 내 및 경구 투여하면, 동물 모델에서 자발적인 움직임과 먹이 소비가 감소되는 것으로 나타났다. 클로로포름 층은 코카인 당량보다 현저히 큰 효과를 나타냈다. 코카인을 함유하지 않은 물층은 자발적 운동에 영향을 미치지 않았다. 그러나 먹이 소비를 크게 감소시켰다[15]. 잎 추출물과 코카인 식이 보조제는 랫드의 먹이 섭취를 줄이고 체중 증가를 감소시켰다[16].

용도

1. 국소마취제
2. 치통

해설

코카나무속(*Erythroxylum*)의 대부분의 야생 식물은 코카인이 풍부하지 않다. 이 종에 속하는 코카나무의 잎과 그 재배 품종인 *Erythroxylum coca* Lam. var. *ipadu* Plowman, *E. coca* Lam. var. *novogranatense* D. Morris와 *E. coca* Lam. var. *spruceanum* Burck는 코카인의 추출 원료이다[1, 17]. 옛날부터 국소마취제였던 코카인은 한때 점막 표면에 수용액을 도포, 살포, 충전하여 국소마취용으로 사용되었다. 코카인으로 양치질하는 것은 치통을 치료하고 구강 점막의 자극을 감소시키는 반면, 현재는 안과 국소마취제로 사용되기도 한다.
코카는 세계에서 마약의 3대 주요 기원식물 중 하나이다. 코카인은 향정신성 약물로 코카인 남용은 심각한 사회 문제를 일으키는 것으로 알려져 있다.

참고문헌

1. T Plowman, N Hensold. Names, types, and distribution of neotropical species of Erythroxylum (Erythroxylaceae). Brittonia. 2004, 56(1): 1-53
2. DZ Fu, W Yang. Drugs and its original plants. Plants. 1991, 18(5): 8-9
3. J Bruneton. Pharmacognosy, Phytochemistry, Medicinal Plants (2nd edition). Paris: Technique & Documentation. 1999: 825-829
4. E Indriati, JE Buikstra. Coca chewing in prehistoric coastal Peru: dental evidence. American Journal of Physical Anthropology. 2001, 114(3): 242-257
5. M Sauvain, C Rerat, C Moretti, E Saravia, S Arrazola, E Gutierrez, AM Lema, V Munoz. A study of the chemical composition of Erythroxylum coca var. coca leaves collected in two ecological regions of Bolivia. Journal of Ethnopharmacology. 1997, 56(3): 179-191
6. EL Johnson. Content and distribution of Erythroxylum coca leaf alkaloids. Annals of Botany. 1995, 76(4): 331-335
7. A Brock, S Bieri, P Christen, B Dräger. Calystegines in wild and cultivated Erythroxylum species. Phytochemistry. 2005, 66(11): 1231-1240
8. JM Moore, JF Casale. Lesser alkaloids of cocaine-bearing plants. Part I: Nicotinoyl-, 2'-pyrrolyl-, and 2'- and 3'-furanoylecgonine methyl ester-isolation and mass spectral characterization of four new alkaloids of South American Erythroxylum coca var. coca. Journal of Forensic Sciences. 1997, 42(2): 246-255

9. JF Casale, JM Moore. Lesser alkaloids of cocaine-bearing plants. II. 3-Oxo-substituted tropane esters: detection and mass spectral characterization of minor alkaloids found in South American Erythroxylum coca var. coca. Journal of Chromatography, A. 1996, 749(1-2): 173-180

10. JF Casale, JM Moore. Lesser alkaloids of cocaine-bearing plants. III. 2-Carbomethoxy-3-oxo substituted tropane esters: detection and gas chromatographic-mass spectrometric characterization of new minor alkaloids found in South American Erythroxylum coca var. coca. Journal of Chromatography, A. 1996, 756(1-2): 185-192

11. M Novak, CA Salemink. The essential oil of Erythroxylum coca. Planta Medica. 1987, 53(1): 113

12. EL Johnson, WF Schmidt, SD Emche, MM Mossoba, SM Musser. Kaempferol (rhamnosyl) glucoside, a new flavonol from Erythroxylum coca var. ipadu. Biochemical Systematics and Ecology. 2003, 31(1): 59-67

13. JF Casale, SG Toske, VL Colley. Alkaloid content of the seeds from Erythroxylum coca var. coca. Journal of Forensic Sciences. 2005, 50(6): 1402-1406

14. JA Bedford, CE Turner, HN Elsohly. Local anesthetic effects of cocaine and several extracts of the coca leaf (E. coca). Pharmacology, Biochemistry, and Behavior. 1984, 20(5): 819-821

15. JA Bedford, DK Lovell, CE Turner, MA Elsohly, MC Wilson. The anorexic and actometric effects of cocaine and two coca extracts. Pharmacology, Biochemistry, and Behavior. 1980, 13(3): 403-408

16. FJ Burczynski, RL Boni, J Erickson, TG Vitti. Effect of Erythroxylum coca, cocaine and ecgonine methyl ester as dietary supplements on energy metabolism in the rat. Journal of Ethnopharmacology. 1986, 16(2-3): 153-166

17. S Bieri, A Brachet, JL Veuthey, P Christen. Cocaine distribution in wild Erythroxylum species. Journal of Ethnopharmacology. 2006, 103(3): 439-447

유칼립투스 藍桉 EP, BP, BHP, GCEM

Myrtaceae

Eucalyptus globulus Labill.

Blue Gum

개 요

도금양과(Myrtaceae)
유칼립투스(藍桉, *Eucalyptus globulus* Labill.)의 오래된 가지의 잎을 말린 것: 남안엽(藍桉葉)
유칼립투스의 신선한 잎 또는 신선한 끝가지를 수증기 증류하여 얻은 휘발성 기름: 남안정유(藍桉精油)
유칼립투스속(*Eucalyptus*) 식물은 전 세계에 약 600종이 있으며 호주와 인근 섬 지역에 집중되어 있다. 소수의 온대 지역에 도입되었으며 세계의 열대 및 아열대 지역에 널리 도입되어 재배되고 있다. 이 속의 약 80종이 1세기 이상 중국에 도입되어 재배되고 있다. 이 속에서 약 7종이 약으로 사용된다. 유칼립투스는 호주 남동부 태즈메니아 섬을 기원으로 하여 전 세계 여러 나라의 열대 및 아열대 지역에 도입되었으며 중국의 광서성, 운남성, 사천성에서 재배되고 있다.
유칼립투스는 감기, 발열, 기침 및 기타 감염을 치료하기 위해 호주 원주민이 전통 의약으로 사용하였으며 후에 중국, 인도, 그리스에 도입되어 약으로 사용되었다. 1860년에 호주는 상업용 유칼립투스 오일을 생산하기 위해 주도적인 역할을 담당했으며 중요한 경제적 원천으로 간주되었다. 유칼립투스 오일은 인도에서 반 자극제 및 경미한 거담제로 사용된다. 이 종은 유칼립투스 잎(Eucalypti Folium)과 유칼립투스 오일(Eucalypti Oleum)의 공식적인 기원식물 내원종으로 유럽약전(5개정판)과 영국약전(2002)에 규정하고 있으며, 중국약전(2015년판)에서는 유칼립투스 오일의 공식적인 기원식물로 규정하고 있다. 의약의 재료는 주로 스페인, 모로코 및 호주에서 생산된다.
유칼립투스는 주로 정유성분, 플라보노이드, 탄닌 및 트리테르페노이드를 함유한다. 유럽약전 및 영국약전은 의약 물질의 품질관리를 위해 수증기증류법으로 시험할 때 유칼립투스 잎의 정유의 함량이 15mL/kg 이상이어야 하고, 가스크로마토그래피법으로 시험할 때 유칼립투스 오일의 1,8-시네올의 함량은 70% 이상이어야 한다고 규정하고 있으며, 중국약전은 의약 물질의 품질관리를 위해 유칼립투스 오일에 함유된 1,8-시네올의 함량이 70% 이상이어야 한다고 규정하고 있다.
약리학적 연구에 따르면 유칼립투스에는 항균 작용, 살충작용, 항염증 작용 및 진통 작용이 있다.
민간요법에 의하면 유칼립투스 잎과 오일에는 항패혈증, 거담제 및 발적 작용이 있다. 한의학에서 유칼립투스 잎은 거풍(祛風)하고 땀을 나게 하며 열을 방출하여 독성을 없애고 가래를 삭이며 기를 조정하고 기생충을 구제하며 가려움증을 완화하고, 유칼립투스 오일은 거풍(祛風)하고 통증을 완화시킨다.

유칼립투스 藍桉 *Eucalyptus globulus* Labill.

유칼립투스 藍桉 EP, BP, BHP, GCEM

남안엽 藍桉葉 Eucalypti Folium

1cm

함유성분

잎에는 정유 성분으로 1,8-cineole, α-pinene, limonene, α-terpineol[1], p-cymene, cryptone, spathulenol[2], euglobals Ia$_1$, Ia$_2$, Ib, Ic, IIa, IIb, IIc, III, IVa, IVb, V, VII, G$_1$, G$_5$, T$_1$, B$_1$-1, Am-1, Am-2, In-1[3-4], 탄닌 성분으로 eucaglobulin, tellimagrandin I, eucalbanin C, 2-O-digalloyl-1,3,4-tri-O-galloyl-β-D-glucose, 6-O-digalloyl-1,2,3-tri-O-galloyl-β-D-glucose[5], 플라보노이드 성분으로 quercetin, rhamnazin, rhamnetin, engelitin, eriodictyol[3], quercitrin, rutin, hyperoside, quercetin-3-glucoside가 함유되어 있다. 또한 macrocarpals A, B, C, D, E, H, I, J[6-7], 카페인산, 페룰산, gentisic acid, protocatechuic acid가 함유되어 있다.

잎 표면의 왁스에는 5,4'-dihydroxy-7-methoxyl-6-methylflavone, chrysin, eucalyptin, sideroxylin 성분이 함유되어 있다.

열매에는 정유 성분으로 aromadendrene, α-phellandrene, 1,8-cineole, ledene, globulol[8], α-thujene[2], 트리테르페노이드 성분으로 betulonic acid, betulinic acid, ursolic acid, corosolic acid[9], 3β-hydroxyurs-11-en-13β (28)-olide, 3β,11a-dihydroxyurs-12-en-28-oic acid[10]가 함유되어 있다.

euglobal IIa

spathulenol

줄기껍질에는 betulinic acid, ursolic acid, oleanolic acid, β-amyrin[11], 3-O-methylellagic acid 3'-O-α-rhamnopyranoside, 3-O-methylellagic acid 3'-O-α-3"-O-acetylrhamnopyranoside, 3-O-methylellagic acid 3'-O-α-2"-Oacetylrhamnopyranoside, 3-O-methylellagic acid 3'-O-α-4"-O-acetylrhamnopyranoside[12]가 함유되어 있다.

약리작용

1. 항균 및 항기생충 작용

   잎 추출물은 황색포도상구균, 항생제내성균, 바실루스 세레우스, 대변장구균, Alicyclobacillus acidoterrestris, Corynbacterium parutum, Trichophyton mentagrophytes[13], 화농연쇄상구균, 폐렴구균, 인플루엔자균[14]의 성장을 억제했다. 고초균, Shigella flexneri, 장티푸스균[15] 등이 있으나 대장균과 Pseudomonas putida에 대해서는 강한 항균 활성을 보이지 않았다[13]. 또한, 유칼립투스 오일은 개선충(疥癬蟲), 집파리의 유충, 이를 죽였다[16-18]. 유글로발스는 엡스타인바 바이러스에 대한 저해 작용을 일으켰다[19].

2. 항염증 작용

   유칼립투스 오일은 카라기난과 덱스트란에 의해 유발된 랫드 부종을 억제하고, 카라기난에 의해 유도된 마우스 복강 내로의 호중구의 이동을 억제하며, 카라기난과 히스타민에 의해 유도된 혈관 투과성을 감소시킨다[20]. 열매의 에탄올 추출물은 파두유로 유도된 마우스 귀 부종을 억제하고 카라기난에 의해 유발된 염증에서 PGE_2의 분비를 증가시켰다. 항염증 작용은 인도메타신과 유사했다. 또한 난백색 유발 랫드 부종 및 랫드 면화 육종(肉腫)을 억제했다[21-22].

3. 진통 작용

   유칼립투스 오일은 아세트산으로 유발된 말초 및 중추 작용을 통한 열판의 열 자극을 받은 랫드에서 진통 효과를 나타냈다[20]. 열매의 에탄올 추출물은 열판의 열 자극과 아세트산으로 유도된 신전반응을 나타내는 마우스에서 진통 효과를 나타냈다[22].

4. 기관지에 미치는 영향

   유칼립투스 오일은 마우스의 SO_2 흡입 유발성의 만성 기관지염에서 항염증 작용을 나타냈다. 또한 기관지 및 배 세포증식 현상에 대한 염증 세포의 침윤을 현저하게 개선시켰으며, 기도에서 점액 분비를 억제했다[23]. 지질다당류로 유도된 만성 연골염 모델에서 유칼립투스 오일을 위 내 투여하면 호중구와 림프구의 침윤을 감소시키고 염증의 중증도를 감소시켰다. 또한 BALF 점장제(粘漿劑)를 유의하게 감소시켰고, 기관지 및 기관지 표피에서 MUC5ac의 수준을 감소시켰다[24]. 유칼립투스 잎과 열매는 RBL-2H3 세포에서 히스타민 분비를 억제하여 천식을 예방할 수 있는 잠재력이 있음을 시사한다[25].

5. 항고지혈증 작용

   잎 추출물은 장에서의 과당 흡수를 억제하고, 식이성 자당으로 인한 지방을 억제했으며, 랫드의 혈장과 간에서 트리아실글리세롤의 농도를 감소시켰다[26].

6. 면역 반응의 향상

   열매 용액은 마우스 복강 대식세포의 식세포 활성을 향상시키고, 면역 기관의 무게를 증가시켰으며, 마우스에서 혈청 아글루티닌의 수준을 상승시켰다[27].

7. 기타

   마크로카르팔 A-E는 HIV 역전사 효소를 억제했다[6]. 마크로카르팔 H, I 및 J는 포도당 전환효소를 억제했으며[7], 1,8-시네올이 피부 침투를 증가시켰다[28]. 글로불롤은 항종양 효과를 나타냈다[4]. 유칼립투스 오일은 항산화 효과를 나타냈다[29].

용도

1. 기관지염, 인후염, 코막힘, 발열, 백일해
2. 설사, 이질
3. 백일해, 사상충증, 말라리아
4. 만성 류마티스 통증
5. 염증, 옹, 습진, 옴, 화상 및 버즘, 외상성 출혈

해설

유칼립투스는 약용식물로서 유명하며 유칼립투스 잎과 오일은 의약, 화장품 및 화학 산업에서 널리 사용되었다. 하지만 그 열매에 대한 약용 가치는 거의 알려져 있지 않았다. 한의학에서 열매가 기를 조정하고 위의 운동을 활성화시키며 말라리아를 구제하고 가려움증

을 완화하는 것으로 되어 있다. 열매는 소화불량(식체), 복부팽만, 말라리아, 피부염, 백선 및 염증을 치료하는 데 사용할 수 있으며 약리학적 실험결과에서 열매에는 항염증, 진통 및 면역 자극에 그 활성이 현저함을 나타내고 있다. 따라서 계속적인 연구와 개발의 필요성이 있다.

유칼립투스는 의약용도 외에도 펄프, 종이 및 천연 목제품을 제조하는 데 사용될 수 있어서 높은 경제적 수익을 창출한다. 유칼립투스는 빨리 자라고 자생력이 강하기 때문에 전 세계 여러 나라에서 푸른 껌 나무를 재배하고 있다. 그러나 유칼립투스는 물이 많은 곳에서 잘 자라기 때문에 토양을 황폐화시킬 수 있고 토착 식물이 자라는 데 영향을 줄 수 있다. 따라서 유칼립투스를 재배할 경우에는 생태학적 균형을 유지하는 데 특별한 주의가 요구된다.

참고문헌

1. EH Chisowa. Chemical composition of essential oils of three Eucalyptus species grown in Zambia. Journal of Essential Oil Research. 1997, 9(6): 653-655
2. JC Chalchat, JL Chabard, MS Gorunovic, V Djermanovic, V Bulatovic. Chemical composition of Eucalyptus globulus oils from the Montenegro coast and east coast of Spain. Journal of Essential Oil Research. 1995, 7(2): 147-152
3. WW Fu, CJ Zhao, YP Pei, RJ Wang, DQ Dou, YJ Chen. Chemical constituents and bioactivities of Eucalyptus plant. World Phytomedicines. 2003, 18(2): 51-58
4. M Takasaki, T Konoshima, M Kozuka, M Haruna, K Ito, T Shingu. Structures of euglobals from Eucalyptus plants. Tennen Yuki Kagobutsu Toronkai Koen Yoshishu. 1995, 37: 517-522
5. AJ Hou, YZ Liu, H Yang, ZW Lin, HD Sun. Hydrolyzable tannins and related polyphenols from Eucalyptus globulus. Journal of Asian Natural Products Research. 2000, 2(3): 205-212
6. M Nishizawa, M Emura, Y Kan, H Yamada, K Ogawa, N Hamanaka. Macrocarpals: HIV-reverse transcriptase inhibitors of Eucalyptus globulus. Tetrahedron Letters. 1992, 33(21): 2983-2986
7. K Osawa, H Yasuda, H Morita, K Takeya, H Itokawa. Configurational and conformational analysis of macrocarpals H, I, and J from Eucalyptus globulus. Chemical & Pharmaceutical Bulletin. 1997, 45(7): 1216-1217
8. SI Pereira, CSR Freire, C Pascoal Neto, AJD Silvestre, AMS Silva. Chemical composition of the essential oil distilled from the fruits of Eucalyptus globulus grown in Portugal. Flavour and Fragrance Journal. 2005, 20(4): 407-409
9. B Chen, M Zhu, WX Xing, GJ Yang, HM Mi, YT Wu. Studies on chemical constituents in fruit of Eucalyptus globulus. China Journal of Chinese Materia Medica. 2002, 27(8): 596-597
10. SI Pereira, CSR Freire, C Pascoal Neto, AJD Silvestre, AMS Silva. Chemical composition of the epicuticular wax from the fruits of Eucalyptus globulus. Phytochemical Analysis. 2005, 16(5): 364-369
11. CSR Freire, AJD Silvestre, C Pascoal Neto, JAS Cavaleiro. Lipophilic extractives of the inner and outer barks of Eucalyptus globulus. Holzforschung.2002, 56(4): 372-379
12. JP Kim, IK Lee, BS Yun, SH Chung, GS Shim, H Koshino, ID Yoo. Ellagic acid rhamnosides from the stem bark of Eucalyptus globulus. Phytochemistry. 2001, 57(4): 587-591
13. T Takahashi, R Kokubo, M Sakaino. Anti-microbial activities of eucalyptus leaf extracts and flavonoids from Eucalyptus maculata. Letters in Applied Microbiology. 2004, 39(1): 60-64
14. MH Salari, G Amine, MH Shirazi, R Hafezi, M Mohammadypour. Anti-bacterial effects of Eucalyptus globulus leaf extract on pathogenic bacteria isolated from specimens of patients with respiratory tract disorders. Clinical Microbiology and Infection: the Official Publication of the European Society of Clinical Microbiology and Infectious Diseases. 2006, 12(2): 194-196
15. TY Ling, JJ Tang. Consolidated anti-bacterial effect of eucalyptus oil with other medicines. Economic Forest Research. 1994, 12: 54-56
16. TA Morsy, MAA Rahem, EMA el-Sharkawy, MA Shatat. Eucalyptus globulus (camphor oil) against the zoonotic scabies, Sarcoptes scabiei. Journal of the Egyptian Society of Parasitology. 2003, 33(1): 47-53
17. HAS Abdel, TA Morsy. The insecticidal activity of Eucalyptus globulus oil on the development of Musca domestica third stage larvae. Journal of the Egyptian Society of Parasitology. 2005, 35(2): 631-636

18. YC Yang, HY Choi, WS Choi, JM Clark, YJ Ahn. Ovicidal and adulticidal activity of Eucalyptus globulus leaf oil terpenoids against Pediculus humanus capitis (Anoplura: Pediculidae). Journal of Agricultural and Food Chemistry. 2004, 52(9): 2507-2511

19. M Takasaki, T Konoshima, K Fujitani, S Yoshida, H Nishimura, H Tokuda, H Nishino, A Iwashima, M Kozuka. Inhibitors of skin-tumor promotion. VIII. Inhibitory effects of euglobals and their related compounds on Epstein-Barr virus activation. (1). Chemical & Pharmaceutical Bulletin. 1990, 38(10): 2737-2739

20. J Silva, W Abebe, SM Sousa, VG Duarte, MIL Machado, FJA Matos. Analgesic and anti-inflammatory effects of essential oils of Eucalyptus. Journal of Ethnopharmacology. 2003, 89(2-3): 277-283

21. SP Jiao, TL Yu, H Jiang, WM Gao, HG Song. Study on the anti-inflammatory effect of Eucalyptus globulus fruits extract. Journal of Jilin Medical College. 1996, 16(1): 23-24

22. SP Jiao, B Chen,WM Gao, HG Song. Studies on the anti-inflammatory and analgesic actions of Tasmanian bluegum (Eucalyptus globulus). Chinese Traditional and Herbal Drugs. 1996, 27(4): 223-225

23. XQ Lü, Y Wang, FD Tang, HW Xu, J Chuan, RL Bian. Effect of Eucalyptus globulus oil on sulphur dioxide-induced chronic bronchitis and mucin hypersecretion in rats. Chinese Journal of Tuberculosis and Respiratory Diseases. 2004, 27(7): 486-488

24. XQ Lü, FD Tang, Y Wang, T Zhao, RL Bian. Effect of Eucalyptus globulus oil on lipopolysaccharide-induced chronic bronchitis and mucin hypersecretion in rats. China Journal of Chinese Materia Medica. 2004, 29(2): 168-171

25. Z Ikawati, S Wahyuono, K Maeyama. Screening of several Indonesian medicinal plants for their inhibitory effect on histamine release from RBL- 2H3 cells. Journal of Ethnopharmacology. 2001, 75(2-3): 249-256

26. K Sugimoto, J Suzuki, K Nakagawa, S Hayashi, T Enomoto, T Fujita, R Yamaji, H Inui, Y Nakano. Eucalyptus leaf extract inhibits intestinal fructose absorption, and suppresses adiposity due to dietary sucrose in rats. The British Journal of Nutrition. 2005, 93(6): 957-963

27. Z Chen, HY Wang, BM Wang, H Li. Experimental study on Eucalyptus globulus fruits on immunity system. Journal of Beihua University (Natural Science). 2006, 7(2): 129-130

28. D Abdullah, QN Ping, GJ Liu. Cineole as skin penetration enhancer. Journal of China Pharmaceutical University. 1999, 30(2): 86-89

29. MA Dessi, M Deiana, A Rosa, M Piredda, F Cottiglia, L Bonsignore, D Deidda, R Pompei, FP Corongiu. Anti-oxidant activity of extracts from plants growing in Sardinia. Phytotherapy Research. 2001, 15(6): 511-518

메밀 蕎麥[EP]

Fagopyrum esculentum Moench

Buckwheat

개 요

마디풀과(Polygonaceae)

메밀(蕎麥, *Fagopyrum esculentum* Moench)의 꽃이 핀 지상부를 말린 것: 교맥(蕎麥)

중약명: 교맥(蕎麥)

메밀속(*Fagopyrum*) 식물은 전 세계에 약 15종이 있으며 아시아와 유럽에 분포한다. 그 가운데 중국에서는 10종 1변종이 발견되고, 2종이 재배되어 분포하고 있다. 이 속에서 약 3종이 약으로 사용된다. 메밀은 아시아와 유럽에 분포하며 중국의 대부분 지역에서 재배되고 때때로 야생에서 발견된다.

중국은 세계에서 메밀 재배의 역사가 가장 길다. 메밀의 성장은 기원전 3~5세기 초 《신농서(神農書)》에 있는 8곡 곡물의 성장 장에서 기록되었다[1]. "교맥(蕎麥)"은 최초로 《천금방(千金方)》에 약으로 기술되었다. 대부분의 한방의서에 기록되어 있으며, 약용 종은 고대부터 현재까지 동일하게 남아 있다. 이 종은 교맥(Fagopyri Esculenti Herba)의 공식적인 기원식물로 유럽약전(5개정판)에 등재되어 있다. 이 약재는 주로 중국, 러시아, 일본, 폴란드, 프랑스, 캐나다 및 미국에서 생산된다.

메밀은 주로 플라보노이드, 폴리페놀, 시클리톨 및 단백질 성분을 함유한다. 유럽약전은 의약 물질의 품질관리를 위해 액체크로마토그래피법으로 시험할 때 루틴의 함량이 4.0% 이상이어야 한다고 규정하고 있다.

약리학적 연구에 따르면 메밀에는 항산화제, 항고혈압제, 항고혈당제, 항고지혈증 및 간 보호효과가 있다.

민간요법에 의하면 메밀 전초에는 정맥과 모세 혈관의 긴장을 증가시키고, 죽상 동맥 경화증을 예방하며, 정맥울혈과 정맥류를 완화한다. 한의학에서 교맥은 비장을 활성화시키고, 식체를 제거하며, 해열하고, 장을 이완시키며, 해독하고, 수렴성 염증을 예방한다.

메밀 蕎麥 *Fagopyrum esculentum* Moench

함유성분

씨에는 플라보노이드 성분으로 rutin, quercetin, hyperin[2], 3-O-glucosyltransferase[3], aromadendrin-3-O-galactoside, taxifolin-3-O-xyloside[4], eriodictyol-5-O-methyl ether-7-O-β-D-glucopyranosyl-(1 → 4)-O-β-D-galactopyranoside[5], 폴리페놀 성분으로 epicatechin, catechin-7-O-β-D-glucopyranoside, epicatechin-3-O-p-hydroxybenzoate, epicatechin-3-O-(3,4-di-O-methyl) gallate[6], protocatechuic acid, 3,4-dihydroxybenzaldehyde[2], 시클리톨류 성분으로 D-chiro-inositol, fagopyritols A_1, A_2, B_1, B_2[7]가 함유되어 있다.
꽃에는 fagopyrin[8]이 함유되어 있다.

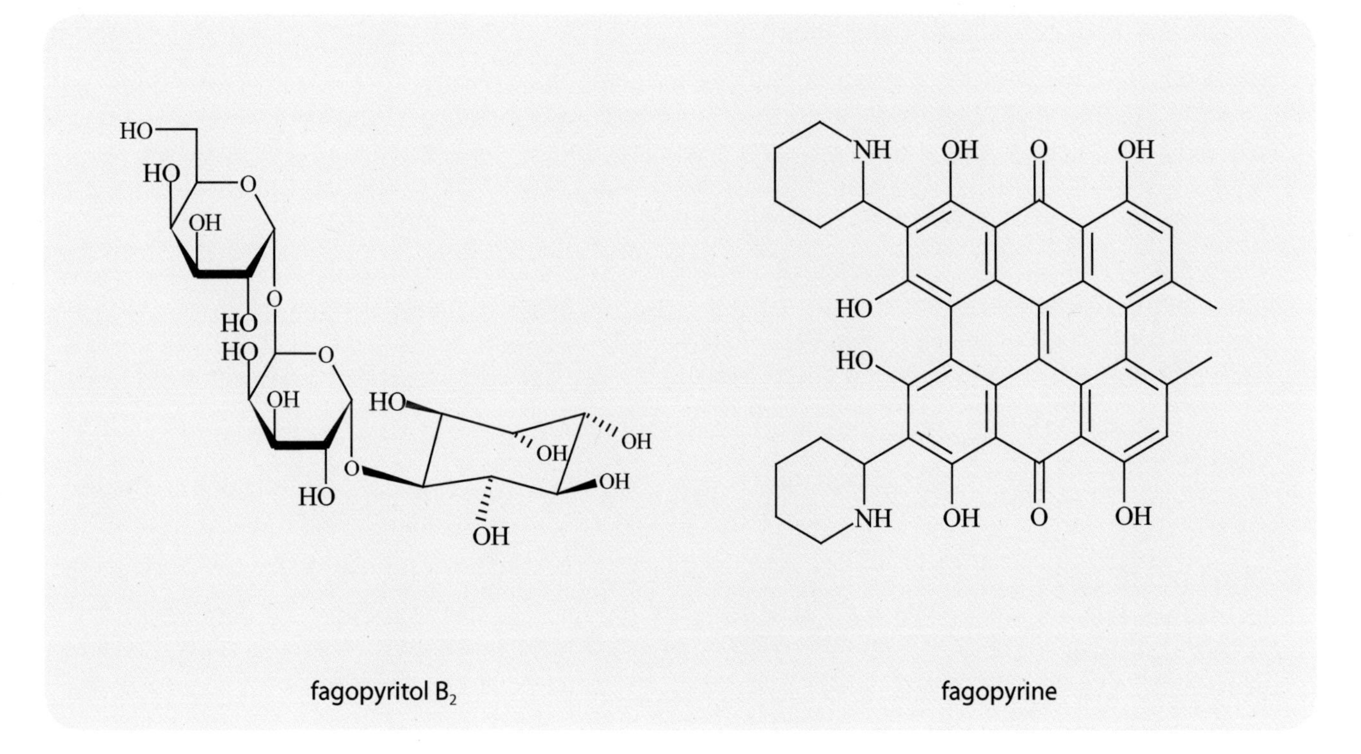

fagopyritol B_2 fagopyrine

약리작용

1. 항산화 작용
   열매 추출물의 카테킨-에피카테킨 복합체는 과산화수소(H_2O_2), 히드록실 라디칼 및 2,2- 디페닐-1-피크릴하이드라질(DPPH) 라디칼 소거 활성을 *in vitro*에서 생성했다. 씨의 물 추출물과 꽃과 잎의 플라보노이드는 황산철/시스테인으로 자극된 수산기 라디칼과 에탄올로 유도된 과산화물 음이온 라디칼에 의해 유도된 간세포에서의 지질과산화에 의한 말론디알데히드(MDA)의 형성을 억제하는데 이것은 유리기 소거효과 및 유리기 생성이 상호 관련되어 있다[10-11].

2. 혈압강하 작용
   2'-하이드록시니코티아나민, 친수성 펩타이드와 메밀로부터 분리된 gly-pro-pro와 같은 트리펩타이드는 ACE를 억제하고 항 고혈압 작용을 일으켰다[12-14].

3. 혈당강하 작용
   꽃에서 분리한 총 플라보노이드를 경구 투여하면 혈당 수치가 감소하고 혈장과 신장에서 프락토사민 생산이 억제되며 *in vitro* 및 *in vitro*에서 최종 당화산물(AGEs)이 생성된다[15]. 꽃 또는 씨의 추출물에서 총 플라보노이드를 위 내관 내 투여하면 혈당 수치가 낮아지고 내당능이 향상되며 인슐린 분비 감도가 증가하고 인슐린이 수용체에 결합하게 된다[16-17]. 메밀 농축 물에서 얻은 d-chiro-inositol은 현저한 항고혈당 효과를 나타내었고 스트렙토조토신(STZ) 랫드에서 포도당 수치를 감소시켰다 [18].

4. 항고지혈증 및 콜레스테롤 저하 작용
   고 단백질 메밀가루를 경구 투여하면 고 콜레스테롤 혈증과 체지방을 억제하였고, 마우스의 담석 형성을 예방했다[19]. 메밀의 꽃, 잎 및 씨에서 총 플라보노이드를 경구 투여하면 트리글리세라이드를 감소시키고, 저밀도 지단백질의 수준을 감소시키며, 랫드에서 고밀도 지단백질의 수준을 증가시킨다[16-17,20].

5. 신경 보호 작용
 *in vitro*에서 메밀의 폴리페놀 추출물이 해마 뉴런에서 카이네이트에 의해 유도된 신경 손상에 대한 신경보호효과를 나타냄을 보여주었다. 메밀의 폴리페놀 추출물의 신경 보호 기작은 글루탐산 신경세포의 시냅스 전 및 시냅스 활성을 억제할 뿐만 아니라 항산화제 작용을 억제할 수 있다[21]. 메밀의 폴리페놀 추출물은 AMPA 수용체 활성을 억제함으로써 해마 뉴런의 일차 배양에서 글루타메이트 및 카이네이트에 의해 유발된 세포사멸을 예방했다[22]. 메밀의 폴리페놀 추출물은 반복적인 대뇌 허혈에 의해 유발된 해마의 신경 세포 손상을 예방했다[23].

6. 심장 보호
 복부 대동맥 밴딩으로 인한 심근비대 모델에서 꽃과 잎의 총 플라보노이드를 경구 투여하면 c-fos 발현을 감소시켰다[24]. L-티록신 또는 이소프로테레놀(ISO)에 의해 유도된 심장 비대 모델에서 꽃과 잎의 총 플라보노이드는 심근의 심장 무게를 줄이고 근섬유 직경이 감소되며, RNA, $Ca2^{+}$ 및 Ang II의 함량이 감소됐다[25-27].

7. 항종양 작용
 BWI-1 및 BWI-2a로 명명된 메밀 프로테아제 억제제는 주르카트 및 CCRF-CEM과 같은 T-급성 림프모구성 백혈병(T-ALL) 세포를 억제했다[28]. 메밀의 멜라닌을 경구 투여하면 시클로포스파미드의 돌연변이 유발 작용을 감소시켰다[29]. 메밀 단백질 생성물은 세포증식을 감소시켜 마우스의 1,2-디메틸히드라진 유도 대장암 발생을 억제했다[30]. 메밀 단백질 추출물의 섭취는 암컷 랫드에서 7,12-디메틸벤조[α]안트라센에 의한 유방암 발병을 지연시켰다[31].

8. 간 보호 작용
 씨의 총 플라보노이드는 사염화탄소에 의한 마우스의 급성 간 손상에서 혈청과 간 글루타민산 피라루이아민(GPT), 글루타티온(GSH) 및 수퍼옥시다제 디스뮤타아제(SOD) 활성을 감소시켰다. 이것은 메밀로부터 총 플라보노이드의 간 보호 작용을 나타냈다[32]. 복강 내 메밀로부터 다당류를 투여하면 랫드에서 사염화탄소 및 아세트아미노펜에 의한 간 손상에 대한 보호 작용이 나타났다[33].

9. 진정 작용
 메밀 단백질을 복강 내 투여하면 수면 시간을 증가시켰고 자발적 운동을 억제시켰으며 메밀 단백질은 중심 억제 및 진정 작용을 나타냈다[25].

10. 항 알레르기 작용
 메밀 추출물을 복강 내 및 피내 투여하면 화합물 48/80으로 유도된 혈관 투과성을 유의하게 억제했다. 또한, 메밀 추출물은 항디니트로페닐(DNP) IgE에 의해 활성화된 수동 피부 아나필락시스(PCA)에 대한 강력한 억제효과를 나타냈다. *in vitro*에서, 메밀 곡물 추출물은 랫드 복막 비만 세포(RPMC)로부터 화합물 48/80으로 유도된 히스타민 방출에 대한 억제 잠재력을 갖는 것으로 밝혀졌다. 메밀 추출물의 항 알레르기 작용은 비만세포에서의 히스타민 방출 및 사이토카인 유전자 발현의 저해 때문일 수 있다[34].

11. 기타
 폴리페놀이 풍부한 메밀 곡물로 보충된 식이를 섭취하면 조기 노화된 마우스에서 백혈구 기능이 개선되고 정상 마우스에서 노화 과정이 지연된다[35]. 메밀은 신부전증의 진행을 억제했다[36]. 신장 허혈-재관류에 의해 유발된 신부전을 예방한다[37]. 메밀의 꽃가루는 항빈혈 작용을 일으켰다[38].

용도

1. 정맥류, 정맥 부전, 관상 동맥 심장 질환, 협심증, 고혈압, 동맥 경화증
2. 노인성 치매
3. 설사, 이질
4. 백대하과잉, 자발적 및 야한증(夜汗症)
5. 염증, 옹, 연주창, 화상 및 버짐

해설

꽃이 만발한 지상부 이외에, 메밀의 씨, 꽃, 잎 및 줄기도 약으로 사용된다. 줄기 또는 잎은 해열제독하고, 청력과 시력을 향상시키며, 기(氣)를 내리고, 식체를 제거하며, 지혈하고, 혈압을 낮춘다.

메밀은 영양가가 풍부하며 고혈압, 관상 동맥 질환과 당뇨병의 예방 및 치료, 항암, 노화지연, 혈중 지질저하 등과 같은 다양한 효능을 갖고 있다. 따라서 개발 가치가 크고 잠재력을 지닌 건강식품이다.

Fagopyrum tataricum (L.) Gaertn.도 중국에서 한약재 교맥(蕎麥)으로 불리며, 총 플라보노이드의 함량은 *Fagopyrum esculentum*보다 높다. 본초강목(本草綱目)은 *Fagopyrum tataricum*이 맛은 쓰고, 평하며 성질은 차고, 정력증강과 청력, 시력을 향상시키며 강기(降氣)하고 내장을 이완시키며 위에 활력을 준다고 기술하고 있다. 현대의 임상 결과에 따르면, *Fagopyrum tataricum* 분말 제품은 혈당 및 혈중 지질을 낮추고 면역력을 향상시키며 당뇨병, 고혈압, 고지혈증, 관상 동맥 질환 및 뇌졸중과 같은 질병에 대한 보조 치료 효과를 나타낸다. 그러한 효과는 *Fagopyrum tataricum*에 함유된 플라보노이드(예: 루틴)와 메밀 단백질 복합체와 밀접하게 관련된다. 메밀 단백질 복합체는 인체 내 항산화 효소의 활성을 향상시키고 지질과산화물을 제거하며 자유기에 대한 유기 저항성을 증가시키는 특정 효과를 가지므로 혈당을 낮추고 노화를 지연시키는 효과가 있다. 임상 결과에 따르면 *Fagopyrum tataricum*에는 부작용 없이 당뇨병과 고혈압에 대한 특정 치료 효과가 있다. *Fagopyrum tataricum*을 당뇨병 환자의 식이 요법에서 탄수화물 일부 대신 사용하면 *Fagopyrum tataricum* 사용 전과 비교하여 생화학적 지표가 상당히 향상될 수 있으며 당뇨 약의 복용량도 낮출 수 있다. 이것은 *Fagopyrum tataricum*이 당뇨병에 긍정적인 치료 효과를 가지고 있음을 잘 보여준다. 따라서 고지혈증 환자를 위한 식이 요법으로 사용될 것으로 기대된다.

참고문헌

1. HZ Zhang, ZX Guan, XY Liu, YH Liu. Karyotype analysis of Fagopyrum exculetum and F. tataricum. Journal of Inner Mongolia Agricultural University. 2001, 21(1): 69-74
2. M Watanabe, Y Ohshita, T Tsushida. Anti-oxidant compounds from Buckwheat (Fagopyrum esculentum Moench) Hulls. Journal of Agricultural and Food Chemistry. 1997, 45(4): 1039-1044
3. T Suzuki, SJ Kim, H Yamauchi, S Takigawa, Y Honda, Y Mukasa. Characterization of a flavonoid 3-O-glucosyltransferase and its activity during cotyledon growth in buckwheat (Fagopyrum esculentum). Plant Science. 2005, 169(5): 943-948
4. GC Samaiya, VK Saxena. Two new dihydroflavonol glycosides from Fagopyrum esculentum seeds. Fitoterapia. 1989, 60(1): 84
5. VK Saxena, GC Samaiya. A new flavanone glycoside: eriodictyol-5-O-methyl ether-7-O-β-D-glucopyranosyl-[(1→4)-O-β-D-galactopyranoside from the seeds of Fagopyrum esculentum (Moench). Indian Journal of Chemistry, Section B: Organic Chemistry Including Medicinal Chemistry. 1987, 26B(6): 592-593
6. M Watanabe. Catechins as anti-oxidants from buckwheat (Fagopyrum esculentum Moench) groats. Journal of Agricultural and Food Chemistry. 1998, 46(3): 839-845
7. M Horbowicz, RL Obendorf. Fagopyritol accumulation and germination of buckwheat seeds matured at 15, 22, and 30°C. Crop Science. 2005, 45(4): 1264-1270
8. H Brockmann, E Weber, E Sander. Fagopyrin, a photodynamic pigment from buckwheat (Fagopyrum esculentum). Naturwissenschaften. 1950, 37: 43
9. T Yokozawa. Anti-oxidative activity of Fagopyrum esculentum. Foreign Medical Sciences. 2002, 24(3): 188
10. YJ Qi, HM Lin, SY Han. Experimental study on anti-lipid peroxidative effect of the extracts of Fagopyrum esculentum seeds in vivo and in vitro. Journal of North China Coal Medical College. 2004, 6(4): 450-451
11. JX Chu, SY Han, SM Liu, YJ Qi, LS Zhu, XY Chen, XC Ma. Anti-lipid peroxidative effect of total flavonoids of buckwheat flowers and leaves. Shanghai Journal of Traditional Chinese Medicine. 2004, 38(1): 46-48
12. Y Aoyagi. An angiotensin-I converting enzyme inhibitor from buckwheat (Fagopyrum esculentum Moench) flour. Phytochemistry. 2006, 67(6): 618-621
13. K Nakamura, Y Maejima, S Maejima, E Niimura. Isolation of hydrophilic ACE inhibitory peptides from fermented buckwheat sprout. Peptide Science. 2006, 2005(42): 191-194
14. MS Ma, IY Bae, HG Lee, CB Yang. Purification and identification of angiotensin I-converting enzyme inhibitory peptide from buckwheat (Fagopyrum esculentum Moench). Food Chemistry. 2005, 96(1): 36-42
15. SY Han, XY Chen, ZL Wang, SM Liu, LS Zhu, JX Chu, N Xin. Inhibitory effect of total flavones of buckwheat flower. Chinese Pharmacological Bulletin. 2004, 20(11): 1242-1244
16. N Xin, YJ Qi, SY Han, JX Chu. Effect of total flavones of buckwheat flower on type 2 diabetic rat hyperlipidemia. Chinese Journal of Clinical Rehabilitation. 2004, 8(27): 5984-5985
17. SM Liu, SY Han, BZ Zhang, LS Zhu, H Lü, XY Chen, XR Jia, J Shi. Effects of total flavones from buckwheat leaf on serum lipid, serum

glucose and lipid peroxidation in rats with diabete and hyperlipidemia. Chinese Traditional Patent Medicine. 2003, 25(8): 662-663

18. JM Kawa, CG Taylor, R Przybylski. Buckwheat concentrate reduces serum glucose in streptozotocin-diabetic rats. Journal of Agricultural and Food Chemistry. 2003, 51(25): 7287-7291
19. H Tomotake, N Yamamoto, N Yanaka, H Ohinata, R Yamazaki, J Kayashita, N Kato. High protein buckwheat flour suppresses hypercholesterolemia in rats and gallstone formation in mice by hypercholesterolemic diet and body fat in rats because of its low protein digestibility. Nutrition. 2006, 22(2): 166-173
20. LS Zhu, XC Ma, SY Han, SM Liu, H Lü. Effects of total flavones of buckwheat leaf on blood lipid and lipid peroxides. Chinese Journal of Clinical Rehabilitation. 2004, 8(24): 5178-5179
21. FL Pu. Buckwheat polyphenols improved the spatial memory impairment and neuronal damage induced by cerebral ischemia. Fukuoka Daigaku Yakugaku Shuho. 2006, 6: 49-57
22. FL Pu, K Mishima, K Irie, N Egashira, K Iwasaki, T Ikeda, H Fujii, K Kosuna, M Fujiwara. Protection by buckwheat polyphenols of cell death induced by glutamate and kainate in cultured hippocampal neurons. Journal of Traditional Medicines. 2004, 21(3): 143-146
23. FL Pu, K Mishima, N Egashira, K Iwasaki, T Kaneko, T Uchida, K Irie, D Ishibashi, H Fujii, K Kosuna, M Fujiwara. Protective effect of buckwheat polyphenols against long-lasting impairment of spatial memory associated with hippocampal neuronal damage in rats subjected to repeated cerebral ischemia. Journal of Pharmacological Sciences. 2004, 94(4): 393-402
24. WJ Yao, SY Han, HS Song. Effect of total flavones of buckwheat flower and leaf on c-fos protein expression in course of acute pressure overload in rats. Journal of the Fourth Military Medical University. 2006, 27(7): 662-664
25. RF Shi, SY Han. Effect of total flavones of buckwheat on cardiac hypertrophy induced by thyroxin. Journal of Chinese Medicinal Materials. 2006, 29(3): 269-271
26. SY Han, J Zhang, ZL Wang, XY Chen, LS Zhu, H Lü, SM Liu, JX Chu, N Xin. Protective effects of total flavones of buckwheat flower on experimental cardiac hypertrophy in rats. Journal of the Fourth Military Medical University. 2004, 25(4): 1338-1340
27. SY Han, XC Ma, ZL Wang, XY Chen, LS Zhu, H Lü, SM Liu, JX Chu, N Xin. Effects of total flavones from buckwheat leaves on isoproterenolinduced cardiac hypertrophy in rats. West China Journal of Pharmaceutical Sciences. 2004, 19(1): 11-13
28. SS Park, H Ohba. Suppressive activity of protease inhibitors from buckwheat seeds against human T-acute lymphoblastic leukemia cell lines. Applied Biochemistry and Biotechnology. 2004, 117(2): 65-73
29. VA Baraboi, AD Durnev, AV Oreshchenko, TN Alekseeva, VN Ogarkov, LV Samusenok, VA Pestunovich. Decreasing the mutagenic action of cyclophosphamide by buckwheat melanin. Ukrains'kii Biokhimichnii Zhurnal. 2004, 76(5): 148-150
30. Z Liu, W Ishikawa, X Huang, H Tomotake, J Kayashita, H Watanabe, N Kato. A buckwheat protein product suppresses 1,2-dimethylhydrazineinduced colon carcinogenesis in rats by reducing cell proliferation. Journal of Nutrition. 2001, 131(6): 1850-1853
31. J Kayashita, I Shimaoka, M Nakajoh, N Kishida, N Kato. Consumption of a buckwheat protein extract retards 7,12-dimethylbenz[α] anthraceneinduced mammary carcinogenesis in rats. Bioscience, Biotechnology, and Biochemistry. 1999, 63(10): 1837-1839
32. N Xin, JX Xiong, SY Han, LS Zhu, SM Liu, JX Chu. Protective effect of total flavonoids of buckwheat seed on acute hepatic injury by carbon tetrachloride. Acta Academiae Medicinae Militaris Tertiae. 2005, 27(14): 1456-1458
33. J Zeng, LM Zhang, LX Jiang, R Shen, HR Xu, HY Ye. Protective effects of Fagopyrum esculentum polysaccharide on experimental liver injuries in mice. Pharmacology and Clinics of Chinese Materia Medica. 2005, 21(5): 29-30
34. CD Kim, WK Lee, KO No, SK Park, MH Lee, SR Lim, SS Roh. Anti-allergic action of buckwheat (Fagopyrum esculentum Moench) grain extract. International Immunopharmacology. 2003, 3(1): 129-136
35. P Alvarez, C Alvarado, M Puerto, A Schlumberger, L Jimenez, M De la Fuente. Improvement of leukocyte functions in prematurely aging mice after five weeks of diet supplementation with polyphenol-rich cereals. Nutrition. 2006, 22(9): 913-921
36. T Yokozawa, HY Kim, G Nonaka, K Kosuna. Buckwheat extract inhibits progression of renal failure. Journal of Agricultural and Food Chemistry. 2002, 50(11): 3341-3345
37. T Yokozawa, H Fujii, K Kosuna, GI Nonaka. Effects of buckwheat in a renal ischemia-reperfusion model. Bioscience, Biotechnology, and Biochemistry. 2001, 65(2): 396-400

38. LX Zhou, P Shao, YH Chen. Research on the role of orally-taking liquid of buckwheat pollen in antianaemia. Academic Journal of Kunming Medical College. 1994, 15(3): 11-13

메밀 재배 모습

메도스위트 旋果蚊子草 EP, BHP, GCEM

Filipendula ulmaria (L.) Maxim.

Meadowsweet

개 요

장미과(Rosaceae)

메도스위트(旋果蚊子草, *Filipendula ulmaria* (L.) Maxim.)의 꽃이 핀 지상부를 말린 것: 선과문자초(旋果蚊子草)

중약명: 선과문자초(旋果蚊子草)

터리풀속(*Filipendula*) 식물은 약 10종이 있으며 북반구의 온화하고 차가운 온대 지역에 분포한다. 중국에서는 약 8종이 발견되며 주로 중국 북동부, 북서부 또는 북부, 운남성 및 대만에 분포한다. 이 속에서 약 4종 1변종이 약으로 사용된다. 메도스위트는 유라시아의 북극 지방과 추운 지방에 분포하며 터키, 러시아, 몽골, 중국 신강의 중앙아시아 지역의 남쪽으로 뻗어있다.

메도스위트는 영국에서 처음 약으로 사용되어진 후에 인도로 도입되었으며, 현재 인도, 프랑스, 러시아에서 유명한 약초이다. 진통제인 살리신은 1827년에 메도스위트에서 추출되어 나중에 아스피린으로 합성되었다. 이 종은 메도스위트(Spiraeae Herba)의 공식적인 기원식물 내원종으로 유럽약전(5개정판) 및 영국생약전(1996)에 등재되어 있다. 이 약재는 주로 영국, 폴란드, 불가리아, 세르비아 및 몬테네그로에서 생산된다.

메도스위트는 주로 페놀 배당체와 플라보노이드 성분을 함유하고 있다. 살리실산염은 아스피린과 비슷한 항염증 및 진통 효과를 나타낸다.

유럽약전과 영국생약전은 의약 물질의 품질관리를 위해 박층크로마토그래피법으로 규정하고 있다.

약리학적 연구에 따르면 메도스위트에는 항궤양, 항박테리아, 항염증제, 항응고제 및 항종양 효과가 있다.

민간요법에 의하면 메도스위트에는 항염증 작용, 이뇨 작용, 위장 및 수렴성 작용이 있다. 한의학에서 메도스위트 추출물은 정간(情肝)하고, 혈압강하, 악취제거, 수렴성 염증을 예방한다.

메도스위트 旋果蚊子草 *Filipendula ulmaria* (L.) Maxim.

선과문자초 旋果蚊子草 Spiraeae Herba

함유성분

꽃에는 methylsalicylate, salicylaldehyde, salicylic acid[1]가 함유되어 있고, 페놀 배당체 성분으로 monotropitin, spireine, isosalicin[2], 플라보노이드 성분으로 quercetin-3'-glucoside[2], isoquercitrin, qercetin-4'-O-β-galactopyranoside[3], spiraeoside, quercetin, rutin, quercetin-3-glucuronide, hyperoside, avicularoside, kaempferol-4'-glucoside[4], 페놀산 성분으로 gallic acid, p-counaric acid, vanillic acid[5], 정유 성분으로 linalool, trans-anethol, carvacrol[6]이 함유되어 있다.

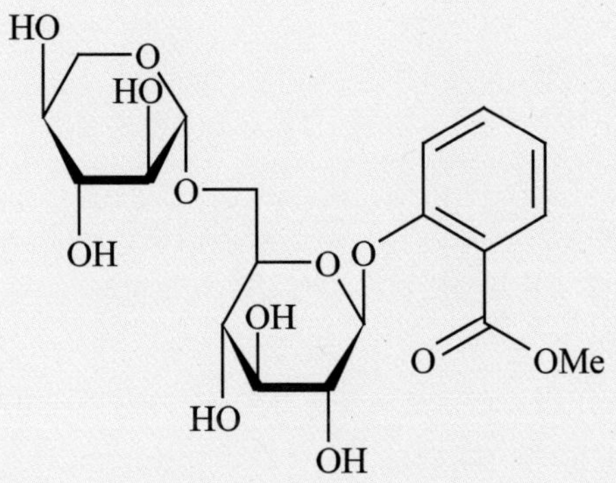

HO O HO O O O OH OH O OMe HO OH

monotropitin

OH O HO O OH OH O HO O OH HO OH

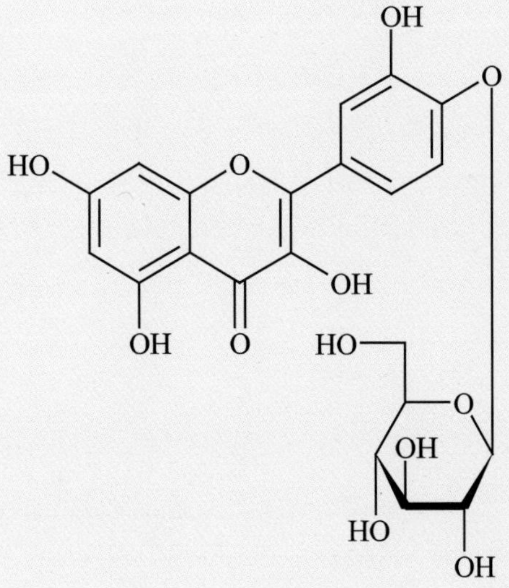

spiraeoside

메도스위트 旋果蚊子草 EP, BHP, GCEM

약리작용

1. 위장 시스템에 미치는 영향
   식물의 지상부를 주입하면 장평활근을 이완시키며 연동운동을 증가시킨다. 또한 마우스의 통증 스트레스, 카라기난 및 아세틸 살리실산으로 유도된 위 궤양에 대한 항궤양 작용을 일으킨다. 그 보호 작용은 가스트린 분비를 억제하고 위에 영양을 공급하는 효과 때문이었다[7].
2. 항균 작용
   메도스위트는 *in vitro*에서 고초균, 대장균, 마이크로코커스 루테우스균, 녹농균, 황색포도상구균 및 표피포도구균에 대한 저해 활성을 나타냈다[8].
3. 항염증 작용
   뿌리의 수성 에탄올 추출물은 마우스에서 카라기닌에 의한 급성 염증 및 탈지면 육아종성 만성 염증을 억제했다. 그 작용은 아세틸 살리실산보다 강했다[9].
4. 항응고 작용
   꽃과 씨는 항응고제와 섬유소 용해 활성을 나타냈다[10]. 꽃에는 항응고 활성의 주성분인 복합체 형태로 식물성 단백질에 결합된 헤파린과 같은 항응고제가 함유되어 있는 것으로 밝혀졌다[11].
5. 항종양 작용
   메도스위트는 흑색종 B16 세포에 항 증식 효과를 나타내었고[12], 배양된 인간 림프모구양 라지 세포에 대해 세포독성을 보였다 [13].
6. 중추신경계의 억제
   메도스위트의 꽃 에탄올 추출물은 중추신경계에 억제 작용을 일으키고, 실험동물의 자발행동을 감소시키며, 마약 독의 작용을 강화시키고, 밀폐된 시스템에 한정된 마우스의 수명을 연장시켰다[2].
7. 기타
   메도스위트는 항산화 활성을 나타냈다[12].

용도

1. 소화 불량, 위염, 소화성 궤양
2. 만성 류마티스통증, 관절염
3. 발열, 독감
4. 고혈압
5. 염증, 옹

해설

메도스위트는 “초원의 여왕”이라고도 불린다. 메도스위트에 함유된 살리실산염은 아스피린과 유사한 항염증 및 진통 효과를 나타내지만 소화관에는 부작용이 없다. 메도스위트에 함유된 살리실산은 아스피린에 의한 위궤양을 억제하여 훌륭한 천연 항염증약으로 여겨진다.

참고문헌

1. I Papp, B Simandi, E Hethelyi, B Nagy, E Szoke, A Kery. Supercritical fluid extraction of lipophilic phenoloids in Filipendula ulmaria. Olaj, Szappan, Kozmetika. 2005, 54(4): 190-195
2. OD Barnaulov, AV Kumkov, NA Khalikova, IS Kozhina, BA Shukhobodskii. Chemical composition and primary evaluation of the properties of preparations from Filipendula ulmaria (L.) Maxim flowers. Rastitel'nye Resursy. 1977, 13(4): 661-669
3. EA Krasnov, VA Raldugin, IV Shilova, EY Avdeeva. Phenolic compounds from Filipendula ulmaria. Chemistry of Natural Compounds. 2006, 42(2): 148-151
4. JL Lamaison, C Petitjean-Freytet, A Carnat. Content of principle flavonoids from the aerial parts of Filipendula ulmaria (L.) Maxim. subsp.

ulmaria and subsp. denudata (J.&C. Presl) Hayek. Pharmaceutica Acta Helvetiae. 1992, 67(8): 218-222

5. HD Smolarz, A Sokolowska-Wozniak. Chromatographic analysis of phenolic acids in Filipendula ulmaria (L.) Maxim and Filipendula hexapetala Gilib. Chemical & Environmental Research. 2003, 12(1-2): 77-82
6. M Grazia Valle, GM Nano, S Tira. The essential oil of Filipendula ulmaria. Planta Medica. 1988, 54(2): 181-182
7. LX Wang. Antiulcer effect of extract of meadowsweet aerial part. World Phytomedicines. 2003, 18(4): 165-166
8. JP Rauha, S Remes, M Heinonen, A Hopia, M Kahkonen, T Kujala, K Pihlaja, H Vuorela, P Vuorela. Anti-microbial effects of Finnish plant extracts containing flavonoids and other phenolic compounds. International Journal of Food Microbiology. 2000, 56(1): 3-12
9. VG. Pashinskiy, SG Aksinenko, AV Gorbacheva, SS Kravtsova, KA Dychko, VV Khasanov. Pharmacological activity and composition of extract from Filipendula Ulmaria (Rosaceae) underground part. Rastitel'nye Resursy. 2006, 42(1): 114-120
10. LA Liapina, GA Koval'chuk. A comparative study of the action on the hemostatic system of extracts from the flowers and seeds of the meadowsweet (Filipendula ulmaria (L.) Maxim.). Seriia Biologicheskaia/Rossiiskaia Akademiia Nauk. 1993, 4: 625-628
11. BA Kudriashov, LA Liapina, LD Azieva. The content of a heparin-like anti-coagulant in the flowers of the meadowsweet (Filipendula ulmaria). Farmakologiia i Toksikologiia. 1990, 53(4): 39-41
12. CA Calliste, P Trouillas, DP Allais, A Simon, JL Duroux. Free radical scavenging activities measured by electron spin resonance spectroscopy and B16 cell anti-proliferative behaviors of seven plants. Journal of Agricultural and Food Chemistry. 2001, 49(7): 3321-3327
13. NA Spiridonov, DA Konovalov, VV Arkhipov. Cytotoxicity of some russian ethnomedicinal plants and plant compounds. Phytotherapy Research. 2005, 19(5): 428-432

Rosaceae

야생딸기 野草莓 GCEM

Fragaria vesca L.

Wild Strawberry

개 요

장미과(Rosaceae)

야생딸기(野草莓, *Fragaria vesca* L.)의 잎을 말린 것: 야초매엽(野草莓葉)

중약명: 야초매엽(野草莓葉)

딸기속(*Fragaria*) 식물은 전 세계에 20종이 있으며 북반구의 온대 및 아열대 지역에 분포하고 아시아와 유럽에서 흔히 볼 수 있으며, 특정 종은 라틴 아메리카의 남쪽으로 확장되어 있다. 중국에서 약 8종이 발견되며, 그 가운데 1종이 도입되어 재배되고 있다. 이 속에서 약 7종 1변종이 약으로 사용된다. 야생딸기는 유럽과 북미를 포함한 북부 온대 지역에 널리 분포되어 있고 중국의 길림성, 사천청 및 운남성에도 분포한다.

야생딸기는 중세 유럽에서 매우 인기가 있었다. 그 잎과 뿌리는 설사를 치료하는 데 사용되는 반면 줄기는 상처를 치료하는 데 사용되었다. 야생딸기 씨의 화석은 유럽의 여러 곳에서 유적으로 발견된다. 유럽의 많은 지역 사람들은 숲에서 야생딸기의 열매를 수확하여 시장에서 팔았다. 야생딸기는 13세기 초 프랑스와 영국 왕실 정원에서 재배되기 시작했다. 또한 다년생 꽃이 피는 야생딸기는 18세기에 많은 나라에서 도입되고 재배되었다[1]. 약재로서 주로 영국, 폴란드, 일본에서 생산된다[2].

야생딸기는 주로 프로안토시아니딘, 플라보노이드, 엘라기탄닌 및 정유 성분을 함유한다.

약리학적 연구에 따르면 야생 딸기에는 수렴 작용, 이뇨 작용, 혈관 보호작용 및 항균 작용이 있다.

민간요법에 의하면 야생딸기의 잎은 수렴성 및 이뇨 작용이 있다. 한의학에서 야초매는 해열(解熱), 제독(除毒), 수렴 및 지혈작용이 있다.

야생딸기 野草莓 *Fragaria vesca* L.

야초매엽 野草莓葉 Fragariae Folium

1cm

함유성분

잎에는 프로안토시아닌 성분으로 fragarin[3]이 함유되어 있고, 플라보노이드 성분으로 quercetin, quercitrin[4], 탄닌 성분으로 ellagitannin과 그 분해 생성물인 ellagic acid와 gallic acid[4]가 함유되어 있다.
열매에는 안토시아닌 성분으로 callistephin, chrysanthemin[5], 휘발성 성분으로 verbenone, citronellol, myrtenol, eugenol, vanillin[6]이 함유되어 있고, 유기산과 그 에스테르 성분으로 malic acid, ascorbic acid[7], cinnamic acid[8], 3-methyl-2-butenyl acetate, nicometh[6]가 함유되어 있으며, 또한 2,5-dimethyl-4-hydroxy-3(2H)-furanone[8]이 함유되어 있다.
뿌리에는 프로안토시아닌 성분으로 procyanidin B_1, procyanidin B_2, procyanidin B_5[9], 카테킨 성분으로 catechin, epicatechin[9]이 함유되어 있다.

fragarin

약리작용

1. 수렴 작용
잎의 탄닌 함량은 수렴 작용을 나타낸다[10]. 엘라기탄닌, 엘라그산 및 갈산 역시 수렴 작용을 나타낸다[11].

2. 이뇨 작용
야생 딸기 전초는 강하고 지속적인 이뇨 작용을 나타냈다[12]. 이뇨 작용은 잎과 뿌리에 있는 칼륨염에 기인한다[13].

3. 혈관 보호 작용
야생 딸기는 혈소판 형성을 억제하고 항산화 작용을 나타낸다[14]. 레이저 유발 혈전증을 억제했다. 뿌리에서 유래한 프로시아니딘은 혈관 보호효과를 나타냈다[15].

4. 항균 작용
열매의 추출물은 그람 음성 박테리아와 살모넬라에 대한 억제 작용을 일으켰다[16]. 항균 활성은 엘라기탄닌에 의한 것일 수 있다[17]. 열매와 식물에서 얻은 정유는 황색포도상구균과 대장균의 성장을 억제했다[18].

5. 기타
잎과 열매는 항산화 작용[19]과 항궤양 작용[20]을 나타낸다. 야생딸기의 비타민 C와 엘라그산은 발암성 물질인 니트로사민의 형성을 억제하고, 암세포의 증식으로 생성되는 특수한 효소 활성을 파괴하며, 암 발병률을 감소시킨다.

용도

1. 설사, 영양실조
2. 구내염, 호흡기 감염
3. 통풍, 류마티스 성 관절염
4. 신장 결석
5. 피부염

해설

야생딸기의 뿌리줄기와 잘 익은 열매는 약으로 사용된다. 또한 야생딸기의 전초는 한약재 야초매로 사용된다. 야초매는 열을 없애고, 독을 풀어주며, 수렴 작용을 나타내고, 지혈작용을 나타낸다. 복용하는 증상으로는 감기, 기침, 인후통, 이질, 아구창, 과다출혈, 혈뇨가 있다. 동일한 속에 있는 딸기(*Fragaria ananassa* Duch.)의 열매는 일반적인 과일이다. 딸기는 남아메리카에서 기원하며 현재 널리 재배되고 있다.

참고문헌

1. FA Roche. History and evolution of fruit crops. Agricultural Archaeology. 1991, 1: 302-309
2. FJ Gao. General survey of strawberry all over the world. Northern Fruits. 1998, 5: 4-6
3. MP Filippone, J Diaz Ricci, A Mamani de Marchese, RN Farias, A Castagnaro. Isolation and purification of a 316 Da preformed compound from strawberry (Fragaria ananassa) leaves active against plant pathogens. FEBS Letters. 1999, 459(1): 115-118
4. K Herrmann. Tannin and flavones from the leaves of Fragaria vesca. Pharmazeutische Zentralhalle fuer Deutschland. 1949, 88: 374-378
5. E Sondheimer, CB Karash. The major anthocyanin pigments of the wild strawberry (Fragaria vesca). Nature. 1956, 178: 648-649
6. T Pyysalo, E Honkanen, T Hirvi. Volatiles of wild strawberries, Fragaria vesca L., compared to those of cultivated berries, Fragaria x ananassa cv Senga Sengana. Journal of Agricultural and Food Chemistry. 1979, 27(1): 19-22
7. G Caruso, A Villari, G Villari. Quality characteristics of Fragaria vesca L. fruits influenced by NFT solution EC and shading. Acta Horticulturae. 2004, 648: 167-175
8. H Wintoch, G Krammer, P Schreier. Glycosidically bound aroma compounds from two strawberry fruit species, Fragaria vesca f. semperflorens and Fragaria x ananassa, cv. Korona. Flavour and Fragrance Journal. 1991, 6(3): 209-215

9. B Vennat, A Pourrat, O Texier, H Pourrat, J Gaillard. Proanthocyanidins from the roots of Fragaria vesca. Phytochemistry. 1986, 26(1): 261-263

10. N Krstic-Pavlovic, R Dzamic. Study of astringent components and some minerals in leaves of wild and cultivated strawberries. Zemljiste i Biljka. 1985, 34(1): 59-67

11. U Vrhovsek, A Palchetti, F Reniero, C Guillou, D Masuero, F Mattivi. Concentration and mean degree of polymerization of Rubus ellagitannins evaluated by optimized acid methanolysis. Journal of Agricultural and Food Chemistry. 2006, 54(12): 4469-4475

12. T Fajans. The diuretic action of native herbs. Experiments on dogs. Pamietnik Farmaceutyczny. 1934, 61: 225-228, 239-243

13. H Leclerc. Pharmacology of the wild-strawberry plant, Fragaria vesca L. Presse Medicale. 1944, 52: 140

14. A Naemura, T Mitani, Y Ijiri, Y Tamura, T Yamashita, M Okimura, J Yamamoto. Anti-thrombotic effect of strawberries. Blood Coagulation & Fibrinolysis. 2005, 16(7): 501-509

15. B Vennat, A Pourrat, H Pourrat, D Gross, P Bastide, J Bastide. Procyanidins from the roots of Fragaria vesca: characterization and pharmacological approach. Chemical & Pharmaceutical Bulletin. 1988, 36(2): 828-833

16. R Puupponen-Pimia, L Nohynek, C Meier, M Kahkonen, M Heinonen, A Hopia, KM Oksman-Caldentey. Anti-microbial properties of phenolic compounds from berries. Journal of Applied Microbiology. 2001, 90(4): 494-507

17. R Puupponen-Pimiae, L Nohynek, HL Alakomi, KM Oksman-Caldentey. Bioactive berry compounds-novel tools against human pathogens. Applied Microbiology and Biotechnology. 2005, 67(1): 8-18

18. SI Zelepukha. Anti-microbial activity of essential oils obtained from some edible fruits. Mikrobiologichnii Zhurnal. 1967, 29(1): 59-63

19. IL Drozdova, RA Bubenchikov. Anti-oxidant activity of Viola odorata L. and Fragaria vesca L. polyphenolic complexes. Rastitel'nye Resursy. 2004, 40(2): 92-96

20. B Vennat, D Gross, H Pourrat, A Pourrat, P Bastide, J Bastide. Anti-ulcer activity of procyanidins preparation of water-soluble procyanidincimetidine complexes. Pharmaceutica Acta Helvetiae. 1989, 64(11): 316-320

구주물푸레나무 歐洲白蠟樹 EP, BP, GCEM

Fraxinus excelsior L.

Ash

개 요

물푸레나무과(Oleaceae)

구주물푸레나무(歐洲白蠟樹, *Fraxinus excelsior* L.)의 잎을 말린 것: 회엽(灰葉)

중약명: 회엽(灰葉)

물푸레나무속(*Fraxinus*) 식물은 전 세계에 약 60종이 있으며 북부 온대 지역에 주로 분포한다. 중국에서는 약 27종 1변종이 발견되며, 일부 종은 여러 나라에 도입되어 재배되고 있다. 이 속에서 약 8종이 약으로 사용된다. 구주물푸레나무는 유럽의 대부분 지역에 분포한다.

구주물푸레나무는 노르웨이의 신화에서 "우주의 나무"라고 불리는데, 그것은 이 나무의 뿌리가 하나님의 영토까지 뻗어 있고 그 나무의 가지와 잎은 우주의 가장 먼 곳으로까지 뻗어 있다고 믿은 것에서 유래한 것이다. 19세기 말엽까지도 아일랜드의 고지 사람들은 구주물푸레나무의 주스 한 숟가락을 신생아에게 먹이는 풍습이 있었다. 이 종은 유럽약전(5개정판) 및 영국약전(2002)에는 회엽(Fraxini Folium)이 공식적인 기원식물 내원종으로 등재되어 있다. 이 약재는 유럽의 대부분의 국가에서 생산된다.

회엽에는 주로 플라보노이드, 페닐프로파노이드, 쿠마린 및 이리도이드 성분이 함유되어 있다. 유럽약전 및 영국약전은 의약 물질의 품질관리를 위해 자외선가시광선분광광도법으로 시험할 때 클로로겐산으로 환산된 히드록시신남산의 함량이 2.5% 이상이어야 한다고 규정하고 있다.

약리학적 연구에 따르면 회엽은 항염증제, 항고혈당제 및 항고혈압제를 함유하고 있다.

민간요법에 따르면 회엽은 항염증성, 정화성 및 이뇨 작용이 있다. 구주물푸레나무의 껍질에는 진통제, 항염증제, 강장제 및 수렴제가 있다.

구주물푸레나무 歐洲白蠟樹 *Fraxinus excelsior* L.

함유성분

잎에는 페닐프로파노이드 성분으로 클로로겐산, 악테오사이드 (verbascoside)[1], 카페인산, 시링산, sinapic acid, 페룰산, p−coumaric acid[2], 페놀산 성분으로 protocatechuic acid, vanillic acid[2], 플라보노이드 성분으로 rutin, quercetin, quercetin−3−rhamnoside[2] 쿠마린 성분으로 fraxin, cichoriin, esculin, esculetin, fraxinol[3] 이리도이드 성분으로 syringoxide, deoxysyringoxide, hydroxylnuezhenide[4], 세코이리도이드 배당체 성분으로 excelsioside[5], GI_5, oleuropein, ligstroside[6]가 함유되어 있다.

나무껍질에는 쿠마린 성분으로 fraxin, esculin, isofraxidin[8]이 함유되어 있다.

씨에는 planteose[9], abscisic acid, jasmonic acid, methyl jasmonate가 함유되어 있고, 지베렐린(GAs) 성분으로 GA_1, GA_3, GA_8, GA_9, GA_{12}, GA_{15}, GA_{17}, GA_{19}, GA_{20}, GA_{24}, GA_{29}, GA_{44}, GA_{51}, GA_{53}[10]이 함유되어 있다.

acteoside

excelsioside

약리작용

1. 항염증 작용
구주물푸레나무의 수성-알코올성 추출물은 카라기닌으로 유발된 부종과 랫드의 발의 보조제로 유발된 관절염을 억제했다[11].

2. 혈당강하 작용
구주물푸레나무의 씨 추출물을 정맥 내 및 위 내에 투여하면 정상 및 스트렙토조토신(STZ) 당뇨병 랫드에서 혈당 수준을 감소시켰으며, 항 고혈당 활성은 STZ 당뇨병 랫드에서 보다 효과적이었다. 인슐린 수치에 아무런 영향을 미치지 않아 인슐린 분비에 영향을 미치지 않으면서 약리 활성을 나타내지만 신장 포도당 재흡수를 억제한다는 것을 보였다[12-13].

3. 혈압강하 작용
구주물푸레나무의 물 추출물을 경구 투여하면 정상 및 자발적인 고혈압 랫드에서 항 고혈압 작용을 일으키고 수축기 혈압을 감소시켰다[14].

4. 이뇨 작용
구주물푸레나무의 물 추출물을 랫드에 경구 투여하면 소변 내 나트륨, 칼륨 및 염화물의 농도를 증가시켰고, 자발적 고혈압 랫드에서 사구체 여과율을 증가시켰다[14].

5. 기타
구주물푸레나무는 또한 발열, 진통[15] 및 항산화 활성을 나타내며[16] 또한 골수세포형과산화효소를 억제한다[17].

용도

1. 관절염, 통풍
2. 핍뇨, 배뇨 장애
3. 변비
4. 발열

해설

Fraxinus oxyphylla M. Bieb는 재래종 재배 식물의 기원으로 유럽약전과 영국약전에 등재되어 있다. 주요 화학 성분은 *Fraxinus excelsior*와 유사하다[19]. 그럼에도 불구하고, 약리학적 효과에 대한 보고는 거의 없으므로 앞으로의 연구가 필요하다.
구주물푸레나무는 염증 치료에 자주 사용되는 오래된 약용나무이다. 최근 연구에 따르면 혈당강하 작용과 혈압강하 작용이 있음이 밝혀졌다. 약재의 임상적용이 확장될 수 있지만, 관련 추가 연구가 아직 수행되지 않았다.

참고문헌

1. JL Lamaison, C Petitjean-Freytet, A Carnat. Verbascoside, the major phenolic compound in ash leaves (Fraxinus excelsior) and vervain (Aloysia triphylla). Plantes Medicinales et Phytotherapie. 1993, 26(3): 225-233
2. B Kowalczyk, W Olechnowicz-Stepien. Study of Fraxinus excelsior L. leaves. I. Phenolic acids and flavonoids. Herba Polonica. 1988, 34(1-2): 7-13
3. MV Artem'eva, MO Karryev, GK Nikonov. Oxycoumarins of ten Fraxinus species cultivated in the botanical garden of the Turkmen SSR Academy of Sciences. Rastitel'nye Resursy. 1975, 11(3): 368-371
4. N Marekov, S Popov, N Khandzhieva. Iridoids from Bulgarian medicinal plants. Khimiya i Industriya. 1986, 58(3): 132-135
5. S Damtoft, H Franzyk, SR Jensen. Excelsioside, a secoiridoid glucoside from Fraxinus excelsior. Phytochemistry. 1992, 31(12): 4197-4201
6. P Egan, P Middleton, M Shoeb, M Byres, Y Kumarasamy, M Middleton, D Nahar, A Delazar, S Sarker. GI5, a dimer of oleoside, from Fraxinus excelsior (Oleaceae). Biochemical Systematics and Ecology. 2004, 32(11): 1069-1071
7. J Grujic-Vasic, S Ramic, F Basic, T Bosnic. Phenolic compounds in the bark and leaves of Fraxinus L. species. Acta Biologiae et Medicinae

Experimentalis. 1989, 14(1): 17-29

8. OB Genius. Quantitative thin-layer chromatographic determination of plant substances. Part 2. Fraxinus excelsior. Deutsche Apotheker Zeitung. 1980, 120(32): 1505-1506

9. C Jukes, DH Lewis. Planteose, the major soluble carbohydrate of seeds of Fraxinus excelsior. Phytochemistry. 1974, 13(8): 1519-1521

10. PS Blake, JM Taylor, WE Finch-Savage. Identification of abscisic acid, indole-3-acetic acid, jasmonic acid, indole-3-acetonitrile, methyl jasmonate and gibberellins in developing, dormant and stratified seeds of ash (Fraxinus excelsior). Plant Growth Regulation. 2002, 37(2): 119-125

11. M el-Ghazaly, MT Khayyal, SN Okpanyi, M Arens-Corell. Study of the anti-inflammatory activity of Populus tremula, Solidago virgaurea and Fraxinus excelsior. Arzneimittel-Forschung. 1992, 42(3): 333-336

12. M Eddouks, M Maghrani. Phlorizin-like effect of Fraxinus excelsior in normal and diabetic rats. Journal of Ethnopharmacology. 2004, 94(1): 149-154

13. M Maghrani, N-A Zeggwagh, A Lemhadri, M El Amraoui, J-B Michel, M Eddouks. Study of the hypoglycemic activity of Fraxinus excelsior and Silybum marianum in an animal model of type 1 diabetes mellitus. Journal of Ethnopharmacology. 2004, 91(2-3): 309-316

14. M Eddouks, M Maghrani, N-A Zeggwagh, M Haloui, J-B Michel. Fraxinus excelsior L. evokes a hypotensive action in normal and spontaneously hypertensive rats. Journal of Ethnopharmacology. 2005, 99(1): 49-54

15. SN Okpanyi, R Schirpke-von Paczensky, D Dickson. Anti-inflammatory, analgesic and anti-pyretic effect of various plant extracts and their combinations in an animal model. Arzneimittel-Forschung. 1989, 39(6): 698-703

16. B Meyer, W Schneider, EF Elstner. Anti-oxidative properties of alcoholic extracts from Fraxinus excelsior, Populus tremula and Solidago virgaurea. Arzneimittel-Forschung. 1995, 45(2): 174-176

17. S Von Kruedener, W Schneider, EF Elstner. Effects of extracts from Populus tremula, Solidago virgaurea. and Fraxinus excelsior on various myeloperoxidase systems. Arzneimittel-Forschung. 1996, 46(8): 809-814

18. M Fernandez-Rivas, C Perez-Carral, CJ Senent. Occupational asthma and rhinitis caused by ash (Fraxinus excelsior) wood dust. Allergy. 1997, 52(2): 196-199

19. RR Paris, A Stambouli. A biochemical examination of Fraxinus oxyphylla. Isolation of the rutin from the leaves and the esculin from the bark. Comptes Rendus de la Société Française de Gynécologie. 1961, 253: 313-314

갈레가 山羊豆 GCEM

Galega officinalis L.

Goat's Rue

개 요

콩과(Leguminosae)

갈레가(山羊豆, *Galega officinalis* L.)의 꽃이 필 무렵의 지상부를 수확하여 말린 것: 산양두초(山羊豆草)

중약명: 산양두초(山羊豆草)

갈레가속(*Galega*) 식물은 전 세계에 약 8종이 있으며 유럽 남부의 열대 산맥, 아시아의 남서부, 아프리카의 동부에 분포한다. 중국에서는 오직 1종만이 발견되어 약으로 사용된다. 갈레가는 유럽 남부와 아시아 남서부에 분포되어 있으며 한때 중국의 감숙성과 산서성에 도입되어 재배되었다.

중세 시대에, 갈레가는 강렬한 배뇨, 즉 현대 의학에서의 당뇨병을 동반한 질병을 완화시키는 데 사용됐다[1].

갈레가는 주로 알칼로이드 및 트리테르페노이드 사포닌뿐만 아니라 쿠마린, 노르테르페노이드 및 플라보노이드를 함유한다. 갈레긴은 주요 생체 활성성분이다.

약리학적 연구에 따르면 갈레가는 항고혈당 및 항박테리아 효과가 있으며 체중을 감소시키고 혈소판 응집을 억제한다.

민간요법에 따르면 갈레가는 이뇨 작용이 있으며 당뇨병의 보조 치료에 사용한다.

산양두 山羊豆 *Galega officinalis* L.

함유성분

지상부에는 알칼로이드 성분으로 galegine(galegin, 3-methyl-2-butenylguanidine)[2], 4-hydroxygalegine, peganine, 사포닌류 성분으로 3-O-[β-D-glucopyranosyl(1 → 2)-β-D-glucuronopyransoyl] soyasapogenol B, 쿠마린 성분으로 medicagol[3], 노르테르페노이드 배당체 성분으로 dearabinosyl pneumonanthoside[4], 플라보놀 트리글리코사이드 성분으로 kaempferol-3-[2gal-(4-acetylrhamnosyl)-robinobioside], kaempferol-3-(2gal-rhamnosylrobinobioside), quercetin-3-(2G-rhamnosylrutinoside)[5]가 함유되어 있다. 또한 allantoin, phytosterols[3], polysaccharides, 아미노산과 단백질[6-7]이 함유되어 있다.

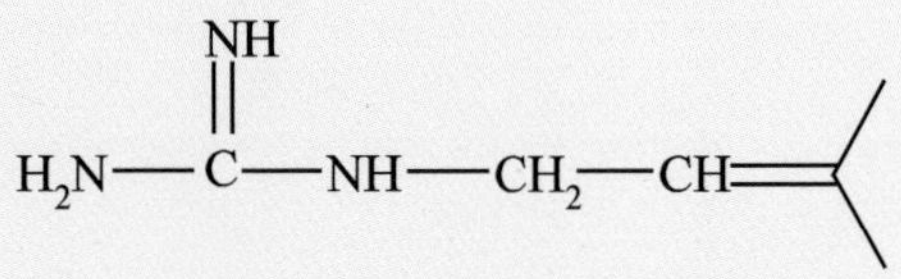

NH
||
H_2N—C—NH—CH_2—CH=

galegine

약리작용

1. 혈당강하 작용 및 체중 감소 작용
   잎을 달인 액과 갈레긴을 랫드에 경구 투여하면 알록산에 의한 혈당 상승을 유의하게 감소시켰다[2, 8]. 잎의 물 추출물이나 에탄올 추출물을 알록산 당뇨병 토끼에 경구 투여하면 정상 혈당치를 감소시켰다[9]. 정제된 구주물푸레나무의 분획물은 사람의 장내 상피 세포인 Caco-2의 단층을 가로지르는 포도당의 수송과 흡수를 억제했다[10]. 식이 구주물푸레나무의 추출물은 정상 마우스와 유전적으로 비만한 마우스 모두에서 혈당 수치와 체중을 현저히 감소시켰고, 체지방 활용도를 증가시킨다. 유전적으로 당뇨병이 있는 마우스에서 음식물 섭취를 유의하게 억제했지만, 정상 마우스에서의 음식물 섭취량의 감소와는 크게 효과적이지 않았다[11].
2. 항균 작용
   에탄올 추출물은 황색포도상구균, 여시니아균, 엔테로박터 에어로게네스균, 고초균 및 적변세균의 성장을 억제했다[12].
3. 혈소판 응집 억제
   개화기 지상부의 물 추출물의 정제분획(주로 다당류와 단백질을 함유함)은 아데노신 5'-디포스페이트(ADP), 콜라겐 및 트롬빈에 의해 개시된 혈소판 응집을 억제했다[13].

용도

1. 당뇨병
2. 전염병
3. 상처
4. 빈뇨

해설

갈레가는 전통 의학에서 당뇨병을 치료하는 데 오랫동안 사용되어 왔으며 갈레긴은 우수한 혈당강하 작용을 나타낸다. 화학명인 갈레긴은 카바미딘의 유도체이며 당뇨병 치료에 명백한 부작용이 있는 3-메틸-2-부테닐구아니딘이다. 나중에 메트포르민이 합성되어 유럽에서 20년간 사용된 후 1995년 미국에서 사용이 승인되었으며 현재 제2형 당뇨병의 주 약물이 되었다. 임상적으로 당뇨병의 합병증을 예방하고 치료할 뿐만 아니라 혈당 및 당뇨병의 위험 요소를 제어하는 데 사용된다.

참고문헌

1. LA Witters. The blooming of the French lilac. Journal of Clinical Investigation. 2001, 108(8): 1105-1107
2. J Petricic, Z Kalodera. Galegin in the goat's rue herb: its toxicity, antidiabetic activity and content determination. Acta Pharmaceutica Jugoslavica. 1982, 32(3): 219-223
3. T Fukunaga, K Nishiya, K Takeya, H Itokawa. Studies on the constituents of goat's rue (Galega officinalis L.). Chemical & Pharmaceutical Bulletin. 1987, 35(4): 1610-1614
4. Y Champavier, G Comte, J Vercauteren, DP Allais, AJ Chulia. Norterpenoid and sesquiterpenoid glucosides from Juniperus phoenicea and Galega officinalis. Phytochemistry. 1999, 50(7): 1219-1223
5. Y Champavier, DP Allais, AJ Chulia, M Kaouadji. Acetylated and non-acetylated flavonol triglycosides from Galega officinalis. Chemical & Pharmaceutical Bulletin. 2000, 48(2): 281-282
6. A Atanasov, B Tchorbanov. On the chemical composition of a fraction from Galega officinalis L. with anti-aggregating activity on platelet. Dokladi na Bulgarskata Akademiya na Naukite. 2003, 56(6): 31-34
7. NA Osmanova, NI Pryakhina, EA Protasov, NV Alekseeva-Popova. Element and amino acid composition of the above-ground parts of Galega officinalis L. and G. orientalis Lam. Rastitel'nye Resursy. 2003, 39(2): 72-75
8. I Lemus, R García, E Delvillar, G Knop. Hypoglycemic activity of four plants used in Chilean popular medicine. Phytotherapy Research. 1999, 13(2):91-94
9. DZ Shukyurov, DY Guseinov, PA Yuzbashinskaya. Effect of preparations from rue leaves on carbohydrate metabolism in a normal state and during alloxan diabetes. Doklady - Akademiya Nauk Azerbaidzhanskoi SSR. 1974, 30(10): 58-60
10. H Neef, P Augustijns, P Declercq, PJ Declerck, G Laekeman. Inhibitory effects of Galega officinalis on glucose transport across monolayers of human intestinal epithelial cells (Caco-2). Pharmaceutical and Pharmacological Letters. 1996, 6(2): 86-89
11. P Palit, BL Furman, AI Gray. Novel weight-reducing activity of Galega officinalis in mice. Journal of Pharmacy and Pharmacology. 1999, 51(11): 1313-1319
12. K Pundarikakshudu, JK Patel, MS Bodar, SG Deans. Anti-bacterial activity of Galega officinalis L. (Goat's Rue). Journal of Ethnopharmacology. 2001, 77(1): 111-112
13. AT Atanasov, B Tchorbanov. Anti-platelet fraction from Galega officinalis L. inhibits platelet aggregation. Journal of Medicinal Food. 2002, 5(4): 229-234

황용담 黃龍膽 EP, BP, BHP, GCEM

Gentianaceae

Gentiana lutea L.

Gentian

개 요

용담과(Gentianaceae)

황용담(黃龍膽, *Gentiana lutea* L.)의 뿌리와 뿌리줄기를 말린 것: 용담근(龍膽根)

중약명: 용담근(龍膽根)

용담속(*Gentiana*) 식물은 전 세계에 약 400종이 있으며 유럽, 아시아, 오스트레일리아, 북아메리카 및 아프리카 북부에 분포한다. 중국에서는 약 247종이 발견되며 약 41종이 약으로 사용된다. 황용담은 유럽 중부 및 남부, 서부 아시아 및 터키의 산에 분포한다[1].

1세기의 로마 학자 플리니우스와 그리스 의사인 디오스코리데스가 발행한 드 마테리아 메디카(De Materia Medica)에 따르면 "Gentiana"라는 이름은 그리스 남부의 고대 일리리아왕의 이름인 "Gentius"에서 왔는데 그는 황용담의 의약적 가치를 발견한 왕이었다. 황용담의 현대 임상 응용 프로그램은 고대 로마와 그리스로 거슬러 올라간다. 이 종은 용담(Gentianae Radix)의 공식적인 기원식물 내원종으로 유럽약전(5개정판)과 영국약전(2002)에 등재되어 있다. 이 약재는 주로 남부 유럽의 산에서 생산된다.

용담류는 주로 세코이리도이드 배당체, 플라보노이드, 트리테르페노이드 및 당류를 함유한다. 황용담에 함유된 겐티오피크로사이드와 아마로겐틴과 같은 세코이리도이드 배당체는 생리 활성을 가진 쓴 성분이다. 유럽약전 및 영국약전은 표준물질 염산 키니네를 대조물질로 하여 쓴맛의 값을 200,000으로 설정하고 의약 물질의 품질관리를 위해 용담 뿌리의 쓴맛의 값이 10,000 이상이어야 하며 수용성 추출물의 함량은 33% 이상이어야 한다고 규정하고 있다.

약리학적 연구에 따르면 황용담은 위산 분비를 촉진하고, 담즙분비를 촉진하며, 위궤양 억제, 상처 치유, 항산화제, 항피로 및 항균 효과를 나타낸다.

민간요법에 따르면 용담근은 건위, 소화 촉진, 구토 방지 효과가 있다.

황용담 黃龍膽 *Gentiana lutea* L.

황용담 黃龍膽 EP, BP, BHP, GCEM

함유성분

신선한 뿌리와 뿌리줄기에는 휘발성 화합물(특이한 향을 함유하고 있음) 성분으로 aldehydes(hexanal, nonanal, nonenal, nonadienal, decanal, decenal, decadienal, phenylacetaldehyde), alcohols (1-octen-3-ol, linalool), 2-pentylfuran, elemicine, 3-isopropyl-pyrazine, 3-isobutyl-pyrazine, 3-sec-butyl-2-methoxy-pyrazine[2]이 함유되어 있고, 세코이리도이드 성분으로 gentiopicroside(gentiopicrin), amarogentin, sweroside, swertiamarine[1], (+)-gentiolactone, (−)-gentiolactone[3], scabrans G_3, scabran G_4[4], 플라보노이드(xanthones과 chalcones) 성분으로 gentisin, isogentisin, 7-hydroxy-3-methoxy-1-O-primeverosylxanthone, 1-hydroxy-3-methoxy-7-O-primeverosylxanthone[1, 5-6], 3-3"linked-(2'-hydroxy-4-O-isorenylchalcone)-(2"'-hydroxy-4"-O-isoprenyldihydrochalcone), 2-methoxy-3-(1,1'-dimethylallyl)-6a,10a-dihydrobenzo(1,2-c)chroman-6-one, 5-hydroxyflavanone[7], isosaponarin, 6"-O-β-D-xylopyranosylisosaponarin[4], 트리테르페노이드 성분으로 2,3-seco-3-oxours-12-en-2-oic acid, 2,3-seco-3-oxoolean-12-en-2-oic acid, 12-ursene-3β-,11α-diol 3-O-palmitate, betulin-3-O-palmitate, lupeol, α-, β-amyrins, erythrodiol 3-O-palmitate, uvaol 3-O-palmitate, squalene[3, 8], 당성분으로 gentianose, gentiobiose[1]가 함유되어 있다.

신선한 꽃과 잎에는 휘발성 성분이 함유되어 있지만, 그 조성성분은 뿌리와 뿌리줄기의 것과는 다르다[9]. 또한 플라보노이드류(크산톤류를 포함하는)와 세코이리도이드 배당체 성분도 함유되어 있다[10].

씨에는 세코이리도이드 배당체 성분으로 gentiopicroside, sweroside, loganic acid, trifloroside[11]가 함유되어 있다.

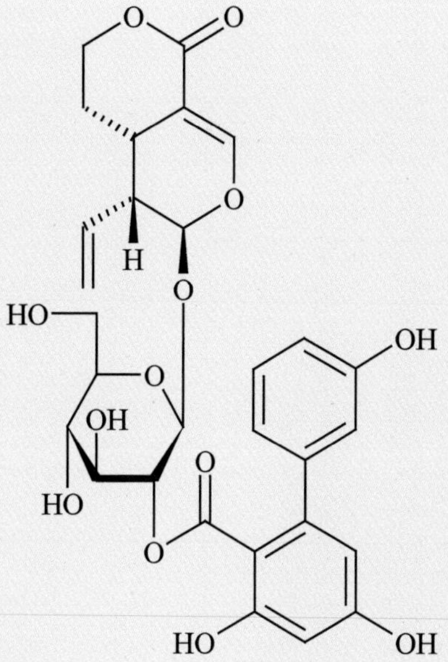

amarogentin

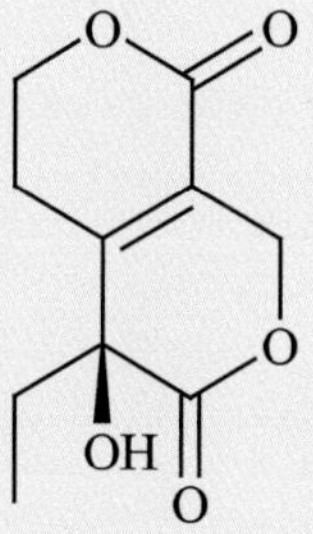

(+)-gentiolactone

약리작용

1. 소화계에 미치는 영향

뿌리에서 추출한 물 추출물은 위 점막의 배양된 세포에서 직접 위산 분비를 증가시켰다[12]. 뿌리의 메탄올 추출물(주로 겐티오피크로사이드, 겐티오피크린, 스웰티아마린 및 스웨로사이드 함유)을 십이지장 내 투여하면 사염화탄소 처리에 의해 감소된 담즙의 흐름을 정상화시켰다[13]. 뿌리의 메탄올 추출물을 십이지장 내 투여하면 유문결찰 랫드에서 위액 분비를 억제하고, 아스피린과 유문 결찰에 의해 유도된 급성 위궤양에 대한 유의적인 보호를 나타냈다. 또한 메탄올 추출물에서 얻은 에틸아세테이트 분획물과 n-부탄올 분획물을 경구 투여하면 랫드의 스트레스로 유발된 궤양 및 에탄올로 유발된 위 점막 손상에 대한 보호효과를 나타냈다. 겐티오피크로사이드, 겐티오피크린, 아마로겐틴과 같은 세코이리도이드 배당체는 이러한 활동에 기여한다[14].

2. 항균 작용
뿌리의 메탄올 추출물은 *in vitro*에서 헬리코박터 파일로리의 생장을 억제하였다[15]. 꽃의 에탄올 추출물과 이로부터 분리된 이소겐티신은 소결핵균의 성장을 억제했다[16].

3. 상처 치료 효과
겐티오피크로사이드와 겐티오피크린과 같은 뿌리와 세코이리도이드 배당체의 메탄올 추출물은 배양된 닭 배아 섬유아세포의 증식을 유의하게 증가시켰고 다각형 섬유아세포의 비율을 증가시켰으며 섬유아세포에 의한 콜라겐 생성을 증가시켰다. 겐티오피크로사이드와 겐티오피크린과 같은 세코이리도이드는 또한 세포 보호효과를 나타냈다[17].

4. 항피로 작용
뿌리의 메탄올 추출물을 복강 내 투여하면 마우스의 수영 내구성이 증가하고 적응 활동이 나타났다[18].

5. 진통 작용
뿌리의 메탄올 추출물을 복강 내 투여하면 마우스에서 꼬리 클립 반응의 지연이 증가하고 진통 작용이 일어났다[18].

6. 항우울 작용
(2'''-히드록시-4''-O-이소프레닐디히드로챠콜), 2-메톡시-3-(1,1'-디메틸알릴)-6a, 10a-dihydrobenzo(1,2-c)chroman-6-one과 5-히드록시플라본은 뿌리의 메탄올 추출물의 에틸아세테이트 분획으로부터 분리된 3개의 모노아민 산화효소(MAO) 억제제이다.

7. 항산화 작용
뿌리의 에틸아세테이트와 클로로포름 추출물은 *in vitro*에서 펜톤 반응을 통해 유리기 소거능을 나타냈다[19].

용도

소화 불량, 식욕 감퇴, 헛배부름

해설

황용담은 의약품 이외에 양조업계에서 널리 사용하는 유럽의 중요한 경제 식물이다[20]. 야생 황용담은 일부 국가 및 지역에서는 보호종으로 지정되어 있으며 프랑스, 이탈리아, 독일 및 유럽경제공동체(EEC)에서 재배되고 있다[1].
황용담의 건조 방법은 약재의 원료품질에 큰 영향을 미친다. 신선한 약재를 40℃에서 건조하면 겐티오피크로사이드의 약 84%를 유지할 수 있지만 자연 건조하면 약 57%만 유지할 수 있다[21].

참고문헌

1. WC Evans. Trease & Evans' Pharmacognosy (15th edition). Edinburgh: WB Saunders. 2002: 315-316
2. I Arberas, MJ Leiton, JB Dominguez, JM Bueno, A Arino, E de Diego, G Renobales, M de Renobales. The volatile flavor of fresh Gentiana lutea L. roots. Developments in Food Science. 1995, 37A: 207-234
3. R Kakuda, K Machida, Y Yaoita, M Kikuchi, M Kikuchi. Studies on the constituents of Gentiana species. II. A new triterpenoid, and (S)-(+)- and (R)-(-)-gentiolactones from Gentiana lutea. Chemical & Pharmaceutical Bulletin. 2003, 51(7): 885-887
4. S Yamada, R Kakuda, Y Yaoita, M Kikuchi. A new flavone C-glycoside from Gentiana lutea. Natural Medicines. 2005, 59(4): 189-192
5. T Hayashi, T Yamagishi. Two xanthone glycosides from Gentiana lutea. Phytochemistry. 1988, 27(11): 3696-3699
6. IR Evans, JAK Howard, K Šavikin-Fodulović, N Menković. Isogentisin (1,3-dihydroxy-7-methoxyxanthone). Acta Crystallographica. 2004, E60(9): 1557-1559
7. H Haraguchi, Y Tanaka, A Kabbash, T Fujioka, T Ishizu, A Yagi. Monoamine oxidase inhibitors from Gentiana lutea. Phytochemistry. 2004, 65(15): 2255-2260
8. Y Toriumi, R Kakuda, M Kikuchi, Y Yaoita, M Kikuchi. New triterpenoids from Gentiana lutea. Chemical & Pharmaceutical Bulletin. 2003, 51(1): 89-91

9. E Georgieva, N Handjieva, S Popov, L Evstatieva. Comparative analysis of the volatiles from flowers and leaves of three Gentiana species. Biochemical Systematics and Ecology. 2005, 33(9): 938-947

10. N Menković, K Šavikin-Fodulović, K Savin. Chemical composition and seasonal variations in the amount of secondary compounds in Gentiana lutea leaves and flowers. Planta Medica. 2000, 66(2): 178-180

11. A Bianco, A Ramunno, C Melchioni. Iridoids from seeds of Gentiana lutea. Natural Product Research. 2003, 17(4): 221-224

12. R Gebhardt. Stimulation of acid secretion by extracts of Gentiana lutea in cultured cells from rat gastric mucosa. Pharmaceutical and Pharmacological Letters. 1997, 7(2/3): 106-108

13. N Oeztuerk, T Herekman-Demir, Y Oeztuerk, B Bozan, KHC Baser. Choleretic activity of Gentiana lutea ssp. symphyandra in rats. Phytomedicine. 1998, 5(4): 283-288

14. Y Niiho, T Yamazaki, Y Nakajima, T Yamamoto, H Ando, Y Hirai, K Toriizuka, Y Ida. Gastroprotective effects of bitter principles isolated from gentian root and Swertia herb on experimentally-induced gastric lesions in rats. Journal of Natural Medicines. 2006, 60(1): 82-88

15. GB Mahady, SL Pendland, A Stoia, FA Hamill, D Fabricant, BM Dietz, LR Chadwick. In vitro susceptibility of Helicobacter pylori to botanical extracts used traditionally for the treatment of gastrointestinal disorders. Phytotherapy Research. 2005, 19(11): 988-991

16. N Menković, K Šavikin-Fodulović, R Cebedzic. Investigation of the activity of Gentiana lutea extracts against Mycobacterium bovis. Pharmaceutical and Pharmacological Letters. 1999, 9(2): 74-75

17. N Öztürk, S Korkmaz, Y Öztürk, KHC Başer. Effects of gentiopicroside, sweroside and swertiamarine, secoiridoids from gentian (Gentiana lutea ssp. symphyandra), on cultured chicken embryonic fibroblasts. Planta Medica. 2006, 72(4): 289-294

18. N Öztürk, KHC Başer, S Aydin, Y Öztürk, I Çaliş. Effects of Gentiana lutea ssp. symphyandra on the central nervous system in mice. Phytotherapy Research. 2002, 16(7): 627-631

19. CA Calliste, P Trouillas, DP Allais, A Simon, JL Duroux. Free radical scavenging activities measured by electron spin resonance spectroscopy and B16 cell anti-proliferative behaviors of seven plants. Journal of Agricultural and Food Chemistry. 2001, 49(7): 3321-3327

20. J Bruneton. Pharmacognosy, Phytochemistry, Medicinal Plants (2nd edition). Paris: Technique & Documentation. 1999: 604

21. A Carnat, D Fraisse, AP Carnat, C Felgines, D Chaud, JL Lamaison. Influence of drying mode on iridoid bitter constituent levels in gentian root. Journal of the Science of Food and Agriculture. 2005, 85(4): 598-602

육지면 陸地棉 EP, BP, BHP, GCEM

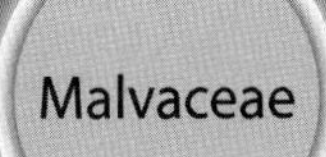

Gossypium hirsutum L.

Cotton

개 요

아욱과(Malvaceae)

육지면(陸地棉, *Gossypium hirsutum* L.)의 잘 익은 씨: 면화자(棉花籽)

육지면의 잘 익은 씨로부터 얻은 경화유: 경화면실유(氫化綿實油)

목화속(*Gossypium*) 식물은 전 세계에 약 20종이 있으며 열대 지역과 아열대 지역에 분포한다. 그 가운데 4종과 2변종이 중국에서 재배되고 그 속 중에서 약 4종이 약으로 사용된다. 육지면(아메리카 대륙의)은 멕시코가 기원이다. 면화 생산 지역이 형성된 미국, 중국, 수단, 인도, 파키스탄, 이집트에서 재배되고 있다.

"면화"는 본초강목시의(本草綱目施醫)에서 유루(遺漏)의 치료에 약으로 처음 기술되었다. "면화자(棉花籽)"는 백초경(百草鏡)에서 약으로 처음으로 기술되었다. 면화는 19세기 말경에 중국에 도입되었다. 그러므로 이 시기 이전에 고대 약초문헌에 기록된 "면(棉)"은 목화속에 있는 다른 식물을 지칭하고 있는 것이 분명하고, 이후에 기록된 "면(棉)"은 목화속에 있는 목화와 다른 식물을 지칭한다. 이 종은 경화면실유의 공식적인 기원식물 내원종으로 유럽약전(5개정판), 영국약전(2002) 및 미국약전(28개정판)에 등재되어 있다. 의약 원료는 모든 면화 생산 지역에서 생산된다.

목화씨는 주로 폴리페놀, 플라보노이드 및 지방산을 함유한다. 유럽약전 및 영국약전은 의약 물질의 품질관리를 위해 가스크로마토그래피법으로 시험할 때 14보다 짧은 탄소사슬을 갖는 경화면실유에서 포화 지방산의 함량은 0.20% 이하, 미리스트산의 함량은 1.0% 이하, 팔미트산, 스테아르산의 함량은 68~80%, 올레인산 및 이성질체의 함량은 4.0% 이하, 리놀레산 및 이성질체의 함량은 1.0% 이하, 아라키돈산의 함량은 1.0% 이하, 베헨산의 함량은 1.0% 이하, 리그노세르산의 함량은 0.50% 이어야 한다고 규정하고 있다.

약리학적 연구에 따르면 씨에는 항생제, 항바이러스제, 항균제, 항종양 및 항우울제 효과가 있다.

민간요법에 따르면 경화면실유는 콜레스테롤 수치를 낮추고 비타민 E를 보충한다. 한의학에서 면화자는 신장을 따뜻하게 하고 유선을 뚫어주며 혈액 순환을 촉진하고 출혈을 방지한다.

육지면 陸地棉 *Gossypium hirsutum* L.

육지면 陸地棉 EP, BP, BHP, GCEM

함유성분

씨에는 폴리페놀 성분으로 고시폴, gossypurpurin, gossyviolin[1-2], hemigossypol[3], 지방산 성분으로 미리스트산, 팔미트산, 스테아르산, 올레산, 리올레산, arachidic acid, 베헨산, 리그노세르산[4], 플라보노이드 성분으로 gossypetin-3',7-glucoside[5], kaempferol, quercetin-7-glucoside[6], quercetin 3-O-{β-D-apiofuranosyl-(1→2)-[α-L-rhamnopyranosyl-(1 → 6)]-β-D-glucopyranoside}[7], rutin, hirsutrin (quercetin-3-glucoside)[8]이 함유되어 있고, 또한 정유 성분[4], leucoanthocyanin[6]과 vitamin E[9]가 풍부하게 함유되어 있다.
꽃에는 플라보노이드 성분으로 quercimeritrin, hirsutrin, quercetin[10], isoastragalin[11]이 함유되어 있다.
뿌리에는 폴리페놀 성분으로 고시폴, 6-methyoxygossypol, 6,6'-dimethoxygossypol, hemigossypol, methoxyhemigossypol[12]이 함유되어 있다.

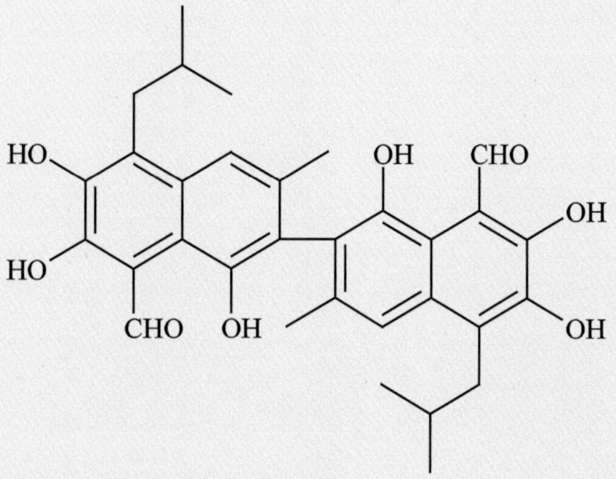

gossypol 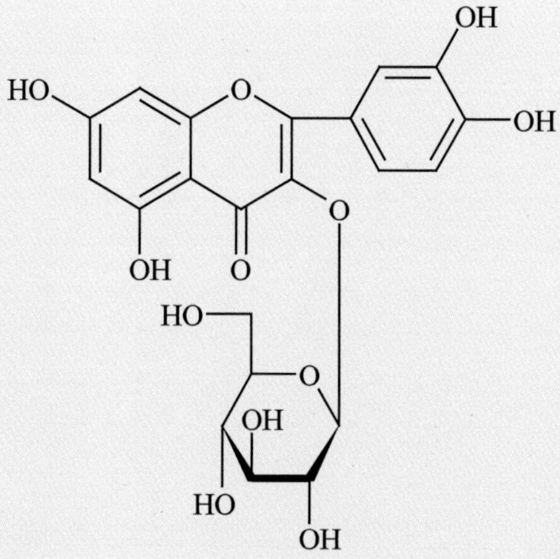　　　hirsutrin

약리작용

1. 불임
   면실자의 고시폴은 수컷 랫드에서 항생제 효과를 나타낸다[13]. 마우스에서 고시폴을 경구 투여하면 고환 형성 세포의 세포사멸과 정자 형성 장애를 유의하게 증가시켰다[14]. *in vitro*에서 고시폴은 정자 아크로신, 아조콜 단백질 가수분해효소, 아릴설파타아제 및 뉴라미니다아제의 활동을 정지시켰다. 또한 고농도에서 투명한 히알루론산, β-글루쿠로니다제 및 ACP의 활성을 억제했다[15]. *in vitro*에서 고시폴은 인지질 가수분해 효소 A2(PLA_2)와 결합하여 비가역적으로 활성을 감소시키고 피임 효과를 나타냈다[16].

2. 항균제
   *in vitro*에서 고시폴은 황색포도상구균, 바실루스 단백질 및 백선균의 성장을 억제했다[17]. 고시폴을 비강 내 투여하면 인플루엔자 바이러스를 억제하고 마우스에서 인플루엔자 바이러스에 의한 기관지염과 폐렴의 발병을 억제했다[18]. *in vitro*에서 고시폴은 인체 면역결핍바이러스(HIV)와 단순 헤르페스바이러스 유형 II(HSV-2)에 대해 항바이러스 활성을 나타냈다[19-20].

3. 항종양
   면실유로부터 분리된 퀘르세틴은 *in vitro*에서 적당한 티로시나아제 저해 활성을 보였다[21]. 고시폴은 대장암 HT29 및 Lovo 세포, 사람 전립선암 PC3 세포 및 인간 유방암 MCF7 및 MDA-MB-231 세포에서 세포사멸을 촉진하고 암종 세포의 증식을 억제했다[22-25]. 고시폴을 위장 내 투여하면 랫드의 디에틸이니트로사민(DEN)에 의해 유도된 간암 돌연변이를 예방했다. 고시폴은 미토콘드리아와 암 세포에 직접 작용했다. 또한 세포주기 조절 인자의 발현을 억제하고 세포가 S기로 진입하는 것을 막으며 rDNA 전사 활성과 rDNA의 형성을 억제한다[26].

4. 항우울 작용
면실자에서 분리한 총 플라보노이드를 경구 투여하면 현탁 시험에서 마우스의 부동 시간을 감소시키고, 마우스에서의 강제 수영 시험에서 부동 시간을 감소시키며, 마우스에서 5-HTP로 유도된 두부경련 반응을 증가시키고, 항우울 작용을 나타냈다. 뇌의 세로토닌 기능을 강화시킴으로써 효과를 나타낸다[27].

5. 기타
면실은 또한 면역을 조절하고[28], 인간 전립선 섬유아세포의 증식을 억제하며 기침을 완화하고 자궁을 수축시켰다[29]. 상처 치유를 빠르게 하며[17], 기침 완화 및 자궁 수축작용을 나타낸다.

용도

1. 고 콜레스테롤 혈증
2. 비타민 E 결핍증
3. 두통, 기침
4. 임질, 백대하, 방광염, 야뇨증, 발기 부전
5. 기능 불명의 자궁 출혈, 치질 출혈

해설

Gossypium herbaceum L., *G. barbadense* L. 및 *G. arboreum* L.의 씨도 약용 면실유로 사용된다. 목화속에 속하는 여러 종의 식물은 경화면실유의 추출을 위한 공식적인 기원식물로 유럽약전, 영국약전 및 미국약전에 등재되어 있다.
목화속에 속하는 식물의 씨에 붙어 있는 면실은 의료처치에서 필수불가결한 위생 물질인 탈지면으로 가공될 수 있다. 이것은 유럽약전, 영국약전 및 미국약전에서 "정제면"으로 기록되어 있다.
육지면의 씨 이외에, 씨의 면실을 태워 한약재로 사용하며 지혈제로서 혈변, 객혈, 자궁출혈 및 외상으로 인한 상처의 출혈에 이용된다. 뿌리도 약으로 사용된다. 목화근은 기침, 천명을 그치게 하고 생리불순을 개선하며 통증을 완화한다. 적용증으로 기침, 천명음(숨을 내쉴 때 쌕쌕거리는 호흡음), 월경불순 및 자궁 출혈이 포함된다.
고시폴은 다양한 약리학적 활성을 지니며 수컷의 비 임신 효과는 널리 알려져 있다. 그러나 고시폴은 또한 적혈구에 의한 Na^+와 K^+의 외부 이동을 억제하여 저칼륨혈증을 일으킨다[30].
면화 뿌리의 용액은 동물의 테스토스테론, 간, 신장 및 근육 조직을 빠르게 손상시킬 수 있는데 이것은 고시폴의 존재와 관련이 있다. 부작용으로 인해, 고시폴의 임상 적용은 크게 제한된다. 고시폴의 부작용을 줄이거나 없애기 위해서는 효과적이고 독성이 낮은 고시폴 유도체를 찾는 것이 매우 중요하다.

참고문헌

1. GP Moshchenko. Chemical composition of gossypol glands of cotton seeds. Uzbekskii Biologicheskii Zhurnal. 1972, 16(3): 21-23
2. CH Boatner, LE Castillon, CM Hall, JW Neely. Gossypol and gossypurpurin in cottonseed of different varieties of Gossypium barbadense and G. hirsutum and variation of the pigments during storage of the seed. Journal of the American Oil Chemists' Society. 1949, 26: 19-25
3. CR Benedict, JG Liu, RD Stipanovic. The peroxidative coupling of hemigossypol to (+)- and (-)-gossypol in cottonseed extracts. Phytochemistry. 2006, 67(4): 356-361
4. XG Ding, DY Hou, RH Hui, YQ Zhu, XY Liu. Study on chemical constituents of cottonseed. Chinese Journal of Analysis Laboratory. 2005, 24(11): 57-60
5. BW Hanny. Gossypol, flavonoid, and condensed tannin content of cream and yellow anthers of five cotton (Gossypium hirsutum L.) cultivars. Journal of Agricultural and Food Chemistry. 1980, 28(3): 504-506
6. AI Imamaliev, FR Nuritdinova, AE Egamberdiev. Phenolic compounds of Gossypium hirsutum cotton plants. Doklady Akademii Nauk UzSSR. 1974, 31(10): 56-57
7. AL Piccinelli, A Veneziano, S Passi, F De Simone, L Rastrelli. Flavonol glycosides from whole cottonseed by-product. Food Chemistry. 2006, 100(1): 344-349

8. QJ Zhang, M Yang, YM Zhao, XH Luan, YG Ke. Isolation and structure identification of flavonol glycosides from glandless cotton seeds. Acta Pharmaceutica Sinica. 2001, 36(11): 827-831

9. CW Smith, RA Creelman. Vitamin E concentration in upland cotton seeds. Crop Science. 2001, 41(2): 577-579

10. ZP Pakudina, AS Sadykov, PK Denliev. Flavonols of Gossypium hirsutum flowers (cotton growth 108-F). Khimiya Prirodnykh Soedinenii. 1965, 1(1): 67-70

11. ZP Pakudina, AS Sadykov. Isoastragalin, a flavonoid glucoside from Gossypium hirsutum flowers. Khimiya Prirodnykh Soedinenii. 1970, 6(1): 27-29

12. RD Stipanovic, AA Bell, ME Mace, CR Howell. Anti-microbial terpenoids of Gossypium, 6-methoxygossypol and 6,6'-dimethoxygossypol. Phytochemistry. 1975, 14(4): 1077-1081

13. YE Wang, YD Luo, XC Tang. Studies on the anti-fertility actions of cotton seed meal and gossypol. Acta Pharmaceutica Sinica. 1979, 14(11): 662-669

14. YH Kong, FQ Wang, JP Zhang. Experimental study on the effect of gossypol on mouse germ cell apoptosis. Journal of Jining Medical College. 2003, 26(1): 42

15. YY Yuan, QX Shi, PN Srivastava. Inhibition of gossypol on rabbit sperm acrosomal enzymes in vitro. Reproduction & Contraception. 1996, 16(1): 40-45

16. ML Liu, HP Xu, ZY Hu. A new anti-fertility mechanism of gossypol: inhibition on phospholipase A_2. Chinese Journal of Biochemistry and Molecular Biology. 2001, 17(4): 442-446

17. MI Aizikov, AG Kurmukov, I Isamukhamedov. Anti-microbial and wound-healing effect of gossypol. Doklady Akademii Nauk UzSSR. 1977, 6: 41-42

18. SA Vichkanova, AI Oifa, LV Goryunova. Anti-viral properties of gossypol in experimental influenza pneumonia. Antibiotiki. 1970, 15(12): 1071-1073

19. B Polsky, SJ Segal, PA Baron, JWM Gold, H Ueno, D Armstrong. Inactivation of human immunodeficiency virus in vitro by gossypol. Contraception. 1989, 39(6): 579-587

20. RJ Radloff, LM Deck, RE Royer, DL Vander Jagt. Anti-viral activities of gossypol and its derivatives against herpes simplex virus type II. Pharmacological Research Communications. 1986, 18(11): 1063-1073

21. A Nagatsu, LZ Hui, H Mizukami, H Okuyama, J Sakakibara, H Tokuda, H Nishino. Tyrosinase inhibitory and anti-tumor promoting activities of compounds isolated from safflower (Carthamus tinctorius L.) and cotton (Gossypium hirsutum L.) oil cakes. Natural Product Letters. 2000, 14(3): 153-158

22. XH Wang, J Wang, SCH Wong, LSN Chow, JM Nicholls, YC Wong, Y Liu, DLW Kwong, JST Sham, SW Tsao. Cytotoxic effect of gossypol on colon carcinoma cells. Life Sciences. 2000, 67(22): 2663-2671

23. JH Jiang, Y Sugimoto, SL Liu, HL Chang, KY Park, SK Kulp, YC Lin. The inhibitory effects of gossypol on human prostate cancer cells-PC3 are associated with transforming growth factor β_1 (TGFβ_1) signal transduction pathway. Anticancer Research. 2004, 24(1): 91-100

24. NE Gilbert, LE O'Reilly, CJG Chang, YC Lin, RW Brueggemeier. Anti-proliferative activity of gossypol and gossypolone on human breast cancer cells. Life Sciences. 1995, 57(1): 61-67

25. ML Leblanc, J Russo, AP Kudelka, JA Smith. An in vitro study of inhibitory activity of gossypol, a cottonseed extract, in human carcinoma cell lines. Pharmacological Research. 2002, 46(6): 551-555

26. JM Jiang, Y Zhang, BK Ye, MJ Yang. Study of gossypol on anti-tumor. Chinese Journal of Basic Medicine in Traditional Chinese Medicine. 2002, 8(2): 35-37

27. YF Li, L Yuan, M Yang, SJ Huang, YK Xu, YM Zhao. Studies on the antidepression effect of total flavone extracted from cotton seeds. Chinese Pharmacological Bulletin. 2006, 22(1): 60-63

28. XH He, YY Zeng, Z Li, LH Xu, H Sun, JM Zeng. Inhibitory effects of gossypol on the activation of human T-lymphocytes stimulated with polyclonal activators. Chinese Journal of Pathophysiology. 2001, 17(6): 510-514

29. T Yuan, JD Song, SM Zhang. The effects of gossypol on human BPH cells in vitro. Acta Academiae Medicinae Shanghai. 1994, 21(1): 27-31

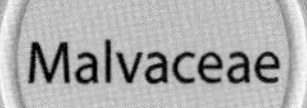

30. Y Jin, HC Chen, WH Wo, MZ Yang, SP Xue. Effects of gossypol on Na^+ and K^+ transmembrane fluxes in human red cells. Reproduction & Contraception. 1989, 9(4): 30-34

육지면 재배 모습

위치하젤 北美金縷梅 EP, BP, BHP, USP, GCEM

Hamamelis virginiana L.

Witch Hazel

개 요

조록나무과(Hamamelidaceae)

위치하젤(北美金縷梅, *Hamamelis virginiana* L.)의 잎과 말린 것: 북미금루매엽(北美金縷梅葉)

위치하젤의 나무껍질을 말린 것: 북미금루매피(北美金縷梅皮)

풍년화속(*Hamamelis*) 식물은 전 세계에 약 6종이 있으며 일본, 중국 및 북아메리카에 분포한다. 그 가운데 2종이 중국에서 발견되며, 이 속에서 1종이 약으로 사용된다. 위치하젤은 주로 북아메리카와 캐나다에 분포하며 유럽과 아열대 지역에서 널리 재배되고 있다.

위치하젤은 원주민에 의해 널리 사용되는 약이었다. 그 껍질은 피부 궤양, 통증 및 종양 치료에 사용된다. 18세기 중반에 "황금의 보물(Golden Treasure)"이라는 특허 약 개발로 인해 위치하젤은 식물성 제품으로 주목받기 시작했다. 이 종은 하마멜리스엽(Hamamelidis Folium)의 공식적인 기원식물 내원종으로 유럽약전(5개정판) 및 영국약전(2002)에 규정하고 있으며, 미국약전(28개정판)에도 위치하젤(위치하젤의 휴면 나뭇가지에서 제조된 증류액)의 공식적인 기원식물 내원종으로 등재되어 있다. 이 약재는 주로 캐나다와 미국에서 생산된다.

위치하젤은 주로 탄닌, 카테킨 및 플라보노이드를 함유하며, 그 가운데 탄닌이 주요 유효 성분이다. 유럽약전 및 영국약전은 위치하젤의 품질관리를 위해 피로갈롤로 환산된 총 탄닌 함량이 3.0% 이상이어야 한다고 규정하고 있다.

약리학적 연구에 따르면 위치하젤은 항산화, 항염증 및 항바이러스 효과가 있다.

민간요법에 따르면 위치하젤의 잎과 껍질에는 수렴성, 항염증성 및 지혈 작용이 있다.

위치하젤 北美金縷梅 *Hamamelis virginiana* L.

북미금루매피 北美金縷梅皮 Hamamelidis Cortex

함유성분

잎에는 하마멜리탄닌이 함유되어 있고, 플라보노이드 성분으로 캠페롤, 퀘르세틴, trifolin, kaempferol−3−O−β−D−glucuronide, quercetin−3−O−β−D−glucuronide, 그리고 cyanidine, delphinidin, (+)−catechin, 카페인산, 클로로겐산, gallic acid[1]가 함유되어 있다. 껍질에는 카테킨 성분으로 (+)−catechin, (+)−gallocatechin, (−)−epicatechin gallate, (−)−epigallocatechin gallate[2], epicatechin−(4β→8)−catechin−3−O−(4−hydroxy) benzoate, epigallocatechin−(4β→8)−catechin, 3−O−galloyl epigallocatechin−(4β→8)−catechin, 3−O−galloyl epigallocatechin−(4β→8)−gallocatechin, 3−O−galloyl epicatechin−(4β→8)−catechin, catechin−(4α→8)−catechin[3], hydrolysable 탄닌 성분으로 1−O−(4−hydroxybenzoyl) −2',5−di−O−galloyl−a→d−hamamelofuranose, 1,2',5−tri−o−galloyl−a−D−hamamelopyranose[4], 1−O−(4−hydroxybenzoyl)−2',3,5−tri−O−galloyl−a−D−hamamelofuranose[3]가 함유되어 있다. 또한, 말단 사슬 단위로 카테킨(95%)과 갈로카테킨(5%)이 약 1.3:1의 비율로 된 사슬 연장 단위로서 에피카테킨과 에피갈로카테킨이 주로 구성된 고분자를 함유하고 있다[5].

약리작용

1. 항산화 작용
   하마멜리탄닌은 ESR−스핀트래핑 방법을 사용하여 강력한 과산화물 음이온 라디칼 소거능을 보였다[6]. ABTS 분석법을 사용하여 메탄올 물 추출물은 6−하이드록시−2,5,7,8−테트라메톡시벤젠 및 트롤록스와 비교되는 항산화제 활성을 나타냈다. 1, 2, 3−트리히드록시벤젠과 4,4'−메틸렌비스(2,6−디메틸페놀)[7]에 의해 항산화제 활성이 생성됐다. 전초로부터 분리된 하마멜리탄닌과 프로안토시아니딘은 5−지방산화효소의 활성을 억제했다[8]. 또한, ESR−스핀트래핑 방법을 이용하여, 하마멜리탄닌과 갈산은 과산화물과 같은 다양한 활성 산소에 대해 강력한 소거 활성을 나타냄을 입증했다. 또한 UVB 조사에 의해 유발된 마우스 피부 섬유아세포의 손상을 예방했다[9].
2. 항염증 작용
   나무껍질의 수성 에탄올 추출물을 경구 투여하면 카라기난으로 유발된 랫드 부종의 만성화를 억제했다[10]. 또한 마우스의 파두유로 유발된 귀 부종 시험에서 강력한 항염증 효과를 나타냈다[11].

3. 항종양 작용
   하마멜리탄닌은 종양괴사인자(TNF)-α로 유도된 내피 세포사멸과 DNA 단편화를 억제했다[12].

4. DNA 손상으로부터 보호 작용
   *in vitro*에서 나무껍질로부터 분리된 카테킨과 저분자량 프로안토시아니딘 분획이 HepG2 세포에서 벤조피렌에 의해 유발된 DNA 손실에 보호 활성을 나타냄을 보였다. 하마멜리타닌과 고분자량 프로안토시아니딘 분획 역시 중간 보호 활성을 보였다[13].

5. 기타
   껍질은 또한 항바이러스성[11] 및 항돌연변이[13-14] 활성을 일으키고, 피부의 경표피 수분 손실과 홍반 형성을 감소시킨다[15].

용도

1. 복통, 설사
2. 객혈, 토혈, 생리불순
3. 상처, 피부염
4. 치질
5. 정맥류

해설

임상 적용에서, 위치하젤은 주로 외용으로 이용되며 내복하기도 한다. 내복에 대한 안전성연구가 거의 행해지지 않아 향후 연구가 수행되어야 한다.
위치하젤의 나무껍질에 탄닌이 가장 많고 그 다음으로 잎과 줄기의 순이다[16]. 위치하젤은 건조 및 수렴의 효과가 있는 다량의 탄닌을 함유하기 때문에 화장품 업계에서 광범위하게 사용된다. 이는 피부를 강화하고 피부의 손상된 표면에 단백질을 수렴시킴으로써 항염증 기능을 향상시키고 손상된 피부의 회복을 촉진시키는 보호층을 형성하기 때문이다.

참고문헌

1. TG Sagareishvili, EA Yarosh, EP Kemertelidze. Phenolic compounds from leaves of Hamamelis virginiana. Chemistry of Natural Compounds. 2000, 35(5): 585
2. H Friedrich, N Krueger. Tannin of Hamamelis. 1. Tannin of the bark of H. virginiana. Planta Medica. 1974, 25(2): 138-148
3. C Hartisch, H Kolodziej. Galloylhamameloses and proanthocyanidins from Hamamelis virginiana. Phytochemistry. 1996, 42(1): 191-198
4. C Haberland, H Kolodziej. Novel galloylhamameloses from Hamamelis virginiana. Planta Medica. 1994, 60(5): 464-466
5. A Dauer, H Rimpler, A Hensel. Polymeric proanthocyanidins from the bark of Hamamelis virginiana. Planta Medica. 2003, 69(1): 89-91
6. H Masaki, T Atsumi, H Sakurai. Evaluation of superoxide scavenging activities of hamamelis extract and hamamelitannin. Free Radical Research Communications. 1993, 19(5): 333-340
7. AP da Silva, R Rocha, CM Silva, L Mira, MF Duarte, MH Florencio. Anti-oxidants in medicinal plant extracts. A research study of the anti-oxidant capacity of Crataegus, Hamamelis and Hydrastis. Phytotherapy Research. 2000, 14(8): 612-616
8. C Hartisch, H Kolodziej, F Von Bruchhausen. Dual inhibitory activities of tannins from Hamamelis virginiana and related polyphenols on 5-lipoxygenase and lyso-PAF. Acetyl-CoA acetyltransferase. Planta Medica. 1997, 63(2): 106-110
9. H Masaki, T Atsumi, H Sakurai. Protective activity of hamamelitannin on cell damage of murine skin fibroblasts induced by UVB irradiation. Journal of Dermatological Science. 1995, 10(1): 25-34
10. M Duwiejua, IJ Zeitlin, PG. Waterman, AI Gray. Anti-inflammatory activity of Polygonum bistorta, Guaiacum officinale and Hamamelis virginiana in rats. Journal of Pharmacy and Pharmacology. 1994, 46(4): 286-290
11. CAJ Erdelmeier, JJr Ciantl, H Rabenau, HW Doerr, A Biber, E Koch. Anti-viral and anti-inflammatory activities of Hamamelis virginiana. Planta Medica. 1996, 62(3): 241-245

12. S Habtemariam. Hamamelitannin from Hamamelis virginiana inhibits the tumour necrosis factor-alpha (TNF)-induced endothelial cell death in vitro. Toxicon. 2002, 40(1): 83-88
13. A Dauer, A Hensel, E Lhoste, S Knasmuller, V Mersch-Sundermann. Genotoxic and antigenotoxic effects of catechin and tannins from the bark of Hamamelis virginiana L. in metabolically competent, human hepatoma cells (HepG2) using single cell gel electrophoresis. Phytochemistry. 2003, 63(2): 199-207
14. A Dauer, P Metzner, O Schimmer. Proanthocyanidins from the bark of Hamamelis virginiana exhibit antimutagenic properties against nitroaromatic compounds. Planta Medica. 1998, 64(4): 324-327
15. A Deters, A Dauer, E Schnetz, M Fartasch, A Hensel. High molecular compounds (polysaccharides and proanthocyanidins) from Hamamelis virginiana bark: influence on human skin keratinocyte proliferation and differentiation and influence on irritated skin. Phytochemistry. 2001, 58(6): 949-958
16. B Vennat, H Pourrat, MP Pouget, D Gross, A Pourrat. Tannins from Hamamelis virginiana: identification of proanthocyanidins and hamamelitannin quantification in leaf, bark, and stem extracts. Planta Medica. 1988, 54(5): 454-457

악마의 발톱 南非鉤麻 BP, GCEM

Harpagophytum procumbens DC.

Devil's Claw

개 요

참깨과(Pedaliaceae)

악마의 발톱(南非鉤麻, *Harpagophytum procumbens* DC.)의 덩이뿌리를 말린 것: 남비구마(南非鉤麻)

중약명: 남비구마(南非鉤麻)

악마의 발톱속(*Harpagophytum*) 식물은 전 세계에 약 8종이 있으며 남부 아프리카 및 마다가스카르와 같은 지역에 분포한다. 악마의 발톱은 남서부 아프리카의 남아프리카와 나미비아 평야를 기원으로 하며 주로 나미비아 평야, 칼라하리 사막, 마다가스카르와 같은 지역에 분포한다[1-4].

악마의 발톱은 남부 아프리카에서 사용되는 전통 민간요법으로 관절염과 같은 질병의 진통제 및 항염증제로 20세기 초에 유럽으로 유입되었다. 악마의 발톱은 그 열매의 특별한 모양에서 이름을 따온 것인데, 여러 줄로 구부러진 팔이 있고, 각 팔에는 "악마의 발톱"처럼 뒤로 구부러진 낚시 바늘 모양의 것이 달려 있다. 이 종은 악마의 발톱(Harpagophyti Radix)의 공식적인 기원식물 내원종으로 유럽약전(5개정판)과 영국약전(2002)에 등재되어 있다. 이 약재는 주로 칼라하리 사막에서 생산된다.

악마의 발톱은 주로 알칼로이드, 페닐에타노이드 글리코사이드 및 플라보노이드뿐만 아니라 이리도이드 배당체를 함유한다. 유럽약전 및 영국약전은 의약 물질의 품질관리를 위해 고속액체크로마토그래피로 시험할 때 하르파고사이드의 함량이 1.2% 이상이어야 한다고 규정하고 있다.

약리학적 연구에 따르면 악마의 발톱은 진통 및 항염증 효과를 나타내며 소화를 촉진한다.

민간요법에 따르면 악마의 발톱은 류마티스 관절염을 치료한다.

악마의 발톱 南非鉤麻 *Harpagophytum procumbens* DC.

악마의 발톱 열매

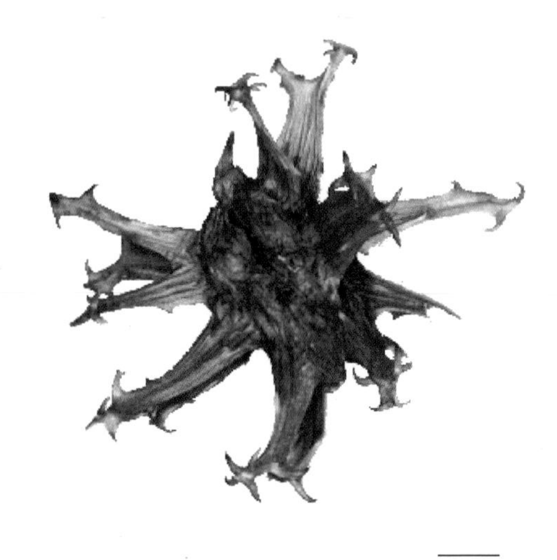

악마의 발톱 南非鉤麻 Harpagophyti Radix

함유성분

덩이뿌리에는 이리도이드 배당체(약 0.5%-3.0%) 성분으로 주성분인 하르파고사이드, harpagide, procumbide, 8-p-coumaroyl-harpagide, 8-(4-coumaroyl)harpagide, harprocumbide A, 6-O-α-D-galactopyranosylharpagoside, 8-cinnamoylmyoporoside, 8-O-feruloylhapagide, 6"-O-(p-coumaroyl)-procumbide, 8-O-(pcoumaroyl)-harpagide, 6'-O-(p-coumaroyl)harpagide, 8-O-(cis-p-coumaroyl)-harpagide[5-7], 당 성분으로 tetrasaccharide stachyose, raffinose, sucrose, monosaccharide, 페닐에타노이드 배당체 성분으로 acteoside, isoacteoside, 6'-O-acetylacteoside, 2',6'-di-O-acetylacteoside, 2'-O-acetylacetoside, 트리테르페노이드 성분으로 oleanolic acid, 3β-acetyloleanolic acid, ursolic acid[8], 디테르페노이드 성분으로 12,13-dihydroxychina-8,11,13-trien-7-one, 6,12,13-trihydroxychina-5,8,11,13-tetraen-7-one, (+)-8,11,13-totaratriene-12,13-diol, (+)-8,11,13-abietatrien-12-ol[9-10], 방향족 성분으로 cinnamic acid, caffeic acid, chlorogenic acid, 플라보노이드 성분으로, kaempferol, luteolin, 피리딘 모노테르펜 알칼로이드 성분으로 beatrines A, B[11]가 함유되어 있고, ergosterol, isoacetylene glycosides, harpagoquinones, β-(3',4'-dihydroxyphenyl)ethyl-O-α-L-rhamnopyranosyl(1→3)-β-D-glucopyranoside[12-14]가 함유되어 있다.

악마의 발톱 南非鈎麻 BP, GCEM

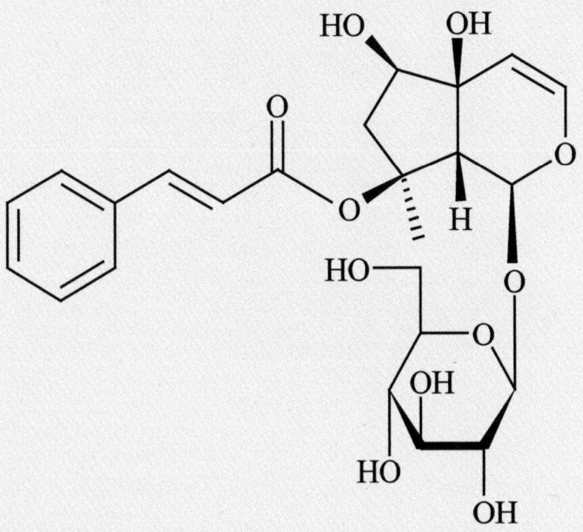

HO OH O O O H HO O O OH HO OH

harpagoside

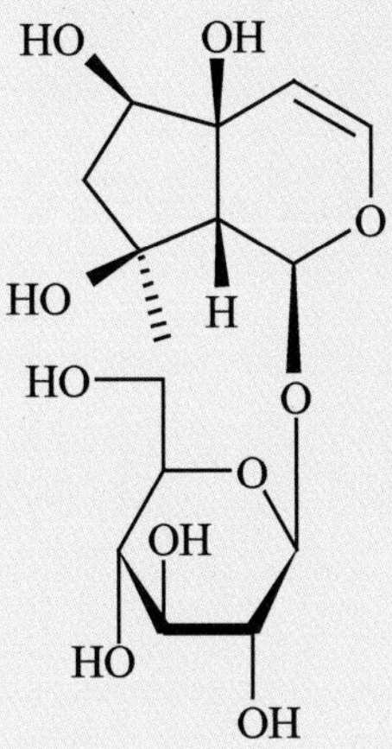

HO OH O HO H HO O O OH HO OH

harpagide

약리작용

1. 항염증 및 진통제
   악마의 발톱의 물 추출물을 복강 내 투여하면 카라기닌에 의한 랫드 부종이 저해되지만 구강에 투여하면 효과를 나타내지 못한다[15-16]. MTT 및 역전사 중합 효소 연쇄 반응 방법을 사용하여, 악마의 발톱 물 추출물은 사이클로옥시게나제-2와 염증 유발 유도성 일산화질소 합성효소(iNOS) mRNA 발현의 리포폴리사카라이드에 의한 자극 강화를 억제함으로써 L929 세포에서 프로스타글란딘 E_2(PGE_2)의 합성 및 일산화질소 생산을 억제했다[17]. 하르파고사이드와 뿌리의 용매를 조정한 이산화탄소 추출물은 5-지방산화효소와 사이클로옥시게나제-2(COX-2)의 생성을 억제했다[18-19]. 하르파고사이드와 하르파고사이드가 없는 뿌리 추출물은 *in vitro*에서 랫드의 신장 간세포에서 염증 유발 유도성 일산화질소 합성효소(iNOS)의 발현을 억제했다[20].

2. 심장계에 미치는 영향
   하르파고사이드와 2차 뿌리 메탄올 추출물은 적출된 랫드의 심장에서 재관류에 의해 유발된 운동성 심실성 부정맥(HVA)에 길항 작용을 한다[21].

3. 평활근에 미치는 영향
   2차 뿌리 물 추출물은 적출된 랫드의 자궁에서 평활근의 수축과 병아리, 기니피그, 토끼의 적출된 위장관 근육의 수축을 일으켰다[22-23].

4. 항말라리아 활동
   전초의 석유에테르 추출물은 악성 말라리아 원충에 대한 *in vitro*에서 항 혈소판 활성을 보였다. 이 과정은 적혈구 모양을 조정하지 않았다. CHO와 HepG2와 같은 포유류 세포주에 대하여 세포독성은 낮았다[24].

용도

1. 류마티스성 관절염, 골관절염, 통풍
2. 소화 불량
3. 발열

해설

Harpagophytum zeyheri Decne의 결절 이차 뿌리도 악마의 발톱으로 약용된다. 연구 결과에 따르면 악마의 발톱과 *H. zeyheri*는 비슷한 화학 조성을 나타냈다[25-26]. 그럼에도 불구하고 후자의 임상 적용 및 약리학적 활성에 대한 추가 연구는 아직 이루어지지 않았다.
아프리카의 전통적인 민간요법에서는 악마의 발톱을 각종 류마티스, 관절통 및 수반되는 염증과 통증의 치료에 효과적이고 안전하여 널리 사용하고 있다.
동물 실험에 따르면 악마의 발톱의 물 추출물을 구강 투여하면 항염증 효과가 없으므로 유효 성분이 위산에 의해 분해될 수 있음을 나타낸다. 그러므로 장용으로 코팅된 정제 또는 주사제로 임상 적용 시 약효를 유지하도록 해야 한다[15-16].
악마의 발톱에 함유된 이리도이드 배당체는 강력하고 자극적인 아린 맛이 있으므로 위장 및 십이지장 궤양 및 담즙 결석 환자에게는 적합하지 않다[27].

참고문헌

1. Integrative Medicine. Quick Access Professional Guide to Conditions, Herbs & Supplements (1st edition). Newton: Integrative Medicine Communications. 2000: 290-291
2. R Michael, Z Irwin. Evidence – Based Herbal Medicine. Hanley & Belfus, Incorporated. Pennsylvania: Medical Publishers. 2001: 149-153
3. FW Rudolf, F Volker. Herbal Medicine (2nd edition). New York: Thieme Stuttgart. 2000: 250-252
4. MI Maurice. Handbook of African Medicinal Plants. Florida: CRC Press LLC. 2000: 188-189
5. J Qi, JJ Chen, ZH Cheng, JH Zhou, BY Yu, SX Qiu. Iridoid glycosides from Harpagophytum procumbens D.C. (devil's claw). Phytochemistry. 2006, 67(13): 1372-1377
6. A Schmidt. Validation of a fast-HPLC method for the separation of iridoid glycosides to distinguish between the Harpagophytum species. Journal of Liquid Chromatography & Related Technologies. 2005, 28(15): 2339-2347
7. C Seger, M Godejohann, LH Tseng, M Spraul, A Girtler, S Sturm, H Stuppner. LC-DAD-MS/SPE-NMR hyphenation, a tool for the analysis of pharmaceutically used plant extracts: identification of isobaric iridoid glycoside regioisomers from Harpagophytum procumbens. Analytical Chemistry. 2005, 77(3): 878-885
8. C Clarkson, D Strk, H S Hansen, PJ Smith, JW Jaroszewski. Identification of major and minor constituents of Harpagophytum procumbens (devil's claw) using HPLC-SPE-NMR and HPLC-ESIMS/APCIMS. Journal of Natural Products. 2006, 69(9): 1280-1288
9. C Clarkson, D Strk, SH Hansen, PJ Smith, JW Jaroszewski. Discovering new natural products directly from crude extracts by HPLC-SPE-NMR: chinane diterpenes in Harpagophytum procumbens. Journal of Natural Products. 2006, 69(4): 527-530
10. C Clarkson, WE Campbell, P Smith. In vitro antiplasmodial activity of abietane and totarane diterpenes isolated from Harpagophytum procumbens (devil's claw). Planta Medica. 2003, 69(8): 720-724
11. B Baghdikian, E Ollivier, R Faure, L Debrauwer, P Rathelot, G Balansard. Two new pyridine monoterpene alkaloids by chemical conversion of a commercial extract of Harpagophytum procumbens. Journal of Natural Products. 1999, 62(2): 211-213
12. K Boje, M Lechtenberg, A Nahrstedt. New and known iridoid- and phenylethanoid glycosides from Harpagophytum procumbens and their in vitro inhibition of human leukocyte elastase. Planta Medica. 2003, 69(9): 820-825
13. NM Munkombwe. Acetylated phenolic glycosides from Harpagophytum procumbens. Phytochemistry. 2003, 62(8): 1231-1234
14. JFW Burger, EV Brandt, D Ferreira. Iridoid and phenolic glycosides from Harpagophytum procumbens. Phytochemistry. 1987, 26(5): 1453-1457

15. R Soulimani, C Younos, F Mortier, C Derrieu. The role of stomachal digestion on the pharmacological activity of plant extracts, using as an example extracts of Harpagophytum procumbens. Canadian Journal of Physiology and Pharmacology. 1994, 72(12): 1532-1536
16. SC Catelan, RM Belentani, LC Marques, ER Silva, MA Silva, SM Caparroz-Assef, RKN Cuman, CA Bersani-Amado. The role of adrenal corticosteroids in the anti-inflammatory effect of the whole extract of Harpagophytum procumbens in rats. Phytomedicine. 2006, 13(6): 446-451
17. MH Jang, S Lim, SM Han, HJ Park, I Shin, JW Kim, NJ Kim, JS Lee, KA Kim, CJ Kim. Harpagophytum procumbens suppresses lipopolysaccharidestimulated expressions of cyclooxygenase-2 and inducible nitric oxide synthase in fibroblast cell line L929. Journal of Pharmacological Sciences. 2003, 93(3): 367-371
18. M Guenther, S Laufer, PC Schmidt. High anti-inflammatory activity of harpagoside-enriched extracts obtained from solvent-modified super- and subcritical carbon dioxide extractions of the roots of Harpagophytum procumbens. Phytochemical Analysis. 2006, 17(1): 1-7
19. THW Huang, VH Tran, RK Duke, S Tan, S Chrubasik, BD Roufogalis, CC Duke. Harpagoside suppresses lipopolysaccharide-induced iNOS and COX-2 expression through inhibition of NF-κB activation. Journal of Ethnopharmacology. 2006, 104(1-2): 149-155
20. M Kaszkin, KF Beck, E Koch, C Erdelmeier, S Kusch, J Pfeilschifter, D Loew. Downregulation of iNOS expression in rat mesangial cells by special extracts of Harpagophytum procumbens derives from harpagoside-dependent and independent effects. Phytomedicine. 2004, 11(7-8): 585-595
21. DPR Costa, G Busa, C Circosta, L Iauk, S Ragusa, P Ficarra, F Occhiuto. A drug used in traditional medicine: Harpagophytum procumbens DC. III. Effects on hyperkinetic ventricular arrhythmias by reperfusion. Journal of Ethnopharmacology. 1985, 13(2): 193-199
22. IM Mahomed, JAO Ojewole. Oxytocin-like effect of Harpagophytum Procumbens DC (Pedaliaceae) secondary root aqueous extract on rat isolated uterus. African Journal of Traditional, Complementary and Alternative Medicines. 2006, 3(1): 82-89
23. IM Mahomed, AM Nsabimana, JAO Ojewole. Pharmacological effects of Harpagophytum procumbens DC. (Pedaliaceae) secondary root aqueous extract on isolated gastro-intestinal tract muscles of the chick, guinea-pig and rabbit. African Journal of Traditional, Complementary and Alternative Medicines. 2005, 2(1): 31-45
24. C Clarkson, WE Campbell, P Smith. In vitro antiplasmodial activity of abietane and totarane diterpenes isolated from Harpagophytum procumbens (devil's claw). Planta Medica. 2003, 69(8): 720-724
25. B Baghdikian, MC Lanhers, J Fleurentin, E Ollivier, C Maillard, G Balansard, F Mortier. An analytical study, anti-inflammatory, and analgesic effects of Harpagophytum procumbens and H. zeyheri. Planta Medica. 1997, 63(2): 171-176
26. B Beatrice, GD Helene, O Evelyne, NG Annie, D Gerard, B Guy. Formation of nitrogen-containing metabolites from the main iridoids of Harpagophytum procumbens and H. zeyheri by human intestinal bacteria. Planta Medica. 1999, 65(2): 164-166
27. A Chevallier. Encyclopedia of Medicinal Plants. Nanning: Guangxi Science and Technology Press. 2003: 105

양담쟁이 洋常春藤 BP, GCEM

Araliaceae

Hedera helix L.

English Ivy

개 요

두릅나무과(Araliaceae)

양담쟁이(洋常春藤, *Hedera helix* L.)의 잎을 말린 것: 양상춘등엽(洋常春藤葉)

중약명: 양상춘등엽(洋常春藤葉)

송악속(*Hedera*) 식물은 전 세계에 약 5종이 있으며 아시아, 유럽 및 북부 아프리카에 분포한다. 그 가운데 2종이 중국에서 발견되고, 그중 하나는 약으로 사용된다. 양담쟁이는 유럽과 중부 및 북부 아시아의 온대 지역에 분포한다. 중국에는 북아메리카에서 도입되어 재배되고 있으며, 중국 남부의 어떤 지역에서는 가정에서 관상용으로 재배되고 있다.

양담쟁이의 의학적 적용은 고대 로마 문헌에 기록되어 있다[1]. 유럽의 한 민간 의사들은 한때 카타르시스, 구충제, 발한의 목적으로 양담쟁이를 사용했다. 이 종은 아이비엽(Hederae Folium)의 공식적인 기원식물 내원종으로 유럽약전(5개정판)에 등재되어 있다. 이 약재는 주로 유럽에서 생산된다.

양담쟁이는 주로 트리테르페노이드, 트리테르페노이드 사포닌 및 플라보노이드를 함유한다. 유럽약전은 의약 물질의 품질관리를 위해 고속액체크로마토그래피법으로 시험할 때 헤데라사포닌 C의 함량이 3.0% 이상이어야 한다고 규정하고 있다.

약리학적 연구에 의하면 잎에는 진경제, 항종양, 항염증제, 항균제, 리슈만편모충 구충 및 항산화 효과가 있음이 밝혀졌다.

민간요법에 따르면 양담쟁이 잎에는 거담 작용과 항경련 작용이 있다.

양담쟁이 洋常春藤 *Hedera helix* L.

양담쟁이 洋常春藤 BP, GCEM

함유성분

줄기와 잎에는 정유 성분으로 germacrene D, β-caryophyllene, sabinene, α-, β-pinenes, limonene[2]이 함유되어 있다.
잎에는 트리테르페노이드와 트리테르페노이드 사포닌 성분으로 hederagenin, hederasaponins B, C, D, E, F, G, H, I, α-hederin (helixin), β-hederin, δ-hederin, taurosides D, E[3-5], tauroside J, helicoside L-8a[6], hederoside B[7], glycoside L-6d[8], 플라보노이드 성분으로 quercetin, isoquercetin, rutin, kaempferol, kaempferol-3-O-rutinoside, astragalin[3, 9], 폴리아세틸렌 성분으로 falcarinol, 11,12-dehydrofalcarinol[10-11], 유기산 성분으로 3,5-dicaffeoylquinic acid, 클로로겐산, 로즈마린산[3, 9]이 함유되어 있다.
열매에는 트리테르페노이드 사포닌 성분으로 helixosides A, B, hederosides B, E_2, F, staunoside A[12], 폴리아세틸렌 성분으로 falcarinol, falcarinone[13]이 함유되어 있다.

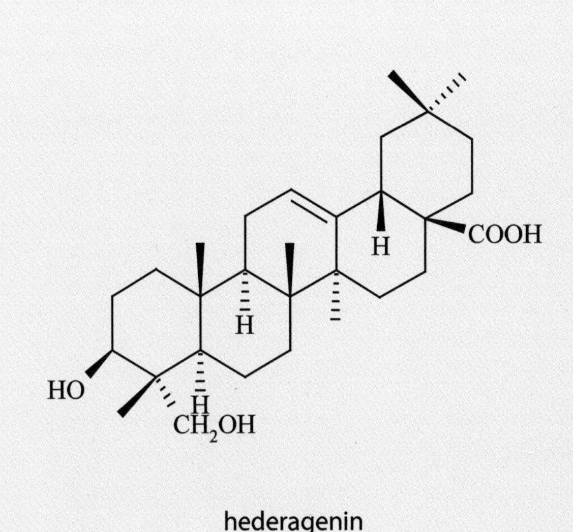

hederagenin

약리작용

1. 항경련 작용

   추출물은 스파스모겐과 같은 아세틸콜린으로 적출된 기니피그 회장(回腸)에 항경련 효과를 나타냈다. 주요 항경련 성분은 사포닌과 페놀 화합물이다. α-헤데린, 퀘르세틴, 캠페롤, 3,5-디카페오일퀸산 각 1g의 항경련 작용은 파파베린 55, 49, 54, 143, 22mg 각각의 활성과 동등했다.

2. 항종양 및 항 돌연변이 유발 활성

   혈청이 없는 배지에서 알파-헤데린은 마우스 흑색종 B16 세포 및 비암 마우스 3T3 섬유아세포의 배양을 억제했다. α-헤데린은 세포질의 공포형성과 막 변화를 유도하여 세포사멸을 유도했다. α-헤데린은 독소루비신의 클라스토겐에 대하여 항돌연변이 효과를 나타냈다.

3. 항염증 작용

   전초의 사포닌 추출물(CSE)과 사포닌 정제 추출물(SPE)은 카라기난과 코펠렛에 의한 급성 랫드의 만성 염증을 억제했다. 헤데라사포닌-C를 경구 투여하면 카라기닌에 의한 랫드 부종을 유의하게 억제했다. α-헤데린 및 헤데라사포닌 B와 C는 또한 히알루로니다아제의 활성을 억제했다.

4. 항균 작용

   사포닌은 그람 양성균보다 그람 양성균에 대한 강력한 항박테리아 활성을 갖는 다양한 그람 양성균과 그람 음성균의 성장을 억제했다[19]. 잎 추출물과 헤데라, 헤데라사포닌 C 및 α-헤데린은 칸디다성 질염에 감염된 마우스에서 치료 효과를 나타냈다[20]. α-헤데린의 항균 활성은 아마도 칸디다성 질염의 분해와 사멸로 세포 내용물의 변형과 세포 외피의 변형을 유도하는 능력 때문으로 보인다.

5. 구충 작용

   사포닌은 리슈만편모충을 억제했다. α-, β-, δ-헤데린과 헤데라사포닌은 리슈만편모충을 억제하는 펜타미딘만큼 효과적이라는 것이 밝혀졌다. 사포닌은 리슈만편모충을 억제했고 그 활성은 N-메틸글루카민 안티몬산염의 활성과 동등했다[22].

6. 항산화 작용
α-헤데린 및 헤데라사포닌 C와 같은 허브에서 분리된 트리테르펜 사포닌은 상당한 항산화 활성을 나타낸다. 이들은 리놀레산 에멀젼의 지질과산화를 유의하게 억제하여 2,2-디페닐-피크릴하이드라질(DPPH) 유리기와 과산화물 음이온 라디칼 소거 활성을 나타내어 좋은 천연 항산화제 역할을 한다[23].

용도

1. 기침, 기관지염
2. 통풍, 류마티즘
3. 연주창
4. 화상
5. 봉와직염(蜂窩織炎)

해설

양담쟁이는 경사지, 암벽 및 나무를 타고 오르는 유럽의 일반적인 관상용 식물이다. 그러나 이 식물체에 함유된 팔라카놀과 같은 폴리아세틸렌은 심각한 접촉성 피부염을 유발할 수 있는 피부 민감 성분이다. 과량의 양담쟁이 잎을 섭취하면 질식으로 사망할 수도 있다[10, 24-25]. 따라서 이 문제에 대한 주의가 요망된다.
양담쟁이 잎의 제제(액제, 좌약 및 시럽)의 효과에 대한 체계적인 평가가 있었다. 예비 연구 결과에 따르면 이러한 제제의 복용은 만성 기관지 천식으로 고통받는 어린이의 호흡 기능을 향상시킬 수 있다. 그럼에도 불구하고 장기적인 영향을 조사하기 위해서는 더 많은 연구가 필요하다.

참고문헌

1. RF Weiss, VF Fintelmann. Herbal Medicine (2nd edition, revised and expanded). Stuttgart: Thieme. 2000: 200
2. AO Tucker, MJ Maciarello. Essential oil of English ivy, Hedera helix L. "Hibernica". Journal of Essential Oil Research. 1994, 6(2): 187-188
3. Trute, Andreas; Gross, Jan; Mutschler, Ernst; Nahrstedt, Adolf. In vitro anti-spasmodic compounds of the dry extract obtained from Hedera helix. Planta Medica. 1997, 63(2): 125-129
4. R Elias, AM Diaz-Lanza, E Vidai-Ollivier, G Balansard, R Faure, A Babadjamian. Triterpenoid saponins from the leaves of Hedera helix. Journal of Natural Products. 1991, 54(1): 98-103
5. VI Grishkivets, AE Kondratenko, NV Tolkacheva, AS Shashkov, VY Chirva. Triterpene glycosides of Hedera helix. I. Structure of glycosides L-1, L-2a, L-2b, L-3, L-4a, L-4b, L-6a, L-6b, L-6c, L-7a and L-7b from leaves. Khimiya Prirodnykh Soedinenii. 1994, 6: 742-746
6. VI Grishkovets, AE Kondratenko, AS Shashkov, VY Chirva. Triterpene glycosides of Hedera helix. III. Structure of the triterpene sulfates and their glycosides. Khimiya Prirodnykh Soedinenii. 1999, 35(1): 70-72
7. F Crespin, R Elias, C Morice, E Ollivier, G Balansard, R Faure. Identification of 3-O-β-D-glucopyranosylhederagenin from the leaves of Hedera helix. Fitoterapia. 1995, 66(5): 477
8. AS Shashkov, VI Grishkovets, AE Kondratenko, VY Chirva. Triterpene glycosides of Hedera helix. II. Structure of glycoside L-6d from the leaves of common ivy. Khimiya Prirodnykh Soedinenii. 1994, 6: 746-752
9. A Trute, A Nahrstedt. Identification and quantitative analysis of phenolic compounds from the dry extract of Hedera helix. Planta Medica. 1997, 63(2): 177-179
10. G Bruhn, H Faasch, H Hahn, BM Hausen, J Broehan, WA Koenig. Natural allergens. I. Occurrence of falcarinol and didehydrofalcarinol in ivy (Hedera helix L.). Zeitschrift fuer Naturforschung, B: Chemical Sciences. 1987, 42(10): 1328-1332
11. F Gafner, GW Reynolds, E Rodriguez. The diacetylene 11,12-dehydrofalcarinol from Hedera helix. Phytochemistry. 1989, 28(4): 1256-1257
12. E Bedir, H Kirmizipekmez, O Sticher, I Calis. Triterpene saponins from the fruits of Hedera helix. Phytochemistry. 2000, 53(8): 905-909

13. LP Christensen, J Lam, T Thomasen. Polyacetylenes from the fruits of Hedera helix. Phytochemistry. 1991, 30(12): 4151-4152

14. S Danloy, J Quetin-Leclercq, P Coucke, MC De Pauw-Gillet, R Elias, G Balansard, L Angenot, R Bassleer. Effects of α-hederin, a saponin extracted from Hedera helix, on cells cultured in vitro. Planta Medica. 1994, 60(1): 45-49

15. YA Amara-Mokrane, MP Lehucher-Michel, G Balansard, G Dumenil, A Botta. Protective effects of α-hederin, chlorophyllin and ascorbic acid towards the induction of micronuclei by doxorubicin in cultured human lymphocytes. Mutagenesis. 1996, 11(2): 161-167

16. H Suleyman, V Mshvildadze, A Gepdiremen, R Elias. Acute and chronic antiinflammatory profile of the ivy plant, Hedera helix, in rats. Phytomedicine. 2003, 10(5): 370-374

17. A Gepdiremen, V Mshvildadze, H Suleyman, R Elias. Acute anti-inflammatory activity of four saponins isolated from ivy: α-hederin, hederasaponin-C, hederacolchiside-E and hederacolchiside-F in carrageenan-induced rat paw edema. Phytomedicine. 2005, 12(6-7): 440-444

18. R Maffei Facino, M Carini, P Bonadeo. Efficacy of topically applied Hedera helix L. saponins for treatment of liposclerosis (so-called "cellulites"). Acta Therapeutica. 1990, 16(4): 337-349

19. C Cioaca, C Margineanu, V Cucu. The saponins of Hedera helix with anti-bacterial activity. Pharmazie. 1978, 33(9): 609-610

20. P Timon-David, J Julien, M Gasquet, G Balansard, P Bernard. Research of anti-fungal activity from several active principle extracts from climbingivy: Hedera helix L. Annales Pharmaceutiques Francaises. 1980, 38(6): 545-552

21. J Moulin-Traffort, A Favel, R Elias, P Regli. Study of the action of α-hederin on the ultrastructure of Candida albicans. Mycoses. 1998, 41(9-10): 411-416

22. B Majester-Savornin, R Elias, AM Diaz-Lanza, G Balansard, M Gasquet, F Delmas. Saponins of the ivy plant, Hedera helix, and their leishmanicidic activity. Planta Medica. 1991, 57(3): 260-262

23. I Guelcin, V Mshvildadze, A Gepdiremen, R Elias. Anti-oxidant activity of saponins isolated from ivy: α-hederin, hederasaponin-C, hederacolchiside-E and hederacolchiside-F. Planta Medica. 2004, 70(6): 561-563

24. PD Yesudian, A. Franks. Contact dermatitis from Hedera helix in a husband and wife. Contact Dermatitis. 2002, 46: 125-126

25. Y Gaillard, P Blaise, A Darre, T Barbier, G Pepin. An unusual case of death: Suffocation caused by leaves of common ivy (Hedera helix). Detection of hederacoside C, α-hederin, and hederagenin by LC-EI/MS-MS. Journal of Analytical Toxicology. 2003, 27(4): 257-262

26. D Hofmann, M Hecker, A Volp. Efficacy of dry extract of ivy leaves in children with bronchial asthma--a review of randomized controlled trials. Phytomedicine. 2003, 10(2-3): 213-220

해바라기 向日葵 EP, GCEM

Asteraceae

Helianthus annuus L.

Sunflower

개요

국화과(Asteraceae)

해바라기(向日葵, *Helianthus annuus* L.)의 씨로부터 추출한 지방유: 향일규유(向日葵油)

중약명: 향일규유(向日葵油)

해바라기속(*Helianthus*) 식물은 전 세계에 약 100종이 있으며 주로 북아메리카에 분포하고 남미는 소수이다. 중국에서 약 10종이 도입되어 재배되며, 이 속에서 2종이 약으로 사용된다. 해바라기는 북아메리카가 기원이며 현재 전 세계적으로 재배되고 있다. 중국의 대부분의 지역에서 널리 재배되고 있다.

"향일규"는 식물명실도고(植物名實圖考)에 약으로 처음 기술되었다. 야생 해바라기는 오늘날에도 페루에서 찾아볼 수 있다. 그리스어로, 'helios'는 "태양"과 "꽃"을 의미한다. 이 종은 정제 해바라기유(Helianthi Annui Oleum)의 공식적인 기원식물 내원종으로 유럽약전(5개정판) 및 영국약전(2002)에 등재되어 있다. 이 약재는 주로 러시아와 중국에서 생산된다.

해바라기는 주로 세스퀴테르페노이드, 트리테르펜, 트리테르페노이드 사포닌, 플라보노이드, 리그난, 유기산 및 지방산 성분을 함유한다.

유럽약전 및 영국약전에서는 정제 해바라기유에서 지방산 함량의 품질관리를 위해 리놀레산 48–74%, 올레산 14–40%, 팔미트산 4.0–9.0% 및 스테아르산 1.0–7.0%로 규정하고 있다.

약리학적 연구에 따르면 해바라기에는 항균, 항염증, 항종양, 항고혈압, 노화 방지 및 면역 자극 효과가 있다.

민간요법에 따르면 해바라기유는 항고혈압, 노화 방지 및 면역 자극에 사용한다.

해바라기 向日葵 *Helianthus annuus* L.

향일규 向日葵 Helianthi Annui Fructus

해바라기 向日葵 EP, BP

함유성분

꽃에는 세스퀴테르페노이드 성분으로 niveusin B, argophyllins A, B, 트리테르페노이드 사포닌 성분으로 helianthosides A, B, C, 트리테르페노이드 성분으로 helianol, ψ−taraxasterol, cycloartenol, lupeol, α−, β−amyrins, dammaradienol[1]이 함유되어 있다.
화분에는 트리테르페노이드 성분으로 sunpollenol, (24S)−24,25−epoxysunpollenol, (23E)−23−dehydro−25−hydroxysunpollenol, (24S)−24,25−dihydroxysunpollenol[2]이 함유되어 있다.
씨에는 휘발성 기름 성분으로 α−pinene, cis−verbenol, β−gurjunene, 지방산 성분으로 팔미트산, 스테아르산, 올레산, 리올레산[3]이 함유되어 있고, 또한 식물호르몬 성분으로 지베렐린[4]과 단백질[5]이 함유되어 있다.
잎에는 세스퀴테르페노이드 성분으로 niveusin B, 1,2−anhydroniveusin A, 1−methoxy−4,5−dihydroniveusin A, 15−hydroxy−3−dehydrodeoxytifruticin, argophyllin A, helieudesmanolide A, heliespirone A, annuolides A, E, F, G, H, helivypolides A, B, F, G, H, I, J, heliannuols A, C, D, F, G, H, I, L, helibisabonols A, B, annuionones A, B, C, E, F, G, H[6−13], 플라보노이드 성분으로 heliannones A, B, C[14], 리그난 성분으로 tanegool, buddlenol E, pinoresinol, syringaresinol, lariciresinol, medioresinol[15]이 함유되어 있다.

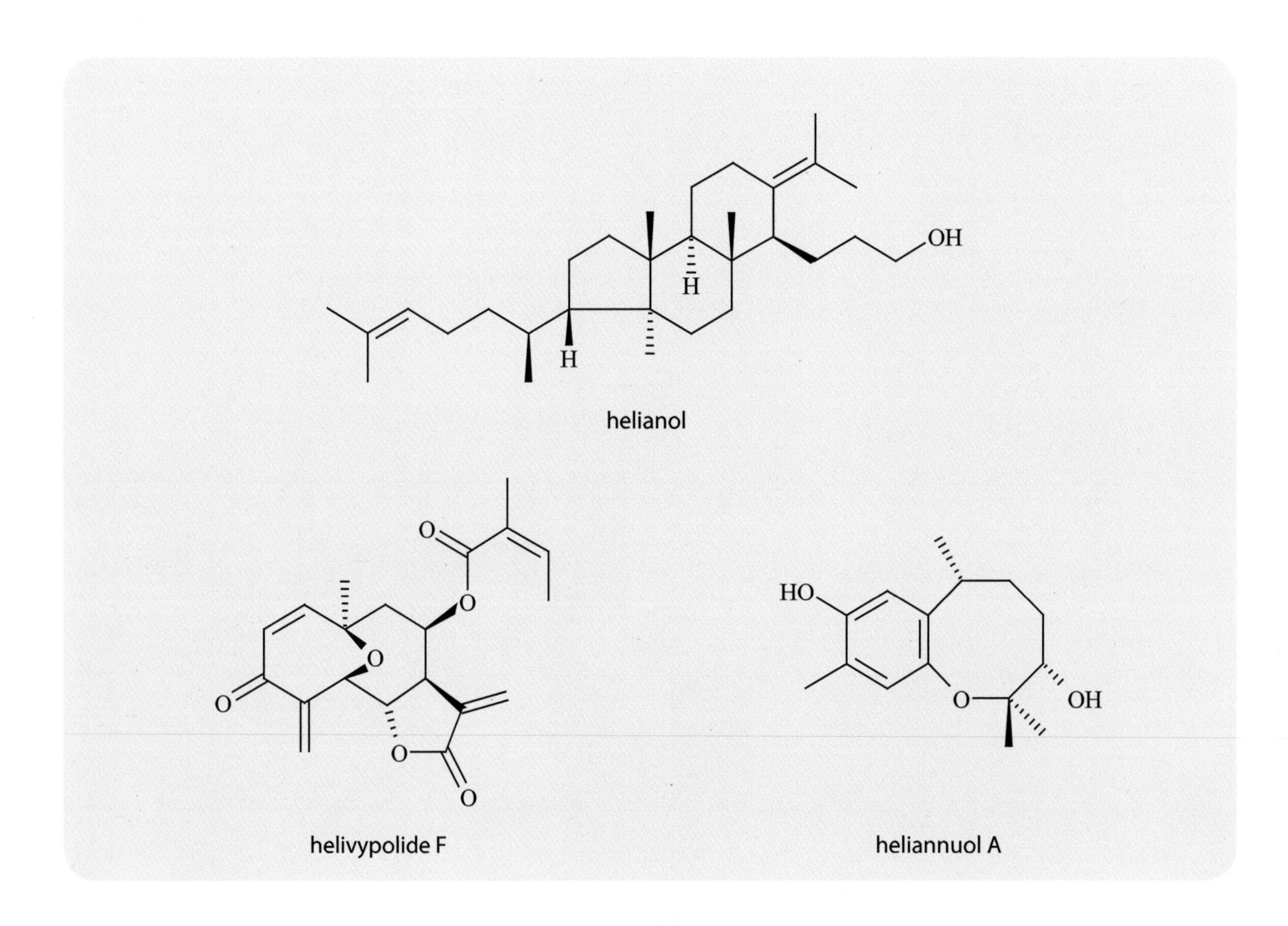

약리작용

1. 항종양 작용
   15−이드록시−3−데하이드로데옥시티프루티신과 같은 어린 잎으로부터 분리된 세스퀴테르페노이드는 마우스 골수종 세포에 대한 억제효과를 나타냈고 마우스 에를리히 암종 세포에서 DNA와 RNA 합성을 억제했다. 선폴레놀과 같은 꽃가루에서 분리된 트리테르페노이드는 종양 촉진제 12−O−테트라데카노일포르볼 13−아세테이트(TPA)에 의해 유도된 엡스타인바 바이러스 초기항원(EBV−EA)의 유도에 대해 용량 의존적 억제효과를 나타냈다[2].
2. 항균 및 항염증 작용
   오존 처리한 해바라기유는 황색포도상구균, 칸디다성 질염 및 대장균에 대한 저해 활성을 나타냈다. 황색포도상구균 접종 후 랫드의 등쪽에 오존 처리한 기름을 국소적으로 도포하면 상처 크기가 현저히 줄어들었고 주름 제거 과정의 시간이 단축되었으며 치료 중 상처 치유가 강화됐다.

잎에서 분리된 세스퀴테르페노이드는 그람 양성세균, 그람 음성박테리아 및 일부 균류의 성장을 억제했다[16]. 꽃에서 분리된 헬리아놀과 같은 트리테르페노이드는 TPA에 의해 유도된 마우스에서 염증을 억제했다[18].

3. 혈압강하 작용

씨 단백질의 가수 분해로부터 얻어진 펩타이드는 *in vitro*에서 안지오텐신 전환 효소(ACE)의 활성을 억제했다[15].

4. 노화 방지 작용

식이 해바라기 씨는 마우스의 심장, 간, 비장 및 신장에서 지질과산화물(LPO)의 수준을 현저하게 감소시켰으며 항산화 활성을 나타냈다. 또한 마우스의 비장 림프구 전기영동 이동성(SLEPM)을 높이고 노화된 마우스의 세포 표면 전하에 보호효과를 나타냈다[19-20].

5. 면역 자극 작용

줄기 코어의 다당류와 콘카나발린 A(Con A)는 인터루킨-2(IL-2)의 분비를 증가시켰다. 복강 내 투여하면 마우스 비장 세포에 의한 IL-2 생성을 유의하게 증가시켰고 자연살해세포의 활성을 증가시켰으며 비장의 무게를 증가시켰다.

용도

1. 변비
2. 피부 병변, 건선
3. 류머티즘

해설

해바라기는 세계적으로 널리 재배되는 유지작물로 식이 및 의약적 가치가 높다. 꽃, 열매, 잎, 줄기의 수(髓) 및 뿌리는 약으로 사용된다. 한의학에서 꽃은 거풍(祛風)하고, 간을 진정시키며, 조습(燥濕)한다. 씨는 피부 발진에 효과가 있고, 이질을 멈추며, 배농(排膿)시킨다. 잎은 간의 기운을 가라앉히고, 말라리아를 구제하며, 해독한다. 줄기의 중과피는 이뇨해열(利尿解熱)하며 기침을 멈춘다. 뿌리는 청열조습(清熱燥濕)하고, 기의 움직임을 촉진하며, 통증을 완화한다.

최근에는 해바라기가 타감(他感) 자원 식물로서 주목을 끌고 있다. 해바라기 잎에서 추출된 세스퀴테르페노이드와 리그난은 알레르기 병증의 명백한 효과가 있으며 잡초의 발아와 성장을 억제할 수 있다[9,15]. 해바라기 뿌리의 에탄올 추출물은 *Rhizoctonia solani*, *Pyricularia oryzea*, *Botyosphaeria ribis* 및 *Phytophthora capsici* leaonian과 같은 식물 병원성 진균의 생장을 현저하게 억제할 수 있다. 다른 잡초에 해바라기의 타감 효과는 새로운, 환경 친화적인 천연 제초제 및 살충제의 개발에 사용할 수 있다.

참고문헌

1. T Akihisa, H Oinuma, K Yasukawa, Y Kasahara, Y Kimura, S Takase, S Yamanouchi, M Takido, K Kumaki, T Tamura. Helianol [3,4-seco-19(10 → 9) abeo-8α, 9β,10α-eupha-4,24-dien-3-ol], a novel triterpene alcohol from the tabular flowers of Helianthus annuus L. Chemical & Pharmaceutical Bulletin. 1996, 44(6): 1255-1257

2. M Ukiya, T Akihisa, H Tokuda, K Koike, Y Kimura, T Asano, S Motohashi, T Nikaido, H Nishino. Sunpollenol and five other rearranged 3,4-secotirucallane-type triterpenoids from sunflower pollen and their inhibitory effects on Epstein-Barr virus activation. Journal of Natural Products. 2003, 66(11): 1476-1479

3. PL Cioni, G Flamini, C Caponi, L Ceccarini, I Morelli. Analysis of volatile fraction, fixed oil and tegumental waxes of the seeds of two different cultivars of Helianthus annuus. Food Chemistry. 2004, 90(4): 713-717

4. DJ Owen, LN Mander, P Gaskin, J Macmillan. Synthesis and confirmation of structure of three 13,15β-dihydroxy C-20 gibberellins, GA_{100}, GA_{101} and GA_{102}, isolated from the seeds of Helianthus annuus L. Phytochemistry. 1996, 42(4): 921-925

5. C Megias, MM Yust, J Pedroche, H Lquari, J Giron-Calle, M Alaiz, F Millan, J Vioque. Purification of an ACE inhibitory peptide after hydrolysis of sunflower (Helianthus annuus L.) protein isolates. Journal of Agricultural and Food Chemistry. 2004, 52(7): 1928-1932

6. FA Macias, RM Varela, A Torres, JMG Molinillo. Allelopathic studies in cultivar species. II. Heliespirone A. The first member of a novel

family of bioactive sesquiterpenes. Tetrahedron Letters. 1998, 39(5-6): 427-430

7. FA Macias, A Torres, JMG Molinillo, RM Varela, D Castellano. Potential allelopathic sesquiterpene lactones from sunflower leaves. Phytochemistry. 1996, 43(6): 1205-1215
8. FA Macias, A Lopez, RM Varela, JMG Molinillo, PLCA Alves, A Torres. Helivypolide G. A novel dimeric bioactive sesquiterpene lactone. Tetrahedron Letters. 2004, 45(35): 6567-6570
9. FA Macias, A Fernandez, RM Varela, JMG Molinillo, A Torres, PLCA Alves. Sesquiterpene lactones as allelochemicals. Journal of Natural Products. 2006, 69(5): 795-800
10. FA Macias, A Torres, JLG Galindo, RM Varela, JA Alvarez, JMG Molinillo. Bioactive terpenoids from sunflower leaves cv. Peredovick. Phytochemistry. 2002, 61(6): 687-692
11. FA Macias, RM Varela, A Torres, RM Oliva, JMG Molinillo. Allelopathic studies in cultivar. Part 10. Bioactive norsesquiterpenes from Helianthus annuus with potential allelopathic activity. Phytochemistry. 1998, 48(4): 631-636
12. FA Macias, A Lopez, RM Varela, A Torres, JMG Molinillo. Bioactive apocarotenoids annuionones F and G: structural revision of annuionones A, B and E. Phytochemistry. 2004, 65(22): 3057-3063
13. T Anjum, R Bajwa. A bioactive annuionone from sunflower leaves. Phytochemistry. 2005, 66(16): 1919-1921
14. FA Macias, JMG Molinillo, A Torres, RM Varela, D Castellano. Allelopathic studies in cultivar species. Part 9. Bioactive flavonoids from Helianthus annuus cultivars. Phytochemistry. 1997, 45(4): 683-687
15. FA Macias, A Lopez, RM Varela, A Torres, JMG Molinillo. Bioactive lignans from a cultivar of Helianthus annuus. Journal of Agricultural and Food Chemistry. 2004, 52(21): 6443-6447
16. O Spring, J Kupka, B Maier, A Hager. Biological activities of sesquiterpene lactones from Helianthus annuus: anti-microbial and cytotoxic properties; influence on DNA, RNA, and protein synthesis. Journal of Biosciences. 1982, 37C(11-12): 1087-1091
17. KL Rodrigues, CC Cardoso, LR Caputo, JCT Carvalho, JE Fiorini, JM Schneedorf. Cicatrizing and anti-microbial properties of an ozonised oil from sunflower seeds. Inflammopharmacology. 2004, 12(3): 261-270
18. T Akihisa, K Yasukawa, H Oinuma, Y Kasahara, S Yamanouchi, M Takido, K Kumaki, T Tamura. Triterpene alcohols from the flowers of compositae and their anti-inflammatory effects. Phytochemistry. 1996, 43(6): 1255-1260
19. B Feng, WG Deng, N Li, M He. Effect of Fructus Helianthi Annui on lipid peroxidation and cell membrane surface charge of C57 mouse tissues. Journal of Norman Bethune University of Medical Sciences. 1994, 20(4): 363-364
20. B Feng, M He, YH Xu, C Bian. Effect of Fructus Helianthi Annui on lipid peroxidation and glutathione peroxidase of C57 mouse tissues. Chinese Journal of Gerontology. 1995, 15(1): 46
21. SM Zhang, WM Hu, QJ Wang, DY Fu, CL Chen. Improvement of immunity in mice by polysaccarides in Helianthus annuus L. pith. Chinese Journal of Immunology. 1993, 9(6): 383
22. WP Song, AL Zhang, JM Gao, YL Zhang, HX Zhu. Study on anti-microbial assay of root extract of allelopathic Helianthus annuus. Acta Botanica Boreali-Occidentalia Sinica. 2004, 24(10): 1949-1952

홉 啤酒花 EP, BP, BHP, GCEM

Moraceae

Humulus lupulus L.

Hops

개 요

뽕나무과(Moraceae)

홉(啤酒花, *Humulus lupulus* L.)의 암꽃차례를 말린 것: 비주화(啤酒花)

중약명: 비주화(啤酒花)

한삼덩굴속(*Humulus*) 식물은 전 세계에 4종이 있으며 북반구의 온대와 아열대 지역에 주로 분포한다. 중국에는 약 2종과 1변종이 발견되며, 모두 약으로 사용된다. 홉은 유라시아가 기원으로, 현재 북반구의 온대 지역과 호주, 남아프리카 및 남미의 온화한 지역에서 발견된다. 또한 중국의 신장 및 사천에 분포하며 전국에서 재배되고 있다.

홉은 천 년 이상 동안 재배되었으며 양조 업계에서 주로 사용되고 있다[1]. 호프는 전통적으로 이뇨제로 사용되며 장 산통, 폐결핵 및 방광염을 치료한다. 목욕을 위해 홉의 끓인 찌꺼기를 사용하면 상쾌하고 부인과 질환을 치료할 수 있다. 이 종은 유럽약전(5개정판)과 영국약전(2002)에서 홉(Lupuli Flos)의 공식적인 기원식물 내원종으로 등재되어 있다. ≪대한민국약전외한약(생약)규격집≫(제4개정판)에는 "홉"을 "홉 *Humulus lupulus* Linné(뽕나무과 Moraceae)의 잘 익은 구과(毬果)"로 등재하고 있다. 이 약재는 주로 영국, 독일, 벨기에, 프랑스, 러시아, 캘리포니아(미국)에서 생산된다[2].

홉은 주로 정유, 비터산 및 플라보노이드 성분을 함유한다. 후물론과 같은 비터산과 잔토후몰과 같은 플라보노이드는 눈에 띄는 생리적 활동을 한다. 유럽약전 및 영국약전은 의약 물질의 품질관리를 위해 70% 에탄올 추출물의 함량이 25% 이상이어야 한다고 규정하고 있다.

약리학적 연구에 따르면 홉에는 진정 작용, 최면 작용, 항우울제, 항염증, 항 알레르기, 항종양 및 항균 작용이 있으며 소화를 촉진하고 에스트로겐 수준을 조절하며 신진 대사를 조절한다고 한다.

민간요법에 따르면 홉의 열매는 진정 작용이 있다. 한의학에서 비주화(啤酒花)는 위장에 활력을 주고, 소화를 촉진하며, 배뇨를 촉진하고, 정신을 진정시키며, 항 결핵 및 항염증 효과를 나타낸다.

홉 啤酒花 *Humulus lupulus* L.

비주화 啤酒花 Lupuli Flos

함유성분

암꽃차례에는 휘발성 기름(0.52%–1.2%) 성분으로 humulene, β–myrcene, phellandrene[3], 플로로글루시놀 유도체 성분으로 humulone, cohumulone, adhumulone, posthumulone, prehumulone, adprehumulone, lupulone, lupulones A, B, C, D, E, F, colupuone, adlupulone, postlupulone, prelupulone, 5–(2–methylpropanoyl) phloroglucinol–glucopyranoside[4–7] (humulones은 α–acids으로 알려져 있고, lupulones은 β–acids으로 알려져 있음), 플라보노이드 성분으로 xanthohumols B, C, D, G, H, I, isoxanthohumol, desmethylxanthohumol, dihydroxyxanthohumol, 6–prenylnaringenin, hopein, 6,8–diprenylnaringenin, rutin, hesperidin, quercetin–4'–O–glucoside[6, 8–10], 스틸벤 성분으로 resveratrol, piceid[11], 프로안토시아닌 성분으로 procyanidins B_1, B_2, B_3, B_4[12]가 함유되어 있다. 또한 hulupinic acid[6]가 함유되어 있다.

humulone

xanthohumol

약리작용

1. 중추신경계에 미치는 영향

   홉의 에탄올과 이산화탄소 추출물은 자발적인 운동 활성을 감소시키고 케타민으로 유도된 수면 시간을 증가시키며 랫드의 체온을 감소시킨다. α–비터산은 진정 작용을 일으키는 가장 활동적인 성분이다. β–비터산과 호프오일도 진정 효과에 기여했다[13]. 마우스의 이산화탄소 추출물과 α-비터산 함유 분획물을 복강 내 투여하면 펜토바르비탈수면시간을 연장시켰다. 랫드의 높은 플러스 미로 시험에서 두 화합물 모두 부동 시간을 줄이고 랫드의 절망적 행동을 길들였으며 항우울작용을 나타냈다[14].

2. 항염증 작용
   홉스 CO_2 추출물은 사이클로옥시게나제-2(COX-2)를 억제함으로써 말초 혈액 단일 세포(PBMC)에서 프로스타글란딘 E_2(PGE_2)의 리포폴리사카라이드(LPS) 자극 생산을 용량 의존적으로 억제했다. 급성 관절염이 자이모산으로 유도된 마우스에서 동일한 추출물을 경구 투여하면 전혈에서 PGE_2 생성이 유의하게 감소한다[15].
3. 항 과민 작용
   홉 물 추출물(HWE)과 HWE(MFH)의 XAD-4 50% 메탄올 파가 랫드 비만 세포와 화합물 48/80과 A23187에 의해 유도된 KU812 세포로부터의 히스타민 방출을 억제했다. HWE와 MFH를 경구 투여하면 랫드에서 항원에 의해 유발된 코비비는 증상과 재채기를 억제했다[16].
4. 소화의 개선
   홉 추출물을 경구 투여하면 유문이 겹친 마우스에서 산도에 영향을 미치지 않으면서 위액을 현저하게 증가시켰다. 그 작용은 아트로핀에 의해 길항되어 위액에 대한 작용이 아마도 콜린성 신경계에 의해 매개되는 것으로 나타났다[17].
5. 에스트로겐 수준의 조절
   홉의 물 추출물을 경구 투여하면 난소를 절제한 비만 마우스에서 체중 증가를 현저하게 억제하고 식량과 물 소비를 감소시켰다. 홉의 물 추출물의 작용은 에스트로겐 활성을 가지며 인슐린 감수성을 증가시키고 항산화 활성을 증가시킨다[18]. 홉의 물 추출물과 그 성분은 *in vitro*에서 에스트로겐 수용체에 결합하고 이시카와 세포에서는 활성화된 에스트로겐 반응 요소로 MCF-7 세포에서 EFE-루시퍼라제 발현을 유도했다[19]. 6주에서 12주에 걸친 표준 홉 추출물(100 또는 200μg 8-PN 함유)을 경구 투여하면 여성의 안면 홍조 및 기타 갱년기 불쾌감을 유의하게 억제했다[20]. 유방암과 같은 에스트로겐 의존성 장애의 예방과 치료와 관련하여 호핀, 잔토후몰 및 이소잔토후몰라소와 같은 홉에서 분리된 플라보노이드는 아로마타제 활성을 감소시키고 에스트로겐 합성을 감소시킨다[21].
6. 항종양 작용
   홉의 비터산은 인간 백혈병 HL-60 세포에 대한 성장 억제효과를 나타냈고 *in vitro*에서 세포사멸을 유도했다[22]. 잔토후몰은 퀴논 환원효소의 활성을 증가시킴으로써 메나디온 유발 DNA 손상을 억제했다[23]. 시험관 내 크산토몰은 인간 유방암 MCF-7/6 및 T47-D 세포, 사람 대장암 40-16 세포의 성장을 억제하고 세포사멸을 유도했다. 배양된 병아리 심장 세포에서 MCF-7/6의 침입을 유의하게 막았다[24-25].
7. 신진 대사에 미치는 영향
   홉의 크산토후몰은 파르네소이드 X 수용체에 결합할 수 있다. 잔토후몰을 투여하면 KK-A^y 마우스에서 혈장 포도당과 트리글리 세라이드 수준이 유의하게 낮아졌다. 그것은 간 트리글리 세라이드를 감소시키고 지질 대사 및 포도당 신진 대사를 개선시켰다[26]. 이소우물론활성 PPAR(peroxisome proliferator-activated receptor)-α 및 -γ 이소후물론으로 치료한 KK-A^y 마우스에서는 트리글리 세라이드와 유리 지방산을 감소시켰고 체중 증가를 억제했다. 이소후물론을 경구 투여하면 제 2형 당뇨병 환자에서 혈당치와 헤모글로빈 A1c를 유의하게 감소시켰다[27-28].
8. 기타
   홉의 프로시아니딘 B_2는 일산화질소 합성효소(NOS) 억제제였다. 프로시아니딘 B_3는 항산화제 활성을 나타냈고[12], 잔토후몰은 항플라스모디아 활동[29-30]을 보였으며 인체면역결핍바이러스 1(HIV-1)을 억제했다[31].

용도

1. 과민성, 불안, 불면증
2. 식욕 부진, 소화 불량, 복부 팽창
3. 기침, 폐결핵
4. 나병

해설

중요한 약용식물인 홉은 다양한 생리 활동을 나타낸다. 홉에 함유된 호페인 성분은 데스메틸잔토후몰[9]로부터 이성화된다. 호페인은 화학 구조에서 17β-에스트라디올과 유사하며 효과적인 성분으로 입증되었다. 또한 항우울제 및 항 당뇨병 치료에도 주의를 기울일 필요가 있다.
홉은 수백 년 동안 맥주의 주요 원료 중 하나로 독특한 향기와 쓴맛을 맥주에 더하고 맥주 거품의 안정성을 향상시킨다. 양조 공정에서, 홉에 함유된 알파산은 이소알파산으로 이성체화되어 현저한 생리 활성을 갖는 이소후물론이 된다.

참고문헌

1. LR Chadwick, GF Pauli, NR Farnsworth. The pharmacognosy of Humulus lupulus L. (hops) with an emphasis on estrogenic properties. Phytomedicine. 2006, 13(1-2): 119-131
2. WC Evans. Trease & Evans' Pharmacognosy (15th edition). Edinburgh: WB Saunders. 2002: 217-218
3. S Eri, BK Khoo, J Lech, TG Hartman. Direct thermal desorption-gas chromatography and gas chromatography-mass spectrometry profiling of hop (Humulus lupulus L.) essential oils in support of varietal characterization. Journal of Agricultural and Food Chemistry. 2000, 48(4): 1140-1149
4. XZ Zhang, XM Liang, HB Xiao, Q Xu. Direct characterization of bitter acids in a crude hop extract by liquid chromatography-atmospheric pressure chemical ionization mass spectrometry. Journal of the American Society for Mass Spectrometry. 2004, 15(2): 180-187
5. RJ Smith, D Davidson, RJJ Wilson. Natural foam stabilizing and bittering compounds derived from hops. Journal of the American Society of Brewing Chemists. 1998, 56(2): 52-57
6. F Zhao, Y Watanabe, H Nozawa, A Daikonnya, K Kondo, S Kitanaka. Prenylflavonoids and phloroglucinol derivatives from hops (Humulus lupulus). Journal of Natural Products. 2005, 68(1): 43-49
7. G Bohr, C Gerhaeuser, J Knauft, J Zapp, H Becker. Anti-inflammatory acylphloroglucinol derivatives from hops (Humulus lupulus). Journal of Natural Products. 2005, 68(10): 1545-1548
8. JF Stevens, M Ivancic, VL Hsu, ML Deinzer. Prenylflavonoids from Humulus lupulus. Phytochemistry. 1997, 44(8): 1575-1585
9. LR Chadwick, D Nikolic, JE Burdette, CR Overk, JL Bolton, RB van Breemen, R Froehlich, HHS Fong, NR Farnsworth, GF Pauli. Estrogens and congeners from spent hops (Humulus lupulus). Journal of Natural Products. 2004, 67(12): 2024-2032
10. D Arraez-Roman, S Cortacero-Ramirez, A Segura-Carretero, JAML Contreras, A Fernandez-Gutierrez. Characterization of the methanolic extract of hops using capillary electrophoresis-electrospray ionization-mass spectrometry. Electrophoresis. 2006, 27(11): 2197-2207
11. V Jerkovic, D Callemien, S Collin. Determination of stilbenes in hop pellets from different cultivars. Journal of Agricultural and Food Chemistry. 2005, 53(10): 4202-4206
12. JF Stevens, CL Miranda, KR Wolthers, M Schimerlik, ML Deinzer, DR Buhler. Identification and in vitro biological activities of hop proanthocyanidins: inhibition of nNOS activity and scavenging of reactive nitrogen species. Journal of Agricultural and Food Chemistry. 2002, 50(12): 3435-3443
13. H Schiller, A Forster, C Vonhoff, M Hegger, A Biller, H Winterhoff. Sedating effects of Humulus lupulus L. extracts. Phytomedicine. 2006, 13(8): 535-541
14. P Zanoli, M Rivasi, M Zavatti, F Brusiani, M Baraldi. New insight in the neuropharmacological activity of Humulus lupulus L. Journal of Ethnopharmacology. 2005, 102(1): 102-106
15. S Hougee, J Faber, A Sanders, WB van den Berg, J Garssen, HF Smit, MA Hoijer. Selective inhibition of COX-2 by a standardized CO2 extract of Humulus lupulus in vitro and its activity in a mouse model of zymosan-induced arthritis. Planta Medica. 2006, 72(3): 228-233
16. M Takubo, T Inoue, SS Jiang, T Tsumuro, Y Ueda, R Yatsuzuka, S Segawa, J Watari, C Kamei. Effects of hop extracts on nasal rubbing and sneezing in BALB/c mice. Biological & Pharmaceutical Bulletin. 2006, 29(4): 689-692
17. T Kurasawa, Y Chikaraishi, A Naito, Y Toyoda, Y Notsu. Effect of Humulus lupulus on gastric secretion in a rat pylorus-ligated model. Biological & Pharmaceutical Bulletin. 2005, 28(2): 353-357
18. JB Wamg, R Luo, XS Tian, YH Ding, SY Qu, W Li, TZ Zheng. Effects of hops on ovariectomized obese rats. Journal of Chinese Medicinal Materials. 2004, 27(2): 105-107
19. CR Overk, P Yao, LR Chadwick, D Nikolic, YK Sun, MA Cuendet, YF Deng, AS Hedayat, GF Pauli, NR Farnsworth, RB van Breemen, JL Bolton. Comparison of the in vitro estrogenic activities of compounds from hops (Humulus lupulus) and red clover (Trifolium pratense).

Journal of Agricultural and Food Chemistry. 2005, 53(16): 6246-6253

20. A Heyerick, S Vervarcke, H Depypere, M Bracke, D de Keukeleire. A first prospective, randomized, double-blind, placebo-controlled study on the use of a standardized hop extract to alleviate menopausal discomforts. Maturitas. 2006, 54(2): 164-75

21. R Monteiro, H Becker, I Azevedo, C Calhau. Effect of hop (Humulus lupulus L.) flavonoids on aromatase (estrogen synthase) activity. Journal of Agricultural and Food Chemistry. 2006, 54(8): 2938-2943

22. WJ Chen, JK Lin. Mechanisms of cancer chemoprevention by hop bitter acids (beer aroma) through induction of apoptosis mediated by fas and caspase cascades. Journal of Agricultural and Food Chemistry. 2004, 52(1): 55-64

23. BM Dietz, YH Kang, GW Liu, AL Eggler, P Yao, LR Chadwick, GF Pauli, NR Farnsworth, AD Mesecar, RB van Breemen, JL Bolton. Xanthohumol isolated from Humulus lupulus inhibits menadione-induced DNA damage through induction of quinone reductase. Chemical Research in Toxicology. 2005, 18(8): 1296-1305

24. B Vanhoecke, L Derycke, V van Marck, H Depypere, D de Keukeleire, M Bracke. Antiinvasive effect of xanthohumol, a prenylated chalcone present in hops (Humulus lupulus L.) and beer. International Journal of Cancer. 2005, 117(6): 889-895

25. L Pan, H Becker, C Gerhaeuser. Xanthohumol induces apoptosis in cultured 40-16 human colon cancer cells by activation of the death receptorand mitochondrial pathway. Molecular Nutrition & Food Research. 2005, 49(9): 837-843

26. H Nozawa. Xanthohumol, the chalcone from beer hops (Humulus lupulus L.), is the ligand for farnesoid X receptor and ameliorates lipid and glucose metabolism in KK-Ay mice. Biochemical and Biophysical Research Communications. 2005, 336(3): 754-761

27. H Yajima, E Ikeshima, M Shiraki, T Kanaya, D Fujiwara, H Odai, N Tsuboyama-Kasaoka, O Ezaki, S Oikawa, K Kondo. Isohumulones, bitter acids derived from hops, activate both peroxisome proliferator-activated receptor α and γ and reduce insulin resistance. Journal of Biological Chemistry. 2004, 279(32): 33456-33462

28. H Yajima, T Noguchi, E Ikeshima, M Shiraki, T Kanaya, N Tsuboyama-Kasaoka, O Ezaki, S Oikawa, K Kondo. Prevention of diet-induced obesity by dietary isomerized hop extract containing isohumulones, in rodents. International Journal of Obesity. 2005, 29(8): 991-997

29. S Froelich, C Schubert, U Bienzle, K Jenett-Siems. In vitro antiplasmodial activity of prenylated chalcone derivatives of hops (Humulus lupulus) and their interaction with hemin. Journal of Anti-microbial Chemotherapy. 2005, 55(6): 883-887

30. V Srinivasan, D Goldberg, GJ Haas. Contributions to the anti-microbial spectrum of hop constituents. Economic Botany. 2004, 58(Suppl.): S230-S238

31. Q Wang, ZH Ding, JK Liu, YT Zheng. Xanthohumol, a novel anti-HIV-1 agent purified from hops Humulus lupulus. Anti-viral Research. 2004, 64(3): 189-194

홉 재배 모습

북미황련 北美黃連 EP, BHP, USP

Hydrastis canadensis L.

Goldenseal

개 요

미나리아재비과(Ranunculaceae)

북미황련(北美黃連, *Hydrastis canadensis* L.)의 뿌리와 뿌리줄기를 말린 것: 북미황련(北美黃連)

중약명: 북미황련(北美黃連)

북미황련속(*Hydrastis*) 식물은 전 세계에 약 2종이 있으며 북미와 아시아에 분포한다. 이 속에서 약 1종이 약으로 사용된다. 북미황련은 습기가 많은 산과 숲에 야생하고 북아메리카 동부가 기원이며 현재 미국의 오레곤과 워싱턴에서 재배되고 있다.

북미황련은 미국약전(1830년과 1860년부터 1926년)에 두 번 기록되었으며 나중에 프랑스를 포함한 13개국의 약전에 기록되었다. 이 종은 북미황련(Hydrastis Rhizoma)의 공식적인 기원식물 내원종으로 유럽약전(5개정판), 영국생약전(1996) 및 미국약전(28개정판)에 등재되어 있다. 이 약재는 주로 북아메리카 동부에서 생산된다.

북미황련은 주로 이소퀴놀린 알칼로이드 성분을 함유한다. 미국약전은 β-하이드라스틴 및 베르베린의 함량이 각각 2.0% 및 2.5% 이상이어야 한다고 규정하고 있다. 유럽약전은 의약 물질의 품질관리를 위해 고속액체크로마토그래피법으로 시험할 때 베타하이드라스틴 및 베르베린의 함량이 각각 2.5% 및 3.0% 이상이어야 한다고 규정하고 있다.

약리학적 연구에 따르면 북미황련은 항박테리아, 항경련 및 면역자극 효과가 있다. 민간요법에 따르면, 북미황련은 항염작용을 한다.

북미황련 北美黃連 *Hydrastis canadensis* L.

북미황련 北美黃連 Hydrastis Rhizoma

1cm

함유성분

뿌리와 뿌리줄기에는 이스퀴놀린 알칼로이드 성분으로 β-hydrastine, berberine, canadine, canadaline, hydrastidine, isohydrastidine, (-)-(S)-corypalmine[1], isocorypalmine[2], 1-α-hydrastine, 1-β-hydrastine[3], palmatine, hydrastinine[4], oxyhydrastinine, berberastine, jatrorrhizine, hydrastinediol, tetrahydroberberastine[5], canadinic acid[6]가 함유되어 있고, 또한 클로로겐산, neochlorogenic acid, 5-O-(4'-[β-D-glucopyranosyl]-trans-feruloyl)quinic acid[7], 6,8-di-Cmethylluteolin 7-methyl ether, 6-C-methylluteolin 7-methyl ether[6]가 함유되어 있다.

berberine

hydrastidine: R=OH, R_1=OMe
isohydrastidine: R=OMe, R_1=OH

약리작용

1. 항균 작용
뿌리와 뿌리줄기의 메탄올 추출물은 *in vitro*에서 배양된 헬리코박터 파일로리에 대한 저해 활성을 나타냈다. 활성성분은 β-하이드러스틴과 베르베린이다[8]. 북미황련 추출물은 Streptococcus pyogenes의 성장을 저해했다. 황색포도상구균은 있으나 녹농균은 그렇지 않다[9-10]. 베르베린은 Mycobacterium tuberculosis에 대한 저해 활성을 나타냈다[11].

2. 평활근에 미치는 영향
북미황련의 에탄올 추출물은 임신하지 않은 마우스의 자궁에서 아세틸콜린, 옥시토신, 세로토닌에 의한 수축을 유의하게 억제하였다. 또한 주기적으로 자발적인 자궁 수축의 진폭을 용량 의존적으로 감소시켰다. 추출물은 또한 카르바콜로 사전 수축된 적출된 기니피그의 기도를 이완했다. 티몰롤은 부분적으로 기관지에이 효과에 길항작용을 했으며 추출물이 베타아드레날린 수용체 의존성 및 비 의존적 기전에 의한 이완을 일으킨다는 것을 암시한다[12]. 북미황련은 토끼 방광 배뇨근에서 이완을 유도했다[13]. 또한 노르에피네프린과 페닐에프린에 의한 전립선 수축을 억제했다. 베르베린은 주성분이다[14].

3. 심혈관계에 미치는 영향
북미황련은 아드레날린, 세로토닌 및 히스타민에 의해 유도된 토끼 대동맥 수축에 대한 억제 작용을 나타냈다[15]. 베르베린에는 양성 강직성뿐만 아니라 혈관 확장 및 항부정맥 관련 기능도 있다. 또한 K^+ 채널의 봉쇄와 Na^+-Ca^{2+} 교환기의 자극에 기인한 심실 활동 전위의 지속 기간을 연장시켰다[16].

4. 면역 자극 작용
엘리사 연구에서 새로운 antigen keyhole limpet hemocyanin(KLH)을 주사한 마우스에서 2주 동안 뿌리 추출물을 처리하면 1차 IgM 반응이 증가하고 면역 기능이 향상된다는 것을 보였다[17].

5. 기타
북미황련은 또한 항염증 작용, 설사 감소, 수렴과 지혈을 일으켰다[1].

용도

1. 위장염, 위궤양, 소화 불량
2. 호흡기 및 비뇨 생식기 감염
3. 기능성 자궁출혈, 백대하
4. 구내염, 치은염
5. 결막염

해설

북미황련이 조제약으로 자주 사용되는 것은 항균작용이 현저하기 때문이다. 그러나 남획으로 북미황련이 멸종 위기에 놓이게 되어, 따라서 북미황련의 재배를 강화하는 것이 약용식물을 보존하는 데 큰 의미가 있다.

참고문헌

1. I Messana, R La Bua, C Galeffi. The alkaloids of Hydrastis canadensis L. (Ranunculaceae). Two new alkaloids: hydrastidine and isohydrastidine. Gazzetta Chimica Italiana. 1980, 110(9-10): 539-543

2. LR Chadwick, CD Wu, AD Kinghorn. Isolation of alkaloids from Goldenseal (Hydrastis canadensis rhizomes) using pH-zone refining countercurrent chromatography. Journal of Liquid Chromatography & Related Technologies. 2001, 24(16): 2445-2453

3. J Gleye, E Stanislas. Alkaloids from subterranean parts of Hydrastis canadensis. Presence of 1-α-hydrastine. Plantes Medicinales et Phytotherapie.1972, 6(4): 306-310

4. JJ Inbaraj, BM Kukielczak, P Bilski, YY He, RH Sik, CF Chignell. Photochemistry and photocytotoxicity of alkaloids from goldenseal (Hydrastis canadensis L.). 2. Palmatine, hydrastine, canadine, and hydrastinine. Chemical Research in Toxicology. 2006, 19(6): 739-744

5. HA Weber, MK Zart, AE Hodges, HM Molloy, BM O'Brien, LA Moody, AP Clark, RK Harris, JD Overstreet, CS Smith. Chemical

comparison of goldenseal (Hydrastis canadensis L.) root powder from three commercial suppliers. Journal of Agricultural and Food Chemistry. 2003, 51(25): 7352-7358

6. BY Hwang, SK Roberts, LR Chadwick, CD Wu, AD Kinghorn. Anti-microbial constituents from goldenseal (the rhizomes of Hydrastis canadensis) against selected oral pathogens. Planta Medica. 2003, 69(7): 623-627
7. CE McNamara, NB Perry, JM Follett, GA Parmenter, JA Douglas. A new glucosyl feruloyl quinic acid as a potential marker for roots and rhizomes of goldenseal, Hydrastis canadensis. Journal of Natural Products. 2004, 67(11): 1818-1822
8. GB Mahady, SL Pendland, A Stoia, LR Chadwick. In vitro susceptibility of Helicobacter pylori to isoquinoline alkaloids from Sanguinaria canadensis and Hydrastis canadensis. Phytotherapy Research. 2003, 17(3): 217-221
9. JR Villinski, ER Dumas, HB Chai, JM Pezzuto, CK Angerhofer, S Gafner. Anti-bacterial activity and alkaloid content of Berberis thunbergii, Berberis vulgaris and Hydrastis canadensis. Pharmaceutical Biology. 2003, 41(8): 551-557
10. SE Knight. Goldenseal (Hydrastis canadensis) versus penicillin: a comparison of effects on Staphylococcus aureus, Streptococcus pyogenes, and Pseudomonas aeruginosa. Bios. 1999, 70(1): 3-10
11. EJ Gentry, HB Jampani, A Keshavarz-Shokri, MD Morton, D Vander Velde, H Telikepalli, LA Mitscher, R Shawar, D Humble, W Baker. Antitubercular Natural Products: Berberine from the roots of commercial Hydrastis canadensis powder. Isolation of inactive 8-oxotetrahydrothalifendine, canadine, β-hydrastine, and two new quinic acid esters, hycandinic acid esters-1 and -2. Journal of Natural Products. 1998, 61(10): 1187-1193
12. MF Cometa, H Abdel-Haq, M Palmery. Spasmolytic activities of Hydrastis canadensis L. on rat uterus and guinea pig trachea. Phytotherapy Research. 1998, 12(Suppl. 1): S83-S85
13. P Bolle, MF Cometa, M Palmery, P Tucci. Response of rabbit detrusor muscle to total extract and major alkaloids of Hydrastis canadensis. Phytotherapy Research. 1998, 12(Suppl. 1): S86-S88
14. C Baldazzi, MG Leone, ML Casini, B Tita. Effects of the major alkaloid of Hydrastis canadensis L., berberine, on rabbit prostate strips. Phytotherapy Research. 1998, 12(8): 589-591
15. M Palmery, MG Leone, G Pimpinella, L Romanelli. Effects of Hydrastis canadensis L. and the two major alkaloids berberine and hydrastine on rabbit aorta. Pharmacological Research. 1993, 27(Suppl. 1): 73-74
16. CW Lau, XQ Yao, ZY Chen, WH Ko, Y Huang. Cardiovascular actions of berberine. Cardiovascular Drug Reviews. 2001, 19(3): 234-244
17. J Rehman, JM Dillow, SM Carter, J Chou, B Le, AS Maisel. Increased production of antigen-specific immunoglobulins G and M following in vivo treatment with the medicinal plants Echinacea angustifolia and Hydrastis canadensis. Immunology Letters. 1999, 68(2-3): 391-395

북미황련 재배 모습

사리풀 莨菪 CP, BP, GCEM

Hyoscyamus niger L.

Henbane

개 요

가지과(Solanaceae)

사리풀(莨菪, *Hyoscyamus niger* L.)의 잎을 말린 것: 낭탕엽(莨菪葉)

사리풀의 잘 익은 씨를 말린 것: 천선자(天仙子)

사리풀속(*Hyoscyamus*) 식물은 전 세계에 약 20종이 있으며, 지중해 지역에서 동부 아시아에 걸쳐 분포하며 미국에서 재배된다. 그 가운데 중국에서는 3종이 발견되며 북부와 남서부에 분포하고 동부에서도 재배된다. 이 속에서 약 3종이 약으로 사용된다. 사리풀은 유럽, 미국, 러시아, 인도 및 몽골에 분포한다. 중국의 북동부, 북부, 북서부 및 남서부에 분포하며 동부에서 야생에서 발견되거나 또는 재배되고 있다.

"낭탕자(莨菪子)"는 ≪신농본초경(神農本草經)≫에서 최초로 "하품"으로 약으로 쓰인 기록이 있다. ≪본초도경(本草圖經)≫에서 처음으로 "천선자(天仙子)"라고 기록하고 있다. 대부분의 고대 한방 의서에 기록되어 있으며, 약용 종은 현재까지 동일하다[1]. 중세에는 낭탕이 약으로 사용되기 시작했으며 1809년 런던약전에 기록되었다.

이 종은 낭탕엽(Hyoscyami Folium)의 영국생약전(1996)에 공식적인 기원식물 내원종으로 등재되어 있고 중국약전(2015년판)에는 천선자(Hyoscyami Semen)의 공식적인 기원식물 내원종으로 등재되어 있다. 이 약재는 주로 유럽 중부와 미국, 중국 북서부 및 북동부 지역인 하북성, 하남성, 내몽고에서 생산된다.

사리풀의 주요 활성성분은 알칼로이드이며, 트로핀 유도체와 트로프산에 의해 형성된 에스테르 알칼로이드가 약리학적 활성을 갖는 특징적인 성분이다. 이러한 성분은 주로 히오시 아민과 스코폴라민과 같은 항콜린성 물질이다. 중국약전은 의약 물질의 품질관리를 위해 박층크로마토그래피법으로 시험할 때 아트로핀 황산염 및 스코폴라민 하이드로브로마이드를 지표물질로 사용한다고 규정하고 있다.

약리학적 연구에 따르면 사리풀에는 부교감성, 항콜린성, 항부정맥제 및 중추신경계 억제효과가 있음이 밝혀졌다.

민간요법에 따르면 사리풀은 소화를 개선하고 경련을 완화한다. 한의학에서 사리풀의 잎은 통증을 경감시키고 경련을 완화시킨다. 또한 사리풀의 씨는 경련과 통증을 완화시키고 마음을 진정시키며 간질에 효과가 있다.

사리풀 莨菪 *Hyoscyamus niger* L.

함유성분

잎에는 알칼로이드 성분으로 hyoscyamine, scopolamine (hyoscine), atropine (dl−hyoscyamine)[3], 그리고 hyospicrin, rutin[4]이 함유되어 있다. 씨에는 알칼로이드 성분으로 hyoscyamine, scopolamine, atropine[5], 쿠마린올리그난 성분으로 hyosgerin[6], 티라민 유도체 성분으로 그로사마이드[7], 스테로이드 성분으로 hyoscyamilactol, daturalactone−4, 16α−acetoxyhyoscyamilactol[8]이 함유되어 있다. 씨에는 기름의 함량이 36% 이상에 달하며, 약 75%에 달하는 리올레산[9] 같은 불포화 지방산이 풍부하게 함유되어 있다. 또한 hyoscyamide, 1,24−tetracosanediol diferulate, cannabisins D, G, vanillic acid, 1−O−(9Z,12Z−octadecadienoyl)−3−O−nonadecanoyl glycerol[7]이 함유되어 있다.

지상부에는 알칼로이드 성분으로 hyoscyamine, scopolamine, skimmianine, apohyoscine, apoatropine, tropine, α−, β−belladonines [10]이 함유되어 있다.

뿌리에는 apoatropine, tetramethyl diaminobutane, cusohygrine[3]이 함유되어 있다.

전초에는 알칼로이드 성분으로 calystegins A_3, A_5, A_6, B_1, B_2, B_3, N_1[11]이 함유되어 있다.

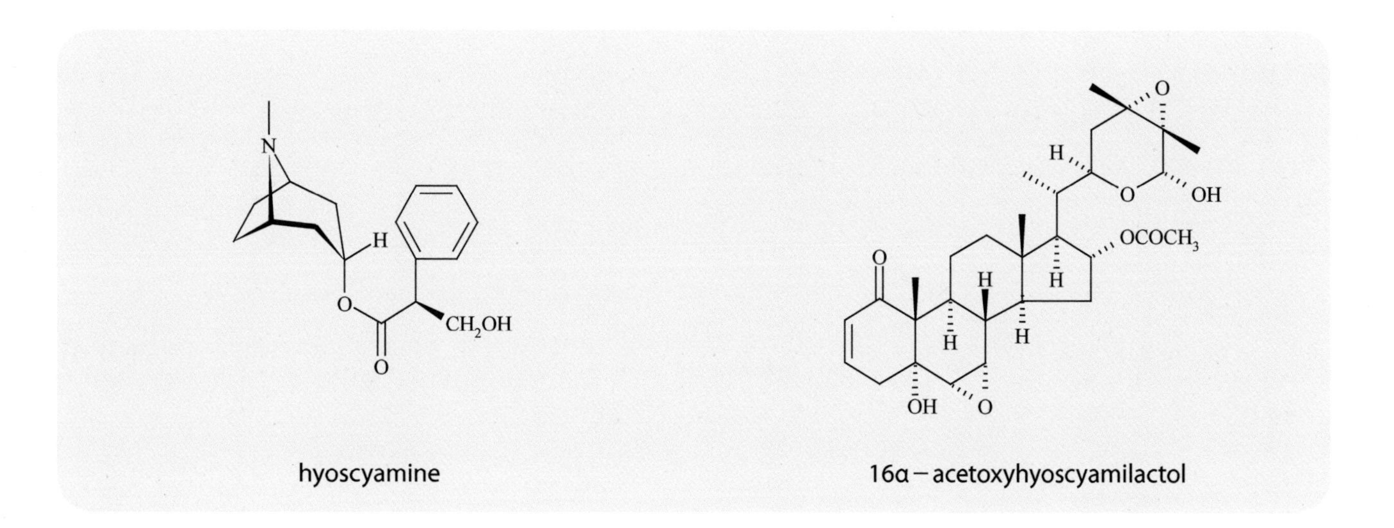

hyoscyamine 16α − acetoxyhyoscyamilactol

약리작용

1. 중추신경계에 미치는 영향

스코폴라민과 아트로핀을 복강 내 주사하면 뇌 조직의 허혈성 손상을 감소시키고 마우스의 허혈 및 재관류로 인한 세포 내 칼슘 축적을 감소시킴으로써 뇌 기능을 개선시켰다[12−13]. 스코폴라민을 단일 투여하면 마우스의 단기 기억을 유의하게 손상시켰다[14]. 그것은 또한 수동적 학습을 억제하고 일주 변동을 일으켰다. 토끼에서 스코폴라민을 뇌실 내 투여하면 우회 반사의 상실을 유발했다. 스코폴라민의 중추 효과는 α−수용체 차단제와 관련이 있다. 동물 실험에서 스코폴라민은 뇌 호흡 기관의 M1 수용체에 길항하여 호흡을 억제한다[17].

2. 순환계에 미치는 영향

(1) 적혈구에 미치는 영향

말에게 아트로핀을 정맥 투여하면 적혈구의 축적, 적혈구의 수 및 헤모글로빈 함량을 증가시켰다[18].

(2) 심장에 미치는 영향

급성 심근 경색증(AMI)을 가진 개에서 스코폴라민을 정맥 투여하면 스코폴라민의 저용량이 미주신경작동성의 효과가 있었고 중추 및 주변 작용에 의해 미주 신경을 자극함을 보였다. 아트로핀도 비슷한 효과를 나타냈다[19]. 동물 및 임상 연구에 따르면 스코폴라민은 미주 신경을 통해 상당한 항 부정맥 효과를 나타냈다[20]. 스코폴라민은 마우스의 허혈 및 재관류 사건에 의해 유도된 뇌의 허혈성 손상에 대한 보호 작용을 나타냈다. 그것은 혈관 확장을 촉진시키고, 무스카린 수용체를 차단하여 심장 근육의 수축성을 향상시키고, 심장의 일산화질소 수준을 유지시키는 것으로 보인다.

(3) 혈관에 미치는 영향

*in vitro*에서 스코폴라민이 노르아드레날린, 히스타민 및 세로토닌(5−HT)에 의한 혈관수축을 유의하게 억제했으며 혈관 확장 작용

도 있음을 보여주었다. 아트로핀과 스코폴라민은 저용량으로 대동맥 평활근 세포(ASMC)의 증식을 억제했고 Ca^{2+}가 관여하는 작용을 보였다[23]. 스코폴라민은 허혈 및 재관류와 함께 소의 대동맥에 대해 현저한 방어 효과를 나타냈으며 항 지질과산화 작용도 나타냈다[24].

3. 선 분비의 억제
   아트로핀은 아세틸콜린에 의해 유발된 비강선 분비에 현저한 저해 효과를 나타냈다[25].

4. 진통 작용
   스코폴라민을 복강 내 투여하면 모르핀 의존 랫드의 통증 역치를 유의하게 증가시켰다[26]. 또한 δ-수용체 작용제인 DADLE에 대한 진통 반응을 길항했다[27].

5. 눈에 미치는 영향
   아트로핀은 적출 인간 괄약근의 칼라바흐로 유발된 수축을 억제했다[28]. 아트로핀을 유리체 내 투여하면 실험적으로 형태가 박리된 토끼의 공막을 교정하여 부분적으로 근시를 억제했다[29].

6. 혈소판 응집 억제
   *in vitro*에서 아트로핀이 아데노신이인산염, 아드레날린 및 대장균과 엔도톡신으로 유발된 혈소판 응집을 억제하고 메커니즘이 칼슘 길항 효과를 포함할 수 있음을 보였다[30].

7. 기타
   아트로핀은 위 점막과 혈관에 대한 인도메타신에 의한 손상에 대한 보호 효과를 나타냈다[31]. 그로사마이드와 칸나비신 D, G는 인간 전립선암 LNCaP 세포에 대한 세포독성을 나타냈다[7].

용도

1. 치통, 위통, 암 유래 통증
2. 치은 출혈, 비출혈(鼻出血), 토혈(吐血)
3. 기침, 호흡곤란, 천식, 폐부종
4. 고환염
5. 전립선암

해설

Hyoscyamus bohemicus F. W. Schimidt의 말린 익은 씨도 천선자로 사용된다. *Hyoscyamus bohemicus*는 사리풀과 성분 및 약리학적 효과가 유사하다.
사리풀의 뿌리는 또한 한약재 낭탕근으로 사용된다. 낭탕근은 말라리아를 구제하고, 제독(除毒)하며, 구충(驅蟲)하고, 말라리아와 피부병을 치료하는 데 사용된다.
신선한 천선자는 홍콩의 일반적인 독성 한약 목록에 포함되어 있으므로 임상 적용에 매우 주의해야 한다. 연구가 계속됨에 따라 사리풀 알칼로이드(아트로핀, 스코폴라민, 아니소다민 및 아니소딘 포함)는 호흡 부전 치료제 및 탁월한 효과가 있는 해독제로 널리 사용되고 있다. 합리적인 투여량을 결정하고 그러한 의약 재료의 부작용을 줄이는 방법에 대한 추가 연구를 수행할 필요가 있다.

참고문헌

1. XY Xiao, ZQ Yang. Herbalogical studies on the Chinese medicine Semen Hyoscyami. China Journal of Chinese Materia Medica. 1996, 21(5): 259-261
2. ZY Wu. Compendium of New China Herbal (Vol 3). Shanghai: Shanghai Science and Technology Press. 1990: 286
3. SQ Zhang, GF Peng, P Chen, HY Liu. Review on the researches of Hyoscyamus niger. Shizhen Journal of Traditional Chinese Medicine Research. 1997, 8(4): 124-125
4. E Steinegger, D Sonanini. Solanaceae flavones. II. Flavones of Hyoscyamus niger. Pharmazie. 1960, 15: 643-644
5. H Wang, L Pan, XF Zhang. Quantitative analysis of three kinds of tropane alkaloids in Hyoscyamus niger L. and Przewalskia tangutica Maxim. by HPLC. Northwest Pharmaceutical Journal. 2002, 17(1): 9-10
6. B Sajeli, M Sahai, R Suessmuth, T Asai, N Hara, Y Fujimoto. Hyosgerin, a new optically active coumarinolignan, from the seeds of

Hyoscyamus niger. Chemical & Pharmaceutical Bulletin. 2006, 54(4): 538-541

7. CY Ma, WK Liu, CT Che. Lignanamides and nonalkaloidal components of Hyoscyamus niger seeds. Journal of Natural Products 2002, 65(2): 206-209
8. CY Ma, ID Williams, CT Che. Withanolides from Hyoscyamus niger seeds. Journal of Natural Products. 1999, 62(10): 1445-1447
9. G Sun. Study on the composition of fatty acid in Hyoscyamus niger seed oil. Qinghai Science and Technology. 2000, 7(1): 24-25
10. EG Sharova, SY Aripova, OA Abdilalimov. Alkaloids of Hyoscyamus niger and Datura stramonium. Khimiya Prirodnykh Soedinenii. 1977, 1: 126-127
11. N Asano, A Kato, Y Yokoyama, M Miyauchi, M Yamamoto, H Kizu, K Matsui. Calystegin N1, a novel nortropane alkaloid with a bridgehead amino group from Hyoscyamus niger: structure determination and glycosidase inhibitory activities. Carbohydrate Research. 1996, 284(2): 169-178
12. XQ Peng, J Ke. Effects of 3 henbane drugs on acute forebrain ischemia and reperfusion injury in rats. Acta Pharmacologica Sinica. 1992, 13(4): 357-358
13. Q Cao. Experimental research on the effect of scopolamine on ischemia cerebral injury. Jiangsu Medical Journal. 1999, 25(7): 511-512
14. ZL Yu, M Takahashi, H Kaneto. Effects of acute and chronic scopolamine and morphine on memory in mice using a Y-maze spontaneous alternation task. Journal of China Pharmaceutical University. 1996, 27(11): 680-686
15. SY Pan. Circadian effects of scopolamine on memory, exploratory behavior, and muscarinic receptors in mouse brain. Acta Pharmacologica Sinica. 1992, 13(4): 323-326
16. CF Bian, SM Duan. Relation between central inhibitory effect of scopolamine and its adrenergic antagonistic activity. Acta Pharmacologica Sinica. 1981, 2(2): 78-81
17. XQ Ge, JL Zheng, B Yao, W Qin, CF Bian. Inhibitory effect and mechanism of scopolamine on respiration. Acta Physiologica Sinica. 1995, 47(4): 401-407
18. R Skarda. Influence of combelen, vetranquil, atropine, pentothal, and fluothane upon hematocrit, red blood cell count, hemoglobin concentration, and mean corpuscular hemoglobin concentration (MCHC) in the horse. Schweizer Archiv fuer Tierheilkunde. 1973, 115(12): 587-596
19. HD Yang, ZY Lu. Effect of low dose scopolamine on vagal tone of dogs with acute myocardial infarction in early stage. Chinese Journal of Cardiac Pacing and Electrophysiology. 2002, 16(1): 80
20. MT Rove, JQ Wang. New application of transdermal scopolamine. Foreign Medical Sciences Section on Pharmacy. 1996, 23(6): 363-365
21. ZM Liu, Y Zhang, HM Fan, R Lu, DY Dan. Study of effect of scopolamine on myocardial ischemia/reperfusion injury. Journal of Tongji University (Medical Science). 2002, 23(2): 86-89
22. SQ Liu, WJ Zang, ZL Li, Q Sun, XJ Yu, XL Liu. Study on the vasodilator mechanisms of scopolamine. Journal of Mathematical Medicine. 2004, 17(6): 528-531
23. MZ Zhang, JM Chen, YY Zong, GY Zhang. Effects of atropine, scopolamine and anisodamine on the proliferation of rabbit aortic smooth muscle cell. Chinese Journal of Pharmacology and Toxicology. 1992, 6(2): 155-156
24. LH Wei, HS Zhu. The protective effect of scopolamine and catalase on arterial endothelial cells during reoxygenation. Chinese Journal of Thoracic and Cardiovascular Surgery. 1995, 11(5): 306-308
25. J Mullol, JN Baraniuk, C Logun, M Merida, J Hausfeld, JH Shelhamer, MA Kaliner. M1 and M3 muscarinic antagonists inhibit human nasal glandular secretion in vitro. Journal of Applied Physiology. 1992, 73(5): 2069-2073
26. LG Wang, CY Ma, SZ Wang, BY Peng, Z Yuan, YH Ma. Comparison among the effects of belladonna alkaloid on pain threshold of morphinedependent mice. Chinese Journal of Clinical Rehabilitation. 2004, 8(20): 4046-4047
27. ES Sperber, MT Romero, RJ Bodnar. Selective potentiations in opioid analgesia following scopolamine pretreatment. Psychopharmacology. 1986, 89(2): 175-176
28. AJ Kaumann, R Hennekes. The affinity of atropine for muscarine receptors in human sphincter pupillae. Naunyn-Schmiedeberg's Archives of Pharmacology. 1979, 306(3): 209-211
29. QY Gao, RY Gao, PJ Wang, YK Guo, PY Lu, YC Meng, T Zhu, L Li. Effects of dopamine on experimentally form deprived myopia in rabbits. Journal of the Fourth Military Medical University. 2000, 21(2): 210-213
30. RF Fu, J Ke. The relation between the platelet aggregation inhibited by atropine and the concentration of Ca^{2+} outside of the cells. Journal of Henan Medical University. 1990, 25(4): 357-361
31. O Karadi, OME Abdel-Salam, B Bodis, G Mozsik. Prevention effect of atropine on indomethacin-induced gastrointestinal mucosal and vascular damage in rats. Pharmacology. 1996, 52(1): 46-55

서양고추나물 貫葉連翹 EP, BP, BHP, USP, GCEM

Hypericum perforatum L.

St John's Wort

개 요

클루시아과(Clusiaceae)

서양고추나물(貫葉連翹, *Hypericum perforatum* L.)의 지상부를 말린 것: 관엽연교(貫葉連翹)

중약명: 관엽연교(貫葉連翹)

고추나물속(*Hypericum*) 식물은 전 세계에 약 400종이 있으며 극지방, 사막 또는 대부분의 열대성 저지대를 제외하고 전 세계적으로 널리 분포한다. 중국에는 약 55종 8아종이 있다. 주로 중국 남서쪽 지역에 널리 분포한다. 이 속에서 약 17종이 약으로 사용된다. 서양고추나물은 유럽 남부, 아메리카, 아프리카 북서부, 근동 및 중동 지역에 널리 분포되어 있으며, 중국, 인도, 러시아 및 몽골에 분포한다[1].

관엽연교는 좌골 신경 및 곤충 자상을 포함한 여러 질병을 치료하기 위해 고대 그리스에서 사용되었다[2]. 서양고추나물의 꽃은 그리스 북부 지역 에피루스의 자고리 지역에서 습진이나 상처와 같은 외과적 질병을 치료하는 데 사용되었다[1]. 상처와 화상을 치료하기 위해 유럽에서 널리 사용되었으며, 폐병, 신장 질환 및 우울증 치료에 민간요법으로 사용되었다. 19세기 미국의 의사들은 히스테리와 신경질적인 우울증을 치료하는 데 사용했으며, 1980년대에 유럽과 미국에서 우울증 치료제로 관엽연교의 추출물을 사용하기 시작한 이래 관엽연교는 현재 세계에서 가장 많이 판매되는 생약 중 하나가 되었다. 이 종은 유럽약전(5개정판), 영국약전(Hyperici Perforati Herba)의 공식적인 기원식물로 미국약전(28개정판)과 중국약전(2015년판)에 등재되어 있다. 이 약재는 주로 캘리포니아 북부와 미국 오레곤에서 생산된다[1].

관엽연교의 주성분은 나프타디안트론, 플라보노이드, 플로로글루시놀 유도체이며, 이 가운데 하이페리신, 슈도하이페리신 및 하이퍼포린은 중요한 항우울제 성분이다. 유럽약전과 영국약전은 의약 물질의 품질관리를 위해 자외선가시광선분광광도법으로 시험할 때 하이페리신으로 환산한 하이페리신 성분의 함량이 0.080% 이상이어야 한다고 규정하고 있다. 미국약전은 고속액체크로마토그래피법으로 시험할 때 하이페리신과 슈도하이페리신의 총 함량이 0.040% 이상이어야 하며, 하이퍼포린의 함량이 0.60% 이상이어야 한다고 규정하고 있다. 중국약전은 의약 물질의 품질관리를 위해 고속액체크로마토그래피법으로 시험할 때 하이페린의 함량이 0.10% 이상이어야 한다고 규정하고 있다.

약리학적 연구 결과에 따르면 관엽연교에는 항우울, 항불안, 기억력 향상, 항균 및 항바이러스 작용이 있다.

민간요법에 따르면 관엽연교는 우울증을 완화하고 피부 염증을 줄이며 상처 치유를 촉진한다. 한의학에서 관엽연교는 간장의 정체된 것을 완화하고 청열제습(清熱除濕)하며 부기를 내리고 통증을 완화한다.

서양고추나물 貫葉連翹 *Hypericum perforatum* L.

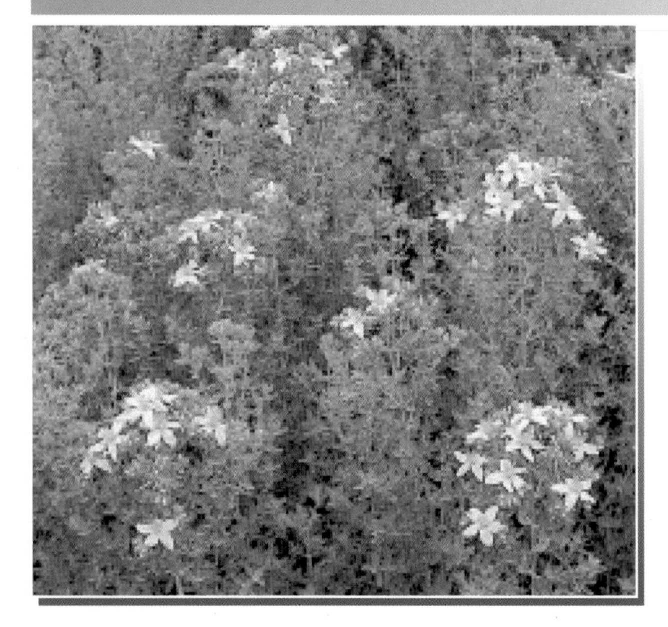

관엽연교 貫葉連翹 Hyperici Perforati Herba

1cm

함유성분

지상부에는 나프타디안트론 성분으로 하이페리신, 슈도하이페리신, 프로토하이페리신, 프로토슈도하이페리신[3]이 함유되어 있고, 다이안드론 성분으로 S−(+)−skyrin−6−O−βglucopyranoside, R−(−)−skyrin−6−O−βglucopyranoside, S−(+)−skyrin−6−O−β xylopyranoside[4], 플라보노이드 성분으로 하이페린, 퀘르세틴, 퀘르시트린, 루틴, 이소퀘르세틴, 아멘토플라본, 이소오리엔틴, guaijaverin, astilbin, miquelianin[5], avicularin[6], I3,II8−biapigenin[7], 3,5,7−trihydroxy−3'4'isopropyldioxy−flavone[8], 6" O−acetylhyperin[9], 프로시아니딘 성분으로 leucocyanidin[10], cyanidin−3−O−αL−rhamnoside[5], polyleucocyanidin[10], 프로시아니딘 A_2, B_1, B_2, B_3, B_5, B_7, C_1[11], 크산톤류 성분으로 1,6−dihydroxy−4−methoxyxanthone, 1,7−dihydroxyxanthone[12], 망기페린[13], 키엘코린[14], 플로로글루시놀 유도체 성분으로 hyperforin, adhyperforin, furohyperforin[15], pyrohyperforin[16], perforatumone[17], pyrano[7,28−b] hyperforin[18], 페놀산 성분으로 protocatechuic acid, neochlorogenic acid, cryptochlorogenic acid, 3−O−[Z]−p−coumaroylquinic acid[5], vanillic acid[14], 안트라퀴논 성분으로 emodin[14], 스테로이드 성분으로 28−isofucosterol, isobauerenol[19] 정유 성분으로 β−caryophyllene, caryophyllene oxide, α−humulene[20] 알칼로이드 성분으로 2−methoxyl−4−N−methyle−5−carbomethoxy−imidazole[21]이 함유되어 있다.

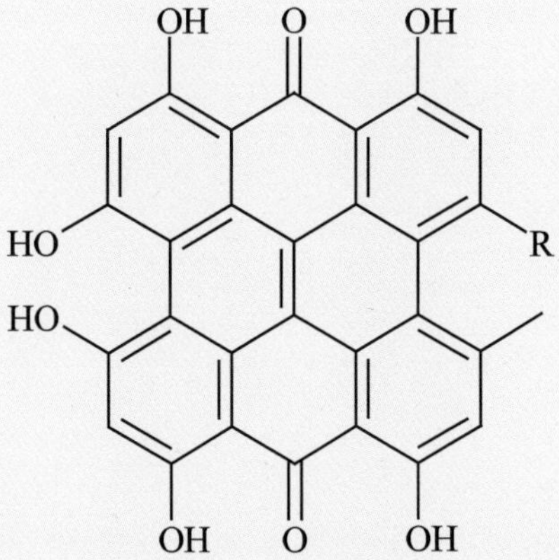

hypericin: R=CH_3
pseudohypericin: R=CH_2OH

약리작용

1. 항우울 작용
   전초 추출물은 마우스의 강제 수영과 꼬리 매달리기 실험에서 동물의 부동 시간을 상당히 단축시켰다[22]. 무력한 실험에서 도망가는 동물의 수가 크게 늘어났는데, 이것은 레세르핀에 의해 유발된 안검하수와 체온저하와 반비례했다[23]. 만성 스트레스 유발 우울증을 가진 랫드에서 추출물은 또한 사카린 소비를 증가시켰다. 오픈 필드 행동 테스트에서 횡단빈도 및 노호함이 증가했고, 감압 회피 행동 테스트에서 오류 반응의 정지 기간이 현저하게 감소됐다. 임상 연구에 따르면 추출물과 3환계 항우울제는 경도 및 중등도 우울증 치료에서 유사한 치료 가능성을 나타냈다[23]. 전초 추출물의 항우울제 효과의 기전은 선택적 세로토닌 재흡수 저해제(SSRIs)와는 다르다[25]. (MAO) 활성, 세로토닌(5-HT), 도파민(DA), 노르아드레날린(NA), γ-아미노부티르산(GABA) 및 글루타메이트 재흡수를 저해했다[23].
2. 진정 작용과 항불안 작용
   추출물은 마우스의 수면 시간을 2배에서 3배까지 연장시켰지만 효과는 디아제팜보다 낮았다[26]. 또한 고전적인 항 불안실험(밝은 암상자 실험 및 높은 플러스 미로 시험)에서 항 불안 활동을 보였다. 히페리신이나 슈도히페리신을 투여한 결과 항불안제가 생성되지 않았다. 벤조디아제핀 수용체 길항제 플루마제닐을 이용한 전처리는 약초의 항 불안 활동을 길항하게 하여 항 불안 활동이 벤조디아제핀 수용체를 포함할 수 있음을 나타낸다[23].
3. 기억력 개선 작용
   관엽연교는 수중 미로 시험에서 랫드의 학습 및 공간 기억을 향상시켰고 만성 구속 스트레스에 의해 유도된 마우스의 인지 손상을 감소시켰으며 몇몇 뇌 영역에서 모노아민 함량의 유의한 변화를 보였다[27-28].
4. 항 경련 작용
   약초의 수성 및 에탄올 추출물을 복강 내 투여하면 펜틸렌테트라졸(PTZ)에 의해 유도된 강장성 발작의 발병을 지연시키고 사망에 대하여 랫드를 보호했다[29].
5. 항염증 및 진통 작용
   관엽연교는 카라기난 유발 염증을 억제하고 꼬리 전기 자극 및 핫 플레이트 검사에서 항 침해 활성을 나타내었으며, 또한 핫 플레이트 대기 시간을 증가시켰다.
6. 항균 및 항바이러스 작용
   관엽연교는 황색포도상구균과 고초균에 대한 저해 작용을 일으켰다[31-32]. 프로토하이페리신과 프로토슈도하이페리신은 프랜드 백혈병 바이러스, LP-BM_5, Rad LV, HSV-1, 인플루엔자, 몰로니 설치류 백혈병, HBV, MCMV, 신드비스바이러스 및 HIV-1에 의해 유발된 감염을 억제하거나 감소시켰다[33].
7. 항종양 작용
   전초 추출물은 인간의 적혈구 감소증 K562 및 U937 세포의 성장을 억제하였으며, 그 주요 구성 성분 중 하나는 프로토하이페리신이었다[24].
8. 기타
   관엽연교는 면역 반응의 고지혈증[35]과 노화 방지 작용을 조절했고 사이토크롬 P-450[36]을 유도하였으며 노화 방지 작용[38]을 나타냈다.

용도

1. 우울, 불안, 불면증
2. 상처, 화상 및 버즘, 염증 및 옹, 백반
3. 호흡기 및 비뇨기 감염, 중이염
4. 외상 출혈, 객혈, 혈액 투석, 혈종
5. 관절통증

해설

관엽연교는 수백 년 동안 신경통, 불안 및 신경증을 치료하기 위해 유럽에서 사용되었다. 연구 결과에 따르면 관엽연교는 우울증 치료에 합성 항우울제보다 효과적이지 않지만 부작용은 합성 항우울제보다 훨씬 적다. 항우울제 이외에 계절성 정서 장애, 기억력감퇴 및 인간 면역

결핍증 치료에도 사용할 수 있다. 앞으로의 연구에 의해 그 기능과 기능적 메커니즘에 대한 더 많은 발견을 이끌어 낼 것으로 예상된다.

참고문헌

1. M Wang, CQ Yuan, X Feng. Medicinal plants growing in Europe and America (I). Chinese Wild Plant Resources. 2003, 22(3): 56-57
2. M Malamas, XY Xu. Traditional medicinal plants growing in Zagori district, Epirus in northwest of Greece. Foreign Medical Science (Plant Medicine Section). 1994, 9(1): 18-20
3. SF Baugh. Simultaneous determination of protopseudohypericin, pseudohypericin, protohypericin, and hypericin without light exposure. Journal of AOAC International. 2005, 88(6): 1607-1612
4. A Wirz, U Simmen, J Heilmann, I Calis, B Meier, O Sticher. Bisanthraquinone glycosides of Hypericum perforatum with binding inhibition to CRH-1 receptors. Phytochemistry. 2000, 55(8): 941-947
5. G Jurgenliernk, A Nahrstedt. Phenolic compounds from Hypericum perforatum. Planta Medica. 2002, 68(1): 88-91
6. YH Lu, Z Zhang, GX Shi, JC Meng, RX Tan. New anti-fungal flavonol glycoside from Hypericum perforatum. Acta Botanica Sinica. 2002, 44(6): 743-745
7. R Berghoefer, J Hoelzl. Biflavonoids in Hypericum perforatum. Part 1. Isolation of I3, II8-biapigenin. Planta Medica. 1987, 53(2): 216-217
8. YL Dou, HL Qin, TS Zhou, L Ou, YH Lu, DZ Wei. An isopropyldioxy flavonol from Hypericum perforatum L. Journal of Chinese Pharmaceutical Sciences. 2004, 13(2): 112-114
9. ZQ Yin, WC Ye, SX Zhao. Studies on chemical constituents of Hypericum perforatum. Chinese Traditional and Herbal Drugs. 2001, 32(6): 487-488
10. A Michaluk. Flavonoids in species of the genus Hypericum. III. Leucoanthocyanidins in Hypericum perforatum. Dissertationes Pharmaceuticae. 1961, 13: 81-88
11. O Ploss, F Petereit, A Nahrstedt. Procyanidins from the herb of Hypericum perforatum. Pharmazie. 2001, 56(6): 509-511
12. ZQ Yin, Y Wang, WC Ye, SX Zhao. Chemical constituents of Hypericum perforatum (St John's wort) growing in China. Biochemical Systematics and Ecology. 2004, 32(5): 521-523
13. RM Seabra, MH Vasconcelos, MAC Costa, AC Alves. Phenolic compounds from Hypericum perforatum and H. undulatum. Fitoterapia. 1992, 63(5): 473-474
14. ZQ Yin, WC Ye, SX Zhao. Studies on chemical constituents from Hypericum perforatum of China origin. Journal of China Pharmaceutical University. 2002, 33(4): 277-279
15. ZY Wang, M Ashraf-Khorassani, LT Taylor. Air/light-free hyphenated extraction/analysis system: supercritical fluid extraction on-line coupled with liquid chromatography-UV absorbance/electrospray mass spectrometry for the determination of hyperforin and its degradation products in Hypericum perforatum. Analytical Chemistry. 2004, 76(22): 6771-6776
16. MD Shan, LH Hu, ZL Chen. Pyrohyperforin, a new prenylated phloroglucinol from Hypericum perforatum. Chinese Chemical Letters. 2000, 11(8): 701-704
17. J Wu, XF Cheng, LJ Harrison, SH Goh, KY Sim. A phloroglucinol derivative with a new carbon skeleton from Hypericum perforatum (Guttiferae).Tetrahedron Letters. 2004, 45(52): 9657-9659
18. MD Shan, LH Hu, ZL Chen. Three new hyperforin analogues from Hypericum perforatum. Journal of Natural Products. 2001, 64(1): 127-130
19. Y Ganeva, C Chanev, T Dentchev, D Vitanova. Triterpenoids and sterols from Hypericum perforatum. Dokladi na Bulgarskata Akademiya na Naukite.2003, 56(4): 37-40
20. J Radusiene, A Judzentiene, G Bernotiene. Essential oil composition and variability of Hypericum perforatum L. growing in Lithuania. Biochemical Systematics and Ecology. 2005, 33(2): 113-124
21. AK Singh, A Mishra, SB Yadav, GP Dubey. 2-methoxyl-4-N-methyle-5-carbomethoxy-imidazole from Hypericum perforatum. Oriental Journal of Chemistry. 2002, 18(3): 598

22. L Bach-Rojecky, Z Kalodera, I Samarzija. The anti-depressant activity of Hypericum perforatum L. measured by two experimental methods on mice. Acta Pharmaceutica. 2004, 54(2): 157-162

23. YR Jia, R Hu, BS Ku. Study progress of the pharmacological action of Hypericum perforatum on central nervous system. Foreign Medical Sciences. Section of Psychiatry. 2004, 31(4): 216-218

24. YC Si, JN Sun. Effects of hypericin on behavior and expression of 5-HT and NE in brain of depression rat with chronic stress. Journal of China Pharmaceutical University. 2003, 34(1): 70-73

25. K Hirano, Y Kato, S Uchida, Y Sugimoto, J Yamada, K Umegaki, S Yamada. Effects of oral administration of extracts of Hypericum perforatum (St John's wort) on brain serotonin transporter, serotonin uptake and behaviour in mice. Journal of Pharmacy and Pharmacology. 2004, 56(12): 1589-1595

26. HY Du. The sedative effect of ethanol extract of Hypericum perforatum. Foreign Medical Sciences. 1998, 20(4): 46

27. E Widy-Tyszkiewicz, A Piechal, I Joniec, K Blecharz-Klin. Long term administration of Hypericum perforatum improves spatial learning and memory in the water maze. Biological & Pharmaceutical Bulletin. 2004, 19(2): 74

28. E Trofimiuk, A Walesiuk, JJ Braszko. St John's wort (Hypericum perforatum) diminishes cognitive impairment caused by the chronic restraint stress in rats. Pharmacological Research. 2005, 51(3): 239-246

29. H Hosseinzadeh, GR Karimi, M Rakhshanizadeh. Anticonvulsant effect of Hypericum perforatum: role of nitric oxide. Journal of Ethnopharmacology. 2005, 98(1-2): 207-208

30. OM Abdel-Salam. Anti-inflammatory, antinociceptive, and gastric effects of Hypericum perforatum in rats. The Scientific World Journal. 2005, 5: 586-595

31. H Li, HC Jiang, GL Zou. Anti-bacterial effect of the total extract of Hypericum perforatum on Staphylococcus aureus. Acta Botanica Yunnanica. 2002, 24(6): 95-102

32. H Li, GL Zou. Anti-bacterial effect of the total extract of Hypericum perforatum L. on Bacillus subtilis. Journal of Southwest China Normal University (Natural Science). 2002, 27(3): 404-407

33. XW Zhu. Study progress of Hypericum perforatum (II)–pharmacokinetics, pharmacodynamics and clinical application (continue). World Phytomedicines. 1998, 13(5): 210-214

34. K Hostanska, J Reichling, S Bommer, M Weber, R Saller. Aqueous ethanolic extract of St John's wort (Hypericum perforatum L.) induces growth inhibition and apoptosis in human malignant cells in vitro. Pharmazie. 2002, 57(5): 323-331

35. CC Zhou, MM Tabb, A Sadatrafiei, F Gruen, AX Sun, B Blumberg. Hyperforin, the active component of St John's wort, induces IL-8 expression in human intestinal epithelial cells via a MAPK-dependent, NF-κB-independent pathway. Journal of Clinical Immunology. 2004, 24(6): 623-636

36. M Dostalek, J Pistovcakova, J Jurica, J Tomandl, I Linhart, A Sulcova, E Hadasova. Effect of St John's wort (Hypericum perforatum) on cytochrome P-450 activity in perfused rat liver. Life Sciences. 2005, 78(3): 239-244

37. YP Zou, YH Lu, DZ Wei. Hypocholesterolemic effects of a flavonoid-rich extract of Hypericum perforatum L. in rats fed a cholesterol-rich diet. Journal of Agricultural and Food Chemistry. 2005, 53(7): 2462-2466

38. JR Zhu, GX Shen, XT Wang. Postponing aging action of the extract of Hypericum perforatum. Acta Medicinae Universitatis Science of Technologiae Huazhong. 2002, 31(6): 659-665

유럽향나무 歐洲刺柏 EP, BP, BHP, GCEM

Cupressaceae

Juniperus communis L.

Juniper

개 요

측백나무과(Cupressaceae)

유럽향나무(歐洲刺柏, *Juniperus communis* L.)의 잘 익은 열매: 두송자(杜松子)

중약명: 두송자(杜松子)

향나무속(*Juniperus*) 식물은 전 세계에 10종 이상이 있으며 유럽, 아시아, 북미 및 북아프리카에 분포한다. 중국에서 약 3종이 발견되는데 그 가운데 1종이 도입되어 재배되고 있다. 약 2종이 약으로 사용된다. 유럽향나무는 유럽, 북부 아프리카, 북아시아 및 북미에 분포하며 중국에서는 청도, 남경, 상해 및 항주에서 관상용 나무로 도입되어 재배된다.

17세기 유럽의 약제상이며 내과의사인 니콜라스 컬페퍼는 주니퍼가 이뇨, 건위 및 구풍(驅風)작용이 있어서 배뇨 장애, 부종, 기침 및 호흡곤란을 치료할 수 있다고 기록했다. 또한 몇몇 소수 민족은 유럽향나무를 사용하여 두통, 오한, 관절염, 기침을 치료하거나 출산통증을 완화하였다. 유럽향나무는 1820년부터 공식적으로 이뇨제, 구취 및 홍분제로 사용하도록 권장되었다[1]. 이 종은 주니퍼(Juniperi Communii Fructus) 또는 주니퍼유(Juniperi Communii Oleum)의 공식적인 기원식물 내원종으로 유럽약전(5개정판), 영국약전(2002) 및 인도생약전(1판)에 등재되어 있다. 이 약재는 주로 이탈리아, 헝가리 및 루마니아와 같은 유럽 국가에서 생산된다.

열매는 주로 디테르페노이드뿐만 아니라 정유와 플라보노이드를 함유한다. 정유는 지표물질이다. 유럽약전 및 영국약전은 가스크로마토그래피로 시험할 때 주니퍼유에서 α-피넨, β-피넨, β-미르센, 리모넨 및 테르피넨-4-올의 함량이 20-50%, 1.0-12%, 1.0-35%, 2.0-12% 및 0.50-10%를 함유하고, α-펠란드렌, 사비넨, 보르닐 아세테이트 및 베타- 카리오필렌의 양은 각각 1.0%, 20%, 2.0% 및 7.0% 이상이어야 하며, 주니퍼 열매의 정유 함량은 의약 물질의 품질관리를 위해 수증기증류법으로 시험할 때 10mL/kg 이상이어야 한다고 규정하고 있다.

약리학적 연구에 따르면 이 열매에는 이뇨, 항균, 간 보호, 항생, 항염증, 혈소판 응집저해 및 항종양 작용이 있다.

민간요법에 의하면 주니퍼는 이뇨작용을 한다. 주니퍼 열매는 유럽과 미국에서 자연 건강을 위한 식품의 조미료로 사용된다[2].

유럽향나무 歐洲刺柏 *Juniperus communis* L.

두송자 杜松子 Juniperi Communii Fructus

유럽향나무 歐洲刺柏 EP, BP, BHP, GCEM

함유성분

열매는 휘발성 기름(0.20%–3.4%) 성분으로, 주로 모노테르페노이드(약 58%) 성분으로 α–pinene, myrcene, sabinene, camphene, camphor, cineole, p–cymene[3], δ, γ–cadinenes, bornyl acetate[4], limonene[3], β–pinene, α–terpinene, terpinen–4–ol, α–phellandrene, 디테르페노이드 성분으로 caryophyllene[4], sandaracopinaric acid, isocupressic acid, isopimaric acid, imbricatolic acid, 15,16–epoxy–12–hydroxy–8(17),13(16),14–labdatrien–19–oic acid[5], 플라보노이드 성분으로 luteolin–7–O–βD–glucoside, kaempferol–3–O–βD–glucoside, quercitrin, apigenin, luteolin, robustaflavone, apodocarpusflavone A, hinokiflavone[6], 카테킨 성분으로 (+)–afzelechin, (–)–epiafzelechin, (+)–catechin, (–)–epicatechin, (+)–gallocatechin, (–)–epigallocatechin[7]이 함유되어 있다.
잎에는 정유 성분으로 α–pinene(17%), sabinene(12%), terpinen–4–ol(7.7%), phellandrene(7.3%), widdrene(6.4%), γ–terpinene(5.9%), β–terpinene(4.3%), α–terpinene(3.8%)[8]이 함유되어 있다. 재배지에 따라서 정유 성분의 함량이 다르다. 그리스에서 채취한 것의 정유 성분에는 α–pinene(41%), sabinene(17%), limonene(4.2%), terpinen–4–ol(2.7%), myrcene(2.6%), 그리고 β–pinene(2.0%)[9]이 함유되어 있고, 잎에는 바이플라보노이드 성분으로 cupressuflavone, amentoflavone, hinokiflavone, isocryptomerin, sciadopitysin[10]이 함유되어 있다.

약리작용

1. 이뇨 작용
주니퍼의 이뇨작용은 정유성분에 의한 것으로 그중 가장 활성이 높은 성분은 사구체 여과를 향상시키는 4–테르피네올이다[11].

2. 항균 작용
*In vitro*에서 주니퍼유는 항박테리아 활동을 일으키고 흔히 사용되는 항생제에 대한 저항성을 나타내었으며 그람 양성균과 그람 음성 박테리아, 효모, 효모 유사균류 및 피부 박테리아를 저해했다. 그러나 고농도에서도 미생물의 일부를 저해하지 못했다[15].

3. 간 보호 및 간암 억제
식용 주니퍼유는 랫드의 간장 재관류 손상을 최소화했다. 그 기전은 쿠퍼 세포의 활성화 억제, 혈관 활동성 아이코사노이드 방출의 감소 및 산화제 스트레스를 받는 간에서의 간 미세 순환의 개선과 관련이 있다[16]. 열매 추출물은 *in vitro*에서 G_2, M 및 G_0 단계에서 간암 세포에 대한 세포독성 효과를 유도했다[17].

4. 불임 작용
열매의 아세톤 추출물을 경구 투여하면 마우스의 60%에서 임신을 저해했다[18].

5. 항염증 작용
열매의 물 추출물은 시험관 내에서 프로스타글란딘 생합성 및 혈소판 활성화 인자(PAF)로 유발된 세포 외 방출을 억제함으로써 항염증 작용이 있음을 확인했다[19].

6. 혈소판에 미치는 영향
목부와 열매의 메틸렌 클로라이드 추출물과 열매의 에틸 아세테이트 추출물은 인간 혈소판 지방산화효소에 유의한 억제효과를 보였다. 목부의 메틸렌 클로라이드 추출물로부터 크립토자포놀과 β–시토스테롤이 저해 작용을 갖는 화합물로 분리됐다[20].

7. 기타
주니퍼는 항박테리아 및 항이식 효과를 나타내며 일시적인 혈압 강하를 일으켰다[2]. 항종양 효과[21]와 항산화제 효과[22]를 나타냈으며 타크롤리무스 유발성 콩팥독성이 개선됐다[23].

용도

1. 월경통
2. 요도염
3. 기관지염
4. 동맥경화증
5. 구취

해설

Juniperus oxycedrus L.는 주니퍼유의 공식적인 기원식물로 미국약전(28개정판)에 등재되어 있다. 미국의 많은 소수 민족 부족은 주니퍼를 이뇨제로 사용하여 그 자원의 부족을 초래하였다. 적어도 20개의 아메리카 인디언 종족은 같은 속 중에서 6종의 식물을 약 100가지 방법으로 사용하였다. 미국 네바다의 파이우트족은 *J. osteosperma* (Torr.) Little을 사용하여 혈액을 보충하고 감기, 기침 및 발열을 치료하는 것을 선호한다. 주니퍼와 같은 속의 식물에 대한 더 많은 연구로 개발 가능성이 커질 것으로 예상된다.

현재 유럽의 대부분의 연구는 주니퍼의 정유성분에 중점을 두고 있다. 그럼에도 불구하고 주니퍼의 임상적용을 위한 과학적 기초를 제공할 목적으로 다른 성분의 추출 및 약리학적 활동에 대한 추가 연구는 아직 이루어지지 않았다.

참고문헌

1. DE Moerman. Geraniums for the Iroquois. Algonac: Reference publications, Inc. 1982: 115-117
2. J Barnes, LA Anderson, JD Phillipson. Herbal Medicines (2nd edition). London: Pharmaceutical Press. 2002: 317-319
3. R Butkiene, O Nivinskiene, D Mockute. Volatile compounds of ripe berries (black) of Juniperus communis L. growing wild in north-east Lithuania. Journal of Essential Oil-Bearing Plants. 2005, 8(2): 140-147
4. B Barjaktarovic, M Sovilj, Z Knez. Chemical composition of Juniperus communis L. fruits supercritical CO_2 extracts: dependence on pressure and extraction time. Journal of Agricultural and Food Chemistry. 2005, 53(7): 2630-2636
5. AM Martin, EF Queiroz, A Marston, K Hostettmann. Labdane diterpenes from Juniperus communis L. berries. Phytochemical Analysis. 2006, 1: 32-35
6. A Hiermann, A Kompek, J Reiner, H Auer, M Schubert-Zsilavecz. Investigation of flavonoid pattern in fruits of Juniperus communis. Scientia Pharmaceutica. 1996, 64(3-4): 437-444
7. H Friedrich, R Engelshowe. Monomeric tannin products in Juniperus communis L. Planta Medica. 1978, 33(3): 251-257
8. J Mastelic, M Milos, D Kustrak, A Radonic. Essential oil and glycosidically bound volatile compounds from the needles of common juniper (Juniperus communis L.). Croatica Chemica Acta. 2000, 73(2): 585-593
9. PS Chatzopoulou, ST Katsiotis. Chemical investigation of the leaf oil of Juniperus communis L. Journal of Essential Oil Research. 1993, 5(6): 603-607
10. M Ilyas, N Ilyas. Biflavones from the leave of Juniperus communis and a survey on biflavones of the Juniperus genus. Ghana Journal of Chemistry. 1990, 1(2): 143-147
11. I Janku, M Hava, R Kraus, O Motl. The diuretic principle of Juniperus communis. Naunyn-Schmiedebergs Archiv fuer Experimentelle Pathologie und Pharmakologie. 1960, 238: 112-113
12. N Filipowicz, M Kaminski, J Kurlenda, M Asztemborska, JR Ochocka. Anti-bacterial and anti-fungal activity of juniper berry oil and its selected components. Phytotherapy Research. 2003, 17(3): 227-231
13. S Pepeljnjak, I Kosalec, Z Kalodera, N Blazevic. Anti-microbial activity of juniper berry essential oil (Juniperus communis L., Cupressaceae). Acta Pharmaceutica. 2005, 55(4): 417-422
14. C Cavaleiro, E Pinto, MJ Goncalves, L Salgueiro. Anti-fungal activity of Juniperus essential oils against dermatophyte, Aspergillus and Candida strains. Journal of Applied Microbiology. 2006, 100(6): 1333-1338
15. S Cosentino, A Barra, B Pisano, M Cabizza, FM Pirisi, F Palmas. Composition and anti-microbial properties of Sardinian Juniperus essential oils against foodborne pathogens and spoilage microorganisms. Journal of Food Protection. 2003, 66(7): 1288-1291
16. SM Jones, Z Zhong, N Enomoto, P Schemmer, RG Thurman. Dietary juniper berry oil minimizes hepatic reperfusion injury in the rat. Hepatology. 1998, 28(4): 1042-1050
17. V Bayazit. Cytotoxic effects of some animal and vegetable extracts and some chemicals on liver and colon carcinoma and myosarcoma. Saudi Medical Journal. 2004, 25(2): 156-163
18. AO Prakash. Potentialities of some indigenous plants for anti-fertility activity. International Journal of Crude Drug Research. 1986, 24(1): 19-24
19. H Tunon, C Olavsdotter, L Bohlin. Evaluation of anti-inflammatory activity of some Swedish medicinal plants. Inhibition of prostaglandin biosynthesis and PAF-induced exocytosis. Journal of Ethnopharmacology. 1995, 48(2): 61-76
20. I Schneider, S Gibbons, F Bucar. Inhibitory activity of Juniperus communis on 12(S)-HETE production in human platelets. Planta Medica. 2004, 70(5), 471-474

21. V Bayazit, KM Khan. Anti-cancerogen activities of biological and chemical agents on lung carcinoma, breast adenocarcinoma and leukemia in rabbits. Journal of the Chemical Society of Pakistan. 2005, 27(4): 413-422
22. M Elmastas, I Guelcin, S Beydemir, O Irfan Kuefrevioglu, H Aboul-Enein. A study on the in vitro anti-oxidant activity of juniper (Juniperus communis L.) fruit extracts. Analytical Letters. 2006, 39(1): 47-65
23. L Butani, A Afshinnik, J Johnson, D Javaheri, S Peck, JB German, RV Perez. Amelioration of tacrolimus-induced nephrotoxicity in rats using juniper oil. Transplantation. 2003, 76(2): 306-311

라벤더 薰衣草 EP, BP, GCEM

Labiatae

Lavandula angustifolia Mill.

Lavender

개 요

꿀풀과(Labiatae)

라벤더(薰衣草, *Lavandula angustifolia* Mill.)의 꽃을 말린 것

중약명: 훈의초(薰衣草)

라벤더속(*Lavandula*) 식물은 전 세계에 약 28종이 있으며 대서양의 섬과 지중해로부터 소말리아, 파키스탄, 인도까지 분포한다. 중국에는 2종만이 도입되어 재배되고 있으며, 1종이 약으로 사용된다. 라벤더는 지중해 지역이 기원이며 전 세계적으로 널리 재배되고 있다.

라벤더는 "정화"를 의미하는 라틴어 단어 "lavare"에서 학명이 유래되었으며 그 향기로 인해 고대 아라비아, 그리스, 로마에서 몸과 정신의 정화를 위한 입욕제 또는 병원과 병실을 소독하는 살균제로 자주 사용되었다[1]. 이 종은 라벤더 꽃(Lavandulae Flos)과 라벤더 오일(Lavandulae Oleum)의 공식적인 기원식물인 유럽약전(5개정판)과 영국약전(2002)에 등재되어 있다. 이 약재는 주로 남유럽에서 생산되며 원재료 의약품으로 여러 나라에서 재배된다.

꽃은 주로 정유를 함유하고 있으며, 주요 구성성분은 리날로올과 리날릴아세테이트이다. 유럽약전과 영국약전은 라벤더 꽃의 정유 함량이 수증기 증류에 의해 13mL/kg 이상이어야 한다고 규정하고 있다. 라벤더유 중 레몬 에센셜 오일, 시네올, 녹나무 및 α-테르피네올의 함량은 각각 1.0%, 2.5%, 1.2% 및 2.0% 이상이어야 하며, 의약 물질의 품질관리를 위해 가스크로마토그래피법으로 시험할 때 3-옥탄온 0.10-2.5%, 리날룰 20~45%, 아세트산리날릴 25-46%, 테르피네올-4 0.01-6.0%, 라반돌 및 초산 라반둘릴의 함량은 각각 0.10% 및 0.20% 이상이어야 한다고 규정하고 있다.

약리학적인 연구에 따르면 꽃에는 마취, 진정작용, 항균작용, 평활근 진정작용, 진통작용 및 항염증효과가 있다.

민간요법에 의하면 라벤더 꽃은 구취 및 항우울제 효과가 있으며 소화를 촉진하고 수면을 연장한다. 한의학에서 라벤더 꽃은 청열해독(清熱解毒)하며 가려움증을 완화한다.

라벤더 薰衣草 *Lavandula angustifolia* Mill.

라벤더 薰衣草 EP, BP, GCEM

훈의조화 薰衣草花 Lavandulae Flos

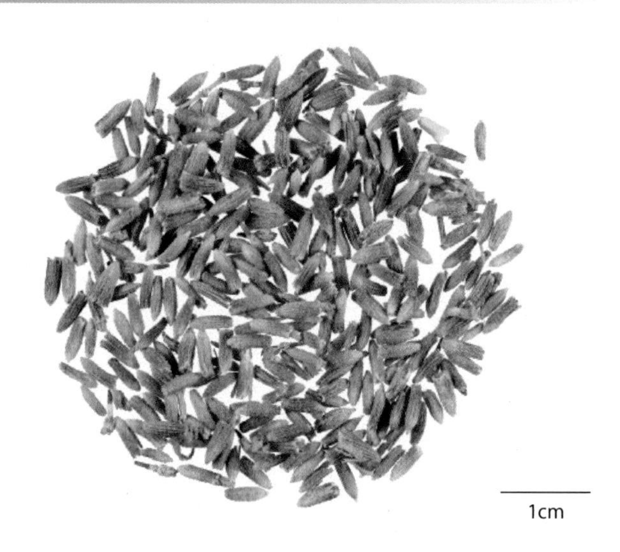

함유성분

꽃에는 정유 성분으로 linalool, linalyl acetate, lavandulyl acetate, αterpineol, geranyl acetate, lavandulol, verbenone, piperitone[2], cis−β ocimene, trans−βocimene, 1,8−cineole, camphor, limonene, 3−octanone, terpinen−4−ol[3]이 함유되어 있다.

HO

CH_2OH

linalool　　lavandulol

약리작용

1. 신경계에 미치는 영향

(1) 진정 작용

라벤더의 정유, 리날로올 및 초산리날릴을 마우스에 흡입시키면 마우스의 운동성이 현저히 떨어졌으며 카페인에 의한 과다활동이 감소됐다[4]. 리날로올을 랫드에 투여하면 최면, 항경련 및 저체온 효과가 유발됐으며, 그 작용은 랫드 피질의 글루탐산계에 대한 리날로올의 억제 효과에 기인하였다[5].

(2) 마취 작용

라벤더의 정유, 리날로올 및 초산리날릴을 토끼의 결막낭에 투여하면 결막 반사가 감소하고 국소 마취 활성이 나타났다[6].

(3) 신경 보호 효과

*In vitro*에서, 라벤더 꽃의 물 추출물은 랫드 새끼에서 소뇌과립 세포 배양의 글루타민산염으로 유발된 신경 독성을 억제했다. 물 추출물의 신경 보호 효과는 항산화, 칼슘 채널 차단 및 항글루탐산 결합 효과 때문일 수 있다[7].

(4) 기타
꽃의 물 추출물과 메탄올 추출물은 아세틸콜린에스테라아제를 억제했다[8]. 또한 리날로올은 신경근 접합부에서 아세틸콜린 방출을 억제했다[9].

2. 항균 작용
(1) 살충 작용
라벤더의 정유, 리날로올, 초산리날릴과 장뇌는 진드기 살충 효과가 현저했다[10]. 라벤더 꽃의 정유는 람블편모충, 질편모충 및 육편모충의 팽창을 억제했다[11-13].

(2) 식물 병원균의 저해 작용
라벤더의 정유를 분무하면 아스페르길루스 푸미가투스균의 성장을 억제했다[14]. 또한 라벤더의 정유는 푸사리움 솔라니균, 페니실륨 엑스판숨균 및 리조푸스 오리재균의 성장을 억제했다[15].

(3) 항균 작용
라벤더의 정유와 리날로올은 칸디다 알비칸스 효모의 성장을 억제했다[16]. 또한 리날로올은 각종 그람 음성 세균, 그람 양성 세균, 사상균 및 효모 유사균을 억제했다[17].

(4) 기타
라벤더 정유를 분무하면 항 박테리아 효과는 수용액의 항 박테리아 효과보다 강했으며 그 효과는 농도와 시간에 의존적이었다[18].

3. 평활근에 미치는 영향
라벤더 정유는 고리형 아데노신 1인산(cAMP)의 수준을 변형하여 기니피그에서 적출한 회장(回腸)의 완화 효과를 나타냈다[19]. 초산리날릴은 산화질소와 고리형 구아노신 1인산 경로의 부분적 활성화와 미오신 L사슬 인산화효소의 활성화로 부분적인 미오신 L사슬 탈인산화를 통해 토끼의 혈관 평활근을 완화시켰다[20].

4. 기타
라벤더는 진통, 소염[21], 항산화[22] 및 항돌연변이[23] 효과를 보였다. 또한, *in vitro*에서 라벤더는 인간 피부 세포에서 세포독성을 일으키고[24], 알레르기 반응을 즉시 억제했다[25].

용도

1. 긴장, 불면증
2. 신경성 위장장애, 로엠헬드 증후군, 고창(鼓脹)
3. 기능적 순환 장애

해설

라벤더는 아로마테라피에 사용되는 주요 의약품 중 하나로 *Lavandula stoechas* L., *L. latifolia* Vill, *L. officinalis* Chaix 및 *L. spica* L.에서 유래한다. 정유성분의 품질과 양은 식물의 종, 수확 시기 및 추출 방법에 따라 다르다[26].
라벤더는 고가의 방향성 식물로서 조경용 혹은 목욕 제품, 향수, 향주머니 및 향기 나는 베개로 제조되기도 하며 차로도 마신다. 또한 패스트리와 음식의 조미료로 생산된다. 따라서 라벤더는 개발 가능성이 매우 높다.

참고문헌

1. M Wichtl, NG Bisset. Herbal Drugs and Phytopharmaceuticals. Stuttgart: Medpharm Scientific Publishers. 1994
2. AR Fakhari, P Salehi, R Heydari, SN Ebrahimi, PR Haddad. Hydrodistillation-headspace solvent microextraction, a new method for analysis of the essential oil components of Lavandula angustifolia Mill. Journal of Chromatography, A. 2005, 1098(1-2): 14-18
3. F Chemat, ME Lucchesi, J Smadja, L Favretto, G Colnaghi, F Visinoni. Microwave accelerated steam distillation of essential oil from lavender: A rapid, clean and environmentally friendly approach. Analytica Chimica Acta. 2006, 555(1): 157-160
4. G Buchbauer, L Jirovetz, W Jager, H Dietrich, C Plank. Aromatherapy: evidence for sedative effects of the essential oil of lavender after inhalation.Zeitschlift fur Naturforschung. C, Journal of Biosciences. 1991, 46(11-12): 1067-1072
5. E Elisabetsky, J Marschner, DO Souza. Effects of linalool on glutamatergic system in the rat cerebral cortex. Neurochemical Research.

1995, 20(4): 461-465

6. C Ghelardini, N Galeotti, G Salvatore, G Mazzanti. Local anaesthetic activity of the essential oil of Lavandula angustifolia. Planta Medica. 1999, 65(8): 700-703
7. ME Buyukokuroglu, A Gepdiremen, A Hacimuftuoglu, M Okay. The effects of aqueous extract of Lavandula angustifolia flowers in glutamateinduced neurotoxicity of cerebellar granular cell culture of rat pups. Journal of Ethnopharmacology. 2003, 84(1): 91-94
8. A Adsersen, B Gauguin, L Gudiksen, AK Jager. Screening of plants used in Danish folk medicine to treat memory dysfunction for acetylcholinesterase inhibitory activity. Journal of Ethnopharmacology. 2006, 104(3): 418-422
9. L Re, S Barocci, S Sonnino, A Mencarelli, C Vivani, G Paolucci, A Scarpantonio, L Rinaldi, E Mosca. Linalool modifies the nicotinic receptor-ion channel kinetics at the mouse neuromuscular junction. Pharmacological Research. 2000, 42(2): 177-182
10. S Perrucci, PL Cioni, G Flamini, I Morelli, G Macchioni. Acaricidal agents of natural origin against Psoropte cuniculi. Parassitologia. 1994, 36(3): 269-271
11. S Inouye, H Yamaguchi, T Takizawa. Screening of the anti-bacterial effects of a variety of essential oils on respiratory tract pathogens, using a modified dilution assay method. Journal of Infection and Chemotherapy. 2001, 7(4): 251-254
12. HMA Cavanagh, JM Wilkinson. Biological activities of lavender essential oil. Phytotherapy Research. 2002, 16: 301-308
13. T Moon, JM Wilkinson, HM Cavanagh. Antiparasitic activity of two Lavandula essential oils against Giardia duodenalis, Trichomonas vaginalis and Hexamita inflate. Parasitology Research. 2006, 99(6): 722-728
14. S Inouye, T Tsuruoka, M Watanabe, K Takeo, M Akao, Y Nishiyama, H Yamaguchi. Inhibitory effect of essential oils on apical growth of Aspergillus fumigatus by vapour contact. Mycoses. 2000, 43(1-2): 17-23
15. S Inouye, M Watanabe, Y Nishiyama, K Takeo, M Akao, H Yamaguchi. Antisporulating and respiration-inhibitory effects of essential oils on filamentous fungi. Mycoses. 1998, 41(9-10): 403-410
16. FD D'Auria, M Tecca, V Strippoli, G Salvatore, L Battinelli, G Mazzanti. Anti-fungal activity of Lavandula angustifolia essential oil against Candida albicans yeast and mycelial form. Medical Mycology. 2005, 43(5): 391-396
17. S Pattnaik, VR Subramanyam, M Bapaji, CR Kole. Anti-bacterial and anti-fungal activity of aromatic constituents of essential oils. Microbios.1997, 89(358): 39-46
18. S Inouye, T Tsuruoka, K Uchida, H Yamaguchi. Effect of sealing and tween 80 on the anti-fungal susceptibility testing of essential oils. Microbiology and Immunology. 2001, 45(3): 201-208
19. M Lis-Balchin, S Hart. Studies on the mode of acti on of the essential oil of lavender (Lavandula angustifolia P. Miller). Phytotherapy Research.1999, 13(6): 540-542
20. R Koto, M Imamura, C Watanabe, S Obayashi, M Shiraishi, Y Sasaki, H Azuma. Linalyl acetate as a major ingredient of lavender essential oil relaxes the rabbit vascular smooth muscle through dephosphorylation of myosin light chain. Journal of Cardiovascular Pharmacology. 2006, 48(1): 850-856
21. V Hajhashemi, A Ghannadi, B Sharif. Anti-inflammatory and analgesic properties of the leaf extracts and essential oil of Lavandula angustifolia Mill. Journal of Ethnopharmacology. 2003, 89(1): 67-71
22. J Hohmann, I Zupko, D Redei, M Csanyi, G Falkay, I Mathe, G Janicsak. Protective effects of the aerial parts of Salvia officinalis, Melissa Officinalis and Lavandula angustifolia and their constituents against enzyme-dependent and enzyme-independent lipid peroxidation. Planta Medica. 1999, 65(6): 576-578
23. MG Evandri, L Battinelli, C Daniele, S Mastrangelo, P Bolle, G Mazzanti. The antimutagenic activity of Lavandula angustifolia (lavender) essential oil in the bacterial reverse mutation assay. Food and Chemical Toxicology. 2005, 43(9): 1381-1387
24. A Prashar, IC Locke, CS Evans. Cytotoxicity of lavender oil and its major components to human skin cells. Cell Proliferation. 2004, 37(3): 221-229
25. KM Kim, SH Cho. Lavender oil inhibits immediate-type allergic reaction in mice and rats. The Journal of Pharmacy and Pharmacology. 1999, 51(2): 221-226
26. XL Hu, H Zhao, YF Liu, YL Li, FJ Yin. Study on the chemical components of essential oil extracted in various ways from the lavender by GC-MS. Food Science. 2005, 26(9): 432-434

구당귀 歐當歸 EP, BP, BHP, GCEM

Apiaceae

Levisticum officinale Koch

Lovage

개 요

미나리과(Apiaceae)

구당귀(歐當歸, *Levisticum officinale* Koch)의 뿌리와 뿌리줄기를 말린 것: 구당귀근(歐當歸根)

중약명: 구당귀근(歐當歸根)

구당귀속(*Levisticum*) 식물은 약 3종이 있으며 주로 서남 아시아에 분포하고, 유럽과 북아메리카에서 재배되거나 산재되어 있다. 구당귀는 서부 아시아와 남부 유럽에 기원을 두고 있으며 유럽과 북아메리카에서 야생으로 또는 재배되고 있다. 중국에서는 하북성, 산동성, 요녕성, 산서성, 신강, 내몽고, 강소성, 하남성에서 재배된다.

구당귀는 거의 1000년 동안 유럽에서 재배되었다. 500년 이상 약용으로 사용되어 왔으며, 전통적으로 구풍(驅風)약, 창만증약 및 로션으로 사용되며 인후염 치료에도 사용되었다[1]. 구당귀는 차 용도로 사용되며, 추출물은 또한 술의 풍미 증진제로 사용된다. 이 종은 구당귀근(Levistici Radix)의 공식적인 기원식물 내원종으로 유럽약전(5개정판) 및 영국약전(2002)에 등재되어 있다. 이 약재는 주로 폴란드, 독일, 네덜란드 및 발칸 지역에서 생산된다.

구당귀는 주로 정유와 쿠마린을 함유하고 있다. 유럽약전 및 영국약전에서는 의약 물질의 품질관리를 위해 수증기증류법으로 시험할 때 전형 및 절단생약에서 정유의 함량이 각각 4.0mL/kg 및 3.0mL/kg 이상이어야 한다고 규정하고 있다.

약리학적 연구에 따르면 뿌리에는 이뇨작용, 항경련작용 및 항산화효과가 있다.

민간요법에 의하면 구당귀근에는 구풍(驅風)작용 및 이뇨작용이 있다. 한의학에서 구당귀 뿌리는 혈액 순환을 촉진시키고 생리를 조절하며 배뇨를 촉진한다.

구당귀 歐當歸 *Levisticum officinale* Koch

구당귀 歐當歸 Levistici Radix

구당귀 歐當歸 EP, BP, BHP, GCEM

함유성분

뿌리에는 정유 성분으로 Z-ligustilide, E-ligustilide, Z-butylidenephthalide, E-butylidenephthalide, α, β-pinenes, β-phellandrene, citronellal, senkyunolide, pentylbenzene, pentylcyclohexadiene, validene-4,5-dihydrophthalide[2-5], 쿠마린 성분으로 unbelliferone, bergapten, psoralen[6], 플라보노이드 성분으로 rutin, kaempferol-3-O-rutoside, isoquercetin, quercetin, astragalin[7-8], 폴리아세틸렌 성분으로 falcarindiol[9], 유기산 성분으로 페룰산, 카페인산[1]이 함유되어 있고, 또한 ligustilide dimer[9]가 함유되어 있다.
잎, 줄기, 꽃 그리고 씨에는 정유 성분이 함유되어 있고, 그 주 성분으로는 α-terpinyl acetate, β-phellandrene, Z-ligustilide[10-11]가 함유되어 있다.

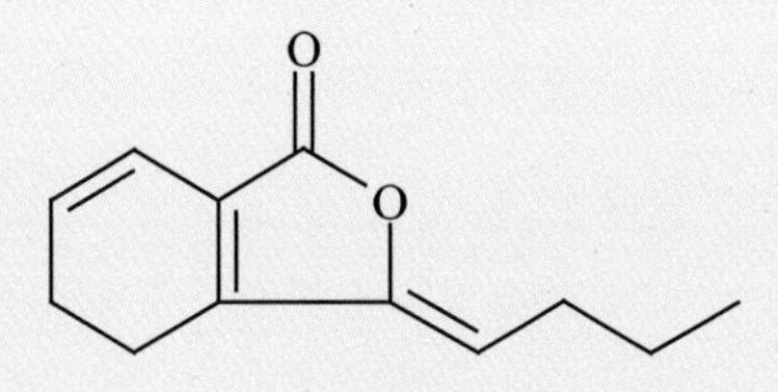

Z-ligustilide

약리작용

1. 항경련 작용
   뿌리의 물 추출물과 정유 성분은 *in vivo*에서 마우스의 자궁리듬 수축을 억제하고 아세틸콜린으로 유도된 자궁 수축과 장의 평활근 경련을 억제함을 보였다. 뿌리의 정유와 임구스티딜은 항경련 효과를 나타냈다[2].
2. 이뇨 작용
   뿌리에서 추출한 정유 성분은 고양이와 마우스의 소변량을 증가시켰으며 클로라이드의 분비를 증가시켰다[1].
3. 기타
   뿌리의 100% 에탄올 추출물은 에스트로겐 유사 효과를 나타냈다. 뿌리는 또한 진정작용[1], 항박테리아[9] 및 항산화 효과를 나타냈다[12].

용도

1. 요로 감염, 신장 결석
2. 무월경, 월경통
3. 위장 장애
4. 두통, 현기증
5. 부종

해설

구당귀(歐當歸)는 유럽에서 오랫동안 재배되어 왔으며 북미에서도 재배되고 있다. 이 식물과 그것이 함유하고 있는 정유는 여러 가지 방법으로 널리 사용된다. 약용 외에도 식품, 향수 및 담배 산업에서 널리 사용된다. 뿌리는 구당귀의 주요 부분이며 전체 식물의 총 무게의 37%를 차지한다. 또한 많은 연구를 통해서 구당귀는 개화기에 채취하는 것이 가장 좋음을 보여준다[13].
구당귀는 재배하기 용이해서 수확량이 많다. 중국 일부 지역에서는 한때 중국당귀(*Angelica sinensis* (Oliv.) Diels)의 대용품으로 사용되었다. 하지만 이 두 약재는 서로 다른 기원식물에서 유래했으며 주요 성분의 함량과 특성, 약리학적 효과가 다르므로 구당귀를 중국당귀의 대용품으로 사용하는 것은 1980년대 초 이래로 중국 정부에 의해 금지되고 있다.

참고문헌

1. GB Norman. Herbal Drugs and Phytopharmaceuticals: A Handbook for Practice on a Scientific Basis. Stuttgart: Medpharm Scientific Publishers. 2001: 295-297
2. PAG Santos, AC Figueiredo, MM Oliveira, JG Barroso, LG Pedro, SG Deans, JJC Scheffer. Growth and essential oil composition of hairy root cultures of Levisticum officinale W.D.J. Koch (lovage). Plant Science. 2005, 168(4): 1089-1096
3. MJM Gijbels, JJC Scheffer, A Baerheim Svendsen. Phthalides in the essential oil from roots of Levisticum officinale. Planta Medica. 1982, 44(4): 207-211
4. E Bylaite, JP Roozen, A Legger, RP Venskutonis, MA Posthumus. Dynamic headspace-gas chromatography-olfactometry analysis of different anatomical parts of Lovage (Levisticum officinale Koch.) at eight growing stages. Journal of Agricultural and Food Chemistry. 2000, 48(12): 6183-6190
5. JQ Cu, F Pu, Y Shi, F Perineau, M Delmas, A Gaset. The Chemical composition of lovage headspace and essential oils produced by solvent extraction with various solvents. Journal of Essential Oil Research. 1990, 2(2): 53-59
6. D Lamprecht. Herbs with essential oil and coumarin (Levisticum officinale Koch-Liebstoeckl). PTA-Repetitorium. 1982, 7: 25-28
7. W Cisowski. Analysis of flavonoids from Levisticum officinale herb by high-performance liquid chromatography. Acta Poloniae Pharmaceutica. 1988, 45(5): 441-444
8. U Justesen, P Knuthsen. Composition of flavonoids in fresh herbs and calculation of flavonoid intake by use of herbs in traditional Danish dishes. Food Chemistry. 2001, 73(2): 245-250
9. M Cichy, V Wray, G Hoefle. New constituents of Levisticum officinale Koch. Liebigs Annalen Der Chemie. 1984, 2: 397-400
10. E Bylaite, RP Venskutonis, JP Roozen. Influence of harvesting time on the composition of volatile components in different anatomical parts of lovage (Levisticum officinale Koch.). Journal of Agricultural and Food Chemistry. 1998, 46(9): 3735-3740
11. M Majchrzak, E Kaminski. Flavour compounds of lovage (Levisticum officinale Koch) cultivated in Poland. Herba Polonica. 2004, 50(1): 9-14
12. R Kazernaviciute, D Gruzdiene, PR Venskutonis, M Murkovic. Investigation of anti-oxidant activity and synergism of plant extracts by the Rancimat method. Chemine Technologija. 2002, 4: 84-88
13. K Seidler-Lozykowska, K Kazmierczak. Content of the essential oil in the plant organs of lovage (Levisticum officinale Koch) and yield of the raw material in different stages of its development. Herba Polonica. 1998, 44(1): 11-15

아마 亞麻 CP, KP, EP, BP, BHP, GCEM

Linum usitatissimum L.

Flax

개 요

아마과(Linaceae)

아마(亞麻, *Linum usitatissimum* L.)의 잘 익은 씨: 아마인(亞麻子)

아마의 잘 익은 씨로부터 얻은 기름: 아마인유(亞麻籽油)

아마속(*Linum*) 식물은 전 세계에 약 200종이 있으며 온대와 아열대 산맥, 특히 지중해 지역에 주로 분포한다. 중국에서는 약 9종이 발견되고, 약 2종 1변종이 약으로 사용된다. 아마는 지중해에 기원을 두고 있으며 전 세계적으로 널리 재배되고 있다[1].

아마는 적어도 기원전 5000년 이래로 오랫동안 재배되어 왔다. 고대 그리스의 의사인 히포크라테스는 아마 씨를 사용하여 점막의 염증을 치료할 것을 권장했다. 중국에서는 "아마"가 도경본초(圖經本草)에 처음 약으로 기록된 이래, 식물명실도고(植物名實圖考)에서 "산서호마(山西胡麻)"로 불렸다. 이 종은 아마인(Lini Semen)과 아마인유(Lini Oleum)의 공식적인 기원식물 내원종으로 유럽약전(5개정판)과 영국약전(2002), 중국약전(2015)에서는 아마인으로 등재되어 있다. ≪대한민국약전≫(제11개정판)에는 "아마인"을 "아마 *Linum usitatissimum* Linné (아마과 Linaceae)의 잘 익은 씨"로 등재하고 있다. 이 약재는 주로 캐나다, 아르헨티나, 모로코, 벨기에, 헝가리 및 인도에서 생산되며 캐나다는 세계에서 가장 큰 아마인 생산 지역이자 수출국이다[2-3]. 중국에서는 내몽고, 흑룡강성, 요녕성 및 길림성과 같은 지방에서 생산된다.

아마는 주로 리그난, 시클로펩티드, 플라보노이드, 시아노겐 배당체, 지방산 및 다당류를 함유한다. 세코이소라리시레지놀 디글루코사이드(SDG)와 같은 리그난과 α-리놀렌산과 같은 지방산은 아마인유의 주요 활성성분이다. 아마인에 함유된 시클로펩티드 및 플라보노이드는 또한 현저한 생리 활성을 갖는다. 유럽약전 및 영국약전에서는 아마인의 팽창 지수가 4.0 이상이어야 하고, 아마인 분말의 팽창 지수는 4.5 이상이어야 한다고 규정되어 있다.

약리학적 연구에 따르면 씨에는 완하작용, 항종양, 항산화, 혈청 지질 조절작용, 항죽상동맥 경화작용, 항당뇨작용 및 항염증 작용이 있다.

민간요법에 의하면 아마인은 팽창하제 및 완하작용을 가지고 있다. 한의학에서 아마인은 양혈거풍(養血祛風)하고 윤조통변(潤燥通便)한다.

아마 亞麻 *Linum usitatissimum* L.

아마자 亞麻子 Lini Semen

(+) − secoisolariciresinol diglucoside

cyclolinopeptide A

함유성분

씨에는 리그난류 성분으로 (+)−secoisolariciresinol diglucoside [(+)−SDG](12−26mg/g)와 그 이성질체인 (−)−SDG(2.2−5.0mg/g), secoisolariciresinol, matairesinol, lariciresinol, demethoxy−secoisolariciresinol, isolariciresinol, pinoresinol[4−6]이 함유되어 있고, 플라보노이드 성분으로 herbacetin−3,8−O−diglucopyranoside, kaempferol−3,7−O−diglucopyranoside[7], 고리형 펩타이드 성분으로 cyclolinopeptides A, B, C, D, E, F, G, H, I[8−11], 시아노겐생성 배당체 성분으로 linustatin, neolinustatin[12−13], 페닐프로파노이드 배당체 성분으로 linusitamarin, linocinnamarin[14]이 함유되어 있다. 또한 3.6%−9.4%의 점액(산성과 중성 다당류의 혼합물)[15−16]과 식물성 스테롤[17]이 함유되어 있다.

아마 씨에는 약 40%의 지방유와 α−리놀렌산(45%−55%), 리올레산과 올레산을 포함하는 지방산 화합물이 주로 함유되어 있다. 아마 씨 기름에는 또한 헥산올, trans−2−butenal 그리고 아세트산을 비롯한 독특한 냄새를 갖고 있는 휘발성 성분이 함유되어 있다[18−19].

줄기와 잎에는 플라보노이드 성분으로 orientin, isoorientin, vitexin, isovitexin, lucenins I, II, vicenins I, II, 시아노겐생성 배당체 성분으로 linamarin, lotaustralin[13]이 함유되어 있다.

뿌리에는 linum cerebroside A, 1−O−βD−glucopyranosyl−(2S,3R,4E, 8Z)−2 [(2(R)−hydroxyhexadecanoyl) amnido]−4,8−octadecadiene−1,3−diol[20]이 함유되어 있다.

약리작용

1. 완하 작용

아마 씨의 점액 성분은 물 흡수가 증가되고, 장 내용물의 양이 증가하며, 연동 운동이 향상되고 대장을 윤활하게 하여 팽창하제로 작용한다[2].

2. 항종양

아마 씨 식이는 누드마우스에서 에스트로겐 수용체 음성 유방암 이종 이식의 성장과 전이를 유의하게 억제하고 타목시펜의 항종양 효과를 증가시켰다. 또한 누드마우스에서 고형 인간 에스트로겐 수용체 음성 유방암을 수술적으로 절제한 후 폐 및 림프절 전이를 현저하게 감소시켰다[21−23]. 아마인에 함유되어 있는 세코이소라리시레지놀 디글루코사이드(SDG)와 같은 리그난 성분은 항에스트로겐성인 엔테로니신으로 대사 될 수 있다. 아마 씨를 경구 투여하면 혈청 엔테로리간드 수준을 유의하게 증가시켰고, 여성에서 에스트로겐 의존성 암에서 보호 및 치료 잠재력을 나타냈다[24]. 아마 씨의 식이 섭취는 마우스에서 대장암을 유의하게 억제하고 트랜스제닉 랫드에서 전립선암 및 마우스 흑색종 B16BL6 세포를 억제했다[25−27]. 아마인유의 오일 성분은 또한 항종양 효과를 나타냈다[21−25].

3. 항산화 작용

아마인유를 경구 투여하면 시클로포스파미드에 의해 유도된 말론디알데히드, 공액 디엔 및 하이드로퍼옥사이드의 증가된 수준을 마우스의 뇌에서 유의하게 억제하였으며, 글루타티온(GSH), 글루타티온 퍼옥시다아제(GSH−Px) 및 알칼라인 포스파타제(ALP)의 감소를 억제했다. 산성 인산 가수 분해 효소(AKP), 산화된 글루타티온(GSSG) 및 시클로포스파미드로 유도된 산화 스트레스의 증가된 활성은 아마인유에 의해 유의하게 억제됐다. 아마 씨의 세코이소라리시레지놀 디글루코사이드(SDG)와 포유류의 리그난 대사산물인 엔테로디올[29]과 엔테로락톤은 *in vitro*에서 항산화 효과를 보였다[7].

4. 항 고 콜레스테롤 및 항 죽상 경화 효능

아마 씨의 식이 섭취는 난소 적출 골 시리아 햄스터에서 총 콜레스테롤(TC) 수치의 증가를 억제하고 동맥 경화 병변 형성을 감소시켰다. 아마 씨로부터 적출된 아마의 리그난 복합체는 고 콜레스테롤성 죽상 경화증(산화 스트레스, 혈청 총 콜레스테롤, 저밀도 지단백 콜레스테롤(LDL−C) 및 위험비의 현저한 감소와 관련된 효과) 및 혈청 고밀도 지단백(HDL−C)에 대한 고 콜레스테롤 혈증을 유발하는 것으로 알려져 있다. α−리놀렌산이 풍부한 아마인유의 식이 섭취는 고지방식(HFD), 간 콜레스테롤 수치 감소 및 지방간 형성 억제로 인한 체중과 간 중량의 증가를 유의하게 억제했다. 고밀도 지단백질(HDL), LDL−C, 초 저밀도 지단백질(VLDL), LDL/HDL 및 TC/HDL 비율을 현저히 감소시켰다.

5. 당뇨병 예방 활동

아마 씨에서 분리한 아마의 리그난 복합체를 경구 투여하면 스트렙토조토신에 의한 당뇨병, BBdp 랫드에서 제 1형 당뇨병, 쥬커 랫드의 제 2형 당뇨병을 유의하게 억제했다. 이 기전은 SDG의 항산화 스트레스 효과와 관련이 있는 것으로 보인다[33−35].

6. 항염증 작용

아마인유를 위장 내 투여하면 복강 내 감염된 랫드를 대상으로 한 비경구 영양에서 종양괴사인자(TNF)와 인터루킨−6(IL−6)의 수준을 감소시키고 염증 반응을 조절했다. 아마인유를 경구 투여하면 인터루킨−10(IL−10) 녹아웃 마우스[37]에서 골밀도를 향상시켰다.

7. 기타
아마 씨의 시클로펩타이드는 면역 억제효과를 나타냈다[38].

용도

1. 변비
2. 피부 염증, 건조하고 가려운 피부
3. 두통
4. 낙상 및 타박상
5. 염증, 옹

해설

아마는 중요한 섬유 및 유지작물뿐만 아니라 약용식물이다. 1변종과 1아종이 재배되고 있다. 즉, 씨를 수확하기 위해서는 *Linum usitatissimum* cv. *usitatissimum*을 재배하고 있고, 섬유를 수확하기 위해서는 *L. usitatissimum*과 *L. usitatissimum* ssp.를 재배한다.
아마 씨는 다양한 화학성분을 함유하고 있어서 그 생리 활동도 다양하다. SDG와 α-리놀렌산에 대한 정성 및 정량 시험을 수행할 수 있는 잘 발달된 방법이 현재 이용 가능하다[4,19,39-40].
아마인은 에스트로겐 의존성 유방암에 대해 작용하지만, 랫드에서 새끼에게 유방암의 위험을 증가시킬 수 있으므로 관련 기전에 대한 더 많은 연구가 필요하다.

참고문헌

1. Y Coskuner, E Karababa. Some physical properties of flaxseed (Linum usitatissimum L.). Journal of Food Engineering. 2007, 78(3): 1067-1073
2. M Wichtl. Herbal Drugs and Phytopharmaceuticals: a Handbook for Practice on a Scientific Basis. Stuttgart: Medpharm Scientific Publishers. 2004: 342-346
3. BD Oomah. Flaxseed as a functional food source. Journal of the Science of Food and Agriculture. 2001, 81(9): 889-894
4. C Eliasson, A Kamal-Eldin, R Andersson, P Aman. High-performance liquid chromatographic analysis of secoisolariciresinol diglucoside and hydroxycinnamic acid glucosides in flaxseed by alkaline extraction. Journal of Chromatography, A. 2003, 1012(2): 151-159
5. T Sicilia, HB Niemeyer, DM Honig, M Metzler. Identification and stereochemical characterization of lignans in flaxseed and pumpkin seeds. Journal of Agricultural and Food Chemistry. 2003, 51(5): 1181-1188
6. LP Meagher, GR Beecher, VP Flanagan, BW Li. Isolation and characterization of the lignans, isolariciresinol and pinoresinol, in flaxseed meal. Journal of Agricultural and Food Chemistry. 1999, 47(8): 3173-3180
7. SX Qiu, ZZ Lu, L Luyengi, SK Lee, JM Pezzuto, NR Farnsworth, LU Thompson, HHS Fong. Isolation and characterization of flaxseed (Linum usitatissimum) constituents. Pharmaceutical Biology. 1999, 37(1): 1-7
8. H Morita, A Shishido, T Matsumoto, K Takeya, H Itokawa, T Hirano, K Oka. A new immunosuppressive cyclic nonapeptide, cyclolinopeptide B from Linum usitatissimum. Bioorganic & Medicinal Chemistry Letters. 1997, 7(10): 1269-1272
9. H Morita, A Shishido, T Matsumoto, H Itokawa, K Takeya. Cyclolinopeptides B - E, new cyclic peptides from Linum usitatissimum. Tetrahedron. 1999, 55(4): 967-976
10. T Matsumoto, A Shishido, H Morita, H Itokawa, K Takeya. Cyclolinopeptides F-I, cyclic peptides from linseed. Phytochemistry. 2001, 57(2): 251-260
11. T Matsumoto, A Shishido, H Morita, H Itokawa, K Takeya. Conformational analysis of cyclolinopeptides A and B. Tetrahedron. 2002, 58(25): 5135-5140
12. BD Oomah, G Mazza, EO Kenaschuk. Cyanogenic compounds in flaxseed. Journal of Agricultural and Food Chemistry. 1992, 40(8): 1346-1348
13. I Niedzwiedz-Siegien. Cyanogenic glucosides in Linum usitatissimum. Phytochemistry. 1998, 49(1): 59-63
14. L Luyengi, JM Pezzuto, DP Waller, CWW Beecher, HHS Fong, CT Che, P Bowen. Linusitamarin, a new phenylpropanoid glucoside from Linum usitatissimum. Journal of Natural Products. 1993, 56(11): 2012-2015

15. RW Fedeniuk, CG Biliaderis. Composition and physicochemical properties of linseed (Linum usitatissimum L.) mucilage. Journal of Agricultural and Food Chemistry. 1994, 42(2): 240-247

16. J Warrand, P Michaud, L Picton, G Muller, B Courtois, R Ralainirina, J Courtois. Structural investigations of the neutral polysaccharide of Linum usitatissimum L. seeds mucilage. International Journal of Biological Macromolecules. 2005, 35(3-4): 121-125

17. KM Phillips, DM Ruggio, M Ashraf-Khorassani. Phytosterol composition of nuts and seeds commonly consumed in the United States. Journal of Agricultural and Food Chemistry. 2005, 53(24): 9436-9445

18. M Lukaszewicz, J Szopa, A Krasowska. Susceptibility of lipids from different flax cultivars to peroxidation and its lowering by added anti-oxidants. Food Chemistry. 2004, 88(2): 225-231

19. S Krist, G Stuebiger, S Bail, H Unterweger. Analysis of volatile compounds and triacylglycerol composition of fatty seed oil gained from flax and false flax. European Journal of Lipid Science and Technology. 2006, 108(1): 48-60

20. Z Liang, YH Wang, ZH Li, HL Qin. Chemical constituents in the roots of Linum usitatissimum L. Natural Product Research and Development. 2005, 17(4): 409-411

21. LD Wang, JM Chen, LU Thompson. The inhibitory effect of flaxseed on the growth and metastasis of estrogen receptor negative human breast cancer xenografts is attributed to both its lignan and oil components. International Journal of Cancer. 2005, 116(5): 793-798

22. JM Chen, E Hui, T Ip, LU Thompson. Dietary flaxseed enhances the inhibitory effect of tamoxifen on the growth of estrogen-dependent human breast cancer (MCF-7) in nude mice. Clinical Cancer Research. 2004, 10(22): 7703-7711

23. JM Chen, LD Wang, LU Thompson. Flaxseed and its components reduce metastasis after surgical excision of solid human breast tumor in nude mice. Cancer Letters. 2006, 234(2): 168-175

24. U Knust, B Spiegelhalder, T Strowitzki, RW Owen. Contribution of linseed intake to urine and serum enterolignan levels in German females: a randomised controlled intervention trial. Food and Chemical Toxicology. 2006, 44(7): 1057-1064

25. A Bommareddy, BL Arasada, DP Mathees, C Dwivedi. Chemopreventive effects of dietary flaxseed on colon tumor development. Nutrition and Cancer. 2006, 54(2): 216-222

26. X Lin, JR Gingrich, WJ Bao, J Li, ZA Haroon, W Demark-Wahnefried. Effect of flaxseed supplementation on prostatic carcinoma in transgenic mice. Urology. 2002, 60(5): 919-924

27. L Yan, JA Yee, DH Li, MH McGuire, LU Thompson. Dietary flaxseed supplementation and experimental metastasis of melanoma cells in mice. Cancer Letters. 1998, 124(2): 181-186

28. AL Bhatia, K Manda, S Patni, AL Sharma. Prophylactic action of linseed (Linum usitatissimum) oil against cyclophosphamide-induced oxidative stress in mouse brain. Journal of Medicinal Food. 2006, 9(2): 261-264

29. DD Kitts, YV Yuan, AN Wijewickreme, LU Thompson. Anti-oxidant activity of the flaxseed lignan secoisolariciresinol diglycoside and its mammalian lignan metabolites enterodiol and enterolactone. Molecular and Cellular Biochemistry. 1999, 202(1-2): 91-100

30. EA Lucas, SA Lightfoot, LJ Hammond, L Devareddy, DA Khalil, BP Daggy, BJ Smith, N Westcott, V Mocanu, DY Soung, BH Arjmandi. Flaxseed reduces plasma cholesterol and atherosclerotic lesion formation in ovariectomized Golden Syrian hamsters. Atherosclerosis. 2004, 173(2): 223-229

31. K Prasad. Hypocholesterolemic and anti-atherosclerotic effect of flax lignan complex isolated from flaxseed. Atherosclerosis. 2005, 179(2): 269-275

32. K Vijaimohan, M Jainu, KE Sabitha, S Subramaniyam, C Anandhan, CS Shyamala Devi. Beneficial effects of alpha linolenic acid rich flaxseed oil on growth performance and hepatic cholesterol metabolism in high fat diet fed rats. Life Sciences. 2006, 79(5): 448-454

33. K Prasad, SV Mantha, AD Muir, ND Westcott. Protective effect of secoisolariciresinol diglucoside against streptozotocin-induced diabetes and its mechanism. Molecular and Cellular Biochemistry. 2000, 206(1-2): 141-149

34. K Prasad. Oxidative stress as a mechanism of diabetes in diabetic BB prone rats: effect of secoisolariciresinol diglucoside (SDG). Molecular and Cellular Biochemistry. 2000, 209(1-2): 89-96

35. K Prasad. Secoisolariciresinol diglucoside from flaxseed delays the development of type 2 diabetes in Zucker rat. Journal of Laboratory and Clinical Medicine. 2001, 138(1): 32-39

36. HT Bai, J Chen, T He, GS Li, XK Meng, RM Zhang, HP Zhao. Influence of linseed oil on levels of serum cytokines in intraabdominal septic rats supported with TPN. Parenteral & Enteral Nutrition. 2003, 10(3): 144-146

37. SL Cohen, AM Moore, WE Ward. Flaxseed oil and inflammation-associated bone abnormalities in interleukin-10 knockout mice. Journal of Nutritional Biochemistry. 2005, 16(6): 368-374

38. B Picur, M Cebrat, J Zabrocki, IZ Siemion. Cyclopeptides of Linum usitatissimum. Journal of Peptide Science. 2006, 12(9): 569-574

39. JL Penalvo, KM Haajanen, N Botting, H Adlercreutz. Quantification of lignans in food using isotope dilution gas chromatography/mass spectrometry. Journal of Agricultural and Food Chemistry. 2005, 53(24): 9342-9347

40. S Charlet, L Bensaddek, S Raynaud, F Gillet, F Mesnard, MA Fliniaux. An HPLC procedure for the quantification of anhydrosecoisolariciresinol. Application to the evaluation of flax lignan content. Plant Physiology and Biochemistry. 2002, 40(3): 225-229
41. B Yu, G Khan, A Foxworth, K Huang, L Hilakivi-Clarke. Maternal dietary exposure to fiber during pregnancy and mammary tumorigenesis among rat offspring. International Journal of Cancer. 2006, 119(10): 2279-2286

아마 재배 모습

로벨리아 北美山梗菜 EP, BP, BHP

Lobelia inflata L.

Lobelia

개 요

초롱꽃과(Campanulaceae)
북미산경채(北美山梗菜, *Lobelia inflata* L.)의 지상부를 말린 것: 로벨리아
중약명: 로벨리아
로벨리아속(*Lobelia*) 식물은 전 세계에 약 350종이 있으며 열대와 아열대 지역, 특히 아프리카와 미주 지역에 분포한다. 중국에는 약 19종이 발견되며 약 9종과 2변종이 약으로 사용된다[1]. 로벨리아는 미국과 캐나다의 애팔래치아 산맥에 분포하며 미국과 네덜란드에서 재배된다[2-3].
로벨리아는 오래 전 북미 인디언들에 의해 담배로 사용되어져서 인디언 담배라고도 알려져 있다. 1805년부터 1809년까지 천식 치료에 사용된 로벨리아가 천식 치료를 위한 가장 중요한 약용식물 중 하나가 되었다[4]. 이 종은 로벨리아(Lobeliae Herba)의 공식적인 기원식물로 영국생약전(1996)에 등재되어 있으며, 유럽약전(5개정판)과 영국약전(2002)에는 Lobeline hydrochloride만이 등재되어 있다. 이 약재는 주로 북미 및 네덜란드에서 생산된다.
로벨리아는 주로 알칼로이드 성분을 함유하고 있다. 로벨린이 주요 활성성분이며 영국약전(1998)은 한때 로벨린으로 환산한 총 알칼로이드의 함량이 0.25% 이상이어야 한다고 규정했다.
약리학적 연구에 따르면 로벨리아는 호흡을 자극하고 기억력을 향상시키며 항불안, 항우울, 진통 및 진정작용을 나타낸다. 민간요법에 의하면 로벨리아는 호흡을 자극하는 효능을 가진다.

로벨리아 *Lobelia inflata* L.

로벨리아 Lobeliae Herba

함유성분

전초에는(−)−로벨린, 로벨라닌, 노르로벨라닌, 로벨라니딘, 노르로벨라니딘, 로비닌 및 이소로비닌을 포함한 20종의 피페리딘 알칼로이드 성분을 함유하고 있다. 총 알칼로이드 함량은 0.20%−0.50%이다. 또한 켈리돈산[5]과 β−아미린 팔미테이트[6]를 함유하고 있다.

(−)−lobeline

약리작용

1. 호흡 자극 작용
   로벨린은 경동맥과 호흡기관의 흥분에 영향을 주어 경동맥과 대동맥의 숨뇌호흡중추를 활성화시켰다[4].
2. 항불안 작용
   로벨린을 복강 내 투여하면 불안 완화 활성의 척도인 불안정성 검사의 높은 플러스 미로 시험에서 마우스를 벌린 자세에서 마우스가 소비한 시간을 유의하게 증가시켰다[7].
3. 항우울 작용
   잎의 메탄올 추출물로부터 분리된 β−아미린팔미테이트는 강제 수영 시험에서 마우스의 부동 시간을 용량 의존적으로 감소시켰다.

그 작용은 미안세린과 유사하다[6, 8].

4. 기억력 향상 작용
   마우스에 로브라인을 복강 내 투여하면 억제 회피 과제와 공간 감별을 위한 수중 미로 시험에서 학습과 기억을 향상시켰다[9]. 로벨린은 또한 마우스의 지속적인 관심을 향상시켰다[4].

5. 진통 및 진정 작용
   로벨린을 척수강 내 투여하면 용량 의존적으로 마우스에서 꼬리튕기기 실험의 지연을 증가시켰고, 진통작용은 니코틴과 유사하였다. 로벨린을 피하 투여하면 니코틴으로 유도된 항 침해를 유의하게 증가시켰다. 마우스에서 로벨린을 피하 투여하면 자발운동을 저해했으며 최대 효과가 있을 때 자발적 운동과 체온을 감소시켰다. 로벨린의 약리학적 영향은 급성 관용을 일으키지 않았다. 그러나 10일 동안 약물의 피하주사 후 내성이 발생할 수 있다[10].

6. 기타
   로벨린은 구토를 증가시키고 식욕을 억제하며 심박수를 증가시켰다[4].

용도

1. 천식
2. 질식 신생아 질식
3. 호흡 부전

해설

로벨리아는 의약품 사용의 오랜 역사를 가지고 있다. 로벨리아를 담배로 사용하는 북미 인디언의 기록은 현대의 약리학적 발견과 상당히 일치한다. 주요 활성성분인 로벨린은 니코틴 성 아세틸콜린 수용체(nAChR)의 길항제이다. 로벨린과 니코틴은 반대로 불안과 학습 능력 그리고 기억을 향상시키는 면에서 유사한 생리적 작용을 나타낸다.
그러나 로벨린은 자발적 운동을 증가시키지 않으며 알츠하이머 질환을 치료하는 약물 복용기간에 금연해야 하는 등의 주의를 기울여야 하는 조건부 환경을 유발하지는 않는다.

참고문헌

1. TJ Zhang, ZQ Xu. Geographic distribution and plant resources of genus Lobelia in China. Journal of Chinese Medicinal Materials. 1991, 14(11): 18-20
2. WC Evans. Trease & Evans' Pharmacognosy (15th edition). Edinburgh:WB Saunders. 2002: 351-353
3. J Bruneton. Pharmacognosy, Phytochemistry, Medicinal Plants (2nd edition). Paris: Technique & Documentation. 1999: 859-860
4. FX Felpin, J Lebreton. History, chemistry and biology of alkaloids from Lobelia inflata. Tetrahedron. 2004, 60(45): 10127-10153
5. PR Bradley. British Herbal Compendium (volume 1). British Herbal Medicine Association. 1992: 149-150
6. A Subarnas, Y Oshima, Y Ohizumi. An anti-depressant principle of Lobelia inflata L.. (Campanulaceae). Journal of Pharmaceutical Sciences. 1992, 81(7): 620-621
7. JD Brioni, AB O'Neill, DJB Kim, MW Decker. Nicotinic receptor agonists exhibit anxiolytic-like effects on the elevated plus-사이클로옥시게나제. European Journal of Pharmacology. 1993, 238(1): 1-8
8. A Subarnas, T Tadano, Y Oshima, K Kisara, Y Ohizumi. Pharmacological properties of β-amyrin palmitate, a novel centrally acting compound, isolated from Lobelia inflata leaves. Journal of Pharmacy and Pharmacology. 1993, 45(6): 545-550
9. MW Decker, MJ Majchrzak, SP Arneric. Effects of lobeline, a nicotinic receptor agonist, on learning and memory. Pharmacology, Biochemistry and Behavior. 1993, 45(3): 571-576
10. MI Damaj, GS Patrick, KR Creasy, BR Martin. Pharmacology of lobeline, a nicotinic receptor ligand. Journal of Pharmacology and Experimental Therapeutics. 1997, 282(1): 410-419
11. PJ Fudala, ET Iwamoto. Further studies on nicotine-induced conditioned place preference in the rat. Pharmacology, Biochemistry, and Behavior. 1986, 25(5): 1041-1049

양빈과 洋蘋果 EP, BP, GCEM

Rosaceae

Malus sylvestris Mill.

Apple

개 요

장미과(Rosaceae)

양빈과(洋蘋果, *Malus sylvestris* Mill.)의 열매: 양빈과(洋蘋果)

중약명: 양빈과(洋蘋果)

능금속(*Malus*) 식물은 전 세계에 약 35종이 있으며 온대 지역에 널리 분포하고 아시아, 유럽 및 북아메리카에서 생산된다. 중국에는 약 20종이 발견되며, 약 13종이 약으로 사용된다.

양빈과는 고대 이집트, 고대 그리스, 고대 로마에서 매우 인기가 있었다. 17세기 영국의 약초치료사들은 양빈과를 사용하여 위 열, 폐렴, 천식 및 총상을 치료했다. 이 약재는 대부분의 북부 온대 지역에서 생산된다. 열매는 주로 펙틴뿐만 아니라 폴리페놀(플라보노이드, 안토시아니딘 및 카테킨 포함)을 함유한다.

약리학적 연구에 따르면 열매에는 항산화, 항종양, 항알레르기, 항고지혈증, 위점막 보호 및 항콜린 효과가 있음이 밝혀졌다.

민간요법에 의하면 양빈과에는 항종양, 설사 방지 및 혈당강하작용이 있다.

양빈과 洋蘋果 *Malus sylvestris* Mill.

사과나무 苹果 *M. pumila* Mill.

양빈과 洋蘋果 EP, BP, GCEM

함유성분

열매에는 플라보노이드 성분으로 quercetin, quercetin-3-O-rutinoside, quercetin-3-O-rhamnoside, quercetin-3-O-arabinoside, phloridzin[1], rutin[2], 카테킨 성분으로 (+)-catechin, (-)-epicatechin[1]이 함유되어 있고, 안토시아니딘 성분으로 procyanidins B_1, B_2, C_1[3], cyanidin-3-galactoside[4], 유기산 성분으로 클로로겐산, 카페인산, 4-p-coumaroylquinic acid[1], 또한 vomifoliol β-D-glucopyranoside, (R)-3-hydroxyoctyl βD-glucopyranoside[5], hexyl βD-glucopyranoside[6], jasmonic acid, methyl jasmonate[7]가 함유되어 있다. 열매에는 또한 펙트산이 풍부하고, pectin[8], condensed tannin[9], malic enzyme[10], 1-aminocyclopropane-1-carboxylate synthase[11], vitamins C, E, K_1과 lecithin[12-13]이 함유되어 있다.

심재에는 플라보노이드 성분으로 apigenin, luteolin, quercetin, apigenin-7-O-glucoside, aromadendrin-3-O-glucoside[14]가 함유되어 있다.

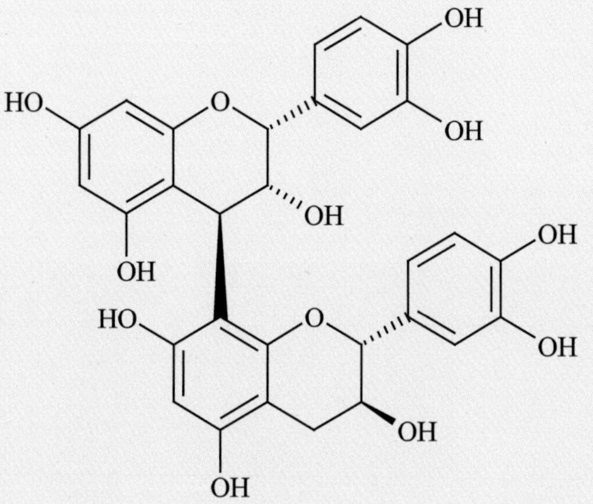

procyanidin B_1

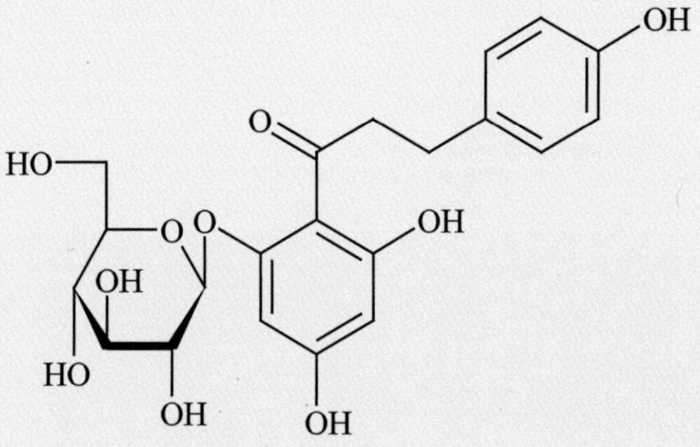

phloridzin

약리작용

1. 항산화 작용

양빈과 폴리페놀 추출물은 유리기 소거 활성, 과산화물(O_2^-) 소거 활성 및 지질과산화에 의해 생성된 말론디알데히드(MDA)에 미치는 항산화 효과를 나타낸다. 활성성분은 가장 낮은 분자량을 갖는 페놀 및 프로안토시아니딘이다[15-16]. 플라보노이드가 풍부한 양빈과 추출물은 인간 제대 정맥 내피 세포(HUVEC)에서 핵 인자(NF)-κB 활성화를 감소시켰다. 동물 실험에 의하면 양빈과 펙틴은 유리기 소거 활성을 나타냈다[18].

2. 항종양 작용

양빈과 아세톤 추출물은 *in vitro*에서 HepG2 세포의 성장을 억제했다. 결장 직장암인 LS-174T 세포와 인간 대장암 HT29 세포를 억제하고 세포사멸을 유도했다[20-21]. 양빈과 추출물은 DMBA에 의한 랫드의 유방암 성장을 억제했다. 양빈과 펙틴은 결장암을 억제했다. 주요 항종양 성분은 폴리페놀, 플라보노이드, 플로리진 및 양빈과 펙틴이었다[18, 21-22].

3. 항 알레르기 작용

*in vivo*에서 응축된 탄닌이 마우스의 호염기성 백혈병 RBL-2H3 세포와 마우스의 복막 비만 세포에서 히스타민 방출을 억제한다는 것을 보여주었다[9]. 조 양빈과 폴리페놀(CAP)과 양빈과 농축 탄닌(ACT)도 IgE와 FcεRI 사이의 결합을 억제하고 비만 세포 활성화를 억제했다[23]. ACT를 경구 투여하면 I 형 알레르기 모델에서 2,4,6-트리니트로페닐(TNP)에 의해 유발된 귀 팽창 반응을 억제하

였다[24].

4. 항고지혈증 작용

마우스의 양빈과 폴리페놀 식이는 콜레스테롤 대사를 촉진시키고 콜레스테롤의 장 흡수를 억제하며 콜레스테롤 수치를 낮추고 죽상 동맥 경화증을 억제한다[25]. 콜레스테롤 수치가 약간 상승한 환자의 경우, 양빈과 폴리페놀을 함유한 음식물 섭취로 혈청 LDL-콜레스테롤이 감소하고 혈청 HDL-콜레스테롤이 증가했다. 이는 양빈과 폴리페놀이 죽상 경화증을 예방한다는 것을 시사한다[26]. 양빈과 폴리페놀의 식이 섭취는 마우스의 지방 조직 형성을 억제하고 후복막과 부고환 지방 조직의 무게를 감소시켰다[27].

5. 항균 작용

양빈과 폴리페놀은 *in vitro*에서 바실루스균, 대장균, 녹농균을 저해했다[28]. 양빈과 폴리페놀과 ACT는 우식원 세균 세포에서 정제된 글루코실 전이 효소(GTF)의 활성을 *in vitro*에서 선택적으로 억제했다[29].

6. 위 점막 보호 작용

양빈과 폴리페놀 추출물은 크산틴-크산틴 산화 효소 또는 인도메타신에 의해 유발된 위 상피 세포 손상을 예방했다. 또한 랫드에서 인도메타신에 의해 유발된 위 점막을 예방했다. 주요 활성성분은 카테킨과 클로로겐산이다[30].

7. 피부에 미치는 영향

양빈과 폴리페놀의 국소 적용은 마멋과 기니피그에서 히스타민 하이드로클로라이드에 의해 유도된 가려움증을 현저하게 감소시켰다[31-32]. 양빈과 씨의 에탄올 추출물의 국소 도포는 누드마우스에서 UVB에 의해 생성된 주름의 크기와 부피를 줄이고 피부 두껍게 감소의 경향을 보여 주며 주름 형성을 개선했다[33].

8. 기타

플로리진은 골소실을 예방했다[34]. 카테킨은 혈압을 강하하고[35], 프로시아니딘 B-2는 모발 성장을 촉진시켰다[36]. 폴리페놀 산화 효소는 소취 효과를 보였다. 양빈과 펙틴은 장의 점막의 프로스타글란딘 E_2를 억제하고, 간 대사를 억제한다.

용도

1. 이질, 변비
2. 당뇨병
3. 폐렴, 천식
4. 고 콜레스테롤 혈증
5. 결장암

해설

양빈과는 경제적 가치가 높은 낙엽수로서 유명하며 오랜 기간 재배되어 현재 수천 종의 재배 품종이 이용 가능하다. *Malus pumila* (*Malus domestica* Borkh.)와 *Malus sylvestris* 두 종 모두 식용으로 후지, 코틀랜드, 로로마, 딜리셔스, 그레니 스미스와 같은 품종이 최근 널리 재배되는 주류 품종이다[39-41].
폴리페놀과 축합형 탄닌을 포함한 양빈과의 잘 익은 열매의 활성성분 함량은 상대적으로 높다. 덜 익은 열매의 농축 탄닌 함량은 익은 열매의 10배이므로[24-25], 너무 익은 양빈과를 먹는 것은 바람직하지 않다.

참고문헌

1. K Kahle, M Kraus, E Richling. Polyphenol profiles of apple juices. Molecular Nutrition & Food Research. 2005, 49(8): 797-806
2. H Teuber Wuenscher, K Herrmann. Flavonol glycosides of apples (Malus silvestris Mill.). 10. Phenolic contents of fruits. Zeitschrift fuer Lebensmittel-Untersuchung und-Forschung. 1978, 166(2): 80-84
3. Y Shibusawa, A Yanagida, A Ito, K Ichihashi, H Shindo, Y Ito. High-speed counter-current chromatography of apple procyanidins. Journal of Chromatography, A. 2000, 886(1-2): 65-73
4. MA Awad, A de Jager, LM van Westing. Flavonoid and chlorogenic acid levels in apple fruit: characterization of variation. Scientia Horticulturae. 2000, 83(3-4): 249-263
5. T Beuerle, P Schreier, W Schwab. (R)-3-hydroxy-5(Z)-octenyl β-D-glucopyranoside from Malus sylvestris fruits. Natural Product Letters. 1997, 10(2): 119-124

6. W Schwab, P Schreier. Glycosidic conjugates of aliphatic alcohols from apple fruit (Malus sylvestris Mill. cult. Jonathan). Journal of Agricultural and Food Chemistry. 1990, 38(3): 757-763
7. S Kondo, A Tomiyama, H Seto. Changes of endogenous jasmonic acid and methyl jasmonate in apples and sweet cherries during fruit development. Journal of the American Society for Horticultural Science. 2000, 125(3): 282-287
8. V Zitko, J Rosik, J Kubala. Pectic acid from wild apples (Malus sylvestris). Collection of Czechoslovak Chemical Communications. 1965, 30(11): 3902-3908
9. T Kanda, H Akiyama, A Yanagida, M Tanabe, Y Goda, M Toyoda, R Teshima, Y Saito. Inhibitory effects of apple polyphenol on induced histamine release from RBL-2H3 cells and rat mast cells. Bioscience, Biotechnology, and Biochemistry. 1998, 62(7): 1284-1289
10. DR Dilley. Purification and properties of apple fruit malic enzyme. Plant Physiology. 1966, 41(2): 214-220
11. WK Yip, JG Dong, SF Yang. Purification and characterization of 1-aminocyclopropane-1-carboxylate synthase from apple fruits. Plant Physiology. 1991, 95(1): 251-257
12. AS Vecher, VN Bukin. Chemical differences in different varieties and groups of apples. Rastenii. 1940, 7: 43-57
13. OM Novosel, VS Kyslychenko, VA Khanin. Analysis of lipophilic fractions obtained from leaves of apple tree (Malus silvestris) and pear tree (Pyrus communis). Medichna Khimiya. 2003, 5(2): 87-90
14. VS Parmar, SK Sanduja, HN Jha, AS Kukla. Polyphenolics of the heartwood of Malus sylvestris Mill. Indian Journal of Pharmaceutical Sciences. 1984, 46(5): 189-190
15. WJ Chen, L Fang, XY Qi, LQ Zhang, EN Yang, BJ Xie. Research on scavenging effect on radical and inhibiting effect on lipid peroxidation of different apple polyphenol extracts in vitro. Food Science. 2005, 26(12): 212-215
16. S Kondo, K Tsuda, N Muto, J Ueda. Anti-oxidative activity of apple skin or flesh extracts associated with fruit development on selected apple cultivars. Scientia Horticulturae. 2002, 96(1-4): 177-185
17. PA Davis, JA Polagruto, G Valacchi, A Phung, K Soucek, CL Keen, ME Gershwin. Effect of apple extracts on NF-κB activation in human umbilical vein endothelial cells. Experimental Biology and Medicine. 2006, 231(5): 594-598
18. K Tazawa, H Namikawa, K Itoh, J Koike, M Yatsuka, Y Mhou, H Ohgami, T Saito. Inhibitory effects and functions of apple pectin on colon carcinogenesis and scavenging activity. Bio Industry. 2000, 17(8): 36-43
19. BB Song, LD Jin, M Liu, L Zhang. The inhibited activities of apple extracts on cell proliferation of liver cancer. Journal of Practical Oncology. 2003, 17(2): 94-96
20. P Zhao, M Liu, XS Dong, YY Ma, J Tao, BB Song. The inhibitory effect of apple extracts on the growth of colorectal cancer. Chinese Journal of Surgery. 2004, 42(15): 958-959
21. S Veeriah, T Kautenburger, N Habermann, J Sauer, H Dietrich, F Will, BL Pool-Zobel. Apple flavonoids inhibit growth of HT29 human colon cancer cells and modulate expression of genes involved in the biotransformation of xenobiotics. Molecular Carcinogenesis. 2006, 45(3): 164-174
22. RH Liu, JR Liu, BQ Chen. Apples prevent mammary tumors in rats. Journal of Agricultural and Food Chemistry. 2005, 53(6): 2341-2343
23. T Tokura, N Nakano, T Ito, H Matsuda, Y Nagasako-Akazome, T Kanda, M Ikeda, K Okumura, H Ogawa, C Nishiyama. Inhibitory effect of polyphenol-enriched apple extracts on mast cell degranulation in vitro targeting the binding between IgE and FcεRI. Bioscience, Biotechnology, and Biochemistry. 2005, 69(10): 1974-1977
24. H Akiyama, J Sakushima, S Taniuchi, T Kanda, A Yanagida, T Kojima, R Teshima, Y Kobayashi, Y Goda, M Toyoda. Anti-allergic effect of apple polyphenols on the allergic model mouse. Biological & Pharmaceutical Bulletin. 2000, 23(11): 1370-1373
25. K Osada, T Suzuki, Y Kawakami, M Senda, A Kasai, M Sami, Y Ohta, T Kanda, M Ikeda. Dose-dependent hypocholesterolemic actions of dietary apple polyphenol in rats fed cholesterol. Lipids. 2006, 41(2): 133-139
26. Y Nagasako-Akazome, T Kanda, M Ikeda, H Shimasaki. Serum cholesterol-lowering effect of apple polyphenols in healthy subjects. Journal of Oleo Science. 2005, 54(3): 143-151
27. K Nakazato, HS Song, T Waga. Effects of dietary apple polyphenol on adipose tissues weights in wistar rats. Experimental Animals. 2006, 55(4): 383-389
28. XY Qi, FS Chen, WJ Chen, HX Huang. Study on anti-bacterial effect of apple-polyphenol extracts. Food Science. 2003, 24(5): 33-36
29. A Yanagida, T Kanda, M Tanabe, F Matsudaira, JGO Cordeiro. Inhibitory effects of apple polyphenols and related compounds on cariogenic factors of mutans streptococci. Journal of Agricultural and Food Chemistry. 2000, 48(11): 5666-5671
30. G Graziani, GD'Argenio, C Tuccillo, C Loguercio, A Ritieni, F Morisco, C Del Vecchio Blanco, V Fogliano, M Romano. Apple polyphenol extracts prevent damage to human gastric epithelial cells in vitro and to rat gastric mucosa in vivo. Gut. 2005, 54(2): 193-200
31. S Taguchi, S Ishihama, T Kano, T Yamanaka, T Matsumiya. Evaluation of anti-pruritic effect of apple polyphenols using a new animal

model of pruritus. Tokyo Ika Daigaku Zasshi. 2002, 60(2): 123-129

32. S Taguchi, Y Yi. Preparation and application of itchy animal model: The anti-pruritic effect of apple polyphenols. Foreign Medical Sciences (Traditional Chinese Medicine Volume). 2003, 25(3): 164
33. N Doi, Y Yi. The effect of apple ethanol extract on the improvement of wrinkle in hairless mice. Foreign Medical Sciences (Traditional Chinese Medicine Volume). 2004, 26(3): 183
34. C Puel, A Quintin, J Mathey, C Obled, MJ Davicco, P Lebecque, S Kati-Coulibaly, MN Horcajada, V Coxam. Prevention of bone loss by phloridzin, an apple polyphenol, in ovariectomized rats under inflammation conditions. Calcified Tissue International. 2005, 77(5): 311-318
35. LI Vigorov. Catechins in apples. Fenol'nye Soedineniya i Ikh Biologicheskie Funktsii, Materialy Vsesoyuznogo Simpoziuma po Fenol'nym Soedineniyam. 1968: 202-208
36. T Takahashi, A Kamimura, A Kobayashi, T Hamazono, Y Yokoo, S Honda, Y Watanabe. Hair-growing activity of procyanidin B-2. Nippon Koshohin Kagakkaishi. 2002, 26(4): 225-233
37. SW Cho, KS Kwak, JH Lee, YS Yun, YS Gu, CL Il, DS Lee, YB Lee, SB Kim. The effect of polyphenol oxidase on the deodorizing activity of apple extract against methyl mercaptan. Han'guk Sikp'um Yongyang Kwahak Hoechi. 2001, 30(6): 1301-1304
38. K Tazawa, H Okami, H Namikawa, K Ito, K Hanmyo, T Saito, M Yatsuzuka. Inhibitory effects and functions of apple pectin on colon carcinogenesis and active oxygen-scavenging activity. Food Style 21. 2000, 4(8): 61-66
39. E Fallahi, IJ Chun, GH Neilsen, WM Colt. Effects of three rootstocks on photosynthesis, leaf mineral nutrition, and vegetative growth of "BC-2 Fuji" apple trees. Journal of Plant Nutrition. 2001, 24(6): 827-834
40. JP Fernandez-Trujillo, JF Nock, CB Watkins. Superficial scald, carbon dioxide injury, and changes of fermentation products and organic acids in "Cortland" and "Law Rome" apples after high carbon dioxide stress treatment. Journal of the American Society for Horticultural Science. 2001, 126(2): 235-241
41. ZG Ju, EA Curry. Lovastatin inhibits α-farnesene biosynthesis and scald development in "delicious" and "granny smith" apples and "d'anjou" pears. Journal of the American Society for Horticultural Science. 2000, 125(5): 626-629

양아욱 歐錦葵 EP, BP, GCEM

Malva sylvestris L.

Mallow

개 요

아욱과(Malvaceae)

양아욱(歐錦葵, *Malva sylvestris* L.)의 꽃을 말린 것: 구금규화(歐錦葵花)

중약명: 구금규화(歐錦葵花)

아욱속(*Malva*) 식물은 전 세계에 약 30종이 있으며 아시아, 유럽 및 북부 아프리카에 분포한다. 중국에는 약 4종과 1변종이 발견되며 약 4종이 약으로 사용된다. 양아욱은 유럽과 아시아에 분포한다.

양아욱은 고대 페르시아에서 인도로 도입되었으며 인도의 우나니(Unani)약에서 호흡기 및 비뇨기 질환을 치료하기 위해 널리 사용되었다. 이 종은 양아욱 꽃(Malvae Sylvestri Flos)의 공식적인 기원식물 내원종으로 유럽약전(5개정판) 및 영국약전(2002)에 등재되어 있다. 이 약재는 주로 남부 유럽과 아시아에서 생산된다.

양아욱은 주로 안토시아니딘과 플라보노이드 성분이 함유되어 있다. 유럽약전과 영국약전은 의약 물질의 품질관리를 위해 박층크로마토그래피법으로 시험할 때 6"-말로닐말빈 및 말빈을 지표성분으로 규정하고 있다.

약리학적 연구에 따르면 양아욱에는 항박테리아, 항산화, 항고지혈증, 항보체(抗補體) 및 해독효과가 있다.

민간요법에 의하면 양아욱은 기관지염, 장내염 및 방광염을 치료한다. 외용할 때 상처 치유를 촉진한다.

양아욱 歐錦葵 *Malva sylvestris* L.

구금규화 歐錦葵花 Malvae Sylvestri Flos

함유성분

꽃에는 안토시아닌 성분으로 malvidin−3−βD−glucopyranoside, mirtillin, malvin[1], malvidin−3,5−diglucoside[2], 6"malonylmalvin[3], 플라보노이드 성분으로 apigenin, apigenin−7−O−βglucoside, apigenin−4'−O−βglucoside, dihydrokaempferol−4'−O−βglucoside, kaempferol−3−O−rutinoside, quercetin−3−O−rutinoside[4], gossypetin−3−glucoside−8−glucuronide, hypolaetin 8−glucuronide, isoscutellarein−8−glucuronide[5]가 함유되어 있다.

잎에는 플라보노이드 성분으로 tiliroside[6], gossypetin−8−O−βD−glucuronide−3−sulfate[7], gossypin−3−sulfate, hypolaetin−8−O−β D−glucoside−3'−sulfate[8]가 함유되어 있다. 또한 choline[9], scopoletin[10]이 함유되어 있다.

씨에는 지방산 성분으로 sterculic acid, malvalic acid, vernolic acid[11]가 함유되어 있다.

malvin

tiliroside

약리작용

1. 항균
꽃에서 추출한 안토시아닌은 황색포도상구균에 *in vitro*에서 유의한 항균 활성을 보였다[12].

2. 항산화
꽃에서 얻은 안토시아닌은 유리기 소거능을 나타내었고 오르토페난트롤린 Fe^{2+} 산화 환원 실험에서 지질과산화를 억제했다[13]. 또한 2,2-디페닐-피크릴하이드라질(DPPH) 라디칼 소거효과, Fe^{2+}-킬레이트 활성 및 과산화수소 소거효과를 나타냈다[14].

3. 항고지혈증 효과
꽃에서 추출한 식이 안토시아닌은 총 콜레스테롤과 중성지방을 감소시키고 혈전 형성을 막았다[13].

4. 항보체활성
티릴로시드, 산성 다당류 및 잎의 점액은 항보체 활성을 생성했다[6,15-16].

5. 기타
티릴로시드는 인간 백혈병 세포에 대한 세포독성 효과를 보였다[6]. 효소설파이트산화효소는 황산 아황산염을 황산염으로 해독하는 역할을 했다[17].

용도

1. 인후염, 기관지염, 구내염
2. 위장염, 방광염
3. 상처

해설

양아욱의 잎은 민간 의학에서 진통제로 사용된다.
양아욱은 종종 무궁화속의 *Althaea officinalis* L. 및 *Malva*속의 식물들인 *M. mauritiana* L. 및 *M. ambigua* Guss와 혼동된다. 그러므로 사용 전에 특별한 주의가 필요하다[18].
양아욱의 꽃에는 많은 양의 안토시아닌이 들어 있다. 천연 안료의 중요한 공급원인 안토시아닌은 식품, 제약 및 화장품 산업에서 널리 사용된다.
최근 몇 년 동안 *M. mauritiana*에 대한 연구에 관한 보고가 많이 있으나 그 약용 가치에 대해서는 아직 연구되지 않아 추가 연구가 필요하다.

참고문헌

1. ZB Rakhimkhanov, AI Ismailov, AK Karimdzhanov, FK Dzhuraeva. Anthocyanins of Malva sylvestris. Khimiya Prirodnykh Soedinenii. 1975, 11(2): 255-256
2. H Pourrat, O Texier, C Barthomeuf. Identification and assay of anthocyanin pigments in Malva sylvestris L. Pharmaceutica Acta Helvetiae. 1990, 65(3): 93-96
3. K Takeda, S Enoki, JB Harborne, J Eagle. Malonated anthocyanins in Malvaceae: malonylmalvin from Malva sylvestris. Phytochemistry. 1989, 28(2): 499-500
4. I Matlawska. Flavonoids from Malva sylvestris flowers. Acta Poloniae Pharmaceutica. 1994, 51(2): 167-170
5. M Billeter, B Meier, O Sticher. 8-Hydroxyflavonoid glucuronides from Malva sylvestris. Phytochemistry. 1991, 30(3): 987-990
6. R Nowak. Separation and quantification of tiliroside from plant extracts by SPE/RP-HPLC. Pharmaceutical Biology. 2003, 41(8): 627-630
7. MAM Nawwar, J Buddrus. A gossypetin glucuronide sulfate from the leaves of Malva sylvestris. Phytochemistry. 1981, 20(10): 2446-2448

8. MAM Nawwar, A El Dein, A El Sherbeiny, MA El Ansari, HI El Sissi. Two new sulfated flavonol glucosides from leaves of Malva sylvestris. Phytochemistry. 1977, 16(1): 145-146
9. GK Phokas. Isolation of choline from the leaves of Malva sylvestris. Pharm. Deltion Epistemonike Ekdosis. 1963, 3(1): 14-17
10. B Tosi, B Tirillini, A Donini, A Bruni. Presence of scopoletin in Malva sylvestris. International Journal of Pharmacognosy. 1995, 33(4): 353-355
11. M Mukarram, I Ahmad, M Ahmad. Hydrobromic acid-reactive acids of Malva sylvestris seed oil. Journal of the American Oil Chemists Society. 1984, 61(6): 1060
12. CL Cheng, ZY Wang. Bacteriostasic activity of anthocyanin of Malva sylvestris. Journal of Forestry Research. 2006, 17(1): 83-85
13. ZY Wang. Impact of anthocyanin from Malva sylvestris on plasma lipids and free radical. Journal of Forestry Research. 2005, 16(3): 228-232
14. N El Sedef, S Karakaya. Radical scavenging and iron-chelating activities of some greens used as traditional dishes in Mediterranean diet. International Journal of Food Sciences and Nutrition. 2004, 55(1): 67-74
15. M Tomoda, R Gonda, N Shimizu, H Yamada. Plant mucilages. XLII. An anti-complementary mucilage from the leaves of Malva sylvestris var. mauritiana. Chemical & Pharmaceutical Bulletin. 1989, 37(11): 3029-3032
16. R Gonda, M Tomoda, N Shimizu, H Yamada. Structure and anti-complementary activity of an acidic polysaccharide from the leaves of Malva sylvestris var. mauritiana. Carbohydrate Research. 1990, 198(2): 323-329
17. BA Ganai, A Masood, MA Zargar, SM Bashir. Detoxifying role of sulphite oxidase and its characterization from various sources (a review). Journal of Microbiology, Biotechnology & Environmental Sciences. 2005, 7(4): 891-894
18. WF Charles, RA Juan. The Complete Guide to Herbal Medicines. Springhouse Corporation. 1999: 309-310

야생 양아욱

저먼카모마일 母菊 EP, BP, BHP, GCEM

Matricaria recutita L.

Chamomile

개 요

국화과(Asteraceae)
저먼카모마일(母菊, *Matricaria recutita* L.)의 두상화를 말린 것: 모국화(母菊花)
중약명: 모국화(母菊花)
카모마일속(*Matricaria*) 식물은 전 세계에 약 40종이 있으며 유럽, 지중해, 아시아, 아프리카 남부 및 북서부 아메리카에 분포한다. 그 가운데에서 중국에는 2종이 발견되고, 1종은 약으로 사용된다. 저먼카모마일은 유럽과 아시아 북부 및 서부에 분포하며 중국의 신장, 북경 및 상해에서 재배되고 있다.
카모마일은 이미 고대 이집트, 고대 그리스 및 고대 로마에서 중요한 약용식물이었다. 카모마일은 또한 인도의 우나니(Unani) 의학에 기록되었다. 이 종은 카모마일 꽃(Matricariae Flos)의 공식적인 기원식물 내원종으로 유럽약전(5개정판)과 영국약전(2002)에 등재되어 있다. 이 약재는 주로 아르헨티나, 이집트, 유럽 남동부 및 중국의 신강에서 생산된다.
꽃에는 정유, 테르페노이드, 플라보노이드 및 쿠마린 성분이 함유되어 있다. 유럽약전 및 영국약전은 의약 물질의 품질관리를 위해 수증기증류법으로 시험할 때 정유 함량이 4.0mL/kg 이상이어야 한다고 규정하고 있다.
약리학적인 연구에 따르면 꽃에는 진정작용, 항염증작용, 항박테리아작용, 가려움증을 없애고 항알레르기 작용이 있다.
민간요법에 의하면 모국(母菊)은 두통을 완화하고, 간과 신장을 보호하며, 해열작용, 진경작용, 항염증작용 및 미용효과를 가진다.
한의학에서 모국(母菊)은 청열해독(清熱解毒), 지해평천(止咳平喘), 거풍습(祛風濕) 등의 효과를 가진다.

저먼카모마일 母菊 *Matricaria recutita* L.

모국화 母菊花 Matricariae Flos

저먼카모마일의 재배와 수확 모습

함유성분

두상화서에는 정유 성분으로 주로 테르페노이드 성분이 주를 이루며 matricin[1], αbisabolol, (E)-β farnesene[2], γ-terpinene, Δ^3-carene, α-cubebene, α-muurolene, calamene, xanthoxyline, chamavioline[3], α-bisabolol oxides A, B, C[4], spathulenol[5], guaiazulenic acid[6]가 함유되어 있고, 플라보노이드 성분으로 apigenin, quercetin, luteolin[7], quercetagetin, rutin, hyperoside, apigenin-7-O-glycoside[8], cosmosiin[9], jaceidin, chrysosplenol D, eupatolitin, spinacetin, axillarin, eupalitin[10], patulitrin, quercimeritrin[11], 쿠마린 성분으로 umbelliferone, methylumbelliferin[11], herniarin[12], esculetin, scopoletin, isoscopoletin[13], 트리테르페노이드 성분으로 oleanolic acid[12], taraxerol[14], 또한 xylose, arabinose, galactose, 포도당과 람노오스[15]가 함유되어 있는 점액 성분이 있다.

건조한 꽃차례로부터 정유를 추출하는 과정에서 프로아쥴렌 성분인 azulene(guaiazulene)과 chamazulene[16-17]이 생성되며, 이 성분들은 matricin으로부터 전환되고 정유 성분의 주성분이다.

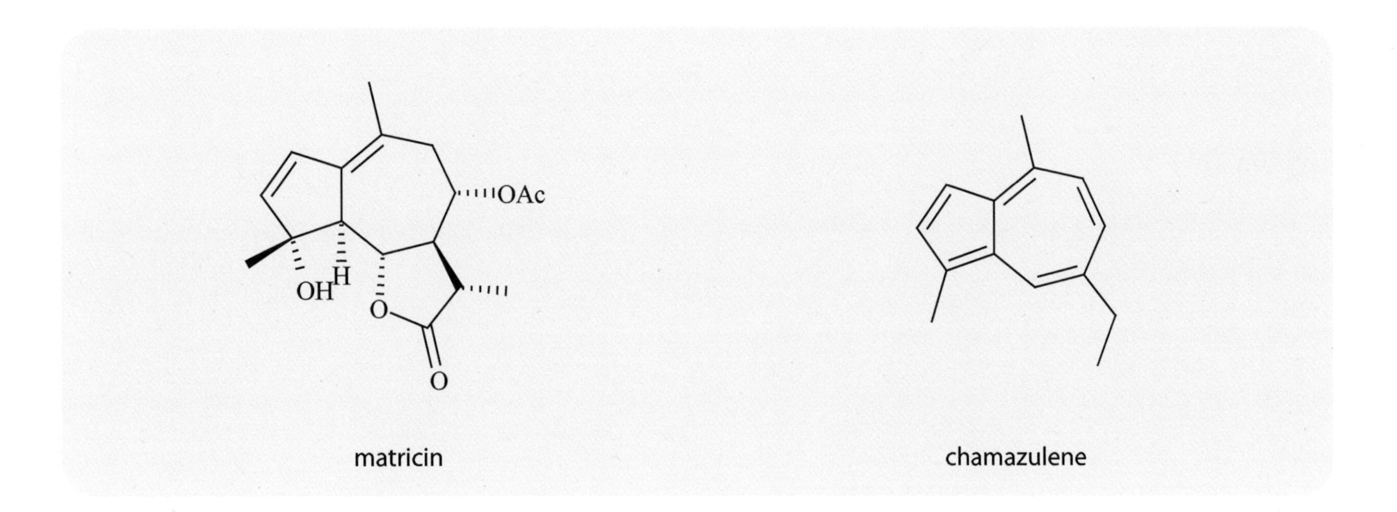

저먼카모마일 母菊 EP, BP, BHP, GCEM

약리작용

1. 진정 및 불안 완화 효과
   두상화의 추출물을 복강 내 투여하면 마우스의 자발적인 움직임을 현저히 감소시켰으며 진정효과를 나타냈다[18]. 십자형 높은 미로 실험에서 아피게닌은 벤조디아제폰 중앙 수용체[19]에 결합하여 항 불안 활성을 나타냈다.

2. 항염증
   전초의 에센셜 오일의 국소 적용은 마우스에서 귀의 부종에 대한 항염증 작용을 일으켰다[20]. 카마줄렌, 아줄렌, 구아이아줄렌 및 마트리신을 경구 투여하면 랫드의 발의 부종을 억제하였지만 발병시기와 효과는 달랐다. 전초의 플라보노이드는 염증 반응(예: 부종)을 억제했다. 그 활성성분은 아피게닌과 루테올린이다. 이 두 가지의 플라보노이드는 또한 세포 침투를 억제한다[22].

3. 항경련 효과
   꽃 머리 소수성 및 친수 추출물은 적출된 기니피그 ilea에 진경 효과를 가져왔다. 물 추출물은 α-비사보롤과 함께 파파베린과 같은 진경 효과를 나타냈으며 그 산화물은 활성성분이었다. 물 추출물의 진경 효과는 아피게닌과 같은 플라보노이드 및 움벨리페론과 같은 쿠마린과 관련이 있다[23].

4. 항궤양
   α-비사보롤은 인도메타신, 에탄올 및 스트레스 유발성 궤양을 억제했다. 또한 아세트산과 열로 유도된 위궤양의 치유를 향상시켰다[24].

5. 항균
   전초의 에센셜 오일은 황색포도상구균, 마이코박테리움 B6, Clavibacter michiganensis, 칸디다성 질염을 *in vitro*에서 억제했다[25-26].

6. 가려움 방지 및 항 알레르기 효과
   꽃잎의 에센셜 오일, 초산에틸 추출물을 함유한 식이 섭취 마우스에서는 두상화 에탄올 추출물의 에틸아세테이트 분획과 열수추출물잔유물의 에탄올 추출물이 화합물 48/80에 의해 유발된 긁는 행동을 억제했다. 그 효과는 항 알러지 약제인 옥사토마이드와 유사하다[27]. 병합 요법은 또한 옥사토마이드와 항히스타민제의 펙소페나딘의 가려움 방지 효과를 향상시켰다[28].

7. 면역조절
   마우스에서 헤테로폴리사카라이드를 위 내막 및 비경구 투여하면 공기 냉각 시 면역 반응을 정상화시키고 침지 냉각 시 이 과정을 향상시켰다[29].

8. 기타
   카모마일 꽃은 *in vitro*에서 주요 인간 약물 대사 효소의 활성을 억제했다[30]. 또한 랫드의 모르핀 의존증과 금욕 증후군의 발병을 억제하고[31] 항산화제 활성을 보였으며[32], 피부병 예방[33]효과를 나타냈다.

용도

1. 위장염, 위궤양
2. 상기도 감염, 인후염, 구내염, 감기 및 발열
3. 불면증
4. 발열을 동반한 관절통
5. 피부염, 습진

해설

최근에는 카모마일의 관상용 목적 외에도 주로 카모마일 오일이라고 하는 정유를 추출한다. 카모마일 오일은 화장품으로 만들거나 다른 식물의 정유와 혼합하여 여러 가지 질병을 치료할 수 있다. 국화과의 카마에멜룸(*Chamaemelum*)속에 있는 *Chamaemelum nobile* (L.) All. 또한 카밀레 오일의 추출원이다. *Matricaria recutita*와 *Chamaemelum nobile*은 독일 카모마일과 로마 카밀레라고도 불리며 성상, 성분 및 임상응용면에서 유사하므로 약리학적 효과에 대해 더 많은 비교 연구가 이루어져야 한다.
직장에서의 스트레스와 긴장 등으로 인한 불면증은 현대인에게 커다란 문제이다. 카모마일은 마음을 편안하게 하고 편안함을 느끼며 불안을 해소하고 수면을 도와주며 모르핀 의존증 및 금단 증상의 발병을 억제하므로, 마약금단현상 및 의존성 치료를 위한 약제로 개발될 가능성이 있다. 카모마일은 시장에서 폭 넓은 전망을 가지며 현재 중국에서 광범위하게 재배되고 있다.

참고문헌

1. PC Schmidt, A Ness. Isolation and characterization of a matricin standard. Pharmazie. 1993, 48(2): 146-147
2. KV Sashidhara, RS Verma, P Ram. Essential oil composition of Matricaria recutita L. from the lower region of the Himalayas. Flavour and Fragrance Journal. 2006, 21(2): 274-276
3. O Motl, M Repcak, M Budesinsky, K Ubik. Further components of chamomile oil, part 3. Archiv der Pharmazie. 1983, 316(11): 908-912
4. H Schilcher, L Novotny, K Ubik, O Motl, V Herout. Structure elucidation of a third bisabololoxide from Matricaria chamomilla L. and a mass spectrometric comparison of bisabololoxides A, B, and C. Archiv der Pharmazie. 1976, 309(3): 189-196
5. B Tirillini, R Pagiotti, L Menghini, G Pintore. Essential oil composition of ligulate and tubular flowers and receptacle from wild Chamomilla recutita (L.) Rausch. grown in Italy. Journal of Essential Oil Research. 2006, 18(1): 42-45
6. Z Cekan, V Herout, F Sorm. Terpenes. LXII. Isolation and properties of prochamazulene from Matricaria chamomilla, a further compound of the guaianolide group. Collection of Czechoslovak Chemical Communications. 1954, 19: 798-804
7. BT Zhou, XZ Li. Study on the chemical constituents of Matricaria recutita. Journal of Human College of TCM. 2001, 21(1): 27-28
8. P Peneva, S Ivancheva, L Terzieva. Essential oil and flavonoids in the racemes of camomile (Matricaria recutita). Rastenievudni Nauki. 1989, 26(6): 25-33
9. H Kanamori, M Terauchi, J Fuse, I Sakamoto. Studies on the evaluation of Chamomillae Flos. (Part 2). Simultaneous and quantitative analysis of glycosides. Shoyakugaku Zasshi. 1993, 47(1): 34-38
10. J Exner, J Reichling, TCH Cole, H Becker. Methylated flavonoid aglycones from Matricariae Flos. Planta Medica. 1981, 41(2): 198-200
11. W Poethke, P Bulin. Flavone glycosides and coumarin derivatives. I. Phytochemical study of a newly cultured Matricaria chamomilla. Pharmazeutische Zentralhalle. 1969, 108(11): 733-747
12. A Ahmad, LN Misra. Isolation of herniarin and other constituents from Matricaria chamomilla flowers. International Journal of Pharmacognosy. 1997, 35(2): 121-125
13. AG Kotov, PP Khvorost, NF Komissarenko. coumarins from Matricaria recutita. Khimiya Prirodnykh Soedinenii. 1991, 6: 853
14. I Ganeva, C Chanev, T Denchev, Y Ganeva, C Chanev, T Dentchev. Triterpenoids and sterols from Matricaria chamomilla L. (Asteraceae). Farmatsiya. 2003, 50(1-2): 3-5
15. H Janecke, W Weisser. Polysaccharides from camomile flowers. V. Structure elucidation (general and physicochemical methods). Planta Medica. 1964, 12(4): 528-540
16. A Ness, JW Metzger, PC Schmidt. Isolation, identification and stability of 8-desacetylmatricine, a new degradation product of matricine. Pharmaceutica Acta Helvetiae. 1996, 71(4): 265-271
17. LZ Padula, RVD Rondina, JD Coussio. Quantitative determination of essential oil, total azulenes and chamazulene in German chamomile (Matricaria chamomilla) cultivated in Argentina. Planta Medica. 1976, 30(3): 273-280
18. R Avallone, P Zanoli, L Corsi, G Cannazza, M Baraldi. Benzodiazepine-like compounds and GABA in flower heads of Matricaria chamomilla. Phytotherapy Research. 1996, 10(Suppl. 1): 177-179
19. H Viola, C Wasowski, M Levi de Stein, C Wolfman, R Silveira, F Dajas, JH Medina, AC Paladini. Apigenin, a component of Matricaria recutita flowers, is a central benzodiazepine receptors-ligand with anxiolytic effects. Planta Medica. 1995, 61(3): 213-216
20. B Hempel, R Hirschelmann. Chamomilla. Inflammation inhibiting effects of the contents and formulations in vivo. Deutsche Apotheker Zeitung. 1998, 138(44): 4237-4238, 4240, 4242
21. V Jakovlev, O Isaac, E Flaskamp. Pharmacological studies on constituents of chamomile. VI. Studies on the antiphlogistic effects of chamazulene and matricine. Planta Medica. 1983, 49(2): 67-73
22. R Della Loggia, A Tubaro, P Dri, C Zilli, P Del Negro. The role of flavonoids in the anti-inflammatory activity of Chamomilla recutita. Progress in Clinical and Biological Research. 1986, 213: 481-484
23. U Achterrath-Tuckermann, R Kunde, E Flaskamp, O Isaac, K Thiemer. Pharmacological studies on the constituents of chamomile. V. Studies on the spasmolytic effect of constituents of chamomile and Kamillosan on the isolated guinea pig ileum. Planta Medica. 1980, 39(1): 38-50
24. I Szelenyi, O Isaac, K Thiemer. Pharmacological experiments with components of chamomile. III. Experimental animal studies of the ulcerprotective effect of chamomile. Planta Medica. 1979, 35(2): 218-227
25. SA Chetvernya, NE Preobrazhenskaya. Comparative investigation of the anti-microbial activity of essential oils of two species of Chamomilla. Farmatsevtichnii Zhurnal. 1986, 6: 56-59

26. A Trovato, MT Monforte, AM Forestieri, F Pizzimenti. In vitro anti-mycotic activity of some medicinal plants containing flavonoids. Bollettino Chimico Farmaceutico. 2000, 139(5): 225-227

27. Y Kobayashi, Y Nakano, K Inayama, A Sakai, T Kamiya. Dietary intake of the flower extracts of German chamomile (Matricaria recutita L.) inhibited compound 48/80-induced itch-scratch responses in mice. Phytomedicine. 2003, 10(8): 657-664

28. Y Kobayashi, R Takahashi, F Ogino. Anti-pruritic effect of the single oral administration of German chamomile flower extract and its combined effect with anti-allergic agents in ddY mice. Journal of Ethnopharmacology. 2005, 101(1-3): 308-312

29. BS Uteshev, IL Laskova, VA Afanas'ev. Immunomodulating activity of heteropolysaccharides of Matricaria chamomilla L. upon air and immersion cooling. Eksperimental'naya i Klinicheskaya Farmakologiya. 1999, 62(6): 52-55

30. M Ganzera, P Schneider, H Stuppner. Inhibitory effects of the essential oil of chamomile (Matricaria recutita L.) and its major constituents on human cytochrome P450 enzymes. Life Sciences. 2006, 78(8): 856-861

31. A Gomaa, T Hashem, M Mohamed, E Ashry. Matricaria chamomilla extract inhibits both development of morphine dependence and expression of abstinence syndrome in rats. Journal of Pharmacological Sciences. 2003, 92(1): 50-55

32. S Asgary, GA Naderi, N Bashardoost, Z Etminan. Anti-oxidant effect of the essential oil and extract of Matricaria chamomilla L. on isolated rat hepatocytes. Faslnamah-i Giyahan-i Daruyi. 2002, 1(1): 71-79

33. D Mares, C Romagnoli, A Bruni. Antidermatophytic activity of herniarin in preparations of Chamomilla recutita (L.) Rauschert. Plantes Medicinales et Phytotherapie. 1993, 26(2): 91-100

티트리 互生葉白千層 EP, BP

Melaleuca alternifolia (Maiden et Betch) Cheel

Tea Tree

개 요

도금양과(Myrtaceae)

티트리(互生葉白千層, *Melaleuca alternifolia* (Maiden et Betch) Cheel)의 잎과 끝가지를 수증기 증류하여 얻은 정유: 차수유(茶樹油)

티트리속(*Melaleuca*) 식물은 전 세계에 약 100종이 있으며 호주와 뉴질랜드에 분포하고 지금은 전 세계적으로 재배되고 있다. 그 가운데 2종이 중국에서 재배되고 1종이 약으로 사용된다. 티트리는 호주에 널리 분포한다.

티트리 오일은 1820년대 중반에 수술과 구강치료에 사용되기 시작했으며 제2차 세계 대전 중 군수품 공장에서 개방창(開放創)을 치료하는 데 사용되었다[1]. 최근 몇 년 동안 티트리 오일은 다양한 일상 화학제품에 첨가물로 상용되고 있다. 이 종은 티트리오일(Melaleucae Aetheroleum)의 공식적인 기원식물 가운데 하나로 유럽약전(5판) 및 영국약전(2002)에 등재되어 있다. 이 약재는 주로 호주 뉴사우스웨일즈에서 생산된다[2].

티트리는 정유와 트리테르페노이드를 함유하고 있다. 테르피넨-4-올은 주요 성분 중 하나이다. 유럽약전 및 영국약전은 α-피넨 함량이 1.0-6.0%, 사비넨은 3.5% 이하, α-테르피넨은 5.0-13%, 리모넨은 0.50-4.0%, 시네올 γ-테르피넨은 10-28%, p-시멘은 0.50-12%, 테르피놀렌은 1.5-5.0%, 테르피넨-4-올은 30% 이상, 아로마덴드렌 티트리오일의 품질관리를 위해 가스크로마토그래피로 시험할 때 7.0% 이하이어야 하고, α-테르피네올은 1.5-8.0%이어야 한다고 규정하고 있다.

약리학적 연구에 따르면 티트리 오일에는 항균성, 항염증성, 살균성, 반자극성, 항산화성 및 항종양 효과가 있음이 나타난다.

민간요법에 의하면 티트리 오일은 소독 효과가 있으며 호흡기관과 피부의 상태를 호전시킨다.

티트리 互生葉白千層 *Melaleuca alternifolia* (Maiden et Betch) Cheel

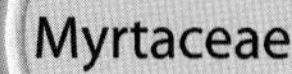

티트리 互生葉白千層 EP, BP

함유성분

나뭇잎과 끝가지에는 정유 성분으로(±)-terpinen-4-ol, cineole, α-terpinene, γ-terpinene[3], p-cymene, α-pinene, sabinene, limonene, terpinolene, aromadendrene, α-terpineol, piperitone, α-phellandrene, γ-gurjunene, γ-maaliene, δ-cadinene, myrcene[4], 오환성의 트리테르펜 성분으로 arjunolic acid, betulinic acid, betuline, melaleucic acid, 3β-O-acetylurs-12-en-28-oic acid가 함유되어 있고, 또한 3,3'-O-dimethylellagic acid[5]가 함유되어 있다.

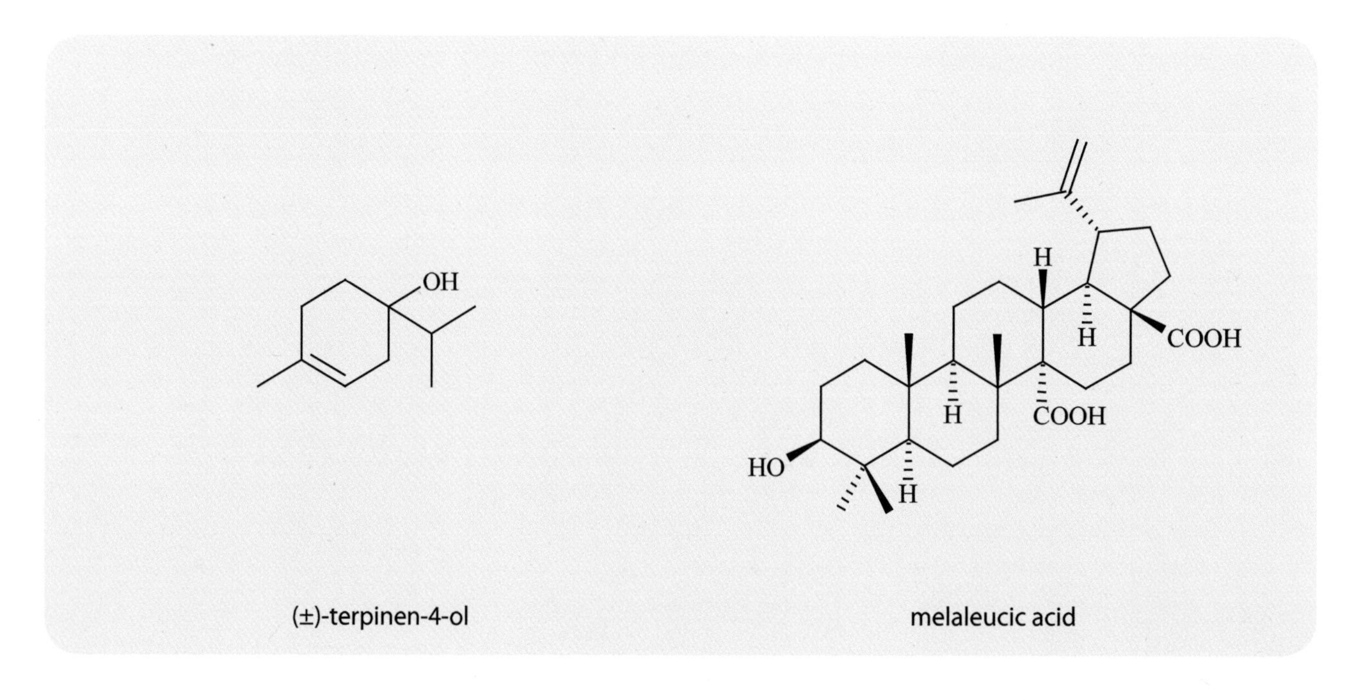

약리작용

1. 항균제

   *in vitro*에서 티트리 오일이 고초균, 황색포도상구균, 대장균, 녹농균, 칸디다성 질염, 플루코나졸 저항성 칸디다성 질염, 흑국균, 양조효모균, 박테리아[9], 피부사상균 및 기타 사상균[10]과 마이코플라스마[11]를 억제하는 것으로 나타났다. 주성분은 테르피넨-4-올이었다[12]. 티트리 오일은 막 속성을 변경하고 막 관련 기능을 손상시킴으로써 항균 작용을 나타낸다[3].

2. 항염증 작용

   *in vitro*에서 티트리 오일의 수용성 성분이 인간 단구(PBMCs)와 염증 매개체[13-14]에 의한 과산화물 생성을 억제함을 보였다. 또한 항염증성 사이토카인을 분비할 수 있는 능력에 영향을 미치지 않으면서 염증 세포의 증식을 감소시켰으며, 주성분은 테르피넨-4-올이었다[14]. 자원 봉사자의 피부에 티트리 오일을 국소적으로 도포한 결과 히스타민 유도된 부종과 발적을 유의하게 억제했다.

3. 살충작용

   in vitro 및 *in situ* 실험을 통해 티트리 오일은 진드기의 생존 시간을 현저하게 감소시켜 개진드기의 애벌레를 억제한다는 것을 보였으며, 주성분은 테르피넨-4-올이었다[17].

4. 항종양

   티트리 오일은 인간 간세포 암종 HepG2, 인간 자궁경부암종 HeLa, 인간 림프성 백혈병 MOLT-4, 인간 만성 골수성 백혈병 K562, 인간 골수성 백혈병 CTVR-1, 인간 흑색종 M14WT 및 독소루비신 내성 M_{14} 세포를 비롯한 각종 세포주에 대해 세포독성을 나타냈다[19-20].

5. 진해작용

   티트리 오일과 테르피넨-4-올을 경구 투여하면 기니피그에서 캅사이신 유발 기침을 유의하게 억제했고, 세로토닌 계통 조절에 의한 효과를 나타냈다.

6. 기타
티트리 오일은 단순 헤르페스 바이러스 1형 복제를 억제하고[22], 항산화 효과를 나타내며[23], 소의 적혈구 아세틸콜린 에스테라제 활성을 저해하고[24], 면역조절 효과를 나타낸다[25].

용도

1. 부비강염, 편도선염, 인후염
2. 대장염
3. 구강 궤양, 치은염, 피부 감염, 조갑백선, 화상, 곤충자상

해설

티트리와 같은 속에 속하는 *Melaleuca linariifolia* Smith, *M. dissitiflora* F. Mueller와 다른 식물들도 티트리 오일의 공식적인 기원식물 내원종으로 유럽약전과 영국약전에 등재되어 있다.
16세기 후반에 유럽인들은 호주에 와서 비타민을 보충하기 위해 티트리의 잎을 차로 마신 다음 "티 트리"라는 이름을 짓게 되었다. 20세기 초반에야 사람들이 비로소 기적적인 항균제를 발견하게 되었다. 티트리 오일에는 항염증 효과가 있으며, 여드름으로 인한 홍반과 부기를 현저히 줄일 수 있어서 여드름 치료에 특히 널리 사용되었다. 산화된 오일은 피부염을 일으킬 수 있으므로 티트리 오일의 저장에 특별히 주의를 기울여야 한다.

참고문헌

1. Facts and Comparisons (Firm). The Review of Natural Products (3rd edition). Missouri: Facts and Comparisons. 2000: 707-708
2. A Chevallier. Encyclopedia of Herbal Medicine. New York: Dorling Kindersley. 2000: 114
3. KA Hammer, CF Carson, TV Riley. Anti-fungal effects of Melaleuca alternifolia (tea tree) oil and its components on Candida albicans, Candida glabrata and Saccharomyces cerevisiae. Journal of Anti-microbial Chemotherapy. 2004, 53(6): 1081-1085
4. F Caldefie-Chezet, M Guerry, JC Chalchat, C Fusillier, MP Vasson, J Guillot. Anti-inflammatory effects of Melaleuca alternifolia essential oil on human polymorphonuclear neutrophils and monocytes. Free Radical Research. 2004, 38(8): 805-811
5. TR Vieira, LCA Barbosa, CRA Maltha, VF Paula, EA Nascimento. Chemical constituents from Melaleuca alternifolia (Myrtaceae). Quimica Nova. 2004, 27(4): 536-539
6. L Ferrarese, A Uccello, F Zani, A Ghirardini. Properties of Melaleuca alternifolia Cheel: anti-microbial activity and phytocosmetic application. Cosmetic News. 2006, 29(166): 16-20
7. A Ergin, S Arikan. Comparison of microdilution and disc diffusion methods in assessing the in vitro activity of fluconazole and Melaleuca alternifolia (tea tree) oil against vaginal Candida isolates. Journal of Chemotherapy. 2002, 14(5): 465-472
8. D Peciulyte. Effect of tea tree essential oil on microorganisms. A comparative study of tea tree oil anti-microbial effects. Biologija. 2004, 3: 37-42
9. KA Hammer, L Dry, M Johnson, EM Michalak, CF Carson, TV Riley. Susceptibility of oral bacteria to Melaleuca alternifolia (tea tree) oil in vitro. Oral Microbiology and Immunology. 2003, 18(6): 389-392
10. KA Hammer, CF Carson, TV Riley. In vitro activity of Melaleuca alternifolia (tea tree) oil against dermatophytes and other filamentous fungi. Journal of Anti-microbial Chemotherapy. 2002, 50(2): 195-199
11. MF Pio, P Donatella, S Antonella, M Andrena, B Giuseppe. In vitro anti-mycoplasmal activity of Melaleuca alternifolia essential oil. Journal of Antimicrobial Chemotherapy. 2006, 58(3): 706-707
12. B Oliva, E Piccirilli, T Ceddia, E Pontieri, P Aureli, AM Ferrini. Antimycotic activity of Melaleuca alternifolia essential oil and its major components. Letters in Applied Microbiology. 2003, 37(2): 185-187
13. C Brand, A Ferrante, RH Prager, TV Riley, CF Carson, JJ Finlay-Jones, PH Hart. The water-soluble components of the essential oil of Melaleuca alternifolia (tea tree oil) suppress the production of superoxide by human monocytes, but not neutrophils, activated in vitro. Inflammation Research. 2001, 50(4): 213-219
14. PH Hart, C Brand, CF Carson, TV Riley, RH Prager, JJ Finlay-Jones. Terpinen-4-ol, the main component of the essential oil of Melaleuca alternifolia (tea tree oil), suppresses inflammatory mediator production by activated human monocytes. Inflammation Research. 2000, 49(11): 619-626

15. F Caldefie-Chezet, C Fusillier, T Jarde, H Laroye, M Damez, MP Vasson, J Guillot. Potential anti-inflammatory effects of Melaleuca alternifolia essential oil on human peripheral blood leukocytes. Phytotherapy Research. 2006, 20(5): 364-370

16. KJ Koh, AL Pearce, G Marshman, JJ Finlay-Jones, PH Hart. Tea tree oil reduces histamine-induced skin inflammation. British Journal of Dermatology. 2002, 147(6): 1212-1217

17. SF Walton, M McKinnon, S Pizzutto, A Dougall, E Williams, BJ Currie. Acaricidal activity of Melaleuca alternifolia (tea tree) oil: in vitro sensitivity of Sarcoptes scabiei var. hominis to terpinen-4-ol. Archives of Dermatology. 2004, 140(5): 563-566

18. A Iori, D Grazioli, E Gentile, G Marano, G Salvatore. Acaricidal properties of the essential oil of Melaleuca alternifolia Cheel (tea tree oil) against nymphs of Ixodes ricinus. Veterinary Parasitology. 2005, 129(1-2): 173-176

19. AJ Hayes, DN Leach, JL Markham, B Markovic. In vitro cytotoxicity of Australian tea tree oil using human cell lines. Journal of Essential Oil Research. 1997, 9(5): 575-582

20. A Calcabrini, A Stringaro, L Toccacieli, S Meschini, M Marra, M Colone, G Salvatore, F Mondello, G Arancia, A Molinari. Terpinen-4-ol, the main component of Melaleuca alternifolia (tea tree) oil inhibits the in vitro growth of human melanoma cells. Journal of Investigative Dermatology. 2004, 122(2): 349-360

21. A Saitoh, K Morita, K Ueno, Y Yamaki, T Takizawa, T Tokunaga, J Kamei. Effects of rosemary, plantago, and tea tree oil on the capsaicin-induced coughs in guinea pigs. Nippon Nogei Kagaku Kaishi. 2003, 77(12): 1242-1245

22. M Minami, M Kita, T Nakaya, T Yamamoto, H Kuriyama, J Imanishi. The inhibitory effect of essential oils on herpes simplex virus type-1 replication in vitro. Microbiology and Immunology. 2003, 47(9): 681-684

23. HJ Kim, F Chen, CQ Wu, X Wang, HY Chung, ZY Jin. Evaluation of anti-oxidant activity of Australian tea tree (Melaleuca alternifolia) oil and its components. Journal of Agricultural and Food Chemistry. 2004, 52(10): 2849-2854

24. M Miyazawa, C Yamafuji. Inhibition of acetylcholinesterase activity by tea tree oil and constituent terpenoids. Flavour and Fragrance Journal. 2005, 20(6): 617-620

25. M Golab, O Burdzenia, P Majewski, K Skwarlo-Sonta. Tea tree oil inhalations modify immunity in mice. Journal of Applied Biomedicine. 2005, 3(2): 101-108

26. KA Hammer, CF Carson, TV Riley, JB Nielsen. A review of the toxicity of Melaleuca alternifolia (tea tree) oil. Food and Chemical Toxicology. 2006, 44(5): 616-625

27. T M Fritz, G Burg, M Krasovec. Allergic contact dermatitis to cosmetics containing Melaleuca alternifolia (tea tree oil). Annales de Dermatologie et de Venereologie. 2001, 128(2): 123-126

풀전동싸리 草木犀 EP, BHP, GCEM

Leguminosae

Melilotus officinalis (L.) Pall.

Sweet Clover

개 요

콩과(Leguminosae)

풀전동싸리(草木犀, *Melilotus officinalis* (L.) Pall.)의 꽃이 핀 지상부를 말린 것: 황영릉향(黃零陵香)

중약명: 황영릉향(黃零陵香)

전동싸리속(*Melilotus*) 식물은 전 세계에 약 20종이 있으며 지중해, 동유럽 및 아시아에 분포한다. 그 가운데 4종과 1아종이 중국에서 발견되며, 모두 약으로 사용된다. 풀전동싸리는 유럽의 야생에서 잡초로 발견되며 유럽, 중동, 아프리카의 지중해 동부 해안에 분포한다. 중앙아시아 및 동부 아시아, 그리고 중국 동북부, 남부 및 남서부 지역에 분포한다.

풀전동싸리는 고대 그리스에서 체내 독소를 제거하고 염증을 완화시키는 데 사용되기 시작했다[1]. 이 종은 풀전동싸리(Meliloti Officinalis Herba)의 공식적인 기원식물 내원종으로 유럽약전(5개정판) 및 영국생약전(1996)에 등재되어 있다. 이 약재는 주로 중국을 포함한 아시아 뿐만 아니라 동유럽에서도 생산된다.

지상부에는 쿠마린, 플라보노이드 및 트리테르페노이드 사포닌이 함유되어 있다. 쿠마린이 주요 성분이다. 유럽약전은 의약 물질의 품질관리를 위해 고속액체크로마토그래피법으로 시험할 때 쿠마린의 함량이 0.30% 이상이어야 하며, 유럽생약전은 수용성 추출물의 함량이 25% 이상이어야 한다고 규정하고 있다.

약리학적 연구에 따르면 풀전동싸리는 항염증성, 항경련성 및 항종양 효과를 나타내며 혈액 순환을 개선하고 중추신경계를 보호한다.

민간요법에 의하면 풀전동싸리는 정맥을 보호하고 상처 치유를 촉진한다. 한의학에서 황영릉향(黃零陵香)은 지해평천(止咳平喘), 산결지통(散結止痛)의 효능에 사용한다.

풀전동싸리 草木犀 *Melilotus officinalis* (L.) Pall.

풀전동싸리 草木犀 EP, BHP, GCEM

황영릉향 黃零陵香 Meliloti Officinalis Herba

함유성분

지상부에는 쿠마린 성분으로 디하이드로쿠마린[2], 쿠마린[3], scopoletin, umbelliferone, herniarin, 4-oxycoumarin[4]이 함유되어 있고, 페놀산 성분으로 melilotic acid, o-coumaric acid[3], 클로로겐산, 카페인산, ellagic acid, 페룰산[4], salicylic acid, p-hydroxybenzoic acid, p-hydroxyphenylacetic acid, vanillic acid, gentisic acid, protocatechuic acid, 시링산, p-hydroxyphenyllactic acid, gallic acid, sinapic acid[5], 플라보노이드 성분으로 quercetin, rutin, robinin, hyperoside, luteolin, hesperidin, vitexin[4], cloven[6], kaempferol[7], 트리테르페노이드 성분으로 soyasapogenols B, E[7], melilotigenin[8], 트리테르페노이드 사포닌 성분으로 azukisaponins II, V[6, 9], soyasaponin I, astragaloside VIII, wistariasaponin D, melilotus-saponin O_2[10], 휘발성 성분으로 menthol, anethol, estragol[11]이 함유되어 있다.
뿌리에는 트리테르페노이드 사포닌 성분으로 melilotus-saponin O_1, soyasaponin I[12]가 함유되어 있다.

약리작용

1. 항염증 작용

풀전동싸리 추출물(0.25% 쿠마린 함유)은 토끼의 테레빈유에 의해 유발된 급성 염증에 대한 억제효과를 나타냈다. 이것은 순환하는 식세포의 활성화를 감소시키고 혈청 시트룰린을 감소시키는 것으로 나타났다. 쿠마린을 복강 내 투여하면 카올린에 의한 관절염, 열에 의한 부종, 임파선 부종 및 카라기닌과 난백 알부민에 의한 부종에 대한 항염증 작용을 일으켰다. 토끼 뒤쪽의 피부에 허브 추출물 연고(쿠마린 함유)를 국소적으로 도포하면 포름알데히드와 프로필렌글리콜에 의한 모세 혈관 투과성이 증가하지 않는다. 추출물을 피하 주사하면 또한 포름알데히드에 의한 족척부종을 감소시킨다. 풀전동싸리에서 분리된 아주키사포닌 V는 백혈구 이동 억제 활성을 보였다[6, 9].

2. 중추신경계에 미치는 영향

(1) 무조건반사의 회복

무조건반사 작용은 실험적 임파선 성 뇌증, 판토텐산-피리독신 결핍증 또는 비타민 B_6 결핍증으로 고통받는 진정제로 치료받은 마우스에서 손상되었다. 풀전동싸리에서 쿠마린을 근육 내 투여하면 정상적인 무조건반사 활동을 회복시키는 데 현저한 치료 작용을 나타냈다[16-17].

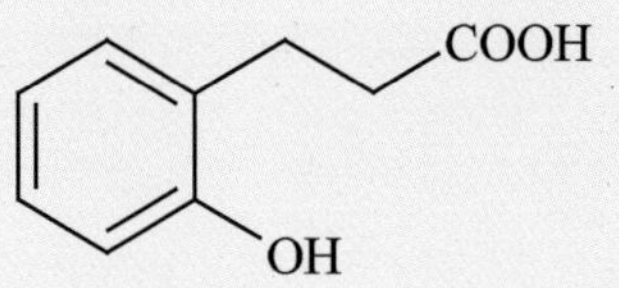

melilotic acid

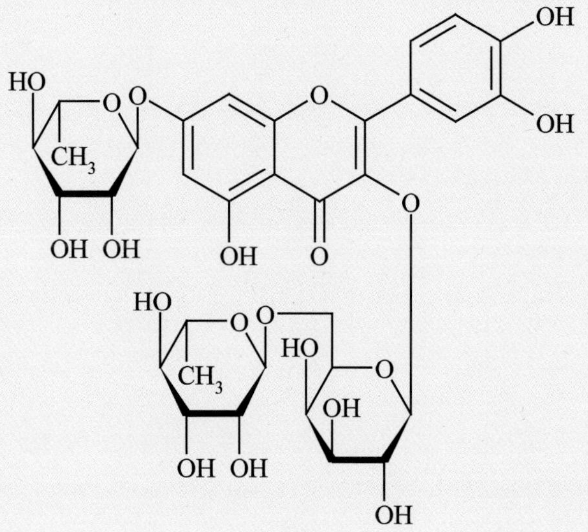

clovin

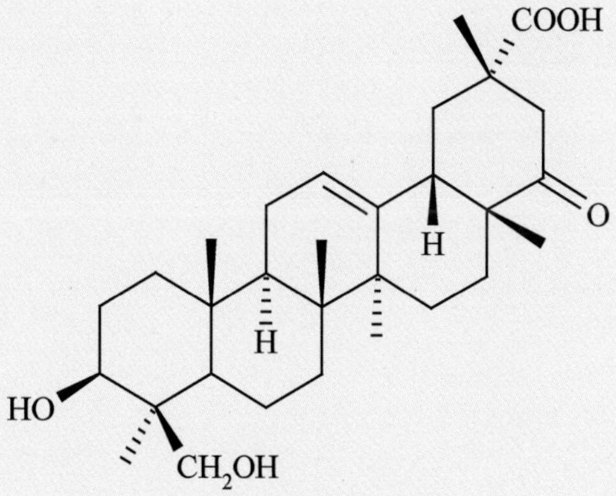

melilotigenin

(2) 조건반사의 회복

조건반사는 피하로 클로르프로마진을 주사한 랫드 또는 실험적 임파선성 뇌증 모델 랫드에서 손상됐다. 풀전동싸리의 쿠마린은 중추신경계를 조절 반사 특성의 감소로부터 보호하고 정상적인 조건반사 활동을 회복시켰다[18-19].

(3) 항경련

풀전동싸리의 쿠마린은 중추신경계의 경련 경계에 영향을 미치고 마우스와 기니피그에서 이소나이아지드와 펜틸렌테트라졸의 경련 효과를 상쇄시켰다.

3. 혈관계에 미치는 영향

개에 주입된 쿠마린과 디하이드로쿠마린은 동맥 수축기 압력, 심장 최소 압력 및 심장 최소 체적을 증가시켰으며, 모세혈관 순환을 개선시키고 심근 허혈에 대한 보호효과를 나타냈다. 쿠마린이 더 강한 효과를 나타냈다.

4. 평활근에 미치는 영향

추출물은 적출 소 장간막 림프성 종양의 평활근의 브래디키닌 유도 및 자발적 수축을 억제했다. 쿠마린은 기니피그가 적출된 림프혈관에 명확한 근시성 효과를 나타냈다. 또한 림프관의 음색과 혈관 크기를 증가시키고 림프 혈관의 리듬을 회복시켰다.

5. 기타

풀전동싸리는 유방암 억제효과를 나타냈으며, 여성호르몬 유사작용[25], 면역조절작용, 항빈혈 및 자양강장 작용과 또한 시르투인의 탈아세틸화를 억제했다[2].

풀전동싸리 草木犀 EP, BHP, GCEM

용도

1. 정맥 기능 부전, 혈전 정맥염, 혈전 후 증후군
2. 림프 울혈
3. 타박상, 염좌
4. 기관지염, 천식

해설

Melilotus altissimus Thuillier는 황영릉향의 기원식물로 독일연방위원회 E Monographs에 등재되어 있다. *M. altissimus*의 화학적 조성과 약리 작용에 관한 연구는 거의 없어서 추가의 연구가 필요하다. 의약용도 이외에, 풀전동싸리는 일반적인 목초지 잡초이다. *M. alba* Medic. ex Desr.와 *M. dentata* (Waldst. et Kit.) Pers.와 같은 속 식물로 모두 단백질이 풍부하여 이들은 목초지와 사료로 택하기 좋다. 콩과 식물의 강력한 질소 고정 능력으로 인해 토질개선에 기여한다.
풀전동싸리는 종종 야생에서 자란다. 썩은 풀전동싸리는 독성이 있기 때문에 신선한 상태로 사용하거나 수집 직후에 건조시켜야 한다.

참고문헌

1. B Deni. Encyclopedia of Herbs & Their Uses. New York, USA: Dorling Kindersley. 1995: 157
2. AJ Olaharski, J Rine, BL Marshall, J Babiarz, LP Zhang, E Verdin, MT Smith. The flavoring agent dihydrocoumarin reverses epigenetic silencing and inhibits sirtuin deacetylases. PLoS Genetics. 2005, 1(6): 689-694
3. D Ehlers, S Platte, WR Bork, D Gerard, KW Quirin. HPLC-analysis of sweat clover extracts. Deutsche Lebensmittel-Rundschau. 1997, 93(3): 77-79
4. VN Bubenchikova, IL Drozdova. HPLC analysis of phenolic compounds in yellow sweet-clover. Pharmaceutical Chemistry Journal. 2004, 38(4): 195-196
5. E Dombrowicz, L Swiatek, R Guryn, R Zadernowski. Phenolic acids in herb Melilotus officinalis. Pharmazie. 1991, 46(2): 156-157
6. SS Kang, YS Lee, EB Lee. Saponins and flavonoid glycosides from yellow sweetclover. Archives of Pharmacal Research. 1988, 11(3): 197-202
7. SS Kang, CH Lim, SY Lee. Soyasapogenols B and E from Melilotus officinalis. Archives of Pharmacal Research. 1987, 10(1): 9-13
8. SS Kang, WS Woo. Melilotigenin, a new sapogenin from Melilotus officinalis. Journal of Natural Products. 1988, 51(2): 335-338
9. SS Kang, YS Lee, EB Lee. Isolation of azukisaponin V possessing leucocyte migration inhibitory activity from Melilotus officinalis. Saengyak Hakhoechi. 1987, 18(2): 89-93
10. T Hirakawa, M Okawa, J Kinjo, T Nohara. Studies on leguminous plants. Part 63. A new oleanene glucuronide obtained from the aerial parts of Melilotus officinalis. Chemical & Pharmaceutical Bulletin. 2000, 48(2): 286-287
11. M Woerner, P Schreier. Volatile constituents of sweet clover (Melilotus officinalis). Zeitschrift fuer Lebensmittel-Untersuchung und-Forschung. 1990, 190(5): 425-428
12. M Udayama, J Kinjo, N Yoshida, T Nohara. Leguminous plants. 58. A new oleanene glucuronide having a branched-chain sugar from Melilotus officinalis. Chemical & Pharmaceutical Bulletin. 1998, 46(3): 526-527
13. L Plesca-Manea, AE Parvu, M Parvu, M Taamas, R Buia, M Puia. Effects of Melilotus officinalis on acute inflammation. Phytotherapy Research. 2002, 16(4): 316-319
14. E Foldi-Borcsok, FK Bedall, VW Rahlfs, I Hoerner, L Woelke, R Krueger. Antiinflammatory and antiedema effects of coumarin from Melilotus officinalis. Arzneimittel-Forschung. 1971, 21(12): 2025-2030
15. Y Shimomura, S Takaori, K Shimamoto. Effects of melilot extract on the increased capillary permeability and edema caused by phlogistic agents in the rabbit and rat. Acta Scholae Medicinalis Universitatis in Kioto. 1966, 39(3): 170-179
16. M Foldi, OT Zoltan. Unconditioned reflex activity in experimental lymphostatic encephalopathy and the therapeutic action of coumarin from Melilotus officinalis on it. Arzneimittel-Forschung. 1970, 20(11a): 1623-1624
17. M Foldi, OT Zoltan. Effect of pantothenic acid-pyridoxine deficiency in the rat on unconditioned reflex activity and the effect of coumarin from Melilotus officinalis on it. Arzneimittel-Forschung. 1970, 20(11a): 1624

18. M Foldi, OT Zoltan. Effect of chlorpromazine on conditioned reflexes and antagonistic activity of coumarin from Melilotus officinalis. Arzneimittel-Forschung. 1970, 20(11a): 1619-1620
19. OT Zoltan, M Foldi. Conditioned reflexes in experimental lymphogenic encephalopathy and their therapeutic modification by coumarin from Melilotus officinalis. Arzneimittel-Forschung. 1970, 20(3): 415-416
20. OT Zoltan, M Foldi. Effect of coumarin from Melilotus officinalis on the convulsion threshold of the central nervous system of rats and guinea pigs Arzneimittel-Forschung. 1970, 20(11a): 1625
21. AGB Kovach, J Hamar, E Dora, I Marton, G Kunos, E Kun. Effect of coumarin from Melilotus officinalis on circulation in the dog. Arzneimittel-Forschung. 1970, 20(11a): 1630-1633
22. T Ohhashi, N Watanabe, A Ohhira. Effects of Melilotus extract on the spontaneous activity and basal tonicity of smooth muscle of isolated bovine mesenteric lymphatics. Rinpagaku. 1986, 9(1): 113-118
23. H Mislin. Effect of coumarin from Melilotus officinalis on the function of the lymphangion. Arzneimittel-Forschung. 1971, 21(6): 852-853
24. G Pastura, M Mesiti, M Saitta, D Romeo, N Settineri, R Maisano, M Petix, A Giudice. Lymphedema of the upper extremity in patients operated for carcinoma of the breast: clinical experience with coumarinic extract from Melilotus officinalis. La Clinica terapeutica. 1999, 150(6): 403-408
25. PJS Pieterse, FN Andrews. The estrogenic activity of alfalfa and other feedstuffs. Journal of Animal Science. 1956, 15: 25-36
26. AA Podkolzin, VA Dontsov, IA Sychev, GY Kobeleva, ON Kharchenko. Immunocorrecting, antianemic and adaptogenic action of polysaccharides from Melilotus officinalis D. Byulleten Eksperimental'noi Biologii i Meditsiny. 1996, 121(6): 661-663
27. A Chevallier. Encyclopedia of Herbal Medicine. New York: Dorling Kindersley. 2000: 233

레몬밤 香蜂花 EP, BP, BHP, GCEM

Melissa officinalis L.

Lemon Balm

개 요

꿀풀과(Labiatae)

레몬밤(香蜂花, *Melissa officinalis* L.)의 잎을 말린 것: 향봉화엽(香蜂花葉)

중약명: 향봉화엽(香蜂花葉)

레몬밤속(*Melissa*) 식물은 전 세계에 약 4종이 있으며 대서양 연안의 유럽과 아시아 남부의 인도네시아에 분포한다. 중국에서 4종이 발견되며 이 종은 중국 남서부 지역에 도입되어 재배되고 있다. 이 속에서 1종만이 약으로 사용된다. 레몬밤은 러시아와 이란, 지중해 연안과 대서양 연안에 있으며, 유럽과 중국에서 널리 재배되고 있다.

레몬밤은 100년경에 그리스의 내과의사이자 식물학자인 디오스코리데스가 쓴 드 마테리아 메디카(De Materia Medica)에서 약으로 처음 기록되었고 플리니우스의 저술에 의하면 레몬밤 틴크로 상처뿐만 아니라 유독한 자상과 교상치료에 사용되었다고 전해진다. 이 종은 멜리사엽(Melissae Folium)의 공식적인 기원식물 내원종으로 유럽약전(5개정판) 및 영국약전(2002)에 등재되어 있다. 이 약재는 주로 불가리아, 루마니아, 스페인 등 유럽에서 생산된다.

잎은 주로 페놀산, 정유 및 플라보노이드 성분을 함유하며 페놀산과 정유는 활성성분이다. 유럽약전 및 영국약전에서는 의약 물질의 품질관리를 위해 자외선분광광도법으로 시험할 때 로즈마린산으로 계산한 히드록시신남산 유도체의 함량이 4.0% 이상이어야 한다고 규정하고 있다.

약리학적인 연구에 따르면 레몬밤에는 평활근 이완, 항박테리아 및 항불안 효과가 있다. 민간요법에 의하면 멜리사엽은 진정작용, 항바이러스작용 및 건위작용을 가진다.

레몬밤 香蜂花 *Melissa officinalis* L.

함유성분

잎에는 페놀산 성분으로 로즈마린산, protocatechuic acid, 카페인산[1], 클로로겐산[2], carnosic acid[3], gentisic acid, vanillic acid, 시링산[4], 플라보노이드 성분으로 luteolin-7-glucoside, rhamnazin[1], isoquercitrin, apigenin-7-O-glucoside, rhamnocitrin[5], cosmosiin, cynaroside, luteolin[6], kaempferol[2], luteolin-3'O-βD-glucuropyranoside[7], luteolin-7-O-βD-glucuropyranoside, luteolin-7-O-βD-glucopyranoside-3'O-βDglucuropyranoside[8], 트리테르페노이드 성분으로 ursolic acid, oleanolic acid[3], 정유 성분으로 geranial, neral, citronellal, germacrene D, caryophyllene, menthone[9], estragol, 4-terpineol, anethol[10], 페닐프로파노이드 배당체 성분으로 eugenylglucoside[11]가 함유되어 있다. 또한 1,3-benzodioxole[12]이 함유되어 있다.
지상부에는 페놀산 성분으로 melitric acids A, B[13]가 함유되어 있다.

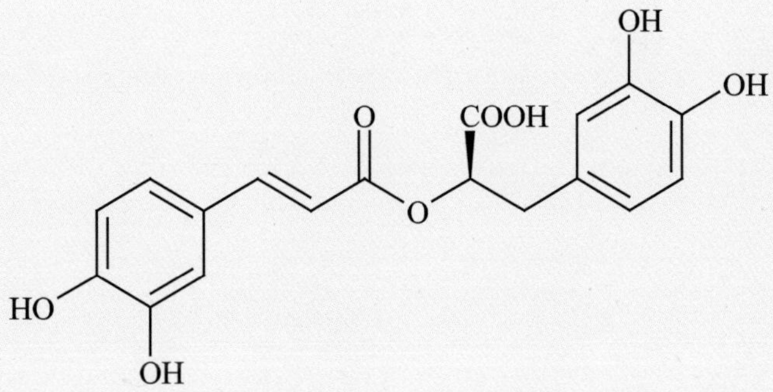

rosmarinic acid

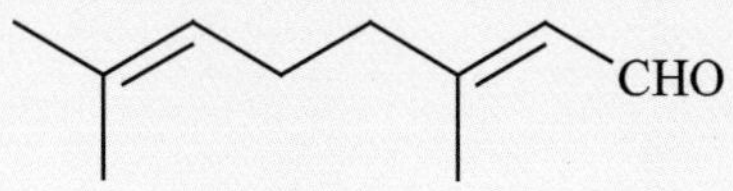

geranial

약리작용

1. 콜린성 수용체에 대한 효과
   *in vitro*에서 레몬밤 추출물(MOE)이 인간의 기분 및 인지 능력을 조절함을 보였으며, 높은 용량은 낮은 용량보다 더 긴 지속 시간을 나타냈다. 이 추출물은 인간 대뇌 피질 조직의 니코틴성과 무스카린성 수용체를 각각 0.18 및 3.47mg/ml의 IC_{50} 값을 갖는 [(3)H]-(N)-니코틴과 [(3)H](N)-스코폴라민으로 대체시켰다[14-15].

2. 항우울 작용
   랫드의 십자형 높은 미로실험에서 로즈마린산을 복강 내 투여하면 벌린 팔의 출입을 증가시켜 항 불안과 같은 활성을 나타냈다[16]. 실험실에서 유발된 심리적 스트레스 실험에서, 인간에게 추출물을 경구 투여하면 부정적인 기분 영향을 완화시키고, 평온함의 자체 등급을 높이고, 주의력의 자기 등급을 감소시켰다. 이러한 결과는 레몬밤이 감정적인 스트레스를 완화시킬 수 있음을 시사한다[17]. 임상적으로 중요한 불안증 환자의 경우 레몬밤 정유를 투여하면 불안을 개선하고 삶의 질 지표를 크게 향상시켰다[18].

3. 항산화 작용
   *in vitro*에서 레몬밤 정유는 강력한 유리기 소거능을 나타내었고 2,2-디페닐-피크릴하이드라질(DPPH) 라디칼 형성과 OH 라디칼

생성을 감소시켰으며, 또한 지질과산화를 억제했다[9].

4. 진경 작용
레몬밤 에센셜 오일과 그 주성분인 시트랄은 약 20ng/mL의 IC_{50} 값을 갖는 랫드 적출 장관의 KCl-, ACh- 및 5-HT로 유도된 수축에서 이완 효과를 나타냈다[19].

5. 진통 및 진정 작용
레몬밤의 동결 건조된 수성알코올성 추출물은 말초 진통작용을 일으키고 초산신전반응을 감소시켰으며 또한 마우스에서 펜토바르비탈 유도 수면을 연장시켰다[20].

6. 항종양 작용
레몬밤 정유는 일련의 인간 암 세포주(A549, MCF-7, Caco-2, HL-60, K562)와 마우스 세포주(B16F10)[21]에 대해 세포독성을 나타냈다[21]. 시트랄에 의해 유도된 조혈 세포주에서의 세포자멸은 DNA 단편화와 카스파제-3 촉매 활성 유도를 동반했다[22].

7. 항균 작용
레몬밤 정유는 *in vitro*에서 흑국균, Listeria monocytogenes type 4a, 고초균, Bifidobacterium sp., 녹농균, Salmonella enteritidis, 황색포도상구균, 칸디다성 질염 및 Alternaria sp.에 대한 항균 활성을 나타냈다[23-34]. 물 추출물은 MT-4 세포에서 HIV-1 유도 세포변성에 대한 유의한 억제효과를 보였다. 레몬밤 정유는 또한 단순 포진 바이러스 유형 2(HSV-2)[26]에 대한 억제 활성을 나타냈다.

8. 기타
레몬밤은 항고지혈증[27]과 면역 자극 효과[28]를 내었다.

용도

1. 긴장, 불면증
2. 소화 불량
3. 두통, 신경통

해설

레몬밤 정유 제품에는 신선하고 달콤한 레몬 향이 있다. 많은 여성들이 마음을 진정시키고, 긴장 완화 및 통증 완화 기능을 좋아하여 이러한 제품은 경제적 가치가 높다. 레몬밤에는 항박테리아, 항바이러스, 항 불안 및 항궤양과 같은 다양한 약리학적 효과가 있으며 알츠하이머 병 치료에 사용될 수 있어서 큰 시장 잠재력과 전망이 있다. 그러나 기존 연구는 일반적으로 추출물의 활성에 초점을 맞추지만 단일 성분의 활성에는 초점을 맞추지 않는다.
레몬밤 속의 *Melissa axillaris* (Benth.) Bakh. f.의 전초는 중국에서 약용하여 사천성 아미산 지역에서는 코피와 이질을 치료하는데 사용되며, 운남지역에서는 사교상(蛇咬傷)을 치료하는 데에 쓰인다.
레몬밤은 약용 외에도 목욕용품, 향, 차, 수프, 생식, 저장식품 및 소스의 원료로 사용할 수 있다. 전초의 강한 레몬 향이 기분을 차분하게 하면서 상쾌하게 한다.

참고문헌

1. H Thieme, C Kitze, B Sekt. Occurrence of flavonoids in Melissa officinalis. Pharmazie. 1973, 28(1): 69-70
2. V Hodisan. Phytochemical studies on Melissa officinalis L. species (Lamiaceae). Clujul Medical. 1997, 70(2): 280-286
3. SS Herodez, M Hadolin, M Skerget, Z Knez. Solvent extraction study of anti-oxidants from Balm (Melissa officinalis L.) leaves. Food Chemistry. 2003, 80(2): 275-282
4. G Karasova, J Lehotay. Chromatographic determination of derivatives of p-hydroxybenzoic acid in Melissa officinalis by HPLC. Journal of Liquid Chromatography & Related Technologies. 2005, 28(15): 2421-2431
5. A Mulkens, I Kapetanidis. Flavonoids from leaves of Melissa officinalis L. (Lamiaceae). Phaimaceutica Acta Helvetiae. 1987, 62(1): 19-22
6. VA Kurkin, TV Kurkina, GG Zapesochnaya., EV Avdeeva, ZV Bogolyubova, VV Vandyshev, IY Chikina. Chemical study of Melissa officinalis. Khimiya Prirodnykh Soedinenii. 1995, 2: 318-320
7. A Heitz., A Carnat, D Fraisse, AP Carnat, JL Lamaison. Luteolin 3'-glucuronide, the major flavonoid from Melissa officinalis subsp. officinalis. Fitoterapia. 2000, 71(2): 201-202

8. J Patora, B Klimek. Flavonoids from lemon balm (Melissa officinalis L., Lamiaceae). Acta Poloniae Pharmaceutica. 2002, 59(2): 139-143
9. N Mimica-Dukic, B Bozin, M Sokovic, N Simin. Anti-microbial and anti-oxidant activities of Melissa officinalis L. (Lamiaceae) essential oil. Journal of Agricultural and Food Chemistry. 2004, 52(9): 2485-2489
10. I Nykanen. Composition of the essential oil of Melissa officinalis L. Developments in Food Science. 1985, 10: 329-338
11. A Mulkens, I Kapetanidis. Eugenylglucoside, a new natural phenylpropanoid heteroside from Melissa officinalis. Journal of Natural Products. 1988, 51(3): 496-498
12. M Tagashira, Y Ohtake. A new anti-oxidative 1,3-benzodioxole from Melissa officinalis. Planta Medica. 1998, 64(6): 555-558
13. I Agata, H Kusakabe, T Hatano, S Nishibe, T Okuda. Melitric acids A and B, new trimeric caffeic acid derivatives from Melissa officinalis. Chemical & Pharmaceutical Bulletin. 1993, 41(9): 1608-1611
14. DO Kennedy, G Wake, S Savelev, NTJ Tildesley, EK Perry, KA Wesnes, AB Scholey. Modulation of mood and cognitive performance following acute administration of single doses of Melissa officinalis (Lemon balm) with human CNS nicotinic and muscarinic receptor-binding properties. Neuropsychopharamacology. 2003, 28(10): 1871-1881
15. DO Kennedy, AB Scholey, NTJ Tildesley, EK Perry, KA Wesnes. Modulation of mood and cognitive performance following acute administration of Melissa officinalis (lemon balm). Pharmacology, Biochemistry and Behavior. 2002, 72(4): 953-964
16. P Pereira, D Tysca, P Oliveira, LF Da Silva Brum, JN Picada, P Ardenghi. Neurobehavioral and genotoxic aspects of rosmarinic acid. Pharmacological Research. 2005, 52(3): 199-203
17. DO Kennedy, W Little, AB Scholey. Attenuation of laboratory-induced stress in humans after acute administration of Melissa officinalis (Lemon Balm). Psychosomatic Medicine. 2004, 66(4): 607-613
18. CG Ballard, JT O'Brien, K Reichelt. EK Perry. Aromatherapy as a safe and effective treatment for the management of agitation in severe dementia: the results of a double-blind, placebo-controlled trial with Melissa. Journal of Clinical Psychiatry. 2002, 63(7): 553-558
19. H Sadraei, A Ghannadi, K Malekshahi. Relaxant effect of essential oil of Melissa officinalis and citral on rat ileum contractions. Fitoterapia. 2003, 74(5): 445-452
20. R Soulimani, J Fleurentin, F Mortier, R Misslin, G Derrieu, JM Pelt. Neurotropic action of the hydroalcoholic extract of Melissa officinalis in the mouse. Planta Medica. 1991, 57(2): 105-109
21. AC De Sousa, DS Alviano, AF Blank, PB Alves, CS Alviano, CR Gattass. Melissa officinalis L. essential oil: Antitumoral and anti-oxidant activities. Journal of Pharmacy and Pharmacology. 2004, 56(5): 677-681
22. N Dudai, Y Weinstein, M Krup, T Rabinski, R Ofir. Citral is a new inducer of caspase-3 in tumor cell lines. Planta Medica. 2005, 71(5): 484-488
23. R Firouzi, M Azadbakht, A Nabinedjad. Anti-listerial activity of essential oils of some plants. Journal of Applied Animal Research. 1998, 14(1): 75-80
24. NV Anicic, SR Dimitrijeevic, MS Ristic, SS Petrovic, SD Petrovic. Anti-microbial activity of essential oil of Melissa officinalis L., Lamiaceae. Hemijska Industrija. 2005, 59(9-10): 243-247
25. K Yamasaki, M Nakano, T Kawahata, H Mori, T Otake, N Ueba, I Oishi, R Inami, M Yamane, M Nakamura, H Murata, T Nakanishi. Anti-HIV-1 activity of herbs in Labiatae. Biological & Pharmaceutical Bulletin. 1998, 21(8): 829-833
26. A Allahverdiyev, N Duran, M Ozguven, S Koltas. Anti-viral activity of the volatile oils of Melissa officinalis L. against herpes simplex virus type-2. Phytomedicine. 2004, 11(7-8): 657-661
27. S Bolkent, R Yanardag, O Karabulut-Bulan, B Yesilyaprak. Protective role of Melissa officinalis L. extract on liver of hyperlipidemic rats: a morphological and biochemical study. Journal of Ethnopharmacology. 2005, 99(3): 391-398
28. J Drozd, E Anuszewska. The effect of the Melissa officinalis extract on immune response in mice. Acta Poloniae Pharmaceutica. 2003, 60(6): 467-470

레몬밤 香蜂花 EP, BP, BHP, GCEM

레몬밤 재배 모습

페퍼민트 辣薄荷 EP, BP, USP, GCEM

Labiatae

Mentha piperita L.

Peppermint

개 요

꿀풀과(Labiatae)

페퍼민트(辣薄荷, *Mentha piperita* L.)의 잎을 말린 것: 날박하엽(辣薄荷葉)

페퍼민트의 지상부를 수증기 증류하여 얻은 기름: 날박하유(辣薄荷油)

박하속(*Mentha*) 식물은 전 세계에 약 30종이 있으며 주로 북반구의 온대 지역에 분포한다. 중국에서는 약 12종이 발견되고 약 4종이 약으로 사용된다. 페퍼민트는 유럽이 기원이며 이집트, 인도, 남미, 북미 및 중국에서 재배되고 있다.

페퍼민트는 수천 년 동안 의학적으로 사용되어 왔으며 고대의 그리스, 로마 및 이집트에서 기록되기 시작한 이래 1721년 런던약전에 처음 기록되었다. 이 종은 날박하엽(辣薄荷葉, Menthae Piperitae Folium) 및 날박하유(辣薄荷油, Menthae Piperitae Oleum)의 공식적인 기원식물로 유럽약전(5개정판), 영국약전(2002) 및 미국약전(28개정판)에 등재되어 있다. 이 약재는 주로 미국 및 북부 및 동부 유럽에서 생산된다.

페퍼민트는 정유, 플라보노이드 및 페놀산 성분을 함유하며 정유는 지표성분이다. 유럽약전과 영국약전은 전체 잎에 함유된 정유의 함량이 12mL/kg 이상이어야 하며, 수증기증류법으로 시험할 때 절단된 잎의 정유 함량은 9.0mL/kg 이상이어야 한다고 규정하고 있다. 의약 물질의 품질관리를 위해 가스크로마토그래피법으로 시험할 때 박하유의 리모넨 함량은 1.0–5.0%, 시네올 3.5–14%, 멘톤 14–32%, 멘토프란 1.0–9.0%, 이소멘톤 1.5–10%, 멘틸아세테이트 2.8–10%, 멘톨 30–55%, 풀레곤 4.0% 이하, 카르본 1.0% 이하여야 한다고 규정하고 있다.

미국약전은 멘필레아세테이트로 환산한 박하유의 에스테르 함량이 5.0% 이상이어야 하고, 적정법으로 시험할 때 톨루엔의 총 함량은 50% 이상이어야 한다고 규정하고 있다.

약리학적 연구에 따르면 날박하엽과 날박하유는 항박테리아, 항알레르기, 항바이러스, 항산화 및 최담 효과를 나타낸다. 민간요법에 의하면 날박하엽은 구풍(颶風), 진경 및 이담작용을 가지며 한의학에서 날박하엽은 소산풍열(疏散風熱), 해독산결(解毒散結)의 효능을 가진다.

페퍼민트 辣薄荷 *Mentha piperita* L.

날박하엽 辣薄荷葉 Menthae Piperitae Folium

함유성분

잎에는 모노테르페노이드 성분인 정유 성분으로 limonene, cineole, menthone, menthofuran, isomenthone, menthyl acetate, menthol, pulegone, carvone, piperitone[1], geraniol, cis, trans-carveols, cis, trans-piperitols[2], (-)-isopiperitenol[3], menthofurolactone[4]이 함유되어 있고, 세스퀴테르페노이드 성분으로 β-caryophyllene, δ-cadinene, β-elemene, α-copaene, β-bourbonene, α-humulene, α-muurolene[1], geranial, aromadendrene, viridiflorol[2]이 함유되어 있다. 또한 플라보노이드 성분으로 acacetin, luteolin, apigenin, 5-O-desmethylnobiletin, gardenins B, D, ladanein, xanthomicrol, salvigenin, sideritoflavone, thymusin, thymonin[5], hymenoxin, menthocubanone, nevadensin[6], eupatorine[7], 4'O-demethylgardenin D[8], eriocitrin, hesperidoside[9], eriodictyol-7-O-rutinoside[10], diosmin, isorhoifolin, narirutin, luteolin-7-O-rutinoside[11], 페놀산 성분으로 로즈마린산[11]이 함유되어 있다.

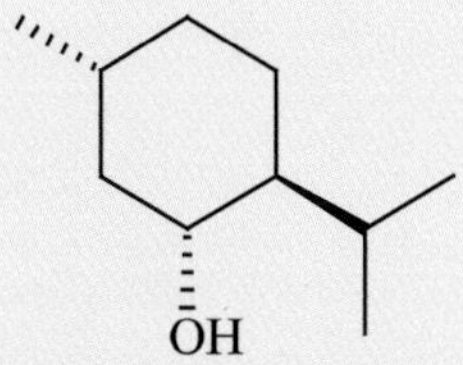

OH OH HO O HO O CH_3 O O OH OH OH HO OH OH O

menthol 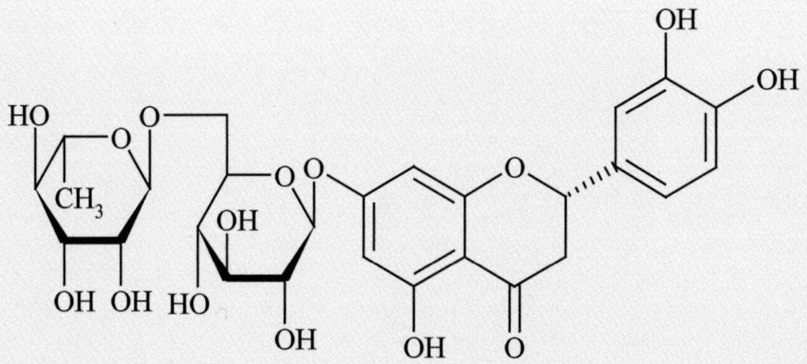 eriocitrin

약리작용

1. 항균 작용
*in vitro*에서 날박하유는 헬리코박터 파일로리, Salmonella enteritidis, 대장균157:H7, 메티실린 내성 황색포도상구균(MRSA) 및 메티실린 감수성 황색포도상구균(MSSA)에 대한 억제효과를 나타냈다[12]. 페퍼민트 오일은 또한 황색포도상구균, 폐렴구균, Streptococcus albus 및 살모넬라 균주의 감수성을 에리스로 마이신, 테트라사이클린, 클로람페니콜, 겐타마이신, 카나마이신, 스트렙토마이신 및 폴리믹신을 비롯한 다양한 스펙트럼의 항생제로 변형시켰으며 항생제 내성을 감소시켰다[13].

2. 항바이러스 작용
페퍼민트 오일은 *in vitro*에서 뉴캐슬병 바이러스(NDV), 헤르페스 심플렉스 바이러스 1형 및 2형(HSV-1, II), 백시니아, 셈리키삼림바이러스(SFV) 및 웨스트나일바이러스에 대한 항바이러스 활성을 보였으며, 피부 침투 효과가 좋았다[14-15].

3. 항과민 작용
페퍼민트의 50% 에탄올 추출물은 화합물 48/80에 의해 유도된 랫드의 복막 비만 세포로부터의 히스타민 방출을 억제하였다. 루테올린-7-O-루티노시드가 주성분이다. 페퍼민트의 추출물은 알레르기성 비염의 비강 증상을 경감시킨다[11, 16].

4. 이담 작용
페퍼민트에서 혼합된 플라보노이드는 담즙 분비를 자극했다. 담즙에서 담즙산, 콜레스테롤 및 빌리루빈의 농도를 감소시키고 담즙산의 분비를 증가시켰다[17-18].

5. 항산화 작용
에리오시트린, 루테올린-7-O-루티노사이드 및 로즈마린산을 포함한 폴리페놀 화합물은 강력한 항-반감기 활성 및 항 과산화수소 활성을 보였다[19].

6. 방사선 방호 작용
페퍼민트 오일을 마우스에 경구 투여하면 γ-조사에 대한 산성 포스파타아제 활성을 상당히 감소시켰고 혈청 알칼리성 인산 가수

분해 효소 활성을 증가시켰다[20]. 항산화작용 및 유리기 소거 활성은 방사선 방호의 가능성이 있는 메커니즘이다[21].

7. 항종양 작용
잎 추출물을 마우스에 경구 투여하면 벤조피렌 유발 폐종양의 수를 현저히 감소시켰다. 골수 세포에서 벤조피렌 유도 염색체 이상과 소핵의 빈도를 감소시켰고, 간뿐만 아니라 폐에서의 지질과산화물과 증가된 설프하이드릴 그룹의 수치를 감소시켰다. 또한 강력한 항돌연변이 유발성, 항원 독성 및 항산화 활성을 나타냈다[22-23]. 물 현탁액을 경구 투여하면 수컷 마우스에서 DMBA로 유도된 피부 유두 형성을 억제하였다. 또한 피부 유두종의 파두유로 유도된 프로모션 단계를 억제했다[24].

8. 기타
페퍼민트는 진통 및 항염증 효과를 나타냈다[25]. 실험적 요독증을 가진 마우스의 신장 기능을 개선시켰다[26]

용도

1. 위장관과 담관의 경련
2. 소화 불량, 복부팽만, 위염, 장염, 과민성 대장 증후군
3. 호흡기 감염, 유행성 이하선염, 발열
4. 입덧, 생리통
5. 근육통, 신경통

해설

Mentha haplocalyx Briq.와 같은 속에서 한약재 박하(Menthae Herba)의 공식적인 기원식물로 중국약전에서 등재되어 있다. 박하와 날박하는 유사한 효능을 가진다. 연구 결과에 따르면 화학 성분과 약리학적 작용도 유사하다.
페퍼민트는 오랜 세월 동안 약용으로 사용되어 왔으며, 과거부터 감기, 구역질 및 구토를 치료하여 양호한 결과를 나타내었다. 최근 수년 동안 날박하유 증기흡입도 만족스럽게 사용되고 있다. 항암 화학 요법으로 인한 메스꺼움의 치료에도 사용되며 날박하 잎은 물속의 납 이온을 제거하여 물의 품질을 향상시키는 데에도 사용할 수 있다[28].

참고문헌

1. A Orav, A Raal, E Arak. Comparative chemical composition of the essential oil of Mentha x piperita L. from various geographical sources. Proceedings of the Estonian Academy of Sciences, Chemistry. 2004, 53(4): 174-181
2. S Dwivedi, M Khan, SK Srivastava, KV Syamasunnder, A Srivastava. Essential oil composition of different accessions of Mentha x piperita L. grown on the northern plains of India. Flavour and Fragrance Journal. 2004, 19(5): 437-440
3. KL Ringer, EM Davis, R Croteau. Monoterpene metabolism. Cloning, expression, and characterization of (-)-isopiperitenol/(-)-carveol dehydrogenase of peppermint and spearmint. Plant Physiology. 2005, 137(3): 863-872
4. E Frerot, A Bagnoud, C Vuilleumier. Menthofurolactone: a new p-menthane lactone in Mentha piperita L.: analysis, synthesis and olfactory properties. Flavour and Fragrance Journal. 2002, 17(3): 218-226
5. B Voirin, A Saunois, C Bayet. Free flavonoid aglycons from Mentha x piperita: developmental, chemotaxonomical and physiological aspects. Biochemical Systematics and Ecology. 1994, 22(1): 95-99
6. OI Zakharova, AM Zakharov, LP Smirnova, VM Kovineva. Flavones of the Mentha piperita varieties Selena and Serebristaya. Khimiya Prirodnykh Soedinenii. 1986, 6: 781
7. OI Zakharova, AM Zakharov, LP Smirnova. Flavonoids of Mentha piperita variety Krasnodarskaya 2. Khimiya Prirodnykh Soedinenii. 1987, 1: 143-144
8. F Jullien, B Voirin, J Bernillon, J Favre-Bonvin. Highly oxygenated flavones from Mentha piperita. Phytochemistry. 1984, 23(12): 2972-2973
9. F Duband, AP Carnat, A Carnat, C Petitjean-Freytet, G Clair, JL Lamaison. The aromatic and polyphenolic composition of peppermint (Mentha piperita) tea. Annales Pharmaceutiques Francaises. 1992, 50(3): 146-155
10. L Karuza, N Blazevic, Z Soljic. Isolation and structure of flavonoids from peppermint (Mentha x piperita) leaves. Acta Pharmaceutica. 1996, 46(4): 315-320
11. T Inoue, Y Sugimoto, H Masuda, C Kamei. Anti-allergic effect of flavonoid glycosides obtained from Mentha piperita L. Biological &

Pharmaceutical Bulletin. 2002, 25(2): 256-259

12. H Imai, K Osawa, H Yasuda, H Hamashima, T Arai, M Sasatsu. Inhibition by the essential oils of peppermint and spearmint of the growth of pathogenic bacteria. Microbios. 2001, 106(S1.): 31-39
13. NA Shkil, NV Chupakhina, NV Kazarinova, KG Tkachenko. Effect of essential oils on microorganism sensitivity to antibiotics. Rastitel'nye Resursy. 2006, 42(1): 100-107
14. ECJ Herrmann, LS Kucera. Anti-viral substances in plants of the mint family (Labiatae). III. Peppermint (Mentha piperita) and other mint plants. Proceedings of the Society for Experimental Biology and Medicine. 1967, 124(3): 874-878
15. A Schuhmacher, J Reichling, P Schnitzler. Virucidal effect of peppermint oil on the enveloped viruses herpes simplex virus type 1 and type 2 in vitro. Phytomedicine. 2003, 10(6-7): 504-510
16. T Inoue, Y Sugimoto, H Masuda, C Kamei. Effects of peppermint (Mentha piperita L.) extracts on experimental allergic rhinitis in rats. Biological & Pharmaceutical Bulletin. 2001, 24(1): 92-95
17. IK Pasechnik, EV Gella. Choleretic preparation from peppermint. Farmatsevticheskii Zhurnal. 1966, 21(5): 49-53
18. IK Pasechnik. Choleretic properties specific to flavonoids from Mentha piperita leaves. Farmakologiya i Toksikologiya. 1966, 29(6): 735-737
19. Z Sroka, I Fecka, W Cisowski. Anti-radical and anti-H2O2 properties of polyphenolic compounds from an aqueous peppermint extract. Zeitschrift fuer Naturforschung, C: Journal of Biosciences. 2005, 60(11-12): 826-832
20. RM Samarth, PK Goyal, A Kumar. Modulation of serum phosphatases activity in Swiss albino mice against gamma irradiation by Mentha piperita Linn. Phytotherapy Research. 2002, 16(6): 586-589
21. A Kumar. Radioprotective influence of Mentha piperita (Linn) against gamma irradiation in mice: Anti-oxidant and radical scavenging activity. International Journal of Radiation Biology. 2006, 82(5): 331-337
22. RM Samarth, M Panwar, M Kumar, A Kumar. Protective effects of Mentha piperita Linn on benzo[a]pyrene-induced lung carcinogenicity and mutagenicity in Swiss albino mice. Mutagenesis. 2006, 21(1): 61-66
23. RM Samarth, M Panwar, A Kumar. Modulatory effects of Mentha piperita on lung tumor incidence, genotoxicity, and oxidative stress in benzo[a] pyrene-treated Swiss Albino Mice. Environmental and Molecular Mutagenesis. 2006, 47(3): 192-198
24. S Yasmeen, A Kumar. Evaluation of chemoprevention of skin papilloma by Mentha piperita. Journal of Medicinal and Aromatic Plant Sciences. 2001, 22/4A-23/1A: 84-88
25. AH Atta, A Alkofahi. Anti-nociceptive and anti-inflammatory effects of some Jordanian medicinal plant extracts. Journal of Ethnopharmacology. 1998, 60(2): 117-124
26. VY Funditus. Study on sea-buckthorn and peppermint oil effects on the course of experimental uremia. Farmatsevtichnii Zhurnal. 2001, 3: 92-95
27. A El-Sheikh, I El-Khatib,A Naddaf. The use of peppermint leaves as scavengers of lead(II) ions. Abhath Al-Yarmouk, Basic Sciences and Engineering. 2002, 11(1A): 121-143

노니 海濱木巴戟

Rubiaceae

Morinda citrifolia L.

Noni

개 요

꼭두서니과(Rubiaceae)

노니(海濱木巴戟, *Morinda citrifolia* L.)의 열매: 노니

중약명: 노니

모린다속(*Morinda*) 식물은 전 세계에 약 102종이 있으며 열대와 아열대 지역 및 온대 지역에 분포한다. 중국에서는 약 26종, 1아종 및 6변종이 발견되고, 약 5종이 약으로 사용된다. 노니는 아메리카 기원으로 인도와 스리랑카에서 인도차이나 반도까지 분포하며, 남쪽으로는 호주 북부, 동쪽에 있는 폴리네시아와 그 섬에 분포하고 중국의 해남, 서사군도와 대만에 분포한다.

노니는 2000년 이상 민간요법에서 사용한 오랜 역사를 가지고 있다. 폴리네시아인들은 항균, 항바이러스, 구충제 및 면역 강화제로 사용했다[1]. 이 약재는 주로 남태평양 지역, 인도, 카리브해, 북아메리카 및 서인도 제도에서 생산된다[2].

노니는 주로 안트라퀴논과 이리도이드 성분을 함유하고 있다.

약리학적 연구에 따르면 열매에는 항종양, 항산화, 항염증, 혈압강하작용 및 진통작용이 있다. 민간요법에 의하면 노니 열매에는 항종양 및 항고혈당 작용이 있다.

노니 海濱木巴戟 *Morinda citrifolia* L.

노니 海濱木巴戟

노니 海濱木巴戟 *M. citrifolia* L.

함유성분

열매에는 안트라퀴논 성분으로 morindone−5−methylether, alizarin−1−methylether, anthragallol−1,3−dimethylether, anthragallol−2−methylether, 5,15−O−dimethylmorindol[3], 이리도이드 성분으로 asperulosidic acid, deacetylasperulosidic acid[3], citrifolinin B, asperuloside[4], 플라보노이드 성분으로 nicotifiorin, narcissin[4], 리그난류 성분으로americanol A, americanin A, americanoic acid A, isoprincepin[5]이 함유되어 있다.
뿌리에는 안트라퀴논 성분으로 tectoquinone, rubiadin, damnacanthal, nor−damnacanthal, alizarin−1−methylether, 1−hydroxy−2−methylanthraquinone, 2−formylanthraquinone, 1−methoxy−3−hydroxyanthraquinone, morindone−5− methylether[6]가 함유되어 있다.
잎에는 이리도이드 성분으로 citrifolinins A, B, citrifolinoside[7], asperuloside, asperulosidic acid[8], 플라보노이드 성분으로 rutin, hirsutrin, nicotiflorin[9]이 함유되어 있다.
줄기에는 안트라퀴논 성분으로 damnacanthal, nordamnacanthal[10], physcion, morindone[11]이 함유되어 있다.

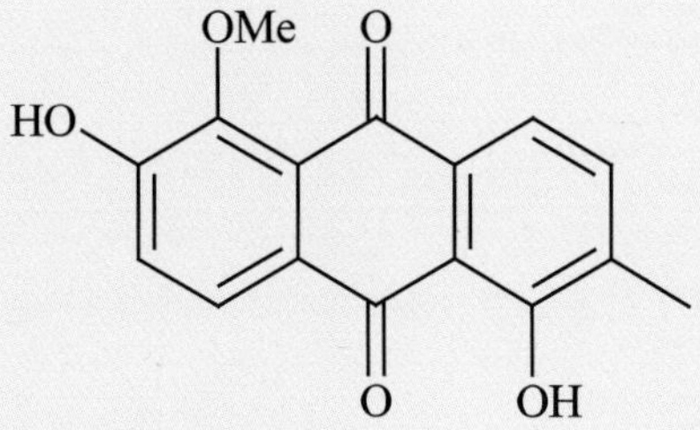

morindone-5-methylether

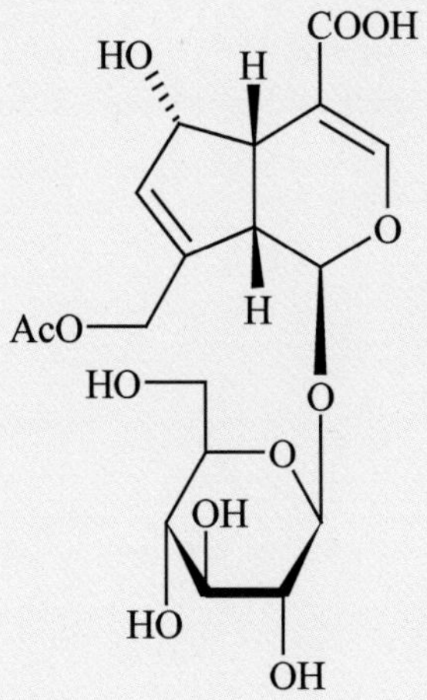

asperulosidic acid

약리작용

1. 항종양 작용
   열매 주스는 마우스에서 복수육종(腹水肉腫) 180에 대한 억제효과를 나타냈으며, 아드리아 마이신, 마이토마이신-C 및 인터페론-γ (IFN-γ)[12]와 같은 광범위한 화학요법 약물과 함께 시너지 효과 또는 부가적으로 유의한 효과를 보였다. 이것은 또한 표피의 JB6 세포에서 12-O-tetradececylylphorbol-13-acetate(TPA)와 표피 성장 인자(EGF)로 유도된 AP-1 transactivation과 세포의 형질 전환을 유의하게 억제하였다[13]. 또한 종양괴사인자-α(TNF-α), 인터루킨(IL) 및 IFN-γ를 포함하는 마우스 효과기 세포로부터의 몇몇 매개체의 방출을 자극하였다. 숙주 면역계의 활성화를 통해 억제된 종양 성장을 통해 루이스폐암종증(LLC) 마우스에서 종양 성장을 억제했다[14]. 열매의 메탄올 추출물은 유방암 MCF7 및 신경 아세포종 LAN5 세포에 대한 세포독성 활성을 보였다[15].
   열매 주스는 인간 유방 종양 절편에서 모세관 개시를 억제하여 세포자멸을 유도했다[16]. Damnacanthal은 마우스 백혈병 L1210과 흑색종 B16 세포 모두에 대하여 높은 세포독성을 보였다[10].

2. 항산화 작용
   열매의 메탄올 또는 아세트산 에스테르 추출물은 구리 유도 저밀도 지단백질 산화를 억제했다[5]. 뿌리, 열매 및 잎 추출물은 항산화 활동을 일으켰다[17]. 뿌리에서 아세트산 에스테르 추출물은 가장 강력한 산화 방지 활동을 보였다[18]. 잎의 플라보노이드 배당체와 새로운 이리도이드 배당체는 2,2-디페닐-피크릴하이드라질(DPPH) 유리기에 소거효과를 보였다[9].

3. 항염증 작용
   열매의 메탄올 추출물은 포스포리파아제 A_2의 활성을 억제하고 마우스 대식세포에서 아라키돈 산 분비를 감소시키며 소염 작용을 일으킨다[19].

4. 혈압강하 작용
   자발적 고혈압 마우스에서 열매 주스를 경구 투여하면 안지오텐신 전환 효소(ACE)를 억제하고 수축기 혈압을 감소시켰다[20].

5. 진통 작용
   뿌리의 물 추출물은 마우스의 초산신전작용 및 열판법으로 행해진 진통실험에서 진통작용을 나타냈다[21].

6. 기타
   잎의 메탄올 추출물은 항 결핵 효과를 나타냈다[22].

노니 海濱木巴戟

용도

1. 당뇨병
2. 발열
3. 위통
4. 종양

해설

열매 이외에 노니의 잎과 뿌리도 약재로 사용된다. 노니뿌리(橘葉巴戟)는 열을 내리고 독성을 제거하며 그 임상적응증으로는 이질, 아프타성 구내염 및 결핵이 포함된다.
파극천 *M. officinalis* How는 중국약전(2015년)에서 한약재 파극천 *M. officinalis* How(Morindae Officinalis Radix)의 기원식물이다. 파극천의 임상효능은 발기부전, 아랫배가 차서 생기는 여성불임, 류마티스 관절염, 근골무력증에 효과가 있다. 파극천은 상용 한약재로 중국 내의 생산물량이 비교적 많다. 노니와 파극천이 상호 교환 가능한지에 관한 연구가 필요하다.
상록수인 노니의 꽃은 연중 개화한다. 남태평양의 타히티에서 도입, 정착하는 동안 고대 폴리네시아인들은 자신의 질병을 완화하기 위해 노니 열매에서 직접 압착 주스를 마셨다.
현대 연구에 따르면 노니 열매는 신체에 필요한 단백질, 비타민 및 미네랄을 공급할 수 있으며 열매 주스와 같은 건강 제품이 시판되고 있다. 노니는 중국의 하이난섬에 도입되어 재배되고 있다.

참고문헌

1. MY Wang, BJ West, CJ Jensen, D Nowicki, C Su, AK Palu, G Anderson. Morinda citrifolia (Noni): a literature review and recent advances in Noni research. Acta Pharmacologica Sinica. 2002, 23(12): 1127-1141
2. T Chunhieng, L Hay, D Montet. Detailed study of the juice composition of noni (Morinda citrifolia) fruits from Cambodia. Fruits. 2005, 60(1): 13-24
3. K Kamiya, Y Tanaka, H Endang, M Umar, T Satake. New anthraquinone and iridoid from the fruits of Morinda citrifolia. Chemical & Pharmaceutical Bulletin. 2005, 53(12): 1597-1599
4. BN Su, AD Pawlus, HA Jung, WJ Keller, JL McLaughlin, AD Kinghorn. Chemical constituents of the fruits of Morinda citrifolia (Noni) and their anti-oxidant activity. Journal of Natural Products. 2005, 68(4): 592-595
5. K Kamiya, Y Tanaka, H Endang, M Umar, T Satake. Chemical constituents of Morinda citrifolia fruits inhibit copper-induced low-density lipoprotein oxidation. Journal of Agricultural and Food Chemistry. 2004, 52(19): 5843-5848
6. SM Sang, CT Ho. Chemical components of noni (Morinda citrifolia L.) root. ACS Symposium Series. 2006, 925(Herbs): 185-194
7. SM Sang, GM Liu, K He, NQ Zhu, ZG Dong, QY Zheng, RT Rosen, CT Ho. New unusual iridoids from the leaves of noni (Morinda citrifolia L.) show inhibitory effect on ultraviolet B-induced transcriptional activator protein-1 (AP-1) activity. Bioorganic & Medicinal Chemistry. 2003, 11(12): 2499-2502
8. SM Sang, XF Cheng, NaQ Zhu, MF Wang, JW Jhoo, RE Stark, V Badmaev, G Ghai, RT Rosen, CT Ho. Iridoid glycosides from the leaves of Morinda citrifolia. Journal of Natural Products. 2001, 64(6): 799-800
9. SM Sang, XF Cheng, NQ Zhu, RE Stark, V Badmaev, G Ghai, RT Rosen, CT Ho. Flavonol glycosides and novel iridoid glycoside from the leaves of Morinda citrifolia. Journal of Agricultural and Food Chemistry. 2001, 49(9): 4478-4481
10. QV Do, GD Pham, NT Mai, TPP Phan, HN Nguyen, YY Jea, BZ Ahn. Cytotoxicity of some anthraquinones from the stem of Morinda citrifolia growing in Vietnam. Tap Chi Hoa Hoc. 1999, 37(3): 94-97
11. M Srivastava, J Singh. A new anthraquinone glycoside from Morinda citrifolia. International Journal of Pharmacognosy. 1993, 31(3): 182-184
12. E Furusawa, A Hirazumi, S Story, J Jensen. Anti-tumor potential of a polysaccharide-rich substance from the fruit juice of Morinda citrifolia (Noni) on sarcoma 180 ascites tumour in mice. Phytotherapy Research. 2003, 17(10): 1158-1164
13. GM Liu, A Bode, WY Ma, SM Sang, CT Ho, ZG Dong. Two novel glycosides from the fruits of Morinda citrifolia (Noni) inhibit AP-1 transactivation and cell transformation in the mouse epidermal JB6 cell line. Cancer Research. 2001, 61(15): 5749-5756
14. A Hirazumi, E Furusawa. An immunomodulatory polysaccharide-rich substance from the fruit juice of Morinda citrifolia (Noni) with anti-

tumor activity. Phytotherapy Research. 1999, 13(5): 380-387

15. T Arpornsuwan, T Punjanon. Tumor cell-selective anti-proliferative effect of the extract from Morinda citrifolia fruits. Phytotherapy Research. 2006, 20(6): 515-517
16. CA Hornick, A Myers, H Sadowska-Krowicka, CT Anthony, EA Woltering. Inhibition of angiogenic initiation and disruption of newly established human vascular networks by juice from Morinda citrifolia (noni). Angiogenesis. 2003, 6(2): 143-149
17. ZM Zin, AA Hamid, A Osman, N Saari. Anti-oxidative activities of chromatographic fractions obtained from root, fruit and leaf of Mengkudu (Morinda citrifolia L.). Food Chemistry. 2005, 94(2): 169-178
18. ZM Zin, A Abdul-Hamid, A Osman. Anti-oxidative activity of extracts from Mengkudu (Morinda citrifolia L.) root, fruit and leaf. Food Chemistry. 2002, 78(2): 227-231
19. BC Choi, SS Sim. Anti-inflammatory activity and phospholipase A_2 inhibition of noni (Morinda citrifolia) methanol extracts. Yakhak Hoechi. 2005, 49(5): 405-409
20. S Yamaguchi, J Ohnishi, M Sogawa, I Maru, Y Ohta, Y Tsukada. Inhibition of angiotensin I converting enzyme by Noni (Morinda citrifolia) juice.Nippon Shokuhin Kagaku Kogaku Kaishi. 2002, 49(9): 624-627
21. C Younos, A Rolland, J Fleurentin, MC Lanhers, R Misslin, F Mortier. Analgesic and behavioural effects of Morinda citrifolia. Planta medica. 1990, 56(5): 430-434
22. JP Saludes, MJ Garson, SG Franzblau, AM Aguinaldo. Antitubercular constituents from the hexane fraction of Morinda citrifolia Linn. (Rubiaceae).Phytotherapy Research. 2002, 16(7): 683-685

향도목 香桃木

Myrtus communis L.

Myrtle

개 요

도금양과(Myrtaceae)

향도목(香桃木, *Myrtus communis* L.)의 잎을 말린 것: 향도목엽(香桃木葉)

중약명: 향도목엽(香桃木葉)

향도목속(*Myrtus*) 식물은 전 세계에 약 100종이 있으며 열대와 아열대 지역에 분포한다. 그 가운데 1종은 중국에 도입되어 약으로 사용된다. 향도목은 지중해를 기원으로 하며 지중해에서 히말라야 북서부로 분포하고 중국 남부에서 재배된다.

향도목은 고대부터 남부 유럽의 정원에서 재배되었으며 다양한 향기로운 정원 품종이 있다.

향도목의 화관은 종종 축복을 표현하는 방법으로 서양 국가의 결혼식에서 사용하였으며, 따라서 "축복의 나무"라는 이름이 붙여졌다. 향도목은 세균을 죽이는 데 효과적이며, 기관지염과 같은 호흡기 질환 치료에 일정한 효과가 있다[1]. 이 약재는 주로 모로코, 오스트리아 및 프랑스에서 생산된다.

향도목은 주로 정유, 플라보노이드, 안토시아니딘, 플로로글루시놀 및 카테킨 성분을 함유한다.

약리학적 연구에 따르면 잎에는 항균, 소염, 항산화 및 혈당강하작용의 효과가 있음이 밝혀졌다. 민간요법에 의하면 향도목의 잎은 항균 및 항염작용을 한다.

향도목 香桃木 *Myrtus communis* L.

함유성분

열매에는 휘발성 성분으로 myrtenol[2], limonene, 1,8-cineole, p-cymene, methyleugenol, αthujene, βcaryophyllene[3], 플라보노이드 성분으로 myricitrin, hesperidin[4], myricetin-3-O-glucoside, myricetin-3-O-galactoside, myricetin-3-O-rhamnoglucoside[5], 안토시아닌 성분으로 peonidin, delphinidin, malvidin, delphinidin-3-O-glucoside, cyanidin-3-O-glucoside, malvidin-3-O-glucoside[6], petunidin[7]이 함유되어 있다.

잎에는 정유 성분으로 myrtenol[8], linalyl acetate myrtenol geranyl acetate[9], 1,8-cineole, limonene, methyleugenol, linalool, terpinene-4-ol[3], 플로로글루시놀 성분으로 gallomyrtucommulones A, B, C, D[10], myrtucommulone A, isomyrtucommulone B, semimyrtucommulone[11], 플라보노이드 성분으로 quercetin-3-O-galactoside, quercetin-3-O-rhamnoside, myricetin-3-O-galactoside, hyperin, 카테킨 유도체 성분으로 epigallocatechin, epigallocatechin-3-O-gallate, epicatechin-3-O-gallate, 페놀산 성분으로 카페인산, gallic acid[12]가 함유되어 있다.

지상부에는 아실플로로글루시놀 성분으로 myrtucommulones B, C, D, E, 트리테르페노이드 성분으로 ursolic acid, corosolic acid, arjunolic acid, erythrodiol, oleanolic acid, betulin[13]이 함유되어 있다.

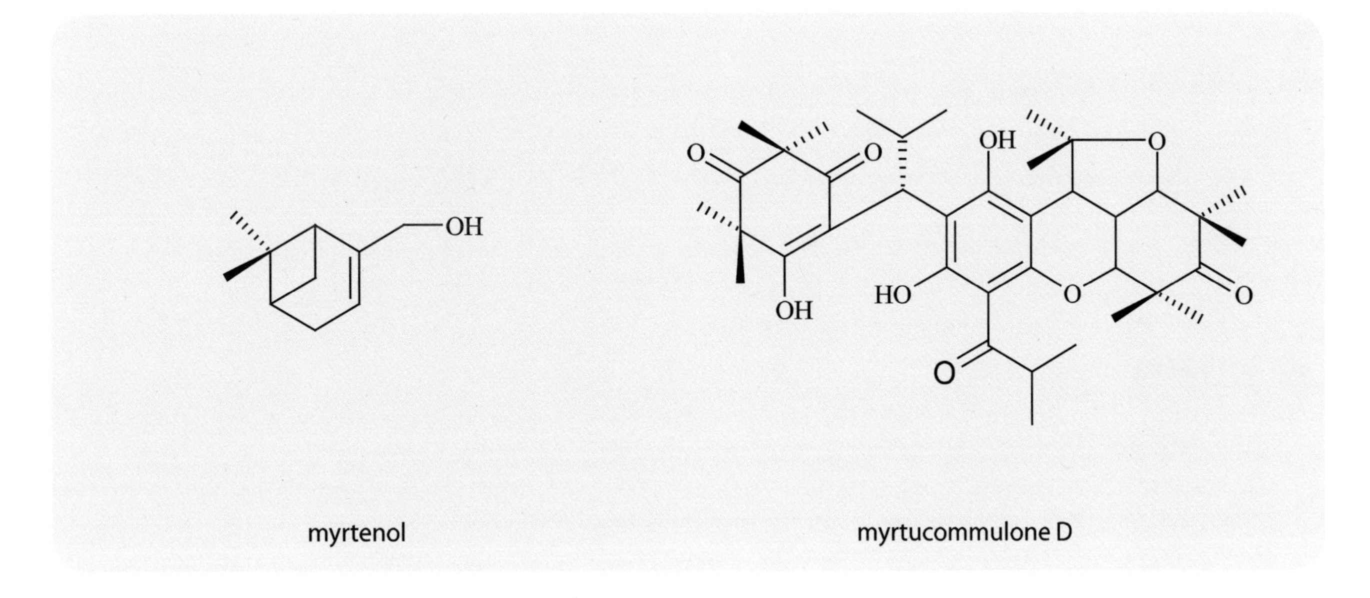

약리작용

1. 항균 작용

 향도목의 잎과 꽃의 에탄올 추출물은 그람 양성균과 음성균을 억제했다[14]. 정유성분은 대장균, 황색포도상구균, 칸디다알비칸스[15], 리족토니아 솔라니[16]를 유의하게 억제했다. 미르투콤무론 D와 E는 칸디다성 질염을 유의하게 억제하는 반면, 트리테르페노이드 화합물은 *in vitro*에서 살모넬라균과 녹농균을 유의하게 억제했다 [13].

2. 항염증 작용

 잎의 에탄올 추출물을 마우스의 복강 내 주사하면 카라기난 유발 족부종을 억제했다[17]. 잎에 함유된 비칸틸화 아실프롤로그루시놀은 *in vitro*에서 시클로옥시게나제-1과 5-리폭시게나제를 직접 억제함으로써 에이코사노이드의 생합성을 강력하게 억제하고 염증을 억제한다[18].

3. 항산화 작용

 열매와 잎의 추출액은 2,2-디페닐-피크릴하이드라질(DPPH)의 중요한 유리기 소거 활성을 나타냈다. 이러한 활동은 페놀 함량과 관련이 있다. 열매 추출액은 잎 추출액보다 높은 항산화 활성을 보였다[19]. 열매의 에탄올 추출물[20] 그리고 잎의 에틸 아세테이트와 메탄올 추출물은 DPPH 라디칼에 대해 상당한 유리기 소거능을 보였다. 잎의 에탄올 추출물은 구리 이온에 의해 유도된 저밀도 지단백(LDL) 산화를 억제했다[21]. 결과는 항산화 제 활성이 갈로일 유도체의 존재 때문일 수 있다고 보인다[22]. 세미미르투코물론과 미르투코물론 A 모두 *in vitro*에서 리놀레산에 대한 중요한 항산화 활성을 보였다. 세미미르투코물론은 또한 마우스에서 철-니트릴로트리아세테이트에 의해 유도된 지질과산화를 억제했다[23].

4. 혈당강하 작용
향도목 오일은 소장 점막 미소융모 말단에 존재하는 α-글루코시다제를 가역적으로 억제하고 글리코겐 생성을 증가시키며 알록산 유도의 당뇨병 토끼에서 혈당 상승을 억제한다[24]. 향도목의 에탄올 추출물을 위 내 투여하면 마우스에서 스트렙토조토신에 의해 생성된 고혈당증을 억제하였으며, 정상 마우스의 혈당 수치에는 영향을 미치지 않았다[24].

5. 기타
잎의 탄닌과 플라보노이드는 항 돌연변이 유발 활성을 보였다[26].

용도

1. 기관지염, 백일해, 감기, 결핵
2. 방광염
3. 설사
4. 장 기생충
5. 치질

해설

잎에서 추출한 정유와 신선한 꽃 그리고 가지도 약용된다.
향도목의 잎과 *Buxus sempervirens* L.과 *Vaccinium vitis-idaea* L.의 잎은 성상이 유사하므로 종종 혼동되기도 하므로 사용 시에 특별한 주의를 기울여야 한다.
의약용 이외에도 향도목의 정유 성분은 스킨케어 화장품에 사용되며, 향도목의 정유는 항균 및 수렴 효과가 있어 피부를 정화하고 여드름을 제거하며 농양을 치료하는 데 사용할 수 있다. 따라서 의료 제품에 대한 추가 개발이 필요하다.

참고문헌

1. LQ Zhang, W Wei. Talking about Myrtus communis in Valentine's Day. Garden. 2006, 2: 31
2. MA Franco, G Versini, F Mattivi, A Dalla Serra, V Vacca, G Manca. Analytical characterization of myrtle berries, partially processed products and commercially available liqueurs. Journal of Commodity Science. 2002, 41(3): 143-267
3. CIG Tuberoso, A Barra, A Angioni, E Sarritzu, FM Pirisi. Chemical composition of volatiles in Sardinian myrtle (Myrtus communis L.) alcoholic extracts and essential oils. Journal of Agricultural and Food Chemistry. 2006, 54(4): 1420-1426
4. T Martin, B Rubio, L Villaescusa, L Fernandez, AM Diaz. Polyphenolic compounds from pericarps of Myrtus communis. Pharmaceutical Biology. 1999, 37(1): 28-31
5. T Martin, L Fernandez, B Rubio, M Gonzalez, L Villaescusa, AM Diaz. Myricetin derivatives isolated from the fruits of Myrtus communis L. Colloques-Institut National de la Recherche Agronomique. 1995, 69(94): 309-310
6. P Montoro, CIG Tuberoso, A Perrone, S Piacente, P Cabras, C Pizza. Characterisation by liquid chromatography-electrospray tandem mass spectrometry of anthocyanins in extracts of Myrtus communis L. berries used for the preparation of myrtle liqueur. Journal of Chromatography, A. 2006, 1112(1-2): 232-240
7. T Martin, L Villaescusa, M De Sotto, A Lucia, AM Diaz. Determination of anthocyanin pigments in Myrtus communis berries. Fitoterapia. 1990, 61(1): 85
8. C Messaoud, Y Zaouali, A Ben Salah, ML Khoudja, M Boussaid. Myrtus communis in Tunisia: variability of the essential oil composition in natural populations. Flavour and Fragrance Journal. 2005, 20(6): 577-582
9. PK Koukos, KI Papadopoulou, AD Papagiannopoulos, DT Patiaka. Chemicals from Greek forestry biomass: constituents of the leaf oil of Myrtus communis L. grown in Greece. Journal of Essential Oil Research. 2001, 13(4): 245-246
10. G Appendino, L Maxia, P Bettoni, M Locatelli, C Valdivia, M Ballero, M Stavri, S Gibbons, O Sterner. Anti-bacterial galloylated alkylphloroglucinol glucosides from myrtle (Myrtus communis). Journal of Natural Products. 2006, 69(2): 251-254
11. G Appendino, F Bianchi, A Minassi, O Sterner, M Ballero, S Gibbons. Oligomeric acylphloroglucinols from myrtle (Myrtus communis). Journal of Natural Products. 2002, 65(3): 334-338
12. A Romani, P Pinelli, N Mulinacci, FF Vincieri, M Tattini. Identification and quantification of polyphenols in leaves of Myrtus communis.

Chromatographia. 1999, 49(1-2): 17-20

13. F Shaheen, M Ahmad, SN Khan, SS Hussain, S Anjum, B Tashkhodjaev, K Turgunov, MN Sultankhodzhaev, MI Choudhary. New α -glucosidase inhibitors and anti-bacterial compounds from Myrtus communis L. European Journal of Organic Chemistry. 2006, 10: 2371-2377
14. HAA Twaij, HMS Ali, AM Al-Zohyri. Pharmacological, phytochemical and anti-microbial studies on Myrtus communis. Part 2: glycemic and antimicrobial studies. Journal of Biological Sciences Research. 1988, 19(1): 41-52
15. D Yadegarinia, L Gachkar, MB Rezaei, M Taghizadeh, SA Astaneh, I Rasooli. Biochemical activities of Iranian Mentha piperita L. and Myrtus communis L. essential oils. Phytochemistry. 2006, 67(12): 1249-1255
16. M Curini, A Bianchi, F Epifano, R Bruni, L Torta, A Zambonelli. Composition and in vitro anti-fungal activity of essential oils of Erigeron canadensis and Myrtus communis from France. Chemistry of Natural Compounds. 2003, 39(2): 191-194
17. MK Al-Hindawi, IH Al-Deen, MH Nabi, MA Ismail. Anti-inflammatory activity of some Iraqi plants using intact rats. Journal of Ethnopharmacology. 1989, 26(2): 163-168
18. C Feisst, L Franke, G Appendino, O Werz. Identification of molecular targets of the oligomeric nonprenylated acylphloroglucinols from Myrtus communis and their implication as anti-inflammatory compounds. Journal of Pharmacology and Experimental Therapeutics. 2005, 315(1): 389-396
19. MC Alamanni, M Cossu. Radical scavenging activity and anti-oxidant activity of liquors of myrtle (Myrtus communis L.) berries and leaves. Italian Journal of Food Science. 2004, 16(2): 197-208
20. P Montoro, CIG Tuberoso, S Piacente, A Perrone, V De Feo, P Cabras, C Pizza. Stability and anti-oxidant activity of polyphenols in extracts of Myrtus communis L. berries used for the preparation of myrtle liqueur. Journal of Pharmaceutical and Biomedical Analysis. 2006, 41(5): 1614-1619
21. N Hayder, A Abdelwahed, S Kilani, RB Ammar, A Mahmoud, K Ghedira, L Chekir-Ghedira. Anti-genotoxic and free-radical scavenging activities of extracts from (Tunisian) Myrtus communis. Mutation Research. 2004, 564(1): 89-95
22. A Romani, R Coinu, S Carta, P Pinelli, C Galardi, FF Vincieri, F Franconi. Evaluation of anti-oxidant effect of different extracts of Myrtus communis L. Free Radical Research. 2004, 38(1): 97-103
23. A Rosa, M Deiana, V Casu, G Corona, G Appendino, F Bianchi, M Ballero, A Dessi. Anti-oxidant activity of oligomeric acylphloroglucinols from Myrtus communis L. Free Radical Research. 2003, 37(9): 1013-1019
24. A Sepici, I Gurbuz, C Cevik, E Yesilada. Hypoglycaemic effects of myrtle oil in normal and alloxan-diabetic rabbits. Journal of Ethnopharmacology. 2004, 93(2-3): 311-318
25. MS Elfellah, MH Akhter, MT Khan. Anti-hyperglycaemic effect of an extract of Myrtus communis in streptozotocin-induced diabetes in mice. Journal of Ethnopharmacology. 1984, 11(3): 275-281
26. N Hayder, S Kilani, A Abdelwahed, A Mahmoud, K Meftahi, J Ben Chibani, K Ghedira, L Chekir-Ghedira. Antimutagenic activity of aqueous extracts and essential oil isolated from Myrtus communis. Pharmazie. 2003, 58(7): 523-524

월견초 月見草 BP

Oenothera biennis L.

Evening Primrose

개요

바늘꽃과(Onagraceae)

월견초(月見草, *Oenothera biennis* L.)의 잘 익은 씨로부터 얻은 불휘발성 기름: 월견초유(月見草油)

중약명: 월견초(月見草)

달맞이꽃속(*Oenothera*) 식물은 전 세계에 약 119종이 있으며 북미, 남미 및 중부 아메리카의 온대 및 아열대 지역에 분포한다. 중국에서는 약 20종이 발견되고, 약 4종이 약으로 사용된다[1]. 월견초는 북미에서 시작되었으며 온대와 아열대 지역으로 빠르게 확산되었다. 유럽에 도입된 이후에 세계적으로 재배되고 분포되어 중국 북동부, 북부, 동부 및 남서부 지역에서 군락을 이룬다.

7세기 초 월견초는 미국 원주민에 의해 질병 치료에 사용되었다. 17세기에는 유럽으로 도입되어 상처를 치료하고 통증을 완화하며 기침을 멈춰 "왕실의 약"이 되었다[2]. 1917년 월견초에 대한 분석 연구를 한 후에 독일 화학자들은 다른 식물에서 거의 발견되지 않는 γ-리놀렌산이 있음을 발견했다[3]. 1986년 혈액 지질을 낮추는 임상 적용을 위해 중국에서 캡슐로 제조되었으며 영국은 1988년에 월견초유 캡슐로 아토피성 피부염 치료를 승인했으며, 1990년에 여성의 유선통을 치료하기 위해 사용했다[4]. 이 종은 월견초유(Oenotherae Oleum)의 공식적인 기원식물로 유럽약전(5개정판)에 등재되어 있다. 이 약재는 주로 미국의 온대 지역에서 생산되며[5], 중국 동북부의 동부 및 남부 지역에서도 생산된다[6].

월견초의 주요 유효 성분은 불포화 지방산뿐만 아니라 소량의 카테킨, 페놀산, 스테롤, 트리 테르페노이드 및 플라보노이드 성분이다. 유럽약전은 정제 월견초유의 품질관리를 위해 산가, 과산화물가 및 지방산의 성분으로 규정하고 있다.

약리학적 연구에 따르면 달맞이꽃은 항고지혈증, 항죽상 동맥경화, 혈압강하, 항염증, 항종양 및 항 비만 효과를 나타낸다.

민간요법에 의하면 월견초유에는 항고지혈증 및 항죽상 동맥경화 작용이 있다.

월견초 月見草 *Oenothera biennis* L.

함유성분

씨에는 지방산 성분으로 γ-리놀렌산(GLA), 리올레산, 올레산, 스테아르산[7], 팔미트산, behenic acid, palmitoleic acid, eicosanoic acid, 9,12-octadecadienoic acid, tetracosanoic acid[8], 카테킨 성분으로 카테킨, 에피카테킨[9], 페놀산 성분으로 protocatechuic acid[10]가 함유되어 있다.
뿌리에는 트리테르페노이드 성분으로 oleanolic acid, maslinic acid[11]가 함유되어 있다.
잎에는 가수분해성 탄닌 성분으로 oenotheins A, B[12], 플라보노이드 성분으로 캠페롤, 퀘르세틴[13]이 함유되어 있다.

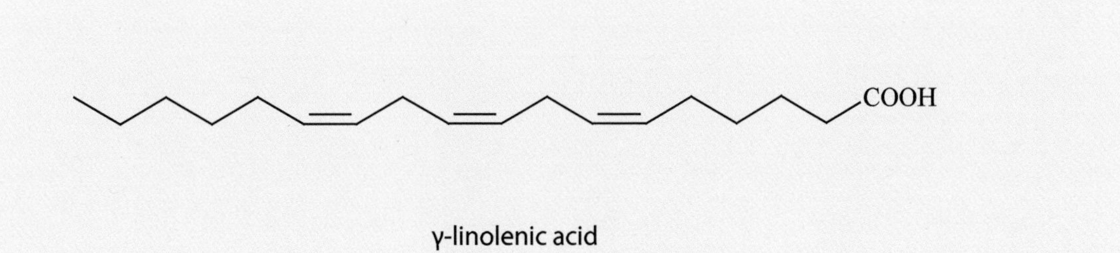

γ-linolenic acid

약리작용

1. 항고지혈증 효과
   고지혈증 마우스에서 월견초유를 경구 투여하면 총 혈청 콜레스테롤(TC)과 동맥 경화 지수(AI)를 감소시켰고, 반대로 고밀도 지단백 콜레스테롤(HDL-C)을 증가시켰다[14]. 임상실험에서 월견초유를 만성적으로 섭취하면 혈청 중성지방(TG)이 감소하고 HDL-C와 콜레스테롤의 비율이 증가한다[15].
2. 항 죽상 동맥경화 작용
   식의 γ-리놀렌산(GLA)은 혈관 평활근 세포(VSMC)에서 DNA 합성을 억제함으로써 혈관 평활근 세포(VSMC)의 증식을 억제하는 마우스 대식세포에서 추출한 프로스타글란딘 E1의 생성을 촉진시켰다[16]. 월견초유의 γ-리놀렌산은 아포리포 단백질 E 녹아웃 수컷 마우스에서 대동맥 혈관벽 중간층 두께를 감소시키고, 죽상 경화성 병변 크기를 감소시키며, 대동맥 평활근 세포증식을 억제하였다[17].
3. 혈압강하 작용
   식이 γ-리놀렌산(GLA)은 자발적 고혈압을 가진 랫드에서 혈압을 감소시킨다[17]. 또한, 식이 γ-리놀렌산은 부신 안지오텐신(ANG) II 수용체 수준에서 레닌-안지오텐신-알도스테론 시스템과 상호 작용하여 수축기 혈압을 낮추었다[19].
4. 항염증 작용
   식이 γ-리놀렌산(GLA)은 인간 호중구에서 디호모-γ-릴리올레산의 농도를 높이고 아라키돈산이 류코트리엔으로 전환되는 것을 억제함으로써 항염증 효과를 나타낸다. GLA는 또한 아라키돈산뿐만 아니라 디호모-γ-릴리올레산과 같은 GLA 혈청 농도를 증가시켰으며, 또한 인간 호중구에서 디호모-γ-릴리올레산의 농도를 증가시켰다[20]. 식이 GLA는 2 계열 프로스타글란딘(PG)과 4 계열 류코트리엔(LT)의 생산을 억제하고 류마티스 관절염을 개선했다[21].
5. 항종양 작용
   탈지 종자로부터 정제된 페놀릭 분획물은 인간 및 마우스 골수 유래 세포주의 선택적 세포사멸을 촉진시켰고, 인간 대장암 세포 CaCo2 세포 및 마우스 섬유육종 WEHI164 세포에서 3H-티미딘 도입을 억제하였다[22]. 페놀릭 분획은 인간 및 마우스 골수 유래 세포주의 선택적 세포사멸을 촉진시켰다[23].
6. 당뇨 합병증의 개선
   GLA는 세포막에서 인지질 이동성을 증가시키고 세포막의 인슐린 감수성을 증가시켰다. GLA로부터 형질전환된 프로스타글란딘 E_1은 아데닐레이트사이클라제의 활성을 증가시키고 인슐린 분비를 증가시켜 당뇨병을 개선시킨다[24].
7. 항 비만 작용
   GLA는 갈색 지방 조직에서 짝풀림 단백질 1과 지질단백질분해효소의 mRNA 수준을 증가시킴으로써 체중 감소를 촉진시켰다[25]. 월견초유는 과산화수소 지방산의 활동을 증가시킴으로써 체중 감량을 촉진시켰는데, 이는 과도한 에너지를 소비한다[26].

용도

1. 고 콜레스테롤 혈증, 고혈압, 혈전증, 관상 동맥 심장 질환
2. 월경 전 증후군, 폐경기의 열감(熱感)
3. 신경 피부염, 아토피성 습진
4. 류마티스성 관절염
5. 다발성 경화증, 레이노병

해설

Oenothera lamarkiana L.은 월견초의 공식 기원식물로 유럽약전(5개정판)에 등재되었으며 *O. glazioviana* Mich.은 한약재 월견초유의 기원식물이다.
달맞이꽃 뿌리는 류마티스 증상을 개선하고 힘줄과 뼈를 강화시키므로 임상응용에 류마티스로 인한 팔다리 저림증과 무릎이 시리고 아픈 증상이 포함된다.
월견초유와 γ-리놀렌산은 영양학에서 "21세기의 주요 기능성 식품"으로 알려져 있으며, 중국 및 해외 시장 수요가 점차 증가하고 있다.
달맞이꽃은 최근 10년간 중국 동북부에서 광범위하게 재배되고 있다. 재배 연구에 따르면 *Oenothera villosa* Thunb.은 수율이 높고, 거름을 많이 안 주며, 곤충 등 해충에 대한 저항성 등의 특징을 가지고 있으며 γ-리놀렌산의 함량이 가장 높은 종이다. 또한 중국 북동부 및 북서부의 북동부 지역의 생태 조건과 척박한 토양에 적합하기 때문에 활용 잠재력이 크다.
달맞이꽃의 분류에 관한 연구는 거의 없다. 수년간의 도입과 전파를 거쳐서 재배된 품종에 대한 정확한 통계를 하는 것은 여전히 불가능하다. 형태학적 특성에 의한 분류만으로는 정확하지 않다[27]. 그러므로 재배되고 있는 달맞이꽃을 분류하기 위한 신기술의 적용에 대한 추가 연구가 이루어져야 한다.

참고문헌

1. FB Han, JM Zhou, SQ Yu, YQ Tian, YQ Bao. Advance study on chemical components of plants of Oenothera genus in China. Agriculture & Techonology. 2001, 21(4): 33-36
2. XP Sun. Exploitation and utilization of Oenothera biennis in the province of Gansu. Gansu Journal of Traditional Chinese Medicine. 2005, 18(8): 43-45
3. JY Wang, Y Wang. The value of Oenothera biennis and its exploitation and utilization. Resource Development & Market. 1998, 14(3): 122-123
4. JC Qi. Overview obout research, development, production and application of evening primrose oil and γ-linolenic acid in China. Chinese Pharmaceutical Information. 2001, 17(7): 38-40
5. SH Liu. Oenothera biennis seed rich in γ-linolenic acid. Chinese Traditional and Herbal Drugs. 1998, 5(9): 59-61
6. Y Shi, JS Zhang, K Luo, JF He. Comparison and analysis on nutritive elements in wild and planted Oenathera biennis L. Guangdong Trace Elements Science. 1998, 5(9): 59-61
7. CF Zhao, XH Hao, PY Li, LD Liu. Analysis of the nutrition constituents of evening primrose oil. Journal of Norman Bethune University of Medical Science. 2000, 26(5): 458-459
8. NBL Prasad, G Azeemoddin. Indian habitat evening primrose (Oenothera biennis L.): characteristics and composition of seed and oil. Journal of the Oil Technologists' Association of India. 1997, 29(2): 32-34
9. M Wettasinghe, F Shahidi, R Amarowicz. Identification and quantification of low molecular weight phenolic anti-oxidants in seeds of evening primrose (Oenothera biennis L.). Journal of Agricultural and Food Chemistry. 2002, 50(5): 1267-1271
10. R Zadernowski, M Naczk, H Nowak-Polakowska. Phenolic acids of borage (Borago officinalis L.) and evening primrose (Oenothera biennis L.). Journal of the American Oil Chemists' Society. 2002, 79(4): 335-338
11. YN Shukla, A Srivastava, S Kumar. Aryl, lipid and triterpenoid constituents from Oenothera biennis. Indian Journal of Chemistry, Section B: Organic Chemistry Including Medicinal Chemistry. 1999, 38B(6): 705-708
12. T Yoshida, T Chou, M Matsuda, T Yasuhara, K Yazaki, T Hatano, A Nitta, T Okuda. Woodfordin D and oenothein A, trimeric hydrolyzable tannins of macro-ring structure with anti-tumor activity. Chemical & Pharmaceutical Bulletin. 1991, 39(5): 1157-1162
13. Z Kowalewski, M Kowalska, L Skrzypczakowa. Flavonols of Oenothera biennis. Dissertationes Pharmaceuticae et Pharmacologicae. 1968,

20(5): 573-575

14. L Yan, J Deng, R Zhou, SJ Jin, WD Yang. Pharmacological action of Oenothera biennis seed oil on blood lipids in rats. Journal of Ningxia Medical College. 2003, 25(1): 4-5, 8
15. M Guivernau, N Meza, P Barja, O Roman. Clinical and experimental study on the long-term effect of dietary gamma-linolenic acid on plasma lipids, platelet aggregation, thromboxane formation, and prostacyclin production. Prostaglandins, Leukotrienes and Essential Fatty Acids. 1994, 51(5): 311-316
16. YY Fan, KS Ramos, RS Chapkin. Dietary γ-linolenic acid enhances mouse macrophage-derived prostaglandin E1 which inhibits vascular smooth muscle cell proliferation. Journal of Nutrition. 1997, 127(9): 1765-1771
17. YY Fan, KS Ramos, RS Chapkin. Dietary γ-linolenic acid suppresses aortic smooth muscle cell proliferation and modifies atherosclerotic lesions in apolipoprotein E knockout mice. Journal of Nutrition. 2001, 131(6): 1675-1681
18. MM Engler, MB Engler, SK Erickson, SM Paul. Dietary gamma-linolenic acid lowers blood pressure and alters aortic reactivity and cholesterol metabolism in hypertension. Journal of Hypertension. 1992, 10(10): 1197-1204
19. MM Engler, M Schambelan, MB Engler, DL Ball, TL Goodfriend. Effects of dietary γ-linolenic acid on blood pressure and adrenal angiotensin receptors in hypertensive rats. Proceedings of the Society for Experimental Biology and Medicine. 1998, 218(3): 234-243
20. T Chilton-Lopez, ME Surette, DD Swan, AN Fonteh, MM Johnson, FH Chilton. Metabolism of gammalinolenic acid in human neutrophils. Journal of Immunology. 1996, 156(8): 2941-2947
21. JJF Belch, A Hill. Evening primrose oil and borage oil in rheumatologic conditions. American Journal of Clinical Nutrition. 2000, 71(1S): 352S-356S
22. C Dalla Pellegrina, G Padovani, F Mainente, G Zoccatelli, G Bissoli, S Mosconi, G Veneri, A Peruffo, G Andrighetto, C Rizzi, R Chignola. Antitumour potential of a gallic acid-containing phenolic fraction from Oenothera biennis. Cancer Letters. 2005, 226(1): 17-25
23. C Dalla Pellegrina, G Padovani, F Mainente, G Zoccatelli, G Bissoli, S Mosconi, G Veneri, A Peruffo, G Andrighetto, C Rizzi, R Chignola. Antitumour potential of a gallic acid-containing phenolic fraction from Oenothera biennis. Cancer Letters. 2005, 226(1): 17-25
24. SL Burnard, EJ McMurchie, WR Leifert, GS Patten, R Muggli, D Raederstorff, RJ Head. Cilazapril and dietary gamma-linolenic acid prevent the deficit in sciatic nerve conduction velocity in the streptozotocin diabetic rat. Journal of Diabetes and Its Complications. 1998, 12(2): 65-73
25. Y Takahashi, T Ide, H Fujita. Dietary gamma-linolenic acid in the form of borage oil causes less body fat accumulation accompanying an increase in uncoupling protein 1 mRNA level in brown adipose tissue. Comparative Biochemistry and Physiology, Part B: Biochemistry & Molecular Biology. 2000, 127B(2): 213-222
26. PD Hu. Clinical analysis on 156 cases of using Oenothera biennis oil capsule to treat simple obesity. Jiangsu Journal of Traditional Chinese Medicine. 1995, 16(1): 26
27. L Liu. Research status and development prospects of Oenothera biennis. Journal of Anhui Agricultural Sciences. 2005, 33(11): 2127-2128

올리브나무 木犀欖 EP, BP, BHP, USP, GCEM

Olea europaea L.

Olive

개 요

물푸레나무과(Oleaceae)

올리브나무(木犀欖, *Olea europaea* L.)의 잘 익은 열매로부터 얻은 지방유: 올리브유

중약명: 올리브유

올리브나무속(*Olea*) 식물은 세계에 약 40종이 있으며 남부 아시아, 오세아니아, 남태평양 섬, 아프리카와 지중해의 열대 지역에 분포한다. 중국에는 약 15종, 1아종 및 1변종이 발견되며 약 2종이 약으로 사용된다. 올리브는 소아시아에서 기원한 것으로 추정된다. 후에 지중해에서 널리 재배되었고 전 세계의 아열대 지역에서 재배되었다. 오래전에 중국에 도입되어 현재 양자강 남쪽의 지방에서 재배되고 있다.

올리브는 이미 기원전 17세기에 이집트 사람들에 의해 사용되었고 곧 스페인으로 도입되었다. 올리브유는 현재 제약, 식품 및 일상 화학제품에 널리 사용된다. 중국에서는 올리브가 ≪본초강목(本草綱目)≫에서 제돈과(齊墩果)라는 이름으로 소개된 이래 약재로 사용된다. 이 종은 유럽약전(5개정판), 영국약전(2002) 및 미국약전(28개정판)에서 올리브유(Olivae Oleum)의 공식적인 기원식물로 등재되어 있다. 이 약재는 주로 이탈리아, 스페인, 프랑스, 그리스 및 튀니지에서 생산되며, 중국의 양자강 남쪽 지역에서도 생산된다.

올리브에는 지방산, 스테롤, 세코이드리드 글루코시드, 페닐에틸알코올 글리코시드 및 트리테르페노이드 성분이 함유되어 있으며 지방산과 스테롤이 지표물질이다. 유럽약전, 영국약전 및 미국약전은 의약 물질의 품질관리를 위해 지방산 및 스테롤의 함량을 정량하는 것으로 규정하고 있다.

약리학적 연구에 따르면 올리브유와 올리브 잎은 항산화, 혈압강하, 항고지혈증, 혈당강하작용 및 항균력을 나타낸다.

민간요법에 의하면 올리브유는 이담작용 및 심혈관 보호 작용을 나타내며, 한의학에서 올리브유는 윤장통변(潤腸通便), 해독렴창(解毒斂瘡)의 효능을 나타낸다.

올리브나무 木犀欖 *Olea europaea* L.

함유성분

열매에는 지방산 성분으로 올레산, 팔미트산, 팔미톨레산, 리놀렌산, 스테아르산, 리올레산, arachidic acid, behenic acid, lignoceric acid, margaric acid, gadoleic acid[1], vaccenic acid, eicosenoic acid[2], 식물성 스테롤 성분으로 cholesterol, sitostanol, βsitosterol, stigmasterol, campestanol, campesterol, methylenecholesterol, brassicasterol, Δ^{7}−campesterol, clerosterol, Δ^{7}−stigmastenol, Δ^{5}−avenasterol, Δ^{7}−avenasterol, $\Delta^{5,24}$−stigmastadienol[3], 세코이리도이드 배당체 성분으로 nuezhenide, oleonuezhenide[4], oleuropein, demethyloleuropein, ligustroside[5], oleuroside[6], oleoside[7], 페닐에타노이드 배당체 성분으로 salidroside[4], verbascoside[7], 플라보노이드 성분으로 rutin, luteolin, luteolin−7−glucoside, luteolin−7−rutinoside[7], 트리테르페노이드 성분으로 oleanolic acid, maslinic acid, erythrodiol, uvaol[8]이 함유되어 있으며, 또한 cornoside[5], elenolide[9], tyrosol[10], hydroxytyrosol[11], estrone[12]이 함유되어 있다.
잎에는 플라보노이드 성분으로 rutin, luteolin, apigenin, diosmetin[13], hesperidin, quercetin, kaempferol[14], chrysoeriol, chrysoeriol−7−O−glucoside[15], 세코이리도이드 배당체 성분으로 oleuropein[16], ligustroside, oleoside[17], secologanoside[18], 이리도이드 배당체 성분으로 asperuloside, kingiside, morroniside[19]가 함유되어 있다.
줄기와 껍질에는 oleuropeic acid, 6−O−oleuropeoylsucrose[20], demethyloleuropein[21], esculetin, esculin[22]이 함유되어 있다.

oleuropein

salidroside

약리작용

1. 항산화 작용
   전자 스핀 공명(ESR) 분광분석법의 결과로부터, 열매추출물(주로 하이드록시타이로솔을 함유함)은 하이포크산틴/크산틴 산화효소 시스템과 펜톤 반응에 의해 각각 생성된 5,5-디메틸 피롤린-N-산화물(DMPO)과 탄화수소 라디칼을 강하게 억제했다[23]. 활성성분은 하이드록시타이로솔, 마슬린산, 누에제나이드와 같은 페놀계 화합물로 구성되어 있다[11, 23-24].

2. 혈압강하 작용
   열매 수성 메탄올성 조 추출물을 정맥 투여하면 정상 조혈 마취 및 아트로핀 처리 랫드에서 동맥혈압을 낮추었다. 이는 또한 기니피그 심방의 자발적인 박동을 저해했다. 잎 추출물을 경구 투여하면 랫드의(NG-니트로-L-아르기닌 메틸 에스테르) L-NAME으로 유발된 혈압 상승에 대한 예방 효과를 보였다. 또한 잎의 물 추출물을 정맥 투여하면 고양이와 토끼의 혈압을 낮추었다[27]. 활성성분은 올레우로페인과 트리테르펜 화합물로 구성되어 있다[8, 16].

3. 항고지혈증 효과
   열매의 수성 메탄올 및 에틸 아세테이트 추출물을 랫드의 위 내관 내 투여하면 고농도의 혈청 수준을 증가시키면서 총 콜레스테롤(TC) 및 저농도 지단백 콜레스테롤(LDL-C)의 혈청 수준이 낮아졌다[28]. 혈장 TC와 LDL-콜레스테롤 수치는 노인에서 버진 올리브유를 섭취 한 후에만 감소했다[29].

4. 혈압강하 작용
   잎 추출물은 경구용 전분과 포도당 과부하 하에서 랫드의 α-아밀라제를 억제함으로써 항 고혈당 작용을 보였다. 올레우로페인은 알록산-모모하이드레이트에 의한 랫드의 고혈당을 억제했다[31].

5. 항균 작용
   올레우로페인과 같은 세코이리도이드는 표준 박테리아 균주 또는 인플루엔자균, 모락셀라 카타랄리스균, 장티푸스균 및 장염비브리오균와 같은 임상 분리 균주에 대해 *in vitro*에서 유망한 항균성 활성을 보였다[32]. 열매와 잎의 추출물은 헬리코박터 파일로리에 항균 활성을 보였다[33]. 올레우로페인은 *in vitro*에서 마이코플라즈마 호미니스, *M. fermentans*, *M. pneumonia*, *M. pirum*을 저해하였다[34].

6. 항종양 작용
   열매, 잎 및 올리브유는 자궁경부암 HL-60 세포에 대하여 *in vitro*에서 유의한 항 돌연변이 유발 및 성장 억제 활성을 보였다[35]. 열매 추출물에 있는 펜타사이클릭 트리테르펜은 결장암 HT-29 세포에서 세포증식을 억제하고 세포사멸을 유도했다[36].

7. 항바이러스 작용
   잎 추출물과 그 주요 화합물인 올레우로페인은 바이러스 엔벨로프와 상호 작용하여 감염되지 않은 세포에서 바이러스 출혈성 패혈증 바이러스(VHSV)에 의해 유도된 세포 간 막 융합을 억제하고 바이러스성 전달을 억제했다[37].

8. 기타
   올리브는 또한 항궤양, 항염증[38], 항 방사선[39], 항 보체 효과[15]를 보였다. 이것은 마우스 간의 글루타티온 S-전이효소(GST)를 유도하고[40], 안지오텐신 전환효소(ACE)를 억제하며[41], 평활근을 이완시키고[42], 심장 혈관계를 보호한다[43].

용도

1. 긴장항진, 동맥 경화, 관상 동맥 질환
2. 류마티즘, 통풍
3. 발열
4. 담관염, 담낭염, 황달, 복부팽만, 변비, 로엠헬드증후군, 위궤양
5. 건선, 습진, 뜨거운 물김에 데인 상처 및 화상

해설

올리브유는 지중해 연안의 전통적인 황록색의 향기로운 식용유이다. 풍부한 영양소와 우수한 의약 및 건강관리 기능으로 인해 올리브유는 자연 건강 식용기름으로 널리 알려져 있다. 오랫동안 "액체 황금"으로 알려져 왔다.
유럽약전과 영국약전에는 가공 방법에 따라 차이가 있으며 가격, 영양소 및 용도에 따라 버진 올리브 오일과 정제 올리브 오일의 두 품목으로 각각 등재되어 있다. 버진 올리브 오일은 올리브의 숙성된 핵과에서 냉압착이나 다른 적절한 기계적 수단으로 얻은 지방질 기름

으로, 여과 과정에서 불순물을 제거하고 전체 과정에서 화학적 처리를 하지 않아도 된다. 정제 올리브 오일은 올리브 오일을 정제하여 얻은 지방 오일이다. 그 산도는 일반적으로 탈색 및 탈취와 같은 정제 과정을 통해 0.5 이하로 낮출 수 있다. 버진 올리브 오일이 품질이 좋다.

참고문헌

1. JE Pardo, MA Cuesta, A Alvarruiz. Evaluation of potential and real quality of virgin olive oil from the designation of origin 'Aceite Campo de Montiel'. Food Chemistry. 2006, 100(3): 977-984
2. P Scano, M Casu, A Lai, G Saba, MA Dessi, M Deiana, FP Corongiu, G Bandino. Recognition and quantitation of cis-vaccenic and eicosenoic fatty acids in olive oils by 13C nuclear magnetic resonance spectroscopy. Lipids. 1999, 34(7): 757-759
3. G Sivakumar, CB Bati, E Perri, N Uccella. Gas chromatography screening of bioactive phytosterols from mono-cultivar olive oils. Food Chemistry. 2005, 95(3): 525-528
4. R Maestro-Duran, R Leon-Cabello, V Ruiz-Gutierrez, P Fiestas, A Vazquez-Roncero. Bitter phenolic glucosides from seeds of olive (Olea europaea). Grasas y Aceites. 1994, 45(5): 332-335
5. A Bianco, R Lo Scalzo, ML Scarpati. Isolation of cornoside from Olea europaea and its transformation into halleridone. Phytochemistry. 1993, 32(2): 455-457
6. H Kuwajima, T Uemura, K Takaishi, K Inoue, H Inouye. Monoterpene glucosides and related natural products. Part 60. A secoiridoid glucoside from Olea europaea. Phytochemistry. 1988, 27(6): 1757-1759
7. SM Cardoso, S Guyot, N Marnet, JA Lopes-da-Silva, CMGC Renard, MA Coimbra. Characterization of phenolic extracts from olive pulp and olive pomace by electrospray mass spectrometry. Journal of the Science of Food and Agriculture. 2005, 85(1): 21-32
8. R Rodriguez-Rodriguez, JS Perona, MD Herrera, V Ruiz-Gutierrez. Triterpenic compounds from 'Orujo' olive oil elicit vasorelaxation in aorta from spontaneously hypertensive rats. Journal of Agricultural and Food Chemistry. 2006, 54(6): 2096-2102
9. HC Beyerman, LA van Dijck, J Levisalles, A Melera, WLC Veer. The structure of elenolide. Bulletin de la Societe Chimique de France. 1961, 10: 1812-1820
10. A Bianco, MA Chiacchio, G Grassi, D Iannazzo, A Piperno, R Romeo. Phenolic components of Olea europea: isolation of new tyrosol and hydroxytyrosol derivatives. Food Chemistry. 2005, 95(4): 562-565
11. S Silva, L Gomes, F Leitao, AV Coelho, LV Boas. Phenolic compounds and anti-oxidant activity of Olea europaea L. fruits and leaves. Food Science and Technology International. 2006, 12(5): 385-395
12. ES Amin, AR Bassiouny. Estrone in Olea europaea kernel. Phytochemistry. 1979, 18(2): 344
13. J Meirinhos, BM Silva, P Valentao, RM Seabra, JA Pereira, A Dias, PB Andrade, F Ferreres. Analysis and quantification of flavonoidic compounds from Portuguese olive (Olea europaea L.) leaf cultivars. Natural Product Research. 2005, 19(2): 189-195
14. N De Laurentis, L Stefanizzi, MA Milillo, G Tantillo. Flavonoids from leaves of Olea europaea L. cultivars. Annales Pharmaceutiques Francaises. 1998, 56(6): 268-273
15. A Pieroni, D Heimler, L Pieters, B Van Poel, AJ Vlietinck. In vitro anti-complementary activity of flavonoids from olive (Olea europaea) leaves.Pharmazie. 1996, 51(10): 765-768
16. A Trovato, AM Forestieri, L Iauk, R Barbera, MT Monforte, EM Galati. Hypoglycemic activity of different extracts of Olea europaea L. in rats. Plantes Medicinales et Phytotherapie. 1993, 26(4): 300-308
17. P Gariboldi, G Jommi, L Verotta. Secoiridoids from Olea europaea. Phytochemistry. 1986, 25(4): 865-869
18. A Karioti, A Chatzopoulou, AR Bilia, G Liakopoulos, S Stavrianakou, H Skaltsa. Novel secoiridoid glucosides in Olea europaea leaves suffering from boron deficiency. Bioscience, Biotechnology, and Biochemistry. 2006, 70(8): 1898-1903
19. H Inouye, T Yoshida, S Tobita, K Tanaka, T Nishioka. Monoterpene glucosides and related natural products. XXII. Absolute configuration of oleuropein, kingiside, and morroniside. Tetrahedron. 1974, 30(1): 201-209
20. ML Scarpati, C Trogolo. 6-O-Oleuropeoylsucrose from Olea europaea. Tetrahedron Letters. 1966, 46: 5673-5674
21. H Tsukamoto, S Hisada, S Nishibe. Isolation of secoiridoid glucosides from the bark of Olea europaea. Shoyakugaku Zasshi. 1985, 39(1): 90-92
22. S Nishibe, H Tsukamoto, I Agata, S Hisada, K Shima, T Takemoto. Isolation of phenolic compounds from stems of Olea europaea. Shoyakugaku Zasshi. 1981, 35(3): 251-254
23. H Fujita, Y Takehara, S Muranaka, T Fujiwara, J Akiyama, K Utsumi. In vitro study on the anti-oxidant activity of Hidrox olive pulp extract. Igaku to Yakugaku. 2005, 53(1): 99-108

24. MP Montilla, A Agil, C Navarro, MI Jimenez, A Garcia-Granados, A Parra, MM Cabo. Anti-oxidant activity of maslinic acid, a triterpene derivative obtained from Olea europaea. Planta Medica. 2003, 69(5): 472-474

25. A Hassan Gilani, AU Khan, A Jabbar Shah, J Connor, Q Jabeen. Blood pressure lowering effect of olive is mediated through calcium channel blockade. International Journal of Food Sciences and Nutrition. 2005, 56(8): 613-620

26. MT Khayyal, MA El-Ghazaly, DM Abdallah, NN Nassar, SN Okpanyi, MH Kreuter. Blood pressure lowering effect of an olive leaf extract (Olea europaea) in L-NAME induced hypertension in rats. Arzneimittel-Forschung. 2002, 52(11): 797-802

27. G Samuelsson. The blood pressure-lowering factor in leaves of Olea europaea. Farmacevtisk Revy. 1951, 50: 229-240

28. I Fki, M Bouaziz, Z Sahnoun, S Sayadi. Hypocholesterolemic effects of phenolic-rich extracts of Chemlali olive cultivar in rats fed a cholesterol-rich diet. Bioorganic & Medicinal Chemistry. 2005, 13(18): 5362-5370

29. JS Perona, J Canizares, E Montero, JM Sanchez-Dominguez, V Ruiz-Gutierrez. Plasma lipid modifications in elderly people after administration of two virgin olive oils of the same variety (Olea europaea var. hojiblanca) with different triacylglycerol composition. British Journal of Nutrition. 2003, 89(6): 819-826

30. M Sumiyoshi, Y Kimura. Effects of olive leaf extract on blood sugar levels in mice under oral starch and glucose overload. New Food Industry. 2004, 46(8): 53-56

31. HF Al-Azzawie, MSS Alhamdani. Hypoglycemic and anti-oxidant effect of oleuropein in alloxan-diabetic rabbits. Life Sciences. 2006, 78(12): 1371-1377

32. G Bisignano, A Tomaino, R Lo Cascio, G Crisafi, N Uccella, A Saija. On the in vitro anti-microbial activity of oleuropein and hydroxytyrosol. Journal of Pharmacy and Pharmacology. 1999, 51(8): 971-974

33. H Shibasaki. Anti-Helicobacter pylori activity of olive extract. Kenkyu Hokoku-Kagawa-ken Sangyo Gijutsu Senta. 2004, 4: 81-82

34. PM Furneri, A Marino, A Saija, N Uccella, G Bisignano. In vitro anti-mycoplasmal activity of oleuropein. International Journal of Anti-microbial Agents. 2002, 20(4): 293-296

35. H Shibasaki, H Fujisawa. Study on function of olive oil. 1. Kenkyu Hokoku-Kagawa-ken Sangyo Gijutsu Senta. 2002, 2: 141-143

36. ME Juan, U Wenzel, V Ruiz-Gutierrez, H Daniel, JM Planas. Olive fruit extracts inhibit proliferation and induce apoptosis in HT-29 human colon cancer cells. Journal of Nutrition. 2006, 136(10): 2553-2557

37. V Micol, N Caturla, L Perez-Fons, V Mas, L Perez, A Estepa. The olive leaf extract exhibits anti-viral activity against viral haemorrhagic septicaemia rhabdovirus (VHSV). Anti-viral Research. 2005, 66(2-3): 129-136

38. B Fehri, JM Aiache, S Mrad, S Korbi, JL Lamaison. Olea europaea L.: stimulant, anti-ulcer and anti-inflammatory effects. Bollettino Chimico Farmaceutico. 1996, 135(1): 42-49

39. O Benavente-Garcia, J Castillo, J Lorente, M Alcaraz. Radioprotective effects in vivo of phenolics extracted from Olea europaea L. leaves against X-ray-induced chromosomal damage: comparative study versus several flavonoids and sulfur-containing compounds. Journal of Medicinal Food. 2002, 5(3): 125-135

40. YM Han, S Nishibe, Y Kamazawa, N Ueda, K Wada. Inductive effects of olive leaf and its component oleuropein on the mouse liver glutathione S-transferases. Natural Medicines. 2001, 55(2): 83-86

41. K Hansen, A Adsersen, SB Christensen, SR Jensen, U Nyman, UW Smitt. Isolation of an angiotensin converting enzyme (ACE) inhibitor from Olea europaea and Olea lancea. Phytomedicine. 1996, 2(4): 319-325

42. B Fehri, S Mrad, JM Aiache, JL Lamaison. Effects of Olea europaea L. extract on the rat isolated ileum and trachea. Phytotherapy Research. 1995, 9(6): 435-439

43. C Circosta, F Occhiuto, A Gregorio, S Toigo, A De Pasquale. Cardiovascular activity of young shoots and leaves of Olea europaea L. and oleuropein. Plantes Medicinales et Phytotherapie. 1990, 24(4): 264-277

서양삼 西洋參 USP

Araliaceae

Panax quinquefolius L.

American Ginseng

개 요

두릅나무과(Araliaceae)

서양삼(西洋參 ,*Panax quinquefolius* L.)의 뿌리를 말린 것: 서양삼(西洋參)

중약명: 서양삼(西洋參)

인삼속(*Panax*) 식물은 전 세계에 약 10종 있으며 동아시아와 북아메리카에 분포한다. 중국에는 약 8종이 발견되고 모두 약으로 사용된다. 서양삼은 미국과 캐나다가 기원이며 중국에서 아주 광범위하게 재배되고 있다.

서양삼은 여성의 출산력을 향상시킬 수 있다고 생각하는 아메리카 인디언들에 의해 처음으로 사용되었다. 1714년 프랑스 예수회 수사였던 페트르 쟈르뚜(Peturs Jartoux)가 쓴 기사가 영국 왕립학술원의 회보에 실렸으며, 이때 서양에 아시아 인삼이 소개되었다. 이 식물은 아마도 캐나다가 아시아에서 자라는 인삼의 환경과 지리적으로 가장 비슷한 곳이라는 추정을 하게 한 것 같다. 1715년 캐나다 몬트리올에서 선교를 하고 있던 또 다른 프랑스 선교사인 요셉 프랑수아 라피타우(Joseph Francois Lafitau)는 페트르 쟈르뚜가 쓴 글에 깊은 인상을 받으며 캐나다에서 인삼을 찾기 시작했다. 1716년, 지역 아메리칸 인디언들의 도움으로 몬트리올의 대서양 연안에 있는 숲에서 서양삼을 마침내 발견했고, 1718년 프랑스 모피 회사가 서양삼을 중국으로 수출하기 시작했다. 곧 중국인들에게 인기가 많았고 서양삼의 국제 무역은 그 후 계속 진행되었다. "서양삼(西洋蔘)"은 '본초종신(本草從新)'에서 처음으로 약으로 기술되었으며 약용 종은 지금까지 동일하게 유지되고 있다.

이 종은 서양삼(Panacis Quinquefolii Radix)의 공식적인 기원식물 내원종으로 미국약전(28개정판)과 중국약전(2015년판)에 등재되어 있다. 이 약재는 주로 프랑스와 중국뿐만 아니라 미국과 캐나다에서도 생산된다. 미국의 위스콘신에서 생산된 서양삼이 가장 유명하다.

뿌리는 주로 슈도진세노사이드 F_{11}이 독특한 성분인 트리테르페노이드 사포닌을 함유한다. 미국약전은 고속액체크로마토그래피로 시험할 때 진세노사이드의 총 함량이 4.0% 이상이어야 한다고 규정하고 있다. 중국약전에서는 의약 물질의 품질관리를 위해 고속액체크로마토그래피로 시험할 때 진세노사이드 Rg_1, Re 및 Rb_1의 총 함량이 2.0% 이상이어야 한다고 규정하고 있다.

약리학적 연구에 따르면 뿌리에는 면역조절제, 간질 치료제, 기억력 개선제, 항산화 제, 심장 허혈 억제제 및 항암제가 포함되어 있다.

민간요법에 따르면 서양삼은 발한, 해열 및 재생 촉진작용이 있다. 한의학에서, 서양삼은 양음익기(養陰益氣), 청열(清熱), 생진윤조(生津潤燥)한다.

서양삼 西洋參 *Panax quinquefolius* L.

서양삼 西洋參 Panacis Quinquefolii Radix

함유성분

뿌리에는 담마란형 트리테르페노이드 사포닌 성분으로 24(R)-pseudoginsenoside F_{11}[1], ginsenosides Rb_1, Rb_2, Rb_3, Rc, Rd, Re, Rf, Rg_1, Rg_2, Rg_8, Rh_1, RAo, Ro, F_1, F_2, F_4[2-6], quinquenosides I, II, III, IV, V[7], 20(R)-ginsenoside Rg_2[8], 24-(R)-pseudoginsenoside RT5, notoginsenoside K[9], gypenoside XVII[3], malonyl ginsenoside Rb_1[10], 3-O-βD-glucopyranosyloleanolic acid-28-O-βD-glucopyranoside, 3-O-[βD-galactopyranosyl(1→4)-glucopyranosyl]-oleanolic acid-28-O-βDglucopyranoside, 3-O-[βD-galactopyranosyl (1→2)-glucopyranosyluronic acid]-oleanolic acid-28-O-βD-glucopyranoside[8]가 함유되어 있다.
줄기와 잎에는 담마란형 트리테르페노이드 사포닌 성분으로 ginsenosides Rb_1, Rb_2, Rb_3, Rc, Rd, Re, Rg_1[11], Rg_2[12], quinquenosides L_1[13], L_2[14], L_3[15], L_9[16], vina-ginsenoside R_3[15], majoroside F_1, gypenosides IX, XVII[11], linarionoside A[17], 플라보노이드 성분으로 panasenoside, kaempferol[18]이 함유되어 있다.
열매에는 담마란형 트리테르페노이드 사포닌 성분으로 quinquenoside F_1[19], ginsenosides Ra_1, Rb_1, Rb_3, Rd, Re, Rg_1, Rg_2, Rg_3, Rh_2, Ro[20-22], malonyl ginsenoside Rb_1[20], 24-(R)-pseudoginsenoside RT_5, quinquetriose[22]가 함유되어 있다.
화아에는 24-(R)-pseudoginsenoside F_{11}, ginsenosides Rb_1, Rb_2, Rc, Rd, Re, Rg_1[23]이 함유되어 있다.

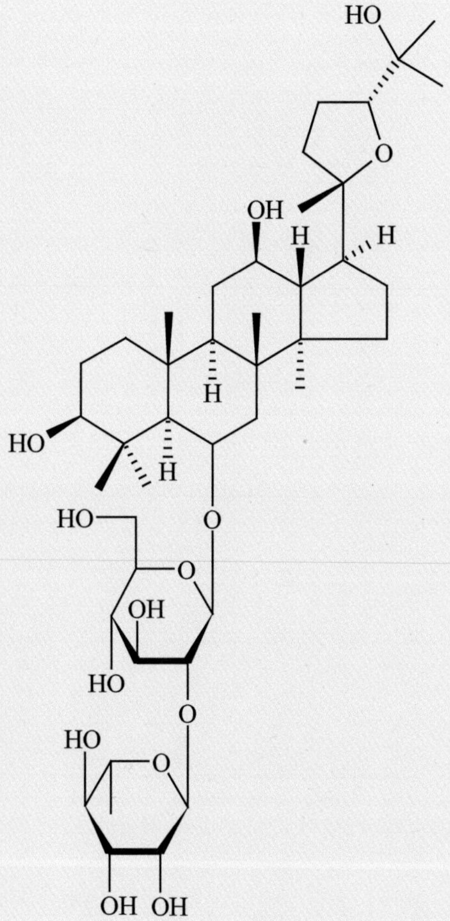

24(R)-pseudoginsenoside F_{11}

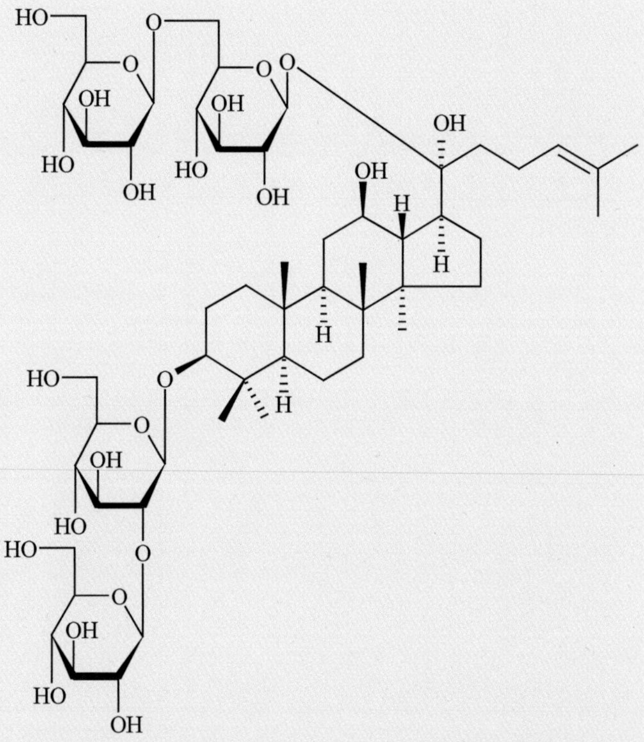

ginsenoside Rb_1

약리작용

1. 면역조절 작용
   뿌리는 자발적 및 콘카나발린-A(ConA)가 마우스 췌장 세포에서 3H-TdR 혼입을 유도하는 것을 촉진시켰으며, 이것은 인터루킨-2(IL-2) 생산에서 마우스의 비장 림프구 능력 및 마우스의 비장 조건화된 배지에서의 콜로니 자극 인자의 생산을 촉진시켰다. 또한 마우스에서 에리트로 포이에틴(EPO)의 혈청 수준을 유의하게 증가시켰다[24]. 시클로포스파미드에 의해 유발된 정상 또는 면역 억제 마우스의 위에 뿌리로부터 굵은 다당류를 투여하면 세망내피계(細網內皮系)의 식균작용을 강화시켰다. 또한 면역 억제 마우스에서 발견되는 말초 백혈구 감소증 및 흉선 및 비장 무게 감소를 방해했다. 뿐만 아니라 림프구의 형질전환을 촉진시켰다[25]. 다당체 분획을 갖는 뿌리의 물 추출물은 *in vitro*에서 폐포 식세포로부터 종양괴사인자(TNF)의 방출을 자극했다[26].

2. 신경계에 미치는 영향
   진세노사이드 Rb_1과 Rb_2는 카인산-, 필로카르핀- 및 펜틸렌테트라졸 유도성 발작에 대한 지연을 증가시켰고, 필로카르핀 후 발작 점수와 후속 신경 세포 손상을 감소시켰으며, 발작 지속 기간을 단축시키고 펜틸렌테트라졸 후에 사망률을 감소시켰다[27]. 줄기와 잎에서 적출된 진세노사이드 F_{11}을 위 내 투여하면 생리식염수 효소, 아질산나트륨과 클로람페니콜 및 알코올에 의한 기억 장애, 합병 기억 장애 및 회복 기억 장애에 대한 길항 효과를 나타냈다[28].

3. 항산화, 스트레스 저항성 향상
   뿌리 추출물은 2,2-디페닐-1-피크릴하이드라질(DPPH) 라디칼 소거 활성을 보였다[29]. 줄기와 잎의 사포닌과 진세노사이드 F_{11}을 위 내 투여하면 마우스에서 경련, 양측 총 경동맥 폐색, 아질산나트륨 및 시안화칼륨에 의한 급성 저산소증의 영향을 억제했다. 또한 저산소증을 앓는 마우스에서 지질과산화의 수준을 억제했다[30]. 저온 환경에서 마우스 뿌리 추출물을 복강 내에 투여하면 저산소증 내성을 현저히 개선하고 체온 저하를 억제했다[31].

4. 심혈관계에 미치는 영향
   줄기와 잎의 사포닌은 기니피그의 우심방의 두드린 부위의 박동 수를 억제했다[32]. 염화칼륨, 염화칼슘, 노르에피네프린에 의한 토끼 흉부 대동맥 수축을 억제했다[33]. 사포닌을 위장 내 및 정맥 내 투여하면 좌전 하행 합병 및 스트레스에 의해 유발된 급성 심근경색 마우스에서 심근 괴사 부위를 유의하게 감소시켰다. 또한 혈청 크레아틴 키나아제(CK) 및 젖산 탈수소 효소(LDH) 활성, 지질과산화물 및 혈장 트롬복산 A_2(TXA_2) 함량을 감소시켰다. PGI_2 / TXA_2 비율도 증가했다[34-35]. 잎에서 추출한 파낙사트리올형 진세노사이드는 음의 강직 및 연쇄 반응을 보였으며, 마우스의 허혈과 거부에 의해 유발된 심근손상을 방지하고 부정맥을 억제하며 관상동맥 혈류 속도를 증가시킨다[36]. 줄기 및 잎의 사포닌을 정맥에 투여하면 유리 지방산(FFA) 수준을 감소시키고 슈퍼옥시다제디메타터(SOD), 카탈라아제(CAT) 및 글루타티온 퍼옥시다아제(GSH-Px)의 활성을 증가시켰다. 이는 사포닌의 심근 허혈 억제 활성이 심근 허혈에서 FFA 대사 장애와 지질과산화의 억제와 관련이 있음을 보였다[35].

5. 항종양 작용
   뿌리의 다당류 I, II 및 III은 간암 QGY-7703 세포의 증식을 억제하고 형태학적 변화를 유도했다[37]. 다당류를 경구 투여하면 마우스에서의 종양 S180의 성장을 억제하고 비장으로부터 IL-3의 생산을 유도하였다. 또한 항종양 효과가 면역계와 관련이 있음을 보였다[38].

6. 최음 작용
   뿌리추출물을 복강 내 투여하면 어린 마우스의 고환 중량이 증가하고 마우스의 교미 빈도가 증가한다. 랫드에서 교미 및 삽입 잠복기를 단축시키고 최음효과를 나타냈다[39].

7. 기타
   줄기와 잎 사포닌은 인간 망막 색소 상피 세포의 증식을 억제했다[40]. 뿌리 추출물을 위 내 투여하면 토끼 타액에 아트로핀 작용이 억제되었다[41]. 뿌리는 또한 간을 보호하고 췌장 리파제[43]와 바이러스성 심근염[44]을 억제한다.

용도

1. 원기 부족, 쇠약
2. 불면증, 기억 상실증
3. 종양
4. 천식 발열
5. 당뇨병

해설

서양삼은 기를 보충하는데 인삼(*Panax ginseng* C. A. Mey.)보다 덜 효과적이지만 체액의 생성을 촉진시키는 데는 인삼보다 더 효과적이다. 기를 보충하고 체액의 생성을 촉진하는 기능 때문에, 기허(氣虛)와 음허(陰虛)증에 쓴다.

서양삼의 부위에 따른 총 사포닌의 함량은 꽃봉오리, 꽃자루, 열매, 주근 및 줄기의 순이다. 슈도진세노사이드 F_{11}의 함량은 내림차순으로 다음과 같다. 즉 줄기, 잎, 열매, 꽃봉오리, 작은 꽃자루와 주근의 순이다[23]. 서양삼의 열매, 줄기, 잎은 사포닌이 풍부하며, 열매에는 아미노산이 풍부하다. 서양삼은 포괄적으로 이용에 가치가 있고 더 발전시킬 만한 가치가 있다[45].

참고문헌

1. W Li, C Gu, H Zhang, DV Awang, JF Fitzloff, HH Fong, RB van Breemen. Use of high-performance liquid chromatography-tandem mass spectrometry to distinguish Panax ginseng C. A. Meyer (Asian ginseng) and Panax quinquefolius L. (North American ginseng). Analytical Chemistry. 2000, 72(21): 5417-5422
2. W Markowski, A Ludwiczuk, T Wolski. Analysis of ginsenosides from Panax quinquefolium L. by automated multiple development. Journal of Planar Chromatography-Modern TLC. 2006, 19(108): 115-117
3. H Besso, R Kasai, JX Wei, JF Wang, Y Saruwatari, T Fuwa, O Tanaka. Further studies on dammarane-saponins of American ginseng, roots of Panax quinquefolium L. Chemical & Pharmaceutical Bulletin. 1982, 30(12): 4534-4538
4. DQ Dou, W Li, N Guo, R Fu, YP Pei, K Koike, T Nikaido. Ginsenoside Rg_8, a new dammarane-type triterpenoid saponin from roots of Panax quinquefolium. Chemical & Pharmaceutical Bulletin. 2006, 54(5): 751-753
5. SX Xu, YJ Chen, ZQ Cai, XS Yao. Studies on the chemical constituents of Panax quinquefolius L. Acta Pharmaceutica Sinica. 1987, 22(10): 750-755
6. CJC Jackson, JP Dini, C Lavandier, H Faulkner, HPV Rupasinghe, JTA Proctor. Ginsenoside content of North American ginseng (Panax quinquefolius L. Araliaceae) in relation to plant development and growing locations. Journal of Ginseng Research. 2003, 27(3): 135-140
7. M Yoshikawa, T Murakami, K Yashiro, J Yamahara, H Matsuda, R Saijoh, O Tanaka. Bioactive saponins and glycosides. XI. Structures of new dammarane-type triterpene oligoglycosides, quinquenosides I, II, III, IV, and V, from American ginseng, the roots of Panax quinquefolium L. Chemical & Pharmaceutical Bulletin. 1998, 46(4): 647-654
8. GF Zhang, X Li. Study on chemical constituents in radix of Panax quinquefolius L. Journal of Shenyang Pharmaceutical University. 1997, 2: 114
9. J Su, HZ Li, CR Yang. Studies on saponin constituents in roots of Panax quinquefolius. China Journal of Chinese Materia Medica. 2003, 28(9): 830-833
10. Y Zhou, FR Song, SY Liu, XG Li. A study on water-soluble ginsenosides in American ginseng. China Journal of Chinese Materia Medica. 1998, 23(9): 551-552
11. JH Wang, X Li. Studies on the leaves and stems of Panax quinquefolium L. (I) Isolation and identification of eleven triterpenoid saponins. Chinese Journal of Medicinal Chemistry. 1997, 24(2): 130-132
12. Q Meng, JY Yin, JY Zhao, JD Xu. Isolation and identification of saponins from the leaves of Panax quinquefolium. Chinese Pharmaceutical Journal. 2002, 37(3): 175-177
13. JH Wang, X Li, YJ Wang. A new triterpenoid in the leaves and stems of Panax quinquefolius L. from Canada. Journal of Shenyang Pharmaceutical University. 1997, 14(2): 135-136
14. JH Wang, X Li, W Li. A new triterpene glycoside, quinquenoside L2, isolated from leaves and stems of Panax quinquefolium L. collected from Canada. Chinese Journal of Medicinal Chemistry. 1997, 26(4): 275-276
15. JH Wang, W Li, X Li. A new saponin from the leaves and stems of Panax quinquefolium L. collected in Canada. Journal of Asian Natural Products Research. 1998, 1(2): 93-97
16. J Wang, Y Sha, W Li, Y Tezuka, S Kadota, X Li. Quinquenoside L_9 from leaves and stems of Panax quinquefolium L. Journal of Asian Natural Products Research. 2001, 3(4): 293-297
17. JH Wang, X Li. An ionol glucoside from stems and leaves of Panax quinquefolium L. collected from Canada. Chinese Journal of Medicinal Chemistry. 1998, 29(3): 201-202
18. CY Wei, CF Xu, WY Luo, XG Li. Study on the flavone in the leaves of Panax quinquefolium cultured in China. Journal of Jilin Agricultural University. 1999, 21(3): 7-11
19. PY Li, JH Wang, X Li. A new triterpenoid saponin isolated from fruits of Panax quinquefolium L. Journal of Shenyang Pharmaceutical

University. 2000, 17(3): 196

20. XG Li, Q Lu, L Fu, MX Liu. Chemical composition from fruit of Panax quinquefolium. Journal of Jilin Agricultural University. 1998, 20(2): 5-10
21. PY Li, XH Hao, X Li. Studies on the glycosides from American ginseng fruit (Panax quinquefolium). Chinese Traditional and Herbal Drugs. 1999, 30(8): 563-565
22. LJ Wang, PY Li, CF Zhao, X Li. Studies on the chemical constituents in the fruit of Panax quinquefolius. Chinese Traditional and Herbal Drugs. 2000, 31(10): 723-724
23. XG Li, XY Meng. Studies on the chemical constituents in the flowerbud of Panax quinquefolius. Journal of Pharmaceutical Practice. 2000, 18(5): 355-356
24. YQ Gao, YC Chen, BY Wang. Research on the mechanism of yin-enriching and qi-reinforcing, strengthening body and tonification deficiency syndrome action of Radix Panacis Quinquefolii. Journal of Chinese Medicinal Materials. 1998, 21(12): 621-624
25. Y Li, XL Ma, SC Qu, L Wang, BR Du, W Zhu. Effects of CPPQ on immunologic function of immunosuppressive mice induced with cyclophosphamide. Journal of Norman Bethune University of Medical Science. 1996, 22(2): 137-139
26. VA Assinewe, JT Amason, A Aubry, J Mullin, I Lemaire. Extractable polysaccharides of Panax quinquefolius L. (North American ginseng) root stimulate TNF-α production by alveolar macrophages. Phytomedicine. 2002, 9(5): 398-404
27. XY Lian, ZZ Zhang, JL Stringer. Anticonvulsant activity of ginseng on seizures induced by chemical convulsants. Epilepsia. 2005, 46(1): 15-22
28. Z Li, YY Guo, CF Wu. Effect of quinquenoside F_{11} from stems and leaves of Panax quinquefolius on learning and memory. Pharmacology and Clinics of Chinese Materia Medica. 1998, 14(2): 12-14
29. DD Kitts, AN Wijewickreme, C Hu. Anti-oxidant properties of a North American ginseng extract. Molecular and Cellular Biochemistry. 2000, 203(1-2): 1-10
30. Z Li, YY Guo, CF Wu. Antianoxic effects of Panax quinquefolium saponin and F_{11}. Pharmacology and Clinics of Chinese Materia Medica. 1998, 14(4): 8-10
31. Y Liu, JT Zhang. Comparative study on anti-aging actions of Panax ginseng (PG) and Panax quinquefolium (PQ). Chinese Pharmacological Bulletin. 1997, 13(3): 229-232
32. SJ Yang, L Chen, H Chen, J Liu. Effect of Panax quiquefolium saponin on contractility of the left atrium and pacemaker of the right atrium in guinea pigs. Journal of Norman Bethune University of Medical Science. 1994, 20(2): 122-124
33. J Wu, XJ Yu, CH Liu. Effects of saponins of Panax quinquefolium leaf and stem on isolated rabbit aortic strips. Chinese Journal of Pharmacology and Toxicology. 1995, 9(2): 155-156
34. C Bian, ZZ Lu. The protective effects of PQS on experimental myocardial necrosis induced by isoprenaline in rats. Chinese Pharmacological Bulletin. 1994, 10(6): 442-444
35. SF Wu, DY Sui, XF Yu, ZZ Lü, XZ Zhao. Antimyocardial ischemic effects of Panax quinquefolium 20s-protopanaxdiol saponins (PQDS) and its mechanism. Chinese Pharmaceutical Journal. 2002, 37(2): 100-103
36. X Cao, XQ Gu, SJ Yang, YP Chen, XY Ma. Effect of PQTS on isolated rat heart. Chinese Traditional and Herbal Drugs. 2003, 34(9): 827-830
37. YF Piao, Y Ming, JT Li. Study on the inhibitory effects of panax polysaccharide I, II, III on DNA synthesis of hepatic carcinoma cell. Chinese Journal of Clinical Hepatology. 1999, 15(4): 213-214
38. SC Qu, CY Xu, Y Li, LL Wang, XL Ma, YY Fan. The inhibitory effect of polysaccharides from Panax quinquefollium L. on S180 tumor mice. Journal of Changchun College of Traditional Chinese Medicine. 1998, 14(69): 53
39. NG Wang, Q Liu, L Zhang, SJ Du. Effect of Panax quinquefolium on sexual behavior of male mice. Pharmacology and Clinics of Chinese Materia Medica. 2000, 16(4): 23-24
40. Y Ming, HM Pang, LM Pang. The effects of Panax quinquefolium saponins on proliferation of cultured human fetal RPE cells. Chinese Ophthalmic Research. 2003, 21(5): 479-481
41. JH Xu, L Li, LZ Chen. Studies on the effects of white dendrobium (Denbrobium candicum) and American ginseng (panax quinquefolius) on nourishing the yin and promoting glandular secretion in mice and rabbits. Chinese Traditional and Herbal Drugs. 1995, 26(2): 79-80, 111
42. YZ Zhao, L Liu, LP Chen, H Tan, SX Wang. Effect of saponins of stems and leaves of Radix Panacis Quinquefolii on experimental liver injury of rats. Chinese Traditional Patent Medicine. 2000, 22(3): 219-220
43. J Zhang, YN Zheng, XG Li, LK Han. Effects of saponins from Panax quinquefolium L. on the metabolism of lipid. Journal of Jilin Agricultural University. 2002, 24(1): 62-63, 87

44. HY Xu, PR Ma. Effect and mechanism of mice viral myocarditis treated by Panax quinquefolium. Journal of Shandong University of TCM. 2002, 26(6): 458-461

45. ZE Ding, P Yan. Composition of American ginseng fruit and its utilization. Journal of Central South Forestry University. 1999, 19(4): 48-49, 57

개양귀비 虞美人 EP, BP

Papaveraceae

Papaver rhoeas L.

Red Poppy

개 요

양귀비과(Papaveraceae)

개양귀비(虞美人, *Papaver rhoeas* L.)의 전초 또는 꽃잎을 말린 것: 여춘화(麗春花)

중약명: 여춘화(麗春花)

양귀비속(*Papaver*) 식물은 전 세계에 약 100종이 있으며 주로 유럽 중부와 남부 그리고 아시아의 온대 지역에서 생산되며, 미주, 오세아니아 및 남부 아프리카에서는 그 수가 적다. 중국에서 발견되는 7종은 중국 북동부 및 북서부에 분포하거나 전국에서 재배된다. 이 속에서 약 4종 1변종이 약으로 사용된다. 양귀비속 개양귀비는 유럽, 북부 아프리카 및 아시아의 온화한 지역이 기원이며, 북아메리카, 남아메리카 및 중국에는 관상식물로 주로 도입되고 재배되었다[1].

개양귀비는 14세기 초에 약으로 묘사되었다[1]. 중국에서는 "여춘화(麗春花)"가 본초강목(本草綱目)에서 처음으로 약으로 기술되었다. 이 종은 여춘화(麗春花, Papaveris Rhoeadis Flos)의 공식적인 기원식물 내원종으로 유럽약전(5개정판)과 영국약전(2002)에 등재되어 있다. 이 약재는 주로 유럽에서 생산된다.

꽃잎에는 주로 알칼로이드 성분이 함유되어 있다. 레아다인은 지표성분이다. 유럽약전 및 영국약전은 박층크로마토그래피법으로 의약 물질의 품질관리를 규정하고 있다.

약리학적 연구에 따르면 개양귀비가 마약 중독 및 독소를 억제하고 진정 작용과 항궤양 작용을 나타낸다.

민간요법에 따르면 개양귀비 꽃잎은 진통제와 진정 작용이 있다.

한의학에서 여춘화는 기침을 멈추고 통증을 완화하며 설사를 그치게 한다.

개양귀비 虞美人 *Papaver rhoeas* L.

함유성분

꽃잎에는 알칼로이드 성분으로 isorhoeadine, rhoeagenine[2], thebaine[3], 플라보노이드 성분으로 kaempferol, quercetin, luteolin, hypolaetin, isoquercitrin, astragalin, hyperoside[4]가 함유되어 있다.
전초에는 알칼로이드 성분으로 rheadine, allocryptopine, protopine, coulteropine, berberine, coptisine, sinactine, isocorydine, roemerine[5], isorhoeadine, rhoeagenine, papaverrubines A, C, D, E, isorhoeagenine[6], N−methylasimilobine[7], adlumidiceine, (−)−N−methylstylopinium chloride[8]가 함유되어 있다.

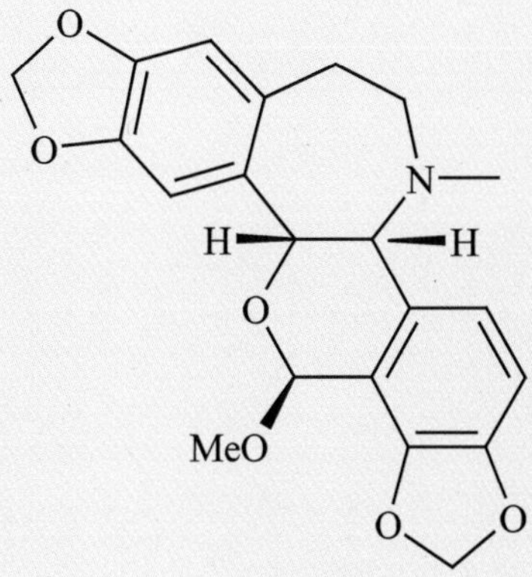

rheadine

약리작용

1. 해독 작용
   꽃잎의 알코올 추출물을 주사하면 점프 횟수가 증가하고 설사가 감소하며 모르핀 의존 마우스에서 금단 증상이 현저히 개선된다[9]. 꽃잎의 알코올 추출물을 복강 내 투여하면 마우스에서 모르핀으로 유도된 조건화된 부위의 선호도[10] 및 행동 민감성의 획득과 발현을 억제했다[11].
2. 진정 작용
   물 또는 알코올 추출물을 복강 내 투여하면 익숙하지 않은 환경과 익숙한 환경에서 마우스의 자발적인 움직임, 탐색 및 자세 행동을 감소시켰다[12].
3. 항궤양 작용
   뿌리 추출물은 마우스에서 약한 항궤양 효과를 나타냈다[13].

용도

1. 편두통
2. 불면증
3. 기침
4. 이질

해설

개양귀비의 전초, 열매 및 꽃은 모두 약재 여춘화(麗春花)로 사용된다. 씨에는 주로 지방유가 들어 있는 반면 전초에는 알칼로이드가 풍부하다.

개양귀비는 종종 같은 속의 *Papaver argemone* L.과 혼동되므로 정확한 감별이 필요가 있다. 개양귀비는 생생하고 화려한 꽃을 피우기 때문에 종종 관상용으로 재배된다. 개양귀비는 임상적으로 진해제 및 진통제로 사용되는 양귀비(*Papaver somniferum* L.)와 동속이나 개양귀비에 대한 약리학적 연구는 부족하다.

참고문헌

1. A Chevallier. Encyclopedia of Herbal Medicine. New York: Dorling Kindersley. 2000: 243
2. JP Rey, J Levesque, JL Pousset, F Roblot. Analytical studies of isorhoeadine and rhoeagenine in petal extracts of Papaver rhoeas L. using highperformance liquid chromatography. Journal of Chromatography. 1992, 596(2): 276-280
3. L Jusiak, E Soczewinski, A Waksmundzki. Chromatographic analysis of alkaloid extracts of corn poppy flowers (Papaver rhoeas L.). I. Moist buffered paper chromatography. Dissertationes Pharmaceuticae et Pharmacologicae. 1966, 18(5): 479-483
4. M Hillenbrand, J Zapp, H Becker. Depsides from the petals of Papaver rhoeas L.. Planta Medica. 2004, 70(4): 380-382
5. YN Kalav, G Sariyar. Alkaloids from Turkish Papaver rhoeas L.. Planta Medica. 1989, 55(5): 488
6. J Slavik. Alkaloids of the Papaveraceae. Part LXVI. Characterization of alkaloids from the roots of Papaver rhoeas L.. Collection of Czechoslovak Chemical Communications. 1978, 43(1): 316-319
7. S El-Masry, MG El-Ghazooly, AA Omar, SM Khafagy, JD Phillipson. Alkaloids from Egyptian Papaver rhoeas L.. Planta Medica. 1981, 41(1): 61-64
8. O Gasic, V Preininger, H Potesilova, B Belia, F Santavy. Isolation and chemistry of alkaloids from plants of the Papaveraceae family. LXI. Isolation and identification of alkaloids from Papaver rhoeas L.. Isolation of adlumidiceine, an alkaloid of the narceine type, and of (-)-N-methylstylopinium chloride. Glasnik Hemijskog Drustva Beograd. 1974, 39(7-8): 499-505
9. A Pourmotabbed, B Rostamian, G Manouchehri, G Pirzadeh-Jahromi, H Sahraei, H Ghoshooni, H Zardooz, M Kamalnegad. Effects of Papaver rhoeas L. extract on the expression and development of morphine-dependence in mice. Iran Journal of Ethnopharmacology. 2004, 95(2-3): 431-435
10. H Sahraei, SM Fatemi, S Pashaei-Rad, Z Faghih-Monzavi, SH Salimi, M Kamalinegad. Effects of Papaver rhoeas L. extract on the acquisition and expression of morphine-induced conditioned place preference in mice. Journal of Ethnopharmacology. 2006, 103(3): 420-424
11. H Sahraei, Z Faghih-Monzavi, SM Fatemi, S Pashaei-Rad, SH Salimi, M Kamalinejad. Effects of Papaver rhoeas L. extract on the acquisition and expression of morphine-induced behavioral sensitization in mice. Phytotherapy Research. 2006, 20(9): 737-741
12. R Soulimani, C Younos, S Jarmouni-Idrissi, D Bousta, F Khalouki, A Laila. Behavioral and pharmaco-toxicological study of Papaver rhoeas L. in mice. Journal of Ethnopharmacology. 2001, 74(3): 265-274
13. I Gurbuz, O Ustun, E Yesilada, E Sezik, O Kutsal. Anti-ulcerogenic activity of some plants used as folk remedy in Turkey. Journal of Ethnopharmacology. 2003, 88(1): 93-97

개양귀비 재배 모습

시계꽃 粉色西番蓮 EP, BP, BHP, GCEM

Passiflora incarnata L.

Passion Flower

개 요

시계꽃과(Passifloraceae)

시계꽃(粉色西番蓮, *Passiflora incarnata* L.)의 지상부를 말린 것: 분색서반련(粉色西番蓮)

중약명: 분색서반련(粉色西番蓮)

시계꽃속(*Passiflora*) 식물은 전 세계에 약 400종이 있으며 그 가운데 약 90%가 열대 아메리카에서 생산되고 나머지는 주로 아시아의 열대 지역에서 생산된다. 중국에서 약 19종이 발견되고, 약 9종과 1변종이 약으로 사용된다.

시계꽃은 미국 남부에서 아르헨티나와 브라질에 분포하며 종종 유럽 국가의 관상용 식물로 도입되어 재배된다.

시계꽃은 의학용으로 오랫동안 사용되어 왔다. 1787년에 독일에서 발간된 라틴어 저작물인 '미국의 약용식물(Materia Medica Americana)'에는 이 식물이 노인의 간질 치료에 사용된다고 언급했다[1]. 시계꽃은 통증, 불면증, 히스테리 및 천식을 치료하기 위해 유럽에서도 사용된다. 이 종은 시계꽃(Passiflorae Herba)의 공식적인 기원식물 내원종으로 유럽약전(5개정판)과 영국약전(2002)에 등재되어 있다. 이 약재는 주로 북미 및 서인도 제도에서 생산된다.

시계꽃은 주로 주요 활성성분인 플라보노이드 성분을 함유한다. 유럽약전 및 영국약전은 의약 물질의 품질관리를 위해 자외선분광광도법으로 시험할 때 비텍신으로 환산된 총 플라보노이드 함량이 1.5% 이상이어야 한다고 규정하고 있다.

약리학적 연구에 따르면 시계꽃은 금단 증상을 억제하고 항염증, 항자극제, 항천식제, 최음제 및 항염증 효과를 나타낸다.

민간요법에 따르면 시계꽃에는 진정 작용이 있다.

시계꽃 粉色西番蓮 *Passiflora incarnata* L.

분색서반련 粉色西番蓮 Passiflorae Herba

함유성분

지상부에는 플라보노이드 성분(총 플라보노이드 성분의 2.5%에 달함)으로 isovitexin, isovitexin-2"O-βD-glucopyranoside, vitexin, swertisin, isoscoparin-2"O-βD-glucopyranoside, isoorientin, isoorientin-2"O-βD-glucopyranoside, orientin, vicenin-2, isoschaftoside, schaftoside, apigenin-6-C-glucosyl-8-βD-ribofuranoside, lucenin-2[3-8], 알칼로이드 성분으로 harmaline, harmine, harmane, harman, harmol, harmalol[9]이 함유되어 있다. 또한 정유 성분[10]과 페놀산[11] 그리고 미확인 벤조플라본(BZF)[12]성분이 함유되어 있다.

vitexin: R_1=H, R_2=glc
isovitexin: R_1=glc, R_2=H

약리작용

1. 중추신경계에 미치는 영향
벤조플라본(BZF)과 전초의 메탄올 추출물을 마우스에 경구 투여하면 유의한 항 불안증 활성을 나타내는 것으로 관찰되었다. 미로 불안 모델을 사용함으로써, 팔을 벌린 상태에서 마우스가 소비한 시간이 현저하게 연장되었다[12]. 메탄올 추출물로부터 분리된 BZF를 21일 동안 투여한 후 72시간 동안 치료를 하지 않으면 마우스에서 정상적인 보행 행동이 나타났다[13]. BZF를 경구 투여하면 랫드에서 디아제팜 의존의 발생을 예방했다. BZF를 경구 투여하면 마우스에서 알코올, 모르핀 및 카나비노이드에 대한 금단 증상 및 의존성을 유의하게 억제했다[14-16]. 담배에 중독된 마우스에서 BZF를 피하 주사하면 금단 증상과 니코틴 의존성을 유의하게 억제했다[17].

2. 거담작용 및 항천식 작용
잎의 메탄올 추출물을 경구 투여하면 마우스에 이산화황으로 유발된 기침에 대해 상당한 반 충격 활성을 보였다[18]. 또한 아세틸콜린-클로라이드로 유도된 기관지 경련의 잠복기를 유의하게 연장시켰고 기니피그에서 호흡곤란과 관련된 경련을 예방했다[19].

3. 최음 작용
전초 메탄올 추출물을 경구 투여하면 장착 빈도를 유의하게 증가시켰으며 수컷 마우스에서 현저한 최음효과를 나타냈다[20]. BZF를 경구 투여하면 수정 잠재력과 깔짚 크기가 더 큰 2세 수컷 마우스의 성욕과 정자 수를 증가시켰다[21]. BZF를 경구 투여하면 만성 에탄올, 니코틴 및 카나비노이드에 의해 영향을 받는 수컷 랫드의 정자 수, 성욕, 성 생식력 및 교미 효율을 회복시켰다[22-23].

4. 기타
지상부는 또한 항염증 특성을 보였다[1].

용도

1. 긴장, 불면증, 히스테리, 불안
2. 스트레스성 위장 장애
3. 천식, 기관지염
4. 알코올 중독

해설

시계꽃속에 속하는 수백 종의 식물 중에서 오랫동안 이 시계꽃 종만이 진정제로 널리 사용되어 왔다. 인도 과학자들은 한때 시계꽃의 메탄올 추출물의 구성 성분인 벤조플라본(BZF)을 대표적인 생체 활성성분으로 간주했다. 그럼에도 불구하고 정확한 화학 성분은 아직 밝혀지지 않았다.
시계꽃의 마약 중독에 대한 길항 작용의 추가 연구가 필요하다.

참고문헌

1. K Dhawan, S Dhawan, A Sharma. Passiflora: A review update. Journal of Ethnopharmacology. 2004, 94(1): 1-23
2. J Bruneton. Pharmacognosy, Phytochemistry, Medicinal Plants (2nd edition). Paris: Technique & Documentation. 1999: 331-335
3. A Rehwald, B Meier, O Sticher. Qualitative and quantitative reversed-phase high-performance liquid chromatography of flavonoids in Passiflora incarnata L. Pharmaceutica Acta Helvetiae. 1994, 69(3): 153-158
4. A Raffaelli, G Moneti, V Mercati, E Toja. Mass spectrometric characterization of flavonoids in extracts from Passiflora incarnata. Journal of Chromatography, A. 1997, 777(1): 223-231
5. K Rahman, L Krenn, B Kopp, M Schubert-Zsilavecz, KK Mayer, W Kubelka. Isoscoparin-2"-O-glucoside from Passiflora incarnata. Phytochemistry. 1997, 45(5): 1093-1094
6. EA Abourashed, JR Vanderplank, IA Khan. High-speed extraction and HPLC fingerprinting of medicinal plants-I. Application to Passiflora flavonoids. Pharmaceutical Biology. 2002, 40(2): 81-91
7. B Voirin, M Sportouch, O Raymond, M Jay, C Bayet, O Dangles, HE Hajji. Separation of flavone C-glycosides and qualitative analysis of Passiflora incarnata L. by capillary zone electrophoresis. Phytochemical Analysis. 2000, 11(2): 90-98

8. E Marchart, L Krenn, B Kopp. Quantification of the flavonoid glycosides in Passiflora incarnata by capillary electrophoresis. Planta Medica. 2003, 69(5): 452-456

9. EA Abourashed, J Vanderplank, IA Khan. High-speed extraction and HPLC fingerprinting of medicinal plants- II. Application to harman alkaloids of genus Passiflora. Pharmaceutical Biology. 2003, 41(2): 100-106

10. G Buchbauer, L Jirovetz. Volatile constituents of the essential oil of Passiflora incarnata L. Journal of Essential Oil Research. 1992, 4(4): 329-334

11. HD Smolarz, A Bogucka-Kocka, PZ Grabarczyk. 2D-TLC and RP-HPLC determination of phenolic acids in "passiflor" and herb of Passiflora incarnata L. Herba Polonica. 2004, 50(3/4): 30-36

12. K Dhawan, S Kumar, A Sharma. Anti-anxiety studies on extracts of Passiflora incarnata Linneaus. Journal of Ethnopharmacology. 2001, 78(2-3): 165-170

13. K Dhawan, S Dhawan, S Chhabra. Attenuation of benzodiazepine dependence in mice by a tri-substituted benzoflavone moiety of Passiflora incarnata Linneaus: a non-habit forming anxiolytic. Journal of Pharmacy & Pharmaceutical Sciences. 2003, 6(2): 215-222

14. K Dhawan, S Kumar, A Sharma. Suppression of alcohol-cessation-oriented hyperanxiety by the benzoflavone moiety of Passiflora incarnata Linneaus in mice. Journal of Ethnopharmacology. 2002, 81(2): 239-244

15. K Dhawan, S Kumar, A Sharma. Reversal of cannabinoids (Δ9-THC) by the benzoflavone moiety from methanol extract of Passiflora incarnata Linneaus in mice: a possible therapy for cannabinoid addiction. Journal of Pharmacy and Pharmacology. 2002, 54(6): 875-881

16. K Dhawan. Drug/substance reversal effects of a novel tri-substituted benzoflavone moiety (BZF) isolated from Passiflora incarnata Linn.-- a brief perspective. Addiction Biology. 2003, 8(4): 379-386

17. K Dhawan, S Kumar, A Sharma. Nicotine reversal effects of the benzoflavone moiety from Passiflora incarnata Linneaus in mice. Addiction Biology. 2002, 7(4): 435-441

18. K Dhawan, A Sharma. Anti-tussive activity of the methanol extract of Passiflora incarnata leaves. Fitoterapia. 2002, 73(5): 397-399

19. K Dhawan, S Kumar, A Sharma. Anti-asthmatic activity of the methanol extract of leaves of Passiflora incarnata. Phytotherapy Research. 2003, 17(7): 821-822

20. K Dhawan, S Kumar, A Sharma. Aphrodisiac activity of methanol extract of leaves of Passiflora incarnata Linn in mice. Phytotherapy Research. 2003, 17(4): 401-403

21. K Dhawan, S Kumar, A Sharma. Beneficial effects of chrysin and benzoflavone on virility in 2-year-old male rats. Journal of Medicinal Food. 2002, 5(1): 43-48

22. K Dhawan, A Sharma. Prevention of chronic alcohol and nicotine-induced azospermia, sterility and decreased libido, by a novel tri-substituted benzoflavone moiety from Passiflora incarnata Linneaus in healthy male rats. Life Sciences. 2002, 71(26): 3059-3069

23. K Dhawan, A Sharma. Restoration of chronic-Δ9-THC-induced decline in sexuality in male rats by a novel benzoflavone moiety from Passiflora incarnata Linn. British Journal of Pharmacology. 2003, 138(1): 117-120

구방풍 歐防風

Pastinaca sativa L.

Parsnip

개 요

미나리과(Apiaceae)

구방풍(歐防風, *Pastinaca sativa* L.)의 뿌리를 말린 것: 구방풍(歐防風)

중약명: 구방풍(歐防風)

구방풍속(*Pastinaca*) 식물은 유럽과 아시아에 분포하며 12종이 있다. 중국에는 오직 1종만 도입되어 재배되며 약으로 사용된다. 구방풍은 유럽이 기원이며 미국, 호주, 인도, 중국 및 남아프리카에서 재배되고 있다.

야생 구방풍 뿌리는 석기 시대에 유럽인들에게 음식으로 제공되기 시작했다. 오늘날 구방풍의 뿌리는 영국과 프랑스의 수프에 종종 담겨 있다. 이 약재는 주로 유럽에서 생산된다.

구방풍에는 쿠마린, 플라보노이드, 폴리아세틸렌 및 정유가 함유되어 있다. 쿠마린은 주요 활성 성분이고 감광성이 있는 구성 요소이다.

약리학적 연구에 따르면 구방풍 뿌리에는 항종양, 항균, 경련 및 항산화 효과가 있다.

민간요법에 따르면 구방풍 뿌리는 신장 결석, 염좌, 발열, 류마티스 관절염, 소화기 질환 및 정신 이상을 치료한다.

구방풍 歐防風 *Pastinaca sativa* L.

함유성분

뿌리에는 쿠마린 성분으로 isopimpinellin, xanthotoxin, 5−methoxypsoralen, psoralen, angelicin[1], 플라보노이드 성분으로 rutin, hyperin[2], 폴리아세틸렌 성분으로 falcarinol, falcarindiol[3], polyacetylenic oxo aldehyde[4], 정유 성분으로 myristicin, terpinolene[5], 스테로이드 성분으로 5A−androst−16−ene−3−one[6]이 함유되어 있다.
지상부에는 쿠마린 성분으로 bergapten, isopimpinellin, 5−methoxypsoralen, imperatorin[7], psoralen, angelicin[8], 플라보노이드 성분으로 rutin, hyperin[9], quercetin−3−rhamnoglucoside, isorhamnetin−3−glucoso−7−rhamnoside, isorhamnetin−3−glucoside, quercetin−3−glucoside[10], osthol[11], 정유 성분으로 myristicin[12], α, β−pinenes, cis−, trans−β−ocimenes, limonene, sabinene, myrcene[13], γ−palmitolactone, trans−β−farnesene[14], 기름 성분으로 tripetroselinin, petroselinic−diolein, dipetroselinic−olein[15]이 함유되어 있다.

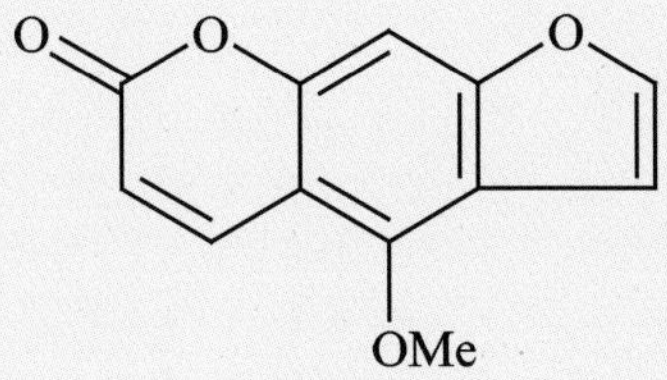

bergapten

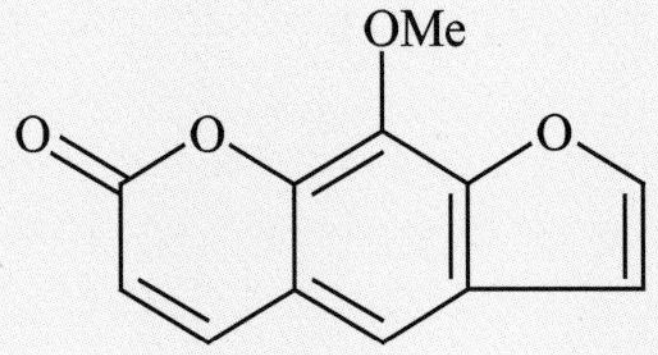

xanthotoxin

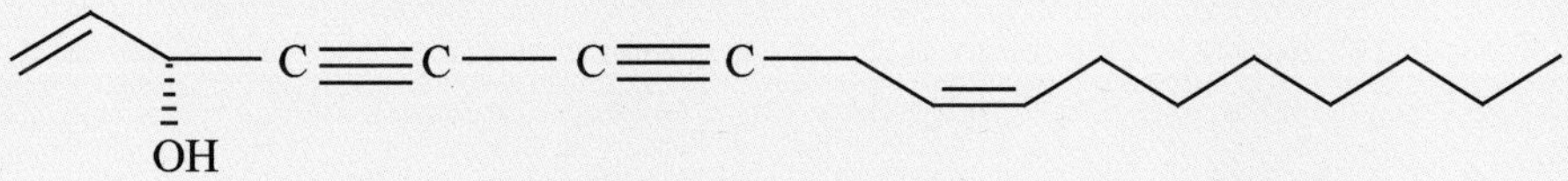

falcarinol

약리작용

1. 항종양 작용
   전초 유래의 폴리아세틸렌 중 하나인 팔카리놀은 *in vitro*에서 급성 림프구성 백혈병 CEM−C7H2 세포에 대한 세포독성 효과를 나타냈다[3]. 과일에서 얻은 쿠마린 분획물은 인간 자궁경부암 HeLa−S3 세포의 성장을 억제했다[16]. 구방풍 뿌리 조직을 함유한 사료를 투여한 어린 수컷 마우스들은 간, 식도 및 식도−전막 접합부에서 [^{3}H] 티미딘의 증가를 보였다. 결과는 어린 랫드에서 뿌리가 세포증식을 억제하였다[17].
2. 항진균 작용
   열매로부터의 쿠마린 복합체는 다양한 피부병 균주의 성장을 저해했다[18]. *Fusarium sporotrichioides* NRRL 3299 또는 *Sclerotinia slcerotiorum*에 감염된 후에 뿌리에 항진균 활성을 나타내는 쿠마린이 고용량으로 축적된다[19−20].
3. 진경 작용
   씨에서 추출한 쿠마린 복합체인 파스티나신은 적출된 토끼의 심장, 귀, 신장을 혈관 확장시켰다. 이것은 피투이트린에 의해 유도된 근육수축을 완화시켰고 염화바륨 또는 아세틸콜린에 의해 자극된 적출 토끼의 장 평활근에 진경작용을 나타냈다[21].
4. 기타
   구방풍은 또한 항산화작용을 보였다[22].

구방풍 歐防風

용도

1. 신장 결석
2. 염좌
3. 발열
4. 류마티스통증
5. 위장 장애

해설

구방풍의 전초도 약용한다. 민간요법에 의하면 구방풍의 전초는 신장과 위장의 통증뿐만 아니라 소화기 질환과 정신이상을 치료한다. 구방풍과 방풍은 다른 속의 식물이지만 연구에 의하면 성분에 유사성이 있다. 구방풍은 현재 주로 야채로 먹지만 약재로는 거의 사용되지 않는 반면 방풍(*Saposhnikovia divaricata* (Turcz.) Schischk.)은 오랫동안 약으로 사용되어 왔다. 사실, 방풍에 대한 연구 결과는 구방풍의 약용 가치를 더 발전시키는 데 도움이 될 수 있다.

일반적인 채소 혹은 건강관리 물질로서 구방풍은 종종 유아용 식품에 첨가된다. 구방풍의 베르갑텐, 잔토톡신 및 프소랄렌은 조리과정(전자레인지, 찜 및 끓임 포함)에서 감소되지 않는 감광성, 돌연변이유발성 및 광발암성을 가진다. 구방풍을 복용 후에 자외선에 피부가 노출되면 염증이 유발될 수 있다[23-24]. 그러므로 구방풍의 독성에 대한 추가 연구가 필요하며 식품 첨가물로서의 사용에 특별한 주의를 기울여야 한다.

참고문헌

1. E Ostertag, T Becker, J Ammon, H Bauer-Aymanns, D Schrenk. Effects of storage conditions on furocoumarin levels in intact, chopped, or homogenized parsnips. Journal of Agricultural and Food Chemistry. 2002, 50(9): 2565-2570
2. D Nova, M Karmazin, I Buben. Anatomical and chemical discrimination between the roots of various varieties of parsley (Petroselinum crispum Mill./A. W. Hill.) and parsnip (Pastinaca sativa L. ssp. sativa). Cesko-Slovenska Farmacie. 1986, 35(8): 363-366
3. B Schubert, EM Sigmund, J Mader, R Greil, EP Ellmerer, H Stuppner. Polyacetylenes from the Apiaceae vegetables carrot, celery, fennel, parsley, and parsnip and their cytotoxic activities. Journal of Agricultural and Food Chemistry. 2005, 53(7): 2518-2523
4. RH Jones Ewart, S Safe, V Thaller. Natural acetylenes. XXIII. A C18 polyacetylenic oxo aldehyde related to falcarinone from an umbellifer (Pastinaca sativa). Journal of the Chemical Society. 1966, 14: 1220-1221
5. KH Kubeczka, E Stahl. Essential oils from Apiaceae (Umbelliferae). I. Oil from Pastinaca sativa roots. Planta Medica. 1975, 27(3): 235-241
6. R Claus, HO Hoppen. The boar-pheromone steroid identified in vegetables. Experientia. 1979, 35(12): 1674-1675
7. ML Stein, E Posocco. Furocoumarins of Pastinaca sativa subsp. sylvestris. Fitoterapia. 1984, 55(2): 119-122
8. RF Cerkauskas, M Chiba. Association of phoma canker with photocarcinogenic furocoumarins in parsnip cultivars. Canadian Journal of Plant Pathology. 1990, 12(4): 349-357
9. NP Maksyutina, DG Kolesnikov. Flavonoids of Pastinaca sativa fruit. Doklady Akademii Nauk SSSR. 1962, 142: 1193-1196
10. H Rzadkowska-Bodalska. Flavonoid compounds of Pastinaca sativa. Dissertationes Pharmaceuticae et Pharmacologicae. 1968, 20(3): 329-334
11. NP Maksyutina. Osthole in the seeds of Pastinaca sativa. Khimiya Prirodnykh Soedinenii. 1967, 3(3): 213-214
12. E Stahl, KH Kubeczka. Essential oils of Apiaceae (Umbelliferae). VI. Studies on the occurrence of chemotypes in Pastinaca sativa. Planta Medica. 1979, 37(1): 49-56
13. AK Borg-Karlson, I Valterova, L Nilsson. Volatile compounds from flowers of six species in the family Apiaceae: bouquets for different pollinators? Phytochemistry. 1994, 35(1): 111-119
14. KH Kubeczka, E Stahl. Essential oils from the Apiaceae (Umbelliferae). II. The essential oils from the above ground parts of Pastinaca sativa. Planta Medica. 1977, 31(2): 173-184
15. E Bazan, G Lotti. Glyceride composition of oils from Pastinaca sativa and Anethum graveolens. Biochimica Applicata. 1969, 16(4): 167-177
16. A Gawron, K Glowniak. Cytostatic activity of coumarins in vitro. Planta Medica. 1987, 53(6): 526-529

17. R Mongeau, R Brassard, R Cerkauskas, M Chiba, E Lok, EA Nera, P Jee, E McMullen, DB Clayson. Effect of addition of dried healthy or diseased parsnip root tissue to a modified AIN-76A diet on cell proliferation and histopathology in the liver, esophagus and forestomach of male Swiss Webster mice. Food and Chemical Toxicology. 1994, 32(3): 265-271

18. T Wolski, A Ludwiczuk, B Kedzia, E Holderna-Kedzia. Preparative extraction with supercritical gases (SFE) of furanocoumarin complexes and estimation of their anti-fungal activity. Herba Polonica. 2000, 46(4): 332-339

19. AE Desjardins, GF Spencer, RD Plattner, MN Beremand. Furanocoumarin phytoalexins, trichothecene toxins, and infection of Pastinaca sativa by Fusarium sporotrichioides. Phytopathology. 1989, 79(2): 170-175

20. S Uecker, T Jira, T Beyrich. The production of furocumarin in Apium graveolens L. and Pastinaca sativa L. after infection with Sclerotinia slcerotiorum. Die Pharmazie. 1991, 46(8): 599-601

21. PI Bezruk. Pharmacology of pastinacin. Farmakologiya i Toksikologiya. 1958, 21(6): 41-43

22. M Budincevic, Z Vrbaski, J Turkulov, E Dimic. Anti-oxidant activity of Oenothera biennis L. Technologie. 1995, 97(7/8): 277-280

23. GW Ivie, DL Holt, MC Ivey. Natural toxicants in human foods: psoralens in raw and cooked parsnip root. Science. 1981, 213(4510): 909-910

24. JF Montgomery, RE Oliver, WS Poole. A vesiculo-bullous disease in pigs resembling foot and mouth disease. I. Field cases. New Zealand Veterinary Journal. 1987, 35(3): 21-26

파슬리 歐芹 BHP, GCEM

Petroselinum crispum (Mill.) Nym. ex A. W. Hill

Parsley

개 요

미나리과(Apiaceae)

파슬리(歐芹, *Petroselinum crispum* (Mill.) Nym. ex A. W. Hill)의 지상부의 신선한 것 또는 말린 것: 구근(歐芹)

파슬리의 잘 익은 열매를 말린 것: 구근실(歐芹実)

파슬리의 뿌리를 말린 것: 구근근(歐芹根)

중약명: 구근(歐芹)

파슬리속(*Petroselinum*) 식물은 전 세계에 약 3종이 있으며 유럽의 서부 및 남부에 분포한다. 중국에는 오직 1종만 발견되어 약으로 사용된다. 파슬리는 지중해에 기원하며 현재 전 세계에 분포되어 있고, 일반적으로 정원에서 재배되거나 야생에서 발견된다.

고대 그리스의 의사인 디오스코리데스는 1세기에 파슬리를 의약품으로 사용하기 시작했다. 나중에 파슬리는 그리스에서 인도로 도입되었고 그 뿌리는 구강, 이뇨제, 월경촉진제 및 거담용으로 아유르베다 의학에 사용되었다[1]. 이 종은 파슬리(Petroselini Herba)와 파슬리 뿌리(Petroselini Radix)의 공식적인 기원식물 내원종으로 영국생약전(1996)에 등재되어 있다. 이 약재는 주로 북부 및 중부 유럽에서 생산된다.

파슬리에는 주로 정유와 쿠마린, 플라보노이드 및 세스퀴테르페노이드 성분을 함유하고 있다. 정유, 쿠마린 및 플라보노이드는 생리적 활동이 뚜렷하다. 영국생약전(1996)은 파슬리 허브의 품질관리를 위해 수용성 추출물의 함량이 25% 이상이어야 한다고 규정하고 있다.

약리학적 연구에 따르면 파슬리는 이뇨, 항궤양, 항산화, 항당뇨병, 항균, 혈소판응집 억제, 항 콜린네스 분해 효소 및 항종양 효과를 나타낸다.

민간요법에 따르면 파슬리 허브는 이뇨효과가 있으며 신장결석증을 예방하고 치료하는 데 사용하여 왔다.

파슬리 歐芹 *Petroselinum crispum* (Mill.) Nym. ex A. W. Hill

파슬리 歐芹 Petroselini Fructus

구근 歐芹 Petroselini Herba

구근근 歐芹根 Petroselini Radix

함유성분

지상부와 열매 및 뿌리에는 정유 성분이 함유되어 있다. 정유 성분의 함량과 조성은 재배종, 재배지, 약용부위, 추출방법 그리고 채취 시기에 따라 영향을 받는다. 정유 성분의 함량은 지상부에 0.040%–0.15%[2], 열매에 1.0%–6.0%, 그리고 뿌리에 0.30%–0.70%가 함유되어 있다. 정유의 주 성분으로는 myristicin, apiole (apiol), 1,3,8–p–menthatriene, β–phellandrene, β–myrcene, terpinolene, α, β–pinenes[1–2, 4–7]이 함유되어 있다.

지상부에는 푸로쿠마린 성분으로 oxypeucedanin, psoralen, 8–methoxypsoralen, 5–methoxypsoralen, isopimpinellin[8]이 함유되어 있고, 플라보노이드 성분으로 apiin, 6"acetylapiin, 모노테르페노이드 배당체 성분으로 petroside[9]가 함유되어 있다.

열매에는 푸로쿠마린 성분으로 isoimperatorin, oxypeucedanin, 세스퀴테르페노이드 성분으로 crispanone, 플라보노이드 성분으로 apigenin, luteolin, 페닐프로파노이드 성분으로 apional[10]이 함유되어 있다.

씨에는 지방산이 함유되어 있고, petroselinic acid[11]이 주로 함유되어 있다.

뿌리에는 프탈라이드 성분으로 sedanenolide, 3–butyl–5,6–dihydro–4H–isobenzofuran–1–one, butyl phthalide, butylidene phthalide, ligustilide[12], 폴리아세틸렌 성분으로 falcarinol, falcarindiol[13], 푸로쿠마린 성분으로 oxypeucedanin, bergaptene, imperatorin, 플라보노이드 성분으로 apiin[2]이 함유되어 있다.

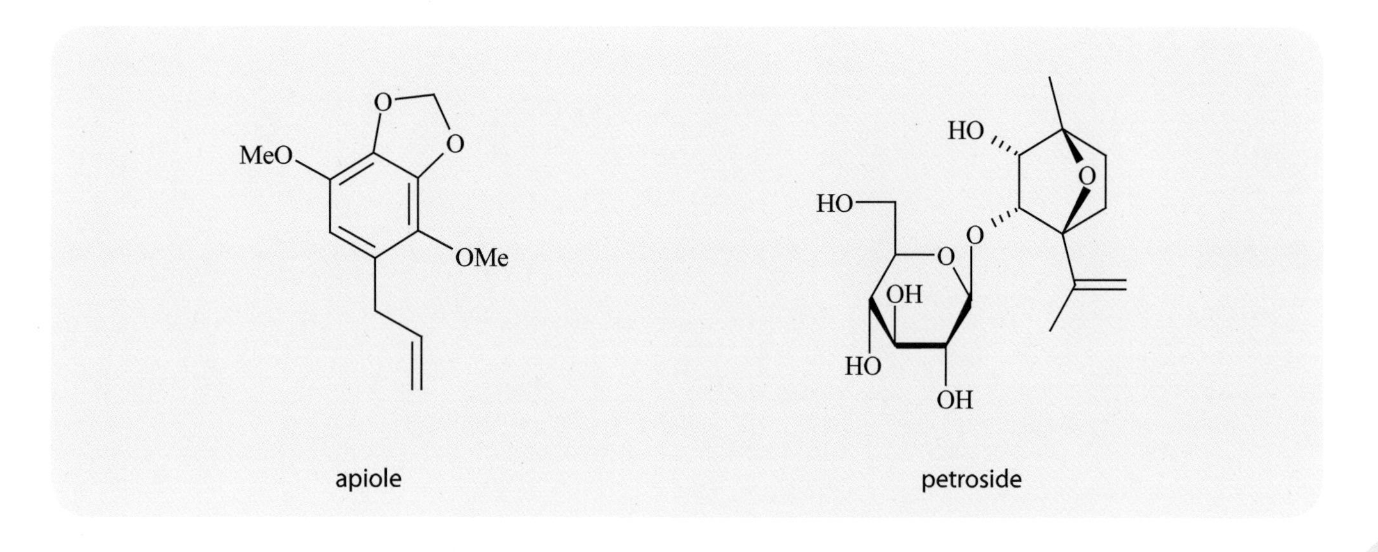

파슬리 歐芹 BHP, GCEM

약리작용

1. 이뇨 작용
   열매의 물 추출물을 마우스에게 경구 투여할 경우 소변의 체적을 유의하게 증가시켰으며, 원위치 신장 관류 실험은 주입과 함께 소변 유속이 상당히 증가함을 보였다. 이뇨는 내강으로의 삼투압성 물 흐름에 의한 피질 및 수질 균질액에서의 나트륨이온, 칼륨이온의 가수분해효소 활성 및 나트륨이온 및 칼륨이온 재흡수의 감소와 관련이 있다[14].

2. 항궤양 작용
   지상부의 에탄올 추출물을 복강 내 주사한 결과 유문 결찰과 위 산성 및 궤양 지수가 감소된 랫드에서 위 분비가 유의하게 억제되었다. 옥수수 추출물을 경구 투여하면 스트레스성 궤양 출혈을 유의하게 억제하고, 에탄올로 인한 고열 위 점액 저지를 억제하고, 인도메타신에 의한 위 점막 손상을 감소시키고, 비 단백질 설프히드릴(NP-SH) 함량을 보충했다. 전초에 함유된 플라보노이드는 항궤양 효과를 일으키는 활성성분 중 하나 일 수 있다[15].

3. 항산화
   지상부의 메탄올 추출물은 히드록시 라디칼과 2,2-디페닐-피크릴하이드라질(DPPH) 유리기를 *in vitro*에서 효과적으로 제거하여 아스코르빈산 및 철 이온으로 유도된 지질과산화를 유의하게 억제했다. 전초에 함유되어 있는 페놀 성분은 항산화 활성을 담당하는 주성분이다[16-17]. 베타카로틴 표백 분석 및 DPPH 유리기 소거 분석 결과, 파슬리 오일은 어느 정도의 항산화제 활성을 나타냈다. 미리스티신과 아피올은 주요 항산화 성분이다[18].

4. 항균 작용
   지상부의 메탄올 추출물과 이로부터 추출한 푸로마린은 인간 병원균인 대장균, 고초균, 리스테리아 모노사이토제니스균 및 부패 미생물인 에르비니아 카로토보르균을 *in vitro*에서 유의하게 저해했다[8, 17].

5. 혈당강하 작용
   지상부의 물 추출물을 경구 투여하면 스트렙토조토신 유발 당뇨병을 가진 랫드에서 혈당 증가를 유의하게 억제하고 알라닌 트란스아미나제(ALT)와 알칼라인포스파타아제(ALP)의 활성, 시알산, 요산, 칼륨 및 나트륨 수준을 현저히 감소시키며, 간지질과산화를 크게 억제하고 글루타티온(GSH) 수치를 낮추며 따라서 중요한 항혈당 강하 효과 및 간 보호효과를 나타냈다[19-21].

6. 혈소판 응집 억제 작용
   지상부의 물 추출물은 *in vitro*에서 트롬빈과 아데노신 디포스페이트(ADP)로 유도한 쥐 혈소판 응집을 유의하게 억제했다[22].

7. 항 콜린 에스테라아제 작용
   뿌리의 메탄올 추출물은 *in vitro*에서 아세틸콜린에스테라제 활성을 억제했다. 뿌리가 기억과 인식을 향상시킬 수 있음을 나타냈다[23].

8. 기타
   전초의 정유에 함유된 미리스티신은 항종양 활동을 보였다[24]. 지상부의 메탄올 추출물에 함유된 플라보노이드는 에스트로겐 유사 활성을 보였다[9].

용도

1. 요로 감염, 요로결석
2. 설사, 소화 불량
3. 부종
4. 생리불순

해설

파슬리는 경제적 가치가 높다. 약용 이외에, 일반적으로 식욕을 돋우는 야채이다. 정유는 소시지와 같은 육류 제품의 방향성 첨가제로 사용되며 향수 및 비누 제조를 포함한 여러 분야에서도 사용된다. 파슬리는 3가지 주요 유형으로 재배된다 즉, 곱슬한 잎을 가진 유형(ssp. *crispum*)과 평편한 잎의 형태를 가진(ssp. *neapolitanum*) 파슬리가 재배되며. 또한 뿌리를 이용할 목적으로 튤립 뿌리 모양의 '함부르크'(ssp. *tuberosum*) 유형이 재배되고 있다. 현재, 파슬리의 품질을 평가할 수 있는 가능한 방법은 없다.

참고문헌

1. SA Petropoulos, D Daferera, CA Akoumianakis, HC Passam, MG Polissiou. The effect of sowing date and growth stage on the essential oil composition of three types of parsley (Petroselinum crispum). Journal of the Science of Food and Agriculture. 2004, 84(12): 1606-1610
2. JE Simon, J Quinn. Characterization of essential oil of parsley. Journal of Agricultural and Food Chemistry. 1988, 36(3): 467-472
3. M Wichtl. Herbal Drugs and Phytopharmaceuticals: a Handbook for Practice on a Scientific Basis. Stuttgart: Medpharm Scientific Publishers. 2004: 445-450
4. JA Pino, A Rosado, V Fuentes. Herb oil of parsley (Petroselinum crispum Mill.) from Cuba. Journal of Essential Oil Research. 1997, 9(2): 241-242
5. M Stankovic, N Nikolic, L Stanojevic, MD Cakic. The effect of hydrodistillation technique on the yield and composition of essential oil from the seed of Petroselinum crispum (Mill.) Nym. ex. A. W. Hill. Hemijska Industrija. 2004, 58(9): 409-412
6. A Lamarti, A Badoc, R Bouriquet. A chemotaxonomic evaluation of Petroselinum crispum (Mill.) A. W. Hill (parsley) marketed in France. Journal of Essential Oil Research. 1991, 3(6): 425-433
7. A Kurowska, I Galazka. Essential oil composition of the parsley seed of cultivars marketed in Poland. Flavour and Fragrance Journal. 2006, 21(1): 143-147
8. MM Manderfeld, HW Schafer, PM Davidson, EA Zottola. Isolation and identification of anti-microbial furocoumarins from parsley. Journal of Food Protection. 1997, 60(1): 73-77
9. M Yoshikawa, T Uemura, H Shimoda, A Kishi, Y Kawahara, H Matsuda. Medicinal foodstuffs. XVIII. Phytoestrogens from the aerial part of Petroselinum crispum Mill. (parsley) and structures of 6"-acetylapiin and a new monoterpene glycoside, petroside. Chemical & Pharmaceutical Bulletin. 2000, 48(7): 1039-1044
10. G Appendino, J Jakupovic, E Bossio. Structural revision of the parsley sesquiterpenes crispanone and crispane. Phytochemistry. 1998, 49(6): 1719-1722
11. S Guiet, RJ Robins, M Lees, I Billault. Quantitative ^{2}H NMR analysis of deuterium distribution in petroselinic acid isolated from parsley seed. Phytochemistry. 2003, 64(1): 227-233
12. S Nitz, MH Spraul, F Drawert, M Spraul. 3-Butyl-5,6-dihydro-4H-isobenzofuran-1-one, a sensorial active phthalide in parsley roots. Journal of Agricultural and Food Chemistry. 1992, 40(6): 1038-1040
13. S Nitz, MH Spraul, F Drawert. C_{17} polyacetylenic alcohols as the major constituents in roots of Petroselinum crispum Mill. ssp. tuberosum. Journal of Agricultural and Food Chemistry. 1990, 38(7): 1445-1447
14. SI Kreydiyyeh, J Usta. Diuretic effect and mechanism of action of parsley. Journal of Ethnopharmacology. 2002, 79(3): 353-357
15. T Al-Howiriny, M Al-Sohaibani, K El-Tahir, S Rafatullah. Prevention of experimentally-induced gastric ulcers in rats by an ethanolic extract of "Parsley" Petroselinum crispum. The American Journal of Chinese Medicine. 2003, 31(5): 699-711
16. S Fejes, A Blazovics, E Lemberkovics, G Petri, E Szoke, A Kery. Free radical scavenging and membrane protective effects of methanol extracts from Anthriscus cerefolium L. (Hoffm.) and Petroselinum crispum (Mill.) Nym. ex A.W. Hill. Phytotherapy Research. 2000, 14(5): 362-365
17. PYY Wong, DD Kitts. Studies on the dual anti-oxidant and anti-bacterial properties of parsley (Petroselinum crispum) and cilantro (Coriandrum sativum) extracts. Food Chemistry. 2006, 97(3): 505-515
18. H Zhang, F Chen, X Wang, HY Yao. Evaluation of anti-oxidant activity of parsley (Petroselinum crispum) essential oil and identification of its antioxidant constituents. Food Research International. 2006, 39(8): 833-839
19. R Yanardag, S Bolkent, A Tabakoglu-Oguz, O Oezsoy-Sacan. Effects of Petroselinum crispum extract on pancreatic B cells and blood glucose of streptozotocin-induced diabetic rats. Biological & Pharmaceutical Bulletin. 2003, 26(8): 1206-1210
20. S Bolkent, R Yanardag, O Ozsoy-Sacan, O Karabulut-Bulan. Effects of parsley (Petroselinum crispum) on the liver of diabetic rats: a morphological and biochemical study. Phytotherapy Research. 2004, 18(12): 996-999
21. O Ozsoy-Sacan, R Yanardag, H Orak, Y Ozgey, A Yarat, T Tunali. Effects of parsley (Petroselinum crispum) extract versus glibornuride on the liver of streptozotocin-induced diabetic rats. Journal of Ethnopharmacology. 2006, 104(1-2): 175-181
22. H Mekhfi, ME Haouari, A Legssyer, M Bnouham, M Aziz, F Atmani, A Remmal, A Ziyyat. Platelet anti-aggregant property of some Moroccan medicinal plants. Journal of Ethnopharmacology. 2004, 94(2-3): 317-322
23. A Adsersen, B Gauguin, L Gudiksen, AK Jager. Screening of plants used in Danish folk medicine to treat memory dysfunction for acetylcholinesterase inhibitory activity. Journal of Ethnopharmacology. 2006, 104(3): 418-422
24. GQ Zheng, PM Kenney, LKT Lam. Myristicin: a potential cancer chemopreventive agent from parsley leaf oil. Journal of Agricultural and Food Chemistry. 1992, 40(1): 107-110

파슬리 歐芹 BHP, GCEM

파슬리 재배 모습

파이다수 波爾多樹 EP, BP, BHP, GCEM

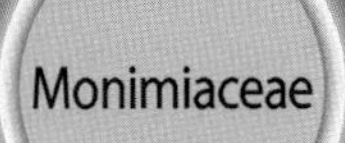

Peumus boldus Molina

Boldo

개 요

모니미아과(Monimiaceae)
파이다수(波爾多樹, *Peumus boldus* Molina)의 잎을 말린 것: 볼도엽
중약명: 볼도엽
파이다수속(*Peumus*) 식물은 전 세계에 단 1종만 있으며 약으로 사용된다. 파이다수는 칠레와 페루에 기원을 두고 있으며 현재 지중해와 북아메리카의 서부 해안에 귀화되었다.
볼도의 약용 가치는 오래전 칠레에서 우연히 발견되었으며, 간, 소장 및 담낭의 질병을 치료하기 위해 칠레 민간요법에서 널리 사용되었다. 이 종은 볼도엽(Peumui Boldusi Folium)의 공식적인 기원식물 내원종으로 유럽약전(5개정판)과 영국약전(2002)에 등재되어 있다. 이 약재는 주로 칠레와 페루에서 생산된다.
볼도엽은 주로 알칼로이드, 정유 및 플라보노이드 성분을 함유한다. 볼딘은 주요 활성 성분이다. 유럽약전 및 영국약전은 볼도엽 전체의 휘발성 기름 함량이 20mL/kg 이상이거나 4.0mL/kg 이상이어야 하며, 잘라진 볼도엽을 증기로 쪘을 때의 휘발성 기름 함량은 15mL/kg 이상이어야 한다고 규정하고 있다. 또한 의약 물질의 품질관리를 위해 고속액체크로마토그래피법으로 시험할 때 볼딘으로 계산한 알칼로이드의 총 함량은 0.10% 이상이어야 한다고 규정하고 있다.
약리학적 연구는 볼도엽이 항산화제, 간 보호효과 및 항염증 효과를 가진다.
민간요법에 따르면 볼도엽은 간장 보호, 최담작용 및 이뇨작용이 있다. 볼도엽은 유럽연합집행위원회에 의해 자연 식품 조미료의 원료로 승인되었으며 미국에서 알코올성 음료에 사용하도록 허용되었다.

파이다수 波爾多樹 *Peumus boldus* Molina

볼도엽 Peumui Boldusi Folium

1cm

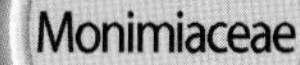

파이다수 波爾多樹 EP, BP, BHP, GCEM

함유성분

잎에는 알칼로이드 성분으로 boldine, isocorydine, N−methyllaurotetanine[1], (−)−pronuciferine, sinoacutine[2], isoboldine, isocorydine−N−oxide, norisocorydine, laurolitsine, laurotetanine, reticuline[3], 정유 성분으로 ascaridole[4], limonene, p−cymene, 1,8−cineole, β−phellandrene[5], 플라보노이드 성분으로 peumoside, boldoside, isorhamnetin−dirhamnoside[6]가 함유되어 있다.
껍질에는 알칼로이드 성분으로 6a, 7−dehydroboldine[7], coclaurine[8]이 함유되어 있다.

boldine

ascaridole

약리작용

1. 항산화 작용

(1) 유리기 소거

볼도엽의 물 추출물은 무산소 라디칼을 제거하고 전구 산화제 종을 소멸시키는 실질적으로 높은 능력을 나타내었으며[9], 볼딘은 Fe^{3+} EDTA+과산화수소[10]에 의한 데옥시리보스 분해에서 붕괴된 수산기 라디칼을 제거했다. 볼딘은 카테콜아민 산화에 의해 유발된 뇌의 미토콘드리아 기능 장애를 약화시키고 반응성 산소 종에 대한 소거 작용과 멜라닌 형성 및 티올 산화 억제를 통해 PC12 세포의 도파민 유도된 죽음을 감소시켰다[11].

(2) 지질과산화의 저해

볼딘은 뇌 균질 자기 산화, 2,2'−아조비스(2−아미디노프로판)(AAP)로 유도된 적혈구 원형질막의 지질과산화와 *in vitro*에서 AAP에 의한 리소자임의 불활화를 저해했다[12]. 또한 *in vitro*에서 저밀도 지단백질(LDL)의 산화를 감소시켰다. 볼딘을 경구 투여한 마우스에서 죽상 동맥 경화를 예방했다[13].

(3) 세포 보호

볼딘은 대장균 배양균의 생존에 대한 염화 제1주석에 의한 치사 효과를 감소시켰지만, 과발현된 형태의 플라스미드는 볼딘 존재 하에서 염화주석에 의해 변형되지 않았다[14]. *in vitro*에서 볼딘은 AAP에 의해 유도된 헤모글로빈의 세포외 배지로의 누출을 막고 화학적으로 유도된 용혈성 손상에 대하여 강한 세포 보호성질을 보였다[15].

(4) 항 당뇨병

볼딘을 경구 투여하면 과산화물 음이온을 분해했고, 랫드에서 과산화수소와 수산기 라디칼의 생성을 감소시켰으며 스트렙토조토신에 의해 유도된 산화 조직 손상과 변화된 항산화 효소 활성을 억제했다. 볼딘은 스트렙토조토신에 의해 유발된 당뇨병의 발병을 랫드에서 약화시켰다[16].

2. 간 보호 작용
   잎의 수성 에탄올 추출물은 분적출된 랫드의 간세포에서 3-부틸하이드로퍼옥사이드로 유도된 간독성의 유의적인 간 보호를 나타냈다. *in vitro*에서 잎 추출물은 마우스에서 사염화탄소에 의한 간독성에 대한 간 보호효과를 보였다. 볼딘은 간 마이크로솜의 CYP1A 의존성 저해 활성을 나타냈다[17]. 7-ethoxyresorufin O-deethylase와 CYP3A-의존성 테스토스테론 6 β-수산화효소 활성은 Hepa-1 세포에서 글루타티온 S-전이효소 활성을 자극하고 화학적 돌연변이체를 포함한 다른 이종 생물의 대사 활성화를 감소시켰다[18]. 볼딘은 간 마이크로솜[19-20]에서 지질과산화에 대한 보호 활동을 나타냈다[19-20].

3. 항염증 및 해열 작용
   잎의 수성 에탄올 추출물은 카라기난에 의한 마우스의 부종에 대한 항염증 효과를 보였다. 볼딘은 또한 카라기난에 의해 유도된 기니피그 부종에서 항염증 활성을 보였다[21]. 볼딘을 토끼에 경구 투여하면 세균에 의한 발열을 감소시켰다. 볼딘은 아세트산을 직접 투여하여 유도된 대장 손상을 예방하고 세포사멸, 조직 해체 및 부종을 감소시켰다[22].

4. 골격근에 미치는 영향
   *in vitro*에서 볼딘은 시냅스후부의 니코틴 아세틸콜린 수용체와의 직접적인 상호작용으로 고립된 마우스 횡격막 신경막에 신경근 차단을 일으켰다[23]. 볼딘은 마우스 횡격막과 분리된 근소포체 막 소낭에서 골격근의 내부 Ca^{2+} 저장 부위로부터 리아노딘에 의해 유발된 Ca^{2+} 방출을 강화시켰다[24].

5. 기타
   잎 추출물은 혈액 세포에 의한 방사능 섭취를 증가시켰고 99mTc 방사능의 양을 약간 감소시켰으며 추출물이 적혈구의 방사성 표지에 영향을 미칠 수 있음을 시사한다[25]. 볼딘은 미토콘드리아 전자 전달을 차단했다[26].

용도

1. 소화 불량, 변비
2. 담석증
3. 방광염
4. 관절염

해설

볼도엽에는 간 보호 작용이 있음에도 불구하고 간독성에 대한 보고가 있다[27]. 잎의 간 독성에 대한 추가 연구가 수행되어야 한다. 볼도엽은 전통적으로 이담제로 사용되었다.
실험적 연구 결과가 아직 명백한 영향을 규명하지는 못했다. 따라서 관련 약리기능에 대한 추가 연구가 수행되어야 한다.
현대 약리학 연구에서는 잎의 주요 성분인 볼딘에 중점을 두고 있어서 정유와 플라보노이드와 같은 성분의 작용에 대한 추가적 연구가 더 요구된다.

참고문헌

1. P Gorecki, H Otta. Studies on the isolation of apomorphine alkaloids from some industrial intermediate products. Part I. Isolation of major phenol alkaloids from Peumus boldus Mol. complex. Herba Polonica. 1979, 25(4): 285-291
2. A Urzua, P Acuna. Alkaloids from the bark of Peumus boldus. Fitoterapia. 1983, 54(4): 175-177
3. M Vanhaelen. Spectrophotometric determination of alkaloids in Peumus boldus. Journal de Pharmacie de Belgique. 1973, 28(3): 291-299
4. E Miraldi, S Ferri, GG Franchi, G Giorgi. Peumus boldus essential oil: new constituents and comparison of oils from leaves of different origin. Fitoterapia. 1996, 67(3): 227-230
5. R Vila, L Valenzuela, H Bello, S Canigueral, M Montes, T Adzet. Composition and anti-microbial activity of the essential oil of Peumus boldus leaves. Planta Medica. 1999, 65(2): 178-179
6. H Krug, B Borkowski. Flavonoid compounds in the leaves of Peumus boldus. Naturwissenschaften. 1965, 52(7): 161
7. A Urzua, R Torres. 6a,7-Dehydroboldine from the bark of Peumus boldus. Journal of Natural Products. 1984, 47(3): 525-526
8. M Asencio, BK Cassels, H Speisky, A Valenzuela. (R)- and (S)-coclaurine from the bark of Peumus boldus. Fitoterapia. 1993, 64(5): 455-458
9. H Speisky, C Rocco, C Carrasco, EA Lissi, C Lopez-Alarcon. Anti-oxidant screening of medicinal herbal teas. Phytotherapy Research.

2006, 20(6): 462-467

10. A Ubeda, C Montesinos, M Paya, MJ Alcaraz. Iron-reducing and free-radical-scavenging properties of apomorphine and some related benzylisoquinolines. Free Radical Biology & Medicine. 1993, 15(2): 159-167
11. YC Youn, OS Kwon, ES Han, JH Song, YK Shin, CS Lee. Protective effect of boldine on dopamine-induced membrane permeability transition in brain mitochondria and viability loss in PC12 cells. Biochemical Pharmacology. 2002, 63(3): 495-505
12. H Speisky, BK Cassels, EA Lissi, LA Videla. Anti-oxidant properties of the alkaloid boldine in systems undergoing lipid peroxidation and enzyme inactivation. Biochemical Pharmacology. 1991, 41(11): 1575-1581
13. N Santanam, M Penumetcha, H Speisky, S Parthasarathy. A novel alkaloid anti-oxidant, boldine and synthetic anti-oxidant, reduced form of RU486, inhibit the oxidation of LDL in vitro and atherosclerosis in vivo in LDLR(-/-) mice. Atherosclerosis. 2004, 173(2): 203-210
14. IW Reiniger, da SC Ribeiro, I Felzenszwalb, de JC Mattos, de JF Oliveira, FJ da Silva Dantas, RJ Bezerra, A Caldeira-de-Araujo, M Bernardo-Filho. Boldine action against the stannous chloride effect. Journal of Ethnopharmacology. 1999, 68(1-3): 345-348
15. I Jimenez, A Garrido, R Bannach, M Gotteland, H Speisky. Protective effects of boldine against free radical-induced erythrocyte lysis. Phytotherapy Research. 2000, 14(5): 339-343
16. YY Jang, JH Song, YK Shin, ES Han, CS Lee. Protective effect of boldine on oxidative mitochondrial damage in streptozotocin-induced diabetic rats. Pharmacological Research. 2000, 42(4): 361-371
17. MC Lanhers, M Joyeux, R Soulimani, J Fleurentin, M Sayag, F Mortier, C Younos, JM Pelt. Hepatoprotective and anti-inflammatory effects of a traditional medicinal plant of Chile, Peumus boldus. Planta Medica. 1991, 57(2): 110-115
18. R Kubinova, M Machala, K Minksova, J Neca, V Suchy. Chemoprotective activity of boldine: modulation of drug-metabolizing enzymes. Pharmazie. 2001, 56(3): 242-243
19. P Kringstein, AI Cederbaum. Boldine prevents human liver microsomal lipid peroxidation and inactivation of cytochrome P4502E1. Free Radical Biology & Medicine. 1995, 18(3): 559-563
20. AI Cederbaum, E Kukielka, H Speisky. Inhibition of rat liver microsomal lipid peroxidation by boldine. Biochemical Pharmacology. 1992, 44(9): 1765-1772
21. N Backhouse, C Delporte, M Givernau, BK Cassels, A Valenzuela, H Speisky. Anti-inflammatory and anti-pyretic effects of boldine. Agents and Actions. 1994, 42(3-4): 114-117
22. M Gotteland, I Jimenez, O Brunser, L Guzman, S Romero, BK Cassels, H Speisky. Protective effect of boldine in experimental colitis. Planta Medica. 1997, 63(4): 311-315
23. JJ Kang, YW Cheng, WM Fu. Studies on neuromuscular blockade by boldine in the mouse phrenic nerve-diaphragm. Japanese Journal of Pharmacology. 1998, 76(2): 207-212
24. JJ Kang, YW Cheng. Effects of boldine on mouse diaphragm and sarcoplasmic reticulum vesicles isolated from skeletal muscle. Planta Medica. 1998, 64(1): 18-21
25. AC Braga, MB Oliveira, GD Feliciano, IW Reiniger, JF Oliveira, CR Silva, M Bernardo-Filho. The effect of drugs on the labeling of blood elements with technetium-99m. Current Pharmaceutical Design. 2000, 6(11): 1179-1191
26. A Morello, I Lipchenca, BK Cassels, H Speisky, J Aldunate, Y Repetto. Trypanocidal effect of boldine and related alkaloids upon several strains of Trypanosoma cruzi. Comparative Biochemistry and Physiology. Pharmacology, Toxicology and Endocrinology. 1994, 107(3): 367-371
27. F Piscaglia, S Leoni, A Venturi, F Graziella, G Donati, L Bolondi. Caution in the use of boldo in herbal laxatives: a case of hepatotoxicity. Scandinavian Journal of Gastroenterology. 2005, 40(2): 236-239

아니스 茴芹 EP, BP, BHP, USP, GCEM

Apiaceae

Pimpinella anisum L.

Anise

개 요

미나리과(Apiaceae)

아니스(茴芹, *Pimpinella anisum* L.)의 잘 익은 열매를 말린 것: 회근자(茴芹子)

중약명: 회근자(茴芹子)

아니스속(*Pimpinella*) 식물은 전 세계에 약 150종이 있으며 유럽, 아시아 및 북부 아프리카에 분포하고 미주 지역에서는 그 수가 적다. 중국에는 약 39종이 발견되고, 약 4종이 약으로 사용된다. 아니스는 이집트에 기원을 두고 있으며 스페인, 터키, 독일, 이탈리아, 러시아, 불가리아와 같은 유럽 국가, 중국의 신강지역, 일본 및 인도와 같은 아시아 국가, 칠레 및 멕시코와 같은 남미 국가 그리고 북부 아프리카에서 널리 재배되고 있다[1-3].

아니스는 이집트에서 4000년 이상 재배되었으며 9세기에 독일에서 처음으로 재배되었다. 아니스는 전통적으로 이뇨제로 사용되며 소화 불량 및 치통을 치료하는 데 사용된다. 호흡 증진, 통증 완화 및 배뇨 촉진 효과는 고대 그리스 역사서에 기록되었다. 이 종은 유럽약전(5개정판)과 영국약전(2002)에 아니스 열매(Pimpinellae Anisi Fructus)의 공식적인 기원식물 내원종으로 등재되어 있다. 이 약재는 주로 이집트, 터키 및 스페인에서 생산된다.

열매에는 주로 정유와 다양한 수용성 배당체를 함유하고 있으며 주요 활성성분이기도 하다. 유럽약전 및 영국약전은 의약 물질의 품질관리를 위해 휘발성 기름의 함량이 20mL/kg 이상이어야 한다고 규정하고 있다.

약리학적 연구에 따르면 열매는 진경, 항경련, 에스트로겐성, 약물 중독방지, 항 이뇨, 항산화 및 항균작용을 한다.

민간요법에 따르면 아니스 열매는 거담 작용과 구풍(驅風) 작용을 한다.

아니스 茴芹 *Pimpinella anisum* L.

아니스 茴芹 Pimpinellae Anisi Fructus

함유성분

열매에는 정유 성분(1.5%~5.0%)으로 아니스 씨 냄새의 94%에 달하는 E-anethole, estragole(methylchavicol), p-anisaldehyde[4-6], 페닐프로파노이드와 그 배당체 성분으로 erythro-anethole glycol, threo-anethole glycol, (1'R,2'R)-anethole glycol 2'O-β D-glucopyranoside[7], 에리스리톨 배당체 성분으로 2-C-methyl-D-erythritol 1-O-β Dglucopyranoside, 2-C-methyl-D-erythritol 1-O-β D-fructofuranoside[8], 모노테르펜 배당체 성분으로 betulalbuside A, 방향성 화합물 배당체 성분으로 tachioside, isotachioside, vanilloloside, viridoside, icarisides B_1, B_2, D_1, D_2, F_2[9], 플라보노이드 성분으로 luteolin, luteolin-7-O-glucoside, luteolin-7-O-xyloside[10]가 함유되어 있다.

지상부와 뿌리에는 E-anethole, estragole, epoxypseudoisoeugenol 2-methylbutyrate[11]가 함유되어 있다.

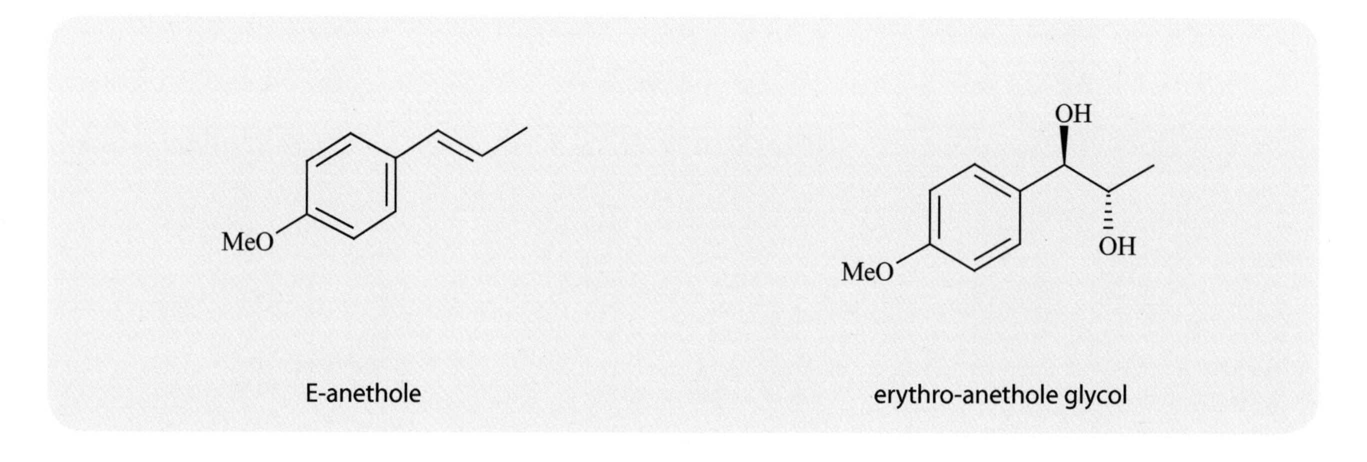

약리작용

1. 진경 작용
   적출 기니피그에서 수성 및 에탄올 추출물과 정유는 기관 평활근을 이완시켰다. 수성과 에탄올 추출물의 효과는 테오필린의 작용과 유사하였다. 진경작용기전은 무스카린 수용체에 대한 억제효과와 관련이 있다[12].

2. 항전간 작용
   열매에서 추출한 정유의 복강 내 주입은 펜틸렌테트라졸에 의해 유도된 간대성 경련을 현저히 억제하였고 랫드에서의 최대 전기충격을 현저하게 억제하고 사망률을 감소시켰다[13].

3. 에스트로겐 수준의 조절작용
   주요 화합물인 E-아네톨을 함유한 열매의 에센셜 오일은 효모 에스트로겐 스크린(YES) 분석에서 에스트로겐 활성을 보였다[11]. 열매의 물 추출물은 *in vitro*에서 알칼라인 포스파타아제 활성을 유의하게 증가시켰고, 광물화된 결절 형성을 촉진시켰으며 골아세포의 분화를 자극했다. 또한 유방암 MCF-7 세포에서 인슐린 성장인자 결합단백질 3(IGFBP3)의 수준을 유의하게 증가시켰고 항에스트로겐 효과를 나타냈다. 결과는 열매가 골다공증 예방에 사용될 수 있음을 보였다[14].

4. 신진 대사에 미치는 영향
   열매에서 추출한 정유인 아니스 오일은 랫드의 빈 창자에서 포도당 흡수를 현저히 강화시켰다. 음용수와 함께 아니스 오일을 경구 투여하면 랫드에서 소변의 생성량을 감소시켰으며 상당한 항이뇨 활성을 나타냈다. 그 메커니즘은 아니스 오일에 의해 유발된 신장 Na^+, K^+-ATPase의 활성 증가와 관련이 있다. 아니스 오일이 풍부한 음식이 신체의 포도당 흡수를 증가시켜 건조하고 더운 환경에서 수분손실을 방지한다[15].

5. 약물 중독 억제 작용
   아니스 오일을 복강 내 투여하면 조건부 혐오(CPA)를 유도하고 마우스에서 모르핀에 의해 유도된 조건부 선호도(CPP)의 발현 및 획득을 유의하게 억제했다. 비쿠쿨린(GABA A 수용체 길항제)은 모르핀 유도 CPP에 대한 아니스 오일의 효과를 유의적으로 감소시켰다. 그 기전은 γ-아미노부티르산(GABA) 수용체의 활성과 관련이 있을 수 있다[16].

6. 항산화 작용
   열매의 수성 및 에탄올 추출물은 *in vitro*에서 α-토코페롤보다 강한 효과로 리놀레산계에서 과산화를 유의하게 억제했으며, 과산화물 음이온 라디칼, DPPH 유리기 및 히드록실 라디칼을 효과적으로 제거했다[17].

7. 항균 작용
수성 및 에탄올 추출물과 열매의 정유는 *in vitro*에서 황색포도상구균과 같은 병원성 박테리아의 증식을 유의하게 억제했다. 열매 추출물 및 아니스 오일은 칸디다성 질염, 트리코피톤 루브럼 및 개소포자균과 같은 병원성 진균을 유의하게 억제했다[17-19].

8. 기타
아니스 오일에 함유된 p-아니스알데하이드는 집먼지 진드기를 제거하고[20], 티로시나아제를 억제한다[21].

용도

1. 감기와 발열, 기침, 인후두염
2. 소화 불량, 식욕 부진, 복부팽만
3. 월경불순
4. 간질
5. 담배 중독

해설

아니스와 *Illicium verum* Hook(Magnoliaceae)의 열매를 수증기 증류하여 얻은 정유인 아니스 오일(Anisi Oleum)의 공식 기원식물은 영국약전과 미국약전(28개정판)에 등재되어 있다. 이들 두 가지 유형의 정유는 E-아네톨을 주성분으로 하지만 기원식물과 화학성분이 다르기 때문에 서로 구별되어야 한다.
아니스는 경제적 가치가 높다. 약용 이외에 음료, 양조 및 제빵에서 사용될 수 있는 일반적인 식용 향료로 사용되고, 또한 향수와 비누의 제조를 포함하여 다른 영역에서도 사용된다.

참고문헌

1. WC Evans. Trease & Evans' Pharmacognosy (15th edition). Edinburgh: WB Saunders. 2002: 263-264
2. J Bruneton. Pharmacognosy, Phytochemistry, Medicinal Plants (2nd edition). Paris: Technique & Documentation. 1999: 513-515
3. M Wichtl. Herbal Drugs and Phytopharmaceuticals: a Handbook for Practice on a Scientific basis. Stuttgart: Medpharm Scientific Publishers. 2004: 42-44
4. R Omidbaigi, A Hadjiakhoondi, M Saharkhiz. Changes in content and Chemical composition of Pimpinella anisum oil at various harvest time. Journal of Essential Oil-Bearing Plants. 2003, 6(1): 46-50
5. VM Rodrigues, PTV Rosa, MOM Marques, AJ Petenate, MAA Meireles. Supercritical extraction of essential oil from anise (Pimpinella anisum L) using CO2: solubility, kinetics, and composition data. Journal of Agricultural and Food Chemistry. 2003, 51(6): 1518-1523
6. N Tabanca, B Demirci, T Ozek, N Kirimer, KHC Baser, E Bedir, IA Khan, DE Wedge. Gas chromatographic-mass spectrometric analysis of essential oils from Pimpinella species gathered from central and northern Turkey. Journal of Chromatography, A. 2006, 1117(2): 194-205
7. T Ishikawa, E Fujimatu, J Kitajima. Water-soluble constituents of anise: new glucosides of anethole glycol and its related compounds. Chemical & Pharmaceutical Bulletin. 2002, 50(11): 1460-1466
8. J Kitajima, T Ishikawa, E Fujimatu, K Kondho, T Takayanagi. Glycosides of 2-C-methyl-D-erythritol from the fruits of anise, coriander and cumin. Phytochemistry. 2003, 62(1): 115-120
9. E Fujimatu, T Ishikawa, J Kitajima. Aromatic compound glucosides, alkyl glucoside and glucide from the fruit of anise. Phytochemistry. 2003, 63(5): 609-616
10. AM El-Moghazi, AA Ali, SA Ross, MA Mottaleb. Flavonoids of Pimpinella anisum L. growing in Egypt. Herba Polonica. 1981, 27(1): 13-17
11. N Tabanca, SI Khan, E Bedir, S Annavarapu, K Willett, IA Khan, N Kirimer, KHC Baser. Estrogenic activity of isolated compounds and essential oils of Pimpinella species from Turkey, evaluated using a recombinant yeast screen. Planta Medica. 2004, 70(8): 728-735
12. MH Boskabady, M Ramazani-Assari. Relaxant effect of Pimpinella anisum on isolated guinea pig tracheal chains and its possible mechanism(s). Journal of Ethnopharmacology. 2001, 74(1): 83-88

13. MH Pourgholami, S Majzoob, M Javadi, M Kamalinejad, GHR Fanaee, M Sayyah. The fruit essential oil of Pimpinella anisum exerts anticonvulsant effects in mice. Journal of Ethnopharmacology. 1999, 66(2): 211-215
14. E Kassi, Z Papoutsi, N Fokialakis, I Messari, S Mitakou, P Moutsatsou. Greek plant extracts exhibit selective estrogen receptor modulator (SERM)-like properties. Journal of Agricultural and Food Chemistry. 2004, 52(23): 6956-6961
15. SI Kreydiyyeh, J Usta, K Knio, S Markossian, S Dagher. Aniseed oil increases glucose absorption and reduces urine output in the rat. Life Sciences. 2003, 74(5): 663-673
16. H Sahraei, H Ghoshooni, S H Salimi, AM Astani, B Shafaghi, M Falahi, M Kamalnegad. The effects of fruit essential oil of the Pimpinella anisum on acquisition and expression of morphine induced conditioned place preference in mice. Journal of Ethnopharmacology. 2002, 80(1): 43-47
17. I Gulcin, M Oktay, E Kirecci, OI Kufrevioglu. Screening of anti-oxidant and anti-microbial activities of anise (Pimpinella anisum L.) seed extracts. Food Chemistry. 2003, 83(3): 371-382
18. G Singh, IPS Kapoor, SK Pandey, UK Singh, RK Singh. Studies on essential oils: Part 10; Anti-bacterial activity of volatile oils of some spices. Phytotherapy Research. 2002, 16(7): 680-682
19. I Kosalec, S Pepeljnjak, D Kustrak. Anti-fungal activity of fluid extract and essential oil from anise fruits (Pimpinella anisum L., Apiaceae). Acta Pharmaceutica. 2005, 55(4): 377-385
20. HS Lee. p-anisaldehyde: acaricidal component of Pimpinella anisum seed oil against the house dust mites Dermatophagoides farinae and Dermatophagoides pteronyssinus. Planta Medica. 2004, 70(3): 279-281
21. I Kubo, I Kinst-Hori. Tyrosinase inhibitors from anise oil. Journal of Agricultural and Food Chemistry. 1998, 46(4): 1268-1271

아니스의 재배 모습

카바후추 卡瓦胡椒 BHP, GCEM

Piperaceae

Piper methysticum G. Forst.

Kava Kava

개 요

후추과(Piperaceae)

카바후추(卡瓦胡椒, *Piper methysticum* G. Forst.)의 뿌리줄기를 말린 것: 카바카바

중약명: 카바카바

바람등칡속(*Piper*) 식물은 전 세계에 약 2,000종이 있으며 열대 지역에 분포한다. 중국에는 약 60종 4변종이 발견되며 동남아시아의 대만으로부터 남서부의 여러 성에 널리 분포한다. 이 속에서 약 21종과 1변종이 약으로 사용된다. 카바카바는 피지섬 남부가 기원이며 주로 남태평양 국가에 분포한다.

카바카바는 오랫동안 남태평양의 여러 나라에서 의식을 행할 때나 진정 음료로 사용되었다. 18세기에 유럽에 도입되었다[1]. 카바카바는 전통적으로 국소 마취뿐만 아니라 요로 감염 및 천식 치료에도 사용되었다. 카바카바는 현재 불안과 수면 장애를 덜어주기 위해 주로 사용된다. 이 종은 카바카바(Piperis Methystici Rhizoma)의 공식적인 기원식물 내원종으로 영국생약전(1996)에 등재되어 있다. 이 약재는 주로 서태평양 사모아, 통가, 피지, 바누아투와 같은 남태평양 국가에서 생산된다.

카바카바는 주로 카바락톤, 칼콘 및 알칼로이드 성분을 함유한다. 영국생약전은 의약 물질의 품질관리를 위해 수용성 추출물의 함량이 5.0% 이상이어야 한다고 규정하고 있다.

약리학적 연구 결과에 따르면 뿌리줄기는 항불안, 항경련, 근육이완, 항종양, 항염증 및 항박테리아 효과를 나타낸다.

민간요법에 따르면 카바카바는 진정제와 항불안작용을 한다.

카바후추 卡瓦胡椒 *Piper methysticum* G. Forst.

카바카바 Piperis Methystici Rhizoma

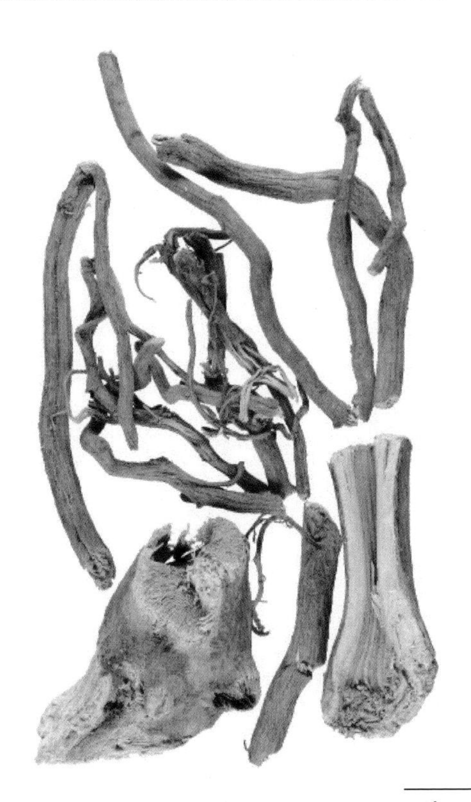

카바후추 卡瓦胡椒 BHP, GCEM

함유성분

뿌리줄기에는 카바락톤 성분으로 yangonin, 7,8−epoxyyangonin, 5,6−dehydrokawain, kawain, methysticin[2], demethoxyyangonin, dihydrokawain, dihydromethysticin[3], 11−methoxy−5,6−dihydroyangonin, tetrahydro−11−methoxyiangonin[4], 5,6,7,8−Tetrahydroyangonin[5], 챨콘류 성분으로 flavokavins A, B, C[6]가 함유되어 있고, piperidine 알칼로이드 성분으로 pipermethystine, 3α−4α−epoxy−5β pipermethystine, awaine[7], cepharadione A[8], 피롤리딘 알칼로이드 성분으로 1−cinnamoyl pyrrolidine, 1−(m−methoxy cinnamoyl) pyrrolidine[9]이 함유되어 있다.

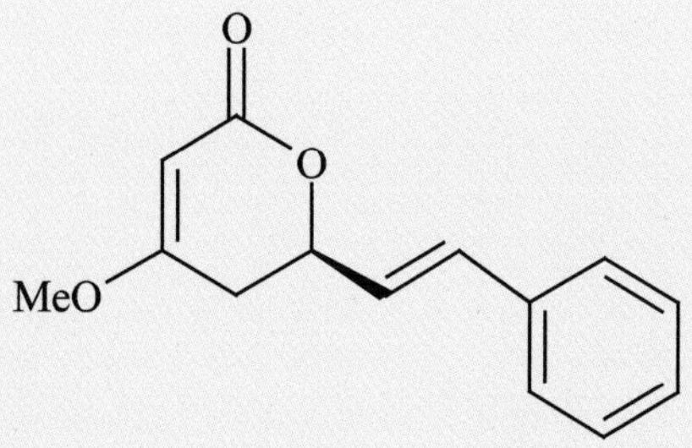

kawain

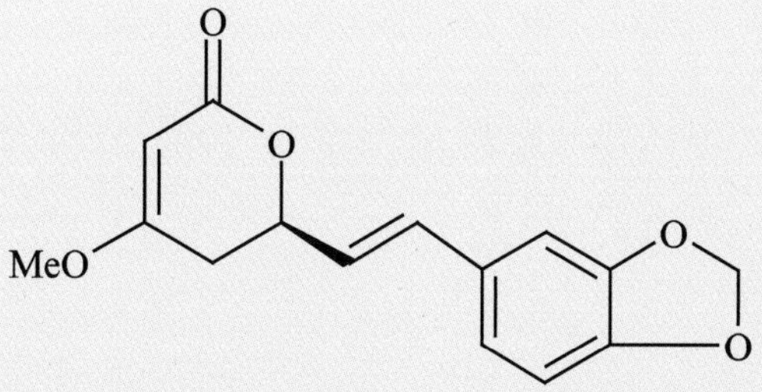

methysticin

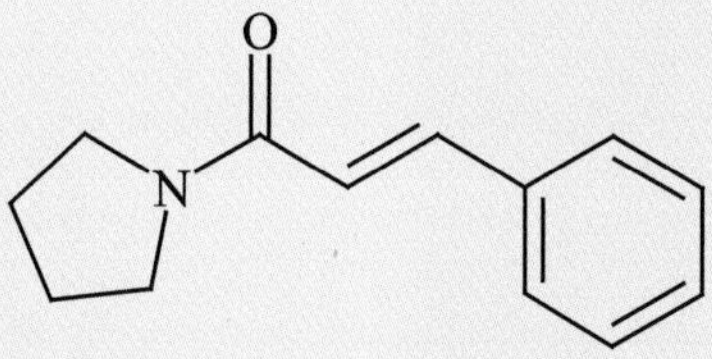

l-cinnamoyl pyrrolidine

약리작용

1. 항불안 작용
   마우스에 뿌리줄기 추출물을 복강 내 투여하면 거울상자 회피 시험 및 십자형 높은 미로실험의 결과로부터 벤조디아제핀 수용체 길항제에 의해 영향을 받지 않는 항 불안효과를 나타냈다[10]. 카바락톤의 불안 완화 효과는 γ−아미노부티르산(GABAA) 수용체와의 결합에 의해 매개된다[11]. 카바카바 특수 추출물인 WS 1490은 우수한 내약성으로 상당한 불안 완화 효과를 보였다[12].

2. 항경련
   WS1490을 경구 투여하면 마우스에서 할로페리돌의 섬유소 형성효과를 억제했다[13]. 카바락톤을 경구 투여하면 전기충격 유발 경련을 억제하였고, 복강 내 주사하면 마우스에서 펜틸렌테트라졸 유발 경련의 강직 신근 단계를 강화시켰다. 항경련제의 활성은 국소 마취제인 염산 프로카인과 유사하다[14]. 카와인은 *in vitro*에서 랫드 대뇌 피질로부터 형성된 시냅토좀에서 고속으로 베라트리딘으로 활성화된 전압의존성 Na^+−채널을 특이적으로 억제하였으며, 항경련제 활성과 관련이 있는 Na^+−주입을 부분적으로 예방했다[15].

3. 근육 이완 작용

카와인은 평활근 막에 비특이적인 근친화성 방식으로 작용하여 카르바콜에 의해 유발된 고립된 기니피그 회장(回腸)의 수축을 현저하게 감소시키고 세포 외 K^+ 농도를 증가시킴으로써 유발된 수축 반응을 억제했다[16]. 카와인은 또한 카르바콜에 의해 유도된 혈관 평활근 수축을 억제했다[17]. 카바인은 마우스의 무스카린 수용체 활성화 및 전압 작동식 칼슘 채널 활성화에 대한 최대 수축 반응을 감소시켰다[18].

4. 항종양 작용

플라보카와인 A는 침윤성 방광암 세포주 T24에서 미토콘드리아 막 잠재력을 감소시키고, 시토크롬 c를 세포질로 방출하여 세포사멸을 유도했다. 누드마우스 동물모델과 연한 한천 배지에서 방광 종양 세포의 성장을 억제했다[19].

5. 항염증 작용

카와인은 COX 활성을 억제하여 프로스타글란딘 E_2(PGE_2) 생성을 억제하고 항염증 효과를 나타냈다[20]. 디하이드로카와인과 양고닌은 COX-1과 COX-II에 대하여 유의한 억제 활성을 보였다[21].

6. 항균 작용

뿌리줄기의 물 추출물은 *in vitro*에서 박테리아 성장을 억제했다. 추출물 성분 중 하나인 플라보카와인 A는 장티푸스균의 성장을 유의하게 억제했다[22].

7. 혈소판 응집 억제 작용

카와인은 사이클로옥시게나제의 활성을 억제하여 TXA2의 생성을 억제했고, 아라키돈산에 의해 유도된 혈소판 응집을 억제했다[20].

8. 기타

뿌리줄기의 양고닌과 메티스티신은 적당한 유리기 소거 활성을 나타냈다[21]. 카바락톤은 토끼의 각막에 국소 마취 활동을 나타냈다[23].

용도

1. 불안, 초조, 긴장, 불면증
2. 천식
3. 류마티스
4. 소화 불량, 위염
5. 매독, 임질

해설

광방기와 관목통에 의해 유발된 신장 독성의 사례가 있은 후, 카바카바의 안전성 또한 의심이 되고 있다. 수십 가지의 간 독성에 대한 보고로 인해 영국, 독일, 스위스, 프랑스, 캐나다, 호주 등의 국가에서 카바카바 제품의 판매가 중단되었다.

미국의 FDA 또한 소비자들에게 카바카바 제품 사용으로 인한 심각한 간 손상의 위험을 경고하고 있다[24]. 카바카바에 의한 간 손상은 식물의 약용 부위를 오인하는 것과 부적절한 추출[25] 및 전처리 방법에 기인한다고 보고된 바 있다. 독성 메커니즘은 사이토크롬 P_{450}의 억제, 간에서의 글루타티온 수준의 감소 및 사이클로옥시게나제의 활성 감소와 관련이 있다[26]. 그러므로 카바카바와 간 기능 장애 사이의 인과 관계에 대한 더 많은 추가 연구를 해야 할 필요가 있다.

카바카바와 간 기능 장애 사이의 연관성에 대한 일관된 과학적 증거는 아직 없지만[27], 여러 나라의 전문가들은 카바카바의 처방을 제안하거나 적절한 경고 라벨을 첨부한 식이 보조제로 판매하고 있다.

참고문헌

1. YN Singh. Kava: an Overview. Journal of Ethnopharmacology. 1992, 37(1): 13-45

2. H Matsuda, N Hirata, Y Kawaguchi, S Naruto, T Takata, M Oyama, M Iinuma, M Kubo. Melanogenesis stimulation in murine B16 melanoma cells by kava (Piper methysticum) rhizome extract and kavalactones. Biological & Pharmaceutical Bulletin. 2006, 29(4): 834-837

3. R Haensel, J Lazar. Kava pyrones. Composition of Piper methysticum rhizomes in plant-derived sedatives. Deutsche Apotheker Zeitung. 1985, 125(41): 2056-2058

4. HR Dharmaratne, NP Dhammika Nanayakkara, IA Khan. Kavalactones from Piper methysticum, and their 13C NMR spectroscopic

analyses. Phytochemistry. 2002, 59(4): 429-433

5. M Ashraf-Khorassani, LT Taylor, M Martin. Supercritical fluid extraction of kava lactones from kava root and their separation via supercritical fluid chromatography. Chromatographia. 1999, 50(5-6): 287-292
6. O Meissner, H Haeberlein. HPLC analysis of flavokavins and kavapyrones from Piper methysticum Forst. Journal of Chromatography, B. 2005, 826(1-2): 46-49
7. K Dragull, WY Yoshida, CS Tang. Piperidine alkaloids from Piper methysticum. Phytochemistry. 2003, 63(2): 193-198
8. H Jaggy, H Achenbach. Cepharadione A from Piper methysticum. Planta Medica. 1992, 58(1): 111
9. H Achenbach, W Karl. Isolation of two new pyrrolidides from Piper methysticum. Chemische Berichte. 1970, 103(8): 2535-2540
10. KM Garrett, G Basmadjian, IA Khan, BT Schaneberg, TW Seale. Extracts of kava (Piper methysticum) induce acute anxiolytic-like behavioral changes in mice. Psychopharmacology. 2003, 170(1): 33-41
11. A Jussofe, A Schmiz, C Hiemke. Kavapyrone enriched extract from Piper methysticum as modulator of the GABA binding site in different regions of rat brain. Psychopharmacology. 1994, 116(4): 469-474
12. U Malsch, M Kieser. Efficacy of kava-kava in the treatment of non-psychotic anxiety, following pretreatment with benzodiazepines. Psychopharmacology. 2001, 157(3): 277-283
13. M Noldner, SS Chatterjee. Inhibition of haloperidol-induced catalepsy in rats by root extracts from Piper methysticum. Phytomedicine. 1999, 6(4): 285-286
14. R Kretzschmar, HJ Meyer. Comparative studies on the anticonvulsive activity of pyrone compounds from Piper methysticum. Archives Internationales de Pharmacodynamie et de Therapie. 1969, 177(2): 261-277
15. J Gleitz, A Beile, T Peters. (±)-Kavain inhibits veratridine-activated voltage-dependent Na+-channels in synaptosomes prepared from rat cerebral cortex. Neuropharmacology. 1995, 34(9): 1133-1138
16. U Seitz, A Ameri, H Pelzer, J Gleitz, T Peters. Relaxation of evoked contractile activity of isolated guinea pig ileum by (±)-kavain. Planta Medica. 1997, 63(4): 303-306
17. HB Martin, WD Stofer, MR Eichinger. Kavain inhibits murine airway smooth muscle contraction. Planta Medica. 2000, 66(7): 601-606
18. HB Martin, M McCallum, WD Stofer, MR Eichinger. Kavain attenuates vascular contractility through inhibition of calcium channels. Planta Medica. 2002, 68(9): 784-789
19. XL Zi, AR Simoneau. Flavokawain A, a Novel chalcone from kava extract, induces apoptosis in bladder cancer cells by involvement of bax proteindependent and mitochondria-dependent apoptotic pathway and suppresses tumor growth in mice. Cancer Research. 2005, 65(8): 3479-3486
20. J Gleitz, A Beile, P Wilkens, A Ameri, T Peters. Anti-thrombotic action of the kava pyrone (+)-kavain prepared from Piper methysticum on human platelets. Planta Medica. 1997, 63(1): 27-30
21. D Wu, L Yu, MG Nair, DL DeWitt, RS Ramsewak. Cyclooxygenase enzyme inhibitory compounds with anti-oxidant activities from Piper methysticum (kava kava) roots. Phytomedicine. 2002, 9(1): 41-47
22. UK Som, CP Dutta, GM Sarkar, RD Banerjee. Anti-bacterial studies with the compounds isolated from Piper methysticum Forst. National Academy Science Letters. 1985, 8(4): 109-110
23. HJ Meyer, HU May. Local anesthetic properties of natural kava pyrones. Klinische Wochenschrift. 1964, 42(8): 407
24. PV Nerurkar, K Dragull, CS Tang. In vitro toxicity of kava alkaloid, pipermethystine, in HepG2 cells compared to kavalactones. Toxicological Sciences. 2004, 79(1): 106-111
25. CS Cote, C Kor, J Cohen, K Auclair. Composition and biological activity of traditional and commercial kava extracts. Biochemical and Biophysical Research Communications. 2004, 322(1): 147-152
26. DL Clouatre. Kava kava: examining new reports of toxicity. Toxicology Letters. 2004, 150(1): 85-96
27. Y Xi. Questions about the safety of Piper methysticum. World Phytomedicines. 2003, 18(3): 110-113

난엽차전 卵葉車前 EP, BP, BHP, USP, GCEM

Plantaginaceae

Plantago ovata Forssk.

Desert Indianwheat

개 요

질경이과(Plantaginaceae)

난엽차전(卵葉車前, *Plantago ovata* Forssk.(*Plantago ispaghula* Roxb.)의 잘 익은 씨를 말린 것: 난엽차전자(卵葉車前子)

난엽차전(卵葉車前) 씨의 외종피와 2인접층: 난엽차전자피(卵葉車前子皮)

질경이속(*Plantago*) 식물은 전 세계에 약 190종이 있으며 온대와 열대 지역에 분포하고 북극권 근처에도 분포한다. 중국에는 약 20종이 발견되고, 약 5종이 약으로 사용된다. 난엽차전은 인도, 파키스탄, 아프가니스탄, 이란, 이스라엘과 같은 아시아 및 지중해 국가에 분포한다. 인도와 파키스탄에서 광범위하게 재배되며, 서유럽과 아열대 지역에서도 재배된다[1-3].

식이섬유보충제인 난엽차전자피는 오랫동안 대장의 기능을 조절하는 데 사용되어 왔다[4]. 또한 가루로 만든 아이파글라시드는 한때 국소 염증을 완화시키는 데 사용되었으며 인디애나 사막의 달임은 다양한 종류의 통증을 완화시키는 데 사용되었다. 이 종은 난엽차전자(Plantaginis Ovatae Semen)와 난엽차전자피(Plantaginis Ovatae Testa)의 공식적인 기원식물 내원종으로 유럽약전(5개정판), 영국약전(2002) 및 미국약전(28개정판)에 등재되어 있다.

난엽차전에는 주로 이리도이드, 플라보노이드, 페닐에타노이드 배당체 및 다당류 성분을 함유하고 있다. 다당류와 페닐에타노이드 배당체는 중요한 활성성분이다. 유럽약전 및 영국약전은 이소파글라시드 및 이소파글라 껍질의 팽창 지수가 각각 9.0 및 40 이상이어야 한다고 규정하고 있다. 미국약전은 의약 물질의 품질관리를 위해 이소파글라의 씨 및 껍질의 팽창 부피가 각각 10mL/g 및 40mL/g 이상이어야 한다고 규정하고 있다.

약리학적 연구를 통해 난엽차전은 설사, 항대장염, 혈액 지질 억제, 항당뇨병, 항종양 및 항산화 효과가 있으며, 상처 치유를 촉진하는 것으로 나타났다.

민간요법에 따르면 난엽차전의 씨와 껍질은 모두 정화 작용을 한다.

난엽차전 卵葉車前 *Plantago ovata* Forssk.

난엽차전자 卵葉車前子 Plantaginis Ovatae Semen

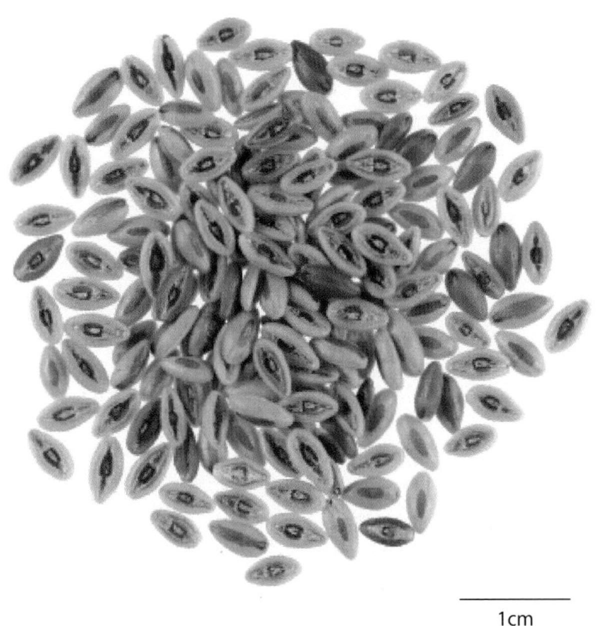

난엽차전 卵葉車前 EP, BP, BHP, USP, GCEM

스페인 질경이 *Plantago psyllium* L.

함유성분

지상부에는 이리도이드 성분으로 aucubin, catalpol, geniposidic acid, gardoside, asperuloside, mussaenoside, arborescoside[5-6], 플라보노이드 성분으로 apigenin, genkwanin[5], luteolin, luteolin-7-O-β glucopyranoside, quercetin 3-O-rhamnoside, calycopterin[7], 페닐에타노이드 배당체 성분으로 verbascoside, poliumoside[5], 쿠마린 성분으로 imperatorin, bergapten, marmesin, xanthotoxin, xanthotoxol, umbelliferone[7]이 함유되어 있다.

plantaovaside

약리작용

1. 복부팽만감

 난엽차전자피를 경구 투여하면 대변 빈도를 유의하게 증가시키고, 배변 시의 긴장감을 줄이며, 불충분한 배출을 감소시켰고, 정상인 사람의 배설물의 점도와 습윤 및 건조 중량을 증가시켰다. 발효되지 않은 난엽차전자피에서 나온 점액은 결장 내용물의 배설을 촉진하고 느슨함을 촉진하도록 윤활했다[9-11].

2. 결장 염증의 억제

 5% 난엽차전자를 함유한 섬유 보충식이를 먹인 마우스에게 트리니트로벤젠술폰산(TNBS)으로 유도된 대장염이 유익했고 대장 점막 손상을 감소시켰다. 또한 골수세포형과산화효소(MPO) 활성을 현저히 감소시키고 결장 글루타티온 수준을 회복시켰다. 이 장내 항염증 효과는 염증이 생긴 대장에서 종양괴사인자-α(TNF-α) 및 일산화질소 합성효소(NOS) 활성의 감소와 관련이 있으며, 짧은 사슬 지방산(SCFA) 부티레이트 및 프로피오네이트가 결장에 존재한다[12].

3. 신진 대사에 미치는 영향

 난엽차전자피를 경구 투여하면 경도에서 중등도의 고 콜레스테롤 혈증 환자에서 저밀도 지단백질(LDL) 콜레스테롤 수치를 유의하게 감소시켰다. 7.5% 또는 10% 난엽차전자피를 함유한 다이어트를 먹은 기니피그는 LDL 콜레스테롤 수치, 콜레스테롤 에스테르 및 트리글리 세라이드의 감소, 대변의 담즙산의 증가를 나타냈다. 이 메커니즘은 레시틴 콜레스테롤 아실 트랜스퍼라제(LCAT)와 콜레스테롤에스테르 전달 단백질(CETP)의 활성을 감소시키고 콜레스테롤 7α-하이드록실라제와 3-하이드록시-3-메틸글루타릴 보조 효소 A 환원 효소의 활성을 증가시키는 것과 관련이 있다[13-14].

 3.5% 난엽차전자피를 함유한 식이 보충제는 비만 주커마우스의 체중 증가를 크게 감소시키고 수축기 혈압 상승, 트리글리세라이드 혈장 농도, 총 콜레스테롤, 유리 지방산(FFA), 포도당 및 TNF-α 감소, 인슐린 활동 개선 아디포넥틴의 발현 수준을 증가시켰다[15].

 난엽차전자피의 뜨거운 물 추출물을 위 내 투여하면 스트렙토조토신 유발 1형 및 2형 당뇨병을 가진 랫드 및 정상적인 랫드에서 내당능을 향상시키고 식후 혈당 수준을 감소시켰다. 또한 혈청 아테롬성 지질 및 비 에스테르화 지방산을 현저히 감소시켰다. 비 당뇨병 마우스에서 *in situ* 소장 관류는 포도당의 흡수를 유의하게 억제했다[16]. 식사 전에 소비된 난엽차전자피 섬유는 제 2형 당뇨병 환자에서 공복 혈당과 HbA1c 수치를 유의하게 감소시켰으며, LDL/HDL 비율의 유의한 감소를 유도했다[17].

4. 항종양 작용

 마우스에게 난엽차전을 투여하면 7,12-디메틸 벤조 [a] 안트라센 (DMBA) 유발 유방 종양을 억제하고 순환하는 콜레스테롤 수치를 유의하게 감소시켰다[18]. 난엽차전자피의 β-시토스테롤도 항종양 활성을 나타냈다[19].

5. 상처 치유 향상

 난엽차전자피 다당류는 인간 피부 각화세포와 섬유아세포의 증식, 세척된 상처, 흉터 형성을 억제하고 상처 치유를 촉진시켰다[20-21].

6. 항염증 및 진통제

 지상부의 에탄올 추출물과 이에 함유된 페닐에타노이드 글리코시드로부터의 에틸아세테이트 분획물은 상당한 소염 및 진통작용을 나타냈다[7].

7. 기타

 난엽차전은 항산화 활성을 보였으며[22], 체액 면역 반응을 조절했다[23].

용도

1. 변비, 열항, 치질
2. 과민성 대장 증후군
3. 비뇨 생식기 및 위장 염증

해설

같은 속에 있는 *Plantago psyllium* L. (*P. afra* L.)과 *P. indica* L. (*P. arenaria* Waldstein et Kitaibel)도 미국약전에서 난엽차전자와 난엽차전자피의 공식적인 기원식물로 언급되어 있다. 전자는 스페인의 질경이 씨와 스페인 질경이로 유통되고 있으며, 후자는 프랑스 질경이 씨와 프랑스 질경이로 유통되고 있다.

난엽차전 卵葉車前 EP, BP, BHP, USP, GCEM

난엽차전은 유럽 및 미국에서 일반적으로 사용되는 식이 섬유 보충제로 시중에서 구매할 수 있는 다양한 형태의 OTC의 구성요소로 사용되고 있다.
난엽차전 지상부의 약리학적 연구가 추가로 수행될 필요가 있다.

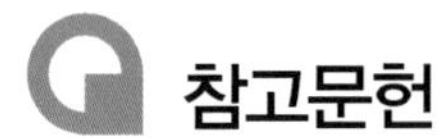

참고문헌

1. World Health Organization (WHO). WHO Monographs on Selected Medicinal Plants (Vol. 2). Geneva: World Health Organization. 1999: 202-212
2. J Bruneton. Pharmacognosy, Phytochemistry, Medicinal Plants (2nd edition). Paris: Technique & Documentation. 1999: 109
3. M Wichtl. Herbal Drugs and Phytopharmaceuticals: a Handbook for Practice on a Scientific Basis. Stuttgart: Medpharm Scientific Publishers. 2004: 461-463
4. MH Fischer, NX Yu, GR Gray, J Ralph, L Anderson, JA Marlett. The gel-forming polysaccharide of psyllium husk (Plantago ovata Forsk). Carbohydrate Research. 2004, 339(11): 2009-2017
5. MS Afifi, MG Zaghloul, MA Hassan. Phytochemical investigation of the aerial parts of Plantago ovata. Mansoura Journal of Pharmaceutical Sciences. 2000, 16(2): 178-190
6. N Ronsted, H Franzyk, P Molgaard, JW Jaroszewski, SR Jensen. Chemotaxonomy and evolution of Plantago L. Plant Systematics and Evolution. 2003, 242(1-4): 63-82
7. MH Grace, SM Nofal. Pharmaco-chemical investigations of Plantago ovata aerial parts. Bulletin of the Faculty of Pharmacy. 2001, 39(1): 345-352
8. S Nishibe, A Kodama, Y Noguchi, YM Han. Phenolic compounds from seeds of Plantago ovata and P. psyllium. Natural Medicines. 2001, 55(5): 258-261
9. GJ Davies, PW Dettmar, RC Hoare. The influence of ispaghula husk on bowel habit. Journal of the Royal Society of Health. 1998, 118(5): 267-271
10. P Marteau, B Flourie, C Cherbut, JL Correze, P Pellier, J Seylaz, JC Rambaud. Digestibility and bulking effect of ispaghula husks in healthy humans. Gut. 1994, 35(12): 1747-1752
11. JA Marlett, TM Kajs, MH Fischer. An unfermented gel component of psyllium seed husk promotes laxation as a lubricant in humans. American Journal of Clinical Nutrition. 2000, 72(3): 784-789
12. ME Rodriguez-Cabezas, J Galvez, MD Lorente, A Concha, D Camuesco, S Azzouz, A Osuna, L Redondo, A Zarzuelo. Dietary fiber downregulates colonic tumor necrosis factor α and nitric oxide production in trinitrobenzenesulfonic acid-induced colitic rats. Journal of Nutrition. 2002, 132(11): 3263-3271
13. M MacMahon, J Carless. Ispaghula husk in the treatment of hypercholesterolaemia: a double-blind controlled study. Journal of Cardiovascular Risk. 1998, 5(3):167-172
14. AL Romero, KL West, T Zern, ML Fernandez. The seeds from Plantago ovata lower plasma lipids by altering hepatic and bile acid metabolism in guinea pigs. Journal of Nutrition. 2002, 132(6): 1194-1198
15. M Galisteo, M Sanchez, R Vera, M Gonzalez, A Anguera, J Duarte, A Zarzuelo. A diet supplemented with husks of Plantago ovata reduces the development of endothelial dysfunction, hypertension, and obesity by affecting adiponectin and TNF-α in obese Zucker rats. Journal of Nutrition. 2005, 135(10): 2399-2404
16. JMA Hannan, L Ali, J Khaleque, M Akhter, PR Flatt, YHA Abdel-Wahab. Aqueous extracts of husks of Plantago ovata reduce hyperglycaemia in type 1 and type 2 diabetes by inhibition of intestinal glucose absorption. British Journal of Nutrition. 2006, 96(1): 131-137
17. SA Ziai, B Larijani, S Akhoondzadeh, H Fakhrzadeh, A Dastpak, F Bandarian, A Rezai, HN Badi, T Emami. Psyllium decreased serum glucose and glycosylated hemoglobin significantly in diabetic outpatients. Journal of Ethnopharmacology. 2005, 102(2): 202-207
18. H Takagi, K Mitsumori, H Onodera, K Takegawa, T Shimo, T Koujitani, M Hirose. A preliminary study of the effect of Plantago ovata Forsk on the development of 7, 12-dimethylbenz[a]anthracene-initiated rat mammary tumors under the influence of hypercholesterolemia. Journal of Toxicologic Pathology. 1999, 12(3): 141-145
19. Y Nakamura, N Yoshikawa, I Hiroki, K Sato, K Ohtsuki, CC Chang, BL Upham, JE Trosko. β-sitosterol from psyllium seed husk (Plantago ovata Forsk) restores gap junctional intercellular communication in Ha-ras transfected rat liver cells. Nutrition and Cancer. 2005, 51(2): 218-225
20. AM Deters, KR Schroeder, T Smiatek, A Hensel. Ispaghula (Plantago ovata) seed husk polysaccharides promote proliferation of human epithelial cells (skin keratinocytes and fibroblasts) via enhanced growth factor receptors and energy production. Planta Medica. 2005, 71(1):

33-39

21. W Westerhof, PK Das, E Middelkoop, J Verschoor, L Storey, C Regnier. Mucopolysaccharides from psyllium involved in wound healing. Drugs under Experimental and Clinical Research. 2001, 27(5/6): 165-175

22. RL Mehta, JF Zayas, SS Yang. Anti-oxidative effect of isubgol in model and in lipid system. Journal of Food Processing and Preservation. 1994, 18(6): 439-452

23. R Rezaeipoor, S Saeidnia, M Kamalinejad. The effect of Plantago ovata on humoral immune responses in experimental animals. Journal of Ethnopharmacology. 2000, 72(1-2): 283-286

난엽차전 재배 모습

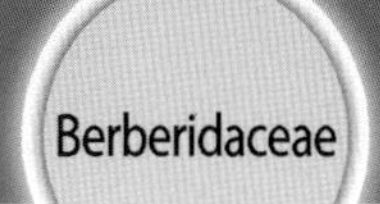

포도필룸 美洲鬼臼 USP, GCEM

Podophyllum peltatum L.

Mayapple

개 요

매자나무과(Berberidaceae)

포도필룸(美洲鬼臼, *Podophyllum peltatum* L.)의 뿌리줄기를 말린 것: 족엽초(足葉草)

중약명: 족엽초(足葉草)

포도필룸속(*Podophyllum*) 식물은 전 세계에 2종이 있으며 북아메리카와 아시아의 동부에 분포한다. *Sinopodophyllum*속은 현재 *Podophyllum*속 아래에서 *Dysosma*속과 함께한다. 포도필룸은 북아메리카 동부에 분포한다.

미국약전(1820)에서 포도필룸을 처음 기록했다[1]. 포도필룸은 이제 더 이상 강력한 세포독성 때문에 경구 투여용으로 사용하고 있지 않지만 석고, 로션 및 연고로서 외용의 목적으로 사용된다. 이 종은 포도필룸(Podophylli Rhizoma)의 공식적인 기원식물 내원종으로 미국약전(28개정판)에 등재되어 있다. 이 약재는 주로 북아메리카에서 생산된다.

포도필룸은 주로 리그난을 함유하고 있다. 포도필로톡신은 항종양 효과가 있으며 항암 활성이 광범위하게 연구되고 있다. 포도필로톡신의 반합성 유도체는 치료 효과가 매우 높으나 독성은 매우 낮다. 따라서 포도필로톡신은 항암제 합성을 위한 주요 유효 성분이자 도한 전구체 성분이다. 미국약전은 의약 물질의 품질관리를 위해 중량측정법으로 시험할 때 포도필룸 수지의 함량이 5% 이상이어야 한다고 규정하고 있다.

약리학적 연구를 통해 뿌리줄기가 항종양, 항박테리아 및 항바이러스 효과를 가지고 있음을 나타냈다.

민간요법에 따르면 포도필룸은 정화 작용을 한다.

포도필룸 美洲鬼臼 *Podophyllum peltatum* L.

포도필룸근 美洲鬼臼根 Podophylli Rhizoma

함유성분

뿌리에는 세포독성을 갖는 리그난류 성분으로 포도필로톡신, 4'데메틸포도필로톡신, α-, β-펠타틴, 데옥시포도필로톡신, 포도필로톡손, 이소피크로포도필론, 4'데메틸데스옥시포도필로톡신, 4'데메틸데스옥시포도필로톡손, 4'데메틸이소피크로포도필론[2]이 함유되어 있다. 또한 포도블라스틴 A, B, C[3]가 함유되어 있다.
잎에는 포도필로톡신-4-O-βD-글루코피라노사이드[4]가 함유되어 있다.

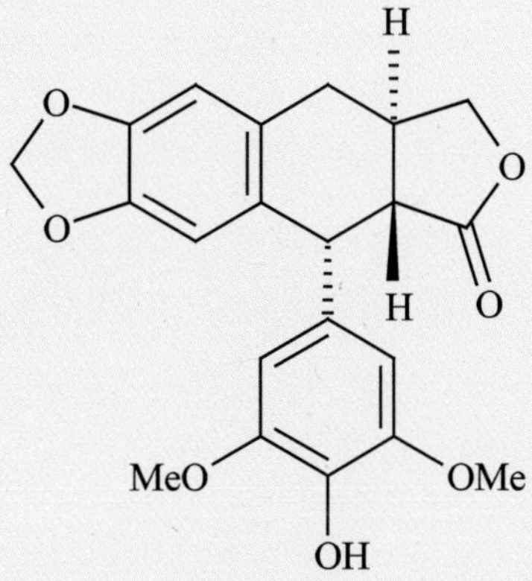

4'-demethyldesoxypodophyllotoxin

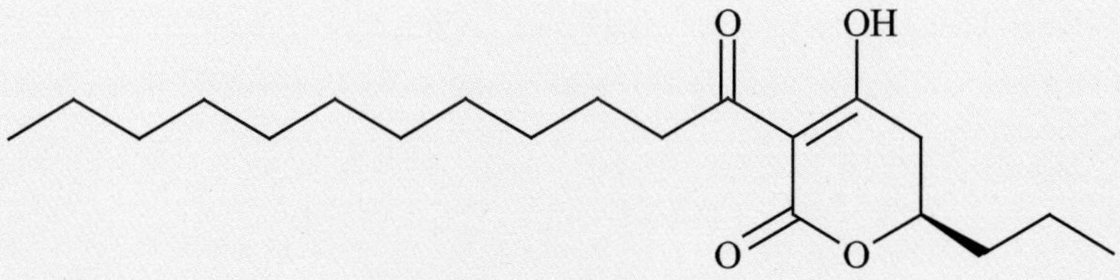

podoblastin A

약리작용

1. 항종양 작용
   포도필로톡신은 마우스에서 이식된 종양 S180과 HepA를 억제했다[5]. 포도필로톡신 현탁액을 복강 내 주입할 때 이식된 간 종양 H22의 성장을 억제했다[6]. 포도필로톡신은 미세 소관의 집합을 억제하고 강력한 항종양 활성을 보였다[7]. 스핀들 미세 소관의 동력학을 억제함으로써 인간 자궁경부암 HeLa 세포에서 유사 분열을 억제했다[8]. 양파뿌리 끝 분열 조직 모델을 이용한 연구에서 포도필로톡신은 뿌리의 성장과 유사 분열 활성을 억제했다[9].

2. 항바이러스 작용
포도필로톡신은 *in vitro*에서 단순 포진 I 형 바이러스(HSV-1)의 복제를 억제했다. β-펠타틴과 데스옥시포도필로톡신은 항바이러스 효과를 나타냈다[10].

3. 항균 작용
뿌리줄기의 포도블라스틴 A, B, C는 *in vitro*에서 강력한 항진균 활성을 보였다[3].

4. 기타
포도필로톡신은 또한 촌충 유충의 성장을 억제했다.

용도

첨규콘딜로마

해설

포도필룸에 함유된 주요 유효 성분인 포도필로톡신은 식물 세포 배양을 통해 얻을 수 있다[11]. 포도필로톡신의 반합성 유도체는 높은 효과와 낮은 독성이 특징이므로[12-13], 따라서 시장에서 항암제로 주로 사용된다. 보다 적극적이고 광범위한 스펙트럼의 항암제를 찾기 위해 포도필로톡신의 구조적 변형에 대한 연구가 필요하다.
유독성인 포도필룸은 전통적으로 하제로 사용된다. 그 유효 성분이나 작용 메커니즘에 대해서는 아직 보고된 바가 없으므로 이에 대한 추가 연구가 필요하다.
포도필룸의 잎을 제거하기 위한 시간 간격은 포도필로톡신의 함량에 영향을 주므로 이 식물의 재배에 특별한 주의를 기울여야 한다[14].

참고문헌

1. EM Daniel. Geraniums for the Iroquois. Algonac: Reference publications, Inc. 1982: 127-129
2. DE Jackson, PM Dewick. Aryltetralin lignans from Podophyllum hexandrum and Podophyllum peltatum. Phytochemistry. 1984, 23(5): 1147-1152
3. FE Dayan, JM Kuhajek, C Canel, SB Watson, RM Moraes. Podophyllum peltatum possesses a β-glucosidase with high substrate specificity for the aryltetralin lignan podophyllotoxin. Biochimica et Biophysica Acta. 2003, 1646(1-2): 157-163
4. M Miyakado, S Inoue, Y Tanabe, K Watanabe, N Ohno, H Yoshioka, TJ Mabry. Podoblastin A, B and C. New anti-fungal 3-acyl-4-hydroxy-5,6-dihydro-2- pyrones obtained from Podophyllum peltatum L. Chemistry Letters. 1982, 10: 1539-1542
5. X Tian, FM Zhang, WG Li. Anti-tumor and anti-oxidant activity of spin labeled derivatives of podophyllotoxin (GP-1) and congeners. Life Science. 2002, 70(20): 2433-2443
6. XY Zhang, JM Ni, H Qiao. Studies on anti-tumor effects of podophyllotoxin nanoliposome. China Journal of Chinese Materia Medica. 2006, 31(2): 148-150
7. Y Damayanthi, JW Lown. Podophyllotoxins: current status and recent developments. Current Medicinal Chemistry. 1998, 5(3): 205-252
8. MA Jordan, D Thrower, L Wilson. Effects of vinblastine, podophyllotoxin and nocodazole on mitotic spindles. Implications for the role of microtubule dynamics in mitosis. Journal of Cell Science. 1992, 102: 401-416
9. R Sehgal, S Roy, VL Kumar. Evaluation of cytotoxic potential of latex of Calotropis procera and podophyllotoxin in Allium cepa root model. Biocell. 2006, 30(1): 9-13
10. E Bedows, GM Hatfield. An investigation of the anti-viral activity of Podophyllum peltatum. Journal of Natural Products. 1982, 45(6): 725-759
11. JP Kutney, M Arimoto, GM Hewitt, TC Jarvis, K Sakata. Studies with plant cell of Podophyllum peltatum L. I. Production of podophyllotoxin, deoxypodophyllotoxin, podophyllotoxone, and 4'-demethylpodophyllotoxin. Heterocycles. 1991, 32(12): 2305-2309
12. J Mustafa, SI Khan, G Ma, LA Walker, IA Khan. Synthesis, spectroscopic, and biological studies of novel estolides derived from anticancer active 4-O-podophyllotoxinyl12-hydroxyl-octadec-Z-9-enoate. Lipids. 2004, 39(7): 659-666
13. M Duca, D Guianvarc'h, P Meresse, E Bertounesque, D Dauzonne, L Kraus-Berthier, S Thirot, S Leonce, A Pierre, B Pfeiffer, P Renard, PB Arimondo, C Monneret. Synthesis and biological study of a new series of 4'-demethylepipodophyllotoxin derivatives. Journal of Medicinal Chemistry. 2005, 48(2): 593-603

14. KE Cushman, RM Moraes, PD Gerard, E Bedir. B Silva, IA Khan. Frequency and timing of leaf removal affect growth and podophyllotoxin content of Podophyllum peltatum in full sun. Planta Medica. 2006, 72(9): 824-829

포도필룸 재배 모습

세네가 美遠志 KHP, JP, EP, BP, BHP, USP, GCEM

Polygala senega L.

Seneca Snakeroot

개 요

원지과(Polygalaceae)

세네가(美遠志, *Polygala senega* L.)의 뿌리를 말린 것: 세네가

중약명: 미원지(美遠志)

원지속(*Polygala*) 식물은 약 500종이 있으며 전 세계에 걸쳐서 분포한다. 중국에는 약 42종 8변종을 발견되며 약 19종이 약으로 사용된다. 세네가는 캐나다 동부와 미국 북동부에 분포하며, 그 변종인 넓은잎세네가는 일본에서 재배되고 있다[1-3].

의학적 적용의 오랜 역사와 함께, 세네가는 북아메리카 인디언에 의해 뱀에게 물린 것을 치료하기 위해 한때 사용되었다[2]. 이 식물은 1734년경에 흉막염과 폐렴 치료에 사용되었다. 유럽에서는 세네가가 구토 및 이뇨제로 사용되며 백일해, 통풍 및 류머티즘을 치료하는 데 사용된다. 이 종 및 관련 종은 세네가(Polygalae Senegae Radix)의 공식적인 기원식물 내원종으로 유럽약전(5개정판), 영국약전(2002) 및 일본약국방(15개정판)에 등재되어 있다.≪대한민국약전≫(제11개정판)에는 "세네가"를 "세네가 *Polygala senega* Linné 또는 넓은잎세네가 *Polygala senega* Linné var. *latifolia* Torrey et Gray(원지과 Polygalaceae)의 뿌리"로 등재하고 있다. 이 약재는 주로 캐나다, 미국[4] 및 일본에서 생산된다.

세네가는 주로 주요 활성성분인 트리테르페노이드 사포닌과 올리고당 에스테르 성분을 함유한다.

약리학적 연구는 뿌리에는 거담제, 항고지혈증, 항 고혈당증, 알코올 흡수 억제제, 면역 보조제 효과가 있으며 모발 재성장을 촉진한다는 사실이 밝혀졌다.

민간요법에 따르면 세네가의 뿌리에는 거담작용이 있다.

세네가 美遠志 *Polygala senega* L.

함유성분

뿌리에는 트리테르페노이드 사포닌 성분으로(총 트리테르페노이드 사포닌 함유율 6.0%–12%) 세네긴 II, III(온지사포닌 B), IV(사포게닌류 성분으로서 프레세네게닌)[5–6], 올리고당 성분으로 세네고세스 J, K, L, M, N, O[7], 휘발성 성분으로 methyl salicylate가 함유되어 있다.
넓은잎세네가(Polygala senega var. latifolia)의 뿌리에는 트리테르페노이드 사포닌 성분으로 세네긴 II, III, IV[8–9]와 그 이성질체인(Z)–세네긴 II, IV[10], 데스메톡시세네긴 II[11], (E)–세네가사포닌 a, b, c 그리고 그 이성질체인 (Z)–세네가사포닌 a, b, c[12]가 함유되어 있고, 올리고당 성분으로 세네고세스 A, B, C, D, E, F, G, H, I[13–14], 휘발성 성분으로 헥사노익산, 살리실산 메틸[15]이 함유되어 있다.

senegin II

약리작용

1. 거담 작용
   Polygalae liquidum의 추출물을 경구 투여하면 3-4시간 후에 마취된 고양이와 기니피그에서 호흡기 점액 분비를 유의하게 증가시켰으며[1], 전초의 시럽을 경구 투여하면 유의하게 위 점막의 자극 후 반사 작용으로 인해 5분 이내에 마취된 개에서 기관지 점액이 분비증가했다[16]. 효과적인 성분은 목과 호흡 기관을 자극한 사포닌이었고, 기관지의 분비를 증가시키며, 가래를 삭이고, 점액의 점도를 감소시키며, 거담작용을 한다[1].
2. 항고지혈증 효과
   뿌리와 세네긴 II의 메탄올 추출물의 n-부탄올 분획을 복강 내 투여하면 정상 랫드의 혈중 트리글리세라이드 수치가 유의하게 감소했다. 또한 n-부탄올 분획을 복강 내 투여하면 콜레스테롤로 유도된 마우스의 혈중 트리글리세라이드 수준 및 콜레스테롤 수준을 현저하게 감소시켰다[17].
3. 항 고혈당 효과
   n-부탄올 분획 및 세네게닌 II를 복강 내 투여하면 정상 마우스 및 KK-Ay 마우스 모두에서 혈당치를 유의하게 감소시켰다. 세네긴 II를 포함한 트리테르페노이드 배당체는 톨부타마이드보다 저혈당 활성이 높았다[5, 11, 18]. 세네긴 II를 포함한 트리테르페노이드 배당체는 또한 마우스에서 D-포도당 내성을 향상시켰다[12].
4. 알코올 흡수의 억제
   뿌리의 메탄올 추출물과 세네긴 II를 경구 투여하면 마우스에서 에탄올 흡수를 유의하게 억제했다[10, 12, 19].
5. 면역 자극 작용
   뿌리의 사포닌은 면역 보조 효과를 보였으며, 이는 오발부민으로 면역화된 마우스와 로타 바이러스로 면역화된 암탉에서 특이적인 면역 반응을 증가시켰다[20].
6. 기타
   세네긴 II를 포함하는 트리테르페노이드 사포닌은 모발 재성장을 촉진시켰다[21].

용도

기침, 호흡기 감염

해설

북아메리카의 세네가는 야생에 풍부하지만 거담용으로만 사용한다. 한때 각종 기침 시럽의 주요 성분이었다. 캐나다 학자들은 세네가에 함유된 사포닌의 면역 보조작용을 밝혔고, 일본 학자들은 넓은잎세네가의 화학 성분 및 약리학적 효과에 대한 체계적인 연구를 수행하여 수 종의 새로운 화학 성분과 생물 활성을 발견했다.
약용 자원을 최대한 활용하고 응용범위를 확장할 수 있도록 세네가의 식물자원, 화학성분 및 약리학적 효과에 대해 보다 포괄적인 연구가 수행되어야 한다.

참고문헌

1. World Health Organization (WHO). WHO Monographs on Selected Medicinal Plants (Vol. 2). Geneva: World Health Organization. 2002: 276-284
2. WC Evans. Trease & Evans' Pharmacognosy (15th edition). Edinburgh: WB Saunders. 2002: 302-303
3. J Bruneton. Pharmacognosy, Phytochemistry, Medicinal Plants (2nd edition). Paris: Technique & Documentation. 1999: 699-700
4. M Wichtl. Herbal Drugs and Phytopharmaceuticals: a Handbook for Practice on a Scientific Basis. Stuttgart: Medpharm Scientific Publishers. 2004: 464-466
5. M Kako, T Miura, M Usami, Y Nishiyama, M Ichimaru, M Moriyasu, A Kato. Effect of senegin-II on blood glucose in normal and NIDDM mice. Biological & Pharmaceutical Bulletin. 1995, 18(8): 1159-1161
6. J Shoji, Y Tsukitani. Structure of senegin-III of Polygala senga root. Chemical & Pharmaceutical Bulletin. 1972, 20(2): 424-426

7. H Saitoh, T Miyase, A Ueno, K Atarashi, Y Saiki. Senegoses J-O, oligosaccharide multi-esters from the roots of Polygala senega L. Chemical & Pharmaceutical Bulletin. 1994, 42(3): 641-645

8. Y Tsukitani, S Kawanishi, J Shoji. Constituents of senegae radix. II. Structure of senegin II, a saponin from Polygala senega var. latifolia. Chemical & Pharmaceutical Bulletin. 1973, 21(4): 791-799

9. Y Tsukitani, J Shoji. Constituents of Senegae Radix. III. Structures of senegin-III and -IV, saponins from Polygala senega var. latifolia. Chemical & Pharmaceutical Bulletin. 1973, 21(7): 1564-1574

10. M Yoshikawa, T Murakami, H Matsuda, T Ueno, M Kadoya, J Yamahara, N Murakami. Bioactive saponins and glycosides. II. Senegae Radix. (2): chemical structures, hypoglycemic activity, and ethanol absorption-inhibitory effect of E-Senegasaponin c, Z-senegasaponin c, and Z-senegins II, III, and IV. Chemical & Pharmaceutical Bulletin. 1996, 44(7): 1305-1313

11. M Kako, T Miura, Y Nishiyama, M Ichimaru, M Moriyasu, A Kato. Hypoglycemic activity of some triterpenoid glycosides. Journal of Natural Products. 1997, 60(6): 604-605

12. M Yoshikawa, T Murakami, T Ueno, M Kodoya, H Matsuda, J Yamahara, N Murakami. Bioactive saponins and glycosides. I. Senegae Radix. (1): E-senegasaponins a and b and Z-senegasaponins a and b, their inhibitory effect on alcohol absorption and hypoglycemic activity. Chemical & Pharmaceutical Bulletin. 1995, 43(12): 2115-2122

13. H Saitoh, T Miyase, A Ueno. Senegoses A-E, oligosaccharide multi-esters from Polygala senega var. latifolia Torr. et Gray. Chemical & Pharmaceutical Bulletin. 1993, 41(6): 1127-1131

14. H Saitoh, T Miyase, A Ueno. Senegoses F-I, oligosaccharide multi-esters from the roots of Polygala senega var. latifolia Torr. et Gray. Chemical & Pharmaceutical Bulletin. 1993, 41(12): 2125-2128

15. S Hayashi, H Kameoka. Volatile compounds of Polygala senega L. var. latifolia Torrey et Gray roots. Flavour and Fragrance Journal. 1995, 10(4): 273-280

16. M Misawa, S Yanaura. Continuous determination of tracheobronchial secretory activity in dogs. Japanese Journal of Pharmacology. 1980, 30(2): 221-229

17. H Masuda, K Ohsumi, M Kako, T Miura, Y Nishiyama, M Ichimaru, M Moriyasu, A Kato. Intraperitoneal administration of Senegae Radix extract and its main component, senegin-II, affects lipid metabolism in normal and hyperlipidemic mice. Biological & Pharmaceutical Bulletin. 1996, 19(2): 315-317

18. M Kako, T Miura, Y Nishiyama, M Ichimaru, M Moriyasu, A Kato. Hypoglycemic effect of the rhizomes of Polygala senega in normal and diabetic mice and its main component, the triterpenoid glycoside senegin-II. Planta Medica. 1996, 62(5): 440-443

19. M Yoshikawa, T Murakami, T Ueno, M Kadoya, H Matsuda, J Yamahara, N Murakami. E-Senegasaponins A and B, Z-senegasaponins A and B, Z-senegins II and III, new type inhibitors of ethanol absorption in rats from the roots of Polygala senega latifolia. Chemical & Pharmaceutical Bulletin. 1995, 43(2): 350-352

20. A Estrada, GS Katselis, B Laarveld, B Barl. Isolation and evaluation of immunological adjuvant activities of saponins from Polygala senega L. Comparative Immunology, Microbiology and Infectious Diseases. 2000, 23(1): 27-43

21. H Ishida, Y Inaoka, M Okada, M Fukushima, H Fukazawa, K Tsuji. Studies of the active substances in herbs used for hair treatment. III. Isolation of hair-regrowth substances from Polygala senega var. latifolia Torr. et Gray. Biological & Pharmaceutical Bulletin. 1999, 22(11): 1249-1250

궐마 蕨麻 GCEM

Potentilla anserina L.
Silverweed Cinquefoil

개 요

장미과(Rosaceae)

궐마(蕨麻, *Potentilla anserina* L.)의 지상부의 신선한 것 또는 말린 것: 궐마초(蕨麻草)

궐마의 부풀어진 덩이뿌리: 궐마(蕨麻)

양지꽃속(*Potentilla*) 식물은 전 세계에 약 200종이 있으며 북반구의 온대, 혹한 및 고산 지역에 분포한다. 중국에서는 약 80종이 발견되며 약 22종 6변종이 약으로 사용된다. 궐마는 북반구의 온대 지역에 널리 분포되어 있으며, 유럽, 아시아 및 미국뿐만 아니라 칠레의 남미와 오세아니아의 뉴질랜드 그리고 중국의 남서부, 북서부, 북동부 및 북부에 분포한다.

궐마는 오랫동안 의학의 목적으로 사용되어 왔다. 이 잎은 티베트어 의학 고전인 ≪월왕약침(月王藥針)≫과 4권으로 구성된 의료 탄트라인 ≪사부의전(四部醫典)≫에 약으로 사용했다는 기록이 처음 나온다. 또한 부풀어진 덩이뿌리는 ≪진보도감(珍寶圖鑑)≫에 약으로 처음 삽화되어 있다. 궐마는 ≪본초강목시의(本草綱目施醫)≫에 유루(遺漏)를 위한 약으로 처음 기술되었다[1]. 18세기 영국 의사 윌리엄 위더링(William Withering)은 3시간마다 한 스푼의 말린 궐마 잎을 복용하는 것이 말라리아 열을 현저히 완화시킬 수 있다는 것을 발견했다. 궐마는 주로 헝가리, 크로아티아, 폴란드에서 생산된다[2]. 궐마는 주로 중국의 감숙성, 청해성 및 티베트와 같은 지역에서 생산된다.

궐마는 주로 탄닌, 트리테르페노이드, 트리테르페노이드 사포닌 및 플라보노이드 성분을 함유한다. 탄닌은 주요 생체 활성성분 중 하나이다. 독일 식약청(1986)은 의약 물질의 품질관리를 위해 피로갈롤로 계산된 궐마의 탄닌의 함량이 2.0% 이상이어야 한다고 규정하고 있다[3].

약리학적 연구에 의하면 궐마는 수렴, 항설사, 항돌연변이, 항산화, 간 보호, 항스트레스 및 면역 자극효과를 나타낸다.

민간요법에 따르면 궐마는 경련 작용을 일으킨다.

중국의 전통 의학에서 궐마는 혈액을 식히고 지혈(止血), 해독(解毒)하며 습기를 없앤다. 궐마는 보혈익기(補血益氣)하고, 비장과 위를 활성화시키며, 체액의 생성을 촉진하고, 갈증을 풀어준다.

궐마 蕨麻 *Potentilla anserina* L.

함유성분

전초에는 탄닌류 성분이 함유되어 있다[3-4].
지상부에는 플라보노이드 성분으로 kaempferol-3-O-βD-glucoside, tiliroside, quercetin-3-O-βD-glucoside, quercetin-3-O-α Lrhamnoside, isorhamnetin-3-O-βD-glucuronide, myricetin-3-O-αL-rhamnoside[4], 쿠마린 성분으로 scopoletin, umbelliferone[5]이 함유되어 있다.
전초에는 0.30%의 2-pyrone-4,6-dicarboxylic acid가 함유되어 있고, 이 성분은 포텐틸라속 식물의 주성분 중 하나이다[6].
뿌리에는 트리테르페노이드와 트리테르페노이드 사포닌 성분으로 anserinoside, 24-deoxy-sericoside[7], 우르솔산, pomolic acid, euscaphic acid, tormentic acid, rosamultin, kajiichigoside F_1[8]이 함유되어 있다.

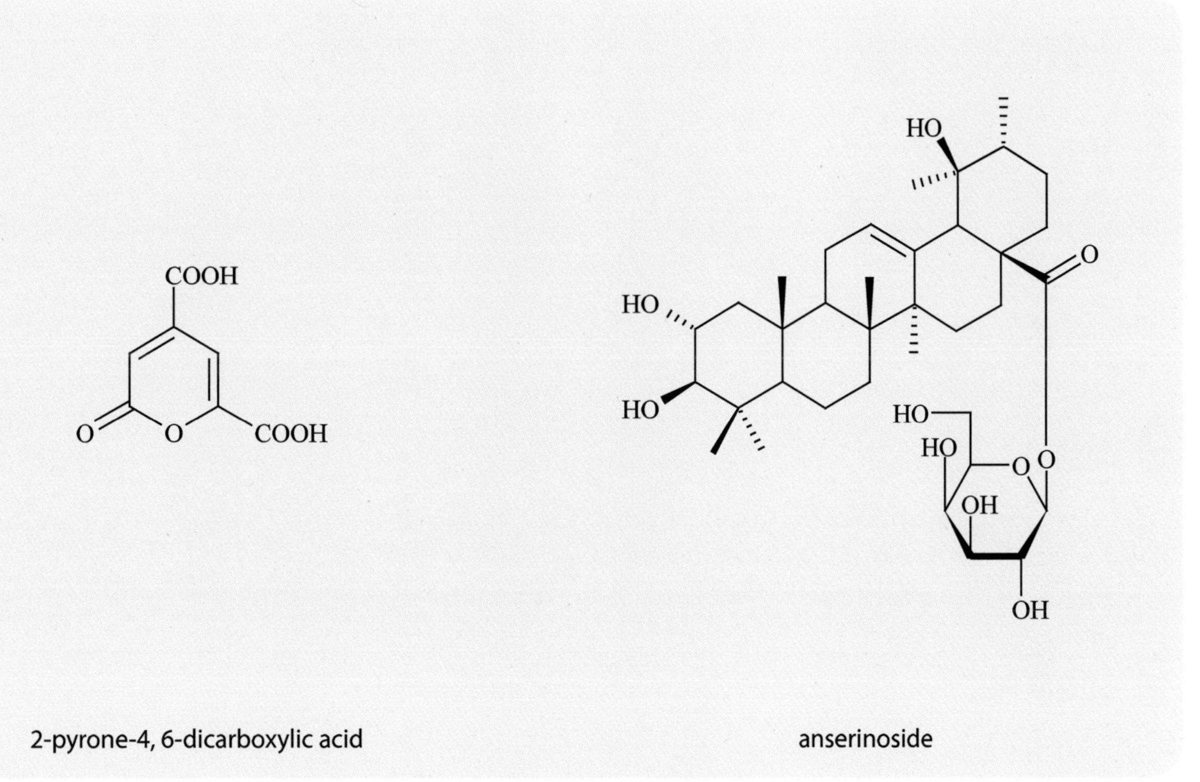

2-pyrone-4, 6-dicarboxylic acid　　anserinoside

약리작용

1. 수렴 및 지사작용
   전초에 함유된 탄닌은 수렴성 활동을 보였다. 전초 주사제를 경구 투여하면 랫드의 위장 내 분비 시간을 연장시켰고 양갈매나무와 센나엽에 의한 설사를 억제했다.
2. 항돌연변이 유발
   전초의 에탄올 및 물 추출물은 약하거나 중등도의 항 돌연변이 유발 활성을 보였으며, 전초의 탄닌 함량과 관련이 있을 수 있다[9].
3. 항산화 작용
   뿌리 추출물은 *in vitro*에서 청해성과 티베트 고원 유채 기름의 과산화를 유의하게 억제했으며, 2,2-디페닐-피크릴하이드라질(DPPH) 라디칼을 효과적으로 제거하였다. 신선한 뿌리는 건조한 뿌리보다 강한 항산화 활성을 보였다[10].
4. 간 보호 작용
   뿌리에 함유된 트리테르페노이드를 경구 투여하면 사염화탄소에 의해 유발된 간 손상이 있는 마우스의 혈청 단백질 수준을 유의하게 증가시켰다. 글리코겐의 감소, 간 균질 액에서의 말 론디알데히드의 증가 및 사염화탄소에 의한 글루타티온 퍼옥시다아제(GSH-Px) 4 및 D-갈락토사민의 간 손상에 대한 영향으로 간 손상과 감소된 혈청 트리글리세라이드 수준을 가진 랫드에서 아세트아미노펜(AAP)에 의해 유도된 알칼라인포스파타제(ALP) 활성을 유의하게 감소시켰으며, 항산화 활성과 해독 능력이 간 대사에 영향을 주어 증가되어 간을 보호 할 수 있음을 보였다[11].

5. 스트레스 해소 작용

중량부하 수영, 추위에 대한 내성 및 대기압 하에서의 산소결핍 내성을 통한 뿌리분말을 경구 투여하면 수영으로 인한 마우스의 물리적 피로 시간 및 대기 중 항 산소 농도 시간을 현저히 연장시켰다. 또한 −8℃ 에서 3시간 동안 마우스의 내성을 크게 증가시켰다. 이는 약이 마우스에서 항 스트레스 능력을 상당히 향상시킨다는 것을 보였다[12]. 뿌리 주사액을 경구 투여하면 감압 저산소증 및 질식 저산소 상태 하에서 랫드의 생존율 및 생존 시간을 유의하게 증가시켰다. 또한 마우스의 산소 이용률과 산소 소비율을 크게 증가시켰다[13].

6. 면역조절 작용

수분 및 알코올 추출물을 경구 투여하면 하이드로코르티손에 의한 랫드의 흉선 무게의 저하 및 세 망막 내피 세포의 식세포 능력을 유의하게 억제했다. 또한 시클로포스파미드에 의한 지연형 과민성(DTH)을 억제하고 체내의 세포 및 비특이적인 면역계를 강화시킨다[14]. 뿌리의 전제를 경구 투여하면 비장이 결핍된 마우스에서 세포 면역을 촉진시켰다. 또한 흉선과 비장의 위축으로부터 보호하는 효과도 있었다[15].

용도

1. 설사, 이질
2. 인후두염
3. 출혈
4. 빈혈, 영양 부족
5. 류머티즘

해설

다양한 가치를 지닌 궐마는 전 세계에 널리 분포되어 있다. 지상부에는 탄닌이 함유되어 있으며, 수렴성 또는 사료로 사용된다. 궐마의 덩이뿌리는 감숙성, 청해성, 티베트와 같은 중국의 추운 지역의 것이 녹말이 풍부하여 식용 및 약용으로 사용되며 주류제조에도 사용된다. 식물 자원을 최대한 활용하기 위해 식물의 화학적 조성 및 약리 활성에 대한 추가 연구가 수행되어야 한다.

참고문헌

1. HQ Chen, RX Zhang, LQ Huang, M Wang. Literature review of Tibetan medicine Potentilla anserina. China Journal of Chinese Materia Medica. 2000, 25(5): 311-312
2. A Chevallier. Encyclopedia of Herbal Medicine. New York: Dorling Kindersley. 2000: 255
3. M Wichtl. Herbal Drugs and Phytopharmaceuticals: a Handbook for Practice on a Scientific Basis. Stuttgart: Medpharm Scientific Publishers. 2004: 48-50
4. R Kombal, H Glasl. Flavan-3-ols and flavonoids from Potentilla anserina. Planta Medica. 1995, 61(5): 484-485
5. NF Goncharov, AG Kotov. Coumarins, carotenoids, and β-sitosterol from aerial parts of Potentilla species. Khimiya Prirodnykh Soedinenii. 1991, 6: 852
6. S Wilkes, H Glasl. Isolation, characterization, and systematic significance of 2-pyrone-4,6-dicarboxylic acid in Rosaceae. Phytochemistry. 2001, 58(3): 441-449
7. X Hong, GM Cai, XH Xiao. Triterpenoids from roots of Potentilla anserina. Chinese Traditional and Herbal Drugs. 2006, 37(2): 165-168
8. QW Li, J Hui, DJ Shang, LJ Wu, XC Ma. Investigation of the chemical constituents of the roots of Potentilla anserina L. in Tibet. Chinese Pharmaceutical Journal. 2003, 55(3): 179-184
9. O Schimmer, M Lindenbaum. Tannins with antimutagenic properties in the herb of Alchemilla species and Potentilla anserina. Planta Medica. 1995, 61(2): 141-145
10. YY Li, QS Yuan. Study on the Patentilla anserina's anti-oxidative effect. Pharmaceutical Biotechnology. 2004, 11(1): 25-28
11. XQ Zhang, YL Zhao, LM Shan, ZM Wei, GM Cai. Study on protective mechanism of JMS on chemical liver injury. Pharmaceutical Journal of Chinese People's Liberation Army. 2004, 20(4): 259-261

12. YQ Tao, ZD Wang, JF Cai, W Fan, R Lü, DH Han, ZH Li, XY Zhong. The effect of Potentilla anserina on the anti-stress of mice. Qinghai Medical Journal. 2002, 32(12): 19-20
13. SN Jia, H Yang. Study on anti-hypoxia effect of Potentilla anserina. Journal of Medicine & Pharmacy of Chinese Minorities. 1999, 5(1): 37
14. N Lin, JR Li, B Yang, GF Fu, LQ Huang. Effect of Potentilla anserina on the immune function of immunosuppressed mice. Chinese Journal of Information on Traditional Chinese Medicine. 1999, 6(2): 35-36
15. SN Jia. Experimental study of Potentilla anserina on preventive and therapeutic effect in spleen-qi deficiency mice. Chinese Traditional Patent Medicine. 2006, 28(7): 1044-1046

Fagaceae

로부르참나무 夏櫟 EP, BP, BHP, GCEM

Quercus robur L.

Oak

개 요

참나무과(Fagaceae)

로부르참나무(夏櫟, *Quercus robur* L.)의 어린 가지의 껍질을 말린 것: 하력피(夏櫟皮)

중약명: 하력피(夏櫟皮)

참나무속(*Quercus*) 식물은 전 세계에 약 300종이 있으며, 아시아, 아프리카, 유럽, 미국에 널리 분포한다. 이 가운데 51종, 14변종, 1품종이 중국에서 발견되는데, 주로 삼림에 있는 중요한 종이다. 약 7종과 1변종이 약으로 사용된다. 로부르참나무는 유럽의 프랑스와 이탈리아에서 재배가 시작되었다. 또한 유럽, 소아시아 및 코카서스에 걸쳐 널리 분포되어 있으며, 중국의 신강, 북경 및 산동에도 도입되어 재배되고 있다.

과거에는 영국 사람이 폐, 목 및 위장관 장애를 치료하기 위해 로부르참나무 껍질을 달여서 틴크로 사용했다. 그리스인과 로마인은 출혈, 간헐적인 발열 및 이질 치료에 수렴 효과를 위해 오크의 껍질을 사용했다. 오크의 껍질은 또한 만성적인 인후통을 치료하기 위해 가글로 사용된다. 또한, 백대하를 치료하기 위해 질 세척제로 사용된다. 이 종은 로부르참나무피(Quercus Cortex)의 공식적인 기원식물 내원종으로 유럽약전(5개정판) 및 영국약전(2002)에 등재되어 있다. 이 약재는 주로 유럽의 동부 및 남동부에서 생산된다.

오크에는 카테킨, 가수분해성 탄닌 및 트리테르페노이드가 함유되어 있다. 유럽약전 및 영국약전에서는 의약 물질의 품질관리를 위해 자외선분광광도법으로 시험할 때 피로갈롤로서 계산된 폴리페놀의 함량이 3.0% 이상이어야 한다고 규정하고 있다.

약리학적 연구에 따르면 껍질에는 항산화, 항염증, 항박테리아, 항바이러스 및 항궤양 효과가 있다.

민간요법에 따르면 오크의 껍질에는 수렴성과 항바이러스 작용이 있다.

로부르참나무 夏櫟 *Quercus robur* L.

하력피 夏櫟皮 Quercus Cortex

함유성분

줄기껍질에는 카테킨 성분으로 epicatechin, epigallocatechin gallate[1], catechin-gallocatechin-4,8-dimer, gallocatechincatechin-6' 8-dimer[2], gallocatechin-catechin-4,8-dimer[3], hydrolysable이 함유되어 있고, 탄닌 성분으로 vescalagin, castalagin[4], grandinin, roburins A, B, C, D, E[5], 트리테르페노이드 성분으로 dipterocarpol semicarbazone[6], D:A-friedoolean-5-en-3-one oxime[7], 28-β Dglucopyranosyl- 2α3β19αtrihydroxyolean-12-ene-24,28-dioate[8]가 함유되어 있다.
잎에는 폴리페놀 성분으로 casuarictin[9], ellagic acid, delphinidin, procyanidin dimer A_2, procyanidins B_1, B_2, B_3, B_4, B_5, B_6, B_7, B_8[10-11], 휘발성 성분으로 linalool, βionone, verbenone[12], 트리테르페노이드 성분으로 lupeol, amyrin[13], 28-βD-glucopyranosyl 2α3β19α trihydroxyolean-12-ene-24,28-dioate[8], taraxerone[14]이 함유되어 있다.

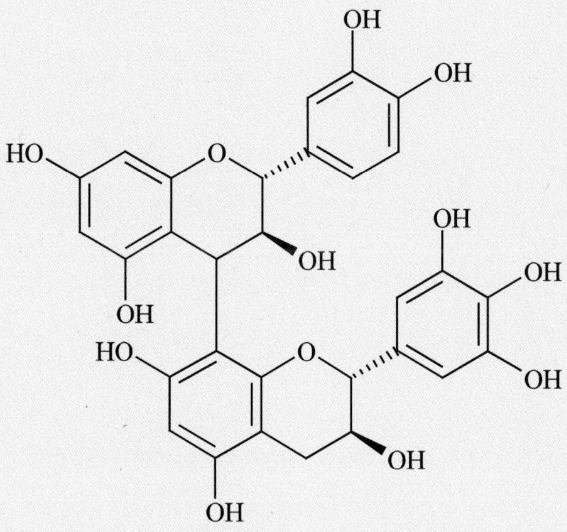

catechin-gallocatechin-4, 8-dimer

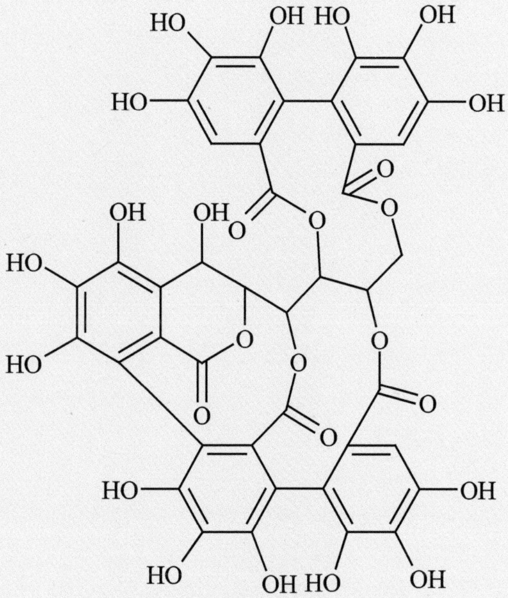

castalagin

약리작용

1. 항산화 작용
   나무껍질의 메탄올, 에탄올 및 에테르 추출물은 상당한 항산화 활성을 보였다[15-16]. 샬 오븐 시험[17]에 의해 입증된 바와 같이, 씨를 볶으면 항산화 활성이 증가되었으며 총 폴리페놀 및 갈산 함유량을 증가시켰다[17].
2. 항염증 작용
   프로시아니딘 이합체 B_2는 *in vitro*에서 내 독소 리포폴리사카라이드(LPS)에 의해 유도된 COX-2 발현을 감소시켰고, 항염증 작용[18]에 연계성을 나타냈다.
3. 항균 작용
   나무껍질 메탄올 추출물은 황색포도상구균, Enterobacter aerogenes 및 칸디다성 질염을 *in vitro*에서 적당히 억제했다. 에피갈로카테킨, 에피갈로카테킨-3-O-갈레이트 및 카스탈라긴은 황색포도상구균, 살모넬라, 대장균 및 비브리오속을 강력하게 억제했다. 3,4,5-트리히드록시페닐기는 항박테리아 활성을 갖는 구조이다[19].
4. 항바이러스
   카스탈라긴, 베스칼라긴, 그란디닌, 로비닌 B와 로부린 D는 단순 포진 바이러스 1(HSV-1)과 HSV-2 균주를 유의하게 억제했다.

베스칼라긴은 그들 중 가장 강력한 억제제이다[20]. 폴리페놀은 또한 인체면역결핍바이러스(HIV)를 저해한다[21].

5. 항종양 작용
전초의 메탄올 추출물은 *in vitro*에서 마우스의 백혈병 L1210 세포의 증식을 억제했다[22]. 갈산은 사람 전립선 암종인 DU145 세포의 성장을 억제하고 세포사멸을 촉진시켰다[23].

6. 기타
메탄올 추출물은 또한 항응고제 활성을 보였다[22].

용도

1. 설사, 장염
2. 인후염
3. 피부염, 염증, 건선, 피부암
4. 황달, 담석증, 신장 결석
5. 상처, 옹

해설

Quercus petraea(Matt.) Liebl.과 *Q. Pubescens* Willd.는 유럽약전과 영국약전에서 하력피(夏櫟皮)의 공식적인 기원식물로 등재되어 있다. 참나무의 열매는 식별이 용이한 견과이며 깍정이로 불리는 컵 모양의 껍질로 보호된다. 오크는 전통적으로 유럽에서 와인 숙성탱크를 만드는 목재 중 하나이다. 참나무속의 약 20종의 식물이 와인숙성탱크를 만들기에 좋으며, 그 가운데 가장 흔한 것은 로부르참나무와 북아메리카 백참나무(*Q. alba* L.)이다. 또한, 로부르참나무는 내구성이 강해서 선박제조에도 널리 사용된다.

참고문헌

1. ZA Kuliev, AD Vdovin, ND Abdullaev, AB Makhmatkulov, VM Malikov. Study of the catechins and proanthocyanidins of Quercus robur. Chemistry of Natural Compounds. 1998, 33(6): 642-652
2. BZ Ahn, F Gstirner. Catechin dimers in oak (Quercus robur) bark. IV. Archiv der Pharmazie. 1973, 306(5): 353-360
3. BZ Ahn, F Gstirner. Catechin dimers in oak bark (Quercus robur). III. Archiv der Pharmazie. 1973, 306(5): 338-346
4. N Vivas, M Laguerre, Y Glories, G Bourgeois, C Vitry. Structure simulation of two ellagitanins from Quercus robur L. Phytochemistry. 1995, 39(5): 1193-1199
5. P Herve, LM Catherine, VMF Michon, SY Peng, C Viriot, A Scalbert, D Gage. Structural elucidation of new dimeric ellagitannins from Quercus robur L. Roburins A-E. Organic and Bio-Organic Chemistry. 1991, 7: 1653-1660
6. U Wrzeciono. Triterpenes and plant sterols. IV. Tetracyclic triterpenes and β-sitosterol from the bark of Quercus robur. Roczniki Chemii. 1963, 37(11): 1463-1468
7. U Wrzeciono. Triterpenes and plant sterols. III. Pentacylic triterpenes from the bark of Quercus robur. Roczniki Chemii. 1963, 37(11): 1457-1462
8. G Romussi, B Parodi, C Pizza, N De Tommasi. Constituents of Fagaceae (Cupuliferae). 19. Triterpene saponins and acylated flavonoids from Quercus robur stenocarpa. Archiv der Pharmazie. 1994, 327(10): 643-645
9. A Scalbert, L Duval, B Monties, JM Favre. Polyphenols of Quercus robur L.: ellagitannins of adult trees, calli, and micropropagated plants. Bulletin de Liaison-Groupe Polyphenols. 1988, 14: 262-265
10. A Scalbert, E Haslam. Plant polyphenols and chemical defense. Part 2. Polyphenols and chemical defense of the leaves of Quercus robur. Phytochemistry. 1987, 26(12): 3191-3195
11. N Vivas, MF Nonier, I Pianet, GN Vivas, E Fouquet. Proanthocyanidins from Quercus petraea and Q. robur heartwood: quantification and structures. Comptes Rendus Chimie. 2006, 9(1): 120-126
12. R Engel, PG Guelz, T Herrmann, A Nahrstedt. Glandular trichomes and the volatiles obtained by steam distillation of Quercus robur leaves. Zeitschrift fuer Naturforschung, C. 1993, 48(9-10): 736-744
13. RBN Prasad, E Mueller, PG Guelz. Epicuticular waxes from leaves of Quercus robur. Phytochemistry. 1990, 29(7): 2101-2103

14. U Wrzeciono. Triterpenes and plant sterols. V. Taraxerol and β-sitosterol from the leaves of Quercus robur. Roczniki Chemii. 1964, 38(1): 79-86

15. T Hirosue, M Matsuzawa, I Irie, H Kawai, Y Hosogai. Anti-oxidative activities of herbs and spices. Nippon Shokuhin Kogyo Gakkaishi. 1988, 35(9): 630-633

16. S Andrensek, B Simonovska, I Vovk, P Fyhrquist, H Vuorela, P Vuorela. Anti-microbial and anti-oxidative enrichment of oak (Quercus robur) bark by rotation planar extraction using ExtraChrom. International Journal of Food Microbiology. 2004, 92(2): 181-187

17. S Rakic, D Povrenovic, V Tesevic, M Simic, R Maletic. Oak acorn, polyphenols and anti-oxidant activity in functional food. Journal of Food Engineering. 2006, 74(3): 416-423

18. WY Zhang,; HQ Liu, KQ Xie, LL Yin, Y Li, CL Kwik-Uribe, XZ Zhu. Procyanidin dimer B2 [epicatechin-(4β-8)-epicatechin] suppresses the expression of cyclooxygenase-2 in endotoxin-treated monocytic cells. Biochemical and Biophysical Research Communications. 2006, 345(1): 508-515

19. T Taguri, T Tanaka, I Kouno. Anti-microbial activity of 10 different plant polyphenols against bacteria causing food-borne disease. Biological & Pharmaceutical Bulletin. 2004, 27(12): 1965-1969

20. S Quideau, T Varadinova, D Karagiozova, M Jourdes, P Pardon, C Baudry, P Genova, T Diakov, R Petrova. Main structural and stereochemical aspects of the antiherpetic activity of nonahydroxyterphenoyl-containing C-glycosidic ellagitannins. Chemistry & Biodiversity. 2004, 1(2): 247-258

21. RE Kilkuskie, Y Kashiwada, G Nonaka, I Nishioka, AJ Bodner, YC Cheng, KH Lee. Anti-AIDS agents. 8. HIV and reverse transcriptase inhibition by tannins. Bioorganic & Medicinal Chemistry Letters. 1992, 2(12): 1529-1534

22. EA Goun, VM Petrichenko, SU Solodnikov, TV Suhinina, MA Kline, G Cunningham, C Nguyen, H Miles. Anticancer and antithrombin activity of Russian plants. Journal of Ethnopharmacology. 2002, 81(3): 337-342

23. R Veluri, RP Singh, ZJ Liu, JA Thompson, R Agarwal, C Agarwal. Fractionation of grape seed extract and identification of gallic acid as one of the major active constituents causing growth inhibition and apoptotic death of DU145 human prostate carcinoma cells. Carcinogenesis. 2006, 27(7): 1445-1453

카스카라사그라다 波希鼠李 EP, BP, BHP, USP, GCE

Rhamnus purshiana DC.

Cascara Sagrada

개 요

갈매나무과(Rhamnaceae)

파치서리(波希鼠李, *Rhamnus purshiana* DC.)의 나무껍질을 말린 것: 카스카라사그라다

중약명: 카스카라사그라다

갈매나무속(*Rhamnus*) 식물은 세계에 약 200종이 있으며 동부 아시아와 북아메리카의 남서부에 분포하며, 유럽과 아프리카에서는 소수이다. 그 가운데 57종과 14변종이 중국에서 발견되고, 약 13종이 약으로 사용된다. 파치서리는 북아메리카의 서부지역에 기원을 두고 있으며 미국, 캐나다 및 동부 아프리카의 태평양 연안을 따라 재배되고 있다.

북 아메리카 인디언은 완하제로 카스카라사그라다를 사용하고 유럽에는 식물을 도입한 스페인의 모험가들에 의해 사용이 권장됐다. 카스카라사그라다는 이제 유럽에서 인기 있는 완하제가 되었다. 이 종은 카스카라사그라다(Rhamni Purshianae Cortex)의 공식적인 기원식물 내원종으로 유럽약전(5개정판), 영국약전(2002) 및 미국약전(28개정판)에 등재되어 있다. 이 약재는 주로 북미 서부의 오레곤주, 워싱턴주 및 브리티시 컬럼비아에서 생산된다.

카스카라사그라다는 주로 안트라퀴논, 바이안트라퀴논 및 안트라퀴논 배당체를 함유한다. 유럽약전 및 영국약전은 카스카로사이드 A로 환산된 히드록시안트라퀴논 유도체의 총 함량이 8.0% 이상이어야 하고, 카스카로사이드 A로 환산된 히드록시안트라퀴논 유도체의 카스카로사이드의 함량을 자외선분광광도법으로 시험할 때 60% 이상이어야 한다고 규정하고 있다. 미국약전은 의약 물질의 품질관리를 위해 자외선분광광도법으로 시험할 때 카스카로사이드 A로 환산된 히드록시안트라퀴논 유도체의 총 함량이 7.0% 이상이어야 한다고 규정하고 있다. 그리고 이 약재는 사용하기 1년 전에 채집되어야 한다.

약리학적 연구에 따르면 껍질에는 완하, 항바이러스, 항염증, 항종양 및 항산화 효과가 있음이 밝혀졌다.

민간요법에 따르면 카스카라사그라다는 주로 완하 및 카타르시스 작용을 한다.

카스카라사그라다 波希鼠李 *Rhamnus purshiana* DC.

카스카라사그라다 波希鼠李 Rhamni Purshianae Cortex

함유성분

나무껍질에는 바이안트론류 성분으로 emodin bianthrone, aloe emodin bianthrone, chrysophanol bianthrone, palmidins A, B, C[1], 안트라퀴논 성분으로 chrysophanol, emodin, aloe-emodin[2], isoemodin[3], 안트라퀴논 배당체 성분으로 cascarosides A, B, C, D, E, F[4-7], barbaloin[8]이 함유되어 있다.
또한 aloin, frangulin, glucofrangulin[9]이 함유되어 있다.

palmidin A

cascaroside A

약리작용

1. 완하 작용
나무껍질 추출물, 알로인, 알로에-에모딘 및 알로에 에모딘 바이안트론은 대장 점막을 자극하고 결장의 수축을 촉진하여 배설을 일으킨다[10].

2. 항바이러스
in vitro 생약 추출물은 단순 헤르페스 바이러스(HSV)[11]와 인간의 거대 세포 바이러스(HCMV)에 항바이러스 활성을 보였다[12]. 활성성분은 안트라퀴논이고, 에모딘 바이안트론은 더 큰 활성을 보였다[13].

3. 항염증 작용
에모딘, 알로에 에모딘과 바르바로인은 리포다당류(LPS)와 인터페론-γ에 의해 활성화된 마우스 대식세포로부터의 일산화질소(NO), 종양괴사인자-α(TNF-α) 및 인터루킨(IL-2), 인터페론(IFN-γ)을 생성시키고 항염증 효과를 일으킨다[14].

4. 항균 작용
에모딘, 레인[15], 알로에 에모딘[16]은 *in vitro*에서 황색포도상구균에 강력한 항박테리아 효과를 보였다. 알로에 에모딘은 메티실린 내성 포도상 구균에 대해서도 효과적이었다.

5. 항종양 작용
안트라퀴논과 바이안트라퀴논 모두 항암 효과를 나타냈고, 안트라퀴논 모노머는 높은 활성을 보였다[17]. 에모딘은 히알루론산에 의해 유발된 인간 신경아 교종 세포 침입을 유의하게 억제했다[18].

6. 항산화 작용
에모딘은 하이드록실 라디칼 생성을 억제하고 동시에 항산화제 및 간 보호 활성을 나타냈다[19].

7. 기타
에모딘의 항 죽상동맥경화작용은 혈장 말론디알데하이드와 저밀도 지단백질 농도의 감소에 의한 것이다[20].

용도

1. 변비
2. 치질
3. 소화 불량
4. 고혈압

해설

같은 속에 있는 *Rhamnus frangula* L.는 약재 카스카라사그라다의 공식적인 기원식물로 유럽약전과 영국약전에 등재되어 있다. 주로 폴란드와 러시아와 같은 동유럽 국가에서 생산된다. 나무껍질은 한의학적으로 윤장통변(潤腸通便)시켜 습관성 변비 및 복통 치료에 쓰는 약재로 사용된다. *R. frangula*와 카스카라사그라다의 껍질은 화학 성분과 임상적 효능이 유사하다. 따라서 이들 두 약재가 서로 교환 가능한지에 관해서는 더 많은 연구가 필요하다.

참고문헌

1. R Kinget. Anthraquinone drugs. XVI. Determination of the structure of reduced anthracene derivatives from Rhamnus purshiana bark. Planta Medica. 1967, 15(3): 233-239
2. R Kinget. Anthraquinone drugs. XV. Chromatographic separation and isolation of reduced derivatives from Rhamnus purshiana bark. Planta Medica. 1966, 14(4): 460-464
3. MR Gibson, AE Schwarting. Chromatographic isolation of the trihydroxymethyl- anthraquinones of cascara sagrada. Journal of the American Pharmaceutical Association. 1948, 37: 206-211
4. JW Fairbairn, CA Friedmann, S Simic. Structure of cascarosides A and B. Journal of Pharmacy and Pharmacology. 1963, S15: 292-294
5. EC Signoretti, L Valvo, M Santucci, S Onori, P Fattibene, FF Vincieri, N Mulinacci. Ionizing radiation induced effects on medicinal

vegetable products. Cascara bark. Radiation Physics and Chemistry. 1998, 53(5): 525-531

6. H Wagner, G Demuth. Investigations of the anthra glycosides from Rhamnus species, IV. The structure of the cascarosides from Rhamnus purshianus DC. Zeitschrift fuer Naturforschung, Teil B. 1976, 31b(2): 267-272
7. P Manitto, D Monti, G Speranza, N Mulinacci, FF Vincieri, A Griffini, G Pifferi. Studies on cascara, part 2. Structures of cascarosides E and F.Journal of Natural Products. 1995, 58(3): 419-423
8. R Baumgartner, K Leupin. Detection of barbaloin in the bark of Rhamnus purshiana. Pharmaceutica Acta Helvetiae. 1959, 34: 296-297
9. A Bonati. Extracts containing anthracene derivatives. III. Mixtures of cascara (Rhamnus purshiana) and frangula (R. frangula) extracts. Fitoterapia. 1966, 37(3): 75-79
10. L D'angelo. Effects of cascarosides and their metabolites on colonic intestinal muscle. Acta Toxicologica et Therapeutica. 1993, 14(3): 193-197
11. RJ Sydiskis, DG Owen, JL Lohr, KHA Rosler, RN Blomster. Inactivation of enveloped viruses by anthraquinones extracted from plants. Antimicrobial Agents and Chemotherapy. 1991, 35(12): 2463-2466
12. DL Barnard, JH Huffman, JL Morris, SG Wood, BG Hughes, RW Sidwell. Evaluation of the anti-viral activity of anthraquinones, anthrones and anthraquinone derivatives against human cytomegalovirus. Anti-viral Research. 1992, 17(1): 63-77
13. DO Andersen, ND Weber, SG Wood, BG Hughes, BK Murray, JA North. In vitro virucidal activity of selected anthraquinones and anthraquinone derivatives. Anti-viral Research. 1991, 16(2): 185-196
14. M Vanisree, SH Fang, C Zu, HS Tsay. Modulation of activated murine peritoneal macrophages functions by emodin, aloe-emodin and barbaloin isolated from Aloe barbadensis. Journal of Food and Drug Analysis. 2006, 14(1): 7-11
15. YW Wu, J Ouyang, XH Xiao, WY Gao, Y Liu. Anti-microbial properties and toxicity of anthraquinones by microcalorimetric bioassay. Chinese Journal of Chemistry. 2006, 24(1): 45-50
16. T Hatano, M Kusuda, K Inada, T Ogawa, S Shiota, T Tsuchiya, T Yoshida. Effects of tannins and related polyphenols on methicillin-resistant Staphylococcus aureus. Phytochemistry. 2005, 66(17): 2047-2055
17. J Koyama, I Morita, K Tagahara, M Ogata, T Mukainaka, H Tokuda, H Nishino. Inhibitory effects of anthraquinones and bianthraquinones on Epstein-Barr virus activation. Cancer Letters. 2001, 170(1): 15-18
18. MS Kim, MJ Park, SJ Kim, CH Lee, H Yoo, SH Shin, ES Song, SH Lee. Emodin suppresses hyaluronic acid-induced MMP-9 secretion and invasion of glioma cells. International Journal of Oncology. 2005, 27(3): 839-846
19. HA Jung, HY Chung, T Yokozawa, YC Kim, SK Hyun, JS Choi. Alaternin and emodin with hydroxyl radical inhibitory and/or scavenging activities and hepatoprotective activity on tacrine-induced cytotoxicity in HepG2 cells. Archives of Pharmacal Research. 2004, 27(9): 947-953
20. ZQ Hei, HQ Huang, HM Tan, PQ Liu, LZ Zhao, SR Chen, WG Huang, FY Chen, FF Guo. Emodin inhibits dietary induced atherosclerosis by antioxidation and regulation of the sphingomyelin pathway in rabbits. Chinese Medical Journal. 2006, 119(10): 868-870

양까막까치밥나무 黑茶藨子 BP

Ribes nigrum L.

Black Currant

개 요

범의귀과(Saxifragaceae)

양까막까치밥나무(黑茶藨子, *Ribes nigrum* L.)의 잘 익은 열매의 신선한 것: 흑다표자(黑茶藨子)

중약명: 흑다표자(黑茶藨子)

까치밥나무속(*Ribes*) 식물은 전 세계에 약 160종이 북반구의 온화하고 비교적 차가운 지역에 분포하며, 남미의 남단까지 분포되어 있고 아열대 및 열대 지역에는 그 수가 많지 않다. 중국에는 약 59종과 30품종이 발견되고 있으며 약 12종과 1아종의 다양한 약초가 약으로 사용된다.

양까막까치밥나무는 유럽, 러시아, 몽골, 한반도에 분포한다. 중국의 흑룡강성, 요녕성, 내몽고 지방에서 광범위하게 도입되어 재배되고 있다.

검은 건포도는 17세기 초반에 영국약전에서 처음 의약품으로 기술되었으며 열매와 잎의 약용 가치로 소중히 사용되었다. 이 종은 흑다표자(Ribis Nigri Fructus)의 공식적인 기원식물 내원종으로 영국약전(2002)에 등재되어 있다. 영국약전에서는 흑다표자 시럽을 공식화된 제제로 등재하고 있다. 이 약재는 주로 폴란드, 러시아, 독일 등 북유럽에서 생산된다. 또한 흑룡강성, 요녕성 및 중국 내몽고에서 생산된다.

검은 건포도는 주로 폴리페놀, 플라보노이드 및 정유를 함유한다. 영국약전은 적정법에 따라 시험할 때 흑다표자 시럽에서 비타민 C의 함량이 0.055%(w/w) 이상이어야 한다고 규정하고 있다.

약리학적 연구에 따르면 열매에는 항바이러스, 항산화, 항염증 및 항고지혈증 효과가 있으며 혈액 순환을 촉진한다.

민간요법에 따르면 흑다표자에는 항산화제와 항고혈압제가 있으며, 이는 또한 교정 기능이 있고 비타민 C의 공급원이다.

양까막까치밥나무 黑茶藨子 *Ribes nigrum* L.

함유성분

열매에는 비타민 C[1]가 풍부하게 함유되어 있다. 또한 플라보노이드 성분으로 quercetin−3−rutinoside, kaempferol−3−glucoside, quercetin−3−glucoside[2], rutin, isoquercitrin[3]이 함유되어 있다.
씨에는 안토시아닌 성분으로 delphinidin−3−glucoside, cyanidin−3−glucoside, delphinidin−3−rutinoside[2], 정유 성분으로 camphor, bornylacetate, trans−βfarnesene[4]이 함유되어 있다.
잎에는 카테킨 폴리페놀 성분으로 gallocatechin−(4α→8)−epigallocatechin, gallocatechin−(4α→8)−gallocatechin[5], 정유 성분으로 α thujene, sabinene, αhumulene[6]이 함유되어 있다.
화아에는 정유 성분으로 γ−elemene, γ−muurolene, isospathulenol[7], diosphenol, isodiosphenol, pulegone[8], 4−methoxy−2−methyl−2−butanethiol[9], verbenone, α−phellandrene[10]이 함유되어 있다.

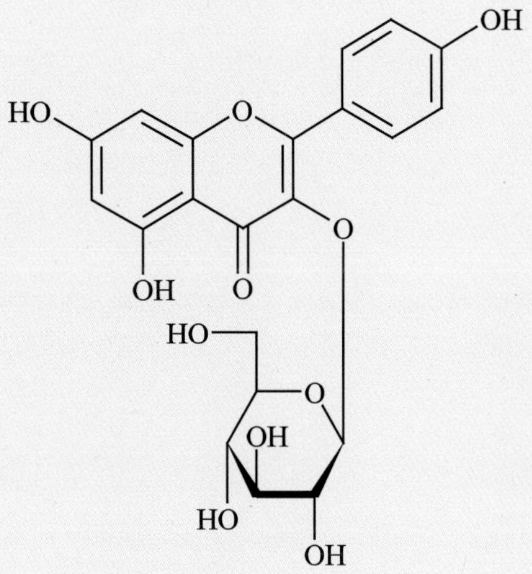

kaempferol − 3 − glucoside

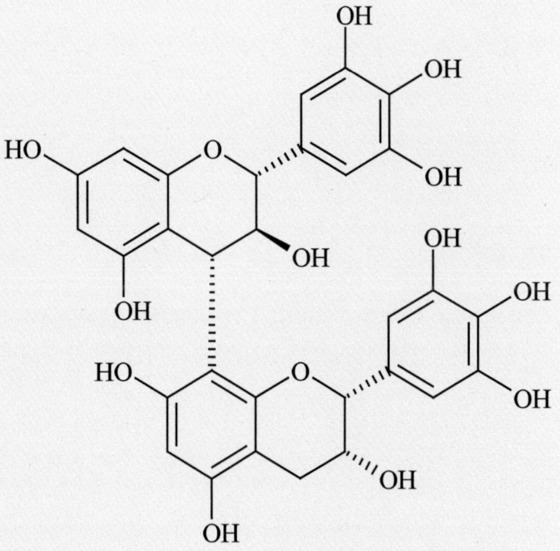

gallocatechin − (4α − 8) − epigallocatechin

약리작용

1. 항바이러스 작용
   열매의 아토시사이린은 감염된 세포의 바이러스 방출을 억제하여 인플루엔자 바이러스 A 및 B에 대한 항바이러스 활성을 나타냈다[11−12]. 전초 추출물은 감염된 세포에서 단백질 합성을 저해하고 헤르페스 심플렉스 바이러스 유형 1과 2에 대한 억제효과를 나타냈다[13].

2. 항산화
   열매 페놀릭은 리포좀에서 단백질과 지질 산화를 억제했다[14]. 다른 열매와 채소보다 훨씬 더 높은 항산화능을 가지고 있다[15]. 잎 플라보노이드는 라돈에 대해 강한 항산화제 활성을 나타냈으며, 이는 플라보노이드 추출물의 양을 증가시킴에 따라 증가했다. 비타민 C와 추출물의 사용은 항산화 효과를 증진시켰다[16].

3. 항염증 작용
   프로안토시아니딘의 복강 내 주입은 백혈구의 이동을 방해하고 일산화질소 방출을 억제했다[17]. 이것은 세포 간 부착 분자(ICAM−1)와 혈관 세포 부착 분자(VCAM−1)를 감소시켰으며 카라기닌에 의한 족부종과 흉막염을 억제했다[17]. 잎 수분 알코올 추출물은 카라기난에 의한 마우스의 부종을 억제했다[19]. 프로델피니딘 갈로카테킨−(4α→8)−에피갈로카테킨, 갈로카테킨(4α→8)−갈로카테킨과 갈로카테킨−(4α→8)−갈로카테킨−(4α→8)−갈로카테킨은 모두 항염증 효과를 나타냈다[5].

4. 항고지혈증 효과
   열매 주스는 고 콜레스테롤 식이를 먹인 마우스의 혈청 트리아실글리세롤과 콜레스테롤 수치를 유의하게 감소시켰다[20]. 종자유는 고 콜레스테롤 혈증 랫드에서 혈청 트리아실글리세롤, 총 콜레스테롤 및 저밀도 지단백질 함량을 감소시켰다[21]. 종자유를 경구 투여하면 죽상 동맥경화증 형성을 유의하게 억제했으며, 그 작용은 γ-리놀레산의 높은 수준과 관련이 있었다[22].

5. 항종양 작용
   열매의 물 추출물은 인간 식도 편평상피암 Eca109 세포의 성장과 단백질 합성을 유의하게 억제하여 세포사멸을 유도했다[23]. 전초에 함유된 퀘르세틴은 항종양 효과도 나타냈다[24].

6. 혈액 순환 개선 작용
   검은색 폴리페놀(BCA) 섭취는 말초 순환 장애를 개선하고 뻣뻣한 어깨의 증상을 완화시켰다[25].

용도

1. 비타민 C 결핍증
2. 관절염, 통풍
3. 정맥류
4. 치질
5. 방광염, 신염, 신장결석

해설

열매와 더불어 잎과 종자유도 약용된다. 양까막까치밥나무는 중국에서 약 80년 동안 재배되어 현재는 흑룡강성과 길림성을 중심으로 전국적으로 재배되고 있다. 1990년대 초반에는 천연 열매 주스 음료와 와인의 판매가 미미하여 생산이 크게 감소하고 재배 면적이 급격히 줄어들었다.
양까막까치밥나무 열매는 당류, 유기산, 비타민, 플라보노이드 및 미네랄과 같은 영양소가 풍부하여 비타민 C의 함량이 높은 선인장속(*Actinidia*) 열매에 이어 두 번째로 많다. 이 씨에는 각종 불포화 지방산이 포함되어 있으며, γ-리놀렌산은 월견초유보다 훨씬 많아 중요한 의약품 원료의 하나이다.
잎은 비타민 C와 플라보노이드가 풍부하며, 검은 건포도 제품을 먹으면 정기적으로 괴혈병을 예방할 수 있다. 생과로 식용하며 열매는 주로 열매 주스, 와인, 캔디, 설탕조림 및 잼으로도 가공된다.

참고문헌

1. SH Zhao, SL Wu, LY Xin. Comparison and analysis of a plant black currant with a natural black currant in Xinjiang. Natural Product Research and Development. 2001, 13(6): 51-52, 56
2. YR Lu, L Yeap Foo. Polyphenolic constituents of blackcurrant seed residue. Food Chemistry. 2002, 80(1): 71-76
3. BH Koeppen, K Herrmann. Flavonoid glycosides and hydroxycinnamic acid esters of blackcurrants (Ribes nigrum). 9. Phenolics of fruits. Zeitschrift fuer Lebensmittel-Untersuchung und -Forschung. 1977, 164(4): 263-268
4. YW Li, JP Hu. Analysis of the aroma components from the seed of black currant (Vol. 1). Journal of Hygiene Research. 1990, 19(3): 33-35
5. M Tits, L Angenot, P Poukens, R Warin, Y Dierckxsens. Prodelphinidins from Ribes nigrum. Phytochemistry. 1992, 31(3): 971-973
6. RJ Marriott. Isolation and analysis of blackcurrant (Ribes nigrum) leaf oil. Developments in Food Science. 1988, 18: 387-403
7. JL Le Quere, A Latrasse. Composition of the essential oils of black currant buds (Ribes nigrum L.). Journal of Agricultural and Food Chemistry. 1990, 38(1): 3-10
8. O Nishimura, S Mihara. Aroma constituents of blackcurrant buds (Ribes nigrum L.). Developments in Food Science. 1988, 18: 375-386
9. J Rigaud, P Etievant, R Henry, A Latrasse. 4-Methoxy-2-methyl-2-butanethiol, a major constituent of the aroma of the black currant bud (Ribes nigrum L.). Sciences des Aliments. 1986, 6(2): 213-220
10. J Piry, A Pribela, J Durcanska, P Farkas. Fractionation of volatiles from blackcurrant (Ribes nigrum L.) by different extractive methods. Food Chemistry. 1995, 54(1): 73-77
11. YM Knox, K Hayashi, T Suzutani, M Ogasawara, I Yoshida, R Shiina, A Tsukui, N Terahara, M Azuma. Activity of anthocyanins from fruit

extract of Ribes nigrum L. against influenza A and B viruses. Acta Virologica. 2001, 45(4): 209-215

12. YM Knox; T Suzutani, I Yosida, M Azuma. Anti-influenza virus activity of crude extract of Ribes nigrum L. Phytotherapy Research. 2003, 17(2): 120-122
13. T Suzutani, M Ogasawara, I Yoshida, M Azuma, YM Knox. Anti-herpes virus activity of an extract of Ribes nigrum L. Phytotherapy Research. 2003, 17(6): 609-613
14. K Viljanen, P Kylli, R Kivikari, M Heinonen. Inhibition of protein and lipid oxidation in liposomes by berry phenolics. Journal of Agricultural and Food Chemistry. 2004, 52(24): 7419-7424
15. R Moyer, K Hummer, RE Wrolstad, C Finn. Anti-oxidant compounds in diverse Ribes and Rubus germplasm. Acta Horticulturae. 2002, 585(2): 501-505
16. YQ Yu, H Fu, ZY Yu. Study on the anti-oxidant activities of the flavonoids extracts in leaves of black currant. Food Science and Technology. 2002, 7: 38-39
17. N Garbacki, M Tits, L Angenot, J Damas. Inhibitory effects of proanthocyanidins from Ribes nigrum leaves on carrageenin acute inflammatory reactions induced in rats. BMC Pharmacology. 2004, 4(1): 25
18. N Garbacki, M Kinet, B Nusgens, D Desmecht, J Damas. Proanthocyanidins, from Ribes nigrum leaves, reduce endothelial adhesion molecules ICAM-1 and VCAM-1. Journal of Inflammation. 2005, 2: 9
19. C Declume. Anti-inflammatory evaluation of a hydroalcoholic extract of black currant leaves (Ribes nigrum). Journal of Ethnopharmacology. 1989, 27(1-2): 91-98
20. H Xiao, YM Zhang, YL Yu. Experimental study on blood lipid-regulation of black currant juice. Preventive Medicine Tribune. 2005, 11(3): 300-302
21. Y Guo, YJ Liu, XC Cai, LX Xing, LH Wang. Effect of blackcurrant seed oil on serum lipids in rats. Chinese Journal of Gerontology. 2000, 20(6): 371-372
22. XP Zhou, QZ Li, H Ma. Study on the pharmacological action of blackcurrant oil. Acta Chinese Medicine and Pharmacology. 2002, 30(3): 56-57
23. XM Lu, YL Zhang, Y Zhang, H Xiao, YM Zhang, H Wen. Effect of black currant on proliferation and apoptosis of human esophageal cancer cell line in vitro. Acta Nutrimenta Sinica. 2005, 27(5): 414-416, 421
24. DM Morrow, PE Fitzsimmons, M Chopra, H McGlynn. Dietary supplementation with the anti-tumour promoter quercetin: its effects on matrix metalloproteinase gene regulation. Mutation Research. 2001, 480-481: 269-276
25. H Matsumoto. Effects of intake of black currant polyphenols on peripheral circulation in humans. Meiji Seika Kenkyu Nenpo. 2003, 42: 20-32

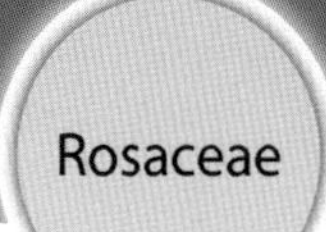

개장미 狗牙薔薇 EP, BP

Rosa canina L.

Dog Rose

개 요

장미과(Rosaceae)

개장미(狗牙薔薇, *Rosa canina* L.)의 열매를 말린 것: 구아장미과(狗牙薔薇果)

중약명: 구아장미과(狗牙薔薇果)

장미속(*Rosa*) 식물은 아시아, 유럽, 북부 아프리카 및 북아메리카의 극한, 온대 및 아열대 지역에 분포하며 전 세계에 약 200종이 있다. 중국에는 약 82종이 있으며, 약 26종이 약으로 사용된다. 개장미는 주로 유럽과 아시아의 극한 지대에 분포한다.

개장미는 고대부터 유럽 가정에서 차와 잼에 사용되어 왔으며 주로 비타민 C가 풍부하기 때문에 식이 요법에서 중요한 위치를 차지한다. 중세 시대에는 개장미가 여성의 유방 질환 치료에 널리 사용되었지만, 완하제 및 이뇨제로도 사용된다. 이 종은 개장미(Rosae Caninae Fructus)의 공식적인 기원식물 내원종으로 유럽약전(5개정판)과 영국약전(2002)에 등재되어 있다. 이 약재는 유럽에서 시작되었으며 현재 미국의 버지니아 및 테네시에서 광범위하게 재배되고 있다.

개장미는 주로 비타민 C, 카로티노이드, 플라보노이드 및 폴리페놀을 함유하고 있다. 유럽약전 및 영국약전에서는 자외선분광광도법으로 시험할 때 비타민 C의 함량이 0.30% 이상이어야 한다고 규정하고 있다.

약리학적 연구에 따르면 열매에는 항산화, 항염증, 항종양, 항박테리아, 항돌연변이 유발, 항 궤양 및 항방사선 효과가 있음이 밝혀졌다.

민간요법에 따르면 개장미에는 이뇨작용과 완하작용이 있다.

개장미 狗牙薔薇 *Rosa canina* L.

구아장미과 狗牙薔薇果 Rosae Caninae Fructus

함유성분

열매에는 비타민 C가 풍부하게 함유되어 있고, 카로티노이드 성분으로 zeaxanthin, βcryptoxanthin, lycopene, rubixanthin, βcarotene, taraxanthin, lutein[1], neoxanthin, 5,6−epoxylutein[2], 플라보노이드 성분으로 quercetin, kaempferol, quercetin−3−diglucoside, kaempferol−3−diglucoside[3], 안토시아닌 성분으로 procyanidols B_1, B_2, B_3, B_4[4]가 함유되어 있다.
씨에는 플라보노이드 성분으로 rutin, taxifolin, quercetin−3−glucoside, quercetin−3−galactoside, apigenin, eriodictyol[3], kaempferol−3−O−(6"O−E−p−coumaryl)−βD−glucopyranoside, kaempferol−3−O−(6"O−Z−p−coumaryl)−βD−glucopyranoside[5]가 함유되어 있다.
잎에는 플라보노이드 성분으로 hyperoside, isoquercitrin[6]이 함유되어 있다.
꽃잎에는 탄닌 성분으로 tellimagrandin I, rugosin B[7]가 함유되어 있다.

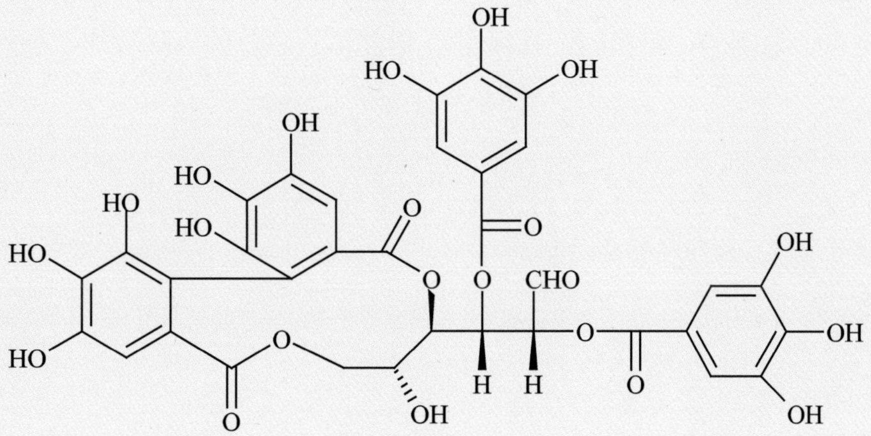

tellimagrandin I

약리작용

1. 항산화 작용
   열매의 비타민 C, 프로안토시아니딘 및 베타카로틴은 항산화 효과가 있으며, 그 가운데 베타카로틴은 합성물로부터 부작용을 일으키지 않았다[8−9]. 열매 추출물은 카탈라아제(CAT), 글루타티온 퍼옥시다제(GSHPx) 및 글루타티온−S−트랜스퍼라제(GST) 활성을 증가시켜 항 지질과산화 활성을 나타냈다[10]. 그 메탄올 추출물은 천연 올리브 오일과 함께 사용했을 때 더 좋은 활성을 보였으며[11], FRAP 분석에서 Fe^{3+} 환원력이 더 좋았다[12].
2. 항염증 작용
   씨 추출물은 무릎 및 엉덩이 골관절염의 증상을 감소시켰다[13−14]. 뿌리 추출물은 인터류킨(IL−1α, IL−1β) 생합성을 억제하여 항염증 활성을 나타냈다[15].
3. 항종양 작용
   *in vitro*에서 개장미의 석유 에테르 추출물은 요시다 다발성 육종(肉腫)에 매우 중요한 세포독성 효과를 보였다[16]. 베타카로틴뿐만 아니라 개장미에서 추출한 카로티노이드는 체액성 및 세포성 면역에 영향을 미치고 대장암 또는 위 종양이 있는 동물에서 현저한 항암 효과를 보였다[17].
4. 항균 작용
   텔리마그란딘 I과 루고신 B는 메티실린 내성 황색포도상구균에서 β−락탐의 최소 저해 농도를 현저하게 감소시켰다[7].
5. 항 돌연변이 유발 효과
   잎과 건조한 씨는 쥐 장티푸스균에서 나트륨 아지드 변이원성을 감소시켰고, 상당한 항돌연변이 유발 활성을 보였다[18].

6. 항궤양
   신선한 열매는 마우스에서 에탄올로 유발된 위궤양을 유의하게 억제했다[19].
7. 방사선 방지
   꽃잎에서 분리된 안토시아닌은 중국 햄스터 섬유 모세포에 대해 방사선 보호효과를 나타냈다[20].
8. 기타
   폴리페놀 추출물, 농축 추출물 및 비타민 P[21]는 합성 비타민 C 단독 투여보다 비타민 C의 체내침착이 더 컸다.

용도

1. 요로 장애, 신장 결석
2. 괴혈병
3. 류마티즘, 통풍
4. 발열

해설

Rosa pendulina L.과 같은 장미속의 다른 식물들도 구아장미(狗牙薔薇)의 공식적인 기원식물로 유럽약전과 영국약전에 등재되어 있다.
찔레꽃(*Rosa multiflora* Thunb.)은 일본약국방(15개정판)에 영실(營實)의 공식적인 기원식물로 등재되어 있다.
각종 장미가 열매를 생산하지만, 식용 장미 열매는 주로 *Rosa canina*와 *R. rugosa* Thunb에서 유래한다. 전자의 열매는 비타민 C가 가장 풍부하다.
장미 열매는 차로 더 잘 사용되며 시럽, 잼, 차 및 와인의 제조와 과자에 첨가된다. 또한 말린 장미 열매는 향신료나 입욕용으로 사용할 수 있다.

참고문헌

1. T Hodisan, C Socaciu, I Ropan, G Neamtu. Carotenoid composition of Rosa canina fruits determined by thin-layer chromatography and highperformance liquid chromatography. Journal of Pharmaceutical and Biomedical Analysis. 1997, 16(3): 521-528
2. A Razungles, J Oszmianski, JC Sapis. Determination of carotenoids in fruits of Rosa sp. (Rosa canina and Rosa rugosa) and of chokeberry (Aronia melanocarpa). Journal of Food Science. 1989, 54(3): 774-775
3. E Hvattum. Determination of phenolic compounds in rose hip (Rosa canina) using liquid chromatography coupled to electrospray ionisation tandem mass spectrometry and diode-array detection. Rapid Communications in Mass Spectrometry. 2002, 16(7): 655-662
4. J Osmianski, M Bourzeix, N Heredia. Phenolic compounds in dog rose. Bulletin de Liaison-Groupe Polyphenols. 1986, 13: 488-490
5. Y Kumarasamy, PJ Cox, M Jaspars, MA Rashid, SD Sarker. Bioactive flavonoid glycosides from the seeds of Rosa canina. Pharmaceutical Biology. 2003, 41(4): 237-242
6. DS Tarnoveanu, S Rapior, A Gargadennec, C Andary. Flavonoid glycosides from the leaves of Rosa canina. Fitoterapia. 1995, 66(4): 381-382
7. S Shiota, M Shimizu, T Mizusima, H Ito, T Hatano, T Yoshida, T Tsuchiya. Restoration of effectiveness of β-lactams on methicillin-resistant Staphylococcus aureus by tellimagrandin I from rose red. FEMS Microbiology Letters. 2000, 185(2): 135-138
8. DA Daels-Rakotoarison, B Gressier, F Trotin, C Brunet, M Luyckx, T Dine, F Bailleul, M Cazin, JC Cazin. Effects of Rosa canina fruit extract on neutrophil respiratory burst. Phytotherapy Research. 2002, 16(2): 157-161
9. ME Olsson, S Andersson, G Werlemark, M Uggla, KE Gustavsson. Carotenoids and phenolics in rose hips. Acta Horticulturae. 2005, 690: 249-252
10. I Ozmen, S Ercisli, Y Hizarci, E Orhan. Investigation of anti-oxidant enzyme activities and lipid peroxidation of Rosa canina and R. dumalis fruits. Acta Horticulturae. 2005, 690: 245-248
11. M Ozcan. Anti-oxidant activity of seafennel (Crithmum maritimum L.) essential oil and rose (Rosa canina) extract on natural olive oil. Acta Alimentaria. 2000, 29(4): 377-384
12. BL Halvorsen, K Holte, MCW Myhrstad, I Barikmo, E Hvattum, SF Remberg, AB Wold, K Haffner, H Baugerod, LF Andersen, JO Moskaug, DRJ Jacobs, R Blomhoff. A systematic screening of total anti-oxidants in dietary plants. Journal of Nutrition. 2002, 132(3): 461-

471

13. K Winther, K Apel, G Thamsborg. A powder made from seeds and shells of a rose-hip subspecies (Rosa canina) reduces symptoms of knee and hip osteoarthritis: a randomized, double-blind, placebo-controlled clinical trial. Scandinavian Journal of Rheumatology. 2005, 34(4): 302-308
14. E Rein, A Kharazmi, K Winther. A herbal remedy, Hyben Vital (stand powder of a subspecies of Rosa canina fruits), reduces pain and improves general wellbeing in patients with osteoarthritis--a double-blind, placebo-controlled, randomised trial. Phytomedicine. 2004, 11(5): 383-391
15. E Yesilada, O Ustun, E Sezik, Y Takaishi, Y Ono, G Honda. Inhibitory effects of Turkish folk remedies on inflammatory cytokines: interleukin-1α, interleukin-1β and tumor necrosis factor α. Journal of Ethnopharmacology. 1997, 58(1): 59-73
16. A Trovato, MT Monforte, A Rossitto, AM Forestieri. In vitro cytotoxic effect of some medicinal plants containing flavonoids. Bollettino Chimico Farmaceutico. 1996, 135(4): 263-266
17. AV Sergeyev, SA Korostylev, NI Sherenesheva. Immunomodulating and anticarcinogenic activity of carotenoids. Voprosy Meditsinskoi Khimii. 1992, 38(4): 42-45
18. S Karakaya, A Kavas. Antimutagenic activities of some foods. Journal of the Science of Food and Agriculture. 1999, 79(2): 237-242
19. I Gurbuz, O Ustun, E Yesilada, E Sezik, O Kutsal. Anti-ulcerogenic activity of some plants used as folk remedy in Turkey. Journal of Ethnopharmacology. 2003, 88(1): 93-97
20. AK Akhmadieva, SI Zaichkina, RK Ruzieva, EE Ganassi. Radioprotective action of a natural anthocyanin preparation. Radiobiologiya. 1993, 33(3): 433-435
21. RP Nikolaev, KL Povolotskaya, NA Vodolazskaya. Biological value of different concentrates and preparations of vitamin C. Biokhimiya. 1953, 18: 169-174

로즈마리 迷迭香 EP, BP, BHP, GCEM

Labiatae

Rosmarinus officinalis L.

Rosemary

개 요

꿀풀과(Labiatae)
로즈마리(迷迭香, *Rosmarinus officinalis* L.)의 잎을 말린 것: 미질향엽(迷迭香葉)
중약명: 미질향엽(迷迭香葉)
로즈마리속(*Rosmarinus*) 식물은 약 3종이 있으며, 대부분 지중해에서 생산된다. 이 가운데 1종이 중국에서 발견되며 방향족 원료 추출 및 장식용으로 사용된다. 로즈마리는 유럽과 아프리카 지중해 연안에서 시작되었으며 현재 스페인, 포르투갈, 모로코, 남아프리카공화국, 인도, 중국, 호주, 영국 및 미국에서 재배되고 있다.
로즈마리는 오랫동안 의학용으로 사용되어 왔는데, 고대 그리스에서 기억력을 강화시키는 데 사용되었으며 심인성 긴장과 편두통과 관련된 가스 소화불량에 대해서 인도의 아유르베다와 우나니 의약으로 사용되었다. 중국에서 "미질향(迷迭香)"은 《본초습유(本草拾遺)》에서 유루(遺漏)를 위한 의약품으로 처음 기술되었으며, 대부분의 고대 한방의서에 기록되었고 고대로부터 지금까지 동일한 종이 사용되고 있다.
약용 종은 고대부터 동일하게 남아 있다. 이 종은 로즈마리 잎(Rosmarini Folium)과 로즈마리 오일(Rosmarini Oleum)의 공식적인 기원식물 내원종으로 유럽약전(5개정판)과 영국약전(2002)에 등재되어 있다. 이 약재는 주로 스페인과 모로코의 지중해 연안에서 생산된다.
로즈마리는 주로 정유와 페놀산뿐만 아니라 플라보노이드, 디테르페노이드 및 트리테르페 노이드를 함유한다. 정유 및 페놀산은 지표성분이다. 유럽약전 및 영국약전은 의약 물질의 품질관리를 위해 수증기증류법으로 시험할 때 로즈마리 잎의 휘발성 정유 함량은 12mL/kg 이상이어야 하고, 자외선가시광선분광광도법으로 시험할 때 로즈마리 잎의 로즈마린산으로 계산한 히드록실 신남산 유도체의 함량은 0.3% 이상이어야 한다고 규정하고 있다.
약리학적 연구에 따르면 로즈마리는 항산화제, 항종양제, 항박테리아제, 항염증제 및 간 보호효과가 있다.
민간요법에 따르면 로즈마리 잎은 구충제, 진경제, 담즙산 및 대사 증후군 작용이 있다. 한의학에서 미질향은 땀을 촉진시키고 비장을 활성화시키며 마음을 진정시키고 고통을 덜어준다.

로즈마리 迷迭香 *Rosmarinus officinalis* L.

미질향엽 迷迭香葉 Rosmarini Folium

함유성분

잎에는 정유 성분으로 1,8-cineole, camphor, borneol, bornyl acetate, myrcene, p-cymene, α-terpineol, γ-terpineol, phellandrene, linalool, β-caryophyllene, verbenone[1-2], 플라보노이드 성분으로 hesperidin, isohesperidin, diosmin, homoplantaginin, cirsimarin, phegopolin, nepitrin, apigetrin, diosmetin, luteolin, chrysin, galangin[3], eriocitrin, luteolin-3'O-glucuronide, isoscutellarein-7-O-glucoside, hispidulin-7-O-glucoside, genkwanin[4], 6-chrysoeriol, 7-methyl ether genkwanin, hispidulin, eupacunin-3' O-glucosid, eupacunin-4'O-glucoside[3], 디테르페노이드 성분으로 carnosic acid, carnosol, ferruginol, rosmanol, epirosmanol, rosmaridial, rosmaridiphenol, rosmarinicine, isorosmarinicine, cryptotanshinone, royleanone, rosmaquinones A, B[3, 5], seco-hinokiol[6], 7-ethoxyrosmanol[3], 12-methoxy-trans-carnosic acid, 12-methoxy-cis-carnosic acid[7], 트리테르페노이드 성분으로 betulinol, betulinic acid, oleanolic acid, 2βhydroxyoleanolic acid, ursolic acid, 19αhydroxyursolic acid, 3βhydroxyursa-12,20(30)-dien-17-oic-acid, 3-O-acetyloleanolic acid, 3-O-acetylursolic acid, α, βamyrins, epi-αamyrin, 3-oxo-20-βhydroxurs-12-ene[3], 페놀산 성분으로 rosmarinci acid, 클로로겐산, 카페인산, 페룰산[8]이 함유되어 있다.

약리작용

1. 항균 작용
   정유성분이 풍부한 분획물은 황색포도상구균, 고초균, 대장균, 녹농균, 칸디다성 질염 및 흑국균에 대한 억제효과가 있었다. 최상의 항균활성은 장뇌, 보르네올 및 베르베논의 가장 많은 양일 때 나타났다[2].

2. 항 HIV 작용
   디테르펜은 HIV-1 프로테아제 활성을 유의하게 저해했다. 카르노스산은 가장 강력한 저해 효과를 나타내었으며 HIV-1 바이러스 복제를 유의하게 억제했다[9].

3. 항산화 작용
   디테르펜은 랫드의 산화 손상 모델에 대한 보호효과가 있었고, 혈청, 심장, 간 및 사지근 조직의 말론디알데히드(MDA) 함량이 크게 증가했으며, 슈퍼옥사이드 디스뮤타아제(SOD)와 글루타티온 퍼옥시다아제(GSH-Px) 활성이 크게 감소했다[10]. 카르노스산, 카르노솔, 로즈마놀과 에피로즈마놀은 항산화제 활성과 유사하다[11].

4. 항종양 작용
   시험관 내에서 카르노솔은 고도로 전이된 마우스 흑색종 B16/F10 세포의 이동을 억제했다[12]. *in vitro*에서 카르노스산은 인간 백혈병 HL-60 세포와 인간 골수양 백혈병 U937 세포의 증식을 억제했다[13]. 카르노솔은 또한 벤조피렌에 의해 유발된 인간 기관지 세포의 발암을 억제했다[14].

5. 간 보호 작용
   메탄올 추출물의 경구 투여 또는 카르노솔을 복강 내 주사하면 사염화탄소에 의해 유발된 급성 간 손상에 대한 보호효과가 있으므로 간 괴사, 공포 및 간 글리코겐 함량의 저하를 예방한다. 간에서 알라닌 아미노 전이효소(ALT) 수준과 MDA 함량을 감소시켰다. 간 보호효과는 항산화 활성과 관련이 있다[15-16].

6. 항염증 작용
   로즈마린산을 경구 투여하면 마우스의 수동 피부 아나필락시스를 억제하는 반면, 근육 내 주사하면 마우스의 코브라 독 요소에 의해 유도된 부종을 감소시켰는데, 그 작용은 C_3 전환 효소 활성의 저해로 기인한 것이다[17].

7. 기타
   로즈마리는 또한 이뇨작용[18]과 항혈전 작용, 면역조절 작용[3]이 있으며 모르핀 금단증후군을 감소시켰다[19].

용도

1. 소화 불량, 위통
2. 긴장, 두통
3. 류머티즘
4. 대머리

해설

로즈마리는 귀중한 천연 향신료로서 전 세계에서 널리 사용되는 약용식물이며 유럽 생약학에서 중요한 위치를 차지한다. 로즈마리는 기억력 증진작용으로 인해 널리 애용되고 있다. 로즈마리 잎은 방향성 정유가 풍부하여, 전통적으로 고기를 보존하는 데 사용되며 아로마테라피에서 필수 향료로 사용되기도 한다. 로즈마리 오일은 정신적 피로 회복, 체력보강, 부신 기능 강화, 기억력 개선, 근육통 완화, 두피 및 피부 보호 등의 효과가 있다.
로즈마리에 함유된 디테르페노이드 페놀은 항산화, 항종양 및 항 HIV의 명백한 효과를 가지며 효과적인 항종양 및 항 에이즈 약으로 개발될 가능성이 있다. 로즈마리 오일은 약용 외에도 향수, 비누, 샴푸, 공기 청정제와 같은 제품에 사용될 수 있으며, 기생충과 모기 퇴치용 화장품 및 화학제품의 원료로 사용된다. 로즈마리 추출물의 증류 잔류물은 튀긴 음식, 소스 및 가공 육류 제품에 대한 천연방부제로 사용된다.

참고문헌

1. ZF Chen, JL Yang, CD Wang, SY Cui. Analysis and determination of chemical constituents of essential oil from Rosmarinus officinalis produced in China. Chinese Traditional and Herbal Drugs. 2001, 32(12): 1085-1086
2. S Santoyo, S Cavero, L Jaime, E Ibanez, FJ Senorans, G Reglero. Chemical composition and anti-microbial activity of Rosmarinus officinalis L. essential oil obtained via supercritical fluid extraction. Journal of Food Protection. 2005, 68(4): 790-795
3. PF Tu, ZH Xu, JT Zheng, HM Chen, GS Li, JM Jin. The chemical constituents and applyment of rosemary. Natural Product Research and Development. 1998, 10(3): 62-68
4. MJ del Bano, J Lorente, J Castillo, O Benavente-Garcia, MP Marin, JA Del Rio, A Ortuno, I Ibarra. Flavonoid distribution during the development of leaves, flowers, stems, and roots of Rosmarinus officinalis. Postulation of a biosynthetic pathway. Journal of Agricultural and Food Chemistry. 2004, 52(16): 4987-4992
5. AA Mahmoud, SS Al-Shihry, BW Son. Diterpenoid quinones from rosemary (Rosmarinus officinalis L.). Phytochemistry. 2005, 66(14): 1685-1690
6. CL Cantrell, SL Richheimer, GM Nicholas, BK Schmidt, DT Bailey. Seco-hinokiol, a new abietane diterpenoid from Rosmarinus officinalis. Journal of Natural Products. 2005, 68(1): 98-100
7. M Oluwatuyi, GW Kaatz, S Gibbons. Anti-bacterial and resistance modifying activity of Rosmarinus officinalis. Phytochemistry. 2004, 65(24): 3249-3254
8. HX Han, ZH Song, PF Tu. Study on the water-soluble constituents of Rosmarinus officinalis. Chinese Traditional and Herbal Drugs. 2001, 32(10): 877-878
9. A Paris, B Strukelj, M Renko, V Turk, M Pukl, A Umek, BD Korant. Inhibitory effect of carnosic acid on HIV-1 protease in cell-free assays. Journal of Natural Products. 1993, 56(8): 1426-1430
10. HX Han, HH Zeng, PF Tu, H Ai, D Cao, JN Huang. Study on in vivo anti-oxidant effect of TPD in Rosmarinus officinalis. Chinese Traditional and Herbal Drugs. 2003, 34(2): 147-149
11. H Haraguchi, T Saito, N Okamura, A Yagi. Inhibition of lipid peroxidation and superoxide generation by diterpenoids from Rosmarinus officinalis. Planta Medica. 1995, 61(4): 333-336
12. SC Huang, CT Ho, SY Lin-Shiau, JK Lin. Carnosol inhibits the invasion of B16/F10 mouse melanoma cells by suppressing metalloproteinase-9 through down-regulating nuclear factor-κ B and c-Jun. Biochemical Pharmacology. 2005, 69(2): 221-232
13. M Steiner, I Priel, J Giat, J Levy, Y Sharoni, M Danilenko. Carnosic acid inhibits proliferation and augments differentiation of human leukemic cells induced by 1, 25-dihydroxyvitamin D_3 and retinoic acid. Nutrition and Cancer. 2001, 41(1-2): 135-144
14. EA Offord, K Mace, C Ruffieux, A Malnoe, AM Pfeifer. Rosemary components inhibit benzo[a]pyrene-induced genotoxicity in human bronchial cells. Carcinogenesis. 1995, 16(9): 2057-2062

15. JI Sotelo-Felix, D Martinez-Fong, P Muriel, RL Santillan, D Castillo, P Yahuaca. Evaluation of the effectiveness of Rosmarinus officinalis (Lamiaceae) in the alleviation of carbon tetrachloride-induced acute hepatotoxicity in the rat. Journal of Ethnopharmacology. 2002, 81(2): 145-154

16. JI Sotelo-Felix, D Martinez-Fong, P Muriel De la Torre. Protective effect of carnosol on CCl_4-induced acute liver damage in rats. European Journal of Gastroenterology & Hepatology. 2002, 14(9): 1001-1006

17. W Englberger, U Hadding, E Etschenberg, E Graf, S Leyck, J Winkelmann, MJ Parnham. Rosmarinic acid: a new inhibitor of complement C3-convertase with anti-inflammatory activity. International Journal of Immunopharmacology. 1988, 10(6): 729-737

18. M Haloui, L Louedec, JB Michel, B Lyoussi. Experimental diuretic effects of Rosmarinus officinalis and Centaurium erythraea. Journal of Ethnopharmacology. 2000, 71(3): 465-472

19. H Hosseinzadeh, M Nourbakhsh. Effect of Rosmarinus officinalis L. aerial parts extract on morphine withdrawal syndrome in mice. Phytotherapy Research. 2003, 17(8): 938-941

가엽수 假葉樹 EP, BP, GCEM

Liliaceae

Ruscus aculeatus L.

Butcher's Broom

개 요

백합과(Liliaceae)

가엽수 假葉樹 *Ruscus aculeatus* L.)의 지하부를 말린 것: 가엽수근(假葉樹根)

중약명: 가엽수근(假葉樹根)

일엽주꽃속(*Ruscus*) 식물은 전 세계에 약 3종이 있으며, 마데이라 섬, 남부 유럽 및 지중해 지역에서 러시아의 코카서스에 분포한다. 가엽수는 남부 유럽에서 시작되었으며 중국에서 장식 목적으로 도입되어 재배되었다.

가엽수는 약 2000년 동안 유럽의 민간요법에서 완하제와 이뇨제로 사용되었다. 가엽수의 뿌리줄기 즙과 틴크는 전통적으로 복부 질환과 신장 결석증을 치료하고 뼈 골절을 보조하는 치료법으로 사용되었다. 이 종은 유럽약전(5개정판) 및 영국약전(2002)에 가엽수(Rusci Aculeati Rhizoma)의 공식적인 기원식물 내원종으로 등재되어 있다. 이 약재는 주로 유럽의 지중해 지역에서 생산된다.

지하부에는 주로 스테로이드 사포닌, 플라보노이드 및 안토시아닌 성분이 함유되어 있다. 유럽약전 및 영국약전에서는 의약 물질의 품질관리를 위해 고속액체크로마토그래피법으로 시험할 때 루스코게닌으로 환산된 사포닌 총 함량이 1.0% 이상이어야 한다고 규정하고 있다.

약리학적 연구에 따르면 가엽수는 혈관 투과성을 감소시키고 혈관을 보호하며 항염증, 항종양, 항박테리아 및 이뇨 효과를 나타낸다. 민간요법에 따르면 가엽수가 정맥부전을 개선한다.

가엽수 假葉樹 *Ruscus aculeatus* L.

가엽수 假葉樹 EP, BP, GCEM

가엽수근 假葉樹根 Rusci Aculeati Rhizoma

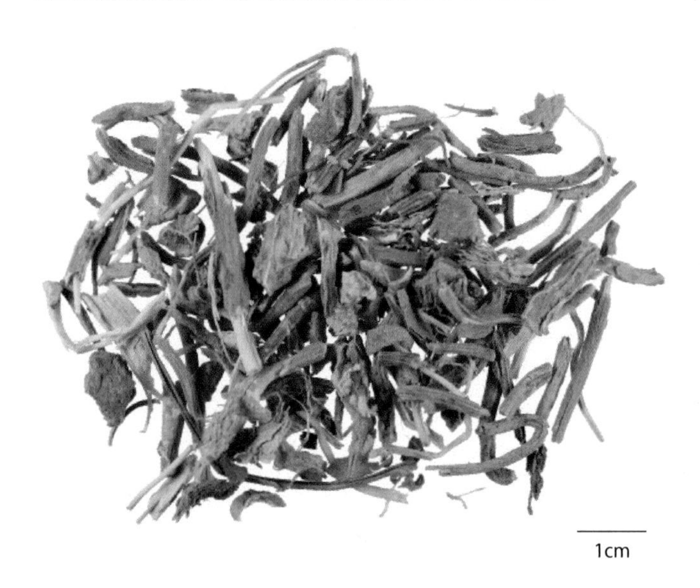

함유성분

뿌리줄기에는 스테로이드 사포게닌 성분으로 ruscogenin, neoruscogenin[1], 스테로이드 사포닌 성분으로 deglucoruscin, deglucoderhamnoruscin[2], deglucoruscoside, ruscoside[3], (1β3β25R)−3−hydroxyspirost−5−en−1−yl 2−O−(6−deoxy−α Lmannopyranosyl)−βD−galactopyranoside−6−acetate[4], (1β3β−1−[2−O−(6−deoxy−αL−mannopyranosyl)−4−O−sulfo−α L−arabinopyranosyl]oxy]−3−hydroxy−22−methoxyfurosta−5,25(27)−dien−26−yl−βD−glucopyranoside[5], spilacleosides A, B[6], (23S,25R)−spirost−5−ene−3β23−diol→23−O−[O−βD−glucopyranosyl−(1→6)−βD−glucopyranoside][7], aculeosides A, B[8−9], (23S)−spirosta−5,25(27)−diene−1b,3β23−triol 1−O−[O−βD−glucopyranosyl−(1→3)−O−αL−rhamnopyranosyl−(1→2)−α L−arabinopyranosyl] 23−O−βD−glucopyranoside[10], 1−O−[αL−rhamnopyranosyl−(1→2)−αL−arabinopyranosyl→(1)]−neoruscogenin[11], 황산염 스테로이드 유도체 성분으로 1βhydroxyruscogenin 1−sulfate[12]가 함유되어 있다.
지상부에는 플라보노이드 성분으로 schaftoside, vitexin−2"O−βD−glucoside, vitexin−2"O−αL−rhamnoside, narcissin, nicotiflorin, vitexin[13]이 함유되어 있다.
열매에는 안토시아닌 성분으로 pelargonidin 3−O−rutinoside, pelargonidin 3−O−glucoside[14]가 함유되어 있다.
뿌리에는 정유 성분으로 camphor, methyl genraniate[15], 쿠마린 성분으로 ruscodibenzofuran[16], euparone[17]이 함유되어 있다.
잎에는 트리테르페노이드 성분으로 arborinone, taraxerone, lupenone[18]이 함유되어 있다.

ruscogenin

neoruscogenin

약리작용

1. 혈관 투과성 감소작용

   추출물은 햄스터에서 정맥 긴장을 증가시키고, 미세 혈관 투과성을 감소시키며, 히스타민 유도 혈장 삼출을 억제한다[19-20]. 에탄올 추출물은 적출 동맥을 이완시켰다[21]. 스포노사이드, 프로사포게닌 및 루스코게닌은 적출된 토끼 귀 혈관에서 혈관수축작용을 나타냈다. 루스코게닌은 토끼에서 모세 혈관 투과성을 유의하게 감소시켰다[22]. 이는 post-junctional α1-과 α2 수용체를 직접 활성화시켜서 혈관벽의 수준에서 노르아드레날린의 방출을 자극함으로써 정맥 협착을 일으켰다[23].

2. 혈관 보호 작용

   한방 추출물은 내피 세포의 활성화를 억제하고, ATP 함량을 감소시키며, 포스포리파아제 A2 활성을 억제하고 호중구의 증가를 억제하여 저산소증에 의한 내피 세포 손상을 억제한다[24].

3. 항염증 작용

   정맥의 긴장 증가와 미세혈관 투과성 감소를 통한 스포노사이드, 프로사포게닌, 루스코게닌은 마우스의 족척부종을 억제하였고[22,25], 랫드에서의 실험적 흉막염을 억제했다[25].

4. 항종양 작용

   스테로이드성 사포닌[5]과 아쿠레오사이드 A[9]는 백혈병 세포의 성장을 억제했다.

5. 항균 작용

   추출물은 황선균[26]과 칸디다성 질염[27]을 유의하게 억제했다.

6. 이뇨 작용

   전초 추출물을 개에게 피하주사하면 이뇨작용이 현저하게 나타냈다[28].

용도

1. 정맥류, 혈관염, 정맥 혈전증, 기립성 저혈압, 정맥 림프 부전
2. 치질

해설

가엽수는 "가짜 잎"으로 유명한 특별한 관상용 식물이다. 가엽수는 중국에서 관상용으로 재배되고 있다. 지중해 연안의 뜨겁고 건조한 지역을 따라 분포한다. 이 식물의 잎은 "가짜 잎"의 끝에서 점차 비늘로 퇴화되고, 광합성을 위해서 잎 대신에 엽상경(葉狀莖)이 이용된다.

참고문헌

1. HW Rauwald, J Gruenwidl. Occurrence of neoruscogenin and ruscogenin in Ruscus aculeatus rhizomes. Archiv der Pharmazie. 1992, 325(6): 371-372
2. E Bombardelli, A Bonati, B Gabetta, G Mustich. Glycosides from rhizomes of Ruscus aculeatus. Fitoterapia. 1971, 42(4): 127-136
3. E Bombardelli, A Bonati, B Gabetta, G Mustich. Glycosides from rhizomes of Ruscus aculeatus. II. Fitoterapia. 1972, 43(1): 3-10
4. Y Mimaki, M Kuroda, A Kameyama, A Yokosuka, Y Sashida. Steroidal saponins from the underground parts of Ruscus aculeatus and their cytostatic activity on HL-60 cells. Phytochemistry. 1998, 48(3): 485-493
5. Y Mimaki, M Kuroda, A Kameyama, A Yokosuka, Y Sashida. New steroidal constituents of the underground parts of Ruscus aculeatus and their cytostatic activity on HL-60 cells. Chemical & Pharmaceutical Bulletin. 1998, 46(2): 298-303
6. A Kameyama, Y Shibuya, H Kusuoku, Y Nishizawa, S Nakano, K Tatsuta. Isolation and structural determination of spilacleosides A and B having a novel 1,3-dioxolan-4-one ring. Tetrahedron Letters. 2003, 44(13): 2737-2739
7. Y Mimaki, M Kuroda, A Yokosuka, Y Sashida. A spirostanol saponin from the underground parts of Ruscus aculeatus. Phytochemistry. 1999, 51(5): 689-692
8. T Horikawa, Y Mimaki, A Kameyama, Y Sashida, T Nikaido, T Ohmoto. Aculeoside A, a novel steroidal saponin containing a

deoxyaldoketose from Ruscus aculeatus. Chemistry Letters. 1994, 12: 2303-2306

9. Y Mimaki, M Kuroda, A Kameyama, A Yokosuka, Y Sashida. Aculeoside B, a new bisdesmosidic spirostanol saponin from the underground parts of Ruscus aculeatus. Journal of Natural Products. 1998, 61(10): 1279-1282
10. Y Mimaki, M Kuroda, A Yokosuka, Y Sasahida. Two new bisdesmosidic steroidal saponins from the underground parts of Ruscus aculeatus. Chemical & Pharmaceutical Bulletin. 1998, 46(5): 879-881
11. H Pourrat, JL Lamaison, JC Gramain, R Remuson. Isolation and confirmation of the structure by carbon-13 NMR of the main prosapogenin from Ruscus aculeatus L. Annales Pharmaceutiques Francaises. 1982, 40(5): 451-458
12. A Oulad-Ali, D Guillaume, R Belle, B David, R Anton. Sulfated steroidal derivatives from Ruscus aculeatus. Phytochemistry. 1996, 42(3): 895-897
13. T Kartnig, F Bucar, H Wagner, O Seligmann. Flavonoids from the aerial parts of Ruscus aculeatus. Planta Medica. 1991, 57(1): 85
14. L Longo, G Vasapollo. Determination of anthocyanins in Ruscus aculeatus L. berries. Journal of Agricultural and Food Chemistry. 2005, 53(2): 475-479
15. R Fellous, G George. Study of Ruscus aculeatus oil. Parfums, Cosmetiques, Aromes. 1981, 41: 43-46
16. MA Elsohly, DJ Slatkin, JE Knapp, NJ Doorenbos, MW Quimby, PJ Schiff. Ruscodibenzoruran, a new dibenzofuran from Ruscus aculeatus L.(Liliaceae). Tetrahedron. 1977, 33(14): 1711-1715
17. MA Elsohly, NJ Doorenbos, MW Quimby, JE Knapp, DJ Slatkin, PJ Schiff. Euparone, a new benzofuran from Ruscus aculeatus. Journal of Pharmaceutical Sciences. 1974, 63(10): 1623-1624
18. A Debal, JF Mallet, E Ucciani, P Doumenq, J Gamisans. Foliar lipids. III. Triterpenic ketones. Revue Francaise des Corps Gras. 1994, 41(5-6): 113-118
19. E Svensjo, E Bouskela, FZGA Cyrino, S Bougaret. Antipermeability effects of Cyclo 3 Fort in hamsters with moderate diabetes. Clinical Hemorheology and Microcirculation. 1997, 17(5): 385-388
20. E Bouskela, FZGA Cyrino, G Marcelon. Inhibitory effect of the Ruscus extract and of the flavonoid hesperidin methylchalcone on increased microvascular permeability induced by various agents in the hamster cheek pouch. Journal of Cardiovascular Pharmacology. 1993, 22(2): 225-230
21. F Caujolle, P Meriel, E Stanislas. Pharmacology of an extract of Ruscus aculeatus. Annales Pharmaceutiques Francaises. 1953, 11: 109-120
22. C Capra. Pharmacology and toxicology of some components of Ruscus aculeatus. Fitoterapia. 1972, 43(4): 99-113
23. DA Redman. Ruscus aculeatus (butcher's broom) as a potential treatment for orthostatic hypotension, with a case report. Journal of Alternative and Complementary Medicine. 2000, 6(6): 539-549
24. N Bouaziz, C Michiels, D Janssens, N Berna, F Eliaers, E Panconi, J Remacle. Effect of Ruscus extract and hesperidin methylchalcone on hypoxiainduced activation of endothelial cells. International Angiology. 1999, 18(4): 306-312
25. L Chevillard, M Ranson, B Senault. Anti-inflammatory activity of extracts of holly (Ruscus aculeatus). Medicina et Pharmacologia Experimentalis.1965, 12(2): 109-114
26. MS Ali-Shtayeh, SI Abu Ghdeib. Anti-fungal activity of plant extracts against dermatophytes. Mycoses. 1999, 42(11-12): 665-672
27. MS Ali-Shtayeh, RM Yaghmour, YR Faidi, K Salem, MA Al-Nuri. Anti-microbial activity of 20 plants used in folkloric medicine in the Palestinian area. Journal of Ethnopharmacology. 1998, 60(3): 265-271
28. J Balansard, J Delphaut. Diuretic action of butcher's-broom or knee-holly, Ruscus aculeatus, family Liliaceae. Comptes Rendus des Seances de la Societe de Biologie et de Ses Filiales. 1938, 129: 308-310

세이지 藥用鼠尾草 EP, BP, BHP, GCEM

Labiatae

Salvia officinalis L.

Sage

개 요

꿀풀과(Labiatae)

세이지(藥用鼠尾草, *Salvia officinalis* L.)의 잎을 말린 것: 서미초엽(鼠尾草葉)

중약명: 서미초엽(鼠尾草葉)

샐비어속(*Salvia*) 식물은 열대 또는 온대 지역에 널리 분포하며 전 세계에 약 700종이 있다. 중국에는 약 78종이 있고, 약 26종이 약으로 사용된다. 세이지는 지중해 지역이 기원이며 세계에서 재배되고 있다. 중국에서도 재배되고 있다.

세이지는 고대 이집트, 고대 그리스 및 고대 로마에서 약으로 처음 사용되었다. 1세기에 고대 그리스의 의사인 디오스코리데스는 세이지가 출혈을 멈추고 궤양과 염증을 치료하며 목이 쉰 것과 기침을 치료할 수 있다고 기록했다. 동시대의 로마 학자인 플리니우스는 세이지가 기억을 향상시키는 기능을 가지고 있다고 생각했다. 나중에, 세이지는 고대 그리스에서 인도에 도입되었으며, 인도 전통 의학에 사용되었다. 이 약은 1840년부터 1900년까지 미국약전에서 염증이 있는 인두염에 대해서 양치질로 처음 사용되었다고 기록하고 있다. 이 식물은 세이지 잎(Salviae Officinalii Folia)의 공식적인 기원식물 내원종으로 유럽약전(5개정판)과 영국약전(2002)에 등재되어 있다. 약용 소재는 주로 남동부 유럽에서 생산된다.

세이지는 주로 페놀, 테르페노이드, 플라보노이드 성분을 함유하고 있다. 유럽약전 및 영국약전에서는 의약 물질의 품질관리를 위해 수증기증류법에 따라 시험할 때 정유의 함량이 10mL/kg 이상이어야 한다고 규정하고 있다.

약리학적 연구에 따르면 잎에는 항박테리아, 항염증 및 항산화 효과가 있다고 한다.

민간요법에 따르면 세이지 잎은 항균 작용과 수렴 작용을 한다.

세이지 藥用鼠尾草 *Salvia officinalis* L.

세이지 藥用鼠尾草 EP, BP, BHP, GCEM

세이지 藥用鼠尾草 *Salvia officinalis* L.

서미초엽 鼠尾草葉 Salviae Officinalii Folium

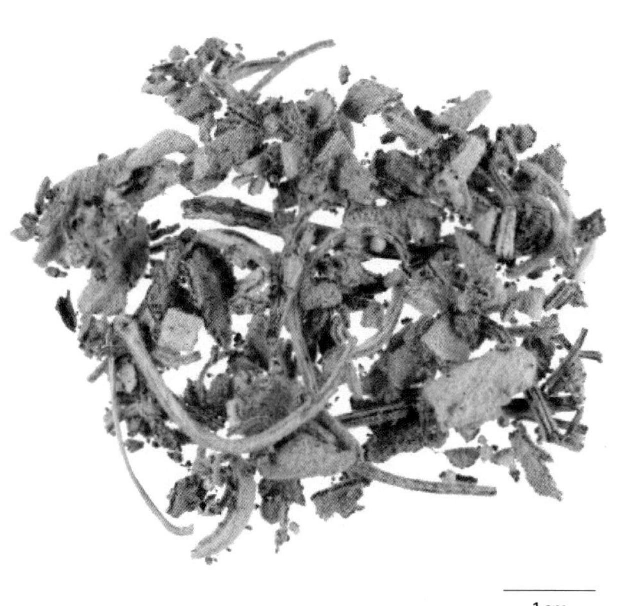

sagequinone methide A

5－methoxysalvigenin

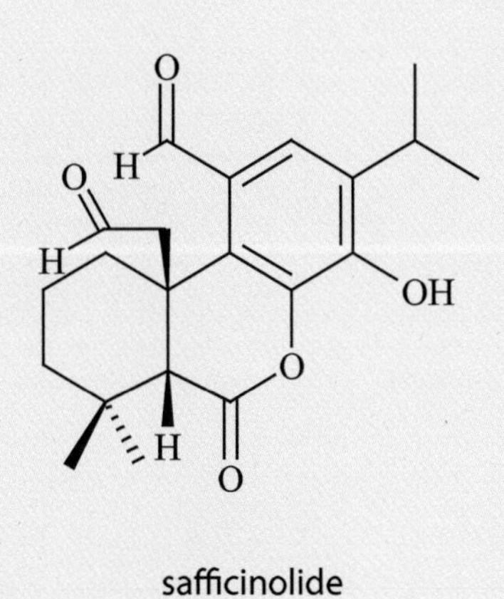

safficinolide

sageone

함유성분

잎에는 페놀 성분으로 carnosol, rosmadial, rosmanol, epirosmanol, isorosmanol, columbaridione, atuntzensin A, miltirone, carnosic acid, 12−O−methyl carnosic acid[1], salvianolic acid K, L[2], salvianolic acid K, sagerinic acid[3]가 함유되어 있고, 로즈마린산[4], 6,7−dimethoxy rosmanol[5], 7−ethylrosmanol[6], sagecoumarin[7], 카페인산, gallic acid, 클로로겐산, neochlorogenic acid[8], 6−O−caffeoyl−β D−fructofuranosyl−(2→1)−α−D−glucopyranoside[9], cis−p−coumaric acid 4−O−(2'O−βDapiofuranosyl)−βD−glucopyranoside, trans−p−coumaric acid 4−O−(2'O−βD−apiofuranosyl)−βD−glucopyranoside[10], 트리테르페노이드 성분으로 lupeol[1], oleanolic acid, α−, β−amyrins, betulin, ursolic acid, 2α−hydroxy−3−oxoolean−12−en−28−oic acid, 3−epi−oleanolic acid, pomolic acid, 2α3α−dihydroxyolean−12−en−28−oic acid, crategolic acid, 2α3βdihydroxyurs−12−en−28−oic acid[11], 디테르페노이드 성분으로 safficinolide, sageone[12], sagequinone methide A[5], rel−(5S,6S,7S,10R,12S,13R)−7−hydroxyapiana−8,14−diene−11,16−dion−(22,6)−olide, rel−(5S,6S,7R,10R,12S,13R)−7−hydroxyapiana−8,14−diene−11,16−dion−(22,6)−olide, rel−(5S,6S,7S,10R,12R,13R)−7−hydroxyapiana−8,14−diene−11,16−dion−(22,6)−olide[1], 플라보노이드 성분으로 salvigenin[1], cirsimaritin, apigenin, hispidulin, luteolin−7−O−glucoside[4], apigenin−7−O−glucoside[6], hesperetin, genkwanin[8], vicenin−2[10], 5−methoxysalvigenin[13], 6−methoxygenkwanin, luteolin, 6−methoxyluteolin[14], 정유 성분으로 α−thujone(32%), β−thujone(18%), camphor(6.5%), 1,8−cineol(18%)[15]이 함유되어 있다.
뿌리에는 royleanone, horminone, 7−O−acetylhorminone, royleanone, 7αhydroxy−royleanone, 7αacetoxyroyleanone, 6,7−dehydroroyleanone[16]성분이 함유되어 있다.

약리작용

1. 항균 및 항바이러스 작용

in vitro 연구는 꽃, 잎 및 뿌리가 항균 효과가 있음을 보였다. 황색포도상구균, 용혈성 연쇄구균 및 코리네박테리아에 대해 유의한 저해 효과를 보였다[17−20]. 세이지 오일은 황색포도상구균, 폐렴구균, Streptococcus albus 및 살모넬라 균주의 항생제인 에리트로마이신, 테트라사이클린, 클로람페니콜, 겐타마이신, 카나마이신, 스트렙토마이신 및 폴리마이신에 대한 감수성을 증가시켰다[21]. 올레아놀산은 HIV−1 역전사효소에 대한 억제효과가 있다[22]. 사피시놀라이드와 같은 디테르페노이드는 수포성구내염바이러스(VSV)의 성장을 억제하였고, 사게온은 단순헤르페스바이러스(HSV)와 VSV에 세포독성을 보였다[12].

2. 항염증 작용

헥산 및 에틸아세테이트 추출물은 염증성 사이토카인의 활성을 억제했다. 리포다당류로 자극된 RAW 264.7 세포에서 헥산과 에틸아세테이트 추출물은 TNF−α의 단백질과 mRNA 발현, 인터루킨−6의 합성, 아질산염 축적 및 유도성 질소 산화물 합성 효소 mRNA 발현을 저해했다[23]. 잎 헥산과 클로로포름 추출물은 우르솔산을 주 성분으로 포함하는 마우스의 크로톤 오일로 유발된 귀 부종을 억제했다[24].

3. 신경계에 미치는 영향

*in vitro*에서 세이지는 아세틸콜린에스테라제와 부티릴콜린에스테라제 활성을 억제했다. 건강한 참가자 30명을 대상으로 한 이중맹검 연구에서 저용량의 세이지는 불안을 줄이고 고 선량은 '경계', '평온함' 및 '만족감'을 증가시켰다[25]. 잎 에탄올 추출물은 랫드의 수동적 회피 학습 동안 기억 보존을 향상시켰다[26].

4. 항산화 작용

지상부의 메탄올 추출물은 효소 의존성 및 지질과산화 시스템에 대한 억제효과를 나타냈으며, 효소 의존성 지질과산화 시스템에서 더 강한 효과가 관찰되었다[27]. 이것은 항산화 제 활성이 효소 활성의 저해와 직접적인 관련이 있음을 보였다. 세이지 추출물의 부탄올 분획물은 유리기 소거능을 가지며, 가장 활성이 강한 성분은 로즈마린산과 루테올린−7−O−β−글루코피라노사이드로 밝혀졌다[28].

5. 항종양 작용

세이지의 퀴논유도체는 인간 백혈병 K562 세포와 사람 간세포 HepG2 세포에서 강력한 세포독성 활성을 보였다[29−30].

6. 간 보호 작용

세이지는 아자티오프린에 의한 간독성에 보호효과가 있었다. 간 조직에서의 괴사를 예방하고 혈청에서 알라닌 아미노 전이효소와 아스파테이트 아미노트란스퍼라제의 상승을 저해했다[31].

7. 기타

세이지는 또한 항돌연변이[32], 항궤양[33], 항고혈압성 효과 및 혈관과 골격근의 이완작용을 나타낸다[34].

세이지 藥用鼠尾草 EP, BP, BHP, GCEM

용도

1. 소화 불량, 위염
2. 발한과다
3. 구내염, 인후염, 비염, 치은염

해설

세이지는 식용 및 약용으로 잘 알려진 방향식물이다. 세이지의 조미료 및 의약 용도 외에 세이지 제제는 아로마테라피에도 이용된다. 세이지의 풍부한 자원과 안전성으로 인해 관련 의료 제품 및 화장품은 시장 잠재력이 크다.

참고문헌

1. K Miura, H Kikuzaki, N Nakatani. Apianane terpenoids from Salvia officinalis. Phytochemistry. 2001, 58(8): 1171-1175
2. YR Lu, LY Foo. Salvianolic acid L, a potent phenolic anti-oxidant from Salvia officinalis. Tetrahedron Letters. 2001, 42(46): 8223-8225
3. YR Lu, LY Foo. Rosmarinic acid derivatives from Salvia officinalis. Phytochemistry. 1999, 51(1): 91-94
4. F Areias, P Valentao, PB Andrade, F Ferreres, RM Seabra. Flavonoids and phenolic acids of sage. Influence of some agricultural factors. Journal of Agricultural and Food Chemistry. 2000, 48(12): 6081-6084
5. M Tada, T Hara, C Hara, K Chiba. A quinone methide from Salvia officinalis. Phytochemistry. 1997, 45(7): 1475-1477
6. I Masterova, D Uhrin, V Kettmann, V Suchy. Phytochemical study of Salvia officinalis L. Chemical Papers. 1989, 43(6): 797-803
7. YR Lu, LY Foo, H Wong. Sage coumarin, a novel caffeic acid trimer from Salvia officinalis. Phytochemistry. 1999, 52(6): 1149-1152
8. PC Santos-Gomes, RM Seabra, PB Andrade, M Fernandes-Ferreira. Phenolic anti-oxidant compounds produced by in vitro shoots of sage (Salvia officinalis L.). Plant Science. 2002, 162(6): 981-987
9. MF Wang, Y Shao, JG Li, NQ Zhu, M Rangarajan, EJ LaVoie, CT Ho. Anti-oxidative phenolic glycosides from sage (Salvia officinalis). Journal of Natural Products. 1999, 62(3): 454-456
10. Y Lu, L Yeap Foo. Flavonoid and phenolic glycosides from Salvia officinalis. Phytochemistry. 2000, 55(3): 263-267
11. CH Brieskorn, Z Kapadia. Constituents of Salvia officinalis. XXIV. Triterpenes and pristan in leaves of Salvia officinalis. Planta Medica. 1980, 38(1): 86-90
12. M Tada, K Okuno, K Chiba, E Ohnishi, T Yoshii. Anti-viral diterpenes from Salvia officinalis. Phytochemistry. 1994, 35(2): 539-541
13. CH Brieskorn, Z Kapadia. Constituents of Salvia officinalis. XXIII. 5-Methoxysalvigenin in leaves of Salvia officinalis. Planta Medica. 1979, 35(4): 376-378
14. CH Brieskorn, W Biechele. Flavones from Salvia officinalis. Components of Salvia officinalis. Archiv der Pharmazie und Berichte der Deutschen Pharmazeutischen Gesellschaft. 1971, 304(8): 557-561
15. TG Sagareishvili, BL Grigolava, NE Gelashvili, EP Kemertelidze. Composition of essential oil from Salvia officinalis cultivated in Georgia. Chemistry of Natural Compounds. 2000, 36(4): 360-361
16. CH Brieskorn, L Buchberger. Diterpene quinones from Labiatae roots. Planta Medica. 1973, 24(2): 190-195
17. VN Dobrynin, MN Kolosov, BK Chernov, NA Derbentseva. Anti-microbial substances of Salvia officinalis. Khimiya Prirodnykh Soedinenii. 1976, 5: 686-687
18. EL Mishenkova. Influence of the anti-bacterial compounds salvin and cansatin on pyogenic cocci. Nauk Ukr. 1965, 27(2): 45-48
19. M Reinhard, J Geissler. Use of sage extracts as deodorants. European Patent Application. 2000: 9
20. I Masterova, E Misikova, L Sirotkova, S Vaverkova, K Ubik. Royleanones in the root of Salvia officinalis L. of domestic provenance and their antimicrobial activity. Ceska a Slovenska Farmacie. 1996, 45(5): 242-245
21. NA Shkil, NV Chupakhina, NV Kazarinova, KG Tkachenko. Effect of essential oils on microorganism sensitivity to antibiotics. Rastitel'nye Resursy. 2006, 42(1): 100-107
22. M Watanabe, Y Kobayashi, J Ogihara, J Kato, K Oishi. HIV-1 reverse transcriptase-inhibitory compound in Salvia officinalis. Food Science and Technology Research. 2000, 6(3): 216-220

23. EA Hyun, HJ Lee, WJ Yoon, SY Park, HK Kang, SJ Kim, ES Yoo. Inhibitory effect of Salvia officinalis on the inflammatory cytokines and inducible nitric oxide synthesis in murine macrophage RAW264.7. Yakhak Hoechi. 2004, 48(2): 159-164

24. D Baricevic, S Sosa, R Della Loggia, A Tubaro, B Simonovska, A Krasna, A Zupancic. Topical anti-inflammatory activity of Salvia officinalis L. leaves: the relevance of ursolic acid. Journal of Ethnopharmacology. 2001, 75(2-3): 125-132

25. DO Kennedy, S Pace, C Haskell, EJ Okello, A Milne, AB Scholey. Effects of cholinesterase inhibiting sage (Salvia officinalis) on mood, anxiety and performance on a psychological stressor battery. Neuropsychopharmacology. 2006, 31(4): 845-852

26. M Eidi, A Eidi, M Bahar. Effects of Salvia officinalis L. (sage) leaves on memory retention and its interaction with the cholinergic system in rats. Nutrition. 2006, 22(3): 321-326

27. J Hohmann, I Zupko, D Redei, M Csanyi, G Falkay, I Mathe, G Janicsak. Protective effects of the aerial parts of Salvia officinalis, Melissa officinalis and Lavandula angustifolia and their constituents against enzyme-dependent and enzyme-independent lipid peroxidation. Planta Medica. 1999, 65(6): 576-578

28. MF Wang, JG Li, M Rangarajan, Y Shao, EJ LaVoie, TC Huang, CT Ho. Anti-oxidative phenolic compounds from sage (Salvia officinalis). Journal of Agricultural and Food Chemistry. 1998, 46(12): 4869-4873

29. T Masuda, Y Oyama, T Arata, Y Inaba, Y Takeda. Cytotoxic activity of quinone derivatives of phenolic diterpenes from sage (Salvia officinalis). ITE Letters on Batteries, New Technologies & Medicine. 2002, 3(1): 39-42

30. D Slamenova, I Masterova, J Labaj, E Horvathova, P Kubala, J Jakubikova, L Wsolova. Cytotoxic and DNA-damaging effects of diterpenoid quinones from the roots of Salvia officinalis L. on colonic and hepatic human cells cultured in vitro. Basic & Clinical Pharmacology & Toxicology. 2004, 94(6): 282-290

31. A Amin, AA Hamza. Hepatoprotective effects of hibiscus, rosmarinus and salvia on azathioprine-induced toxicity in rats. Life Sciences. 2005, 77(3): 266-278

32. Y Eto, T Ito, A Fujii, S Nishioka. Antimutagenic activity of various herb extracts on the mutagenicity of Trp-P-2 toward Salmonella typhimurium TA98. Chukyo Joshi Daigaku Kenkyu Kiyo. 2001, 35: 81-87

33. T Miyazaki, K Kosaka, H Ito. Carnosine and carnosol from Rosmarinus officinalis and Salvia officinalis as antiulcer drugs and health foods. Japan Kokai Tokkyo Koho. 2001: 7

34. EA Mohamed, HA El Tabbakh, WMA Amin. Toxicopathological and pharmacological experimental studies on Salvia officinalis (Maryamiya). Zagazig Journal of Pharmaceutical Sciences. 1994, 3(3B): 265-282

서양접골목 西洋接骨木 EP, BP, BHP, GCEM

Sambucus nigra L.

Elder flower

개 요

인동과(Caprifoliaceae)

서양접골목(西洋接骨木, *Sambucus nigra* L.)의 꽃을 말린 것: 접골목화(接骨木花)

중약명: 접골목화(接骨木花)

딱총나무속(*Sambucus*) 식물은 북반구의 온대 및 아열대 지역에 분포하며 약 20종이 있다. 중국에는 약 5종이 있고, 1~2종이 도입되어 현재 재배되고 있다. 이 속의 약 5종은 약으로 사용된다. 서양접골목의 원산지는 유럽 남부, 북부 아프리카 및 서부 아시아이며, 처음에는 오스트리아에서 재배되었다. 현재는 중국에 도입되어 산동성, 강소성 및 상해에서 재배되고 있다.

서양접골목은 1세기의 고대 로마학자인 플리니우스의 저술에 약으로 기록되었다. 서양접골목은 고대 그리스 의학에서 발기부전에 사용되었고, 독일과 인도로 도입되었으며, 전통의학에서 널리 사용되었다. 이 종은 엘더 플라워(Sambuci Flos)의 공식적인 기원식물 내원종으로 유럽약전(5개정판)과 영국약전(2002)에 등재되어 있다. 이 약재는 주로 영국과 같은 유럽 국가에서 생산된다.

서양접골목은 주로 플라보노이드와 페놀산, 트리테르페노이드 및 안토시아니딘을 함유한다. 플라보노이드, 페놀산 및 트리테르페노이드는 그 효과적인 성분이다. 유럽약전 및 영국약전은 의약 물질의 품질관리를 위해 자외선분광광도법에 따라 시험할 때 이소퀘르시트린으로 계산된 플라보노이드의 총 함량이 0.80% 이상이어야 한다고 규정하고 있다.

약리학적 연구에 따르면 꽃에는 이뇨제, 항바이러스제, 항산화제 및 면역조절 효과가 있다.

민간요법에 따르면 서양접골목의 꽃에는 이뇨작용과 발한 작용이 있다. 한의학에서 서양접골목의 꽃은 땀과 배뇨를 촉진한다.

서양접골목 西洋接骨木 *Sambucus nigra* L.

접골목화 接骨木花 Sambuci Flos

접골목실 接骨木実 Sambuci Fructus

함유성분

꽃에는 플라보노이드 성분으로 isoquercitrin, rutin, isorhamnetin-3-rutinoside, isorhamnetin-3-glucoside[1], hyperoside, luteolin, hesperidin, quercitrin, naringin[2], astragalin, kaempferol[3], 2(3,4-dihydroxyphenyl)-5,7-dihydroxy-4-oxo-4Hchromen-3-yl-6-deoxy-4-O-hexopyranosylhexopyranoside[4]가 함유되어 있고, 페놀산 성분으로 p-coumaric acid[3], 클로로겐산, 카페인산, 페룰산[5], 트리테르페노이드 성분으로 ursolic acid, 20βhydroxyursolic acid, 24-methylenecycloartanol[6], oleanolic acid, α, β-amyrins[7]이 함유되어 있다.

열매에는 렉틴 성분으로 SNA I, II, III, IV, V[8-10], 안토시아닌 성분으로 cyanidin-3-sambubioside[11], cyanidin-3-O-glucoside, cyanidin-3-sambubioside-5-glucoside, cyanidin-3-glucoside-5-glucoside[12], sambicyanin[13]이 함유되어 있다.

잎에는 시안생성 배당체 성분으로 sambunigrin, prunasin, holocalin[14], zierin[15], 이리도이드 배당체 성분으로 morroniside[16]가 함유되어 있다.

isoquercitrin

sambunigrin

서양접골목 西洋接骨木 EP, BP, BHP, GCEM

약리작용

1. 발한 작용
   꽃의 플라보노이드 글리코시드가 발한작용의 유효성분이다[3].
2. 이뇨 작용
   *in vitro*에서 추출물이 소변 흐름과 나트륨 분비를 증가시킨다는 것을 보였다[17].
3. 항바이러스 작용
   추출물은 *in vitro*에서 H_3N_2 및 H_1N_1과 같은 A형 및 B형 인플루엔자 바이러스에 대한 억제 작용을 나타냈다[18-19].
4. 면역조절 작용
   추출물은 인터루킨-1β(IL-1β), 종양괴사인자-α(TNF-α), IL-6 및 IL-8 생산을 증가시키고 면역 반응을 조절하며 인간 면역계를 활성화시켰다[20].
5. 항산화 작용
   추출물은 *in vitro*의 2,2-디페닐-피크릴하이드라질(DPPH) 라디칼 소거 활성을 가졌으며, 리놀레산과 베타카로틴의 cooxidative 반응을 억제했다[21].
6. 심혈 관계에 미치는 영향
   말린 열매의 물 추출물은 *in vitro*에서 적혈구를 응집시키고 심장 기능 장애를 일으킨다[22].
7. 혈당강하 작용
   *in vitro*에서 연장된 메탄올 및 물 추출물은 인슐린 유사 활성을 가졌으며, 췌장 β 세포를 자극하고 인슐린 분비를 촉진시켰다[23].
8. 항고지혈증 작용
   건강한 수컷 마우스에게 시아니딘-3-O-글루코시드와 추출물을 매일 먹일 때 토코페롤 농도가 증가했다. 간과 폐에 시아니딘-3-O-글루코시드는 또한 간에서 포화지방산의 상대적 양을 감소시켰다[24].
9. 기타
   식물 적혈구응집소는 적출 랫드의 회장(回腸)에서 이완을 일으켰다[25]. 또한 니켈에 의해 유발된 DNA 손상 수준도 감소시켰다[26].

용도

1. 감기와 발열
2. 배뇨 장애

해설

서양접골목은 남부 유럽에서 시작된 관목으로 오스트리아 등 유럽 남부 국가에서 널리 재배되고 있다. 서양접골목은 의약용 외에, 영양학적 가치가 높다. 열매의 기름에는 리놀산 및 리놀레산이 함유되어 있고, 이를 정기적으로 섭취하는 것은 혈관의 탄력을 증강시키며 지질대사를 조절한다. 서양접골목은 잼, 주스 및 치즈와 같은 식품으로 만들 수 있으며 식품 가공을 통하여 향신료와 과자 착색제로 사용된다.

≪중화본초(中華本草)≫는 한약재 접골목 항목에 엘더베리의 줄기와 가지를 넣었다. 접골목은 거풍이습(祛風利濕), 활혈지혈(活血止血)의 효능을 나타낸다.

그러나 엘더베리가 해외에서 도입되면서 각종 접골목과의 성분 및 약리학 작용에 대한 비교 연구가 필요해졌다.

참고문헌

1. C Petitjean-Freyte, A Carnat, JL Lamaison. Flavonoids and hydroxycinnamic acid derivatives in Sambucus nigra L. flowers. Journal de Pharmacie de Belgique. 1991, 46(1): 241-246
2. U Seitz, PJ Oefner, S Nathakarnkitkool, M Popp, GK Bonn. Capillary electrophoretic analysis of flavonoids. Electrophoresis. 1992, 13(1-2): 35-38

3. KJ Schmersahl. Active principles of diaphoretic drugs from DAB 6 (elderberry). Naturwissenschaften. 1964, 51(15): 361
4. DK Chu, TK Pham, TH Nguyen. 2(3,4-dihydroxyphenyl)-5,7-dihydroxy-4-oxo-4H-chrome-3-yl-6-deoxy-4-O-hexopyranosylhexopyranoside-a flavonoid isolated from flower of Sambucus nigra ssp. cannadensis (L.) R. Bolli by nuclear spectromagnetic resonance. Tap Chi Duoc Hoc. 2003, 12: 12-15
5. Z Males, M Medic-Saric. Investigation of the flavonoids and phenolic acids of Sambuci Flos by thin-layer chromatography. Journal of Planar Chromatography-Modern TLC. 1999, 12(5): 345-349
6. OV Makarova, MI Isaev. Isoprenoids of Sambucus nigra. Chemistry of Natural Compounds. 1997, 33(6): 702-703
7. W Richter, G Willuhn. Data on the constituents of Sambucus nigra L. III. Determination of ursol and oleanol acids, amyrin and sterol contents from Sambucui DAB 7 flowers. Pharmazeutische Zeitung. 1977, 122(38): 1567-1571
8. WJ Peumans, JTC Kellens, AK Allen, EJM Van Damme. Isolation and characterization of a seed lectin from elderberry (Sambucus nigra L.) and its relationship to the bark lectins. Carbohydrate Research. 1991, 213: 7-17
9. L Mach, R Kerschbaumer, H Schwihla, J Gloessl. Elder (Sambucus nigra L.)-fruit lectin (SNA-IV) occurs in monomeric, dimeric and oligomeric isoforms. Biochemical Journal. 1996, 315(3): 1061
10. EJM Van Damme, A Barre, P Rouge, F Van Leuven, WJ Peumans. Characterization and molecular cloning of Sambucus nigra agglutinin V (nigrin b), a GalNAc-specific type-2 ribosome-inactivating protein from the bark of elderberry (Sambucus nigra). European Journal of Biochemistry. 1996, 237(2): 505-513
11. OM Andersen, DW Aksnes, W Nerdal, OP Johansen. Structure elucidation of cyanidin-3-sambubioside and assignments of the proton and carbon-13 NMR resonances through two-dimensional shift-correlated NMR techniques. Phytochemical Analysis. 1999, 2(4): 175-183
12. K Broennum-Hansen, SH Hansen. High-performance liquid chromatographic separation of anthocyanins of Sambucus nigra L.. Journal of Chromatography. 1983, 262: 385-392
13. L Reichel, W Reichwald. Structure of sambicyanin. Phramazie. 1977, 32(1): 40-41
14. M Dellagreca, A Fiorentino, P Monaco, L Previtera, AM Simonet. Cyanogenic glycosides from Sambucus nigra. Natural Product Letters. 2000, 14(3): 175-182
15. SR Jensen, BJ Nielsen. Cyanogenic glucosides in Sambucus nigra. Acta Chemica Scandinavica. 1973, 27(7): 2661-2662
16. SR Jensen, BJ Nielsen. Morroniside in Sambucus species. Phytochemistry. 1974, 13(2): 517-518
17. D Beaux, J Fleurentin, F Mortier. Effect of extracts of Orthosiphon stamineus Benth, Hieracium pilosella L., Sambucus nigra L. and Arctostaphylos uvaursi (L.) Spreng. in rats. Phytotherapy Research. 1999, 13(3): 222-225
18. V Barak, T Halperin, I Kalickman. The effect of Sambucol, a black elderberry-based, natural product, on the production of human cytokines: I. Inflammatory cytokines. European Cytokine Network. 2001, 12(2): 290-296
19. Z Zakay-Rones, N Varsano, M Zlotnik, O Manor, L Regev, M Schlesinger, M Mumcuoglu. Inhibition of several strains of influenza virus in vitro and reduction of symptoms by an elderberry extract (Sambucus nigra L.) during an outbreak of influenza B Panama. Journal of Alternative and Complementary Medicine. 1995, 1(4): 361-369
20. V Barak, S Birkenfeld, T Halperin, I Kalickman. The effect of herbal remedies on the production of human inflammatory and anti-inflammatory cytokines. Israel Medical Association Journal. 2002, 4(11 Suppl): 919-922
21. AL Dawidowicz, D Wianowska, B Baraniak. The anti-oxidant properties of alcoholic extracts from Sambucus nigra L. (anti-oxidant properties of extracts). LWT-Food Science and Technology. 2006, 39(3): 308-315
22. Z Mankowska. Influence of extracts from the fruit of Sambucus nigra L. containing phytohemagglutinins on function and structure of the frog (Rana esculenta L.) myocardium. Zoologica Poloniae. 1977, 26(2): 241-259
23. AM Gray, YH Abdel-Wahab, PR Flatt. The traditional plant treatment, Sambucus nigra (elder), exhibits insulin-like and insulin-releasing actions in vitro. Journal of Nutrition. 2000, 130(1): 15-20
24. J Frank, A Kamal-Eldin, T Lundh, K Maatta, R Torronen, B Vessby. Effects of dietary anthocyanins on tocopherols and lipids in rats. Journal of Agricultural and Food Chemistry. 2004, 50(25): 7226-7230
25. A Richter. Effect of phytohemagglutinins from Sambucus nigra on the motor activity of the rat ileum in vitro, and the morphology and amount of PAS (periodic acid Schiff) positive substances in the muscle fibers of this intestine. Folia Biologica. 1973, 21(1): 9-32
26. LL Macewicz, OM Suchorada, LL Lukash. Influence of Sambucus nigra bark lectin on cell DNA under different in vitro conditions. Cell Biology International. 2005, 29(1): 29-32

비누풀 肥皂草 GCEM

Saponaria officinalis L.

Soapwort

개 요

석죽과(Caryophyllaceae)

비누풀(肥皂草, *Saponaria officinalis* L.)의 신선한 뿌리 또는 뿌리를 말린 것: 비조초근(肥皂草根)

중약명: 비조초근(肥皂草根)

비누풀속(*Saponaria*) 식물은 지중해 연안에서 생산되며 30종이 넘는다. 그 가운데 1종은 중국에서 발견되어 약으로 사용된다. 비누풀은 지중해 해안을 따라 야생에서 발견된다. 또한 중국 전역의 도시 공원에서 관상용으로 재배되며 대련과 청도에서 야생에 산재되어 있다.

비누풀은 북유럽에서 영국으로 선교사에 의해 청정제로 소개되었다. 비누풀은 미국에 소개된 후, 현대 섬유산업의 섬유 크기 조정 성분과 세정제로 널리 사용되었다. 세정제로서의 사용 외에도, 국소적 여드름, 건선, 습진 및 뾰루지를 치료하는 데 사용되었다. 비누풀의 뿌리 추출물은 옻나무의 일종인 *Toxicodendron vernix* (L.) Kuntze에 대한 알레르기 치료로 오늘날까지 널리 사용되고 있다[1].

이 약재는 주로 유럽에서 생산된다.

비누풀은 주로 트리테르페노이드 사포닌과 플라보노이드 성분을 함유한다.

약리학적 연구에 따르면 비누풀에는 거담, 항염증 및 최담 효과가 있다.

민간요법에 따르면 비누풀에는 거담작용과 항염증 작용이 있다.

비누풀 肥皂草 *Saponaria officinalis* L.

함유성분

전초에는 트리테르페노이드 사포닌 성분으로 사포나리오사이드 A, B, C, D, E, F, G, H, I, J, K, L, M[2-4]이 함유되어 있다.
어린 싹에는 플라보노이드 성분으로 사포나린, 비텍신, 아세틸비텍신, 사포나레틴[5]이 함유되어 있다.
또한, 뿌리에는 퀼리산[6]이 함유되어 있고, 씨에는 리보솜 불활화 단백질 성분으로 사포린 I, II[7]가 함유되어 있다.

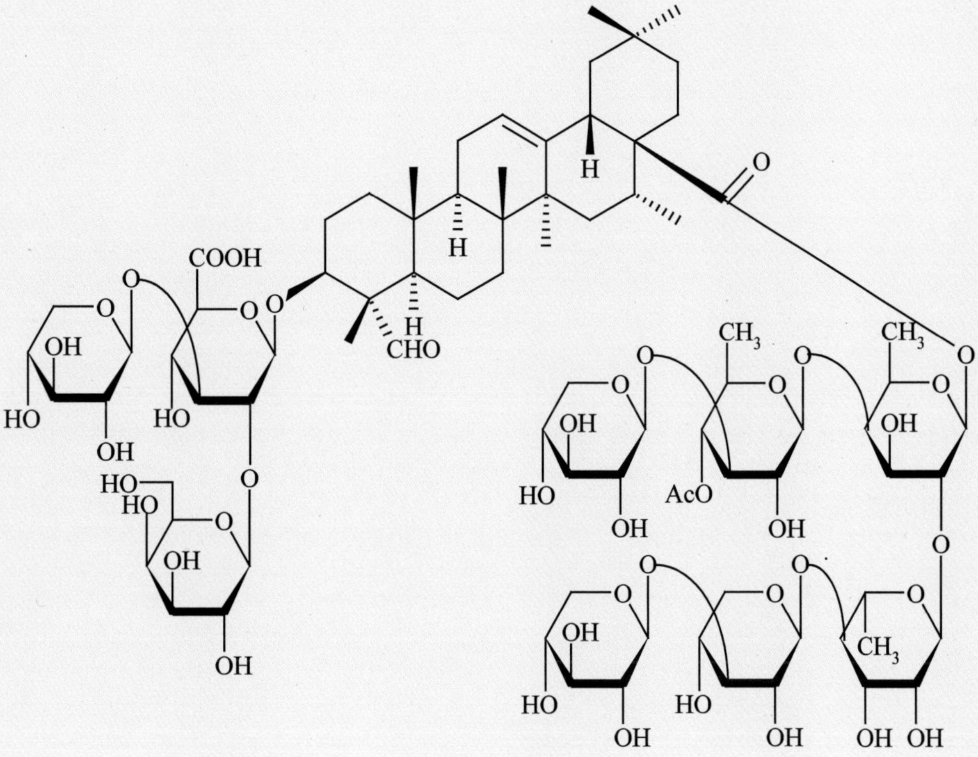

saponarioside A

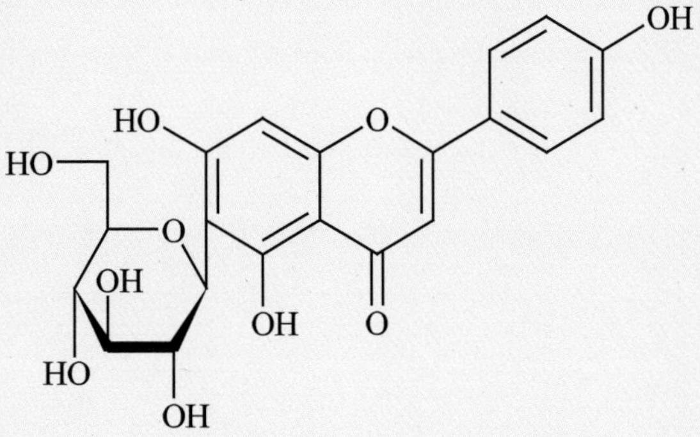

saponaretin

약리작용

1. 거담 작용
   소화관에서의 비누풀 사포닌의 자극 효과는 기침 반사를 흥분시키고 호흡 경로에서 점액 분비를 증가시켰다.
2. 이담 작용
   비누풀 사포닌은 담즙의 흡수 속도를 감소시키고 마우스의 담즙 분비를 증가시킨다[8].
3. 기타
   뿌리에는 또한 항염증 및 이뇨작용이 있다. 사포닌은 망상 적혈구 용해물 단백질 합성을 억제했다[7].

용도

1. 기침, 기관지염
2. 변비
3. 류마티즘, 통풍
4. 신경 쇠약, 피부 뾰루지, 습진

해설

고대에는 사람들이 천연 세척제를 이용하여 옷을 빨고 얼룩을 제거했으나, 비누의 발명으로 천연 세척제는 점차 비누에 그 자리를 내주었다. 수많은 합성세제가 시장에 출시되어 환경악화를 초래하는 동시에 세정의 요구를 충족시켜왔다. 따라서 비누와 같은 효과적이고 환경 친화적인 천연 세정작용을 하는 무환자나무(*Sapindus mukorossi* Gaertn.) 또는 비조협(肥皂荚, *Gymnocladus chinensis* Baill.)을 추가로 개발하여 활용하는 것이 바람직하다.
비누풀 잎은 약으로도 쓰인다. 변비, 통풍, 류머티즘, 신경 쇠약 및 요충 치료에 사용되나 현대 약리연구에 관한 보고가 거의 없으므로 향후 연구가 필요하다.

참고문헌

1. Facts and Comparisons (Firm). The Review of Natural Products (3rd edition). St. Louis: Facts and Comparisons. 2000: 674
2. ZH Jia, K Koike, T Nikaido. Major triterpenoid saponins from Saponaria officinalis. Journal of Natural Products. 1998, 61(11): 1368-1373
3. ZH Jia, K Koike, T Nikaido. Saponarioside C, the first α-D-galactose containing triterpenoid saponin, and five related compounds from Saponaria officinalis. Journal of Natural Products. 1999, 62(3): 449-453
4. K Koike, ZH Jia, T Nikaido. New triterpenoid saponins and sapogenins from Saponaria officinalis. Journal of Natural Products. 1999, 62(12): 1655-1659
5. G Barger. Saponarin, a new glucoside, coloured blue with iodine. Journal of the Chemical Society, Transactions. 1906, 89: 1210-1224
6. M Henry, JD Brion, JL Guignard. Saponins from Saponaria officinalis. Plantes Medicinales et Phytotherapie. 1981, 15(4): 192-200
7. S Zheng, GE Li, SM Yan. The study of bioactivating component from the seeds of Saponaria officinalis in China. Chinese Biochemical Journal. 1993, 9(3): 377-380
8. GS Sidhu, DG Oakenfull. A mechanism for the hypocholesterolaemic activity of saponins. The British Journal of Nutrition. 1986, 55(3): 643-649

미황금 美黄芩 BHP

Labiatae

Scutellaria lateriflora L.

Scullcap

개 요

꿀풀과(Labiatae)
미황금(美黄芩, *Scutellaria lateriflora* L.)의 지상부를 말린 것: 미황금(美黄芩)
중약명: 미황금(美黄芩)
골무꽃속(*Scutellaria*) 식물은 300종이 열대 아프리카를 제외한 전 세계에 널리 분포되어 있다. 중국에는 약 100종이 발견되며, 약 20종 정도가 약으로 사용된다. 미황금은 북아메리카에서 시작되었으며 유럽에 널리 재배되고 있다.
미황금은 북미에서 전통 약초로 200년 이상 사용되어 왔으며, 소수성균에 대한 효능으로 소중히 여겨왔다[1]. 미황금은 1916년 이전 약 55년 동안 미국약전에서 진정제로 언급되었다[2]. 이 종은 미황금(Scutellariae Lateriflorae Herba)의 공식적인 기원식물 내원종으로 영국생약전(1996)에 등재되어 있다. 약의 재료는 주로 미국에서 생산된다.
미황금은 주로 플라보노이드, 디테르페노이드 및 정유성분을 함유하고 있다. 플라보노이드는 주요 활성성분이다. 유럽생약전은 의약 물질의 품질관리를 위해 수용성 추출물의 함량이 15% 이상이어야 한다고 규정하고 있다.
약리학적 연구에 의하면 미황금은 진정, 진경 및 항염증 효과를 나타낸다.
민간요법에 따르면 미황금은 강장제와 진정작용을 한다.

미황금 美黄芩 *Scutellaria lateriflora* L.

미황금 美黃芩 BHP

미황금 美黃芩 Scutellariae Lateriflorae Herba

함유성분

지상부에는 플라보노이드 성분으로 바이칼린, 바이칼레인, dihydrobaicalin, lateriflorin, laterifloreín, ikonnikoside I[3], oroxylin A-7-O-glucuronide, oroxylin A, wogonin, scutellarin[4], apigenin, hispidulin, luteolin, scutellarein이 함유되어 있고, 이리도이드 성분으로 catalpol[5], 클레로단 디테르페노이드 성분으로 ajugapitin, scutecyprol A, scutelaterins A, B, C[6], 정유 성분으로 limonene, terpineol, d-cadinene, caryophyllene, trans-βfarnesene, β-humulene[5], calamenene, β-elemene, α-cubebene, α-humulene[7]이 함유되어 있다.

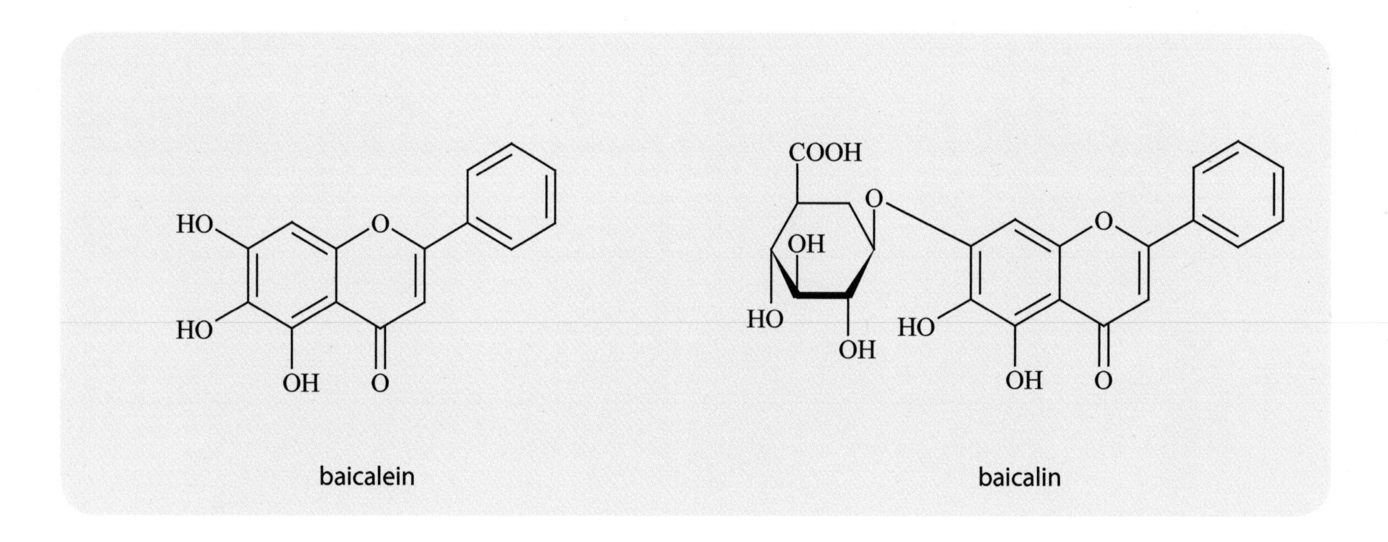

약리작용

1. 항불안 작용
   십자형 높은 미로실험에서, 에탄올 추출물을 마우스에 경구 투여한 결과, 열린 팔에서 보낸 시간의 길이와 "오픈 필드"의 중심으로 들어가는 항목 수가 크게 증가했다. 작용기작은 GABA A 수용체의 벤조디아제핀 부위에 결합하는 미황금 약제에서 바이칼린과 바이칼레인에 의한 것이고, GABA A는 주요 억제성 신경전달물질이다[8].

2. 혈관에 미치는 영향
   마우스의 장간막 동맥의 내피에서 일산화질소 형성 또는 분비를 억제함으로써 바이칼린과 바이칼레인은 *in vitro*에서 유발된 수축

반응을 강화시켰다[9]. 또한 일산화질소 의존성 구아닐레이트시클라제 활성을 억제하고 NO-매개 대동맥 이완 및 cGMP 증가를 감소시켰다[10].

3. 항염증

디클로로메탄 추출물에 대한 실험적 약리학적 스크리닝은 전체 추출물과 비누화 및 비누화 분획이 상당한 항염증 효과를 나타냈으며, 가장 활성을 나타내는 것은 비 흡수성 분획이었다[11]. *in vitro*에서 바이칼린과 바이칼레인이 중성구 또는 단핵구에서 전 염증성 매개체에 의해 유도된 반응성 산소 중간 생성을 감소시킨다는 것을 보였다. 또한 전염증성 매개체로 유발된 Ca^{2+}의 유입을 막고 Mac-1 의존성 호중구의 부착을 억제하여 항염증 작용을 일으킨다[12].

4. 항종양 작용

*in vitro*에서 바이칼린과 바이칼레인이 닭 장뇨막에서 섬유아세포 성장 인자(bFGF)에 의해 유도된 혈관 신생을 억제함을 보였다. *in vitro*에서 바이칼레인과 바이칼린이 인간 제대 정맥내피 세포에서 기질금속단백질가수분해효소(MMP)-2 활성을 감소시켰음을 보여주었다. 저용량에서는 항암작용을 고용량에서는 세포독성을 나타냈다[13].

5. 기타

미황금은 또한 자궁수축[14]과 항 전간작용을 나타냈다[15]. 바이칼린과 바이칼레인은 또한 인터루킨-6(IL-6)과 IL-8 생산을 억제하고[16], 간세포 보호효과를 나타내며[17], 인체면역결핍바이러스-1형(HIV-1) 인테그라아제를 억제한다[18].

용도

1. 긴장, 불안, 불면증
2. 간질, 정신 분열증
3. 월경통

해설

미황금은 전통적으로 간질 발작, 무도병(舞蹈病, 몸의 일부가 갑지가 제멋대로 움직이거나 경련을 일으키는 증상), 히스테리, 불면증, 신경질, 경련 및 기타 신경 질환을 치료하는 진정제로 사용되었다. 최근에는 다른 7개의 약용식물과 혼합되어 만든 약재가 전립선암 치료를 한 사례가 보고되었다[19].

비록 북아메리카에서 오랫동안 사용되어 왔지만, 미황금에 대한 연구는 거의 없다. 중국약전(2015)에 등재된 한약재 황금(Scutellariae Radix)은 *Scutellaria baicalensis* Georgi의 뿌리를 말린 것이다. 중국에서 광범위하게 연구되어 사용되고 있는 황금은 항균 및 항염증 효과가 우수하다. 미황금과 황금은 비슷한 플라보노이드를 함유하고 있으며, 그 약리학적 효과는 더 연구해야 할 가치가 있다. 미황금은 가끔 *Teucrium canadense* L. 및 *T. chamaedrys* Ledeb과 혼동된다. 개곽향속[3]의 식물에 의한 간염에 관한 보고가 있었다. 따라서 약재가 진품임을 확인할 필요가 있다. 현재 미황금의 임상 적용을 확실하게 하도록 DNA 유전자표지에 의한 미황금의 인증이 적용되고 있다[20].

참고문헌

1. Facts and Comparisons (Firm). The Review of Natural Products (3rd edition). Missouri: Facts and Comparisons. 2000: 653-654
2. A Peirce. The American Pharmaceutical Association Practical Guide to Natural Medicines. New York: The Stonesong Press. 1999: 584-586
3. S Gafner, C Bergeron, LL Batcha, CK Angerhofer, S Sudberg, EM Sudberg, H Guinaudeau, R Gauthier. Analysis of Scutellaria lateriflora and its adulterants Teucrium canadense and Teucrium chamaedrys by LC-UV/MS, TLC, and digital photomicroscopy. Journal of the Association of Official Analytical Chemists. 2003, 86(3): 453-460
4. C Bergeron, S Gafner, E Clausen, DJ Carrier. Comparison of the chemical composition of extracts from Scutellaria lateriflora using accelerated solvent extraction and supercritical fluid extraction versus standard hot water or 70% ethanol extraction. Journal of Agricultural and Food Chemistry. 2005, 53(8): 3076-3080
5. J Barnes, LA Anderson, JD Phillipson. Herbal Medicines (2nd edition). London, British: Pharmaceutical Press. 2002: 425-427
6. M Bruno, M Cruciata, ML Bondi, F Piozzi, MC de la Torre, B Rodriguez, O Servettaz. Neo-clerodane diterpenoids from Scutellaria lateriflora. Phytochemistry. 1998, 48(4): 687-691
7. MS Yaghmai. Volatile constituents of Scutellaria lateriflora L. Flavour and Fragrance Journal. 1988, 3(1): 27-31
8. R Awad, JT Arnason, V Trudeau, C Bergeron, JW Budzinski, BC Foster, Z Merali. Phytochemical and biological analysis of skullcap (Scutellaria lateriflora L.): a medicinal plant with anxiolytic properties. Phytomedicine. 2003, 10(8): 640-649

9. SY Tsang, ZY Chen, XQ Yao, Y Huang. Potentiating effects on contractions by purified 바이칼린 and baicalein in the rat mesenteric artery. Journal of Cardiovascular Pharmacology. 2000, 36(2): 263-269
10. Y Huang, CM Wong, CW Lau, XQ Yao, SY Tsang, YL Su, ZY Chen. Inhibition of nitric oxide/cyclic GMP-mediated relaxation by purified flavonoids, baicalin and baicalein, in rat aortic rings. Biochemical Pharmacology. 2004, 67(4): 787-794
11. SM Abu, M Pavelescu, A Miron, V Dorneanu, A Spac, E Grigorescu. Exploratory pharmacognostic studies and experimental pharmacodynamic screening for anti-inflammatory activities of some extractive fractions of Scutellaria laterifolia. Farmacia. 1997, 45(5): 75-85
12. YC Shen, WF Chiou, YC Chou, CF Chen. Mechanisms in mediating the anti-inflammatory effects of baicalin and baicalein in human leukocytes. European Journal of Pharmacology. 2003, 465(1-2): 171-181
13. JJ Liu, TS Huang, WF Cheng, FJ Lu. Baicalein and baicalin are potent inhibitors of angiogenesis: inhibition of endothelial cell proliferation, migration and differentiation. International Journal of Cancer. 2003, 106(4): 559-565
14. JD Pilcher, GE Burman, WR Delzell. The action of the so-called female remedies on the excized uterus of the guinea pig. Archives of Internal Medicine. 1916, 18: 557-583
15. O Peredery, MA Persinger. Herbal treatment following post-seizure induction in rat by lithium pilocarpine: Scutellaria lateriflora (Skullcap), Gelsemium sempervirens (Gelsemium) and Datura stramonium (Jimson Weed) may prevent development of spontaneous seizures. Phytotherapy Research. 2004, 18(9): 700-705
16. N Nakamura, S Hayasaka, XY Zhang, Y Nagaki, M Matsumoto, Y Hayasaka, K Terasawa. Effects of baicalin, baicalein, and wogonin on interleukin-6 and interleukin-8 expression, and nuclear factor-κB binding activities induced by interleukin-1β in human retinal pigment epithelial cell line. Experimental Eye Research. 2003, 77(2): 195-202
17. YK Kim, YH Kim, DH Kim, KT Lee. Cytoprotective effects of natural flavonoids on carbon tetrachloride-induced toxicity in primary cultures of rat hepatocytes. Saengyak Hakhoechi. 2005, 36(3): 224-228
18. MJ Lee, M Kim, YS Lee, CG Shin. Baicalein and baicalin as inhibitors of HIV-1 integrase. Yakhak Hoechi. 2003, 47(1): 46-51
19. JM Jellin, P Gregory, F Batz, K Hitchens. Pharmacist's Letter/Prescriber's Letter Natural Medicines Comprehensive Database (3rd edition). Stockton: Therapeutic Research Faculty. 2000: 945-946
20. K Hosokawa, M Minami, K Kawahara, I Nakamura, T Shibata. Discrimination among three species of medicinal Scutellaria plants using RAPD markers. Planta Medica. 2000, 66(3): 270-272

소팔메토 鋸葉棕 BHP, USP, GCEM

Arecaceae

Serenoa repens (Bartram) Small

Saw Palmetto

개 요

종려과(Arecaceae)

소팔메토[*Serenoa repens* (Bartram) Small{*Sabal serrulata* (Mich.) Nuttall ex Schult.}]의 열매를 말린 것: 거엽종과(鋸葉棕果)

중약명: 거엽종과(鋸葉棕果)

세레노아속(*Serenoa*) 식물은 전 세계에 1종이 있다. 소팔메토는 북아메리카에 있는 것이 근원이고 미국의 남동 해안을 따라서 분포되어 있다[1].

18세기 초에 일찍이 아메리카 원주민은 남성의 비뇨생식기 계통의 질병을 치료하기 위해 음식물이나 약재로 소팔메토 열매를 사용했다. 1960년대에 일부 유럽 국가들은 전립선의 양성 과형성을 치료하기 위해 껍질과 베리의 지방 용해성 추출물을 사용하기 시작했다. 이 종은 미국약전(28개정판) 및 영국생약전(1996)에 소팔메토의 열매(Serenoae Repentis Fructus)에 대한 공식적인 기원식물 내원종이다. 이 약재는 주로 미국 플로리다에서 생산된다.

열매의 지용성 성분은 주로 지방산, 리피돌 및 식물 스테롤이다. 미국약전은 의약 물질의 품질관리를 위해 가스크로마토그래피법으로 시험한 총 지방산 함량이 9.0% 이상이어야 한다고 규정하고 있다.

약리학적 연구에 따르면 열매는 양성 전립선 비대증을 억제하고 평활근 경련을 완화하며 항종양 효과를 나타낸다.

민간요법에 따르면 소팔메토는 양성 전립선 비대증을 억제한다.

소팔메토 鋸葉棕 *Serenoa repens* (Bartram) Small

거엽종과 鋸葉棕果 Serenoae Repentis Fructus

소팔메토 鋸葉棕 BHP, USP, GCEM

함유성분

열매에는 식물성 스테롤 성분으로 stigmasterol, campesterol[2], cholesterol, δ5-avenasterol, δ7-avenasterol, δ7-stigmasterol[3]이 함유되어 있고, 트리테르페노이드 성분으로 cycloartenol[2], lupeol, 24-methylenecycloartanol[4], 세스퀴테르페노이드 성분으로 farnesol, 리피돌 성분으로 phytol, geranylgeraniol[4], hexacosanol, octacosanol, triacontanol[2], 지방산 성분으로 caprylic acid, capric acid, lauric acid, 팔미트산, 스테아르산, 올레산, 리올레산[3], myristoleic acid[5]이 함유되어 있다. 또한 1-monolaurin, 1-monomyristin[6]이 함유되어 있다.

약리작용

1. 비뇨 생식기에 대한 효과
   열매 추출물 페르믹손은 거세된 5α-디하이드로 테스토스테론(DHT) 이식 및 설피리드 유도와 프로락틴성 랫드에서 전립선 증식에 대한 억제 효과를 나타냈다. 조직학적 특징은 페르믹손이 랫드 전립선의 중심부에서 비만 세포 축적을 감소시키고 상피 위축을 유발한다는 것을 보였다. 증상이 있는 양성 전립선 비대증 환자에게 페르믹손을 투여하면 최대 요 흐름의 현저한 개선과 전립선 크기의 감소, 성적 기능의 개선을 보였다. 페르믹손은 상피 세포에 의한 전립선 특이 항원(PSA)의 분비에 영향을 주지 않으면서 5α-환원효소 I형과 II형 효소 모두의 활성을 효과적으로 억제했으며, 테스토스테론이 전립선 조직의 디하이드로 테스토스테론으로 전환되는 것을 줄이고 전립선 세포의 증식을 억제했다. 전립선 조직의 콜레스테롤 함량을 줄이고 전립선의 콜레스테롤 축적을 억제했다. 전립선 혈청 프로락틴의 수치를 감소시키고 테스토스테론의 흡수를 감소시켰으며, 전립선 조직에서 프로스타글란딘의 합성을 억제하고, 류코트리엔(LT) B_4와 같은 5-리폭시게나제 대사산물의 활성을 억제하여 전립선 비대증에 작용한다[1, 11].
2. 평활근에 대한 효과
   열매 추출물은 노르에피네프린으로 유발된 랫드의 대동맥 평활근 수축과 KCl로 유발된 랫드의 자궁 평활근 수축 및 아세틸콜린으로 유도된 방광 평활근 수축에 대한 억제 효과를 나타냈다. 억제 효과는 α-수용체 차단제와 K^+의 길항작용의 결과이다[12]. 열매 추출물을 아세트산으로 유발된 잦은 배뇨의 랫드의 십이지장에 투여하면 배뇨 간격이 상당히 연장되고 배뇨 횟수가 감소하며 배뇨량이 증가한다[13].
3. 항종양
   *in vitro*에서 페르믹손은 전립선 암 PC-3 및 LNCaP 세포와 유방암 MCF-7 세포의 성장률을 억제했으며, 세포 사멸이나 세포주기 정지와는 관련이 없다[14].
4. 기타
   소팔메토는 α-1 아드레날린수용체를 억제했다[15].

용도

1. 요로 감염, 방광염
2. 전립선비대
3. 성욕감퇴

해설

소팔메토의 열매는 전립선비대증 치료에 효과적이다. 정자 및 전립선 문제가 요즘은 흔하고 자주 발생하는 질병이 되었기 때문에 의학적 가치를 개발하는 것이 실용적으로 의의가 있다.
소팔메토는 잎의 들쭉날쭉한 거치에서 유래한 이름으로 약용 이외에, 관상 및 밀원식물이다. 잎, 잎집, 줄기 및 뿌리는 섬유질이 풍부하고 종이를 만드는 데 사용된다. 카펫 편직물, 실내 장식물의 충전재로 사용되거나 천연 공예품으로 만들 수 있다. 식물 전체를 개발하고 활용할 수 있다.

참고문헌

1. W Chen. Study progress of pharmacological effect and clinical application of Serenoa repens (Bartram) Small. Foreign Medical Sciences. 2002, 24(3): 144-147, 160

2. P Hatinguais, R Belle, Y Basso, JP Ribet, M Bauer, JL Pousset. Composition of the hexane extract from Serenoa repens Bartram fruits. Travaux de la Societe de Pharmacie de Montpellier. 1981, 41(4): 253-262
3. B Ham, S Jolly, G Triche, P Williams, F Wallace. A study of the physical and chemical properties of saw palmetto berry extract. Chemistry Preprint Server, Biochemistry. 2002: 1-16
4. G Jommi, L Verotta, P Gariboldi, B Gabetta. Constituents of the lipophilic extract of the fruits of Serenoa repens (Bart.) Small. Gazzetta Chimica Italiana. 1988, 118(12): 823-826
5. K Iguchi, N Okumura, S Usui, H Sajiki, K Hirota, K Hirano. Myristoleic acid, a cytotoxic component in the extract from Serenoa repens, induces apoptosis and necrosis in human prostatic LNCaP cells. Prostate. 2001, 47(1): 59-65
6. H Shimada, VE Tyler, JL McLaughlin. Biologically active acylglycerides from the berries of saw-palmetto (Serenoa repens). Journal of Natural Products. 1997, 60(4): 417-418
7. F Van Coppenolle, X Le Bourhis, F Carpentier, G Delaby, H Cousse, JP Raynaud, JP Dupouy, N Prevarskaya. Pharmacological effects of the lipidosterolic extract of Serenoa repens (Permixon) on rat prostate hyperplasia induced by hyperprolactinemia: comparison with finasteride. The Prostate. 2000, 43(1): 49-58
8. D Mitropoulos, A Kyroudi, A Zervas, S Papadoukakis, A Giannopoulos, C Kittas, P Karayannacos. In vivo effect of the lipido-sterolic extract of Serenoa repens (Permixon) on mast cell accumulation and glandular epithelium trophism in the rat prostate. World Journal of Urology. 2002, 19(6): 457-461
9. YA Pytel, A Vinarov, N Lopatkin, A Sivkov, L Gorilovsky, JP Raynaud. Long-term clinical and biologic effects of the lipidosterolic extract of Serenoa repens in patients with symptomatic benign prostatic hyperplasia. Advances in Therapy. 2002, 19(6): 297-306
10. CW Bayne, F Donnelly, M Ross, FK Habib. Serenoa repens (Permixon): a 5α-reductase types I and II inhibitor - new evidence in a coculture model of BPH. Prostate. 1999, 40(4): 232-241
11. M Paubert-Braquet, JMM Huerta, H Cousse, P Braquet. Effect of the lipidic lipidosterolic extract of Serenoa repens (Permixon) on the ionophore A23187-stimulated production of leukotriene B4 (LTB4) from human polymorphonuclear neutrophils. Prostaglandins, Leukotrienes and Essential Fatty Acids. 1997, 57(3): 299-304
12. M Gutierrez, M J Garcia de Boto, B Cantabrana, A Hidalgo. Mechanisms involved in the spasmolytic effect of extracts from Sabal serrulata fruit on smooth muscle. General Pharmacology. 1996, 27(1): 171-176
13. Y Yi. The effect of the extract of Serenoa repens fruit on frequent micturition model. Foreign Medical Sciences. 2005, 27(5): 315
14. B Hill, N Kyprianou. Effect of permixon on human prostate cell growth: lack of apoptotic action. The Prostate. 2004, 61(1): 73-80
15. M Goepel, U Hecker, S Krege, H Rubben, MC Michel. Saw palmetto extracts potently and noncompetitively inhibit human α 1-adrenoceptors in vitro. Prostate. 1999, 38(3): 208-215

소팔메토 재배 모습

참깨 脂麻 CP, KHP, JP, EP, BP, USP

Sesamum indicum L.

Sesame

개 요

참깨과(Pedaliaceae)

참깨(脂麻, *Sesamum indicum* L.)의 잘 익은 씨를 말린 것: 흑지마(黑脂麻)

참깨(脂麻, *Sesamum indicum* L.)의 잘 익은 씨로부터 얻은 기름: 마유(麻油)

참깨속(*Sesamum*) 식물은 열대 아프리카와 아시아에 분포하고, 전 세계에 30종이 있다. 중국에는 오직 1종만이 발견되어 약으로 사용된다. 참깨는 인도가 원산이며 한나라 때 중국으로 도입되었다. 옛날에는 '흑마(黑麻)'라고 불렸고 현재는 '지마(脂麻)'로 일반적으로 알려져 있다. 지금은 많은 나라에서 재배되고 있다.

참깨는 아프리카, 지중해 국가, 중동, 인도 및 기타 유라시아 국가에서 고대부터 사용되어 왔다. 13세기에 마르코폴로는 페르시아 사람들이 요리, 마사지, 조명 및 의학 치료뿐만 아니라 참기름을 요리하는 것을 보았다고 기록했다. 중국에서는 참깨가 ≪신농본초경(神農本草經)≫에 '흑마(黑麻)'라는 이름의 약으로 최초로 기록되어 있다. 이 종은 정제된 참기름의 공식적인 기원식물 내원종으로 유럽약전(5개정판), 영국약전(2002), 미국약전(28개정판) 및 일본약국방(15개정판)에 등재되어 있다. ≪대한민국약전외한약(생약)규격집≫(제4개정판)에는 "흑지마"가 "참깨 *Sesamum indicum* Linné(참깨과 Pedalidaceae)의 씨"로 등재되어 있다.

이 종은 중국약전의 흑지마(Sesami Indici)와 마유(麻油, Sesami Oleum)의 공식적인 기원식물 내원종으로 중국약전(2015년판)에 등재되어 있다. 인도와 중국의 참깨 생산량은 세계 총 생산량의 약 절반을 차지한다.

씨에는 주로 리그난과 지방산을 함유하고 있다. 유럽약전과 영국약전에는 지수, 산가, 과산화물가 및 정제된 참기름의 트리글리세라이드의 성분으로 품질관리를 규정하고 있다.

약리학적 연구에 따르면 씨에는 항산화, 항고지질혈증, 항염증, 항종양, 항고혈압 및 항고혈당 효과가 있다.

민간요법에 따르면 검은 참깨와 정제된 참기름에는 항산화 및 노화 방지 효과가 있다. 한의학에서 흑지마는 보간신(補肝腎)하고 익기혈(益氣血)하며 윤장(潤腸)하게 한다.

참깨 脂麻 *Sesamum indicum* L.

흑지마 黑脂麻 Sesami Indici Semen

함유성분

씨에는 리그난류 성분으로 세사몰린, 세사민[1], 세사몰[2], 세사미놀, 6-episesaminol[3], sesamolinol[4], sesangolin[5], pinoresinol, larisiresinol[6], sesamin-2,6-dicatechol, episesaminol 6-catechol[7]이 함유되어 있고, 리그난 배당체 성분으로 sesamolinol glucoside[8], sesaminol diglucoside, sesaminol triglucoside[1, 9], 지방산 성분으로 팔미트산, 올레산, 리올레산[10], 트리아실글리세롤 성분으로 2-stearoyl-glycerol, 2-linoleoyl-glycerol[11], triacylglycerols[12]이 함유되어 있다.
뿌리에는 안트라퀴논 성분으로 anthrasesamones A, B, C, 2-(4-methylpent-3-enyl) anthraquinone, (E)-2-(4-methylpenta-1,3-dienyl) anthraquinone[13], 나프토퀴논 성분으로 hydroxysesamone, 2,3-epoxysesamone[14]이 함유되어 있다.

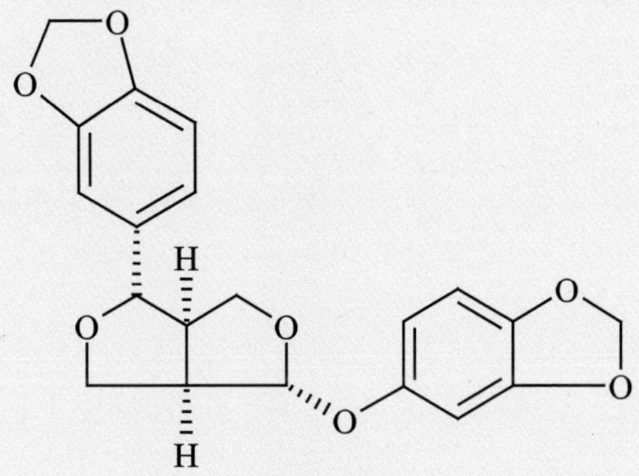

sesamolin

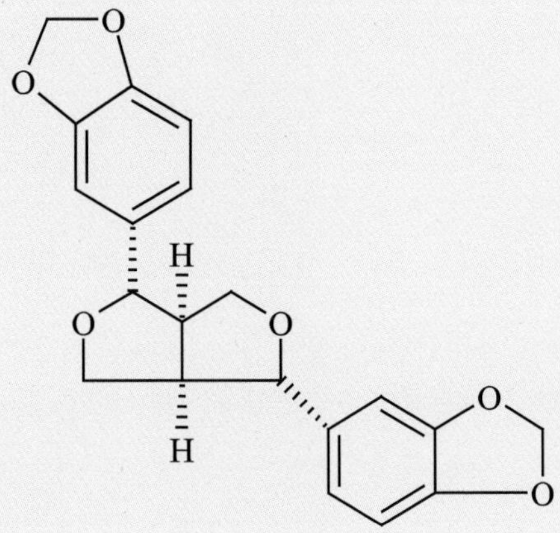

sesamin

약리작용

1. 항산화
   참깨 에탄올 추출물은 특히 흑 참깨 선체에서 유리기 소거능을 가지므로 저밀도 지단백질을 억제하고 우수한 철 이온 킬레이팅 용량을 나타낸다[15]. 세사몰은 지질과산화, 히드록시 라디칼 유도된 데옥시리보스 분해 및 DNA 절단을 억제했다[16]. 참깨 리그난을 먹인 햄스터는 유의하게 저밀도 지단백 콜레스테롤(LDL-C)의 농도를 혈청 내에서 감소시켰으며, 공액 디엔 생산의 지연기가 길어지고 슈퍼옥사이드 디스뮤타아제(SOD) 활성이 증가했다 [17]. 비타민 E 대사에서 시토크롬 P450의 억제를 통한 참깨의 리그난 성분은, 랫드의 혈장과 조직에서 비타민 E 수준이 상승하고, 티오바르비추르산 반응성 물질(TBARS)의 농도가 낮아진다[22]. 또한 랫드의 Fe^{2+}로 유도된 산화 손상의 억제에서 비타민 E와의 상승효과를 보였다[18-19]. 따라서 참깨는 과도한 양의 비타민 E 섭취에 의해 생성된 것보다 더 강한 지질과산화물 효과를 보였다[20].

2. 항고지혈증
   참깨 리그난을 투여하면 랫드의 간 지방산 산화율을 증가시키고 혈청 트리아실글리세롤 수치를 낮추었다[23]. 세사민은 간에서 지방산 합성을 감소시키고, 트리아실글리세롤 분비를 억제하며 형성을 증가시켰다. 케톤체가 형성되어 지질 수준이 낮아진다[24].

3. 항염증 작용
   세사민과 세사몰린은 미토겐활성화단백질키나아제(MAPK) 신호 경로를 억제하고, 염증 유발 유도성 일산화질소 합성효소(iNOS)의 발현을 감소시키며, 마우스 소구오리아 세포에서 LPS로 유도된 일산화질소 생성을 감소시켰다[25]. 참깨 줄기의 물 추출물은 마우스에서 크실렌 유발성의 과민성 팽창 및 면봉 유도 육아종을 유의하게 억제하였다. 또한 항염증 효과를 나타내는 랫드의 보조 부종에 대한 억제효과가 있다[26].

4. 항종양 작용
   세사몰린은 DNA 합성의 돌이킬 수 없는 억제를 통해 인간 백혈병 HL-60 세포의 성장을 억제했다[27]. 꽃 에탄올 추출물은 S180 및 H22 종양 형성 마우스의 성장에 유의한 억제효과를 나타내지만 흉선 및 비장의 무게에는 별다른 영향을 미치지 않았다[28].

5. 혈압강하 작용
   세사민은 아세트산디옥시코르티코스테론(DOCA)에 염증 유발성 비대과성 고혈압[29], 뇌졸중이 발생하기 쉬운 자발성 고혈압[30], 신장 고혈압[31]에 항 고혈압 효과가 있다.

6. 혈당강하 작용
   탈지 참깨 열탕 추출물과 그 메탄올 용리액 분획은 포도당 흡수를 지연시켰고 당뇨병 마우스에서 혈장 포도당 농도에 환원 효과를 보였다[32].

용도

1. 변비
2. 현기증, 이명
3. 갱년기 증후군, 유방암
4. 관상 동맥 심장 질환, 고혈압

해설

참깨의 씨는 검은 색 또는 흰색일 수 있다. 검정색은 검은 참깨로, 흰색은 흰색 참깨로 알려져 있다. 흰 참깨는 일반적으로 음식에 사용되고 검은 참깨만 약용으로 사용된다.
항산화의 생리적 기능에 대한 더 많은 연구와 함께 천연 항산화물질의 개발과 이용은 점점 더 주목을 끌고 있다. 참깨는 리그난과 비타민 E가 풍부하며 항산화력이 우수하여, 중요한 항산화식물로서 연구가 될 수 있다.

참고문헌

1. KS Kim, SH Park, MG Choung. Nondestructive determination of lignans and lignan glycosides in sesame seeds by near infrared reflectance spectroscopy. Journal of Agricultural and Food Chemistry. 2006, 54(13): 4544-4550
2. KP Suja, A Jayalekshmy, C Arumughan. In vitro studies on anti-oxidant activity of lignans isolated from sesame cake extract. Journal of the

Science of Food and Agriculture. 2005, 85(10): 1779-1783

3. M Dachtler, FHM van de Put, FV Stijn, CM Beindorff, J Fritsche. On-line LC-NMR-MS characterization of sesame oil extracts and assessment of their anti-oxidant activity. European Journal of Lipid Science and Technology. 2003, 105(9): 488-496
4. T Osawa, M Nagata, M Namiki, Y Fukuda. Sesamolinol, a novel anti-oxidant isolated from sesame seeds. Agricultural and Biological Chemistry. 1985, 49(11): 3351-3352
5. SS Kang, JS Kim, JH Jung, YH Kim. NMR assignments of two furofuran lignans from sesame seeds. Archives of Pharmacal Research. 1995, 18(5): 361-363
6. M Nagashima, Y Fukuda. Lignan-phenols of water-soluble fraction from 8 kinds of sesame seed coat according to producing district and their anti-oxidant activities. Nagoya Keizai Daigaku Shizen Kagaku Kenkyukai Kaishi. 2004, 38(2): 45-53
7. Y Miyake, S Fukumoto, M Okada, K Sakaida, Y Nakamura, T Osawa. Anti-oxidative catechol lignans converted from sesamin and sesaminol triglucoside by culturing with Aspergillus. Journal of Agricultural and Food Chemistry. 2005, 53(1): 22-27
8. H Katsuzaki, K Imai, T Komiya, T Osawa. Structure of sesamolinol diglucoside in sesame seed. ITE Letters on Batteries, New Technologies & Medicine. 2003, 4(6): 794-797
9. AA Moazzami, RE Andersson, A Kamal-Eldin. HPLC analysis of sesaminol glucosides in sesame seeds. Journal of Agricultural and Food Chemistry. 2006, 54(3): 633-638
10. T Sato, AA Maw, M Katsuta. NIR reflectance spectroscopic analysis of the FA composition in sesame (Sesamum indicum L.) seeds. Journal of the American Oil Chemists' Society. 2003, 80(12): 1157-1161
11. MA Javed, T Kausar, J Iqbal, N Akhtar. Elucidation of the structure of triacylglycerols of sesame. Proceedings of the Pakistan Academy of Sciences. 2003, 40(1): 61-65
12. B Nikolova-Damyanova, R Velikova, L Kuleva. Quantitative TLC for determination of the triacylglycerol composition of sesame seeds. Journal of Liquid Chromatography & Related Technologies. 2002, 25(10 & 11): 1623-1632
13. T Furumoto, M Iwata, AF Hasan, H Fukui. Anthrasesamones from roots of Sesamum indicum. Phytochemistry. 2003, 64(4): 863-866
14. AF Hasan, T Furumoto, S Begum, H Fukui. Hydroxysesamone and 2,3-epoxysesamone from roots of Sesamum indicum. Phytochemistry. 2001, 58(8): 1225-1228
15. F Shahidi, CM Liyana-Pathirana, DS Wall. Anti-oxidant activity of white and black sesame seeds and their hull fractions. Food Chemistry. 2006, 99(3): 478-483
16. R Joshi, MS Kumar, K Satyamoorthy, MK Unnikrisnan, T Mukherjee. Free radical reactions and anti-oxidant activities of sesamol: pulse radiolytic and biochemical studies. Journal of Agricultural and Food Chemistry. 2005, 53(7): 2696-2703
17. YC Lai, CW Liang, SY Fan, YH Chu. Anti-oxidant activity and serum lipid lowering effect of sesame lignan in hamsters. Taiwanese Journal of Agricultural Chemistry and Food Science. 2005, 43(2): 133-138
18. S Hemalatha, M Raghunath, Ghafoorunissa. Dietary sesame (Sesamum indicum cultivar Linn) oil inhibits iron-induced oxidative stress in rats. British Journal of Nutrition. 2004, 92(4): 581-587
19. Ghafoorunissa, S Hemalatha, MVV Rao. Sesame lignans enhance anti-oxidant activity of vitamin E in lipid peroxidation systems. Molecular and Cellular Biochemistry. 2004, 262(1&2): 195-202
20. C Abe, S Ikeda, K Yamashita. Dietary sesame seeds elevate α-tocopherol concentration in rat brain. Journal of Nutritional Science and Vitaminology. 2005, 51(4): 223-230
21. S Ikeda, T Tohyama, K Yamashita. Dietary sesame seed and its lignans inhibit 2,7,8-trimethyl-2(2'-carboxyethyl)-6-hydroxychroman excretion into urine of rats fed γ-tocopherol. Journal of Nutrition. 2002, 132(5): 961-966
22. K Yamashita, S Ikeda, M Obayashi. Comparative effects of flaxseed and sesame seed on vitamin E and cholesterol levels in rats. Lipids. 2003, 38(12): 1249-1255
23. T Ide, M Kushiro, Y Takahashi, K Shinohara, N Fukuda, S Sirato-Yasumoto. Sesamin, a sesame lignan, as a potent serum lipid-lowering food component. Japan Agricultural Research Quarterly. 2003, 37(3): 151-158
24. T Ide, N Fukuda. Lignan compounds in sesame; lipid lowering function of sesamin. New Food Industry. 2003, 45(11): 40-46
25. RC Hou, HL Chen, JT Tzen, KC Jeng. Effect of sesame anti-oxidants on LPS-induced NO production by BV2 microglial cells. NeuroReport. 2003, 14(14): 1815-1819
26. GT Tang, Y Chen, LJ Kang. Study on anti-inflammatory and analgesic effects of Sesamum indicum. Pharmacology and Clinics of Chinese Materia Medica. 2005, 21(6): 40-41
27. SN Ryu, KS Kim, SS Kang. Growth inhibitory effects of sesamolin from sesame seeds on human leukemia HL-60 cells. Saengyak Hakhoechi. 2003, 34(3): 237-241

28. H Xu, XM Yang, JN Yang, W Qi, CX Liu, YT Yang. Anti-tumor effect of alcohol extract from Sesamum indicum flower on S180 and H22 experimental tumor. Journal of Chinese Medicinal Materials. 2003, 26(4): 272-273

29. Y Matsumura, S Kita, S Morimoto, K Akimoto, M Furuya, N Oka, T Tanaka. Antihypertensive effect of sesamin. I. Protection against deoxycorticosterone acetate-salt-induced hypertension and cardiovascular hypertrophy. Biological & Pharmaceutical Bulletin. 1995, 18(7): 1016-1019

30. S Kita, Y Matsumura, S Morimoto, K Akimoto, M Furuya, N Oka, T Tanaka. Antihypertensive effect of sesamin. II. Protection against two-kidney, one-clip renal hypertension and cardiovascular hypertrophy. Biological & Pharmaceutical Bulletin. 1995, 18(9): 1283-1285

31. Y Matsumura, S Kita, Y Tanida, Y Taguchi, S Morimoto, K Akimoto, T Tanaka. Antihypertensive effect of sesamin. III. Protection against development and maintenance of hypertension in stroke-prone spontaneously hypertensive rats. Biological & Pharmaceutical Bulletin. 1998, 21(5): 469-473

32. H Takeuchi, LY Mooi, Y Inagaki, PM He. Hypoglycemic effect of a hot-water extract from defatted sesame (Sesamum indicum L.) seed on the blood glucose level in genetically diabetic KK-Ay mice. Bioscience, Biotechnology, and Biochemistry. 2001, 65(10): 2318-2321

밀크시슬 水飛薊 BHP, USP, GCEM

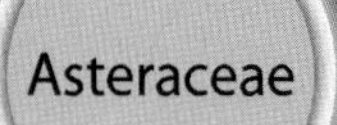

Silybum marianum (L.) Gaertn.

Milk Thistle

개 요

국화과(Asteraceae)

밀크시슬(水飛薊, *Silybum marianum* (L.) Gaertn.)의 잘 익은 열매 또는 씨를 말린 것: 수비계(水飛薊)

중약명: 수비계(水飛薊)

밀크시슬속(*Silybum*) 식물은 유럽의 중부와 남부, 지중해 및 러시아와 중앙아시아 지역에 분포하며 2종이 있다. 중국에는 이 1종만 도입되어 현재 재배되고 있으며 약재로 사용되고 있다. 밀크시슬은 유럽, 지중해, 북부 아프리카 및 중앙아시아에 분포한다. 중국 북부와 북서부 지역에 도입되어 재배되고 있다.

이미 2000년 전에 고대 그리스에서 밀크시슬의 잎이 간 질환 치료제로 사용되었다. 19세기 후반에서 20세기 초반에 미국의 절충주의 의사들은 간, 신장 및 비장의 혼잡을 치료하기 위해 밀크시슬을 사용하기 시작했다. 밀크시슬은 모든 유형의 만성 간 질환, 특히 알코올성 음료의 규칙적인 음주로 인한 지방간을 치료하기 위해 독일에서 널리 사용되었다. 이 종은 미국약전(28개정판)과 영국생약전(1996)에 밀크시슬 열매(Cardui Mariae Fructus)의 공식적인 기원식물 내원종으로 등재되어 있다. 이 약재는 주로 아르헨티나, 중국, 루마니아 및 헝가리에서 생산된다.

열매와 씨에는 플라보노리그난이 함유되어 있으며 주요 구성 성분은 총칭하여 실리마린이라고 한다. 미국약전은 의약 물질의 품질관리를 위해 고속액체크로마토그래피법으로 시험할 때 실리빈으로 계산된 실리마린의 함량이 2.0% 이상이어야 한다고 규정하고 있다.

약리학적 연구에 따르면 실리마린은 간세포의 세포막을 보호하고 간 기능을 개선하며 다양한 간 독소로 인한 간 손상을 예방한다.

민간요법에 따르면 밀크시슬 열매는 간장 보호 작용을 한다. 한의학에서 밀크시슬 열매는 열을 제거하고, 습기를 없애주며, 간을 진정시키고, 쓸개에 도움이 된다.

밀크시슬 水飛薊 *Silybum marianum* (L.) Gaertn.

밀크시슬 水飛薊 BHP, USP, GCEM

수비계 水飛薊 Cardui Mariae Fructus

silybin A

isosilybin A

함유성분

열매와 씨에는 플라보노리그난류 성분이 함유되어 있다. 총 추출물을 실리마린이라고 하며, silybin A(silybin b_1), silybin B(silybin a_1), isosilybin A(silybin b_2), isosilybin B(silybin a_2)[1-4]가 함유되어 있고, 또한 실리마린에는 silydianin, silychristin(silychristin A, silychristin II)[1], dehydrosilybin[5], 2,3-dehydrosilybin[1], isosilychristin[3], silychristin B[6], taxifolin[3], silybin Na dihemisuccinate[7], (-)-silandrin, (+)-silymonin, 5,7-dihydroxychromone[8]이 함유되어 있다. 열매와 씨에는 또한 트리테르페노이드 성분으로 marianine, marianosides A, B[9] betaine hydrochloride[10], 지방산 성분으로 올레산, 리올레산, myristic acid, 팔미트산, 스테아르산, arachidic acid, behenic acid[11]가 함유되어 있다.

약리작용

1. 간 보호 작용

실리마린은 phalloidin, α-amanitin, galactosamine, 질산 프라세오디뮴, thioacetamide, 사염화탄소, 알릴 알코올, isoniazid, rifampicin에 의해 유발된 간 손상을 1차로 예방하거나 감소시켰다[12-14]. 실리마린은 사염화탄소로 유도된 간경변을 유의하게 변화시켰으며, 콜라겐 함유량을 감소시켜서, 알라닌 트랜스아미나아제(ALT), 알칼리 포스파타제(ALP), γ-글루타밀 트랜스페티타제(γ-GTP) 및 혈청 내 총 빌리루빈의 증가를 억제했다[15]. 균질화한 간에서 말론디알데히드 수준의 상승을 억제하고 간 글리코겐의 감소를 막는다. 실리마린은 랫드 담관 폐색성 섬유증에서 히드록시프롤린(HYP), 히알루론산(HA) 및 라미닌(LN) 함량을 감소시켰다. (procol-1) mRNA, metalloproteinase-1(TIMP-1) mRNA 발현 및 간 콜라겐 함량이 감소되어 간 섬유화를 감소시킬 수 있다[16]. 실리마린의 간 보호는 지질과산화 및 세포막 손상 예방, 손상된 간에서의 단백질 생합성 및 세포 재생 촉진, 막 수용체에 대한 경쟁적 저해를 통해 간세포 침입 방지에서 비롯된다[17].

2. 항산화 작용

실리마린은 *in vitro*에서 지질과산화를 방지하여 아세트아미노펜에 의한 글루타티온 수준의 감소, 아스코르빈산 함량의 증가, 마우스의 뇌에서의 과산화물 불균화효소(SOD) 활성을 증가시켰다[18].

3. 항종양 작용

*in vitro*에서 실리마린이 간암 HepG2와 Hep3B 세포증식을 유의적으로 억제하고 Hep3B에 대한 강력한 세포독성 효과를 나타냄을 보여주었다[19]. 이소실리빈 B가 가장 효과적인 성분인 인간 전립선암 LNCaP, DU145 및 PC3 세포의 증식을 억제했다[20]. *in vitro* 연구에서는 실리마린이 벤조피렌에 의해 유도된 간 암종[21], 4-nitroquinoline 1-oxide에 의해 유도된 혀 암종[22], 아족시메탄에 의해 유도된 대장암종[23], 자외선, 화학 발암 물질로 유발된 피부 기저 세포 암종, 편평 세포 암종 및 악성 흑색종을 억제하였다.[24]

4. 혈당강하 작용

지상부 물 추출물은 기저 혈장 인슐린 농도에 영향을 주지 않으면서 정상 및 스트렙토조토신 당뇨병 마우스의 혈당을 각각 감소시켰다[25]. 실리마린은 스트렙토조토신 당뇨병 마우스에서 대동맥 당화와 산화를 억제하고, 신경조직 대사 장애를 교정하며, 혈류량이 개선되고, 신경내막 국소빈혈이 감소하며, 만성 혈관 합병증과 당뇨병의 신경 병증에 치료 효과를 나타냈다[26-27].

5. 항고지혈증 효과

실리마린은 고콜레스테롤 식이 요법에 의해 유발된 고콜레스테롤 혈증의 발병을 억제하고 고밀도 지단백질(HDL)-콜레스테롤을 증가시키며 간 콜레스테롤 함량을 감소시켰다. 실리빈은 실리마린만큼 효과적이지 않았다[28].

6. 심혈 관계에 미치는 영향

실리마린은 독소루비신에 의한 심장근육세포 손상에 대한 보호효과가 있었다[29]. 실리빈은 마우스의 심실 세동 문턱을 상승시켜서 심실 세동에 예방 효과가 있다. 실리빈은 세포막을 통한 Ca^{2+} 유입을 억제하고 심근 세포 막 전위 안정성을 증가시킨다고 믿고 있다[30]. 실리빈은 토끼의 풍선 혈관 성형술 후 신생 내막의 증식과 혈관 재건을 억제하여 경피적 관상 동맥 중재술 후 재협착을 예방했다[31].

7. 위장 보호

실리마린은 마우스의 허혈-재관류 손상 후 위 점막에 보호효과가 있었다. 이것은 신경 박근호 산화 대사의 간섭, 신경 충만 침윤 및 신경근 유발 세포독성의 감소와 관련이 있다[32].

8. 기타

실리마린은 시스플라틴에 의한 신장 독성에 대해 작용했다[33]. 또한, 밀크시슬은 면역 자극 신경 보호효과를 나타냈다[34-35].

용도

1. 간염, 간경변, 지방간
2. 소화 불량
3. 담석증, 담관염

해설

실리마린과 같은 플라보노리그난을 함유한 것 외에도, 밀크시슬의 열매에는 단백질, 아미노산, 지방, 다중 불포화 지방산, 비타민 및 미량 원소가 풍부한 밀크시슬 오일이 들어 있다. 기름에 함유된 리놀산 및 리놀레산은 항 고지질 혈증, 항 혈전성 및 항 죽상경화 효과를 갖는다. 영양분이 풍부하고 독성이 낮은 밀크시슬 오일은 식용 기름 또는 심혈관 건강관리 약으로 개발될 수 있다[36].

참고문헌

1. VA Kurkin, GG Zapesochnaya, AV Volotsueva, EV Avdeeva, KS Pimenov. Flavolignans of Silybum marianum fruit. Chemistry of Natural Compounds. 2002, 37(4): 315-317
2. A Arnone, L Merlini, A Zanarotti. Constituents of Silybum marianum. Structure of isosilybin and stereochemistry of silybin. Journal of the Chemical Society, Chemical Communications. 1979, 16: 696-697
3. NC Kim, TN Graf, CM Sparacino, MC Wani, ME Wall. Complete isolation and characterization of silybins and isosilybins from milk thistle (Silybum marianum). Organic & Biomolecular Chemistry. 2003, 1(10): 1684-1689
4. SA Khan, B Ahmed. Anti-hepatotoxic activity of flavolignans of seeds of Silybum marianum. Chemistry. 2003, 1(1): 47-52
5. Z Dvorak, R Vrzal, J Ulrichova. Silybin and dehydrosilybin inhibit cytochrome P450 1A1 catalytic activity: A study in human keratinocytes and human hepatoma cells. Cell Biology and Toxicology. 2006, 22(2): 81-90
6. WA Smith, DR Lauren, EJ Burgess, NB Perry, RJ Martin. A silychristin isomer and variation of flavonolignan levels in milk thistle (Silybum marianum) fruits. Planta Medica. 2005, 71(9): 877-880
7. B Tuchweber, W Trost, M Salas, R Sieck. Prevention of praseodymium-induced hepatotoxicity by silybin. Toxicology and Applied Pharmacology. 1976, 38(3): 559-570
8. I Szilagi, P Tetenyi, S Antus, O Seligmann, VM Chari, M Seitz, H Wagner. Structure of silandrin and silymonin, two new flavanolignans from a white blooming Silybum marianum variety. Planta Medica. 1981, 43(2): 121-127
9. E Ahmed, A Malik, S Ferheen, N Afza, UH Azhar, MA Lodhi, MI Choudhary. Chymotrypsin inhibitory triterpenoids from Silybum marianum. Chemical & Pharmaceutical Bulletin. 2006, 54(1): 103-106
10. PN Varma, SK Talwar, GP Garg. Chemical investigation of Silybum marianum. Planta Medica. 1980, 38(4): 377-378
11. BS El-Tahawi, SN Deraz, SA El-Koudosy, FM El-Shouny. Chemical studies on Silybum marianum (L.) Gaertn. wild-growing in Egypt. I. Oil and sterols. Grasas y Aceites. 1987, 38(2): 93-97
12. G Vogel, W Trost, R Braatz, KP Odenthal, G Bruesewitz, H Antweiler, R Seeger. Pharmacodynamics, point of attack, and action mechanism of silymarin, the anti-hepatotoxic principle from Silybum marianum. I. Acute toxicology or tolerance, general and special pharmacology. Arzneimittel-Forschung. 1975, 25(1): 82-89
13. Z Dvorak, P Kosina, D Walterova, V Simanek, P Bachleda. J Ulrichova. Primary cultures of human hepatocytes as a tool in cytotoxicity studies: cell protection against model toxins by flavonolignans obtained from Silybum marianum. Toxicology letters. 2003, 137(3): 201-212
14. HY Xue, YN Hou, HC Liu, J Chen, Y Cao. Protective effect of silybin capsules on hepatic injury induced by combining isoniazid with rifampicin in mice. Chinese Traditional Patent Medicine. 2003, 25(4): 307-310
15. L Favari, V Perez-Alvarez. Comparative effects of colchicine and silymarin on CCl_4-chronic liver damage in rats. Archives of Medical Research. 1997, 28(1): 11-17
16. Y Wang, JD Jia, JH Yang, XM Ma, H Ma, BE Wang. Study on antifibrotic effect of silymarin (SIL) and its mechanism. Section of Digestive Disease. 2005, 25(4): 256-259
17. E Leng-Peschlow. Properties and medical use of flavonolignans (silymarin) from Silybum marianum. Phytotherapy Research. 1996, 10(Suppl 1): S25-S26

18. C Nencini, G Giorgi, L Micheli. Protective effect of silymarin on oxidative stress in rat brain. Phytomedicine. 2006: 22

19. L Varghese, C Agarwal, A Tyagi, RP Singh, R Agarwal. Silibinin efficacy against human hepatocellular carcinoma. Clinical Cancer Research. 2005, 11(23): 8441-8448

20. PR Davis-Searles, Y Nakanishi, NC Kim, TN Graf, NH Oberlies, MC Wani, ME Wall, R Agarwal, DJ Kroll. Milk thistle and prostate cancer: differential effects of pure flavonolignans from Silybum marianum on anti-proliferative end points in human prostate carcinoma cells. Cancer Research. 2005, 65(10): 4448-4457

21. Y Yan, Y Wang, Q Tan, RA Lubet, M You. Efficacy of deguelin and silibinin on benzo(a)pyrene-induced lung tumorigenesis in A/J mice. Neoplasia. 2005, 7(12): 1053-1057

22. Y Yanaida, H Kohno, K Yoshida, Y Hirose, Y Yamada, H Mori, T Tanaka. Dietary silymarin suppresses 4-nitroquinoline 1-oxide-induced tongue carcinogenesis in male F344 rats. Carcinogenesis. 2002, 23(5): 787-794

23. H Kohno, T Tanaka, K Kawabata, Y Hirose, S Sugie, H Tsuda, H Mori. Silymarin, a naturally occurring polyphenolic anti-oxidant flavonoid, inhibits azoxymethane-induced colon carcinogenesis in male F344 rats. International Journal of Cancer. 2002, 101(5): 461-468

24. SK Katiyar. Silymarin and skin cancer prevention: anti-inflammatory, anti-oxidant and immunomodulatory effects. International Journal of Oncology. 2005, 26(1): 169-176

25. M Maghrani, NA Zeggwagh, A Lemhadri, M El Amraoui, JB Michel, M Eddouks. Study of the hypoglycaemic activity of Fraxinus excelsior and Silybum marianum in an animal model of type 1 diabetes mellitus. Journal of Ethnopharmacology. 2004, 91(2-3): 309-316

26. XJ Xu, JQ Zhang, QL Huang. The effects of silymarin on the inhibition of nonenzymatic glycation and oxidation in aorta of streptozocin-induced diabetic rats. Academic Journal of Second Military Medical University. 1997, 18(1): 59-61

27. DM Zheng, L Chen, Q Chen, XY Bai. Effects of silymarin on experimental diabetic neuropathy. Chinese Journal of Diabetes. 2003, 11(6): 406-408

28. V Krecman, N Skottova, D Walterova, J Ulrichova, V Simanek. Silymarin inhibits the development of diet-induced hypercholesterolemia in rats. Planta Medica. 1998, 64(2): 138-142

29. S Chlopcikova, J Psotova, P Miketova, V Simanek. Chemoprotective effect of plant phenolics against anthracycline-induced toxicity on rat cardiomyocytes. Part I. Silymarin and its flavonolignans. Phytotherapy Research. 2004, 18(2): 107-110

30. SM Di, RL Liang, ZY Ge, XM Yu. The experimental study of preventive effect of silybin on the ventricular fibrillation of the adult rats. Chinese Journal of Cardiovasology. 1998, 3(4): 240-242

31. XM Yu, SM Gu, ZY Ge, RL Liang. Effect of silybin on proliferation and remodeling of vessels after balloon injury. Shanghai Medical Journal. 2002, 25(12): 752-754

32. AC Alarcon de la Lastra, MJ Martin, V Motilva, M Jimenez, C La Casa, A Lopez. Gastroprotection induced by silymarin, the hepatoprotective principle of Silybum marianum in ischemia-reperfusion mucosal injury: role of neutrophils. Planta Medica. 1995, 61(2): 116-9

33. G Karimi, M Ramezani, Z Tahoonian. Cisplatin nephrotoxicity and protection by milk thistle extract in rats. Evidence-based Complementary and Alternative Medicine. 2005, 2(3): 383-386

34. C Wilasrusmee, S Kittur, G Shah, J Siddiqui, D Bruch, S Wilasrusmee, DS Kittur. Immunostimulatory effect of Silybum Marianum (milk thistle) extract. Medical Science Monitor. 2002, 8(11): 439-443

35. S Kittur, S Wilasrusmee, WA Pedersen, MP Mattson, K Straube-West, C Wilasrusmee, B Jubelt, DS Kittur. Neurotrophic and neuroprotective effects of milk thistle (Silybum marianum) on neurons in culture. Journal of Molecular Neuroscience. 2002, 18(3): 265-269

36. WM He, MD Xu, J Yang, SJ Zhang, XL Wen, GN Mao. Nutritional compositions of Silybum marianum Gaertn seed oil and its hypolipidemic effect in rats. Acta Nutrimenta Sinica. 1996, 18(2): 163-167

솔라눔 둘카마라 歐白英 GCEM

Solanum dulcamara L.

Nightshade

개 요

가지과(Solanaceae)

솔라눔 둘카마라(歐白英, *Solanum dulcamara* L.)의 줄기를 말린 것: 구백영(歐白英)

중약명: 구백영(歐白英)

까마중속(*Solanum*) 식물은 전 세계에 약 200종이 있으며 열대 및 아열대 지역에 분포하고 온대에는 그 종의 수가 적으며 남아메리카에서 주로 생산된다. 그 가운데 39종과 14변종이 중국에서 발견되는데, 약 21종과 1변종이 약으로 사용된다. 솔라눔 둘카마라는 유럽, 소아시아, 코카서스, 시베리아에 분포하며 카스피해와 아랄해까지 이어져 동쪽으로는 히말라야 산맥에 이른다.

솔라눔 둘카마라는 2세기경의 그리스의 갈레노스시대에 종양과 사마귀 치료에 널리 사용되었다. 솔라눔 둘카마라는 인도에서 이뇨제로 사용되며 유전성 매독, 류마티즘, 나병 및 피부병과 같은 기타 어려운 질병을 치료한다. 풍진, 지혈증, 질 분비증을 치료하기 위해 중국 사천성과 운남성의 민간요법에서 사용되고 있다[1]. 이 약재는 주로 유럽과 인도에서 생산되며, 중국 북서부의 운남, 사천성 남서부, 티베트와 신장에서 생산된다.

솔라눔 둘카마라는 주로 스테로이드 알칼로이드, 스테로이드 사포닌 및 플라보노이드를 함유한다.

약리학적 연구에 따르면 줄기에는 항종양, 항바이러스, 항균, 항염증 및 항산화 효과가 있다.

민간요법에 따르면 둥지 모양의 줄기는 항바이러스성 및 항암 작용을 가지고 있다. 한의학에서 솔라눔 둘카마라의 줄기는 거풍제습(祛風除濕), 산열해독(散熱解毒)한다.

솔라눔 둘카마라 歐白英 *Solanum dulcamara* L.

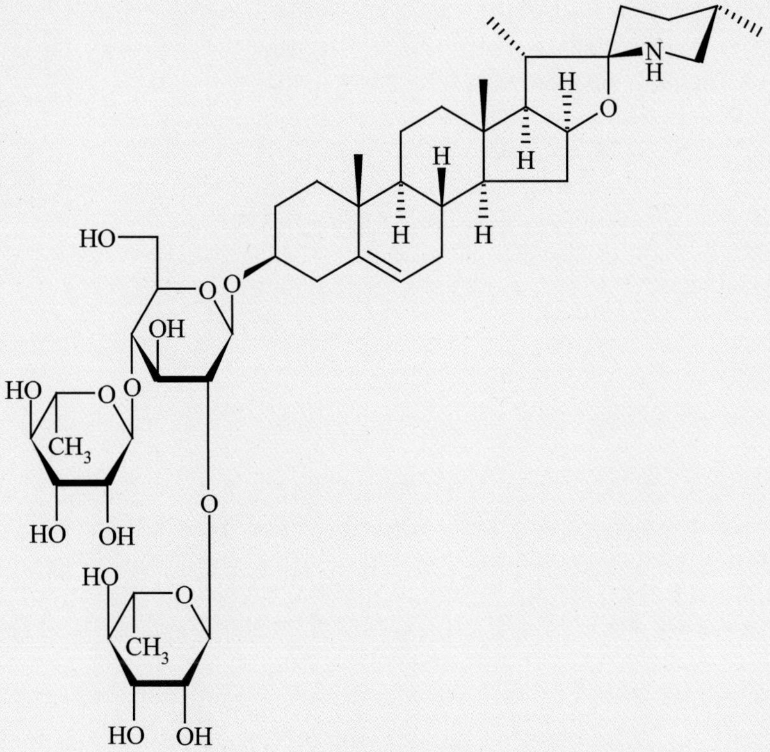

β – solamarine

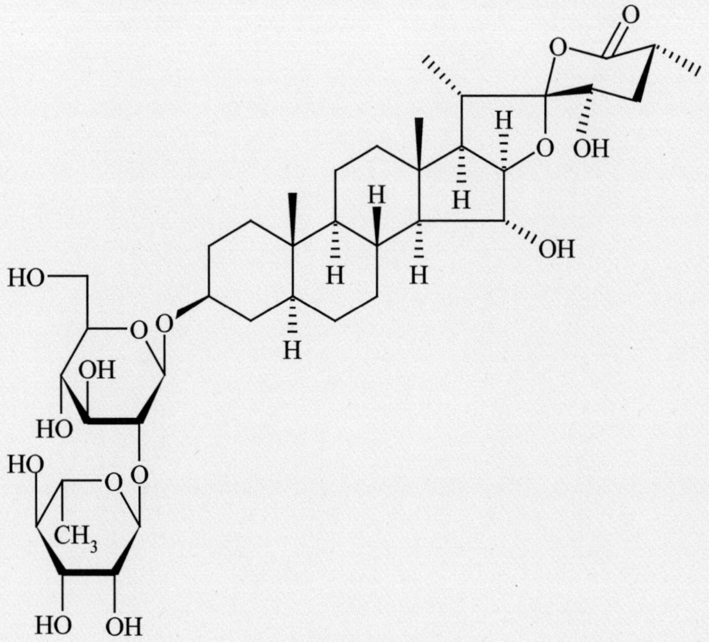

soladulcoside A

솔라눔 둘카마라 歐白英 GCEM

함유성분

뿌리에는 스테로이드 알칼로이드 성분으로 tomatidine, tomatidenol, soladulcidine, solasodine[2]이 함유되어 있다.
줄기에는 스테로이드 알칼로이드 성분으로 soladulcamarine[3], solanine[4], soladulcidine[5], solasonine, solamargine[6], soladulcine [7], 스테로이드 사포닌 성분으로 degalactotigonin[8], soladulcosides A, B[9]가 함유되어 있다.
잎에는 플라보노이드 성분으로 quercetin-3-glucoside, kaempferol-3-rhamnoglucoside[10], 스테로이드 알칼로이드 성분으로 solasodine[11], 스테로이드 사포닌 성분으로solayamocidosides A, B, C, D, E, F[12]가 함유되어 있다.
열매에는 스테로이드 알칼로이드 성분으로 soladulcidine glycoside, tomatidenol glycoside[13], tomatidenol[14]이 함유되어 있다.
씨에는 스테로이드 알칼로이드 성분으로 soladulcidine, solasodine[15]이 함유되어 있다.
꽃에는 플라보노이드 성분으로 quercetin-3-rhamnoglucoside, kaempferol-3-rhamnoglucoside[10]가 함유되어 있다.
또한 β-solamarine[16]이 함유되어 있다.

약리작용

1. 항종양 작용
   추출물은 마우스의 육종(肉腫)에 대해 항종양 활성을 보였고 베타솔라마린을 활성 주체로 사용했다[16]. 솔라닌은 S180 및 H22 종양 보유 마우스에서 세포막 Na^+, K^+-ATPase 및 Ca^{2+}, Mg^{2+}-ATPase 활성에 대한 억제효과를 보였다[17]. 또한 RNA와 DNA의 비율을 감소시켰는데, 이는 솔라닌의 항종양 효과의 메커니즘 중 하나 일 수 있다[18]. 솔라마진은 종양괴사인자의 인간 폐암 세포 (H441, H520, H661 및 H69)에 대한 결합 활성을 증가시켰으며, 카스파제-3 활성 및 DNA 단편화를 증가시켰다[19]. 솔라눔 스테로이드 배당체 PC-12 및 HCT-116 세포에 대한 세포독성 활성을 나타내었으며, 그 활성은 올리고당 부분과 아글리콘 부분의 종류에 의존한다[20].
2. 항바이러스 작용
   솔라눔 스테로이드 배당체는 단순 헤르페스바이러스-1(HSV-1)을 억제하는 능력을 보였다. 토마티단과 스피로스탄은 더 높은 활성도를 나타냈다[21].
3. 항 진균 작용
   중성 스테로이드 사포닌(주로 티고게닌과 야모게닌)은 항균성을 나타내나 항진균 효과는 글라이코알칼로이드보다 약했다[22].
4. 항염증 작용
   솔라소다인은 항염증 효과가 있어서 통증 자극 추출물에 대한 시험 동물의 감수성이 감소하여[23], 혈소판 활성화 인자(PAF)에 의한 엑소사이토시스에 대한 억제효과를 나타냈다[24].
5. 항산화 작용
   잎 추출물은 Fe^{2+}/아스코르브산염 유발 지질과산화에 대한 억제효과를 보였다[25].
6. 기타
   솔라소다인은 또한 강심제 및 이뇨작용을 나타낸다 [23].

용도

1. 습진, 주름살, 여드름, 사마귀, 옴, 포진, 농양
2. 코피, 외상성 출혈
3. 류마티스
4. 천식, 기관지염
5. 종양

해설

배풍등(*S. lyratum* Thunb.)은 백영(白英, Solani Lyrati Herba)의 공식적인 기원식물로 중국약전(1977)에 등재되어 있다. 한약재로서 백영은 청열해독(淸熱解毒), 이습소종(利濕消腫)의 효능을 가지며 풍열감기, 발열, 기침, 황달성 담낭염, 옹 및 류마치스성 관절염 치료에 이용된다.

참고문헌

1. XM Chen, QH Chen. The Chinese Medicine Baiying and its confused species. Journal of Chinese Medicinal Materials. 2005, 28(6): 462-463
2. G Willuhn, A Kun-anake. Chemical differentiation in Solanum dulcamara. V. Isolation of tomatidin from roots of the solasodin race. Planta Medica. 1970, 18(4): 354-360
3. H Baggesgaard-Rasmussen, PM Boll. Soladulcamarine, the alkaloidal glycoside of Solanum dulcamara. Acta Chemica Scandinavica. 1958, 12: 802-806
4. P Khanna, P Kumar, S Singhvi. Isolation and characterization of solanine from in vitro tissue culture of Solanum tuberosum L. and Solanum dulcamara L. Indian Journal of Pharmaceutical Sciences. 1988, 50(1): 38-39
5. EA Tukalo, BT Ivanchenko. Steroid sapogenins of Solanum dulcamara. Sbornik Nauchnykh Trudov Vitebskogo Gosudarstvennogo Meditsinskogo Instituta. 1969, 13: 53-56
6. NA Valovics, MA Bartok. Determination of solasodine, soladulcidine, and tomatidenol in Solanum dulcamara. Herba Hungarica. 1969, 8(3): 107-111
7. EA Tukalo, BT Ivanchenko. Glycoside alkaloids from Solanum dulcamara. Khimiya Prirodnykh Soedinenii. 1971, 7(2): 207-208
8. YY Lee, F Hashimoto, S Yahara, T Nohara, N Yoshida. Solanaceous plants. 29. Steroidal glycosides from Solanum dulcamara. Chemical & Pharmaceutical Bulletin. 1994, 42(3): 707-709
9. T Yamashita, T Matsumoto, S Yahara, N Yoshida, T Nohara. Solanaceous plants. 22. Structures of two new steroidal glycosides, soladulcosides A and B from Solanum dulcamara. Chemical & Pharmaceutical Bulletin. 1991, 39(6): 1626-1628
10. A Walkowiak, B Taniocznik, Z Kowalewski. Flavonoid compounds of Solanum dulcamara L. Herba Polonica. 1990, 36(4): 133-137
11. E Sarer, T Cakiroglu. Chemical study on the leaves of Solanum dulcamara L. Ankara Universitesi Eczacilik Fakultesi Dergisi. 1985, 15(1): 91-102
12. G Willuhn, U Koethe. Bitter principle of bittersweet, Solanum dulcamara L.- isolation and structures of new furostanol glycosides. Archiv der Pharmazie. 1983, 316(8): 678-687
13. G Willuhn. Chemical differentiation of Solanum dulcamara. III. Steroid alkaloid content of the solasodine strain. Planta Medica. 1968, 16(4): 462-466
14. G Willuhn, U Koethe. Spirostanol content and variability in overground organs of Solanum dulcamara L. Deutsche Apotheker Zeitung. 1981, 121(5): 235-239
15. G Willuhn, S May, I Merfort. Triterpenes and steroids in seeds of Solanum dulcamara. Planta Medica. 1982, 46(2): 99-104
16. SM Kupchan, SJ Barboutis, JR Knox, C Lau, A Cesar. β-Solamarine: tumor inhibitor isolated from Solanum dulcamara. Science. 1965, 150(3705): 1827-1828
17. YB Ji, HL Wang, SY Gao. Study on effect of solanine on activities of ATPase in tumor cell membrane. Journal of Harbin University of Commerce (Natural Sciences Edition). 2005, 21(2): 127-129
18. YB Ji, HL Wang, SY Gao. Effect of solanine on DNA and RNA in tumor cell of tumor-bearing mice. Chinese Traditional and Herbal Drugs. 2005, 36(8): 1200-1202
19. LF Liu, CH Liang, LY Shiu, WL Lin, CC Lin, KW Kuo. Action of solamargine on human lung cancer cells - enhancement of the susceptibility of cancer cells to TNFs. FEBS Letters. 2004, 577(1-2): 67-74
20. T Ikeda, H Tsumagari, T Honbu, T Nohara. Cytotoxic activity of steroidal glycosides from solanum plants. Biological & Pharmaceutical Bulletin. 2003, 26(8): 1198-1201
21. T Ikeda, J Ando, A Miyazono, XH Zhu, H Tsumagari, T Nohara, K Yokomizo, M Uyeda. Anti-herpes virus activity of Solanum steroidal glycosides. Biological & Pharmaceutical Bulletin. 2000, 23(3): 363-364
22. B Wolters. The share of the steroid saponins in the antibiotic action of Solanum dulcamara. Planta Medica. 1965, 13(2): 189-193
23. AD Turova, KI Seifulla, MS Belykh. Pharmacological study of solasodine. Farmakologiya i Toksikologiya. 1961, 24: 469-474
24. H Tunon, C Olavsdotter, L Bohlin. Evaluation of anti-inflammatory activity of some Swedish medicinal plants. Inhibition of prostaglandin biosynthesis and PAF-induced exocytosis. Journal of Ethnopharmacology. 1995, 48(2): 61-76
25. N Mimica-Dukic, L Krstic, P Boza. Effect of Solanum species (Solanum nigrum L. and Solanum dulcamara L.) on lipid peroxidation in lecithin liposome. Oxidation Communications. 2005, 28(3): 536-546

양미역취 加拿大一枝黃花 EP, BP, GCEM

Solidago canadensis L.

Canadian Goldenrod

개 요

국화과(Asteraceae)

양미역취(加拿大一枝黃花, *Solidago canadensis* L.)의 꽃이 피어 있는 지상부를 말린 것: 카나다일지황화(加拿大一枝黃花)

중약명: 카나다일지황화(加拿大一枝黃花)

미역취속(*Solidago*) 식물은 전 세계에 약 120종이며 주로 미주에 집중되어 있다. 중국에는 약 4종이 발견되는데 3종과 1변종이며 약으로 사용된다. 양미역취는 북아메리카에서 시작되었으며 유럽과 아시아에도 분포한다. 중국에 도입되어 현재 중국에서 재배되고 있다.

양미역취는 비뇨기 계통의 항염증제로 수백 년 동안 유럽에서 사용되어 왔다[1]. 이 종은 양미역취(Solidaginis Canadensis Herba)의 공식적인 기원식물 내원종으로 유럽약전(5개정판) 및 영국약전(2002)에 등재되어 있다.

양미역취는 플라보노이드, 트리테르페노이드 사포닌 및 정유 성분을 함유하고 있다. 유럽약전 및 영국약전은 의약 물질의 품질관리를 위해 자외선분광광도법에 따라 시험할 때 과산화물로서 환산된 플라보노이드의 총 함량이 2.5% 이상이어야 한다고 규정하고 있다.

약리학적 연구에 따르면 양미역취는 이뇨제, 항염증제, 항산화 제, 항종양 및 항균 효과가 있다.

민간요법에 따르면 양미역취는 이뇨제, 경련 및 항염작용을 한다.

양미역취 加拿大一枝黃花 *Solidago canadensis* L.

카나다일지황화 加拿大一枝黃花 Solidaginis Canadensis Herba

 함유성분

지상부에는 플라보노이드 성분으로 quercetin, 3−methoxy−quercetin[2], nicotiflorin, rutin, hyperoside, isoquercitrin, quercitrin, afzelin[1], kaempferol, isorhamnetin[3], 3−O−(βD−glucopyranoside−6'3'acetyl)−isorhamnetin, isorhamnetin 3−O−βD−glucopyranoside[4]가 함유되어 있고, 트리테르페노이드 사포닌 성분으로 canadensissaponins 1, 2, 3, 4, 5, 6, 7, 8[5−7],트리테르페노이드 성분으로 bayogenin[8], 3β(3Racetoxyhexadecanoyloxy)−lup−20(29)−ene, lupeol, cycloartenol[9], 디테르페노이드 성분으로 solidagenone[10]이 함유되어 있다.
꽃에는 정유 성분으로 germacrene D, α−pinene, limonene[11], isogermacrene D[12], curlone, β−sesquiphellandrene[13], cadinene[14]이 함유되어 있다.
잎에는 세스퀴테르페노이드 성분으로 6−epi−αcubebene, 6−epi−βcubebene[15]이 함유되어 있다.
뿌리에는 디테르페노이드 성분으로 13Z−7αacetoxylkolavenic acid[16]가 함유되어 있다.

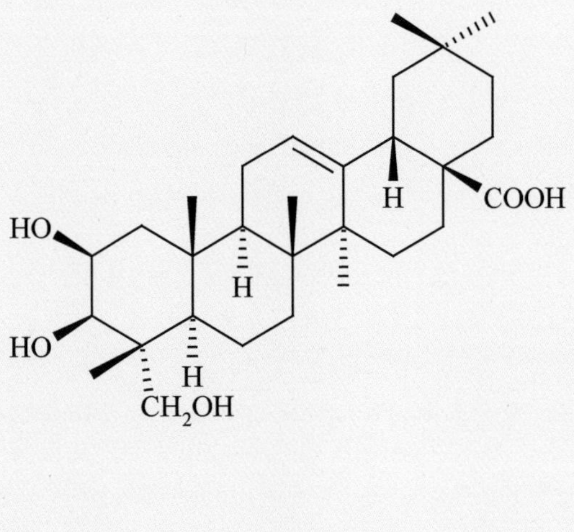

bayogenin

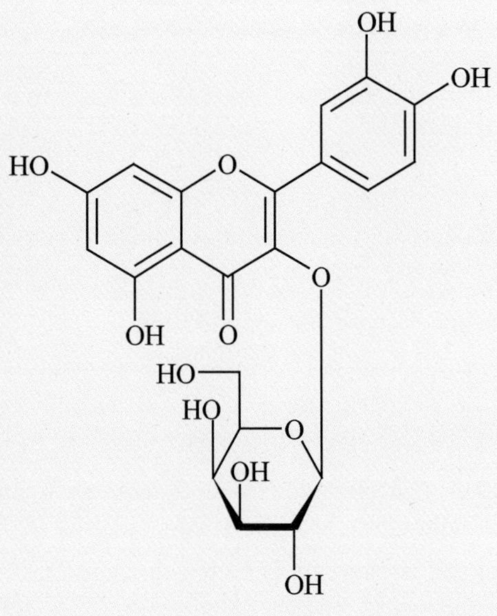

hyperoside

약리작용

1. 이뇨 작용
양미역취의 꽃과 미역취속의 다른 3가지의 식물에서 분리된 플라보노이드 분획물을 마우스에게 경구 투여하면 K^+와 Na^+ 배설이 동시에 감소하고 소변에서 Ca^{2+} 제거가 증가하면서 밤새 이뇨가 증가했다[17]. 지상부의 추출물은 이뇨작용을 나타냈다[4].
2. 항염증 작용
양미역취는 다른 미역취속 식물보다 강력한 항염증 활성을 보였다. 퀘르세틴은 출혈성 신염을 억제했다. 사포닌은 항염증 효과를 증진시켰다[18].
3. 항산화 작용
유리기 소거 시험은 퀘르세틴이 가장 강한 활성을 나타냈으며, 3−methoxy−quereetin과 quereetin−3−O−β−D−glucopyranosid는 중간 정도의 활성을 보였다. 전초의 메탄올 추출물은 또한 중요한 유리기 소거 활성을 보였다[19].
4. 항종양 작용
전초의 다당류를 복강 내 투여하면 면역조절 기전을 통해 육종(肉腫) 180 마우스를 대상으로 종양의 성장을 유의하게 억제했다[20].

용도

1. 요로 감염
2. 요로결석, 방광결석, 신장 결석

해설

Solidago gigantea Ait는 또한 양미역취의 공식적인 기원식물로 유럽약전과 영국약전에 등재되어 있다. 또한, *Solidago virgaurea* L.은 양미역취의 공식적인 기원식물 내원종으로 영국생약전(1996)에 명시되어 있지만, 유럽의 양미역취의 공식적인 기원식물로 유럽약전에 독립적으로 언급되어 있다.
유럽의 양미역취는 항염증, 항박테리아, 이뇨 및 항종양을 포함한 여러 가지 생리 활동을 나타내어 류마티즘, 통풍, 당뇨병, 치질 및 전립선 비대증을 치료하기 위해 임상적으로 사용된다. 전초 또는 뿌리는 한약재 신강일지황화(新疆一枝黃花, Solidaginis Virgaureae Herba)로 사용된다. 한의학적으로 소풍청열(疏風淸熱), 해독소종(解毒消腫)의 효능을 나타낸다. 임상적으로는 풍한감기, 인후통, 신장염, 방광염, 옹, 종기 및 타박상 및 낙상 치료에 이용된다.
양미역취는 중국에서 번식력이 매우 강해 임업 검역에서 골칫거리로 여겨지며 다른 종들과 함께 영양분, 물 및 공간에서 성장을 위해 경쟁하여 조경 식물을 훼손하고 수확량에 지장을 준다. 따라서 중국의 일부 지방과 도시에서 농작물의 품질과 생태적 불균형을 초래한다. 이 식물의 포괄적인 사용에 대한 추가 연구가 필요하다.

참고문헌

1. P Apati, K Szentmihalyi, A Balazs, D Baumann, M Hamburger, TS Kristo, E Szoke, A Kery. HPLC analysis of the flavonoids in pharmaceutical preparations from Canadian goldenrod (Solidago canadensis). Chromatographia. 2002, 56(S): S65-S68
2. KJ Wang, LZ Chen, N Li, XP Yu. Anti-oxidant and radical-scavenging activity of flavonoids from Solidago canadensis. Chinese Pharmaceutical Journal. 2006, 41(7): 493-497
3. VS Batyuk, SN Kovaleva. Flavonoids of Solidago canadensis and S. virgaurea. Khimiya Prirodnykh Soedinenii. 1985, 4: 566-567
4. VS Batyuk, EA Vasil'chenko, SN Kovaleva. Flavonoids of Solidago virgaurea L. and S. canadensis L. and their pharmacological properties. Rastitel'nye Resursy. 1988, 24(1): 92-99
5. G Reznicek, J Jurenitsch, M Plasun, S Korhammer, E Haslinger, K Hiller, W Kubelka. Four major saponins from Solidago canadensis. Phytochemistry. 1991, 30(5): 1629-1633
6. G Reznicek, J Jurenitsch, M Freiler, S Korhammer, E Haslinger, K Hiller, W Kubelka. Isolation and structure elucidation of new saponins from Solidago canadensis. Planta Medica. 1992, 58(1): 94-98
7. K Hiller, G Bader, G Reznicek, J Jurenitsch, W Kubelka. The main saponins of medicinally used species of the genus Solidago. Pharmazie. 1991, 46(6): 405-408

8. K Hiller, C Hein, P Franke. Isolation of bayogenin glycosides from Solidago canadensis L. Pharmazie. 1983, 38(1): 73

9. VS Chaturvedula, BN Zhou, ZJ Gao, SJ Thomas, SM Hecht, DG Kingston. New lupane triterpenoids from Solidago canadensis that inhibit the lyase activity of DNA polymerase beta. Bioorganic & Medicinal Chemistry. 2004, 12(23): 6271-6275

10. T Anthonsen, PH McCabe, R McCrindle, RD Murray. Constituents of Solidago species. I. Constitution and stereochemistry of diterpenoids from Solidago canadensis. Tetrahedron. 1969, 25(10): 2233-2239

11. KJ Wang, N Li, LZ Chen, XP Yu. Chemical constituents and anti-fungal activity of essential oil from Solidago canadensis. Journal of Plant Resources and Environment. 2006, 15(1): 34-36

12. WX Xia, W He, GY Wen. The constituents of the essential oil from Solidago canadensis. Chinese Bulletin of Botany. 1999, 16(2): 178-181

13. P Weyerstahl, H Marshall, C Christiansen, D Kalemba, J Gora. Constituents of the essential oil of Solidago canadensis ("goldenrod") from Poland - a correction. Planta Medica. 1993, 59(3): 281-282

14. D Kalemba, J Gora, A Kurowska. Analysis of the essential oil of Solidago canadensis. Planta Medica. 1990, 56(2): 222-223

15. AA Kasali, O Ekundayo, C Paul, WA Konig. Epi-cubebanes from Solidago canadensis. Phytochemistry. 2002, 59(8): 805-810

16. TS Lu, MA Menelaou, D Vargas, FR Fronczek, NH Fischer. Polyacetylenes and diterpenes from Solidago canadensis. Phytochemistry. 1993, 32(6): 1483-1488

17. A Chodera, K Dabrowska, A Sloderbach, L Skrzypczak, J Budzianowski. Effect of the flavonoid fraction of the Solidago genus plants on diuresis and electrolyte concentration. Acta Poloniae Pharmaceutica. 1991, 48(5-6): 35-37

18. L Fuchs, V Iliev. Isolation of quercitrin from Solidago virga-aurea, Solidago serotina, and Solidago canadensis. An old medicinal plant in a new light. Scientia Pharmaceutica. 1949, 17: 128-131

19. LM McCune, T Johns. Anti-oxidant activity in medicinal plants associated with the symptoms of diabetes mellitus used by the indigenous peoples of the North American boreal forest. Journal of Ethnopharmacology. 2002, 82(2-3): 197-205

20. G Franz. Structure-activity relation of polysaccharides with anti-tumor activity. Farmaceutisch Tijdschrift voor Belgie. 1987, 64(4): 301-311

유럽팥배나무 歐洲花楸 GCEM

Sorbus aucuparia L.

Mountain Ash

개 요

장미과(Rosaceae)

유럽팥배나무(歐洲花楸, *Sorbus aucuparia* L.)의 잘 익은 열매를 말린 것: 구주화추(歐洲花楸)

중약명: 구주화추(歐洲花楸)

마가목속(*Sorbus*) 식물은 전 세계에 약 80종이 있으며 북반구의 아시아, 유럽 및 북아메리카에 분포한다. 중국에는 50종 이상이 발견되며 이 속에서 약 6종이 약으로 사용된다. 유럽팥배나무는 시베리아로부터 유럽까지 분포하며 북아메리카뿐만 아니라 소아시아의 대부분 지역에 분포한다.

스코틀랜드 고원 지대에서는 유럽팥배나무가 사악한 주문을 깰 수 있다고 믿었기 때문에 집 주변에 널리 심어왔다. 목동들은 유럽팥배나무가 있는 곳에서 소를 사육하면 질병으로부터 소를 보호할 수 있다고 믿었다. 또한 그 열매는 오랫동안 제과와 알코올 음료로 만들어졌다[1]. 이 약재는 주로 유럽에서 생산된다.

유럽팥배나무는 주로 플라보노이드, 유기산, 트리테르페노이드 및 시아노포릭글리코시드 성분을 함유한다.

약리학적 연구에 따르면 유럽팥배나무에는 출혈, 항산화 및 항균 효과가 있다.

민간약에 따르면 유럽팥배나무의 열매는 신장 질환, 당뇨병, 류마티즘, 요산 대사 장애, 생리 장애 및 비타민 C 결핍증을 치료한다. 열매는 요산 침적물을 녹이고, 혈액을 알칼리화하며, 신진대사를 촉진시킨다.

유럽팥배나무 歐洲花楸 *Sorbus aucuparia* L.

유럽팥배나무 歐洲花楸 *S. aucuparia* L.

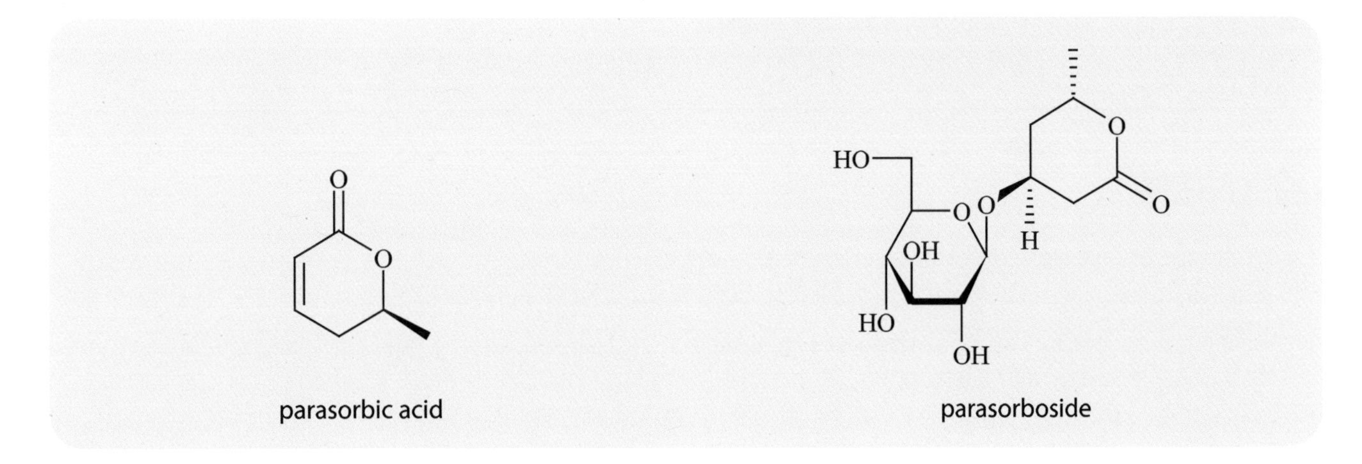

함유성분

열매에는 플라보노이드 성분으로 quercitrin, rutin[2], quercetin−3−O−galactoside, quercetin−3−O−glucoside[3], 유기산 성분으로 parasorbic acid, abscisic acid, isopropylmalic acid[4], sorbic acid[5], malic acid, citric acid, tartaric acid, 카페인산[6], 클로로겐산, neochlorogenic acid[7], hydroxycinnamic acids[8]가 함유되어 있고, 트리테르페노이드 성분으로 α−amyrin, ursolic acid, methyl 2α hydroxyursolate, 2α−hydroxyursolic acid[9], 안토시아닌 성분으로 cyanidin−3−galactoside[10], leucoanthocyanins[8], 청산발생성배당체 아미그달린[11]이 함유되어 있으며, 또한 parasorboside[12]가 함유되어 있다.
지상부에는 플라보노이드 성분으로 quercetin−3−O−glucoside, quercetin−3−O−sophoroside, 3,5,7,4'tetrahydroxy−8−methoxyflavone−3−O−glucoside[13], kaempferol−3−O−glucoside, kaempferol−3−O−sophoroside[14]가 함유되어 있고, 또한 dihydrosinapic aldehyde[15], prunasin[16]이 함유되어 있다.

약리작용

1. 혈액 응고
   전초로부터 분리한 비타민 혼합물로 심근 경색에서의 출혈성 합병증을 예방했다[17]. 열매의 에탄올 추출물을 경구 투여하면 혈장 프로트롬빈 수치를 상승시켰다[18]. 열매의 에탄올 추출물은 출혈 병아리의 응고 시간을 유의하게 감소시켰다[19].
2. 항균 작용
   열매의 열수 추출물은 대장균 및 황색포도상구균에 대한 억제효과가 있었다[20].
3. 항고지혈증 효과
   열매는 간의 지방 함량과 혈액의 콜레스테롤 함량을 줄이고 혈관 저항을 증가시킨다[21].
4. 기타
   열매는 항산화 효과도 나타냈다[7].

용도

1. 신장 질환
2. 당뇨병
3. 요산대사 장애
4. 불규칙한 생리
5. 비타민 C 결핍

해설

유럽팥배나무의 줄기, 잎과 나무껍질은 성분 측면에서 열매와 유사하여 의약용으로 사용된다.
비타민이 풍부하여 좋은 비타민 보충제이다. 열매는 또한 점막을 자극하는 파라소르빅산을 함유하고 있어서 과량 복용 시 위 점막을 자극하고 신장을 손상시킬 수 있다. 파라소르빅산은 건조에 의해 분해되고 가열에 의해 감소된다[22].
유럽팥배나무의 씨는 시아노포릭 배당체를 함유하고 있으며 물에서 독성 시안화 수소산으로 분해되므로 씨는 음식이나 약으로 사용되기 전에 제거되어야 한다.

참고문헌

1. A Chevallier. Encyclopedia of Herbal Medicine. New York: Dorling Kindersley. 2000: 271
2. H Nuernberger. Flavonols of the fruits of Sorbus aucuparia edulis. Pharmazie.1964, 19(10): 677
3. A Gil-Izquierdo, A Mellenthin. Identification and quantitation of flavonols in rowanberry (Sorbus aucuparia) juice. European Food Research and Technology. 2001, 213(1): 12-17
4. U Oster, I Blos, W Ruediger. Natural inhibitors of germination and growth. IV. Compounds from fruit and seeds of mountain ash (Sorbus aucuparia). Journal of Biosciences.1987, 42(11-12): 1179-84
5. U Kietzmann. The action of sorbic acid on putrefactive bacteria from fish. Archiv fuer Lebensmittelhygiene. 1958, 9: 54-55
6. SA Deren'ko, NI Suprunov, IA Kurlyanchik. Organic acids of fruit of Sorbus aucuparia. Rastitel'nye Resursy. 1979, 15(3): 451-453
7. AT Hukkanen, SS Poeloenen, SO Kaerenlampi. Anti-oxidant capacity and phenolic content of sweet rowanberries. Journal of Agricultural and Food Chemistry. 2006, 54(1): 112-119
8. Pyysalo, Heikki; Kuusi, Taina. Phenolic compounds from the berries of mountain ash, Sorbus aucuparia. Journal of Food Science. 1974, 39(3): 636-638
9. SA Youssef. Triterpenoids and flavonoid glycoside from fruits of Sorbus aucuparia (DC) cultivated in Egypt. Bulletin of Pharmaceutical Sciences. 1997, 20(1): 63-65
10. R Eder, R Kalchgruber, S Wendelin, M Pastler, J Barna. Comparison of the chemical composition of sweet and bitter fruits of rowan trees (Sorbus aucuparia). Mitteilungen Klosterneuburg. 1991, 41(4): 168-173

11. MA Rechits. Level of substances responsible for bitter taste and astringency in the rowanberry and in its juice and puree. Izvestiya Vysshikh Uchebnykh Zavedenii, Pishchevaya Tekhnologiya. 1978, 4: 35-37
12. R Tschesche, HJ Hoppe, G Snatzke, G Wulff, HW Fehlhaber. Glycosides with lactone-forming aglycons. III. Parasorboside, the glycosidic precursor of parasorbic acid, from berries of mountain ash. Chemische Berichte. 1971, 104(5): 1420-1428
13. Z Jerzmanowska, J Kamecki. Phytochemical analysis of the inflorescence of mountain ash (Rowan tree), Sorbus aucuparia. II. Roczniki Chemii. 1973, 47: 1629-1638
14. H Nuernberger. Flavonol glycosides of leaves of Sorbus aucuparia edulis. Pharmazie. 1964, 19(7): 476-480
15. KE Malterud, K Opheim. 3-(4-Hydroxy-3,5-dimethoxyphenyl)-propanal from Sorbus aucuparia sapwood. Phytochemistry. 1989, 28(5): 1548-1549
16. LH Fikenscher, R Hegnauer, HWL Ruijgrok. Distribution of hydrocyanic acid in Cormophyta. Part 15. New observations on cyanogenesis in Rosaceae. Planta Medica. 1981, 41(4): 313-327
17. VG Golubenko. Resistance of blood capillaries in patients with myocardial infarction and angina pectoris and the influence exercised by anticoagulants and a preparation made of Sorbus aucuparia-'vitamin CP'. Sovetskaya Meditsina. 1967, 30(4): 98-101
18. CJ DeLor, JW Means. Clinical study on the berry of Sorbus aucuparia, its effect on plasma prothrombin, on the volume and cholic acid content of the bile, and on the glucose-tolerance mechanism. Review of Gastroenterology. 1944, 11: 319-327
19. GY Shinowara, CJ DeLor, JW Means. Clinical and laboratory investigations on the extract of the European mountain ash berry, with particular reference to its antihemorrhagic activity. Journal of Laboratory and Clinical Medicine. 1942, 27: 897-907
20. N Watanabe, H Utamura, M Abe. Chemical characteristics of rowan fruit observed from the ability of both reduction and antibacteria. Mizu Shori Gijutsu. 2003, 44(5): 227-230
21. LO Shnaidman, IN Kushchinskaya, MK Mitel'man, AZ Efimov, IV Klement'eva, ZP Alekseeva. Biologically active substances of the fruits of Sorbus aucuparia and prospects for their industrial use. Rastitel'nye Resursy. 1971, 7(1): 68-71
22. JM Jellin, P Gregory, F Batz, K Hitchens. Pharmacist's Letter/Prescriber's Letter Natural Medicines Comprehensive Database (3rd edition). California: Therapeutic Research Faculty. 2000: 738-739

컴프리 聚合草 GCEM

Boraginaceae

Symphytum officinale L.

Comfrey

개 요

지치과(Boraginaceae)

컴프리(聚合草, *Symphytum officinale* L.)의 뿌리를 말린 것: 취합초(聚合草)

중약명: 취합초(聚合草)

컴프리속(*Symphytum*) 식물은 약 20종이 있으며 코카서스에서 중부 유럽으로 분산되어 현재 전 세계에서 재배되고 있다. 그 가운데 1종은 중국에서 재배되어 약으로 사용된다. 컴프리는 유럽 지역과 러시아의 코카서스가 기원이며 나무가 우거진 땅에 분포한다. 전형적인 중생식물이다. 1963년에 중국에 도입되어 현재 널리 재배되고 있다.

컴프리는 2000년 넘게 약으로 사용되어 왔다. 처음에 컴프리(문자 그대로 "잔디를 결합하는")는 뼈의 상처를 치료하고 부러진 뼈를 치유한다는 믿음을 갖게 되어 그 이름 그대로 붙여지게 되었다. 중세 시대에 류머티즘과 통풍을 치료하기 위해 사용되었다[1]. 이 종은 컴프리 뿌리(Symphyti Radix)의 공식적인 기원식물 내원종으로 영국생약전(1996)에 등재되어 있다. 이 약재는 주로 영국, 북유럽 및 미국에서 생산된다.

컴프리는 주로 트리테르페노이드 사포닌과 알칼로이드 성분을 함유한다. 유럽생약전은 의약 물질의 품질관리를 위해 수용성 추출물의 함량이 45% 이상이어야 한다고 규정하고 있다.

약리학적 연구에 따르면 컴프리는 항염증, 항균, 항알레르기, 항고혈압 및 항종양 효과를 나타낸다.

민간요법에 따르면 컴프리 뿌리에는 취약성, 항염증 및 유사 분열 증세가 있다.

컴프리 聚合草 *Symphytum officinale* L.

취합초근 聚合草根 Symphyti Radix

1cm

취합초 聚合草 Symphyti Herba

1cm

함유성분

뿌리에는 주로 트리테르페노이드 사포닌 성분으로 symphytoxide A[2], cauloside D, leontosides A, B, D[3-4], isobauerenol[5], 3-O-[βD-glucopyranosyl)-(1→4)-βD-glucopyranosyl-(1→4)-αL-arabinopyranosyl]-hederagenin-28-O-[αL-rhamnopyranosyl-(1→4)-βD-glucopyranosyl-(1→6)-βD-glucopyranosyl] ester[6], 3-O-αL-arabinopyranosyl-hederagenin-28-O-[βDglucopyranosyl-(1→4)-βD-glucopyranosyl-(1→6)-βD-glucopyranosyl] ester[7]가 함유되어 있고, 알칼로이드 성분으로 symphytine, symlandine, lycopsamine, acetyllycopsamine, intermedine, acetyllintermedine[8], echimidine[9], echiumine, uplandicine, myoscorpine[10], symviridine[11]이 함유되어 있으며, 또한 allantoin, inulin[12], 로즈마린산[13], lithospermic acid[14]와 salicylic acid[15]가 함유되어 있다.

symphytine

leontoside A

약리작용

1. 항염증
리코펩타이드를 경구 투여하면 랫드의 카라기난 유발 족척부종에 대한 억제효과를 보였다[16]. 뿌리 추출물 연고는 급성 일측성 발목 왜곡의 치료에서 더 나은 항염증 효과를 보였다[17]. 알란토인, 살리실산 및 로즈마린산은 항염증 작용에 관여하는 활성성분이다[13-15].

2. 항균 작용
레온토사이드 A는 *in vitro*에서 장티푸스균, 황색포도상구균 및 Streptococcus faecalis에 대한 항박테리아 활성을 보였다. 레온토사이드 B는 *in vitro*에서 대장균에 대해 활성화되었다[4].

3. 항 생식 작용 효과
전초 물 추출물의 산 분획은 마우스에서 항 생식작용을 나타냈다[18]. 페놀옥시다제와 함께 항온 배양한 후 생식샘 자극 호르몬 활성을 보였다[14].

4. 항 고혈압제 활성
Symphytoxide-A는 적출된 기니피그 심장에서 심근 수축력과 속도를 감소시켰다. 또한 마취된 마우스에서 평균 동맥혈압이 저하됐다[2, 19].

5. 항종양 작용
뿌리의 조 추출물은 인슐린 유사 성장 인자 II(IGF-II) 유전자의 발현을 억제하여 간세포 암 HepG2 세포의 성장을 억제했다[20].

6. 기타
컴프리의 이소바우에레놀은 용혈작용을 보였으며[5], 컴프리는 또한 항 알레르기작용[21]과 상처 치료 효과를 나타냈다.

용도

1. 감기, 천식, 기관지염
2. 위염, 위궤양
3. 부상, 타박상 및 낙상
4. 피부 질환

해설

컴프리의 잎과 전초도 약용한다. 민간요법에 의하면 잎과 전초는 항염증 작용을 하며, 염좌 치료를 위해 외용으로 적용될 수 있다. 컴프리는 품질이 뛰어나고 경제적인 식물로 초식 동물, 가금류 및 어류에 다양하게 적합한 사료이다. 잎과 뿌리는 영양가가 높고 약용 성분이 높은 식물성 식품이며 식품에 종종 첨가되거나 부어오른 상처를 치료하는 데 사용된다. 컴프리에 함유된 피롤리지딘 알칼로이드는 간 독성, 발암성, 돌연변이 유발성이다[22-23]. 과도한 섭취는 동물의 누적 독성을 유발하고 사람의 간 손상을 가져올 수 있다. 피롤리지딘 알칼로이드는 자매염색분체교환과 인간 림프구의 염색체 이상을 유도한다[24]. 건강 위험성을 고려하여 2001년에 FDA는 컴프리를 함유한 식물성 의약품의 판매금지를 공표했다.

참고문헌

1. K Englert, JG Mayer, C Staiger. Symphytum officinale L.: comfrey in European pharmacy and medical history. Zeitschrift für Phytotherapie: Offizielles Organ der Ges. f. Phytotherapie e.V. 2005, 25(3): 158-168
2. AH Gilani, K Aftab, SA Saeed, VU Ahmad, M Noorwala, FV Mohammad. Pharmacological characterization of symphytoxide-A, a saponin from Symphytum officinale. Fitoterapia. 1994, 65(4): 333-339
3. FV Mohammad, M Noorwala, VU Ahmad, B Sener. Bidesmosidic triterpenoidal saponins from the roots of Symphytum officinale. Planta Medica. 1995, 61(1): 94
4. VU Ahmad, M Noorwala, FV Mohammad, K Aftab, B Sener, AUH Gilani. Triterpene saponins from the roots of Symphytum officinale. Fitoterapia. 1993, 64(5): 478-479
5. D Tarle, J Petricic. Study on the saponin content of underground portions of Symphytum officinale L. Farmaceutski Glasnik. 1986, 42(6):

161-163

6. FV Mohammad, M Noorwala, VU Ahmad, B Sener. A bidesmosidic hederagenin hexasaccharide from the roots of Symphytum officinale. Phytochemistry. 1995, 40(1): 213-218
7. M Noorwala, FV Mohammad, VU Ahmad, Sener, B. A bidesmosidic triterpene glycoside from the roots of Symphytum officinale. Phytochemistry. 1994, 36(2): 439-443
8. E Roeder, H Wiedenfeld, P Stengl. Carbon-13 NMR data on stereoisomer alkaloids from Symphytum officinale L. Archiv der Pharmaziem. 1982, 315(1): 87-89
9. NC Kim, NH Oberlies, DR Brine, RW Handy, MC Wani, ME Wall. Isolation of symlandine from the roots of common comfrey (Symphytum officinale) using countercurrent chromatography. Journal of Natural Products. 2001, 64(2): 251-253
10. E Roeder, V Neuberger. Pyrrolizidine alkaloids in Symphytum species. Qualitative and quantitative determinations. Deutsche Apotheker Zeitung. 1988, 128(39): 1991-1994
11. E Roeder, T Bourauel, V Neuberger. Symviridine, a new pyrrolizidine alkaloid from Symphytum species. Phytochemistry. 1992, 31(11): 4041-4042
12. T Imark. Symphytum officinale: comfrey. Schweizerische Laboratoriums-Zeitschrift. 1985, 42(11): 366-367
13. L Gracza, H Koch, E Loeffler. Biochemical-pharmacological investigations of medicinal agents of plant origin. I. Isolation of rosmarinic acid from Symphytum officinale L. and its antiinflammatory activity in an in vitro model. Archiv der Pharmazie. 1985, 318(12): 1090-1095
14. H Wagner, L Hoerhammer, U Frank. Components of drug plants with hormone-like and antihormone-like activities. III. Lithospermic acid, the antihormonally active principle of Lycopus europaeus and Symphytum officinale. Arzneimittel-Forschung. 1970, 20(5): 705-713
15. B Grabias, L Swiatek. Phenolic acids in Symphytum officinale. Pharmaceutical and Pharmacological Letters. 1998, 8(2): 81-83
16. A Hiermann, M Writzel. Antiphlogistic glycopeptide from the roots of Symphytum officinale. Pharmaceutical and Pharmacological Letters. 1998, 8(4):154-157
17. HG Predel, B Giannetti, R Koll, M Bulitta, C Staiger. Efficacy of a comfrey root extract ointment in comparison to a diclofenac gel in the treatment of ankle distortions: results of an observer-blind, randomized, multicenter study. Phytomedicine. 2005, 12(10): 707-714
18. IS Kozhina, BA Shukhobodskii, LA Klyuchnikova, VM Dil'man, EP Alpatskaya. Representatives of Boraginaceae as sources of physiologically active agents. 1. Rastitel'nye Resursy. 1970, 6(3): 345-350
19. VU Ahmad, M Noorwala, FV Mohammad, B Sener, AH Gilani, K Aftab. Symphytoxide A, a triterpenoid saponin from the roots of Symphytum officinale. Phytochemistry. 1993, 32(4): 1003-1006
20. SS Ham, KG Choi, YM Lee, YI Lee, JW Yoon, SJ Kim, YH Park, DS Lee. Inhibition of hepatocellular carcinoma cell growth by the extract of Symphytum officinale L. and the possible mechanisms for this inhibition. Journal of Food Science and Nutrition. 1997, 2(3): 236-240
21. Y Tanaka, H Hibino, A Nishina, M Hosogoshi, H Nakano, T Sugawara. Development of anti-allergic foods. Shokuhin Sangyo Senta Gijutsu Kenkyu Hokoku. 1999, 25: 115-127
22. N Mei, L Guo, L Zhang, LM Shi, YMA Sun, C Fung, CL Moland, SL Dial, JC Fuscoe, T Chen. Analysis of gene expression changes in relation to toxicity and tumorigenesis in the livers of big blue transgenic rats fed comfrey (Symphytum officinale). BMC Bioinformatics. 2006, 7(Suppl. 2)
23. N Mei, L Guo, PP Fu, RH Heflich, T Chen. Mutagenicity of comfrey (Symphytum officinale) in rat liver. British Journal of Cancer. 2005, 92(5): 873-875
24. C Behninger, G Abel, E Roeder, V Neuberger, W Goeggelmann. Effect of an alkaloid extract of Symphytum officinale on human lymphocyte cultures. Planta Medica. 1989, 55(6): 518-522

작은쑥국화 小白菊 EP, BP, BHP, GCEM

Tanacetum parthenium (L.) Schultz Bip.

Feverfew

개 요

국화과(Asteraceae)

작은쑥국화(*Tanacetum parthenium* (L.) Schultz Bip.)의 지상부를 말린 것: 소백국(小白菊)

중약명: 소백국(小白菊)

쑥국화속(*Tanacetum*) 식물은 전 세계에 약 50종이 있으며 주로 북반구의 열대 지역에 분포한다. 중국에는 약 7종이 발견되는데, 대부분은 신강에 분포한다. 작은쑥국화는 유럽의 남동부에 기원을 두고 있으며 현재 유럽, 호주 및 북미 지역에 널리 분포되어 있다.

작은쑥국화는 열과 두통, 부인과 질환을 치료하기 위해 서양의 전통 한방 의사들에 의해 수년 동안 사용되어 왔다.

지난 20년 동안 작은쑥국화는 편두통을 예방하고 류마티스성 관절염 치료에 사용되었다. 이 종은 작은쑥국화(Tanaceti Parthenii Herba)의 공식적인 기원식물 내원종으로 유럽약전(5판), 영국약전(2002) 및 미국약전(28개정판)에 등재되어 있다. 야생 작은쑥국화는 주로 유럽 대륙에서 생산되며 중국 국내용 작은쑥국화는 주로 영국에서 생산된다.

작은쑥국화에는 주로 세스퀴테르펜 락톤, 플라보노이드 및 정유 성분이 함유되어 있다. 유럽약전, 영국약전 및 미국약전은 의약 물질의 품질관리를 위해 고속액체크로마토그래피로 시험할 때 파테놀리드의 함량이 0.20% 이상이어야 한다고 규정하고 있다.

약리학적 연구에 따르면 작은쑥국화는 항염증, 항종양 및 항산화 효과를 나타낸다.

민간요법에 따르면 작은쑥국화는 편두통, 관절염 및 류머티즘을 치료한다.

작은쑥국화 小白菊 *Tanacetum parthenium* (L.) Schultz Bip.

소백국 小白菊 Tanaceti Parthenii Herba

함유성분

지상부에는 세스퀴테르펜 락톤 성분으로 parthenolide, epoxyartemorin, costunolide, canin, reinosin, hanfillin, artemorin, isochrysartemin B, secotanapartholide A[2], epoxysantamarin, santamarin, reynosin[3]이 함유되어 있고, 정유 성분으로 camphor, cymene[4], pinene, terpinene[5], chrysanthenol, methyl costate[2]가 함유되어 있다.
잎, 꽃 및 씨에는 플라보노이드 성분으로 tanetin, 6-hydroxykaempferol-3,7-di-me ether, apigenin-7-glucuronide, luteolin-7-glucoside, chrysoeriol-7-glucuronide[6]가 함유되어 있다.

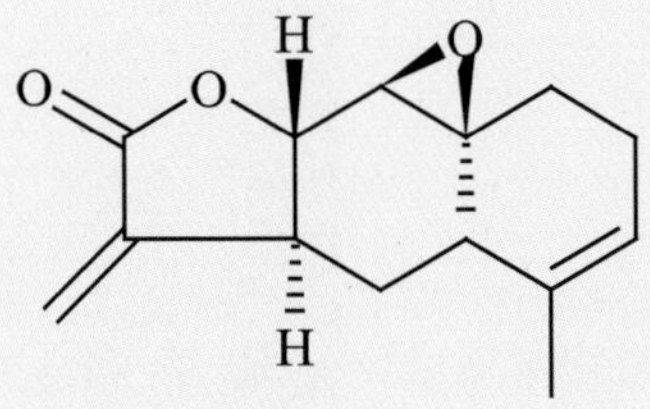

parthenolide

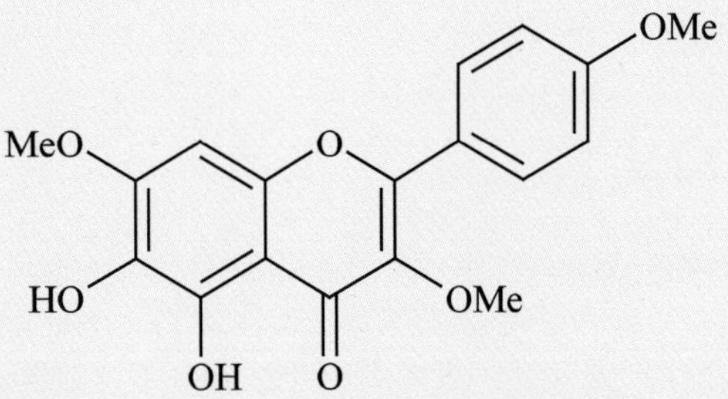

tanetin

약리작용

1. 항염증
화란국화의 잎과 꽃의 지방 친화적인 플라보노이드는 백혈구에서 아라키돈산 대사의 주요 경로를 억제했다[7]. 생약 추출물은 마우스의 복막 비만 세포에서 히스타민 방출을 억제했다[8]. 추출물을 경구 투여하면 마우스의 아세트산 유발 신전반응과 카라기닌으로 유도된 마우스의 족척부종을 유의하게 억제했다[9]. 파테놀리드는 염증 유발 유도성 일산화질소 합성효소의 프로모터 활성[10]을 효과적으로 억제하고 대식세포에서 프로스타글란딘, leukotrienes[11] 및 인터루킨-12[12]의 생산을 억제하여 소염 활성을 나타냈다. 또한, 플라보노이드 분획은 파테놀리드와 상승 작용할 수 있다[11].

2. 편두통에 대한 영향
파테놀리드가 풍부한 전초 추출물은 니트로글리세린에 의해 유발된 fos의 발현을 유의하게 감소시켰다. 정제된 파테놀리드는 니트로글리세린에 의해 유발된 신경 세포의 핵 활성화 및 핵 인자-κB의 활성을 억제하여 편두통에 작용했다[13].

3. 항종양 작용
파테놀리드는 암 세포에서 NF-κB DNA 결합 활성을 억제하고 유방암 세포에서 파클리탁셀 감수성을 증가시켰다[14]. 그리고 백혈병 HL-60 세포 분화를 강화시켰다[15]. 파테놀리드는 PKC 의존 경로를 통해 피부암 세포에서 UVB 유도된 세포사멸을 증가시켰다[16]. 파테놀리드는 마우스 섬유 육종(肉腫) MN-11과 인간 림프종 TK6 세포의 분화와 성장을 억제했다[17]. 파테놀리드는 cycloxygenase-2(COX-2) 단백질 발현을 억제하여 차례로 p21, p27 단백질을 증가시켰다[18]. 혈관 평활근 세포에서 c-fos, c-myc 단백질 발현을 억제하였다. 또한 혈관 평활근 세포의 증식을 억제했다[19]. 파테놀리드와 전초 에탄올 추출물은 인간 유방암 세포주(Hs605T, MCF-7)와 인간 자궁경부암 세포주(SiHa)의 성장을 억제했다. 파테놀리드와 플라보노이드는 시너지 효과가 있는 항암 효과를 나타냈다[20].

4. 항산화 작용
에탄올 추출물은 강한 유리기 소거능과 적당한 Fe^{2+}용량을 가졌으며, 루테올린은 유리기 소거 효과의 주성분이다[21]. 파테놀리드는 저용량으로 항산화 물질인 반면, 고용량에서는 암세포에서 산화 스트레스 매개 세포사멸을 일으켰다[22].

5. 항염증 작용
   잎 추출물은 아라키돈산 방출을 막고 트롬복산의 형성과 응집을 억제하여 항염 효과를 나타냈다[23].

6. 기타
   전초의 정유 성분[24]과 에탄올 추출물[25]은 그람 박테리아, 진균류 및 피부사상균에 대한 항균 활성을 보였다. 파테놀리드는 항 백혈구 활동을 보였다[26].

용도

1. 편두통
2. 관절염, 류머티즘
3. 발열
4. 소화 불량, 장내 기생충 구제
5. 월경통

해설

중국약전(2015년판)에서는 국화 *Chrysanthemum morifolium* Ramat(국화과, Asteraceae)를 국화(Chrysanthemi Flos)로, *C. indicum* L.을 야국화의 공식적인 기원식물로 등재하고 있다. 국화는 산풍청열(散風淸熱), 평간명목(平肝明目)의 효능을 가지며 임상응용으로는 풍열감기, 두통, 현기증, 결막 혼탁 및 흐린 시력에 사용한다. 야국화는 청열해독(淸熱解毒)의 효능을 가지며 임상응용으로는 옹, 종기, 결막 혼탁, 두통 및 현기증에 사용한다.
작은쑥국화는 국화 및 야국화와 치료분야와 임상 효과가 크게 다르다. 이러한 차이점으로 인해 사용 시에는 특별히 주의를 기울여야 한다.

참고문헌

1. DV Awang, AY Leung. Feverfew (Tanacetum parthenium). Encyclopedia of Dietary Supplements. 2005: 211-217
2. F Bohlmann, C Zdero. Naturally occurring terpene derivatives. Part 454. Sesquiterpene lactones and other constituents from Tanacetum parthenium. Phytochemistry. 1982, 21(10): 2543-2549
3. M Milbrodt, F Schroeder, WA Koenig. 3,4-β-Epoxy-8-deoxycumambrin B, a sesquiterpene lactone from Tanacetum parthenium. Phytochemistry. 1997, 44(3): 471-474
4. HA Akpulat, B Tepe, A Sokmen, D Daferera, M Polissiou. Composition of the essential oils of Tanacetum argyrophyllum (C. Koch) Tvzel. var. argyrophyllum and Tanacetum parthenium (L.) Schultz Bip. (Asteraceae) from Turkey. Biochemical Systematics and Ecology. 2005, 33(5): 511-516
5. A Besharati-Seidani, A Jabbari, Y Yamini, MJ Saharkhiz. Rapid extraction and analysis of volatile organic compounds of Iranian feverfew (Tanacetum parthenium) using headspace solvent microextraction (HSME), and gas chromatography/mass spectrometry. Flavour and Fragrance Journal. 2006, 21(3): 502-509
6. CA Williams, JR Hoult, JB Harborne, J Greenham, J Eagles. A biologically active lipophilic flavonol from Tanacetum parthenium. Phytochemistry. 1995, 38(1): 267-270
7. H Sumner, U Salan, DW Knight, JR Hoult. Inhibition of 5-lipoxygenase and cyclo-oxygenase in leukocytes by feverfew. Involvement of sesquiterpene lactones and other components. Biochemical Pharmacology. 1992, 43(11): 2313-2320
8. NA Hayes, JC Foreman. The activity of compounds extracted from feverfew on histamine release from rat mast cells. Journal of Pharmacy and Pharmacology. 1987, 39(6): 466-470
9. NK Jain, SK Kulkarni. Antinociceptive and anti-inflammatory effects of Tanacetum parthenium L. extract in mice and rats. Journal of Ethnopharmacology. 1999, 68(1-3): 251-259
10. K Fukuda, Y Hibiya, M Mutoh, Y Ohno, K Yamashita, S Akao, H Fujiwara. Inhibition by parthenolide of phorbol ester-induced transcriptional activation of inducible nitric oxide synthase gene in a human monocyte cell line THP-1. Biochemical Pharmacology. 2000, 60(4): 595-600
11. CM Dornelles Vieira, F De Paris, M Fiegenbaum, G Lino von Poser. The use of Tanacetum parthenium in treatment of migraine and rheumatoid arthritis. Revista Brasileira de Farmacia. 1998, 79(1/2): 42-44
12. BY Kang, SW Chung, TS Kim. Inhibition of interleukin-12 production in lipopolysaccharide-activated mouse macrophages by

parthenolide, a predominant sesquiterpene lactone in Tanacetum parthenium: involvement of nuclear factor-κB. Immunology Letters. 2001, 77(3): 159-163

13. C Tassorelli, R Greco, P Morazzoni, A Riva, G Sandrini, G Nappi. Parthenolide is the component of Tanacetum parthenium that inhibits nitroglycerin-induced Fos activation: studies in an animal model of migraine. Cephalalgia. 2005, 25(8): 612-621
14. NM Patel, S Nozaki, NH Shortle, P Bhat-Nakshatri, TR Newton, S Rice, V Gelfanov, SH Boswell, RJ Goulet, GW Sledge, H Nakshatri. Paclitaxel sensitivity of breast cancer cells with constitutively active NF-κB is enhanced by IκBα super-repressor and parthenolide. Oncogene. 2000, 19(36): 4159-4169
15. SN Kang, SH Kim, SW Chung, MH Lee, HJ Kim, TS Kim. Enhancement of 1α, 25-dihydroxyvitamin D3-induced differentiation of human leukaemia HL-60 cells into monocytes by parthenolide via inhibition of NF-κB activity. British Journal of Pharmacology. 2002, 135(5): 1235-1244
16. YK Won, CN Ong, HM Shen. Parthenolide sensitizes ultraviolet (UV)-B-induced apoptosis via protein kinase C-dependent pathways. Carcinogenesis. 2005, 26(12): 2149-2156
17. JJ Ross, JT Arnason, HC Birnboim. Low concentrations of the feverfew component parthenolide inhibit in vitro growth of tumor lines in a cytostatic fashion. Planta Medica. 1999, 65(2): 126-129
18. SX Weng, J Shan, G Xu, J Ma. Parthenolide inhibits fetal bovine serum-induced proliferation of vascular smooth muscle cells and the mechanism of signal transduction. Chinese Journal of Pharmacology and Toxicology. 2000, 16(5): 331-335
19. SX Weng, J Shan, XX Lin, GS Fu. Studies on the effect of parthenolide on the proliferation of rat vascular smooth muscle cells and the mechanism. Chinese Journal of Chinese Materia Medica. 2003, 28(7): 647-650
20. CQ Wu, F Chen, JW Rushing, X Wang, HJ Kim, G Huang, V Haley-Zitlin, GQ He. Anti-proliferative activities of parthenolide and golden feverfew extract against three human cancer cell lines. Journal of Medicinal Food. 2006, 9(1): 55-61
21. CQ Wu, F Chen, X Wang, HJ Kim, GQ He, V Haley-Zitlin, G Huang. Anti-oxidant constituents in feverfew (Tanacetum parthenium) extract and their chromatographic quantification. Food Chemistry. 2005, 96(2): 220-227
22. M Li-Weber, K Palfi, M Giaisi, PH Krammer. Dual role of the anti-inflammatory sesquiterpene lactone: regulation of life and death by parthenolide. Cell Death and Differentiation. 2005, 12(4): 408-409
23. AN Makheja, JM Bailey. The active principle in feverfew. Lancet. 1981, 2(8254): 1054
24. Z Kalodera, S Pepeljnak, N Blazevic, T Petrak. Chemical composition and anti-microbial activity of Tanacetum parthenium essential oil. Pharmazie. 1997, 52(11): 885-886
25. Z Kalodera, S Pepeljnjak, T Petrak. The anti-microbial activity of Tanacetum parthenium extract. Pharmazie. 1996, 51(12): 995-996
26. TS Tiuman, T Ueda-Nakamura, DA Cortez, FB Dias, JA Morgado-Diaz, W de Souza, CV Nakamura. Antileishmanial activity of parthenolide, a sesquiterpene lactone isolated from Tanacetum parthenium. Anti-microbial Agents and Chemotherapy. 2005, 49(1): 176-182

쑥국화 菊蒿 GCEM

Tanacetum vulgare L.

Tansy

개 요

국화과(Asteraceae)

쑥국화(菊蒿, *Tanacetum vulgare* L.)의 꽃이 핀 전초를 말린 것: 국호(菊蒿)

중약명: 국호(菊蒿)

쑥국화속(*Tanacetum*) 식물은 전 세계에 약 50종이 있으며 열대 지방을 제외하고 북반구에 분포한다. 중국에는 약 7종이 발견된다.

쑥국화는 북미, 한반도, 러시아, 몽골, 일본, 유럽의 중앙아시아 지역에 분포한다. 중국 북동부, 내몽고 및 신강에서도 발견된다.

쑥국화의 약용 명칭은 그리스어로 "athanasia"에서 유래되었으며, 이는 '불멸'을 의미한다[1]. 고대 그리스인들은 시체가 썩는 것을 방지하기 위해 쑥국화를 사용하였다[2]. 12세기에는 살충제로 사용되기 시작했으며[3], 이후 의학의 목적으로 사용되기 시작했다. 캐나다 동부의 아메리칸 인디언들은 쑥국화를 수백 년 동안 이뇨제와 유산기로 사용했다. 잎, 전초 및 씨의 추출물은 구충제, 궤양 치료제 및 진경제로 사용한다. 잎은 차 또는 조미료로 사용하는 반면, 추출물은 향신료 및 녹색 염료로 사용한다[4]. 이 약재는 주로 유럽에서 생산된다.

쑥국화는 주로 정유, 세스퀴테르펜 락톤 및 플라보노이드 성분을 함유한다.

약리학적 연구에 따르면 쑥국화는 항염증, 항박테리아, 항산화, 항궤양 및 구충효과를 나타낸다.

민간의학에 따르면 쑥국화는 구충제로 사용되어 주기적인 편두통, 신경통, 류머티즘 및 식욕 감퇴에 사용하여 왔다. 쑥국화 기름은 통풍, 류마티스 관절염, 위장 장애, 위생충 감염, 간헐적인 발열, 현기증, 월경통, 타박상, 염좌 및 타박상을 치료하는 데 사용하여 왔다.

쑥국화 菊蒿 *Tanacetum vulgare* L.

국호 菊蒿 Tanaceti Herba

함유성분

식물 전체에는 주로 정유 성분으로 thujone, artemisia ketone, piperitone, borneol, terpinyl acetate, carveyl acetate, davanone, chrysanthemyl acetate[5], camphor, germacrene D, sabinene, umbellulone[6], tanavulgarol[7], tanacetols A, B[8], 세스퀴테르펜 락톤 성분으로 parthenolide[9], tatridins A, B, tanacetin, santamarin, reynosin, armefolin, 3−epi−armefolin [10], tanachin, tamirin[11], vulgarolide[12], chrysanthemin A, dehydromatricarin A[13], chrysanin, tavulin[14]이 함유되어 있고, 플라보노이드 성분으로 6−hydroxyluteolin−7−glucoside, luteolin−7−glucuronide, apigenin[15], jaceosidin, eupatorin, chrysoeriol, diosmetin[16], orientin, luteolin 7−glucoside[17], eupatilin[13], 쿠마린 성분으로 scopoletin, isofraxidin[18]이 함유되어 있다.

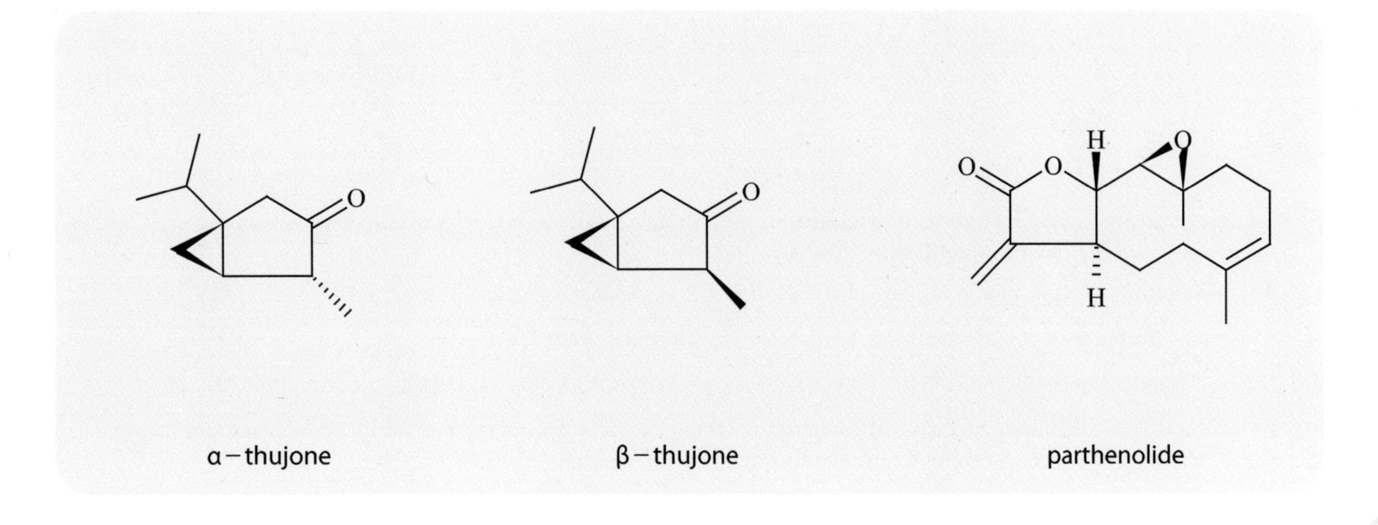

약리작용

1. 항염증 작용
   쑥국화의 플라보노이드는 leukocytes에서 아라키돈산 대사의 주요 경로를 억제하였으며, 6- hydroxyflavonols는 사이클로옥시게나제와 5-지방산화효소의 저해제이다[15]. 파테놀리드와 같은 세스퀴테르페노이드와 jaceosidin, eupatorin, chrysoeriol 및 diosmetin 같은 플라보노이드는 마우스의 TPA에 의해 유도된 귀부종을 억제했다[16]. *in vitro*의 파테놀리드는 프로스타글란딘 합성 효소합성 및 염증 매개체 방출을 억제하고 관절염에서 염증 증상을 감소시킨다[19].

2. 항균 작용
   정유에는 균발육 저지와 항균 작용이 있었다[20]. 정유의 camphor, sabinene과 thujone는 고초균 및 포도상구균과 같은 그람 양성균에 대해 항균활성이 있다. thujone에 의해 가장 높은 항박테리아 효과가 나타났다[6].

3. 항궤양 작용
   클로로포름 추출물과 정제된 파테놀리드의 경구 전처리는 마우스의 알코올 유발 위궤양에 대한 억제효과를 보였다[9]. 다당류 추출물은 마우스의 아세트산 유발성 궤양에 대한 치료 효과가 있었다[21].

4. 간 보호 작용
   사염화탄소에 의해 유도된 간염을 가진 토끼에게 에탄올 추출물을 경구 투여할 때 알부민을 안정적으로 증가시키고 β-글로불린 함량을 감소시키고 간 대사를 회복시켰다. 또한 혈청 지질을 감소시키고 고콜레스테롤 혈증의 증가를 억제했다[22].

5. 면역조절 작용
   아세톤 추출물은 단백질 키나아제 C (PKC) 활성을 억제했다. 또한 인간 다형핵 백혈구의 phorbol myristate acetate (PMA)로 유도된 화학 발광을 억제했다[23].

6. 기타
   쑥국화는 또한 항 라디칼[24]과 항산화제[25]를 가지고 있으며 신경막의 이온 채널을 활성화시킨다[26].

용도

1. 편두통, 신경통, 류마티스, 통풍
2. 위장 감염, 식욕 부진
3. 감기와 발열
4. 월경통
5. 타박상, 염좌

해설

쑥국화는 종종 *Senecio jacobaea* L.과 혼동되기 때문에 응용 분야에서 이들을 감별하는 데 특별한 주의를 기울여야 한다[1].
쑥국화의 꽃과 잎의 정유에 thujone 성분이 함유되어 있으며 신경 독성과 간 독성이 있다[1]. thujone의 만성 중독은 간질, 정신 장애 및 환각으로 이어질 수 있다. 따라서 thujone은 특별히 주의하여 사용해야 한다. 쑥국화의 세스퀴테르펜 락톤은 알레르기 접촉 피부염을 유발할 수 있다[1]. 쑥국화의 광범위한 임상 적용은 정유 및 세스퀴테르펜 락톤이 인체에 미칠 수 있는 부작용에 영향을 받는다.

참고문헌

1. JM Jellin, P Gregory, F Batz, K Hitchens. Pharmacist's Letter/ Prescriber's Letter Natural Medicines Comprehensive Database (3rd edition). California: Therapeutic Research Faculty. 2000: 1019-1020
2. WF Charles, RA Juan. The Complete Guide to Herbal Medicines. Springhouse Corporation. 1999: 478-479
3. A Chevallier. Encyclopedia of Medicinal Plants. London: Dorling Kindersley. 2001: 274
4. Facts and Comparisons (Firm). The Review of Natural Products (3rd edition). Missouri: Facts and Comparisons. 2000: 705-706
5. E Hethelyi, P Tetenyi, B Danos, I Koczka. Phytochemical and anti-microbial studies on the essential oils of the Tanacetum vulgare clones by gas chromatography/mass spectrometry. Herba Hungarica. 1991, 30(1-2): 82-90

6. M Holopainen, V Kauppinen. Anti-microbial activity of essential oils of different chemotypes of tansy (Tanacetum vulgare L.). Acta Pharmaceutica Fennica. 1989, 98(3): 213-219
7. A Chandra, LN Misra, RS Thakur. Tanavulgarol, an oxygenated sesquiterpene with an uncommon skeleton from Tanacetum vulgare. Phytochemistry. 1987, 26(11): 3077-3078
8. G Appendino, P Gariboldi, GM Nano. Tanacetols A and B, nonvolatile sesquiterpene alcohols, from Tanacetum vulgare. Phytochemistry. 1983, 22(2): 509-512
9. H Tournier, G Schinella, EM De Balsa, H Buschiazzo, S Manez, PM De Buschiazzo. Effect of the chloroform extract of Tanacetum vulgare and one of its active principles, parthenolide, on experimental gastric ulcer in rats. Journal of Pharmacy and Pharmacology. 1999, 51(2): 215-219
10. M Todorova, I Ognyanov. Sesquiterpene lactones and chemotypes of bulgarian Tanacetum vulgare L. Dokladi na Bulgarskata Akademiya na Naukite. 1999, 52(3-4): 41-44
11. JF Sanz, JA Marco. NMR studies of tatridin A and some related sesquiterpene lactones from Tanacetum vulgare. Journal of Natural Products. 1991, 54(2): 591-596
12. G Appendino, P Gariboldi, MG Valle. The structure of vulgarolide, a sesquiterpene lactone with a novel carbon skeleton from Tanacetum vulgare L. Gazzetta Chimica Italiana. 1988, 118(1): 55-59
13. M Stefanovic, S Mladenovic, M Dermanovic, N Ristic. Sesquiterpene lactones from domestic plant species Tanacetum vulgare L. (Compositae). Journal of the Serbian Chemical Society. 1985, 50(6): 263-276
14. AI Yunusov, GP Sidyakin, AM Nigmatullaev. Sesquiterpene lactones of Tanacetum vulgare. Khimiya Prirodnykh Soedinenii. 1979, 1: 101-102
15. CA Williams, JB Harborne, H Geiger, JRS Hoult. The flavonoids of Tanacetum parthenium and T. vulgare and their anti-inflammatory properties. Phytochemistry. 1999, 51(3): 417-423
16. GR Schinella, RM Giner, M Del Carmen Recio, PM De Buschiazzo, JL Rios, S Manez. Anti-inflammatory effects of South American Tanacetum vulgare. Journal of Pharmacy and Pharmacology. 1998, 50(9): 1069-1074
17. S Ivancheva, M Behar. Flavonoids in Tanacetum vulgare. Fitoterapia. 1995, 66(4): 373
18. DV Banthorpe, GD Brown. Two unexpected coumarin derivatives from tissue cultures of Compositae species. Phytochemistry. 1989, 28(11): 3003-3007
19. GQ Li, ZX Zhong. The new research trend of sesquiterpene lactones in fields of animal pharmacognosy, pharmacology and neuro-toxicology etc. World Phytomedicines. 1998, 13(1): 10-13
20. F Perineau, C Bourrel, A Gaset. Characterization of fungistatic and bacteriostatic activities of four essential oils rich in lactones (Elecampane, Catnip, Eupatorium cannabinum, Tansy). Rivista Italiana EPPOS. 1993, 4: 695-703
21. KN Sysoeva, AI Yakovlev, VA Vasin, LV Trukhina. Antiulcer activity of polysaccharides from the inflorescence of Tanacentum vulgare. Nauchnye Trudy - Ryazanskii Meditsinskii Institut imeni Akademika I. P. Pavlova. 1984, 83: 95-98
22. VG Kazantseva. Effect of a Tanacetum vulgare extract on certain liver functions in experimental hepatitis. Doklady Chemical Technology. 1965, 5: 97-100
23. AMG Brown, CM Edwards, MR Davey, JB Power, KC Lowe. Effects of extracts of Tanacetum species on human polymorphonuclear leukocyte activity in vitro. Phytotherapy Research. 1997, 11(7): 479-484
24. MN Makarova, VG Makarov, NM Stankevich, SB Ermakov, IA Yashakina. Characterization of anti-radical activity of extracts from plant raw material and determination of content of tannins and flavonoids. Rastitel'nye Resursy. 2005, 41(2): 106-115
25. D Bandoniene, A Pukalskas, PR Venskutonis, D Gruzdiene. Preliminary screening of anti-oxidant activity of some plant extracts in rapeseed oil. Food Research International. 2000, 33(9): 785-791
26. AI Vislobokov, VI Prosheva, AY Polle. Activating effect of Tanacetum vulgare L. pectin polysaccharide on ionic channels of neuronal membrane. Bulletin of Experimental Biology and Medicine. 2004, 138(4): 390-392

Taxaceae

주목 東北紅豆杉

Taxus cuspidata Sieb. et Zucc.

Japanese Yew

개 요

주목과(Taxaceae)

주목(東北紅豆杉, *Taxus cuspidata* Sieb. et Zucc.)의 나무껍질, 가지와 잎을 말린 것: 동북홍두삼(東北紅豆杉)

중약명: 동북홍두삼(東北紅豆杉)

주목속(*Taxus*) 식물은 전 세계에 약 11종이 있으며 북반구에 분포한다. 그 가운데 중국에는 4종 1변종이 발견되며, 이 속의 1종이 약으로 사용된다. 주목은 일본, 한반도 및 러시아에 분포한다. 중국에서는 주로 북동쪽에 분포하며 산동성, 강소성, 강서성에서 재배되고 있다.

주목속 식물의 씨, 가지 및 잎은 중국 민간요법에서 이뇨제 및 구충제로 사용된다. 1971년 미국의 화학자 와니(Wani)와 그 일행들은 *Taxus brevifolia* Nutt.의 껍질에서 탁솔을 처음으로 추출하였으며, 이 화학 물질은 항종양 효과가 강하고 미세 소관 억제 및 미세 소관 기능의 안정화라는 독특한 메커니즘을 가지고 있음을 발견했다. 그 이후 *T. brevifolia*는 대중의 주목을 끌기 시작했다. 중국 과학자들은 우선 중국에서 주목속 식물의 껍질의 조 추출물을 추출하여 탁솔을 추출하고 다양한 연구와 실험을 통하여 *in vitro*와 *in vivo*에서 강력한 항종양 효과가 있음을 확인했다. 탁솔 주사제는 현재 임상적으로 사용된다. 이 약재는 주로 중국의 흑룡강성, 길림성 및 요녕성에서 생산된다.

주목은 주로 탁산 디테르페노이드와 리그난 성분을 함유한다.

약리학적 연구에 따르면 주목은 항종양, 혈관 보호 및 항진균 효과를 나타낸다.

민간요법에 따르면 주목의 잎은 배뇨를 촉진하고 부기를 줄인다.

주목 東北紅豆杉 *Taxus cuspidata* Sieb. et Zucc.

해남비자나무 海南粗榧 *Cephalotaxus mannii* Hook. f.

taxinine

taxol

함유성분

뿌리에는 탁산 디테르페노이드 성분으로 taxinine, 10-deacetyl taxol, 리그난 성분으로 nortrachelogenin, matairesinol, isotaxiresinol, taxiresinol, lariciresinol[1]이 함유되어 있고, 또한 afzelechin-(4α→8)-afzelechin[2]이 함유되어 있다.
줄기껍질에는 탁산 디테르페노이드 성분으로 taxol, 1-hydroxy baccatin I, 2-deacetoxy taxinine J[3], taxuspinananes D, E, F, G[4], taxuspines X, Y, Z[5]가 함유되어 있다.
바늘잎에는 탁산 디테르페노이드 성분으로 taxol, 2α9αdiacetoxy-5αcinnamoyloxy-11,12-epoxy-10β hydroxytax-4(20)-en-13-one[6], 2α7β10βtriacetoxy-5α13αdihydroxy-2(3 → 20)abeotaxa-4(20),11-dien-9-one[7], 5α13αdiacetoxytaxa-4(20),11-diene-9-α-10-β-diol[8], 디테르페노이드 성분으로 2α9α10βtriacetoxy-11,12-epoxytax-4(20)-en-13-one-5αO-βD-glucopyranoside[9], 3'O-methyldehydroisopenicillide[10], 1βhydroxy-7βacetoxytaxinine, 1β7βdihydroxytaxinine[11], taxinine A 11,12-epoxide[12], 2,20-dideacetyltaxuspine X, 2-deacetyltaxuspine X, 2,7-dideacetyltaxuspine X[13], 7-deactoxytaxuspine J[14], 1-hydroxytaxuspine C[15]가 함유되어 있다.
잎과 줄기에는 탁산 디테르페노이드 성분으로 taxol, taxinine, taxinines A, B, M, taxacin, taxagifine, cephalomannine, taxayuntin, 10-deacetylbaccatin III, 10-deacetyltaxinine B, taxacustin[16], taxinine NN-7, 3,11-cyclotaxinine NN-2[17], 플라보노이드 성분으로 ginkgetin, sciadopitysin[18]이 함유되어 있다.
나무껍질에서 탁솔이 가장 풍부하지만 나무껍질이 벗겨지면 나무가 죽는다. 그 반면에 재생 가능한 잎과 줄기는 나무껍질에 비해 taxol의 함량이 약 1/10에 그치지 않지만, 나무껍질보다 생산량이 훨씬 많기 때문에 나무껍질 대신에 잎과 줄기를 사용하여 자원을 보존 할 수 있다.

약리작용

1. 항종양

탁솔은 다중 경로에서 종양 세포사멸을 유도했다. 탁솔의 농도 범위가 낮을수록 세포증식 억제 및 세포 자멸사 유도가 나타났다. 농도가 증가함에 따라 종양 세포 괴사를 일으켰다[26]. 탁솔은 항 미세관 약제이다[27]. 일본 주목의 주사제를 복강 내 투여하면 폐암종을 가진 ACZY-83-a 마우스에 대한 억제효과를 나타냈다. 종양의 무게를 줄이고 염증 세포 침투와 함께 암 조직의 괴사를 나타냈다[28]. 탁솔은 MMP-9, MMP-2 유전자 전환의 억제를 통해 단백질 발현을 낮추어 Raji 림프종의 침범과 부착을 감소시켰다[29]. 탁솔은 CK13mRNA의 발현을 낮추어 후두암 Hep-2 세포의 침범과 전환을 억제했다[30]. 탁솔은 G2/M기의 유방암 세포 MCF-7의 세포주기 정지를 유발하고 세포자멸사를 유도했다[31]. 다른 농도의 탁솔은 자궁경부암세포 HeLa에서 카스파제-3 의존성 세포사멸을 유도했다[32]. 탁솔 활성화 raf-1은 bcl-2의 인산화를 유도하고 항 세포사멸 효과를 감소시켰다[33]. 또한 카스파제-8과 카스파제-3을 활성화시켜[34], 미토콘드리아로부터 사이토크롬-c의 방출을 유도해서 카스파제-9 의존성 단백질분해 캐스케이드[35-36]와 카스파제 독립성 폐 암세포 H_{460}의 세포사멸을 활성화시켰다[37]. 탁솔은 또한 위암세포 SGC-7901[38], 백혈병세포 L1210, P388, P1534, 인간 유방암세포, 결장암세포, 이식된 폐암세포 MX-1, CX-1과 누드마우스의 LX-1 세포에 대한 억제효과가 있었다. 유방암, 자궁내막암, 난소암, 폐암, 뇌암 및 혀암에 대하여 탁솔에 의해 유발된 세포사멸과 세포주기 정지 사이의 관계는 아직 더 많은 연구가 진행 중에 있다.

2. 혈관 보호 작용

탁솔은 마우스의 이식된 동맥에서 증식을 억제하고 혈관 평활근 세포의 증식 억제와 면역 거부 반응의 감소로 인한 죽상 동맥 경화증을 예방했다[39]. 비 세포독성 농도의 탁솔은 *in vitro*에서 인간 제대 정맥 내피 세포의 증식을 억제했다[40]. *in vitro*에서 병아리 배아 장요막의 혈관 신생을 억제하여 항 혈관 신생 효과를 일으킨다. 특정 농도의 탁솔은 토끼 혈관 평활근 세포의 이동 및 증식을 억제하고 또한 내피세포 이동 및 증식을 억제한다[41].

3. 항균 작용

탁시닌은 키다리병균, 양빈과반점병 및 붉은곰팡이, 오이갈반병균에 유의한 저해 효과를 나타냈다[42].

용도

1. 난소, 유방, 식도, 폐, 위암
2. 신염성 부종, 배뇨 장애
3. 당뇨병
4. 면역 결핍 증후군(AIDS) 획득
5. 류마티스 관절염

해설

주목속 식물은 천천히 자라고 매우 소량의 탁솔을 함유한다. 이용 가능한 자원은 매우 제한적이며 재배 품종도 생산 요구를 충족시키기에는 부족하다. 주목속 식물의 야생 자원은 이제 멸종 위기에 처해 있다.
그럼에도 불구하고 탁솔 또는 그 동종 화합물은 *Cephalotaxus mannii* Hook f.,의 줄기에서 발견된다. *C. fortunei* Hook. f.와 *Pseudotaxus chienii* (Cheng) Cheng은 탁월한 새로운 원료공급원이다.
탁솔 자원의 부족은 야생, 재배 및 잡종 품종의 추출 또는 납 화합물의 화학적 변형과 같은 다양한 방법으로 해결할 수 있다.
유럽, 아시아 및 아프리카에서 생산되는 *Taxus baccata* L.는 탁솔의 중요한 원료 중 하나이기도 하다. *T. baccata*의 침엽수 잎에서 비활성 화합물이 추출되었다. 전구체로서 합성된 신세대 화학 요법 제제인 도세탁셀은 세포 분열을 현저하게 억제하고, 종양 세포의 사멸을 유발할 수 있으며 광범위한 임상 적용을 갖는 것으로 밝혀졌다.

참고문헌

1. F Kawamura, Y Kikuchi, T Ohira, M Yatagai. Phenolic constituents of Taxus cuspidata I: lignans from the roots. Journal of Wood Science. 2000, 46(2): 167-171
2. F Kawamura, T Ohira, Y Kikuchi. Constituents from the roots of Taxus cuspidata. Journal of Wood Science. 2004, 50(6): 548-551
3. SL Mao, WS Chen, SX Liao. Studies on chemical constituents of the stem bark of Taxus cuspidata. Journal of Chinese Medicinal Materials. 1999, 22(7): 346-347
4. H Morita, A Gonda, L Wei, Y Yamamura, H Wakabayashi, K Takeya, H Itokawa. Four new taxoids from Taxus cuspidata. Planta Medica. 1998, 64(2): 183-186
5. H Shigemori, XX Wang, N Yoshida, J Kobayashi. Taxuspines X-Z, new taxoids from Japanese yew Taxus cuspidata. Chemical & Pharmaceutical Bulletin. 1997, 45(7): 1205-1208
6. QW Shi, CM Cao, JS Gu, H Kiyota. Four new epoxy taxanes from needles of Taxus cuspidata (Taxaceae). Natural Product Research. 2006, 20(2): 173-179
7. QW Shi, ZP Li, D Zhao, JS Gu, T Oritani, H Kiyota. New 2(3→20) abeotaxane and 3,11-cyclotaxane from needles of Taxus cuspidata. Bioscience, Biotechnology, and Biochemistry. 2004, 68(7): 1584-1587
8. QW Shi, T Oritani, H Kiyota, R Murakami. Three new taxoids from the leaves of the Japanese yew, Taxus cuspidata. Natural Product Letters. 2001, 15(1): 55-62
9. CL Wang, ML Zhang, CM Cao, QW Shi, H Kiyota. First example of 11,12-epoxytaxane-glucoside from the needles of Taxus cuspidata. Heterocyclic Communications. 2005, 11(3-4): 211-214
10. H Kawamura, T Kaneko, H Koshino, Y Esumi, J Uzawa, F Sugawara. Penicillides from Penicillium sp. isolated from Taxus cuspidata. Natural Product Letters. 2000, 14(6): 477-484
11. Q Cheng, T Oritani, T Horiguchi. Two novel taxane diterpenoids from the needles of Japanese yew, Taxus cuspidata. Bioscience, Biotechnology, and Biochemistry. 2000, 64(4): 894-898
12. R Murakami, QW Shi, T Oritani. A taxoid from the needles of the Japanese yew, Taxus cuspidata. Phytochemistry. 1999, 52(8): 1577-1580
13. QW Shi, T Oritani, T Sugiyama, R Murakami, T Horiguchi. Three new bicyclic taxane diterpenoids from the needles of Japanese yew, Taxus cuspidata Sieb. et Zucc. Journal of Asian Natural Products Research. 1999, 2(1): 63-70
14. R Murakami, QW Shi, T Horiguchi, T Oritani. A novel rearranged taxoid from needles of the Japanese yew, Taxus cuspidata Sieb. et Zucc. Bioscience, Biotechnology, and Biochemistry. 1999, 63(9): 1660-1663
15. QW Shi, T Oritani, T Horiguchi, T Sugiyama, R Murakami, T Yamada. Four novel taxane diterpenoids from the needles of Japanese yew,

Taxus cuspidata. Bioscience, Biotechnology, and Biochemistry. 1999, 63(5): 924-929

16. XJ Tong, WS Fang, JY Zhou, CH He, WM Chen, QC Fang. Studies on the chemical constituents of leaves and twigs of Taxus cuspidata. Acta Pharmaceutica Sinica. 1994, 29(1): 55-60
17. K Kosugi, J Sakai, S Zhang, Y Watanabe, H Sasaki, T Suzuki, H Hagiwara, N Hirata, K Hirose, M Ando, A Tomida, T Tsuruo. Neutral taxoids from Taxus cuspidata as modulators of multidrug-resistant tumor cells. Phytochemistry. 2000, 54(8): 839-845
18. SK Choi, HM Oh, SK Lee, DG Jeong, SE Ryu, KH Son, DC Han, ND Sung, NI Baek, BM Kwon. Biflavonoids inhibited phosphatase of regenerating liver-3 (PRL-3). Natural Product Research, Part B: Bioactive Natural Products. 2006, 20(4): 341-346
19. QW Shi, T Oritani, T Sugiyama, T Oritani. Three new taxane diterpenoids from the seeds of the Japanese yew, Taxus cuspidata. Natural Product Letters. 2000, 14(4): 265-272
20. QW Shi, T Oritani, D Zhao, R Murakami, T Oritani. Three new taxoids from the seeds of Japanese yew, Taxus cuspidata. Planta Medica. 2000, 66(3): 294-299
21. XX Wang, H Shigemori, J Kobayashi. Taxezopidine A, a novel taxoid from seeds of Japanese yew (Taxus cuspidata). Tetrahedron Letters. 1997, 38(43): 7587-7588
22. XX Wang, H Shigemori, J Kobayashi. Taxezopidines B-H, new taxoids from Japanese yew (Taxus cuspidata). Journal of Natural Products. 1998, 61(4): 474-479
23. H Shigemori, CA Sakurai, H Hosoyama, A Kobayashia, S Kajiyama, J Kobayashi. Taxezopidines J, K, and L, new taxoids from Taxus cuspidata inhibiting Ca^{2+}-induced depolymerization of microtubules. Tetrahedron. 1999, 55(9): 2553-2558
24. H Morita, I Machida, Y Hirasawa, J Kobayashi. Taxezopidines M and N, taxoids from the Japanese yew, Taxus cuspidata. Journal of Natural Products. 2005, 68(6): 935-937
25. M Ando, J Sakai, SJ Zhang, Y Watanabe, K Kosugi, T Suzuki, H Hagiwara. A new basic taxoid from Taxus cuspidata. Journal of Natural Products. 1997, 60(5): 499-501
26. TK Yeung, C Germond, XM Chen, ZX Wang. The Mode of action of taxol: apoptosis at low concentration and necrosis at high concentration. Biochemical and Biophysical Research Communications. 1999, 263(2): 398-404
27. DY Shin, TS Choi. Oocyte-based screening system for anti-microtubule agents. Journal of Reproduction and Development. 2004, 50(6): 647-652
28. XH Zhang, XW Yu, FL Xu. The experimental study of northeast yew counter mice lung carcinoma. Bulletin of Medical Research. 2005, 34(4): 32-34
29. MZ Zhong, FP Chen, X Zhai, J Huang, W Liu. The effect of taxol on proliferation, adhesiveness and invasiveness of Raji cell. Chinese Journal of Hematology. 2006, 27(2): 133-135
30. CL Wang, JY Xiao, SP Zhao, YZ Qiu. Influence of paclitaxel on CK13 mRNA expression in larynx carcinoma. China Journal of Modern Medicine. 2005, 15(19): 2933-2935
31. J Wang, FT He, ZX Zeng, HX Fang, PG Xiao, R Han, MT Yang. Differential gene expression profiles in paclitaxel-induced cell cycle arrest and apoptosis in human breast cancer MCF-7 cells. Acta Pharmaceutica Sinica. 2005, 40(12): 1099-1104
32. XY Hu, G Meng, YY Bao, XM Zhu, Y Wang, Q Zhou. Relationships between induction of apoptosis by taxol in HeLa cells and apoptosis-related proteins. Chinese Pharmacological Bulletin. 2004, 20(9): 1063-1067
33. MV Blagosklonny, P Giannakakou, WS El-Deiry, DG Kingston, PI Higgs, L Neckers, T Fojo. Raf-1/bcl-2 phosphorylation: a step from microtubule damage to cell death. Cancer Research. 1997, 57(1): 130-135
34. H Oyaizu, Y Adachi, S Taketani, R Tokunaga, S Fukuhara, S Ikehara. A crucial role of caspase 3 and caspase 8 in paclitaxel-induced apoptosis. Molecular Cell Biology Research Communication. 1999, 2(1): 36-41
35. AM Ibrado, CN Kim, K Bhalla. Temporal relationship of CDK1 activation and mitotic arrest to cytosolic accumulation of cytochrome C and caspase-3 activity during taxol-induced apoptosis of human AML (acute myeloid leukemia) HL-60 cells. Leukemia. 1998, 12(12): 1930-1936
36. CL Perkins, GF Fang, CN Kim, KN Bhalla. The role of apaf-1, caspase-9, and bid proteins in etoposide- or paclitaxel-induced mitochondrial events during apoptosis. Cancer Research. 2000, 60(6): 1645-1653
37. C Huisman, CG Ferreira, LE Broker, JA Rodriguez, EF Smit, PE Postmus, FA Kruyt, G Giaccone. Paclitaxel triggers cell death primarily via caspaseindependent routes in the non-small-cell lung cancer cell line NCI-H460. Clinical Cancer Research. 2002, 8(2): 596-606
38. TY Liu, X Qu, SH Pan, C Liu. Apoptosis induction of gastric adenocarcinoma cell line SGC-7901 by paclitaxel in vitro. Journal of Harbin Medical University. 2003, 37(3): 215-217
39. ZH Yang, T Hong, CS Wang, K Song, JY Zheng, SJ Zhu, C Liu. Effects of paclitaxel on the intimal proliferation in rat aortic allografts. Chinese Journal of Organ Transplantation. 2006, 27(3): 135-137

40. M Yin, LB Chen, HC Geng, J Zang. An experimental study of paclitaxol on inhibiting angiogenesis. Cancer Research on Prevention and Treatment. 2004, 31(5): 282-283, 285

41. XJ Wu, L Huang, J Jin, MB Song, SY Yu. Effects of paclitaxel on the quantitative proliferation and migration of rabbit vascular smooth muscle cells and endothelial cells. Chinese Journal of Cardiology. 2004, 32(7): 626-630

42. S Tachibana, H Ishikawa, K Itoh. Anti-fungal activities of compounds isolated from the leaves of Taxus cuspidata var. nana against plant pathogenic fungi. Journal of Wood Science. 2005, 51(2): 181-184

카카오 可可 BP, GCEM

Theobroma cacao L.

Cacao

개 요

벽오동과(Sterculiaceae)

카카오(可可, *Theobroma cacao* L.)의 씨를 볶은 것으로부터 얻은 단단한 지방덩어리: 가가두지(可可豆脂)

카카오(可可, *Theobroma cacao* L.)의 잘 익은 씨를 말린 것: 가가두((可可豆)

카카오속(*Theobroma*) 식물은 전 세계에 약 30종이 있으며 아메리카 대륙의 열대 지역에 분포한다. 그 가운데에서도 중국의 하이난과 운남 지역에서 재배되는 종은 1종이다. 카카오는 중미와 남미 지역에서 유래했으며 현재 전 세계의 열대 지역에서 광범위하게 재배되고 있다.

2600년 전 미주 지역의 마야족은 카카오를 음료와 통화로 사용했다. 카카오는 콜럼버스와 코르테스에 의해 16세기에 유럽으로 도입된 후 전 세계로 퍼졌다. 카카오는 또한 환자의 회복을 촉진할 수 있음을 입증하고, 아침 식사를 위해 카카오 콩을 먹는 것은 인체에 영양 공급을 보장할 수 있다[1]. 이 종은 카카오유의 공식적인 기원식물 내원종으로 영국약전(2002)에 등재되어 있다. 전 세계에 약 30개의 주요 카카오 생산 지역이 있으며, 세계에서 세 번째로 큰 카카오 생산지는 아프리카 서부의 코트디부아르와 가나, 그리고 아시아 남동부의 인도네시아이다[2].

카카오는 주로 알칼로이드, 폴리페놀, 지방산 및 플라보노이드를 함유한다. 영국약전은 카카오유의 품질관리를 위해 산가, 용융점 및 굴절률로 규정하고 있다.

약리학적 연구는 카카오가 중추신경계를 자극하고 항산화, 항염증, 항종양, 항죽상경화성, 항균 및 항바이러스 효과가 있음을 나타낸다.

민간요법에 따르면 카카오는 수렴성, 이뇨작용 및 심장 강렬 작용이 있다.

카카오 可可 *Theobroma cacao* L.

가가두 可可豆 Theobromae Semen

함유성분

씨에는 알칼로이드 성분으로 caffeine, theobromine이 함유되어 있고, 폴리페놀 성분으로 catechin, epicatechin[3], 프로시아니딘 성분으로 cyanidin−3−galactoside, cyanidin−3−arabinoside[3], procyanidins B_1, B_2, B_5, C_1[4−5], 지방산 성분으로 팔미트산, 스테아르산, 리올레산, 리놀렌산 그리고 그 트리글리세라이드[6]가 함유되어 있으며, 고리형 펩타이드 성분으로 cyclo(L−Ile−L−phe), cyclo(L−Val−L−Leu)[7], 아미노산 아마이드 성분으로 clovamide, deoxyclovamide, (−)−N−[3'4'dihydroxy−(E)−cinnamoyl]−L−tyrosine[8], (+)−N−[4'hydroxy−(E)−cinnamoyl]−Laspartic acid[4], 플라보노이드 성분으로 quercetin, naringenin, luteolin, apigenin glycopyranoside[4]가 함유되어 있다.
열매 껍질에는 알칼로이드와 폴리페놀 성분이 함유되어 있는데 씨에 있어서도 그 성분이 비슷하고[9], 유기산 성분으로 phytic acid, 카페인산, gentisic acid[10]가 함유되어 있다.

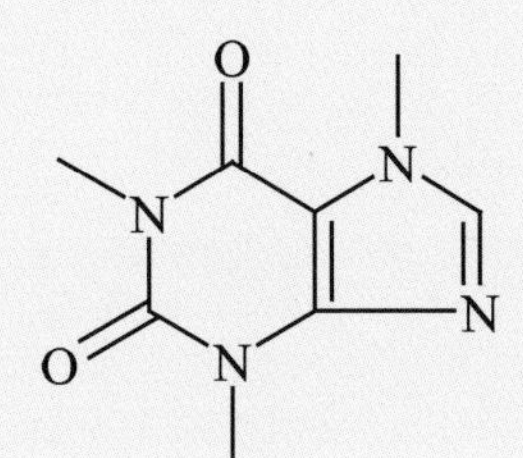

caffeine

theobromine

약리작용

1. 중추신경계의 자극
   카페인은 세포 내 cAMP 수준을 증가시켰다. 저용량 또는 중용량 섭취 시 대뇌 피질, 흥분된 정신력, 기민성 증가, 작업 지속성 향상, 분별력 강화 및 반응 시간 단축 등을 자극했다. 고용량 섭취 시, 불안, 불면증, 그리고 미세 운동 기능 장애를 유발했다[11].
2. 항산화 작용
   카카오 폴리페놀은 상당한 항산화 효과 및 유리기 소거 활성을 나타냈다[12]. 잎 추출물은 상당한 Fe^{3+}, Cu^{2+} 환원력을 가졌으며, 그 항산화제 활성은 부틸화 히드록시아니솔 및 부틸화 히드록시톨루엔에 가깝다[13-14].
3. 항염증 작용
   카카오 플라보노이드, 프로시아니딘 및 에피카테킨은 대식세포에서 NO 방출을 억제하고 염증성 사이토카인 및 케모카인을 억제한다[15]. 또한 단핵세포로부터 인터루킨-4 분비를 억제하고 항염증 효과를 일으키는 이산소화효소와 5-지방산화효소 통로를 통한 시스테이닐 류코트리엔의 합성을 억제했으며, 코코아분말에서 발견되는 에피카테킨 올리고머는 퍼옥시나이트라이트 작용에 대한 강력한 방어작용일 수 있다[18].
4. 항종양 작용
   카카오 콩 껍질의 60% 에탄올 추출물은 3H-티미딘 편입 아세이[19]에 의해 입증된 것처럼 모든 간, 위, 대장암 세포에서 DNA 합성을 억제했다. 카카오 폴리카페놀은 인간 타액선 종양 HSG보다 인간 구강 편평 세포 암종인 HSC-2에 더 많은 세포독성을 보였다.[20]. 카카오 폴리페놀은 배양된 인간 전 골수성 백혈병 HL-60 세포에서 크틴산화 효소 활성 및 12-O-tetradecanoylphorbol-13-acetate(TPA)로 유도된 과산화물 음이온 생성을 억제했다. 카카오 폴리페놀의 항산화 및 항염증 특성은 항종양 효과의 기초가 될 가능성이 있다[12].
5. 항죽상 경화증
   고 콜레스테롤 혈증에 대한 카카오 씨 폴리페놀액을 투여하면 혈장의 저밀도 지단백질 함량과 죽상 경화성 병변의 면적을 유의하게 감소시켰다. 또한 총 콜레스테롤 농도를 감소시켰다[21].
6. 항균 작용
   카카오 추출물은 클라도스포륨에 유의한 억제효과를 나타냈다[22].
7. 항바이러스작용
   Polycaphenol은 MT-4 세포에서 인체면역결핍바이러스(HIV) 감염의 세포 변성 효과를 억제했다[20].
8. 항궤양 작용
   카카오 수용성 조 폴리페놀은 라디칼 소거 활성 및 백혈구 기능의 조정을 통해 에탄올로 유발된 위 점막 병변을 억제했다[23].
9. 기타
   카카오 추출물은 Streptococcus sobrinus에 의해 유발된 치아 우식증을 예방했다[24]. 카페인에는 또한 중요한 이뇨작용이 있다[25].

용도

1. 감염성 장 질환, 설사
2. 간 및 신장 질환, 당뇨
3. 불안
4. 알츠하이머병
5. 뇌졸중

해설

카카오 씨 기름뿐만 아니라 카카오 씨 및 씨껍질도 약용된다. 카카오 콩의 가루는 독특한 향이 강하고 오늘날 세계 3대 음료 중 하나로서 카카오는 그 응용 범위가 넓어 카카오 가공 산업은 빠르게 발전하고 있다. 한편, 품질이 낮거나 가짜 카카오 분말은 식품 안전을 심각하게 위협한다. 카카오 콩의 가루는 주로 다음과 같은 방법으로 위조된다. 즉, 카카오 외피 분말을 생산하거나 용안육의 열매껍질, 밤의 열매껍질 및 땅콩의 열매껍질을 첨가하는 방식으로 위조하거나, 회분, 밀가루 또는 호박 가루와 같은 분말을 첨가하여 회분시험을 통과하거나, 향료지표시험을 통과하기 위해 카카오 에센스를 넣거나, 지질지표시험을 통과하기 위해 코코아 버터 및 코코아 버터 대용물 또는 심지어 소나 염소 기름을 첨가하기도 한다.

참고문헌

1. H Zoellner, R Giebelmann. Cultural-historical remarks on theobromine and cocoa. Deutsche Lebensmittel-Rundschau. 2003, 99(6): 236-239
2. SQ Yu, CL Du. The actualities and analysis of production and application of cocoa powder in China and its development tactics. Journal of Anhui Technical Teachers College. 2005, 19(4): 24-30
3. N Niemenak, C Rohsius, S Elwers, D Omokolo Ndoumou, R Lieberei. Comparative study of different cocoa (Theobroma cacao L.) clones in terms of their phenolics and anthocyanins contents. Journal of Food Composition and Analysis. 2006, 19(6-7): 612-619
4. T Stark, S Bareuther, T Hofmann. Sensory-guided decomposition of roasted cocoa nibs (Theobroma cacao) and structure determination of tasteactive polyphenols. Journal of Agricultural and Food Chemistry. 2005, 53(13): 5407-5418
5. R Gotti, S Furlanetto, S Pinzauti, V Cavrini. Analysis of catechins in Theobroma cacao beans by cyclodextrin-modified micellar electrokinetic chromatography. Journal of Chromatography A. 2006, 1112(1-2): 345-352
6. DC Wright, WD Park, NR Leopold, PM Hasegawa, J Janick. Accumulation of lipids, proteins, alkaloids and anthocyanins during embryo development in vivo of Theobroma cacao L. Journal of the American Oil Chemists' Society. 1982, 59(11): 475-479
7. T Stark, T Hofmann. Structures, sensory activity, and dose/response functions of 2,5-diketopiperazines in roasted cocoa nibs (Theobroma cacao). Journal of Agricultural and Food Chemistry. 2005, 53(18): 7222-7231
8. T Stark, T Hofmann. Isolation, structure determination, synthesis, and sensory activity of N-phenylpropenoyl-L-amino acids from cocoa (Theobroma cacao). Journal of Agricultural and Food Chemistry. 2005, 53(13): 5419-5428
9. M Arlorio, JD Coisson, F Travaglia, F Varsaldi, G Miglio, G Lombardi, A Martelli. Anti-oxidant and biological activity of phenolic pigments from Theobroma cacao hulls extracted with supercritical CO_2. Food Research International. 2005, 38(8-9): 1009-1014
10. J Serra Bonvehi, RE Jorda. Constituents of cocoa husks. Zeitschrift fuer Naturforschung, C: Biosciences. 1998, 53(9/10): 785-792
11. CR Yi, ZQ Wei. Pharmacological effects and application of caffeine. Journal of Medical Postgraduates. 2005, 18(3): 270-272
12. KW Lee, JK Kundu, SO Kim, KS Chun, HJ Lee, YJ Surh. Cocoa polyphenols inhibit phorbol ester-induced superoxide anion formation in cultured HL-60 cells and expression of cyclooxygenase-2 and activation of NF-kB and MAPKs in mouse skin in vivo. Journal of Nutrition. 2006, 136(5): 1150-1155
13. O Hassan, LS Fan. The anti-oxidation potential of polyphenol extract from cocoa leaves on mechanically deboned chicken meat (MDCM). LWT--Food Science and Technology. 2005, 38(4): 315-321
14. H Osman, R Nasarudin, SL Lee. Extracts of cocoa (Theobroma cacao L.) leaves and their anti-oxidation potential. Food Chemistry. 2004, 86(1): 41-46
15. E Ramiro, A Franch, C Castellote, F Perez-Cano, J Permanyer, M Izquierdo-Pulido, M Castell. Flavonoids from Theobroma cacao down-regulate inflammatory mediators. Journal of Agricultural and Food Chemistry. 2005, 53(22): 8506-8511
16. TK Mao, JJ Powell, J Van De Water, CL Keen, HH Schmitz, ME Gershwin. Effect of cocoa procyanidins on the secretion of interleukin-4 in peripheral blood mononuclear cells. Journal of Medicinal Food. 2000, 3(2): 107-114
17. T Schewe, H Kuhn, H Sies. Flavonoids of cocoa inhibit recombinant human 5-lipoxygenase. Journal of Nutrition. 2002, 132(7): 1825-1829
18. GE Arteel, P Schroeder, H Sies. Reactions of peroxynitrite with cocoa procyanidin oligomers. Journal of Nutrition. 2000, 130(8S): 2100S-2104S
19. KW Lee, ES Hwang, NJ Kang, KH Kim, HJ Lee. Extraction and chromatographic separation of anticarcinogenic fractions from cacao bean husk.Biofactors. 2005, 23(3): 141-150
20. Y Jiang, K Satoh, C Aratsu, N Komatsu, M Fujimaki, H Nakashima, T Kanamoto, H Sakagami. Diverse biological activity of polycaphenol. In Vivo.2001, 15(2): 145-150
21. T Kurosawa, F Itoh, A Nozaki, Y Nakano, S Katsuda, N Osakabe, H Tsubone, K Kondo, H Itakura. Suppressive effects of cacao liquor polyphenols (CLP) on LDL oxidation and the development of atherosclerosis in Kurosawa and Kusanagi-hypercholesterolemic rabbits. Atherosclerosis. 2005, 179(2): 237-246
22. BMR Bandara, IHS Fernando, CM Hewage, V Karunaratne, NKB Adikaram, DSA Wijesundara. Anti-fungal activity of some medicinal plants of Sri Lanka. Journal of the National Science Council of Sri Lanka. 1989, 17(1): 1-13
23. N Osakabe, C Sanbongi, M Yamagishi, T Takizawa, T Osawa. Effects of polyphenol substances derived from Theobroma cacao on gastric mucosal lesion induced by ethanol. Bioscience, Biotechnology, and Biochemistry. 1998, 62(8): 1535-1538
24. K Ito, T Takizawa. Cacao extract inhibits experimental dental caries in SPF rats infected with Mutans Streptococci. Meiji Seika Kenkyu

Nenpo. 1999,38: 45-52

25. LJ Dorfman, ME Jarvik. Comparative stimulant and diuretic actions of caffeine and theobromine in man. Clinical Pharmacology & Therapeutics.1970, 11(6): 869-872

크리핑와일드타임 鋪地香 EP, BHP, GCEM

Labiatae

Thymus serpyllum L.

Wild Thyme

개 요

꿀풀과(Labiatae)

크리핑와일드타임(鋪地香, *Thymus serpyllum* L.)의 지상부를 말린 것: 포지향(鋪地香)

중약명: 포지향(鋪地香)

백리향속(*Thymus*) 식물은 전 세계에 약 300–400종이 있으며 아프리카 북부, 아시아 및 유럽의 온대 지역에 분포하고 그 가운데 11종과 2변종이 중국에서 발견된다. 주로 황하 북부 지역에 분포하며 이 속에서 4종과 1변종이 약재로 사용된다. 크리핑와일드타임은 유라시아에 널리 분포한다.

크리핑와일드타임은 부드럽고 맛이 자극적이지 않아 음식의 맛을 조절하는 데 널리 사용되었다. 또한 항균 및 살균의 효과로, 고대 이집트에서는 미라를 보존하기 위한 방부오일의 원료로 사용되었다. 이 종은 유럽약전(5개정판) 및 영국생약전(1996)에 크리핑와일드타임의 공식적인 기원식물로 등재되어 있다. 크리핑와일드타임(Serpylli Herba)의 약재는 주로 영국과 발칸 반도에서 생산된다.

크리핑와일드타임은 주로 정유와 플라보노이드 성분을 함유한다. 유럽약전은 의약 물질의 품질관리를 위해 정유의 함량이 3.0mL/kg 이상이어야 한다고 규정하고 있다.

약리학적 연구에 따르면 크리핑와일드타임은 항염증, 항박테리아 및 항산화 효과를 나타낸다.

민간요법에 의하면 거담작용과 항염증 작용이 있다.

크리핑와일드타임 鋪地香 *Thymus serpyllum* L.

크리핑와일드타임 鋪地香 EP, BHP, GCEM

함유성분

지상부에는 정유 성분으로 thymol, carvacrol, 1,8-cineole, germacrene B, β-ocimene, α-cadinol[1], α-terpineol, β-caryophyllene, camphor, myrcene[2], γ-terpinene, p-cymene[3], carvyl acetate, caryophyllene oxide[4], pinene, linalool, α-phellandrene, α-cadinol, β-bisabolene, β-elemene, terpinolene, elemol, α-thujene, sabinene, α-copaene, β-bourbonene, spathulenol, α-humulene, α-cadinene, bicyclogermacrene, β-gurjunene[5], nerol[6], limonene, γ-terpinene, citronellal, geraniol[7], zingiberene, eugenol, isoeugenol[8]이 함유되어 있고, 플라보노이드 성분으로 luteolin-7-glucoside, apigenin[9], scutellarein-7-O-βD-glucopyranosyl(1→4)-O-α L-rhamnopyranoside[10], 아실화 플라보노이드 배당체 성분으로 2-[4-(βD-glucopyranosyloxy)phenyl]-5,7-dihydroxy-4H-1-benzopyran-4-one을 함유한 2-propenoic acid, 3-(4-hydroxyphenyl)-6'ester[11]가 함유되어 있다.

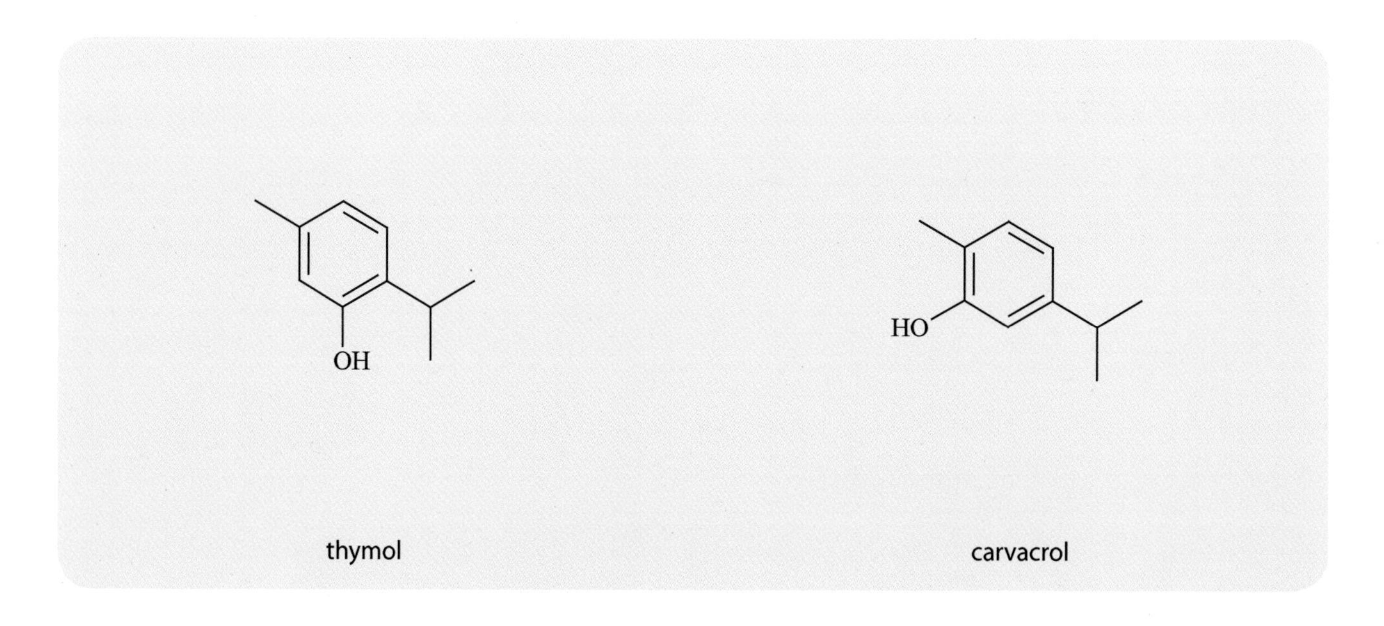

thymol　　carvacrol

약리작용

1. 항염증 작용
   티몰은 칼슘 채널을 불활화시키고 N-formyl-methionyl-leucyl-phenylalanine(FMLP)으로 유도된 엘라스타제 합성을 억제하고 인간 호중구에서 방출함으로써 염증 과정을 억제한다[12]. 유게놀과 티몰은 FMLP에 의해 유도된 호중구의 주화성(走化性)을 억제하고, 백혈구에 의한 산소 자유기 생성을 막아 항염증 작용을 나타냈다[13].

2. 항균 작용
   정유 성분은 고초균, 대장균, 클렙시엘라 폐렴, 녹농균 및 황색포도상구균의 성장을 유의하게 억제했다[14]. 정유는 카바클롤과 티몰을 유효 성분으로 하여 항균 작용을 나타냈다[15]. 메탄올 추출물은 바실루스 세레우스균, 황색포도상구균, 리스테리아 모노키토게네스균, 대장균 및 Salmonella infantis[16]에 유의한 저해 효과를 나타냈다[16]. 정유는 고초균[17], 슈도모나스 푸티다[18], 아스페르길루스 아와모리, 흑국균 및 아스페르길루스 플라베스의 균사 생장에 유의한 억제효과를 보였다[19].

3. 항산화 작용
   각종 실험 분석 결과, 전초의 오일은 α-토코페롤과 아스코르브산과 비슷한 항산화제 활성을 나타냈다[20]. 메탄올 추출물은 또한 항산화 활성을 가지고 있다[21]. 정유는 인간 저밀도 지단백질(LDL)의 구리 촉매 산화를 상당히 억제했다. 정유의 총 페놀 함량은 LDL 항산화제 활성과 상관관계가 있다[22].

4. 기타
   티몰을 경구 투여하면 지질과산화를 억제하고 마우스에서 사염화탄소에 의한 간 독성을 유의하게 개선시켰다[23]. 카바크롤은 항종양 및 혈소판 응집 억제 활성이 있다[24].

용도

1. 기침, 기관지염
2. 신장염, 방광염
3. 위통, 헛배 부름
4. 월경통
5. 류마티즘, 염좌

해설

크리핑와일드타임의 신선한 지상부, 전초 및 수증기 증류로 얻어진 정유도 약용된다.
동일한 속에 속하는 은반백리향의 건조한 지상부는 영국약전(BP) 및 영국생약전(BHP)에 백리향으로 등재되어 있다. 은반백리향은 항박테리아, 항균, 수렴성, 거담 작용 및 반자극적 작용을 한다. 임상적용으로는 기관지염, 백일해, 상기도감염이 있다. 은반백리향과 크리핑와일드타임을 서로 호환사용이 가능한지에 대한 더 많은 연구가 필요하다.

참고문헌

1. K Loziene, PR Venskutonis. Chemical composition of the essential oil of Thymus serpyllum L. ssp. serpyllum growing wild in Lithuania. Journal of Essential Oil Research. 2006, 18(2): 206-211
2. D Mockute, G Bernotiene. 1,8-Cineole-caryophyllene oxide chemotype of essential oil of Thymus serpyllum L. growing wild in Vilnius (Lithuania). Journal of Essential Oil Research. 2004, 16(3): 236-238
3. F Sefidkon, M Dabiri, SA Mirmostafa. The composition of Thymus serpyllum L. oil. Journal of Essential Oil Research. 2004, 16(3): 184-185
4. K Loziene, PR Venskutonis, J Vaiciuniene. Chemical diversity of essential oil of Thymus pulegioides L. and Thymus serpyllum L. growing in Lithuania. Biologija. 2002, 1: 62-64
5. K Loziene, J Vaiciuniene, PR Venskutonis. Chemical composition of the essential oil of creeping thyme (Thymus serpyllum) growing wild in Lithuania. Planta Medica. 1998, 64(8): 772-773
6. M Oszagyan, B Simandi, J Sawinsky, A Kery. A comparison between the oil and supercritical carbon dioxide extract of Hungarian wild thyme (Thymus serpyllum L.). Journal of Essential Oil Research. 1996, 8(3): 333-335
7. I Agarwal, CS Mathela. Chemical composition of essential oil of Thymus serpyllum Linn. Proceedings of the National Academy of Sciences, India, Section A: Physical Sciences. 1978, 48(3): 143-146
8. GK Sinha, AP Singh, BC Gulati. Essential oil of Thymus serpyllum. Indian Perfumer. 1973, 17(2): 13-17
9. J Sendra, D Bednarska, M Oswiecimska. Flavonoid compounds in the commercial raw material of Herba Serpylli. Dissertationes Pharmaceuticae et Pharmacologicae. 1966, 18(6): 619-624
10. JS Washington, VK Saxena. Scutellarein-7-O-β-D-glucopyranosyl(1 → 4)-O-α-L-rhamnopyranoside from the stems of Thymus serpyllum Linn.Journal of the Indian Chemical Society. 1986, 63(2): 226-227
11. JS Washington, VK Saxena. A new acylated apigenin 4'-O-β-D-glucoside from the stems of Thymus serpyllum Linn. Journal of the Institution of Chemists. 1985, 57(4): 153-155
12. PC Braga, M Dal Sasso, M Culici, T Bianchi, L Bordoni, L Marabini. Anti-Inflammatory activity of thymol: Inhibitory effect on the release of human neutrophil elastase. Pharmacology. 2006, 77(3): 130-136
13. Y Azuma, N Ozasa, Y Ueda, N Takagi. Pharmacological studies on the anti-inflammatory action of phenolic compounds. Journal of Dental Research.1986, 65(1): 53-56
14. I Rasooli, SA Mirmostafa. Anti-bacterial properties of Thymus pubescens and Thymus serpyllum essential oils. Fitoterapia. 2002, 73(3): 244-250
15. I Agarwal, CS Mathela. Study of anti-fungal activity of some terpenoids. Indian Drugs & Pharmaceuticals Industry. 1979, 14(5): 19-21
16. NS Alzoreky, K Nakahara. Anti-bacterial activity of extracts from some edible plants commonly consumed in Asia. International Journal of Food Microbiology. 2003, 80(3): 223-230
17. D Patakova, M Chladek. Anti-bacterial activity of thyme and wild thyme oils. Pharmazie. 1974, 29(2): 140, 142

18. M Oussalah, S Caillet, L Saucier, M Lacroix. Anti-microbial effects of selected plant essential oils on the growth of a Pseudomonas putida strain isolated from meat. Meat Science. 2006, 73(2): 236-244

19. MU Rahman, S Gul. Mycotoxic effects of Thymus serpyllum oil on the asexual reproduction of Aspergillus species. Journal of Essential Oil Research. 2003, 15(3): 168-171

20. T Kulisic, A Radonic, M Milos. Anti-oxidant properties of thyme (Thymus vulgaris L.) and wild thyme (Thymus serpyllum L.) essential oils. Italian Journal of Food Science. 2005, 17(3): 315-324

21. N Alzoreky, K Nakahara. Anti-oxidant activity of some edible Yemeni plants evaluated by ferrylmyoglobin/ABTS+ assay. Food Science and Technology Research. 2001, 7(2): 141-144

22. PL Teissedre, AL Waterhouse. Inhibition of oxidation of human low-density lipoproteins by phenolic substances in different essential oils varieties. Journal of Agricultural and Food Chemistry. 2000, 48(9): 3801-3805

23. K Alam, MN Nagi, OA Badary, OA Al-Shabanah, AC Al-Rikabi, AM Al-Bekairi. The protective action of thymol against carbon tetrachloride hepatotoxicity in mice. Pharmacological Research: the Official Journal of the Italian Pharmacological Society. 1999, 40(2): 159-163

24. S Karkabounas, OK Kostoula, T Daskalou, P Veltsistas, M Karamouzis, I Zelovitis, A Metsios, P Lekkas, AM Evangelou, N Kotsis, I Skoufos. Anticarcinogenic and antiplatelet effects of carvacrol. Experimental Oncology. 2006, 28(2): 121-125

은반백리향 銀斑百里香 EP, BP, BHP, GCEM

Labiatae

Thymus vulgaris L.

Thyme

개 요

꿀풀과(Labiatae)

은반백리향(銀斑百里香, *Thymus vulgaris* L.)의 지상부를 말린 것: 은반백리향(銀斑百里香)

중약명: 은반백리향(銀斑百里香)

백리향속(*Thymus*) 식물은 전 세계에 약 300−400종이 있으며 아프리카 북부, 아시아 및 유럽의 온대 지역에 분포하고 그 가운데 11종과 2변종이 중국에서 발견된다. 그 가운데 11종과 2변종이 중국에서 발견되며 주로 황하 북부 지역에 분포한다. 이 속에서 4종과 1변종이 약으로 사용된다. 은반백리향은 지중해 연안을 기원으로 해안 및 북아메리카에 서식하며 현재 전 세계적으로 널리 재배되고 있다.

백리향(Thyme)의 명칭은 향기를 의미하는 그리스어 "thumus"에서 유래되었다. 17세기 초 약초학자인 니콜라스 컬페퍼(Nicholas Culpepper)는 백리향을 차로 복용하면 백일해, 기침, 호흡곤란, 통풍 및 복통에 효과적이라는 것을 관찰했다. 종기와 사마귀를 치료하기 위해 연고로 사용하고, 위장 장애, 두통 및 피로를 덜어주기 위해 허브 담배의 원료로 타임 정유를 사용하기를 제안했다. 이 종은 백리향(Thymi Herba)의 공식적인 기원식물 내원종으로 유럽약전(5개정판) 및 영국약전(2002)에 등재되어 있다. 이 약재는 주로 이베리아 반도, 모로코, 프랑스, 터키, 동유럽 및 북미에서 생산된다.

백리향은 주로 정유, 모노테르페노이드 배당체 및 플라보노이드 성분을 함유한다. 유럽약전 및 영국약전에서는 정유의 함량이 12mL/kg 이상이어야 하며, 의약 물질의 품질관리를 위해 가스크로마토그래피법으로 시험할 때 정유 중의 티몰 및 카바크롤의 총 함량이 40%이어야 한다고 규정하고 있다.

약리학적 연구에 따르면 백리향은 항산화, 항균, 진경, 혈소판 응집 억제 및 항종양 효과가 있다.

민간요법에 의하면 구풍(驅風)작용, 항균작용, 거담작용, 진해작용이 있다.

은반백리향 銀斑百里香 *Thymus vulgaris* L.

은반백리향 銀斑百里香 Thymi Herba

은반백리향 銀斑百里香 EP, BP, BHP, GCEM

함유성분

지상부에는 정유 성분으로 티몰, 카바크롤, p−cymene, γ−terpinene[1], β−caryophyllene[2], linalool, camphene, αpinene, 1,8−cineole[3]이 함유되어 있고, 플라보노이드 성분으로 thymonin, cirsilineol[4], xanthomicrol, 5,3'4'−trihydroxy−7−methoxyflavone[5], eriodictyol−7−rutinoside, luteolin−7−glucopyranoside, hesperidin, apigenin−7−rutinoside[6], 4',5−dihydroxy−7−methoxyflavone[7], 모노테르페노이드 배당체 성분으로 thymoquinol−5−glucopyranoside, thymoquinol−2−glucopyranoside, angelicoidenol glucopyranoside[8], 아세토페논 배당체 성분으로 4−hydroxyacetophenone 4−O−[5−O−(3,5−dimethoxy−4−hydroxybenzoyl)−βD−apiofuranosyl]−(1→2)−β D−glucopyranoside, 4−hydroxyacetophenone 4−O−[5−O−(4−hydroxybenzoyl)− βD−apiofuranosyl]−(1→2)−βD−glucopyranoside[9]가 함유되어 있다.

또한, 잎에는 바이페닐 화합물 성분으로 2,2'dimethyl−5,5'bis(1−methylethyl)−(bi−1,5−cyclohexadien−1−yl)−3,3',4,4'−tetrone[10]이 함유되어 있다.

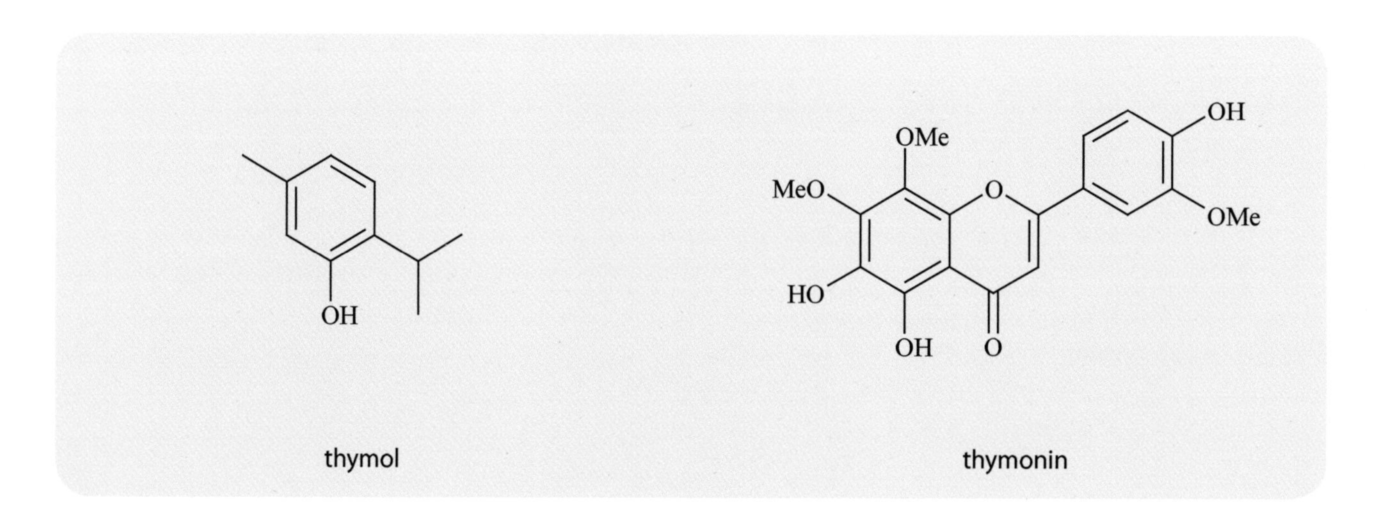

thymol　　　thymonin

약리작용

1. 항산화

   전초의 휘발성 오일을 경구 투여하면 늙은 마우스의 간과 심장에서 슈퍼 옥사이드디스뮤타아제(SOD)활성을 감소시켰다. 또한 수명 기간 동안 더 나은 항산화 용량을 유지했다[11]. 플라보노이드는 강한 Fe^{3+}−감소력을 가지며, 2,2−아조비스(2−아미디노프로판)−디하이드로 클로라이드(AAPH) 및 $CuSO_4$로 유도된 지질과산화에 대한 억제효과를 나타냈다[12]. 5,3'4'−trihydroxy−7−methoxyflavone, cirsilineol[5], eriodictyol7−rutinoside 및 luteolin−7−glucopyranoside[6]는 보다 강력한 항산화 활성을 보였다. 정유와 페놀 화합물은 *in vitro*에서 항산화 활성을 가진다[13−15]. 잎의 바이페닐과 플라보노이드 화합물은 크산틴/크산틴 산화 효소 시스템에서 과산화물 음이온 생성을 억제했다[16]. 또한 허브의 바이페닐 화합물은 DPPH 라디칼 소거 및 TBARS 분석법에서 보다 강한 항산화 활성을 보였다[17].

2. 항균 작용

   줄기와 잎의 에탄올 추출물은 황색포도상구균과 대장균에 항균 활성을 나타냈다[18]. 정유는 칸디다성 질염[19], Fusarium solani, 벼잎집무늬마름병, 강낭콩 탄저병[20]에 대한 억제효과가 있다.

3. 진경 작용

   추출물은 $BaCl_2$ 및 카르바콜에 의해 유도된 기관지 수축을 억제했다[21]. 플라보노이드는 비경쟁적이고 비특이적인 근육 수축의 길항제로 작용했다[22]. 기니피그 회장(回腸)과 기관에 대해 진경작용을 나타내었으며[23], 티모닌과 cirsilineol이 유효 성분이었다.

4. 항염증 작용

   전초 추출물은 염증 유발 유도성 일산화질소 합성효소(iNOS)의 mRNA 발현을 유의하게 억제하고, 방출된 일산화질소 라디칼을 제거하며, 마우스 대식세포에서 LPS로 유도된 일산화질소 생성을 억제했다[24].

5. 혈소판 응집 억제 작용

   티몰은 콜라겐, 아데노신 디포스페이트(ADP), 아라키돈산(AA)에 의해 유도된 혈소판 응집을 유의하게 억제했다[25].

6. 항종양 작용
   이세토페논 배당체는 인간의 백혈병 세포의 DNA 합성을 저해하는 세포독성을 나타냈다[9].
7. 기타
   잎의 열수 추출물과 전초의 다당류는 상보적 활성을 보였다[26]. 정유는 항 알러지 작용을 나타냈다[27].

용도

1. 기관지염, 천식, 백일해
2. 구내염, 후두염, 편도선염, 구취
3. 소화 불량, 위염
4. 가려움증, 피부병
5. 잘 낫지 않는 상처

해설

은반백리향의 신선한 꽃이 만발한 지상부를 수증기로 증류하여 수득한 정유인 백리향 오일을 약용한다.
Thymus zygis L.는 역시 백리향의 공식적인 기원식물 내원종으로 유럽약전 및 영국약전에 등재되어 있다.
T. quinquecostatus Celak var. *przewalskii* (Kom) Ronn.와 *T. mongolicus* Ronn.의 전초는 지초(地椒, Thymi Mongolici Herba)로 사용된다. 지초는 구풍지해(驅風止咳), 건비행기(健脾行氣), 이습통림(利濕通淋)의 효능을 가지고 적응증으로 감기와 두통, 백일해 기침, 소화 불량과 치통이 있다. 위의 두 종의 식물이 백리향의 대체 자원으로 사용될 수 있는지에 대한 더 많은 연구가 필요하다.

참고문헌

1. MC Diaz-Maroto, IJ Diaz-Maroto Hidalgo, E Sanchez-Palomo, M Soledad Perez-Coello. Volatile components and key odorants of fennel (Foeniculum vulgare Mill.) and thyme (Thymus vulgaris L.) oil extracts obtained by simultaneous distillation-extraction and supercritical fluid extraction. Journal of Agricultural and Food Chemistry. 2005, 53(13): 5385-5389
2. M Mirza, ZF Baher. Chemical composition of essential oil from Thymus vulgaris hybrid. Journal of Essential Oil Research. 2003, 15(6): 404-405
3. MD Guillen, MJ Manzanos. Composition of the extract in dichloromethane of the aerial parts of a Spanish wild growing plant Thymus vulgaris L. Flavour and Fragrance Journal. 1998, 13(4): 259-262
4. CO Van den Broucke, RA Dommisse, EL Esmans, JA Lemli. Three methylated flavones from Thymus vulgaris. Phytochemistry. 1982, 21(10): 2581-2583
5. K Miura, H Kikuzaki, N Nakatani. Anti-oxidant activity of chemical components from sage (Salvia officinalis L.) and thyme (Thymus vulgaris L.) measured by the oil stability index method. Journal of Agricultural and Food Chemistry. 2002, 50(7): 1845-1851
6. M Wang, J Li, GS Ho, X Peng, CT Ho. Isolation and identification of anti-oxidative flavonoid glycosides from thyme (Thymus vulgaris L.). Journal of Food Lipids. 1998, 5(4): 313-321
7. K Miura, N Nakatani. Anti-oxidative activity of flavonoids from thyme (Thymus vulgaris L.). Agricultural and Biological Chemistry. 1989, 53(11): 3043-3045
8. H Takeuchi, ZG Lu, T Fujita. New monoterpene glucoside from the aerial parts of thyme (Thymus vulgaris L.). Bioscience, Biotechnology, and Biochemistry. 2004, 68(5): 1131-1134
9. MF Wang, H Kikuzaki, CC Lin, A Kahyaoglu, MT Huang, N Nakatani, CT Ho. Acetophenone glycosides from thyme (Thymus vulgaris L.). Journal of Agricultural and Food Chemistry. 1999, 47(5): 1911-1914
10. N Nakatani, K Miura, T Inagaki. Structure of new deodorant biphenyl compounds from thyme (Thymus vulgaris L.) and their activity against methyl mercaptan. Agricultural and Biological Chemistry. 1989, 53(5): 1375-1381
11. KA Youdim, SG Deans. Dietary supplementation of thyme (Thymus vulgaris L.) essential oil during the lifetime of the rat: its effects on the antioxidant status in liver, kidney and heart tissues. Mechanisms of Ageing and Development. 1999, 109(3): 163-175
12. S Cheng, GZ Dai, QW Ma, ZX Sun. In vitro anti-radical activities of the extracts of Thymus vulgaris L. Science and Technology of Food Industry. 2004, 25(3): 53-55

13. T Kulisic, A Radonic, M Milos. Anti-oxidant properties of thyme (Thymus vulgaris L.) and wild thyme (Thymus serpyllum L.) essential oils. Italian Journal of Food Science. 2005, 17(3): 315-324

14. M Jukic, M Milos. Catalytic oxidation and anti-oxidant properties of thyme essential oils (Thymus vulgarae L.). Croatica Chemica Acta. 2005, 78(1): 105-110

15. DV Nguyen. Anti-oxidant effect of thyme (Thymus vulgaris L.) in roasted pork patties. Tap Chi Phan Tich Hoa, Ly Va Sinh Hoc. 2004, 9(4): 17-23

16. H Haraguchi, T Saito, H Ishikawa, H Date, S Katoka, Y Tamura, K Mizutani. Antiperoxidative components in Thymus vulgaris. Planta Medica.1996, 62(3): 217-221

17. K Miura, N Nakatani. Anti-oxidative activity of biphenyl compounds from thyme (Thymus vulgaris L.). Chemistry Express. 1989, 4(4): 237-240

18. M Felklova. Pharmaceutical properties of Thymus vulgaris. Ziva. 1958, 6: 164-165

19. R Giordani, P Regli, J Kaloustian, C Mikail, L Abou, H Portugal. Anti-fungal effect of various essential oils against Candida albicans. Potentiation of anti-fungal action of amphotericin B by essential oil from Thymus vulgaris. Phytotherapy Research. 2004, 18(12): 990-995

20. A Zambonelli, AZ D'Aulerio, A Severi, S Benvenuti, L Maggi, A Bianchi. Chemical composition and fungicidal activity of commercial essential oils of Thymus vulgaris L. Journal of Essential Oil Research. 2004, 16(1): 69-74

21. A Meister, G Bernhardt, V Christoffel, A Buschauer. Anti-spasmodic activity of Thymus vulgaris extract on the isolated guinea pig trachea. Discrimination between drug and ethanol effects. Planta Medica. 1999, 65(6): 512-516

22. CO Van den Broucke, JA Lemli. Spasmolytic activity of the flavonoids from Thymus vulgaris. Pharmaceutisch Weekblad, Scientific Edition. 1983, 5(1): 9-14

23. CO Van den Broucke. New pharmacologically important flavonoids of Thymus vulgaris. World Crops: Production, Utilization, Description. 1982, 7: 271-276

24. E Vigo, A Cepeda, O Gualillo, R Perez-Fernandez. In-vitro anti-inflammatory effect of Eucalyptus globulus and Thymus vulgaris: nitric oxide inhibition in J774A.1 murine macrophages. Journal of Pharmacy and Pharmacology. 2004, 56(2): 257-263

25. K Okazaki, K Kawazoe, Y Takaishi. Human platelet aggregation inhibitors from thyme (Thymus vulgaris L.). Phytotherapy Research. 2002, 16(4): 398-399

26. H Chun, DH Shin, BS Hong, HY Cho, HC Yang. Purification and biological activity of acidic polysaccharide from leaves of Thymus vulgaris L.Biological & Pharmaceutical Bulletin. 2001, 24(8): 941-946

27. Y Tanaka, H Hibino, A Nishina, M Hosogoshi, H Nakano, T Sugawara. Development of anti-allergic foods. Shokuhin Sangyo Senta Gijutsu Kenkyu Hokoku. 1999, 25: 115-127

소엽피나무 心葉椴 EP, BP, BHP, GCEM

Tiliaceae

Tilia cordata Mill.

Littleleaf Linden

개 요

피나무과(Tiliaceae)

소엽피나무(心葉椴, *Tilia cordata* Mill.)의 꽃차례를 말린 것: 보제수화(普提樹花)

중약명: 보제수화(普提樹花)

피나무속(*Tilia*) 식물은 전 세계에 약 80종이 있으며 주로 아열대 지역과 북부의 온대 지역에 분포한다. 중국에는 32종이 발견되고, 주로 황하 남쪽과 오령산맥 북쪽의 광범위한 아열대 지역에 분포하며, 이 속에서 약 6종과 2변종이 약으로 사용된다. 소엽피나무의 원산지는 유럽이며 북아메리카뿐만 아니라 중국 북동부 및 북동부에 분포되어 있다.

라임 꽃은 진정 작용과 항우울작용, 불안으로 인한 소화 불량, 심계항진 및 구토 완화에 사용되었으며 중세 이래로, 발한제로 사용되었다. 이 종은 라임 꽃(Tiliae Flos)의 공식적인 기원식물 내원종으로 유럽약전(5개정판) 및 영국약전(2002)에 등재되어 있다. 이 약재는 주로 동유럽, 터키 및 중국에서 생산된다.

소엽피나무는 주로 플라보노이드, 정유 및 유기산을 함유한다. 유럽약전 및 영국약전은 의약 물질의 품질관리를 위해 박층크로마토그래피법으로 규정하고 있다.

약리학적인 연구에 따르면 진경, 소염, 항종양 및 간 보호효과가 있다.

민간요법에 의하면 항경련작용, 발한 촉진, 진정 작용 및 항 불안작용이 있다.

소엽피나무 心葉椴 *Tilia cordata* Mill.

보제수화 普提樹花 Tiliae Flos et Folium

소엽피나무 心葉椴 EP, BP, BHP, GCEM

함유성분

꽃에는 플라보노이드 성분으로 quercetin, kaempferol, herbacetin과 그 배당체[1-2], 틸리로사이드[3]가 함유되어 있고, 정유 성분으로 verbenone, thymol, eugenol, p-cymene, vanillin, myrcene, limonene, 1,8-cineole, carvacrol, erpinolene, anisaldehyde[4], 페놀산 성분으로 protocatechuic acid, p-coumaric acid, gallic acid, vanilic acid, 로즈마린산, 카페인산, 페룰산 [5]이 함유되어 있다.
잎에는 플라보노이드 성분으로 틸리로사이드[3], kaempferol-3,7-O-αdirhamnoside, quercetin-3,7-O-α-dirhamnoside[6]가 함유되어 있고, 또한 procyanidin[7]이 함유되어 있다.

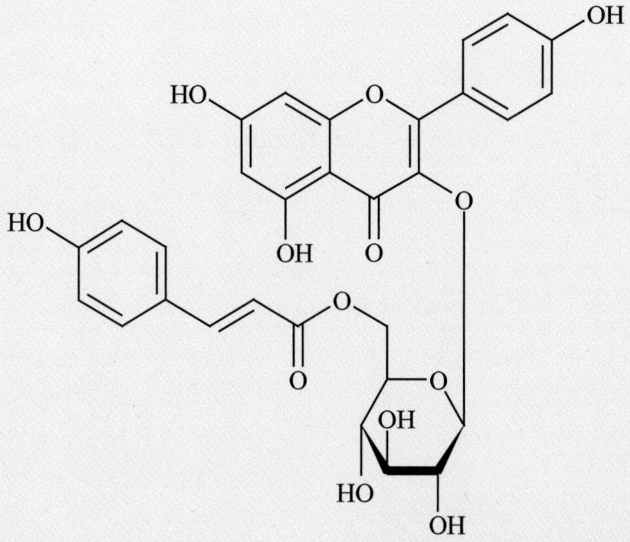

tiliroside

약리작용

1. 진경 작용
   라임 꽃의 정유는 *in vitro*에서 랫드의 십이지장에 대해 진경작용을 나타냈다.
2. 진통 및 항염증 작용
   Kaempferol-3,7-O-α-Dirhamnoside와 quercetin-3,7-O-α-dirhamnoside는 명백한 급성 독성 또는 위 손상 없이 p-benzoquinone 유도 신전작용 및 카라기닌에 의한 족척부종 모델에 대한 억제효과를 나타낸다[6].
3. 항종양 작용
   꽃의 수성, 디클로로메탄 및 에탄올 추출물은 림프종 BW5147의 성장을 유의하게 억제했다[8]. 틸리로사이드는 인간 백혈병 세포에서 유의한 세포독성을 나타냈다[3].
4. 간 보호 작용
   틸리로사이드는 마우스에서 D-갈락토사민/리포폴리사카라이드에 의해 유도된 간 손상에 대한 간 보호효과를 나타냈다[9].
5. 항 유전독성 작용
   전초 추출물이 체세포 돌연변이 및 재조합 시험(SMART)에서 항 유전독성작용이 있음을 보였다[10].
6. 기타
   라임꽃 추출물에는 유리기 소거 및 항산화 활성이 있다[11]. 꽃과 열매의 플라보노이드 및 다당류 추출물은 혈당강하작용을 나타냈다[12]. 틸리로사이드는 항 보체 활성을 갖는다[3].

용도

1. 기침, 기관지염
2. 불안 장애, 고혈압
3. 간 및 담낭 질환
4. 봉와직염(蜂窩織炎)

해설

소엽피나무의 꽃 이외에 잎, 껍질 및 목재의 탄화물도 약용된다.
Tilia platyphyllos Scop. 및 *T.* × *vulgaris* Hayne은 또한 라임꽃의 공식적인 기원식물로 유럽약전 및 영국약전에 등재되어 있다. 중국에서는 *T. amurensis* Rupr.와 *T. miqueliana* Maxim의 말린 꽃은 기능면에서 유럽의 종과 유사하다.

참고문헌

1. MR Zub. Isolation and examination of flavonol glycosides from Tilia cordata buds. Farmatsevtichnii Zhurnal. 1975, 30(3): 76-79
2. MR Zub. Flavonoids of Tilia platyphyllos and Tilia cordata. Rastitel'nye Resursy. 1970, 6(3): 400-404
3. R Nowak. Separation and quantification of tiliroside from plant extracts by SPE/RP-HPLC. Pharmaceutical Biology. 2003, 41(8): 627-630
4. JP Vidal, H Richard. Characterization of volatile compounds in linden blossoms Tilia cordata Mill. Flavour and Fragrance Journal. 1986, 1(2): 57-62
5. D Sterbova, D Matejicek, J Vlcek, V Kuban. Combined microwave-assisted isolation and solid-phase purification procedures prior to the chromatographic determination of phenolic compounds in plant materials. Analytica Chimica Acta. 2004, 513(2): 435-444
6. G Toker, E Kupeli, M Memisoglu, E Yesilada. Flavonoids with antinociceptive and anti-inflammatory activities from the leaves of Tilia argentea (silver linden). Journal of Ethnopharmacology. 2004, 95(2-3): 393-397
7. A Behrens, N Maie, H Knicker, I Kogel-Knabner. MALDI-TOF mass spectrometry and PSD fragmentation as means for the analysis of condensed tannins in plant leaves and needles. Phytochemistry. 2003, 62(7): 1159-1170
8. AML Barreiro, G Cremaschi, S Werner, J Coussio, G Ferraro, C Anesini. Tilia cordata Mill. Extracts and scopoletin (isolated compound): differential cell growth effects on lymphocytes. Phytotherapy Research. 2006, 20(1): 34-40
9. H Matsuda, T Uemura, H Shimoda, K Ninomiya, M Yoshikawa, Y Kawahara. Anti-alcoholism active constituents from Laurel and Linden. Tennen Yuki Kagobutsu Toronkai Koen Yoshishu. 2000, 42: 469-474
10. M Romero-Jimenez, J Campos-Sanchez, M Analla, A Munoz-Serrano, A Alonso-Moraga. Genotoxicity and anti-genotoxicity of some traditional medicinal herbs. Mutation Research. 2005, 585(1-2): 147-155
11. L Heilerova, V Culakova. Anti-radical activity and the reduction power of herbal extracts and their phenolic acids. Bulletin Potravinarskeho Vyskumu. 2005, 44(3-4): 237-247
12. LA Ashaeva, BR Grigoryan, EN Gritsenko, AV Garusov. Hypoglycemic properties and biologically active substances of flowers and fruits of Tilia cordata Mill. Rastitel'nye Resursy. 1991, 27(4): 60-65

붉은토끼풀 紅車軸草 BHP, USP

Trifolium pratense L.

Red Clover

개 요

콩과(Leguminosae)

붉은토끼풀(紅車軸草, *Trifolium pratense* L.)의 꽃차례를 말린 것: 홍차축초(紅車軸草)

중약명: 홍차축초(紅車軸草)

토끼풀속(*Trifolium*) 식물은 전 세계에 약 250종이 있으며 주로 지중해를 중심으로 유라시아, 아프리카 및 아메리카 대륙의 온화한 지역에 분포한다. 그 가운데 13종과 1변종이 중국에서 발견되며 약 3종이 약으로 사용된다. 붉은토끼풀은 유럽 중부에서 유래하여 전 세계적으로 재배된다. 중국에서는 중국 북부와 남부에서 재배되고 있다.

붉은토끼풀은 피부 질환 치료를 위해 아메리카 원주민이 처음 사용했으며 영국 민간요법에서 가래를 없애고 오한을 치료하며 배뇨를 촉진하고 염증을 완화시키며 농양, 화상 및 안구 질환을 치료하는 데 사용되었다[1]. 이 종은 붉은토끼풀꽃(Trifolii Pratensis Flos)의 공식적인 기원식물 내원종으로 영국생약전(1996)과 미국약전(28개정판)에 등재되어 있다. 이 약재는 전 세계적으로 생산된다.

붉은토끼풀은 주로 이소플라보노이드, 플라보노이드 및 정유 성분을 함유한다. 미국약전은 의약 물질의 품질관리를 위해 액체크로마토그래피법으로 시험할 때 다이스틴, 게니스테인, 포모토네틴 및 바이오카닌 A의 총합으로 계산한 총 이소플라보노이드의 함량이 0.50% 이상이어야 한다고 규정하고 있다.

약리학적 연구에 따르면 붉은토끼풀은 에스트로겐성 작용, 골다공증 억제작용, 항종양, 면역 자극, 항산화 및 심장 보호효과가 있다.

민간요법에 의하면 붉은토끼풀은 식물성 에스트로겐을 공급하고, 종양을 억제하며, 심장을 보호한다. 한의학적으로는 꽃에 청열지해(淸熱止咳), 산결소종(散結消腫)의 효능이 있다.

붉은토끼풀 紅車軸草 *Trifolium pratense* L.

홍차축초 紅車軸草 Trifolii Pratensis Flos

함유성분

화서에는 이소플라본 성분으로 daidzein, genistein, formononetin, biochanin A, genistin−6'5'O−malonate, formononetin−7−O−β D−glucoside−6"O−malonate, biochanin A−7−O−βD−glucoside−6"O−malonate, pratensein−7−O−βDglucoside 6"O−malonate가 함유되어 있고, 플라보노이드 성분으로 trifolin, kaempferol, pratol, quercetin, hyperoside[1−2], 정유 성분으로 maltol, linalool[3], limonene, linalool oxide[4], caryophyllene oxide, camphor[5]가 함유되어 있다.
잎에는 이소플라본 성분으로 biochanin A, formononetin, sissotrin, ononin, formononetin−7−O−βD−glucoside−6"Omalonate, biochanin A−7−O−βD−glucoside−6"O−malonate[6]가 함유되어 있다.
뿌리에는 이소플라본 성분으로 calycosin, pseudobaptigenin, pratensein, ononin, rothindin, genistein[7]이 함유되어 있다.

HO, O, R_1, O, R_2

biochanin A: R_1=OH, R_2=OMe
genistein: R_1=OH, R_2=OH
daidzein: R_1=H, R_2=OH
formononetin: R_1=H, R_2=OMe

약리작용

1. 에스트로겐 효과

이소플라본은 에스트로겐 수용체에 결합하여 에스트로겐 효과를 나타내는 동물성 에스트로겐과 구조적으로 유사하다[8]. 이중 맹검 시험에서 체내에 에스트로겐 수치가 낮으면 이소플라본은 에스트로겐 작용 효과가 있다. 내인성 에스트로겐 수치가 높을 때, 이소플라본은 에스트로겐 길항 효과를 보였다[9]. 폐경 후 여성의 이소플라본 보충제는 안면홍조 증상의 빈도를 유의적으로 감소시켰다[10].

2. 피임 효과

*in vitro*에서 전초 추출물은 알칼리성 인산 가수 분해 효소에 의한 프로게스테론의 유도를 억제하고 프로게스테론 활성을 억제시켰는데, 이는 피임 효과와 관련이 있다.

3. 항 골다공증 작용

전초의 이소플라본은 에스트로겐의 혈청 수준을 현저하게 증가시키고, 골아 세포의 활동을 증가시키고, 골 회전율을 감소시키며, 골 흡수를 억제하여, 난소 절제술을 한 마우스의 골다공증을 예방한다[11-12].

4. 항종양 작용

비오카닌 A는 *in vitro*에서 벤조피렌의 대사를 억제하고 벤조피렌-DNA 결합 능력을 감소시켰다[13]. 또한 유방암 MCF-7 세포에서 벤조피렌 유도 DNA 손상을 억제했다[14]. 비오카닌 A는 무산 마우스에서 LNCaP 이종 이식 종양의 성장을 억제하는 세포주기 정지, 세포사멸 및 유전자 조절의 유도를 통해 전립선암 세포 성장을 억제했다[15]. 비오카닌 A와 제니스테인은 인간 유방암 MCF-7[16], 위암 HSC-41E6, HSC-45M2 및 SH101-P4 세포의 증식을 강력히 억제했다. 비오카닌 A와 제니스테인의 세포독성 투여량에서 DNA 단편화, 염색질 응축 및 핵 세포 단편화가 관찰되었으며 이는 세포사멸의 세포 자멸 모드임을 나타낸다. 비오카닌 A는 흉선이 없는 누드마우스에서 HSC-45M2와 HSC-41E6의 종양[17]과 남성 선암 HPAF-11 및 여성 선암 Su 86.86 세포[18]의 성장을 억제했다. 비오카닌 A는 골수성 백혈병 WEHI-3B(JCS) 세포의 성장을 억제하고 JCS 세포의 형태학적 분화를 유도하였다 [19]. 초본 이소플라본은 사이클로옥시게나제 활성을 억제하고 아마도 항종양 활성에 기여하는 마우스 대식세포와 인간 단구에서 프로스타글란딘 E_2(PGE_2)와 트롬복산 B_2(TXB_2)의 합성을 유의하게 감소시켰다[20].

5. 심장 보호

이소플라본은 혈관의 내피 세포를 이완시키며, 폐경 여성이 이소플라본을 지속적으로 섭취할 경우 혈장 지질이 아닌 전신 동맥 순응도를 향상시켰다[21].

6. 면역 기능의 향상

포르모노네틴이나 다이드제인을 경구 투여하면 흉선 무게와 복막 대식세포의 식균 작용을 유의적으로 증가시켰다. 플라그 형성 세포의 용혈성 능력 및 말초 혈액 중 성숙 T 림프구의 수를 증가시켰으며, 포르모노네틴 또는 다이드제인은 *in vitro*에서 식물적혈구 응집소에 의해 유도된(methyl-3H) TdR 결합의 림프구 형질 전환을 유의하게 촉진시켰다[22].

7. 항산화

제니스테인은 HLA-60 세포에서 12-O-tetradececylylphorbol-13-acetate(TPA) 유도된 과산화수소 형성을 강하게 억제했고, HL-60 세포에서 과산화물 음이온 생성을 적당히 억제했다[23]. 제니스테인은 이소플라본 계열 중에서 가장 강력한 항산화제이며 저밀도 지단백 산화 억제제이다[24].

8. 기타

제니스테인과 그 대사산물 및 관련 유도체는 염증성 부종 반응을 감소시키고 누드마우스에서 자외선 조사로 유발된 접촉 과민 반응의 면역 억제를 감소시킬 강력한 잠재력을 가지고 있다[25].

용도

1. 갱년기 증후군, 골다공증, 안면홍조
2. 천식, 백일해
3. 종양
4. 통풍
5. 건선, 습진, 화상

해설

유럽의 천연물제제 시장에서 붉은토끼풀 제제는 여성을 위한 인기 있고 잘 팔리는 건강기능식품이다. 붉은토끼풀 추출물을 주성분으로 하는 건강식품도 유럽과 미국에서 매우 인기가 있다. 현재 붉은토끼풀에 대한 연구가 중국에서 시작되어 연구, 개발 및 응용 분야에 대한 전망이 밝다.

참고문헌

1. HY Zeng, PH Zhou, TZ Hou. Advances in studies on chemical constituents of Trifolium pratense. Chinese Traditional and Herbal Drugs. 2001, 32(2): 189-190
2. LZ Lin, XG He, M Lindenmaier, J Yang, M Cleary, SX Qiu, GA Cordell. LC-ESI-MS study of the flavonoid glycoside malonates of red clover (Trifolium pratense). Journal of Agricultural and Food Chemistry. 2000, 48(2): 354-365
3. G Buchbauer, L Jirovetz, A Nikiforov. Comparative investigation of essential clover flower oils from Austria using gas chromatography-flame ionization detection, gas chromatography-mass spectrometry, and gas chromatography-olfactometry. Journal of Agricultural and Food Chemistry. 1996, 44(7): 1827-1828
4. J Nelsen, C Ulbricht, EP Barrette, D Sollars, C Tsourounis, A Rogers, S Basch, S Hashmi, S Bent, E Basch. Red clover (Trifolium pratense) monograph: a clinical decision support tool. Journal of Herbal Pharmacotherapy. 2002, 2(3): 49-72
5. Q Ma, HM Lei, YF Wang, CH Wang. Analysis of volatile oil from Trifolium pratense by GC-MS. Chinese Traditional and Herbal Drugs. 2005, 36(6): 828-829
6. E de Rijke, F de Kanter, F Ariese, UAT Brinkman, C Gooijer. Liquid chromatography coupled to nuclear magnetic resonance spectroscopy for the identification of isoflavone glucoside malonates in T. pratense L. leaves. Journal of Separation Science. 2004, 27(13): 1061-1070
7. PD Fraishtat, SA Popravko, NS Vul'fson. Clover secondary metabolites. VII. Isoflavones from the roots of red clover (Trifolium pratense). Bioorganicheskaya Khimiya. 1980, 6(11): 1722-1732
8. NL Booth, CR Overk, P Yao, JE Burdette, D Nikolic, SN Chen, JL Bolton, RB van Breemen, GF Pauli, NR Farnsworth. The chemical and biologic profile of a red clover (Trifolium pratense L.) phase II clinical extract. Journal of Alternative and Complementary Medicine. 2006, 12(2): 133-139
9. HQ Chen, ZY Jin. Advances in study on composition and main physiological functions of isoflavone in Trifolium pratense. Food and Fermentation Industries. 2004, 30(11): 70-76
10. PHM van de Weijer, R Barentsen. Isoflavones from red clover (Promensil®) significantly reduce menopausal hot flush symptoms compared with placebo. Maturitas. 2002, 42(3): 187-193
11. Y Li, CK Xue, XB He, L Zeng, K Shen, P Jiang. Effect of Trifolium pratense L. isoflavones on osteoporosis of ovariectomized rats. Chinese Journal of Osteoporosis. 2005, 11(4): 509-511, 436
12. Q Chen, CK Xue, K Shen, P Jiang, Y Li, L Zeng, J Zhu. Experimental study on effects of isoflavones in red clover on postmenopausal osteoporosis of ovariectomized rats. China Pharmacist. 2005, 8(7): 538-540
13. JM Cassady, TM Zennie, YH Chae, MA Ferin, NE Portuondo, WM Baird. Use of a mammalian cell culture benzo(a)pyrene metabolism assay for the detection of potential anticarcinogens from natural products: inhibition of metabolism by biochanin A, an isoflavone from Trifolium pratense L. Cancer Research. 1988, 48(22): 6257-6261
14. HY Chan, H Wang, LK Leung. The red clover (Trifolium pratense) isoflavone biochanin A modulates the biotransformation pathways of 7,12-dimethylbenz[a]anthracene. British Journal of Nutrition. 2003, 90(1): 87-92
15. L Rice, VG Samedi, TA Medrano, CA Sweeney, HV Baker, A Stenstrom, J Furman, KT Shiverick. Mechanisms of the growth inhibitory effects of the isoflavonoid biochanin A on LNCaP cells and xenografts. The Prostate. 2002, 52(3): 201-212
16. JT Hsu, HC Hung, CJ Chen, WL Hsu, CW Ying. Effects of the dietary phytoestrogen biochanin A on cell growth in the mammary carcinoma cell line MCF-7. Journal of Nutritional Biochemistry. 1999, 10(9): 510-517
17. K Yanagihara, A Ito, T Toge, M Numoto. Anti-proliferative effects of isoflavones on human cancer cell lines established from the gastrointestinal tract. Cancer Research. 1993, 53(23): 5815-5821
18. BD Lyn-Cook, HL Stottman, Y Yan, E Blann, FF Kadlubar, GJ Hammons. The effects of phytoestrogens on human pancreatic tumor cells in vitro. Cancer Letters. 1999, 142(1): 111-119
19. MC Fung, YY Szeto, KN Leung, YL Wong-Leung, NK Mak. Effects of biochanin A on the growth and differentiation of myeloid leukemia WEHI-3B (JCS) cells. Life Sciences. 1997, 61(2): 105-115

20. ANC Lam, M Demasi, MJ James, AJ Husband, C Walker. Effect of red clover isoflavones on COX-2 activity in murine and human monocyte/macrophage cells. Nutrition and Cancer. 2004, 49(1): 89-93
21. PJ Nestel, S Pomeroy, S Kay, P Komesaroff, J Behrsing, JD Cameron, L West. Isoflavones from red clover improve systemic arterial compliance but not plasma lipids in menopausal women. Journal of Clinical Endocrinology and Metabolism. 1999, 84(3): 895-898
22. RQ Zhang, ZK Han. Effects of isoflavonic phytoestrogen on immune function in mice. Journal of Nanjing Agricultural University. 1993, 16(2): 64-68
23. HC Wei, R Bowen, QY Cai, S Barnes, Y Wang. Anti-oxidant and antipromotional effects of the soybean isoflavone genistein. Proceedings of the Society for Experimental Biology and Medicine. 1995, 208(1): 124-130
24. MB Ruiz-Larrea, AR Mohan, G Paganga, NJ Miller, GP Bolwell, CA Rice-Evans. Anti-oxidant activity of phytoestrogenic isoflavones. Free Radical Research. 1997, 26(1): 63-70
25. S Widyarini, N Spinks, AJ Husband, VE Reeve. Isoflavonoid compounds from red clover (Trifolium pratense) protect from inflammation and immune suppression induced by UV radiation. Photochemistry and Photobiology. 2001, 74(3): 465-470

밀 普通小麥 CP, KHP, EP, BP, USP

Gramineae

Triticum aestivum L.

Wheat

개 요

벼과(Gramineae)

밀(普通小麥, *Triticum aestivum* L.)의 잘 익은 열매를 말린 것: 소맥(小麥)

밀의 불완전 성숙한 열매로 가벼운 것: 부소맥(浮小麥)

밀의 열매를 갈아서 만든 전분: 소맥전분(小麥淀粉)

밀의 가공과정 중 생기는 외과피, 씨껍질, 주심배(珠心胚)조직과 그 호분층: 맥피(麥皮)

밀의 씨로부터 얻은 지방유: 소맥배아유(小麥胚芽油)

밀속(*Triticum*) 식물은 전 세계에 약 20종이 있으며 유라시아와 북아메리카에서 널리 재배되고 있다. 그 가운데 4종 4변종이 중국에서 발견되며, 중국 내에서 여러 종류의 품종이 재배되나 그중에서 밀만이 약재로 사용된다. 이는 아시아, 북아메리카 및 유럽에서 넓게 재배된다.

밀은 약 1만 년 전에 중국의 황하 유역에서 재배된 역사적인 식량작물이다[1]. 소맥은 《명의별록(名醫別錄)》에서 약재로 처음 기재되었으며 부소맥은 《본초몽전(本草蒙筌)》에서 약재로 처음 기술되었다. 이 종은 유럽약전(5개정판) 및 영국약전(2002)은 소맥전분, 버진 밀배아유 및 정제 밀배아유의 공식적인 기원식물 내원종이며 맥피의 공식적인 기원식물로 미국약전(28개정판)에 등재되어 있다. ≪대한민국약전외한약(생약)규격집≫(제4개정판)에는 "부소맥"을 "밀 *Triticum aestivum* Linné (벼과 Gramineae)의 불완전 성숙한 열매로서 물에 뜨는 것"으로 등재하고 있다. 이 약재는 모든 밀 생산 지역에서 생산된다.

밀은 주로 탄수화물과 페놀 화합물을 함유한다. 유럽약전 및 영국약전은 밀 전분이 전체 단백질의 0.30% 이상이어야 한다고 규정하고 있다. 소맥배아유는 팔미트산 14–19%, 올레산 12–23%, 리놀레산 52–59%, 리놀렌 3.0–10%, 스테아르산 2.0% 이하, 에이코센산 2.0% 이상, 브라시카스테롤 0.3% 이하이어야 한다고 규정하고 있다. 미국약전은 의약 물질의 품질관리를 위해 밀기울이 36% 이상의 식이 섬유를 함유해야 한다고 규정하고 있다.

약리학적 연구에 따르면 밀은 장 운동을 촉진하고 체중을 감소시키며 혈중 지질을 조절하고 항산화, 항종양, 항고혈당 효과 및 항바이러스 작용이 있다.

민간요법에 의하면 맥피는 사하작용이 있고, 소맥배아유는 체중감소에 도움이 된다. 한의학적으로는 소맥에는 양심(養心), 익신(益腎), 제열(除熱), 지갈(止渴)의 효능이 있다.

밀 普通小麥 *Triticum aestivum* L.

소맥배아유 小麥胚芽油 Tritici Aestivi Sucus

밀 普通小麥 CP, KHP, EP, BP, USP

함유성분

열매에는 전분, 당, 조섬유, 단백질 그리고 지방유가 함유되어 있다. 또한 페놀 화합물(밀기울에는 주로 결합형으로 존재함) 성분으로 페룰산, flavonoids, 카로티노이드 성분으로 lutein, zeaxanthin, βcryptoxanthin[2], 비전분다당류 성분으로 주로 아라비녹실란[3]이 함유되어 있다.

맥피에는 페놀 화합물 성분으로 페룰산(2.0-4.4mg/g 함유, 주로 불용성 식이 섬유에서 에스테르 결합에 의해 아라비딘과 결합하여, 아주 적은 양만의 페룰산을 함유함)[4], 시링산, vanillic acid, p-hydroxybenzoic acid, coumaric acid, gallic acid, 카페인산, gentisic acid[5-6], 리그난 성분으로 secoisolariciresinol diglucoside, syringaresinol, lariciresinol[7-8], 스테로이드 성분으로 24-methylcholestanol ferulate, stigmastanol ferulate, schottenol[9]이 함유되어 있다. 또한 카로티노이드 성분으로 lutein, zeaxanthin, β-carotene과 α, δ, γ-tocopherols[10]이 함유되어 있다.

소맥배아유에는 주로 리올레산, 올레산, 팔미트산, 그리고 리놀렌산이 함유되어 있다.

밀짚에는 스테로이드 성분으로 (24R)-14αmethyl-5αergostan-3-one, 트리테르페노이드 성분으로 cycloart-5-ene-3β 25-diol[11]이 함유되어 있다.

약리작용

1. 배변과 체중 감소

맥피와 그 불용성 발효성 섬유(아라비노실란이 풍부한)가 함유된 밀을 먹인 랫드는 대변의 양과 수분 함량이 유의하게 증가했다. 또한 맥피는 음식 섭취와 체중 증가를 감소시켰다[12]. 밀의 펜토산 빵을 섭취한 건강한 사람은 대변 배설물의 빈도와 비율이 증가하였으며, 배설물의 SCFA와 부티레이트 농도가 증가하여 대장 건강에 유의한 효과를 나타냈다[13].

2. 항산화 작용

통밀과 맥피의 추출물은 2,2-디페닐-피크릴하이드라질(DPPH) 유리기, ABTS 양이온 라디칼 및 과산화물 음이온 라디칼에 대한 소거 활성을 가지며 저밀도 지단백질 산화를 유의하게 억제했다. 페놀과 토코페롤이 활성 항산화 성분이다[2, 6, 14-16]. 맥피에서 불용성 발효성 섬유의 가수 분해로 얻은 페룰로일화 올리고당은 AAPH에 의한 산화적 용혈을 마우스 적혈구에서 유의적으로 억제하는데, 이는 유리기 소거 활성 및 적혈구 막 지질과산화 억제와 관련이 있다[17].

3. 항종양 작용

맥피를 섭취시킨 랫드에서 대장암의 발생을 유의하게 감소시켰으며, 또한 대장 종양의 발달을 유의하게 저해했다[18]. 통밀 또는 맥피를 먹인 미니 마우스는 장의 종양 발병 및 발달의 유의한 억제를 나타냈으며, 맥피의 항종양 활성은 통밀의 항종양 활성보다 강하다. 발효성 섬유, 페놀(항산화 특성을 갖는) 및 리그난은 항종양 활성을 위한 활성성분이었다[7, 19-21].

4. 혈액 지질 조절

통밀의 섭취는 마우스의 혈장 및 간 콜레스테롤과 중성지방(TG) 수준을 유의하게 감소시켰다. 한편, 맥피와 정제된 밀 전분의 효과는 통밀만큼 강력하지 못했다[22]. 밀에서 추출한 α-아밀라아제를 투여하면 고지질식이로 유도된 고지혈 랫드 동물모델에서의 혈청 및 TC 및 TG에서의 총 콜레스테롤(TC), TG 및 저밀도 지단백 콜레스테롤(LDL-C)을 낮추고 고밀도 지단백질 콜레스테롤(HDL-C)을 유의하게 증가시켰으며 말로닐디 알데히드(MDA) 함량을 감소시켰다. 또한 슈퍼옥사이드 디스뮤타아제(SOD) 활성을 현저하게 증가시켰고 혈액유동학적, 동맥 및 간의 병리증상을 개선시켰다[23].

5. 항고혈당 효과

밀에서 추출한 α-아밀라제를 경구 투여하면 마우스에서 알록산에 의한 혈당을 유의하게 감소시켰다. 그 작용은 마우스 소장의 다양한 부분에서 말타아제와 당 활동의 억제로 인한 것일 수 있다[24].

6. 기타

맥피에서 추출한 24-메틸콜레스타놀은 *in vitro*에서 엡스타인바 바이러스에 대한 억제효과가 있었다. 맥피는 또한 랫드 소장에서 점막 피타아제 활성을 강화시켰다[25].

용도

1. 변비
2. 가려움증과 염증성 피부병, 상처, 옹, 화상
3. 히스테리, 불안
4. 음허발열(陰虛發熱), 자한(自汗), 도한(盜汗)

해설

여러 재배 변종을 포함한 밀은 중요한 곡류작물이다.
통밀의 화학 성분들은 함께 작용하여 하제, 항산화, 항종양 및 혈청 지질 조절 효과를 일으킨다[22, 26]. 통밀은 약용 및 식용의 통합적인 가치가 높다.
비타민이 풍부한 밀엽 주스는 혈액을 정화하고 건강관리와 미용에 효과가 있어서 새로운 판매 개념을 가진 일종의 녹색 음료이다.

참고문헌

1. ZX Liang. The origin of Triticum aestivum L. Biology Teaching. 2006, 31(2): 71
2. KK Adom, ME Sorrells, RH Liu. Phytochemical profiles and anti-oxidant activity of wheat varieties. Journal of Agricultural and Food Chemistry. 2003, 51(26): 7825-7834
3. C Barron, P Robert, F Guillon, L Saulnier, X Rouau. Structural heterogeneity of wheat arabinoxylans revealed by Raman spectroscopy. Carbohydrate Research. 2006, 341(9): 1186-1191
4. L Rondini, MN Peyrat-Maillard, A Marsset-Baglieri, G Fromentin, P Durand, D Tome, M Prost, C Berset. Bound ferulic acid from bran is more bioavailable than the free compound in rat. Journal of Agricultural and Food Chemistry. 2004, 52(13): 4338-4343
5. KH Kim, R Tsao, R Yang, SW Cui. Phenolic acid profiles and anti-oxidant activities of wheat bran extracts and the effect of hydrolysis conditions. Food Chemistry. 2005, 95(3): 466-473
6. WD Li, F Shan, SC Sun, H Corke, T Beta. Free radical scavenging properties and phenolic content of Chinese black-grained wheat. Journal of Agricultural and Food Chemistry. 2005, 53(22): 8533-8536
7. HY Qu, RL Madl, DJ Takemoto, RC Baybutt, WQ Wang. Lignans are involved in the anti-tumor activity of wheat bran in colon cancer SW480 cells. The Journal of Nutrition. 2005, 135(3): 598-602
8. JL Penalvo, KM Haajanen, N Botting, H Adlercreutz. Quantification of lignans in food using isotope dilution gas chromatography/mass spectrometry. Journal of Agricultural and Food Chemistry. 2005, 53(24): 9342-9347
9. K Iwatsuki, T Akihisa, H Tokuda, M Ukiya, H Higashihara, T Mukainaka, M Iizuka, Y Hayashi, Y Kimura, H Nishino. Sterol ferulates, sterols, and 5-alk(en)ylresorcinols from wheat, rye, and corn bran oils and their inhibitory effects on Epstein-Barr virus activation. Journal of Agricultural and Food Chemistry. 2003, 51(23): 6683-6688
10. KQ Zhou, L Su, LLYu. Phytochemicals and anti-oxidant properties in wheat bran. Journal of Agricultural and Food Chemistry. 2004, 52(20): 6108-6114
11. EMM Gaspar, HJC Das Neves. Steroidal constituents from mature wheat straw. Phytochemistry. 1993, 34(2): 523-527
12. ZX Lu, PR Gibson, JG Muir, M Fielding, K O'Dea. Arabinoxylan fiber from a by-product of wheat flour processing behaves physiologically like a soluble, fermentable fiber in the large bowel of rats. The Journal of Nutrition. 2000, 130(8): 1984-1990
13. S Grasten, KH Liukkonen, A Chrevatidis, H El-Nezami, K Poutanen, H Mykkanen. Effects of wheat pentosan and inulin on the metabolic activity of fecal microbiota and on bowel function in healthy humans. Nutrition Research. 2003, 23(11): 1503-1514
14. LL Yu, S Haley, J Perret, M Harris, J Wilson, M Qian. Free radical scavenging properties of wheat extracts. Journal of Agricultural and Food Chemistry. 2002, 50(6): 1619-1624
15. LL Yu, KQ Zhou, JW Parry. Inhibitory effects of wheat bran extracts on human LDL oxidation and free radicals. LWT-Food Science and Technology. 2005, 38(5): 463-470
16. CM Liyana-Pathirana, F Shahidi. Importance of insoluble-bound phenolics to anti-oxidant properties of wheat. Journal of Agricultural and Food Chemistry. 2006, 54(4): 1256-1264
17. XP Yuan, J Wang, HY Yao. Inhibition of erythrocyte hemolysis by feruloylated oligosaccharides from wheat bran. Journal of the Chinese Cereals and Oils Association. 2005, 20(1): 13-16
18. DL Zoran, ND Turner, SS Taddeo, RS Chapkin, JR Lupton. Wheat bran diet reduces tumor incidence in a rat model of colon cancer independent of effects on distal luminal butyrate concentrations. The Journal of Nutrition. 1997, 127(11): 2217-2225
19. K Drankhan, J Carter, R Madl, C Klopfenstein, F Padula, YM Lu, T Warren, N Schmitz, DJ Takemoto. Anti-tumor activity of wheats with high orthophenolic content. Nutrition and Cancer. 2003, 47(2): 188-194
20. JW Carter, R Madl, F Padula. Wheat anti-oxidants suppress intestinal tumor activity in Min mice. Nutrition Research. 2006, 26(1): 33-38
21. M Glei, T Hofmann, K Kuester, J Hollmann, MG Lindhauer, BL Pool-Zobel. Both wheat (Triticum aestivum) bran arabinoxylans and gut

floramediated fermentation products protect human colon cells from genotoxic activities of 4-hydroxynonenal and hydrogen peroxide. Journal of Agricultural and Food Chemistry. 2006, 54(6): 2088-2095

22. A Adam, HW Lopez, JC Tressol, M Leuillet, C Demigne, C Remesy. Impact of whole wheat flour and its milling fractions on the cecal fermentations and the plasma and liver lipids in rats. Journal of Agricultural and Food Chemistry. 2002, 50(22): 6557-6562
23. Q Zhang, Y Du, GG Cheng, XM Li, HJ Ying. Lipid-regulating and anti-atherosclerosis effects of α-amylase inhibitor extracted from wheat. Journal of China Pharmaceutical University. 2005, 36(6): 572-576
24. Q Zhang, N Chen, GG Chen, XM Li, HJ Ying. Antihyperglycemic effect of α-amylase inhibitor in diabetic mice. Chinese Journal of New Drugs. 2006,15(6): 432-435
25. HW Lopez, F Vallery, MA Levrat-Verny, C Coudray, C Demigne, C Remesy. Dietary phytic acid and wheat bran enhance mucosal phytase activity in rat small intestine. The Journal of Nutrition. 2000, 130(8): 2020-2025
26. KK Adom, ME Sorrells, RH Liu. Phytochemicals and anti-oxidant activity of milled fractions of different wheat varieties. Journal of Agricultural and Food Chemistry. 2005, 53(6): 2297-2306

밀 재배 모습

한련화 旱金蓮 GCEM

Tropaeolaceae

Tropaeolum majus L.

Garden Nasturtium

개 요

한련과(Tropaeolaceae)
한련화(旱金蓮, *Tropaeolum majus* L.)의 신선한 전초: 한금련(旱金蓮)
중약명: 한금련(旱金蓮)
한련화속(*Tropaeolum*) 식물은 전 세계에 약 80종이 있으며 남아메리카에 분포한다. 오직 1종만이 중국에 도입되어 약으로 사용된다. 한련화는 주로 관상용으로 하북성, 강소성, 복건성, 광동성, 광서성, 운남성, 티베트 등의 지역에서 재배되고 있으며 야생에 산재되어 있다. 한련화는 남아메리카의 온대 지역에서 기원하며 지중해에서 관상용으로 도입되어 재배되었다. 남미 사람들은 신선한 꽃을 먹고 꽃을 사용하여 발삼을 만든다. 꽃봉오리와 부드러운 열매는 페루의 최상급 야채이다. 중국에서 "한련화"는 《식물명실도고(植物名實圖考)》에서 처음으로 약으로 기재되었다. 이 약재는 주로 남아메리카의 페루와 브라질에서 생산된다.
한련화는 치오글리코사이드, 카로티노이드 및 플라보노이드를 함유하고 있다.
약리학적 연구 결과 한련화는 항균 및 항종양 작용이 있다.
민간요법에 의하면 한련화에는 항균 작용이 있다. 한의학적으로 한련화는 청열해독(清熱解毒), 양혈지혈(凉血止血)에 사용한다.

한련화 旱金蓮 *Tropaeolum majus* L.

함유성분

씨에는 글루코시놀레이트 성분으로 glucotropaeolin과 그 분해생성물인 벤질 이소티오인산염이 함유되어 있고, 지방산 성분으로 팔미트산, 리올레산, 리놀렌산, erucic acid와 그 유도체[1-2], cis-11-eicosenoic acid[3]가 함유되어 있다.
꽃에는 카로티노이드 성분으로 lutein, antheraxanthin, zeaxanthin, α-carotene[4], 플라보노이드 성분으로 캠페롤 배당체[5]가 함유되어 있다.
잎에는 카로티노이드 성분으로 lutein, β-carotene, violaxanthin, neoxanthin[4], 플라보노이드 성분으로 isoquercitroside, quercetin 3-triglucoside[5]가 함유되어 있다.
열매에는 쿠쿠르비타신 성분으로 쿠쿠르비타신 B, D, E[6], 치오글리코사이드[7]가 함유되어 있다.

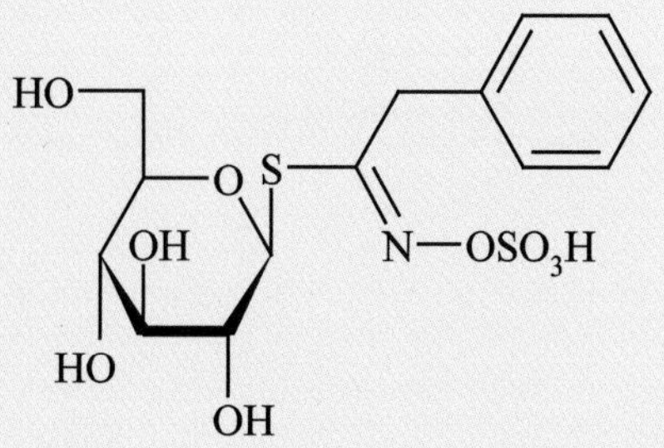

glucotropaeolin

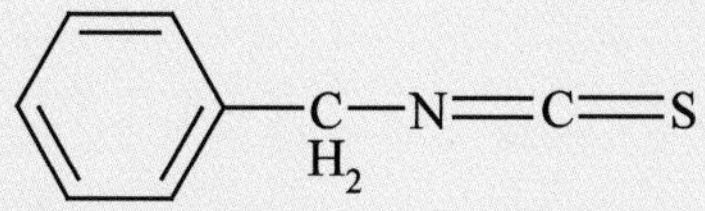

benzyl isothiocyanate

약리작용

1. 항균 작용
열매, 꽃, 잎 추출물은 *in vitro*에서 항균 및 항진균 효과를 보였다[7]. 활성 스펙트럼은 탄저균, 지하적리균(赤痢菌), 연쇄상구균, 화농성미구균[8], 포도상구균, 결핵균, 대장균[9]을 포함한다. 잎 주스는 황색포도상구균, 대장균, 고초균[10]에 대한 저해 작용과 살상효과가 있다. 분리한 벤질이소티오시아네이트는 산성 간균과 모닐리아 알비칸스균[11], 녹농균[12], 요로 내 항생제 내성 균주들[13]의 성장에 유의적인 억제효과를 보였다.

2. 항종양 작용
벤질이소티오시아네이트는 사람 난소 암 SKOV-3, 41-M, CHI, CHIcisR 세포와 마우스의 형질세포종 PC6/sens에 대해 현저한 세포독성을 보였다[14].

용도

1. 요로 감염
2. 기침, 기관지염, 폐결핵
3. 결막염
4. 투석, 객혈
5. 옹, 대머리, 잘 낫지 않는 상처

해설

Trollius chinensis Bge., *T. asiaticus* L., *T. farreri* Stapf 및 *T. ledebouri* Reichb(Ranunculaceae)의 꽃은 금련화(金蓮花, Trollii Flos)로 쓰인다. 금련화의 이명은 한금련(旱金蓮)이다. 그러나 한련과(Tropaeolaceae)의 *Tropaeolum majus*의 약재명은 한련화(旱蓮花, Tropaeoli Herba)이며, 이명 중의 하나는 금련화이다. 이 두 가지 약재는 혼동되는 이명을 가지고 있지만 화학 성분 및 약리학적 효능이 상이하므로 주의 깊게 확인하고 정확하게 적용해야 한다.

참고문헌

1. CD Daulatabad, AM Jamkhandi. 9-Keto-octadec-cis-12-enoic acid from Tropaeolm majus seed oil. Journal of the Oil Technologists' Association of India. 2000, 32(2): 59-60
2. VI Deineka, LA Deineka, GM Fofanov, LN Balyatinskaya. Reversed-phase HPLC of seed oils to establish triglyceride fatty acid composition. Rastitel'nye Resursy. 2004, 40(1): 104-112
3. MS Ahmad, MU Ahmad, AA Ansari, SM Osman. Studies on herbaceous seed oils. V. Fette, Seifen, Anstrichmittel. 1978, 80(9): 353-354
4. PY Niizu, DB Rodriguez-Amaya. Flowers and leaves of Tropaeolum majus L. as rich sources of lutein. Journal of Food Science. 2005, 70(9): S605-S609
5. P Delaveau. Nasturtium, Tropaeolum majus, flavonoids. Physiologie Vegetale. 1967, 5(4): 357-390
6. B Wojciechowska, L Wizner. Cucurbitacins in Tropaeolum majus L. fruits. Herba Polonica. 1983, 29(2): 97-101
7. N Cumpa Santa Cruz, MI Guerra Ayala, V Bejar Castillo, CM Fuertes Ruiton. Advances in the study of the anti-bacterial and anti-fungal activity of Tropaeolum thioglycosides. Boletin de la Sociedad Quimica del Peru. 1991, 57(4): 235-244
8. AG Winter. Nature of volatile antibiotics from Tropaeolum majus. Naturwissenschaften. 1954, 41: 337-338
9. SA Vichkanova, LV Makarova, MA Rubinchik, VV Adgina. Anti-microbial characteristics of fatty esters. Trudy Vsesoyuznogo Nauchno-Issledovatel'skogo Instituta Lekarstvennykh Rastenii. 1971, 14: 221-230
10. AG Winter, L Willeke. Antibiotics from higher plants. VI. Gaseous inhibitors from Tropaeolum majus, their effect in the human body upon ingestion per os. Naturwissenschaften. 1952, 39: 236-237
11. T Halbeisen. Antibiotics from higher plants (Tropaeolum majus). Die Medizinische. 1954: 1212-1215
12. KD Rudat, JM Loepelmann. The bacterial restraining action of the antibiotic substance contained in nasturtium (Tropaeolum majus), especially to aerobic spore formers. Pharmazie. 1955, 10: 729-732
13. V Melicharova, MZ Vesely, M Kucera. The anti-microbial activity of benzyl isothiocyanate, the active principle of Urogran Spofa. Cesko-Slovenska Farmacie. 1962, 11(5): 254-255
14. AM Pintao, MSS Pais, H Coley, LR Kelland, IR Judson. In vitro and in vivo anti-tumor activity of benzyl isothiocyanate: a natural product from Tropaeolum majus. Planta Medica. 1995, 61(3): 233-236

고양이발톱 絨毛鈎藤

Uncaria tomentosa (Willd.) DC.

Cat's Claw

개 요

꼭두서니과(Rubiaceae)
고양이발톱(絨毛鈎藤, *Uncaria tomentosa* (Willd.) DC.)의 나무껍질 또는 뿌리껍질을 말린 것: 융모구등(絨毛鈎藤)
중약명: 융모구등(絨毛鈎藤)
고양이발톱속(*Uncaria*) 식물은 전 세계에 약 34종이 있으며 주로 열대 아시아, 호주, 아프리카, 마다가스카르 및 열대 아메리카에 분포한다. 중국에는 약 11종과 1품종이 발견되며 약 5종이 약으로 사용된다. 고양이발톱은 안데스 산맥의 중부 및 동부의 열대 우림에 분포한다.
고양이발톱은 관절염, 위궤양, 소장의 기능 장애, 피부 질환 및 종양 치료에 사용할 수 있는 페루의 유명한 전통 약재이다. 소염작용과 면역조절의 탁월한 효과 때문에 점차적으로 20세기에 다양한 응용 분야에서 사용되어 왔다[1]. 이 약재는 주로 안데스 산맥에서 생산된다.
고양이발톱의 주요 약효성분은 인돌 알칼로이드이다.
약리학적 연구에 따르면 고양이발톱에는 항염증, 항산화, 면역조절 및 항종양 효과가 있다.
민간요법에 의하면 고양이발톱에는 항 감염, 항종양, 항염증제 및 피임작용이 있다.

고양이발톱 絨毛鈎藤 *Uncaria tomentosa* (Willd.) DC.

융모구등 絨毛鈎藤 Uncariae Tomentosae Cortex

함유성분

고양이발톱에는 주로 알칼로이드 성분으로 mitraphylline, isomitraphylline, corynoxeine, isocorynoxeine, rhynchophylline, isorhynchophylline, dihydrocorynantheine[2], isopteropodine, pteropodine, uncarines C, D, E, F[3-5], harman[6], lyaloside, 5(S)-5-carboxystritosidine[7], 3,4-dehydro-5(S)-5-carboxystrictosidine[8]이 함유되어 있고, 이리도이드 성분으로 7-deoxy loganic acid[5], 트리테르페노이드 배당체 성분으로 tomentosides A, B[9], 유기산 성분으로 quinic acid[10], 카페인산[11]이 함유되어 있다.

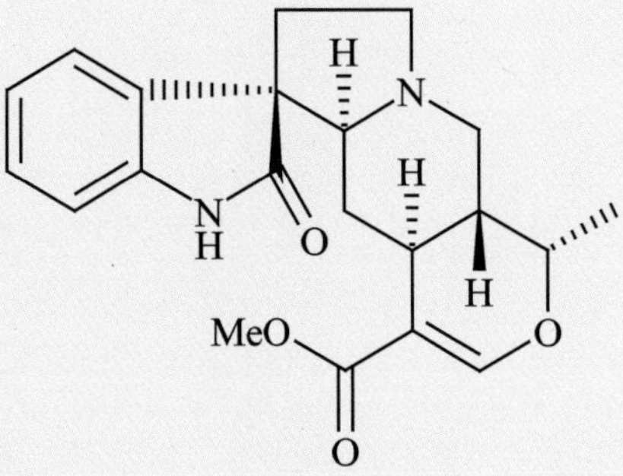

mitraphylline

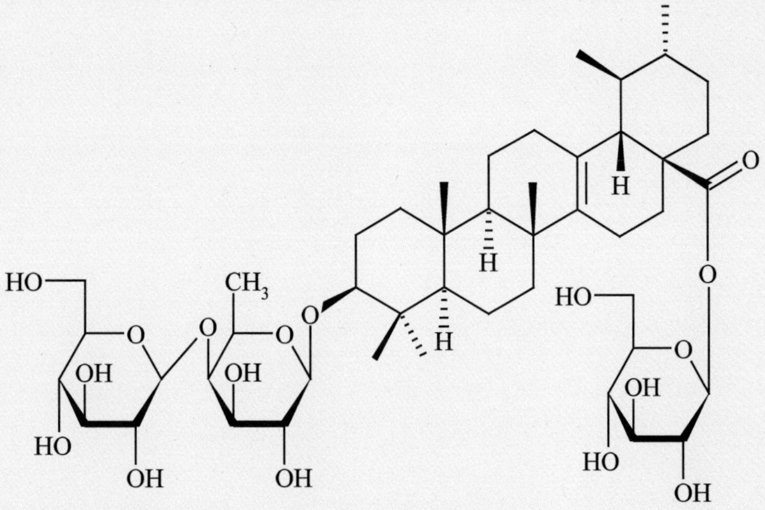

tomentoside A

약리작용

1. 항염증 작용

고양이발톱 전초를 투여하면 카라기난에 의해 유발된 부종 및 혈청 인터루킨-4(IL-4) 수치의 증가를 유의하게 억제했는데, 그것은 고양이발톱이 T세포의 활성화를 직접적으로 억제했으며, 따라서 이것은 고양이발톱이 자가 면역을 억제하고 류마티스성 관절염의 염증을 예방하는 유용한 도구로서 기능한다는 것을 나타냈다[12]. *In vitro*에서 마우스 대식세포 RAW 264.7에서 LPS로 유도된 TNF-α 및 아질산염 생성을 감소시켰으며, 경구 전 처치는 인도메타신에 의한 위염을 예방하고 TNF-α mRNA 발현을 억제했다.[13].

2. 진통 작용
껍질 추출물을 경구 투여하면 초산신전반응과 포르말린 및 캡사이신 시험에 대한 억제 작용을 나타냈으며, 열판 검사에서의 도약 지연 시간은 증가했다. 5-HT_2 수용체 길항제 케탄세린은 포르말린 검사에서 진통작용을 나타내어 5-HT_2 수용체와 상호 작용한다는 것을 보였다[14].

3. 항산화 작용
나무껍질 전제는 히드록실 라디칼, 과산화물 음이온, 퍼옥사이드 라디칼 및 과산화수소에 대한 소거효과를 갖는다. 1,1-디페닐-2-피크릴하이드라질(DPPH) 반응 억제효과가 있으며 페놀산(주로 카페인산)이 유효 성분이다[11].

4. 면역조절 작용
나무껍질의 에탄올 추출물은 센다이 바이러스로 유발된 면역반응을 억제하는 포름알데히드에 대한 증강효과를 나타냈다. 마우스의 타액 IgA, 혈청 IgG 및 혈액 응고 억제는 비누 카디아투르 토사 투여군보다 높았다[15]. 추출물은 Listeria monocytogenes에 의한 치사성 감염으로 인한 골수 억제 및 비장 비대를 예방했다. 정상 마우스와 감염된 마우스에서 CFU-GM 생산을 촉진시키고 대장균 자극 활성을 증가시켰다. 감염된 마우스에서 IL-1과 IL-6 수치가 증가했다[16]. 전초 물 추출물 C-Med 100은 림프구의 반감기를 연장시켰고 비장 세포 수를 증가시켰으며[17], T 및 B 림프구 증식 및 핵인자 κB (NF-κB) 활성을 억제했다[18].

5. 항종양 작용
운카린 D는 인간 흑색종 SK-MEL, 인간 구강상피암 KB, 인간 유방암 BT-549 및 인간 난소암 SK-OV-3 세포에 대해 약한 세포독성 활성을 나타냈으며, 운카린 C는 난소암종 세포에 대해서만 약한 세포독성을 보였다[5].

6. 기억력개선 작용
수동적 회피 시험에서 총 알칼로이드와 그 옥시인돌 알칼로이드 성분인 운카린 E, 운카린 C, 미트라필린, 린코필린 및 이소린코필린을 복강 내 주사하면 무스카린 수용체 길항제인 스코폴라민에 의해 유도된 기억력감소 증상을 상당히 감소시켰다. 운카린 E는 또한 니코틴성 수용체 길항제인 메카밀라민과 NMDA 수용체 길항제인 (+/−)-3-(2-carboxypiperazin-4-yl)-propyl-1-phosphonic acid에 의해 유발되는 수동적 회피 성능의 손상을 차단했다[4].

7. 기타
C-Med-100 전초 추출물은 구강 내 화학 요법으로 유발된 인간의 DNA 손상에 대한 복구 효과를 나타냈으며, DNA 복구, 유사분열 반응, 그리고 백혈구 복구를 향상시켰다[19]. 또한 나무껍질은 항 돌연변이 유발 작용을 나타냈다[20].

용도

1. 류마티스
2. 위염, 설사
3. 종양
4. 생리불순
5. 피임제

해설

Uncaria guianensis (Aubl.) Gmel.도 남아메리카의 민간요법에서 '고양이발톱'으로 사용된다. 유럽 시장에서 거래되는 주요 약재는 '고양이발톱'이며 *Uncaria guianensis*와 호환사용이 가능하다[1].
고양이발톱은 남아메리카 아마존 산림에서 기원한 덩굴식물이며 그 명칭은 엽액에 붙어 있는 수많은 발톱모양에서 유래되었다. 고양이발톱은 페루의 약초이다. 항염증 및 면역조절의 탁월한 효과 때문에 캡슐과 같은 다양한 제형으로 개발되어 미주 및 유럽의 천연물 제제 시장에서 판매된다. 1997년 '고양이발톱'은 미국 내 여러 천연물의약품 매장 중에서 톱 10 베스트셀러 중 하나였다[21]. 계속되는 연구 결과에 따라 고양이발톱은 의약 시장에서 더 많은 역할을 하고 더 큰 가치를 창출하게 될 것이다.

참고문헌

1. Facts and Comparisons (Firm). The Review of Natural Products (3rd edition). Missouri: Facts and Comparisons. 2000: 160-162
2. G Laus, K Keplinger. Alkaloids of Peruvian Uncaria guianensis (Rubiaceae). Phyton. 2003, 43(1): 1-8
3. N Bacher, M Tiefenthaler, S Sturm, H Stuppner, MJ Ausserlechner, R Kofler, G Konwalinka. Oxindole alkaloids from Uncaria tomentosa

induce apoptosis in proliferating, G_0/G_1-arrested and bcl-2-expressing acute lymphoblastic leukaemia cells. British Journal of Haematology. 2006, 132(5): 615-622

4. AF Mohamed, K Matsumoto, K Tabata, H Takayama, M Kitajima, H Watanabe. Effects of Uncaria tomentosa total alkaloid and its components on experimental amnesia in mice: elucidation using the passive avoidance test. The Journal of Pharmacy and Pharmacology. 2000, 52(12): 1553-1561
5. I Muhammad, DC Dunbar, RA Khan, M Ganzera, IA Khan.Investigation of Una de Gato I. 7-Deoxyloganic acid and 15N NMR spectroscopic studies on pentacyclic oxindole alkaloids from Uncaria tomentosa. Phytochemistry. 2001, 57(5): 781-785
6. M Kitajima, M Yokoya, H Takayama, N Aimi. Co-occurrence of harman and β-carboline-type monoterpenoid glucoindole alkaloids in Una de Gato (Uncaria tomentosa). Natural Medicines. 2001, 55(6): 308-310
7. M Kitajima, M Yokoya, K Hashimoto, H Takayama, N Aimi. Studies on new alkaloid and triterpenoids from Peruvian Una de Gato. Tennen Yuki Kagobutsu Toronkai Koen Yoshishu. 2001, 43: 437-442
8. M Kitajima, M Yokoya, H Takayama, N Aimi. Synthesis and absolute configuration of a new 3,4-dihydro-β-carboline-type alkaloid, 3,4-dehydro-5(S)-5-carboxystrictosidine, isolated from peruvian Una de Gato (Uncaria tomentosa). Chemical & Pharmaceutical Bulletin. 2002, 50(10): 1376-1378
9. M Kitajima, K Hashimoto, M Yokoya, H Takayama, M Sandoval, N Aimi. Two new nor-triterpene glycosides from Peruvian "Una de Gato" (Uncaria tomentosa). Journal of Natural Products. 2003, 66(2): 320-323
10. YZ Sheng, C Akesson, K Holmgren, C Bryngelsson, V Giamapa, RW Pero. An active ingredient of cat's claw water extracts. Identification and efficacy of quinic acid. Journal of Ethnopharmacology. 2005, 96(3): 577-584
11. 11. C Goncalves, T Dinis, MT Batista. Anti-oxidant properties of proanthocyanidins of Uncaria tomentosa bark decoction: a mechanism for antiinflammatory activity. Phytochemistry. 2005, 66(1): 89-98
12. T Yamashita, Y Gu. Anti-rheumatic, anti-inflammatory and analgesic effects of cat's-claw, iporuru, chuchuhuasi, and Devil's-claw combination. Igaku to Seibutsugaku. 2005, 149(5): 204-210
13. M Sandoval, NN Okuhama, XJ Zhang, LA Condezo, J Lao, FM Angeles, RA Musah, P Bobrowski, MJS Miller. Anti-inflammatory and anti-oxidant activities of cat's claw (Uncaria tomentosa and Uncaria guianensis) are independent of their alkaloid content. Phytomedicine. 2002, 9(4): 325-337
14. S Juergensen, S DalBo, P Angers, ARS Santos, RM Ribeiro-do-Valle. Involvement of 5-HT_2 receptors in the antinociceptive effect of Uncaria tomentosa. Pharmacology, Biochemistry and Behavior. 2005, 81(3): 466-477
15. G Bizanov, V Tamosiunas. Immune responses induced in mice after intragastral administration with Sendai virus in combination with extract of Uncaria tomentosa. Scandinavian Journal of Laboratory Animal Science. 2005, 32(4): 201-207
16. S Eberlin, LMB dos Santos, MLS Queiroz. Uncaria tomentosa extract increases the number of myeloid progenitor cells in the bone marrow of mice infected with Listeria monocytogenes. International Immunopharmacology. 2005, 5(7-8): 1235-1246
17. C Akesson, H Lindgren, RW Pero, T Leanderson, F Ivars. Quinic acid is a biologically active component of the Uncaria tomentosa extract C-Med 100. International Immunopharmacology. 2005, 5(1): 219-229
18. C Akesson, H Lindgren, RW Pero, T Leanderson, F Ivars. An extract of Uncaria tomentosa inhibiting cell division and NF-κB activity without inducing cell death. International Immunopharmacology. 2003, 3(13-14): 1889-1900
19. Y Sheng, L Li, K Holmgren, RW Pero. DNA repair enhancement of aqueous extracts of Uncaria tomentosa in a human volunteer study. Phytomedicine. 2001, 8(4): 275-282
20. R Rizzi, F Re, A Bianchi, V De Feo, F de Simone, L Bianchi, LA Stivala. Mutagenic and antimutagenic activities of Uncaria tomentosa and its extracts. Sidahora. 1995: 35-36
21. BP Wu. The top 10 popular herbal medicines in USA in 1996. Foreign Medical Sciences. 1997, 19(1): 10-11

이주쐐기풀 異株蕁麻 EP, GCEM

Urticaceae

Urtica dioica L.

Stinging Nettle

개 요

쐐기풀과(Urticaceae)

이주쐐기풀(異株蕁麻, *Urtica dioica* L.)의 지상부의 신선한 것 또는 말린 것 또는 뿌리를 말린 것: 담마(蕁麻)

이주쐐기풀(異株蕁麻)의 뿌리를 말린 것: 담마근(蕁麻根)

쐐기풀속(*Urtica*) 식물은 전 세계에 약 35종이 있으며 북반구의 온대 및 아열대 지역에 분포한다. 중국에는 약 16종, 6아종과 1변종이 발견되며 약으로는 약 12종이 사용된다. 이주쐐기풀은 주로 히말라야와 중부 및 서부 아시아의 중서부에 분포하며 유럽, 아프리카 북부 및 북아메리카에 널리 분포한다. 중국에서는 티베트 서부, 청해성, 서부 신장에 분포한다.

이주쐐기풀은 약으로 사용된 오랜 역사를 가지고 있다. 1세기의 그리스 의사인 디오스코리데스와 2세기의 의사인 갈렌(Galen)은 이주쐐기풀의 잎이 이뇨작용과 완하작용을 나타내며 천식, 흉막염 및 비장 관련 질병에 효과가 있다는 것을 관찰했다. 1세기의 로마 학자 플리니우스는 쐐기풀에 지혈작용이 있음을 관찰했다. 아프리카의 민간요법에서는 지금까지 코피, 월경불순 및 내출혈과 같은 질병을 치료하는 데 사용된다. 이 종은 이주쐐기풀의 공식적인 기원식물 내원종의 하나로 유럽약전(5개정판)과 미국약전(28개정판)에 등재되어 있다. 유럽약전은 이주쐐기풀(Urticae Dioicae Herba)로 건조 또는 신선한 전초를 등재한 반면, 미국약전은 건조 뿌리 또는 뿌리줄기를 이주쐐기풀 뿌리(Urticae Dioicae Radix)로 등재했다. 이 약재는 주로 알바니아, 불가리아, 헝가리, 독일 및 러시아에서 생산된다.

지상부는 주로 식물 단백질, 플라보노이드 배당체 및 플라보노이드를 함유하고 그 뿌리는 식물 단백질, 리그난 및 시토스테롤을 주로 함유한다. 이주쐐기풀 응집소(UDA)는 전립선 비대증(BPH)을 치료하는 주요 활성성분이다. 미국약전은 비색계로 측정한 아미노산의 총 함량이 0.80% 이상이어야 하고, β-시토스테롤은 가스크로마토그래피법으로 시험할 때 0.050% 이상이며, 고속액체크로마토그래피법으로 시험할 때 스코폴레틴의 함량은 3.0μg/g 이상이어야 한다고 규정하고 있다.

약리학적 연구에 따르면 이주쐐기풀이 전립선의 과형 억제, 항 류마티스성, 항고혈당, 면역조절, 항종양 및 항산화 효과를 나타낸다. 유럽에서 이주쐐기풀의 뿌리는 주로 전립선비대 치료에 사용되며 전립선비대 치료를 위한 일반적인 식물로 개발되어지고 있다.

이주쐐기풀 異株蕁麻 *Urtica dioica* L.

담마근 蕁麻根 Urticae Dioicae Herba

함유성분

지상부에는 주로 식물성 단백질인 이주쐐기풀응집소(UDA), isolectins I, II, V, VI[1], glycoprotein[2]이 함유되어 있고, 플라보노이드 배당체 성분으로 quercetin-3-O-rutinoside, kaempferol-3-O-rutinoside, isorhamnetin-3-O-glucoside[3], hyperin, isoquercitrin[4], pelargonidin monoxyloside, pelargonidin xylobioside[5], kaempferol-3-rutinoside, isorhamnetin-3-rutinoside, quercetin-3-rutinoside, kaempferol-3-glucoside, isorhamnetin-3-glucoside, quercetin-3-glucoside [6], 플라보노이드 성분으로 kaempferol, isorhamnetin[6], 5,2' 4'trihydroxy-7,8-dimethoxyflavone[7]이 함유되어 있다. 또한 Vitamin K_1[8]이 함유되어 있다.
뿌리에는 주로 식물성 단백질인 렉틴[9]이 함유되어 있고, 인지질 성분으로 phosphatidylinositol, phosphatidylethanolamine, phosphatidylcholine, lysophosphatidylcholine[10], 시토스테롤과 그 유도체 성분으로 sitosterol, sitosterol-βD-glucoside, 7α, 7β hydroxysitosterols, (6'O-palmitoyl)-sitosterol-3-O-βD-glucoside[11], 리그난류 성분으로 (+)-neoolivil, (-)-secoisolariciresinol, isolariciresinol, pinoresinol, 3,4-divanillyltetrahydrofuran[12]이 함유되어 있다.

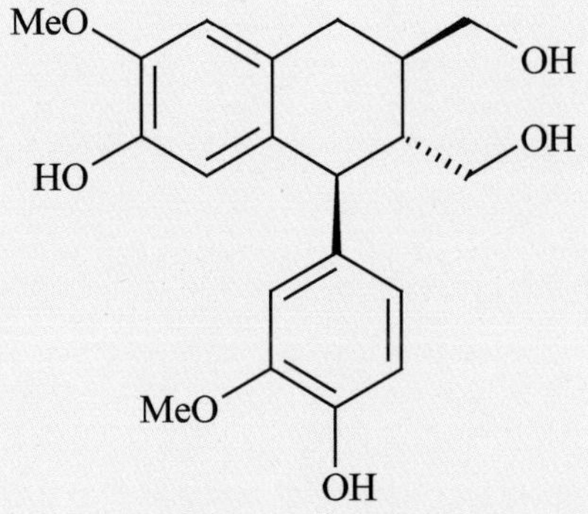

(+) - isolariciresinol

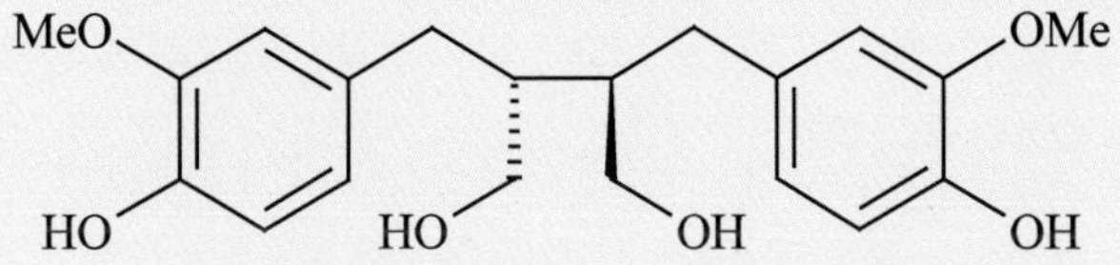

(-) - secoisolariciresinol

약리작용

1. 전립선 비대증의 억제 효과

   (1) 전립선 상피 세포의 억제
   뿌리의 20% 메탄올 추출물과 다당류는 전립선 상피 세포의 성장을 유의하게 억제했다[13-14].

   (2) 아로마타제의 억제
   뿌리의 메탄올 추출물은 아로마타제에 대한 억제효과를 나타냈다[15].

   (3) 성 호르몬 결합 글로불린(SHBG)의 결합
   in vitro 연구는 뿌리 수분 추출물이 SHBG와 결합하여 SHBG가 인간 전립선 막의 수용체에 결합하는 것을 경쟁적으로 억제한다는 것을 보여준다[16-17].

   (4) Na^+, K^+-ATPase의 저해
   뿌리의 헥산 추출물, 에테르 추출물, 에틸 아세테이트 추출물 및 부탄올 추출물은 양성 전립선 비대증의 조직의 Na^+, K^+-ATPase 활성에 대해 상이한 억제효과를 나타냈다[18].

   (5) 상피 세포 성장 인자(EGF)
   뿌리에서 이주쐐기풀응집소(UDA)는 EGF-R을 차단하여 항 전정 효과를 나타내는 EGF 수용체와 결합하는 것으로 밝혀졌다[19].

2. 류마티스 억제 작용
   잎 추출물은 연골 세포에서 MMP-1, -3 및 -9 단백질의 인터류킨-1β(IL-1β)에 의한 발현을 유의하게 억제하여 항 류머티즘 효과를 나타냈다[20].

3. 혈당강하 작용

당뇨 랫드에 잎의 활성성분을 복강 내 투여하면 인슐린 분비가 유의하게 증가했다. 포도당의 동시 분석은 인슐린 수준의 증가가 포도당 수준의 감소와 관련이 있음을 보였다[21].

4. 면역조절 작용

UDA는 CD_4^+ 및 $CD8^+$ T 세포의 특정 집단뿐만 아니라 T 세포 활성화 및 사이토카인 생산의 원래 패턴을 유도할 수 있는 능력을 감별하는 능력으로 고전 T 세포 렉틴 분열 촉진제와 구별할 수 있는 T 세포 유사 분열 촉진제이다[22]. 지상부의 퀘르세틴-3-O-루티노사이드, 캠페롤-3-O-루티노사이드 및 이소람네틴-3-O-글루코시드는 호중구에서 높은 세포 내 살생 활성을 보였다[3]. UDA는 흉선 세포와 비장 T 림프구 모두를 위한 특정 유사분열 촉진물질이다[23]. 물 추출물은 마우스의 비장 세포 및 마우스 복막 대식세포에서 분열 촉진반응을 일으켰다. 또한 T-림프구의 증식을 자극했다[24]. UDA를 정맥 주사하면 마우스에서의 홍반(紅斑)의 발달을 억제하여 성별에 의존적으로 자가 항체의 생산을 변화시킨다[25-26].

5. 항종양 작용

전초 유래 단백질은 정상 세포에 영향을 주지 않고 간암세포 Hep3B와 HepG2의 세포사멸을 유도했다[27].

6. 항산화 작용

전초의 수성 또는 메탄올 추출물의 고온 페놀 화합물은 2,2-디페닐-1-피크릴하이드라질 (DPPH) 라디칼 소거 활성이 있다 [28]. 전초에서 추출한 오일은 사염화탄소 유도 지질과산화 및 간 효소 증가를 억제하고 항산화작용을 증가시켰다 [29].

7. 항 바이러스

UDA는 인체면역결핍바이러스 1형(HIV-1)과 2형(HIV-2), 거대 세포 바이러스(CMV), 호흡기 세포 융합 바이러스(RSV) 및 A형 인플루엔자 바이러스[30]와 고양이 면역 결핍 바이러스(FIV)를 억제했다[31].

8. 혈소판 응집 억제

잎에서 분리된 플라보노이드는 *in vitro*에서 트롬빈으로 유도된 혈소판 응집을 억제하였다. 또한, ADP, 콜라겐 및 에피네프린에 의해 유도된 혈소판 응집을 현저하게 억제했다[32].

9. 기타

뿌리 추출물은 사염화탄소에 의해 유발된 빈혈의 장애, 혈청 K^+와 Ca^{2+}의 증가, 적혈구, 백혈구 및 헤모글로빈 수치의 감소를 향상시켰다[33]. 잎 추출물에서 얻은 수용성 분획물은 보툴리눔 신경 독소의 A형 경쇄의 프로테아제 활성을 저해했다[34]. 석유 에테르 추출물이 적게 든 수성 추출물 투여군 랫드에서 총 콜레스테롤, LDL 콜레스테롤, LDL/HDL 콜레스테롤 비율이 감소했다[35].

용도

1. 전립선의 증식, 요로 감염, 신장 결석
2. 류마티스성 관절염
3. 여드름, 상처
4. 치질

해설

Urtica urens L.도 쐐기풀의 또 다른 기원식물 내원종으로 유럽약전과 미국약전에 등재되어 있다. *U. urens*는 유럽, 서부 아시아, 코카서스, 시베리아 및 북부 아프리카에 널리 분포되어 있다. *Urtica uene* L. 줄기의 섬유질은 섬유의 원료이며 부드러운 줄기는 식용이 가능하다. 그럼에도 불구하고 기능면에서 이주쐐기풀과 동일성 여부에 대한 추가 연구가 필요하다.

참고문헌

1. M Ganzera, B Schoenthaler, H Stuppner. Urtica dioica agglutinin (UDA) - separation and quantification of individual isolectins by reversed phase high performance liquid chromatography. Chromatographia. 2003, 58(3/4): 177-181
2. S Andersen, JK Wold. Water-soluble glycoprotein from Urtica dioica leaves. Phytochemistry. 1978, 17(11): 1885-1887
3. P Akbay, AA Basaran, U Undeger, N Basaran. In vitro immunomodulatory activity of flavonoid glycosides from Urtica dioica L. Phytotherapy Research. 2003, 17(1): 34-37
4. NS Kavtaradze, MD Alaniya, JN Anel. Chemical components of Urtica dioica growing in Georgia. Chemistry of Natural Compounds.

2001, 37(3): 287

5. NS Kavtaradze, MD Alaniya. Anthocyan glycosides from Urtica dioica Chemistry of Natural Compounds. 2003, 39(3): 315
6. M Ellnain-Wojtaszek, W Bylka, Z Kowalewski. Flavonoid compounds in Urtica dioica L.. Herba Polonica. 1986, 32(3-4): 131-137
7. SK Chaturvedi. A new flavone from Urtica dioica roots. Acta Ciencia Indica, Chemistry. 2001, 27(1): 17
8. NH Kavtaradze, MD Alaniya. Chromatospectrophotometrical method for quantitative determination of vitamin K_1 in leaves of Urtica dioica L.. Rastitel'nye Resursy. 2002, 38(4): 118-120
9. WJ Peumans, M De Ley, WF Broekaert. An unusual lectin from stinging nettle (Urtica dioica) rhizomes. FEBS Letters. 1984, 177(1): 99-103
10. S Antonopoulou, CA Demopoulos, NK Andrikopoulos. Lipid separation from Urtica dioica: existence of platelet-activating factor. Journal of Agricultural and Food Chemistry. 1996, 44(10): 3052-3056
11. N Chaurasia, M Wichtl. Sterols and steryl glycosides from Urtica dioica. Journal of Natural Products. 1987, 50(5): 881-885
12. M Schoettner, D Gansser, G Spiteller. Lignans from the roots of Urtica dioica and their metabolites bind to human sex hormone binding globulin (SHBG). Planta Medica. 1997, 63(6): 529-532
13. L Konrad, HH Muller, C Lenz , H Laubinger, G Aumuller, JJ Lichius. Anti-proliferative effect on human prostate cancer cells by a stinging nettle root (Urtica dioica) extract. Planta Medica. 2000, 66(1): 44-47
14. JJ Lichius, C Lenz, P Lindemann, HH Muller, G Aumuller, L Konrad. Anti-proliferative effect of a polysaccharide fraction of a 20% methanolic extract of stinging nettle roots upon epithelial cells of the human prostate (LNCaP). Die Pharmazie. 1999, 54(10): 768-771
15. D Gansser, G Spiteller. Aromatase inhibitors from Urtica dioica roots. Planta Medica. 1995, 61(2): 138-140
16. DJ Hryb, MS Khan, NA Romas,W Rosner. The effect of extracts of the roots of the stinging nettle (Urtica dioica) on the interaction of SHBG with its receptor on human prostatic membranes. Planta Medica. 1995, 61(1): 31-32
17. M Schottner, G Spiteller, D Gansser. Lignans interfering with 5 α-dihydrotestosterone binding to human sex hormone-binding globulin. Journal of Natural Products. 1998, 61(1): 119-121
18. T Hirano, M Homma, K Oka. Effects of stinging nettle root extracts and their steroidal components on the Na^+, K^+-ATPase of the benign prostatic hyperplasia. Planta Medica. 1994, 60(1): 30-33
19. H Wagner, WN Geiger, G Boos, R Samtleben. Studies on the binding of urtica dioica agglutinin (UDA) and other lectins in an in vitro epidermal growth factor receptor test. Phytomedicine. 1995, 1(4): 287-90
20. G Schulze-Tanzil, P de Souza, B Behnke, S Klingelhoefer, A Scheid, M Shakibaei. Effects of the antirheumatic remedy Hox alpha - a new stinging nettle leaf extract - on matrix metalloproteinases in human chondrocytes in vitro. Histology and Histopathology. 2002, 17(2): 477-485
21. B Farzami, D Ahmadvand, S Vardasbi, FJ Majin, S Khaghani. Induction of insulin secretion by a component of Urtica dioica leave extract in perfused islets of Langerhans and its in vivo effects in normal and streptozotocin diabetic rats. Journal of Ethnopharmacology. 2003, 89(1): 47-53
22. A Galelli, P Truffa-Bachi. Urtica dioica agglutinin (UDA). A superantigenic lectin from stinging nettle rhizome. Journal of Immunology. 1993, 151(4): 1821-1831
23. 23. M Le Moal, A Mikael. P Truffa-Bachi. Urtica dioica agglutinin, a new mitogen for murine T lymphocytes: unaltered interleukin 1 production but late interleukin-2-mediated proliferation. Cellular Immunology. 1988, 115(1): 24-35
24. US Harput, I Saracoglu, Y Ogihara. Stimulation of lymphocyte proliferation and inhibition of nitric oxide production by aqueous Urtica dioica extract. Phytotherapy Research. 2005, 19(4): 346-348
25. A Galelli, M Delcourt, MC Wagner, W Peumans, P Truffa-Bachi. Selective expansion followed by profound deletion of mature V beta 8.3+ T cells in vivo after exposure to the superantigenic lectin urtica dioica agglutinin. Journal of Immunology. 1995, 154(6): 2600-2611
26. P Musette, A Galelli, H Chabre, P Callard, W Peumans, P Truffa-Bachi, P Kourilsky, G Gachelin. Urtica dioica agglutinin, a V beta 8.3-specific superantigen, prevents the development of the systemic lupus erythematosus-like pathology of MRL lpr/lpr mice. European Journal of Immunology. 1996, 26(8): 1707-1711
27. YS Lee, DH Kwun. Necrosis substance of hepatoma cell containing urtican protein isolated from Urtica dioica L., its isolation method, and its use. Korean Kongkae Taeho Kongbo. 2000
28. A Mavi, Z Terzi, U Ozgen, A Yildirim, M Coskun. Anti-oxidant properties of some medicinal plants: Prangos ferulacea (Apiaceae), Sedum sempervivoides (Crassulaceae), Malva neglecta (Malvaceae), Cruciata taurica (Rubiaceae), Rosa pimpinellifolia (Rosaceae), Galium verum subsp. verum (Rubiaceae), Urtica dioica (Urticaceae). Biological and Pharmaceutical Bulletin. 2004, 27(5): 702-705
29. M Kanter, O Coskun, M Budancamanak. Hepatoprotective effects of Nigella sativa L and Urtica dioica L on lipid peroxidation, anti-

oxidant enzyme systems and liver enzymes in carbon tetrachloride-treated rats. World Journal of Gastroenterology. 2005, 11(42): 6684-6688

30. J Balzarini, J Neyts, D Schols, M Hosoya, E Van Damme, W Peumans, E De Clercq. The mannose-specific plant lectins from Cymbidium hybrid and Epipactis helleborine and the (N-acetylglucosamine) n-specific plant lectin from Urtica dioica are potent and selective inhibitors of human immunodeficiency virus and cytomegalovirus replication in vitro. Anti-viral Research. 1992, 18(2): 191-207
31. RE Uncini Manganelli, L Zaccaro, PE Tomei. Anti-viral activity in vitro of Urtica dioica L., Parietaria diffusa M. et K. and Sambucus nigra L. Journal of Ethnopharmacology. 2005, 98(3): 323-327
32. HM El, M Bnouham, M Bendahou, M Aziz, A Ziyyat, A Legssyer, H Mekhfi. Inhibition of rat platelet aggregation by Urtica dioica leaves extracts. Phytotherapy Research. 2006, 20(7) : 568-572
33. I Meral, M Kanter. Effects of Nigella sativa L. and Urtica dioica L. on selected mineral status and hematological values in CCl_4-treated rats. Biological Trace Element Research. 2003, 96(1-3): 263-270
34. N Gul, SA Ahmed, LA Smith. Inhibition of the protease activity of the light chain of type a botulinum neurotoxin by aqueous extract from stinging nettle (Urtica dioica) leaf. Basic and Clinical Pharmacology and Toxicology. 2004, 95(5): 215-219
35. CF Daher, KG Baroody, GM Baroody. Effect of Urtica dioica extract intake upon blood lipid profile in the rats. Fitoterapia. 2006, 77(3): 183-188

야생 이주쐐기풀

크랜베리 大果越桔 USP

Ericaceae

Vaccinium macrocarpon Ait.

Cranberry

개 요

진달래과(Ericaceae)

대과월귤(大果越桔, *Vaccinium macrocarpon* Ait.)의 잘 익은 열매를 말린 것: 대과월귤(大果越桔)

중약명: 대과월귤(大果越桔)

정금나무속(*Vaccinium*) 식물은 전 세계에 약 450종이 있으며 북반구의 온대 및 아열대 지역과 미국과 아시아의 열대 고산 지대에 분포하며 아프리카 남부와 마다가스카르에서는 적고 열대 산악 지역과 아프리카의 열대 저지대에는 없다. 중국에는 약 91종 가운데 24변종과 2아종이 발견된다. 이 속에서 약 10종이 약으로 사용된다. 대과월귤은 주로 북미 동부와 북아시아의 원산지이며 산성 토양, 습지 및 습지대에 주로 분포하며 미국 동부에서 광범위하게 재배되고 있다.

18세기 중반 독일의 의사들은 크랜베리 섭취 후 소변에 항균성 벤조일글리신이 많이 검출되어 비뇨기 질환에 효과가 있음을 확인했다. 크랜베리는 오래 전부터 동유럽에서 항종양 및 해열제로 사용되어 왔으며 잼과 제과의 전통적인 원료로 사용되었다. 이 종은 미국약전(28개정판)에서 크랜베리 액상제제의 공식적인 기원식물로 등재되어 있다[1]. 이 약재는 주로 미국에서 생산된다.

열매의 주요 활성성분은 플라보노이드와 카테킨이다. 미국약전은 크랜베리 액상제제의 품질관리를 위해 액체크로마토그래피법으로 시험할 때 퀴닌산 및 구연산의 함량이 0.90% 이상이어야 하고, 양빈과산의 함량이 0.70% 이상이어야 한다고 규정하고 있다.

약리학적 연구에 따르면 크랜베리는 요로 결석을 예방하고 항균, 항종양 및 항산화 효과를 나타낸다.

민간요법에 의하면 크랜베리는 요로 감염을 막는다.

크랜베리 大果越桔 *Vaccinium macrocarpon* Ait.

크랜베리 大果越桔 USP

대과월귤 大果越桔 Vaccinium Macrocarpon Fructus

함유성분

열매에는 주로 안토시아닌 성분으로 delphinidin, cyanidin, petunidin, pelargonidin, peonidin, malvidin[1]과 그 3-O-배당체, 3-O-arabinosides, 3-O-galactoside[2], 카테킨 성분으로 (+)-catechin, (-)-epicatechin, (+)-gallocatechin, (-)-epigallocatechin[3], pyrogallol[4]이 함유되어 있고, 플라보노이드 성분으로 hyperin, astragalin[5], isoquercitrin[6], 페놀산 성분으로 카페인산, 클로로겐산[5], 페룰산, 시링산, vanillic acid[6], 트리테르페노이드 성분으로 oleanolic acid, ursolic acid[7], 또한 resveratrol, pterostilbene과 piceatannol[8]이 함유되어 있다.
잎에는 플라보노이드 성분으로 hyperin, isoquercetin[9], quercetin-3-glucuronide[10], quercitrin, quercetin-3-arabinoside, astragalin[5]이 함유되어 있고, 카테킨 성분으로 (+)-catechin, (-)-epicatechin, (+)-gallocatechin, (-)-epigallocatechin[3]이 함유되어 있으나, 아르부틴과 히드로퀴논 성분은 없다[11].
지상부에는 알칼로이드 성분으로 myrtine, epimyrtine[12]이 함유되어 있다.

(+)-epicatechin-(4β→8,2β→O→7)-epicatechin

약리작용

1. 항 결석 효과
이 열매는 임상 시험에서 비뇨기 위험 인자를 감소시켰다. 즉 옥살산염과 인산염 배출을 감소시키면서 구연산염 배설을 증가시켰다. 또한, 칼슘옥살레이트의 상대적인 과포화가 감소하여 칼슘옥살레이트 요석증을 억제했다[12].

2. 항균 및 항바이러스 작용
*in vitro*에서 열매 주스가 구강 연쇄 구균에 의한 치아 표면의 균체형성을 억제하고 치석의 발달을 늦추는 것을 보였다. 충치균의 타액을 감소시키는 데에도 효과적이었는데 그것은 다른 동물 세포에 대장균이 부착하는 것을 억제하는 것이다. 주요 효과적인 분획물은 고 분자량 물질이었다[13-14]. 열매의 프로안토시아니딘은 비뇨 생식기의 상피 세포상에 있는 α-Gal(1→4)-β-Gal 수용체 서열을 포함하는 세포 표면에 대장균 박테리아의 병리학적 분리물의 부착을 현저하게 억제했다[6]. 열매 추출물은 헬리코박터 파일로리를 유의하게 억제했으며, 클라리트로마이신에 대한 헬리코박터 파일로리 감수성을 증가시켰다. 또한 고정된 인간 점액, 적혈구 및 배양된 위 상피 세포에 대한 헬리코박터 파일로리의 접착을 억제했다[15-16]. 고 분자량 물질은 인플루엔자 바이러스 A형(H1N1 및 H3N2) 및 B형 모두 인체 세포에 대한 부착 및 응집을 억제했다[17].

3. 항종양 작용
열매의 플라보노이드는 다른 인간 종양 세포에서 항 증식 활성을 나타냈다. 전립선 종양 LNCaP 세포에 가장 민감하다. 유방(MCF-7), 피부(SK-MEL-5), 결장(HT29), 폐(DMS114) 및 뇌(U87) 종양 세포에 중간 감도를 보였다. 또한 유방 MDA-MB-435 및 전립선 DU145 세포주에 가장 덜 민감했다[18]. 열매의 폴리페놀은 인간 구강(KB, CAL27), 결장(HT29, HCT116, SW480, SW620) 및 전립선암(RWPE-1, RWPE-2, 22Rv1) 암세포에 대해 항 증식 활성을 보였다[19]. 또한, 항 증식 활성은 인간 간암 HepG2 세포에서도 입증됐다[20].

4. 항산화 작용
열매의 플라보노이드는 라디칼 소거 활성 및 *in vitro*에서 저밀도 지단백질 산화를 억제하는 능력을 가졌으며, 항산화 활성이 비타민 E의 항산화제 동등성과 비슷하거나 더 우수하다는 것을 보였다[3].

용도

방광염, 요도염

해설

Vaccinium oxycoccos L.는 또한 미국약전에서 크랜베리 액상 제품의 다른 공식적인 기원식물로 등재되어 있다. 이들 두 종의 화학적 조성 및 약리학적 효과에 대한 추가적인 비교 연구가 필요하다.
크랜베리와 항생제는 항박테리아의 기전이 다르다. 일반적으로 전자는 박테리아가 유기체에 부착되는 것을 억제하고 항생제를 광범위하게 사용함으로써 발생하는 약물 내성을 감소시킨다. 더욱이, 크랜베리를 항균 천연물의약품으로 개발하는 것이 중요하다.
크랜베리는 프로안토시아니딘과 플라보노이드와 같은 다양한 활성성분이 풍부하고, 같은 속의 빌베리(*V. myrtillus* L.)는 다양한 약리학적 활성으로 유명하다. 크랜베리와 월귤나무는 화학 성분이 비슷하지만 크랜베리에 대한 현재의 약리학적 연구는 항박테리아, 항산화 작용 및 비뇨기계에만 국한하고 있어서 관련 주제에 대한 추가 연구를 위한 가능성이 크다는 것을 의미한다.

참고문헌

1. Facts and Comparisons (Firm). The Review of Natural Products (3rd edition). Missouri: Facts and Comparisons. 2000: 215-217
2. FE Kandil, MAL Smith, RB Rogers, MF Pepin, LL Song, JM Pezzuto, SD Seigler. Composition of a chemopreventive proanthocyanidin-rich fraction from cranberry fruits responsible for the inhibition of 12-O-tetradecanoyl phorbol-13-acetate (TPA)-induced ornithine decarboxylase(ODC) activity. Journal of Agricultural and Food chemistry. 2002, 50(5): 1063-1069
3. XJ Yan, BT Murphy, GB Hammond, JA Vinson, CC Neto. Anti-oxidant activities and anti-tumor screening of extracts from cranberry fruit (Vaccinium macrocarpon). Journal of Agricultural and Food Chemistry. 2002, 50(21): 5844-5849
4. W Zheng, YS Wang. Oxygen radical absorbing capacity of phenolics in blueberries, cranberries, chokeberries, and lingonberries. Journal of Agricultural and Food Chemistry. 2003, 51(2): 502-509

5. IO Vvedenskaya, RT Rosen, JE Guido, DJ Russell, KA Mills, N Vorsa. Characterization of flavonols in cranberry (Vaccinium macrocarpon) powder. Journal of Agricultural and Food Chemistry. 2004, 52(2): 188-195
6. LY Foo, Y Lu, AB Howell, N Vorsa. A-Type proanthocyanidin trimers from cranberry that inhibit adherence of uropathogenic P-fimbriated Escherichia coli. Journal of Natural Products. 2000, 63(9): 1225-1228
7. LY Foo, YR Lu, AB Howell, N Vorsa. The structure of cranberry proanthocyanidins which inhibit adherence of uropathogenic P-fimbriated Escherichia coli in vitro. Phytochemistry. 2000, 54(2): 173-181
8. AM Rimando, W Kalt, JB Magee, J Dewey, JR Ballington. Resveratrol, pterostilbene, and piceatannol in Vaccinium berries. Journal of Agricultural and Food chemistry. 2004, 52(15): 4713-4719
9. HD Jensen, KA Krogfelt, C Cornett, SH Hansen, SB Christensen. Hydrophilic carboxylic acids and iridoid glycosides in the juice of American and European cranberries (Vaccinium macrocarpon and V. oxycoccos), lingonberries (V. vitis-idaea), and blueberries (V. myrtillus). Journal of Agricultural and Food Chemistry. 2002, 50(23): 6871-6874
10. A Turner, SN Chen, MK Joike, SL Pendland, GF Pauli, NR Farnsworth. Inhibition of uropathogenic Escherichia coli by cranberry juice: a new antiadherence assay. Journal of Agricultural and Food Chemistry. 2005, 53(23): 8940-8947
11. BT Murphy, SL MacKinnon, XJ Yan, GB Hammond, AJ Vaisberg, CC Neto. Identification of triterpene hydroxycinnamates with in vitro anti-tumor activity from whole cranberry fruit (Vaccinium macrocarpon). Journal of Agricultural and Food Chemistry. 2003, 51(12): 3541-3545
12. T McHarg, A Rodgers, K Charlton. Influence of cranberry juice on the urinary risk factors for calcium oxalate kidney stone formation. BJU International. 2003, 92(7): 765-768
13. A Yamanaka, R Kimizuka, T Kato, K Okuda. Inhibitory effects of cranberry juice on attachment of oral streptococci and biofilm formation. Oral Microbiology and Immunology. 2004, 19(3): 150-154
14. N Sharon, I Ofek. Fighting infectious diseases with inhibitors of microbial adhesion to host tissues. Critical Reviews in Food Science and Nutrition.2002, 42(3 Suppl): 267-272
15. A Chatterjee, T Yasmin, D Bagchi, SJ Stohs. Inhibition of Helicobacter pylori in vitro by various berry extracts, with enhanced susceptibility to clarithromycin. Molecular and Cellular Biochemistry. 2004, 265(1-2): 19-26
16. O Burger, E Weiss, N Sharon, M Tabak, I Neeman, I Ofek. Inhibition of Helicobacter pylori adhesion to human gastric mucus by a high-molecularweight constituent of cranberry juice. Critical Reviews in Food Science and Nutrition. 2002, 42(3 Suppl): 279-284
17. EI Weiss, Y Houri-Haddad, E Greenbaum, N Hochman, I Ofek, Z Zakay-Rones. Cranberry juice constituents affect influenza virus adhesion and infectivity. Anti-viral Research. 2005, 66(1): 9-12
18. PJ Ferguson, E Kurowska, DJ Freeman, AF Chambers, DJ Koropatnick. A flavonoid fraction from cranberry extract inhibits proliferation of human tumor cell lines. The Journal of Nutrition. 2004, 134(6): 1529-1535
19. NP Seeram, LS Adams, ML Hardy, D Heber. Total cranberry extract versus its phytochemical constituents: anti-proliferative and synergistic effects against human tumor cell lines. Journal of Agricultural and Food Chemistry. 2004, 52(9): 2512-2517
20. J Sun, YF Chu, XZ Wu, RH Liu. Anti-oxidant and anti-proliferative activities of common fruits. Journal of Agricultural and Food Chemistry. 2002, 50(25): 7449-7454

빌베리 黑果越桔 EP, BP, GCEM

Ericaceae

Vaccinium myrtillus L.

Bilberry

개 요

진달래과(Ericaceae)

흑과월귤(黑果越桔, *Vaccinium myrtillus* L.)의 잘 익은 열매를 말린 것: 흑과월귤(黑果越桔)

중약명: 흑과월귤(黑果越桔)

정금나무속(*Vaccinium*) 식물은 전 세계에 약 450종이 있으며 북반구의 온대 및 아열대 지역과 미국, 아시아의 열대 고산 지대에 분포하며 아프리카 남부와 마다가스카르에서는 적고 열대 산악 지역과 아프리카의 열대 저지대에는 없다. 중국에는 약 91종 중 24변종과 2아종이 발견된다. 이 속의 약 10종이 약으로 사용된다. 흑과월귤은 유럽 중북부, 북미 및 북부 아시아뿐만 아니라 중국 신장에도 분포한다.

빌베리는 약 1,000년 동안 유럽에서 약으로 사용되어 왔으며 12세기 독일의 약초학자 힐데가르트 폰 빙겐(Hildegard von Bingen)의 기록에도 실렸다. 2차 세계대전 중 영국 왕실 소속 조종사의 시력을 개선시키기 위해 야간 비행전에 빌베리를 먹기 시작했다. 이 종은 빌베리(Myrtilli Fructus)의 공식적인 기원식물 내원종으로 유럽약전(5개정판)과 영국약전(2002)에 등재되어 있다. 이 약재는 주로 알바니아, 폴란드, 세르비아 및 몬테네그로, 러시아에서 생산되며 중국의 신강에서도 생산된다.

열매의 주요 활성성분은 안토시아닌과 플라보노이드이다. 유럽약전 및 영국약전은 자외선분광광도법으로 시험할 때 크리산테민으로 환산한 신선 또는 냉동 월귤에 함유된 안토시아닌의 함량이 0.30% 이상이어야 한다고 규정되어 있다. 의약 물질의 품질관리를 위해 탄닌으로 시험할 때 피로갈롤로 환산된 건조 월귤의 탄닌 함량은 1.0% 이상이어야 한다고 규정하고 있다.

약리학적 연구에 따르면 열매에는 콜레스테롤 개선, 죽상동맥경화 개선, 시력 향상 및 노화 방지 효과가 있음이 밝혀졌다.

민간요법에 의하면 빌베리는 눈을 보호하고 혈관 상태를 개선하며 부기를 줄이고 수렴작용을 한다.

빌베리 黑果越桔 *Vaccinium myrtillus* L.

빌베리 黑果越桔 EP, BP, GCEM

흑과월귤 黑果越桔 Myrtilli Fructus

흑과월귤엽 黑果越桔葉 Myrtilli Folium

함유성분

열매에는 주로 안토시아닌 성분으로 delphinidin, cyanidin, petunidin, pelargonidin, peonidin, malvidin[1]과 그 3-O-배당체, 3-O-arabinosides, 3-O-galactoside[2], 카테킨 성분으로 (+)-catechin, (-)-epicatechin, (+)-gallocatechin, (-)-epigallocatechin[3], pyrogallol[4]이 함유되어 있고, 플라보노이드 성분으로 hyperin, astragalin[5], isoquercitrin[6], 페놀산 성분으로 카페인산, 클로로겐산[5], 페룰산, 시링산, vanillic acid[6], 트리테르페노이드 성분으로 oleanolic acid, ursolic acid[7], 또한 resveratrol, pterostilbene과 piceatannol[8]이 함유되어 있다.

잎에는 플라보노이드 성분으로 hyperin, isoquercetin[9], quercetin-3-glucuronide[10], quercitrin, quercetin-3-arabinoside, astragalin[5]이 함유되어 있고, 카테킨 성분으로 (+)-catechin, (-)-epicatechin, (+)-gallocatechin, (-)-epigallocatechin[3]이 함유되어 있으나, 아르부틴과 히드로퀴논 성분은 없다[11].

지상부에는 알칼로이드 성분으로 myrtine, epimyrtine[12]이 함유되어 있다.

cyanidine-3-glucoside

myrtine

약리작용

1. 항산화
   랫드의 간 마이크로솜에서 하이포크산틴 크산틴 산화 효소 시스템과 지질과산화 모델에서 월귤나무속의 안토시아노사이드 복합 추출물의 항산화 특성을 평가하였다. 추출물은 과산화물 제거 작용을 가지며 사염화탄소-NADPH 또는 Fe^{3+}-ADP/NADPH를 자극하여 지질과산화를 자극한다[13-14]. 이 추출물을 경구 투여하면 FeC_{l}^{2}-아스코르빈산-ADP 혼합물에 의해 자극된 간 지질과산화를 유의하게 억제했다[14].

2. 비전의 보호
   정맥 주사된 열매의 안토시아노사이드는 안토시아닌의 재생산과 관련된 효과인 어둠에 대한 적응을 촉진시켰다[15]. 월귤나무속 추출물은 젖산 탈수소 효소 활성을 향상시키고 망막을 보호하며 노화 촉진 OXYS 랫드에서 노인성 백내장과 황반 변성을 예방한다[16].

3. 혈관 보호
   신장 고혈압 유도 전(복부 대동맥의 결찰에 의한) 12일간 열매의 안토시아노사이드로 랫드를 치료하면 혈관 투과성이 증가하지 않는다[17]. 정맥 내 주입된 안토시아노사이드(미르토시안)는 작은 혈관에서 높은 빈도로 빰 파우치 동맥 및 말단 세동맥에서 혈관 운동을 유발했다. 또한 골격근 세동맥 네트워크에서 혈관 운동 빈도와 진폭을 증가시켜 간질 형성을 예방하고 미세혈관 혈류의 재분배를 제어하는 데 효과적이었다[18]. 미르토시안은 또한 햄스터 빰 파우치에서의 허혈 재관류 손상으로 인한 미세혈관 손상을 감소시켰다[19].

4. 항종양 작용
   종양 촉진제 TPA 유도 퀴논 환원 효소(QR)와 오르니틴 디카르복실라제(ODC) 합성 시험에서 열매의 에틸아세테이트 추출물은 효과적으로 QR 합성을 유도하고 ODC 활성을 억제하였다[20]. 열매 에탄올 추출물도 인간 백혈병 HL60, 인간 대장암종 HT-29 및 HCT116 세포의 증식을 억제했다. 안토시아닌은 항종양 효과의 주요 원인이었다[21-22].

5. 항염증 작용
   열매 안토시아노사이드를 랫드에 정맥 주사하거나 국소적으로 바르면 카라기닌에 의하여 유발된 랫드의 발 부종을 억제했다. 복강 내 또는 경구 투여하면 토끼에서 클로로포름 유발 피부 모세관 투과성 증가를 감소시켰다[23].

6. 항고혈당 및 항고지혈증 효과
   잎 추출물 경구 투여군은 스트렙토조토신으로 유도된 당뇨병 랫드 모델에서 혈장 포도당 수치를 경구로 감소시켰으며, 이는 또한 혈중 트리글리세리드 수치를 감소시켰다[24]. 열매 안토시아노사이드를 복강 내 투여하면 토끼에서 콜레스테롤 유도된 부종을 감소시켰고, 대동맥에서의 내막, 칼슘 및 지질 침착의 감소를 감소시켰다[25].

7. 항궤양
   열매 안토시아노사이드를 경구 투여하면 유문 결찰, 비스테로이드성 소염제, 에탄올, 히스타민 및 레세르핀에 의해 유도된 위장 궤양에 길항했다. 또한 메르캅탄에 의한 십이지장 궤양과 아세트산에 의한 만성 위궤양을 길항했다[26].

8. 기타
   열매는 또한 간 및 췌장 손상을 억제하고[27], 혈소판 응집을 억제하며[28], 상처 치유를 촉진시켰다[29].

용도

1. 요도염, 방광염, 신장 결석
2. 당뇨병
3. 동맥 경화증, 고혈압, 혈관염, 레이노병
4. 상처

해설

빌베리의 열매가 진한 파랑색이어서 블루베리라고 부른다. 다양한 약리작용이 있을 뿐만 아니라 펙틴, 비타민, 카로틴 및 천연 색소가 풍부하여 유엔식량농업기구(FAO)에 의해 5대 건강식품 중 하나로 언급되었다. 의약, 건강식품, 화학제품 및 화장품과 같은 산업에서 광범위한 개발 전망이 기대된다.
빌베리의 잎은 요도염, 방광염 및 신장 결석과 같은 비뇨기 계통 장애 치료에 사용되며 당뇨병의 보조 요법에도 사용된다.

참고문헌

1. NA Nyman, JT Kumpulainen. Determination of anthocyanidins in berries and red wine by high-performance liquid chromatography. Journal of Agricultural and Food Chemistry. 2001, 49(9): 4183-4187
2. EM Martinelli, A Baj, E Bombardelli. Computer-aided evaluation of liquid-chromatographic profiles for anthocyanins in Vaccinium myrtillus fruits. Analytica Chimica Acta. 1986, 191: 275-281
3. H Friedrich, J Schoenert. Hydroxyflavans from leaves and fruits of Vaccinium myrtillus. Archiv der Pharmazie. 1973, 306(8): 611-618
4. V Bettini, A Fiori, R Martino, F Mayellaro, P Ton. Study of the mechanism whereby anthocyanosides potentiate the effect of catecholamines on coronary vessels. Fitoterapia. 1985, 56(2): 67-72
5. H Friedrich, J Schoenert. Phytochemical investigation of leaves and fruits of Vaccinium myrtillus. Planta Medica. 1973, 24(1): 90-100
6. M Azar, E Verette, S Brun. Identification of some phenolic compounds in bilberry juice Vaccinium myrtillus. Journal of Food Science. 1987, 52(5): 1255-1257
7. E Ramstad. Chemical investigation of Vaccinium myrtillus. Journal of the American Pharmaceutical Association. 1954, 43: 236-240
8. AM Rimando, W Kalt, JB Magee, J Dewey, JR Ballington. Resveratrol, pterostilbene, and piceatannol in vaccinium berries. Journal of Agricultural and Food Chemistry. 2004, 52(15): 4713-4719
9. HD Smolarz, G Matysik, M Wojciak-Kosior. High-performance thin-layer chromatographic and densitometric determination of flavonoids in Vaccinium myrtillus L. and Vaccinium vitis-idaea L. Journal of Planar Chromatography-Modern TLC. 2000, 13(2): 101-105
10. D Fraisse, A Carnat, JL Lamaison. Polyphenolic composition of the leaf of bilberry. Annales Pharmaceutiques Francaises. 1996, 54(6): 280-283
11. V Blazsek, G Racz. The absence of arbutin in the leaves of whortleberries (Vaccinium myrtillus). Naturwissenschaften. 1958, 45: 418-419
12. P Slosse, C Hootele. Myrtine and epimyrtine, quinolizidine alkaloids from Vaccinium myrtillus. Tetrahedron. 1981, 37(24): 4287-4294
13. S Martin-Aragon, B Basabe, JM Benedi, AM Villar. Anti-oxidant action of Vaccinium myrtillus L. Phytotherapy Research. 1998, 12(S1): S104-S106
14. S Martin-Aragon, B Basabe, JM Benedi, AM Villar. In vitro and in vivo anti-oxidant properties of Vaccinium myrtillus. Pharmaceutical Biology. 1999, 37(2): 109-113
15. R Alfieri, P Sole. Effect of anthocyanosides given parenterally on the adapto-electroretinogram of the rabbit. Comptes Rendus des Seances de la Societe de Biologie et de Ses Filiales. 1964, 158(12): 2338-2341
16. AZ Fursova, OG Gesarevich, AM Gonchar, NA Trofimova, NG Kolosova. Dietary supplementation with bilberry extract prevents macular degeneration and cataracts in senesce-accelerated OXYS rats. Advances in Gerontology. 2005, 16: 76-79
17. Z Detre, H Jellinek, M Miskulin, AM Robert. Studies on vascular permeability in hypertension: action of anthocyanosides. Clinical Physiology and Biochemistry. 1986, 4(2): 143-149
18. A Colantuoni, S Bertuglia, MJ Magistretti, L Donato. Effects of Vaccinium myrtillus anthocyanosides on arterial vasomotion. Arzneimittelforschung. 1991, 41(9): 905-909
19. S Bertuglia, S Malandrino, A Colantuoni. Effect of Vaccinium myrtillus anthocyanosides on ischemia reperfusion injury in hamster cheek pouch microcirculation. Pharmacological Research. 1995, 31(3-4): 183-187
20. J Bomser, DL Madhavi, K Singletary, MAL Smith. In vitro anticancer activity of fruit extracts from Vaccinium species. Planta Medica. 1996, 62(3): 212-216
21. N Katsube, K Iwashita, T Tsushida, K Yamaki, M Kobori. Induction of apoptosis in cancer cells by Bilberry (Vaccinium myrtillus) and the anthocyanins. Journal of Agricultural and Food Chemistry. 2003, 51(1): 68-75
22. C Zhao, MM Giusti, M Malik, MP Moyer, BA Magnuson. Effects of commercial anthocyanin-rich extracts on colonic cancer and nontumorigenic colonic cell growth. Journal of Agricultural and Food Chemistry. 2004, 52(20): 6122-6128
23. A Lietti, A Cristoni, M Picci. Studies on Vaccinium myrtillus anthocyanosides. I. Vasoprotective and antiinflammatory activity. Arzneimittelforschung. 1976, 26(5): 829-832
24. A Cignarella, M Nastasi, E Cavalli, L Puglisi. Novel lipid-lowering properties of Vaccinium myrtillus L. leaves, a traditional antidiabetic treatment, in several models of rat dyslipidaemia: a comparison with ciprofibrate. Thrombosis Research. 1996, 84(5): 311-322
25. A Kadar, L Robert, M Miskulin, JM Tixier, D Brechemier, AM Robert. Influence of anthocyanoside treatment on the cholesterol-induced atherosclerosis in the rabbit. Paroi arterielle. 1979, 5(4): 187-205
26. MJ Magistretti, M Conti, A Cristoni. Antiulcer activity of an anthocyanidin from Vaccinium myrtillus. Arzneimittelforschung. 1988,

38(5): 686-690

27. L Sauebin, A Rossi, I Serraino, P Dugo, R Di Paola, L Mondello, T Genovese, D Britti, A Peli, G Dugo, AP Caputi, S Cuzzocrea. Effect of anthocyanins contained in a blackberry extract on the circulatory failure and multiple organ dysfunction caused by endotoxin in the rat. Planta Medica. 2004, 70(8): 745-752
28. G .Pulliero, S Montin, V Bettini, R Martino, C Mogno, G Lo Castro. Ex vivo study of the inhibitory effects of Vaccinium myrtillus anthocyanosides on human platelet aggregation. Fitoterapia. 1989, 60(1): 69-75
29. A Cristoni, MJ Magistretti. Antiulcer and healing activity of Vaccinium myrtillus anthocyanosides. Farmaco, Edizione Pratica. 1987, 42(2): 29-43

빌베리 수확 모습

힐초 纈草 KP, EP, BP, BHP, USP, GCEM

Valeriana officinalis L.

Valerian

개 요

마타리과(Valerianaceae)

힐초(纈草, *Valeriana officinalis* L.)의 지하부를 말린 것: 힐초근(纈草根)

중약명: 힐초근(纈草根)

쥐오줌풀속(*Valeriana*) 식물은 전 세계에 약 200종이 있으며 유라시아, 남아메리카 및 북아메리카의 중부에 분포한다. 그 가운데 중국에는 17종과 2변종이 발견되며 이 속에서 약 6종과 1변종이 약으로 사용된다. 힐초는 유럽과 아시아의 온대 지역에 분포하며 중부 및 동부 유럽, 영국, 네덜란드, 벨기에, 프랑스, 독일, 일본 및 미국에서 재배되고 있다.

힐초는 11세기 영국의 앵글로색슨 문학작품에 등장하였으며, 발레리안 색소는 프랑스, 독일, 스위스에서 최면술로 사용되었다. 이 종은 유럽약전(5개정판), 영국약전(2002) 및 미국약전(28 개정판)에 힐초근(Valerianae Radix)의 공식적인 기원식물 내원종으로 등재되어 있다. ≪대한민국약전≫(제11개정판)에는 "길초근"을 "쥐오줌풀 *Valeriana fauriei* Briquet 또는 기타 동속 근연식물(마타리과 Valerianaceae)의 뿌리 및 뿌리줄기"로 등재하고 있다. 이 약재는 주로 네덜란드와 같은 유럽에서 생산된다[1].

힐초는 주로 정유, 이리도이드, 세스퀴테르페노이드 및 알칼로이드 성분을 함유한다. 발레릭산과 같은 세스퀴테르페노이드와 발트레이트와 같은 이리도이드는 힐초의 주요 활성성분이다. 이 약재는 건조 및 보관 과정에서 효소 분해로 생성되는 유리 이소발레릭산으로 인해 강한 냄새를 풍긴다. 유럽약전 및 영국약전은 수증기증류법에 따라 시험할 때 전체 정유 함량이 전형생약 및 절단생약에서 각각 5.0mL/kg 및 3.0mL/kg 이상이어야 한다고 규정하고 있으며, 발레릭산으로 계산된 세스퀴테르페노이드산의 함량은 액체크로마토그래피로 시험할 때 0.17% 이상이어야 한다고 규정하고 있다. 미국약전에서는 의약 물질의 품질관리를 위해 정유 함량이 0.50% 이상이어야 하고, 발레릭산의 함량은 0.05% 이상이어야 한다고 규정하고 있다.

약리학적 연구에 따르면 힐초는 진정, 수면유도, 진경, 항부정맥, 항종양 및 항균작용이 있다.

민간요법에 의하면 힐초근에는 진정작용이 있다.

한의학적으로 뿌리에 안심신(安心神), 거풍습(祛風濕), 행기혈(行氣血), 지통(止痛)의 효능이 있다.

힐초 纈草 *Valeriana officinalis* L.

힐초근 纈草根 Valerianae Radix

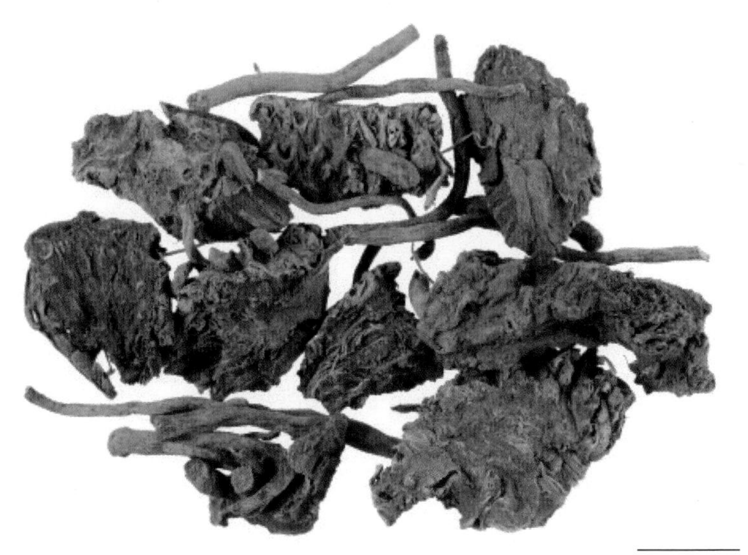

함유성분

지하부에는 정유 성분이 함유되어 있다. 그 품질과 수량은 재배종, 재배지, 성장 연수, 수확 시기 및 추출방법에 따라 변경된다. 정유 성분에는 주로 bornyl acetate, valerianol, valerenal, valerenic acid, valeranone, spathulenol, αhumulene, camphene과 isovaleric acid[2-7]이 함유되어 있다. 또한 이리도이드 성분으로 valepotriate (valtrate), isovaltrate, acevaltrate, didrovaltrate, valepotriate(baldrinal 및 homobaldrinal)의 분해 생성물[8], 세스퀴테르페노이드 성분으로 valerenic acid, hydroxyvalerenic acid, acetoxyvalerenic acid, (−)−3β4βepoxyvalerenic acid, valerenal, faurinone, valerenol , valerenyl valerate, (−)−pacifigorgiol, αkessyl acetate, valeracetate[9-13], 알칼로이드 성분으로 valerine, actinidine, 플라보노이드 성분으로 linarin (buddleoside)[14], 리그난 성분으로 (+)−pinoresinol, prinsepiol[15], 스테로이드 성분으로 clionasterol−3−O−βD−glucopyranoside[16]가 함유되어 있다.

valepotriate

valerenic acid

약리작용

1. 진정 효과 및 최면 작용
뿌리 에탄올 추출물을 경구 투여하면 마우스의 자발적 운동 빈도를 유의하게 감소시켰고, 마우스의 펜토바르비탈 유도 수면속도를 증가시켰다. 또한 최면 투약량의 펜토바르비탈에 의해 유발된 수면 시간을 상당히 연장시켰다[17]. 뿌리에서의 정유를 경구 투여한 결과, 펜테트라졸에 의한 경련이나 마우스의 전기적 자극에 상당한 항경련 효과가 나타났다. 또한 중추신경계에 대한 펜토바르비탈 및 클로랄 수화물의 억제효과를 유의하게 증가시켰으며, 이는 마우스의 자발적 활동을 유의하게 억제했다[18]. 뿌리의 수분 및 수 알코올 추출물은 랫드 두뇌 피질 시냅토좀에서 [^{3}H]GABA의 방출을 촉진시켰다[19]. 이것은 진정 작용의 메커니즘 중 하나일 수 있다.

2. 진경 작용
디드로발트레이트, 발트레이트, 아세발트레이트의 혼합물은 기니피그 적출 회장(回腸)의 히스타민 유발 경련을 유의하게 억제했으며 파파베린-염산보다 강한 진경활성을 갖는 것으로 나타났다[20]. *in vivo*에서 발트레이트, 이소발트레이트, 발레라논은 기니피그 회장(回腸)의 닫힌 부분에서 리듬 수축을 억제했다. 기니피그 적출 회장(回腸)에서 K^+와 $BaCl_2$에 의해 유도된 이 3가지 화합물과 디드로발트레이트가 이완작용을 나타내었으며 카르바콜에 의해 자극된 기니피그 위 기저 스트립의 경련을 완화시켰다[21]. 발레릭산은 또한 진경작용을 나타냈다.

3. 심혈 관계에 미치는 영향
뿌리로부터 분리된 V_{3d}를 정맥 투여하면 마우스에서 Ach-$CaCl_2$ 유도된 귀에 세동 및 클로로포름 유도된 심실세동에 대해 유의한 길항 작용을 나타냈다. 마우스의 좌 관상 동맥 결찰에 의해 유발된 허혈성 부정맥에 강력하게 작용했다. 개의 적출 귀 및 신장에서의 높은 K^+에 의해 유도된 혈관수축에 대한 길항 효과를 갖는다 [22]. 뿌리 추출물을 복강 내 투여하면 토끼의 허혈성 재관류 손상에 대한 길항 효과를 나타냈다. 이 기전은 뿌리 추출물의 다음 효과와 관련이 있을 수 있다. 크산틴옥시다제의 억제, 유리기 생성의 감소, 세포막의 지질과산화의 감소, 프로스타글란딘 I_2/트롬복산 A_2의 증가(PGI_2/TXA_2) 비율, 혈소판 응집 억제, 관상동맥 순환 개선, 종양괴사인자-α(TNF-α) 생성 감소, 재관류 부위의 무균성 염증 감소 등이 있다[23].

4. 항종양 작용
발트레이트, 이소발트레이트 및 아세발트레이트는 *in vitro*에서 인간 소세포 폐암 세포(GLC4)와 대장암 세포(COLO320)의 증식을 유의하게 억제했다[24]. 뿌리에서 이리도이드를 경구 투여하면 S180 종양 보유 마우스에서 종양의 성장을 유의하게 억제하였다. 에를리히 복수 암종 (EAC) 종양 보유 마우스의 생존 기간을 상당히 연장시켰다[25].

5. 항균 작용
뿌리의 정유는 *in vitro*에서 검은곰팡이, 대장균, 황색포도상구균 및 효모균의 생장을 유의하게 저해했다[5].

용도

1. 불안, 심계항진, 불면증, 정신적 긴장, 집중력 결핍, 신경 쇠약, 조증(燥症, 들뜸병)
2. 류마티스성 관절통
3. 월경통, 무월경
4. 타박상

해설

힐초는 현재 유럽과 미국에서 가장 인기 있는 천연물 의약품이며 2002년 미국에서 판매된 톱 10 베스트셀러 중 하나였다[5]. 완만한 진정 및 최면제로서 힐초는 전형적인 벤조디아제핀의 부작용이 없다[26]. 또한 동물실험에서 임신 기간 동안 발트레이트를 사용하는 것이 독성을 발생시키지 않는다는 것을 보여 준다[27]. 힐초의 진정 및 최면 효과를 나타내는 성분은 아직 명확하지 않음에도 불구하고 그러한 효과는 이리도이드, 세스퀴테르페노이드 및 플라보노이드 성분과 같은 다양한 활성성분의 상승작용일 가능성이 있다[14, 28].

참고문헌

1. WC Evans. Trease & Evans' Pharmacognosy (15th edition). Edinburgh: WB Saunders. 2002: 316-318
2. R Bos, HJ Woerdenbag, H Hendriks, JJC Scheffer. Composition of the essential oils from underground parts of Valeriana officinalis L. s.l. and several closely related taxa. Flavour and Fragrance Journal. 1997, 12(5): 359-370
3. R Bos, H Hendriks, N Pras, A St. Stojanova, EV Georgiev. Essential oil composition of Valeriana officinalis ssp. Collins cultivated in Bulgaria. Journal of Essential Oil Research. 2000, 12(3): 313-316

4. CK Xue, P Jiang, K Shen, Y Li, L Zeng. Analysis of volatile oil of Valeriana officinalis and influence factors of its oil content. Chinese Traditional and Herbal Drugs. 2003, 34(9): 779-781
5. W Letchamo, W Ward, B Heard, D Heard. Essential oil of Valeriana officinalis L. cultivars and their anti-microbial activity as influenced by harvesting time under commercial organic cultivation. Journal of Agricultural and Food Chemistry. 2004, 52(12): 3915-3919
6. M Pavlovic, N Kovacevic, O Tzakou, M Couladis. The essential oil of Valeriana officinalis L. s.l. growing wild in western Serbia. Journal of Essential Oil Research. 2004, 16(5): 397-399
7. D Lopes, H Strobl, P Kolodziejczyk. Influence of drying and distilling procedures on the Chemical composition of valerian oil (Valeriana officinalis L.). Journal of Essential Oil-Bearing Plants. 2005, 8(2): 134-139
8. R Bos, HJ Woerdenbag, H Hendricks, JH Zwaving, Peter AGM De Smet, G Tittel, HV Wikstrom, JJG Scheffer. Analytical aspects of phytotherapeutic valerian preparations. Phytochemical Analysis. 1996, 7(3): 143-151
9. R Bos, H Hendriks, AP Bruins, J Kloosterman, G Sipma. Isolation and identification of valerenane sesquiterpenoids from Valeriana officinalis. Phytochemistry. 1986, 25(1): 133-135
10. HRW Dharmaratne, NPD Nanayakkara, IA Khan. (-)-3β,4β-Epoxyvalerenic acid from Valeriana officinalis. Planta Medica. 2002, 68(7): 661-662
11. R Bos, H Hendriks, J Kloosterman, G Sipma. A structure of faurinone, a sesquiterpene ketone isolated from Valeriana officinalis. Phytochemistry. 1983, 22(6): 1505-1506
12. R Bos, H Hendriks, J Kloosterman, G Sipma. Isolation of the sesquiterpene alcohol (-)-pacifigorgiol from Valeriana officinalis. Phytochemistry. 1986, 25(5): 1234-1235
13. M Tori, M Yoshida, M Yokoyama, Y Asakawa. A guaiane-type sesquiterpene, valeracetate from Valeriana officinalis. Phytochemistry. 1996, 41(3): 977-979
14. S Fernandez, C Wasowski, AC Paladini, M Marder. Sedative and sleep-enhancing properties of linarin, a flavonoid-isolated from Valeriana officinalis. Pharmacology, Biochemistry and Behavior. 2004, 77(2): 399-404
15. U Bodesheim, J Holzl. Isolation and receptor binding properties of alkaloids and lignans from Valeriana officinalis. Pharmazie. 1997, 52(5): 386-391
16. SV Pullela, YW Choi, SI Khan, IA Khan. New acylated clionasterol glycosides from Valeriana officinalis. Planta Medica. 2005, 71(10): 960-961
17. T Tao, QH Zhu. Study on the hypnotic and sedative effects of the extract of Valeriana officinalis L. Journal of Chinese Medicinal Materials. 2004, 27(3): 208-209
18. 18. H Xu, HN Yuan, LH Pan, XL Guo. The pharmacological effects of volatile oil from valeriana on central nervous system. Chinese Journal of Pharmaceutical Analysis. 1997, 17(6): 399-401
19. F Ferreira, MS Santos, C Faro, E Pires, AP Carvalho, AP Cunha, T Macedo. Effect of extracts of Valeriana officinalis on [^{3}H]GABA. Release in synaptosomes: further evidence for the involvement of free GABA in the valerian-induced release. Revista Portuguesa de Farmacia. 1996, 46(2): 74-77
20. H Wagner, K Jurcic. Spasmolytic effect of Valeriana. Planta Medica. 1979, 37(1): 84-86
21. B Hazelhoff, TM Malingre, DKF Meijer. Anti-spasmodic effects of valeriana compounds: an in vivo and in vitro study on the guinea pig ileum. Archives Internationales de Pharmacodynamie et de Therapie. 1982, 257(2): 274-287
22. JN Jia, BH Zhang. Effects of extract of Valeriana officinalis L. (V3d) on cardiovascular system. Journal of Guangxi College of TCM. 1999, 16(1): 40-42
23. H Yin, CK Xue, JM Ye, XZ Zhu, Y Li, L Zeng. An experimental study of valerian extract combating myocardial ischemia reperfusion injury. Chinese Journal of Microcirculation. 2000, 10(1) : 12-14
24. R Bos, H Hendriks, JJC Scheffer, HJ Woerdenbag. Cytotoxic potential of valerian constituents and valerian tinctures. Phytomedicine. 1998, 5(3): 219-225
25. CK Xue, XB He, SQ Zhang, XT Huang. Experimental study of anti-tumor effect of valerian iridoids. Modern Journal of Integrated Traditional Chinese and Western Medicine. 2005, 14(15): 1969-1972
26. KT Hallam, JS Olver, C McGrath, TR Norman. Comparative cognitive and psychomotor effects of single doses of Valeriana officinalis and triazolam in healthy volunteers. Human Psychopharmacology. 2003, 18(8): 619-625
27. S Tufik, K Fujita, MdeLV Seabra, LL Lobo. Effects of a prolonged administration of valepotriates in rats on the mothers and their offspring. Journal of Ethnopharmacology. 1994, 41(1-2): 39-44
28. U Simmen, C Saladin, P Kaufmann, M Poddar, C Wallimann, W Schaffner. Preserved pharmacological activity of hepatocytes-treated extracts of valerian and St. John's wort. Planta Medica. 2005, 71(7): 592-598

바닐라 香莢蘭 USP

Vanilla planifolia Jacks.

Vanilla

개 요

난초과(Orchidaceae)

바닐라(香莢蘭, *Vanilla planifolia* Jacks.)의 덜 익은 열매: 향협란(香莢蘭)

중약명: 향협란(香莢蘭)

바닐라속(*Vanilla*) 식물은 전 세계에 약 70종이 있으며 열대 지역에 분포되어 있다. 그 가운데 2–3종이 중국에서 발견되며, 운남성, 복건성, 광동성 및 대만에 분포한다. 바닐라는 멕시코와 같은 중미 국가에서 시작되었으며 모리셔스, 세이셸 군도, 마다가스카르 및 인도네시아에서 도입되어 재배되고 있다.

멕시코의 아즈텍인들은 최초로 바닐라를 이뇨제로 사용하여 혈액 정화에 이용했다[1]. 1520년 스페인의 모험가들은 바닐라를 멕시코에서 유럽으로 가져간 후 바닐라의 상업적 재배는 19세기에 시작되었다[2]. 유럽에서는 바닐라가 히스테리, 우울증, 발기부전, 무력증, 류머티즘 등을 치료하는 데 사용했다[1]. 이 종은 미국약전(28개정판)에서 바닐라(Vanillae Fructus)의 공식적인 기원식물 내원종으로 등재되어 있다. 세계에서 바닐라 재배는 현재 마다가스카르, 인도네시아, 코모로에 집중되어 있다[3].

바닐라는 주로 정유와 배당체를 함유하고 있다. 미국약전은 의약 물질의 품질관리를 위해 에탄올엑스 함량이 12% 이상이어야 한다고 규정하고 있다.

약리학적 연구에 따르면 바닐라는 항경련, 항돌연변이, 항산화, 항균, 항종양 및 항고지혈증 효과가 있다.

민간요법에 의하면 바닐라는 강심작용, 향정신성 및 건위작용을 가지고 있다[1].

바닐라 香莢蘭 *Vanilla planifolia* Jacks.

향협란 香莢蘭 Vanillae Fructus

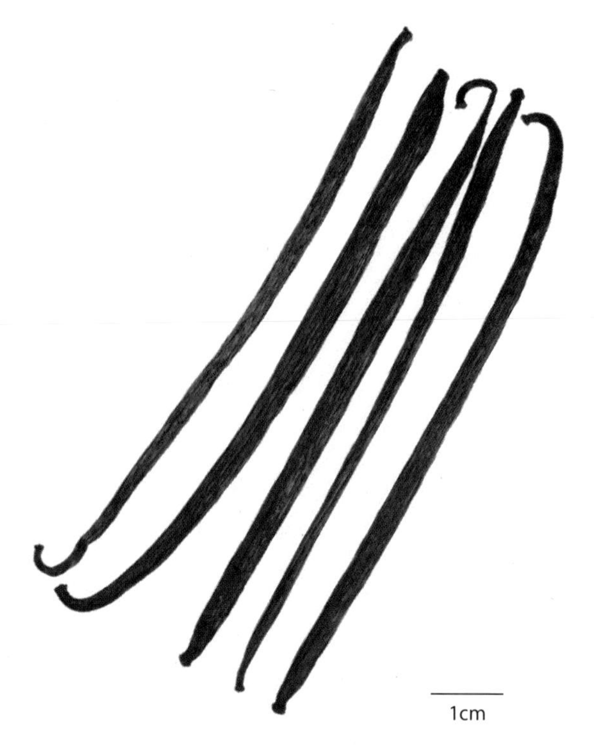

함유성분

씨에는 정유 성분으로 vanillin, vanillic acid, vanillyl alcohol, acetovanillone, cinnamic acid, cinnamyl alcohol, methyl cinnamate, myristic acid, anisic acid, anisyl alcohol, anisyl formate, guaiacol, 4-methylguaiacol[4], p-hydroxybenzaldehyde[5], 배당체 성분으로 vanilloside, vanillic acid glucoside, vanilloloside, o-methoxyphenyl-βD-glucoside, p-tolyl-βD-glucoside, glucosyl 페룰산, phenylethyl 2-glucoside, p-nitrophenyl glucoside[6]가 함유되어 있다.
또한 바닐라 추출물에는 ethyl vanillyl ether, methyl vanillyl ether, p-hydroxybenzyl ethyl ether[7]가 함유되어 있다.

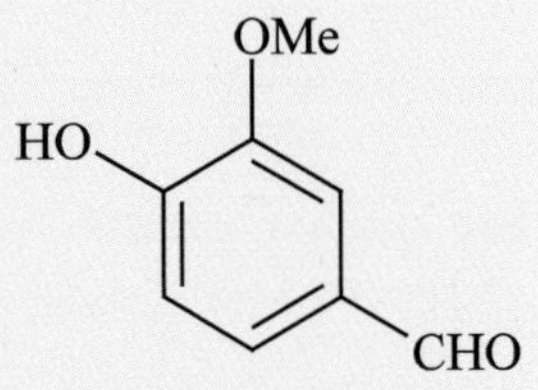

OMe HO CHO

vanillin

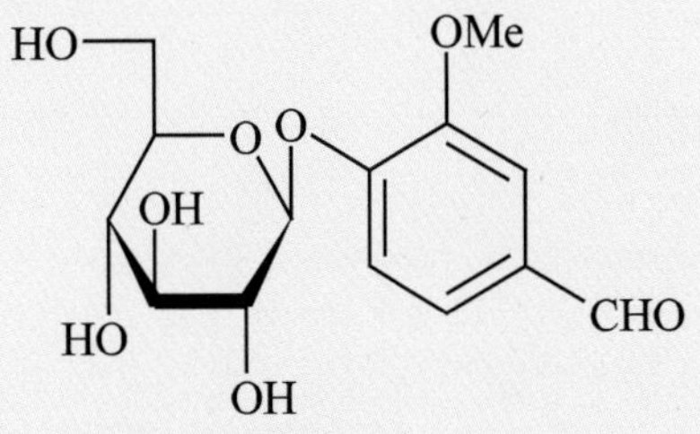

HO OMe O O OH HO OH CHO

vanilloside

약리작용

1. 항 간질 효과
바닐린은 매우 좋은 항경련 효과가 있다. 경련 유발 및 전기충격에 저항할 때 펜테트라졸과 스트리크닌 질산염의 ED_{50}을 증가시켰다. 바닐린은 중추신경계에 영향을 미치지 않을 때 점화 효과에 의해 유발된 전신 발작을 억제하고, 방전 후 기간을 단축시켰다. 이것은 중추신경계 진정 작용을 일으키지 않는 투여량에서 바닐린이 현저하게 뇌파계 판독을 향상시키고 항 간질 효과를 나타냄을 나타낸다. 바닐린은 또한 급성 실험적 전기충격에 의한 토끼의 발작을 방지하여 뇌파계 이상을 개선시켰다[8]. 임상 실험 결과, 바닐린은 항 간질 효과가 상당히 양호한 것으로 나타났다[9].

2. 항돌연변이 작용
바닐린은 유리기 제거, 돌연변이 유발원 신진 대사 조절, 글루타티온 S-전이효소 (GST) 활성 상승을 통해 돌연변이된 세포의 DNA 복구를 촉진하고 DNA 단일가닥 절단 효과를 억제한다. 이는 과산화수소, N-메틸-N-니트로소구아니딘, 마이토마이신 C[10], 메토트렉세이트[11], 에틸메탄설포네이트[12], N-메틸-N-니트로소우레아, UV[13] 및 X-ray에 의해 유발된 염색체 이상을 효과적으로 억제하였다[14]. 에틸니트로소우레아[15]는 항 돌연변이 효과가 있음을 증명했다.

3. 항산화 작용
바닐린은 일중항 산소를 소화시키는 중요한 능력을 가지며, 광감작에 의해 유도된 단백질 산화 및 지질과산화를 현저하게 억제하였고 간장 미토콘드리아를 보호했다. 바닐린의 항산화 효과는 아스코르브산과 유사하며 용량 의존적으로 나타난다[16]. 바닐린은 1,1-디페닐-2-피크릴하이드라질(DPPH), 과산화물 및 수산기 라디칼의 강력한 제거작용을 나타내며 랫드 뇌 균질액, 마이크로솜 및 미토콘드리아에서 지질과산화를 억제한다[17].

4. 항균 작용
*in vitro*에서 바닐린은 대장균, 녹농균, Salmonella enterica[18], 칸디다성 질염[19], Alternaria sp. 및 Aspergillus sp.[20]의 성장을 유의하게 억제했다. 바닐린과 바닐린산은 *in vitro*에서 리스테리아균류에 대해 상승적인 항균 효과를 나타냈다[21].

5. 항종양 작용
암 세포의 침습성 감소를 통한 바닐린을 경구 투여하면 마우스에서 유방 선암 4T1 세포의 이동을 억제했다. 세포독성이 없는 농도의 바닐린은 암세포가 분비하는 MMP-9의 효소 활성을 억제하여 암세포의 침입 및 이동을 억제했다[22].

6. 항고지혈증 효과
바닐린은 정상 식이 요법을 한 암컷 마우스의 혈청 및 간 트리글리세리드와 저밀도 지단백질 수치를 감소시켰다. 콜레스테롤과 인지질 수치는 영향을 받지 않았다[23].

7. 항빈혈 작용
 바닐린은 헤모글로빈 고분자의 형성을 억제하여 겸상 적혈구 빈혈을 억제했다[24].

용도

1. 히스테리, 우울증, 간질, 경련
2. 천식 발열
3. 류마티즘, 통풍
4. 소화 불량, 헛배부름
5. 발기 부전

해설

Vanilla tahitensis J. W. Moore는 바닐라의 또 다른 공식적인 기원식물 내원종으로 미국약전에 등재되어 있다.
현재, 바닐라의 일부 방향족 성분이 합성되고 있으나 "자연으로의 회귀"라는 아이디어의 영향을 받아 오늘날 사람들은 식품 안전과 품질에 중점을 두는 점에서 바닐라는 재배, 개발 및 활용에 대한 전망이 밝다.
1960년대 중국에 도입된 이래, 바닐라는 중국의 하이난과 운남 지역에서 일정 수준까지 발전해 왔다. 그러나 바닐라는 번식 능력이 약하고 인공 수분을 통해서 결실을 하며 저항력이 약함으로 인해 질병과 저온의 영향으로 재배 규모에 제한이 있다[25].
중국 대부분의 에센스 및 향수 공장에서는 소비 습관과 제품에 대한 지식 및 경제적인 영향으로 여전히 값싼 합성물을 사용하고 있다. 대신, 중국에서는 소량의 천연 바닐라가 사용되고 있으며, 소수의 의료제품에만 사용된다. 바닐라 틴크, 바닐라 티, 바닐라 술[26] 등이 바닐라로부터 개발되었다.

참고문헌

1. LJ Lawler, FC Zhuang. Curing effect of Vanilla planifolia Jacks. Subtropical Plant Research Communications. 1991, 20(1): 64
2. D Havkin-Frenkel, J French, F Pak, C Frenkel. Inside vanilla. Perfumer & Flavorist. 2005, 30(3): 36-43, 46-55
3. N Zhang. The abroad market and the R&D situation of vanilla in Hainan Province. Flavour Fragrance Cosmetics. 2000, 2: 37-40
4. A Perez-Silva, E Odoux, P Brat, F Ribeyre, G Rodriguez-Jimenes, V Robles-Olvera, MA Garcia-Alvarado, Z Guenata. GC-MS and GColfactometry analysis of aroma compounds in a representative organic aroma extract from cured vanilla (Vanilla planifolia G. Jackson) beans. Food Chemistry. 2006, 99(4): 728-735
5. TV John, E Jamin. Chemical investigation and authenticity of Indian vanilla beans. Journal of Agricultural and Food Chemistry. 2004, 52(25): 7644-7650
6. MJW Dignum, R van der Heijden, J Kerler, C Winkel, R Verpoorte. Identification of glucosides in green beans of Vanilla planifolia Andrews and kinetics of vanilla β-glucosidase. Food Chemistry. 2003, 85(2): 199-205
7. WG Galetto, PG Hoffman. Some benzyl ethers present in the extract of vanilla (Vanilla planifolia). Journal of Agricultural and Food Chemistry. 1978, 26(1): 195-197
8. HQ Wu, L Xie, XN Jin, Q Ge, H Jin, GQ Liu. The effect of vanillin on the fully amygdale-kindled seizures in the rat. Acta Pharmaceutica Sinica. 1989, 24(7): 482-486
9. XS Huang, LJ Huang, JK Wei. Clinical observation of vanillin in the treatment of epilepsy. Chinese Journal of Practical Nervous Diseases. 2005, 8(4): 78
10. DL Gustafson, HR Franz, AM Ueno, CJ Smith, DJ Doolittle, CA Waldren. Vanillin (3-methoxy-4-hydroxybenzaldehyde) inhibits mutation induced by hydrogen peroxide, N-methyl-N-nitrosoguanidine and mitomycin C but not 137Cs γ-radiation at the CD59 locus in human-hamster hybrid AL cells. Mutagenesis. 2000, 15(3): 207-213
11. C Keshava, N Keshava, WZ Whong, J Nath, TM Ong. Inhibition of methotrexate-induced chromosomal damage by vanillin and chlorophyllin in V79 cells. Teratogenesis, Carcinogenesis, and Mutagenesis. 1997, 17(6): 313-326
12. K Tamai, H Tezuka, Y Kuroda. Different modifications by vanillin in cytotoxicity and genetic changes induced by EMS and H_2O_2 in cultured Chinese hamster cells. Mutation Research. 1992, 268(2): 231-237
13. K Takahashi, M Sekiguchi, Y Kawazoe. Effects of vanillin and o-vanillin on induction of DNA-repair networks: modulation of mutagenesis in Escherichia coli. Mutation Research. 1990, 230(2): 127-134

14. YF Sasaki, T Ohta, H Imanishi, M Watanabe, K Matsumoto, T Kato, Y Shirasu. Suppressing effects of vanillin, cinnamaldehyde, and anisaldehyde on chromosome aberrations induced by X-rays in mice. Mutation Research. 1990, 243(4): 299-302

15. H Imanishi, YF Sasaki, K Matsumoto, M Watanabe, T Ohta, Y Shirasu, K Tutikawa. Suppression of 6-TG-resistant mutations in V79 cells and recessive spot formations in mice by vanillin. Mutation Research. 1990, 243(2): 151-158

16. JP Kamat, A Ghosh, TP Devasagayam. Vanillin as an anti-oxidant in rat liver mitochondria: inhibition of protein oxidation and lipid peroxidation induced by photosensitization. Molecular and Cellular Biochemistry. 2000, 209(1-2): 47-53

17. J Liu, A Mori. Anti-oxidant and pro-oxidant activities of p-hydroxybenzyl alcohol and vanillin: effects on free radicals, brain peroxidation and degradation of benzoate, deoxyribose, amino acids and DNA. Neuropharmacology. 1993, 32(7): 659-669

18. HP Rupasinghe, J Boulter-Bitzer, T Ahn, JA Odumeru. Vanillin inhibits pathogenic and spoilage microorganisms in vitro and aerobic microbial growth in fresh-cut apples. Food Research International. 2006, 39(5): 575-580

19. C Boonchird, TW Flegel. In vitro anti-fungal activity of eugenol and vanillin against Candida albicans and Cryptococcus neoformans. Canadian Journal of Microbiology. 1982, 28(11): 1235-1241

20. M Ngarmsak, P Delaquis, P Toivonen, T Ngarmsak, B Ooraikul, G Mazza. Anti-microbial activity of vanillin against spoilage microorganisms in stored fresh-cut mangoes. Journal of Food Protection. 2006, 69(7): 1724-1727

21. P Delaquis, K Stanich, P Toivonen. Effect of pH on the inhibition of Listeria spp. by vanillin and vanillic acid. Journal of Food Protection. 2005, 68(7): 1472-1476

22. K Lirdprapamongkol, H Sakurai, N Kawasaki, MK Choo, Y Saitoh, Y Aozuka, P Singhirunnusorn, S Ruchirawat, J Svasti, I Saiki. Vanillin suppresses in vitro invasion and in vivo metastasis of mouse breast cancer cells. European Journal of Pharmaceutical Sciences. 2005, 25(1): 57-65

23. MR Srinivasan, N Chandrasekhara. Comparative influence of vanillin & capsaicin on liver & blood lipids in the rat. The Indian Journal of Medical Research. 1992, 96: 133-135

24. DJ Abraham, AS Mehanna, FC Wireko, J Whitney, RP Thomas, EP Orringer. Vanillin, a potential agent for the treatment of sickle cell anemia. Blood. 1991, 77(6): 1334-1341

25. YP Zhang. The potential risk and the countermeasures concerning development of Vanilla fragrans (S. alisb) Ames. Natural Resources. 1997, 6: 48-51

26. YH Song, XW Wu. Current situation and future prediction of Vanilla planifolia products in the world. Journal of Yunnan Tropical Crops Science & Technology. 1997, 20(4): 12-16

바닐라 재배 모습

유럽흰여로 歐洲白藜蘆

Veratrum album L.

White Hellebore

개 요

백합과(Liliaceae)

유럽흰여로(歐洲白藜蘆, *Veratrum album* L.)의 뿌리와 뿌리줄기: 구주백여로근(歐洲白藜蘆根)

중약명: 구주백여로근(歐洲白藜蘆根)

여로속(*Veratrum*) 식물은 전 세계에 약 40종이 있으며 북아시아, 유럽 및 북아메리카의 온대, 혹한 및 아열대 지역에 분포한다. 중국에는 약 13종과 1변종이 발견되며 11종은 약으로 사용된다. 유럽흰여로는 유라시아와 북아메리카의 북서 알래스카에 분포한다.

약재의 라틴명에서 "Veratrum"은 라틴어로 "vere"에서 유래되었으며 "loyal(충성)"을 의미한다. 로마 시대에는 유럽흰여로의 추출물이 화살촉에 적용된 일종의 독약으로 사용되었으며[1], 1900년 약용 가치가 발견된 이래 주로 유럽에서 의약품으로 생산되었다.

유럽흰여로는 주로 스테로이드 알칼로이드 성분을 함유하고 있다.

약리학적 연구에 따르면 혈압강하작용, 체온강하작용 및 마취작용을 나타낸다.

민간요법에서 유럽흰여로의 뿌리는 신경통, 관절통 및 류마티스통증을 치료하기 위해 콜치쿰의 대용으로 사용되어 구토, 경련, 설사, 콜레라 및 빈맥을 치료하는 데 사용하고, 대상 포진을 치료하기 위해 외용한다.

유럽흰여로 歐洲白藜蘆 *Veratrum album* L.

함유성분

뿌리와 뿌리줄기에는 주로 알칼로이드 성분으로 프로토베라트린 A, B, 3,3'dimethoxybenzidine[2], O−acetyljervine, jervinone, 1−hydroxy−5,6−dihydrojervine[3], veralkamine, dihydroveralkamine[4], germerine, germine[5], veratrobasine, geralbine, jervine[6], rubijervine, isorubijervine[7], germitetrine, deacetylgermitetrine[8], neogermitrine[9], pseudozygadenine, zygadenine, veratroylzygadenine[10], angeloylzygadenine[11], veralbidine[12], veratridine, cevadine, veramanine, neojerminalanine[13], (+)−verabenzoamine[14]이 함유되어 있고 또한 veratrum−triterpenes A, B[15]가 함유되어 있다.
지상부에는 주로 알칼로이드 성분으로 프로토베라트린 A, B, germine, geralbine, neogermbudine, veratroylzygadenine[16], O−acetyljervine, veralkamine, methyljervine−N−3'propanoate[17]가 함유되어 있다.

protoveratrine A

O−acetyljervine

약리작용

1. 혈압강하 작용
마취된 정상 혈압 마우스에게 O-아세틸제르빈을 정맥 투여하면 혈압이 떨어지며 토끼 대동맥의 페닐에프린에 의한 수축을 억제하여 O-아세틸제르빈은 아드레날린수용체 자극제로 이소프레날린과 유사한 기전을 가지고 있다[18]. 제르비논 및 1-hydroxy-5,6dihydrojervine과 같은 알칼로이드도 혈압 강하 효과가 있었다[3]. 유럽흰여로근의 알칼로이드는 구심 미주신경 센터를 통해 심장, 폐 및 경동맥의 반사 구역에 행동하고, 개에 상당한 저혈압을 일으켰다[19].
2. 순환계에 미치는 영향
프로토베라트린은 적출된 개구리 심장에서 수축기를 멈추게 했다. 심실수축 저하의 개구리 심장에서 양성 변성 효과가 있었고 심장 박동을 감소시키지 않았다[20].
3. 해열 작용
프로토베라트린이나 총 알칼로이드는 살모넬라 티피로 인한 고열로 토끼의 체온을 감소시켰다[21].
4. 마취 작용
알칼로이드는 정맥 내로 관류할 때 고양이와 토끼의 마취 지속 시간을 연장시켰고 실험동물에게 영구적인 손상을 주지 않았다[22].
5. 기타
살충 활동을 나타낸다[23-24].

용도

1. 구토, 경련, 설사, 콜레라
2. 빈맥
3. 신경통, 관절통, 류마티스
4. 대상 포진

해설

유럽흰여로의 연구는 주로 1960년대 이전에 수행되었으며, 후기 연구는 다른 독립적인 새로운 종인 *Veratrum lobelianum* Bernh.에 초점을 맞추었다.
식물에 함유된 알칼로이드는 잠재적인 유해 영향을 미치는 주요 독성 성분뿐만 아니라 주요 활성성분이다. 이를 고려해 볼 때, 유럽흰여로의 사용범위는 제한적이다.
〈검은여로〉라고도 알려진 *Veratrum nigrum* L.은 오랫동안 약으로 사용되어 왔으며 ≪신농본초경(神農本草經)≫에 '하품'으로 최초로 기술되었다. '검은여로'는 용토풍담(涌吐風痰), 살충(殺蟲)의 효능을 가지며 적용 임상증으로는 뇌졸중, 가래의 축적, 간질, 말라리아 및 염증에 적용한다. 유럽흰여로와 검은여로는 화학 성분이 유사하여 더 많은 연구를 통해 전자의 응용을 개발할 수 있다.

참고문헌

1. Facts and Comparisons (Firm). The Review of Natural Products (3rd edition). Missouri: Facts and Comparisons. 2000: 740-742
2. MH Charles, R Grimee, F Crucke. Toxicity of sneezing powders. Part I. Study on forbidden constituents in sneezing powders. Journal de Pharmacie de Belgique. 1984, 39(6): 371-379
3. Atta-ur-Rahman, RA Ali, Anwar-ul-Hassan, Gilani, MI Choudhary, K Aftab, B Sener, S Turkoz. Isolation of antihypertensive alkaloids from the rhizomes of Veratrum album. Planta Medica. 1993, 59(6): 569-571
4. J Tomko, I Bendik. Alkaloids of Veratrum album. V. Structure of veralkamine. Collection of Czechoslovak Chemical Communications. 1962, 27: 1404-1412
5. W Poethke. Alkaloids of Veratrum album. II. The several alkaloids and their relationship to each other. Protoveratridine, germerine and protoveratrine. Archiv der Pharmazie. 1937, 275: 571-599
6. A Stoll, E Seebeck. Veratrobasine and geralbine, two new alkaloids isolated from Veratrum album. Journal of the American Chemical Society. 1952, 74: 4728-4729

7. W Poethke, W Kerstan. Veratrum alkaloids. VII. "Amorphous alkaloids" of Veratrum album. Archiv der Pharmazie. 1960, 293: 743-752

8. GS Myers, WL Glen, P Morozovitch, R Barber, G Papineau-Couture, GA Grant. Some hypotensive alkaloids from Veratrum album. Journal of the American Chemical Society. 1956, 78: 1621-1624

9. SM Kupchan, CV Deliwala. The isolation of crystalline hypotensive Veratrum ester alkaloids by chromatography. Journal of the American Chemical Society. 1953, 75: 4671-4672

10. A Stoll, E Seebeck. Veratrum alkaloids. VII. Veratroylzygadenine from Veratrum album. Helvetica Chimica Acta. 1953, 36: 1570-1575

11. M Suzuki, Y Murase, R Hayashi, N Sanpei. Constituent of domestic Veratrum plants. III. Constituent of Veratrum album. Yakugaku Zasshi. 1959, 79: 619-623

12. A Stoll, E Seebeck. Veralbidine, a new alkaloid from Veratrum album. Science. 1952, 115: 678

13. Atta-ur-Rahman, RA Ali, M Ashraf, MI Choudhary, B Sener, S Turkoz. Steroidal alkaloids from Veratrum album. Phytochemistry. 1996, 43(4): 907-911

14. Atta-Ur-Rahman, RA Ali, MI Choudhary, B Sener, S Turkoz. New steroidal alkaloids from rhizomes of Veratrum album. Journal of Natural Products. 1992, 55(5): 565-570

15. W Poethke, H Gerlach. Some nitrogen-free components of Veratrum album. Archiv der Pharmazie. 1960, 293: 103-111

16. R Jaspersen-Schib, H Flueck. The alkaloids of the above-ground organs of Veratrum album. Composition of the alkaloids. Pharmaceutica Acta Helvetiae. 1961, 36: 461-471

17. Atta-ur-Rahman, RA Ali, T Parveen, MI Choudhary, B Sener, S Turkoz. Alkaloids from Veratrum album. Phytochemistry. 1991, 30(1): 368-370

18. A Gilani, K Aftab, SA Saeed, RA Ali, Atta-ur-Rehman. O-acetyljervine: a new β-adrenoceptor agonist from Veratrum album. Archives of Pharmacal Research. 1995, 18(2): 129-132

19. V Muresan, M Simionovici, A Botez, D Winter, N Chirescu, L Stanescu. Mechanism of action of the alkaloids of Veratrum album. Annales Pharmaceutiques Francaises. 1958, 16: 46-51

20. K Otto, KM Gordon, M Rafael. Studies on Veratrum alkaloids VI. Protoveratrine: its comparative toxicity and its circulatory action. Journal of Pharmacology and Experimental Therapeutics. 1944, 82(2): 167-186

21. FG Valdecasas, JA Salva, J Laporte. Influence of some esterified veratrum alkaloids on thermal regulation and induced hyperthermia. Revista Espanola de Fisiologia. 1960, 16(3): 155-161

22. JA Salva. Narcosis with Veratrum alkaloids. Archivos del Instituto de Farmacologia Experimental. 1955, 8: 36-41

23. JJ Lipa. Insecticides derived from plants. Postepy Nauk Rolniczych. 1962, 9: 99-108

24. B Sener, F Bingol, I Erdogan, WS Bowers, PH Evans. Biological activities of some Turkish medicinal plants. Pure and Applied Chemistry. 1998, 70(2): 403-406

우단담배풀 毛蕊花 EP, BP, BHP, GCEM

Verbascum thapsus L.

Mullein

개 요

현삼과(Scrophulariaceae)
우단담배풀(毛蕊花, *Verbascum thapsus* L.)의 꽃을 말린 것: 모예화(毛蕊花)
중약명: 모예화(毛蕊花)
우단담배풀속(*Verbascum*) 식물은 전 세계에 약 300종이 있으며 유럽과 아시아의 온대 지역에 주로 분포한다. 그 가운데 6종이 중국에서 발견되며, 약 1종은 약으로 사용된다. 우단담배풀은 유럽, 북부 아프리카, 이집트, 에티오피아 및 아시아와 히말라야의 온대성 지역에서 유래되어 널리 분포되어 북반구뿐만 아니라 중국 내에서는 신강, 티베트, 운남성, 사천성에 분포한다.
우단담배풀은 소와 인간의 피부와 폐 질환을 치료하기 위해 중세부터 사용되어 왔다. 19세기에는 유럽, 영국, 미국에서 우단담배풀이 결핵 및 호흡기, 비뇨 생식 기관 및 외이도의 염증을 치료하는 데 사용되었다. 우단담배풀은 오늘날에도 만성 이염과 귀 습진 치료에 사용된다. 이 종은 우단담배풀꽃(Verbasci Flos)의 공식적인 기원식물 내원종으로 유럽약전(5개정)과 영국약전(2002)에 등재되어 있다. 이 약재는 주로 불가리아, 체코 및 이집트에서 생산된다.
우단담배풀은 주로 이리도이드 배당체, 플라보노이드 및 트리테르페노이드 사포닌 성분을 함유한다. 영국생약전은 의약 물질의 품질관리를 위해 우단담배풀 잎의 물 추출물의 함량이 20% 이상이어야 한다고 규정되어 있다.
약리학적 연구에 의하면 우단담배풀에는 항바이러스, 항박테리아, 항고지혈증 및 사하작용이 있다.
민간요법에 의하면 우단담배풀은 거담작용을 가진다. 한의학적으로는 전초에 청열해독(清熱解毒), 지혈산어(止血散瘀)의 효능이 있다.

우단담배풀 毛蕊花 *Verbascum thapsus* L.

모예화 毛蕊花 Verbasci Flos

모예화 毛蕊花 Verbasci Folium

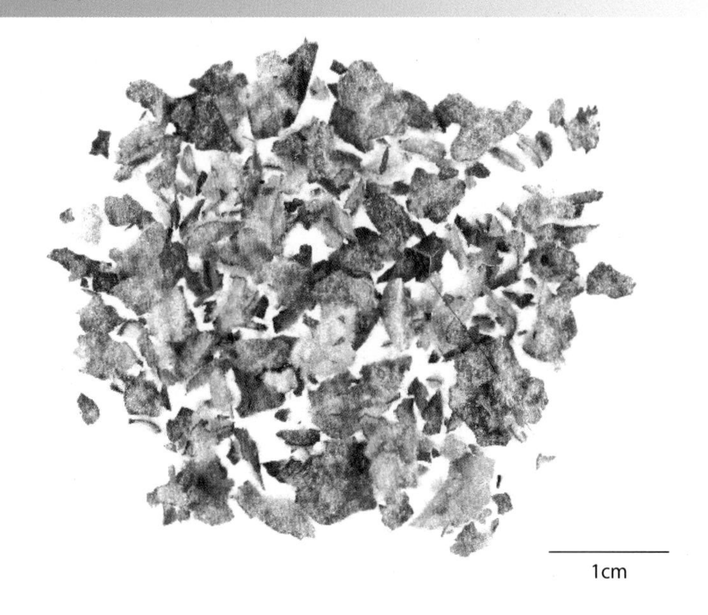

laterioside

forsythoside B

우단담배풀 毛蕊花 EP, BP, BHP, GCEM

함유성분

뿌리에는 이리도이드 배당체 성분으로 laterioside, 하르파고사이드, ajugol, aucubin[1], 오당류 성분으로 verbascose[2]가 함유되어 있다.
잎과 꽃에는 플라보노이드 성분으로 4',7-dihydroxyflavone-4'rhamnoside, 6-hydroxyluteolin-7-glucoside, 3'methylquercetin[3]이 함유되어 있다.
전초에는 플라보노이드 성분으로 verbacoside, 7,3',4'-trimethylluteolin, luteolin[4], 이리도이드 배당체 성분으로 scropheanoside II[5], 페닐엘타노이드 성분으로 forsythosides B, F, leucosceptoside B, alyssonoside[6]가 함유되어 있고, 리그난류 성분으로 [2-[4-(β D-glucopyranosyloxy)-3- methoxyphenyl]-2,3-dihydro-5-(3-hydroxy-1-propenyl)-7-methoxy-3-benzofuranyl]methyl-β D-glucopyranoside[6]가 함유되어 있다.
열매에는 사포닌류 성분으로 thapsuines A, B, hydroxythapsuines A, B[7]가 함유되어 있다.
또한, 식물 전체에는 이리도이드 배당체 성분으로 6-O-βxyloxylaucubin[8], catalpol[9], 트리테르페노이드 성분으로 saikogenins A, I, II[10], 스테로이드 성분으로 24αmethyl-5α-cholestan-3-one[8], α-spinasterol[10], ergosterin dioxide[11]가 함유되어 있다.

약리작용

1. 항바이러스 작용
   우단담배풀의 꽃 달인 액은 섬유아세포 배양과 닭 배아 실험에서 인터페론과 같은 활성을 가진 인자를 유도했다[12]. 인플루엔자 바이러스 A_2와 B를 유의하게 저해했다[13]. 알코올 추출물은 *in vitro*에서 vero celis-공수병 바이러스 균주 RC/79에 유의한 억제효과를 나타냈다[14]. 메탄올 추출물은 단순 포진 바이러스 1형(HSV-1)에 대한 항바이러스 활성을 보였다[15].

2. 항균 작용
   전초의 물, 에탄올 및 메탄올 추출물은 클레브시엘라균 폐렴, 황색포도상구균, 표피포도구균 및 대장균에 대한 억제효과가 있었다. 특히 물 추출물이 가장 높은 항박테리아 활성을 보였다[16].

3. 항고지혈증
   잎의 다당류는 유도된 고지질 혈증을 가진 랫드에서 콜레스테롤 및 트리글리세라이드 수준의 유의한 감소를 나타냈다[17].

4. 사하 작용
   아우쿠빈과 카탈폴은 마우스에서 사하 작용을 나타냈다[18].

용도

1. 기침, 기관지염, 천식, 폐렴
2. 맹장염, 방광염, 신염, 장염
3. 류마티스
4. 타박상 및 낙상, 외상성 출혈
5. 습진, 가려움증, 옴, 옹, 벌레물림

해설

*Verbascum thapsus*의 꽃뿐만 아니라 말린 뿌리 및 잎도 약으로 사용된다. *V. densiflorum* Bertol과 *V. phlomoides* L.는 유럽약전과 영국약전에서 우단담배풀의 꽃 외에 다른 두 종의 공식적인 기원식물로 등재되어 있다.
V. blattaria L., *V. chaixii* Vill. subsp. *orientale* Hayek와 *V. phoeniceum* L.의 5종은 중국에 분포되어 있으나, 약용에 대한 어떠한 보고도 없다. 따라서 동일한 속의 식물이 모예화(毛蕊花)의 보조 재료로 사용될 수 있는지에 대한 더 많은 연구가 필요하다.

참고문헌

1. F Pardo, F Perich, R Torres, F Delle Monache. Phytotoxic iridoid glucosides from the roots of Verbascum thapsus. Journal of Chemical Ecology. 1998, 24(4): 645-653
2. S Murakami. Constitution of verbascose, a new pentasaccharide. Proceedings of the Imperial Academy. 1940, 16: 12-14

3. C Souleles, A Geronikaki. Flavonoids from Verbascum thapsus. Scientia Pharmaceutica. 1989, 57(1): 59-61
4. R Mehrotra, B Ahmed, RA Vishwakarma, RS Thakur. Verbacoside: a new luteolin glycoside from Verbascum thapsus. Journal of Natural Products. 1989, 52(3): 640-643
5. T Warashina, T Miyase, A Ueno. Iridoid glycosides from Verbascum thapsus L. Chemical & Pharmaceutical Bulletin. 1991, 39(12): 3261-3264
6. T Warashina, T Miyase, A Ueno. Phenylethanoid and lignan glycosides from Verbascum thapsus. Phytochemistry. 1992, 31(3): 961-965
7. J De Pascual Teresa, F Diaz, M Grande. Components of Verbascum thapsus L. III. Contribution to the study of saponins. Anales de Quimica, Serie C: Quimica Organica y Bioquimica. 1980, 76(2): 107-110
8. MA Khuroo, MA Qureshi, TK Razdan, P Nichols. Sterones, iridoids and a sesquiterpene from Verbascum thapsus. Phytochemistry. 1988, 27(11): 3541-3544
9. D Groeger, P Simchen. Iridoidal plant substances. Pharmazie. 1967, 22(6): 315-321
10. J De Pascual Teresa, F Diaz, M Grande. Components of Verbascum thapsus L. I. Triterpenes. Anales de Quimica. 1978, 74(2): 311-314
11. CC Zhang, JP Wang, FC Zhu, DG Wu. Studies on the chemical constituents of Flannel mullein (Verbascum thapsus). Chinese Traditional and Herbal Drugs. 1996, 27(5): 261-262
12. T Skwarek. Effect of some vegetable preparations on propagation of the influenza viruses. II. Attempts at interferon induction. Acta Poloniae Pharmaceutica. 1979, 36(6): 715-720
13. T Skwarek. Effects of some vegetable preparations on propagation of the influenza viruses. I. Effects of vegetable preparations on propagation of the influenza viruses in cultures of chicken embryo fibroblasts and in chicken embryos. Acta Poloniae Pharmaceutica. 1979, 36(5): 605-612
14. SM Zanon, FS Ceriatti, M Rovera, LJ Sabini, BA Ramos. Search for anti-viral activity of certain medicinal plants from Cordoba, Argentina. Revista Latinoamericana de Microbiologia. 1999, 41(2): 59-62
15. AR McCutcheon, TE Roberts, E Gibbons, SM Ellis, LA Babiuk, RE Hancock, GH Towers. Anti-viral screening of British Columbian medicinal plants. Journal of Ethnopharmacology. 1995, 49(2): 101-110
16. AU Turker, ND Camper. Biological activity of common mullein, a medicinal plant. Journal of Ethnopharmacology. 2002, 82(2-3): 117-125
17. EA Aboutabl, MH Goneid, SN Soliman, AA Selim. Analysis of certain plant polysaccharides and study of their antihyperlipidemic activity. Al-Azhar Journal of Pharmaceutical Sciences. 1999, 24: 187-195
18. H Inouye, Y Takeda, K Uobe, K Yamauchi, N Yabuuchi, S Kuwano. Purgative activities of iridoid glucosides. Planta Medica. 1974, 25(3): 285-288

팬지 三色菫 EP, BP, BHP, GCEM

Viola tricolor L.

Wild Pansy

개요

제비꽃과(Violaceae)

팬지(三色菫, *Viola tricolor* L.)의 꽃이 핀 지상부를 말린 것: 삼색근(三色菫)

중약명: 삼색근(三色菫)

제비꽃속(*Viola*) 식물은 전 세계에 500종 이상이 있으며 주로 북반구 온대 지역의 온대, 열대 및 아열대 지역에 분포한다. 그 가운데 약 111종이 중국에서 발견되며, 주로 남서부 지역에 분포하고 약 27종이 약으로 사용된다. 팬지는 유라시아의 온대 지역, 즉 아일랜드와 지중해 지역에서 인도로 분포하며 중국의 많은 지역에서 관상용 식물로 재배되고 있다.

4세기에 유럽에서 팬지가 발견되어 서서히 정원에서 일반적인 관상용 식물이 되었다. 팬지는 호흡기 질환을 개선하기 위해 오랫동안 약품으로 사용되어 왔다. 고대 민간요법에 의하면 팬지는 신진 대사를 촉진하고 심혈관계를 정화하는 효과가 있다고 전해진다[1]. 이 종은 팬지(Violae Tricoloris Herba)의 공식적인 기원식물 내원종으로 영국약전(2002)과 유럽약전(5개정판)에 등재되어 있다. 이 약재는 주로 중부 유럽, 네덜란드 및 프랑스에서 생산된다.

팬지는 플라보노이드, 카로티노이드 및 안토시아니딘 성분을 함유하고 있다. 영국약전에서는 의약 물질의 품질관리를 위해 자외선 분광광도법에 따라 시험할 때 바이올란틴으로 환산된 총 플라보노이드의 함량이 1.5% 이상이어야 한다고 규정하고 있다.

약리학적인 연구에 의하면 팬지는 거담제, 항박테리아, 항산화 및 항종양 효과가 있다.

민간요법에 의하면 팬지는 거담작용을 하며 피부병을 치료하는 데 사용된다. 한의학에서 청열해독(清熱解毒), 지해(止咳)의 효능이 있다.

팬지 三色菫 *Viola tricolor* L.

함유성분

꽃에는 카로티노이드 성분으로 violaxanthin, lutein, trans-antheraxanthin, βcarotene, neoviolaxanthin V[2], 9Z,9'violaxanthin, 9Z,15Z-violaxanthin[3], auroxanthin, flavoxanthin, zeaxanthin[4]과 그 에스테르[5]가 함유되어 있다.
지상부에는 플라보노이드 성분으로 luteolin glucoside, apigenin glucoside, lucenin, violanthin, 카로티노이드 성분으로 violaxanthin, 살리실산 유도체 성분으로 salicoside, methyl salicylate, 테르페노이드 성분으로 α-amyrenol, erythrodiol-28-acetate[6]가 함유되어 있다.
또한 팬지에는 플라보노이드 성분으로 quercetin, hyperoside, hesperidin, apigenin[7], luteolin[8], saponaretin, orientin, isoorientin, lutonaretin[9], scoparin, saponarin[10]이 함유되어 있고, 페놀산 성분으로 protocatechuic acid, 카페인산, vanillic acid, 페룰산[8], gentisic acid, coumaric acid[11], 안토시아닌 성분으로 violanin, keracyanin[12], 지방친화성 단백질 성분으로 vitri A, varv A와 varv E[13] 그리고 펩타이드 성분[14]이 함유되어 있다.

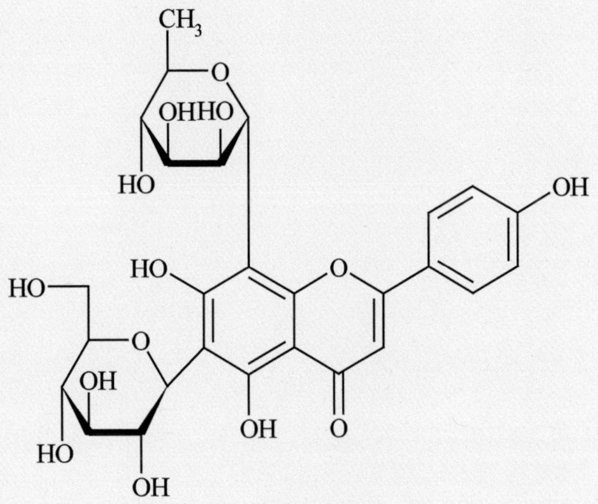

violanthin

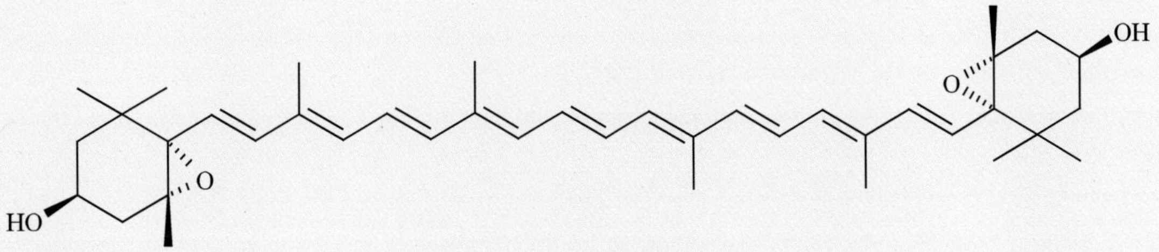

violaxanthin

약리작용

1. 거담 작용
   제제를 섭취하면 기관지 분비가 증가하고 점액이 희석되며 가래 제거가 촉진되어 호흡기 염증이 억제된다.
2. 항균 작용
   침출 액, 달인 액 및 에탄올 추출물은 현저한 항균 활성을 나타냈다[15]. 추출물은 황색포도상구균, 표피포도구균 및 Propionibacterium acnes에 대한 억제효과가 있었다. 이는 팬지의 사용이 피부질병치료에 대한 역할이 있을 수 있음을 보여주는 것이다[16].
3. 항산화
   전초의 조 추출물은 *in vitro*에서 히드록실 라디칼에 대한 강한 소거능을 나타냈다[28].
4. 항종양
   전초의 친유성 단백질인 비트리 A, 바르브 A, 바르브 E 는 인간 림프종 U−937과 인간 골수종 RPMI−8226/s 세포에서 유의한 세포독성을 보였다[13].
5. 기타
   팬지에는 항염증 효과와 완하 효과가 있었다[16]. 또한 소변 내 Cl−배설을 촉진시켰다. 비올라 펩타이드 I은 용혈 작용을 보였다[14].

용도

1. 일반적인 감기, 기침, 천식, 기관지염
2. 변비
3. 요도염
4. 지루성 피부염, 습진, 여드름, 농포, 외음 소양증

해설

1970년대 이후 국제 화장품 업계에서 "자연으로의 회귀"라는 추세에 따라 다른 야생 식물과 마찬가지로 팬지는 단독으로 또는 다른 식물과 함께 미국, 중동 및 서유럽에서 화장품을 생산하기 위해 사용되었다[18].
중국의 제비꽃속 식물인 *Viola philippica* Cav와 같은 많은 식물이 의학적으로 사용되었다. 그럼에도 불구하고, 팬지는 오랫동안 재배되지 않았으며 전통 중국 약재도 아니다. 팬지는 영국과 미국에서 1920년대 초반에 중국으로 도입되었으며, 종자가 없어 저장하기가 어려웠던 1960년대까지 재배가 심각하게 퇴보했다. 결과적으로 중국은 해외에서 종자를 수입해야 한다. 팬지의 개발 및 이용에 대한 요구를 충족시키기 위해서는 번식에 대한 추가적인 연구가 필요하다.

참고문헌

1. S Rimkiene, O Ragazinskiene, N Savickiene. The cumulation of wild pansy (Viola tricolor L.) accessions: the possibility of species preservation and usage in medicine. Medicina. 2003, 39(4): 411-416
2. P Molnar, J Szabolcs, L Radics. Isolation and configuration determination of mono- and di-cis-violaxanthins. Magyar Kemiai Folyoirat. 1987, 93(3): 122-128
3. P Molnar, J Szabolcs, L Radics. Naturally occurring di-cis-violaxanthins from Viola tricolor: isolation and identification by proton NMR spectroscopy of four di-cis-isomers. Phytochemistry. 1986, 25(1): 195-199
4. P Karrer, J Rutschmann. Violaxanthin, auroxanthin, and other pigments from the flowers of Viola tricolor. Helvetica Chimica Acta. 1944, 27: 1684-1690
5. P Hansmann, H Kleinig. Violaxanthin esters from Viola tricolor flowers. Phytochemistry. 1982, 21(1): 238-239
6. V Papay, B Molnar, I Lepran, L Toth. Study of chemical substances of Viola tricolor L. Acta Pharmaceutica Hungarica. 1987, 57(3-4): 153-158
7. RA Bubenchikov, IL Drozdova. Flavonoids from garden violet (Viola tricolor). Farmatsiya. 2004, 2: 11-12
8. T Boruch, J Gora, M Bielawska, L Swiatek, S Luczak. Extracts of plants and their cosmetic application. Part XI. Extracts from herb of Viola

tricolor. Pollena: Tluszcze, Srodki Piorace, Kosmetyki. 1985, 29(1-2): 38-40

9. H Wagner, L Rosprim, P Duell. Flavone C-glycosides. X. Flavone C-glycosides of Viola tricolor. Zeitschrift fuer Naturforschung, Teil B. 1972, 27(8): 954-958
10. IL Hoerhammer, H Wagner, L Rosprim, T Mabry, H Roesler. Structure of new and known flavone C-glycosides. Tetrahedron Letters. 1965, 22: 1707-1711
11. T Komorowski, T Mosiniak, Z Kryszczuk, G Rosinski. Phenolic acids in the Polish species Viola tricolor L. and Viola arvensis Murr. Herba Polonica. 1983, 29(1): 5-11
12. T Endo. Column chromatography of anthocyanins. Nature. 1957, 179: 378-379
13. E Svangrd, U Goeransson, Z Hocaoglu, J Gullbo, R Larsson, P Claeson, L Bohlin. Cytotoxic cyclotides from Viola tricolor. Journal of Natural Products. 2004, 67(2): 144-147
14. T Schoepke, MI Hasan Agha, R Kraft, A Otto, K Hiller. Compounds with hemolytic activity from Viola tricolor and V. arvensis. Scientia Pharmaceutica. 1993, 61(2): 145-153
15. E Witkowska-Banaszczak, W Bylka, I Matlawska, O Goslinska, Z Muszynski. Anti-microbial activity of Viola tricolor herb. Fitoterapia. 2005, 76(5): 458-461
16. S Paoletti, L Ferrarese, P Santi, A Ghirardini. Coadjuvant treatment of acne with medicinal plants. Cosmetic News. 2001, 24(138): 156-161
17. YW Zeng, LX Xu, YH Peng. Comparative study on free radical scavenging activities of 45 fresh flowers. Chinese Journal of Applied & Environmental Biology. 2004, 10(6): 699-702
18. XM Liu. Viola tricolor one of the green plants used in cosmetics. Beijing Chemical. 1998, 4: 6-13

백과곡기생 白果槲寄生 KHP, BHP, GCEM

Viscum album L.

European Mistletoe

개 요

겨우살이과(Loranthaceae)

백과곡기생(白果槲寄生, *Viscum album* L.)의 잎이 붙어 있는 잔가지: 백과곡기생(白果槲寄生)

중약명: 백과곡기생(白果槲寄生)

겨우살이속(*Viscum*) 식물은 전 세계에 약 70종이 있는데, 주로 북반구에 분포하며 열대 및 아열대 지역에서 생산되고 온대 지역에는 그 수가 적다. 중국에는 약 12종과 1변종이 있으며, 약 7종과 1변종이 약으로 사용된다. 백과곡기생은 아시아 남부와 동부 유럽, 북부 아프리카 및 히말라야 서쪽의 온대 지역에 분포하며 현재 중부 유럽과 중국에서 재배되고 있다.

백과곡기생은 순환계 및 신경계의 질환 치료를 위해 고대부터 사용되어 왔다. 1920년 이래 유럽의 미슬토 추출물(상품명: 이스카돌)은 유럽에서 종양 치료에 사용되어 왔다[1]. 이 종은 겨우살이(Visci Albi Herba)의 공식적인 기원식물로 영국생약전(1996)에 등재되어 있다. ≪대한민국약전외한약(생약)규격집≫(제4개정판)에는 "곡기생"을 "겨우살이 *Viscum album* L. var. *coloratum* Ohwi (겨우살이과 Loranthaceae)의 잎, 줄기, 가지"로 등재하고 있으며, 학명이 약간 다르다. 이 약재는 주로 불가리아, 알바니아, 터키 및 러시아에서 생산된다.

백과곡기생은 주로 점액질, 렉틴, 트리테르페노이드 및 플라보노이드 성분을 함유하며 비스코톡신과 렉틴 성분은 겨우살이류 식물의 품질관리를 위한 지표성분일 뿐만 아니라 주요 항종양 성분이다[2]. 유럽생약전은 약재의 품질관리를 위해 수용성 추출물의 함량이 20% 이상이어야 한다고 규정하고 있다.

약리학적 연구에 따르면 백과곡기생은 항종양, 면역조절 및 항염증 효과를 나타낸다.

민간요법에 의하면 미슬토는 혈압강하작용이 있다. 또한 백과곡기생은 유럽연합집행위원회에 의해 천연조미료의 원료로 등재되어 있다. 한의학에서 거풍습(祛風濕), 강근골(强筋骨), 최유(催乳)의 효능이 있다.

백과곡기생 白果槲寄生 *Viscum album* L.

백과곡기생 白果槲寄生 Visci Albi Herba

함유성분

미슬토는 렉틴류 성분으로 ML-I [펩타이드 결합 A로 이루어진 (분자량 29000) VAA-I과 B (분자량 320000)], II, III[2-3], viscotoxins A2, A3, B, 1-PS[4-5]가 함유되어 있고, 트리테르페노이드 성분으로 ursolic acid, oleanolic acid, lupeol, betulonic acid, betulinic acid[6-7], 플라보노이드 성분으로 5-hydroxy-l-(4'hydroxyphenyl)-7-(4"hydroxyphenyl)-hepta-1-en-3-one, 2'hydroxy-4'6'dimethoxychalcone-4-O-glucoside,2'hydroxy-4'6' dimethoxychalcone -4-O- [apiosyl(1→2)] glucoside[6], homoflavoyadorinin B[8], 5,7-dimethoxy-flavanone-4'O-βD-glucopyranoside, 2'hydroxy-4'6'dimethoxy-chalcone-4-O-βD-glucopyranoside, 5,7-dimethoxy -flavanone-4' O-[2'O'O-(5'O"O-trans-cinnamoyl)-βD-piofuranosyl]-βD-glucopyranoside, 2'hydroxy-4'6'dimethoxy-chalcone-4-O-[2'6'O-(5' O"O- trans-cinnamoyl)-β -D-dapiofuranosyl]-βD-glucopyranoside, 5,7-dimethoxy-flavanone-4'O-βD-apiofuranosyl-(1→2)]-β D-glucopyranoside[9], 페놀산 성분으로 클로로겐산, 페룰산, 카페인산, gallic acid[10], 알칼로이드 성분으로 verazine[11]이 함유되어 있다.

약리작용

1. 항종양 작용

   *in vitro*에서 신선한 추출물과 미슬토 렉틴(ML-1)이 흑색종 B16F10 세포와 자궁경부암 HeLa 세포에 세포독성 효과가 있음을 보였다[12-13]. 물 추출물은 결장 선암의 세포사멸을 유도했다.

   HT-29, 유방 선암 MCF7 및 폐 선암종 NCI-H125 세포가 포함된다. 이것은 미토콘드리아 손상을 초래하고, 세포주기 억제에 의한 종양 퇴행을 유도하며, 세포사멸을 일으킨다[14]. 전초추출물, 겨우살이 렉틴(ML) 및 점액질은 방광암 T24, TCCSUP, J82 및 UM-UC3[15] 세포의 성장에 억제효과가 있었다. 베툴린산, 우르솔산 및 올레아놀산은 백혈병 Molt4, K562 및 U937 세포에서 성장을 억제하고 세포사멸을 유도했다[16]. 천연물 의약품 이스카돌은 RPMI-8226에서 IL6R과 gp130의 막 발현을 현저히 낮추었고 림프종 WSU-1 세포에서 gp130 발현을 현저히 낮추었다[17]. ML-1과 사이클로헥시미드의 조합은 강력한 시너지 효과를 보였다[18]. 분리된 렉틴 I의 높은 세포독성은 30분 동안 가열함으로써 완전히 사라졌다. 전초 알칼로이드 분획은 MSV 세포에 세포독성 효과가 있었고 열처리에 의해 활성 패턴은 변하지 않았다[19]. 다양한 종류의 미슬토 렉틴 물 추출물로 구성된 제제를 복강 내 주사하면 마우스에 이식된 흑색종 B16F1의 성장을 억제하여 췌장 세포증식의 증가 및 IL-12 분비의 상향 조절과 관련이 있었다[20].

2. 면역조절

   IL-1α, IL-1β, IL-6, IL-10, 종양괴사인자-α(TNF-α), 인터페론-γ(IFN-γ), 말초 혈액 단핵 세포의 단핵 세포 콜로니 자극 인자 및 과립구의 유전자 발현을 유도했다[21]. 겨우살이 렉틴은 세포 탐식 작용을 증가시키고 호중구 세포사멸을 지연시켰다. 그

것은 IL-15 유도된 호중구 반응을 조절하는 데 사용될 수 있고 인산화 반응과 독립적으로 작용한다[22]. ML-1은 또한 PMA/Caionophore/monensin이 IFN-γ 생산을 공동 자극하는 것을 억제하고 CD_8^+ 및 CD_4^+ T세포에서 IL-4 발현을 증가시켰다[23]. '기억'표현형을 가진 CD_8^+ 세포는 CD_8^+ CD62Lhi에 비해 ML-III에 의한 살상에 더 민감했다[24]. 전초 추출물은 T세포 이동을 강력하게 자극하고 이동 유도 가능성은 렉틴이나 점액질 함량과 상관관계가 없다[25]. 또한 말초 혈액 단핵 세포에서 인터루킨과 인터페론(IFN-γ)의 발현과 방출을 자극했다[26-27]. 다당류는 CD_4^+ T세포의 증식을 유의하게 자극했다[28]. 체외 연구 결과 낮은 용량의 제제(Iscador M special)가 마우스의 CD_4^+/CD_8^+ 비율을 높이고 DN 흉선세포의 증식을 촉진시켰으며 급성 및 장기적으로 세포 자살 흉선 세포의 비율을 높였다. 이는 또한 덱사메타손에 의한 말초 혈액 DN 세포 수 감소뿐만 아니라 DX-유도된 CD_4^+ 세포 수 및 CD_4^+/CD_8^+ 비율의 감소를 억제했다[29].

3. 항염증 작용

ML-1은 예비 활성화된 호중구의 세포사멸을 유도하고 *in vivo*에서 LPS로 유도된 염증 반응을 억제했다[30]. 추출물로부터 분리된 전초의 에틸 아세테이트 추출물 및 플라보노이드는 마우스에서 카라기난으로 유발된 뒷다리 부종 모델에 대한 억제효과를 나타냈다[9].

4. 기타

전초의 에틸 아세테이트 추출물은 항 침해 효과가 있다[9]. 물 추출물은 관상 혈관 저항성에서 유의한 감소를 보였으며 적출된 기니피그 심장에서 유도성 질소산화물 합성효소(iNOS) 발현을 유도했다[31]. 또한 전초에는 항고혈당제, 항산화제[32], 고 콜레스테롤 혈증예방제[33] 및 간 보호효과가 있다[34].

용도

1. 고혈압, 저혈압, 부정맥, 동맥 경화
2. 류마티즘, 통풍
3. 종양
4. 기침, 천식

해설

겨우살이는 항종양 및 면역 관련 효과가 현저하다. 따라서 수술, 방사선 치료 및 화학 요법과 함께 종양 치료 및 종양의 재발을 막을 수 있는 개발 잠재력이 크다. 유럽 민간요법에 따르면 심장 혈관 활동에 대한 추가 연구가 필요하다.
미슬토의 기주가 다르면 그 성분도 다르다. 더욱이 백과곡기생의 의약 부분이 다르면 렉틴의 함량도 당연히 다르다[23]. 겨우살이류 숙주식물이 다양하면 면역조절 활동도 상이하다[36]. 따라서 미슬토의 품질 평가 기준을 수립하는 것이 필요하다.
중국에서는 *Viscum coloratum* (Komar.) Nakai가 중국약전(2015년판)에 등재되어 있다. 중국의 겨우살이속의 약용식물 자원에 대한 연구와 개발이 필요하다. 한편, *Viscum album*과 *V. coloratum*의 비교 연구도 실시해야 한다.

참고문헌

1. J Maldacker. Preclinical investigations with mistletoe (Viscum album L.) extract Iscador. Arzneimittelforschung. 2006, 56(6A): 497-507
2. R Krauspenhaar, S Eschenburg, M Perbandt, V Kornilov, N Konareva, I Mikailova, S Stoeva, R Wacker, T Maier, T Singh, A Mikhailov, W Voelter, C Betzel. Crystal structure of mistletoe lectin I from Viscum album. Biochemical and Biophysical Research Communications. 1999, 257(2): 418-424
3. E Jordan, H Wagner. Detection and quantitative determination of lectins and viscotoxins in mistletoe preparations. Arzneimittelforschung. 1986, 36(3): 428-433
4. J Konopa, JM Woynarowski, M Lewandowska-Gumieniak. Isolation of viscotoxins. Cytotoxic basic polypeptides from Viscum album L. Hoppe-Seyler's Zeitschrift für Physiologische Chemie. 1980, 361(10): 1525-1533
5. G. Schaller, K Urech, M Giannattasio. Cytotoxicity of different viscotoxins and extracts from the European subspecies of Viscum album L. Phytotherapy Research. 1996, 10(6): 473-477
6. DS Park, SZ Choi, KR Kim, SM Lee, KR Lee, S Pyo. Immunomodulatory activity of triterpenes and phenolic compounds from Viscum album L. Journal of Applied Pharmacology. 2003, 11(1): 1-4
7. K Urech, JM Scher, K Hostanska, H Becker. Apoptosis inducing activity of viscin, a lipophilic extract from Viscum album L. Journal of Pharmacy and Pharmacology. 2005, 57(1): 101-109

8. SY Choi, SK Chung, SK Kim, YC Yoo, KB Lee, JB Kim, JY Kim, KS Song. An anti-oxidant homo-flavoyadorinin-B from Korean mistletoe (Viscum album var. colaratum). Han'guk Eungyong Sangmyong Hwahakhoeji. 2004, 47(2): 279-282
9. DD Orhan, E Kupeli, E Yesilada, F Ergun. Anti-inflammatory and antinociceptive activity of flavonoids isolated from Viscum album ssp. album. Zeitschrift für Naturforschung. C, Journal of Biosciences. 2006, 61(1-2): 26-30
10. OI Popova. Phenolic acids of Viscum album. Khimiya Prirodnykh Soedinenii. 1991, 1: 139-140
11. SV Kessar, A Sharma, M Singh, RK Mahajan. Synthetic studies in steroidal sapogenins and alkaloids. XI. Synthesis of verazine. Indian Journal of Chemistry. 1974, 12(12): 1245-1248
12. N Zarkovic, T Kalisnik, I Loncaric, S Borovic, S Mang, D Kissel, M Konitzer, M Jurin, S Grainza. Comparison of the effects of Viscum album lectin ML-1 and fresh plant extract (Isorel) on the cell growth in vitro and tumorigenicity of melanoma B16F10. Cancer Biotherapy & Radiopharmaceuticals. 1998, 13(2): 121-131
13. N Zarkovic, K Zarkovic, S Grainca, D Kissle, M Jurin. The Viscum album preparation Isorel inhibits the growth of melanoma B16F10 by influencing the tumor-host relationship. Anti-Cancer Drugs. 1997, 8(1): S17-S22
14. M Harmsma, M Gromme, M Ummelen, W Dignef, KJ Tusenius, Frans CS Ramaekers. Differential effects of Viscum album extract Iscador Qu on cell cycle progression and apoptosis in cancer cells. International Journal of Oncology. 2004, 25(6): 1521-1529
15. K Urech, A Buessing, G Thalmann, H Schaefermeyer, P Heusser. Anti-proliferative effects of mistletoe (Viscum album L.) extract in urinary bladder carcinoma cell lines. Anticancer Research. 2006, 26(4B): 3049-3055
16. K Urech, JM Scher, K Hostanska, H Becker. Apoptosis inducing activity of viscin, a lipophilic extract from Viscum album L. The Journal of Pharmacy and Pharmacology. 2005, 57(1): 101-109
17. E Kovacs, S Link, U Toffol-Schmidt. Cytostatic and cytocidal effects of mistletoe (Viscum album L.) quercus extract Iscador. Arzneimittelforschung. 2006, 56(6A): 467-473
18. I Siegle, P Fritz, M McClellan, S Gutzeit, TE Murdter. Combined cytotoxic action of Viscum album agglutinin-1 and anticancer agents against human A549 lung cancer cells. Anticancer Research. 2001, 21(4A): 2687-2691
19. JH Park, CK Hyun, HK Shin. Cytotoxic effects of the components in heat-treated mistletoe (Viscum album). Cancer Letters. 1999, 139(2): 207-213
20. JP Duong Van Huyen, S Delignat, J Bayry, MD Kazatchkine, P Bruneval, A Nicoletti, SV Kaveri. Interleukin-12 is associated with the in vivo antitumor effect of mistletoe extracts in B16 mouse melanoma. Cancer Letters. 2006, 243(1): 32-37
21. T Hajto, K Hostanska, J Fischer, SR aller. Immunomodulatory effects of Viscum album agglutinin-I on natural immunity. Anti-Cancer Drugs. 1997, 8(1): S43-S46
22. M Pelletier, V Lavastre, A Savoie, C Ratthe, R Saller, K Hostanska, D Girard. Modulation of interleukin-15-induced human neutrophil responses by the plant lectin Viscum album agglutinin-I. Clinical Immunology. 2001, 101(2): 229-236
23. GM Stein, U Pfuller, M Schietzel, A Bussing. Toxic proteins from European mistletoe (Viscum album L.): increase of intracellular IL-4 but decrease of IFN-γ in apoptotic cells. Anticancer Research. 2000, 20(3A): 1673-1678
24. A Bussing, GM Stein, U Pfuller. Selective killing of CD_8^+ cells with a 'memory' phenotype (CD62Llo) by the N-acetyl-D-galactosamine-specific lectin from Viscum album L. Cell Death and Differentiation. 1998, 5(3): 231-240
25. M Werner, KS Zanker, G Nikolai. Stimulation of T-cell locomotion in an in vitro assay by various Viscum album L. preparations (Iscador). International Journal of Immunotherapy. 1998, 14(3): 135-142
26. M Stoss, RW Gorter. No evidence of IFN-γ increase in the serum of HIV-positive and healthy subjects after subcutaneous injection of a nonfermented Viscum album L. extract. Natural Immunity. 1998, 16(4): 157-164
27. E Kovacs. Serum levels of IL-12 and the production of IFN-gamma, IL-2 and IL-4 by peripheral blood mononuclear cells (PBMC) in cancer patients treated with Viscum album extract. Biomedicine & Pharmacotherapy. 2000, 54(6): 305-310
28. GM Stein, U Edlund, U Pfuller, A Bussing, M Schietzel. Influence of polysaccharides from Viscum album L. on human lymphocytes, monocytes and granulocytes in vitro. Anticancer Research. 1999, 19(5B): 3907-3914
29. T Hajto, T Berki, L Palinkas, F Boldizsar, P Nemeth. Investigation of the effect of mistletoe (Viscum album L.) extract Iscador on the proliferation and apoptosis of murine thymocytes. Arzneimittelforschung. 2006, 56(6A): 441-446
30. V Lavastre, H Cavalli, C Ratthe, D Girard. Anti-inflammatory effect of Viscum album agglutinin-I (VAA-I): Induction of apoptosis in activated neutrophils and inhibition of lipopolysaccharide-induced neutrophilic inflammation in vivo. Clinical and Experimental Immunology. 2004, 137(2): 272-278
31. FA Tenorio Lopez, L del Valle Mondragon, G Zarco Olvera, JC Torres Narvaez, G Pastelin Hernandez. Viscum album aqueous extract induces inducible and endothelial nitric oxide synthases expression in isolated and perfused guinea pig heart. Evidence of the coronary vasodilation mechanism. Archivos de Cardiología de México. 2006, 76(2): 130-139

32. DD Orhan, M Aslan, N Sendogdu, F Ergun, E Yesilada. Evaluation of the hypoglycemic effect and anti-oxidant activity of three Viscum album subspecies (European mistletoe) in streptozotocin-diabetic rats. Journal of Ethnopharmacology. 2005, 98(1-2): 95-102

33. G Avci, E Kupeli, A Eryavuz, E Yesilada, I Kucukkurt. Antihypercholesterolaemic and anti-oxidant activity assessment of some plants used as remedy in Turkish folk medicine. Journal of Ethnopharmacology. 2006, 107(3): 418-423

34. T Cebovic, S Spasic, M Popovic, J Borota, C Leposavic. The European mistletoe (Viscum album L.) grown on plums extract inhibits CCL4-induced liver damage in rats. Fresenius Environmental Bulletin. 2006, 15(5): 393-400

35. N Keburia, G Alexidze. Study of lectin content and activity in mistletoe (Viscum album L.) fruit at different stages of fruit development. Bulletin of the Georgian Academy of Sciences. 2003, 167(3): 490-492

36. MD Mossalayi, A Alkharrat, D Malvy. Nitric oxide involvement in the anti-tumor effect of mistletoe (Viscum album L.) extracts Iscador on human macrophages. Arzneimittelforschung. 2006, 56(6A): 457-460

이탈리아목형 穗花牡荊 EP, BHP, USP, GCEM

Verbenaceae

Vitex agnus-castus L.

Chaste Tree

개 요

마편초과(Verbenaceae)
이탈리아목형(穗花牡荊, *Vitex agnus–castus* L.)의 잘 익은 열매: 수화목형(穗花牡荊)
중약명: 수화목형(穗花牡荊)
순비기나무속(*Vitex*) 식물은 전 세계에 250종 이상이 있으며 열대 지방과 온대 지역에 분포한다. 약 14종이 중국에서 발견되며 주로 양자강 남쪽 지역에 분포한다. 일부 종은 진령(秦岭)산맥에서 티베트 고원까지 북서쪽으로, 중국 북부에서 요녕성까지 북동쪽으로 뻗어있다. 이 속에서 3종과 2변종이 약재로 사용된다. 이탈리아목형은 그리스와 이탈리아에 기원하여 미국의 온대 지역에서 재배되며 중국의 강소성과 상하이에서도 도입되어 재배되고 있다.
이탈리아목형은 적어도 2000년 동안 약으로 사용되어 왔다. 한때 유럽에서 성욕을 억제하고 숙취, 헛배부름, 발열 및 변비를 치료하고 자궁 경련을 완화시키는 데 사용되었다. 19세기 미국의 약사들은 통경제로 사용할 뿐만 아니라 수유를 촉진하는 데 사용했으며 현재도 잠재적인 고 프로락틴 혈증 또는 황체 기능부전으로 인한 여성생식기관 질환 개선에 이용된다. 이 종은 이탈리아목형(Agni Casti Fructus)의 공식적인 기원식물로 영국생약전(1996)과 미국약전(28개정판)에 등재되어 있다. 이 약재는 주로 미국의 온대 지역과 지중해 연안의 알바니아와 모로코에서 생산된다.
이탈리아목형은 주로 이리도이드, 플라보노이드 및 정유 성분을 함유한다. 미국약전은 의약 물질의 품질관리를 위해 액체크로마토그래피법으로 시험할 때 아그노사이드의 함량이 0.05% 이상이고, 카스티신의 함량이 0.08% 이상이어야 한다고 규정하고 있다.
약리학적 연구에 따르면 열매에는 에스트로겐, 항종양 및 항균 효과가 있다.
민간요법에 의하면 이탈리아목형은 생리를 조절하고 수유를 촉진한다.

이탈리아목형 穗花牡荊 *Vitex agnus-castus* L.

이탈리아목형 穗花牡荊 EP, BHP, USP, GCEM

이탈리아목형 穗花牡荊 *Vitex agnus-castus* L.

수화목형 穗花牡荊 Agni Casti Fructus

agnoside

casticin

함유성분

열매에는 이리도이드 성분으로 agnoside, 플라보노이드 성분으로 casticin[1], vitexin, apigenin, penduletin[2], 정유 성분으로 sabinene, 1,8-cineole, βcaryophyllene[3], trans-βfarnesene[4], α-pinene[5], β-phellandrene, 4-terpineol, spathulenol, germacrene B, alloaromadendrene[6], 디테르페노이드 성분으로 vitexlactam A[7], rotundifuran, vitexilactone[8]이 함유되어 있다.
뿌리껍질에는 플라보노이드 성분으로 luteolin, artemetin, isorhamnetin, 5, 4'dihydroxy-3,6,7,3'tetramethoxyflavone, luteolin-6-C-(4'C' methyl-6"O-trans-caffeoylglucoside), luteolin-6-C-(6"O-trans-caffeoylglucoside)[9]가 함유되어 있다.
줄기에는 이리도이드 성분으로 agnucastosides A, B, C, aucubin, agnoside, mussaenosidic acid[10]가 함유되어 있다.
잎에는 이리도이드 성분으로 aucubin, agnoside, eurostoside[11], harpagide, 8-O-acetylharpagide[12], 스테로이드 성분으로 ecdysterone, viticosterone E[12], androstenedione[13]이 함유되어 있다.

약리작용

1. 에스트로겐 활성
열매 메탄올 추출물은 에스트로겐 수용체와의 상당한 경쟁적 결합을 보여주었고 에스트로겐 활성을 나타냈으며[14], 루테인은 활성 성분 중 하나이다[2]. 냉침수피 추출물은 뇌하수체의 프로락틴 분비를 억제했다. 이탈리아목형의 추출물은 *in vitro*에서 생쥐 뇌하수체 세포의 프로락틴 분비를 억제했다[15]. 잎과 열매 추출물은 수유중인 암컷 마우스에서 혈청 프로락틴 농도를 유의하게 증가시켰다[16]. 건강한 남성에서 시험된 이탈리아목형 추출물은 가장 낮은 용량으로 프로락틴 분비를 현저하게 증가시켰고 가장 높은 용량으로 유의한 감소를 보였다[17]. 열매의 메탄올 추출물은 중국 햄스터 난소(CHO) mu-opiate 수용체에 유의한 친화도를 보였다. 추출물은 mu-opiate 수용체에 작용제 역할을 하여 월경 전 증후군의 치료에 유의한 작용을 보였다[18-19]. 열매 추출물의 복강 내 주입한 수컷 마우스의 시상 하부-뇌하수체-gonadoaxle, 테스토스테론 수치 감소, 남성성 특성을 저해했다[20].

2. 항종양
열매의 에탄올 추출물은 인간 유방암(SKOV-3), 위장 인환세포 암(KATO-III), 결장암(COLO 201) 및 소세포 폐암(Lu-134-AH) 세포에서 DNA 단편화를 유발했으며, 종양 세포사멸이 유도됐다[21]. 열매의 추출물로 처리한 후 세포 내 GSH의 양이 현저히 감소했고, 세포 외로는 외부 산화 방지 시약의 존재에 의해 세포사멸이 차단됐으며, 산화 스트레스와 미토콘드리아 막 손상이 암세포의 순화에 의해 유발된 세포사멸을 일으키는 것으로 나타났다[22]. 열매 추출물은 인간 전립선 상피 세포주인 BPH-1, LNCaP 및 PC3에 세포사멸 유발 및 잠재적인 세포독성 효과를 나타내어 전립선 비대증 및 사람 전립선암 예방 및 / 또는 치료에 유용함을 나타냈다[23].

3. 항균
열매의 정유 성분은 상당한 항균 작용을 나타냈다[3]. 황색포도상구균, 연쇄상구균, 살모넬라균종, 칸디다성 질염, 피부사상균 및 곰팡이종의 발생을 억제했다. 또한 백색 종창, 서상표피선균, 개소포자균에 대해 더 강한 독성을 나타냈다[24]. 잎의 정유 성분은 대장균, 녹농균, 고초균 및 황색포도상구균에 대해 약한 항박테리아 활성을 나타냈다[25].

용도

1. 생리불순, 월경 전 증후군, 갱년기 증후군, 유선통, 불임
2. 헛배 부름
3. 신경 쇠약, 두통
4. 발기 부전, 정액루(精液瘻)
5. 전립선 염

해설

열매 이외에, 이탈리아목형의 말린 잎도 약용한다. 독일에서 가장 인기 있는 약용식물 중 하나인 이탈리아목형이 중국의 시장에서는 거의 보이지 않는다. 그럼에도 중국에서는 소량의 이탈리아목형 제제를 수입한다. 그 상황은 주로 다음과 같다. (1) 약 70%의 여성이 월경 전 증후군의 영향을 받지만 대부분의 여성은 월경 전 증후군이 질병이 아니라고 잘못 판단한다. (2) 이탈리아목형은 현재 중국에서 광범위하게 재배되지 않는다. *Vitex negundo* L., *V. negundo* var. *cannabifolia* (Sieb.et Zucc.) Hand.-Mazz., *V. trifolia* L. var. *simplicifolia* Cham.의 다양한 약용 부위에서 수득한 정유는 중국에서 가래를 제거하고, 기침을 완화하며, 천명음을 덜어주기 위해 사용된다. 그러나 생리를 조절하고 수유를 자극하는 기능에 대한 기록은 없다. 그러므로 이 종들이 이탈리아목형과 상호 교환 가능하게 사용될 수 있는지

에 대한 더 많은 연구가 필요하다.
이탈리아목형 제품은 시장 잠재력이 크다. 이탈리아목형을 도입하여 재배하고 대체 자원을 촉구하는 것이 절실히 필요하다.

참고문헌

1. E Hoberg, B Meier, O Sticher. Quantitative high performance liquid chromatographic analysis of casticin in the fruits of Vitex agnus-castus. Pharmaceutical Biology. 2001, 39(1): 57-61
2. H Jarry, B Spengler, A Porzel, J Schmidt, W Wuttke, V Christoffel. Evidence for estrogen receptor β-selective activity of Vitex agnus-castus and isolated flavones. Planta Medica. 2003, 69(10): 945-947
3. F Senatore, F Napolitano, M Ozcan. Chemical composition and anti-bacterial activity of essential oil from fruits of Vitex agnus-castus L. (Verbenaceae) growing in Turkey. Journal of Essential Oil-Bearing Plants. 2003, 6(3): 185-190
4. JM Sorensen, ST Katsiotis. Parameters influencing the yield and composition of the essential oil from Cretan Vitex agnus-castus fruits. Planta Medica. 2000, 66(3): 245-250
5. JM Sorensen, ST Katsiotis. Variation in essential oil yield and composition of Cretan Vitex agnus-castus L. fruits. Journal of Essential Oil Research. 1999, 11(5): 599-605
6. JH Zwaving, R Bos. Composition of the fruit oil of Vitex agnus-castus. Planta Medica. 1996, 62(1): 83-84
7. SH Li, HJ Zhang, SX Qiu, XM Niu, BD Santarsiero, AD Mesecar, HHS Fong, NR Farnsworth, HD Sun. Vitexlactam A, a novel labdane diterpene lactam from the fruits of Vitex agnus-castus. Tetrahedron Letters. 2002, 43(29): 5131-5134
8. E Hoberg, B Meier, O Sticher. Quantitative high performance liquid chromatographic analysis of diterpenoids in agni-casti fructus. Planta Medica. 2000, 66(4): 352-355
9. C Hirobe, ZS Qiao, K Takeya, H Itokawa. Cytotoxic flavonoids from Vitex agnus-castus. Phytochemistry. 1997, 46(3): 521-524
10. A Kuruuzum-Uz, K Stroch, LO Demirezer, A Zeeck. Glucosides from Vitex agnus-castus. Phytochemistry. 2003, 63(8): 959-964
11. K Goerler, D Oehlke, H Soicke. Iridoid derivatives from Vitex agnus-castus. Planta Medica. 1985, 6: 530-531
12. NS Ramazanov. Ecdysteroids and iridoidal glycosides from Vitex agnus-castus. Chemistry of Natural Compounds. 2004, 40(3): 299-300
13. M Saden-Krehula, D Kustrak, N Blazevic. Δ4-3-Ketosteroids in flowers and leaves of Vitex agnus-castus. Acta Pharmaceutica Jugoslavica. 1991, 41(3): 237-241
14. JH Liu, JE Burdette, HY Xu, CG Gu, RB van Breemen, KPL Bhat, N Booth, AI Constantinou, JM Pezzuto, HHS Fong, NR Farnsworth, JL Bolton. Evaluation of estrogenic activity of plant extracts for the potential treatment of menopausal symptoms. Journal of Agricultural and Food Chemistry. 2001, 49(5): 2472-2479
15. G Sliutz, P Speiser, AM Schultz, J Spona, R Zeillinger. Agnus castus extracts inhibit prolactin secretion of rat pituitary cells. Hormone and Metabolic Research. 1993, 25(5): 253-255
16. M Azadbakht, A Baheddini, SM Shorideh, A Naserzadeh. Effect of Vitex agnus-castus L. leaf and fruit flavonoidal extracts on serum prolactin concentration. Faslnamah-i Giyahan-i Daruyi. 2005, 4(16): 56-61, 83
17. PG Merz, C Gorkow, A Schroedter, S Rietbrock, C Sieder, D Loew, JSE Dericks-Tan, HD Taubert. The effects of a special Agnus castus extract (BP 1095E1) on prolactin secretion in healthy male subjects. Experimental and Clinical Endocrinology & Diabetes. 1996, 104(6): 447-453
18. DE Webster, J Lu, SN Chen, NR Farnsworth, ZJ Wang. Activation of the mu-opiate receptor by Vitex agnus-castus methanol extracts: implication for its use in PMS. Journal of Ethnopharmacology. 2006, 106(2): 216-221
19. D Berger, W Schaffner, E Schrader, B Meier, A Brattstrom. Efficacy of Vitex agnus castus L. extract Ze 440 in patients with premenstrual syndrome (PMS). Archives of Gynecology and Obstetrics. 2000, 264(3): 150-153
20. S Nasri, S Oryan, HA Rohani, GH Amin, H Yahyavi. The effects of Vitex agnus castus L. extract on gonadotropins and testosterone in male mice. Iranian International Journal of Science. 2004, 5(1): 25-30
21. K Ohyama, T Akaike, C Hirobe, T Yamakawa. Cytotoxicity and apoptotic inducibility of Vitex agnus-castus fruit extract in cultured human normal and cancer cells and effect on growth. Biological & Pharmaceutical Bulletin. 2003, 26(1): 10-18
22. K Ohyama, T Akaike, M Imai, H Toyoda, C Hirobe, T Bessho. Human gastric signet ring carcinoma (KATO-III) cell apoptosis induced by Vitex agnus-castus fruit extract through intracellular oxidative stress. International Journal of Biochemistry & Cell Biology. 2005, 37(7): 1496-1510
23. M Weisskopf, W Schaffner, G Jundt, T Sulser, S Wyler, H Tullberg-Reinert. A Vitex agnus-castus extract inhibits cell growth and induces apoptosis in prostate epithelial cell lines. Planta Medica. 2005, 71(10): 910-916

24. S Pepeljnjak, A Antolic, D Kustrak. Anti-bacterial and anti-fungal activities of the Vitex agnus-castus L. extracts. Acta Pharmaceutica. 1996, 46(3): 201-206

25. O Ekundayo, I Laakso, M Holopainen, R Hiltunen, B Oguntimein, V Kauppinen. The Chemical composition and anti-microbial activity of the leaf oil of Vitex agnus-castus L. Journal of Essential Oil Research. 1990, 2(3): 115-119

Vitaceae

포도나무 葡萄

Vitis vinifera L.

Grape

개 요

포도과(Vitaceae)

포도나무(葡萄)의 신선한 열매 또는 풍건한 열매: 포도(葡萄)

포도나무(葡萄, *Vitis vinifera* L.)의 씨를 말린 것: 포도자(葡萄籽)

포도나무속(*Vitis*) 식물은 전 세계에 약 60종이 있으며 온대 또는 아열대 지역에 분포한다. 중국에서는 약 38종이 발견되며 그 가운데 약 13종과 1변종이 약으로 사용된다. 포도나무는 서부 아시아에서 시작되었으며 현재 전 세계에서 재배되고 있다.

세계의 4대 과일 중 하나인 포도는 중앙아시아, 서남아시아 및 이란과 아프가니스탄을 포함한 주변 국가에서 유래한다. 포도는 남부 코카서스, 중앙아시아, 시리아, 이집트에서 5000년 전부터 재배되었으며, 약 3000년 전에 고대 그리스에서 광범위하게 재배되었다. 포도나무의 원산지인 중국은 3000년 이상 포도를 재배했으며 다른 나라에서 도입한 유라시아 종의 포도를 2000년 이상 재배해왔다[1]. 포도는 ≪신농본초경(神農本草經)≫에서 처음으로 약재로 기재된 이래 대부분의 고전 한의서에 기록되어 있으며, 고대부터 사용된 약용 종은 현재 다양한 포도 재배종과 동일하다. 1세기의 로마 학자 플리니우스는 포도를 약용으로 응용하기를 제안했다[2]. 오늘날 유럽과 아시아는 세계의 주요 포도 생산 지역이다[3].

포도는 주로 프로시아니딘, 플라보노이드 및 카테킨과 같은 폴리페놀이 함유되어 있으며 눈에 띄는 항산화 효과가 있다.

약리학적 연구에 따르면 포도는 항죽상동맥경화증, 항종양 및 항산화 효과를 나타낸다.

민간요법에 의하면 포도는 정맥 부족과 혈액 순환 체계 장애를 치료하며 한의학에서 포도는 보기혈(補氣血), 강근골(强筋骨), 이소변(利小便)의 효능이 있다.

포도나무 葡萄 *Vitis vinifera* L.

포도 葡萄 Vitis Viniferae Fructus

함유성분

씨와 열매에는 주로 플라보노이드 성분으로 quercetin, myricetin, kaempferol, isorhamnetin, syringetin, syringetin-3-Ogalactoside, laricitrin, laricitrin-3-O-galactoside[4], 프로시아니딘 성분으로 procyanidins B_1, B_2, B_3, B_4, B_5, B_6, B_7, B_8[5], procyanidin B_2 3' O-gallate, procyanidin C_1, procyanidin T_2[6], 카테킨 성분으로 (+)-catechin, (-)-epicatechin, epicatechin-3-O-gallate[7], 스틸벤 성분으로 resveratrol, piceid, piceatannol, εviniferin[8], 페놀산 성분으로 protocatechuic acid, p-coumaric acid, gallic acid, 카페인산, 시링산[9]가 함유되어 있고, 또한 지방산[10], 정유[11], 올레아놀산[12], viniferones A, B, C[13], melatonin[14]이 함유되어 있다.

약리작용

1. 항죽상 동맥 경화 작용

   포도 씨의 프로안토시아니딘을 뉴질랜드 토끼에게 투여하면 혈청 산화 저밀도 지단백질(ox-LDL) 수치가 크게 감소하고 대동맥 궁판의 총 면적이 감소하며 관상 동맥의 협착이 감소되고 대동맥의 미세 변형이 현저하게 감소된다. 죽상 동맥 경화증에서 플라크 형성 및 발달을 효과적으로 억제했다[15]. 포도 씨 프로안토시아니딘은 혈청 LDL 산화제를 억제하고[15] 혈청 C-반응성 단백질(CRP) 수치를 감소시키는 것으로 나타났으며[16], 마트릭스 금속단백분해효소 9(MMP-9)의 발현을 감소시켰다[17].

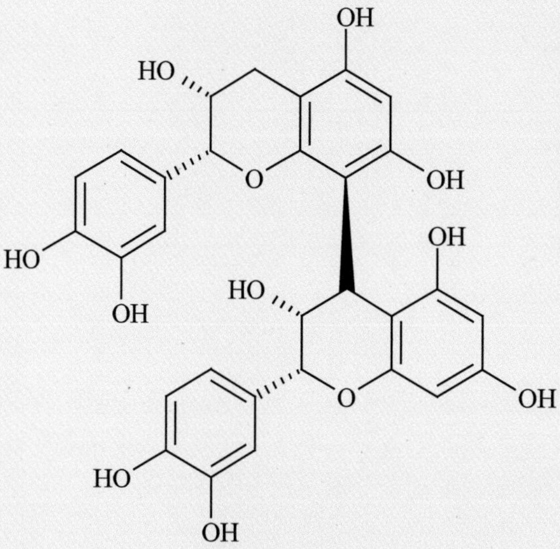

procyanidin B_2

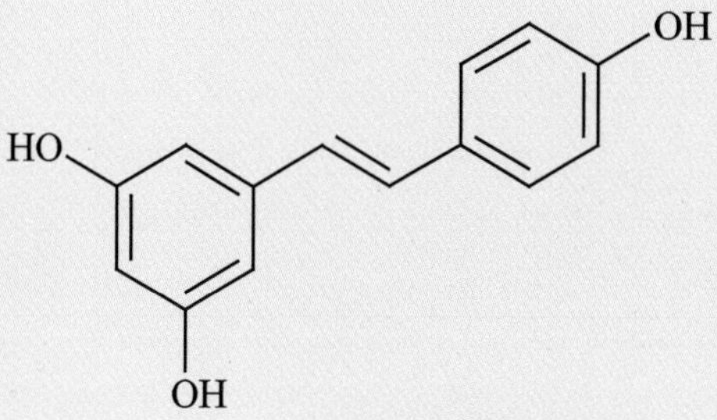

resveratrol

2. 항종양 작용

포도 씨의 폴리페놀은 담즙성 암종 GBC-SD 세포의 다중 약물 내성을 부분적으로 역전시켰으며, 제안된 메커니즘은 MDR1 mRNA 및 P-당단백질인 Bcl-2 단백질의 발현을 감소시키는 것이다[18]. 포도 씨 추출물은 *in vitro*에서 인간 자궁경부암 HeLa 세포의 증식을 유의하게 억제했다[19]. 적포도의 포도주 폴리페놀 분획은 유방암 MCF-7 세포에서 칼슘 방출을 유도하여 미토콘드리아 기능을 파괴하고 막 손상을 유발하여 선택적 세포독성을 유발했다[20]. 포도 씨 추출물의 주요 활성성분 중 하나인 갈산은 인간 전립선암 DU145 세포에서 현저한 성장 억제 및 세포사멸을 일으켰다[21]. 프로안토시아니딘은 아노이키스에 저항성인 위암세포가 클러스터를 형성하는 것을 억제했다. 서로 다른 세포주기에서 다른 위장 암 세포를 중지시키고 위암 세포를 아노이키스로 유도한다[22]. 마우스에서 포도 씨 추출물을 복강 내 주사하면 산화 스트레스, 게놈 무결성 및 세포사멸이 변화되어 N-니트로소디메틸아민에 의한 간 발암 및 종양 형성을 억제했다[23].

3. 항 돌연변이 유발 효과

프로시아니딘은 *in vitro*에서 덱손으로 유도된 TA_{97}, TA_{98} 역전사 변이, 아지드화 나트륨으로 유도된 TA_{100} 역전사, 미토마이신 C로 유도된 TA_{102} 역돌연변이, 2-AF-유도로 유도된 TA_{97}, TA_{98} 및 TA_{100} 역전 변이를 포함한 히스티딘퀘이크 스트레인 TA_{97}, TA_{98}, TA_{100} 및 TA_{102}의 에임스시험에서 많은 돌연변이 유발 인자에 의해 유도된 역변이원성 효과를 억제했다[24]. 포도 씨 추출물을 투여한 마우스는 시클로포스파마이드로 유도된 마우스 골수 세포 소핵 속도를 유의하게 억제하여 항 돌연변이 효과가 있음을 보였다.

4. 항산화

포도 씨의 프로안토시아니딘을 투여한 랫드는 췌장과 말론디알데히드 수준을 현저하게 감소시켰고, 슈퍼옥사이드 디스뮤타아제

(SOD)와 글루타티온 퍼옥시드(GSH-Px)의 활성을 증가시켰다. 또한 실험 당뇨병 랫드에서 췌장과 혈액의 항산화능을 증가시켰고, 유리기 유발성 지질과산화 손상에 효과적으로 작용했다[26]. 포도 씨 프로안토시아니딘 배당체를 마우스에게 투여하고 혈장 항산화제 용량을 평가하기 위해 철분 감소 항산화제(FRAP)를 사용하면 혈장 FRAP 농도가 유의하게 상승하는 것으로 나타났다[27]. 포도 씨 프로안토시아니딘은 *in vitro*에서 O_2-, OH, H_2O_2, ONOO 및 전혈성 식세포의 "호흡 파열" 동안 생성된 다양한 활성산소종을 효과적으로 제거하고 지질과산화를 억제했다[28]. 포도 씨에서 추출한 폴리히드록시스틸벤을 투여하면 GSH-Px와 RBC-SOD의 상승을 증가시켰고 지질과산화의 반응을 효과적으로 억제하였으며 고지혈증을 가진 토끼에서 항산화 효과를 증가시켰다[29].

5. 항염증 작용

포도 씨의 프로안토시아니딘을 투여한 뉴질랜드 토끼는 죽상 동맥 경화 토끼에서 내피 염증 분자 수준을 감소시켜 내피 세포 염증 손상에 대한 보호효과가 있음을 보여주었다[30]. 포도 씨의 프로안토시아니딘을 투여하면 아세트산으로 유발된 랫드의 대장염으로 인한 체중 감소를 막고, 결장의 습윤 중량의 증가를 억제하며, 조직 괴사, 궤양 발달 및 염증 삼출을 억제한다. 또한 상피를 재생시켜 궤양 부위를 복구하는 데 도움을 주었다[31]. 프로안토시아니딘을 복강 내 주사하면 마우스의 카라기닌에 의해 유발된 족척 부종과 랫드의 파두유 부종을 억제하고 염증성 사이토카인의 형성을 억제하며 일산화질소 합성효소(NOS)와 N-아세틸-β-D-글루코사미다제 활성을 억제하고, 부어오른 발의 삼출물에서 인터루킨-1β(IL-1β), 종양괴사인자(TNF) 및 프로스타글란딘 E_2(PGE_2)의 함량을 낮추었다. 그 항염증 작용의 메커니즘은 산소 유리기 소거, 지질과산화의 상반 작용 및 염증성 사이토카인의 형성 억제와 관련이 있다[32].

6. 국소 허혈 방지 작용

포도 씨의 프로안토시아니딘을 복강 내 주사하면 무산소 및 허혈에 걸린 마우스의 생존 시간을 상당히 연장시켰고 산소 소비를 감소시켰다. 또한 슈퍼옥사이드 디스뮤타아제와 카탈라아제 활성을 증가시키고, 전체 항산화 활성을 증가시키며, NOS의 활성 및 말론디알데히드의 함량을 감소시켰다[33]. 포도 씨 유래 프로안토시아니딘은 경구 투여 시 허혈성 관류에 의한 신장 손상에 대해 보호효과가 있었다[34]. 레스베라트롤은 마우스에서 허혈-재관류로 유도된 심장 손상에 대한 방어 효과를 나타냈다[35].

7. 세포 보호

포도 씨 추출물은 겐타마이신 유발 유전독성으로부터 비정상 세포와 보호된 골수 염색체의 총 수를 감소시켰다[36]. 포도 씨 프로안토시아니딘은 랫드의 적혈구의 용혈을 유의하게 억제하였으며, UVB 스트레스에 대한 보호효과가 있었다[37]. 포도 씨 프로안토시아니딘으로 전처리된 신경교의 배양물은 과산화수소의 적용에 대해 더 높은 내성을 보여 주었고, 고 생산 일산화질소 생산 중에 소구 글루타티온 풀을 보호했다[38]. 프로안토시아니딘 B_4, 카테킨, 에피카테킨 및 갈산의 낮은 농도는 과산화수소에 의해 유도된 세포 DNA 손상을 억제했다[13].

8. 혈중 지질 및 콜레스테롤의 감소

포도의 껍질과 씨의 에탄올 추출물을 섭취한 랫드는 혈청 총 콜레스테롤과 저밀도 지단백질 수치가 유의하게 감소한 것으로 나타났으며, 그 효과적인 성분은 프로시아니딘과 올레아놀산이다[39]. 뉴질랜드 수컷 토끼에게 포도 씨의 프로안토시아니딘을 투여하면 중성지방, 저밀도 지단백 콜레스테롤 및 총 콜레스테롤 수치가 감소했다[40].

9. 학습 및 기억에 미치는 영향

포도껍질 추출물은 모방 치매 랫드 모델의 학습 및 기억 기능을 크게 개선시켰고, 랫드 뇌에서 과산화물 불균화효소, 일산화질소 합성효소, 카탈라아제 활성을 향상시켰으며, 말론디알데하이드 효소 활성을 억제하고, β-APP 양성 면역 반응성 신경 세포 및 대뇌피질과 해마에서 β-아밀로이드 양성 면역 반응 신경세포의 발현이 줄어들었다[41]. 포도 씨의 프로안토시아니딘은 D-갈락토오스로 처리된 마우스의 학습 및 기억 능력을 경구 투여하면 상승시켰으며, 정상 마우스에서의 공간 탐침 시험에서도 기억력 향상을 향상시켰다[42].

10. 방사 방지

랫드에게 포도 씨 프로안토시아니딘을 먹이면 Co-γ 방사선에 의해 유도된 장의 점막 장벽 손상을 감소시켰다[43]. 항방사선 효과는 카제인 펩타이드와 결합될 때 더욱 유의했다[44].

11. 항궤양

프로안토시아니딘 처치는 위액분비, 소마토스타틴 및 히스타민의 분비를 유의하게 억제하였으며, 또한 물-침지 억제 스트레스에 의해 유발된 위 점막 손상에 대한 보호효과를 나타냈다 [45].

12. 간 보호

포도 폴리페놀릭 추출물은 코발트 이온 투여로 인한 산화 스트레스 발달에 따른 간 내 과산화 과정에 대한 보호효과가 있었다[46].

13. 피로 방지

포도 씨 프로안토시아니딘을 경구 투여하면 마우스의 로딩 수영 시간을 연장시켰고, 혈액 내 젖산의 함량을 낮추며 운동 후 간 글리코겐을 증가시켜 항 피로 효과를 나타냈다[47].

14. 기타
포도는 또한 정자 생산을 촉진시켰고[48], 모발 성장을 촉진시켰으며[49], 생리 전 증후군의 증상을 완화시켰고[50], 초파리의 수명을 연장시켰으며[51], 인체면역결핍바이러스-1(HIV-1)에 대응하였고[52], 콜라겐의 가수분해를 억제했다[53]. 또한 면역조절[54]과 시력개선 효과도 있었다[55].

용도

1. 정맥 기능 부전, 혈액 순환 장애
2. 배뇨 부종, 부종
3. 두근두근, 불안함
4. 홍역, 옴, 임질의 부적절한 분출
5. 기침, 두통

해설

포도나무의 열매 이외에 뿌리, 줄기 및 잎은 약으로 사용된다. 이것들도 방풍제습(防風除濕)하고, 부종을 줄이며, 해독(解毒)하고, 류마티스 관절염, 부종, 설사, 결막충혈, 옹 및 염증에 적용한다.
포도 씨에는 올리고머의 프로안토시아니딘(OPCs)이 풍부하다. 독일 학자들이 유럽산사의 신선한 열매에서 이들 물질을 추출한 것은 1961년 이래 40년이 넘었다. 한편 광범위하고 집중적인 OPCs는 다양한 생물 활성 및 약리학적 효과를 갖는 강력한 항산화제이며 심혈관 질환 예방 및 치료를 위한 새롭고 안전한 의약으로 개발될 가능성이 매우 높은 것으로 밝혀졌다.
소나무 껍질 추출물도 포도 씨 추출물과 활성성분 및 의약용으로 모두 OPCs가 유사하다. 또한, OPCs는 포도나무, 크랜베리, 월귤, 홍차, 녹차, 건포도, 양파, 콩, 파슬리 및 중국 산사나무와 같은 천연 식물에도 비슷하게 함유되어 있다.

참고문헌

1. CZ Ma, G Luo. Zhang Qian and grape. Health for the Elderly and Middle-Aged. 1996, 5: 39
2. Facts and Comparisons (Firm). The Review of Natural Products (3rd edition). Missouri: Facts and Comparisons. 2000: 342-344
3. QS Kong, CH Liu, X Pan, SJ Liu. Current situation, tendency, problem and countermeasures on international table grape. China Agricultural Information Bulletin. 2002, 7: 3-7
4. F Mattivi, R Guzzon, U Vrhovsek, M Stefanini, R Velasco. Metabolite Profiling of Grape: flavonols and anthocyanins. Journal of Agricultural and Food Chemistry. 2006, 54(20): 7692-7702
5. PH Fan, HX Lou, M Ji. General study on polyphenols from grape seed. World Phytomedicines. 2003, 18(6): 248-255
6. AM Jordao, JM Ricardo-da-Silva, O Laureano. Evolution of catechins and oligomeric procyanidins during grape maturation of Castelao Frances and Touriga Francesa. American Journal of Enology and Viticulture. 2001, 52(3): 230-234
7. M Monagas, I Garrido, B Bartolome, C Gomez-Cordoves. Chemical characterization of commercial dietary ingredients from Vitis vinifera L. Analytica Chimica Acta. 2006, 563(1-2): 401-410
8. L Bavaresco, S Civardi, S Pezzutto, S Vezzulli, F Ferrari. Grape production, technological parameters, and stilbenic compounds as affected by limeinduced chlorosis. Vitis. 2005, 44(2): 63-65
9. KK Ganic, D Persuric, D Komes, V Dragovic-Uzelac, M Banovic, J Piljac. Anti-oxidant activity of Malvasia istriana grape juice and wine. Italian Journal of Food Science. 2006, 18(2): 187-197
10. H Akhter, S Hamid, R Bashir. Variation in lipid composition and physico-chemical constituent among six cultivars of grape seed. Journal of the Chemical Society of Pakistan. 2006, 28(1): 97-100
11. JL Zhang, L Yan, TC Li, RH Hui, DY Hou. Analysis of volatiles from Vitis vinifera L. seed by gas chromatography-mass spectrometry. Journal of Chinese Mass Spectrometry Society. 2005, 26(2): 99-100
12. T Liu, L Ma, X Zhang, LT Tian, NS Du. Determination of oleanolic acid in grape skin by HPLC. Chinese Journal of Public Health. 2003, 19(2): 213
13. PH Fan, HX Lou. Isolation and structure identification of grape seed polyphenols and its effect on oxidative damage to cellular DNA. Acta Pharmaceutica Sinica. 2004, 39(11): 869-875

14. M Iriti, M Rossoni, F Faoro. Melatonin content in grape: myth or panacea? Journal of the Science of Food and Agriculture. 2006, 86(10): 1432-1438
15. BA You, HQ Gao, XH Zhang, BQ Li, YB Ma, CL Liu. Effect of grape seed proanthocyanidin on experimental atherosclerosis in rabbits. Chinese Journal of Gerontology. 2005, 25(11): 1389-1391
16. YB Ma, HQ Gao, YL Yi, ML Feng, BQ Jing, Y Yu. Effect of grape seed proanthocyanidin extract on serum c-reactive protein in rabbits. Chinese Journal of Arteriosclerosis. 2004, 12(5): 549-552
17. L Shen, HQ Gao, XJ Liu, Y Bi, BA You, YL Yi, FL Zhang, J Qiu. Influence of grape seed proanthocyanidin extract on matrix metalloproteinase in experimental atherosclerosis rabbits. Journal of Shandong University (Health Science). 2006, 44(1): 33-36
18. FH Yang, ZM Wang, XL Wu. Study on reversal of multidrug resistance of GBC-SD cell lines by grape seed polyphenols. Chinese Journal of General Surgery. 2006, 15(3): 202-205
19. ZH Zhong, QJ Li, H Tian, DS Li, SG Shi, JC Zhang. A study on the inhibitory effect of grape seed extract on HeLa cells. Chinese Journal of Disease Control & Prevention. 2005, 9(1): 80-81
20. F Hakimuddin, G Paliyath, K Meckling. Treatment of MCF-7 breast cancer cells with a red grape wine polyphenol fraction results in disruption of calcium homeostasis and cell cycle arrest causing selective cytotoxicity. Journal of Agricultural and Food Chemistry. 2006, 54(20): 7912-7923
21. R Veluri, RP Singh, ZJ Liu, JA Thompson, R Agarwal, C Agarwal. Fractionation of grape seed extract and identification of gallic acid as one of the major active constituents causing growth inhibition and apoptotic death of DU145 human prostate carcinoma cells. Carcinogenesis. 2006, 27(7): 1445-1453
22. 22. Y Li, LB Yao, J Han, LF Wang, YH Han, XP Liu, SX Liu, Q Yu. Induced anoikis of gastric cancer cell lines by proanthocyanidin derived from seed of Vitis vinifera L. Chinese Pharmacological Bulletin. 2004, 20(7): 761-764
23. SD Ray, H Parikh, D Bagchi. Proanthocyanidin exposure to B6C3F1 mice significantly attenuates dimethylnitrosamine-induced liver tumor induction and mortality by differentially modulating programmed and unprogrammed cell deaths. Mutation Research. 2005, 579(1-2): 81-106
24. ZG Sun, WZ Zhao, Y Lu, LF Tang, ZL Zhang, SW Zhang. Antimutagenic effect of procyanidins from Vitis vinifera seed in Salmonella test. Carcinogenesis, Teratogenesis and Mutagenesis. 2002, 14(3): 191-194
25. ZC Ma. The test study on antimutation effect of grape seed extract. Carcinogenesis, Teratogenesis and Mutagenesis. 2005, 17(5): 306-307
26. YN Liu, XN Shen, M Huang, GY Yao. Effect of grape seed proanthocyanidin on anti-oxidative ability in diabetic mice. Chinese Journal of Public Health. 2006, 22(8): 992-993
27. J Busserolles, E Gueux, B Balasinska, Y Piriou, E Rock, Y Rayssiguier, Mazur, A. In vivo anti-oxidant activity of procyanidin-rich extracts from grape seed and pine (Pinus maritima) bark in rats. International Journal for Vitamin and Nutrition Research. 2006, 76(1): 22-27
28. ZQ Zhu, WY Zhai, JW Chen, J Xia, BB Fu, P Xie, TX Hu. Studies on the anti-oxidative effects of grape seed procyanidins extract. Journal of East China Normal University (Natural Science). 2003, 1: 98-102
29. HX Yu, GF Xu, XL Zhao, SE Wang. Anti-oxidation effect of polyhydroxystibene extracted from grape seed in hyperlipidemia rabbits. Acta Academiae Medicinae Shandong. Acta Academiae Medicinae Shandong. 2001, 39(6): 547-548
30. YB Ma, HQ Gao, YL Yi, ML Feng, BQ Jing, Y Yu. Grape seed proanthocyanidin extract decreases the endothelial inflammation leveling atherosclerotic rabbits. Journal of Shandong University (Health Sciences). 2005, 43(2): 131-133
31. XL Yang, YJ Wu, B Ge, L Wang, WG Li, MT Gao. Protective effects of grape seed proanthocyanidin extract on acetic acid-induced colitis in rats. Chinese Journal of Clinical Pharmacology and Therapeutics. 2005, 10(8): 903-908
32. WG Li, XY Zhang, YJ Wu, X Tian. Anti-inflammatory effect and mechanism of proanthocyanidins from grape seeds. Acta Pharmacologica Sinica. 2001, 22(12): 1117-1120
33. XX Wu, LL Du, XM Lu, HP Zhang. Effects of GSP on injuries of cerebral ischemia and reperfusion and anoxia in mice. Chinese Journal of Rehabilitation Medicine. 2006, 21(2): 145-148
34. T Nakagawa, T Yokozawa, A Satoh, HY Kim. Attenuation of renal ischemia-reperfusion injury by proanthocyanidin-rich extract from grape seeds. Journal of Nutritional Science and Vitaminology. 2005, 51(4): 283-286
35. DK Das, N Maulik. Resveratrol-a unique polyphenolic anti-oxidant present in grape skins and red wine-is a preventive medicine against a variety of degenerative diseases. Oxidative Stress and Disease. 2005, 18: 525-547
36. IM El-Ashmawy, AF El-Nahas, OM Salama. Grape seed extract prevents gentamicin-induced nephrotoxicity and genotoxicity in bone marrow cells of mice. Basic & Clinical Pharmacology & Toxicology. 2006, 99(3): 230-236
37. M Carini, G Aldini, E Bombardelli, P Morazzoni, RM Facino. UVB-induced hemolysis of rat erythrocytes: protective effect of procyanidins from grape seeds. Life Sciences. 2000, 67(15): 1799-1814

38. S Roychowdhury, G Wolf, G Keilhoff, D Bagchi, T Horn. Protection of primary glial cells by grape seed proanthocyanidin extract against nitrosative/ oxidative stress. Nitric Oxide. 2001, 5(2): 137-149
39. Y Xiang, L Ma. Effect of oleanolic acid, procyanidins and their mixture on serum lipids in rats model with hyperlipidemia. Journal of Xinjiang Medical University. 2005, 28(6): 521-523
40. YB Ma, HQ Gao, BA You, YY Xue, YP Han, BQ Jing. Effect of grape seed proanthocyanidin on the lipid profile of atherosclerosis in rabbits. Chinese Pharmacological Bulletin. 2004, 20(3): 325-329
41. L Ma, Y Hong, XH Zhou, Y Yang. Anti-dementia effects of grape peel extract experiment study. Journal of Hygiene Research. 2006, 35(3): 300-303
42. YZ Tan, XX Wan, JJ Lai, HM Chen. Effects of GSP on learning and memory in mice. Chinese Pharmacological Bulletin. 2004, 20(7): 804-807
43. BQ Jiang, H Chang. Protective effect of grape seed proanthocyanidin and casein peptide on intestinal mucosal barrier in rats with radiation injury. Chinese Journal of Clinical Rehabilitation. 2006, 10(15): 121-123
44. H Chang, BQ Jiang. Effects of grape seed proanthocyanidin and casein peptide on the liver function and protein nutritional status in rats with radiation injury. Parenteral & Enteral Nutrition. 2005, 12(3): 162-164
45. Y Iwasaki, T Matsui, Y Arakawa. The protective and hormonal effects of proanthocyanidin against gastric mucosal injury in Wistar rats. Journal of Gastroenterology. 2004, 39(9): 831-837
46. LM Voronina, AL Zagaiko, AS Samokhin, LM Alekseeva. Polyphenolic extracts liver protection under oxidative stress conditions. Klinichna Farmatsiya. 2004, 8(2): 36-37
47. X Liu, XN Li, LX Bao, BY Ling. Effect of grape seed extract proanthocyanidin on loaded swimming time in mice. Chinese Journal of Clinical Rehabilitation. 2005, 9(3): 245-247
48. ME Juan, E Gonzalez-Pons, T Munuera, J Ballester, JE Rodriguez-Gil, JM Planas. trans-Resveratrol, a natural anti-oxidant from grapes, increases sperm output in healthy rats. Journal of Nutrition. 2005, 135(4): 757-760
49. T Takahashi, A Kamimura, A Kobayashi, T Hamazono, Y Yokoo, S Honda, Y Watanabe. Hair-growing activity of procyanidin B-2. Nippon Koshohin Kagakkaishi. 2002, 26(4): 225-233
50. W Reilly, V Reeve. Body contouring using an oral herbal anti-oxidant formulation-Centelaplus: a dose controlled observational study. Redox Report. 2000, 5(2/3): 144-145
51. JB Liu, L Ma, ZR Xu, DR Fu, T Muhammedimin, W Guo. Experimental study on the effect of grape seed oil on the life-span of Drosophila melanogaster. China Preventive Medicine. 2003, 4(3): 206-208
52. MP Nair, C Kandaswami, S Mahajan, HN Nair, R Chawda, T Shanahan, SA Schwartz. Grape seed extract proanthocyanidins downregulate HIV-1 entry coreceptors, CCR2b, CCR3 and CCR5 gene expression by normal peripheral blood mononuclear cells. Biological Research. 2002, 35(3-4): 421-431
53. A Ptitsyn, E Mukhtarov, S Mukhtarova, A Kulin. Flavonoids of red grape Vitis vinifera-future trends of use in medicine and cosmetology. Kosmetika & Meditsina. 2005, 3: 30-35
54. XC Shu, YH Li, WX Yan. Study on immunoregulation of grape seed-polyphenols. Journal of Hygiene Research. 2002, 31(6): 457
55. S Tokutake, J Yamakoshi. Effects of polyphenol extract from grape seed on eye diseases. Food Style 21. 2002, 6(2): 49-54

미국초피나무 美洲花椒

Rutaceae

Zanthoxylum americanum Mill.

Northern Prickly Ash

개 요

운향과(Rutaceae)

미국초피나무(美洲花椒, *Zanthoxylum americanum* Mill.)의 뿌리껍질을 말린 것: 미주화초(美洲花椒)

중약명: 미주화초(美洲花椒)

산초나무속(*Zanthoxylum*) 식물은 약 250종이 있으며 아시아, 아프리카, 오세아니아 및 북아메리카의 열대 및 아열대 지역에 분포하며 온화한 지역에는 그 수가 적다. 중국에는 약 39종과 14변종이 발견되며 약 18종이 약으로 사용된다. 미국초피나무는 주로 북아메리카에 분포한다.

미국초피나무는 미국과 인도의 민간요법에서 감기, 발열, 기관지염 및 결핵 치료에 종종 사용되며 낙태를 유도[1]하기 위해 이로쿼이족에 의해 사용되었다. 미국초피나무의 껍질은 미국약전에서 1820–1926년 동안 약으로, 1926–1947년에는 NF에 기록되었다[2]. 약재의 원료는 주로 미국에서 생산된다.

나무껍질에는 주로 알칼로이드와 쿠마린 성분이 함유되어 있으며 쿠마린은 주요한 항균성분이다.

약리학적 연구에 따르면 나무껍질에는 항박테리아, 항바이러스, DNA 중합 억제 및 항종양 효과가 있다. 민간요법에 의하면 나무껍질에 항박테리아 및 항바이러스 작용이 있다.

미국초피나무 美洲花椒 *Zanthoxylum americanum* Mill.

미국초피나무 美洲花椒

미주화초 美洲花椒 Zanthoxyli Americani Cortex

함유성분

줄기껍질에는 알칼로이드 성분으로 nitidine, lauriflorine, candicine, chelerythrine, magnoflorine, tembetarine[2], berberine, N-methyl-isocorydine이 함유되어 있고, 쿠마린 성분으로 alloxanthoxyletin, xanthyletin, xanthoxyletin, alloxanthowyletin, 8-(3, 3-dimethylallyl) alloxanthoxyletin[2], dipetaline, 리그난류 성분으로 sesamin, asarinin[3]이 함유되어 있다.
열매에는 쿠마린 성분으로 cnidilin, imperatorin, isoimperatorin, psoralen[4]이 함유되어 있다.

nitidine

xanthyletin

약리작용

1. 항균 작용
   미국초피나무의 잎, 열매, 줄기, 나무껍질 및 뿌리껍질 추출물은 11종의 균주의 균류에 억제효과가 있었다. 그것은 칸디다성 질염, 크립토콕쿠스 네오포르만스균 및 아스페르길루스 후미가테스균에 대해 더 강력한 항진균 활성을 보였다[5].
2. 항바이러스 작용
   미국초피나무의 쿠마린은 항바이러스 작용을 나타낸다.
3. DNA 중합의 억제
   나무껍질에서 분리된 푸라노쿠마린은 곰팡이와 포유류의 미토콘드리아 DNA에서 DNA 중합을 억제했다[6].
4. 항종양
   신선한 열매의 조 추출물은 소금물 새우 유충에 유의한 치사율을 나타내었고 사람의 종양 세포에 세포독성을 보였다[3].
5. 기타
   디페탈린, 알록산톡실레틴, 잔톡시레틴, 크산틸레틴, 세사민, 아사리닌 및 전초 95% 에탄올 추출물은 모두 인간 백혈병 HL-60 세포에 삼중 체화된 티미딘의 결합을 억제했다[4]. 나무껍질과 열매 추출물, 또는 추출물로 제조된 정제의 복용은 정맥류 및 기타 막 및 혈관 질환 치료를 위해 사용되어 혈관의 강도와 유연성을 향상시켰다.

용도

1. 저혈압
2. 발열, 기침, 천식
3. 류마티스성 관절염
4. 치통, 두통, 복통
5. 나병

해설

나무껍질 이외에, 미국초피나무의 열매 또한 약재로 사용된다.
미국초피나무는 치통을 치료하기 위해 민간요법에서 사용되기 때문에 치통나무라고 불리기도 한다.
미국초피나무와 *Z. clava-herculis* L.를 통칭해서 northern prickly ash라고 부른다. 후자는 주로 미국 남서부 지역에서 생산되기 때문에 south northern prickly ash라고도 한다. 둘 다 미국의 민간요법에서 사용되고 있으며 기능면에서 유사하다[7].
미국초피나무의 약리학 및 안전성에 관한 연구는 거의 없다. 따라서 민간요법의 치료 효과가 합리적인지 여부에 대한 연구가 필요하다.

참고문헌

1. DE Moerman. Geraniums for the Iroquois. USA: Reference Publications, Inc.. 1982: 163-165
2. J Barnes, LA Anderson, JD Phillipson. Herbal Medicines: a Guide for Healthcare Professionals, 2nd edition. Great Britain: Pharmaceutical Press. 2002: 386-389
3. Y Ju, CC Still, JN Sacalis, J Li, CT Ho. Cytotoxic coumarins and lignans from extracts of the northern prickly ash (Zanthoxylum americanum). Phytotherapy Research. 2001, 15(5): 441-443
4. QN Saqib, YH Hui, JE Anderson, JL McLaughlin. Bioactive furanocoumarins from the berries of Zanthoxylum americanum Miller. Phytotherapy Research. 1990, 4(6): 216-219
5. NFA Bafi-Yeboa, JT Arnason, J Baker, ML Smith. Anti-fungal constituents of northern prickly ash, Zanthoxylum americanum Miller. Phytomedicine: International Journal of Phytotherapy and Phytopharmacology. 2005, 12(5): 370-377
6. ML Smith, P Gregory, NFA Bafi-Yeboa, JT Arnason. Inhibition of DNA polymerization and anti-fungal specificity of furanocoumarins present in traditional medicines. Photochemistry and Photobiology. 2004, 79(6): 506-509
7. WH Lewis, MP F. Elvin-Lewis. Medical Botany: Plants Affecting Human Health, (2nd edition). USA: John Wiley &Sons, Incorporation. 2003: 246, 424, 430

옥수수 玉蜀黍 CP, KHP, JP, EP, BP, BHP, USP

Zea mays L.

Maize

개 요

벼과(Gramineae)

옥수수(玉蜀黍, *Zea mays* L.)의 암술대와 암술머리를 말린 것: 옥촉서(玉蜀黍)

중약명: 옥촉서(玉蜀黍)

옥수수속(*Zea*) 식물은 단 1종이 있으며 약으로 사용된다. 옥수수는 남아메리카에서 유래되었으며 현재 전 세계적으로 열대 및 온대 지역에서 널리 재배되고 있다. 중국에 도입되어 재배되고 있다.

옥수수는 남아메리카의 페루에서 시작되었으며 7000년 전에 이미 현지 인디언들에 의해 재배되었다. 콜럼버스가 신세계를 발견한 후, 옥수수는 미국에서 세계의 모든 지역으로 급속히 도입되었다. 명나라 때 중국에 도입되었고, 전남본초(滇南本草)에서 약으로 처음 기술되었다. 이 종은 옥수수 수염(Maydis Stigma)의 공식적인 기원식물 내원종으로 영국생약전(1996)에 등재되어 있다. 이 종은 정제 옥수수유와 옥수수 전분의 공식적인 기원식물로 유럽약전(5개정판), 영국약전(2002), 미국약전(2005) 및 중국약전(2015년판)에 등재되어 있다. ≪대한민국약전외한약(생약)규격집≫(제4개정판)에는 "옥촉서예"를 "옥수수 *Zea mays* Linné (벼과 Gramineae)의 암술대와 암술머리"로 등재하고 있다. 약품재료는 주로 남유럽, 미국 및 중국에서 생산된다.

옥수수는 주로 플라보노이드, 정유성분, 스테롤 및 안토시아니딘을 함유한다. 유럽생약전에는 의약 물질의 품질관리를 위해 옥수수 수염의 수용성 추출물 함량이 10% 이상이어야 한다고 규정하고 있다. 영국약전은 정제된 옥수수기름의 품질관리를 위해 지방산의 산가, 과산화물가 및 지방산의 성분으로 규정하고 있다.

약리학적 연구에 따르면 옥수수에는 이뇨작용, 담즙분비촉진작용, 항고혈당 작용, 항죽상경화증 및 항종양 효과가 있다.

민간요법에 따르면 옥수수 수염은 배뇨촉진, 부기 감소, 명간(明肝), 이담(利膽)과 방광에 도움을 준다. 한의학에서 옥미수는 배뇨를 촉진하고, 배뇨통증을 구제하며, 간을 진정시키고, 담낭에 도움이 된다.

옥수수 玉蜀黍 *Zea mays* L.

옥촉서 玉蜀黍 Maydis Stigma

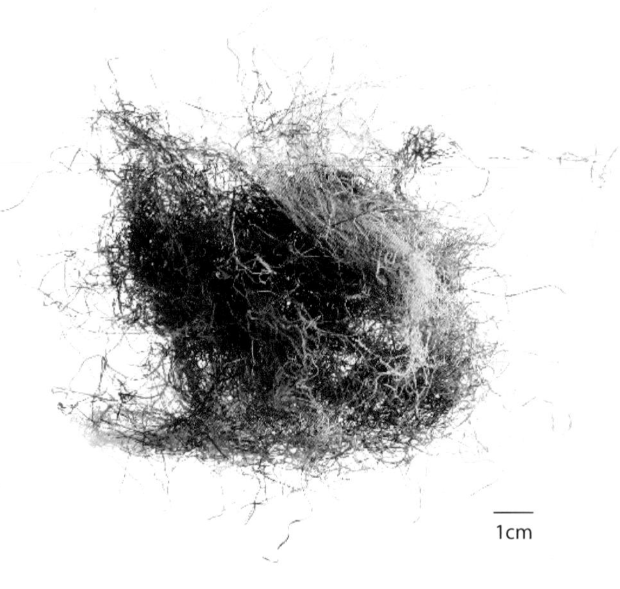

함유성분

암술대와 암술머리에는 플라보노이드 성분으로 apigenin, luteolin, vitexin, orientin[1], chrysoeriol−6−C−βboivinopyranosyl−7−O−β glucopyranoside, chrysoeriol−6−C−βL−boivinopyranoside, alternanthin[2], chrysoeriol−6−C−βfucopyranoside[3], maysin, apimaysin[4], 2' 2'O−αL−rhamnosyl−6−C−quinovosylluteolin[5]이 함유되어 있고, 휘발성 기름 성분으로는 terpineol, limonene, 1,8−cineole, βionone[6]이 함유되어 있다. 암술머리에는 스테롤 성분으로 stigmast−7−en−3−ol, stigmasterol, ergosterol[1], stigmast−5−en−3−ol이 함유되어 있다.

씨에는 지방산 성분으로 리놀레산(약 50%), 올레산(약 33%), 팔미트산(약 14%), 스테아르산(약 2.0%)[7]이 함유되어 있고, 카로티노이드 성분으로 루테인, β−carotene[8], 제아잔틴, violaxanthin[9], 안토시아닌 성분으로 cyanidin−3−glucoside, pelargonidin−3−glucoside[10], peonidin−3−glucoside[11], 스테롤 성분으로 campesterol, avenasterol, brassicasterol[12], 비타민 성분으로 vitamin E[12], 디테르페노이드 성분으로 orthosiphol F, ceriopsin C가 함유되어 있다[13].

화분에는 플라보노이드 성분으로 kaempferol−3−O−glucoside, quercetin−3,7−O−diglucoside 이 함유되어 있다[14].

뿌리, 잎 그리고 옥수수 속대에는 안토시아닌[15−16]과 카로티노이드[17−18] 성분이 함유되어 있다.

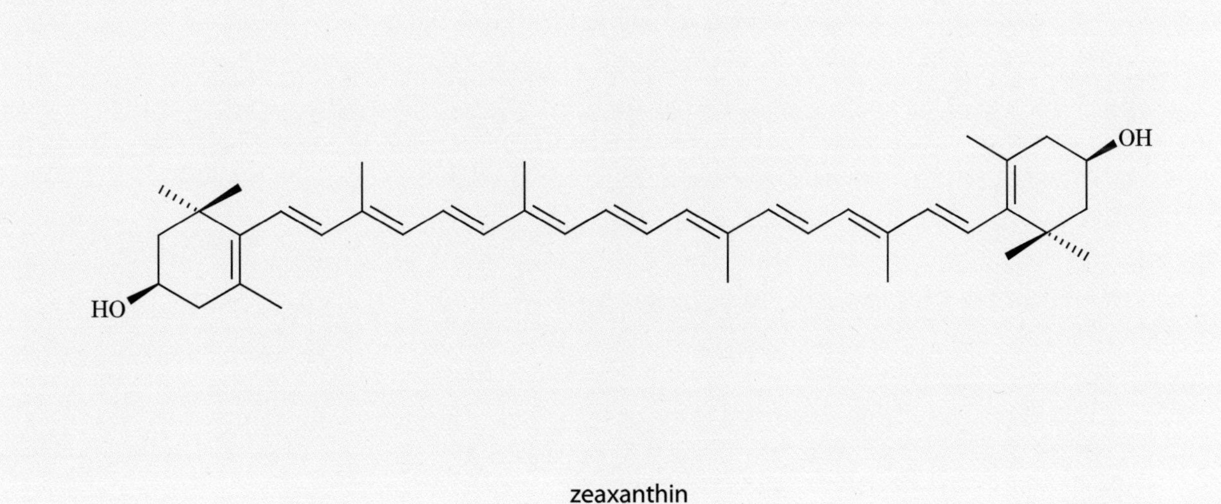

zeaxanthin

약리작용

1. 이뇨 작용

   랫드에게 옥수수 수염 추출물을 경구 투여하면 사구체 여과율이 증가하고 요로 배설이 촉진되며 K^+가 나트륨 및 칼륨 관리 흡수(나트륨 및 염화 플라스마 수준 감소)를 현저하게 억제하며[19], 크레아티닌 클리어런스가 증가하고 중요한 이뇨 효과가 나타났다[20]. 옥수수 수염 전제를 경구 투여하면 약물 투여 1~2시간 후에 토끼에서 배뇨를 유의하게 증가시켰다[21].

2. 간 보호 및 이담 작용

   옥수수 수염 추출물을 경구 투여하면 고 콜레스테롤 혈증 마우스에서 혈청 콜레스테롤 수치를 감소시켰다[22]. 옥미수(옥수수 종자로부터 분리한 펩타이드)를 마우스에 경구 투여하면 사염화탄소 및 티오아세트아미드에 의한 급성 간 손상에 유의한 보호효과가 있었으며 혈청 내 글루타민산−피루브산트랜스아미나아제의 평가를 억제하고 간 멜론 알데히드 함량을 감소시키며 간의 글리코겐 함량을 증가시켰다. Yumitai는 또한 마우스에서 에치오닌에 의해 유도된 간 지방의 중성지방 함량을 유의하게 감소시켰다[23].

3. 항고혈당 효과

   옥수수 수염 추출물을 경구 투여하면 마우스에서 알로산으로 유발된 당뇨병에 유의한 치료 효과를 나타냈다. 또한 마우스에서 포도당과 아드레날린에 의해 유발된 고혈당증에 유의한 항고혈당 효과가 있었지만 정상 마우스에서는 혈당 수치에 아무런 영향을 미치지 못했다[22]. 총 사포닌은 저혈당 효과를 나타내는 옥수수 수염의 활성성분일 수 있다[24]. 옥수수 수염 조제는 사구체의과 여과를 방지하고 스트렙토조토신에 의해 유도된 당뇨성 사구체 경화증의 진행을 억제했다[25].

4. 항죽상 경화증

고 콜레스테롤과 죽상 경화증의 죽상 경화성 모델에서 사용된 옥수수 포엽 추출물은 혈청 총 콜레스테롤과 중성지방 수치를 감소시키고 고밀도 지단백질 수치를 증가시켜 대동맥의 죽상 동맥 경화증의 병인을 크게 향상시켰다[26]. 옥수수 포엽 추출물은 지방이 풍부한 마초를 사용하여 고지혈증 토끼에서 평활근 세포의 증식과 세포사멸을 조절하는 데 현저히 작용했다. 또한 대동맥에서 죽상경화판과 협착을 풀고 플라크의 표면 영역을 수축시켰다[27]. 옥수수 기름 보충은 간 지방 생성과 지방산 합성 효소의 간장 감소에 있어서 트리알팔미틴보다 효과적이었다[28]. 옥수수 기름에는 리놀산, 비타민 A, E가 많이 함유되어 있다. 인간의 콜레스테롤과 결합하여 지방산과 콜레스테롤의 결합을 막아 응고를 일으키고 반대로 죽상 동맥 경화증을 유발한다.

5. 항종양

옥수수 수염 추출물은 위암, 간암, 육종(肉腫) 암 모델에 대한 억제효과가 있었다. 또한 종양 보유 마우스의 생존 시간을 연장시켰고, 면역 기관의 체중과 식용 능력을 증가시켰으며, 백혈구를 보호하며, 림프구의 형질 전환 촉진 및 세포 면역을 증진시켰다. 이것은 백혈구의 감소 및 화학 요법에 의해 유도된 면역을 예방하는 데 유익한 효과가 있었다. 옥수수 수염 추출물의 항종양 효과는 면역조절 및 면역 강화 효과와 관련이 있다[29]. 옥수수 수염 에탄올 추출물은 *in vitro*에서 백혈병 K562 세포와 위암 SGC 세포에 유의한 억제효과를 나타냈다[30]. 옥수수 수염 에탄올 추출물은 또한 종양괴사인자와 지질 다당류 유도 인간 내피 EAhy926 세포 및 백혈병 U937 세포 부착을 효과적으로 억제했다[31].

6. 항염증 및 진통제

옥수수 수염 석유 에테르와 에탄올 아세테이트 추출물은 포르말린 유발 부종에 대한 p-벤조퀴논 유발 비틀림과 항염증 활동에 진통 효과를 나타냈다[1]. 옥수수 기름은 아라기닌, 트립신, 덱스트란에 의해 유발된 부종을 억제하고 카라기닌에 의한 농양과 백혈구 침윤, 그리고 포르말린에 의한 염증에서 육아 조직의 형성을 억제했다[32].

7. 항산화 작용

옥수수 수염 메탄올 추출물은 Fe^{2+}/아스코르브산염 계통으로 유도된 지질과산화에 대한 억제효과를 보였다[33]. 항산화 작용은 폴리페놀 함량과 관련이 있다[34]. 옥수수 꽃가루 플라보노이드는 유리기를 포획하는 효과가 있다[35]. 옥수수 수염의 에탄올 추출물, 옥수수 잎과 옥수수 덤불의 플라보노이드는 모두 DPPH에 대해 매우 우수한 항산화제 활성을 가졌다. 또한 녹차 폴리페놀과 공존하는 기능을 가졌다[36].

8. 항균 작용

옥수수 수염 석유 에테르와 에탄올 아세테이트 추출물은 그람 양성균과 그람 음성균에 대한 억제효과가 있었다[1].

용도

1. 배뇨 장애, 부종, 요로 감염, 요로 결석
2. 담낭염, 담석증, 황달
3. 당뇨
4. 고혈압
5. 토혈, 치은 출혈, 자궁출혈

해설

옥수수의 암술대와 암술머리 이외에, 말린 뿌리, 잎, 알갱이, 옥수수 깍대기, 지느러미 모양의 포, 씨, 정제된 씨의 기름과 옥수수의 전분도 약재로 사용된다.

한의학에서 뿌리, 잎, 알갱이, 깍대기, 포 및 씨는 이뇨를 촉진하고, 배뇨통증을 구제하며, 간을 진정시키고, 쓸개를 이롭게 한다. 적응증으로는 비뇨기 질환, 부종, 요로 결석, 복통 및 객혈이 포함된다. 옥수수 종자유는 혈압과 혈중 지질을 낮추며 고혈압, 고지혈증, 동맥 경화증 및 관상 동맥 심장 질환에 사용된다. 또한, 옥수수 전분, 옥수수 단백질(제인) 및 옥수수 기름은 여러 나라의 약전에 기록된 중요한 보조 물질이다.

옥수수 수염은 싸고 쉽게 구할 수 있으며 약리학적 효과가 현저하고 특정 식이요법의 가치를 가지고 있다. 따라서 옥수수 수염을 약재로 하여 혈당강하제를 개발할 가능성이 높다. 또한, 옥수수 수염은 옥수수 수염분말, 옥수수 수염음료, 와인 및 식초의 원료이기도 하다.

참고문헌

1. SM Abdel-Wahab, ND El-Tanbouly, HA Kassem, EA Mohamed. Phytochemical and biological study of corn silk (styles and stigmas of Zea mays L.). Bulletin of the Faculty of Pharmacy. 2002, 40(2): 93-102
2. R Suzuki, Y Okada, T Okuyama. Two flavone C-glycosides from the style of Zea mays with glycation inhibitory activity. Journal of Natural Products. 2003, 66(4): 564-565
3. R Suzuki, Y Okada, T Okuyama. A new flavone C-glycoside from the style of Zea mays L. with glycation inhibitory activity. Chemical & Pharmaceutical Bulletin. 2003, 51(10): 1186-1188
4. ME Snook, NW Widstrom, BR Wiseman, RC Gueldner, RL Wilson, DS Himmelsbach, JS Harwood, CE Costello. New flavone C-glycosides from corn (Zea mays L.) for the control of the corn earworm (Helicoverpa zea). ACS Symposium Series. 1994, 557: 122-135
5. ME Snook, NW Widstrom, BR Wiseman, PF Byrne, JS Harwood, CE Costello. New C-4"-hydroxy derivatives of maysin and 3'-methoxymaysin isolated from corn silks (Zea mays). Journal of Agricultural and Food Chemistry. 1995, 43(10): 2740-2745
6. RA Flath, RR Forrey, JO John, BG Chan. Volatile components of corn silk (Zea mays L.): possible Heliothis zea (Boddie) attractants. Journal of Agricultural and Food Chemistry. 1978, 26(6): 1290-1293
7. DR Patel, AK Sanghi. Maize oil-fatty acid composition study. Gujarat Agricultural University Research Journal. 1990, 15(2): 51-52
8. JM Herrero-Martinez, S Eeltink, PJ Schoenmakers, WT Kok, G Ramis-Ramos. Determination of major carotenoids in vegetables by capillary electrochromatography. Journal of Separation Science. 2006, 29(5): 660-665
9. R Aman, R Carle, J Conrad, U Beifuss, A Schieber. Isolation of carotenoids from plant materials and dietary supplements by high-speed countercurrent chromatography. Journal of Chromatography, A. 2005, 1074(1-2): 99-105
10. R Pedreschi, L Cisneros-Zevallos. Phenolic profiles of Andean purple corn (Zea mays L.). Food Chemistry. 2006, 100(3): 956-963
11. H Aoki, N Kuze, Y Kato. Anthocyanins isolated from purple corn (Zea mays L.). Foods & Food Ingredients Journal of Japan. 2002, 199: 41-45
12. HR Mottram, SE Woodbury, JB Rossell, RP Evershed. High-resolution detection of adulteration of maize oil using multi-component compoundspecific $\delta^{13}C$ values of major and minor components and discriminant analysis. Rapid Communications in Mass Spectrometry. 2003, 17(7): 706-712
13. MA Hossain, A Islam, YN Jolly, MA Ahsan. Diterpenes from the seeds of locally grown of Zea mays. Indian Journal of Chemistry, Section B: Organic Chemistry Including Medicinal Chemistry. 2006, 45B(7): 1774-1777
14. O Ceska, ED Styles. Flavonoids from Zea mays pollen. Phytochemistry. 1984, 23(8): 1822-1823
15. P Jing, MM Giusti. Characterization of anthocyanin-rich waste from purple corncobs (Zea mays L.) and its application to color milk. Journal of Agricultural and Food Chemistry. 2005, 53(22): 8775-8781
16. T Fossen, R Slimestad, OM Andersen. Anthocyanins from maize (Zea mays) and reed canarygrass (Phalaris arundinacea). Journal of Agricultural and Food Chemistry. 2001, 49(5): 2318-2321
17. P Haldimann. Effects of changes in growth temperature on photosynthesis and carotenoid composition in Zea mays leaves. Physiologia Plantarum. 1996, 97(3): 554-562
18. B Maudinas, J Lematre. Violaxanthin, a major carotenoid pigment in Zea mays root cap during seed germination. Phytochemistry. 1979, 18(11): 1815-1817
19. DVO Velazquez, HS Xavier, JEM Batista, C de Castro-Chaves. Zea mays L. extracts modify glomerular function and potassium urinary excretion in conscious rats. Phytomedicine: International Journal of Phytotherapy and Phytopharmacology. 2005, 12(5): 363-369
20. Z Maksimovic, S Dobric, N Kovacevic, Z Milovanovic. Diuretic activity of maydis stigma extract in rats. Pharmazie. 2004, 59(12): 967-971
21. D Wang, R Guo. Preliminary study on the diuretic effect of Stigma Maydis. Inner Mongol Journal of Traditional Chinese Medicine. 1991, 10(2): 38-39
22. W Li, YL Chen, M Yang, SY Qu. Experimental study on hypoglycemic effect of Stigma Maydis. Chinese Traditional and Herbal Drugs. 1995, 26(6): 305-306-311
23. H Sun, DW Yu, ZY Cui, M Yang. Protective effect of yumitai against experimental liver injury in mice. Pharmacology and Clinics of Chinese Materia Medica. 2002, 18(3): 10-11
24. MS Miao, YH Sun. Studies on the effect of saponin extracted from Zea mays L. on decreasing the level of blood glucose. China Journal of Chinese Materia Medica. 2004, 29(7): 711-712
25. R Suzuki, Y Okada, T Okuyama. The favorable effect of style of Zea mays L. on streptozotocin induced diabetic nephropathy. Biological & Pharmaceutical Bulletin. 2005, 28(5): 919-920

26. YJ Zhen, JM Hou, SJ Liu, MF Wu, JS Wang, LH Wang. Experimental study on the influence of hyperlipidemia and atherosclerotic by corn bract in animal model. Chinese Journal of Basic Medicine in Traditional Chinese Medicine. 1999, 5(12): 20-22
27. YJ Zhen, F Zhu, JM Hou, F Liu, XH Zhou, ZQ Wu. Effect of corn bract on the rate of apoptosis and proliferation index of smooth muscle cells in atherosclerotic rabbits. Chinese Journal of Basic Medicine in Traditional Chinese Medicine. 2003, 9(3): 31-33
28. GR Herzberg, N Janmohamed. Regulation of hepatic lipogenesis by dietary maize oil or tripalmitin in the meal-fed mouse. British Journal of Nutrition. 1980, 43(3): 571-579
29. YQ Chang, WJ Wang, SJ Yang, SG Cao, JR Ma, XT Chang. The experimental study on anti-tumor effect of Stigma Maydis extract. Acta Nutrimenta Sinica. 2005, 27(6): 498-501
30. H Ma, L Gao. The effects on K562 and SGC cells of extract of Stigma Maydis. Journal of Nanjing University of Traditional Chinese Medicine. 1998, 14(1): 28-29
31. S Habtemariam. Extract of corn silk (stigma of *Zea mays*) inhibits the tumor necrosis factor-α- and bacterial lipopolysaccharide-induced cell adhesion and ICAM-1 expression. Planta Medica. 1998, 64(4): 314-318
32. J Lenfeld, M Kroutil, J Marek, J Jezdinsky, H Petrova, B Mosa. Antiinflammatory effects of substances contained in maize oil. Farmakoterapeuticke Zpravy. 1976, 22(6): 423-446
33. ZA Maksimovic, N Kovacevic. Preliminary assay on the anti-oxidative activity of Maydis stigma extracts. Fitoterapia. 2003, 74(1-2): 144-147
34. Z Maksimovic, D Malencic, N Kovacevic. Polyphenol contents and anti-oxidant activity of Maydis stigma extracts. Bioresource Technology. 2005, 96(8): 873-877
35. KF Wang, LH Wang, CY Zhi, YL Zhang, SY Chen, J Zou. The scavenge effect of maize pollen flavonoid on free radicals. Apiculture of China. 2001, 52(6): 4-5, 8
36. G Xu. Comparison anti-oxidation activity of extracts from different parts of corn. Food and Fermentation Industries. 2004, 30(4): 88-92
37. JP Duvick, T Rood, AG Rao, DR Marshak. Purification and characterization of a novel anti-microbial peptide from maize (*Zea mays* L.) kernels. The Journal of Biological Chemistry. 1992, 267(26): 18814-18820

옥수수 재배 모습

부 록

■ 중국위생부 약식동원품목

	약재명	한글 약재명	학명	과명	사용 부위
1	丁香	정향	*Eugenia caryophyllata* Thunb.	정향나무과	꽃봉오리
2	八角茴香	팔각회향	*Illicium verum* Hook.f.	목란과	잘 익은 열매
3	刀豆	도두	*Canavalia gladiata* (Jacq.)DC.	콩과	잘 익은 씨
4	小茴香	소회향	*Foeniculum vulgare* Mill.	미나리과	잘 익은 열매
5	小蓟	소계	*Cirsium setosum* (Willd.) MB.	국화과	지상부
6	山药	산약	*Dioscorea opposita* Thunb.	마과	뿌리줄기
7	山楂	산사	*Crataegus pinnatifida* Bge. var. *major* N.E.Br.	장미과	잘 익은 열매
			Crataegus pinnatifida Bge.	장미과	
8	马齿苋	마치현	*Portulaca oleracea* L.	마치현과	지상부
9	乌梅	오매	*Prunus mume* (Sieb.) Sieb.et Zucc.	장미과	덜 익은 열매
10	木瓜	모과	*Chaenomeles speciosa* (Sweet) Nakai	장미과	덜 익은 열매
11	火麻仁	화마인	*Cannabis sativa* L.	뽕나무과	잘 익은 열매
12	代代花	대대화	*Citrus aurantium* L.var.*amara* Engl.	운향과	꽃봉오리
13	玉竹	옥죽	*Polygonatum odoratum* (Mill.) Druce	백합과	뿌리줄기
14	甘草	감초	*Glycyrrhiza uralensis* Fisch.	콩과	뿌리와 뿌리줄기
			Glycyrrhiza inflata Bat.	콩과	
			Glycyrrhiza glabra L.	콩과	
15	白芷	백지	*Angelica dahurica* (Fisch.ex Hoffm.) Benth.et Hook.f.	미나리과	뿌리
			Angelica dahurica (Fisch.ex Hoffm.) Benth. et Hook.f.var.*formosana* (Boiss.) Shan et Yuan	미나리과	
16	白果	백과	*Ginkgo biloba* L.	은행과	잘 익은 씨
17	白扁豆	백편두	*Dolichos lablab* L.	콩과	잘 익은 씨
18	白扁豆花	백편두화	*Dolichos lablab* L.	콩과	꽃
19	龙眼肉(桂圆)	용안육(계원)	*Dimocarpus longan* Lour.	무환자나무과	씨의 껍질
20	决明子	결명자	*Cassia obtusifolia* L.	콩과	잘 익은 씨
			Cassia tora L.	콩과	
21	百合	백합	*Lilium lancifolium* Thunb.	백합과	비늘줄기
			Lilium brownie F.E.Brown var.*viridulum* Baker	백합과	
			Lilium pumilum DC.	백합과	
22	肉豆蔻	육두구	*Myristica fragrans* Houtt.	육두구과	씨, 씨 껍질
23	肉桂	육계	*Cinnamomum cassia* Presl	녹나무과	나무껍질
24	余甘子	여감자	*Phyllanthus emblica* L.	대극과	잘 익은 열매
25	佛手	불수	*Citrus medica* L.var.*sarcodactylis* Swingle	운향과	열매

26	杏仁(苦，甜)	행인	*Prunus armeniaca* L.var.*ansu* Maxim	장미과	잘 익은 씨
			Prunus sibirica L.	장미과	
			Prunus mandshurica (Maxim) Koehne	장미과	
			Prunus armeniaca L.	장미과	
27	沙棘	사극	*Hippophae rhamnoides* L.	보리수나무과	잘 익은 열매
28	芡实	검실(가시연밥)	*Euryale ferox* Salisb.	수련과	잘 익은 씨
29	花椒	화초 (초피나무 열매)	*Zanthoxylum schinifolium* Sieb.et Zucc.	운향과	잘 익은 열매껍질
			Zanthoxylum bungeanum Maxim.	운향과	
30	赤小豆	적소두(붉은 팥)	*Vigna umbellata* Ohwi et Ohashi	콩과	잘 익은 씨
			Vigna angularis Ohwi et Ohashi	콩과	
31	麦芽	맥아(보리)	*Hordeum vulgare* L.	벼과	잘 익은 열매를 발아건조시킨 가공품
32	昆布	곤포(다시마)	*Laminaria japonica* Aresch.	거머리말과	엽상체
			Ecklonia kurome Okam.	다시마과	
33	枣 (大枣，黑枣)	대추, 흑대추	*Ziziphus jujuba* Mill.	갈매나무과	잘 익은 열매
34	罗汉果	나한과	*Siraitia grosvenorii* (Swingle.) C.Jeffrey ex A.M.Lu et Z.Y.Zhang	박과	열매
35	郁李仁	욱리인	*Prunus humilis* Bge.	장미과	잘 익은 씨
			Prunus japonica Thunb.	장미과	
			Prunus pedunculata Maxim.	장미과	
36	金银花	금은화	*Lonicera japonica* Thunb.	인동과	꽃봉오리 및 꽃대가 달리기 시작할 때의 꽃
37	青果	청과 (감람나무 열매)	*Canarium album* Raeusch.	감람과	잘 익은 열매
38	鱼腥草	어성초	*Houttuynia cordata* Thunb.	삼백초과	신선한 전초 혹은 건조품 지상부
39	姜(生姜，干姜)	강(생강, 건강)	*Zingiber officinale* Rosc.	생강과	뿌리줄기
40	枳椇子	지구자	*Hovenia dulcis* Thunb.	갈매나무과	약용: 잘 익은 씨 식용: 열매, 잎, 가지줄기
41	枸杞子	구기자	*Lycium barbarum* L.	가지과	잘 익은 열매
42	栀子	치자	*Gardenia jasminoides* Ellis	꼭두서니과	잘 익은 열매
43	砂仁	사인	*Amomum villosum* Lour.	생강과	잘 익은 열매
			Amomum villosum Lour.var.*xanthioides* T.L.Wu et Senjen	생강과	
			Amomum longiligularg T.L.Wu	생강과	
44	胖大海	반대해	*Sterculia lychnophora* Hance	오동과	잘 익은 씨
45	茯苓	복령	*Poria cocos* (Schw.) Wolf	구멍장이버섯과	균핵
46	香橼	향원	*Citrus medica* L.	운향과	잘 익은 열매
			Citrus wilsonii Tanaka	운향과	
47	香薷	향유	*Mosla chinensis* Maxim.	꿀풀과	지상부
			Mosla chinensis 'jiangxiangru'	꿀풀과	
48	桃仁	도인	*Prunus persica* (L.) Batsch	장미과	잘 익은 씨

48	桃仁	도인	*Prunus davidiana* (Carr.) Franch.	장미과	
49	桑叶	상엽	*Morus alba* L.	뽕나무과	잎
50	桑椹	상심(오디)	*Morus alba* L.	뽕나무과	어린 열매
51	桔红(橘红)	귤홍	*Citrus reticulata* Blanco	운향과	외층 열매 껍질
52	桔梗	길경(도라지)	*Platycodon grandiflorum* (Jacq.) A.DC.	오동과	뿌리
53	益智仁	익지인	Alpinia oxyphylla Miq.	생강과	껍질을 벗긴 씨덩이, 향신료용은 열매를 사용
54	荷叶	연잎	*Nelumbo nucifera* Gaertn.	수련과	잎
55	莱菔子	내복자	*Raphanus sativus* L.	십자화과	잘 익은 씨
56	莲子	연자	*Nelumbo nucifera* Gaertn.	수련과	잘 익은 씨
57	高良姜	고량강	*Alpinia officinarum* Hance	생강과	뿌리줄기
58	淡竹叶	담죽엽	*Lophatherum gracile* Brongn.	벼과	줄기잎
59	淡豆豉	담두시	*Glycine max* (L.) Merr.	콩과	잘 익은 씨의 발효 가공품
60	菊花	국화	*Chrysanthemum morifolium* Ramat.	국화과	두상화서
61	菊苣	국거(치커리)	*Cichorium glandulosum* Boiss.et Huet	국화과	지상부
			Cichorium intybus L.	국화과	
62	黄芥子	황개자	*Brassica juncea* (L.) Czern.et Coss	십자화과	잘 익은 씨
63	黄精	황정	*Polygonatum kingianum* Coll.et Hemsl.	백합과	뿌리줄기
			Polygonatum sibiricum Red.	백합과	
			Polygonatum cyrtonema Hua	백합과	
64	紫苏	자소엽	*Perilla frutescens* (L.) Britt.	꿀풀과	잎 (혹은 여린 가지)
65	紫苏子(籽)	자소자(자소의 씨)	*Perilla frutescens* (L.) Britt.	꿀풀과	잘 익은 열매
66	葛根	갈근	*Pueraria lobata* (Willd.) Ohwi	콩과	뿌리
67	黑芝麻	검은깨	*Sesamum indicum* L.	참깨과	잘 익은 씨
68	黑胡椒	흑후추	*Piper nigrum* L.	후추과	
69	槐花, 槐米	괴화, 괴미	*Sophora japonica* L.	콩과	꽃, 꽃봉오리
70	蒲公英	포공영	*Taraxacum mongolicum* Hand.-Mazz.	국화과	전초
			Taraxacum borealisinense Kitam.	국화과	
71	榧子	비자	*Torreya grandis* Fort.	주목과	잘 익은 씨
72	酸枣, 酸枣仁	산조, 산조인	*Ziziphus jujuba* Mill.var.*spinosa* (Bunge) Hu ex H.F.Chou	갈매나무과	과육, 잘 익은 씨
73	鲜白茅根(或干白茅根)	선백모근(간백모근)	*Imperata cylindrical* Beauv.var.*major* (Nees) C.E.Hubb.	벼과	뿌리줄기
74	鲜芦根(或干芦根)	선로근(간로근)	*Phragmites communis* Trin.	벼과	뿌리줄기
75	橘皮(或陈皮)	귤피(진피)	*Citrus reticulata* Blanco	운향과	잘 익은 열매껍질
76	薄荷	박하	*Mentha haplocalyx* Briq.	꿀풀과	지상부
			Mentha arvensis L.	꿀풀과	잎, 새순
77	薏苡仁	이이인	*Coix lacryma-jobi* L.var.*mayuen*. (Roman.) Stapf	벼과	잘 익은 열매
78	薤白	해백	*Allium macrostemon* Bge.	백합과	비늘줄기

78	薤白	해백	*Allium chinense* G.Don	백합과	
79	覆盆子	복분자	*Rubus chingii* Hu	장미과	열매
80	藿香	곽향	*Pogostemon cablin* (Blanco) Benth.	꿀풀과	지상부
81	乌梢蛇	오초사	*Zaocys dhumnades* (Cantor)	뱀과	껍질과 내장을 제거한 부분
82	牡蛎	모려	*Ostrea gigas* Thunberg	조개과	껍질
			Ostrea talienwhanensis Crosse	조개과	
			Ostrea rivularis Gould	조개과	
83	阿胶	아교	*Equus asinus* L.	말과	건조한 혹은 생껍질을 끓여 걸죽하게 만든 고체
84	鸡内金	계내금	*Gallus gallus domesticus* Brisson	꿩과	모래주머니 내벽
85	蜂蜜	밀봉(꿀)	*Apis cerana* Fabricius	꿀벌과	양조한 꿀
			Apis mellifera Linnaeus	꿀벌과	
86	蝮蛇(蕲蛇)	복사/기사 (살무사)	*Agkistrodon acutus* (Güenther)	번데기과	내장을 제거한 부분
87	人参	인삼	*Panax ginseng* C.A.Mey	두릅나무과	뿌리 및 뿌리줄기
88	山银花	산은화	*Lonicera confuse* DC.	인동과	꽃봉오리 및 꽃이 피기 시작할 때의 꽃
			Lonicera hypoglauca Miq.		
			Lonicera macranthoides Hand.-Mazz.		
			Lonicera fulvotomentosa Hsu et S.C.Cheng		
89	芫荽	호유자	*Coriandrum sativum* L.	미나리과	열매, 씨
90	玫瑰花	장미	*Rosa rugosa* Thunb 또는 *Rose rugosa* cv. Plena	장미과	꽃봉오리
91	松花粉	송화분	*Pinus massoniana* Lamb.	소나무과	건조한 화분
			Pinus tabuliformis Carr.		
92	粉葛	분갈	*Pueraria thomsonii* Benth.	콩과	뿌리
93	布渣叶	포사엽	*Microcos paniculata* L.	피나무과	잎, 새순
94	夏枯草	하고초	*Prunella vulgaris* L.	꿀풀과	이삭
95	当归	당귀	*Angelica sinensis* (Oliv.) Diels.	미나리과	뿌리
96	山奈	산내	*Kaempferia galanga* L.	생강과	뿌리줄기
97	西红花	사프란	*Crocus sativus* L.	붓꽃과	암술머리
98	草果	초과	*Amomum tsao-ko* Crevost et Lemaire	생강과	열매
99	姜黄	강황	*Curcuma Longa* L.	생강과	뿌리줄기
100	荜茇	비파	*Eriobotrya japonica* Lindley	장미과	열매나 잘 익은 이삭

우리나라 식물명 및 약재명 색인

학명 색인

U

V

W

Z

영어명 색인